中国科学院科学出版基金资助出版

《现代物理基础丛书》编委会

主　编　　杨国桢

副主编　　阎守胜　聂玉昕

编　委　（按姓氏笔画排序）

　　　　　　王　牧　　王鼎盛　　朱邦芬　　刘寄星
　　　　　　邹振隆　　宋菲君　　张元仲　　张守著
　　　　　　张海澜　　张焕乔　　张维岩　　侯建国
　　　　　　侯晓远　　夏建白　　黄　涛　　解思深

现代物理基础丛书·典藏版

全息干涉计量——原理和方法

熊秉衡　李俊昌　编著

科学出版社
北京

内 容 简 介

本书在讲述干涉、衍射、相干性以及激光基本原理的基础上,系统介绍全息干涉计量的原理、方法、技术关键及发展近况.除传统全息干涉计量外,还介绍了近年迅猛发展的数字全息干涉计量.全书博采众多文献之长,融入作者多年的研究成果,因此别具特色.在较严谨的数理分析基础上,既认真阐明物理意义,又配有丰富实例.

本书可供从事光学、信息光学、光电子学、光学干涉计量研究的科技人员、教师、研究生参考,也是相关专业大学生的一部很好的参考书.

图书在版编目(CIP)数据

全息干涉计量——原理和方法/熊秉衡,李俊昌编著. —北京: 科学出版社,2009

(现代物理基础丛书·典藏版)

ISBN 978-7-03-023740-8

I. 全… Ⅱ. ①熊… ②李… Ⅲ. 全息干涉测量法 Ⅳ. O4-34

中国版本图书馆 CIP 数据核字(2008)第 201327 号

责任编辑:刘凤娟 胡 凯／责任校对:桂伟利
责任印制:张 伟／封面设计:陈 敬

科学出版社 出版
北京东黄城根北街 16 号
邮政编码:100717
http://www.sciencep.com

河北虎彩印刷有限公司 印刷
科学出版社发行 各地新华书店经销

*

2009 年 1 月第一版　开本:B5(720×1000)
2019 年 1 月印　刷　印张:51 1/4
字数:1 007 000

定价:**198.00 元**
(如有印装质量问题,我社负责调换)

序　言

《全息干涉计量——原理和方法》这本专著,系统介绍了全息干涉计量的基本原理、实验技术以及它的最新进展和发展趋势.

全息干涉计量是激光问世后全息技术随之迅速发展起来的一种新的检测方法. 它有全场、非接触、非破坏、精确度高等特点. 可用于非破坏检测与评估、流场分析、燃烧分析、等离子体诊断、固体的应力应变分析、振动分析等. 实时全息干涉计量更具有实时的特点,进一步配合使用高速摄影装置,能记录研究对象的高速变化. 采用闭路电视系统,还可以将全息干涉条纹实时地输入到图像显示器,可方便地观察、记录条纹及其变化.

20 世纪 80~90 年代,特别是近几年来,全息干涉计量有许多重要进展,仅就实时全息干涉计量方面的进展而言,在提高干涉条纹衬比度,提高检测光场亮度,对位相调制度加以控制,利用物光再现参考光和直透参考光的干涉图纹进行检测等方面,发展了许多新方法. 在使用的记录材料方面,光导热塑的商品化、光折变晶体、噬菌调理素、多量子阱记录材料等新材料在全息干涉计量中获得成功的应用. 在系统的小型化、简易化等方面也有许多进展. 此外,由于数字全息的发展,随着计算机速度和 CCD 分辨率的提高、数字全息检测有着极好的潜在应用前景.

本书作者长期从事激光全息的研究工作,他和合作者们,在实时全息、全息肖像、大景深全息、模压全息、散斑、全息元件等方面,有多项较高水平的研究成果. 突出的实例如大景深技术,采用 25cm 相干长度的激光器拍摄成功 8.2m 景深、4.5m 尺寸的场景,创下菲涅耳全息的国内外最好结果. 在 1986 年 7 月举行的国际全息应用会议上介绍中国光学进展的报告,提到了这项研究成果. 近十年来,他从事全息检测方面的一系列应用研究,主要应用于地震研究,大尺寸晶体元件检测,物体受力破坏过程的断裂力学等方面,获得多项创新研究成果.

作者毕业于云南大学物理系理论物理专业,不仅有扎实深厚的数理功底,而且有试验室长期工作的实践经验.《全息干涉计量——原理和方法》是这一研究领域中的一本系统专著. 书中不少内容反映了他的学术研究,实验经验及实验技巧. 理论与实验并重, 并附有相当数量的实例. 此书可供从事光学全息干涉计量的科学技术工作者以及高校师生参阅. 从他在这些创新性工作中得到有益的启迪.

2006 年 12 月 28 日

目 录

第 1 章 光学和数学基础 ································· 1
- 1.1 光的波动性描述 ································· 1
  - 1.1.1 光波 ································· 1
  - 1.1.2 辐照度、光强 ································· 2
  - 1.1.3 波动方程 ································· 3
  - 1.1.4 波函数 ································· 4
  - 1.1.5 波函数的复数表示 ································· 8
  - 1.1.6 空间频率 ································· 9
- 1.2 数学基础 ································· 12
  - 1.2.1 傅里叶变换 ································· 12
  - 1.2.2 卷积和相关 ································· 18
  - 1.2.3 Delta 函数 ································· 21
  - 1.2.4 一些常用函数 ································· 23
  - 1.2.5 常用函数的傅里叶变换 ································· 29
- 参考文献 ································· 36

第 2 章 光波的衍射 ································· 38
- 2.1 惠更斯–菲涅耳原理 ································· 38
- 2.2 衍射的标量波理论 ································· 39
  - 2.2.1 亥姆霍兹方程 ································· 40
  - 2.2.2 亥姆霍兹–基尔霍夫积分定理 ································· 40
  - 2.2.3 菲涅耳–基尔霍夫衍射公式 ································· 43
- 2.3 菲涅耳衍射和夫琅禾费衍射 ································· 46
  - 2.3.1 菲涅耳衍射 ································· 48
  - 2.3.2 夫琅禾费衍射 ································· 49
- 2.4 薄透镜的光学性质 ································· 50
  - 2.4.1 光波通过薄透镜的相位变化 ································· 50
  - 2.4.2 透镜的傅里叶变换性质 ································· 54
- 2.5 二元屏的夫琅禾费衍射 ································· 60
  - 2.5.1 矩孔的夫琅禾费衍射 ································· 60
  - 2.5.2 单缝的夫琅禾费衍射 ································· 62

  2.5.3 圆孔的夫琅禾费衍射 · 64

  2.5.4 直边的夫琅禾费衍射 · 72

2.6 二元屏夫琅禾费衍射的进一步讨论 · 73

  2.6.1 二元屏中心偏离光轴 · 73

  2.6.2 双孔夫琅禾费衍射 · 74

  2.6.3 双缝夫琅禾费衍射 · 75

2.7 二元屏的菲涅耳衍射 · 78

  2.7.1 矩孔的菲涅耳衍射 · 78

  2.7.2 直边的菲涅耳衍射 · 83

  2.7.3 单缝的菲涅耳衍射 · 85

  2.7.4 圆孔的菲涅耳衍射 · 87

2.8 巴比涅原理 · 88

2.9 不等幅波前光波的衍射 · 91

2.10 光栅的衍射 · 94

  2.10.1 正弦光栅 · 94

  2.10.2 正弦光栅的组合 · 100

  2.10.3 二元光栅 (黑白光栅) · 104

参考文献 · 106

第 3 章　相干性理论基础 · 107

3.1 光的干涉 · 107

  3.1.1 叠加原理 · 107

  3.1.2 两列平面波的干涉 · 107

  3.1.3 条纹能见度 · 109

  3.1.4 灵敏度矢量和空间频率 · 110

3.2 时间相干性 · 112

  3.2.1 非单色光源的时间相干性 · 112

  3.2.2 等长波列窄带光源的时间相干性 · 117

  3.2.3 相干时间和相干长度 · 123

  3.2.4 复自相干度与功率谱密度 · 124

  3.2.5 激光光源的时间相干性 · 134

3.3 空间相干性 · 137

  3.3.1 窄带扩展光源的空间相干性 · 137

  3.3.2 激光光源的空间相干性 · 143

3.4 时间–空间相干性 · 143

  3.4.1 互相干函数和复相干度 · 143

  3.4.2 准单色条件、互强度 ························· 147
  3.4.3 准单色光空间相干性的传播性质 ················ 150
  3.4.4 范西泰特–策尼克定理 ························· 154
  3.4.5 星体干涉术 ································· 163
 参考文献 ··· 167

第 4 章　激光光源 ······································· 168
4.1　激光的原理 ······································· 169
  4.1.1 原子发光机制 ································· 169
  4.1.2 受激发射与热辐射 ····························· 171
  4.1.3 光在介质中的放大 ····························· 174
  4.1.4 激光振荡 ····································· 176
4.2　光学共振腔 ······································· 179
  4.2.1 共振腔模式 ································· 179
  4.2.2 非共焦腔内基模的振荡 ························· 190
4.3　全息干涉计量术常用的激光器 ······················· 193
  4.3.1 固体激光器 ································· 193
  4.3.2 气体激光器 ································· 199
 参考文献 ··· 205

第 5 章　全息照相的基本原理 ····························· 206
5.1　平面波形成的全息图 —— 全息光栅 ··················· 208
  5.1.1 干涉条纹的质量 ······························· 208
  5.1.2 干涉条纹的记录和感光材料的性能 ··············· 209
  5.1.3 调制传递函数 MTF ··························· 215
  5.1.4 干涉条纹的两种主要类型 —— 振幅型和相位型干涉条纹 ··· 217
5.2　点光源形成的全息图 ······························· 227
  5.2.1 点光源全息图的记录 ··························· 227
  5.2.2 点光源全息图的再现 ··························· 229
  5.2.3 像的放大率 ································· 232
  5.2.4 像的分辨率 ································· 234
5.3　同轴全息图和离轴全息图 ··························· 236
  5.3.1 同轴全息图 ································· 236
  5.3.2 离轴全息图 ································· 237
5.4　菲涅耳全息图和夫琅禾费全息图以及傅里叶变换全息图 ··· 252
  5.4.1 菲涅耳全息图和夫琅禾费全息图 ················· 252
  5.4.2 傅里叶变换全息图 ····························· 253

5.4.3　无透镜傅里叶变换全息图 ··· 257
　参考文献 ··· 258

第 6 章　全息图的几种主要类型 ·· 259
　6.1　按参考光和物光的主光线方向分类 ·· 259
　6.2　按全息图干涉条纹信息的构成型式分类 ·· 259
　6.3　按记录时全息图所在物体衍射光场的位置分类 ····································· 261
　6.4　按全息图再现的不同方式分类 ·· 261
　　　6.4.1　透射全息图 ·· 262
　　　6.4.2　反射全息图 ·· 263
　6.5　按全息图干涉条纹间距与记录介质厚度比例分类 ································· 264
　　　6.5.1　克莱因参量 ·· 264
　　　6.5.2　布拉格定律 ·· 265
　　　6.5.3　透射型厚全息图 ·· 268
　　　6.5.4　反射型厚全息图 ·· 269
　　　6.5.5　体积全息图的衍射效率 ··· 271
　6.6　按全息图的再现光源分类 ··· 273
　　　6.6.1　激光再现全息图 ·· 273
　　　6.6.2　白光再现全息图 ·· 273
　6.7　按全息图的制作方法分类 ··· 279
　　　6.7.1　光全息图 ··· 279
　　　6.7.2　计算机全息图 ··· 279
　　　6.7.3　刻蚀法全息图 ··· 283
　　　6.7.4　模压法、模压全息图 ·· 284
　　　6.7.5　烫印法、烫印全息图 ·· 285
　6.8　按制作全息图的记录材料分类 ·· 285
　　　6.8.1　卤化银乳胶全息图 ··· 285
　　　6.8.2　光导热塑全息图 ·· 286
　　　6.8.3　光折变晶体全息图 ··· 287
　　　6.8.4　重铬酸明胶全息图 ··· 289
　　　6.8.5　光致抗蚀剂全息图 ··· 291
　　　6.8.6　光致聚合物全息图 ··· 292
　6.9　按制作全息图所使用的波源分类 ··· 293
　　　6.9.1　电磁波全息图 ··· 293
　　　6.9.2　超声全息 ··· 303
　参考文献 ··· 307

第 7 章 全息干涉计量的基本原理和方法 ························· 309
7.1 单曝光法或实时全息法 ························· 309
7.1.1 基本原理 ························· 309
7.1.2 实验方法和装置 ························· 320
7.2 双曝光法或二次曝光法 ························· 323
7.2.1 基本原理 ························· 323
7.2.2 物体的位移测量 ························· 327
7.2.3 三维位移场的测量 ························· 331
7.3 连续曝光法或时间平均法 ························· 337
参考文献 ························· 341

第 8 章 不透明物体的全息干涉计量 ························· 343
8.1 刚体平移和转动的测量 ························· 343
8.1.1 刚体运动的方程式组 ························· 343
8.1.2 瞬时转动中心和阻力中心的测定 ························· 346
8.2 物体变形的测量 ························· 348
8.2.1 表面形变的数学表述 ························· 348
8.2.2 测量物体变形的条纹矢量理论 ························· 354
8.3 干涉条纹的定域 ························· 362
8.3.1 全息条纹的观察和条纹定域的概念 ························· 362
8.3.2 全息干涉条纹的定域条件 ························· 366
8.3.3 用准直光照明得到的条纹定域 ························· 368
8.3.4 用球面光照明得到的条纹定域 ························· 373
8.3.5 示例 ························· 375
8.4 分析全息干涉图一种简易方法 ························· 380
8.4.1 条纹间距方程式 ························· 381
8.4.2 条纹间距方程式的应用 ························· 383
参考文献 ························· 396

第 9 章 透明物体的全息干涉计量 ························· 397
9.1 透明物体的全息干涉条纹的形成和定域 ························· 397
9.1.1 单色光在非均匀介质中的传播性质 ························· 398
9.1.2 相位物体的全息干涉计量术 ························· 405
9.1.3 漫射照明相位物体全息术中的条纹定域 ························· 417
9.2 干涉条纹的分析 ························· 422
9.2.1 反转技术 ························· 422
9.2.2 由折射产生的误差 ························· 429

9.3 应用示例···431
   9.3.1 空气动力学和流体目视观测···432
   9.3.2 等离子体诊断···434
   9.3.3 热传导和物质传递···437
   9.3.4 应力分析···439
参考文献···442

第 10 章 全息干涉计量中的一些特殊技术·······································446
10.1 提高相位测量灵敏度的一些方法···446
   10.1.1 非线性全息干涉计量术···446
   10.1.2 双参考光全息干涉计量技术··456
   10.1.3 多波长全息干涉计量方法··460
   10.1.4 多通道全息干涉计量方法··462
10.2 外差全息干涉计量术··463
   10.2.1 外差全息干涉计量术的基本原理···463
   10.2.2 外差全息干涉计量术实验··463
10.3 全息等值线···465
   10.3.1 用波长差产生等值线···465
   10.3.2 用折射率的变化产生等值线··467
   10.3.3 变化照明方向产生等值线··468
10.4 比较全息干涉计量术··470
   10.4.1 比较全息干涉计量术原理··470
   10.4.2 实时比较全息干涉计量术··473
10.5 全息剪切干涉计量方法···475
10.6 实时全息的一些特殊方法··478
   10.6.1 在实时全息中获得高反衬度干涉条纹的方法·····································479
   10.6.2 同时获得高亮度检测光场和高衬比条纹的实时全息记录方法··················493
   10.6.3 在"参考光场"检测透明物的方法··497
   10.6.4 采用移相器判断条纹序数··503
10.7 大型结构的全息检测 —— 大景深全息技术···505
   10.7.1 远距离拍摄方法 —— 等光程椭圆···505
   10.7.2 大景深全息技术··507
参考文献···519

第 11 章 数字全息预备知识···523
11.1 菲涅耳衍射的数值计算···523
   11.1.1 菲涅耳衍射积分的两种表述形式···523

11.1.2　离散傅里叶变换与傅里叶变换的关系 ·································· 525
　　11.1.3　奈奎斯特取样定律 ·· 529
　　11.1.4　菲涅耳衍射积分的运算及逆运算 ·· 529
11.2　计算机图像的基础知识 ·· 537
　　11.2.1　三基色原理及图像的数字表示 ·· 537
　　11.2.2　图像文件的格式及 BMP 图像 ·· 538
　　11.2.3　真彩色图像转换为灰度图像的程序 ······································· 541
11.3　二维光波场强度分布的数字图像表示及程序实例 ······························ 550
　　11.3.1　二维光波场强度分布的数字图像表示 ··································· 550
　　11.3.2　二维光波场强度分布的数字图像程序实例 ···························· 551
参考文献 ·· 555

第 12 章　平滑波面数字全息的基本理论 ··· 557
12.1　基于菲涅耳衍射积分及其逆运算的数字全息 ····································· 558
　　12.1.1　计算物体实像的菲涅耳衍射波面重建 ··································· 559
　　12.1.2　计算物体虚像的菲涅耳衍射逆运算波面重建 ························ 562
　　12.1.3　菲涅耳数字全息波面重建系统的脉冲响应 ···························· 562
12.2　消除波面重建噪声的讨论 ·· 570
　　12.2.1　数字全息图的衍射效率 ·· 570
　　12.2.2　频域滤波法 ·· 571
　　12.2.3　消零级衍射光频域滤波法 ·· 575
　　12.2.4　空间载波相移法 ·· 577
　　12.2.5　时间相移法 ·· 580
12.3　傍轴光学系统的数字全息 ·· 583
　　12.3.1　柯林斯公式及用柯林斯公式的逆运算实现波面重建 ·············· 584
　　12.3.2　ABCD 系统数字全息的波面重建实验研究 ····························· 586
　　12.3.3　ABCD 系统数字全息系统的脉冲响应 ···································· 588
12.4　消傍轴近似的数字全息 ·· 591
　　12.4.1　衍射场追迹重建波面的理论模拟 ··· 591
　　12.4.2　衍射场追迹重建波面的实验证明 ··· 595
12.5　数字全息变焦系统 ··· 596
　　12.5.1　数字全息变焦系统简介 ·· 597
　　12.5.2　变焦系统研究 ·· 597
　　12.5.3　变焦系统的参数设计 ··· 598
　　12.5.4　变焦系统在数字实时全息中的应用 ······································· 599
12.6　三维场的数字全息重建实例 ··· 604

12.6.1　白炽灯点燃过程的实时全息干涉图像简介⋯⋯⋯⋯⋯⋯⋯⋯⋯⋯604
　　　12.6.2　白炽灯点燃过程的模拟研究⋯⋯⋯⋯⋯⋯⋯⋯⋯⋯⋯⋯⋯⋯⋯605
　　　12.6.3　实际图像的处理⋯⋯⋯⋯⋯⋯⋯⋯⋯⋯⋯⋯⋯⋯⋯⋯⋯⋯⋯⋯608
　　　12.6.4　三维折射率场的重建⋯⋯⋯⋯⋯⋯⋯⋯⋯⋯⋯⋯⋯⋯⋯⋯⋯⋯609
　　　12.6.5　计算机模拟研究信息的讨论⋯⋯⋯⋯⋯⋯⋯⋯⋯⋯⋯⋯⋯⋯⋯611
　参考文献⋯⋯⋯⋯⋯⋯⋯⋯⋯⋯⋯⋯⋯⋯⋯⋯⋯⋯⋯⋯⋯⋯⋯⋯⋯⋯⋯⋯⋯612

第13章　数字全息的统计光学表述及实际应用⋯⋯⋯⋯⋯⋯⋯⋯⋯⋯⋯614

　13.1　数字全息的统计光学表述⋯⋯⋯⋯⋯⋯⋯⋯⋯⋯⋯⋯⋯⋯⋯⋯⋯⋯⋯614
　　　13.1.1　散射光的统计光学理论⋯⋯⋯⋯⋯⋯⋯⋯⋯⋯⋯⋯⋯⋯⋯⋯⋯615
　　　13.1.2　散射光的波面重建⋯⋯⋯⋯⋯⋯⋯⋯⋯⋯⋯⋯⋯⋯⋯⋯⋯⋯⋯616
　13.2　两次曝光数字全息检测研究⋯⋯⋯⋯⋯⋯⋯⋯⋯⋯⋯⋯⋯⋯⋯⋯⋯⋯618
　　　13.2.1　物体表面形变与相干基元波相差的关系⋯⋯⋯⋯⋯⋯⋯⋯⋯⋯618
　　　13.2.2　双曝光全息图的统计光学表述⋯⋯⋯⋯⋯⋯⋯⋯⋯⋯⋯⋯⋯⋯619
　　　13.2.3　双光路两次曝光数字全息测量系统⋯⋯⋯⋯⋯⋯⋯⋯⋯⋯⋯⋯621
　　　13.2.4　形变物体及双曝光干涉场的数学描述⋯⋯⋯⋯⋯⋯⋯⋯⋯⋯⋯623
　　　13.2.5　傅里叶变换重建模拟及实验证明⋯⋯⋯⋯⋯⋯⋯⋯⋯⋯⋯⋯⋯625
　　　13.2.6　物平面光波场的卷积重建⋯⋯⋯⋯⋯⋯⋯⋯⋯⋯⋯⋯⋯⋯⋯⋯630
　　　13.2.7　消零级衍射干扰的物平面光波场高保真卷积重建⋯⋯⋯⋯⋯⋯637
　13.3　三维面形的数字全息检测及相位测量技术⋯⋯⋯⋯⋯⋯⋯⋯⋯⋯⋯⋯644
　　　13.3.1　数字全息三维面形检测原理⋯⋯⋯⋯⋯⋯⋯⋯⋯⋯⋯⋯⋯⋯⋯645
　　　13.3.2　等效光波的数字全息及绝对相位的计算⋯⋯⋯⋯⋯⋯⋯⋯⋯⋯650
　　　13.3.3　多波长等高线数字全息三维面形测量技术⋯⋯⋯⋯⋯⋯⋯⋯⋯651
　　　13.3.4　改变照明光倾角的测量技术⋯⋯⋯⋯⋯⋯⋯⋯⋯⋯⋯⋯⋯⋯⋯654
　13.4　相位型数字全息图及波面重建⋯⋯⋯⋯⋯⋯⋯⋯⋯⋯⋯⋯⋯⋯⋯⋯⋯655
　　　13.4.1　相位型数字全息图的形成及波面重建⋯⋯⋯⋯⋯⋯⋯⋯⋯⋯⋯656
　　　13.4.2　理论模拟及实验证明⋯⋯⋯⋯⋯⋯⋯⋯⋯⋯⋯⋯⋯⋯⋯⋯⋯⋯658
　13.5　散射光的真彩色数字全息⋯⋯⋯⋯⋯⋯⋯⋯⋯⋯⋯⋯⋯⋯⋯⋯⋯⋯⋯661
　　　13.5.1　三基色光波重建计算涉及的主要问题⋯⋯⋯⋯⋯⋯⋯⋯⋯⋯⋯661
　　　13.5.2　真彩色重建图像的显示及存储⋯⋯⋯⋯⋯⋯⋯⋯⋯⋯⋯⋯⋯⋯662
　　　13.5.3　真彩色图像重建的模拟⋯⋯⋯⋯⋯⋯⋯⋯⋯⋯⋯⋯⋯⋯⋯⋯⋯666
　　　13.5.4　真彩色数字全息的实验研究⋯⋯⋯⋯⋯⋯⋯⋯⋯⋯⋯⋯⋯⋯⋯669
　13.6　数字全息的应用⋯⋯⋯⋯⋯⋯⋯⋯⋯⋯⋯⋯⋯⋯⋯⋯⋯⋯⋯⋯⋯⋯⋯670
　　　13.6.1　三维粒子场检测⋯⋯⋯⋯⋯⋯⋯⋯⋯⋯⋯⋯⋯⋯⋯⋯⋯⋯⋯⋯671
　　　13.6.2　微机电系统的数字全息检测⋯⋯⋯⋯⋯⋯⋯⋯⋯⋯⋯⋯⋯⋯⋯675
　　　13.6.3　材料物性参数的检测⋯⋯⋯⋯⋯⋯⋯⋯⋯⋯⋯⋯⋯⋯⋯⋯⋯⋯675

13.6.4　时间平均法数字全息振动分析 ································· 679
　　　13.6.5　生物体微形变检测 ··· 681
　参考文献 ··· 683
第 14 章　应用 ··· 686
　14.1　全息干涉计量技术的应用 ··· 686
　　　14.1.1　在力学研究、力学参数检测等方面的应用 ········· 686
　　　14.1.2　微电子学中的应用 ··· 697
　　　14.1.3　在分子物理学，流体力学，空气动力学中的应用 ········· 699
　　　14.1.4　在空间技术、核技术、高能物理等方面的应用 ········· 707
　　　14.1.5　应用于振动分析 ··· 709
　14.2　记录材料的进展 ··· 712
　　　14.2.1　热塑记录材料的商品化 ······································ 712
　　　14.2.2　光折变晶体记录材料 ·· 713
　　　14.2.3　多量子阱记录材料 ··· 714
　　　14.2.4　液晶 ··· 715
　　　14.2.5　噬菌调理素 BR 记录材料 ···································· 716
　14.3　全息系统的智能化、小型化、多功能化 ················· 718
　14.4　脉冲全息与高功率激光的实时全息研究高速瞬变物理现象 ········ 724
　参考文献 ··· 742
附录 A　辐照度检测 ·· 752
　A.1　光照度的测量与计算 ··· 752
　A.2　光照度比的测量 ··· 755
　A.3　光密度的测量 ··· 756
　A.4　用测光表测量激光辐照度的读数修正 ····················· 758
　参考文献 ··· 761
附录 B　卤化银记录材料的处理技术 ···································· 762
　B.1　原理简介 ··· 762
　B.2　使用连续激光器记录的透射全息图的处理 ············· 763
　　　B.2.1　获得高质量振幅型离轴、透射全息图的注意事项 ········· 763
　　　B.2.2　获得高质量相位型、离轴、透射全息图的注意事项 ········· 764
　B.3　使用连续激光器记录的位相型反射全息图的处理 ········· 765
　　　B.3.1　红光记录 ··· 765
　　　B.3.2　绿光记录 ··· 768
　B.4　使用脉冲激光器记录的透射全息图的处理 ············· 769
　　　B.4.1　获得高质量振幅型离轴、透射全息图的注意事项 ········· 769

B.4.2　获得高质量相位型离轴、透射全息图的注意事项 ········· 769
　B.5　使用脉冲激光器记录的反射全息图的处理 ··············· 770
　　　B.5.1　红光下获得高质量反射全息图的注意事项 ············· 770
　　　B.5.2　绿光下获得高质量反射全息图的注意事项 ············· 770
　参考文献 ·· 770

附录 C　空间滤波器　物镜与针孔的选择 ················· 772
　参考文献 ·· 778

附录 D　防止准直透镜反射光的干扰 ····················· 779
　D.1　准直透镜的内反射光的会聚点位置 ··················· 779
　D.2　准直透镜的内反射光影响强弱的区域划分 ············· 782
　　　D.2.1　条纹衬比 $V \approx 1$ 的区域 ···················· 783
　　　D.2.2　条纹衬比 $V \approx 0.1$ 的区域 ·················· 784
　　　D.2.3　条纹衬比 $V \approx 0.01$ 的区域 ················· 784
　　　D.2.4　实践中应注意的若干问题 ······················· 784
　参考文献 ·· 787

附录 E　激光和人眼安全 ································· 788
　E.1　人眼结构 ··· 788
　E.2　激光的生物学效应 ····································· 789
　E.3　激光器安全分类 ······································· 793
　E.4　激光防护措施 ··· 795
　参考文献 ·· 797

后记 ··· 799

第1章 光学和数学基础

1.1 光的波动性描述

1.1.1 光波

根据光的波动性理论，光是一定频率范围内的电磁波，其频率范围如图 1-1-1 所示.

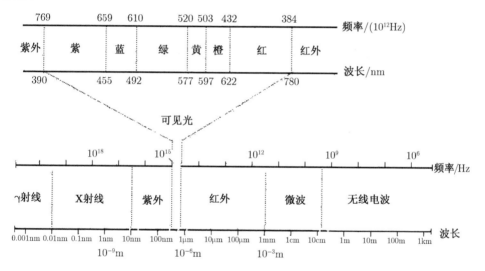

图 1-1-1 电磁波谱

就发光的时间特性来看，光源可区分为两类：**脉冲光源**和**连续光源**. 脉冲光源发光时间短暂，辐射出一个或多个波包在空间传播；而连续光源则稳定、持续地发光. 它辐射出很长的波列在空间传播，波场中的各点以相同于光源的时间特性，稳定、持续地发生电磁扰动，扰动的基本形式是简谐振荡. 通常把它的这种振荡称作**光扰动**(optical disturbance). 作为这类波场的一种抽像是**定态波场**，它具有以下两个特性：① 波场各点的光扰动是相同频率的简谐振荡，频率高低决定于光源性质；② 波场各点光扰动的振幅不随时间改变，在空间形成稳定的振幅分布. 严格定义的定态波场要求光源发出的光波波列是无限长的，然而实际光源的发光过程都是有限的. 从微观角度看，发光过程总是断断续续的，波场是由一个个波列的传播形成的，而且波列的频率也不是单一的. 不过，当波列持续时间比光扰动的周期长得很多时, 除了考虑某些特殊问题 (如时间相干性问题) 外, 可以将它当作无限长、单一频率的波列来处理, 这样的波列在空间的传播形成定态光波场 (optical wave field of stable state)[1].

1.1.2 辐照度、光强

光波的传播伴随着能量的传播. 常以能流密度矢量或称**坡印亭矢量**(Poynting vector) s 描述. 它的大小等于单位时间内通过垂直于传播方向的单位面积上的能量, 它的方向是沿着光波的传播方向, 如图 1-1-2 所示.

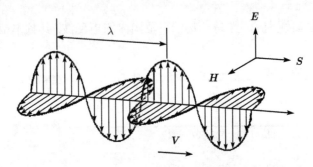

图 1-1-2 坡印亭矢量示意图

根据电磁波理论, 坡印亭矢量、电场强度 E 和磁场强度 H 三者具有以下的关系:

$$s = E \times H \tag{1-1-1}$$

"×" 表示两个矢量的矢量积, 满足右螺旋定则. 电场和磁场强度以相同角频率 ϖ 作简谐振荡, 两者步调一致、同起同落, 可分别表示为

$$E = E_0 \cos(\varpi t + \phi) \tag{1-1-2a}$$

$$H = H_0 \cos(\varpi t + \phi) \tag{1-1-2b}$$

于是, 坡印亭矢量可表示为

$$s = E_0 \times H_0 \cos^2(\varpi t + \phi) \tag{1-1-3}$$

s 以极高频率 (10^{14}Hz 量级) 随时间变化, 人眼和一切光接收器只能感知光场传播能量对时间的平均值. 以尖括号 $\langle \rangle$ 表示对时间求平均, 例如, 某物理量 $f(t)$ 对时间的平均表示为

$$\langle f(t) \rangle = \lim_{T \to \infty} \frac{1}{T} \int_{-T/2}^{T/2} f(t) \mathrm{d}t \tag{1-1-4}$$

实际上，只要取时间 T 甚大于光的振动周期，就可以用 $-T/2$ 至 $T/2$ 的积分来代替 $-\infty$ 至 ∞ 时间的积分. 注意到余弦函数平方的平均值为 1/2, 所以 [2]

$$\langle \boldsymbol{s} \rangle = \frac{1}{2} \boldsymbol{E}_0 \times \boldsymbol{H}_0 \tag{1-1-5}$$

$\langle \boldsymbol{s} \rangle$ 的数值大小称为辐照度 (irradiance). 其在 MKS 制中单位是 W/m²·s.

$$|\langle \boldsymbol{s} \rangle| = \frac{1}{2} E_0 H_0 = \frac{n}{2z_0} E_0^2 \tag{1-1-6}$$

式中, n 为介质折射率, $z_0 = \sqrt{\mu_0/\varepsilon_0} \approx 377$ 欧姆, 称**自由空间阻抗**(impedance of free space). μ_0 为真空磁导率, ε_0 为真空介电系数或真空电容率 [2].

光的许多效应 (如使感光材料感光) 主要是通过它的电场的作用而表现出来. 因此, 通常把光波的电场强度称作**光矢量**.

光是矢量波, 但在干涉、衍射、成像等许多现象中, 在本书涉及的大多数情况下, 可以不考虑其矢量性, 而以标量表示光扰动, 结果是足够精确的.

除了功率测量、激光加工、激光防护等问题外, 在干涉、衍射、光信息处理的大多数问题中, 只需要知道相对辐照度, 而无需确定绝对辐照度. 因此, 只要计算光波振幅的平方值就够了.

将光矢量即电场强度振幅的平方定义为**光强**(light intensity), 并以 I 表示. 它是光场中能量传播状态的一种量度, 光场中光强的分布决定于光场的振幅分布. 只要知道光场中的振幅分布 $u(x,y,z)$, 就可求得光强分布:

$$I(x,y,z) = u(x,y,z)u^*(x,y,z) = |u(x,y,z)|^2 \tag{1-1-7}$$

它正比于辐照度, 在不需要准确知道绝对辐照度时, 我们总是用光强来描述光场的分布.

1.1.3 波动方程

在无限大、均匀、各向同性介质中, 电磁波以恒定的速度 c 传播. 光在无极性介电介质中的速度与介质的密度和光的波长有关. 在真空中光的速度是

$$c_0 = 1/\sqrt{\mu_0 \varepsilon_0} \approx 2.997\,76 \times 10^8 \text{m/s}$$

式中, μ_0 是磁导率, ε_0 是自由空间的介电常数. 在其他介质中光的速度 c 之值为

$$c = \frac{c_0}{n}$$

式中, n 为介质的折射率. 根据麦克斯韦方程组, 电场和磁场强度 $\boldsymbol{E}$ 和 $\boldsymbol{H}$ 都满足同样形式的微分方程:

$$\nabla^2 \boldsymbol{E} - \frac{1}{c^2}\frac{\partial^2 \boldsymbol{E}}{\partial t^2} = 0, \quad \nabla^2 \boldsymbol{H} - \frac{1}{c^2}\frac{\partial^2 \boldsymbol{H}}{\partial t^2} = 0 \tag{1-1-8}$$

这里，我们采用了算符 $\boldsymbol{\nabla}$，它在笛卡儿坐标系中可表示为

$$\boldsymbol{\nabla} \equiv \hat{\boldsymbol{i}}\frac{\partial}{\partial x} + \hat{\boldsymbol{j}}\frac{\partial}{\partial y} + \hat{\boldsymbol{k}}\frac{\partial}{\partial z} \tag{1-1-9a}$$

$$\boldsymbol{\nabla}^2 = \boldsymbol{\nabla} \cdot \boldsymbol{\nabla} = \frac{\partial^2}{\partial^2 x} + \frac{\partial^2}{\partial^2 y} + \frac{\partial^2}{\partial^2 z} \tag{1-1-9b}$$

式中，$\hat{\boldsymbol{i}}, \hat{\boldsymbol{j}}, \hat{\boldsymbol{k}}$ 分别为 x, y, z 坐标的单位矢量，"·"表示两个矢量的数性积.

在光的标量波理论中，光扰动 $\boldsymbol{E}$ 被看作标量，常以函数 U 表示. 于是，(1-1-8) 式可表示为

$$\boldsymbol{\nabla}^2 U - \frac{1}{c^2}\frac{\partial^2 U}{\partial t^2} = 0 \tag{1-1-10}$$

具有 (1-1-8) 和 (1-1-10) 式形式的微分方程称为**波动方程**.

1.1.4 波函数

波动方程的解称**波函数**. 它一般是时间和空间坐标的函数，它描述了光场中各点光扰动随时间变化的规律.

在不同情况下，波函数具有不同的形式. 最基本、最简单的波函数是平面波、球面波以及柱面波的波函数. 任何复杂的波都能表现为这些波函数的合成[3]. 而且，在实验室中利用光学器件很容易得到类似于它们的光波.

1.1.4.1 单色平面波

波前形状为平面的光波是**平面波**. 在与光波传播方向相垂直的平面上所有的场点具有相同的相位.

若光波在无限大、各向同性、均匀介质中传播，在原点处波场的光扰动为

$$E(0, t) = A\cos(\omega t + \phi) \tag{1-1-11}$$

式中，宗量 $(\omega t + \phi)$ 称为波函数的**相位**或**周相**[4]，A 为光波的**振幅**，ω 为光波的**圆频率**，ϕ 为原点处光扰动的**初相**，即 $t = 0$ 时刻的相位.

现在，让我们考虑光场中任意点 $P(x, y, z)$ 的光扰动具有怎样的形式. 若 $P(x, y, z)$ 点的矢径为 $\boldsymbol{r}$，以 $\hat{\boldsymbol{k}}_0$ 表示光波传播方向的单位矢量. 它在 x, y, z 轴的分量分别为 $\cos\alpha, \cos\beta, \cos\gamma$. 其中 α, β, γ 分别为 $\hat{\boldsymbol{k}}_0$ 与 x, y, z 轴的夹角. 若光速为 c，则 $P(x, y, z)$ 点的光扰动在时间上比原点滞后了 $\dfrac{\hat{\boldsymbol{k}}_0 \cdot \boldsymbol{r}}{c}$. 所以，任意点 $P(x, y, z)$ 的光扰动可以表示为

$$E(P, t) = A\cos\left[\omega(t - \frac{\hat{\boldsymbol{k}}_0 \cdot \boldsymbol{r}}{c}) + \phi\right] = A\cos[\omega t - \boldsymbol{k} \cdot \boldsymbol{r} + \phi] \tag{1-1-12}$$

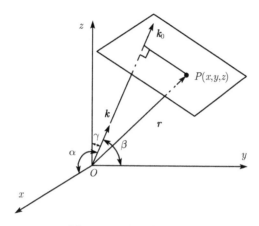

图 1-1-3 平面波示意图

这就是单色平面波的波函数. 式中, $\boldsymbol{k}$ 为**波矢量**(wave vector). 其定义为

$$\boldsymbol{k} \equiv \frac{\varpi}{c}\hat{\boldsymbol{k}}_0 = \frac{2\pi}{\lambda}\hat{\boldsymbol{k}}_0 \tag{1-1-13}$$

它的模 $k = \dfrac{2\pi}{\lambda}$ 称为波数, 它表示光波单位长度的相位变化.

波矢量与 $P(x,y,z)$ 点矢径 $\boldsymbol{r}$ 的数性积为

$$\boldsymbol{k} \cdot \boldsymbol{r} = k_x x + k_y y + k_z z \tag{1-1-14}$$

$$\left.\begin{array}{l} k_x = k\cos\alpha = 2\pi\dfrac{\cos\alpha}{\lambda} \\[4pt] k_y = k\cos\beta = 2\pi\dfrac{\cos\beta}{\lambda} \\[4pt] k_z = k\cos\gamma = 2\pi\dfrac{\cos\gamma}{\lambda} \end{array}\right\} \tag{1-1-15}$$

适当选择计时起点, 可使 $\phi = 0$, 这时平面波函数为

$$E(P,t) = A\cos(\omega t - \boldsymbol{k}\cdot\boldsymbol{r}) \tag{1-1-16}$$

若平面波沿 x 方向传播, 这时 $\alpha = 0, \beta = \gamma = \dfrac{\pi}{2}$, 便得

$$E(P,t) = A\cos(\omega t - kx) \tag{1-1-17}$$

若平面波沿 x 轴反方向传播, 这时 $\alpha = \pi$, 便得

$$E(P,t) = A\cos(\omega t + kx) \tag{1-1-18}$$

1.1.4.2 单色球面波

波前形状为球面的光波是**球面波**. 例如在各向同性、均匀介质中的点光源所发出的光波就是球面波. 其特点是: 具有球对称性, 若取坐标使原点与点光源重合. 在半径为 r 的同一个球面上, 任何点的光波振幅具有相同的数值 $E(r)$.

若点光源随时间的变化为 $\cos(\omega t+\phi)$，光波的传播速度为 c，则距离点光源为 r 处球面上各点的变化在时间上滞后了 $\dfrac{r}{c}$. 设该球面上光扰动的振幅为 $E(t,r)$，则有

$$E(r,t) = E(r)\cos\left[\omega\left(t-\dfrac{r}{c}\right)+\phi\right] = E(r)\cos(\omega t - kr + \phi) \tag{1-1-19}$$

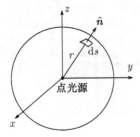

图 1-1-4　点光源发射的球面波示意图

在半径为 r 的球面，任意取一个微小的面元 $\mathrm{d}s$，其矢径为 $\boldsymbol{r}$，法矢量为 $\hat{\boldsymbol{n}} = \boldsymbol{r}/r$，注意到面元的法矢量与该点处的波速方向是一致的，且当面元 $\mathrm{d}s$ 足够小时，可以作为平面处理. 该面元处电磁场的坡印亭矢量或能流密度矢量为 $\boldsymbol{s}(r,t) = \varepsilon E^2(r,t)\left(\dfrac{\boldsymbol{r}}{r}\right)$，$\varepsilon$ 为介质的介电系数. 于是，在 t 时刻单位时间内通过该微小面元的能量为

$$c\boldsymbol{s}\cdot\hat{\boldsymbol{n}}\mathrm{d}s = c\varepsilon E^2(r,t)\mathrm{d}s \tag{1-1-20}$$

在 t 时刻单位时间内通过整个球面 S 的能量 $W(t)$ 为

$$W(t) = \iint\limits_S c\boldsymbol{s}\cdot\hat{\boldsymbol{n}}\mathrm{d}s = \iint\limits_S c\varepsilon E^2(r,t)\mathrm{d}s = c\varepsilon E^2(r,t)\iint\limits_S \mathrm{d}s = c\varepsilon E^2(r,t)4\pi r^2 \tag{1-1-21a}$$

将通过整个球面 S 的能量对时间求平均，对于恒定辐射功率的点光源，此平均值 $\overline{W}$ 为恒量. 即

$$\langle W(t)\rangle = \langle c\varepsilon E^2(r,t)4\pi r^2\rangle = c\varepsilon\langle E^2(r,t)\rangle 4\pi r^2 = c\varepsilon E^2(r)2\pi r^2 = \overline{W} = \text{const.} \tag{1-1-21b}$$

$$E(r) = \sqrt{\dfrac{\overline{W}}{2\pi c\varepsilon}}\dfrac{1}{r} = \dfrac{1}{r}KE_0 = \dfrac{A_0}{r} \tag{1-1-22}$$

式中，K 是与介质有关的常数，E_0 是与光源振幅有关的常数. 以 A_0 表示 KE_0，于是

$$E(t,r) = \dfrac{A_0}{r}\cos(\omega t - kr + \phi) \tag{1-1-23}$$

式中，A_0 称**光源强度**(source strength)，它等于离光源单位距离处光波的振幅.

适当选择计时起点，使 P_0 点光扰动的初相 $\phi = 0$，这时

$$E(r,t) = \dfrac{A_0}{r}\cos(\omega t - kr) \tag{1-1-24}$$

1.1.4.3　单色柱面波

波前形状为圆柱面的光波是**柱面波**. 例如在无限大、各向同性、均匀介质中的无限长线光源发出的光波就是柱面波. 譬如，位于 y 轴上的线光源，若其辐射功率

1.1 光的波动性描述

沿 y 轴处处相等,分布均匀,它发出的光波就具有对称于 y 轴的柱面波形的波前. 在半径相等的柱面上,任何点的光波振幅都具有相同的数值. 若光源随时间的变化为 $\cos(\omega t + \phi)$,光波的传播速度为 c,则距离点光源为 r 处柱面上各点的变化在时间上滞后于线光源 r/c. 设该柱面上光扰动的振幅为 $E(r,t)$,则可表示为

$$E(r,t) = E(r)\cos\left[\omega\left(t - \frac{r}{c}\right) + \phi\right] = E(r)\cos(\omega t - kr + \phi) \tag{1-1-25}$$

若线光源具有恒定的辐射功率,则单位时间内通过有限长柱面的平均能量是一定的. 对于半径为 r 的柱面,任意取一个微小的面元 ds,其法矢量为 $\hat{n} = \dfrac{\boldsymbol{r}}{r}$,该面元处电磁场的能流密度矢量或坡印亭矢量为 $\boldsymbol{s}(r,t) = \varepsilon E(r,t)^2\left(\dfrac{\boldsymbol{r}}{r}\right)$,则在 t 时刻单位时间内通过该微小面元的能量为

$$c\boldsymbol{s}(r,t)\cdot\boldsymbol{n}\mathrm{d}s = c\varepsilon E^2(r,t)\mathrm{d}s \tag{1-1-26}$$

取柱面坐标如图 1-1-5 所示,于是,$\mathrm{d}s = r\mathrm{d}\theta\mathrm{d}y$. 在带宽为 $\mathrm{d}y$,半径为 r 的圆柱环面元上,在时刻 t 单位时间通过的光能能量 $\mathrm{d}w(t)$ 为

$$\mathrm{d}w(t) = \int_0^{2\pi} c\varepsilon E^2(r,t) r\mathrm{d}\theta\mathrm{d}y = c\varepsilon E^2(r,t) 2\pi r\mathrm{d}y \tag{1-1-27}$$

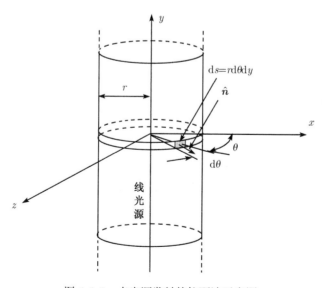

图 1-1-5 点光源发射的柱面波示意图

长度 l 的圆柱面上, 在时刻 t 单位时间通过的光能为

$$W(t) = \int_{-l/2}^{l/2} c\varepsilon E^2(r,t) 2r\pi \mathrm{d}y = c\varepsilon E^2(r,t) 2\pi r l \tag{1-1-28a}$$

长度 l 的圆柱面上, 单位时间通过的平均光能为

$$\widetilde{W} = \langle W(t)\rangle = \langle c\varepsilon E^2(r,t)2\pi rl\rangle = c\varepsilon \langle E^2(r,t)\rangle 2\pi rl = c\varepsilon E^2(r)\pi rl = \mathrm{const.} \tag{1-1-28b}$$

设线光源单位时间单位长度发出的平均光能为 $\bar{w}_0$, 则从长度 l 单位时间发出的全部平均光能为 $\bar{w}_0 l$. 于是,

$$\widetilde{W} = c\varepsilon E^2(r)\pi rl = \bar{w}_0 l \tag{1-1-29}$$

或

$$E(r) = \frac{1}{\sqrt{r}} \sqrt{\frac{\bar{w}_0}{c\pi\varepsilon}} \tag{1-1-30}$$

$$E(r) = \frac{1}{\sqrt{r}} K E_0 = \frac{1}{\sqrt{r}} A_0 \tag{1-1-31}$$

于是, 所考虑的圆柱面上的光扰动公式可表示为

$$E(r,t) = \frac{KE_0}{\sqrt{r}} \cos(\omega t - kr + \phi) = \frac{A_0}{\sqrt{r}} \cos(\omega t - kr + \phi) \tag{1-1-32}$$

这就是柱面波的波函数*. 式中 r 为 P 点离线光源的垂距, A_0 为光源强度.

平面波投射到开有一条细长狭缝的不透明屏上, 在屏后就能发射出类似柱面波的光波.

1.1.5 波函数的复数表示

根据尤拉公式:

$$\begin{cases} \exp(\mathrm{j}\theta) = \cos\theta + \mathrm{j}\sin\theta \\ \exp(-\mathrm{j}\theta) = \cos\theta - \mathrm{j}\sin\theta \end{cases} \tag{1-1-33}$$

余弦函数 $\cos\theta$ 是指数函数 $\exp(\mathrm{j}\theta)$ 或 $\exp(-\mathrm{j}\theta)$ 的实数部分. 以符号 $\mathrm{Re}(U)$ 表示括号内复数 U 的实数部分, 则下面两式均可以表示该实数部分:

$$\cos\theta = \mathrm{Re}\{\exp(\mathrm{j}\theta)\} \tag{1-1-34}$$

---

* 柱面波的严格数学处理是比较复杂的. 柱面波的波动方程为

$$\frac{1}{r}\frac{\partial}{\partial r}\left(r\frac{\partial U}{\partial r}\right) - \frac{1}{c^2}\frac{\partial^2 U}{\partial t^2} = 0$$

将时间变量分离后得到贝塞尔方程, 其解在 r 值增大时渐趋于简单的三角函数. 当 r 足够大时, 可将其表示为 (1-1-32) 式.

1.1 光的波动性描述

或
$$\cos\theta = \text{Re}\{\exp(-j\theta)\} \tag{1-1-35}$$

采用 (1-1-35) 式的表达形式, 可将平面波的波函数 (1-1-12) 式表示为

$$U(P,t) = \text{Re}\{A\exp[-j(\omega t - \boldsymbol{k}\cdot\boldsymbol{r} + \phi)]\} = \text{Re}\{A\exp[-j(\omega t + \Phi)]\} = \text{Re}\{u(P)\exp(-j\omega t)\} \tag{1-1-36}$$

式中
$$u(P) = A\exp(-j\Phi) = A\exp[j(\boldsymbol{k}\cdot\boldsymbol{r} - \phi)] \tag{1-1-37a}$$

$u(P)$ 称为光波的复数振幅或复振幅. 当初相 $\phi = 0$ 时, 平面波的复数振幅或复振幅简化为

$$u(P) = A\exp[j(\boldsymbol{k}\cdot\boldsymbol{r})] \tag{1-1-37b}$$

类似地, 球面波的复振幅可表为

$$u(P) = \frac{A_0}{r}\exp(\pm jkr) \tag{1-1-38}$$

式中, 正号对应于发散球面波, 负号对应于会聚球面波.

当然, 也可以采用 (1-1-34) 式, 将光波的复振幅表示为 $u(P) = A\exp(j\Phi) = A\exp[-j(\boldsymbol{k}\cdot\boldsymbol{r} - \phi)]$ 的形式. 这时, 平面波的复振幅为 $u(P) = A\exp(-j\boldsymbol{k}\cdot\boldsymbol{r})$, 发散球面波的复振幅为 $u(P) = \frac{A_0}{r}\exp(-jkr)$, 会聚球面波的复振幅为 $u(P) = \frac{A_0}{r}\exp(jkr)$.

本书中将全部采用 (1-1-35) 式表达的方式.

利用欧拉公式将波函数表示为复指数函数有许多好处, 以后我们会看到, 指数函数在叠加、微分、积分、乘除等运算上比三角函数更为简洁方便, 使许多物理问题的分析变得更容易处理.

1.1.6 空间频率

空间频率和空间频谱是傅里叶光学中的重要物理概念. 下面, 我们通过对单色平面波的讨论, 引入空间频率的概念.

考虑单色平面波在均匀、无限大、各向同性介质中的传播. 以 $\hat{\boldsymbol{k}}_0$ 表示其传播方向的单位矢量, 它在 x, y, z 轴的分量分别为 $\cos\alpha, \cos\beta, \cos\gamma$, 其中 α, β, γ 分别是 $\hat{\boldsymbol{k}}_0$ 与 x, y, z 轴的夹角. 设光场中任意点 $P(x, y, z)$ 的矢径为 $\boldsymbol{r}$, 则平面波的复振幅函数可表示为

$$u(x,y,z) = A\exp[j(\boldsymbol{k}\cdot\boldsymbol{r} - \phi)] = A\exp\left\{j\left[2\pi\left(\frac{\cos\alpha}{\lambda}x + \frac{\cos\beta}{\lambda}y + \frac{\cos\gamma}{\lambda}z\right) - \phi\right]\right\} \tag{1-1-39}$$

为研究平面波在 x 轴上的周期性. 取 $y=0, z=0, \phi=0$, 得

$$u(x,y,z) = A\exp(\mathrm{j}\boldsymbol{k}\cdot\boldsymbol{r}) = A\exp\left[\mathrm{j}2\pi\left(\frac{\cos\alpha}{\lambda}x\right)\right] \tag{1-1-40}$$

在 x 方向上平面波各个振动状态相同的点的位置为

$$2\pi\left(\frac{\cos\alpha}{\lambda}x\right) = \pm 2m\pi, \quad (m=0,1,2,3,\cdots)$$

或

$$x = \pm m\left(\frac{\lambda}{\cos\alpha}\right) = \pm mX \tag{1-1-41}$$

式中,

$$X = \frac{\lambda}{\cos\alpha} \tag{1-1-42}$$

X 是平面波沿 x 方向的空间周期. 类似的, y 和 z 方向的空间周期分别为

$$Y = \frac{\lambda}{\cos\beta} \tag{1-1-43}$$

$$Z = \frac{\lambda}{\cos\gamma} \tag{1-1-44}$$

以 f_x, f_y, f_z 分别表示 x, y, z 方向空间周期的倒数. 即

$$\begin{cases} f_x = \dfrac{1}{X} = \dfrac{\cos\alpha}{\lambda} \\ f_y = \dfrac{1}{Y} = \dfrac{\cos\beta}{\lambda} \\ f_z = \dfrac{1}{Z} = \dfrac{\cos\gamma}{\lambda} \end{cases} \tag{1-1-45}$$

它们的数值分别表示平面波沿 x, y, z 方向上单位长度内的变化周期数, 称作**空间频率**, 也就是平面波复振幅沿 x, y, z 方向上按指数函数周期变化的空间频率.

用空间频率 f_x, f_y, f_z, 可将 (1-1-39) 式改写为

$$u(x,y,z) = A\exp[\mathrm{j}(\boldsymbol{k}\cdot\boldsymbol{r}-\phi)] = A\exp\{\mathrm{j}[2\pi(f_xx+f_yy+f_zz)-\phi]\} \tag{1-1-46}$$

为便于说明问题, 我们考虑波矢量 $\boldsymbol{k}$ 位于 x,y 平面内, 并且初相位为零的情况. 这时, $f_z=0$, $\phi=0$, (1-1-46) 式变为

$$u(x,y,z) = A\exp[\mathrm{j}(\boldsymbol{k}\cdot\boldsymbol{r})] = A\exp[\mathrm{j}2\pi(f_xx+f_yy)] \tag{1-1-47}$$

当 $\alpha < \dfrac{\pi}{2}$, 即 $\cos\alpha > 0$ 时, x 方向上的空间频率 $f_x > 0$. 这时, x 取正值位置处的光扰动相位滞后于原点处的光扰动, x 坐标值越大的点光扰动相位越滞后. 如图 1-1-6

所示. 反之, 当 $\alpha > \dfrac{\pi}{2}$, 即 $\cos\alpha < 0$ 时, x 方向上的空间频率 $f_x < 0$. 这时, x 取正值位置处的光扰动相位超前于原点处的光扰动, 坐标值越大的点光扰动相位越超前. 如图 1-1-7 所示. 可见, 空间频率分量可为正, 也可为负. 对 x 分量而言, 分别对应于 $\alpha < \dfrac{\pi}{2}$, 及 $\alpha > \dfrac{\pi}{2}$ 的平面波, 即其波矢量的 x 分量是在 x 坐标的正向或是负向. 因此, 空间频率分量不仅其绝对值大小描述了光波在此方向上的空间频率, 而且其正负号描述了光波在此方向上的传播方向. 有时也用 α, β, γ 的余角 $\theta_x, \theta_y, \theta_z$ 来表示空间频率, 即

$$\begin{cases} \theta_x = \dfrac{\pi}{2} - \alpha \\ \theta_y = \dfrac{\pi}{2} - \beta \\ \theta_z = \dfrac{\pi}{2} - \gamma \end{cases} \tag{1-1-48}$$

$$\begin{cases} f_x = \dfrac{\cos\alpha}{\lambda} = \dfrac{\sin\theta_x}{\lambda} \\ f_y = \dfrac{\cos\beta}{\lambda} = \dfrac{\sin\theta_y}{\lambda} \\ f_z = \dfrac{\cos\gamma}{\lambda} = \dfrac{\sin\theta_z}{\lambda} \end{cases} \tag{1-1-49}$$

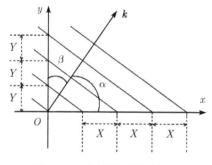

图 1-1-6 空间频率图示之一

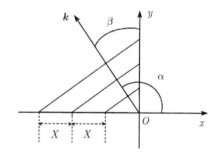

图 1-1-7 空间频率图示之二

空间频率是描述光波传播特征的参量, 它们的值可描述平面波的传播方向和波长. 每一组 f_x, f_y, f_z 的值对应一定方向传播的平面波. 波矢量 $\boldsymbol{k}$ 的三个分量与空间频率分量的关系如下式所示:

$$\begin{cases} k_x = k\cos\alpha = 2\pi f_x \\ k_y = k\cos\beta = 2\pi f_y \\ k_z = k\cos\gamma = 2\pi f_z \end{cases} \tag{1-1-50}$$

由于方位角满足下面的关系:

$$\cos^2\alpha + \cos^2\beta + \cos^2\gamma = 1 \tag{1-1-51}$$

因此,
$$\lambda^2 f_x^2 + \lambda^2 f_y^2 + \lambda^2 f_z^2 = 1 \tag{1-1-52}$$

于是,
$$f_z = \left(\frac{1}{\lambda}\right)\sqrt{1 - \lambda^2 f_x^2 - \lambda^2 f_y^2} \tag{1-1-53}$$

(1-1-52) 式可改写为
$$\sqrt{f_x^2 + f_y^2 + f_z^2} = \frac{1}{\lambda} = f \tag{1-1-54}$$

式中, $\frac{1}{\lambda} = f$ 为沿平面波传播方向的空间频率, 它表明空间频率的最大值是波长的倒数.

若已知平面波的空间频率 f_x, f_y, f_z, 就可以确定波矢量和平面波的传播方向. 事实上, 由 (1-1-49) 式可见, 用空间频率 f_x, f_y, f_z, 或用 α, β, γ 或用它们的余角 $\theta_x, \theta_y, \theta_z$ 来表示平面波传播方向是完全等价的.

1.2 数学基础

1.2.1 傅里叶变换

利用傅里叶分析方法可以将一个二维空间坐标函数 $f(x,y)$ 展开为无数指数函数 $\exp[j2\pi(f_x x + f_y y)]$ 的叠加:

$$f(x,y) = \int_{-\infty}^{\infty}\int_{-\infty}^{\infty} \tilde{f}(f_x, f_y) \exp[j2\pi(f_x x + f_y y)] \mathrm{d}f_x \mathrm{d}f_y \tag{1-2-1}$$

而
$$\tilde{f}(f_x, f_y) = \int_{-\infty}^{\infty}\int_{-\infty}^{\infty} f(x,y) \exp[-j2\pi(f_x x + f_y y)] \mathrm{d}x \mathrm{d}y \tag{1-2-2}$$

$\tilde{f}(f_x, f_y)$ 一般是复函数, 称为函数 $f(x,y)$ 的傅里叶变换. 而将函数 $f(x,y)$ 称为 $\tilde{f}(f_x, f_y)$ 的傅里叶逆变换. 常用符号 $F[\ ]$ 与 $F^{-1}[\ ]$ 分别表示对某函数作傅里叶变换和傅里叶逆变换运算的运算符号, 它们组成**傅里叶变换对**. 符号 $F[\ ]$ 也可称为**傅里叶正变换**.

$$F[f(x,y)] = \int_{-\infty}^{\infty}\int_{-\infty}^{\infty} f(x,y) \exp[-j2\pi(f_x x + f_y y)] \mathrm{d}x \mathrm{d}y = \tilde{f}(f_x, f_y) \tag{1-2-3}$$

$$F^{-1}[\tilde{f}(f_x, f_y)] = F^{-1}\{F[f(f_x, f_y)]\}$$
$$= \int_{-\infty}^{\infty}\int_{-\infty}^{\infty} \tilde{f}(f_x, f_y) \exp[j2\pi(f_x x + f_y y)] \mathrm{d}f_x \mathrm{d}f_y = f(x,y) \tag{1-2-4}$$

变换存在的条件是

(1) $f(x,y)$ 在全平面绝对可积;

(2) $f(x,y)$ 在全平面只有有限个间断点, 在任何有限的区域内只有有限个极值;

(3) $f(x,y)$ 没有无穷大型间断点.

以上条件并非必要, 实际上, "物理的真实" 就是变换存在的充分条件 [6].

傅里叶变换式表明, 函数 $f(x,y)$ 可以表示为无限多形式为 $\exp[\mathrm{j}2\pi(f_x x + f_y y)]$ 的基元函数的组合, 每一项 $\tilde{f}(f_x, f_y)\exp[\mathrm{j}2\pi(f_x x + f_y y)]$ 表示一个空间频率成分. 也就是说, 把函数 $f(x,y)$ 分解为无限多的空间频率成分. 而函数 $\tilde{f}(f_x, f_y)\mathrm{d}f_x\mathrm{d}f_y$ 给出空间频率为 f_x 到 $f_x + \mathrm{d}f_x$, f_y 到 $f_y + \mathrm{d}f_y$ 范围内的成分所占的比例 (权重) 的大小. 因此, $\tilde{f}(f_x, f_y)$ 称为空间频率谱, 或简称**空间频谱**, 或**频谱**.

傅里叶变换式也可理解为: 把复函数 $f(x,y)$ 分解为无数平面波的叠加. 每一个基元函数 $\exp[\mathrm{j}2\pi(f_x x + f_y y)]$ 代表了一个波矢量为 $\boldsymbol{k}(2\pi f_x, 2\pi f_y, 2\pi f_z)$(式中 f_z 由 (1-1-53) 式确定)、或传播方向为 $\cos\alpha = \lambda f_x, \cos\beta = \lambda f_y, \cos\gamma = \lambda f_z$, 振幅为 $\tilde{f}(f_x, f_y)\mathrm{d}f_x\mathrm{d}f_y$ 的单色平面波. (1-2-2) 式中的 $\tilde{f}(f_x, f_y)$ 也可以利用方向余弦表示为

$$\tilde{f}\left(\frac{\cos\alpha}{\lambda}, \frac{\cos\alpha}{\lambda}, z\right) = \int_{-\infty}^{\infty}\int_{-\infty}^{\infty} f(x,y,z)\exp\left[-\mathrm{j}2\pi\left(\frac{\cos\alpha}{\lambda}x + \frac{\cos\beta}{\lambda}y\right)\right]\mathrm{d}x\mathrm{d}y \tag{1-2-5}$$

由于光波复振幅分布的空间频率谱以平面波传播方向的方位角为宗量, 因此, 将它称为**角谱**(angular spectrum) 或**平面波角谱**.

傅里叶变换有许多重要的性质, 以后常需使用到它们, 下面, 我们将逐一进行介绍 [7]:

1.2.1.1 线性性质

若 $F[f_1(x,y)] = \tilde{f}_1(f_x, f_y)$, $F[f_2(x,y)] = \tilde{f}_2(f_x, f_y)$, 且 A_1 和 A_2 为两个任意的常数, 则

$$F[A_1 f_1(x) + A_2 f_2(x)] = A_1\tilde{f}_1(f_x) + A_2\tilde{f}_2(f_x) \tag{1-2-6}$$

即**两函数的线形组合的傅里叶变换等于它们各自傅里叶变换的线形组合**.

此性质对于研究线性成像系统 (LSI systems) 非常重要, 因为它允许我们将所有单个信号的频谱简单地相加而获得组合信号的频谱.

1.2.1.2 缩放及反演性质

若 $f(x)$ 与 $\tilde{f}(f_x)$ 是傅里叶变换对，a 是大于零的非零实数，则

$$F[f(\frac{x}{a})] = \int_{-\infty}^{\infty} f\left(\frac{x}{a}\right) \exp(-\mathrm{j}2\pi f_x x) \mathrm{d}x = a\int_{-\infty}^{\infty} f\left(\frac{x}{a}\right) \exp\left(-\mathrm{j}2\pi a f_x \frac{x}{a}\right) \mathrm{d}\frac{x}{a}$$

$$= a\int_{-\infty}^{\infty} f(x') \exp(-2\pi a f_x x') \mathrm{d}x' = a\tilde{f}(af_x)$$

若 $a < 0$，

$$F[f(\frac{x}{a})] = \int_{-\infty}^{\infty} f\left(\frac{x}{a}\right) \exp(-\mathrm{j}2\pi f_x x) \mathrm{d}x = a\int_{-\infty}^{\infty} f\left(\frac{x}{a}\right) \exp\left(-\mathrm{j}2\pi a f_x \frac{x}{a}\right) \mathrm{d}\frac{x}{a}$$

$$= a\int_{\infty}^{-\infty} f(x') \exp(-2\pi a f_x x') \mathrm{d}x' = |a|\int_{-\infty}^{\infty} f(x') \exp(-2\pi a f_x x') \mathrm{d}x' = |a|\tilde{f}(af_x)$$

故普遍地，我们有

$$F\left[f\left(\frac{x}{a}\right)\right] = |a|\tilde{f}(af_x) \tag{1-2-7}$$

当 $f_x = 0$ 时，

$$F[f(x)]|_{f_x=0} = \int_{-\infty}^{\infty} f(x) \exp(-\mathrm{j}2\pi f_x x) \mathrm{d}x = \int_{-\infty}^{\infty} f(x) \mathrm{d}x = \tilde{f}(0) \tag{1-2-8a}$$

同样，

$$f(0) = \int_{-\infty}^{\infty} \tilde{f}(f_x) \mathrm{d}f_x \tag{1-2-8b}$$

(1-2-8a) 和 (1-2-8b) 两式表明，原函数所包围的面积等于其傅里叶变换在坐标原点之取值，反之亦然. 若某函数保持其高度不变，当其宽度增加时，其傅里叶变换将变窄，并且变高；反之，当其宽度减窄时，其傅里叶变换将变宽，并且变矮. 简言之，空域中信号展宽引起频域中信号压缩，图 1-2-1 表示了一个具体的示例.

通常，将函数曲线所包围的面积与曲线的峰值 (曲线的高度) 之比定义为曲线的**宽度**. 即曲线的宽度 Δx 或 Δf_x 乘曲线的峰值 (曲线的高度)$f(0)$ 或 $\tilde{f}(0)$ 等于曲线所包围的面积.

$$\int_{-\infty}^{\infty} f(x) \mathrm{d}x = \tilde{f}(0) = f(0)\Delta x \tag{1-2-9a}$$

$$\int_{-\infty}^{\infty} \tilde{f}(f_x) \mathrm{d}f_x = f(0) = \tilde{f}(0)\Delta f_x \tag{1-2-9b}$$

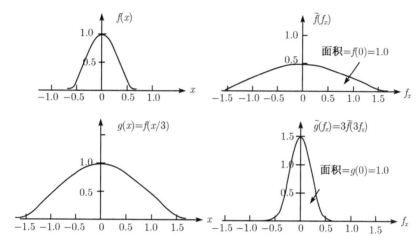

图 1-2-1 傅里叶变换缩放性质示意图

合并 (1-2-9a) 和 (1-2-9b) 两式,我们有

$$\Delta x \Delta f_x = 1 \qquad (1\text{-}2\text{-}10)$$

(1-2-10) 式表示的关系,也被称为**带宽定理**,它表明:**空域中的带宽与相应频域中的带宽的乘积为等于 1 的恒量,或空域中的带宽等于相应频域中带宽的倒数**.

这种关系实质上是量子光学中微观粒子的位置与动量之间的测不准原理的宏观表现. 单缝的衍射就是一个很好的实例,在后面 2.5.2 节中我们将看到:在空域中单缝越窄时,在频域中衍射光的展宽越宽. 它意味着微观光子的空间位置测得越准,则其动量就测得越不准. 空间频率实际上反映了光子的动量. 此外,在光学中许多物理量之间存有这种关系. 如准单色光的频谱宽度和波列持续时间的关系,在后面第 3 章中我们将看到,当频谱宽度越窄即单色性越好时,波列持续时间越长. 反之,波列持续时间越短,频谱宽度越宽,即单色性越差. 这也反映了微观中作为发光基元的原子,其能级展宽 (相应的辐射频率展宽) 与激发态寿命 (持续时间) 之间的关系等.

此外,若 $a = -1$,则有

$$F[f(-x)] = \tilde{f}(-f_x) \qquad (1\text{-}2\text{-}11a)$$

更普遍地,我们有

$$F[f(-x,-y)] = \tilde{f}(-f_x,-f_y) \qquad (1\text{-}2\text{-}11b)$$

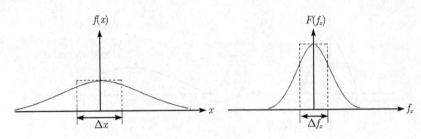

图 1-2-2　带宽定理示意图

这就是说，**原函数的反演对应于变换函数的反演**. 上述变换性质称为**反演**(inversion) 或**对称性**(symmetry).

1.2.1.3　位移与相移性质

若 $f(x)$ 和 $\tilde{f}(f_x)$ 是傅里叶变换对，x_0 是一个可以是零的实数，则

$$\begin{aligned}
F[f(x-x_0)] &= \int_{-\infty}^{\infty} f(x-x_0)\exp(-\mathrm{j}2\pi f_x x)\mathrm{d}x \\
&= \exp(-\mathrm{j}2\pi x_0)\int_{-\infty}^{\infty} f(x-x_0)\exp[-\mathrm{j}2\pi f_x(x-x_0)]\mathrm{d}(x-x_0) \\
&= \exp(-\mathrm{j}2\pi f_x x_0)\tilde{f}(f_x)
\end{aligned} \tag{1-2-12}$$

即原函数的平移引起变换函数的相移. 或空域信号的平移引起频域信号的相移.

1.2.1.4　共轭函数的变换性质

若 $f(x)$ 和 $\tilde{f}(f_x)$ 是傅里叶变换对，则 $f(x)$ 的共轭函数 $f^*(x)$ 的傅里叶变换为

$$\begin{aligned}
F[f^*(x)] &= \int_{-\infty}^{\infty} f^*(x)\exp(-\mathrm{j}2\pi f_x x)\mathrm{d}x = \left[\int_{-\infty}^{\infty} f(x)\exp(\mathrm{j}2\pi f_x x)\mathrm{d}x\right]^* \\
&= \left[\int_{-\infty}^{\infty} f(x)\exp[-\mathrm{j}2\pi(-f_x)x]\mathrm{d}x\right]^* \\
&= \left[\tilde{f}(-f_x)\right]^* = \tilde{f}^*(-f_x)
\end{aligned} \tag{1-2-13}$$

同样，

$$F[f^*(-x)] = \tilde{f}^*(f_x) \tag{1-2-14}$$

具有上述性质的函数称为**厄米函数**(Hermite function).

1.2.1.5 变换的变换

若 $f(x)$ 和 $\tilde{f}(f_x)$ 是傅里叶变换对,则

$$F^{-1}F[f(x)] = F^{-1}\left[\tilde{f}(f_x)\right] = f(x) \tag{1-2-15}$$

即对原函数的傅里叶变换再作一次傅里叶逆变换仍得到原函数.

这个变换一次又逆变换一次的操作看来似乎是多余的,其实不然,以后会见到,有时这样的两次运算会给问题的解决带来许多方便. 在第 2 章、第 5 章中将多次应用到这种运算.

下面,我们再看对原函数的傅里叶变换再作一次傅里叶变换会得到什么样的结果:

$$
\begin{aligned}
FF[f(x)] = F[\tilde{f}(f_x)] &= \int_{-\infty}^{\infty} \tilde{f}(f_x) \exp(-\mathrm{j}2\pi f_x x) \mathrm{d}f_x] \\
&= \int_{-\infty}^{\infty} \int_{-\infty}^{\infty} f(x') \exp(-\mathrm{j}2\pi f_x x') \exp(-\mathrm{j}2\pi f_x x) \mathrm{d}f_x \mathrm{d}x' \\
&= \int_{-\infty}^{\infty} f(x') \mathrm{d}x' \int_{-\infty}^{\infty} \exp[-\mathrm{j}2\pi f_x (x + x')] \mathrm{d}f_x \\
&= \int_{-\infty}^{\infty} f(x') \delta(x + x') \mathrm{d}x' = f(-x)
\end{aligned}
\tag{1-2-16}
$$

即对原函数的傅里叶变换再作一次傅里叶变换得到原函数的反演.

1.2.1.6 Passeval 定理

下面的关系式称为 Passeval 定理:

$$\int_{-\infty}^{\infty} \left|f(x)\right|^2 \mathrm{d}x = \int_{-\infty}^{\infty} \left|\tilde{f}(f_x)\right|^2 \mathrm{d}f_x \tag{1-2-17}$$

它实际上是能量守恒定律的表述. $\left|f(x)\right|^2$ 反映了空域中的能量或功率的分布,而 $\left|\tilde{f}(f_x)\right|^2$ 反映了频域中的能量或功率的分布,常称作**功率谱**.

此关系式可证明如下:

$$
\begin{aligned}
\int_{-\infty}^{\infty} \left|f(x)\right|^2 \mathrm{d}x &= \int_{-\infty}^{\infty} f(x) f^*(x) \mathrm{d}x \\
&= \int_{-\infty}^{\infty} \mathrm{d}x \int_{-\infty}^{\infty} \tilde{f}(f_x) \exp(\mathrm{j}2\pi f_x x) \mathrm{d}f_x \int_{-\infty}^{\infty} \tilde{f}^*(f_x') \exp(-\mathrm{j}2\pi f_x' x) \mathrm{d}f_x'
\end{aligned}
$$

$$= \int_{-\infty}^{\infty} \tilde{f}(f_x) \mathrm{d}f_x \int_{-\infty}^{\infty} \tilde{f}^*(f_x') \mathrm{d}f_x' \int_{-\infty}^{\infty} \exp[\mathrm{j}2\pi(f_x - f_x')x] \mathrm{d}x$$

$$= \int_{-\infty}^{\infty} \tilde{f}(f_x) \mathrm{d}f_x \int_{-\infty}^{\infty} \tilde{f}^*(f_x') \delta(f_x - f_x') \mathrm{d}f_x'$$

$$= \int_{-\infty}^{\infty} \tilde{f}(f_x) \tilde{f}^*(f_x) \mathrm{d}f_x$$

$$= \int_{-\infty}^{\infty} \left| \tilde{f}(f_x) \right|^2 \mathrm{d}f_x$$

1.2.2 卷积和相关

卷积(convolution) 的定义是

$$f(x) \otimes g(x) \equiv \int_{-\infty}^{\infty} f(x') g(x - x') \mathrm{d}x' \tag{1-2-18}$$

式中, 符号 "$\otimes$" 表示卷积运算. 此符号也常表示为 "$*$", 即 (1-2-18) 式也可表示为

$$f(x) * g(x)$$

根据卷积运算定义, 容易得到

$$f(x) \otimes g(x) = g(x) \otimes f(x) \quad \text{或} \quad f(x) * g(x) = g(x) * f(x) \tag{1-2-19}$$

1.2.2.1 卷积的变换

首先, 我们考虑两函数卷积的傅里叶变换和原函数之间的关系:

$$\begin{aligned} F[f(x) \otimes g(x)] &= F\left[\int_{-\infty}^{\infty} f(x') g(x - x') \mathrm{d}x' \right] \\ &= \int_{-\infty}^{\infty} \int_{-\infty}^{\infty} f(x') g(x - x') \exp(-\mathrm{j}2\pi f_x x) \mathrm{d}x \mathrm{d}x' \\ &= \int_{-\infty}^{\infty} f(x') \exp(-\mathrm{j}2\pi f_x x') \mathrm{d}x' \int_{-\infty}^{\infty} g(x - x') \exp[-\mathrm{j}2\pi f_x (x - x')] \mathrm{d}x \\ &= \tilde{f}(f_x) \cdot \tilde{g}(f_x) \end{aligned}$$

$$\tag{1-2-20}$$

上面的结果表明: **两函数卷积的傅里叶变换等于它们各自傅里叶变换的乘积**.

下面, 我们再考虑两函数乘积的傅里叶变换和原函数的关系:

$$\begin{aligned} F[f(x) g(x)] &= \int_{-\infty}^{\infty} f(x) g(x) \exp(-\mathrm{j}2\pi f_x x) \mathrm{d}x \\ &= \int_{-\infty}^{\infty} \int_{-\infty}^{\infty} f(x) \tilde{g}(f_x') \exp(\mathrm{j}2\pi f_x' x) \exp(-\mathrm{j}2\pi f_x x) \mathrm{d}f_x' \mathrm{d}x \end{aligned}$$

1.2 数学基础

$$\begin{aligned}
&= \int_{-\infty}^{\infty} \tilde{g}(f'_x) \mathrm{d}f'_x \int_{-\infty}^{\infty} f(x) \exp[-\mathrm{j}2\pi(f_x - f'_x)x] \mathrm{d}x \\
&= \int_{-\infty}^{\infty} \tilde{g}(f'_x) \tilde{f}(f_x - f'_x) \mathrm{d}f'_x \\
&= \tilde{g}(f_x) \otimes \tilde{g}(f_x)
\end{aligned} \tag{1-2-21}$$

结果表明：**两函数乘积的傅里叶变换等于它们各自傅里叶变换的卷积**.

1.2.2.2 互相关

两函数 $f(x)$ 和 $g(x)$ 的互相关定义为

$$f(x) \star g(x) \equiv \int_{-\infty}^{\infty} f(x') g(x' - x) \mathrm{d}x' \tag{1-2-22a}$$

或

$$f(x) \star g(x) \equiv \int_{-\infty}^{\infty} f(x' + x) g(x') \mathrm{d}x' \tag{1-2-22b}$$

形式上有些类似卷积, 但有着重要的差别. 两函数不对称, 不可互换. 即

$$f(x) \star g(x) \neq g(x) \star f(x)$$

不过, 互相关也可用卷积形式表示.

因

$$\begin{aligned}
f(x) \otimes g(-x) &= \int_{-\infty}^{\infty} f(x') g[-(x - x')] \mathrm{d}x' \\
&= \int_{-\infty}^{\infty} f(x') g(x' - x) \mathrm{d}x'
\end{aligned}$$

我们有

$$f(x) \star g(x) = f(x) \otimes g(-x) \tag{1-2-23}$$

两复函数 $f(x)$ 和 $g(x)$ 的复互相关定义为

$$\gamma_{fg} \equiv f(x) \star g^*(x) \tag{1-2-24a}$$

或

$$\gamma_{fg} \equiv \int_{-\infty}^{\infty} f(x') g^*(x' - x) \mathrm{d}x' \tag{1-2-24b}$$

或

$$\gamma_{fg} \equiv \int_{-\infty}^{\infty} f(x' + x) g^*(x') \mathrm{d}x' \tag{1-2-24c}$$

也可表示为卷积形式：
$$\gamma_{fg} = f(x) \otimes g^*(-x) \tag{1-2-24d}$$

注意到
$$\gamma_{gf} = g(x) \star f^*(x) = \int_{-\infty}^{\infty} g(x') f^*(x'-x) dx' = \int_{-\infty}^{\infty} g(x'+x) f^*(x') dx'$$
$$= \left[\int_{-\infty}^{\infty} g^*(x'+x) f(x') dx'\right]^* = \left[\int_{-\infty}^{\infty} f(x') g^*[x'-(-x)] dx'\right]^*$$
$$= [\gamma_{fg}(-x)]^*$$

即
$$\gamma_{fg}^*(-x) = \gamma_{gf}(x) \tag{1-2-25a}$$

同样，我们有
$$\gamma_{fg}(x) = \gamma_{gf}^*(-x) \tag{1-2-25b}$$

1.2.2.3 自相关

函数 $f(x)$ 的自相关定义为
$$\gamma_f(x) = f(x) \star f^*(x) \tag{1-2-26}$$

在互自相关定义式中，若 $f(x) = g(x)$，就得到函数 $f(x)$ 的自相关：
$$\gamma_{ff} = f(x) \star f^*(x) = \int_{-\infty}^{\infty} f(x') f^*(x'-x) dx' = \int_{-\infty}^{\infty} f(x'+x) f^*(x') dx'$$

因为是同一个函数，常将下标的两个 f 就省略去一个，以 $\gamma_f(x)$ 表示. 它也可以表示为卷积的形式，即
$$\gamma_f(x) = f(x) \star f^*(x) = f(x) \otimes f^*(-x) \tag{1-2-27}$$

并且
$$\gamma_f(x) = \gamma_f^*(-x) \tag{1-2-28}$$

考虑 $|f(x)|^2 = f(x) f^*(x)$ 的傅里叶变换：
$$F[|f(x)|^2] = F[f(x) f^*(x)] = \tilde{f}(f_x) \otimes \tilde{f}^*(-f_x) = \tilde{f}(f_x) \star \tilde{f}^*(f_x) \tag{1-2-29}$$

类似地
$$F^{-1}\left|\tilde{f}(f_x)\right|^2 = F^{-1}\left[\tilde{f}(f_x) \tilde{f}^*(f_x)\right] = f(x) \star f^*(x) \tag{1-2-30}$$

1.2 数学基础

也就是

$$\gamma_f(x) = f(x) \star f^*(x) = F^{-1}\left[\tilde{f}(f_x)\tilde{f}^*(f_x)\right] = F^{-1}\left[\left|\tilde{f}(f_x)\right|^2\right] \tag{1-2-31}$$

在时间和频率空间也有对应的关系, 即某函数在时域内的自相关等于其傅里叶变换的平方 (即频域内功率谱) 的傅里叶逆变换.

$$\begin{aligned} f(t) \star f^*(t) &= F^{-1}\left[\tilde{f}(\nu)\tilde{f}^*(\nu)\right] \\ &= F^{-1}\left[\left|\tilde{f}(\nu)\right|^2\right] = F^{-1}\left[I(\nu)\right] \end{aligned} \tag{1-2-32}$$

表 1-2-1 列出了上述卷积、互相关和自相关的傅里叶变换关系.

表 1-2-1 卷积、互相关和自相关的傅里叶变换关系

$f(x) \otimes g(x)$	$\tilde{f}(f_x)\tilde{g}(f_x)$
$f(x)g(x)$	$\tilde{f}(f_x) \otimes \tilde{g}(f_x)$
$f(x) \star g(x)$	$\tilde{f}(f_x)\tilde{g}(-f_x)$
$f(x)g(-x)$	$\tilde{f}(f_x) \star \tilde{g}(f_x)$
$\gamma_{fg}(x) = f(x) \star g^*(x)$	$\tilde{f}(f_x)\tilde{g}^*(f_x)$
$f(x)g^*(x)$	$\gamma_{FG}(f_x) = \tilde{f}(f_x) \star \tilde{g}^*(f_x)$
$\gamma_f(x) = f(x) \star f^*(x)$	$\left|\tilde{f}(f_x)\right|^2$
$\|f(x)\|^2$	$\tilde{f}(f_x) \star \tilde{f}^*(f_x)$

1.2.3 Delta 函数

Delta 函数是由于物理上的需要而创造的一个数学函数. 例如, 点光源、电脉冲 (电流脉冲、电压脉冲) 等. 这个函数曾被数学界认为是不够严格的, 而现在已经被数学界所接受.

譬如, 以 Delta 函数表示总能量一定的脉冲, 脉冲持续时间越短, 其幅度越高. 有如一个面团, 其体积一定时, 拉得越高, 变得越细. 拉到无限高, 变得无限细.

1.2.3.1 Delta 函数的定义及其性质

1. 定义

$$\delta(x - x_0) \equiv 0, \quad x \neq x_0 \tag{1-2-33a}$$

$$\int_{x_1}^{x_2} f(x)\delta(x - x_0)\mathrm{d}x \equiv f(x_0), \quad x_2 > x_0 > x_1 \tag{1-2-33b}$$

(1-2-33) 式常称为 Delta 函数的**筛选性质**(sifting property)[7]. 利用 Delta 函数可筛选出函数 $f(x)$ 在某确定点 x_0 的取值 $f(x_0)$.

2. 缩放性质
$$\delta(ax - x_0) = \frac{1}{|a|}\delta\left(x - \frac{x_0}{a}\right) \tag{1-2-34}$$

当变量 x 增大 a 倍时,Delta 函数在 x 轴上缩小 $|a|$ 倍.

$$\delta\left(\frac{x - x_0}{b}\right) = |b|\,\delta(x - x_0) \tag{1-2-35}$$

类似地,当变量 x 缩小 b 倍时,Delta 函数在 x 轴上增大 $|b|$ 倍.

注意到
$$\delta(x - x_0) = \delta(-x + x_0) \tag{1-2-36}$$

$$\delta(-x) = \delta(x) \tag{1-2-37}$$

即 Delta 函数具有偶函数的性质.

3. 乘积性质
$$f(x)\delta(x - x_0) = f(x_0)\delta(x - x_0) \tag{1-2-38}$$

$$x\delta(x - x_0) = x_0\delta(x - x_0) \tag{1-2-39}$$

$$\delta(x)\delta(x - x_0) = 0, \quad x_0 \neq 0 \tag{1-2-40}$$

此外,$\delta(x - x_0)\delta(x - x_0)$ 是没有意义的.

4. 积分性质
$$\int_{-\infty}^{\infty} A\delta(x - a)\mathrm{d}x = A \tag{1-2-41}$$

$$\int_{-\infty}^{\infty} \delta(x - a)\mathrm{d}x = 1 \tag{1-2-42}$$

$$\int_{-\infty}^{\infty} \delta(x - a)\delta(x' - x)\mathrm{d}x = \delta(x' - a) \tag{1-2-43}$$

1.2.3.2 Delta 函数的几种不同的表达形式

任何具有上述性质的函数都可看作是一个 Delta 函数. 这样的函数有不少, 最重要的有以下 [8,9] 函数.

以 $G_a(x)$ 表示高斯函数:

$$G_a(x) = \frac{1}{\sigma\sqrt{2\pi}} \exp\left[-\frac{(x-a)^2}{2\sigma^2}\right] \tag{1-2-44}$$

它具有归一化的面积:

$$\int_{-\infty}^{\infty} G_a(x)\mathrm{d}x = 1 \qquad (1\text{-}2\text{-}45)$$

不论 σ 取值如何, 函数 $G_a(x)$ 在 $x = a$ 处取值为 $\dfrac{1}{\sigma\sqrt{2\pi}}$, 并具有约等于 σ 的宽度. 于是, 当 $\sigma \to 0$ 时, 它具有和 Delta 函数完全相同的性质. 这样, 我们就有

$$\delta(x-a) = \lim_{\sigma \to 0} \frac{1}{\sigma\sqrt{2\pi}} \exp\left[-\frac{(x-a)^2}{2\sigma^2}\right] \qquad (1\text{-}2\text{-}46)$$

更详细的证明可参看文献 [8].

类似地, 不论 g 取值如何, 函数 $\dfrac{\sin g(x-a)}{\pi(x-a)}$ 在 $x = a$ 附近处有一个极其尖锐的峰值. 这样, 我们就有

$$\delta(x-a) = \lim_{g \to \infty} \frac{\sin g(x-a)}{\pi(x-a)} \qquad (1\text{-}2\text{-}47)$$

注意到

$$\frac{1}{2\pi}\int_{-g}^{g} \exp\left[\pm \mathrm{j}k(x-a)\right]\mathrm{d}k = \frac{\sin[g(x-a)]}{\pi(x-a)} \qquad (1\text{-}2\text{-}48)$$

于是, 我们得到 Delta 函数的又一种表示形式:

$$\begin{aligned}\delta(x-a) &= \frac{1}{2\pi}\int_{-\infty}^{\infty} \exp[\pm \mathrm{j}k(x-a)]\mathrm{d}k \\ &= \int_{-\infty}^{\infty} \exp[\pm \mathrm{j}2\pi f(x-a)]\mathrm{d}f\end{aligned} \qquad (1\text{-}2\text{-}49)$$

1.2.4 一些常用函数

1.2.4.1 矩形函数

矩形函数 (rectangle function) 又称门函数(gating function), 也可表为 $\Pi\left(\dfrac{x-x_0}{b}\right)$. 定义为

$$\mathrm{rect}\left[\frac{x-x_0}{b}\right] = \begin{cases} 1, & \left|\dfrac{x-x_0}{b}\right| < \dfrac{1}{2} \\ 0, & \left|\dfrac{x-x_0}{b}\right| \geqslant \dfrac{1}{2} \end{cases} \qquad (1\text{-}2\text{-}50)$$

它的高度为 1, 中心在 $x = x_0$ 点, 它的宽度和面积都等于 $|b|$, 如图 1-2-3 所示. 当 $x_0 = 0$ 时, 我们有

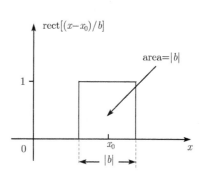

图 1-2-3　矩形函数

$$\text{rect}\left(\frac{x}{b}\right) = \begin{cases} 1, & \left|\frac{x}{b}\right| < \frac{1}{2} \\ 0, & \left|\frac{x}{b}\right| \geqslant \frac{1}{2} \end{cases} \tag{1-2-51}$$

1.2.4.2 三角状函数

三角状函数 (triangle function) 的定义为

$$\text{tri}\left(\frac{x-x_0}{b}\right) = \begin{cases} 0, & |(x-x_0)/b| \geqslant 1 \\ 1 - |(x-x_0)/b|, & |(x-x_0)/b| < 1 \end{cases} \tag{1-2-52}$$

当 $x_0 = 0$ 时, 我们有

$$\text{tri}\left(\frac{x}{b}\right) = \begin{cases} 0, & |x/b| \geqslant 1 \\ 1 - |x/b|, & |x/b| < 1 \end{cases} \tag{1-2-53}$$

三角状函数的中心在 $x = x_0$ 点, 高度为 1, 宽度等于 $2|b|$, 面积等于 $|b|$, 如图 1-2-4 所示.

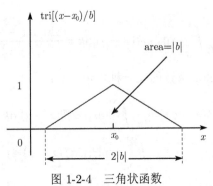

图 1-2-4 三角状函数

1.2.4.3 辛克函数

根据 Bracewell 的建议[10], 辛克函数 (又称 sinc function, 变换函数) 的定义是

$$\text{sinc}\, x = \frac{\sin(\pi x)}{\pi x} \tag{1-2-54}$$

它是两个奇函数 $\sin \pi x$ 和 $\dfrac{1}{\pi x}$ 相乘的偶函数, 对称于原点. 之所以在这个函数中要包括有 π 的因子. 为的是将函数的零点设置在 $x = \pm 1, \pm 2, \cdots$ 这些位置. 否则, 如没有这个因子, 函数的零点将位于 $\pm \pi, \pm 2\pi, \pm 3\pi, \cdots$ 等这些点. 因此, Bracewell 的定义带来许多的简便.

当 $x = 0$ 时, 其分母和分子都为 0, 辛克函数为不定式. 此时, 使用罗必达法则, 分别对分母和分子求导而得

$$\lim_{x \to 0} \frac{\sin \pi x}{\pi x} = \lim_{x \to 0} \frac{\pi \cos \pi x}{\pi} = 1$$

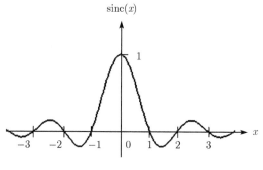

图 1-2-5 辛克函数

函数的高度为 1, 在两侧头一个零点间的宽度为 2, 面积为 1. 在 $|x| > 1$ 区间是一条振幅为双曲线 $\dfrac{1}{\pi x}$ 所包络的正弦函数.

1.2.4.4 高斯函数

高斯函数 (Gaussian function) 的定义是

$$\text{Gaus}\left(\frac{x-x_0}{a}\right) = \exp\left[-\pi\left(\frac{x-x_0}{a}\right)^2\right] \quad (1\text{-}2\text{-}55)$$

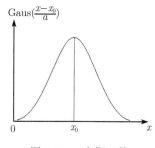

图 1-2-6 高斯函数

这个定义也是根据 Bracewell 的建议 [10], 由于其指数项包含了因子 π, 这时, 高斯函数的高度为 1, 面积等于 $|a|$, 如图 1-2-6 所示.

1.2.4.5 阶跃函数

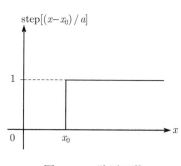

图 1-2-7 阶跃函数

阶跃函数 (step function) 的定义是

$$\text{step}\left(\frac{x-x_0}{a}\right) = \begin{cases} 0, & x \leqslant x_0 \\ 1, & x > x_0 \end{cases} \quad (1\text{-}2\text{-}56)$$

如图 1-2-7 所示, 在点 $x = x_0$ 处是不连续的.

阶跃函数可以当作"开关"(switch) 的功能来使用. 例如, 当 $a = x_0 = 1$ 时, 将余弦函数 $\cos 2\pi x$ 与它相乘 $\text{step}(x-1)\cos(2\pi x)$. 于是该余弦函数在 $x \leqslant 1$ 时为零, 大于 1 时为 $\cos 2\pi x$, 犹如该余弦函数信号 (譬如交流电压) 在 $x = 1$ 点被打开一样.

1.2.4.6 符号函数

符号函数 (sign function) 的定义是

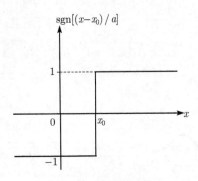

$$\operatorname{sgn}\left(\frac{x-x_0}{a}\right)=\begin{cases}-1, & x<x_0\\ 0, & x=x_0\\ 1, & x>x_0\end{cases} \quad (1\text{-}2\text{-}57)$$

可以看到,它与阶跃函数的关系可以用下面的公式表示为

$$\operatorname{sgn}\left(\frac{x-x_0}{a}\right)=2\operatorname{step}\left(\frac{x-x_0}{a}\right)-1$$

图 1-2-8 符号函数

1.2.4.7 圆域函数

圆域函数 (circle function) 的定义为

$$\operatorname{circ}\left(\frac{r}{a}\right)=\begin{cases}1, & r<a\\ 0 & r\geqslant a\end{cases} \quad (1\text{-}2\text{-}58)$$

在极坐标中,以半径为 r、坐标原点为圆心画一个圆,则在这个圆内,圆域函数的函数值为 1,在圆外函数值为零.

1.2.4.8 偶脉冲对函数

偶脉冲对 (even-impulse pair) 函数的定义为

$$\delta\delta\left(\frac{x-x_0}{a}\right)=|a|\left[\delta(x-x_0+a)+\delta(x-x_0-a)\right] \quad (1\text{-}2\text{-}59)$$

当 $a=1$, $x_0=0$ 时,我们有

$$\delta\delta(x)=[\delta(x+1)+\delta(x-1)] \quad (1\text{-}2\text{-}60)$$

它包含了一对位于点 $x=\pm 1$ 的 Delta 函数,每个 Delta 函数的面积都为 1,如图 1-2-9 所示.

1.2.4.9 奇脉冲对函数

奇脉冲对函数的定义为

$$\delta_\delta\left(\frac{x-x_0}{a}\right)=|a|\left[\delta(x-x_0+a)-\delta(x-x_0-a)\right] \quad (1\text{-}2\text{-}61)$$

当 $a=1$, $x_0=0$ 时,我们有

$$\delta_\delta(x)=[\delta(x+1)-\delta(x-1)] \quad (1\text{-}2\text{-}62)$$

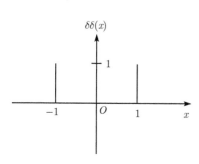
图 1-2-9 偶脉冲对函数

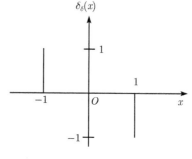
图 1-2-10 奇脉冲对函数

1.2.4.10 梳函数

如图 1-2-11 所示, 当 δ 函数以间隔为 1 无限重复排列时就称为**梳函数**(comb function) 或 shah function. Shah 这个字是来自希伯来语和埃及的经文, 其字型本身也很像梳子. 根据 Goodman 的定义, 梳函数的定义式为

$$\text{comb}(x) = \sum_{n=-\infty}^{\infty} \delta(x-n) \tag{1-2-63}$$

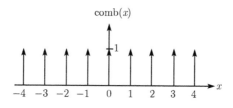

图 1-2-11 梳函数

(1-2-63) 式是间隔为 1 的无限重复的 δ 函数阵列. 当梳函数中的 δ 函数间隔为 a 时, 可表示如下:

$$\begin{aligned}\text{comb}\left(\frac{x}{a}\right) &= \sum_{n=-\infty}^{\infty} \delta\left(n - \frac{x}{a}\right) \\ &= a \sum_{n=-\infty}^{\infty} \delta\left(an - x\right)\end{aligned} \tag{1-2-64}$$

需注意的是, 在使用 (1-2-64) 时, δ 函数的高度与间隔 a 是成正比地增高的, 如图 1-2-12 所示. 如果要表示间隔为 a 的无限重复的 δ 函数, 则需要在 (1-2-64) 式除以 $|a|$, 即表示为

$$\frac{1}{|a|}\text{comb}\left(\frac{x}{a}\right) = \frac{1}{|a|}\sum_{n=-\infty}^{\infty} \delta\left(n - \frac{x}{a}\right) = \sum_{n=-\infty}^{\infty} \delta\left(an - x\right)$$

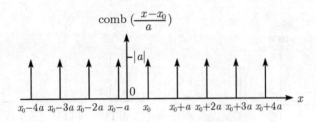

图 1-2-12 移位和变尺度的梳函数

梳函数与连续函数 $f(x)$ 相乘成为一组加了权重因子的 δ 函数阵列.

$$\text{comb}(x)f(x) = \sum_{m=-\infty}^{m=\infty} \delta(x-m)f(m) \tag{1-2-65}$$

$\sum_{n=-\infty}^{n=\infty} f(n)\delta(x-n)$ 称为 $f(x)$ 的抽样函数. 此性质在抽样理论中有重要的应用.

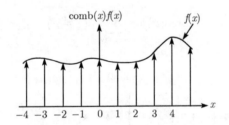

图 1-2-13 梳函数与函数 $f(x)$ 相乘

梳函数是无限延伸的函数. 因此它不能表示任何实际的物理量, 然而. 若将它与另外的函数相组合, 就可以限制它的延伸. 譬如与门函数相乘, 我们就可以用来表示不透明屏上开有许多间距相等的狭缝组的衍射屏.

借助于梳函数, 还可将任意函数变成重复的周期函数:

$$\text{comb}(x)\otimes f(x) = \sum_{n=-\infty}^{\infty} \delta(x-n)\otimes f(x) = \int_{-\infty}^{\infty} \sum_{n=-\infty}^{\infty} \delta(x'-n)f(x-x')\text{d}x' = \sum_{n=-\infty}^{\infty} f(x-n) \tag{1-2-66}$$

或将任意函数 $f(x)$ 变成以任意间隔 a 重复的周期函数:

$$\frac{1}{|a|}\text{comb}\left(\frac{x}{a}\right)\otimes f(x) = \sum_{n=-\infty}^{\infty} \delta(x-na)\otimes f(x) = \int_{-\infty}^{\infty} \sum_{n=-\infty}^{\infty} \delta(x'-na)f(x-x')\text{d}x'$$

$$= \sum_{n=-\infty}^{\infty} f(x-na) \tag{1-2-67}$$

1.2 数学基础

1.2.4.11 指数衰减函数

指数衰减函数是指形如 $f(x) = \exp(-|x|)$ 的函数. 它是对称的偶函数, 在光学中, 也是一个重要的函数.

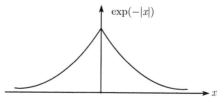

图 1-2-14 指数衰减函数

1.2.5 常用函数的傅里叶变换

1.2.5.1 δ 函数的傅里叶变换

对于函数 $\delta(x - x_0)$ 的傅里叶变换, 我们有

$$F[\delta(x - x_0)] = \int_{-\infty}^{\infty} \delta(x - x_0) \exp(-\mathrm{j}2\pi f_x x) \mathrm{d}x = \exp(-\mathrm{j}2\pi f_x x_0) \quad (1\text{-}2\text{-}68)$$

当 $x_0 = 0$ 时, 则有

$$F[\delta(x)] = \int_{-\infty}^{\infty} \delta(x) \exp(-\mathrm{j}2\pi f_x x) \mathrm{d}x = \exp(-\mathrm{j}2\pi f_x x)|_{x=0} = 1 \quad (1\text{-}2\text{-}69)$$

对于 $A\delta(x)$ 的傅里叶变换, 我们有

$$F[A\delta(x)] = \int_{-\infty}^{\infty} A\delta(x) \exp(-\mathrm{j}2\pi f_x x) \mathrm{d}x = A\exp(-\mathrm{j}2\pi f_x x)|_{x=0} = A \quad (1\text{-}2\text{-}70)$$

1.2.5.2 常数的傅里叶变换

$$F[A] = A \int_{-\infty}^{\infty} \exp(-\mathrm{j}2\pi f_x x) \mathrm{d}x = A\delta(f_x) \quad (1\text{-}2\text{-}71)$$

1.2.5.3 指数函数的傅里叶变换

$$F[\exp(\mathrm{j}2\pi f_{x_0} x)] = \int_{-\infty}^{\infty} \exp[-\mathrm{j}2\pi(f_x - f_{x_0})x] \mathrm{d}x = \delta(f_x - f_{x_0}) \quad (1\text{-}2\text{-}72)$$

1.2.5.4 余弦函数的傅里叶变换

$$\begin{aligned}
F(\cos 2\pi f_{x_0} x) &= F\left[\frac{\exp(\mathrm{j}2\pi f_{x_0} x) + \exp(-\mathrm{j}2\pi f_{x_0} x)}{2}\right] \\
&= \frac{\delta(f_x - f_{x_0}) + \delta(f_x + f_{x_0})}{2} \\
&= \frac{1}{2|f_{x_0}|}\delta\delta\left(\frac{f_x}{f_{x_0}}\right)
\end{aligned} \qquad (1\text{-}2\text{-}73)$$

1.2.5.5 正弦函数的傅里叶变换

$$\begin{aligned}
F(\sin \pi f_{x_0} x) &= F\left[\frac{\exp(\mathrm{j}2\pi f_{x_0} x) - \exp(-\mathrm{j}2\pi f_{x_0} x)}{2\mathrm{j}}\right] \\
&= \frac{1}{2\mathrm{j}}[\delta(f_x - f_{x_0}) - \delta(f_x + f_{x_0})] \\
&= \frac{\mathrm{j}}{2}[\delta(f_x + f_{x_0}) - \delta(f_x - f_{x_0})] \\
&= \frac{\mathrm{j}}{2|f_{x_0}|}\delta_\delta\left(\frac{f_x}{f_{x_0}}\right)
\end{aligned} \qquad (1\text{-}2\text{-}74)$$

1.2.5.6 门函数和 sinc 函数的傅里叶变换

$$\begin{aligned}
F\left[\mathrm{rect}\left(\frac{x}{a},\frac{y}{b}\right)\right] &= \int_{-\infty}^{\infty}\int_{-\infty}^{\infty} \mathrm{rect}\left(\frac{x}{a},\frac{y}{b}\right)\exp[-\mathrm{j}2\pi(f_x x + f_y y)]\mathrm{d}x\mathrm{d}y \\
&= \int_{-a/2}^{a/2}\exp(-\mathrm{j}2\pi f_x x)\mathrm{d}x \int_{-b/2}^{b/2}\exp(-\mathrm{j}2\pi f_y y)\mathrm{d}y = I_x I_y
\end{aligned}$$

式中，

$$f_x = x_i/\lambda f, \quad f_y = y_i/\lambda f$$

$$\begin{aligned}
I_x &= \frac{1}{\mathrm{j}2\pi f_x}\int_{-a/2}^{a/2}\exp(-\mathrm{j}2\pi f_x x)\mathrm{d}(\mathrm{j}2\pi f_x x) = \frac{1}{\mathrm{j}2\pi f_x}\int_{-\xi_0}^{\xi_0}\exp(-\xi)\mathrm{d}\xi \\
&= \frac{1}{\mathrm{j}2\pi f_x}(-1)[\exp(-\xi)]\bigg|_{-\xi_0}^{\xi_0}
\end{aligned}$$

式中，

$$\xi_0 = \mathrm{j}2\pi f_x x = \mathrm{j}\pi f_x a$$

$$I_x = \frac{1}{\pi f_x}\left[\frac{\exp(\mathrm{j}\pi f_x a) - \exp(-\mathrm{j}\pi f_x a)}{2\mathrm{j}}\right] = a\frac{\sin(\pi f_x a)}{\pi f_x a} = a\mathrm{sinc}(f_x a)$$

类似地，

$$I_y = b\mathrm{sinc}(f_y b)$$

1.2 数学基础

于是, 门函数和 sinc 函数的傅里叶变换分别为

$$F\left[\text{rect}\left(\frac{x}{a},\frac{y}{b}\right)\right]=ab\,\text{sinc}\,(f_x a)\,\text{sinc}\,(f_y b) \qquad (1\text{-}2\text{-}75\text{a})$$

$$F[\text{sinc}(x)]=\text{rect}(f_x)=\text{rect}(-f_x) \qquad (1\text{-}2\text{-}75\text{b})$$

门函数和辛克函数都是偶函数.

1.2.5.7 三角函数的傅里叶变换

可以证明:

$$\text{tri}(x)=\text{rect}(x)\otimes\text{rect}(x)$$

于是

$$F[\text{tri}(x)]=F[\text{rect}(x)\otimes\text{rect}(x)]=F[\text{rect}(x)]\cdot F[\text{rect}(x)]=\text{sinc}^2(fx) \qquad (1\text{-}2\text{-}76)$$

1.2.5.8 $\left[\dfrac{1}{\text{j}\pi x}\right]$ 的傅里叶变换[7]

$$F\left[\frac{1}{\text{j}\pi x}\right]=\int_{-\infty}^{\infty}\left(\frac{1}{\text{j}\pi x}\right)\exp(-\text{j}2\pi f_x x)\text{d}x=\int_{-\infty}^{\infty}\frac{\cos(2\pi f_x x)}{\text{j}\pi x}\text{d}x-\text{j}\int_{-\infty}^{\infty}\frac{\sin(2\pi f_x x)}{\text{j}\pi x}\text{d}x$$

上式中第一个积分为零, 于是

$$F\left[\frac{1}{\text{j}\pi x}\right]=-\text{j}\int_{-\infty}^{\infty}\frac{\sin(2\pi f_x x)}{\text{j}\pi x}\text{d}x=-2f_x\int_{-\infty}^{\infty}\frac{\sin(2\pi f_x x)}{2\pi f_x x}\text{d}x=-2f_x\int_{-\infty}^{\infty}\text{sinc}(2f_x x)\text{d}x$$

上面的积分正好是 $\text{sinc}(2f_x x)$ 函数所包围的面积, 其值等于其傅里叶变换在频域内的高度. 即

$$\int_{-\infty}^{\infty}\text{sinc}(2f_x x)\text{d}x=\frac{1}{2|f_x|}.$$

故

$$F\left[\frac{1}{\text{j}\pi x}\right]=\frac{-f_x}{|f_x|}=\text{sgn}(-f_x) \qquad (1\text{-}2\text{-}77)$$

1.2.5.9 符号函数的傅里叶变换

根据 (1-2-77) 式:

$$F\left[\frac{1}{\text{j}\pi f_x}\right]=\text{sgn}(-x)$$

再根据 (1-2-16) 式, 即对原函数的傅里叶变换再作一次傅里叶变换得到原函数的反演:

$$F\left\{F\left[\text{sgn}(x)\right]\right\}=\text{sgn}(-x)$$

比较上面两式, 可得

$$F\left[\frac{1}{\mathrm{j}\pi f_x}\right] = F\{F[\mathrm{sgn}(x)]\} = \mathrm{sgn}(-x)$$

于是

$$F[\mathrm{sgn}(x)] = \left[\frac{1}{\mathrm{j}\pi f_x}\right] \tag{1-2-78}$$

1.2.5.10 阶跃函数的傅里叶变换

$$F[\mathrm{step}(x)] = F\left[\frac{1}{2} + \frac{1}{2}\mathrm{sgn}(x)\right] = \frac{1}{2}\delta(f_x) + \frac{1}{\mathrm{j}2\pi f_x} \tag{1-2-79}$$

1.2.5.11 圆域函数的傅里叶变换

圆域函数的定义是

$$t(x,y) = t(r) = \mathrm{circ}\left(\frac{r}{R}\right) = \begin{cases} 1, & r \leqslant R \\ 0, & r > R \end{cases} \tag{1-2-80}$$

式中极坐标与直角坐标间的关系为

$$\left.\begin{array}{ll} x = r\cos\theta, & y = r\sin\theta \\ x_i = r_i\cos\theta_i, & y_i = r_i\sin\theta_i \end{array}\right\} \tag{1-2-81}$$

圆域函数的傅里叶变换为

$$F\left[\mathrm{circ}\left(\frac{r}{R}\right)\right] = \int_{-\infty}^{\infty}\int_{-\infty}^{\infty}\mathrm{circ}\left(\frac{r}{R}\right)\exp[-\mathrm{j}2\pi(f_x x + f_y y)]\mathrm{d}x\mathrm{d}y \tag{1-2-82}$$

式中,

$$f_x = \frac{x_i}{\lambda d} = \frac{r_i}{\lambda d}\cos\theta_i, \quad f_y = \frac{y_i}{\lambda d} = \frac{r_i}{\lambda d}\sin\theta_i \tag{1-2-83}$$

(1-2-82) 式的积分结果为

$$F\left[\mathrm{circ}\left(\frac{r}{R}\right)\right] = \pi R^2\left[\frac{2J_1(2\pi r_i R/\lambda d)}{(2\pi r_i R/\lambda d)}\right] \tag{1-2-84}$$

(1-2-84) 式具有圆对称性, 与 θ 无关. 其推证过程将在第 2 章的 2.5.3 节予以介绍.

$$\mathrm{Jinc}\,(\xi) = \left[\frac{2J_1(\xi)}{\xi}\right] \text{常称Jinc函数.} \tag{1-2-85}$$

或表示为

$$\mathrm{Be\,sinc}\,(x) = \left[\frac{2J_1(\pi x)}{\pi x}\right] \text{称作Be sinc函数.} \tag{1-2-86}$$

1.2.5.12 梳函数的傅里叶变换

根据梳函数的定义, 我们有

$$\mathrm{comb}\left(\frac{x}{a}\right) = \sum_{n=-\infty}^{\infty} \delta\left(\frac{x}{a} - n\right) = a\sum_{n=-\infty}^{\infty} \delta(x - na) \tag{1-2-87}$$

它是周期为 a 的周期函数, 故可将它按傅里叶级数展开[5]:

$$\mathrm{comb}\left(\frac{x}{a}\right) = \sum_{n=-\infty}^{\infty} C_n \exp\left(\mathrm{j}2\pi nx/a\right) \tag{1-2-88}$$

第 n 项系数 C_n 为

$$\begin{aligned}C_n &= \frac{1}{a}\int_{-a/2}^{a/2} \mathrm{comb}\left(\frac{x}{a}\right) \exp\left(-\mathrm{j}2\pi nx/a\right) \mathrm{d}x \\ &= \frac{1}{a}\int_{-a/2}^{a/2} a\sum_{-\infty}^{\infty} \delta\left(x - na\right) \exp\left(-\mathrm{j}2\pi nx/a\right) \mathrm{d}x = \int_{-a/2}^{a/2} \delta\left(x\right) \exp\left(-\mathrm{j}2\pi nx/a\right) \mathrm{d}x \\ &= 1 \end{aligned} \tag{1-2-89}$$

于是, (1-2-88) 式可表示为

$$\mathrm{comb}\left(\frac{x}{a}\right) = \sum_{n=-\infty}^{\infty} \exp\left(\mathrm{j}2\pi nx/a\right) \tag{1-2-90}$$

对 (1-2-90) 式作傅里叶变换:

$$\begin{aligned}F\left[\mathrm{comb}\left(\frac{x}{a}\right)\right] &= F\left[\sum_{n=-\infty}^{\infty} \exp\left(\mathrm{j}2\pi nx/a\right)\right] \\ &= \sum_{n=-\infty}^{\infty} F\left[\exp\left(\mathrm{j}2\pi nx/a\right)\right] \\ &= \sum_{n=-\infty}^{\infty} \left[\delta\left(f_x - n/a\right)\right] = a\sum_{n=-\infty}^{\infty}\left[\delta\left(af_x - n\right)\right] \\ &= a\mathrm{comb}\left(af_x\right)\end{aligned} \tag{1-2-91}$$

以上推导表明, 梳函数的傅里叶变换仍为梳函数, 即

$$F\left[\mathrm{comb}\left(\frac{x}{a}\right)\right] = a\mathrm{comb}\left(af_x\right) \tag{1-2-92}$$

当 $a = 1$ 时, 有

$$F\left[\mathrm{comb}\left(x\right)\right] = \mathrm{comb}\left(f_x\right) \tag{1-2-93}$$

1.2.5.13 点源传递函数的傅里叶变换

点源传递函数 (point source transfer function) 为

$$h_d(x,y) = \frac{\exp(\mathrm{j}kd)}{\mathrm{j}\lambda d} \exp\left[\frac{\mathrm{j}k}{2d}(x^2+y^2)\right] \tag{1-2-94}$$

它在波动光学中这是一个重要的函数，它的傅里叶变换是

$$\begin{aligned}F[h_d(x,y)] &= F\left\{\frac{\exp(\mathrm{j}kd)}{\mathrm{j}\lambda d}\exp\left[\frac{\mathrm{j}k}{2d}(x^2+y^2)\right]\right\} \\ &= \exp(\mathrm{j}kd)\exp\left[-\mathrm{j}\pi\lambda d\left(f_x^2+f_y^2\right)\right] \\ &= \exp\left\{\mathrm{j}kd\left[1-\frac{\lambda^2}{2}\left(f_x^2+f_y^2\right)\right]\right\}\end{aligned} \tag{1-2-95}$$

下面，我们证明点源传递函数的傅里叶变换关系式 (1-2-95).

证明：

$$\begin{aligned}F[h_d(x,y)] &= \frac{\exp(\mathrm{j}kd)}{\mathrm{j}\lambda d}\int_{-\infty}^{\infty}\int_{-\infty}^{\infty}\exp\left[\frac{\mathrm{j}k}{2d}(x^2+y^2)\right]\exp\left[-\mathrm{j}2\pi\left(\frac{x_i}{\lambda d}x+\frac{y_i}{\lambda d}y\right)\right]\mathrm{d}x\mathrm{d}y \\ &= \frac{\exp(\mathrm{j}kd)}{\mathrm{j}\lambda d}\int_{-\infty}^{\infty}\int_{-\infty}^{\infty}\exp\left[\frac{\mathrm{j}k}{2d}(x^2+y^2-2x_ix-2y_iy)\right]\mathrm{d}x\mathrm{d}y \\ &= \frac{\exp(\mathrm{j}kd)}{\mathrm{j}\lambda d}\int_{-\infty}^{\infty}\int_{-\infty}^{\infty}\exp\left\{\frac{\mathrm{j}k}{2d}\left[(x-x_i)^2+(y-y_i)^2-(x_i^2+y_i^2)\right]\right\}\mathrm{d}x\mathrm{d}y \\ &= \frac{\exp(\mathrm{j}kd)}{\mathrm{j}\lambda d}\exp\left[-\frac{\mathrm{j}k}{2d}(x_i^2+y_i^2)\right]\int_{-\infty}^{\infty}\int_{-\infty}^{\infty}\exp\left\{\frac{-k}{\mathrm{j}2d}\left[(x-x_i)^2+(y-y_i)^2\right]\right\}\mathrm{d}x\mathrm{d}y \\ &= \frac{\exp(\mathrm{j}kd)}{\mathrm{j}\lambda d}\exp\left[-\frac{\mathrm{j}k}{2d}(x_i^2+y_i^2)\right]\int_{-\infty}^{\infty}\int_{-\infty}^{\infty}\exp\left\{\frac{-k}{\mathrm{j}2d}[x'^2+y'^2]\right\}\mathrm{d}x'\mathrm{d}y'\end{aligned}$$

作变换，令

$$\xi = \sqrt{\frac{k}{\mathrm{j}2d}}x', \quad \eta = \sqrt{\frac{k}{\mathrm{j}2d}}y'$$

于是

$$F[f_d(x,y)] = \frac{\exp(\mathrm{j}kd)}{\mathrm{j}\lambda d}\exp\left[-\frac{\mathrm{j}k}{2d}(x_i^2+y_i^2)\right]\left(\frac{\mathrm{j}2d}{k}\right)\int_{-\infty}^{\infty}\int_{-\infty}^{\infty}\exp\left\{-[\xi^2+\eta^2]\right\}\mathrm{d}\xi\mathrm{d}\eta$$

再作变换，$\xi = r\sin\theta$，$\eta = r\cos\theta$，并且 $\mathrm{d}\xi\mathrm{d}\eta = r^2\mathrm{d}r\mathrm{d}\theta$，于是

$$\begin{aligned}F[f_d(x,y)] &= \frac{\exp(\mathrm{j}kd)}{\mathrm{j}\lambda d}\exp\left[-\frac{\mathrm{j}k}{2d}(x_i^2+y_i^2)\right]\left(\frac{\mathrm{j}2d}{k}\right)\int_0^{2\pi}\mathrm{d}\theta\int_0^{\infty}\exp[-r^2]r\mathrm{d}r \\ &= \frac{\exp(\mathrm{j}kd)}{\mathrm{j}\lambda d}\exp\left[-\frac{\mathrm{j}k}{2d}(x_i^2+y_i^2)\right]\left(\frac{\mathrm{j}d}{k}\right)\int_0^{2\pi}\mathrm{d}\theta\int_0^{\infty}\exp[-r^2]\mathrm{d}r^2\end{aligned}$$

$$= \frac{\exp(\mathrm{j}kd)}{\mathrm{j}\lambda d} \exp\left[-\frac{\mathrm{j}k}{2d}\left(x_i^2+y_i^2\right)\right] \left(\frac{\mathrm{j}d}{k}\right) 2\pi \int_0^\infty \exp[-\tau]\mathrm{d}\tau$$

$$= \frac{\exp(\mathrm{j}kd)}{\mathrm{j}\lambda d} \exp\left[-\frac{\mathrm{j}k}{2d}\left(x_i^2+y_i^2\right)\right] (\mathrm{j}\lambda d) = \exp(\mathrm{j}kd) \exp\left[-\frac{\mathrm{j}\pi}{\lambda d}\left(x_i^2+y_i^2\right)\right]$$

$$= \exp(\mathrm{j}kd) \exp\left[-\mathrm{j}\pi\lambda d\left(f_x^2+f_y^2\right)\right] = \exp\left\{\mathrm{j}kd\left[1-\frac{\lambda^2}{2}\left(f_x^2+f_y^2\right)\right]\right\}$$

式中，$f_x = x_i/\lambda d$，$f_y = y_i/\lambda d$。

1.2.5.14 指数衰减函数的傅里叶变换

指数衰减函数的傅里叶变换为洛伦兹型的曲线函数，它在光谱学中是一个重要的函数：

$$F\left[\exp(-|x|)\right] = \int_{-\infty}^{\infty} \exp(-|x|)\exp(-\mathrm{j}2\pi f_x x)\mathrm{d}x$$

$$= \int_0^\infty \exp(-|x|)\exp(-\mathrm{j}2\pi f_x x)\,\mathrm{d}x$$

$$+ \int_{-\infty}^0 \exp(x)\exp(-\mathrm{j}2\pi f_x x)\,\mathrm{d}x$$

$$= \int_0^\infty \exp(-|x|)\exp(-\mathrm{j}2\pi f_x x)\,\mathrm{d}x$$

$$+ \int_{-\infty}^0 \exp(1-\mathrm{j}2\pi f_x)x\,\mathrm{d}x = \int_0^\infty \exp\left[-(1+\mathrm{j}2\pi f_x)x\right]\mathrm{d}x$$

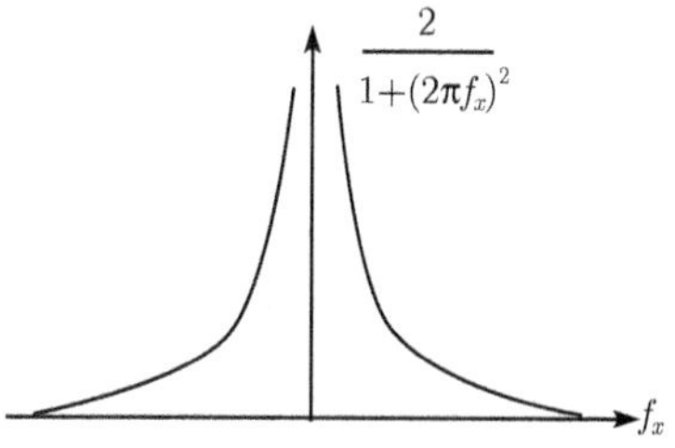

$$+ \int_0^\infty \exp\left[-(1-\mathrm{j}2\pi f_x)x'\right]\mathrm{d}x'$$

图 1-2-15　指数衰减函数的傅里叶变换

令

$$1+\mathrm{j}2\pi fx = A,\ 1-\mathrm{j}2\pi fx = B$$

$$F\left[\exp(-|x|)\right] = \int_0^\infty \exp[-Ax]\,\mathrm{d}x + \int_0^\infty \exp[-Bx]\,\mathrm{d}x$$

$$= \frac{1}{A}\exp[-x]\Big|_\infty^0 + \frac{1}{B}\exp[-x]\Big|_\infty^0 = \frac{1}{A}+\frac{1}{B}$$

$$= \frac{1}{1+\mathrm{j}2\pi f_x} + \frac{1}{1-\mathrm{j}2\pi f_x} = \frac{2}{1+(2\pi f_x)^2} \quad (1\text{-}2\text{-}96)$$

$$F\left[\exp(-|x|)\right] = \frac{2}{1+(2\pi f_x)^2} \quad (1\text{-}2\text{-}97)$$

下面将一些重要的傅里叶变换对列在表 1-2-2 中．表中，x_0 和 f_{x_0} 为实常数，a 和 c 也是实常数．

表 1-2-2　常用函数的傅里叶变换对

$f(x)=\int_{-\infty}^{\infty}\tilde{f}(f_x)\exp(\mathrm{j}2\pi f_x x)\mathrm{d}f_x$	$\tilde{f}(f_x)=\int_{-\infty}^{\infty}f(x)\exp(-\mathrm{j}2\pi f_x x)\mathrm{d}x$
$f(\pm x)$	$\tilde{f}(\pm f_x)$
$f^*(\pm x)$	$\tilde{f}^*(\mp f_x)$
$\tilde{f}(\pm x)$	$f(\mp f_x)$
$\tilde{f}^*(\pm x)$	$f^*(\pm f_x)$
$f\left(\dfrac{x}{b}\right)$	$\|b\|\,\tilde{f}(bf_x)$
$\|b\|\,f(bx)$	$\tilde{f}\left(\dfrac{f_x}{b}\right)$
1	$\delta(f_x)$
$\delta(x)$	1
$\delta(x\pm x_0)$	$\exp(\pm\mathrm{j}2\pi f_x x_0)$
$\exp(\pm\mathrm{j}2\pi f_{x_0}x)$	$\delta(f_x\mp f_{x_0})$
$\cos(\mathrm{j}2\pi f_{x_0}x)$	$\dfrac{1}{2\|f_{x_0}\|}\delta_\delta\left(\dfrac{f_x}{f_{x_0}}\right)$
$\dfrac{1}{2\|x_0\|}\delta_\delta\left(\dfrac{x}{x_0}\right)$	$\cos(\mathrm{j}2\pi f_x x_0)$
$\sin(2\pi f_{x_0}x)$	$\dfrac{\mathrm{j}}{2\|f_{x_0}\|}\delta_\delta\left(\dfrac{f_x}{f_{x_0}}\right)$
$\dfrac{\mathrm{j}}{2\|x_0\|}\delta_\delta\left(\dfrac{x}{x_0}\right)$	$-\sin(2\pi f_x x_0)$
$\mathrm{rect}(x)$	$\mathrm{sinc}(f_x)$
$\mathrm{sinc}(x)$	$\mathrm{rect}(f_x)$
$\mathrm{tri}(x)$	$\mathrm{sinc}^2(f_x)$
$\mathrm{sinc}^2(x)$	$\mathrm{tri}(f_x)$
$\mathrm{sgn}(x)$	$1/\mathrm{j}\pi f_x$
$1/\mathrm{j}\pi x$	$-\mathrm{sgn}(x)$
$\mathrm{comb}(x)$	$\mathrm{comb}(f_x)$
$\mathrm{step}(x)$	$\dfrac{1}{2}\delta(f_x)+\dfrac{1}{\mathrm{j}2\pi f_x}$
$\dfrac{1}{2}\delta(x)-\dfrac{1}{\mathrm{j}2\pi x}$	$\mathrm{step}(f_x)$
$\exp(-\|x\|)$	$\dfrac{2}{1+(2\pi f_x)^2}$
$\dfrac{2}{1+(2\pi x)^2}$	$\exp(-\|f_x\|)$
$\dfrac{\exp(\mathrm{j}kd)}{\mathrm{j}\lambda d}\exp\left[\dfrac{\mathrm{j}k}{2d}(x^2+y^2)\right]$	$\exp\left\{\mathrm{j}kd\left[1-\dfrac{\lambda^2}{2}\left(f_x^2+f_y^2\right)\right]\right\}$ 或 $\exp(\mathrm{j}kd)\exp\left[-\mathrm{j}\pi\lambda d\left(f_x^2+f_y^2\right)\right]$

参 考 文 献

[1] 钟锡华. 光波衍射与变换光学 [M]. 北京: 高等教育出版社, 1985: 1-2.

参考文献

[2] 福尔斯 G R. 现代光学导论 [M]. 上海: 上海科技出版社, 1980: 20-24.

[3] (日) 饭塚启吾, 著. 许菊心, 杨国光, 译. 光学工程学 [M]. 北京: 机械工业出版社, 1983: 1-5.

[4] 福里斯 C E, 季莫列娃 A B. 普通物理学 (第一卷)[M]. 北京: 高等教育出版社, 1956: 885-887.

[5] 陈家壁, 苏显渝. 光学信息技术原理及应用 [M]. 北京: 高等教育出版社, 2002: 9-10.

[6] 赫克特 E, 赞斯 A, 著. 秦克诚, 詹达三, 林福成, 译. 光学 (上册)[M]. 第 2 版. 北京: 高等教育出版社, 1983: 47.

[7] Jack D Gaskill. Linear systebms, fourier transforms, and optics[M]. New York: John Wiley & Sons, Inc., 1976: 193-197.

[8] 麦伟麟. 光学传递函数及其数理基础 [M]. 北京: 国防工业出版社, 1979: 137-138.

[9] Ghatak A K, Thyagarajan K . Contemporary optics[M]. New York: Plenum Press, 1978: 353-354, 356-357.

[10] Bracewell R. The fourier transform and its applications[M]. New York: McGraw-Hill, 1956: 62.

第 2 章 光波的衍射

索末菲 (Sommerfeld) 把衍射现象定义为: 不能用反射或折射来解释的光线偏离直线传播的现象 [1].

为了解释衍射现象, 惠更斯 (Huygens) 提出了一个直观的概念: 如果将光波波前上的每一点看成是一个新的发出球面子波的波源, 那么, 随后任意时刻的波前可以由作出次级子波的包络面而得到[2].

在惠更斯子波概念的基础上, 菲涅耳 (Fresnel) 补充上子波干涉的概念, 就得到了惠更斯–菲涅耳原理. 它能以相当高的精度计算出矩孔、圆孔、单缝、直边等衍射的光强分布. 下面, 我们介绍这一原理.

2.1 惠更斯–菲涅耳原理

考虑在真空中传播的单色波, 设 Σ 为光源的一个波面, 根据惠更斯–菲涅耳原理 (Huygens-Fresnel principle), 光场中任意点 P 的光扰动是波面 Σ 上所有面元发射的球面子波传播到该点的叠加.

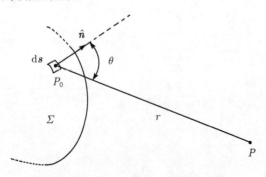

图 2-1-1 惠更斯–菲涅耳原理示意图

设波面 Σ 上任意点 P_0 的光扰动的复振幅为 $u(P_0)$, 在该点取面元 $\mathrm{d}s$, 则由该面元发出的球面子波传播到 P 点的光扰动的振幅 $\mathrm{d}u(P)$ 正比于 $u(P_0)\mathrm{d}s$, 反比于传播距离 r, 并与面元 $\mathrm{d}\boldsymbol{s}$(面元的方向规定为其法线方向, 并以 $\hat{\boldsymbol{n}}$ 表示其单位法矢量, 即 $\mathrm{d}\boldsymbol{s} \equiv \hat{\boldsymbol{n}}\mathrm{d}s$) 与波的传播方向 ($\overline{P_0P}$ 的连线方向, 由 P_0 指向 P) 的夹角 θ 有

关. 于是, 面元 ds 传播到 P 点的光扰动可表为

$$du(P) = Cu(P_0)K(\theta)\frac{\exp(jkr)}{r}ds \tag{2-1-1}$$

式中, C 为常数, $K(\theta)$ 为倾斜因子 (obliquity factor), 它是一个随 θ 角增大而逐渐减小的函数. P 点的复振幅是波面 Σ 上所有面元发射的球面子波传播到该点的叠加, 即

$$u(P) = \int_\Sigma du(P) = C\int_\Sigma u(P_0)K(\theta)\frac{\exp(jkr)}{r}ds \tag{2-1-2}$$

(2-1-2) 式是惠更斯–菲涅耳原理的数学表达式, 利用这原理对不少简单的衍射现象得到了许多符合实际的结果. 然而, 这原理还存在着以下问题:

(1) 倾斜因子 $K(\theta)$ 的函数形式难于从理论上确定. 曾假定 $\theta \geqslant \frac{\pi}{2}$ 时 $K(\theta) = 0$ 以说明倒退波不存在的事实, 但却缺乏足够的理论依据;

(2) 虽然用惠更斯–菲涅耳原理得到的光强分布与实际相符, 但是, 若考虑光场中任意点 P 点的光扰动相位就与实际不符. 为了得到符合实际的结果, 必须假定在波面 Σ 上任意点 P_0 的光扰动相位比实际光扰动在该点的相位超前 $\frac{\pi}{2}$, 也就是 (2-1-1) 和 (2-1-2) 式中的常数 C 中应包含一个 $\exp(-j\frac{\pi}{2})$ 的常数相位因子. 这是原理不能解释的又一个困难.

因此, 有必要从光的波动理论进一步研究衍射现象. 这方面的工作, 在把光波作为标量波来处理的基础上, 已经得到了与实际符合得很好的结果.

2.2 衍射的标量波理论

把光波作为标量波 (scalar wave) 来处理, 即只考虑电场或磁场的一个分量的标量振幅, 并假定其他分量也可同样独立处理. 这种方法忽略了电磁场各个分量是通过麦克斯韦方程组而互相关联的, 不能完全独立地考虑. 因此, 它也只是一个近似的理论. 然而, 对于电磁波微波波谱区域内进行的实验研究表明, 在以下两个条件下标量波理论可得出非常精确的结果:

(1) 衍射孔径比波长大得多;

(2) 不在太接近孔径的位置观察衍射场.

这两个条件在我们所要讨论的问题中大都能满足. 当然, 也有一些重要的问题不满足这两个条件, 如在研究与高鉴别率衍射光栅时, 发现衍射光栅中能量的分布与光的偏振状态有关, 这时, 就必须考虑光场的矢量性质. 本书所讨论的范畴将不涉及这些问题.

2.2.1 亥姆霍兹方程

设单色光的光场中任意点 $P(x,y,z)$ 的光扰动为

$$U(x,y,z,t) = u(x,y,z)\exp(-j\omega t) \qquad (2\text{-}2\text{-}1)$$

它满足波动方程

$$\nabla^2 U - \frac{1}{c^2}\frac{\partial^2 U}{\partial t^2} = 0 \qquad (2\text{-}2\text{-}2)$$

注意到

$$\frac{\partial U}{\partial t} = -j\omega u(x,y,z)\exp(-j\omega t),$$

$$\frac{\partial^2 U}{\partial t^2} = (-j\omega)(-j\omega)u(x,y,z)\exp(-j\omega t) = -\omega^2 u(x,y,z)\exp(-j\omega t)$$

因此,

$$-\frac{1}{c^2}\frac{\partial^2 U}{\partial t^2} = \left(-\frac{1}{c^2}\right)(-\omega^2)u(x,y,z)\exp(-j\omega t) = k^2 u(x,y,z)\exp(-j\omega t)$$

于是, 复振幅 $u(x,y,z)$ 满足方程:

$$(\nabla^2 + k^2)u(x,y,z) = 0 \qquad (2\text{-}2\text{-}3)$$

式中, k 为波数. 即

$$k = \frac{\varpi}{c} = \frac{2\pi}{\lambda} \qquad (2\text{-}2\text{-}4)$$

(2-2-3) 式称为**亥姆霍兹方程**(Helmholtz equation), 它是关于复振幅 $u(x,y,z)$ 的一个与时间无关的方程.

2.2.2 亥姆霍兹–基尔霍夫积分定理

这定理表明光场中任意点 P 的复振幅可以由包围 P 点的封闭面 S 上各点的复振幅及其导数表示出来. 这实际上是根据边界条件求解波动方程的问题, 它可以利用格林定理求解.

考虑光波的复振幅 $u(x,y,z)$ 和某个复函数 $G(x,y,z)$, 若它们的一阶和二阶偏导数在封闭面 S 内部, 和封闭面 S 上各点都是单值和连续的, 根据格林定理, 我们有

$$\iiint_V (G\nabla^2 u - u\nabla^2 G)\mathrm{d}V = \iint_S (G\nabla u - u\nabla G)\cdot \mathrm{d}\boldsymbol{s} \qquad (2\text{-}2\text{-}5)$$

式中, $\mathrm{d}\boldsymbol{s} = \hat{n}\mathrm{d}s$, $\hat{n}$ 为面元 $\mathrm{d}s$ 的法线方向的单位矢量, 指向封闭曲面外侧, 如图 2-2-1 所示.

如果式中 u 就是光波的复振幅, 适当选择一个辅助函数 G, 就可以解决上述问题. G 常称为格林函数. 基尔霍夫选择的格林函数是一个以所考察的 P 点为源点的向外发散的具有单位光源强度的球面波. 于是, 在光场中任意点, G 可表示为

2.2 衍射的标量波理论

$$G = \frac{1}{r} \exp(\mathrm{j}kr) \tag{2-2-6}$$

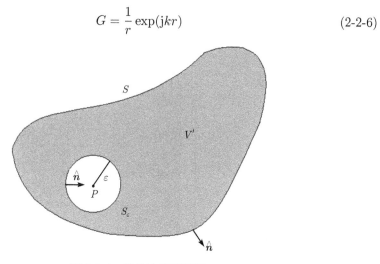

图 2-2-1 格林定理示意图

式中, r 表示从 P 点指向该任意点的矢量 $\boldsymbol{r}$ 的数值.

为了保持函数的连续性, 我们用半径为 ε 的小球面 S_ε 将 P 点包围起来, 然后应用格林定理. 这时, 积分的区域 V' 是介于 S 与 S_ε 之间的体积. 而积分曲面是复合曲面 $S' = S + S_\varepsilon$. 注意复合曲面上的面元的法矢量 $\hat{\boldsymbol{n}}$, 在 S 面上指向外侧. 在 S_ε 面上则是指向球心 P 点. 这时, 格林定理可写为

$$\iiint_{V'} (G\boldsymbol{\nabla}^2 u - u\boldsymbol{\nabla}^2 G)\mathrm{d}V = \iint_{S'} (G\boldsymbol{\nabla} u - u\boldsymbol{\nabla} G) \cdot \hat{\boldsymbol{n}}\mathrm{d}s \tag{2-2-7}$$

式中, 积分区域为 V' 和 S'. 注意到 (2-2-6) 式定义的 G 也满足亥姆霍兹方程. 即

$$(\boldsymbol{\nabla}^2 + k^2)G = 0 \tag{2-2-8}$$

将 (2-2-8), (2-2-3) 式代入 (2-2-7) 式左侧, 得

$$\iiint_{V'} [G\boldsymbol{\nabla}^2 u - u\boldsymbol{\nabla}^2 G]\mathrm{d}V = -\iiint_{V'} k^2(Gu - uG)\mathrm{d}V = 0$$

故 (2-2-7) 式的右侧也等于零. 将它表示为分别在 S' 和 S_ε 两个曲面的积分之和. 即

$$\iint_{S'} (G\boldsymbol{\nabla} u - u\boldsymbol{\nabla} G) \cdot \hat{\boldsymbol{n}}\mathrm{d}s = \iint_{S} (G\boldsymbol{\nabla} u - u\boldsymbol{\nabla} G) \cdot \hat{\boldsymbol{n}}\mathrm{d}s + \iint_{S_\varepsilon} (G\boldsymbol{\nabla} u - u\boldsymbol{\nabla} G) \cdot \hat{\boldsymbol{n}}\mathrm{d}s = 0$$

或

$$\iint_{S_\varepsilon} (G\boldsymbol{\nabla} u - u\boldsymbol{\nabla} G) \cdot \hat{\boldsymbol{n}}\mathrm{d}s = \iint_{S} (G\boldsymbol{\nabla} u - u\boldsymbol{\nabla} G) \cdot \hat{\boldsymbol{n}}\mathrm{d}s \tag{2-2-9}$$

积分中对于函数 u 的梯度 ∇u, 我们有

$$\nabla u = \left(\hat{\boldsymbol{i}}\frac{\partial}{\partial x} + \hat{\boldsymbol{j}}\frac{\partial}{\partial y} + \hat{\boldsymbol{k}}\frac{\partial}{\partial z}\right)u = \left(\hat{\boldsymbol{i}}\frac{\partial u}{\partial r}\frac{\partial r}{\partial x} + \hat{\boldsymbol{j}}\frac{\partial u}{\partial r}\frac{\partial r}{\partial y} + \hat{\boldsymbol{k}}\frac{\partial u}{\partial r}\frac{\partial r}{\partial z}\right)$$

$$= \frac{\partial u}{\partial r}\left(\hat{\boldsymbol{i}}\frac{\partial r}{\partial x} + \hat{\boldsymbol{j}}\frac{\partial r}{\partial y} + \hat{\boldsymbol{k}}\frac{\partial r}{\partial z}\right) = \frac{\partial u}{\partial r}\left(\hat{\boldsymbol{i}}\frac{\partial}{\partial x} + \hat{\boldsymbol{j}}\frac{\partial}{\partial y} + \hat{\boldsymbol{k}}\frac{\partial}{\partial z}\right)r \quad (2\text{-}2\text{-}10\text{a})$$

$$= \frac{\partial u}{\partial r}\nabla r$$

而

$$\nabla r = \left(\hat{\boldsymbol{i}}\frac{\partial}{\partial x} + \hat{\boldsymbol{j}}\frac{\partial}{\partial y} + \hat{\boldsymbol{k}}\frac{\partial}{\partial z}\right)\sqrt{x^2+y^2+z^2} = \left(\frac{x\hat{\boldsymbol{i}} + y\hat{\boldsymbol{j}} + z\hat{\boldsymbol{k}}}{\sqrt{x^2+y^2+z^2}}\right) = \frac{\boldsymbol{r}}{r} = \hat{\boldsymbol{r}}_0$$

$$(2\text{-}2\text{-}10\text{b})$$

式中, $\hat{\boldsymbol{r}}_0$ 是 $\boldsymbol{r}$ 方向上的单位矢量.

于是, 我们有

$$\nabla u = \frac{\partial u}{\partial r}\nabla r = \frac{\partial u}{\partial r}\hat{\boldsymbol{r}}_0 \quad (2\text{-}2\text{-}11)$$

类似的, ∇G 可表示为

$$\nabla G = \frac{\partial G}{\partial r}\nabla r = \frac{\partial G}{\partial r}\hat{\boldsymbol{r}}_0$$

而

$$\frac{\partial G}{\partial r} = \frac{\partial}{\partial r}\left[\frac{1}{r}\exp(\mathrm{j}kr)\right] = \left[\mathrm{j}k\frac{\exp(\mathrm{j}kr)}{r} - \frac{\exp(\mathrm{j}kr)}{r^2}\right]$$

于是, 对于函数 G 的梯度 ∇G, 我们有

$$\nabla G = \left[\mathrm{j}k\frac{\exp(\mathrm{j}kr)}{r} - \frac{\exp(\mathrm{j}kr)}{r^2}\right]\hat{\boldsymbol{r}}_0 \quad (2\text{-}2\text{-}12)$$

现在, 让我们来考虑 (2-2-9) 式的积分, 注意到在小球面 S_ε 上面元的法矢量 $\hat{\boldsymbol{n}}$ 与 $\boldsymbol{r}$ 是反向的, 故 $\hat{\boldsymbol{r}}_0 \cdot \hat{\boldsymbol{n}}\mathrm{d}s = -\mathrm{d}s$, 于是 (2-2-9) 式左方在小球面 S_ε 上的积分为

$$-\iint\limits_{S_\varepsilon}(G\nabla u - u\nabla G)\cdot\hat{\boldsymbol{n}}\mathrm{d}s = \iint\limits_{S_\varepsilon}\left\{\frac{\exp(\mathrm{j}kr)}{r}\frac{\partial u}{\partial r} - u\left[\mathrm{j}k\frac{\exp(\mathrm{j}kr)}{r} - \frac{\exp(\mathrm{j}kr)}{r^2}\right]\right\}\mathrm{d}s$$

$$= \iint\limits_{S_\varepsilon}\left[\exp(\mathrm{j}kr)\left(\frac{\partial u}{\partial r} - \mathrm{j}ku\right)r + u\exp(\mathrm{j}kr)\right]\mathrm{d}\Omega$$

$$= \iint\limits_{S_\varepsilon}\exp(\mathrm{j}kr)\left[\left(\frac{\partial u}{\partial r} - \mathrm{j}ku\right)r + u\right]\mathrm{d}\Omega$$

式中, $\mathrm{d}\Omega$ 为面元 $\mathrm{d}s$ 所张的立体角元, 在小球面 S_ε 上, $r = \varepsilon$, $\mathrm{d}s = r^2\mathrm{d}\Omega = \varepsilon^2\mathrm{d}\Omega$. 应用中值定理, 上式可表示为

$$-\iint\limits_{S_\varepsilon}(G\nabla u - u\nabla G)\cdot\hat{\boldsymbol{n}}\mathrm{d}s = \exp(\mathrm{j}k\varepsilon)\left[\varepsilon\left(\frac{\partial\bar{u}}{\partial r} - \mathrm{j}k\bar{u}\right) + \bar{u}\right]\cdot 4\pi$$

式中, $\bar{u}$ 和 $\dfrac{\partial \bar{u}}{\partial r}$ 表示 u 和 $\dfrac{\partial u}{\partial r}$ 在 S_ε 面上的平均值. 当 ε 趋于零时, 注意到函数 u 和 $\dfrac{\partial u}{\partial r}$ 在 P 点的连续性. 这时 $\lim\limits_{\varepsilon \to 0} \bar{u} = u(P)$, $\lim\limits_{\varepsilon \to 0} \dfrac{\partial \bar{u}}{\partial r} = \dfrac{\partial u(P)}{\partial r}$

于是

$$-\lim_{\varepsilon \to 0} \iint\limits_{S_\varepsilon} (G\boldsymbol{\nabla} u - u\boldsymbol{\nabla} G) \cdot \hat{\boldsymbol{n}} \mathrm{d}s = 4\pi \lim_{\varepsilon \to 0} \bar{u} = 4\pi u(P) \qquad (2\text{-}2\text{-}13)$$

将此结果代入 (2-2-9) 式得

$$u(P) = \frac{1}{4\pi} \iint\limits_{S} (G\boldsymbol{\nabla} u - u\boldsymbol{\nabla} G) \cdot \hat{\boldsymbol{n}} \mathrm{d}s$$

或

$$u(P) = \frac{1}{4\pi} \iint\limits_{S} \left\{ \frac{\exp(\mathrm{j}kr)}{r} \boldsymbol{\nabla} u - u\boldsymbol{\nabla} \left[\frac{\exp(\mathrm{j}kr)}{r} \right] \right\} \cdot \hat{\boldsymbol{n}} \mathrm{d}s \qquad (2\text{-}2\text{-}14)$$

这一结果称为**亥姆霍兹–基尔霍夫积分定理**(the integral theorem of Helmholtz and Kirchhoff). 它表明, 光场中任意点 P 的复振幅 $u(P)$ 可以由包围 P 点的任意封闭面 S(并不限于同一波面) 上波动的边界值 (u 和 $\boldsymbol{\nabla} u$ 之值) 通过积分而求得.

2.2.3 菲涅耳–基尔霍夫衍射公式

现在, 我们考虑光波通过无限大不透明屏上的一个开孔的衍射.

选择封闭曲面如图 2-2-2 所示. 它由两个面组成, 一是刚好位于屏后的平面 S_1, 一是中心为考察点 P、半径为 R 的部分球面 S_2. 于是, (2-2-14) 式中对整个封闭面 S 的积分可分为 S_1 和 S_2 两部分, 在 S_2 面上的积分 I_{S_2} 为

$$\begin{aligned}
I_{S_2} &= \iint\limits_{S_2} \left\{ \frac{\exp(\mathrm{j}kr)}{r} \boldsymbol{\nabla} u - u\boldsymbol{\nabla} \left[\frac{\exp(\mathrm{j}kr)}{r} \right] \right\} \cdot \hat{\boldsymbol{n}} \mathrm{d}s \\
&= \iint\limits_{S_2} \left\{ \frac{\exp(\mathrm{j}kr)}{r} \frac{\partial u}{\partial r} - u\left[\mathrm{j}k\frac{\exp(\mathrm{j}kr)}{r} - \frac{\exp(\mathrm{j}kr)}{r^2} \right] \right\} \hat{\boldsymbol{r}}_0 \cdot \hat{\boldsymbol{n}} \mathrm{d}s
\end{aligned}$$

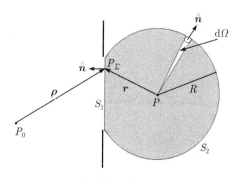

图 2-2-2 辅助计算的封闭曲面示意图

注意到在曲面 S_2 的表面上 $\hat{r}_0$ 与 $\hat{n}$ 是同方向的，故 $\hat{r}_0 \cdot \hat{n} \mathrm{d}s = \mathrm{d}s = R^2 \mathrm{d}\Omega$，

$$\begin{aligned}
I_{S_2} &= \iint\limits_{S_2} \left\{ \frac{\exp(\mathrm{j}kr)}{r} \frac{\partial u}{\partial r} - u \left(\mathrm{j}k - \frac{1}{r} \right) \frac{\exp(\mathrm{j}kr)}{r} \right\}\bigg|_{r=R} R^2 \mathrm{d}\Omega \\
&= \exp(\mathrm{j}kR) \iint\limits_{S_2} \left[\left(\frac{\partial u}{\partial R} - \mathrm{j}ku \right) R + u \right] \mathrm{d}\Omega
\end{aligned} \quad (2\text{-}2\text{-}15)$$

$\mathrm{d}\Omega$ 表示球面 S_2 上面元 $\mathrm{d}s$ 对于 P 点所张的立体角. 若函数 u 以如下的方式随 R 的增大而减小, 则上述球面 S_2 上的积分趋于 0.

$$\lim_{R \to \infty} \left(\frac{\partial u}{\partial R} - \mathrm{j}ku \right) R = 0 \quad (2\text{-}2\text{-}16)$$

这一条件称为**索末菲辐射条件**(Sommerfeld radiation condition). 只要函数 u 至少和一个发散球面波一样随着距离的增大而减小, 上述条件就能满足. 因为入射到孔上的光波总可以看作是点光源发出的球面波或球面波的叠加. 所以总能满足这个条件. 于是, (2-2-15) 积分中, 在球面 S_2 上的积分可以忽略. 只需要考虑球面 S_1 上的积分.

将屏上透光部分的孔面记为 Σ. 平面 S_1 就是孔面 Σ 和其余不透光屏后表面之和. 基尔霍夫假定: ① 透光孔面 Σ 上各点, 函数 u 及其导数和没有屏时完全相同; ② 在屏的不透光部分的后表面上各点, 函数 u 及其导数为零.

这两个条件一般称为**基尔霍夫边界条件**(Kirchhoff's boundary conditions). 于是, (2-2-14) 式化为

$$u(P) = \frac{1}{4\pi} \iint\limits_{\Sigma} \left[\frac{\exp(\mathrm{j}kr)}{r} \nabla u - u \nabla \left(\frac{\exp(\mathrm{j}kr)}{r} \right) \right] \cdot \hat{n} \mathrm{d}s \quad (2\text{-}2\text{-}17)$$

(2-2-17) 式表明: 屏后光场中任意点 P 的复振幅 $u(P)$ 可以由屏上的透光面上的边界值求得.

设入射到孔面 Σ 上的光波是由屏前某点 P_0 处的点光源发出的球面波, P_0 到孔面 Σ 上的任意点 P_Σ 的矢径为 ρ, 于是点光源在孔面 Σ 上的复振幅分布为

$$u(P_\Sigma) = \frac{A \exp(\mathrm{j}k\rho)}{\rho} \quad (2\text{-}2\text{-}18)$$

又

$$\nabla G = \nabla \left[\frac{\exp(\mathrm{j}kr)}{r} \right] = \frac{\exp(\mathrm{j}kr)}{r} \left(\mathrm{j}k - \frac{1}{r} \right) \nabla r$$

$$\nabla u(P_\Sigma) = \nabla \left[\frac{A \exp(\mathrm{j}k\rho)}{\rho} \right] = \frac{A \exp(\mathrm{j}k\rho)}{\rho} \left(\mathrm{j}k - \frac{1}{\rho} \right) \nabla \rho$$

2.2 衍射的标量波理论

通常情况下, ρ 和 r 均甚大于波长 λ, 从而 k 甚大于 $\frac{1}{\rho}$ 和 $\frac{1}{r}$. 因此

$$\nabla G = \nabla \left[\frac{\exp(\mathrm{j}kr)}{r}\right] = \frac{\exp(\mathrm{j}kr)}{r}\left(\mathrm{j}k - \frac{1}{r}\right)\nabla r \approx \mathrm{j}k\frac{\exp(\mathrm{j}kr)}{r}\left(\frac{\boldsymbol{r}}{r}\right) \quad (2\text{-}2\text{-}19)$$

$$\nabla\left[u(P_\Sigma)\right] = \nabla\left[\frac{A\exp(\mathrm{j}k\rho)}{\rho}\right] \approx \mathrm{j}k\frac{A\exp(\mathrm{j}k\rho)}{\rho}\left(\frac{\boldsymbol{\rho}}{\rho}\right) \quad (2\text{-}2\text{-}20)$$

代入 (2-2-17) 式, 得

$$u(P) = \frac{1}{\mathrm{j}\lambda}\iint_\Sigma \frac{A\exp(\mathrm{j}k\rho)}{\rho}\left[\frac{\hat{\boldsymbol{r}}_0\cdot\hat{\boldsymbol{n}} - \hat{\boldsymbol{\rho}}_0\cdot\hat{\boldsymbol{n}}}{2}\right]\frac{\exp(\mathrm{j}kr)}{r}\mathrm{d}s \quad (2\text{-}2\text{-}21\mathrm{a})$$

式中, $\frac{\boldsymbol{\rho}}{\rho} = \hat{\boldsymbol{\rho}}_0$, $\frac{\boldsymbol{r}}{r} = \hat{\boldsymbol{r}}_0$, 分别为矢量 $\boldsymbol{r}$ 和 $\boldsymbol{\rho}$ 方向上的单位矢量. $\hat{\boldsymbol{r}}_0\cdot\hat{\boldsymbol{n}}$ 和 $\hat{\boldsymbol{\rho}}_0\cdot\hat{\boldsymbol{n}}$ 分别为矢量 $\boldsymbol{r}$ 和 $\boldsymbol{\rho}$ 与面元 $\mathrm{d}s$ 法矢量 $\hat{\boldsymbol{n}}$ 的数性积, 即它们夹角的余弦. 以 $\boldsymbol{\rho}\wedge\boldsymbol{n}$ 和 $\boldsymbol{r}\wedge\boldsymbol{n}$ 分别表示矢量 $\boldsymbol{\rho}$ 与 $\boldsymbol{n}$ 及矢量 $\boldsymbol{r}$ 与 $\boldsymbol{n}$ 的夹角, (2-2-21a) 式可写为

$$u(P) = \frac{1}{\mathrm{j}\lambda}\iint_\Sigma \frac{A\exp(\mathrm{j}k\rho)}{\rho}\left[\frac{\cos(\boldsymbol{r}\wedge\boldsymbol{n}) - \cos(\boldsymbol{\rho}\wedge\boldsymbol{n})}{2}\right]\frac{\exp(\mathrm{j}kr)}{r}\mathrm{d}s \quad (2\text{-}2\text{-}21\mathrm{b})$$

由 (2-2-21) 式可见, r 与 ρ 是对称的. 位于 P_0 点的点光源在 p 点引起的光场复振幅和位于 p 点的点光源在 P_0 点引起的光场复振幅是一样的, 这就是**亥姆霍兹互易定理**(the reciprocity theorem of Helmholtz). (2-2-21) 式称作**菲涅耳–基尔霍夫衍射公式**(Fresnel-Kirchhoff diffraction formula). 将它与 (2-1-2) 式比较, 有

$$u(P_\Sigma) = \frac{A\exp(\mathrm{j}k\rho)}{\rho} \quad (2\text{-}2\text{-}22)$$

$$C = \frac{1}{\mathrm{j}\lambda} \quad (2\text{-}2\text{-}23)$$

$$K(\theta) = \frac{\hat{\boldsymbol{r}}_0\cdot\hat{\boldsymbol{n}} - \hat{\boldsymbol{\rho}}_0\cdot\hat{\boldsymbol{n}}}{2} = \frac{\cos(\boldsymbol{r}\wedge\boldsymbol{n}) - \cos(\boldsymbol{\rho}\wedge\boldsymbol{n})}{2} \quad (2\text{-}2\text{-}24)$$

惠更斯–菲涅耳原理中必须赋予球面子波的特殊性质恰恰就表现在 (2-2-23), (2-2-24) 式中, 因此, 这两个关系式为球面子波的特殊性质的假定提供了波动理论的基础.

惠更斯–菲涅耳原理的实质是无源空间边值定解. 从数学的角度来说, 是由边界值唯一地决定无源空间的光场. 只要边界值一旦确定, 则光场也就唯一地被确定. 如果边界值发生改变, 则光场也将发生相应的改变. 由此, 对于衍射的概念我们得到一个更为深入的理解. 这就是, 在光波的传播中, 若由于某种原因改变了光波的复振幅分布 (包括振幅或相位分布, 例如波面受到屏的限制, 即自由波面受到破损,

使得振幅分布发生改变),则在后场的复振幅分布将发生相应的改变,这便是衍射.这时,后场不再是自由传播时的光波场,这时的后场常称作**衍射光场**.

在 (2-2-21) 式中,若点光源 P_0 足够远,入射光在 Σ 面上各点的入射角都不大,以至使得孔面上各点都有 $\hat{\rho}_0 \cdot \hat{n} \approx -1$ 时,则 $K(\theta) \approx \dfrac{1+\cos\theta}{2}$. 这时,此衍射公式可表示为

$$u(P) = \frac{1}{\mathrm{j}\lambda} \iint_{\Sigma} u(P_\Sigma) \frac{\exp(\mathrm{j}kr)}{r} \left(\frac{1+\cos\theta}{2}\right) \mathrm{d}s \qquad (2\text{-}2\text{-}25)$$

(2-2-25) 式中 $u(P_\Sigma)$ 原是表示点光源 P_0 发射出的球面波在 Σ 面上的复振幅. 但可以证明, 对于更复杂的入射波情况下, 只要入射波面上每一点的曲率半径都甚大于波长, 而且在孔面上各点的入射角都不大, 利用 $u(P_\Sigma)$ 来一般地表示入射波在 Σ 面上的复振幅时, (2-2-25) 式也仍然成立.

2.3 菲涅耳衍射和夫琅禾费衍射

能使光波复振幅发生改变的物体称为衍射屏. 它可以是透射体, 也可以是反射体. 下面将着重研究光波通过透射体的衍射现象. 为了描述衍射屏的作用, 我们引入屏函数[3].

若紧贴衍射屏前表面入射光场的复振幅分布函数为 $u_0(x,y)$, 光波通过衍射屏透射后复振幅分布发生改变, 在紧贴衍射屏后表面光场的复振幅分布函数变化为 $u(x,y)$, 则将衍射屏后表面光场的复振幅分布函数与入射光在衍射屏前表面的复振幅分布函数之比定义为衍射屏的**屏函数**:

$$t(x,y) \equiv \frac{u(x,y)}{u_0(x,y)} \qquad (2\text{-}3\text{-}1)$$

对透射屏而言, $t(x,y)$ 又称为**复振幅透射率**. 它一般是复函数, 其模表示衍射屏对入射波的振幅引起的变化, 其辐角表示衍射屏对入射波在相位上引起的变化:

$$t(x,y) = |t(x,y)| \exp[\mathrm{j}\phi(x,y)] \qquad (2\text{-}3\text{-}2)$$

对于相位型衍射屏,

$$|t(x,y)| = \text{const.}, \quad t(x,y) = C \exp[\mathrm{j}\phi(x,y)] \qquad (2\text{-}3\text{-}3)$$

对于振幅型衍射屏,

$$\phi(x,y) = \text{const.}, \quad t(x,y) = |t(x,y)| \exp(\mathrm{j}\phi_0) \qquad (2\text{-}3\text{-}4)$$

式中, C 和 ϕ_0 为常数.

最简单的振幅型衍射屏其屏函数可表示为

2.3 菲涅耳衍射和夫琅禾费衍射

$$t(x,y) = 1, \quad 透光部分 \tag{2-3-5}$$

$$t(x,y) = 0, \quad 遮光部分 \tag{2-3-6}$$

这种衍射屏称**二元衍射屏**或**二元屏**(binary screen).

整个衍射系统可以以衍射屏为界分为前后两部分. 衍射屏前的空间称为前场, 或入射场, 也称照明空间. 衍射屏后的空间称为后场, 或出射场, 也称衍射空间.

衍射屏后不同距离处的光场复振幅分布是不同的. 按后场远近, 即衍射空间观察屏距离衍射屏的远近, 可将衍射区分为近场衍射和远场衍射两大类, 分别称为菲涅耳衍射和夫琅禾费衍射. 下面, 让我们依据公式 (2-2-25) 讨论这两种衍射.

考虑单色光通过无限大不透明屏上的一个开孔 Σ 的衍射. 取坐标如图 2-3-1 所示, 孔平面在 x,y 平面上, 观察面在 x_i,y_i 平面上. x_i 与 x 轴, y_i 与 y 轴分别平行. 注意, 以后我们都选衍射屏上的坐标为 x,y, 观察面上的坐标为 x_i,y_i. 这时, 在观察面 x_i,y_i 平面上任意点 $P(x_i,y_i)$ 的复振幅为

$$u(P_i) = u(x_i, y_i, z_i) = \frac{1}{j\lambda} \iint\limits_{\Sigma} u(x,y) \frac{\exp(jkr)}{r} \left(\frac{1+\cos\theta}{2}\right) dxdy \tag{2-3-7}$$

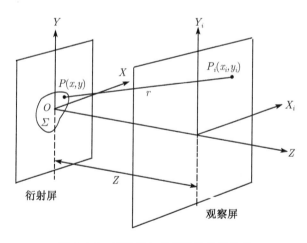

图 2-3-1　衍射屏与观察面的坐标关系

式中,

$$r = \sqrt{z^2 + (x-x_i)^2 + (y-y_i)^2} \tag{2-3-8}$$

若以 d 表示两坐标原点间的距离, 即 $z = d$, (2-3-8) 式可写为

$$r = d\left[1 + \left(\frac{x-x_i}{d}\right)^2 + \left(\frac{y-y_i}{d}\right)^2\right]^{1/2} \tag{2-3-9}$$

若观察平面与衍射孔面间的距离甚大于孔的线度. 并且, 在观察平面上, 只考虑一个对衍射孔上各点张角不大的范围. 即在傍轴近似的情况下,

$$d \gg (x_i, y_i)_{\max} \text{ 及 } d \gg (x, y)_{\max}$$

这时, 可近似取 $\cos\theta \approx 1$, 并且, 在式中被积函数分母上的 r 可用 d 代换. 但对于指数因子 e^{jkr} 中的 r 却不能简单地用 d 代换, 因为 k 值很大, r 的微小变化都会引起指数因子的较大变化, 所以应取较高一级的近似.

在 (2-3-9) 式中, 注意到 $\left(\dfrac{x-x_i}{d}\right)^2 + \left(\dfrac{y-y_i}{d}\right)^2 \ll 1$, 可用二项式展开如下:

$$r = d\left\{1 + \frac{1}{2}\left(\frac{x-x_i}{d}\right)^2 + \frac{1}{2}\left(\frac{y-y_i}{d}\right)^2 - \frac{1}{8}\left[(\frac{x-x_i}{d})^2 + \left(\frac{y-y_i}{d}\right)^2\right]^2 + \cdots\right\}$$
(2-3-10)

通常, 引入**菲涅耳数**(Fresnel number) 来区别不同性质的衍射区域, 它是一个量纲为一的参数, 定义为

$$F \equiv \frac{a^2}{\lambda d} \quad (2\text{-}3\text{-}11)$$

式中, a 为衍射孔径的线度, 即衍射孔径的有效半径, 在圆孔径的情况下 $a^2 = x^2 + y^2$ (在其他情况下, $x^2 + y^2$ 与 a^2 也属于同一个数量级), d 为离开孔径的距离, λ 为照明光波长. $F \leqslant 1$ 的衍射区域, 为**菲涅耳衍射区**(Fresnel diffraction region), $F \ll 1$ 时的衍射区域为**夫琅禾费衍射区**(Fraunhofer diffraction region). 下面, 根据菲涅耳数 F 的大小, 我们来讨论衍射场的性质.

2.3.1 菲涅耳衍射

当 $F \leqslant 1$ 时, 相当于 $\dfrac{k}{2d}(x^2+y)^2 \approx \dfrac{a^2}{\lambda d}\pi \leqslant \pi$. 故在 (2-3-10) 式中, 必须考虑一次方项, 而可以忽略二次方以上的项. 此时观察面上的衍射现象称为**菲涅耳衍射**(Fresnel diffraction), 又称**近场衍射**(near-field diffraction).

注意到 $u(x,y)$ 在 Σ 范围之外为零. 故 (2-3-7) 式可改写为

$$u(x_i, y_i) = \frac{\exp(\mathrm{j}kd)}{\mathrm{j}\lambda d} \int_{-\infty}^{\infty}\int_{-\infty}^{\infty} u(x,y)\exp\left\{\frac{\mathrm{j}k}{2d}[(x-x_i)^2 + (y-y_i)^2]\right\}\mathrm{d}x\mathrm{d}y$$
(2-3-12)

(2-3-12) 式可以表达为两函数的卷积式, 令

$$h_d(x,y) \equiv \frac{\exp(\mathrm{j}kd)}{\mathrm{j}\lambda d}\exp\left[\frac{\mathrm{j}k}{2d}(x^2+y^2)^2\right] \quad (2\text{-}3\text{-}13)$$

$h_d(x,y)$ 称为点源传递函数 (point source transfer function)[4]. 于是,(2-3-12) 式可表达为

$$u(x_i, y_i) = u(x_i, y_i) \otimes h_d(x_i, y_i) \quad (2\text{-}3\text{-}14)$$

2.3 菲涅耳衍射和夫琅禾费衍射

注意到 $k = \dfrac{2\pi}{\lambda}$，令 $f_x = \dfrac{x_i}{\lambda d}$，$f_y = \dfrac{y_i}{\lambda d}$，$u'(x,y) = u(x,y)\exp\left[\dfrac{\mathrm{j}k}{2d}(x^2+y^2)\right]$，于是 (2-3-12) 式还可写为

$$u(x_i, y_i) = \frac{\exp(\mathrm{j}kd)}{\mathrm{j}\lambda d}\exp\left[\frac{\mathrm{j}k}{2d}(x_i^2+y_i^2)\right]\int_{-\infty}^{\infty}\int_{-\infty}^{\infty}u'(x,y)\exp[-\mathrm{j}2\pi(f_x x + f_y y)]\mathrm{d}x\mathrm{d}y$$

以 F 表示傅里叶变换的算符，上式可改写为

$$u(x_i, y_i) = \frac{\exp(\mathrm{j}kd)}{\mathrm{j}\lambda d}\exp\left[\frac{\mathrm{j}k}{2d}(x_i^2+y_i^2)\right]F\left\{u(x,y)\exp\left[\frac{\mathrm{j}k}{2d}(x^2+y^2)\right]\right\}\bigg|_{f_x=\frac{x_i}{\lambda d}, f_y=\frac{y_i}{\lambda d}}$$
(2-3-15a)

$$u(x_i, y_i) = \frac{\exp(\mathrm{j}kd)}{\mathrm{j}\lambda d}\exp\left[\frac{\mathrm{j}k}{2d}(x_i^2+y_i^2)\right]F[u'(x,y)]\bigg|_{f_x=\frac{x_i}{\lambda d}, f_y=\frac{y_i}{\lambda d}} \qquad (2\text{-}3\text{-}15\text{b})$$

即近场衍射的复振幅分布 $u(x_i, y_i)$ 除开一个因子 $\dfrac{\exp(\mathrm{j}kd)}{\mathrm{j}\lambda d}\exp[\dfrac{\mathrm{j}k}{2d}(x_i^2+y_i^2)]$ 之外，恰好是 $u'(x,y)$ 的傅里叶变换.

利用 (2-3-14) 或 (2-3-15) 式计算的结果是一样的. 不过，在不同情况下，两者计算的难易程度是不同的.

2.3.2 夫琅禾费衍射

当 $F \ll 1$ 时，观察平面离衍射孔面的距离更远，相当于 $\dfrac{k}{2d}(x^2+y^2) \approx \dfrac{a^2}{\lambda d}\pi = \ll \pi$，以至可以忽略 (2-3-15 a) 式中的 $\dfrac{k}{2d}(x^2+y^2)$ 项. 这时的衍射现象称为**夫琅禾费衍射**(Fraunhofer diffraction)，又称**远场衍射**(far-field diffraction). 在这条件下，(2-3-7) 式可写为

$$u(x_i, y_i) = \frac{\exp(\mathrm{j}kd)}{\mathrm{j}\lambda d}\exp\left[\frac{\mathrm{j}k}{2d}(x_i^2+y_i^2)\right]\int_{-\infty}^{\infty}\int_{-\infty}^{\infty}u(x,y)\exp[-\mathrm{j}2\pi(f_x x + f_y y)]\mathrm{d}x\mathrm{d}y$$

或

$$u(x_i, y_i) = \frac{\exp(\mathrm{j}kd)}{\mathrm{j}\lambda d}\exp\left[\frac{\mathrm{j}k}{2d}(x_i^2+y_i^2)\right]F[u(x,y)]\bigg|_{f_x=\frac{x_i}{\lambda d}, f_y=\frac{y_i}{\lambda d}} \qquad (2\text{-}3\text{-}16)$$

即夫琅禾费衍射场的复振幅分布 $u(x_i, y_i)$ 除了一个因子 $\dfrac{\exp(\mathrm{j}kd)}{\mathrm{j}\lambda d}\exp\left[\dfrac{\mathrm{j}k}{2d}(x_i^2+y_i^2)\right]$ 之外，恰好是衍射屏上光场 $u(x,y)$ 的傅里叶变换.

通常把夫琅禾费衍射场称为远场. $F \ll 1$ 的远场条件也可表示为

$$\frac{k}{2d}a^2 \ll \pi \quad \text{或} \quad d \gg \frac{a^2}{\lambda} \qquad (2\text{-}3\text{-}17)$$

在实践中，为了方便计，有的文献将 $F \ll 1$ 的远场条件，取为 $F < 0.01$ 或 $d > 100\frac{a^2}{\lambda}$，将近场条件取为 $F \geqslant 1$ 或 $d \leqslant \frac{a^2}{\lambda}$. 而在这两者之间，即 $F \approx 1 \to 0.01$ 或 $d \approx \frac{a^2}{\lambda} \to 100\frac{a^2}{\lambda}$ 间的区域称为"**灰场**"(gray area). 当观察屏安放在"灰场"内时，若研究者对准确性要求严格，则需要用菲涅耳积分计算衍射场分布；若研究者只要求近似的结果，可使用夫琅禾费积分计算衍射场分布即可，这要比用菲涅耳积分计算简单得多. 这时，远场和近场的区域划分可如图 2-3-2 所示.

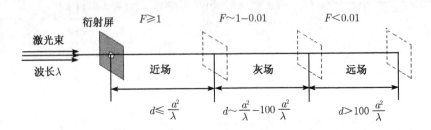

图 2-3-2　远场和近场的区域划分示意图

2.4　薄透镜的光学性质

光学系统中最重要的元件莫过于透镜，在初等光学中，用几何光学分析它的性质. 下面，我们将从波动光学的角度、用衍射理论来进一步分析它的性质.

透镜通常用玻璃或其他透明材料制成. 对薄透镜 (thin lens) 而言，可忽略它的吸收、反射以及光线在透镜内的平移. 把透镜的作用看作是一个只改变入射光相位的物体. 根据以上关于光波衍射的讨论，这样的透镜也就是一个相位型衍射屏，可以用 (2-3-3) 式描述. 即

$$t(x,y) = C\exp[\mathrm{j}\phi(x,y)]$$

在忽略其吸收等条件下，透过它的光没有衰减，即 $C = 1$. 此时，透镜的复振幅透射率可简单地表示为

$$t_l(x,y) = \exp[\mathrm{j}\phi(x,y)]$$

现在，让我们来寻求透镜的相位函数 $\phi(x,y)$，下面的讨论仅限于单色光的情形[5].

2.4.1　光波通过薄透镜的相位变化

让我们考虑紧贴薄透镜前后表面的两个平面. 当平行光沿透镜的光轴入射时，光波通过薄透镜的相位变化.

2.4 薄透镜的光学性质

取坐标如图 2-4-1 所示, 使透镜平面平行于 oxy 平面, 光轴与 z 轴重合. 当某一条光线在透镜的一个面上某任意点 $P(x,y)$ 入射, 沿 z 轴方向传播, 在另一个面从相同的 (x,y) 坐标处射出. 设紧贴薄透镜前表面的平面 Σ 上入射光场的复振幅为 $U_l(x,y)$, 紧贴薄透镜后表面的平面 Σ' 上出射光场的复振幅为

$$U_l'(x,y)$$

则有

$$U_l'(x,y) = t_l(x,y)U_l(x,y) \tag{2-4-1}$$

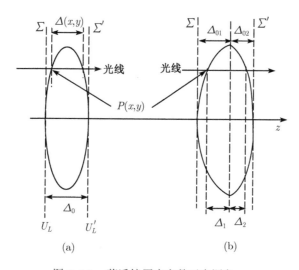

图 2-4-1　薄透镜厚度参数示意图之一

在透镜前表面上, 对于任意的 $P(x,y)$ 点, 设该点对应的透镜厚度为 $\Delta(x,y)$, 透镜材料的折射率为 n, 空气的折射率为 1, 以 δ 表示入射光通过紧贴薄透镜前表面的平面 Σ 和紧贴薄透镜后表面的平面 Σ' 之间的总光程, Δ_0 为透镜中轴线上对应的厚度, 也是透镜的最大厚度, 见图 2-4-1 所示. 则透镜对于通过该点平面 Σ 的入射光传播到平面 Σ' 上引起的相位滞后为

$$\phi(x,y) = \frac{2\pi}{\lambda}\delta = \frac{2\pi}{\lambda}[(\Delta_0 - \Delta) + n\Delta] = k[\Delta_0 + (n-1)\Delta] \tag{2-4-2}$$

式中, 在忽略反射、吸收等情况下, 透镜的作用等效于一个复振幅透射率 $t_l(x,y)$ 为下式所表示的衍射屏:

$$t_l(x,y) = \exp(jk\Delta_0)\exp[jk(n-1)\Delta(x,y)] \tag{2-4-3}$$

式中, $\Delta(x,y)$ 称作透镜的**厚度函数**(thickness function). 只要求出透镜的厚度函数 $\Delta(x,y)$, 就可以利用 (2-4-3) 式, 讨论透镜的各种效应[5].

设透镜由两个不同曲率半径的半球面透镜所构成，它们的半径分别为 R_1 及 R_2，将透镜从中心划为两部分，它们的厚度函数分别为 $\Delta_1(x,y)$, $\Delta_2(x,y)$. 最大厚度分别为 Δ_{10} 及 Δ_{20}. 如图 2-4-2 所示. 此时，厚度函数为两个半透镜厚度函数之和，即

$$\Delta(x,y) = \Delta_1(x,y) + \Delta_2(x,y) \tag{2-4-4a}$$

$$\Delta_0 = \Delta_{01} + \Delta_{02} \tag{2-4-4b}$$

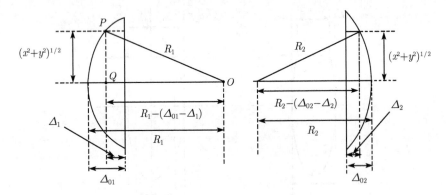

图 2-4-2 薄透镜厚度参数示意图二

根据毕答哥拉斯定理，图 2-4-2 中的 OPQ 直角三角形三边的关系有

$$R_1 - (\Delta_{01} - \Delta_1) = \sqrt{R_1^2 - (x^2+y^2)} = R_1\left[1 - \frac{(x^2+y^2)}{R_1^2}\right]^{1/2}$$

当曲率半径与透镜孔径线度相比较其大时

$$R_1 - (\Delta_{01} - \Delta_1) \approx R_1\left[1 - \frac{x^2+y^2}{2R_1^2}\right] = R_1 - \frac{x^2+y^2}{2R_1}$$

于是，左部分透镜的厚度函数 $\Delta_1(x,y)$ 为

$$\Delta_1 = \Delta_{01} - \frac{x^2+y^2}{2R_1} \tag{2-4-5}$$

类似地，右半透镜的厚度函数 $\Delta_2(x,y)$ 为

$$\Delta_2 = \Delta_{02} - \frac{x^2+y^2}{2R_2} \tag{2-4-6}$$

为便于研究不同类型的透镜所引起的相位变化，规定以下的符号规则.

当光线从左至右传播时，它所遇到的每个凸面的曲率半径取正号；而它所遇到的每个凹面的曲率半径取负号. 于是, 在图 2-4-2 中, 左半透镜的曲率半径 R_1 取正号, 而右半透镜的曲率半径 R_2 取负号. 根据此规则, 右半透镜的厚度函数 $\Delta_2(x,y)$ 应改写为

$$\Delta_2 = \Delta_{02} + \frac{x^2 + y^2}{2R_2} \tag{2-4-7}$$

整个透镜的厚度函数为两者之和, 这样, 我们就得到

$$\Delta(x,y) = \Delta_1(x,y) + \Delta_2(x,y) = \Delta_0 - \frac{1}{2}\left(\frac{1}{R_1} - \frac{1}{R_2}\right)(x^2 + y^2) \tag{2-4-8}$$

将 (2-4-8) 式代入 (2-4-3) 式, 我们得到

$$\begin{aligned}t_l(x,y) &= \exp(\mathrm{j}k\Delta_0)\exp\left\{\mathrm{j}k(n-1)\left[\Delta_0 - \frac{1}{2}\left(\frac{1}{R_1} - \frac{1}{R_2}\right)(x^2 + y^2)\right]\right\} \\ &= \exp(\mathrm{j}nk\Delta_0)\exp\left\{\left(-\frac{\mathrm{j}k}{2}\right)(n-1)\left(\frac{1}{R_1} - \frac{1}{R_2}\right)(x^2 + y^2)\right\}\end{aligned} \tag{2-4-9}$$

由几何光学知, 透镜焦距 f 与透镜前后表面的曲率半径 R_1 及 R_2 有如下关系:

$$\frac{1}{f} = (n-1)\left(\frac{1}{R_1} - \frac{1}{R_2}\right) \tag{2-4-10}$$

于是, (2-4-9) 式可改写为

$$t_l(x,y) = \exp(\mathrm{j}kn\Delta_0)\exp\left[-\frac{\mathrm{j}k}{2f}(x^2 + y^2)\right] \tag{2-4-11}$$

式中, $\exp(\mathrm{j}kn\Delta_0)$ 只是一项常数相位滞后, 通常不予考虑, 可将它略去. 这样, 对于我们所研究的图 2-4-1(b) 这种薄透镜, 它的复振幅透射率可表示为 [5]

$$t_l(x,y) = \exp\left[-\frac{\mathrm{j}k}{2f}(x^2 + y^2)\right] \tag{2-4-12}$$

这种透镜称为双凸透镜, 它的焦距 $f > 0$.

对于不同类型的透镜, 都可以依据上述符号规则, 推导出其相应的复振幅透射率, 以及其相应的焦距. 图 2-4-3 给出了凸面、凹面和平面的几种不同组合的透镜. 按上述符号规则, 对于双凸透镜, 平凸及正弯月形透镜的焦距为正; 而双凹透镜, 平凹及负弯月形透镜的焦距为负. 常将焦距为正的透镜统称为正透镜或会聚透镜, 而将焦距为负的透镜统称为负透镜或发散透镜.

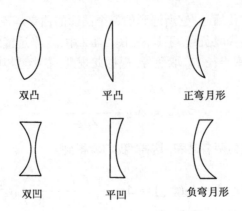

图 2-4-3 不同类型的透镜

当单色平面波沿透镜光轴入射在正透镜上时, 出射光波将变为曲率半径为该透镜焦距的球面波, 并会聚在该透镜的焦点 (焦点离薄透镜平面的距离为焦距). 当单色平面波沿透镜光轴入射在负透镜上时, 出射光波将变为曲率半径为该透镜焦距的球面波向前发散. 若将发散光线向后延长, 将会聚在离薄透镜后方距离为焦距的点. 该点常称为负透镜的虚焦点.

2.4.2 透镜的傅里叶变换性质

光源照明一个平面物体 (如透明片), 若其复振幅透射率为 $t(x,y)$, 通过透镜改变光波相位的空间分布后, 在一定条件下, 可获得物体的傅里叶变化 $F[t(x,y)]$. 透镜可以放置在物体前方, 也可以放置在物体后方. 现分别讨论之, 先讨论用平行光照明的情形, 这是在实验室常遇到的一种情况.

2.4.2.1 物体紧贴透镜

设某平面物体 (如透明图片), 紧贴在一个焦距为 f 的正透镜之前, 如图 2-4-4 所示. 设平面物体的复振幅透射率为 $t(x,y)$, 以振幅为 $A=1$ 的平面波沿透镜光轴照射, 让我们研究距离透镜为 d 的观察屏平面上光场的复振幅分布.

下面, 写出不同平面上光场的复振幅分布.

平面物体前表面:
$$A = 1$$

平面物体后表面:
$$U_l = t(x,y)$$

紧贴透镜后表面的平面:
$$U'_l = t(x,y)t_l(x,y) = t(x,y)\exp\left[-\frac{\mathrm{j}k}{2f}(x^2+y^2)\right]$$

2.4 薄透镜的光学性质

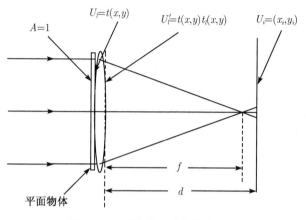

图 2-4-4 透镜傅里叶变换光路 1

观察屏平面上光场的复振幅分布 $U(x_i, y_i)$ 是 U_l' 经过距离 d 的菲涅耳衍射. 根据 (2-3-15 a) 式, 我们有

$$U_i(x_i,y_i) = \frac{\exp(\mathrm{j}kd)}{\mathrm{j}\lambda d} \exp\left[\frac{\mathrm{j}k}{2d}(x_i^2+y_i^2)\right] F\left\{U_l'(x,y)\exp\left[\frac{\mathrm{j}k}{2d}(x^2+y^2)\right]\right\}\bigg|_{\substack{fx=x_i/\lambda d\\fy=y_i/\lambda d}}$$

$$= \frac{\exp(\mathrm{j}kd)}{\mathrm{j}\lambda d}\exp\left[\frac{\mathrm{j}k}{2d}(x_i^2+y_i^2)\right] F\left\{U_l(x,y)\exp\left[\frac{\mathrm{j}k}{2}\left(\frac{1}{d}-\frac{1}{f}\right)(x^2+y^2)\right]\right\}\bigg|_{\substack{fx=x_i/\lambda d\\fy=y_i/\lambda d}}$$

(2-4-13)

当 $d = f$ 时, 则 (2-4-13) 式简化为

$$U_i(x_i,y_i) = \frac{\exp(\mathrm{j}kf)}{\mathrm{j}\lambda f}\exp\left[\frac{\mathrm{j}k}{2f}(x_i^2+y_i^2)\right] F[U_l(x,y)]\bigg|_{\substack{fx=x_i/\lambda f\\fy=y_i/\lambda f}}$$

而 $U_l(x, y) = t(x, y)$, 于是, 我们有

$$U_i(x_i,y_i) = \frac{\exp(\mathrm{j}kf)}{\mathrm{j}\lambda f}\exp\left[\frac{\mathrm{j}k}{2f}(x_i^2+y_i^2)\right] \tilde{t}\left(\frac{x_i}{\lambda f}, \frac{y_i}{\lambda f}\right) \qquad (2\text{-}4\text{-}14)$$

式中, $\tilde{t}\left(\dfrac{x_i}{\lambda f}, \dfrac{y_i}{\lambda f}\right)$ 为 $U_l(x,y) = t(x,y)$ 的傅里叶变换.

这就是说, 用平行光照明正透镜前表面的平面物体, 在透镜后焦面上将获得该平面物体复振幅分布的傅里叶变换. 这里, 我们忽略了透镜有限孔径的影响, 也就是说, 上述结果是在物体的尺寸小于透镜孔径的情况下得到的.

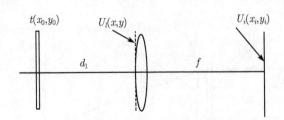

图 2-4-5　透镜傅里叶变换光路 2

2.4.2.2　物体在透镜前方，观察屏在透镜后焦面

若平面物体放置在透镜前距离它为 d_1 的地方，由垂直入射、振幅为 $A=1$ 的平面波照明，物体的复振幅透射率为 $t(x_0,y_0)$. 由 (2-4-14) 式可知，观察屏上光场的复振幅分布 $U_i(x_i,y_i)$ 应是透镜前表面光场的复振幅分布的傅里叶变换. 即

$$U_i(x_i,y_i) = \frac{\exp(\mathrm{j}kf)}{\mathrm{j}\lambda f} \exp\left[\frac{\mathrm{j}k}{2f}(x_i^2+y_i^2)\right] F[U_l(x,y)]\Big|_{f_x=\frac{x_i}{\lambda f},f_y=\frac{y_i}{\lambda f}} \tag{2-4-15}$$

因此，我们需要先求出透镜前表面光场的复振幅分布 $U_l(x,y)$ 与 $t(x_0,y_0)$ 的关系.

而 $U_l(x,y)$ 实际上就是平面物体 $t(x_0,y_0)$ 经历距离 d_1 的菲涅耳衍射，即

$$U_l(x,y) = t(x,y) \otimes h_{d_1}(x,y) \tag{2-4-16}$$

式中，

$$h_{d_1}(x,y) = \frac{\exp(\mathrm{j}kd_1)}{\mathrm{j}\lambda d_1} \exp\left[\frac{\mathrm{j}k}{2d_1}(x^2+y^2)\right]$$

考虑 $U_l(x,y)$ 的傅里叶变化：

$$\begin{aligned} F[U_l(x,y)] &= F[t(x,y) \otimes h_{d_1}(x,y)] \\ &= F[t(x,y)] \cdot F[h_{d_1}(x,y)]\Big|_{f_x=\frac{x_i}{\lambda f},f_y=\frac{y_i}{\lambda f}} \end{aligned} \tag{2-4-17}$$

(2-4-17) 式中

$$F[t(x,y)] = \tilde{t}\left(\frac{x_i}{\lambda f},\frac{y_i}{\lambda f}\right) \tag{2-4-18}$$

$$F[h_{d_1}(x,y)] = \exp(\mathrm{j}kd_1)\exp\left[-\mathrm{j}\pi\lambda d_1(f_x^2+f_y^2)\right]\Big|_{f_x=\frac{x_i}{\lambda f},f_y=\frac{y_i}{\lambda f}} \tag{2-4-19}$$

关系式 (2-4-19) 是点源传递函数的傅里叶变换，在第 1 章 1.2.5.13 节已作了推证，它是一个十分重要的变换，以后多次会遇到.

2.4 薄透镜的光学性质

将 (2-4-19) 式进一步改写为

$$F[h_{d_1}(x,y)] = \exp(jkd_1) \exp\left[-\frac{j\pi}{\lambda}\left(\frac{d_1}{f^2}\right)(x_i^2+y_i^2)\right]$$
$$= \exp(jkd_1) \exp\left[-\frac{jk}{2f}\left(\frac{d_1}{f}\right)(x_i^2+y_i^2)\right]$$

将这个结果连同 (2-4-17), (2-4-18) 式, 代入 (2-4-15) 式, 我们有

$$U_i(x_i,y_i) = \frac{\exp(jkf)}{j\lambda f} \exp\left[\frac{jk}{2f}(x_i^2+y_i^2)\right] \exp(jkd_1)\tilde{t}\left(\frac{x_i}{\lambda f},\frac{y_i}{\lambda f}\right)$$
$$\times \exp\left[-\frac{jk}{2f}\left(\frac{d_1}{f}\right)(x_i^2+y_i^2)\right]$$

化简后, 便得

$$U_i(x_i,y_i) = \frac{\exp[jk(f+d_1)]}{j\lambda f} \exp\left[\frac{jk}{2f}\left(1-\frac{d_1}{f}\right)(x_i^2+y_i^2)\right] \tilde{t}\left(\frac{x_i}{\lambda f},\frac{y_i}{\lambda f}\right) \quad (2\text{-}4\text{-}20)$$

根据上面的结果, 我们有

(1) 当 $d_1 = 0$, 这就属于前面物体紧贴透镜的情况, 与 (2-4-14) 式的结果相同.

(2) 当 $d_1 = f$, 即平面物体放置在透镜的前焦面上.

这时, 我们有

$$U_i(x_i,y_i) = \frac{\exp(j2kf)}{j\lambda f}\tilde{t}\left(\frac{x_i}{\lambda f},\frac{y_i}{\lambda f}\right) \quad (2\text{-}4\text{-}21)$$

即在透镜的后焦面上可获得平面物体精确的傅里叶变换.

2.4.2.3 物体在透镜后方

将平面物体放置在透镜后方, 距离透镜位置为 d_1 处, 观察平面为透镜的后焦面, 物体距离后焦面位置为 d, 即 $d_1 + d = f$.

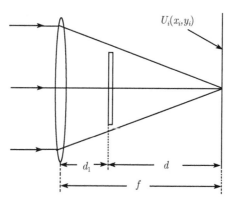

图 2-4-6 透镜傅里叶变换光路 3

以振幅为 $A = 1$ 的平面波沿透镜光轴照射，紧贴透镜后表面平面上的光场复振幅分布为
$$\exp\left[-(jk/2f)\left(x^2 + y^2\right)\right]$$
平面物体前表面上的光场复振幅分布 $U(x, y)$ 为上述光场经历 d_1 距离的菲涅耳衍射. 根据 (2-3-14) 式, $U(x, y)$ 可表示为

$$U(x, y) = \exp\left[-\frac{jk}{2f}(x^2 + y^2)\right] \otimes \left\{\frac{\exp(jkd_1)}{j\lambda d_1}\exp\left[\frac{jk}{2d_1}(x^2 + y^2)\right]\right\} \quad (2\text{-}4\text{-}22)$$

对 (2-4-22) 式先作一次傅里叶变换，再作一次傅里叶逆变换，仍得 $U(x, y)$，但通过两次变换可简化上面的表达式.

现在，让我们对 (2-4-22) 式先作一次傅里叶变换，我们有

$$F[U(x,y)] = F\left\{\exp\left[-\frac{jk}{2f}(x^2 + y^2)\right]\right\} F\left\{\frac{\exp(jkd_1)}{j\lambda d_1}\exp\left[\frac{jk}{2d_1}(x^2 + y^2)\right]\right\}$$

注意到，上式是两个点传递函数的傅里叶变换的乘积，应用第 1 章 (1-2-95) 式的关系可得

$$F[U(x,y)] = \{-j\lambda f \exp\left[j\pi\lambda f(f_x^2 + f_y^2)\right]\}\exp(jkd_1)\{\exp\left[-j\pi\lambda d_1(f_x^2 + f_y^2)\right]\}$$
$$= \{-j\lambda f \exp(jkd_1)\exp\left[j\pi\lambda d(f_x^2 + f_y^2)\right]\} \quad (2\text{-}4\text{-}23)$$

对上面结果再作一次傅里叶逆变换，仍得 $U(x, y)$. 即

$$U(x,y) = F^{-1}\{F[U(x,y)]\} = -j\lambda f \exp(jkd_1)F^{-1}\left\{\exp\left[j\pi\lambda d(f_x^2 + f_y^2)\right]\right\}$$

式中

$$F^{-1}\left\{\exp\left[j\pi\lambda d(f_x^2 + f_y^2)\right]\right\} = -\frac{1}{j\lambda d}\exp\left[-\frac{jk}{2d}(x^2 + y^2)\right]$$

故

$$U(x,y) = \frac{f}{d}\exp(jkd_1)\exp\left[-\frac{jk}{2d}(x^2 + y^2)\right] \quad (2\text{-}4\text{-}24)$$

式中，第三项 $\exp\left[-\frac{jk}{2d}(x^2 + y^2)\right]$ 表示 $U(x, y)$ 为一球面会聚波，会聚点距离物体为 d，即焦点所在位置. 第二项 $\exp(jkd_1)$ 表示物体所在平面较透镜处的相位滞后，这是由于光波多传播了 d_1 距离而引起的. 第一项为振幅 $\frac{f}{d} > 1$，这是由于会聚波在传播过程中，振幅随距离而增大的结果.

平面物体后表面上的光场复振幅分布 $U'(x, y)$ 为

$$U'(x,y) = U(x,y)t(x,y) = \frac{f}{d}\exp(jkd_1)\exp\left[-\frac{jk}{2d}(x^2 + y^2)\right]t(x,y) \quad (2\text{-}4\text{-}25)$$

再经过距离为 d 的衍射, 在透镜焦面上的复振幅分布 $U(x_i, y_i)$ 为

$$U(x_i, y_i) = \frac{\exp(jkd)}{j\lambda d} \exp\left[\frac{jk}{2d}(x_i^2 + y_i^2)\right] F\left\{U'(x,y) \exp\left[\frac{jk}{2d}(x^2 + y^2)\right]\right\}\bigg|_{\substack{fx=x_i/\lambda d \\ fy=y_i/\lambda d}}$$

$$= \frac{\exp(jkd)}{j\lambda d} \exp\left[\frac{jk}{2d}(x_i^2 + y_i^2)\right] F\left\{\frac{f}{d} \exp(jkd_1) t(x,y)\right\}\bigg|_{\substack{fx=x_i/\lambda d \\ fy=y_i/\lambda d}}$$

$$= \frac{\exp(jkf)}{j\lambda d} \left(\frac{f}{d}\right) \exp\left[\frac{jk}{2d}(x_i^2 + y_i^2)\right] \tilde{t}(f_x, f_y)\bigg|_{\substack{fx=x_i/\lambda d \\ fy=y_i/\lambda d}}$$

(2-4-26)

注意到, 当物体放置在透镜后方时, 空域和时域的对应关系为

$$x \to \frac{x_i}{\lambda d}, \quad y \to \frac{y_i}{\lambda d}$$

相位因子和傅里叶变换尺度均由 d 决定. 增大 d(物体靠近透镜) 或减小 d(物体远离透镜), 可改变傅里叶变换的空间尺度. 像的亮度是与 $(f/d)^2$ 成正比的, 也可通过变化 d 而改变像的亮度. 由于傅里叶变换空间尺度大小和亮度可以控制, 为空间滤波和信息处理提供了一种灵活性.

当 $d = f$ 时,

$$U(x_i, y_i) = \frac{\exp(jkf)}{j\lambda f} \exp\left[\frac{jk}{2f}(x_i^2 + y_i^2)\right] \tilde{t}(f_x, f_y)\bigg|_{\substack{fx=x_i/\lambda f \\ fy=y_i/\lambda f}} \tag{2-4-27}$$

与 (2-4-14) 式的结果是一样的. 即薄相位物体紧贴透镜安放时, 无论在前或在后其效果都一样.

在实验室里, 为了缩短观察夫琅禾费衍射的距离, 可以使用凸透镜放在衍射屏的后方, 如图 2-4-7 所示. 图中, 使用显微物镜、微调器和针孔组成的空间滤波器扩束并滤去高频噪声, 再通过准直透镜, 形成高质量的平行光束垂直照射在衍射

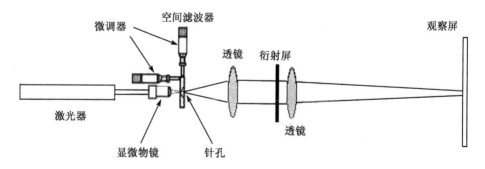

图 2-4-7 夫琅禾费衍射实验光路示意图

上,在透镜的后焦面上就可以看到衍射屏的夫琅禾费衍射图纹. 如果对图纹质量要求不高, 衍射屏的通光口径也比较小, 也可以不使用空间滤波器和准直透镜, 而直接将激光束垂直照射在衍射屏上, 观察透镜后焦面上形成的夫琅禾费衍射图纹.

在观察屏位置也可安放 CCD 装置, 将光信号转换为电信号, 输入计算机处理, 并通过电视屏观看. 这种情况下, 需要在激光器输出窗前安放一个衰减器, 将光束强度衰减, 避免光照太强损坏器件.

2.5 二元屏的夫琅禾费衍射

矩孔、单缝、圆孔、直边是几种简单而重要的二元衍射屏, 在实验室里经常遇到这几种二元屏的衍射现象. 下面, 我们分别对它们进行讨论.

2.5.1 矩孔的夫琅禾费衍射

在无限大遮光屏上开有一个通光的矩形孔的二元衍射屏称为**矩孔**(rectangular aperture). 设矩孔沿 x 轴方向边长为 a, 沿 y 轴方向边长为 b, 中心在 x, y 坐标原点, 如图 2-5-1 所示. 则矩孔的屏函数为

$$t(x,y) = \mathrm{rect}\left(\frac{x}{a}\right) \mathrm{rect}\left(\frac{y}{b}\right) = \begin{cases} 1, & |x| < a/2, \quad |y| < b/2 \\ 0, & |x| \geqslant a/2, \quad |y| \geqslant b/2 \end{cases} \tag{2-5-1}$$

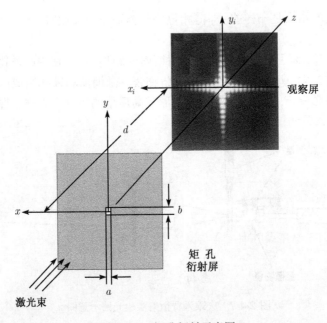

图 2-5-1 矩孔衍射示意图

$\mathrm{rect}(\dfrac{x}{a})$ 和 $\mathrm{rect}(\dfrac{x}{b})$ 为矩形函数. 以振幅为 A 的单色平面波, 平行于 z 轴照射衍射屏, 则紧贴衍射屏后的光场复振幅为

$$u(x,y) = A\mathrm{rect}\left(\dfrac{x}{a}\right)\mathrm{rect}\left(\dfrac{y}{b}\right) \qquad (2\text{-}5\text{-}2)$$

其傅里叶变换为

$$F[u(x,y)] = AF\left[\mathrm{rect}\left(\dfrac{x}{a}\right)\mathrm{rect}\left(\dfrac{y}{b}\right)\right] = Aab\mathrm{sinc}(af_x)\mathrm{sinc}(bf_y) \qquad (2\text{-}5\text{-}3)$$

(2-5-3) 式中, $\mathrm{sinc}(\xi) \equiv \dfrac{\sin\pi\xi}{\pi\xi}$ 即辛克函数 (变换函数). 矩孔衍射图样的光强分布 $I(x_i, y_i)$ 为

$$I(x_i, y_i) \propto \left(\dfrac{Aab}{\lambda d}\right)^2 \mathrm{sinc}^2\left(\dfrac{ax_i}{\lambda d}\right)\mathrm{sinc}^2\left(\dfrac{by_i}{\lambda d}\right) \qquad (2\text{-}5\text{-}4)$$

其相对光强分布为

$$\dfrac{I}{I_0} = \mathrm{sinc}^2\left(\dfrac{ax_i}{\lambda d}\right)\mathrm{sinc}^2\left(\dfrac{by_i}{\lambda d}\right) \qquad (2\text{-}5\text{-}5)$$

即在 x 或 y 轴方向的强度分布均按辛克 (sinc) 函数平方的曲线分布, 图 2-5-2 表示了辛克函数平方曲线图. 其零点位置在 $\xi = 1, 2, 3, \cdots$ 或 $\pi\xi = \pi, 2\pi, 3\pi, \cdots$ 处.

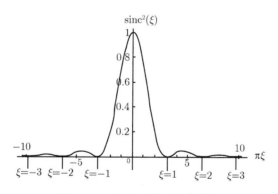

图 2-5-2 辛克函数平方曲线图

在 (2-5-6) 式中, 令 $\alpha = \dfrac{\pi a x_i}{\lambda d}$, $\beta = \dfrac{\pi b y_i}{\lambda d}$, 注意到, 当它们取值为 $\alpha = \dfrac{3\pi}{2}, \dfrac{5\pi}{2}, \dfrac{7\pi}{2}, \cdots, \beta = \dfrac{3\pi}{2}, \dfrac{5\pi}{2}, \dfrac{7\pi}{2}, \cdots$ 时, 上述函数可取次极大值. 因此, 次极大的相对强度在数值上等于下面数列 $\dfrac{4}{9\pi^2}, \dfrac{4}{25\pi^2}, \dfrac{4}{49\pi^2}, \cdots$ 中任意两项的乘积. 若令 $l = 1, m = 4/9\pi^2, n = 4/25\pi^2$, 则衍射的相对强度极值分布可以由图 2-5-3 所示. 各级亮纹具有相等的宽度, 零级亮纹的宽度为其他级别亮纹宽度的一倍.

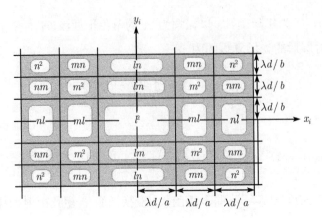

图 2-5-3 矩孔衍射光强极值分布图

2.5.2 单缝的夫琅禾费衍射

单缝(single slit 或简称 slit) 就是在无限大不透明屏上开有一个通光的无限长狭缝的二元衍射屏. 长而窄的矩孔, 例如图 2-5-1 中的矩孔当 a 较窄而 b 足够长时, 就可以近似地看作是宽度为 a 的无限长细缝. 这样的长细缝 (long narrow slit) 也可看作是单缝衍射屏.

仍取图 2-5-1 中的坐标, 在观察面 x_i, y_i 平面上光场的复振幅分布与单缝的傅里叶变换成正比:

$$u(x_i, y_i) \propto A' \text{sinc}(af_x)\delta(f_y) \tag{2-5-6}$$

单缝的远场衍射图样分布为

$$\begin{cases} I = I_0 \left[\text{sinc}\left(\dfrac{ax}{\lambda d}\right)\right]^2, & y_i = 0 \\ I = 0, & y_i \neq 0 \end{cases} \tag{2-5-7}$$

即 x_i 轴上各点的光强按辛克函数的平方分布, 而 x_i 轴以外各点的光强为 0. 衍射光强沿 x_i 轴的分布为垂直于狭缝的一条光强被辛克函数的平方所调制的亮线, 如图 2-5-4 所示. 在 y_i 轴方向, 除 $y_i = 0$ 外, 光强处处为 0.

图 2-5-5 是实验室观察单缝衍射的典型光路. 使用的光源通常是非相干的线光源而不是相干的点光源. 若线光源放在透镜 L_1 的前焦面, 也就是 x, y 平面内, 线光源 $\overline{P_0P}$ 与 y 轴重合, 端点 P_0 位于坐标原点 $(x = 0, y = 0)$. 端点 P_0 产生的球面波经过透镜 L_1 准直为平面波垂直照射狭缝, 对应的衍射图纹服从 (2-5-8) 式, 沿着 ox_i 轴分布. 再考虑线光源上另外任意一点产生的衍射图纹. 设该点坐标为 $x = 0$, $y > 0$ 的 P 点, 它发射的球面波经过透镜 L_1 准直为平面波却不再垂直照射狭缝, 而是倾斜了一个角度, 因此它在观察屏上产生的衍射图纹虽也服从 (2-5-8) 式的规

2.5 二元屏的夫琅禾费衍射

律, 但却不在 ox_i 轴上, 而是偏了一定的距离, 沿着 MM' 轴分布 (平行于 ox_i 轴, $y_i < 0$). 于是, 整个线光源产生的衍射图样在 y_i 轴上被延展开来, 延展的宽度正比于线光源的长度 $\overline{PP_0}$, 而与狭缝的长短无关, 如图 2-5-5 所示.

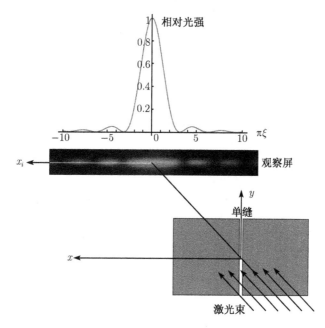

图 2-5-4 单缝衍射示意图

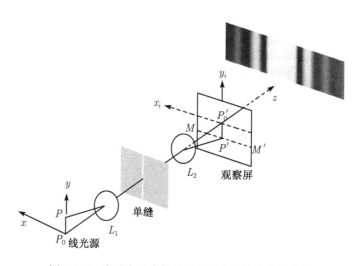

图 2-5-5 实验室通常做单缝衍射实验的光路示意图

2.5.3 圆孔的夫琅禾费衍射

圆孔 (circular aperture) 就是无限大不透明屏上开有圆形孔径的二元衍射屏. 设圆孔的半径为 R, 取坐标如图 2-5-6 所示. 则极坐标与直角坐标间的关系为

$$\left.\begin{array}{ll} x = r\cos\theta, & y = r\sin\theta \\ x_i = r_i\cos\theta_i, & y_i = r_i\sin\theta_i \end{array}\right\} \tag{2-5-8}$$

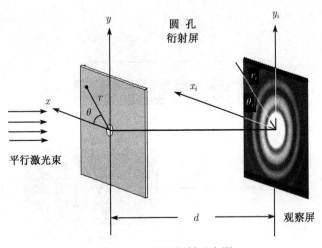

图 2-5-6 圆孔衍射示意图

圆孔的屏函数为

$$t(x,y) = t(r) = \text{circ}\left(\frac{r}{R}\right) = \begin{cases} 1, & r < R \\ 0, & r \geqslant R \end{cases} \tag{2-5-9}$$

式中, 函数 $\text{circ}(\dfrac{r}{R})$ 为圆域函数. 其傅里叶变换为

$$F\left[\text{circ}\left(\frac{r}{R}\right)\right] = \int_{-\infty}^{\infty}\int_{-\infty}^{\infty} \text{circ}\left(\frac{r}{R}\right) \exp[-\text{j}2\pi(f_x x + f_y y)]\mathrm{d}x\mathrm{d}y \tag{2-5-10}$$

式中,

$$f_x = x_i/\lambda d = r_i\cos\theta_i/\lambda d, \quad f_y = y_i/\lambda d = r_i\sin\theta_i/\lambda d \tag{2-5-11}$$

将 (2-5-10) 式变换为对 r,θ 的积分

$$\begin{aligned} F\left[\text{circ}\left(\frac{r}{R}\right)\right] &= \int_0^R \int_0^{2\pi} \exp\left[-\text{j}\left(\frac{2\pi r r_i}{\lambda d}\right)(\cos\theta\cos\theta_i + \sin\theta\sin\theta_i)\right] r\mathrm{d}r\mathrm{d}\theta \\ &= \int_0^R r\mathrm{d}r \int_0^{2\pi} \exp\left[-\text{j}\left(\frac{2\pi r r_i}{\lambda d}\right)\cos(\theta - \theta_i)\right] \mathrm{d}\theta \end{aligned} \tag{2-5-12}$$

已知贝塞尔函数有以下关系:

$$J_n(x) = \frac{(-j)^n}{2\pi} \int_0^{2\pi} \exp(-jx\cos\theta) \exp(jn\theta) d\theta \tag{2-5-13}$$

对于 $n=0$,

$$J_0(x) = \frac{1}{2\pi} \int_0^{2\pi} \exp(-jx\cos\theta) d\theta \tag{2-5-14}$$

所以,

$$\int_0^{2\pi} \exp\left[-j\frac{2\pi r r_i}{\lambda d}\cos(\theta-\theta_i)\right] d\theta = 2\pi J_0\left(\frac{2\pi r r_i}{\lambda d}\right)$$

将上式代入 (2-5-12) 式, 并根据贝塞尔函数的下面性质:

$$\int_0^x x J_0(x) dx = x J_1(x) \tag{2-5-15}$$

根据贝塞尔函数的微分关系式

$$\frac{d}{dx}\left[x^{n+1} J_{n+1}(x)\right] = x^{n+1} J_n(x) \tag{2-5-16}$$

当 $n=0$ 时, 得

$$\frac{d}{dx}[x J_1(x)] = x J_0(x) \tag{2-5-17}$$

$$F\left[\text{circ}\left(\frac{r}{R}\right)\right] = \int_0^R 2\pi r J_0\left(\frac{2\pi r r_i}{\lambda d}\right) dr = \frac{(\lambda d)^2}{2\pi r_i^2} \int_0^R \frac{2\pi r r_i}{\lambda d} J_0\left(\frac{2\pi r r_i}{\lambda d}\right) d\left(\frac{2\pi r_i r}{\lambda d}\right)$$
$$= \frac{R\lambda d}{r_i} J_1\left(\frac{2\pi r_i R}{\lambda d}\right)$$

或

$$F\left[\text{circ}\left(\frac{r}{R}\right)\right] = \pi R^2 \left[\frac{2J_1(2\pi r_i R/\lambda d)}{(2\pi r_i R/\lambda d)}\right] \tag{2-5-18}$$

(2-5-18) 式具有圆对称性, 与 θ 角无关. 方括弧内的函数常表示为

$$\text{Jinc}(\xi) = \left[\frac{2J_1(\xi)}{\xi}\right]$$

称作 Jinc 函数. 其径向分布如图 2-5-7 中浅色曲线所示. 也常表示为

$$\text{Be sinc}(\eta) = \left[\frac{2J_1(\pi\eta)}{\pi\eta}\right]$$

称作 Be sinc 函数.

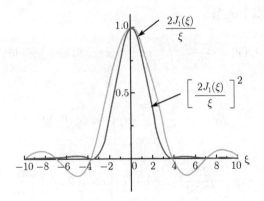

图 2-5-7 Jinc 函数曲线图

以振幅为 A 的单色平面波垂直照射圆孔, 在距离孔面 d 处的远场观察面 (x_i, y_i) 平面上的光场为

$$u(x_i, y_i) = \frac{A\exp(\mathrm{j}kd)}{\mathrm{j}\lambda d} \exp\left[\frac{\mathrm{j}k}{2d}(x_i^2 + y_i^2)\right] F\left[A\mathrm{circ}\left(\frac{r}{R}\right)\right]$$

以极坐标表示, 并利用 (2-5-18) 式的结果, 我们有

$$u(x_i, y_i) = u(r_i, \theta_i) = \frac{A\exp(\mathrm{j}kd)}{\mathrm{j}\lambda d} \exp\left[\frac{\mathrm{j}k}{2d}(r_i^2)\right] \pi R^2 \left[\frac{2J_1(2\pi r_i R/\lambda d)}{(2\pi r_i R/\lambda d)}\right] \quad (2\text{-}5\text{-}19)$$

衍射图纹的光强分布为

$$I(r_i) = u^*u = \left[\frac{A\pi R^2}{\lambda d}\right]^2 \left[\frac{2J_1(2\pi r_i R/\lambda d)}{(2\pi r_i R/\lambda d)}\right]^2 = I_0 \left[\frac{2J_1(2\pi r_i R/\lambda d)}{(2\pi r_i R/\lambda d)}\right]^2 \quad (2\text{-}5\text{-}20\mathrm{a})$$

$I(r_i)$ 称为**艾里函数**(Airy function), 它也常用相对光强表示为

$$\frac{I}{I_0} = \left[\frac{2J_1(\pi\eta)}{\pi\eta}\right]^2 \quad (2\text{-}5\text{-}20\mathrm{b})$$

式中,

$$I_0 = \left[\frac{A\pi R^2}{\lambda d}\right]^2, \quad \eta = \frac{2r_i R}{\lambda d} \quad (2\text{-}5\text{-}20\mathrm{c})$$

$J_1(\xi)$ 为零的点在 $\xi = 0, 3.832, 7.016, 10.173\cdots$ 或 $\xi = 0, 1.22\pi, 2.23\pi, 3.24\pi, \cdots$ 这个强度分布图样称为艾里图样 (Airy pattern), 其中心亮盘称作**艾里斑**(Airy spot). 它占有通过圆孔总光能量通量的绝大部分, 图 2-5-7 中的深色曲线表示了相对光强沿径向的分布.

艾里斑半径的张角 α, 即圆孔中心与衍射第一暗环上任意点连线与通过圆孔中心的法线所夹的平面角 (见图 2-5-8) 与艾里斑半径和衍射距离有如下的关系:

$$\sin\alpha \approx \tan\alpha = \frac{r_i}{d}$$

对于第一暗环：
$$\xi = 1.22\pi = \frac{2\pi R r_i}{\lambda d} \text{ 或 } \frac{r_i}{d} = 0.61\frac{\lambda}{R}$$

所以
$$\alpha = \arctan\left(0.61\frac{\lambda}{R}\right) \approx 0.61\frac{\lambda}{R} \tag{2-5-21}$$

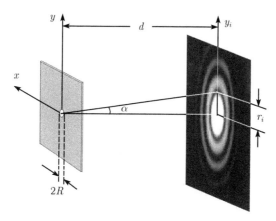

图 2-5-8　艾里斑示意图

2.5.3.1　艾里图样的光强分布

为了表述的简洁，以后我们将表示观察平面坐标的足标"i"省略，以 r 表示艾里图样上的半径. 令 $W_R(r)$ 表示光功率比，即艾里图样上半径为 r 的圆面积上的光功率 (光场能量通量)，与艾里图样上总光功率之比. 即

$$W_R(r) = \frac{\int_0^r I(r')2\pi r' \mathrm{d}r'}{\int_0^\infty I(r')2\pi r' \mathrm{d}r'} \tag{2-5-22}$$

式中，$I(r')2\pi r'\mathrm{d}r'$ 表示半径在 $r' \sim r' + \mathrm{d}r'$ 的圆环面积上的光功率.

$$I(r) = I_0 \left[\frac{2J_1(2\pi r R/\lambda d)}{(2\pi r R/\lambda d)}\right]^2$$

令
$$\xi = 2\pi r R/\lambda d, \quad \xi' = 2\pi r' R/\lambda d \tag{2-5-23}$$

$$W_R(r) = \int_0^r \left[\frac{2J_1(\xi')}{\xi'}\right]^2 2\pi \xi' \mathrm{d}\xi' \Big/ \int_0^\infty \left[\frac{2J_1(\xi')}{\xi'}\right]^2 2\pi \xi' \mathrm{d}\xi' \tag{2-5-24}$$

将式 (2-5-17) 中的关系式 $\dfrac{\mathrm{d}}{\mathrm{d}x}[xJ_1(x)] = xJ_0(x)$ 改写为

$$\frac{J_1(x)}{x} = J_0(x) - \frac{\mathrm{d}}{\mathrm{d}x}J_1(x) \quad \text{或} \quad \frac{[J_1(x)]^2}{x} = J_1(x)\left[J_0(x) - \frac{\mathrm{d}}{\mathrm{d}x}J_1(x)\right] \tag{2-5-25}$$

根据贝塞尔函数的微分关系式 (2-5-16), 当 $n = -1$ 时, 我们有

$$\frac{\mathrm{d}}{\mathrm{d}x}[J_0(x)] = J_{-1}(x) \tag{2-5-26}$$

而 $J_m(\alpha)$ 是第一类贝塞尔函数, 注意到它的一个重要性质:

$$J_{-m}(\alpha) = (-1)^m J_m(\alpha)$$

当 $m = 1$ 时,

$$J_{-1}(\alpha) = -J_1(\alpha) \tag{2-5-27}$$

于是 (2-5-25) 式可进一步改写为

$$\begin{aligned}\frac{[J_1(x)]^2}{x} &= \left[J_0(x)J_1(x) - J_1(x)\frac{\mathrm{d}}{\mathrm{d}x}J_1(x)\right] \\ &= -\left[J_0(x)\frac{\mathrm{d}}{\mathrm{d}x}J_0(x) + J_1(x)\frac{\mathrm{d}}{\mathrm{d}x}J_1(x)\right] \\ &= -\frac{1}{2}\frac{\mathrm{d}}{\mathrm{d}x}\left[J_0^2(x) + J_1^2(x)\right]\end{aligned} \tag{2-5-28}$$

因此, (2-5-24) 式的积分可化为

$$W_R(r) = \frac{[J_0(\xi')^2 + J_1(\xi')^2]\Big|_{\xi'=0}^{\xi'=\xi}}{[J_0(\xi')^2 + J_1(\xi')^2]\Big|_{\xi'=0}^{\xi'=\infty}}$$

$$= \frac{J_0(\xi)^2 + J_1(\xi)^2 - J_0(0)^2 - J_1(0)^2}{J_0(\infty)^2 + J_1(\infty)^2 - J_0(0)^2 - J_1(0)^2}$$

注意到

$$J_0(0) = 1, J_0(\infty) = J_1(0) = J_1(\infty) = 0$$

$$W_R(r) = \frac{J_0(\xi)^2 + J_1(\xi)^2 - 1}{-1} = 1 - J_0(\xi)^2 - J_1(\xi)^2 \tag{2-5-29}$$

以上的光功率之比的函数画在图 2-5-9 中. 由于第一、第二和第三暗纹分别位于 $\xi_1 = 3.832, \xi_2 = 7.015$ 和 $\xi_3 = 10.173$, 根据 (2-5-29) 式容易计算出相应的光功率比分别为 $W_{R_1} = 0.839, W_{R_2} = 0.910$ 和 $W_{R_3} = 0.938$. 所以, 在第一暗纹内的光功率约占总光功率的 84%; 第一和第二暗纹之间的光功率约占总光功率的 7%.

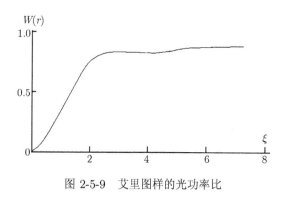

图 2-5-9　艾里图样的光功率比

2.5.3.2　光学分辨率

从几何光学的观点看来, 无像差系统的分辨本领是无限的. 但由于衍射的存在, 即使是无像差的系统, 分辨本领也是有限的. 在望远镜、照相机等光学系统物镜的焦平面上形成的点光源像实际上是物镜通过通光孔径的夫琅禾费衍射图样. 这种情况使得光学系统对于由两个物点所形成的 "像" 可能发生重叠, 从而限制了光学系统的分辨本领.

像面的清晰度与像上的艾里斑的大小有关. 设 R 为光学系统通光孔径的半径. 那么, 艾里斑的角半径近似为 $0.61\lambda/R$. 这也就是刚能勉强分辨出来的两个相同点光源之间最小角距离的近似值. 在这样的角距离下, 某一个点光源的像的中心极大值落在另一个点光源的像的第一个极小值上, 如图 2-5-10(b) 所示. 这种判定光学分辨率的条件称**瑞利判据**(Rayleigh's criterion). 在此条件下, 光学系统的最小分辨距离 $d_{\min}$ 为

$$d_{\min} = 1.22\lambda L/D \qquad (2\text{-}5\text{-}30)$$

式中, D 为系统的口径, L 为像距. 根据两个相同点光源之间的距离, 可将它区分为图 2-5-10 所示的三种情况:

(a) $d > d_{\min}$ 完全可分辨 (fully resolved 或 well resolved 或 resolvable);
(b) $d = d_{\min}$ 恰能分辨 (barely resolved 或 just resolved 或 Rayleigh criterion);
(c) $d < d_{\min}$ 不可分辨 (can not resolved 或 not resolved 或 un-resolvable).

图 2-5-10 中图的上方表示了衍射图样的强度分布曲线, 其中虚线所表示的是两个艾里图样的合成强度, 在图 2-5-10(a) 和 (b) 的情况下, 它在中心附近形成一个鞍形凹陷, 通常称为 "中心凹陷". 显然, 凹陷越深, 越易于分辨. 下面我们考虑一下, 在恰能分辨的瑞利分辨率判据条件下, 凹陷有多深? 即 "中心凹陷" 处的光强比峰值降低了多少?

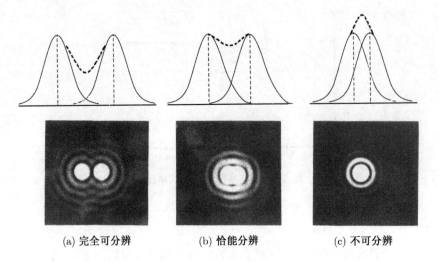

图 2-5-10 瑞利判据示意图

对圆形光瞳,若取坐标使像面上第一个艾里斑的中心恰好位于原点. 第二个艾里斑中心位于 x 轴上,则像面上沿 x 轴光强的相对分布为

$$\frac{I(x)}{I_0} = \left[\frac{2J_1(x)}{x}\right]^2 + \left[\frac{2J_1(x-1.22\pi)}{(x-1.22\pi)}\right]^2 \tag{2-5-31}$$

式中, I_0 为单个艾里斑的最大强度.

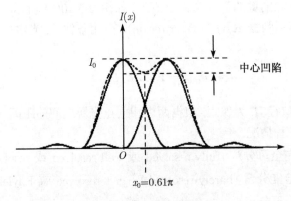

图 2-5-11 中心凹陷示意图

中心凹陷处 $x_0 = 0.61\pi$, 于是

$$\frac{I(x_c)}{I_0} = 2\left[\frac{2J_1(0.61\pi)}{0.61\pi}\right]^2 \approx 0.733 \tag{2-5-32}$$

即, 中心凹陷约为 26.7%[7].

当光瞳为单狭缝时,仍采用瑞利判据,类似地有

$$\frac{I(x)}{I_0} = \left[\frac{\sin x}{x}\right]^2 + \left[\frac{\sin(x-\pi)}{(x-\pi)}\right]^2$$

中心凹陷处 $x_c = \frac{\pi}{2}$ 于是

$$\frac{I(x_c)}{I_0} = 2\left[\frac{\sin \pi/2}{\pi/2}\right]^2 \approx 0.81 \tag{2-5-33}$$

即中心凹陷约为 19%. 因此, 在恰能分辨的瑞利分辨率判据条件下, 使用圆形光瞳比狭缝型光瞳效果更佳[7].

根据瑞利判据, 我们可以对光学系统的分辨能力作出迅速的估计.

例如, 一颗距离地表 50km 高空的人造卫星, 若想分辨地面 2mm 的物体, 也就是能看清一张普通报纸的标题文字, 其照相系统的口径应有多大? 以 L 表示距离物体的距离, D 表示照相系统口径的直径, $d_{\min}$ 表示最小分辨距离, 以 $\lambda = 500$nm 计算光波波长, 则根据 (2-5-30) 式, 我们有 $D = 1.22\lambda L/d_{\min} = 1.22 \times 500 \times 10^{-9} \times 50 \times 10^3/2 \times 10^{-3} = 15.25$m. 又如, 人眼瞳孔约 1mm, 角分辨率约为 $\alpha_{\min} = \frac{d_{\min}}{L} = 1.22\frac{\lambda}{D} \approx 6 \times 10^{-4}$rad. 显然, 分辨率受通光孔径大小的限制, 以圆形孔径的光学系统 (如望远镜) 为例, 口径 (孔径直径) 越大, 则分辨率越高. 对使用波长而言, 对一定口径的光学系统, 波长越短, 则分辨率越高. 若欲使无线电波望远镜具有和光学望远镜一样的分辨率, 则要求其口径比光学望远镜大 $\lambda_{\text{radio}}/\lambda_{\text{optical}}$ 倍. 无线电波望远镜使用的波长在 10cm 量级, 而光学望远镜使用的波长在 500nm 量级, 故两者之比约为 10^5 量级.

世界上最大的无线电波望远镜是设在 Puerto Rico 的 Arecib 天文台, 该望远镜有 304m 的口径, 能接收 3~90cm 的无线电波, 它对 13cm 的无线电波的角分辨率为

$$\Delta\theta = 1.22 \times 0.13/304 = 0.5\text{mrad}^{[6]}$$

而一台普通家用的光学望远镜的角分辨率为

$$\Delta\theta = 1.22 \times 500 \times 10^{-9}/0.1 = 6\mu\text{rad}$$

建造大口径的无线电波望远镜是既困难又昂贵的. 图 2-5-12 是 Arecib 天文台的俯视图, 环山的凹谷内是巨大的望远凹镜, 山脚下的房屋汽车只隐约可见, 可以想像其工程之浩大. 应用综合孔径方法, 准确测量不同射电望远镜之间的距离和信号时间, 综合分析它们的数据, 就可以将它们模拟成一个更大口径的无线电波望远镜, 其有效口径就等于相邻两个射电望远镜的距离. 它们之间的距离甚至于可以远

达星球相对的两端. 近年来这技术已经应用于光学望远镜. 最早使用综合孔径方法的光学望远镜之一是剑桥的 COAST 望远镜, 它是 Cambridge Optical Wavelength Aperture Synthesis Telescope(剑桥光学波长综合孔径望远镜) 的缩写. 它有四个接收孔径, 引入草丘下的实验室, 通过这四个接收孔径的不同光信号干涉综合成像 [6] (见图 2-5-13).

图 2-5-12　Arecib 天文台的无线电波望远镜

图 2-5-13　剑桥光学波长综合孔径 COAST 望远镜

2.5.4　直边的夫琅禾费衍射

半无限大不透明屏 (semi-infinite screen) 称为**直边**(straight edge) 或**半平面屏**(half-screen). 设它位于 xy 平面内, 其直边与 y 轴重合, x 轴负侧的半无限大平面为半无限大不透明屏. 在此情况下, 直边的屏函数可用阶跃函数 (step function) 表示. 当 $a = x_0 = 1$ 时, 第 1 章 1.2.4.5 节中的阶跃函数表达式 (1-2-56) 可表示为

$$t(x) = \text{step}(x) = \begin{cases} 0, & x \leqslant 0 \\ 1, & x > 0 \end{cases} \quad (2\text{-}5\text{-}34)$$

当以振幅为 A 的单色平面波平行于 z 轴方向照射半无限大遮光屏, 在距离半无限大遮光屏为 d 处的远场观察面 xy 平面上的光场为

$$u(x,y) = \left(\frac{1}{\mathrm{j}\lambda d}\right) \exp(\mathrm{j}kd) \exp\left[\frac{\mathrm{j}k}{2d}(x_i^2 + y_i^2)\right] F[A\text{step}(x)]$$

2.6 二元屏夫琅禾费衍射的进一步讨论

根据第 1 章 1.2.5.10 节阶跃函数的傅里叶变换 (1-2-79) 式,我们有

$$F[\text{step}(x)] = F\left[\frac{1}{2} + \frac{1}{2}\text{sgn}(x)\right] = \frac{1}{2}\delta(f_x) + \frac{1}{\text{j}2\pi f_x}$$

于是,

$$u(x,y) = \frac{\exp(\text{j}kd)}{\text{j}\lambda d}\exp\left[\frac{\text{j}k}{2d}(x_i^2 + y_i^2)\right]\left(\frac{A}{2}\right)[\delta(f_x) + (1/\text{j}\pi f_x)] \qquad (2\text{-}5\text{-}35)$$

式中,$f_x = x_i/\lambda d$,$f_y = y_i/\lambda d$. 直边衍射图样的光强分布为

$$I = \left(\frac{A}{2\pi\lambda d f_x}\right)^2 = \left(\frac{A}{2\pi x_i}\right)^2, \quad x \neq 0 \qquad (2\text{-}5\text{-}36)$$

光强在 x 轴上的分布如图 2-5-14 所示. 在中心处有最大的强度向两侧急剧衰减,衍射图形对直边是对称的,无论遮光屏位于 x 轴负侧或正侧,光强的分布都是一样的.

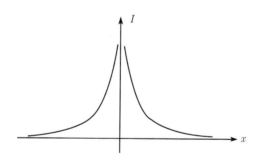

图 2-5-14　直边衍射图样

2.6 二元屏夫琅禾费衍射的进一步讨论

2.6.1 二元屏中心偏离光轴

在本章 2.5 节中,我们讨论的矩孔、圆孔等衍射屏的中心均位于坐标原点. 衍射图纹是对称于 z 轴分布的. 对于使用透镜如图 2-4-7 的情况下,实际上,是取光轴为 z 坐标轴的. 即矩孔、圆孔等衍射屏的中心均位于光轴上. 如果不在光轴上情况将是如何?让我们以矩孔为例进行讨论.

仍取光轴为 z 坐标轴,设矩孔中心的坐标为 x_0, y_0. 应用 δ 函数的位移性质,矩孔的屏函数这时可表达为

$$t(x,y) = \text{rect}\left(\frac{x - x_0}{a}, \frac{y - y_0}{b}\right) = \text{rect}\left(\frac{x}{a}, \frac{y}{b}\right) \otimes \delta(x - x_0, y - y_0) \qquad (2\text{-}6\text{-}1)$$

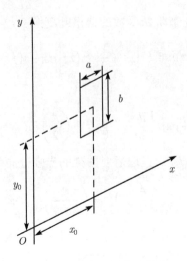

图 2-6-1 矩孔中心不在光轴上

距离矩孔为 d 的观察屏上,其夫琅禾费衍射的复振幅分布为

$$u(x_i,y_i) = \frac{A}{j\lambda d} \exp\left[jk\left(d + \frac{x_i^2+y_i^2}{2d}\right)\right] F[t(x,y)] \tag{2-6-2}$$

式中,

$$\begin{aligned} F[t(x,y)] &= F\left[\text{rect}\left(\frac{x}{a},\frac{y}{b}\right)\right] F[\delta(x-x_0,y-y_0)] \\ &= ab\,\text{sinc}(af_x)\text{sinc}(bf_y)\exp[-j2\pi(f_xx_0+f_yy_0)] \end{aligned} \tag{2-6-3}$$

(2-6-3) 式与矩孔中心位于坐标原点时相比较,多出了一个相位因子 $\exp[-j2\pi(f_xx_0+f_yy_0)]$,这正是傅里叶变换的相移性质. 即函数在空域中的平移将引起频域中的相移. 此相位因子表示了函数 $F(x,y)$ 以准平面波形式沿方位角 θ_x,θ_y 方向传播,其中 $\sin\theta_x \approx -x_0/d$, $\sin\theta_y \approx -y_0/d$. 虽出现了相位因子,不过相位因子对光强分布不起作用. (2-6-3) 式对应的光强分布仍为

$$I = I_0\text{sinc}^2(af_x)\text{sinc}^2(bf_y)$$

不过这只是对一个矩孔的情况,如果是两个以上的矩孔,它们在空域的位移不同,于是,在频域的相移也不同,这时的夫琅禾费衍射图样将发生变化. 譬如,对于双矩孔的情况,由于出现两项不同的相位因子,它们叠加后,将产生干涉效应. 于是,在衍射图样中将出现干涉条纹. 下面,我们以双孔衍射屏为例来看这种干涉效应.

2.6.2 双孔夫琅禾费衍射

若衍射屏为不透明无限大不透明屏上开有两个直径为 R 的双孔,如图 2-6-2 选取坐标,让 x 轴通过两个孔的中心,原点在两个孔的中点,则相应的屏函数可表为

2.6 二元屏夫琅禾费衍射的进一步讨论

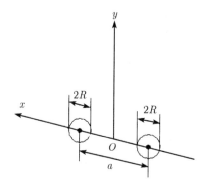

图 2-6-2 双孔衍射屏图

$$t(x,y) = \text{circ}\left[\frac{\sqrt{(x+a/2)^2+y^2}}{R}\right] + \text{circ}\left[\frac{\sqrt{(x-a/2)^2+y^2}}{R}\right]$$
$$= \text{circ}\left(\frac{r}{R}\right) \otimes \left[\delta\left(x-\frac{a}{2},y\right) + \delta\left(x+\frac{a}{2},y\right)\right] \quad (2\text{-}6\text{-}4)$$

距离双孔为 d 的观察屏上，其夫琅禾费衍射的复振幅分布与屏函数的傅里叶变换成正比.

其屏函数的傅里叶变换为

$$\begin{aligned}
F[t(x,y)] &= F\left[\text{circ}\left(\frac{r}{R}\right)\right] F\left[\delta\left(x-\frac{a}{2},y\right) + \delta\left(x+\frac{a}{2},y\right)\right] \\
&= \pi R^2 \left[\frac{2J_1(2\pi r_i R/\lambda d)}{2\pi r_i R/\lambda d}\right] [\exp(\text{j}\pi f_x a) + \exp(-\text{j}\pi f_x a)] \\
&= \pi R^2 \left[\frac{2J_1(2\pi r_i R/\lambda d)}{2\pi r_i R/\lambda d}\right] 2\cos(\text{j}\pi f_x a)
\end{aligned} \quad (2\text{-}6\text{-}5)$$

式中，$f_x = x_i/\lambda d$. 于是，距离双孔为 d 的观察屏上的夫琅禾费衍射图形的相对强度分布为

$$\frac{I}{I_0} = \left[\frac{2J_1(\xi)}{\xi}\right]^2 \cos^2(\text{j}\pi f_x a) \quad (2\text{-}6\text{-}6)$$

衍射图形如图 2-6-3 所示. $\cos^2(\text{j}\pi f_x a)$ 为杨氏条纹，$\left[\frac{2J_1(\xi)}{\xi}\right]^2$ 为艾里图样. 亦即其衍射图形为被艾里图样包络线所调制的杨氏条纹.

2.6.3 双缝夫琅禾费衍射

我们先讨论理想的、无限长双缝的衍射.

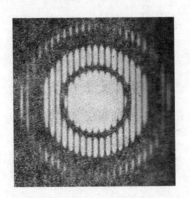

图 2-6-3 双孔夫琅禾费衍射图形

无限长双缝相当于两条无限长线光源. 设它们的距离为 c, 选坐标使 x 轴与双缝垂直, y 轴与双缝平行, 并位于它们的中线上, 则无限长双缝的屏函数可表示为

$$t(x,y) = \delta\left(x+\frac{c}{2}\right) + \delta\left(x-\frac{c}{2}\right) \tag{2-6-7}$$

其傅里叶变换为

$$\begin{aligned}F[t(x,y)] = \tilde{t}(f_x, f_y) &= [\exp(j\pi f_x c) + \exp(-j\pi f_x c)]\delta(f_y) \\ &= 2\cos(\pi f_x c)\delta(f_y)\end{aligned} \tag{2-6-8}$$

距离无限长双缝为 d 的观察屏上的夫琅禾费衍射图形的相对强度分布为

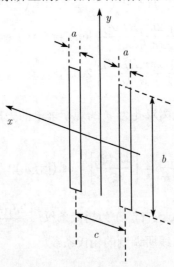

图 2-6-4 实际的双缝衍射屏

$$\frac{I}{I_0} = \begin{cases} \cos^2 \pi f_x c, & f_y = 0 \\ 0, & f_y \neq 0 \end{cases} \tag{2-6-9}$$

式中, $f_x = x_i/\lambda d$, $f_y = y_i/\lambda d$. 衍射图形为排列在观察屏 x_i 轴上的一条亮纹, 其光强按余弦平方的规律分布. 在 $y_i > 0$ 的区域均为暗区, 如图 2-6-5(a) 所示.

现在, 我们考虑实际的双缝的衍射. 实际的双缝有一定的尺寸大小, 设缝宽为 a, 缝长为 b. 取坐标使 x 轴与缝宽平行, y 轴与缝长平行, 并取原点在双缝距离的中点, 则实际的双缝的屏函数为

$$t(x,y) = \text{rect}\left(\frac{x}{a}, \frac{y}{b}\right) \otimes \left[\delta\left(x + \frac{c}{2}\right) + \delta\left(x - \frac{c}{2}\right)\right] \tag{2-6-10}$$

其傅里叶变换为

$$\begin{aligned}\tilde{t}(f_x, f_y) &= F[t(x,y)] \\ &= ab\,\text{sinc}(af_x)\text{sinc}(bf_y)[\exp(\text{j}\pi f_x c) + \exp(-\text{j}\pi f_x c)] \\ &= ab\,\text{sinc}(af_x)\text{sinc}(bf_y)\left[2\cos(\pi f_x c)\right] \end{aligned} \tag{2-6-11}$$

当 $b \to \infty$ 时, 根据 (1-2-47) 式我们有

$$\lim_{b\to\infty} b\,\text{sinc}(bf_y) = \lim_{b\to\infty} \frac{\sin(\pi b f_y)}{\pi f_y} = \delta(f_y)$$

实际上, 只要 b 比 a 足够大, 就可以近似地取 b 为无限大. 于是, 我们得到

$$F[t(x,y)] = a\,\text{sinc}(af_x)\delta(f_y)\left[2\cos(\pi f_x c)\right] \tag{2-6-12}$$

这时, 远场相对光强的分布为

$$\frac{I}{I_0} = [\text{sinc}(af_x)\delta(f_y)\cos(\pi f_x c)]^2 \tag{2-6-13}$$

因为

$$\Delta f_{xa} \approx \frac{1}{a}, c > a$$

所以

$$\Delta f_{xc} < \Delta f_{xa} \tag{2-6-14}$$

远场的衍射图形是包络线为 $[\text{sinc}(af_x)]^2$ 的杨氏条纹. 图 2-6-5(c) 是它在观察屏 x_i 轴上的光强分布示意图, 在 $y_i > 0$ 的区域均为暗区.

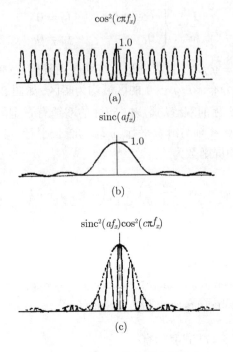

图 2-6-5 实际双缝衍射光强分布

2.7 二元屏的菲涅耳衍射

前面我们指出矩孔、单缝、圆孔、直边是几种简单而重要的二元衍射屏，在实验室里经常遇到这几种二元屏的衍射现象，并在本章 2.5 和 2.6 两节中讨论了它们的夫琅禾费衍射. 下面，我们进一步讨论它们的菲涅耳衍射.

2.7.1 矩孔的菲涅耳衍射

在图 2-5-1 的矩孔例中，若观察面在近场区域，则得矩孔的菲涅耳衍射. 这时，需要用 (2-3-12) 式计算. 当以振幅为 A 的平面波垂直照射矩孔衍射屏时，屏上的复振幅分布为

$$u(x,y) = A\mathrm{rect}\left(\frac{x}{a}\right)\mathrm{rect}\left(\frac{y}{b}\right)$$

于是，在距离衍射屏为 d 处的近场观察面 xy 平面上的光场复振幅分布为

$$\begin{aligned}u(x_i,y_i) &= \frac{A\exp(\mathrm{j}kd)}{\mathrm{j}\lambda d}\int_{-b/2}^{b/2}\int_{-a/2}^{a/2}\exp\left\{\frac{\mathrm{j}k}{2d}[(x-x_i)^2+(y-y_i)^2]\right\}\mathrm{d}x\mathrm{d}y \\ &= \frac{A\exp(\mathrm{j}kd)}{\mathrm{j}\lambda d}P(x_i)P(y_i)\end{aligned} \quad (2\text{-}7\text{-}1)$$

式中,
$$\begin{aligned}P(x_i) &= \int_{-a/2}^{a/2} \exp\left[\frac{\mathrm{j}k}{2d}(x-x_i)^2\right]\mathrm{d}x \\ P(y_i) &= \int_{-b/2}^{b/2} \exp\left[\frac{\mathrm{j}k}{2d}(y-y_i)^2\right]\mathrm{d}y\end{aligned} \quad (2\text{-}7\text{-}2)$$

作变量替换
$$\begin{aligned}\xi &= \sqrt{\frac{k}{\pi d}}(x-x_i) \\ \eta &= \sqrt{\frac{k}{\pi d}}(y-y_i)\end{aligned} \quad (2\text{-}7\text{-}3)$$

于是, (2-7-2) 式可写为
$$\begin{aligned}P(x_i) &= \sqrt{\frac{\pi d}{k}} \int_{\xi_1}^{\xi_2} \exp\left(\mathrm{j}\frac{\pi}{2}\xi^2\right)\mathrm{d}\xi \\ P(y_i) &= \sqrt{\frac{\pi d}{k}} \int_{\eta_1}^{\eta_2} \exp\left(\mathrm{j}\frac{\pi}{2}\eta^2\right)\mathrm{d}\eta\end{aligned} \quad (2\text{-}7\text{-}4)$$

其中, 积分限为
$$\begin{aligned}\xi_1 &= -\sqrt{\frac{k}{\pi d}}\left(\frac{a}{2}+x_i\right), & \xi_2 &= \sqrt{\frac{k}{\pi d}}\left(\frac{a}{2}-x_i\right) \\ \eta_1 &= -\sqrt{\frac{k}{\pi d}}\left(\frac{b}{2}+y_i\right), & \eta_2 &= \sqrt{\frac{k}{\pi d}}\left(\frac{b}{2}-y_i\right)\end{aligned} \quad (2\text{-}7\text{-}5)$$

积分 $P(x)$ 和 $P(y)$ 之值可以用菲涅耳积分的函数表计算, 菲涅耳积分的定义为
$$\begin{aligned}C(\alpha) &= \int_0^\alpha \cos\frac{\pi}{2}t^2\mathrm{d}t \\ S(\alpha) &= \int_0^\alpha \sin\frac{\pi}{2}t^2\mathrm{d}t\end{aligned} \quad (2\text{-}7\text{-}6)$$

注意到
$$\int_{\xi_1}^{\xi_2} \exp\left(\mathrm{j}\frac{\pi}{2}\zeta^2\right)\mathrm{d}\xi = \int_0^{\xi_2}\left(\cos\frac{\pi}{2}\xi^2+\mathrm{j}\sin\frac{\pi}{2}\xi^2\right)\mathrm{d}\xi - \int_0^{\xi_1}\left(\cos\frac{\pi}{2}\xi^2+\mathrm{j}\sin\frac{\pi}{2}\xi^2\right)\mathrm{d}\xi$$

所以,
$$\begin{aligned}P(x_i) &= \sqrt{\frac{\pi d}{k}}\{[C(\xi_2)-C(\xi_1)]+\mathrm{j}[S(\xi_2)-S(\xi_1)]\} \\ P(y_i) &= \sqrt{\frac{\pi d}{k}}\{[C(\eta_2)-C(\eta_1)]+\mathrm{j}[S(\eta_2)-S(\eta_1)]\}\end{aligned} \quad (2\text{-}7\text{-}7)$$

将 (2-7-7) 式代入 (2-7-1) 式：

$$u(x_i, y_i) = \frac{A\exp(jkd)}{2j}\{[C(\xi_2) - C(\xi_1)] + j[S(\xi_2) - S(\xi_1)]\} \\ \times \{[C(\eta_2) - C(\eta_1)] + j[S(\eta_2) - S(\eta_1)]\} \tag{2-7-8}$$

相应的强度分布为

$$\begin{aligned} I(x_i, y_i) &= u(x_i, y_i)u^*(x_i, y_i) \\ &= (A^2/4)\left\{[C(\xi_2) - C(\xi_1)]^2 + [S(\xi_2) - S(\xi_1)]^2\right\} \\ &\quad \times \left\{[C(\eta_2) - C(\eta_1)]^2 + [S(\eta_2) - S(\eta_1)]^2\right\} \end{aligned} \tag{2-7-9}$$

函数 $C(\alpha)$ 和 $S(\alpha)$ 可以用级数表示，它们是将 (2-7-6) 式的正弦和余弦函数用级数展开后积分而得

$$\begin{aligned} C(\alpha) &= \alpha\left[1 - \frac{1}{2!5}\left(\frac{\pi}{2}\alpha^2\right)^2 + \frac{1}{4!9}\left(\frac{\pi}{2}\alpha^2\right)^4 - \cdots\right] \\ S(\alpha) &= \alpha\left[\frac{1}{1!3}\left(\frac{\pi}{2}\alpha^2\right) - \frac{1}{3!7}\left(\frac{\pi}{2}\alpha^2\right)^3 + \frac{1}{5!11}\left(\frac{\pi}{2}\alpha^2\right)^5 - \cdots\right] \end{aligned} \tag{2-7-10}$$

函数 $C(\alpha)$ 和 $S(\alpha)$ 随 α 变化的关系表示在图 2-7-1 中，当 $\alpha \to \infty$ 时

$$C(\infty) = S(\infty) = \frac{1}{2} \tag{2-7-11}$$

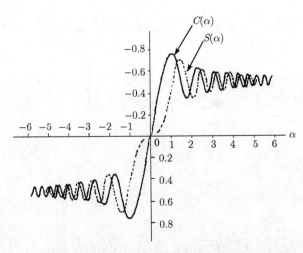

图 2-7-1　函数 $C(\alpha)$ 和 $S(\alpha)$ 随 α 变化的关系

2.7 二元屏的菲涅耳衍射

当 $\alpha \to -\infty$ 时

$$C(-\infty) = S(-\infty) = -\frac{1}{2} \tag{2-7-12}$$

当 $\alpha = 0$ 时

$$C(0) = S(0) = 0 \tag{2-7-13}$$

并且

$$C(\alpha) = -C(-\alpha) \tag{2-7-14}$$

$$S(\alpha) = -S(-\alpha) \tag{2-7-15}$$

具体计算 $C(\alpha)$ 和 $S(\alpha)$ 之值时, 可查用表 2-7-1 的菲涅耳积分表.

表 **2-7-1** 菲涅耳积分表

$C(\alpha) = \int_0^\alpha \cos\frac{\pi}{2}t^2 \mathrm{d}t$			$S(\alpha) = \int_0^\alpha \sin\frac{\pi}{2}t^2 \mathrm{d}t$		
α	$C(\alpha)$	$S(\alpha)$	α	$C(\alpha)$	$S(\alpha)$
0.0	0.00000	0.00000	2.6	0.38894	0.54999
0.2	0.19992	0.00419	2.8	0.46749	0.39153
0.4	0.39748	0.03336	3.0	0.60572	0.49631
0.6	0.58110	0.11054	3.2	0.46632	0.59335
0.8	0.72284	0.24934	3.4	0.43849	0.42965
1.0	0.77989	0.43826	3.6	0.58795	0.49231
1.2	0.71544	0.62340	3.8	0.44809	0.56562
1.4	0.54310	0.71353	4.0	0.49843	0.42052
1.6	0.36546	0.63889	4.2	0.54172	0.56320
1.8	0.33363	0.45094	4.4	0.43833	0.46227
2.0	0.48825	0.34342	4.6	0.56724	0.51619
2.2	0.63629	0.45570	4.8	0.43380	0.49675
2.4	0.55496	0.61969	5.0	0.56363	0.49919

下面介绍一种实用的辅助计算方法.

设

$$\Psi(\alpha) = \int_0^\alpha \exp\left(\mathrm{j}\frac{\pi}{2}t^2\right)\mathrm{d}t = C(\alpha) + \mathrm{j}S(\alpha) \tag{2-7-16}$$

将 $\Psi(\alpha)$ 画在用 $C(\alpha)$ 为横坐标, $S(\alpha)$ 为纵坐标的复平面上, 如图 2-7-2 所示. 这时, $\Psi(\alpha)$ 在复平面 $C(\alpha), S(\alpha)$ 上随 α 变化的图形称为**考纽卷线**(Cornu spiral).

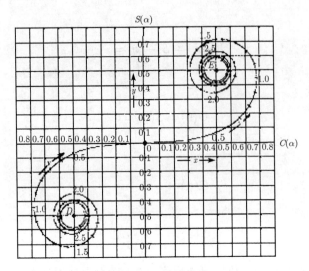

图 2-7-2 考纽卷线

将 (2-7-8) 式改写为

$$u(x,y) = \frac{A\exp(\mathrm{j}kd)}{2\mathrm{j}}\{[C(\xi_2)+\mathrm{j}S(\xi_2)]-[C(\xi_1)+\mathrm{j}S(\xi_1)]\} \\ \times\{[C(\eta_2)+\mathrm{j}S(\eta_2)]-[C(\eta_1)+\mathrm{j}S(\eta_1)]\} \quad (2\text{-}7\text{-}17)$$

在图 2-7-2 平面上，$\Psi(\alpha) = C(\alpha) + \mathrm{j}S(\alpha)$ 是连接原点与卷线上 α 点，即 $[C(\alpha), S(\alpha)]$ 点的复数相幅矢量. 因此，量 $[C(\xi_2)+\mathrm{j}S(\xi_2)] - [C(\xi_1)+\mathrm{j}S(\xi_1)]$ 是连接卷线上 ξ_1 点和 ξ_2 点相应的复数相幅矢量，如图 2-7-3 所示.

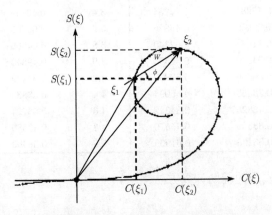

图 2-7-3 考纽卷线上的矢量

以相幅矢量分别表示 (2-7-17) 式中两个大括弧内的量. 令

$$\begin{cases} W\exp(\mathrm{j}\phi) = \{[C(\xi_2)+\mathrm{j}S(\xi_2)]-[C(\xi_1)+\mathrm{j}S(\xi_1)]\} \\ V\exp(\mathrm{j}\psi) = \{[C(\eta_2)+\mathrm{j}S(\eta_2)]-[C(\eta_1)+\mathrm{j}S(\eta_1)]\} \end{cases} \quad (2\text{-}7\text{-}18)$$

则 (2-7-17) 式可改写为

$$u(x,y) = \frac{A\exp(\mathrm{j}kd)}{2\mathrm{j}}[W\exp(\mathrm{j}\phi)][V\exp(\mathrm{j}\psi)] \tag{2-7-19}$$

衍射图样的光强分布为

$$I(x,y) = u(x,y)u^*(x,y) = \frac{A^2}{4}W^2V^2 = \frac{1}{4}I_0W^2V^2 \tag{2-7-20}$$

式中, I_0 是没有衍射屏时该观察点 $P(x,y)$ 的光强.

2.7.2 直边的菲涅耳衍射

在矩孔菲涅耳衍射的 (2-7-8) 式中, 令 $\xi_2 = \infty$, $\eta_1 = -\infty$, $\eta_2 = \infty$, 并且在 (2-7-5) 式第一个关系式中令 $a = 0$, 就得到取坐标类似本章 2.5.4 节的直边的菲涅耳衍射. 这时,

$$\begin{aligned}u(x,y) &= \frac{A\exp(\mathrm{j}kd)}{2\mathrm{j}}\{[C(\infty) - C(\xi_1)] + \mathrm{j}[S(\infty) - S(\xi_1)]\} \\ &\quad \times \{[C(\infty) - C(-\infty)] + \mathrm{j}[S(\infty) - S(-\infty)]\} \\ &= \frac{A\exp(\mathrm{j}kd)}{2\mathrm{j}}\left\{\left[\frac{1}{2} - C(\xi_1)\right] + \mathrm{j}\left[\frac{1}{2} - S(\xi_1)\right]\right\}\{1 + \mathrm{j}\}\end{aligned} \tag{2-7-21}$$

于是, 其相应的衍射光强分布为

$$I(x_i, y_i) = u(x,y)u^*(x,y) = \frac{A^2}{2}\left\{\left[\frac{1}{2} - C(\xi_1)\right]^2 + \left[\frac{1}{2} - S(\xi_1)\right]^2\right\} \tag{2-7-22}$$

式中,

$$\xi_1 = -\sqrt{\frac{k}{\pi d}}x_i \tag{2-7-23}$$

其值决定于观察点 x_i, 如 P 点在屏的几何投影的边沿, 即 $x_i = 0, \xi_1 = 0$, 于是

$$I(0, y_i) = \frac{A^2}{2}\left\{\left[\frac{1}{2} - 0\right]^2 + \left[\frac{1}{2} - 0\right]^2\right\} = \frac{A^2}{4} = \frac{I_0}{4} \tag{2-7-24}$$

即直边屏几何投影的边沿处之光强为没有直边屏时光强的四分之一.

下面, 我们讨论光强沿 x_i 轴的分布. 首先, 注意到

$$\left.\begin{aligned}V\exp(\mathrm{j}\phi) &= 1 + \mathrm{j} = \sqrt{2}\exp\left(\mathrm{j}\frac{\pi}{4}\right) \\ W\exp(\mathrm{j}\psi) &= \left[\frac{1}{2} - C(\xi_1)\right] + \mathrm{j}\left[\frac{1}{2} - S(\xi_1)\right]\end{aligned}\right\} \tag{2-7-25}$$

于是, (2-7-21) 式可改写为

$$u(P) = \frac{A\exp(\mathrm{j}kd)}{2\mathrm{j}}W\exp(\mathrm{j}\psi)\sqrt{2}\exp\left(\mathrm{j}\frac{\pi}{4}\right)$$

(2-7-22) 式可写为

$$I(P) = \frac{1}{2}A^2 W^2 = \frac{1}{2}I_0 W^2 \tag{2-7-26}$$

借助于考纽卷线, 很容易看出 W 之值如何随 ξ 或 x_i 而变化.

首先, 我们考虑观察屏 $x_i y_i$ 平面的左半平面 $(x_i < 0)$, 即对应于衍射屏遮光区 (姑且称为阴影区) 内的光强分布. 设 P_1 为这个区域内的任意点, 它在考纽卷线上所相应的位置是在曲线的正半支上, 即 $C(\xi_1) > 0, S(\xi_1) > 0$.

由 (2-7-25) 式可知, W 是 $C(\xi), jS(\xi)$ 复平面考纽卷线上的点 $E\left(\frac{1}{2}, \frac{1}{2}\right)$ 与点 $P_1[C(\xi_1), S(\xi_1)]$ 的连线 $\overline{EP_1}$ 的长度, 如图 2-7-4 所示. P_1 点的光强为 $I(P_1) = \frac{1}{2}I_0 \left(\overline{EP_1}\right)^2$. 随着 x_i 减小 (绝对值增大), ξ 值将增大, P_1 点将沿着考纽卷线向点 $E\left(\frac{1}{2}, \frac{1}{2}\right)$ 靠拢, $W = \overline{EP_1}$ 的值单调下降. 因此, 在阴影区 $(x_i < 0)$, 沿 x_i 轴减小的方向上 (绝对值增大的方向上) 光强单调下降, 很快趋于零. 当 $x_i \to -\infty$ 时, $\xi_1 \to \infty$, P_1 点将与 E 点重合, 此时 $\overline{EP_1} = 0$, 即 $I = 0$. 然后, 让我们观察屏上 $x_i > 0$ 的右半平面, 即对应于衍射屏的透光区 (姑且称为照明区) 内的光强分布. 设 P_2 点为此区域内的任意点, 相应地它在考纽卷线上对应于负半支 $(\xi_1 < 0, C(\xi_1) < 0, S(\xi_1) < 0)$ 的一点, 见图 2-7-4. 此时, $W = \overline{EP_2}, P_2$ 点的光强为 $I(P_2) = \frac{1}{2}I_0 \left(\overline{EP_2}\right)^2$. 在原点 $x_i = 0, \xi_1 = 0$. 于是 $EP_2 = \frac{1}{\sqrt{2}}, I = \frac{1}{4}I_0$. 这正是 (2-7-24) 式的结果. 当 x_i 增大, 即 ξ_1 减小 (绝对值增大) 时, $\overline{EP_2}$ 逐渐增大. 当 $\xi_1 = -1.22$ 时, $\overline{EP_2}$ 达到最大值. 此时, $I = I_{\max} \approx 1.37 I_0$. 当 ξ_1 继续减小时, I 又逐渐减小, 当减小到 $\xi_1 \approx -1.87$ 时, I 达到一极小值. 以后, 又随着 ξ_1 的减小, I 又逐渐增大 $\cdots\cdots$. 如此在 I_0 之值附近作减幅振动. 当 $x_i \to \infty$, 即 $\xi_1 \to -\infty$ 时, P_2

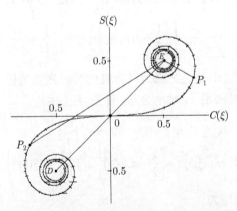

图 2-7-4 计算直边衍射光强分布的辅助图

点与 D 点重合, 此时, $W = \overline{ED} = \sqrt{2}$, 相应的光强为

$$I = \frac{I_0}{2}(\overline{ED})^2 = I_0$$

直边的菲涅耳衍射图样的光强分布由图 2-7-5 所示.

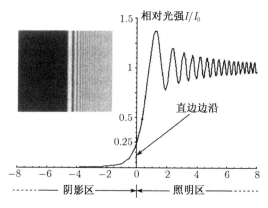

图 2-7-5　直边衍射图样的光强分布

2.7.3　单缝的菲涅耳衍射

在矩孔的菲涅耳衍射中, 保持 a 不变, 令, $b \to \infty$, 即 $\eta_2 = \infty$, $\eta_1 = -\infty$, 便得到如图 2-7-6 所示的单缝菲涅耳衍射示意图.

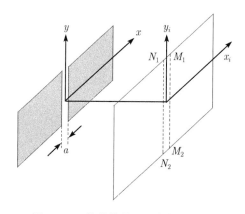

图 2-7-6　单缝的菲涅耳衍射示意图

根据 (2-7-9) 式, 近场观察面上的光强分布为

$$\begin{aligned}I(x_i, y_i) &= u(x_i, y_i)u^*(x_i, y_i) \\ &= \frac{A^2}{4}\{[C(\xi_2) - C(\xi_1)]^2 + [S(\xi_2) - S(\xi_1)]^2\} \\ &\quad \times \{[C(\infty) - C(-\infty)]^2 + [S(\infty) - S(-\infty)]^2\}\end{aligned}$$

$$= \frac{I_0}{2}\{[C(\xi_2) - C(\xi_1)]^2 + [S(\xi_2) - S(\xi_1)]^2\} \tag{2-7-27}$$

以 ξ_0 表示 ξ_2 与 ξ_1 之差，并用 (2-7-5) 式表示为

$$\xi_0 = \xi_2 - \xi_1 = a\sqrt{\frac{k}{\pi d}} \tag{2-7-28}$$

对一定缝宽 a, 一定波长 λ 的单色照射光和一定的观察距离 d, ξ_0 是一个常数. 利用 (2-7-28) 式, 可将 (2-7-27) 式改写为

$$I = \frac{1}{2}I_0\{[C(\xi_1 + \xi_0) - C(\xi_1)]^2 + [S(\xi_1 + \xi_0) - S(\xi_1)]^2\} \tag{2-7-29}$$

当 $\xi_0 \to \infty$ 时, (2-7-29) 与 (2-7-22) 式形式相同, 观察屏上得到直边衍射的图形. 对于较大的 a, 在单缝的几何投影区 M_1M_2 及 N_1N_2(见图 2-7-6) 周围可得到直边菲涅耳衍射的图样. 它对于 y_i 轴是对称的, 故只需讨论右半平面的光强分布, 左半平面的光强分布就可根据对称性而得到. 图 2-7-7 是衍射图样的强度对 ξ_1 的分布情况, 其中图 2-7-7(a) 表示 $\xi_0 = 0.7$ 的强度分布, 图 2-7-7(b) 表示 $\xi_0 = 8.0$ 的强度分布. 由图可见, 对于较大的 ξ_0, 即观察面比较靠近衍射孔面时 (注意到在 (2-7-28) 式中, $\xi_0 \propto \frac{1}{\sqrt{d}}$), 衍射图形基本上是两个直边衍射所组成. 而对于较小的 ξ_0, 即观察面较远时, 衍射图样趋于夫琅禾费衍射的图样 [9].

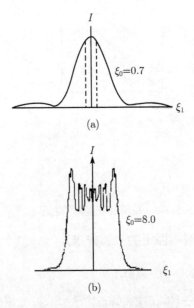

图 2-7-7 单缝的菲涅耳衍射

2.7.4 圆孔的菲涅耳衍射

对于本章图 2-5-6 所示的圆孔衍射问题中, 如果观察面在近场区域, 仍采用 (2-5-9) 的坐标变换, 可得观察面上的复振幅分布为

$$u(x_i, y_i, d) = \frac{A\exp(\mathrm{j}kd)}{\mathrm{j}\lambda d} \exp\left(\frac{\mathrm{j}k}{2d}r_i^2\right) \int_0^{2\pi}\int_0^R \exp\left(\frac{\mathrm{j}k}{2d}r^2\right)$$
$$\times \exp\left[-\frac{\mathrm{j}2\pi rr_i}{\lambda d}\cos(\theta-\theta_i)\right] r\mathrm{d}r\mathrm{d}\theta$$
$$= \frac{2\pi A\exp(\mathrm{j}kd)}{\mathrm{j}\lambda d} \exp\left(\frac{\mathrm{j}k}{2d}r_i^2\right) \int_0^R \exp\left(\frac{\mathrm{j}k}{2d}r^2\right) J_0\left(\frac{2\pi rr_i}{\lambda d}\right) r\mathrm{d}r$$
(2-7-30)

对 r 的积分是较复杂的. 例如, 需借助 Comme 函数计算. 下面, 我们只讨论衍射图样中心的点, 即 z 轴上的点 ($x_i = y_i = 0$ 或 $r_i = 0$) 如何随距离 d 增大而变化的情形. 注意到零阶贝塞尔函数 $J_0(0) = 1$, 因此对于这些点, (2-7-30) 式化为

$$u(0,0,d) = \frac{2\pi A\exp(\mathrm{j}kd)}{\mathrm{j}\lambda d} \int_0^R \left[\exp\left(\frac{\mathrm{j}k}{2d}r^2\right)\right] r\mathrm{d}r = A\exp(\mathrm{j}kd)\left[1-\exp\left(\frac{\mathrm{j}k}{2d}R^2\right)\right]$$
$$= -2\mathrm{j}A\exp(\mathrm{j}kd)\exp\left(\frac{\mathrm{j}k}{4d}R^2\right)\sin\left(\frac{k}{4d}R^2\right)$$
(2-7-31)

注意到在图 2-5-6 示例中使用的照明光源是单色平面波, A 是它在衍射屏处的复振幅, 在没有衍射屏的情况下, 它在 $P(0,0,d)$ 处的复振幅是 $u_0(0,0,d) = A\exp(\mathrm{j}kd)$. 于是, (2-7-31) 式也可表为

$$u(0,0,d) = u_0(0,0,d)\left[1-\exp\left(\frac{\mathrm{j}k}{2d}R^2\right)\right] = -2\mathrm{j}u_0(0,0,d)\exp\left(\frac{\mathrm{j}k}{4d}R^2\right)\sin\left(\frac{k}{4d}R^2\right)$$
(2-7-32)

所以,

$$I(0,0,d) = 4I_0 \sin^2\left(\frac{k}{4d}R^2\right) \tag{2-7-33}$$

式中, I_0 是没有衍射屏的情况下 $P(0,0,d)$ 点的光强.

由 (2-7-33) 式可知, 中心点处的光强是距离 d 的周期函数. 随着 d 的变化, 光强将作由明而暗, 由暗而明的变化. 最亮和最暗的位置分别为
暗点位置,

$$\frac{k}{4d}R^2 = m\pi$$

即

$$d = \frac{R^2}{2m\lambda}, \quad m = 1, 2, 3, \cdots$$

亮点位置,

$$\frac{k}{4d}R^2 = (2m+1)\frac{\pi}{2}$$

即
$$d = \frac{k}{(2m+1)2\pi}R^2 = \frac{R^2}{(2m+1)\lambda}, \quad m = 1, 2, 3, \cdots$$
此时,中心点强度为
$$I = 4I_0$$
即相当于照明平面波光强的四倍.

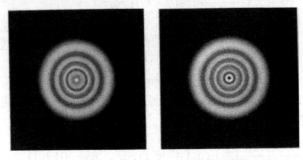

图 2-7-8 圆孔菲涅耳衍射不同距离的图形示意

2.8 巴比涅原理

对二元衍射屏而言,若衍射屏 A 的透光区域恰好是衍射屏 B 的不透光区域,而衍射屏 A 的不透光区域恰好是衍射屏 B 的透光区域,则称这两个屏是互补的,并称它们为**互补屏**(complementary screens). 例如,同样尺寸的圆孔与圆盘、矩孔与矩斑、狭缝与单丝、左直边与右直边……, 分别都是互补屏.

在完全相同的照明条件下,只有屏 A 时,在光场中某任意点 P 的复振幅为 $u_1(P)$. 此时,相当于在屏 A 位置处有一个具有屏 B 形状的、由照明光在该平面的波前形成的发光面. 取去屏 A,并将屏 B 放置在原来屏 A 的相应位置上. 在 P 点的复振幅为 $u_2(P)$. 此时,相当于在屏 B 位置处有一个具有屏 A 的形状的、由照明光在该平面的波前形成的发光面. 显然,当两个屏都不存在时,相当于这两个发光面形成原来照明光在这个平面上的光前分布. 这时,在完全相同的照明条件下,屏后任意点 P 的复振幅为 $u_0(P)$. 因此,
$$u_1(P) + u_2(P) = u_0(P) \tag{2-8-1}$$
这就是巴比涅原理.

这个原理表明:在完全相同的照明条件下,屏 A 单独存在时的衍射场在屏后任意点 P 的复振幅和其互补屏 B 单独存在时的衍射场在 P 点的复振幅两者相加恰好等于两个屏都不存在时照明光在 P 点的复振幅.

2.8 巴比涅原理

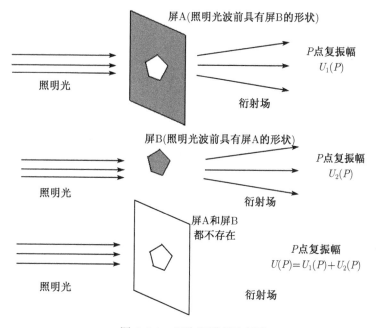

图 2-8-1 巴比涅原理示意图

图 2-8-2 泊松亮点

例如, 已知圆孔的菲涅耳衍射在轴线上的复振幅分布的情况下, 让我们来求一个半径为 R 的光盘在轴线上任意点 P 的衍射光强.

根据 (2-7-32) 式, 已知半径为 R 的圆孔在其轴线上任意点 P 的复振幅为

$$u_1(0,0,d) = u_0(0,0,d)\left[1 - \exp\left(\frac{\mathrm{j}k}{2d}R^2\right)\right] \tag{2-8-2}$$

于是, 根据巴比涅原理我们有

$$u_2(0,0,d) = u_0(0,0,d) - u_1(0,0,d) = u_0(0,0,d)\exp\left(\frac{\mathrm{j}k}{2d}R^2\right)$$

所以,
$$I_2(0,0,d) = u_2(0,0,d)u_2^*(0,0,d) = I_0 \tag{2-8-3}$$

这结果表示：不透明圆盘菲涅耳衍射在轴线上的点的光强和没有圆盘遮挡时的光强是相似的. 要注意的是只有当圆盘线度甚小于观察点与圆盘间距离, 在半径展开式中的二次项以上的高次项可以忽略的情况下 (2-7-32) 式才是成立的. 这时, 除去紧挨着圆盘后面的区域外, 在圆盘轴线上处处都是亮点! 这些亮点常称作**泊松亮点**(Poisson's spot), 也有人把它称作**阿喇果亮点** (Arago's spot)[*].

容易证明, 在平面波照射下, 互补屏的夫琅禾费衍射图样是相似的.

以矩孔为例, 若在图 2-5-1 中以互补的矩斑代替矩孔, 衍射屏上光场的复振幅分布为

$$u(x,y) = A\left[1 - \mathrm{rect}\left(\frac{x_\Sigma}{a}\right)\mathrm{rect}\left(\frac{y_\Sigma}{b}\right)\right] \tag{2-8-4}$$

在距屏 d 处的远场观察面上矩斑的衍射光场的复振幅为

$$\begin{aligned}u(x,y) &= \frac{\exp(\mathrm{j}kd)}{\mathrm{j}\lambda d}\exp\left[\frac{\mathrm{j}k}{2d}(x^2+y^2)\right]F\left\{A\left[u_0 - \mathrm{rect}\left(\frac{x_\Sigma}{a}\right)\mathrm{rect}\left(\frac{y_\Sigma}{b}\right)\right]\right\} \\ &= \frac{\exp(\mathrm{j}kd)}{\mathrm{j}\lambda d}\exp\left[\frac{\mathrm{j}k}{2d}(x^2+y^2)\right]A[\delta(f_x,f_y) - ab\mathrm{sinc}(af_x)\mathrm{sinc}(bf_y)]\end{aligned} \tag{2-8-5}$$

---

[*] 小圆屏所产生的衍射中有一个亮点, 为什么被称为泊松亮点或阿喇果亮点? 还有一段有趣的往事, 作者曾在《工科物理教学》[8](1984, No.3, p.38) 上, 以题名 "亮点之争", 介绍了这典故, 愿它能带给读者有益的启示.

亮点之争

光的微粒说是牛顿创立的. 在 18 世纪, 虽然光的波动说也发展起来, 但微粒说占据着明显的优势.

19 世纪初, 由于法国科学家拉普拉斯和毕奥对微粒说作了进一步的发展, 他们的拥护者提出了衍射问题作为 1818 年法国科学院悬奖征文专题, 意在为微粒说寻找决定性的论据. 这两位科学家名声很大, 而菲涅耳当时年方 40, 他不迷信权威, 提交了一篇用波动说分析衍射现象的应征论文. 文中用惠更斯–菲涅耳原理计算了直边、小孔和小圆屏所产生的衍射. 评审委员会由拉普拉斯、毕奥、泊松、阿喇果和盖吕萨克组成. 泊松也是极力反对波动说的, 他根据菲涅耳的理论推出：在圆形不透明屏的阴影中心处会产生一个亮点. 这个推论在当时看来是完全不可思议的. 泊松企图以此来驳难菲涅耳, 借以反证菲涅耳的理论是荒谬的. 然而, 阿喇果几乎立即在实验上证实了这一令人惊异的预言. 在阴影中心果真观察到了亮点. 于是, 泊松的驳难非但没有成为波动说的致命一击, 反而成为波动说令人信服的有力论据.

科学是尊重事实的. 在事实面前, 人人平等, 无论是名望多么大的科学家, 还是资历浅薄的后起之秀.

菲涅耳的论文最终赢得了头奖和荣誉论文的称号. 从此奠定了光的波动说的地位. 为了纪念这一动人心弦的亮点之争, 后人把这一亮点称为泊松亮点 (Poisson's spot), 也有人把它称作阿喇果亮点 (Arago's spot).

在实验室用氦氖激光器可容易地观察到泊松 - 阿喇果亮斑. 将一枚直径约 2mm 的不透明小球或圆片粘在一个折光度约 +3(焦距约 $f = 333$mm) 的透镜表面. 激光束通过空间滤波器发散后, 照射在透镜和固定于其上的不透明小球或圆片上, 滤波器与小球或圆片距离约 30cm, 在距离 4～6m 远的屏上可以观察到放大了的衍射图样. 在小球的几何阴影的中心处, 可清楚地观察到泊松 - 阿喇果亮斑.

由此可见，矩斑衍射光场的复振幅除原点 (光轴) 有一亮点外，具有与 (2-5-5) 式类似的函数形式，只是在周相上相差 π. 因此，互补屏的光强分布除开有一个中心亮点外，整个衍射图样是相似的.

2.9 不等幅波前光波的衍射

完整的、等幅的平面波、球面波以及柱面波在各向同性、均匀介质中的传播过程中，其波前的几何形状是相似的. 在这些情况下，光线总是沿直线传播，波动光学和几何光学的处理结果都是一样的. 这时光在传播过程中不发生衍射现象. 但在遇到障碍物使其波前受到限制，也就是使光波波面的完整性受到破坏时，便发生衍射现象. 前面讨论的各种形状孔径的遮光屏的衍射都属于这种情况. 此外，具有完整波形的光波，若波面上振幅不等时，也会发生衍射，本节将讨论属于这一类的衍射现象，即不等幅波前光波的衍射现象[9].

设平面衍射屏位于坐标 $Ox_1y_1z_1$ 的 x_1y_1 平面上，其振幅透过率为 $t(x_1, y_1)$，以单位振幅的平面波垂直投射在屏上，则屏后任意点 $P(x, y, z)$ 的复振幅为

$$u(x,y,z) = \frac{\exp(\mathrm{j}kz)}{\mathrm{j}\lambda z} \int_{-\infty}^{\infty} \int_{-\infty}^{\infty} t(x_1, y_1) \exp\left\{ \frac{\mathrm{j}k}{2z}\left[(x-x_1)^2 + (y-y_1)^2\right] \right\} \mathrm{d}x_1 \mathrm{d}y_1$$

(2-9-1)

若在 $z = 0$ 平面上，代替上述平面屏有一个具有不等幅的平面波波前，其复振幅分布为高斯型，即

$$u_1(x_1, y_1, 0) = A \exp\left[-\frac{x_1^2 + y_1^2}{\varpi_0^2}\right]$$

(2-9-2)

则任意点 $P(x, y, z)$ 的复振幅为

$$\begin{aligned} u(x,y,z) &= \frac{A\exp(\mathrm{j}kz)}{\mathrm{j}\lambda z} \int_{-\infty}^{\infty}\int_{-\infty}^{\infty} \exp\left\{-\frac{x_1^2+y_1^2}{\varpi_0^2} + \frac{\mathrm{j}k}{2z}\left[(x-x_1)^2+(y-y_1)^2\right]\right\} \mathrm{d}x_1\mathrm{d}y_1 \\ &= \frac{A\exp(\mathrm{j}kz)}{\mathrm{j}\lambda z} \int_{-\infty}^{\infty}\int_{-\infty}^{\infty} \exp\left\{\left[-\frac{1}{\varpi_0^2}+\frac{\mathrm{j}k}{2z}\right](x_1^2+y_1^2)\right. \\ &\quad \left. +\frac{\mathrm{j}k}{2z}(x^2+y^2) - \frac{\mathrm{j}k}{z}(xx_1+yy_1)\right\}\mathrm{d}x_1\mathrm{d}y_1 \\ &= \frac{A\exp(\mathrm{j}kz)}{\mathrm{j}\lambda z} \exp\left[\frac{\mathrm{j}k}{2z}(x^2+y^2)\right] \int_{-\infty}^{\infty}\int_{-\infty}^{\infty} \exp\left\{-\frac{1}{\alpha^2}\left[(x_1^2+y_1^2)\right.\right. \\ &\quad \left.\left. +2\left(\frac{\mathrm{j}k\alpha^2}{2z}x\right)x_1 + 2\left(\frac{\mathrm{j}k\alpha^2}{2z}y\right)y_1\right]\right\}\mathrm{d}x_1\mathrm{d}y_1 \end{aligned}$$

式中，

$$\frac{1}{\alpha^2} = \frac{1}{\varpi_0^2} - \frac{\mathrm{j}k}{2z}$$

令
$$x_0 = \frac{jk\alpha^2}{2z}x, \quad y_0 = \frac{jk\alpha^2}{2z}y$$

则
$$u(x,y,z) = \frac{A\exp(jkz)}{j\lambda z}\exp\left[\frac{jk}{2z}(x^2+y^2)\right]\exp\left[-\left(\frac{k\alpha}{2z}\right)^2(x^2+y^2)\right]$$
$$\times \int_{-\infty}^{\infty}\exp\left[-\frac{(x_1+x_0)^2}{\alpha^2}\right]dx_1\int_{-\infty}^{\infty}\exp\left[-\frac{(y_1+y_0)^2}{\alpha^2}\right]dy_1$$
$$= \frac{\pi A}{j\lambda z}\alpha^2\exp(jkz)\exp\left[\frac{jk}{2z}(x^2+y^2)\right]\exp\left[-\left(\frac{k}{2z}\right)^2\alpha^2(x^2+y^2)\right]$$

而
$$\alpha^2 = \left(\frac{1}{\varpi_0^2} - \frac{jk}{2z}\right)^{-1} = \frac{2z\varpi_0^2}{2z - jk\varpi_0^2} = \frac{4z^2\varpi_0^2 + jk2z\varpi_0^4}{4z^2 + k^2\varpi_0^4}$$

代入上式, 得
$$\left(\frac{\pi A}{j\lambda z}\right)\left(\frac{2z\varpi_0^2}{2z-jk\varpi_0^2}\right)\exp(jkz)\exp\left[\frac{jk}{2z}(x^2+y^2)\right]$$
$$\times \exp\left[-\left(\frac{k}{2z}\right)^2\frac{4z^2\varpi_0^2 + jk2z\varpi_0^4}{4z^2 + k^2\varpi_0^4}(x^2+y^2)\right]$$
$$= \left(\frac{\pi A}{j\lambda z}\right)\left(\frac{2z\varpi_0^2}{2z-jk\varpi_0^2}\right)\exp(jkz)\exp\left[-\left(\frac{\pi}{\lambda z}\right)^2\frac{4z^2\varpi_0^2}{4z^2+k^2\varpi_0^4}(x^2+y^2)\right]$$
$$\times \exp\left(\frac{jk}{2z}\right)\left[1 - \left(\frac{k}{2z}\right)\frac{k2z\varpi_0^4}{4z^2+k^2\varpi_0^4}\right](x^2+y^2)$$
$$= \left(\frac{\pi A}{j\lambda}\right)\left(\frac{2\varpi_0^2}{2z-jk\varpi_0^2}\right)\exp(jkz)\exp\left[-\frac{1}{\left(\frac{\lambda z}{\pi\varpi_0}\right)^2 + \varpi_0^2}(x^2+y^2)\right]$$
$$\times \exp\left(\frac{jk}{2z}\right)\left[\frac{4z^2}{4z^2+k^2\varpi_0^4}(x^2+y^2)\right]$$
$$= \left(\frac{\pi A}{j\lambda}\right)\left(\frac{2\varpi_0^2}{2z-jk\varpi_0^2}\right)\exp(jkz)\exp\left[-\frac{1}{\left[\left(\frac{\lambda z}{\pi\varpi_0^2}\right)^2+1\right]\varpi_0^2}(x^2+y^2)\right]$$
$$\times \exp(jk)\left[\frac{1}{2z\left(1+\frac{\pi^2\varpi_0^4}{\lambda^2 z^2}\right)}(x^2+y^2)\right]$$

2.9 不等幅波前光波的衍射

$$u(x,y,z) = \frac{\pi A}{j\lambda} \frac{2\varpi_0^2}{2z - jk\varpi_0^2} \exp\left\{jk\left[z + \frac{x^2+y^2}{2z\left(1 + \frac{\pi^2\varpi_0^4}{\lambda^2 z^2}\right)}\right]\right\} \exp\left[-\frac{x^2+y^2}{\varpi^2(z)}\right]$$

(2-9-3)

式中

$$\varpi^2(z) = \varpi_0^2\left[1 + \left(\frac{\lambda z}{\pi\varpi_0^2}\right)^2\right]$$

(2-9-4)

这一结果表明：高斯型分布的波前在传播过程中仍保持高斯型分布. 不过, 光波不再保持 $z=0$ 处的平面波前. 注意到具有曲率半径为 r 的球面波在靠近 z 轴附近可表示为

$$\frac{1}{r}\exp(jkr) = \frac{1}{r}\exp\left[jkz\left(1 + \frac{x^2+y^2}{z^2}\right)\right] \approx \frac{1}{r}\exp\left[jk\left(z + \frac{x^2+y^2}{2z}\right)\right]$$

与 (2-9-3) 式比较, 可得高斯光束传播过程中波前曲率半径 R 的近似表达式:

$$R(z) = z\left[1 + \left(\frac{\pi\varpi_0^2}{\lambda z}\right)^2\right]$$

(2-9-5)

任意截面上, 高斯光束的振幅随着离开中心轴距离 $\rho = \sqrt{x^2+y^2}$ 的增大而迅速减小. 通常把振幅下降到轴上值的 $\frac{1}{e}$ 时对应的半径 ω 称为光束尺寸 (the beam width). 在传播过程中, 光束尺寸 $\omega(z)$ 逐渐增大. 注意到 z 是以偶次幂出现的, 因此, 无论 $z > 0$ 或是 $z < 0$, 光束尺寸都是扩大的. 这是由于我们假定了 $z=0$ 处光波为平面波前. 高斯光束在 $z=0$ 的平面处具有最小的光束尺寸, 通常称为**高斯光束的腰**(the waist of the Gaussian beam).

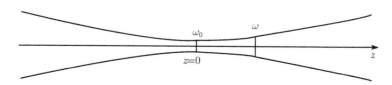

图 2-9-1　高斯光束的腰

将 (2-9-4) 式改写为

$$\frac{\varpi^2}{\varpi_0^2} - \frac{z^2}{(\pi\varpi_0^2/\lambda)^2} = 1$$

(2-9-6)

由 (2-9-6) 式容易看出, 光斑尺寸 ϖ 沿 z 轴的轨迹为双曲线.

2.10 光栅的衍射

光栅是一种十分重要而常见的光学元件,其衍射有着极为简单明显的特征.全息照相记录的干涉条纹,可以看作是大数基元光栅的组合.全息照片的衍射性质与光栅衍射的性质有许多雷同之处,因此,我们选择光栅的衍射作为进一步讨论光的衍射性质的实例,它有助于对全息衍射性质的认识.

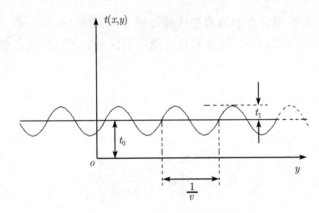

图 2-10-1 正弦光栅的屏函数

2.10.1 正弦光栅

理想的、无限大的正弦光栅具有单一的空间频率,其复振幅透射率为正弦函数分布形式,它的夫琅禾费衍射有着非常简单明显的特征.若某正弦光栅的空间频率为 ν,取坐标 oxy 与正弦光栅平面相重合,使 y 轴平行于正弦函数变化的方向,而 x 轴垂直于正弦函数变化的方向,则该正弦光栅的屏函数可表示为

$$t(x,y) = t_0 + t_1 \cos(2\pi\nu y + \phi_0) \\ = t_0 + \frac{t_1}{2}\exp[j(2\pi\nu y + \phi_0)] + \frac{t_1}{2}\exp[-j(2\pi\nu y + \phi_0)] \tag{2-10-1}$$

式中,t_0 是正弦信息中的直流成分的振幅,t_1 是正弦信息中的交流成分的振幅,初相 ϕ_0 决定于初始条件,它是坐标原点处正弦函数的相位所取之值.或者说,它决定于坐标的选取.

当振幅为 A 的平面波垂直照射正弦光栅,并设该照明光沿 z 轴正方向传播,如图 2-10-2 所示.透过光栅的衍射光复振幅分布为

$$u(x,y) = At(x,y) = At_0 + A\frac{t_1}{2}\exp[j(2\pi\nu y + \phi_0)] + A\frac{t_1}{2}\exp[-j(2\pi\nu y + \phi_0)] \\ = At_0 + A\frac{t_1}{2}\exp(j\phi_0)\exp[j(2\pi\nu y)] + A\frac{t_1}{2}\exp(-j\phi_0)\exp[-j(2\pi\nu y)] \tag{2-10-2}$$

2.10 光栅的衍射

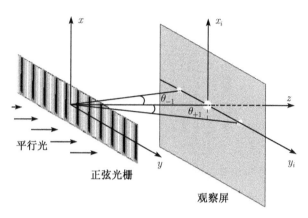

图 2-10-2 正弦光栅的衍射图纹

(2-10-2) 式表明,透过光栅的衍射光是三束平面波. 式中第一项是零级衍射,沿照明光方向传播,也就是沿 z 轴正方向传播的平面波,其振幅比原照明光衰减了 t_0 倍; 第二项是正一级衍射, 沿着与 z 轴夹角为 $\theta_{+1} = \arcsin(\lambda\nu)$ 方向传播的平面波, 其振幅比原照明光衰减了 $t_1/2$ 倍; 第三项是负一级衍射, 沿着与 z 轴夹角为 $\theta_{-1} = \arcsin(-\lambda\nu)$ 方向传播的平面波, 其振幅也比原照明光衰减了 $t_1/2$ 倍.

该正弦光栅在远场的夫琅禾费衍射光的复振幅分布 $u(x_i, y_i)$ 与其傅里叶变换成正比, 即

$$\begin{aligned} u(x_i, y_i) \propto F[u(x,y)] &= AF[t(x,y)] = A\tilde{t}(f_x, f_y) \\ &= A[t_0\delta(f_x, f_y) + \frac{t_1}{2}\exp(j\phi_0)\delta(f_x, f_y - \nu) \\ &\quad + \frac{t_1}{2}\exp(-j\phi_0)\delta(f_x, f_y + \nu)] \end{aligned} \quad (2\text{-}10\text{-}3)$$

(2-10-3) 式表明衍射光图纹是三个光斑, 其频谱为分离的.

值得注意的是, 周期函数对应的是分离频谱. 以后, 我们将会看到, 非周期函数对应的则是连续频谱.

$$\left.\begin{aligned} f_x &= 0 \\ f_y &= 0 \end{aligned}\right\} \text{0级衍射斑}$$

$$\left.\begin{aligned} f_x &= 0 \\ f_y &= \nu \end{aligned}\right\} \text{正一级衍射斑}$$

$$\left.\begin{aligned} f_x &= 0 \\ f_y &= -\nu \end{aligned}\right\} \text{负一级衍射斑}$$

表 2-10-1　理想正弦光栅夫琅禾费衍射特征表

衍射级	空间频率 f_x, f_y	方向角	振幅
0	0, 0	$\sin\theta_0 = 0$	$\propto At_0$
+1	0, ν	$\sin\theta_{+1} \approx \lambda\nu$	$\propto At_1/2$
−1	0, −ν	$\sin\theta_{-1} \approx -\lambda\nu$	$\propto At_1/2$

在使用透镜实现正弦光栅的傅里叶变换时, 若透镜焦距为 f, 则通过正弦光栅衍射的三束平面波经过透镜, 在焦平面上聚焦在三个点. 分别对应于上述的三个衍射光斑. 对于正、负一级衍射斑, 我们有

$$f_y = \frac{y_i}{\lambda f} = \pm\nu \quad \text{或} \quad y_i = \pm\lambda f\nu \tag{2-10-4}$$

实际的光栅具有有限的尺寸大小. 设光栅高为 a, 宽为 b, 仍取坐标如前, 则其屏函数可表示为

$$t(x,y) = \left\{ t_0 + \frac{t_1}{2}\exp[j(2\pi\nu y + \phi_0)] + \frac{t_1}{2}\exp[-j(2\pi\nu y + \phi_0)] \right\} \mathrm{rect}\left(\frac{x}{a}, \frac{y}{b}\right) \tag{2-10-5}$$

当振幅为 A 的平面波垂直照射在正弦光栅上时, 透过光栅的衍射光复振幅分布为

$$At(x,y) = A\left\{ t_0 + \frac{t_1}{2}\exp[j(2\pi\nu y + \phi_0)] + \frac{t_1}{2}\exp[-j(2\pi\nu y + \phi_0)] \right\} \mathrm{rect}\left(\frac{x}{a}, \frac{y}{b}\right)$$

远场的复振幅分布 $u(x_i, y_i)$ 与其傅里叶变换成正比, 即

$$\begin{aligned} u(x_i, y_i) &\propto F[At(x,y)] = A\tilde{t}(f_x, f_y) \\ &= A\left[t_0\delta(f_x, f_y) + \frac{t_1}{2}\exp(j\phi_0)\delta(f_x, f_y - \nu) + \frac{t_1}{2}\exp(-j\phi_0)\delta(f_x, f_y + \nu) \right] \\ &\otimes ab\,\mathrm{sinc}(af_x)\mathrm{sinc}(bf_y) \\ &= Aabt_0\mathrm{sinc}(af_x)\mathrm{sinc}(bf_y) + Aab\frac{t_1}{2}\exp(j\phi_0)\mathrm{sinc}(af_x)\mathrm{sinc}[b(f_y - \nu)] \\ &\quad + Aab\frac{t_1}{2}\exp(-j\phi_0)\mathrm{sinc}(af_x)\mathrm{sinc}[b(f_y + \nu)] \end{aligned} \tag{2-10-6}$$

选取坐标原点在正弦函数取最大值的位置, 可使 ϕ_0 之值为零. 这时, (2-10-1) 式变为

$$t(x,y) = t_0 + t_1\cos(2\pi\nu y) = t_0 + \frac{t_1}{2}\exp[j(2\pi\nu y)] + \frac{t_1}{2}\exp[-j(2\pi\nu y)] \tag{2-10-7}$$

(2-10-6) 式变为

$$\begin{aligned} F[At(x,y)] &= Aabt_0\sin c(af_x)\sin c(bf_y) + Aab\frac{t_1}{2}\mathrm{sinc}(af_x)\mathrm{sinc}[b(f_y - \nu)] \\ &\quad + Aab\frac{t_1}{2}\mathrm{sinc}(af_x)\mathrm{sinc}[b(f_y + \nu)] \end{aligned} \tag{2-10-8}$$

2.10 光栅的衍射

于是, 对于实际的, 有限尺寸的光栅而言, 原来理想正弦光栅的三个衍射点扩散为三个矩孔衍射斑. 光斑的大小, 常以光斑的半宽距的或半角宽度描述. 对于零级矩孔衍射斑, 以 sinc 函数的第一个暗纹到光斑中心的距离为光斑的**半宽距**, 它对透镜中心的张角为**半角宽度**. 这时, 根据一级暗纹条件, 我们有

$$af_x = 1, \quad bf_y = 1$$

或

$$x_i = \frac{\lambda f}{a}, \quad y_i = \frac{\lambda f}{b} \tag{2-10-9}$$

式中, x_i 与 y_i 分别为光斑在 x 轴与 y 轴方向上的半宽距, 也即在取光斑中心为坐标原点时的距离为第一个暗纹分别在 x 轴与 y 轴方向上的坐标值.

零级衍射斑的半角宽度为

$$\Delta\theta_{0x} = \frac{x_i}{f} = \frac{\lambda}{a}, \quad \Delta\theta_{0y} = \frac{y_i}{f} = \frac{\lambda}{b} \tag{2-10-10}$$

对于正负一级衍射斑, 半角宽度也都是一样的, 即 $\Delta\theta_{\pm 1x} = \frac{\lambda}{a}$, $\Delta\theta_{\pm 1y} = \frac{\lambda}{b}$. 但正负一级衍射斑的半宽距却与零级衍射斑是不一样的.

注意到正一级衍射在透镜后焦面上的衍射斑距离透镜中心为 $\frac{f}{\cos\theta_{+1}}$, 衍射斑在透镜后焦面 x_i 方向上的半宽距为

$$\Delta\theta_{+1}\left(\frac{f}{\cos\theta_{+1}}\right) = \frac{\lambda f}{a\cos\theta_{+1}} \tag{2-10-11a}$$

正一级衍射在 y_i 方向上的半宽距则需要考虑利用张角乘以曲率半径后还要投影到 y_i 轴上增大了 $\frac{1}{\cos\theta_{+1}}$ 倍, 因此, y_i 方向上的半宽距为

$$\Delta\theta_{+1y}\left(\frac{f}{\cos\theta_{+1}}\right)\left(\frac{1}{\cos\theta_{+1}}\right) = \frac{\lambda f}{b\cos^2\theta_{+1}} \tag{2-10-11b}$$

类似的, 负一级衍射在透镜后焦面上的衍射斑距在 x_i 方向上的半宽距为

$$\Delta\theta_{-1x}\left(\frac{f}{\cos\theta_{-1}}\right) = \frac{\lambda f}{a\cos\theta_{-1}} \tag{2-10-12a}$$

负一级衍射斑在透镜后焦面 y 方向上的半宽距为

$$\Delta\theta_{-1}\left(\frac{f}{\cos\theta_{-1}}\right)\left(\frac{1}{\cos\theta_{-1}}\right) = \frac{\lambda f}{b\cos^2\theta_{-1}} \tag{2-10-12b}$$

而 $|\theta_{-1}| = \theta_{+1}$, 因此, 正负一级衍射斑的半角宽度的大小是一样的.

表 2-10-2　实际正弦光栅夫琅禾费衍射特征表

衍射级	f_x, f_y	方向角	振幅	衍射斑半宽距	
0	0, 0	$\sin\theta_0 = 0$	$\propto SAt_0$	$f\lambda/a$,	$f\lambda/b$
+1	0, ν	$\sin\theta_{+1} \approx \lambda\nu$	$\propto SAt_1/2$	$f\lambda/a\cos\theta_{+1}$,	$f\lambda/b\cos^2\theta_{+1}$
-1	0, $-\nu$	$\sin\theta_{-1} \approx -\lambda\nu$	$\propto SAt_1/2$	$f\lambda/a\cos\theta_{-1}$,	$f\lambda/b\cos^2\theta_{-1}$

注：表中 $S=ab$，为光栅的面积.

在实验室中，常以没有扩开的细激光束直接照明光栅，研究其衍射图纹. 在忽略光束的高斯型强度分布，将其强度分布近似视为均匀分布、并以其束腰视为其半径的情况下，透过光栅的衍射光复振幅分布可表示为

$$At(x,y) = A\left\{t_0 + \frac{t_1}{2}\exp[j(2\pi\nu y + \phi_0)] + \frac{t_1}{2}\exp[-j(2\pi\nu y + \phi_0)]\right\}\mathrm{cir}\left(\frac{r}{R}\right) \quad (2\text{-}10\text{-}13)$$

式中，A 为细激光束的振幅，r 为极坐标的矢径，R 为细激光束的半径. 仍如图 2-10-3 所示，使用焦距为 f 的透镜实现其傅里叶变换，于是，在后焦平面上它相应的傅里叶变换为

$$\begin{aligned}F[At(x,y)] = A&\left[t_0\delta(f_x,f_y) + \frac{t_1}{2}\exp(j\phi_0)\delta(f_x, f_y - \nu)\right.\\&\left.+ \frac{t_1}{2}\exp(-j\phi_0)\delta(f_x, f_y + \nu)\right]\\&\otimes \pi R^2\left[\frac{2J_1(2\pi\sqrt{f_x^2+f_y^2}R/\lambda d)}{(2\pi\sqrt{f_x^2+f_y^2}R/\lambda d)}\right]\end{aligned} \quad (2\text{-}10\text{-}14)$$

这时，原来理想正弦光栅的三个衍射点扩散为三个艾里斑. 光斑的大小，也可用光斑的半宽距的或半角宽度描述. 对于零级矩孔衍射斑，以圆域函数的第一个暗纹到

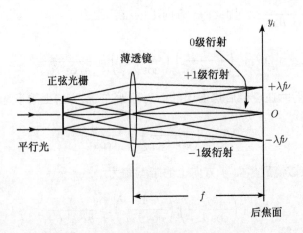

图 2-10-3　正弦光栅的傅里叶变换图纹

2.10 光栅的衍射

光斑中心为光斑的半宽距, 它对透镜中心的张角为半角宽度为 (见本章 (2-5-21) 式)

$$\theta_0 = \arcsin\left(0.61\frac{\lambda}{R}\right) \approx 0.61\frac{\lambda}{R}$$

光斑的半宽距为

$$\theta_0 f \approx 0.61\frac{f\lambda}{R} \tag{2-10-15}$$

对于正负一级衍射斑, 半角宽度也都是一样的, 注意到正一级衍射在透镜后焦面上的衍射斑距离透镜中心为 $\dfrac{f}{\cos\theta_{+1}}$, 衍射斑在透镜后焦面 x 方向上的半宽距为

$$\theta_0\left(\frac{f}{\cos\theta_{+1}}\right) \approx 0.61\frac{\lambda f}{R\cos\theta_{+1}} \tag{2-10-16a}$$

正一级衍射在 y 方向上的半宽距为

$$\theta_0\left(\frac{f}{\cos\theta_{+1}}\right)\left(\frac{1}{\cos\theta_{+1}}\right) \approx 0.61\frac{\lambda f}{R\cos^2\theta_{+1}} \tag{2-10-16b}$$

类似的, 负一级衍射在透镜后焦面上的衍射斑在 x_i 方向上的半宽距为

$$\theta_0\left(\frac{f}{\cos\theta_{-1}}\right) \approx 0.61\frac{\lambda f}{R\cos\theta_{-1}} \tag{2-10-17a}$$

负一级衍射斑在透镜后焦面 y_i 方向上的半宽距为

$$\theta_0\left(\frac{f}{\cos\theta_{-1}}\right)\left(\frac{1}{\cos\theta_{-1}}\right) \approx 0.61\frac{\lambda f}{R\cos^2\theta_{-1}} \tag{2-10-17b}$$

而 $|\theta_{-1}| = \theta_{+1} = \arcsin(\lambda\nu)$, 因此正负一级衍射斑的半角宽度的大小也都也都是一样的.

还需要注意的是: 光栅的空间周期 $\dfrac{1}{\nu}$ 与照明光的波长 λ 是两个不同的量, 不能混同. 与照明光波长相比较, 可将光栅区别为低频、高频、超高频三种. 满足 $\nu \ll \dfrac{1}{\lambda}$ 者为**低频光栅**, 满足 $\nu \leqslant \dfrac{1}{\lambda}$ 者为**高频光栅**, 满足 $\nu > \dfrac{1}{\lambda}$ 者为**超高频光栅**.

当以波长为 λ 的照明光垂直照射频率为 ν 的光栅时, 考虑正一级衍射

$$u(x,y,0) = A\exp(\mathrm{j}2\pi\nu y)$$

若 $\nu > \dfrac{1}{\lambda}$, 将出现 $\sin\theta = \lambda\nu > 1$ 的情况, 对应的衍射角 θ 是不存在的, 负一级衍射也是类似的情况. 这时, 在光栅后方, 除零级衍射光外, 将见不到正负一级衍射光. 但也不能简单地认为这种情况是无意义的. 为了认识这时的物理现象, 需要把二维的波前引伸到三维空间, 考虑 z 方向光波的传播状态[3].

注意到平面波的标准形式为

$$u(x,y,z) = A\exp(\mathrm{j}\boldsymbol{k}\cdot\boldsymbol{r}) = A\exp[\mathrm{j}(k_x x + k_y y + k_z z)]$$

式中的波数 $\boldsymbol{k}$ 之值为

$$|\boldsymbol{k}| = \sqrt{k_x^2 + k_y^2 + k_z^2} = \frac{2\pi}{\lambda}$$

因

$$k_y = 2\pi\nu$$

故

$$k_z = \sqrt{k^2 - k_y^2} = \frac{2\pi}{\lambda}\sqrt{1-(\nu\lambda)^2} \tag{2-10-18}$$

对于超高频情况，由于 $\lambda\nu > 1$，因此 k_z 必须为虚数. 令 $k_z = \mathrm{j}\alpha$, $\alpha = \frac{2\pi}{\lambda}\sqrt{(\lambda\nu)^2 - 1}$ 为实数. 于是，这时波函数为

$$u(x,y,z) = A\exp(\mathrm{j}2\pi\nu y)\exp(-\alpha z) \tag{2-10-19}$$

这是在 z 方向振幅以指数形式迅速衰减的波. 从 y 方向看，它是具有空间频率 ν 的行波，其等相面是一系列平行于 xz 平面的平面，其等幅面是一系列平行于 xy 平面的平面，两者相正交. 这种光波在 z 方向渗透的深度与光波波长同量级. 它和全反射现象中的瞬逝波具有类似性质.

一个衍射屏，或一幅图像可能包含有低频、高频、超高频的各种空间频率信息. 上述结果表明：当使用波长为 λ 的光波对它进行衍射分析时，是不可能将 $\nu > 1/\lambda$ 的超高频信息带入衍射场的. 换言之，利用衍射现象分析空间结构时，空间分辨率(精度) 只能达到照明光波长的量级. 譬如，对于可见光，可达到 $10^{-7}\mathrm{m}$ 的量级，而用 X 射线可达到 $10^{-10}\mathrm{m}$ 的量级.

2.10.2 正弦光栅的组合

2.10.2.1 两个正交、密贴的正弦光栅

考虑两个无限大的平行、密贴的正弦光栅. 适当安放光栅并选择坐标，可以使它们的屏函数分别表示为

G_1:

$$t_1(x,y) = t_{01} + t_1\cos 2\pi\nu_1 x \tag{2-10-20}$$

G_2:

$$t_2(x,y) = t_{02} + t_2\cos 2\pi\nu_2 y \tag{2-10-21}$$

密贴在一起后它们的组合光栅的复振幅透射率为

$$G_{12}: t_{12}(x,y) = t_1(x,y)t_2(x,y) = (t_{01} + t_1\cos 2\pi\nu_1 x)(t_{02} + t_2\cos 2\pi\nu_2 y) \tag{2-10-22}$$

2.10 光栅的衍射

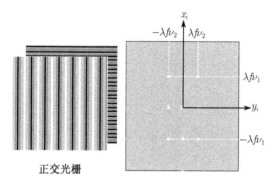

图 2-10-4 正交正弦光栅的夫琅禾费衍射图纹

以振幅为 A 的平面波正入射时, 通过光栅后的衍射光复振幅分布为

$$\begin{aligned}
u_1(x,y) &= At_{12}(x,y) = At_1(x,y)t_2(x,y) \\
&= A\left[t_{01} + \frac{t_1}{2}\exp(\mathrm{j}2\pi\nu_1 x) + \frac{t_1}{2}\exp(-\mathrm{j}2\pi\nu_1 x)\right]\left[t_{02} + \frac{t_2}{2}\exp(\mathrm{j}2\pi\nu_2 y)\right.\\
&\quad \left. + \frac{t_2}{2}\exp(-\mathrm{j}2\pi\nu_2 y)\right] \\
&= A\left[t_{01}t_{02} + \frac{t_1 t_{02}}{2}\exp(\mathrm{j}2\pi\nu_1 x) + \frac{t_1 t_{02}}{2}\exp(-\mathrm{j}2\pi\nu_1 x) + \frac{t_{01}t_2}{2}\exp(\mathrm{j}2\pi\nu_2 y)\right.\\
&\quad + \frac{t_{01}t_2}{2}\exp(-\mathrm{j}2\pi\nu_2 y) + \frac{t_1 t_2}{4}\exp(\mathrm{j}2\pi\nu_1 x)\exp(\mathrm{j}2\pi\nu_2 y) \\
&\quad + \frac{t_1 t_2}{4}\exp(-\mathrm{j}2\pi\nu_1 x)\exp(\mathrm{j}2\pi\nu_2 y) + \frac{t_1 t_2}{4}\exp(\mathrm{j}2\pi\nu_1 x)\exp(-\mathrm{j}2\pi\nu_2 y) \\
&\quad \left. + \frac{t_1 t_2}{4}\exp(-\mathrm{j}2\pi\nu_1 x)\exp(-\mathrm{j}2\pi\nu_2 y)\right]
\end{aligned}$$

(2-10-23)

共有 9 个衍射项, 为 9 个不同方向的平面波. 它们的傅里叶变换为

$$\begin{aligned}
F[u_1(x,y)] &= A\left[t_{01}t_{02}\delta(f_x,f_y) + \frac{t_1 t_{02}}{2}\delta(f_x-\nu_1,f_y) + \frac{t_1 t_{02}}{2}\delta(f_x+\nu_1,f_y)\right.\\
&\quad + \frac{t_{01}t_2}{2}\delta(f_x,f_y-\nu_2) + \frac{t_{01}t_2}{2}\delta(f_x,f_y+\nu_2) \\
&\quad + \frac{t_1 t_2}{4}\delta(f_x-\nu_1,f_y-\nu_2) + \frac{t_1 t_2}{4}\delta(f_x+\nu_1,f_y-\nu_2) \\
&\quad \left. + \frac{t_1 t_2}{4}\delta(f_x-\nu_1,f_y+\nu_2) + \frac{t_1 t_2}{4}\delta(f_x+\nu_1,f_y+\nu_2)\right]
\end{aligned}$$

(2-10-24)

在频谱面上得到 9 个相应的频率成分, 它们分别如表 2-10-3 所示.

表 2-10-3　正交密接正弦光栅傅里叶变换的 9 个空间频率成分

f_y \ f_x	0	ν_1	$-\nu_1$
0	0,0	$\nu_1,0$	$-\nu_1,0$
ν_2	$0,\nu_2$	ν_1,ν_2	$-\nu_1,\nu_2$
$-\nu_2$	$0,-\nu_2$	$\nu_1,-\nu_2$	$-\nu_1,-\nu_2$

实际的正交、密贴正弦光栅,需考虑其有限尺寸. 这时,其衍射图纹分布由 9 个点变为 9 个光斑,其半宽度的计算如前面所述,这里就不再讨论.

2.10.2.2　两个平行、密贴的正弦光栅

考虑两个无限大的平行、密贴的正弦光栅 G_1 和 G_2,适当安放光栅并选择坐标,可使它们的屏函数分别为

光栅 G_1:
$$t_1(x,y) = t_{01} + t_1 \cos 2\pi\nu_1 y \tag{2-10-25a}$$

光栅 G_2:
$$t_2(x,y) = t_{02} + t_2 \cos 2\pi\nu_2 y \tag{2-10-25b}$$

以振幅为 A 的平面波正入射时,通过光栅后的衍射光复振幅分布为

$$\begin{aligned}
u_1(x,y) &= A t_1(x,y) t_2(x,y) \\
&= A \left[t_{01} + \frac{t_1}{2}\exp(j2\pi\nu_1 y) + \frac{t_1}{2}\exp(-j2\pi\nu_1 y) \right] \left[t_{02} + \frac{t_2}{2}\exp(j2\pi\nu_2 y) \right. \\
&\quad \left. + \frac{t_2}{2}\exp(-j2\pi\nu_2 y) \right] \\
&= A \left\{ t_{01}t_{02} + \frac{t_{01}t_2}{2}\exp(j2\pi\nu_2 y) + \frac{t_{01}t_2}{2}\exp(-j2\pi\nu_2 y) + \frac{t_1 t_{02}}{2}\exp(j2\pi\nu_1 y) \right. \\
&\quad + \frac{t_1 t_2}{4}\exp[j2\pi(\nu_1+\nu_2)y] + \frac{t_1 t_2}{4}\exp[j2\pi(\nu_1-\nu_2)y] + \frac{t_1 t_{02}}{2}\exp(-j2\pi\nu_1 y) \\
&\quad \left. + \frac{t_1 t_2}{4}\exp[-j2\pi(\nu_1-\nu_2)y] + \frac{t_1 t_2}{4}\exp[-j2\pi(\nu_1+\nu_2)y] \right\}
\end{aligned}$$
$$\tag{2-10-26}$$

这是 9 列平面波,通过变换透镜后,聚焦在焦平面上共 9 个光点,都在 y 轴上:

$$\begin{aligned}
F[u(x,y)] &= A\delta(f_x)\{t_{01}t_{02}\delta(f_y) + \frac{t_{01}t_2}{2}\delta(f_y-\nu_2) + \frac{t_{01}t_2}{2}\delta(f_y+\nu_2) \\
&\quad + \frac{t_1 t_{02}}{2}\delta(f_y-\nu_1) + \frac{t_1 t_2}{4}\delta[f_y-(\nu_1+\nu_2)] + \frac{t_1 t_2}{4}\delta[f_y-(\nu_1-\nu_2)] \\
&\quad + \frac{t_1 t_{02}}{2}\delta(f_y+\nu_1) + \frac{t_1 t_2}{4}\delta[f_y+(\nu_1-\nu_2)] + \frac{t_1 t_2}{4}\delta[f_y+(\nu_1+\nu_2)]\}
\end{aligned}$$
$$\tag{2-10-27}$$

焦平面 y 轴上 9 个光点的衍射角分别为

零级衍射:

2.10 光栅的衍射

$$\theta_0 = 0 \qquad (2\text{-}10\text{-}28\text{a})$$

ν_1 的 ±1 级:
$$\theta_{\pm 1} = \arcsin(\pm \lambda \nu_1) \qquad (2\text{-}10\text{-}28\text{b})$$

ν_2 的 ±1 级:
$$\theta_{\pm 1} = \arcsin(\pm \lambda \nu_2) \qquad (2\text{-}10\text{-}28\text{c})$$

和频的 ±1 级:
$$\theta_{\pm 1} = \arcsin[\pm \lambda (\nu_1 + \nu_2)] \qquad (2\text{-}10\text{-}28\text{d})$$

差频的 ±1 级:
$$\theta_{\pm 1} = \arcsin[\pm \lambda f(\nu_1 - \nu_2)] \qquad (2\text{-}10\text{-}28\text{e})$$

如图 2-10-5 所示. 实际的有限尺寸的平行密接光栅的光斑半宽度的讨论同前.

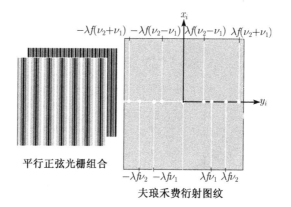

图 2-10-5 平行正弦光栅的组合

2.10.2.3 两个正弦函数之和的光栅

以后我们在二次曝光全息图部分看到, 在同一张全息干版上曝光两次所记录的全息图可得到两个正弦函数之和的光栅. 其复振幅透射率函数可表示为

$$t(x,y) = t_0 + t_1 \cos 2\pi \nu_1 y + t_2 \cos 2\pi \nu_2 y \qquad (2\text{-}10\text{-}29)$$

因为衍射系统是相干光学系统, 复振幅满足线形叠加关系. 故上面 (2-10-29) 式表示的屏函数可以看作是两个独立的正弦光栅之和, 在正入射的平面波照明光下, 在观察屏上它们各自有三个衍射斑. 因零级衍射斑是重合的, 故共有 5 个衍射斑, 它们的衍射角分别为

零级衍射:
$$\theta_0 = 0 \qquad (2\text{-}10\text{-}30\text{a})$$

频率为 ν_1 的光栅的正负一级衍射：

$$\theta_{\pm 1}^{\nu_1} = \arcsin(\pm\lambda\nu_1) \tag{2-10-30b}$$

频率为 ν_2 的光栅的正负一级衍射：

$$\theta_{\pm 1}^{\nu_2} = \arcsin(\pm\lambda\nu_2) \tag{2-10-30c}$$

当 $\nu_1 \approx \nu_2$ 时，5 个衍射斑将变为 3 个衍射斑，其中正负一级衍射各为两个衍射斑的重合，重合光斑将出现干涉条纹，条纹的疏密取决于它们的频率差大小. 以后将会看到，二次曝光全息图正是利用这些干涉条纹来进行计量的.

2.10.3 二元光栅 (黑白光栅)

首先，考虑理想的周期排列的狭缝阵列. 设每对相邻狭缝的间距均为 τ，当它被平行光垂直照射时，相当于无限多间距为 τ 的无限长线光源阵列. 其透射率可用梳函数 $\mathrm{comb}(x_1, y_1)$ 表示为

$$t(x,y) = \sum_{m=-\infty}^{\infty} \delta(y-m\tau) = \frac{1}{\tau}\sum_m \delta\left(\frac{y}{\tau}-m\right) = \frac{1}{\tau}\mathrm{comb}\left(\frac{y}{\tau}\right) \tag{2-10-31}$$

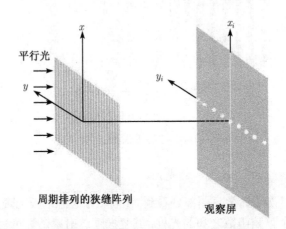

图 2-10-6　二元光栅的夫琅禾费衍射图纹

注意到，梳函数的傅里叶变换仍为梳函数

$$F[\mathrm{comb}(\frac{y}{\tau})] = \tau\mathrm{comb}(\tau f_y)\delta(f_x) = \delta(f_x)\tau\sum_m(\tau f_y-m) = \delta(f_x)\sum_m(f_y-\frac{m}{\tau}) \tag{2-10-32}$$

于是，此理想的周期排列的狭缝阵列的傅里叶变换是

$$F[t(x,y)] = \frac{1}{\tau}\delta(f_x)\sum_m(f_y-\frac{m}{\tau}) \tag{2-10-33}$$

2.10 光栅的衍射

理想的、周期排列的狭缝阵列的夫琅禾费衍射为一排在 x 轴上的光点. 它们的衍射角分别为

$$\theta_y = \arcsin\left(m\frac{\lambda}{\tau}\right), \quad m = 0, \pm 1, \pm 2, \pm 3, \cdots$$

仍考虑理想的情况, 设光栅尺寸是无限大的, 光栅的透光部分宽度为 b, 光栅周期为 τ.

$$t(x,y) = \text{rect}\left(\frac{y}{b}\right) \otimes \sum_m (y - m\tau) = \text{rect}\left(\frac{y}{b}\right) \otimes \frac{1}{\tau}\sum_m \left(\frac{y}{\tau} - m\right) = \text{rect}\left(\frac{y}{b}\right) \otimes \frac{1}{\tau}\text{comb}\left(\frac{y}{\tau}\right)$$

在单位平面波垂直照射下, 其傅里叶变换光场为

$$F[t(x,y)] = F\left[\text{rect}\left(\frac{y}{b}\right) \otimes \frac{1}{\tau}\text{comb}\left(\frac{y}{\tau}\right)\right] = b\,\text{sinc}(bf_y)\delta(f_x)\text{comb}(\tau f_y)$$

$$= b\,\text{sinc}(bf_y)\delta(f_x)\sum_m \delta(\tau f_y - m) = \frac{b}{\tau}\text{sinc}(bf_y)\delta(f_x)\sum_m \delta\left(f_y - \frac{m}{\tau}\right)$$

(2-10-34)

sinc 函数的准空间周期为 $\frac{1}{b}$, 梳函数的空间周期为 $\frac{1}{\tau}$. 而 $\tau > b$, 因此 $\frac{1}{b} > \frac{1}{\tau}$, 周期排列的光点之亮度包络为 $\text{sinc}^2(bf_y)$ 函数.

现在, 我们考虑有限尺寸的实际光栅, 设它在 x 轴方向的宽度为 A, y 轴方向的宽度为 B, 其他参数与前面相同, 则其屏函数可表示为

$$t(x,y) = \left[\text{rect}\left(\frac{y}{b}\right) \otimes \frac{1}{\tau}\text{comb}\left(\frac{y}{\tau}\right)\right]\text{rect}\left(\frac{x}{A}, \frac{y}{B}\right) \quad (2\text{-}10\text{-}35)$$

$$F[t(x,y)] = F\left\{\left[\text{rect}\left(\frac{y}{b}\right) \otimes \frac{1}{\tau}\text{comb}\left(\frac{y}{\tau}\right)\right]\text{rect}\left(\frac{x}{A}, \frac{y}{B}\right)\right\}$$

$$= \frac{1}{\tau}\left\{F\left[\text{rect}\left(\frac{y}{b}\right)\right]F\left[\text{comb}\left(\frac{y}{\tau}\right)\right]\right\} \otimes F\left[\text{rect}\left(\frac{x}{A}, \frac{y}{B}\right)\right]$$

$$= \frac{1}{\tau}[b\,\text{sinc}(bf_y)\tau\,\text{comb}(\tau f_y)] \otimes [AB\,\text{sinc}(Af_x)\text{sinc}(Bf_y)] \quad (2\text{-}10\text{-}36)$$

$$= \frac{bAB}{\tau}\left[\text{sinc}(bf_y)\sum_m \delta\left(f_y - \frac{m}{\tau}\right)\right] \otimes [\text{sinc}(Af_x)\text{sinc}(Bf_y)]$$

$$= \frac{bAB}{\tau}\sum_m \text{sinc}\left(\frac{bm}{\tau}\right)\text{sinc}\left[B\left(f_y - \frac{m}{\tau}\right)\right]\text{sinc}(Af_x)$$

式中,

$$f_x = x_i/\lambda f, \quad f_y = y_i/\lambda f.$$

由 (2-10-35) 式可以看出: 对于实际的、有限尺寸的光栅而言, 原来理想光栅的衍射点扩散为矩孔衍射斑. 类似前面的分析, sinc 函数的准空间周期为 $\frac{1}{b}$, 梳函数的空间周期为 $1/\tau$. 而 $\tau > b$, 因此 $\frac{1}{b} > \frac{1}{\tau}$, 周期排列的光斑之亮度包络为 $\text{sinc}^2(bf_y)$

函数. 光斑的半宽距的或半角宽度均如前面对正弦光栅的分析相类似. 例如零级衍射斑的半角宽度为

$$\Delta\theta_{0x} = x_i/f = \lambda/A, \quad \Delta\theta_{0y} = y_i/f = \lambda/B \qquad (2\text{-}10\text{-}37)$$

对于高级次矩孔衍射斑的半角宽度和半宽距, 也都类似 (2-10-15), (2-10-16), (2-10-17) 等式的分析方法, 这里就不再赘述.

参 考 文 献

[1] Arnold Sommerfeld. Optics (Lectures on theoretical physics, Vol.IV) [M]. New York: Academic Press Inc, 1954: 179.

[2] 赫克特 E, 赞斯 A, 著. 秦克诚, 詹达三, 林福成, 译. 光学 (下册)[M]. 第 2 版. 北京: 高等教育出版社, 1983: 682-684.

[3] 钟锡华. 光波衍射与变换光学 [M]. 北京: 高等教育出版社, 1985: 23-24.

[4] (日) 饭塚启吾, 著. 许菊心, 杨国光, 译. 光学工程学 [M]. 北京: 机械工业出版社, 1983: 24.

[5] 顾德门 J W. 傅里叶光学导论 [M]. 北京: 科学出版社, 1979: 88-102.

[6] David Hutchcroft. Diffraction through a circular aperture[OL]. [2005-04-06]http://hep.ph.liv.ac.uk/~hutchcroft/Phys258/CN14FranhoferCirc .

[7] 熊秉衡. 瑞利分辨率的一个注释 [J]. 大学物理, 1986, 6: 11.

[8] 熊秉衡. 亮点之争 [J]. 工科物理教学, 1984, 3: 38.

[9] Ghatak A K, Thyagarajan K. Contemporary optics[M]. New York: Plenum Press.

第 3 章 相干性理论基础

3.1 光的干涉

3.1.1 叠加原理

光学的干涉理论是建立在电磁场线性叠加原理之上的. 根据线性叠加原理, 由几个不同电磁波源在真空中某点所产生的电场 $\boldsymbol{E}$ 等于不同电磁波源在该点所产生电场的矢量和. 即

$$\boldsymbol{E} = \boldsymbol{E}_1 + \boldsymbol{E}_2 + \boldsymbol{E}_3 + \cdots \tag{3-1-1}$$

式中, $\boldsymbol{E}_1$, $\boldsymbol{E}_2$, $\boldsymbol{E}_3$ 是不同电磁波源独立地在该点所产生电场. (3-1-1) 式对磁场也同样成立. 线性叠加原理是麦克斯韦方程在真空中为线性微分方程的必然结果[1].

一般情况下, 线性叠加原理是准确成立的. 但在某些物质中仅近似成立, 而在强激光高强度电磁场的情况下, 则有着明显的线性偏差, 这属于非线形光学研究的领域. 但并不意味着电磁场不能被分解为分量, 而仅仅指几个不同电磁波源同时作用时, 在介质中产生的总合成场不同于每个波源单独作用时产生的场之和. 以后的讨论中, 我们将认为光波在传播过程中总是满足叠加原理, 也就是说, 我们讨论的内容属于线性光学的范畴.

3.1.2 两列平面波的干涉

设有两列相同频率 ν 的平面电磁波, 它们的波矢量分别为 $\boldsymbol{k}_1$ 和 $\boldsymbol{k}_2$, 振幅分别为 $\boldsymbol{E}_{01}$ 和 $\boldsymbol{E}_{02}$. 它们的振动频率、传播方向、振幅大小均保持恒定, 各自在空间产生的电场分别为

$$\begin{cases} \boldsymbol{E}_1(\boldsymbol{r},t) = \boldsymbol{E}_{01} \cos\left(2\pi\nu t - \boldsymbol{k}_1 \cdot \boldsymbol{r} + \phi_1\right) \\ \boldsymbol{E}_2(\boldsymbol{r},t) = \boldsymbol{E}_{02} \cos\left(2\pi\nu t - \boldsymbol{k}_2 \cdot \boldsymbol{r} + \phi_2\right) \end{cases} \tag{3-1-2a}$$

按第 1 章 (1-1-35) 式的复数表示方式, 将它们表示为

$$\begin{cases} \boldsymbol{E}_1(\boldsymbol{r},t) = \boldsymbol{E}_{01} \exp\left(-\mathrm{j}2\pi\nu t\right) \exp\left[\mathrm{j}\left(\boldsymbol{k}_1 \cdot \boldsymbol{r} - \phi_1\right)\right] \\ \boldsymbol{E}_2(\boldsymbol{r},t) = \boldsymbol{E}_{02} \exp\left(-\mathrm{j}2\pi\nu t\right) \exp\left[\mathrm{j}\left(\boldsymbol{k}_2 \cdot \boldsymbol{r} - \phi_2\right)\right] \end{cases} \tag{3-1-2b}$$

当它们相遇后, 根据叠加原理, 在相遇区域的电场为它们分别产生的电场的叠加, 即

$$\boldsymbol{E}(\boldsymbol{r},t) = \boldsymbol{E}_1(\boldsymbol{r},t) + \boldsymbol{E}_2(\boldsymbol{r},t) \tag{3-1-3}$$

在相遇区域的光场强度分布 I 为 $\boldsymbol{E}_{01}$ 与 $\boldsymbol{E}_{02}$ 的合成场 $\boldsymbol{E}$ 的数性积对时间的平均值，即

$$I = \langle \boldsymbol{E} \cdot \boldsymbol{E}^* \rangle = \langle E_{10}^2 + E_{20}^2 + 2(\boldsymbol{E}_{10} \cdot \boldsymbol{E}_{20}) \cos \Theta \rangle$$
$$= I_1 + I_2 + \langle 2E_{10}E_{20} \cos \psi \cos \Theta \rangle \tag{3-1-4a}$$

式中，$I_1 = \langle E_{01}^2 \rangle$ 和 $I_2 = \langle E_{02}^2 \rangle$ 为两列波的平均光强，ψ 为 $\boldsymbol{E}_{01}$ 和 $\boldsymbol{E}_{02}$ 的夹角，并且

$$\Theta = (\boldsymbol{k}_2 - \boldsymbol{k}_1) \cdot \boldsymbol{r} - (\phi_2 - \phi_1) \tag{3-1-4b}$$

无论人眼或是光电探测器都远远响应不了极高频率的光波振动，人眼看到的或是光电探测器检测到的光波都是一段时间内光波的平均强度．因此需要考虑光场强度的时间平均值．为了简化公式的表达，以符号 $\langle F \rangle$ 表示某物理量 $F(\boldsymbol{r},t)$ 对时间的平均值，并往往将函数的变量 $(\boldsymbol{r},t)$ 在表达式中省略．即

$$\langle F \rangle = \lim_{T \to \infty} \frac{1}{T} \int_{-T/2}^{T/2} F(\boldsymbol{r},t) \, dt \tag{3-1-5}$$

(3-1-4a) 式左第三项 $\langle 2\boldsymbol{E}_{10} \cdot \boldsymbol{E}_{20} \cos \Theta \rangle = \langle 2E_{01}E_{02} \cos \psi \cos \Theta \rangle$ 称为干涉项．值得注意的是这个干涉项，若两光波的初相位 ϕ_1 和 ϕ_2 和偏振方向都保持恒定，但偏振方向正交，则干涉项为零；若两光波的初相位保持恒定，但偏振方向随机变化，则 $\cos \psi$ 对时间的平均值为零，故干涉项也为零；若两光波的偏振方向保持恒定且不正交，但初相位是时间的函数，只在某一时间间隔内为常数，另一时间间隔内变化为另一常数．这些一定时间间隔内的常数在不同时间间隔以无规方式取不同之值，对应的相位差 $(\phi_2 - \phi_1)$ 也在不同时间间隔无规取值，这时干涉项也为零．在以上情况下，(3-1-4a) 式变为 $I = I_1 + I_2$，光场一片均匀，没有干涉条纹，我们称这两个光波是不相干的．

若两光波有稳定的平均偏振方向且不正交，在无限长时间内两光波的初始相位保持为恒量，不因时而变；或者，初始相位虽都是时间的函数，并非恒量，不过它们之间有一定的相关性，以至于相位差 $(\phi_2 - \phi_1)$ 对时间的平均值保持为恒量，从而使 $\langle \cos \Theta \rangle = $ const.，这时干涉项就不为零，而取恒定之值．总之，在两光波频率相同、有稳定的平均偏振方向且不正交、相位差 $(\phi_2 - \phi_1)$ 对时间的平均值为恒量的情况下，干涉项就取恒定之值，光场出现稳定的干涉条纹．这时，称这两束光波是相干的．这样的光波场称定态光场．光强分布的图形称干涉图纹或干涉图．

若两线偏振电磁波的偏振方向相同，即 $\psi = 0$，则 (3-1-4a) 式可以写为

$$I = I_1 + I_2 + 2\sqrt{I_1 I_2} \cos \Theta \tag{3-1-6}$$

光强分布的极大值和极小值分别为

$$I_{\max} = I_1 + I_2 + 2\sqrt{I_1 I_2}, \qquad I_{\min} = I_1 + I_2 - 2\sqrt{I_1 I_2} \tag{3-1-7}$$

3.1.3 条纹能见度

为了描述条纹的清晰程度, 迈克耳孙提出条纹能见度 (fringe visibility) 的概念, 通常以 V 表示之. 它的定义是 [3]

$$V \equiv \frac{I_{\max} - I_{\min}}{I_{\max} + I_{\min}} \tag{3-1-8}$$

我们知道, 人眼能分辨条纹的细节并不决定于细节的绝对光强, 而决定于细节的光强与周围光强的相对强弱. 例如, 天上群星的亮度不变, 但白天看不到星, 夜晚却看得分明. 月夜与无月之夜又不相同. 这就表明, 尽管星的亮度不变, 然而在不同亮度的背底情况下, 星的清晰程度是不一样的. 因此, 能见度 V 可以用来描述干涉条纹的清晰程度.

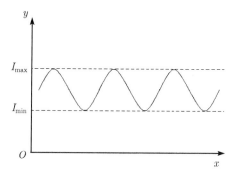

图 3-1-1 两平面波干涉条纹的强度分布

对于两束光的干涉条纹而言, 当两束光振幅相等, 即 $I_1 = I_2$ 时. $I_{\max} = 2I_1$, $I_{\min} = 0$, 能见度 $V = 1$. 这时, 暗纹光强为零, 明暗纹对比鲜明, 条纹最为清晰.

在全息干涉计量中, 我们需要清晰的干涉条纹以保证准确判读条纹. 而条纹质量的优劣其前提取决于干涉条纹的能见度. 当两束光光强不等时, 条纹能见度将降低. 两者光强相差越大, 条纹能见度降低越多. 将两光束的光强比定义为光束比 (beam ratio), 以 B 表示之:

$$B \equiv I_1/I_2 \tag{3-1-9}$$

将 (3-1-7) 和 (3-1-9) 式代入 (3-1-8) 式, 得

$$V = \frac{2\sqrt{I_1/I_2}}{1 + (I_1/I_2)} = \frac{2\sqrt{B}}{1+B} \tag{3-1-10}$$

(3-1-10) 式表明, 两光束干涉条纹的能见度 V 决定于这两束光的光束比 B, 通常在全息实验中对条纹能见度的要求在 70% 以上. 表 3-1-1 列出了光束比 B 与条纹能见度 V 间的部分关系.

表 3-1-1　条纹能见度与光束比的关系

B	V	B	V
1	1	18	0.45
1.52	0.98	20	0.43
3	0.87	23	0.40
4	0.80	40	0.31
6	0.70	50	0.28
8	0.63	60	0.25
9	0.60	98	0.20
10	0.58	100	0.198
13	0.52	200	0.14
15	0.48	300	0.115
16	0.47	400	0.10

3.1.4　灵敏度矢量和空间频率

对于定态光波场，由 (3-1-4b) 和 (3-1-6) 式可知，$\Theta=$const.，也就是 $(\boldsymbol{k}_2-\boldsymbol{k}_1)\cdot\boldsymbol{r}=$const. 的面上各点光强都相等，称为**等强度面**. 在两平面波干涉的情况下，这些等强度面是一系列与 $(\boldsymbol{k}_2-\boldsymbol{k}_1)$ 垂直的平面族. 以 $\boldsymbol{K}$ 表示 $(\boldsymbol{k}_2-\boldsymbol{k}_1)$，即

$$\boldsymbol{K}\equiv(\boldsymbol{k}_2-\boldsymbol{k}_1) \tag{3-1-11a}$$

取直角坐标 $oxyz$，使 $\boldsymbol{k}_1$，$\boldsymbol{k}_2$，$\boldsymbol{K}$ 均在 xz 平面内，如图 3-1-2 所示. 以 2α 表示 $\boldsymbol{k}_1$ 与 $\boldsymbol{k}_2$ 的夹角，注意到 $\boldsymbol{k}_1$，$\boldsymbol{k}_2$ 与 $\boldsymbol{K}$ 构成等腰三角形，$|\boldsymbol{k}_1|=|\boldsymbol{k}_2|=2\pi/\lambda$，$\lambda$ 为光波的波长，可计算出

$$K=2\left(\frac{2\pi}{\lambda}\right)\sin\alpha \tag{3-1-11b}$$

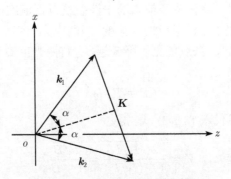

图 3-1-2　波矢量关系图

干涉条纹是一系列与 $\boldsymbol{K}$ 垂直的直条纹. 如图 3-1-3 所示. 图中表示了相应的干涉条纹的取向，它们正好与 $\boldsymbol{k}_1$ 和 $\boldsymbol{k}_2$ 夹角的二等分线平行. 若取极坐标，使其原

3.1 光的干涉

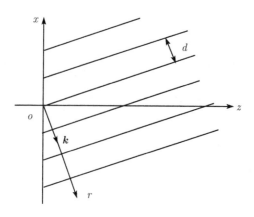

图 3-1-3 等相面系列示意图

点与直角坐标 $oxyz$ 的原点重合, 极轴与 $\boldsymbol{K}$ 矢量同方向. 以 d 表示条纹间距, 则有

$$\cos \boldsymbol{K} \cdot \boldsymbol{r} = \cos Kr = \cos K(d+r) \text{ 或 } Kd = 2\pi \tag{3-1-12}$$

从 (3-1-11) 和 (3-1-12) 式可得

$$d = \frac{2\pi}{K} = \frac{\lambda}{2\sin\alpha} \text{ 或 } 2d\sin\alpha = \lambda \tag{3-1-13}$$

条纹间距也常称为条纹的空间周期, 其倒数称作条纹的空间频率 (spatial frequency). 以 f 表示之:

$$f = \frac{K}{2\pi} = \frac{1}{d} = \frac{2\sin\alpha}{\lambda} \tag{3-1-14}$$

空间频率表示了单位长度内的条纹数. 由 (3-1-14) 式可见, 单位长度内的条纹数是与 $\boldsymbol{K} = |\boldsymbol{K}|$ 成正比的. K 值越大单位长度内的条纹数越多. 以后我们将会看到, 利用两束光的干涉条纹进行检测时, K 值决定了测量灵敏度的高低. 因此, $\boldsymbol{K}$ 被称作灵敏度矢量 (sensitivity vector).

上面的讨论不仅对线偏振波, 而且对圆偏振波以及椭圆偏振波也都成立. 以后若不加以说明, 我们讨论的都是在同方向振动的波场, 故可以不考虑它们的矢量性, 都采用标量来表示光扰动.

两平面波的这种干涉现象可以用莫尔图进行模拟, 如图 3-1-4 所示意. 图中两束平面波的传播方向分别以它们的波矢量 $\boldsymbol{k}_1$ 和 $\boldsymbol{k}_2$ 表示, 用垂直于传播方向的等间隔直线表示平面波的等相面, 譬如, 一条白色间隔加一条黑色间隔表示一个波长, 白色间隔与黑色间隔相位相反. 在相遇区域, 黑色间隔交点的轨迹形成了较粗的黑色条纹, 代表了干涉相长的亮纹. 在这些较粗的黑色条纹之间则是等距的白色与黑色间隔均有的区域, 它们代表的是干涉相消的暗纹. 显而易见, 这些轨迹所代表的干涉条纹与 $\boldsymbol{k}_1$ 和 $\boldsymbol{k}_2$ 夹角的平分线平行、间隔距离相等、分布于两束平面波相重叠的整个区域 [2].

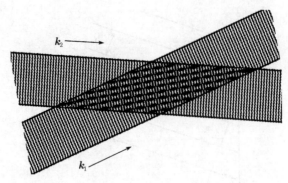

图 3-1-4 两平面波的干涉条纹的莫尔图模拟

3.2 时间相干性

光的相干性在全息照相中有着重要的意义. 要想获得高质量的全息图、首先需要有高清晰度的干涉条纹, 这就要注意到光源的相干性能. 在安排光路时, 必须考虑到参与干涉的诸光束间的相干性. 否则得不到清晰的干涉条纹、也就得不到高质量的全息图, 有时甚至连全息图都拍不下来. 因此, 对相干性的理解在指导全息的理论与实践方面都有着重要的意义.

光的相干性是指光作为具有波动本性的电磁波产生干涉现象的性能. 若所使用的光源为理想的单色光源、它具有单一的频率、无限长的发光时间和恒定的振幅与相位. 由它发射的两束光波发生干涉时, 有着完全的相干性, 干涉条纹的能见度只取决于两光束的光束比. 在光束比为 1 的情况下, 能见度可达最佳值 1. 然而, 由于实际光源发光的物理机制, 不存在发光时间无限长、单一频率的单色光源. 条纹的能见度与参与干涉的光波间的光程差长短、光源的单色性和尺寸扩展大小等因素都有密切关系. 为了描述光源的这些性质, 我们将引入相干性的物理概念, 并将它区别为时间相干性与空间相干性. 下面, 首先介绍时间相干性.

3.2.1 非单色光源的时间相干性

从同一光源发出的两束光产生干涉时, 干涉条纹的能见度不仅决定于光束比, 并且决定于两束光的光程差, 即两光束的时间差. 光源的这种性质决定于它的时间相干性.

光是由光源中原子或分子运动状态发生变化时辐射出来的, 每个原子或分子都是一个发光基元, 它们每次发出的光波只有短短的一列, 持续时间极短, 约为 $10^{-10} \sim 10^{-9}$s, 有的甚至短到 $10^{-12} \sim 10^{-11}$s 以下. 宏观看到的或测量仪器检测到的光波是大量原子或分子所发出的大量波列在一段时间的平均效应. 一般情况下，这些发光基元是各自独立地发出一个个波列的. 这些波列的频率、相位和振动方向都不尽相同. 同一个发光基元在不同时间发出的波列，其频率、相位和振动方向也不尽相同. 不过，在一定的条件下，可以使这些发光基元所发出的波列具有大致相同的频率、相位和振动方向. 例如，激光器内的发光基元所发出的波列就具有基本相同的频率、相位和振动方向 (见第 4 章). 即便在这种情况下，由于波列是有限长的. 激光器发射的激光也不具有完全的相干性. 譬如，激光的有限长波列经过分振幅法分成两束等振幅的波列后再次相遇而产生干涉时，就会出现三种不同的情况. 当两路波列光程差为零时，它们将同时到达观察屏上，两波列将完全重叠，并产生 $V=1$ 的最佳条纹能见度；当两路波列光程差大于波列长度时，它们在观察屏上不能相遇，两波列不能重叠，各自在屏上形成一片均匀的亮场，条纹能见度 $V=0$；而当两路波列光程差大于零，小于波列长度时，它们将先后到达观察屏上，两波列将部分重叠，其中重叠部分产生干涉、而不重叠部分不发生干涉，条纹能见度将在零与最佳值 1 之间，即 $0<V<1$，其干涉条纹能见度的高低将取决于它们重叠的程度，光程差越小，重叠越多，则能见度越高，如图 3-2-1 所示. 这三种情况分别称为完全相干、不相干和部分相干.

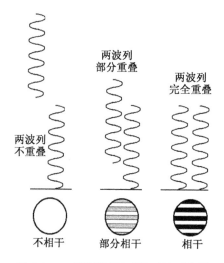

图 3-2-1　有限长度波列的干涉示意图

为了研究光场的时间相干性，我们需要研究从光源发出的光波在空间同一点不同时间的相干性. 这就需要将光源发出的同一束光波分为两束，让它们通过不同的路程，然后再相遇. 通常采用分振幅方法，最典型的分振幅实验装置便是迈克耳孙干涉仪.

下面，我们就以图 3-2-2 所示的迈克耳孙干涉仪的干涉为示例，引入时间相干性的概念. 设点光源 S 发出的球面波经过透镜 L_1 准直后，被分束镜 BS 分为两束.

其中一束被 BS 反射后，垂直入射在可移动反射镜 M_2 上，反射后再透射过 BS，通过透镜 L_2 聚焦到探测器 D 上．另一束透射过 BS 后，经过补偿板 C，垂直入射在固定的反射镜 M_1 上，反射后再次通过补偿板 C，并经过 BS 反射后，也通过透镜 L_2 聚焦到探测器 D 上．此外，还假定两支光路不会改变光的偏振态．这时，入射到探测器 D 上的光强等于这两束光叠加后的总光强．而这总光强则取决于两光束的干涉结果．实验表明，它不仅依赖于两光束的光束比，还依赖于两光束的光程差 l．当移动反射镜 M_2 时，由于光程差 l 变化，探测器 D 上光强 I_D 也随之变化．为简化语言，将反射镜 M_1 所在光路称为"光路 1"；将反射镜 M_2 所在光路称为"光路 2"．通过光路 1 的光束称"光束 1"，通过光路 2 的光束称"光束 2"．l 为光束 2 相对于光束 1 多走过的路程，即两者的程差；$\tau = l/c$ 为光束 2 相对于光束 1 滞后的时间，即两者的时差．

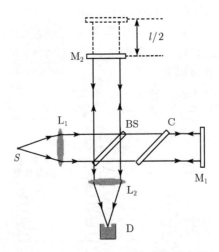

图 3-2-2　迈克耳孙干涉仪光路示意图

以 $b_1 U(t+l/c)$ 和 $b_2 U(t)$ 分别表示两光束经过光路 1 和 2 到达探测器上的复振幅．其中，复数因子 b_1 和 b_2 包含了衰减和相移的因素．探测器 D 上光场的复振幅为两光束的叠加，即

$$U_D(t,\tau) = b_1 U(t+\tau) + b_2 U(t) \tag{3-2-1}$$

探测器 D 上的平均光强可表示为

$$\begin{aligned} I_D(\tau) &= \langle U_D(t,\tau) U_D^*(t,\tau) \rangle = \langle [b_1 U(t+\tau) + b_2 U(t)][b_1 U(t+\tau) + b_2 U(t)]^* \rangle \\ &= |b_1|^2 \langle U(t+\tau) U^*(t+\tau) \rangle + |b_2|^2 \langle U(t) U^*(t) \rangle \\ &\quad + 2|b_1||b_2| \mathrm{Re} \langle U(t+\tau) U^*(t) \rangle \end{aligned} \tag{3-2-2a}$$

3.2 时间相干性

式中，$\text{Re}\langle U(t+\tau)U^*(t)\rangle$ 表示 $\langle U(t+\tau)U^*(t)\rangle$ 的实数部分. 将 $U(t+\tau)U^*(t)$ 对时间的平均值 $\langle U(t+\tau)U^*(t)\rangle$ 定义为自相干函数 (self-coherence function)，以 $\Gamma(\tau)$ 表示之. 即

$$\Gamma(\tau) \equiv \langle U(t+\tau)U^*(t)\rangle \tag{3-2-3}$$

$U(t)$ 是光束的波函数, 故 $\Gamma(\tau)$ 决定于光源性质, 而 b_1 和 b_2 则决定于光路性质.

遮住光束 2, 光束 1 单独在探测器 D 上的光强为

$$I^{(1)} = |b_1|^2 \langle U(t+\tau)U^*(t+\tau)\rangle$$

遮住光束 1, 光束 2 单独在探测器 D 上的光强为

$$I^{(2)} = |b_2|^2 \langle U(t)U^*(t)\rangle$$

注意到, $\langle U(t)U^*(t)\rangle$ 和 $\langle U(t+\tau)U^*(t+\tau)\rangle$ 是同一个光波的复振幅及其共轭复数的乘积的平均值, 只是计时的起点不同而已, 对于定态光波场它们是相等的. 而且, 根据自相干函数的定义, 它们就等于时差 $\tau = 0$ 时的自相干函数 $\Gamma(0)$. 即

$$\langle U(t)U^*(t)\rangle = \langle U(t+\tau)U^*(t+\tau)\rangle = \Gamma(0) \tag{3-2-4a}$$

自相干函数 $\Gamma(0)$ 相当于在没有衰减和相移的理想情况下, 单独一支光束在探测器 D 上的光强, 以 I_0 简表之. 即 $I_0 = \Gamma(0)$. 于是, $I^{(1)}$ 和 $I^{(2)}$ 可分别表示为

$$I^{(1)} = |b_1|^2 \Gamma(0) = |b_1|^2 I_0 \text{ 和 } I^{(2)} = |b_2|^2 \Gamma(0) = |b_2|^2 I_0 \tag{3-2-4b}$$

为了将自相干函数归一化, 应将它除以其最大值 $\Gamma(\tau)_{\max}$. 而 $\Gamma(\tau)$ 的最大值就在 $\tau = 0$ 处 (此时光束 1, 2 完全重叠), 即 $\Gamma(\tau)_{\max} = \Gamma(0)$. 故 $\Gamma(\tau)$ 与 $\Gamma(0)$ 之比就是归一化的自相干函数, 以 $\gamma(\tau)$ 表示, 并定义它为复自相干度 (complex degree of self-coherence). 即

$$\gamma(\tau) \equiv \frac{\Gamma(\tau)}{\Gamma(0)} = \frac{\langle U(t+\tau)U^*(t)\rangle}{\langle U(t)U^*(t)\rangle} \tag{3-2-5a}$$

于是探测器 D 上的光强可进一步表示为

$$\begin{aligned}I_D(\tau) &= |b_1|^2 I_0 + |b_2|^2 I_0 + 2|b_1||b_2|\Gamma^{(r)}(\tau) \\ &= |b_1|^2 I_0 + |b_2|^2 I_0 + 2|b_1||b_2|I_0\gamma^{(r)}(\tau) \\ &= I^{(1)} + I^{(2)} + 2\sqrt{I^{(1)}I^{(2)}}\gamma^{(r)}(\tau) \\ &= \left(I^{(1)} + I^{(2)}\right)\left\{1 + \left[\frac{2\sqrt{I^{(1)}I^{(2)}}}{(I^{(1)} + I^{(2)})}\right]\gamma^{(r)}(\tau)\right\}\end{aligned} \tag{3-2-2b}$$

式中，$\gamma^{(r)}(\tau)$ 和 $\Gamma^{(r)}(\tau)$ 分别表示 $\gamma(\tau)$ 和 $\Gamma(\tau)$ 的实数部分.

将复自相干度 $\gamma(\tau)$ 表示为其模与幅角的关系：

$$\gamma(\tau) = |\gamma(\tau)| \exp\{j \arg[\gamma(\tau)]\} \tag{3-2-5b}$$

设光波的平均频率为 $\bar{\nu}$，复自相干度 $\gamma(\tau)$ 的幅角 $\arg[\gamma(\tau)]$ 是 $2\pi\bar{\nu}\tau$ 的周期函数，可表示为 $\arg[\gamma(\tau)] = 2\pi\bar{\nu}\tau + \alpha(\tau)$. 其中，初相 α 决定于光源性质和时差 τ. 这样，复自相干度 $\gamma(\tau)$ 可以表示为

$$\gamma(\tau) = |\gamma(\tau)| \exp\{j[2\pi\bar{\nu}\tau + \alpha(\tau)]\} \tag{3-2-5c}$$

于是，(3-2-2b) 可改写为

$$\begin{aligned}I_D(\tau) &= I^{(1)} + I^{(2)} + 2\sqrt{I^{(1)}I^{(2)}}|\gamma(\tau)|\cos[2\pi\bar{\nu}\tau + \alpha(\tau)] \\ &= \left(I^{(1)} + I^{(2)}\right)\left\{1 + \frac{2\sqrt{I^{(1)}I^{(2)}}}{I^{(1)} + I^{(2)}}|\gamma(\tau)|\cos[2\pi\bar{\nu}\tau + \alpha(\tau)]\right\}\end{aligned} \tag{3-2-2c}$$

通常，$|\gamma(\tau)|$ 与 $\cos[2\pi\bar{\nu}\tau + \alpha(\tau)]$ 相比较变化得非常缓慢，探测器上的光强 I_D 随着两光束时差 τ 的增加以其平均值 $\bar{I}_D = I^{(1)} + I^{(2)}$ 为中心上下作余弦型周期变化，而该余弦函数受到函数 $[2\sqrt{I^{(1)}I^{(2)}}/(I^{(1)} + I^{(2)})]|\gamma(\tau)|$ 的调制. 光强 $I_D(\tau)$ 在原点 $(\tau = 0)$ 调制度最大. 随着时间差 τ 的增加调制度逐渐减小，如图 3-2-3(a) 所示. 图中实线是探测器上的光强 I_D 随两光束时间差 τ 而变化的曲线，虚线表示的包络线为调制度函数曲线，这调制度函数就是光学上定义的条纹能见度 V. 即

$$\begin{aligned}V &= \frac{I_{\max} - I_{\min}}{I_{\max} + I_{\min}} = \frac{2\sqrt{I^{(1)}I^{(2)}}}{I^{(1)} + I^{(2)}}|\gamma(\tau)| \\ &= \frac{2|b_1||b_2|}{|b_1|^2 + |b_2|^2}|\gamma(\tau)| = \frac{2\sqrt{B}}{1+B}|\gamma(\tau)|\end{aligned} \tag{3-2-6}$$

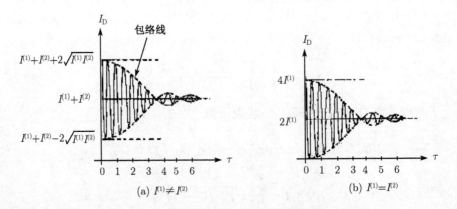

图 3-2-3 迈克耳孙干涉仪的干涉图示意

当 $b_1 = b_2$, 即 $I^{(1)} = I^{(2)}$ 或 $B = 1$ 时, $V = |\gamma(\tau)|$ (3-2-7)

这时的 I_D-τ 曲线如图 3-2-3(b) 实线所示意, 虚线表示的包络线仍为调制度函数曲线. 即当进入探测器上的两光束光强相等时, 条纹能见度未必等于 1, 而是等于复自相干度的模量, 其值随着时间差 τ 的增加而减小.

$|\gamma(\tau)|$ 的取值在零与 1 之间, 即

$$0 \leqslant |\gamma(\tau)| \leqslant 1 \quad (3\text{-}2\text{-}8)$$

通常区别为以下三种情况[3,18]:

(1) $|\gamma(\tau)| = 1$ 时, 两光波在探测器 D 上的干涉条纹能见度达到最大值, 称两光波处于 "相干叠加"(coherent superposition) 的状态, 或称两光波 "完全相干" (completely coherent).

(2) $0 < |\gamma(\tau)| < 1$ 时, 两光波的干涉条纹能见度低于 1. 称两光波处于 "部分相干叠加"(partially coherent superposition) 的状态, 或称两光波 "部分相干"(partially coherent).

(3) $|\gamma(\tau)| = 0$ 时, 两光波的干涉条纹消失, 称两光波处于 "非相干叠加" (incoherent superposition) 的状态, 或称两光波 "不相干"(incoherent), 或 "完全不相干"(completely incoherent).

$|\gamma(\tau)|$ 可用以描述光源的时间相干性, 它是两光波时差或程差的函数, 至于其具体的函数形式, 由光源的性质所决定. 下面, 我们将以有限长、等长波列窄带光源模型为例, 导出这种光源的复自相干度的函数形式, 并用它来分析其时间相干性.

3.2.2 等长波列窄带光源的时间相干性

考虑一种理想的、有限长、等长波列窄带光源模型. 设该光源的发光基元为原子. 每个原子辐射的光波都具有同样的持续时间 τ_0、每次辐射的光波波列都具有相等的长度 $l_0 = c\tau_0$, 并有相同振幅和偏振方向. 每个原子发出一个波列后紧接着不间断地辐射下一个波列, 但每次辐射的波列的初相位 ϕ 是不同的, 它在每次发光持续时间 τ_0 内虽保持恒值不变, 但接踵而来的另一次辐射的波列的初相位 ϕ 就取另外之值了. 即不同波列初相位的取值是具有随机性的[4][见图 3-2-4(a)]. 所辐射电磁波的振荡频率分布在 $\bar{\nu} - \delta\nu$ 至 $\bar{\nu} + \delta\nu$ 范围内. 具有平均频率 $\bar{\nu}$ 的波列成分最多, 低于或高于平均频率的波列成分逐渐减少, 并且满足窄带条件 $\delta\nu \ll \bar{\nu}$. $\delta\nu$ 称为光源的 "频谱宽度" 或 "频带宽度", 简称 "带宽". 在频率分布对称的情况下, 平均频率处于频率分布的中心, 也称为中心频率. 以后我们将给出 "带宽" $\delta\nu$ 与波列长度 l_0 或发光持续时间 τ_0 的关系 [见 (3-2-37a) 式].

若在图 3-2-2 的迈克耳孙干涉仪实验中使用的就是这种理想的光源. 设第 m 个原子辐射的频率为 ν_m, 在无衰减和相移的情况下, 通过光路 2 在探测器 D 上的

波函数可表示为

$$U_m(t) = u_m \exp(-j2\pi\nu_m t) \exp[-j\phi_m(t)] \tag{3-2-9a}$$

所有 N 个原子辐射的波列在无衰减和相移的情况下，通过光路 2 在探测器 D 上的复振幅可表示为

$$U(t) = \sum_{m=1}^{N} U_m(t) = \sum_{m=1}^{N} u_m \exp(-j2\pi\nu_m t) \exp[-j\phi_m(t)] \tag{3-2-9b}$$

所有 N 个原子辐射的波列在有衰减和相移的情况下，经过光路 2 在探测器 D 上的复振幅可表示为

$$\sum_{m=1}^{N} b_2 U_m(t) = b_2 \sum_{m=1}^{N} u_m \exp(-j2\pi\nu_m t) \exp[-j\phi_m(t)] = b_2 U(t) \tag{3-2-10a}$$

式中，复数因子 b_2 是光路 2 的振幅衰减和相移因子.

类似的，所有 N 个原子辐射的波列经过光路 1 在探测器 D 上的复振幅可表示为

$$\sum_{n=1}^{N} b_1 U_n(t+\tau) = b_1 \sum_{n=1}^{N} u_n \exp[-j2\pi\nu_n(t+\tau)] \exp[-j\phi_n(t+\tau)] = b_1 U(t+\tau) \tag{3-2-10b}$$

式中，b_1 是光路 1 的振幅衰减和相移因子，ν_n 是第 n 个原子辐射的频率，并且所有 N 个原子辐射的波列具有相等的振动方向和振幅，$u_n = u_m = u_0$.

探测器 D 上光场为两组波列复振幅的叠加，即

$$U_D = b_1 U(t+\tau) + b_2 U(t) \tag{3-2-10c}$$

下面，我们将依据这个等长波列窄带光源模型来导出它的 $\Gamma(\tau)$ 和 $\gamma(\tau)$ 的具体函数式. 根据 (3-2-3) 式，该光源的自相干函数为

$$\Gamma(\tau) \equiv \langle U(t+\tau) U^*(t) \rangle$$

$$= \left\langle \sum_{n=1}^{N} \sum_{m=1}^{N} u_n u_m^* \exp\{-j2\pi[\nu_n(t+\tau) - \nu_m t]\} \exp\{-j[\phi_n(t+\tau) - \phi_m(\tau)]\} \right\rangle$$

$$= \exp(-j2\pi\bar{\nu}\tau) \left\langle \sum_{n=1}^{N} \sum_{m=1}^{N} u_n u_m^* \exp[-j2\pi(\nu_n - \bar{\nu})\tau] \right.$$

$$\left. \times \exp\{-j2\pi[(\nu_n - \nu_m)t]\} \exp\{-j[\phi_n(t+\tau) - \phi_m(\tau)]\} \right\rangle$$

对于窄带光源, 可以取 $\nu_n - \nu_m \approx 0, \nu_n - \bar{\nu} \approx 0$. 将对 m 的求和号分解为 $m = n$ 和 $m \neq n$ 两组, 于是, 这个理想的等长波列窄带光源的自相干函数 $\Gamma(\tau)$ 可表达为

$$\Gamma(\tau) \approx \exp(-\mathrm{j}2\pi\bar{\nu}\tau) \left\langle \sum_{n=1}^{N}\sum_{m=1}^{N} u_n u_m^* \exp\left\{-\mathrm{j}[\phi_n(t+\tau)-\phi_m(\tau)]\right\} \right\rangle$$

$$= \exp(-\mathrm{j}2\pi\bar{\nu}\tau) \left\langle \sum_{n=1}^{N}\sum_{\substack{m=1\\(m=n)}}^{N} u_n u_m^* \exp\{-\mathrm{j}[\phi_n(t+\tau)-\phi_m(t)]\} \right.$$

$$\left. + \sum_{n=1}^{N}\sum_{\substack{m=1\\(m\neq n)}}^{N} u_n u_m^* \exp\{-\mathrm{j}[\phi_n(t+\tau)-\phi_m(t)]\} \right\rangle$$

$$= \exp(-\mathrm{j}2\pi\bar{\nu}\tau) \left\langle \sum_{n=1}^{N} |u_n|^2 \exp\{-\mathrm{j}[\phi_n(t+\tau)-\phi_n(t)]\} \right\rangle + \langle\text{cross}-\text{terms}\rangle \quad (3\text{-}2\text{-}11)$$

式中, 第二组求和项 ($m \neq n$), 是对不同原子辐射的两波列求和, 称交叉项 (cross−terms). 对于 $n \neq m$ 的交叉项而言, 由于每个原子每次辐射的波列初相位是随机的, 在 $0 \sim 2\pi$ 之间随机变化, 不同原子辐射的波列之间的相位差 $\phi_n(t+\tau) - \phi_m(t)$ 也随之随机变化. 因此,

$$\langle\text{cross}-\text{terms}\rangle = \left\langle \sum_{n=1}^{N}\sum_{\substack{m=1\\(m\neq n)}}^{N} |u_m|^2 \exp\{\mathrm{j}[\phi_n(t+\tau)-\phi_m(t)]\} \right\rangle = 0$$

再考虑 (3-2-11) 式中第一组求和项 ($m = n$), 注意到在这个求和号内的每一项都是同一个原子辐射的波列被分成两束并分别通过两只光路后在探测器上相遇的叠加. 在时间间隔 $0 \leqslant t < \tau$ 内, 当第 n 个原子辐射的波列 1 到达探测器上时, 该原子同一次辐射的波列 2 还未到达, 与之在探测器 D 上相遇的是该原子前一次辐射的波列 2. 故它们的相位差一般不为零, 以 $\Delta\phi_n$ 表示它们的相位差, 它在时间间隔 $0 \leqslant t < \tau$ 内是恒量, 即 $[\phi_n(t+\tau) - \phi_n(t)] = \Delta\phi_n = \text{const.}$. 而在 $\tau \leqslant t < \tau_0$ 时间间隔内, 则是同一个原子同一次辐射的波列 1 与波列 2 相遇, 它们的相位是相等的, 在此时间间隔内它们的相位差为零. 即 $\phi_n(t+\tau) - \phi_n(t) = 0$. 因此, 在时间间隔 $0 \leqslant t < \tau_0$ 内相位差 $\phi_n(t+\tau) - \phi_n(t)$ 可以表示为 [见图 3-2-4(b)]

$$\phi_n(t+\tau) - \phi_n(t) = \begin{cases} \Delta\phi_n, & 0 \leqslant t < \tau \\ 0, & \tau \leqslant t < \tau_0 \end{cases} \quad (3\text{-}2\text{-}12)$$

在 $0 \leqslant t < \tau_0$ 时间内 $\exp\{\mathrm{j}[\phi_n(t+\tau) - \phi_n(t)]\}$ 的平均值为

$$\frac{1}{\tau_0}\int_0^{\tau_0} \exp\{-\mathrm{j}[\phi_n(t+\tau)-\phi_n(t)]\}\mathrm{d}t = \frac{1}{\tau_0}\left[\int_0^{\tau}\exp(-\mathrm{j}\Delta\phi_n)\mathrm{d}t + \int_\tau^{\tau_0}\mathrm{d}t\right]$$

$$= \frac{\tau}{\tau_0}\exp(-\mathrm{j}\Delta\phi_n) + 1 - \frac{\tau}{\tau_0} \quad (3\text{-}2\text{-}13\mathrm{a})$$

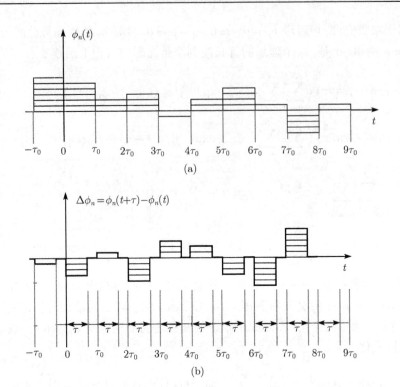

图 3-2-4 第 n 个原子辐射波列初相位及相邻两次相位差随时间变化示意图

对无限长 (足够长) 时间求平均时, 因为不同原子的初相位以及同一原子相邻前后两次辐射的相位和相位差取值都是随机的, 即不同序数 n 以及不同发光持续时间的 ϕ_n 和 $\Delta\phi_n$ 之值都是随机的. 故 $\exp(-\mathrm{j}\Delta\phi_n)$ 对时间的平均值为零, 即 $\langle\exp(-\mathrm{j}\Delta\phi_n)\rangle = 0$. 因此, 我们有

$$\langle\exp\{-\mathrm{j}[\phi_n(t+\tau) - \phi_n(t)]\}\rangle = 1 - (\tau/\tau_0) \tag{3-2-13b}$$

于是

$$\left\langle\sum_{n=1}^{N}|u_n|^2\exp\{-\mathrm{j}[\phi_n(t+\tau) - \phi_n(t)]\}\right\rangle = \sum_{n=1}^{N}|u_n|^2\left(1-\frac{\tau}{\tau_0}\right) = I_0\left(1-\frac{\tau}{\tau_0}\right) \tag{3-2-14}$$

式中, I_0 是在不考虑衰减和相位滞后情况下, N 个原子辐射的波列在探测器上的总光强, 即

$$I_0 = \sum_{n=1}^{N}|u_n|^2 = N|u_0|^2 \tag{3-2-15}$$

于是, (3-2-11) 式可写为

$$\Gamma(\tau) = I_0\exp(-\mathrm{j}2\pi\bar{\nu}\tau)\left[1 - (\tau/\tau_0)\right] \tag{3-2-16}$$

3.2 时间相干性

再注意到两束光无论孰超前、孰滞后, (3-2-16) 式都成立. 不过, 当 τ 取负值时, 式中 τ 应取绝对值. 这时, (3-2-16) 式应改写为

$$\Gamma(\tau) = I_0 \exp(-j2\pi\bar{\nu}\tau)\left[1 - (|\tau|/\tau_0)\right] = I_0 \exp(-j2\pi\bar{\nu}\tau)\text{tri}(|\tau|/\tau_0) \quad (3\text{-}2\text{-}17)$$

$$\Gamma(\tau)^{(r)} = I_0 \text{tri}(\tau/\tau_0)\cos(2\pi\bar{\nu}\tau) \quad (3\text{-}2\text{-}18)$$

式中 "tri" 为三角状函数符号, 见第 1 章 (1-2-53) 式. 在这里, 将它改写为

$$\text{tri}(|\tau|/\tau_0) = \begin{cases} 1 - (|\tau|/\tau_0), & |\tau| < \tau_0 \\ 0, & |\tau| \geqslant \tau_0 \end{cases} \quad (3\text{-}2\text{-}19)$$

于是, 等长波列窄带光源的复自相干度为

$$\gamma(\tau) = \frac{\Gamma(\tau)}{\Gamma(0)} = \exp(-j2\pi\bar{\nu}\tau)\text{tri}\left(\frac{\tau}{\tau_0}\right), \quad \gamma(\tau)^{(r)} = \text{tri}\left(\frac{l}{l_0}\right)\cos(2\pi\bar{\nu}\tau) \quad (3\text{-}2\text{-}20)$$

在 (3-2-2) 式中, 还有 $\langle U(t+\tau)U^*(t+\tau)\rangle$ 和 $\langle U(t)U^*(t)\rangle$ 两项, 也可用类似方法求出它们相应的表达式. 譬如, 对于 $\langle U(t)U^*(t)\rangle$, 可按 $n=n'$ 和 $n\neq n'$ 将它分解为两部分:

$$\langle U(t)U^*(t)\rangle = \left\langle \sum_{n=1}^N U_n(t) \sum_{n'=1}^N U_{n'}^*(t) \right\rangle$$

$$= \left\langle \sum_{n=1}^N \sum_{\substack{n=1 \\ (n=n')}}^N u_n u_{n'}^* \exp\{-j[\phi_n(t) - \phi_{n'}(t)]\} \right\rangle$$

$$+ \left\langle \sum_{n=1}^N \sum_{\substack{n'=1 \\ (n\neq n')}}^N u_n u_{n'}^* \exp\{-j[\phi_n(t) - \phi_{n'}(t)]\} \right\rangle$$

$$= \left\langle \sum_{n=1}^N |u_n|^2 \right\rangle + \langle\text{cross} - \text{terms}\rangle$$

对于交叉项 $n \neq n'$, 表示对不同原子辐射的、通过光路 2 的波列求和. 而每个原子每次辐射的波列相位是随机的, 它们的相位差也随机变化, 因此, 在上式中第二项的求和号内 $\exp\{j[\phi_n(t+\tau) - \phi_{n'}(t)]\}$ 对 N 个原子求和为零, 即交叉项为零. 于是, 只剩下第一个求和项 ($n = n'$), 即对同一个原子、同一次辐射、通过光路 2 的波列求和. 在化简过程中利用 (3-2-15) 式, 可得到

$$\langle U(t)U^*(t)\rangle = \left\langle \sum_{n=1}^N |u_n|^2 \right\rangle = N|u_0|^2 = I_0$$

同样可以得到

$$\langle U(t+\tau)U^*(t+\tau)\rangle = \left\langle \sum_{n=1}^{N}|u_n(t+\tau)|^2\right\rangle = N|u_0|^2 = I_0$$

因此,

$$I^{(1)} = |b_1|^2 \langle U(t+\tau)U^*(t+\tau)\rangle = |b_1|^2 I_0, I^{(2)} = |b_2|^2 \langle U(t)U^*(t)\rangle = |b_2|^2 I_0$$

于是, 根据上式和 (3-2-10c), (3-2-18) 以及 (3-2-20) 等式, 就得到和 (3-2-2) 式一样的结果. 不同的是, 这里还得到了这种光源的复自相干度的具体函数形式.

$$\begin{aligned}I_D(\tau) &= |b_1|^2 I_0 + |b_2|^2 I_0 + 2|b_1||b_2|\Gamma^{(r)}(\tau)\\ &= I^{(1)} + I^{(2)} + 2\sqrt{I^{(1)}I^{(2)}}\gamma^{(r)}(\tau)\\ &= I^{(1)} + I^{(2)} + 2\sqrt{I^{(1)}I^{(2)}}\operatorname{tri}(\tau/\tau_0)\cos(2\pi\bar{\nu}\tau)\end{aligned} \quad (3\text{-}2\text{-}21\mathrm{a})$$

探测器上的条纹能见度为

$$V = \frac{I_{\max}-I_{\min}}{I_{\max}+I_{\min}} = \frac{2\sqrt{I^{(1)}I^{(2)}}}{I^{(1)}+I^{(2)}}|\gamma(\tau)| = \frac{2|b_1||b_2|}{|b_1|^2+|b_2|^2}\operatorname{tri}\left(\frac{\tau}{\tau_0}\right) = \frac{2\sqrt{B}}{1+B}\operatorname{tri}\left(\frac{\tau}{\tau_0}\right) \quad (3\text{-}2\text{-}21\mathrm{b})$$

从以上讨论可看到, 在光源的发光基元为原子的情况下, 两束光的干涉过程中, 从时间平均结果而言, 对干涉有贡献的只是同一个原子同一次的辐射的干涉. 不同原子的辐射之间是不相干的, 同一个原子, 但不是同一次辐射之间也是不相干的. 不相同原子间的辐射以及同一个原子不同持续时间间隔 τ_0 的辐射不是振幅叠加, 而是强度叠加. 当所有原子所处的条件相同, 经过同样光路的情况下, 每个原子同一次的辐射产生的干涉图纹是相同的. N 个原子产生的干涉图纹是单个原子干涉图纹强度的 N 倍.

因此, 即便是在不同原子不具有相同偏振方向的情况下 (如每个原子每次辐射的波列的偏振方向是随机的), 只要光路不改变光波的偏振状态, 前面的结果也是成立的.

(3-2-20) 式表示的等长波列窄带光源的复自相干度也可以由一个原子同一次辐射的波列而得到. 它既是整个光源的复自相干度也可看作是一个原子同一次辐射波列的复自相干度. (3-2-21a) 式所表示的条纹能见度, 既是整个光源干涉图纹的能见度, 也可看作是一个原子所辐射波列的干涉图纹的能见度. 两者干涉图纹完全一样, 只是强度相差 N 倍而已. 因此, 以后我们只需要讨论等长波列窄带光源内单个发光基元的一个波列即可, 至于整个光源所有 N 个发光基元的总效果则只需要乘以 N 倍就可得到.

原子辐射光波的持续时间 τ_0 及所相应波列长度 $l_0 = c\tau_0$ 对于不同的光源是不同的, 光源的 τ_0 和 l_0 之值越大, 光源的相干性能就越好. 有的文献将 τ_0 和 l_0 分别

3.2 时间相干性

称为光源的相干时间和相干长度, 并以它们作为光源相干性的量度. 不过, 也有以其他的方式定义光源的相干时间和相干长度. 这些不同的定义将在下一节进一步介绍.

3.2.3 相干时间和相干长度

通常采用相干时间 (coherence time), 或相干长度 (coherence length) 来描述光源的时间相干性. 如市售的红宝石、氩离子、氦氖等激光器等就常以相干长度作为它们时间相干性的指标 (见第 4 章). 这样, 当知道所使用光源的相干长度后, 就能据此合理安排光路以使各个记录点处两光束都有很好的相干性, 以保证所记录的全息图的质量.

相干时间和相干长度分别以 τ_c 和 l_c 表示, 为区别不同定义下的相干时间和相干长度, 我们在标志足标 c 后面加注定义序号. 不同的定义主要有以下 4 种 [3~9].

3.2.3.1 第一种定义 以干涉条纹具有较高能见度的条件定义相干时间

在全息实验中通常认为干涉条纹的能见度不低于 70% 时, 方可得到较高质量的全息图. 因此, 常以下面的条件定义相干时间. 即

$$|\gamma(\tau_{c1})| \equiv 1/\sqrt{2} \approx 0.707 \tag{3-2-22}$$

3.2.3.2 第二种定义 以干涉条纹能见度降低到零的条件定义相干时间

条纹能见度降低到第一个零值, 也就是以干涉条纹消失的极限条件定义相干时间. 这既简洁方便, 又便于计算, 常使用于物理学基本概念的分析中. 即

$$|\gamma(\tau_{c2})| \equiv 0 \tag{3-2-23}$$

3.2.3.3 第三种定义 M. 玻恩 (M.Born) 和沃尔夫 (E. Wolf) 的定义

$$\tau_{c3} \equiv \left[\frac{\int_{-\infty}^{\infty} \tau^2 |\Gamma(\tau)|^2 \, d\tau}{\int_{-\infty}^{\infty} |\Gamma(\tau)|^2 \, d\tau} \right]^{1/2} \tag{3-2-24}$$

3.2.3.4 第四种定义 曼德尔 (L.Mandel) 的定义

$$\tau_{c4} \equiv \int_{-\infty}^{\infty} |\gamma(\tau)|^2 \, d\tau \tag{3-2-25}$$

下面, 我们将根据前面的等长波列窄带光源模型的相干函数或复自相干度的表达式 (3-2-17) 或 (3-2-20), 分别按照上面不同定义来计算这种光源的相干时间和相干长度.

根据第一种定义即 (3-2-22) 式, 我们有

$$|\gamma(\tau_{c1})| \equiv 1/\sqrt{2} \approx 0.707 = 1 - (\tau_{c1}/\tau_0) \tag{3-2-26}$$

这时,

$$\tau_{c1} \approx 0.293\tau_0, \quad l_{c1} \approx 0.293 l_0 \tag{3-2-27}$$

根据第二种定义即 (3-2-23) 式, 我们有

$$|\gamma(\tau_{c2})| \equiv 0 = 1 - (\tau_{c2}/\tau_0) \quad 即 \tau_{c2} = \tau_0 \text{ 或 } l_{c2} = l_o \tag{3-2-28}$$

根据第三种定义即 M. 玻恩 (M.Born) 和沃尔夫 (E. Wolf) 的定义 (3-2-24) 式, 我们有

$$\tau_{c3} \equiv \left[\frac{\int_{-\infty}^{\infty} \tau^2 |\Gamma(\tau)|^2 \, \mathrm{d}\tau}{\int_{-\infty}^{\infty} |\Gamma(\tau)|^2 \, \mathrm{d}\tau}\right]^{1/2} = \left[\frac{\int_{-\infty}^{\infty} \tau^2 |\gamma(\tau)|^2 \, \mathrm{d}\tau}{\int_{-\infty}^{\infty} |\gamma(\tau)|^2 \, \mathrm{d}\tau}\right]^{1/2} = \frac{\tau_0}{\sqrt{10}} \approx 0.316\tau_0 \tag{3-2-29}$$

根据第四种定义即曼德尔 (L.Mandel) 的定义 (3-2-25) 式, 我们有

$$\tau_{c4} \equiv \int_{-\infty}^{\infty} |\gamma(\tau)|^2 \, \mathrm{d}\tau = 2\int_0^{\infty}\left[1 - 2(\tau/\tau_0) + (\tau/\tau_0)^2\right]\mathrm{d}\tau = \frac{2\tau_0}{3} \approx 0.667\tau_0 \tag{3-2-30}$$

从以上结果看, 用相干时间的不同定义所计算的结果, 相差不是很大, 基本上属于同一个数量级. 定义三和四理论严谨、更具普遍性, 但从实用角度, 一般常采用定义一或二. 定义二方便简洁, 便于计算, 常使用于物理学基本概念的分析中. 定义一则常使用于全息干涉计量实验中. 在两相干光束光强相等时, 自相干度的模就等于干涉条纹的能见度, 为了拍摄高质量的全息图, 需要保证所记录的条纹的能见度不低于 70%. 这是符合一般全息干涉计量实验的基本要求的.

知道了光源的相干长度就可以根据这数据来考虑光路布局, 使来自同一光源的诸光束间的程差限制在光源的相干长度允许范围内. 一般而言, 当两光束的程差超过了相干长度时, 都得不到很好的干涉条纹, 得不到高质量的全息图. 所以, 在干涉实验中布置光路时, 必须使需要产生干涉的两光束的程差小于相干长度, 这是通常安排全息实验光路时须遵守的准则. 特别是, 为了获得最佳的条纹能见度, 需要将两束光束的光程调到相等, 即做到它们之间的程差为零或接近于零, 常称等光程或零程差配置.

3.2.4 复自相干度与功率谱密度

复自相干度与光源的功率谱密度有着重要的关系. 下面, 我们来介绍这种关系.

3.2 时间相干性

设 $U(t)$ 为光波波函数, 根据自相干函数的定义式, 我们有

$$\Gamma(\tau) \equiv \langle U(t+\tau)U^*(t)\rangle = \lim_{T\to\infty}\frac{1}{T}\int_{-T/2}^{T/2}U(t+\tau)U^*(t)\mathrm{d}t \tag{3-2-31a}$$

根据函数 $U(t)$ 自相关的定义 (见第 1 章 1.2.2.3 节), 我们又有

$$\int_{-\infty}^{\infty}U(t+\tau)U^*(t)\mathrm{d}t = [U(\tau)\star U^*(\tau)] \tag{3-2-31b}$$

(3-2-31b) 式又可以用卷积的形式表示为

$$\int_{-\infty}^{\infty}U(t+\tau)U^*(t)\mathrm{d}t = \int_{-\infty}^{\infty}U(t)U^*(t-\tau)\mathrm{d}t = \int_{-\infty}^{\infty}U(t)U^*[-(\tau-t)]\mathrm{d}t$$
$$= U(\tau)\otimes U^*(-\tau) \tag{3-2-31c}$$

设 $\tilde{U}(\nu)$ 为波函数 $U(t)$ 的傅里叶变换, $U(t)$ 与 $\tilde{U}(\nu)$ 为傅里叶变换对. 即

$$U(t) = \int_{-\infty}^{\infty}\tilde{U}(\nu)\exp(-2\pi\nu t)\mathrm{d}\nu = F\left[\tilde{U}(\nu)\right],$$
$$\tilde{U}(\nu) = \int_{-\infty}^{\infty}U(t)\exp(2\pi\nu t)\mathrm{d}t = F^{-1}[U(t)] \tag{3-2-32}$$

需要指出的是, 在空域我们以 $U(x)$ 表示波函数, 以 $\tilde{U}(f_x)$ 表示它在空间频域的傅里叶变换. 在时域中仍以 $U(t)$ 表示波函数, 以 $\tilde{U}(\nu)$ 表示它在时间频域的傅里叶变换. 然而, 由于 $U(x)$ 与 $U(t)$ 的复数表示式的相位因子差一个负号, 所以, 在空间频域中, $\tilde{U}(f_x)$ 是波函数 $U(x)$ 的傅里叶正变换. 而在时间频域中, $\tilde{U}(\nu)$ 则是波函数 $U(t)$ 的傅里叶逆变换.

因此, 应用第 1 章在空域和空间频域的傅里叶变换对公式 (如使用表 1-2-2 给出的傅里叶变换对公式) 来处理时域与时间频域间的傅里叶变换时, 应对第 1 章公式中的函数和变量作如下的代换:

$$f(x)\to\tilde{U}(\nu),\ x\to\nu,\ \tilde{f}(f_x)\to U(t), f_x\to t$$

(3-2-32) 式表明, 以时间为变量的波函数 $U(t)$ 可以表示为无限多形式为 $\exp(-\mathrm{j}2\pi\nu t)$ 的基元函数的组合, 每一项 $\tilde{U}(\nu)\exp(-\mathrm{j}2\pi\nu t)$ 表示一个频率为 ν 的单色频率成分. 也就是说, 函数 $U(t)$ 可分解为无限多的单色频率成分. 而函数 $\tilde{U}(\nu)$ 给出 ν 到 $\nu+\mathrm{d}\nu$ 范围内的成分所占的比例 (权重). 因此, $\tilde{U}(\nu)$ 称为频率谱 (frequency spectrum), 或频谱. 它的平方称功率谱密度 (power spectral density), 以 $I(\nu)$ 表之, 即 $I(\nu)\equiv\left|\tilde{U}(\nu)\right|^2 = \tilde{U}(\nu)\tilde{U}^*(\nu)$.

为获得功率谱密度与复自相干度的关系, 我们将时域变量 t 改用时差 τ 来替换. 即 (3-2-32) 式中保持 ν 不变, 而 t 改为时差 τ. 此时的傅里叶变换对为 $\tilde{U}(\nu)$ 和 $U(\tau)$.

以时差 τ 为时域变量对功率谱密度作傅里叶变换, 我们有

$$F[I(\nu)] = \int_{-\infty}^{\infty} I(\nu) \exp(-j2\pi\nu\tau) d\nu = F\left[\tilde{U}(\nu)\tilde{U}^*(\nu)\right]$$
$$= U(\tau) \otimes U^*(-\tau) = [U(\tau) \star U^*(\tau)]$$

利用 (3-2-31 b) 式的关系, 可将上式写为

$$F[I(\nu)] = \int_{-\infty}^{\infty} I(\nu) \exp(-j2\pi\nu\tau) d\nu = \int_{-\infty}^{\infty} U(t+\tau) U^*(t) dt \tag{3-2-33}$$

根据自相干函数的定义, 可以将复自相干度表示为

$$\gamma(\tau) \equiv \frac{\Gamma(\tau)}{\Gamma(0)} = \frac{\lim\limits_{T\to\infty} \frac{1}{T} \int_{-T/2}^{T/2} U(t+\tau) U^*(t) dt}{\left[\lim\limits_{T\to\infty} \frac{1}{T} \int_{-T/2}^{T/2} U(t+\tau) U^*(t) dt\right]\bigg|_{\tau=0}}$$

$$= \frac{\int_{-\infty}^{\infty} U(t+\tau) U^*(t) dt}{\left[\int_{-\infty}^{\infty} U(t+\tau) U^*(t) dt\right]\bigg|_{\tau=0}} \tag{3-2-34a}$$

(3-2-34a) 式中虽然 $\lim\limits_{T\to\infty} \frac{1}{T} \int_{-T/2}^{T/2} U(t+\tau) U^*(t) dt$ 与 $\int_{-\infty}^{\infty} U(t+\tau) U^*(t) dt$ 并不相等, 两者相差一个有时间量纲的常数因子. 但它们与各自在 $\tau=0$ 的比值却是相等的, 因为这常数因子恰好被消去了. 将关系式 (3-2-33) 代入 (3-2-34a) 式, 复自相干度可进一步表示为

$$\gamma(\tau) = \frac{F[I(\nu)]}{\{F[I(\nu)]\}|_{\tau=0}} = \frac{\int_{-\infty}^{\infty} I(\nu) \exp(-2\pi\nu\tau) d\nu}{\int_{-\infty}^{\infty} I(\nu) d\nu} \tag{3-2-34b}$$

(3-2-34b) 式表明, 归一化的自相干函数即复自相干度可以通过功率谱密度的傅里叶变换与其在 $\tau=0$ 的比值而得到. 这里, 傅里叶变换是以时差 τ 为时域变量的.

相应的在频域内, 归一化的功率谱密度也有类似的关系. 将功率谱密度 $I(\nu)$ 除以它的极大值可得到归一化的功率谱密度, 以 $I_{归一化}(\nu)$ 表示之. 注意到 $I(\nu)$ 的极

3.2 时间相干性

大值总是位于中心频率 $\bar{\nu}$ 所在位置, 即 $I(\nu)_{\max} = I(\bar{\nu})$. 故归一化的功率谱密度为

$$I_{\text{归一化}}(\nu) \equiv \frac{I(\nu)}{I(\bar{\nu})} \tag{3-2-35a}$$

$$I_{\text{归一化}}(\nu) \equiv \frac{I(\nu)}{I(\bar{\nu})} = \frac{F^{-1}\left[\int_{-\infty}^{\infty} U(t+\tau) U^*(t)\, \mathrm{d}t\right]}{\left\{F^{-1}\left[\int_{-\infty}^{\infty} U(t+\tau) U^*(t)\, \mathrm{d}t\right]\right\}\Big|_{\nu=\bar{\nu}}}$$

$$= \frac{F^{-1}\left[\lim_{T\to\infty}\frac{1}{T}\int_{-T/2}^{T/2} U(t+\tau) U^*(t)\, \mathrm{d}t\right]}{\left\{F^{-1}\left[\lim_{T\to\infty}\frac{1}{T}\int_{-T/2}^{T/2} U(t+\tau) U^*(t)\, \mathrm{d}t\right]\right\}\Big|_{\nu=\bar{\nu}}}$$

即

$$I_{\text{归一化}}(\nu) = \frac{F^{-1}\left[\langle U(t+\tau)U^*(t)\rangle\right]}{\left\{F^{-1}\left[\langle U(t+\tau)U^*(t)\rangle\right]\right\}\Big|_{\nu=\bar{\nu}}} = \frac{F^{-1}\left[\Gamma(\tau)\right]}{\left\{F^{-1}\left[\Gamma(\tau)\right]\right\}\Big|_{\nu=\bar{\nu}}} \tag{3-2-35b}$$

于是, 当已经知道自相干函数后, 即可由 (3-2-35b) 式通过自相干函数的傅里叶逆变换与其在 $\nu=\bar{\nu}$ 的比值来求出该光源归一化的功率谱密度. 这里, 自相干函数 $\Gamma(\tau)$ 的傅里叶逆变换也是以时差 τ 为时域变量的.

(3-2-34b) 和 (3-2-35b) 式是两个十分重要的关系. 以后我们经常用到它们. 但需要指出的是: 虽然用它们进行计算所得到的结果是正确的, 但若从物理意义上进一步思考, 在对频率 ν 的积分表达式中, 积分是从 $-\infty$ 到 $+\infty$ 的. 而在 $-\infty \sim 0$ 区间频率取负值是没有物理意义的. 因此, 严格的分析还需要引入解析信号的辅助函数. 在本书中对此不作进一步的严格探讨, 有兴趣的读者可参考其他文献, 如文献 [3], [4], [15].

作为示例, 下面, 我们根据 (3-2-35b) 式和有限长、等长波列窄带光源模型的自相干函数 (3-2-17) 式来计算它的归一化功率谱密度.

$$I_{\text{归一化}}(\nu) = \left\{\frac{F^{-1}\left[I_0 \exp(-\mathrm{j}2\pi\bar{\nu}\tau)\,\mathrm{tri}\left(\frac{\tau}{\tau_0}\right)\right]}{F^{-1}\left[I_0 \exp(-\mathrm{j}2\pi\bar{\nu}\tau)\,\mathrm{tri}\left(\frac{\tau}{\tau_0}\right)\right]\Big|_{\nu=\bar{\nu}}}\right\}$$

$$= \frac{\left\{I_0 F^{-1}\left[\exp(-\mathrm{j}2\pi\bar{\nu}\tau)\right] \otimes F^{-1}\left[\mathrm{tri}\left(\frac{\tau}{\tau_0}\right)\right]\right\}}{I(\bar{\nu})}$$

$$= \left\{I_0 \delta(\nu-\bar{\nu}) \otimes \left[\tau_0^2 \mathrm{sinc}^2(\tau_0 \nu)\right]\right\} / \left(I_0 \tau_0^2\right)$$

$$= \mathrm{sinc}^2\left[\tau_0(\nu-\bar{\nu})\right] \tag{3-2-36}$$

即等长波列窄带光源归一化的功率谱密度与辛克函数的平方成正比,由此可见,这种光源发出的光波包含有许多频率成分. 当 $\nu = \bar{\nu}$ 时,频谱分布为极大,而在 $(\nu - \bar{\nu})\tau_0 = \pm 1$, 即 $\nu = \bar{\nu} \pm (1/\tau_0)$ 时降为零. 在 $\bar{\nu} - \delta\nu/2 \leqslant \nu \leqslant \bar{\nu} + \delta\nu/2$ 的频率间隔 $\delta\nu$ 内分布有最大的辐射能量. 通常, 将 $\delta\nu = \nu - \bar{\nu}$ 称为光源频率分布的"频谱宽度"(frequency spectrum width) 或"频宽"(frequency width) 或"谱宽"(spectrum width) 或"带宽"(band width). 于是, 等长波列窄带光源的带宽 $\delta\nu$ 与光源发光持续时间 τ_0 的关系可表示为

$$\delta\nu = \frac{1}{\tau_0} \text{ 或 } \tau_0 = \frac{1}{\delta\nu} \tag{3-2-37a}$$

以上结果表明:只要光源发光持续时间有限长,就有 $\delta\nu \neq 0$, 光源就不再是单色的. 所以, "有限长波列"或"发光持续时间有限长"与"光的非单色性"两者等效, 是光源同一性质的不同表述. 若 $\tau_0 \to \infty$, 则 $\delta\nu \to 0$, 相当于理想的单色波; 若 $\tau_0 \to 0$, 则 $\delta\nu \to \infty$, 则对应于一个尖锐的超短脉冲, 它包含有极其多的频率.

若按照相干时间和相干长度的定义 (2) 即 (3-2-23) 式计算, 等长波列窄带光源的相干时间 τ_c 就等于光源发光持续时间 τ_0, 或相干时间等于谱线宽度的倒数, 相干长度等于谱线宽度倒数乘光速. 即

$$\tau_c = \frac{1}{\delta\nu}, \qquad l_c = \frac{c}{\delta\nu} \tag{3-2-37b}$$

也可以用波长的关系来表示相干长度. 因为 $\bar{\nu} = c/\bar{\lambda}$, 故 $|\delta\nu| = c|\delta\lambda|/\bar{\lambda}^2$. 将它代入 (3-2-37a) 式, 就得到

$$l_c = \frac{\bar{\lambda}^2}{|\delta\lambda|}, \qquad \tau_c = \frac{\bar{\lambda}^2}{c|\delta\lambda|} \tag{3-2-37c}$$

$\delta\lambda$ 是以波长表示的谱线宽度 (width of spectral line), 也称为线宽 (line width). 由于频谱展宽 ($\delta\nu$) 或谱线展宽 ($\delta\lambda$) 因而光源是"非单色的". 展宽越宽, 光源单色性越差, 相干性也越差.

注意到相干时间的几种不同定义计算的结果数量级都是一样的. 通常, 无论是哪一种光源, 都可以采用 (3-2-37b) 或 (3-2-37c) 式估算光源的相干时间或相干长度的量级. 以两个极端的情况为例[17,18]:白炽灯的中心波长为 550nm, 谱线宽度 $\delta\lambda$ 大于 $0.3\mu m$, 其相干长度仅有 $l_c \approx \left[(550)^2 \times 10^{-18}/0.3 \times 10^{-6}\right]$ m $\approx 1\mu m$.

典型的单频氦氖激光器的谱线宽度为 $\delta\lambda \approx 10^{-11}\mu m$, 中心波长为 $\bar{\lambda} = 0.6328\mu m$, 其相干长度长达 $l_c = \lambda^2/\delta\lambda = (0.6328)^2/10^{-11}\mu m \approx 40km$.

上述有限长、等长波列窄带光源的归一化的功率谱 (3-2-36) 式还可从另外的角度得到.

注意到光波波函数 $U(t)$ 与其频谱 $\tilde{U}(\nu)$ 为傅里叶变换对, 如 (3-2-32) 式所示. 若光源就是 3.2.2 节假设的由 N 个原子组成的、中心频率为 $\bar{\nu}$、发光持续时间为 τ_0

的有限长波列窄带光源. 每个原子所辐射的波列振幅均为 u_0. 对应于单个原子发射的单个波列的复振幅即单个波列的波函数 $U_1(t)$ 可表示为 (可取适当的计时起点, 使其初始相位为零)

$$U_1(t) = [u_0 \exp(-\mathrm{j}2\pi\bar{\nu}t)] \operatorname{rect}\left(\frac{t}{\tau_0}\right) = \begin{cases} u_0 \exp(-\mathrm{j}2\pi\bar{\nu}t), & |t| < \tau_0/2 \\ 0, & |t| \geqslant \tau_0/2 \end{cases} \quad (3\text{-}2\text{-}38)$$

对 (3-2-38) 式求傅里叶逆变换便可求出这单个波列的频率谱:

$$\begin{aligned}\tilde{U}_1(\nu) &= F^{-1}[u_0\exp(-\mathrm{j}2\pi\bar{\nu}t)] \otimes F^{-1}\left[\operatorname{rect}\left(\frac{t}{\tau_0}\right)\right] \\ &= u_0 \delta(\nu-\bar{\nu}) \otimes \tau_0 \operatorname{sinc}(\nu\tau_0) = u_0\tau_0\operatorname{sinc}[\tau_0(\nu-\bar{\nu})]\end{aligned}$$

相应的单个波列的功率谱密度为

$$\left|\tilde{U}_1(\nu)\right|^2 = (u_0\tau_0)^2 \operatorname{sinc}^2[\tau_0(\nu-\bar{\nu})]$$

在 3.2.2 节中已指出: 对干涉有贡献的只是同一个原子同一次的辐射的干涉. 我们只需要讨论等长波列窄带光源内单个发光基元的一个波列即可, 只需要乘以 N 倍就得到整个光源所有 N 个发光基元的总效果. 故整个等长波列窄带光源的功率谱密度为

$$I(\nu) = N\left|\tilde{U}_1(\nu)\right|^2 = N(u_0\tau_0)^2 \operatorname{sinc}^2[\tau_0(\nu-\bar{\nu})] = I_0\tau_0^2 \operatorname{sinc}^2[\tau_0(\nu-\bar{\nu})]$$

式中, $I_0 = N|u_0|^2$, 相应的归一化功率谱密度为

$$I_{归一化}(\nu) = \frac{I(\nu)}{I(\bar{\nu})} = \frac{I_0\tau_0^2 \operatorname{sinc}^2[(\nu-\bar{\nu})\tau_0]}{I_0\tau_0^2} = \operatorname{sinc}^2[(\nu-\bar{\nu})\tau_0]$$

这个结果与 (3-2-36) 式是完全一样的.

类似上面的示例, 若已知某光源的功率谱密度 $I(\nu)$, 也可方便地用 (3-2-34b) 式, 通过功率谱密度的傅里叶变换与其在 $\tau=0$ 的比值而求得其自相干度 $\gamma(\tau)$, 再利用自相干度计算该光源的相干长度. 下面, 我们分别以单谱线的低压气体放电光源, 高压气体放电光源以及矩形谱线光源为例, 根据它们的功率谱密度来求它们的复自相干度 $\gamma(\tau)$, 然后再利用它们的复自相干度来计算它们的相干长度 l_c.

3.2.4.1 低压气体放电光源

单谱线的低压气体放电光源具有高斯 (Gauss) 型的功率谱密度 [6,10] 如下式所示:

$$I(\nu) = \frac{2\sqrt{\ln 2}}{\sqrt{\pi}\delta\nu_D} \exp\left[-\left(2\sqrt{\ln 2}\frac{\nu-\bar{\nu}}{\delta\nu_D}\right)^2\right] = \delta(\nu-\bar{\nu}) \otimes G(\nu) \quad (3\text{-}2\text{-}39\mathrm{a})$$

式中, $\delta\nu_D$ 为多普勒频谱带宽, $\bar{\nu}$ 是中心频率, $G(\nu)$ 为高斯型频谱函数, 即

$$G(\nu) = \frac{2\sqrt{\ln 2}}{\sqrt{\pi}\delta\nu_D} \exp\left[-\left(2\sqrt{\ln 2}\frac{\nu}{\delta\nu_D}\right)^2\right] = C\exp\left[-(a\nu)^2\right] \quad (3\text{-}2\text{-}39\text{b})$$

式中,

$$C = 2\sqrt{\ln 2}/\sqrt{\pi}\delta\nu_D, \quad a = 2\sqrt{\ln 2}/\delta\nu_D \quad (3\text{-}2\text{-}39\text{c})$$

功率谱密度的傅里叶变换为

$$F[I(\nu)] = F[\delta(\nu - \bar{\nu})] F[G(\nu)] = \exp(-\mathrm{j}2\pi\bar{\nu}\tau) F[G(\nu)] \quad (3\text{-}2\text{-}40\text{a})$$

下面, 让我们先单独计算 (3-2-40a) 式右端第二项高斯型频谱函数 $G(\nu)$ 的傅里叶变换:

$$\begin{aligned} F[G(\nu)] &= C\int_{-\infty}^{\infty} \exp[-(a\nu)^2] \exp(-\mathrm{j}2\pi\nu\tau)\,\mathrm{d}\nu \\ &= C\exp\left[-(\pi\tau/a)^2\right] \int_{-\infty}^{\infty} \exp\left[-a^2\left(\nu + \mathrm{j}\pi\tau/a^2\right)^2\right]\mathrm{d}\nu \end{aligned}$$

令 $\xi = \nu + \mathrm{j}\pi\tau/a^2$,

$$\begin{aligned} F[G(\nu)] &= C\exp\left[-(\pi\tau/a)^2\right] \int_{-\infty}^{\infty} \exp\left[-(a^2\xi^2)\right]\mathrm{d}\xi \\ &= \frac{C}{a}\exp\left[-(\pi\tau/a)^2\right] \int_{-\infty}^{\infty} \exp\left[-(a\xi)^2\right]\mathrm{d}(a\xi) \end{aligned}$$

令 $y = a\xi$,

$$F[G(\nu)] = \frac{C}{a}\exp(-\pi\tau/a)^2 \int_{-\infty}^{\infty} \exp(-y^2)\,\mathrm{d}y = \frac{C\sqrt{\pi}}{a}\exp(-\pi\tau/a)^2$$

上式中, $\int_{-\infty}^{\infty} \exp(-y^2)\,\mathrm{d}y = \sqrt{\pi}$, 并注意到 $\frac{C\sqrt{\pi}}{a} = 1$. 于是, 高斯型频谱函数的傅里叶变换为

$$F[G(\nu)] = \exp\left[-\left(\pi\delta\nu_D\tau/2\sqrt{\ln 2}\right)^2\right] \quad (3\text{-}2\text{-}40\text{b})$$

将此结果代入 (3-2-40a) 式, 得到

$$F[I(\nu)] = \exp(-\mathrm{j}2\pi\bar{\nu}\tau)\exp\left[-\left(\pi\delta\nu_D\tau/2\sqrt{\ln 2}\right)^2\right] = AB \quad (3\text{-}2\text{-}40\text{c})$$

式中,

$$A = \exp(-\mathrm{j}2\pi\bar{\nu}\tau), \quad B = \exp\left[-\left(\pi\delta\nu_D\tau/2\sqrt{\ln 2}\right)^2\right] \quad (3\text{-}2\text{-}40\text{d})$$

(3-2-40b) 式在 $\tau = 0$ 处的取值为

$$\{F[I(\nu)]\}\big|_{\tau=0} = 1 \tag{3-2-40e}$$

将 (3-2-40c) 和 (3-2-40 e) 式代入 (3-2-34b) 式, 就得到单谱线的低压气体放电光源的复自相干度为

$$\gamma(\tau) = \frac{F[I(\nu)]}{\{F[I(\nu)]\}\big|_{\tau=0}} = \exp(-j2\pi\bar{\nu}\tau) \exp\left[-\left(\pi\delta\nu_D\tau/2\sqrt{\ln 2}\right)^2\right] = AB \tag{3-2-41}$$

根据相干时间的第一种定义即 (3-2-22) 式计算其相干时间应满足下式:

$$|\gamma(\tau_{c1})| = \exp\left[-\left(\frac{\pi\delta\nu_D}{2\sqrt{\ln 2}}\tau_{c1}\right)^2\right] = \frac{1}{\sqrt{2}}$$

两边取自然对数便得

$$-\left(\frac{\pi\delta\nu_D}{2\sqrt{\ln 2}}\tau_c\right)^2 = \ln\left(\frac{1}{\sqrt{2}}\right) = \frac{1}{2}\ln\frac{1}{2} = -\frac{1}{2}\ln 2 \quad \text{或} \quad \frac{\pi\delta\nu_D}{2\sqrt{\ln 2}}\tau_{c1} = \sqrt{\frac{\ln 2}{2}}$$

故相干时间、相干长度分别为

$$\tau_{c1} = \frac{\sqrt{2\ln 2}}{\pi\delta\nu_D} = 0.312\left(\frac{1}{\delta\nu_D}\right), \qquad l_{c1} = 0.312\left(\frac{c}{\delta\nu_D}\right) \tag{3-2-42}$$

例如, 若已知 Ne 原子光谱管的谱线宽度为 $\delta\lambda = 0.002\text{nm}$, 于是, 可据此计算其频谱宽度 $|\delta\nu| = c|\delta\lambda|/\lambda^2 = 3 \times 10^8 \times 0.002 \times 10^{-9}/(632.8)^2 \times 10^{-18} \approx 1.5 \times 10^9 \text{Hz}$.

根据 (3-2-42) 式可求出其按定义 (1) 得到的相干时间和相干长度分别为

$$\tau_{c1} = 0.312 \times (1/\delta\nu) = 0.312 \times (1/1.5 \times 10^9)\,\text{s} = 2.08 \times 10^{-10}\text{s}$$

$$l_{c1} = c\tau_{c1} = 0.312 \times (c/\delta\nu) = 0.312 \times (3 \times 10^8/1.5 \times 10^9) \times 10^3 \text{mm} = 62.4\text{mm}$$

3.2.4.2 高压气体放电光源

高压气体放电光源的线型是洛伦兹 (Lorentz) 型曲线, 其功率谱密度为

$$\begin{aligned} I(\nu) &= \frac{\delta\nu_L}{2\pi\left[(\nu-\bar{\nu})^2 + \left(\frac{\delta\nu_L}{2}\right)^2\right]} = \frac{2/\pi\delta\nu_L}{\left[\left(\frac{2(\nu-\bar{\nu})}{\delta\nu_L}\right)^2 + 1\right]} \\ &= \frac{I_0}{\left[\left(\frac{2\nu}{\delta\nu_L}\right)^2 + 1\right]} \otimes \delta(\nu-\bar{\nu}) \end{aligned} \tag{3-2-43}$$

式中，$\delta\nu_L$ 为洛伦兹频谱宽度，$\bar{\nu}$ 是中心频率，$I_0 = 2/\pi\delta\nu_L$ 是中心频率处的功率. 其对应的复自相干度在分子分母同时消去 I_0，乘以 2 后，可表示为

$$\gamma(\tau) = \frac{F\left[\dfrac{2}{1+(2\nu/\delta\nu_L)^2}\right]\exp(-j2\pi\bar{\nu}\tau)}{\left\{F\left[\dfrac{2}{1+(2\nu/\delta\nu_L)^2}\right]\right\}\bigg|_{\tau=0}}$$

$$= \frac{F\left\{\dfrac{2}{1+[2\pi\nu/(\pi\delta\nu_L)]^2}\right\}\exp(-j2\pi\bar{\nu}\tau)}{F\left\{\dfrac{2}{1+[2\pi\nu/(\pi\delta\nu_L)]^2}\right\}\bigg|_{\tau=0}}$$

注意到当傅里叶变换的频域变量除以因子 $\pi\delta\nu_L$ 时，其对应的时域变量应乘以因子 $\pi\delta\nu_L$. 故我们得到

$$\gamma(\tau) = \exp(-\pi\delta\nu_L\tau)\exp(-j2\pi\bar{\nu}\tau) \tag{3-2-44}$$

于是

$$|\gamma(\tau)| = \exp(-\pi\delta\nu_L\tau) \tag{3-2-45}$$

根据定义 (1) 即 (3-2-22) 式计算相干时间：

$$\exp(-\pi\delta\nu_L\tau_{c1}) = 1/\sqrt{2}$$

两边取自然对数，得

$$-\pi\delta\nu_L\tau_{c1} = -(\ln 2)/2$$

所以，相干时间和相干长度分别为

$$\tau_{c1} = \ln 2/2\pi\delta\nu_L \approx 0.11(1/\delta\nu_L), \qquad l_{c1} \approx 0.11(c/\delta\nu_L) \tag{3-2-46}$$

例如，若已知高气压汞灯 Hg 原子的波长为 $\lambda = 546.1\text{nm}$，谱线宽度为 $\delta\lambda = 5\text{nm}$，于是，可据此计算其频谱宽度：

$$|\delta\nu| = c|\delta\lambda|/\lambda^2 = 3\times 10^8 \times 5\times 10^{-9}/(546.1)^2 \times 10^{-18} \approx 5\times 10^{12}\text{Hz}$$

根据 (3-2-46) 式可求出其按定义 (1) 得到的相干时间和相干长度分别为

$$\tau_{c1} = 0.11(1/\delta\nu) = 0.11\times(1/5\times 10^{12})\,\text{s} = 2.2\times 10^{-14}\text{s},$$

$$l_{c1} = 0.11(c/\delta\nu) = c\tau_{c1} = 3\times 10^{11}\times 2.2\times 10^{-14}\text{mm} = 0.0066\text{mm}$$

3.2.4.3 矩形谱线光源

设光源的频谱范围是 $\bar{\nu} - (\delta\nu/2) \sim \bar{\nu} + (\delta\nu/2)$, 并且, 各个频率成分具有相等的强度. 其功率谱密度具有以下形式:

$$I(\nu) = (1/\delta\nu)\,\mathrm{rect}\left[(\nu - \bar{\nu})/\delta\nu\right] \tag{3-2-47}$$

$$F[I(\nu)] = F[(1/\delta\nu)\,\mathrm{rect}(\nu/\delta\nu) \otimes \delta(\nu - \bar{\nu})] = \mathrm{sinc}(\delta\nu\tau)\exp(-\mathrm{j}2\pi\bar{\nu}\tau)$$

$$\{F[I(\nu)]\}|_{\tau=0} = 1$$

于是, 矩形谱线光源的复自相干度为

$$\gamma(\tau) = \mathrm{sinc}(\delta\nu\tau)\exp(-\mathrm{j}2\pi\bar{\nu}\tau) \tag{3-2-48}$$

根据定义 (1) 计算相干时间, 我们有

$$|\gamma(\tau_{c1})| = \mathrm{sinc}(\delta\nu\tau_{c1}) = \sin(\pi\delta\nu\tau_{c1})/\pi\delta\nu\tau_{c1} = 1/\sqrt{2}$$

查表可得 $\pi\delta\nu\tau_{c1} = 1.396$, 故相干时间和相干长度分别为

$$\tau_{c1} = 1.396/\pi\delta\nu \approx 0.444\,(1/\delta\nu), \qquad l_{c1} \approx 0.444\,(c/\delta\nu) \tag{3-2-49}$$

从光源的发光性质看, 普通光源有原子光谱、分子光谱和连续光谱三种. 分子光谱较宽, 一般不作为单色光源使用. 在激光没有出现之前, 实验室大都采用原子光谱管作为单色光源. 原子光谱宽度较窄, 通常称线光谱. 每一种原子都有自己特殊的、确定的谱线. 不过, 这些谱线也有一定的宽度. 决定原子光谱谱线展宽的主要因素有三: 一是因为能级本身的宽度引起的, 称为自然宽度; 二是由于原子之间的相互碰撞引起的, 称为碰撞加宽或压力加宽. 这两种原因产生的光谱线的线型都是洛伦兹型曲线. 还有一种原因是由于气体原子不停地运动, 相对于光的接收器而言产生多普勒 (Doppler) 效应, 因而使谱线变宽. 多普勒变宽的线型是高斯型曲线. 常用的原子光谱光源有低气压放电管、低气压弧光放电灯、高气压弧光放电灯等. 低气压灯的线型是高斯型曲线, 高气压灯线型是洛伦兹型曲线. 根据光源谱线线宽或频宽, 可以估计该光源的相干长度和相干时间.

下表列举了几种实验室常用光源的波长、频宽、线宽、及按定义 (1) 计算的相干长度和相干时间. 其中, 除最下一列 Hg 属于洛伦兹型谱线外, 其余均属高斯型谱线.

在白光干涉实验中, 若直接以肉眼观测条纹, 必须考虑到眼睛的光谱灵敏度. 人眼的灵敏度在 550nm 处为极大, 而在接近于 400nm 和 700nm 处降为零. 因此, 白光光源对于人眼的光谱 "宽度" 约为 150nm, 按 (3-2-37 b) 式估计, 其对应的相干长

度约为三四个波长. 这相当于使用钨丝灯泡作白光光源时, 在迈克耳孙干涉仪中零级条纹两边所能观察到的条纹数目 [1].

表 3-2-1　几种实验室常用光源的波长、谱线宽度和相干长度 [6]

元素	波长/nm	颜色	频宽 $\delta\nu$/Hz	线宽 $\delta\lambda$/nm	相干时间/s	相干长度/mm
Kr^{86}	605.8	橙	4.5×10^8	0.00055	6.93×10^{-10}	208.0
Ne	632.8	红	1.5×10^9	0.0020	2.08×10^{-10}	62.4
Ar	488.0	蓝	7.6×10^9	0.0060	4.11×10^{-10}	12.3
Hg	546.1	绿	5×10^{12}	5.0000	2.2×10^{-14}	0.0066

上述实验室常用光源的相干长度或相干时间对于拍摄全息图而言, 或者太短或者太弱. 在全息照相实验中通常使用的光源都是激光光源. 下面将介绍激光光源的时间相干性.

3.2.5　激光光源的时间相干性

用作全息的激光光源总是工作在最低阶的空间模式 (TEM_{00} 模) 状态. 此时, 它有很好的空间相干性, 但却往往伴有较多的纵模, 影响了它的时间相干性. 以气体激光器为例, 一般都工作在低压状态, 其谱线为高斯线型分布. 设多纵模强度相等, 每个纵模都具有高斯线型并具有相等的间距. 具有不同纵模的气体激光器的功率谱密度可表示如下 [8,11].

单纵模:
$$I_1(\nu) = \delta(\nu - \bar{\nu}) \otimes G(\nu) \tag{3-2-50a}$$

双纵模:
$$I_2(\nu) = [\delta(\nu - \bar{\nu} - \Delta\nu/2) + \delta(\nu - \bar{\nu} + \Delta\nu/2)] \otimes G(\nu) \tag{3-2-50b}$$

三纵模:
$$I_3(\nu) = [\delta(\nu - \bar{\nu} - \Delta\nu) + \delta(\nu - \bar{\nu}) + \delta(\nu - \bar{\nu} + \Delta\nu)] \otimes G(\nu) \tag{3-2-50c}$$

四纵模:
$$I_4(\nu) = [\delta(\nu - \bar{\nu} - 3\Delta\nu/2) + \delta(\nu - \bar{\nu} - \Delta\nu/2) \\ + \delta(\nu - \bar{\nu} + \Delta\nu/2) + \delta(\nu - \bar{\nu} + 3\Delta\nu/2)] \otimes G(\nu) \tag{3-2-50d}$$

五纵模:
$$I_5(\nu) = [\delta(\nu - \bar{\nu} - 2\Delta\nu) + \delta(\nu - \bar{\nu} - \Delta\nu) + \delta(\nu - \bar{\nu}) \\ + \delta(\nu - \bar{\nu} + \Delta\nu) + \delta(\nu - \bar{\nu} + 2\Delta\nu)] \otimes G(\nu) \tag{3-2-50e}$$

六纵模：

$$
\begin{aligned}
I_6(\nu) = [&\delta(\nu - \bar\nu - 5\Delta\nu/2) + \delta(\nu - \bar\nu - 3\Delta\nu/2) + \delta(\nu - \bar\nu - \Delta\bar\nu/2) \\
&+ \delta(\nu - \bar\nu + \Delta\bar\nu/2) + \delta(\nu - \bar\nu + 3\Delta\bar\nu/2) \\
&+ \delta(\nu - \bar\nu + 5\Delta\bar\nu/2)] \otimes G(\nu)
\end{aligned} \tag{3-2-50f}
$$

……

式中，$I_N(\nu)$ 表示具有 N 条谱线 (即 N 个振荡模式) 的激光光源的功率谱密度. $\bar\nu$ 为中心频率，L 为激光器谐振腔长度 (简称腔长)，$\Delta\nu = (c/2L)$ 为纵模间距，$\delta\nu$ 为频宽，$G(\nu)$ 为高斯型频谱函数，即

$$G(\nu) = \left(2\sqrt{\ln 2}/\delta\nu\sqrt{\pi}\right)\exp\left[-\left(2\nu\sqrt{\ln 2}/\delta\nu\right)^2\right] \tag{3-2-51}$$

将 (3-2-51) 式代入 (3-2-50a)~(3-2-50f) 诸式，并以光程差 $l = c\tau$ 作为自变量通过傅里叶变换可求出 $N = 1, 2, 3, \cdots, 6$ 的多纵模激光光源的复自相干度如下.

单纵模：

$$\gamma_1(l) = AB \tag{3-2-52a}$$

双纵模：

$$\gamma_2(l) = AB\cos\left(\frac{E}{2}\right) = ABf_2(E) \tag{3-2-52b}$$

三纵模：

$$\gamma_3(l) = AB\left(\frac{1}{3}\right)(1 + 2\cos E) == ABf_3(E) \tag{3-2-52c}$$

四纵模：

$$\gamma_4(l) = AB\left(\frac{1}{2}\right)\left[\cos\left(\frac{E}{2}\right) + \cos\left(\frac{3E}{2}\right)\right] = ABf_4(E) \tag{3-2-52d}$$

五纵模：

$$\gamma_5(l) = AB\left(\frac{1}{5}\right)(1 + 2\cos E + 2\cos 2E) = ABf_5(E) \tag{3-2-52e}$$

六纵模：

$$\gamma_6(l) = AB\left(\frac{1}{3}\right)\left[\cos\left(\frac{E}{2}\right) + \cos\left(\frac{3E}{2}\right) + \cos\left(\frac{5E}{2}\right)\right] = ABf_6(E) \tag{3-2-52f}$$

式中，

$$A = \exp[-\mathrm{j}(2\pi\bar\nu l/c)], \quad B = \exp\left[-\left(l\pi\delta\nu/2c\sqrt{\ln 2}\right)^2\right], \quad E = l\pi/L \tag{3-2-53}$$

上述表达式中，对单纵模的推导可参看低压气体放电光源从 (3-2-39a) 到 (3-2-40b) 式的推导过程. 至于其他表达式，我们以三纵模的 (3-2-52c) 式为例，推导如下：

$$F[I_3(\nu)] = \{[F[\delta(\nu-\bar{\nu}-\Delta\nu)] + F[\delta(\nu-\bar{\nu})] + F[\delta(\nu-\bar{\nu}+\Delta\nu)]]\}F[G(\nu)]$$
$$= \{\exp[-\mathrm{j}2\pi(\bar{\nu}+\Delta\nu)\tau] + \exp(-\mathrm{j}2\pi\bar{\nu}\tau) + \exp[-\mathrm{j}2\pi(\bar{\nu}-\Delta\nu)\tau]\}B$$
$$= [\exp(-\mathrm{j}2\pi\Delta\nu\tau) + 1 + \exp(\mathrm{j}2\pi\Delta\nu\tau)]\exp(-\mathrm{j}2\pi\bar{\nu}\tau)B$$
$$= [1 + 2\cos(2\pi\Delta\nu\tau)]AB$$
$$= AB[1 + 2\cos(\pi l/L)] = AB[1 + 2\cos E]$$

上式中取程差 $l=0$, 便得 $\{F[I_3(\nu)]\}_{l=0} = 3$. 由此可得到三纵模的复自相干度为

$$\gamma_3(l) = F[I_3(\nu)]/\{F[I_3(\nu)]\}|_{l=0} = AB\left(\frac{1}{3}\right)(1+2\cos E) = ABf_3(E)$$

在单纵模情况下, 根据 (3-2-52a) 式, 其复自相干度之模为

$$|\gamma(l)| = B = \exp\left[-\left(l\pi\delta\nu/2c\sqrt{\ln 2}\right)^2\right] \tag{3-2-54}$$

如典型的氦氖激光器线宽约为 $\delta\lambda \approx 10^{-11}\mathrm{\mu m}$, 相应的相干长度按 (3-2-42) 即按第一种定义计算约为

$$l_{c1} = 0.312(c/\delta\nu_{\mathrm{D}}) = 0.312(\lambda^2/\delta\lambda) \approx 12.5\mathrm{km}$$

在单纵模情况下, 相干长度只决定于激光器线宽, 与腔长无关. 然而在多纵模情况下, 由 (3-2-52b)~(3-2-52f) 式可知其相干长度立即降到激光器腔长的量级. 譬如, 在双纵模情况下, 根据 (3-2-52b) 式, 按定义 (1) 计算相干长度. 取 $B \approx 1$, 我们有 $\gamma_2(l_{c1}) = \cos(l_{c1}\pi/2L) = 1/\sqrt{2}$, 即 $l_{c1}\pi/2L = \pi/4$, 故得 $l_{c1} = L/2$, 即双纵模激光器的相干长度只有激光器腔长的一半.

从图 3-2-5 中可以看到, 双纵模的零级主峰是最宽的. 纵模数越多零级主峰的宽度越窄, 相应的相干长度也就越短. 普通激光器多为多纵模数激光器, 相干长度都很有限. 例如, 市售腔长在 $1 \sim 1.5\mathrm{m}$ 的氦氖激光器纵模数大多大于 6, 7 个以上, 相干长度仅 25cm 左右. 然而, 当程差 l 为激光器腔长 L 的偶数倍时, 即 $l = m2L(m=1,2,3,\cdots)$ 时, 无论纵模数 N 取何值, 函数 $f_N(E)$ 都有 $f_N(E)=1$. 这时, 相应的复自相干度为

$$\gamma(m2L) = \exp\left[-(mL)^2\left(\pi\delta\nu/c\sqrt{\ln 2}\right)^2\right], \qquad m=1,2,3,\cdots \tag{3-2-55}$$

令 $\beta = \left(\pi\delta\nu/c\sqrt{\ln 2}\right)^2$, 对于典型的氦氖激光器 $\beta \approx 8.88\times 10^{-9}$, β 的单位为 m^{-2}. 一般情况下 $\beta(m2L)^2 \ll 1$, 由于 $|\gamma(m2L)|$ 是一个缓慢作指数下降的函数. 因此, 当程差为 $l=2L,4L,6L,\cdots$ 时, 复自相干度的模仍接近于 1. 也就是说, 多纵模激光器的时间相干性具有准周期性的特点, 在程差为腔长的偶数倍时均有很好的时间相干性. 譬如输出功率为 $30 \sim 50\mathrm{mW}$ 的普通市售氦氖激光器, 其腔距为

1 ~ 1.5m. 如北大 120 型氦氖激光器的腔距为 1.2m. 用这种激光器拍摄全息图时, 在程差为 2.4m, 4.8m 等 1.2m 的偶数倍情况下, 都可获得与零程差基本相近的效果 [11].

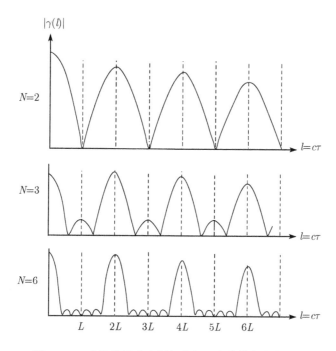

图 3-2-5　多纵模激光光源复自相干度的模与程差关系

3.3　空间相干性

前面我们已经提到, 光的相干性主要表现在两个方面, 时间相干性和空间相干性. 时间相干性决定于光源频谱的有限带宽 (即有限发光持续时间或有限波列长度); 空间相干性则决定于光源尺寸的扩展大小. 本节将进一步讨论光场的空间相干性.

3.3.1　窄带扩展光源的空间相干性

实际光源都不是点光源, 而是有一定大小的扩展光源, 可以看作许多点光源的集合. 若每个点光源都独立地发光, 则在干涉实验中, 每一个点光源都各自产生一组独立的干涉条纹, 它们按强度而叠加, 形成整个扩展光源的干涉图纹. 譬如在杨氏干涉实验中, 每一个点光源都产生一组杨氏干涉条纹. 由于组成扩展光源的每个点光源的空间位置都不相同, 致使它们产生的杨氏干涉条纹彼此移位, 叠加后的总的光场强度分布中暗纹光强不能为零,从而使条纹能见度下降. 当光源尺寸大小扩展到某一定值时条纹能见度可以下降为零,以至于条纹消失. 光源扩展尺寸对干涉条纹能见度的这种影响是与时间相干性无关的,是光波另一种相干性即空间相干性的表现.

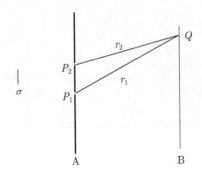

图 3-3-1　多色扩展光源的杨氏干涉实验

为了研究光源的扩展尺寸对干涉条纹的影响,让我们考虑图 3-3-1 所示的处于均匀的空气介质中的杨氏双孔干涉实验. 这是典型的分波前干涉实验,光源发出的光波波面通过两个小孔分波前,然后相遇而发生干涉. 设扩展光源是理想的、有限长、等长波列窄带光源,它由许多独立的点光源组合而成,各个点光源独立地发光,所辐射的光波均为有限长、等长波列,振幅相等,而各个点光源相位的取值是随机变化的. 且光路不改变光的偏振方向.

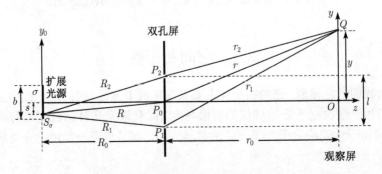

图 3-3-2　扩展光源的杨氏干涉实验

取坐标如图 3-3-2 所示,平面扩展光源 σ 坐落在 x_0, y_0 平面上,中心位于 z 轴上. 双孔分别位于 P_1 点和 P_2 点,间距为 l,它们的中点 P_0 也位于 z 轴上. 在讨论一般情况之前,我们先考虑扩展光源 σ 面上只有一个独立点光源 S_σ 的情况,即在只有点光源 S_σ 单独照明时,通过两个小孔在观察屏上产生的干涉条纹图样. 设点光源 S_σ 在 y_0 轴上的坐标值为 s,它辐射的光波通过 P_1 和 P_2 点位置的小孔到达

3.3 空间相干性

屏上 Q 点的复振幅分别为 U_1, U_2，两者间的时差为 τ_σ，程差为 δ_σ. 从 S_σ 到 P_1, P_2 和 P_0 点的距离分别为 R_1, R_2 和 R, 光源平面与双孔屏平面间的垂直距离为 R_0. Q 点位于 y 轴上, 其坐标值为 y, 与 P_1, P_2 和 P_0 点的距离分别为 r_1, r_2 和 r, 观察屏平面与双孔屏平面间的垂直距离为 r_0.

Q 点的光强为

$$I_Q(\tau_\sigma) = (U_1 + U_2)(U_1 + U_2)^* = I^{(1)} + I^{(2)} + 2\sqrt{I^{(1)}I^{(2)}}\gamma^{(r)}(\tau_\sigma) \tag{3-3-1a}$$

式中, $I^{(1)} = |U_1|^2$, $I^{(2)} = |U_2|^2$.

对于理想的、有限长、等长波列窄带光源, 类似前面 3.2.2 节分振幅方法的迈克耳孙干涉仪所作的讨论, 在分波面的杨氏双孔干涉实验中, 只要两相干光束之间的时差为 τ, 其复自相干度也可以表达为 (3-2-20) 式, 即

$$\gamma(\tau) = \Gamma(\tau)/\Gamma(0) = \exp(-\mathrm{j}2\pi\bar\nu\tau)\mathrm{tri}(\tau_\sigma/\tau_0), \quad \gamma^{(r)}(\tau) = \mathrm{tri}(\tau_\sigma/\tau_0)\cos(2\pi\bar\nu\tau)$$

于是, Q 点的光强可进一步写为

$$I_Q(\tau_\sigma) = I^{(1)} + I^{(2)} + 2\sqrt{I^{(1)}I^{(2)}}\mathrm{tri}(\tau_\sigma/\tau_0)\cos(2\pi\bar\nu\tau_\sigma) \tag{3-3-1b}$$

当所研究的空间范围内两光束在所有场点的时差甚小于光源相干时间 (发光基元的发光持续时间) 即 $\tau_\sigma \ll \tau_0$ 时, 可忽略时间相干性的影响. 取 $\tau_\sigma/\tau_0 \approx 0$, $\mathrm{tri}(\tau_\sigma/\tau_0) \approx 1$, 于是 (3-3-1b) 式可写为

$$I_Q(\tau_\sigma) = I^{(1)} + I^{(2)} + 2\sqrt{I^{(1)}I^{(2)}}\cos(2\pi\bar\nu\tau_\sigma)$$

当 $I^{(1)} = I^{(2)} = I_0$ 时,

$$I_Q(\tau_\sigma) = 2I_0[1 + \cos(2\pi\bar\nu\tau_\sigma)] = 2I_0[1 + \cos(2\pi\delta_\sigma/\bar\lambda)] \tag{3-3-2}$$

U_1, U_2 在 Q 点的程差为

$$\delta_\sigma = (R_2 + r_2) - (R_1 + r_1) = (R_2 - R_1) - (r_1 - r_2) \tag{3-3-3}$$

设双孔离光源距离 R_0, 与观察屏离双孔距离 r_0 均甚大于光源尺寸 b 和双孔间距 l, 即 $R_0 \gg b, l$, $r_0 \gg b, l$. 这时, 我们有

$$r_1 = \left[r_0^2 + (y + l/2)^2\right]^{1/2} = \left[r_0^2 + y^2 + ly + (l/2)^2\right]^{1/2}$$
$$= \left[r^2 + ly + (l/2)^2\right]^{1/2} \approx r + ly/2r + l^2/8r$$

同样

$$r_2 = \left[r_0^2 + (y - l/2)^2\right]^{1/2} \approx r - ly/2r + l^2/8r$$

故得
$$r_1 - r_2 \approx ly/r \approx ly/r_0 \tag{3-3-4}$$

类似的, 对于 R_1 和 R_2 我们有
$$R_2 = \left[R_0^2 + ((l/2) + s)^2\right]^{1/2} = \left[R^2 + sl + (l/2)^2\right]^{1/2} \approx R + sl/2R + l^2/8R$$
$$R_1 = \left[R_0^2 + ((l/2) - s)^2\right]^{1/2} \approx R - sl/2R + l^2/8R$$

于是可得
$$R_2 - R_1 \approx sl/R \approx sl/R_0 \tag{3-3-5}$$

故
$$\delta_\sigma = (R_2 - R_1) - (r_1 - r_2) = [(s/R_0) - (y/r_0)]l \tag{3-3-6}$$

若光源为均匀分布在 y_0 坐标上 $-b/2 \leqslant s \leqslant b/2$ 区间的线扩展光源, 则 Q 点的光强 I_Q 为该线扩展光源上所有各点在 Q 点的光强之和. 即
$$\begin{aligned} I_Q &= \int_{-b/2}^{b/2} 2I_0 \left[1 + \cos\left(\frac{2\pi}{\bar{\lambda}}\delta_\sigma\right)\right] \frac{\mathrm{d}s}{b} \\ &= 2I_0 + \frac{2I_0}{b} \int_{-b/2}^{b/2} \cos\left(\frac{2\pi}{\bar{\lambda}}\delta_\sigma\right) \mathrm{d}s = 2I_0 + I_{Q1} \end{aligned} \tag{3-3-7a}$$

考虑式右第二项积分 I_{Q1}:
$$\begin{aligned} I_{Q1} &= \frac{2I_0}{b} \int_{-b/2}^{b/2} \cos\left(\frac{2\pi}{\bar{\lambda}}\delta_\sigma\right) \mathrm{d}s \\ &= \frac{2I_0}{b} \int_{-b/2}^{b/2} \cos\left\{\left(\frac{2\pi}{\bar{\lambda}}\right)[(s/R_0) - (y/r_0)]l\right\} \mathrm{d}s \\ &= \frac{2I_0}{b\,(2\pi l/R_0\bar{\lambda})} \int_{-b/2}^{b/2} \cos\left\{\frac{2\pi}{\bar{\lambda}}[(s/R_0) - (y/r_0)]\right\} \mathrm{d}\left(2\pi l/R_0\bar{\lambda}\right)s \end{aligned} \tag{3-3-7b}$$

令 $\psi = (2\pi/\bar{\lambda})[(s/R_0) - (y/r_0)]l$, 并注意到在积分过程中 y/r_0 为恒量.

当 $s = b/2$ 时,
$$\psi_2 = (2\pi/\bar{\lambda})[(b/2R_0) - (y/r_0)]l$$

当 $s = -b/2$ 时,
$$\psi_1 = (2\pi/\bar{\lambda})[-(b/2R_0) - (y/r_0)]l$$

$$I_{Q1} = \frac{I_0}{(\pi bl/R_0\bar{\lambda})} \int_{\psi_1}^{\psi_2} \cos\psi\, \mathrm{d}\psi = \frac{I_0}{(\pi bl/R_0\bar{\lambda})} (\sin\psi_2 - \sin\psi_1) \tag{3-3-7c}$$

3.3 空间相干性

注意到

$$\sin\psi_2 = \sin(\pi bl/R_0\bar\lambda)\cos(2\pi ly/r_0\bar\lambda) - \cos(\pi bl/R_0\bar\lambda)\sin(2\pi ly/r_0\bar\lambda)$$

$$\sin\psi_1 = -\sin(\pi bl/R_0\bar\lambda)\cos(2\pi ly/r_0\bar\lambda) - \cos(\pi bl/R_0\bar\lambda)\sin(2\pi ly/r_0\bar\lambda)$$

于是

$$\sin\psi_2 - \sin\psi_1 = 2\sin(\pi bl/R_0\bar\lambda)\cos(2\pi ly/r_0\bar\lambda)$$

将上面的关系式代入 (3-3-7c) 式, 得

$$I_{Q1} = 2I_0\left[\frac{\sin(\pi bl/R_0\bar\lambda)}{(\pi bl/R_0\bar\lambda)}\right]\cos\left(\frac{2\pi ly}{r_0\bar\lambda}\right) = 2I_0\mathrm{sinc}\left(\frac{bl}{R_0\bar\lambda}\right)\cos\left(\frac{2\pi ly}{r_0\bar\lambda}\right) \quad (3\text{-}3\text{-}7\mathrm{d})$$

再将 (3-3-7d) 式代入 (3-3-7a) 式可得

$$I_Q = 2I_0\left[1 + \mathrm{sinc}\left(\frac{bl}{R_0\bar\lambda}\right)\cos\left(\frac{2\pi ly}{r_0\bar\lambda}\right)\right] \quad (3\text{-}3\text{-}8)$$

可见, 观察屏上的干涉图纹是在均匀衬底 $2I_0$ 上的一组被辛克函数包络线所调制的杨氏余弦条纹. 条纹的能见度是辛克函数, 即

$$V = \mathrm{sinc}\left(\frac{bl}{R_0\bar\lambda}\right) \quad (3\text{-}3\text{-}9)$$

(3-3-9) 式表明: 光场的这种相干性与光源尺寸大小 b 有密切关系, 而与光源的时间相干性无关. 这种取决于光源尺寸大小的相干性, 称为空间相干性. 只要光源尺寸不为零 (非点光源) 光场都只能是部分相干的. 随着光源尺寸增大, 条纹的能见度降低, 增大到 (3-3-9) 式满足辛克函数的第一个零值条件 $bl/R_0\bar\lambda = 1$ 时条纹消失, 这时的光源线度就是在孔距 l 和双孔屏与光源间距 R_0 一定时, 空间相干性对线扩展光源所要求的极限尺寸, 或称线扩展光源的相干尺度. 常以 b_c 表示之, 即

$$b_c = \frac{R_0\bar\lambda}{l} \quad (3\text{-}3\text{-}10)$$

从另一个角度考虑, 当线扩展光源尺度 b 和双孔屏与光源间距 R_0 一定时, 空间相干性对双孔距离的要求为

$$l_c = \frac{R_0\bar\lambda}{b} \quad (3\text{-}3\text{-}11\mathrm{a})$$

当双孔之间的距离 l 从最小间距逐渐增加时, 条纹能见度单调下降, 增加到 $l = l_c$ 时, 条纹消失. l_c 表示了干涉条纹从最佳条纹能见度下降到刚好消失的临界距离, 称为线扩展光源的空间相干宽度 (spatial coherence width).

以上是在所研究的空间范围内两光束在所有被考察场点的时差甚小于光源的相干时间所作的讨论. 由于 $R_0 \gg b, l$, 两个场点的临界距离 l_c 基本上是沿着光波传播方向的垂直方向、可看作是光波传播方向的"横向"临界距离, 它与时间相干性无关, 只由空间相干性决定. 而在前面所讨论的时间相干性的迈克耳孙干涉仪光路的情况下, 相干长度 l_c 是沿着光波传播方向, 也就是光波传播方向的"纵向"的临界距离, 与空间相干性无关, 只由时间相干性决定. 因此可以说: 时间相干性表现了光场的纵向相干性; 空间相干性表现了光场的横向相干性. 故 l_c 也被称为横向相干宽度 (breadth of transverse coherence).

以 θ 表示线光源长度 b 对 P_1 与 P_2 之中点 P_0 的张角, 称线光源的角直径, 即 $R_0\theta \approx b$, 代入 (3-3-11a) 式, 便得线光源的空间相干宽度的又一表达方式:

$$l_c \approx \frac{\bar{\lambda}}{\theta} \tag{3-3-11b}$$

为了更直观地表示相干范围, 有时采用所考察的场点 P_1 与 P_2 对扩展光源中心的张角 β 来表示, 称孔径角, 即 $R_0\beta \approx l_c$, 凡在此孔径角内的两点都是相干的. 位于孔径角边沿的两点是不相干的. 根据 (3-3-11a) 式可得

$$b = \frac{R_0\bar{\lambda}}{l_c} \approx \frac{\bar{\lambda}}{\beta} \text{ 或 } \beta \approx \frac{\bar{\lambda}}{b} \tag{3-3-12}$$

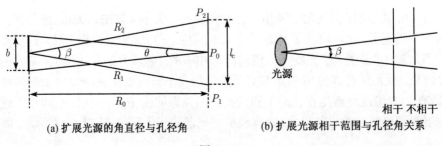

(a) 扩展光源的角直径与孔径角　　(b) 扩展光源相干范围与孔径角关系

图 3-3-3

β 也称为干涉孔径角 (interference aperture angle). (3-3-12) 式表明, 相干范围的孔径角 β 与扩展光源的尺度 b 成反比. (3-3-11) 与 (3-3-13) 式是描述空间相干性的两个等效公式.

若线扩展光源所照明的区域为正方形, 则对应的相干面积为

$$A_c \approx (\bar{\lambda}/\theta)^2 \tag{3-3-13}$$

在相干面积之内的任意两点都是相干的.

3.3.2 激光光源的空间相干性

激光光源的空间相干性由它的横模结构决定. 所谓横模, 就是激光波前不同的横向电磁场的振荡模式, 常以符号 TEM_{mn} 表示. 足标 m 和 n 表示横模的阶数, 若在激光波前上取坐标 (x,y), 则激光的振幅分布在 x 轴上有 m 个节点, 在 y 轴上有 n 个节点. 也就是说, 在 x 轴上亮纹间有 m 个暗纹, 在 y 轴上亮纹间有 n 个暗纹. 在第 4 章图 4-2-4 中给出了一些低阶模 (m,n 较小的模) 的示意图. 它们是在激光器输出腔镜上, 或任意垂直于光轴的平面上的分布图样 (图中箭头是相位示意. 箭头方向相同者, 同相位; 箭头方向相反者, 反相位, 即相位差 π). 横模阶数越高, 振荡的横模数越多. 在这种多横模的情况下, 每个横模都有各自确定的相位, 各个横模之间相位差或者为零, 或者为 π, 它们间具有确定不变的相位差. 最低阶的模对应于 $m=n=0$, 称作基模, 即 TEM_{00} 模式. 基模的光强分布为高斯型, 光强集中在光轴附近, 并且, 基模波前上各个点都具有相同的相位. 因此, 激光器在单横模情况下运转时, 它输出的激光具有完全的空间相干性. 当运转在基模状态的激光通过图 3-3-1 所示的杨氏双孔干涉装置时, 在观察屏上将出现能见度最佳的干涉条纹. 作全息照相实验或其他干涉实验总是采用工作在基模状态的激光器 (详见第 4 章).

3.4 时间–空间相干性

在 3.3.1 节我们讨论空间相干性时是研究来自窄带 (近似单色) 扩展光源空间位置不同的点光源的光波的干涉性质, 并且所研究的空间范围内诸相干光束在所有场点的程差甚小于光源的相干长度, 可以忽略时间相干性的影响. 而前面在 3.2.1 节讨论时间相干性时是研究来自同一个窄带点光源的光波的干涉性质, 无须考虑空间相干性的影响; 这是两种极端情况, 后者具有完全的时间相干性; 前者则近似具有完全的空间相干性. 一般的情况是: 所使用的光源是非单色的扩展光源. 在这种情况下, 时间相干性和空间相干性的关系密不可分, 这就需要引入时间–空间相干的概念, 这时光场的干涉需要用部分相干理论来处理.

3.4.1 互相干函数和复相干度

考虑一个由多色扩展光源 σ 产生的光场, 光扰动的波函数是一个时间和位置的标量函数 $U(P,t)$, 光强为无限长时间 (足够长时间) 的平均值, 即 $I(P) = \langle U(P,t)U^*(P,t)\rangle$.

为了讨论其光场的时间–空间相干性, 我们仍采用杨氏双孔干涉实验来进行研究. 如图 3-3-1 所示, 屏 A 上开有两个孔, B 是观察屏, 整个装置处于均匀的空气介质中. 两孔分别位于 P_1 点和 P_2 点, 多色扩展光源 σ 在这两个孔面上所引起的光

扰动分别为 $U(P_1,t)$ 和 $U(P_2,t)$, 它们是组成多色扩展光源 σ 的所有点光源衍射到两个小孔叠加的综合效果. P_1 和 P_2 点至屏上任意点 Q 的距离分别为 r_1 和 r_2. 光波从 P_1 和 P_2 点衍射到 Q 点的传播时间分别为 t_1 和 t_2. 于是, Q 点的光波复振幅可表示为[3]

$$U(Q,t) = b_1(Q,P_1) U(P_1, t-t_1) + b_2(Q,P_2) U(P_2, t-t_2) \tag{3-4-1}$$

式中, 复常数 $b_1(Q,P_1)$ 和 $b_2(Q,P_2)$ 称为传播因子, 分别与 r_1, r_2 成反比, 并依赖于小孔的大小和与实验的几何设置 (P_1, P_2 点的入射角和衍射角). 于是, Q 点的光强可表示为

$$\begin{aligned}
I(Q) &= \langle U(Q,t) U^*(Q,t) \rangle \\
&= |b_1(Q,P_1)|^2 \langle U(P_1, t-t_1) U^*(P_1, t-t_1) \rangle \\
&\quad + |b_2(Q,P_2)|^2 \langle U(P_2, t-t_2) U^*(P_2, t-t_2) \rangle \\
&\quad + b_1(Q,P_1) b_2^*(Q,P_2) \langle U(P_1, t-t_1) U^*(P_2, t-t_2) \rangle \\
&\quad + b_1^*(Q,P_1) b_2(Q,P_2) \langle U^*(P_1, t-t_1) U(P_2, t-t_2) \rangle
\end{aligned} \tag{3-4-2}$$

(3-4-2) 式是杨氏实验中光强分布的基本公式, 是研究光的相干性的基本出发点. 这里, 和 3.3.1 节的分析方法有重要的差别. 在 3.3.1 节中我们是分别计算组成扩展光源的每个点光源在观察屏上产生的光强度分布, 然后对整个扩展光源进行强度叠加. 而在这里, 则是考虑整个多色扩展光源 σ 在 P_1 和 P_2 点这两个孔面上同一时刻所引起的光扰动, 然后研究以这两个场点作为次波波源衍射到观察屏上所引起的光扰动的振幅叠加, 最后求出振幅叠加对应的光强度分布. 也就是将 P_1 和 P_2 点看作是整个扩展光源产生的波场中同一时刻 t 的两个场点, 即整个扩展光源产生的光波在 t 时刻的波前上的两个点 (两个次级子波波源). 这两个场点的光扰动的复振幅 —— 波函数 $U(P_1,t)$ 和 $U(P_2,t)$ 分别为整个扩展光源在这两个孔面上同一时刻 t 的共同贡献. 扩展光源在观察屏上产生的光强度分布被看作是这两个场点的光扰动在观察屏上产生干涉的光强度分布. 显然, 这种处理方法就更具普遍性.

假定多色扩展光源的光场是稳定的定态波场, 光场中各个场点的光强平均值不因时而变. 于是, 我们有

$$\langle U(P_1, t-t_1) U^*(P_1, t-t_1) \rangle = \langle U(P_1, t) U^*(P_1, t) \rangle = I_1 \tag{3-4-3a}$$

$$\langle U(P_2, t-t_2) U^*(P_2, t-t_2) \rangle = \langle U(P_2, t) U^*(P_2, t) \rangle = I_2 \tag{3-4-3b}$$

它们分别是 P_1 和 P_2 点的光强. 应用 (3-4-3) 式, 将 (3-4-2) 式表示为

$$I(Q) = |b_1(Q,P_1)|^2 I_1 + |b_2(Q,P_2)|^2 I_2 + 2|b_1(Q,P_1)||b_2(Q,P_2)| \Gamma^{(r)}(P_1,P_2,\tau) \tag{3-4-4a}$$

式中, $\tau = t_2 - t_1$ 为 P_2 点的光波比 P_1 点的光波传播到 Q 点滞后的时间, 即两光波在 Q 点的时差. $\Gamma^{(r)}(P_1, P_2, \tau)$ 是下面函数的实数部分

$$\Gamma(P_1, P_2, \tau) \equiv \langle U(P_1, t+\tau) U^*(P_2, t) \rangle \tag{3-4-5}$$

$\Gamma(P_1, P_2, \tau)$ 为 P_1 和 P_2 点光波的相关函数, 定义为光场的互相干函数 (mutual coherence function), 以 $\Gamma_{12}(\tau)$ 简表之.

当双孔重合为一个, 并将小孔放在 P_1 点时, 我们有

$$\Gamma_{11}(\tau) = \langle U(P_1, t+\tau) U_1^*(P_1, t) \rangle \tag{3-4-6a}$$

当双孔重合为一个, 并将小孔放在 P_2 点时, 我们有

$$\Gamma_{22}(\tau) = \langle U(P_2, t+\tau) U^*(P_2, t) \rangle \tag{3-4-6b}$$

$\Gamma_{11}(\tau)$ 和 $\Gamma_{22}(\tau)$ 均称为自相干函数 (self-coherence function). 它们描述了光波在空间同一点不同时间的相干性, 即光场的时间相干性, 也就是光场 "同地异时" 的相干性.

当 $\tau = 0$ 时, 它们分别等于 P_1 和 P_2 点的光强. 即

$$\Gamma_{11}(0) = \langle U(P_1, t) U^*(P_1, t) \rangle = I_1, \qquad \Gamma_{22}(0) = \langle U(P_2, t) U^*(P_2, t) \rangle = I_2 \tag{3-4-7a}$$

(3-4-4a) 式中右边第一项 $|b_1(Q, P_1)|^2 I_1$ 是当 P_2 点的小孔被遮挡, 仅 P_1 小孔的光波传播到 Q 点的光强, 以 $I^{(1)}(Q)$ 表示之. 同样, $|b_2(Q, P_2)|^2 I_2$ 是当 P_1 点的小孔被遮挡, 仅 P_2 小孔的光波传播到 Q 点的光强, 以 $I^{(2)}(Q)$ 表示之. 也就是

$$I^{(1)}(Q) = |b_1(Q, P_1)|^2 \Gamma_{11}(0) = |b_1(Q, P_1)|^2 I_1$$
$$I^{(2)}(Q) = |b_2(Q, P_2)|^2 \Gamma_{22}(0) = |b_2(Q, P_2)|^2 I_2 \tag{3-4-7b}$$

将互相干函数 $\Gamma_{12}(\tau)$ 归一化, 我们有

$$\gamma(P_1, P_2, \tau) \equiv \frac{\Gamma_{12}(\tau)}{\sqrt{\Gamma_{11}(0) \Gamma_{22}(0)}} = \frac{\Gamma_{12}(\tau)}{\sqrt{I_1 I_2}} \tag{3-4-8}$$

$\gamma(P_1, P_2, \tau)$ 称复相干度 (complex degree of coherence). 简表为 $\gamma_{12}(\tau)$. 它是归一化的互相干函数, 描述 P_1 和 P_2 点光波 $U(P_1, t+\tau)$ 和 $U(P_2, t)$ 的相干性. 应用 (3-4-7b) 和 (3-4-8) 的关系, 将 (3-4-4a) 式改写为

$$I(Q) = I^{(1)}(Q) + I^{(2)}(Q) + 2\sqrt{I^{(1)}(Q) I^{(2)}(Q)} \gamma_{12}^{(r)}(\tau) \tag{3-4-4b}$$

式中，$\gamma_{12}^{(r)}(\tau)$ 表示复相干度 $\gamma_{12}(\tau)$ 的实数部分。公式 (3-4-4b) 表示了定态光场的普遍性干涉规律，它表明：两束光叠加后的光强，决定于每一束光的光强和复相干度的实部 $\gamma_{12}^{(r)}$.

复相干度 $\gamma_{12}^{(r)}(\tau)$ 和互相干函数 $\Gamma_{12}^{(r)}(\tau)$ 可以通过实验予以确定. 在图 3-3-1 中，测出 Q 点的光强 $I(Q)$，再分别测出单独一束光在 Q 点的光强 $I^{(1)}(Q)$ 和 $I^{(2)}(Q)$. 有了这 3 个测量数据，根据 (3-4-4b) 式就可以计算出 $\gamma_{12}^{(r)}(\tau)$. 即

$$\gamma_{12}^{(r)}(\tau) = \frac{I(Q) - I^{(1)}(Q) - I^{(2)}(Q)}{2\sqrt{I^{(1)}(Q) I^{(2)}(Q)}} \tag{3-4-9}$$

为确定 $\Gamma_{12}^{(r)}(\tau)$，则还需分别测出 P_1 和 P_2 点的光强 I_1 和 I_2. 根据 (3-4-8) 和 (3-4-9) 式，可计算出 $\Gamma_{12}^{(r)}(\tau)$ 为

$$\Gamma_{12}^{(r)}(\tau) = \sqrt{I_1 I_2}\gamma_{12}^{(r)}(\tau) = \sqrt{I_1 I_2}\frac{I(Q) - I^{(1)}(Q) + I_2^{(2)}(Q)}{2\sqrt{I^{(1)}(Q) I^{(2)}(Q)}} \tag{3-4-10}$$

设光源的平均频率为 $\bar{\nu}$，可将 $\gamma_{12}(\tau)$ 写为下面的形式：

$$\gamma_{12}(\tau) = |\gamma_{12}(\tau)| \exp\{j[2\pi\bar{\nu}\tau + \alpha_{12}(\tau)]\} \tag{3-4-11}$$

式中，辐角

$$\arg[\gamma_{12}(\tau)] = 2\pi\bar{\nu}\tau + \alpha_{12}(\tau) \tag{3-4-12}$$

于是，(3-4-4b) 式可改写为

$$I(Q) = I^{(1)}(Q) + I^{(2)}(Q) + 2\sqrt{I^{(1)}(Q) I^{(2)}(Q)}|\gamma_{12}(\tau)|\cos[2\pi\bar{\nu}\tau + \alpha_{12}(\tau)] \tag{3-4-4c}$$

点 Q 的附近的光强极大值和极小值分别为

$$I_{\max} = I^{(1)}(Q) + I^{(2)}(Q) + 2\sqrt{I^{(1)}(Q) I^{(2)}(Q)}|\gamma_{12}(\tau)| \tag{3-4-13a}$$

$$I_{\min} = I^{(1)}(Q) + I^{(2)}(Q) - 2\sqrt{I^{(1)}(Q) I^{(2)}(Q)}|\gamma_{12}(\tau)| \tag{3-4-13b}$$

在 Q 点附近条纹能见度为

$$V = \frac{I_{\max} - I_{\min}}{I_{\max} + I_{\min}} = \frac{2\sqrt{I^{(1)}(Q) I^{(2)}(Q)}}{I^{(1)}(Q) + I^{(2)}(Q)}|\gamma_{12}(\tau)| \tag{3-4-14a}$$

当两束光在 Q 点有相等的强度时，即 $I^{(1)}(Q) = I^{(2)}(Q)$ 时，(3-4-14a) 式便具有下面的形式：

$$V = |\gamma_{12}(\tau)| \tag{3-4-14b}$$

这时，两束光干涉条纹的能见度就等于它们的复相干度之模，并满足下面关系：

$$|\gamma_{12}(\tau)| \leqslant 1 \tag{3-4-15}$$

通常也区别为以下三种情况 [3,18]：

(1) $|\gamma(\tau)| = 1$ 称"相干叠加"，或"完全相干"；
(2) $0 < |\gamma(\tau)| < 1$ 称"部分相干叠加"或"部分相干"；
(3) $|\gamma(\tau)| = 0$ 称"非相干叠加"或"不相干"或"完全不相干".

一般情况下，当时差 τ 变化时，$|\gamma_{12}(\tau)|$ 与 $\cos[2\pi\bar{\nu}\tau + \alpha_{12}(\tau)]$ 相比较也变化得非常缓慢. 若双孔充分小，屏距足够远，当时差 τ 适量变化时，分别从小孔衍射到 Q 点的光强 $I^{(1)}(Q)$ 和 $I^{(2)}(Q)$ 仍将保持其值为恒量，而 $\cos[2\pi\bar{\nu}\tau + \alpha_{12}(\tau)]$ 的符号已经变化了许多次. 这就是说，在任意点 Q 的附近，光的干涉场有着一个均匀的背景 $I^{(1)}(Q) + I^{(2)}(Q)$，其上叠加有余弦的强度分布，余弦函数的振幅 $2\sqrt{I^{(1)}(Q)I^{(2)}(Q)}|\gamma_{12}(\tau)|$ 也几乎保持为恒量.

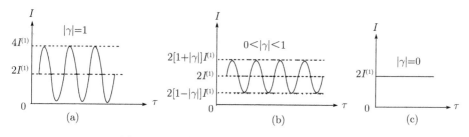

图 3-4-1　两等光强光束干涉图纹的强度分布

当 $I^{(1)}(Q) = I^{(2)}(Q)$ 时，在相干叠加的情况下，$|\gamma_{12}(\tau)| = 1$，在 Q 点附近的光强最大值为 $4I^{(1)}(Q)$，最小值为 0，平均光强为 $2I^{(1)}$. 如图 3-4-1(a) 所示.

在部分相干叠加的情况下，在 Q 点附近的光强最大值为 $2[1 + |\gamma_{12}|(\tau)]I^{(1)}(Q)$，最小值为 $2[1 - |\gamma_{12}|(\tau)]I^{(1)}(Q)$，平均光强为 $2I^{(1)}(Q)$. 如图 3-4-1(b) 所示.

在非相干叠加的情况下，$|\gamma_{12}(\tau)| = 0$，没有干涉条纹，Q 点附近是一片平均光强为 $2I^{(1)}(Q)$ 的均匀光场，如图 3-4-1(c) 所示.

在上述杨氏双孔干涉实验中，复相干度 $\gamma_{12}^{(r)}(\tau)$ 和互相干函数 $\Gamma_{12}^{(r)}(\tau)$ 不仅有时间相干性效应，而且有空间相干性的效应，一般情况下是两者综合的效果. 只当光源采用的是窄带扩展光源，并且所研究的空间范围内两相干光束在所有场点的程差甚小于光源的相干长度的情况下，才可以忽略时间相干性的影响，这时条纹能见度才仅仅反映光场的空间相干性.

3.4.2　准单色条件、互强度

在时间相干性和空间相干性同时存在的情况下，研究光的传播、衍射、干涉等性质是十分复杂的. 幸好在许多研究条件下, 用来传输、存储、处理光信息的光学系统常常满足所谓的 "准单色条件"(quasi-monochromatic condition). 在这个条件下, 时间相干性可以与空间相干性分离, 这就简化了问题的分析. 准单色条件有两个:

(1) 频带窄: 频带宽度 $\delta\nu$ 甚小于平均频率 $\bar{\nu}$, 即 $\delta\nu \ll \bar{\nu}$;
(2) 程差小: 程差甚小于相干长度, 或时差甚小于相干时间. 即

$$l_c \gg l = r_2 - r_1 \text{ 或 } \tau_c \approx (1/\delta\nu) \gg \tau = l/c = (r_2 - r_1)/c \tag{3-4-16}$$

其中, l 为两相干光束在所研究场点的程差, τ 为相应的时差. l_c 和 τ_c 分别为光源的相干长度和相干时间. 此条件应在所研究的空间范围内都被满足. 满足准单色条件的光源称准单色光源 (quasi-monochromatic light source).

在准单色条件下, 互相干函数和复相干度可以近似分解为与程差有关和与程差无关的两个因子的乘积. 时间相干性对互相干函数和复相干度的影响只包含在与程差有关的因子中, 与程差无关的因子则只描述空间相干性对互相干函数和复相干度的影响, 而与时间相干性无关. 从而可简化对许多问题的分析. 特别是在此条件下可以单独研究空间相干性的传播问题.

下面, 仍以图 3-3-1 的杨氏双孔实验为基础, 研究在使用准单色光源情况下光场的特性.

设 $\tilde{\Gamma}_{12}(\nu)$ 与 $\Gamma_{12}(\tau)$ 为傅里叶变换对, 即

$$\Gamma_{12}(\tau) = \int_{-\infty}^{\infty} \tilde{\Gamma}_{12}(\nu) \exp(-j2\pi\nu\tau) d\nu, \qquad \tilde{\Gamma}_{12}(\nu) = \int_{-\infty}^{\infty} \Gamma_{12}(\tau) \exp(j2\pi\nu\tau) d\tau \tag{3-4-17}$$

$\tilde{\Gamma}_{12}(\nu)$ 称为互光谱密度 (mutual spectrum-density).

在准单色光情况下, 由于 $\nu - \bar{\nu} \approx 0$, $\exp[-j2\pi(\nu - \bar{\nu})\tau] \approx 1$, (3-4-17) 式可写为

$$\Gamma_{12}(\tau) = \exp(-j2\pi\bar{\nu}\tau) \int_{-\infty}^{\infty} \tilde{\Gamma}_{12}(\nu) \exp[-j2\pi(\nu - \bar{\nu})\tau] d\nu$$

$$\approx \exp(-j2\pi\bar{\nu}\tau) \int_{-\infty}^{\infty} \tilde{\Gamma}_{12}(\nu) d\nu \tag{3-4-18}$$

当 $\tau = 0$ 时, 我们有

$$\Gamma_{12}(0) = \int_{-\infty}^{\infty} \tilde{\Gamma}_{12}(\nu) d\nu \tag{3-4-19}$$

于是, 可以将 (3-4-18) 式进一步改写为

$$\Gamma_{12}(\tau) \approx \Gamma_{12}(0) \exp(-j2\pi\bar{\nu}\tau) \tag{3-4-20}$$

这样，互相干函数 $\Gamma_{12}(\tau)$ 就被分解成与时差无关的 $\Gamma_{12}(0)$ 和与时差有关的 $\exp(-j2\pi\bar{\nu}\tau)$ 两项. 其中，与时差无关的 $\Gamma_{12}(0)$ 定义为互强度 (mutual intensity)，以 $J(P_1,P_2,0)$ 表示. 即

$$J(P_1,P_2,0) \equiv \langle u(P_1,t)u^*(P_2,t)\rangle \equiv \Gamma_{12}(0) \tag{3-4-21}$$

互强度是时差 $\tau=0$ 时的互相干函数，表示同时刻光波波阵面上两个点之间的相干性，描述光场"同时异地"的空间相干性. 将 $J(P_1,P_2,0)$ 简表为 J_{12}，根据互强度的定义，我们有 $J_{11}=\Gamma_{11}(0)=I_1$, $J_{22}=\Gamma_{22}(0)=I_2$. 将 (3-4-20) 式改写为

$$\Gamma_{12}(\tau) \approx J_{12}\exp(-j2\pi\bar{\nu}\tau) \tag{3-4-22}$$

将 (3-4-22) 式代入 (3-4-8) 式，可将复相干度也分解为与时差无关和有关的两项：

$$\gamma_{12}(\tau) = \frac{\Gamma_{12}(\tau)}{\sqrt{\Gamma_{11}(0)\Gamma_{22}(0)}} \approx \frac{J_{12}}{\sqrt{J_{11}J_{22}}}\exp(-j2\pi\bar{\nu}\tau) = \gamma_{12}(0)\exp(-j2\pi\bar{\nu}\tau) \tag{3-4-23}$$

$\gamma_{12}(0)$ 是时差 $\tau=0$ 的复相干度，以 $\mu(P_1,P_2,0)$ 表示，称为复空间相干度或复相干因子. 即

$$\mu(P_1,P_2,0) \equiv \gamma_{12}(0) = \frac{\Gamma_{12}(0)}{\sqrt{\Gamma_{11}(0)\Gamma_{22}(0)}} \approx \frac{J_{12}}{\sqrt{J_{11}J_{22}}} = \frac{J_{12}}{\sqrt{I_1I_2}} \tag{3-4-24}$$

$J(P_1,P_2,0)$ 与 $\mu(P_1,P_2,0)$ 都表示同一时刻光波波阵面上 P_1,P_2 两个点之间的空间相干性，只是后者是归一化的而已. 将 $\mu(P_1,P_2,0)$ 简表为 μ_{12}. 并将 (3-4-23) 式表示为

$$\gamma_{12}(\tau) \approx \mu_{12}\exp(-j2\pi\bar{\nu}\tau) \tag{3-4-25}$$

复空间相干度 μ_{12} 可表示为

$$\mu_{12} = |\mu_{12}|\exp[j\alpha_{12}(0)] \tag{3-4-26}$$

于是，在准单色光近似下，图 3-3-1 中杨氏双孔衍射的观察屏上 Q 点的光强可写为

$$I(Q) = I^{(1)} + I^{(2)} + 2\sqrt{I^{(1)}I^{(2)}}|\mu_{12}|\cos[2\pi\bar{\nu}\tau + \alpha_{12}(0)] \tag{3-4-27}$$

干涉条纹的亮纹位置满足下面关系：

$$2\pi\bar{\nu}\tau + \alpha_{12}(0) = \frac{2\pi}{\lambda}(r_2-r_1) + \alpha_{12}(0) = 2N\pi, \quad N=0,\pm 1,\pm 2,\cdots \tag{3-4-28}$$

根据 (3-4-28) 式，可以确定复空间相干度之相位.

以上是在准单色条件下得到的结果, $|\mu_{12}|$ 和 $\alpha_{12}(0)$ 都是与程差 l 或时差 τ 无关的量. 它们纯粹决定于光场的空间相干性, 而与时间相干性无关. 若 $I^{(1)}$ 与 $I^{(2)}$ 在观察区域内近似为恒量, 则在该区域内干涉图样具有几乎恒定的能见度和相位, 干涉条纹能见度为

$$V = \frac{I_{\max} - I_{\min}}{I_{\max} + I_{\min}} = \frac{2\sqrt{I^{(1)}I^{(2)}}}{I^{(1)} + I^{(2)}}|\mu_{12}| \tag{3-4-29}$$

当 $I^{(1)} = I^{(2)}$ 时, 便有

$$V = |\mu_{12}| \tag{3-4-30}$$

观察屏上任意点的光强 (3-4-27) 式和干涉条纹能见度 (3-4-29) 式形式上与前面 (3-4-4) 和 (3-4-14) 式以及 (3-2-2) 和 (3-2-6) 式相似, 然而, (3-4-27) 和 (3-4-29) 式只决定于空间相干性, (3-2-2) 和 (3-2-6) 式只决定于时间相干性, (3-4-4) 和 (3-4-14) 式则同时决定于空间相干性和时间相干性.

3.4.3 准单色光空间相干性的传播性质

在准单色条件下, 由于互相干函数和复相干度可分解为与程差有关和与程差无关的两个因子的乘积, 而光场的空间相干性只包含在与程差无关的因子中, 这就为单独研究空间相干性的传播提供了条件. 下面我们将考察互相关函数在光波传播过程中具有的特性.

以复标量函数 $u(P,t)$ 表示在时刻 t, 位于光场中任意 P 点光扰动的复振幅, 它是电磁场的波函数故满足波动方程, 即

$$\nabla^2 u(P,t) - \frac{1}{c^2}\frac{\partial^2 u(P,t)}{\partial t^2} = 0 \tag{3-4-31}$$

光场中 P_1 和 P_2 点在不同时刻 $t+\tau$ 和 t 的波函数 $u(P_1, t+\tau)$ 与 $u(P_2, t)$ 的互相干函数为

$$\Gamma_{12}(\tau) = \langle u(P_1, t+\tau) u^*(P_2, t) \rangle \tag{3-4-32}$$

将 (3-4-32) 式对 P_1 点坐标作拉普拉斯算符 ∇_1^2 运算, 我们有

$$\nabla_1^2[\Gamma_{12}(\tau)] = \nabla_1^2[\langle u(P_1, t+\tau) u^*(P_2, t)\rangle] = \langle \nabla_1^2[u(P_1, t+\tau)] u^*(P_2, t) \rangle \tag{3-4-33}$$

波函数在 P_1 点当然同样满足波动方程, 即

$$\nabla_1^2 u(P_1, t+\tau) - \frac{1}{c^2}\frac{\partial^2 u(P_1, t+\tau)}{\partial (t+\tau)^2} = 0 \ \text{或}\ \nabla_1^2 u(P_1, t+\tau) = \frac{1}{c^2}\frac{\partial^2 u(P_1, t+\tau)}{\partial (t+\tau)^2} \tag{3-4-34}$$

注意到 $\dfrac{\partial^2 u(P_1, t+\tau)}{\partial(t+\tau)^2} = \dfrac{\partial^2 u(P_1, t+\tau)}{\partial \tau^2}$, 于是 (3-4-33) 式可写为

$$\nabla_1^2[\Gamma_{12}(\tau)] = \left\langle \frac{1}{c^2}\frac{\partial^2 u(P_1, t+\tau)}{\partial \tau^2} u^*(P_2, t) \right\rangle \tag{3-4-35}$$

而 $u^*(P_2, t)$ 与 τ 无关, 故有

$$\left\langle \frac{\partial^2 u(P_1, t+\tau)}{\partial \tau^2} u^*(P_2, t) \right\rangle = \frac{\partial^2}{\partial \tau^2} \langle u(P_1, t+\tau) u^*(P_2, t) \rangle = \frac{\partial^2 \Gamma_{12}(\tau)}{\partial \tau^2}$$

于是, 我们就得到

$$\boldsymbol{\nabla}_1^2 [\Gamma_{12}(\tau)] - \frac{1}{c^2} \frac{\partial^2 \Gamma_{12}(\tau)}{\partial \tau^2} = 0 \qquad (3\text{-}4\text{-}36)$$

变换计时起点, 令 $t' = t - \tau$, 即 $t + \tau = t'$. 于是, 互相干函数可写为

$$\Gamma_{12}(\tau) = \langle u(P_1, t') u^*(P_2, t' - \tau) \rangle \text{ 或 } \Gamma_{12}(\tau) = \langle u(P_1, t) u^*(P_2, t - \tau) \rangle$$

这时 $u(P_1, t)$ 与 τ 无关, 用类似的方法, 也可得到

$$\boldsymbol{\nabla}_2^2 [\Gamma_{12}(\tau)] - \frac{1}{c^2} \frac{\partial^2 \Gamma_{12}(\tau)}{\partial \tau^2} = 0 \qquad (3\text{-}4\text{-}37)$$

(3-4-36) 和 (3-4-37) 式可视为描述互相干函数传播性质的基本方程. 它们各自描述了光场中某 P_1 点 (或 P_2) 在另一点 P_2 (或 P_1) 固定的情况下, 随时间参量 τ 改变时互相干函数的变化. 在准单色条件下, 注意到 (3-4-22) 式中 J_{12} 与时差 τ 无关, 故将 (3-4-22) 式对时差 τ 求偏微分两次, 便得到

$$\frac{\partial^2}{\partial \tau^2} [\Gamma_{12}(\tau)] \approx -(2\pi\bar{\nu})^2 J_{12} \exp(-\mathrm{j}2\pi\bar{\nu}\tau) \qquad (3\text{-}4\text{-}38)$$

又

$$\boldsymbol{\nabla}_1^2 [\Gamma_{12}(\tau)] = \boldsymbol{\nabla}_1^2 [J_{12} \exp(-2\pi\bar{\nu}\tau)] = (\boldsymbol{\nabla}_1^2 J_{12}) \exp(-2\pi\bar{\nu}\tau) \qquad (3\text{-}4\text{-}39)$$

将 (3-4-38), (3-4-39) 式代入 (3-4-37) 式, 便得

$$\boldsymbol{\nabla}_1^2 J_{12} + \left(\frac{2\pi\bar{\nu}}{c}\right)^2 J_{12} = 0 \qquad (3\text{-}4\text{-}40\mathrm{a})$$

类似地, 可得

$$\boldsymbol{\nabla}_2^2 J_{12} + \left(\frac{2\pi\bar{\nu}}{c}\right)^2 J_{12} = 0 \qquad (3\text{-}4\text{-}40\mathrm{b})$$

(3-4-40a) 和 (3-4-40b) 两式是准单色光场中用来描述空间相干性传播的基本规律.

非单色场可以看作单色光的线性组合, 曲面 Σ_1 上频率为 ν 的单色光扰动 $u(P, \nu)$, 衍射到曲面 Σ_2 上所引起的光扰动 $u(Q, \nu)$ 可以用惠更斯–菲涅耳原理表

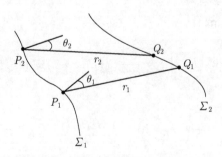

图 3-4-2 互强度的传播示意图

示为

$$u(Q_1,\nu) = \frac{\nu}{jc} \iint_{\Sigma 1} u(P_1,\nu) K(\theta_1) \frac{\exp(jkr_1)}{r_1} ds_1 \qquad (3\text{-}4\text{-}41)$$

$$u(Q_2,\nu) = \frac{\nu}{jc} \iint_{\Sigma 1} u(P_2,\nu) K(\theta_2) \frac{\exp(jkr_2)}{r_2} ds_2 \qquad (3\text{-}4\text{-}42)$$

式中,r_1,r_2 分别为 P_1 与 Q_1 以及 P_2 与 Q_2 之间的距离. 积分符号前的系数为 $1/j\lambda$,现改写为 ν/jc. 根据叠加原理,光场在 Q_1 点的复振幅是所有各个频率的光的复振幅线性叠加. 即

$$\begin{aligned} u(Q_1,t) &= \int_0^\infty u(Q_1,\nu) \exp(-j2\pi\nu t) d\nu \\ &= \iint_{\Sigma 1} \frac{K(\theta_1)}{jcr_1} ds_1 \int_0^\infty \nu u(P_1,\nu) \exp\left[-j2\pi\nu\left(t-\frac{r_1}{c}\right)\right] d\nu \end{aligned} \qquad (3\text{-}4\text{-}43)$$

在准单色光条件下,有 $\delta\nu \ll \bar{\nu}$, $\nu \approx \bar{\nu}$, (3-4-43) 式可近似表示为

$$\begin{aligned} u(Q_1,t) &= \iint_{\Sigma 1} \frac{\bar{\nu}}{jc} \left\{ \int_0^\infty u(P_1,\nu) \exp\left[-j2\pi\nu\left(t-\frac{r_1}{c}\right)\right] d\nu \right\} \frac{K(\theta_1)}{r_1} ds_1 \\ &= \frac{1}{j\bar{\lambda}} \iint_{\Sigma 1} u\left(P_1, t-\frac{r_1}{c}\right) \frac{K(\theta_1)}{r_1} ds_1 \end{aligned} \qquad (3\text{-}4\text{-}44)$$

类似地,有

$$u(Q_2,t) = \frac{1}{j\bar{\lambda}} \iint_{\Sigma 1} u\left(P_2, t-\frac{r_2}{c}\right) \frac{K(\theta_2)}{r_2} ds_2 \qquad (3\text{-}4\text{-}45)$$

设 P_2 点的光波衍射到 Q_2 点比 P_1 点的光波衍射到 Q_1 点的时间的时间滞后了 τ. 在 Σ_2 面上 Q_1, Q_2 两点的互相干函数可表示为

$$\Gamma_{12}(\tau) = \Gamma(Q_1, Q_2; \tau) = \langle u(Q_1, t+\tau) u^*(Q_2, t) \rangle \qquad (3\text{-}4\text{-}46)$$

3.4 时间-空间相干性

为区别 Q_1, Q_2 两点与 P_1, P_2 两点的互相干函数和互强度, (3-4-46) 式和以后都将所考察的空间两点的坐标明确表示在函数变量括号内. 将 (3-4-44) 和 (3-4-45) 式代入 (3-4-46) 式, 得到

$$\Gamma(Q_1, Q_2; \tau)$$
$$= \left\langle \frac{1}{j\bar{\lambda}} \iint_{\Sigma 1} u\left(P_1, t+\tau-\frac{r_1}{c}\right) \frac{K(\theta_1)}{r_1} ds_1 \frac{1}{-j\bar{\lambda}} \iint_{\Sigma 1} u^*\left(P_2, t-\frac{r_2}{c}\right) \frac{K(\theta_2)}{r_2} ds_2 \right\rangle$$
$$= \iint_{\Sigma 1} \iint_{\Sigma 1} \left\langle u\left(P_1, t+\tau-\frac{r_1}{c}\right) u^*\left(P_2, t-\frac{r_2}{c}\right) \right\rangle \frac{K(\theta_1) K(\theta_2)}{\bar{\lambda}^2 r_1 r_2} ds_1 ds_2$$
$$= \iint_{\Sigma 1} \iint_{\Sigma 1} \Gamma\left(P_1, P_2, \tau+\frac{r_2-r_1}{c}\right) \frac{K(\theta_1)}{\bar{\lambda} r_1} \frac{K(\theta_2)}{\bar{\lambda} r_2} ds_1 ds_2 \qquad (3\text{-}4\text{-}47)$$

(3-4-47) 式给出了准单色光条件下, 曲面 Σ_1 和 Σ_2 上互相干函数之间的关系.

当 $\tau=0$ 时, 用互强度 $J(Q_1, Q_2)$ 表示互相干函数 $\Gamma(Q_1, Q_2, 0)$, (3-4-47) 式可改写为

$$J(Q_1, Q_2) = \iint_{\Sigma 1} \iint_{\Sigma 1} \Gamma\left(P_1, P_2, \frac{r_2-r_1}{c}\right) \frac{K(\theta_1)}{\bar{\lambda} r_1} \frac{K(\theta_2)}{\bar{\lambda} r_2} ds_1 ds_2 \qquad (3\text{-}4\text{-}48\text{a})$$

又由 (3-4-22) 式, 我们有

$$\Gamma\left(P_1, P_2, \frac{r_2-r_1}{c}\right) \approx J(P_1, P_2) \exp\left(-j2\pi\bar{\nu}\frac{r_2-r_1}{c}\right)$$
$$= J(P_1, P_2) \exp\left(-j2\pi\frac{r_2-r_1}{\bar{\lambda}}\right)$$

将此关系代入 (3-4-48a) 式, 便得到

$$J(Q_1, Q_2) = \iint_{\Sigma 1} \iint_{\Sigma 1} J(P_1, P_2) \exp\left(-j2\pi\frac{r_2-r_1}{\bar{\lambda}}\right) \frac{K(\theta_1)}{\bar{\lambda} r_1} \frac{K(\theta_2)}{\bar{\lambda} r_2} ds_1 ds_2 \quad (3\text{-}4\text{-}48\text{b})$$

(3-4-48b) 式就是在自由空间准单色光场中互强度的传播公式.

当 Q_1, Q_2 重合为一点 Q 时, 便得到 Σ_2 面上的光强分布 (见图 3-4-3):

$$I(Q) = \iint_{\Sigma 1} \iint_{\Sigma 1} J(P_1, P_2) \exp\left(-j2\pi\frac{r_2-r_1}{\bar{\lambda}}\right) \frac{K(\theta_1)}{\bar{\lambda} r_1} \frac{K(\theta_2)}{\bar{\lambda} r_2} ds_1 ds_2 \qquad (3\text{-}4\text{-}49)$$

以 $I(P_1)$ 和 $I(P_2)$ 分别表示 P_1, P_2 点的光强, 即

$$I(P_1) = \Gamma_{11}(0) = \langle u(P_1, t) u^*(P_1, t) \rangle, \qquad I(P_2) = \Gamma_{22}(0) = \langle u(P_2, t) u^*(P_2, t) \rangle$$

根据 (3-4-24) 式, 则 $J(P_1, P_2)$ 可表示为 $J(P_1, P_2) = \sqrt{I(P_1)I(P_2)}\mu(P_1, P_2)$ 于是, (3-4-49) 式可写为

$$I(Q) = \iint\limits_{\Sigma 1}\iint\limits_{\Sigma 1} \sqrt{I(P_1)I(P_2)}\mu(P_1, P_2) \exp\left(-j2\pi\frac{r_2 - r_1}{\bar{\lambda}}\right) \frac{K(\theta_1)}{\bar{\lambda}r_1}\frac{K(\theta_2)}{\bar{\lambda}r_2} ds_1 ds_2 \tag{3-4-50}$$

(3-4-50) 式表示 Q 的光强等于 Σ_1 面上每一对场点所作的贡献之和. 每一对场点产生的响应为 $\exp\left(-j2\pi\dfrac{r_2 - r_1}{\bar{\lambda}}\right) \dfrac{K(\theta_1)}{\bar{\lambda}r_1}\dfrac{K(\theta_2)}{\bar{\lambda}r_2}$, 每一对场点所作的贡献依赖于这两点的光强和复空间相干度 $\mu(P_1, P_2)$. (3-4-50) 式可以看作是部分相干场中强度传播的惠更斯–菲涅耳原理. 它与描述单色波场传播的惠更斯–菲涅耳公式是极为相似的, 其原因在于互强度的传播也满足亥姆霍兹方程.

自由空间中准单色场互相干性传播的一个重要性质是: 当 $\Gamma(P_1, P_2; \tau) = 0$ 时, (3-4-47) 式积分为零. 这个结果对于空间所有的 $P_1 \neq P_2$ 的场点和所有的 τ 都成立. 这就意味着, 按此方式定义的非相干场是不能传播的. 也就是说, 完全不相干的波面是不能辐射的. 然而, 可以证明, 对于一个传播的波, 其相干性至少在一个波长的线度上存在 [16]. 对于一般的光学系统, 波长与波面的尺度相比较可以看作是无穷小量. 因此, 非相干场的互强度通常可近似表示为

$$J(P_1, P_2) = \kappa I(P_1) \delta(x_1 - x_2, y_1 - y_2) \tag{3-4-51}$$

式中, x_1, y_1 和 x_2, y_2 分别是 P_1 和 P_2 点在直角坐标中的坐标值, κ 为一适当的常系数.

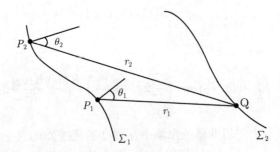

图 3-4-3 计算互强度的有关参数示意图

3.4.4 范西泰特–策尼克定理

这个定理是由范西泰特和策尼克分别于 1934 年和 1938 年导出的. 这定理解决了在准单色非相干扩展光源照明下分析光场中任意两点间的互相干性的问题, 它对计算扩展光源的互相干性问题极为有用. 下面, 我们介绍这个定理.

3.4 时间-空间相干性

在非相干准单色平面扩展光源 σ 照明的一个观察屏平面 Σ_2 上, 考察任意两点 Q_1 和 Q_2 的互强度和复相干度. 取坐标如图 3-4-4 所示. 为简化计, 假定光源平面与该观察屏平面相互平行. 平面光源坐落在 Σ_1 平面上. 观察屏平面为 Σ_2 平面. Σ_1 与 Σ_2 两平面相距为 z, 被考察点 Q_1 和 Q_2 之间的距离 l 远小于 z.

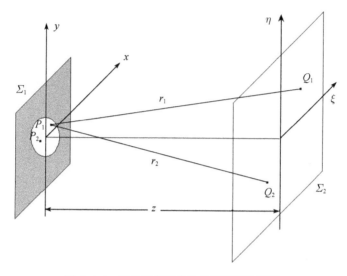

图 3-4-4 用扩展的准单色光源照明的平面

扩展光源 σ 上任意两点 $P_1(x_1, y_1)$ 和 $P_2(x_2, y_2)$ 的互强度为

$$J(P_1, P_2) = \langle u(P_1, t) u^*(P_2, t) \rangle \tag{3-4-52}$$

对于非相干光源两个不同点的光扰动是统计无关的, 根据 (3-4-51) 式, 取 $\kappa = 1$, 上式可写为

$$J(P_1, P_2) = I(P_1) \delta(x_1 - x_2, y_1 - y_2) \tag{3-4-53}$$

将 (3-4-53) 式代入 (3-4-48b), 利用 δ 函数的筛选性, 便得到 Σ_2 面上 Q_1 和 Q_2 两点的互强度为

$$J(Q_1, Q_2) = \iint\limits_{\Sigma 1} I(P_1) \exp\left(-\mathrm{j}2\pi \frac{r_2 - r_1}{\bar{\lambda}}\right) \frac{K(\theta_1)}{\bar{\lambda} r_1} \frac{K(\theta_2)}{\bar{\lambda} r_2} \mathrm{d}s_1 \tag{3-4-54}$$

因为光源局限在 σ 区域内, (3-4-54) 式积分区域可改为 σ. 以 $I(Q_1)$ 和 $I(Q_2)$ 分别表示 Σ_2 平面上 Q_1 和 Q_2 点的光强. 将 (3-4-54) 式除以 $\sqrt{I(Q_1) I(Q_2)}$ 便得到 Q_1 和 Q_2 两场点的复空间相干度:

$$\mu(Q_1, Q_2) = \frac{J(Q_1, Q_2)}{\sqrt{I(Q_1) I(Q_2)}} = \frac{1}{\sqrt{I(Q_1) I(Q_2)}} \iint\limits_{\sigma} I(P_1)$$

$$\times \exp\left(-\mathrm{j}2\pi\frac{r_2-r_1}{\bar{\lambda}}\right)\frac{K(\theta_1)}{\bar{\lambda}r_1}\frac{K(\theta_2)}{\bar{\lambda}r_2}\mathrm{d}s_1 \tag{3-4-55}$$

由于假定了 Q_1 和 Q_2 点的距离远小于光源与屏之间的距离 z, 因此式中的倾斜因子可取值为 1, 即

$$K(\theta_1)\approx 1,\quad K(\theta_2)\approx 1 \tag{3-4-56}$$

于是, 当光波在自由空间内传播时, (3-4-54), (3-4-55) 分别可写为

$$J(Q_1,Q_2)=C_0\iint_\sigma \frac{I(P_1)}{r_1r_2}\exp\left[-\mathrm{j}2\pi\frac{(r_2-r_1)}{\bar{\lambda}}\right]\mathrm{d}s_1 \tag{3-4-57}$$

$$\mu(Q_1,Q_2)=\frac{C_0}{\sqrt{I(Q_1)I(Q_2)}}\iint_\sigma \frac{I(P_1)}{r_1r_2}\exp\left[-\mathrm{j}2\pi\frac{(r_2-r_1)}{\bar{\lambda}}\right]\mathrm{d}s_1 \tag{3-4-58}$$

式中, $C_0=\dfrac{1}{\bar{\lambda}^2}$. 公式 (3-4-58) 称为范西泰特–策尼克定理. 它给出准单非相干色扩展光源所照明的屏上两点光扰动之间的复空间相干度与扩展光源上光强分布的关系. 在 $\mu(Q_1,Q_2)>0$ 的情况下, 它显示出非相干光源发出的辐射在传播过程中可变成部分相干的. 这表明多次传播和衍射有可能改善光的相干性.

取直角坐标, 设 P_1 点的坐标为 (x,y). 根据 (3-4-57) 式可得到 $I(Q_1)$ 和 $I(Q_2)$ 分别为

$$I(Q_1)=J(Q_1,Q_1)=C_0\iint_\sigma \frac{I(x,y)}{r_1^2}\mathrm{d}x\mathrm{d}y \tag{3-4-59a}$$

$$I(Q_2)=J(Q_2,Q_2)=C_0\iint_\sigma \frac{I(x,y)}{r_2^2}\mathrm{d}x\mathrm{d}y \tag{3-4-59b}$$

于是, (3-4-58) 式可进一步改写为

$$\mu(Q_1,Q_2)=\frac{\displaystyle\iint_\sigma I(x,y)\exp\left[-\mathrm{j}2\pi\frac{(r_2-r_1)}{\bar{\lambda}}\right]\mathrm{d}x\mathrm{d}y}{\displaystyle\iint_\sigma I(x,y)\mathrm{d}x\mathrm{d}y} \tag{3-4-60}$$

设 Q_1 和 Q_2 点的坐标分别为 (ξ_1,η_1) 和 (ξ_2,η_2), 在菲涅耳衍射近似条件下, 有

$$\begin{cases} r_1=\sqrt{(\xi_1-x)^2+(\eta_1-y)^2+z^2}\approx z\left[1+\dfrac{(\xi_1-x)^2+(\eta_1-y)^2}{2z^2}\right] \\ r_2=\sqrt{(\xi_2-x)^2+(\eta_2-y)^2+z^2}\approx z\left[1+\dfrac{(\xi_2-x)^2+(\eta_2-y)^2}{2z^2}\right] \end{cases}$$

3.4 时间-空间相干性

$$r_2 - r_1 \approx z\left[1 + \frac{(\xi_2-x)^2 + (\eta_2-y)^2}{2z^2}\right]$$

$$- z\left[1 + \frac{(\xi_1-x)^2 + (\eta_1-y)^2}{2z^2}\right]$$

$$= \frac{(\xi_2^2+\eta_2^2)-(\xi_1^2+\eta_1^2)}{2z} + \frac{\Delta\xi x + \Delta\eta y}{z} \tag{3-4-61}$$

式中,

$$\Delta\xi = \xi_1 - \xi_2, \qquad \Delta\eta = \eta_1 - \eta_2 \tag{3-4-62}$$

令

$$\psi = \frac{\pi\left[(\xi_1^2+\eta_1^2)-(\xi_2^2+\eta_2^2)\right]}{z\bar{\lambda}} \tag{3-4-63a}$$

将上述结果代入 (3-4-60) 式, 并设光源范围以外的点 $I(x,y)$ 为零. 这时公式中的积分限可以扩展到无限大, 便得到菲涅耳衍射近似条件下范西泰特-策尼克定理的最终表达式:

$$\mu_{12} = \mu(Q_1,Q_2) = \frac{\exp(\mathrm{j}\psi)\int_{-\infty}^{\infty}\int_{-\infty}^{\infty}I(x,y)\exp\left[-\mathrm{j}2\pi\left(\frac{\Delta\xi}{\bar{\lambda}z}x+\frac{\Delta\eta}{\bar{\lambda}z}y\right)\right]\mathrm{d}x\mathrm{d}y}{\int_{-\infty}^{\infty}\int_{-\infty}^{\infty}I(x,y)\mathrm{d}x\mathrm{d}y}$$

或

$$\mu(Q_1,Q_2) = \frac{\exp(\mathrm{j}\psi)\,F\left[I(x,y)\right]\Big|_{f_x=\frac{\Delta\xi}{\bar{\lambda}z},f_y=\frac{\Delta\eta}{\bar{\lambda}z}}}{\int_{-\infty}^{\infty}\int_{-\infty}^{\infty}I(x,y)\mathrm{d}x\mathrm{d}y_1} \tag{3-4-64a}$$

(3-4-64a) 式表明: 观察区域 Σ_2 上的复空间相干度正比于光源上光强分布的傅里叶变换.

范西泰特-策尼克定理的一个重要应用, 是用它分析均匀圆形扩展光源的相干性.

如图 3-4-5 所示, 一个直径为 b、亮度均匀的圆形准单色光源. 其辐射光强分布可用圆域函数表示为

$$I(x,y) = I_0 \mathrm{circ}\left(\frac{\sqrt{x^2+y^2}}{b/2}\right) \tag{3-4-65}$$

将 (3-4-65) 式中的变量变换为极坐标, 令

$$r = \sqrt{x^2+y^2}, \quad x = r\cos\phi, \quad y = r\sin\phi$$

在观察面上取 $Q_2(\xi_2,\eta_2)$ 为原点, 即 $\xi_2 = 0, \eta_2 = 0$, 令

$$l = \sqrt{(\Delta\xi)^2+(\Delta\eta)^2} = \sqrt{\xi_1^2+\eta_1^2}, \quad \Delta\xi = \xi_1 = l\cos\gamma, \quad \Delta\eta = \eta_1 = l\sin\gamma$$

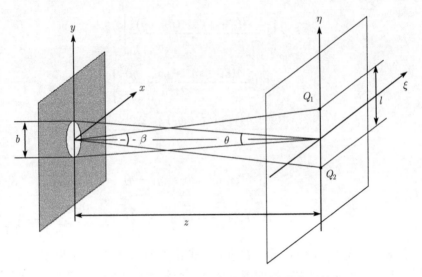

图 3-4-5 均匀圆形光源在照明平面上的相干性

这时
$$\psi = \frac{\pi \left(\xi_1^2 + \eta_1^2 \right)}{z \bar{\lambda}} = \left(\frac{l^2}{z \bar{\lambda}} \right) \pi \qquad (3\text{-}4\text{-}63\text{b})$$

(3-4-65) 式改写为
$$I(r) = I_0 \text{circ} \left[r/(b/2) \right]$$

将 (3-4-64a) 式应用于这个圆形准单色光源，我们有
$$\mu_{12} = \frac{\exp(\mathrm{j}\psi) F\left[I_0 \text{circ} \left(\dfrac{r}{b/2} \right) \right]}{\displaystyle\int_{-\infty}^{\infty} \int_{-\infty}^{\infty} I_0 \text{circ} \left(\dfrac{r}{b/2} \right) \mathrm{d}s_1} \qquad (3\text{-}4\text{-}64\text{b})$$

根据第 2 章 (2-5-18) 式，圆域函数的傅里叶变换为
$$F\left[I_0 \text{circ} \left(\frac{r}{b/2} \right) \right] = \frac{I_0 \pi b^2}{4} \left[\frac{2 J_1(\pi l b / \bar{\lambda} z)}{(\pi l b / \bar{\lambda} z)} \right]$$

而
$$\int_{-\infty}^{\infty} \int_{-\infty}^{\infty} I(r)\, \mathrm{d}s_1 = \int_{-\infty}^{\infty} \int_{-\infty}^{\infty} I_0 \text{circ} \left[\frac{r}{(b/2)} \right] \mathrm{d}s_1 = \frac{I_0 \pi b^2}{4}$$

于是，
$$\mu_{12} = \mu(Q_1, Q_2) = \exp(\mathrm{j}\psi) \left[\frac{2 J_1(\Phi)}{\Phi} \right] \qquad (3\text{-}4\text{-}66)$$

式中，
$$\Phi = \pi b l / \bar{\lambda} z \approx \pi l \theta / \bar{\lambda} \qquad (3\text{-}4\text{-}67)$$

其中, 角 $\theta \approx b/z$ 是光源直径 b 对 Q_1 和 Q_2 连线中心点的张角 (光源的角直径), 如图 3-4-5 所示. Q_1 和 Q_2 两点之间的距离为 $l = \sqrt{\Delta\xi^2 + \Delta\eta^2}$, Q_1 和 Q_2 两点相对于光源中心的张角 (孔径角) 为 β. 故有 $\beta \approx l/z$, 于是 (3-4-67) 式也可改写为

$$\Phi \approx \pi b \beta / \bar{\lambda} \qquad (3\text{-}4\text{-}68)$$

图 3-4-6 给出 $|\mu_{12}|$ 随 Φ 而变化的曲线, 由图可见, Φ 值越小, $|\mu_{12}|$ 值越高. 因此减小光源角直径 θ 或减小孔径角 β, 即减小光源尺寸 b, 或减小 Q_1 和 Q_2 两点之间的距离 l, 或增大距离 z 都可提高 Q_1 和 Q_2 两点的空间相干性. 这时, 即便光源上不同的发光点之间完全互不相关, 每一个点源在 Q_1 和 Q_2 两点产生的光扰动的相位差接近于相等, 它们各自在 Q_1 和 Q_2 两点间产生的干涉图样基本重合, 因而, Q_1 和 Q_2 两点仍然可以是高度相干的. 对于点光源照明的理想情况, $|\mu_{12}|$ 等于最大值 1. 即点光源有完全的空间相干性.

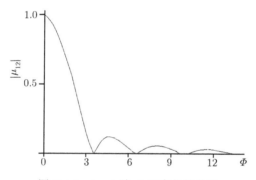

图 3-4-6 $|\mu_{12}|$ 随 Φ 而变化的曲线

为了便于度量空间相干性, 下面引入相干宽度和相干面积的概念. 通常采用的相干宽度和相干面积的定义有三种.

(1) 第一种定义 以干涉条纹恰好消失的零点位置来定义空间相干宽度.

随着 Φ 值从最小值增大, 条纹能见度单调下降, 相干性降低. 当 $\Phi \approx 3.833$ 时, $|\mu_{12}|$ 达到第一个零值. 此时, 干涉条纹恰好消失, 其相应的双孔间距称为空间相干宽度或横向相干宽度. 即

$$l_{c1} = \frac{3.833}{\pi} \frac{\bar{\lambda}}{\theta} = 1.22 \frac{\bar{\lambda}}{\theta} \qquad (3\text{-}4\text{-}69)$$

或相应的孔径角为

$$\beta = 1.22 \frac{\bar{\lambda}}{b} \qquad (3\text{-}4\text{-}70)$$

若将杨氏双孔对准在这两点, 即双孔的间距为 l_c, 或双孔恰好位于孔径角 β 的两边沿, 则屏后面的光场将没有任何干涉条纹. 这时, 无论观察屏放在什么位置, 都是一

片均匀的亮场. 对应的 Q_1 和 Q_2 两点的光场是完全不相干的. 当 Φ 值继续增大, 又可见到干涉条纹, 不过能见度大大降低.

(2) 第二种定义 以获得较高能见度的条件来定义空间相干宽度.

当 $\Phi = 1$ 时, $|\mu_{12}| = 0.88$, 通常取此值对应的双孔间距为空间相干宽度. 一方面 $\Phi = 1$ 便于处理和计算, 一方面干涉条纹在此位置具有相当高的能见度, 对理论最佳值 1 的偏离仅为 12%. 这时相应的 Q_1 和 Q_2 两点之间的距离为

$$l_{c2} = \bar{\lambda}/\pi\theta \approx 0.32\bar{\lambda}/\theta \tag{3-4-71}$$

(3-4-71) 式是空间相干宽度或横向相干宽度的又一种定义.

在上面两种定义下, 都是以空间相干宽度 l_c 为直径的面积 A_c 定义为相干面积 (coherent area) 的. 譬如, 对应于第一种定义的相干面积可表示为 $A_{c1} = \pi \left(0.61\bar{\lambda}/\theta\right)^2$.

如将太阳看作是均匀亮度的圆形光源, 它对地球的张角为 $\theta \approx 0°32' \approx 0.0093\mathrm{rad}$, 若取 $\bar{\lambda} \approx 550\mathrm{nm}$, 以第一种定义计算的相干面积是以直径为 $l_{c1} \approx 0.072\mathrm{mm}$ 的圆; 而以第二种定义计算的相干面积则是以直径为 $l_{c2} \approx 0.019\mathrm{mm}$ 的圆. 它们的意义各有不同, 前者意味着在双孔的间距为 $l_{c1} \approx 0.072\mathrm{mm}$ 时干涉条纹刚好消失, 而后者意味着在双孔的间距只要处于以 $l_{c2} \approx 0.019\mathrm{mm}$ 为直径的圆面积以内干涉条纹都有很好的能见度 ($V \geqslant 0.88$).

(3) 第三种定义 类似曼德尔对相干长度的定义, 以下面的积分式定义为相干面积.

$$A_{c3} = \int_{-\infty}^{\infty} |\mu(x,y)|^2 \,\mathrm{d}x\mathrm{d}y \tag{3-4-72}$$

此定义从理论角度考虑更为严谨, 更具普遍性. 不过从实用意义上, 前两种定义更便于使用, 它们对应的物理意义也更为清晰.

Thompson 和 E.Wolf(1957) 以及 Thompson (1958) 曾采用图 3-4-7 的装置 (被称为衍射计, diffractometer) 研究光源尺度变化以及双孔间距变化对复相干度 $|\mu_{12}|$ 的影响. 图中 σ 为非相干光源 (不透明屏上开一个通光孔径, 并使其直径甚大于 λ/β) 位于透镜 L_1 的前焦面上, 他们使用的光源是汞灯, 通过滤波片, 选出平均波长为 $\bar{\lambda} = 579\mathrm{nm}$ 的钠光双谱线. L_1 和 L_2 的焦距相等, 均为 f. 在它们中间安放一个开有两个圆孔的平面模板, 两圆孔对光轴是对称的. 在透镜 L_2 的后焦面上放置观察屏以研究光源通过双孔产生的干涉图样, 观察时采用显微镜观看.

设 P 为观察平面上的一任意点, 根据 (3-4-4c) 式, 在观察平面上光场的强度分布可表示为

$$I(P) = I^{(1)}(P) + I^{(2)}(P) + 2\sqrt{I^{(1)}(P)I^{(2)}(P)}\,|\gamma_{12}(\tau)|\cos\left[2\pi\bar{\nu}\tau + \alpha_{12}(\tau)\right]$$

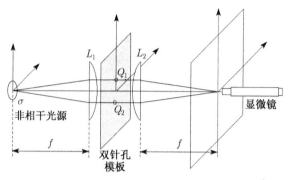

图 3-4-7 非相干光源相干性实验装置示意

$I^{(1)}(P)$ 为当 Q_2 点的小孔被遮挡, 仅 Q_1 小孔的光波传播到 P 点的光强; $I^{(2)}(P)$ 是当 Q_1 点的小孔被遮挡, 仅 Q_2 小孔的光波传播到 P 点的光强. 在准单色光情况下, 根据 (3-4-27) 式, 上式可改写为

$$I(P) = I^{(1)} + I^{(2)} + 2\sqrt{I^{(1)}I^{(2)}}|\mu_{12}|\cos[2\pi\bar{\nu}\tau + \alpha_{12}] \qquad (3\text{-}4\text{-}73)$$

τ 为分别从双孔传播到 P 点的两束光的时差. 若双孔孔径大小都为 R, 观察平面放置在透镜 L_2 的焦平面上. 根据第 2 章 (2-5-20) 式, 我们有

$$I^{(1)} = I^{(2)} = I_0 \left[\frac{2J_1(u)}{u}\right]^2$$

$$u = \frac{2\pi R r_i}{\bar{\lambda} f} \approx \frac{2\pi R}{\bar{\lambda}} \sin\omega = \frac{2\pi \bar{\nu} R}{c}\sin\omega, \qquad I_0 = \left[\frac{A\pi R^2}{\bar{\lambda} f}\right]^2$$

式中, r_i 为观察平面上 P 点的极坐标极轴数值, A 为入射在小孔孔面上单色平面波的振幅, ϖ 为观察屏上 P 点与透镜 L_2 中心和透镜光轴之间的夹角, 则 $\sin\omega \approx r_i/f$, $\tau \approx l\sin\varpi/c$. 根据 (3-4-66), (3-4-67) 式, 我们又有

$$|\mu_{12}| = \left[\frac{2J_1(\Phi)}{\Phi}\right]$$

式中, $\Phi = \pi b l/\bar{\lambda} f \approx \pi l \theta / \bar{\lambda}$, 角 $\theta \approx b/f$ 是光源直径 b 对透镜 L_1 对应于 Q_1 和 Q_2 连线中心点的张角 (光源的角直径).

$$\begin{aligned} I(P) &= I^{(1)} + I^{(2)} + 2\sqrt{I^{(1)}I^{(2)}}|\mu_{12}|\cos[2\pi\bar{\nu}\tau + \alpha_{12}] \\ &= 2I^{(1)}\{1 + |\mu_{12}|\cos[2\pi\bar{\nu}\tau + \alpha_{12}]\} \\ &= 2I_0\left[\frac{2J_1(u)}{u}\right]^2\left\{1 + \left|\frac{2J_1(\Phi)}{\Phi}\right|\cos\left[\frac{2\pi\bar{\nu}}{c}l\sin\omega + \alpha_{12}\right]\right\} \qquad (3\text{-}4\text{-}74) \end{aligned}$$

图 3-4-8 是从当年 Thompson 所做实验的一些结果中选出的两幅照片[4,12]和相应的理论分析曲线. 图中, 双孔的孔距保持不变, 采用改变光源尺度大小的方式来改变条纹能见度. 图 3-4-8(a) 的实验参数是, 孔距为 $l = 5\text{mm}$, 光源尺度为 $b = 90\mu\text{m}$, $|\mu_{12}| = 0.703$, $\alpha_{12} = 0$, 中心处为亮纹. 图 3-4-8(b) 的实验参数是, 孔距仍为 $l = 5\text{mm}$, 光源尺度为 $b = 280\mu\text{m}$, $|\mu_{12}| = 0.132$, $\alpha_{12} = \pi$, 中心处为暗纹. 这两幅图引自文献 [13].

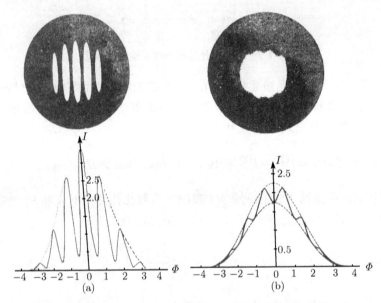

图 3-4-8　均匀亮度的圆形光源的衍射图样

类似的, 将范西泰特–策尼克定理应用于分析均匀矩形扩展光源的相干性. 设该光源沿 x 轴的边长为 a, 沿 y 轴的边长为 b, 光源中点位于 x, y 坐标原点则其辐射光强分布可用门函数表示为

$$I(x, y) = I_0 \text{rect}\left(\frac{x}{b}\right) \text{rect}\left(\frac{y}{c}\right)$$

根据 (3-4-64a) 式, 其复空间相干度为

$$\mu_{12} = \frac{\exp(\mathrm{j}\psi) F\left[I_0 \text{rect}\left(\frac{x}{a}\right) \text{rect}\left(\frac{y}{b}\right)\right]}{\int_{-\infty}^{\infty} \int_{-\infty}^{\infty} I_0 \text{rect}\left(\frac{x}{a}\right) \text{rect}\left(\frac{y}{b}\right) \mathrm{d}s_1} = \exp(\mathrm{j}\psi) \text{sinc}\left(\frac{a}{\lambda z}\xi\right) \text{sinc}\left(\frac{b}{\lambda z}\eta\right)$$

(3-4-75)

对于图 3-3-2 所示的均匀线扩展光源的情况, 可取 (3-4-75) 式在边长 $a \to 0$ 的极限

值. 即

$$\mu_{12} = \exp(j\psi) \operatorname{sinc}\left(\frac{b}{\bar{\lambda}z}\eta\right) \lim_{a \to 0}\left[\operatorname{sinc}\left(\frac{a}{\bar{\lambda}z}\xi\right)\right] = \exp(j\psi) \operatorname{sinc}\left(\frac{b}{\bar{\lambda}z}\eta\right) \quad (3\text{-}4\text{-}76)$$

故长度为 b 的均匀线扩展光源对应的条纹能见度为

$$V = |\mu_{12}| = \operatorname{sinc}\left(\frac{b}{\bar{\lambda}z}\eta\right) \quad (3\text{-}4\text{-}77)$$

与 3.3.1 节 (3-3-8), (3-3-9) 式相比较. 这里的 η 和 z 相当于 3.3.1 节中的 l 和 R_0. 故两者结果是一样的.

类似的, 我们可以得到当 $b\eta/\bar{\lambda}z = 1$, 即 $\eta = \bar{\lambda}z/b = \bar{\lambda}/\theta$ 时, $\mu_{12} = 0$, 这时 η 相当于双孔的最大临界间距 l_c, 即均匀线扩展光源的空间相干宽度为 $l_c = \eta_{\max} \approx \frac{\bar{\lambda}}{\theta}$

其他结果也和 3.3.1 节获得的结果一样, 这里就不再赘述.

3.4.5 星体干涉术

利用光场的空间相干性质, 可以测量宇宙中星体的直径和双星的间距. 由于星体遥远, 所以它们的角直径非常小, 约为 10^{-7}rad 量级. 因此, 在地球上观察到星体发出的光的横向相干宽度为数米量级. 确定像星体这类遥远光源角直径的方法, 可以采用如图 3-4-9 所示的双孔间距可变的杨氏双孔干涉装置. 假定星体可以看作是准单色的均匀圆形光源, 连续改变双孔间距, 测出干涉条纹能见度由最大降为零时的 l_{c1} 之值, 即可测量出横向相干宽度, 于是, 根据关系式 $\theta_{\text{Star}} \approx 1.22\lambda/l_{c1}$ 就可以方便地计算出星体的角直径 θ_{Star}.

迈克耳孙是按照斐佐 (Fizeau) 早先的一个建议, 第一个用干涉方法测定星体的角直径的. 图 3-4-10 是迈克耳孙测星干涉仪的示意图, 他用反射镜来增大两个孔的间距, 在望远镜物镜前放置一个开有双孔的光阑, 双孔位置对称于光轴. 用两个相距很远的可移动反射镜 M_1 和 M_2 收集来自遥远星体的光线, 反射光再经过反射镜 M_3 和 M_4 反射, 分别通过双孔进入物镜, 在物镜后焦面上形成干涉图样. 反射镜 M_1 和 M_2 之间的距离就相当于双孔的间距 l. 在迈克耳孙测星干涉装置中, 两个可移动反射镜 M_1 和 M_2 可在一根长导轨上移动, 长导轨装在威尔孙山天文台的 100inch 反射望远镜上. 连续移动反射镜, 当干涉条纹的能见度降为零时, 这时 M_1 和 M_2 之间的距离就等于横向相干宽度, 即 $l = l_{c1} \approx 1.22(\lambda/\theta_s)$. 1920 年 12 月迈克耳孙用这个装置测量了猎户座上方一颗橙色的星, 即参宿四 (Betelgeuse). 当调到 $l = l_{c1} = 121$ 英寸即 307.33cm 时, 干涉条纹消失, 取波长的平均值为 $\bar{\lambda} = 570$nm, 可计算出

$$\theta_s \approx 1.22(\lambda/l_{c1}) = (1.22 \times 570 \times 10^{-9}/3.07)\,\text{rad} \approx 2.26 \times 10^{-7}\text{rad}$$

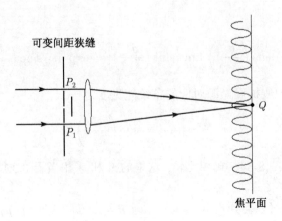

图 3-4-9 星体角直径的测量

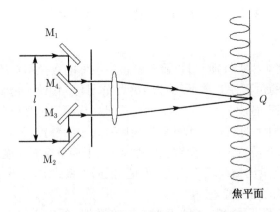

图 3-4-10 迈克耳孙测星干涉仪示意图

从已知的距离计算出它的线直径约为太阳的 280 倍[1,12].

迈克耳孙测星干涉仪也可用于测量双星的角间距. 为了测量更小的星体, 可移动反射镜的间距必须更大, 这是测星干涉仪结构上的主要困难.

类似的装置在射电天文学中被广泛应用来测定天体射电源的大小.

最后, 将描述相干性的有关参量概括如下.

互相干函数

$$\Gamma(P_1, P_2, t+\tau, t) \equiv \langle u(P_1, t+\tau) u^*(P_2, t) \rangle \equiv \Gamma_{12}(\tau)$$

波函数 $u(P,t)$ 的光场中任意两点 P_1, P_2 在不同时刻 $t+\tau$ 和 t 的相关函数, 描述光场 "异地异时" 的相干性, 是最普遍的描述光场相干性的参量.

互相干度

$$\gamma(P_1, P_2, \tau) \equiv \gamma_{12}(\tau) = \frac{\Gamma_{12}(\tau)}{\sqrt{\Gamma_{11}(0)\Gamma_{22}(0)}} = \frac{\Gamma_{12}(\tau)}{\sqrt{I_1 I_2}}$$

3.4 时间–空间相干性

归一化的互相干函数

自相干函数$\Gamma_{11}(\tau)$ 或 $\Gamma_{22}(\tau)$

P_1 与 P_2 点重合时的互相干函数, 分别是 P_1 点波函数 $u(P_1,t_1)$ 或 P_2 点波函数 $u(P_2,t_2)$ 的自相干函数, 描述光场 "同地异时" 的相干性, 即时间相干性 (与空间无关的纯时间相干性). 通常可略去坐标变量和足标, 表示为 $\Gamma(\tau)$.

复自相干度$\gamma(\tau)$

$\gamma(\tau) \equiv \dfrac{\Gamma(\tau)}{\Gamma(0)} = \dfrac{\langle U(t+\tau)U^*(t)\rangle}{\langle U(t)U^*(t)\rangle}$ 归一化的自相干函数

$|\gamma(\tau)| = 1$ "相干" 或 "完全相干"

$0 < |\gamma(\tau)| < 1$ "部分相干"

$|\gamma(\tau)| = 0$ "不相干" 或 "完全不相干"

P_1 的光强

$$\Gamma_{11}(0) \equiv J_{11} \equiv \langle u(P_1,t)u^*(P_1,t)\rangle = \langle |u(P_1,t)|^2\rangle = I_1$$

P_2 的光强

$$\Gamma_{22}(0) = J_{22} == \langle u(P_2,t)u^*(P_2,t)\rangle = \langle |u(P_2,t)|^2\rangle = I_2$$

干涉图样

由干涉场的光强分布描述, 具体表示为任意场点 Q 的光强:

$$\begin{aligned}I(Q) &= I^{(1)} + I^{(2)} + 2\Gamma_{12}^{(r)}(\tau)\\ &= I^{(1)} + I^{(2)} + 2\sqrt{I^{(1)}I^{(2)}}\gamma_{12}^{(r)}(\tau)\\ &= \left(I^{(1)} + I^{(2)}\right)\left[1 + \dfrac{2\sqrt{I^{(1)}I^{(2)}}}{(I^{(1)}+I^{(2)})}\gamma_{12}^{(r)}(\tau)\right]\end{aligned}$$

$$\gamma_{12}^{(r)}(\tau) = |\gamma_{12}(\tau)|\cos[2\pi\bar{\nu}\tau + \alpha_{12}(\tau)]$$

条纹能见度

$$V = \dfrac{I_{\max} - I_{\min}}{I_{\max} + I_{\min}} = \dfrac{2\sqrt{I^{(1)}I^{(2)}}}{I^{(1)} + I^{(2)}}|\gamma_{12}(\tau)| = \dfrac{2\sqrt{B}}{1+B}|\gamma_{12}(\tau)|$$

$$B = \left(I^{(2)}/I^{(1)}\right) = 1 \text{ 即 } I^{(1)} = I^{(2)} \text{ 时,}\quad V = |\gamma_{12}(\tau)|$$

在准单色光场条件下($\delta\nu \ll \bar{\nu}$; $l_c \gg l = r_2 - r_1$)

互相干函数和复相干度可近似分解为与程差 (或时差) 有关和无关的两因子之积.

$$\Gamma_{12}(\tau) \approx \Gamma_{12}(0)\exp(-\mathrm{j}2\pi\bar{\nu}\tau) = J(P_1,P_2,0)\exp(-\mathrm{j}2\pi\bar{\nu}\tau)$$

$$= J_{12} \exp(-\mathrm{j}2\pi\bar{\nu}\tau)$$
$$\gamma_{12}(\tau) \equiv \frac{\Gamma_{12}(\tau)}{\sqrt{\Gamma_{11}(0)\Gamma_{22}(0)}} \approx \frac{J_{12}}{\sqrt{J_{11}J_{22}}} \exp(-\mathrm{j}2\pi\bar{\nu}\tau)$$
$$= \gamma_{12}(0) \exp(-\mathrm{j}2\pi\bar{\nu}\tau) = \mu_{12} \exp(-\mathrm{j}2\pi\bar{\nu}\tau)$$

互强度或**空间相干函数**

$$\Gamma(P_1, P_2, 0) \equiv \Gamma_{12}(0) \equiv J_{12}$$

时差为零 ($\tau = 0$) 的互相干函数,描述光波波阵面上两点 P_1 与 P_2 在同时刻的空间相干性,即波场 "同时异地" 的空间相干性 (与时间相干性无关的纯空间相干性).

复空间相干度或**复相干因子**

归一化的互强度

$$\mu(P_1, P_2, 0) \equiv \gamma_{12}(0) \equiv \mu_{12} = \frac{\Gamma_{12}(0)}{\sqrt{\Gamma_{11}(0)\Gamma_{22}(0)}} \approx \frac{J_{12}}{\sqrt{J_{11}J_{22}}}$$
$$= \frac{J_{12}}{\sqrt{I_1 I_2}} = |\mu_{12}| \exp[\mathrm{j}\alpha_{12}(0)]$$

准单色波场干涉图样

$$I(Q) = I^{(1)} + I^{(2)} + 2\sqrt{I^{(1)}I^{(2)}}|\mu_{12}|\cos[2\pi\bar{\nu}\tau + \alpha_{12}(0)]$$

$$V = \frac{2\sqrt{I^{(1)}I^{(2)}}}{I^{(1)} + I^{(2)}}|\mu_{12}|$$

$$B = 1 \text{ 即 } I^{(1)} = I^{(2)} \text{ 时,} \quad V = |\mu_{12}|$$

时间相干性的度量　　**相干长度** l_c **或相干时间** τ_c

$|\gamma(\tau_{c1})| \equiv \frac{1}{\sqrt{2}} \approx 0.707$　(高相干区域的范围)

$|\gamma(\tau_{c2})| \equiv 0$　(条纹消失的位置)

作为数量级的估计,相干长度可按下式计算:

$$l_c \approx (c/\delta\nu) \text{ 或 } l_c = |\bar{\lambda}^2/\delta\lambda|$$

空间相干性的度量　　**空间相干宽度**或**横向相干宽度**

圆扩展光源

$$l_{c1} \approx 1.22(\lambda/\theta) \quad (\text{条纹消失的位置})$$

或

$$l_{c2} \approx 0.32\bar{\lambda}/\theta \quad (\text{高相干区域的范围})$$

线扩展光源
$$l_c \approx \lambda/\theta \quad (条纹消失的位置)$$

研究时间相干性的典型实验装置　　迈克耳孙干涉仪

通过在空间同一点相遇的、来自同一光源的两束光是否产生干涉条纹以及干涉条纹能见度的优劣可判断照明该点光波的相干性.

研究空间相干性的典型实验装置　　杨氏干涉仪

一般情况下对于扩展光源, 其光场都是部分相干的. 若作相干光学实验, 应使空间相干宽度 l_{c2} 大于双孔间距; 若作非相干光学实验, 则应使双孔间距等于或甚大于空间相干宽度 l_{c1}.

参 考 文 献

[1] 福尔斯 G R. 现代光学导论 [M]. 上海: 上海科技出版社, 1980: 58, 63-71, 74-75.
[2] 艾布拉姆森 N. 全息图的摄制与估算 [M]. 北京: 科技出版社, 1988: 6.
[3] Max Born, Emil Wolf. Principles of optics[M]. New York: Pergamon Press, 1980: 267, 540, 490-508.
[4] Ghatak A K, Thyagarajan K. Contemporary optics[M]. New York: Plenum Press, 1978: 153-165, 173.
[5] Robert J Collier, Christoph B Burckhardt, Lawrence H Lin. Optical holgraphy[M]. New York and London: Academic Press, 1971: 105,143.
[6] 于美文. 光全息及其应用 [M]. 北京: 北京理工大学出版社, 1996: 42-67, 87-88.
[7] Beeley M J. 激光及其应用 [M]. 北京: 国防出版社, 1976: 75.
[8] 熊秉衡. 关于度量时间相干性的一些问题 [J]. 长沙铁道学院学报, 1984, 4: 47-51.
[9] Mandel L. [J]. Pro Phys Soc, 1959, 74: 233.
[10] Mitchell A C G, Zemansky M W. Resonance radiation and excited atoms[M]. 2nd printing. London and New York: Univ. Press, 1961: Chap. III.
[11] 熊秉衡. 大景深全息图的拍摄 [J]. 光学学报, 1985, 5(7): 600-604.
[12] 赫克特 E, 赞斯 A. 光学 (下册)[M]. 第 2 版. 秦克诚, 詹达三, 林福成, 译. 北京: 高等教育出版社, 1983: 883-887.
[13] Thompson B J. [J]. Soc J Photo Inst Engr, 1965, 4: 7.
[14] 王仕璠. 信息光学理论与应用 [M]. 北京: 北京邮电大学出版社. 2004: 117-138.
[15] 陈家璧, 苏显渝. 光学信息技术原理及应用 [M]. 北京: 高等教育出版社, 2002: 86-110.
[16] 顾德门 J W. 统计光学 [M]. 秦克等, 译. 北京: 科学出版社, 1992: 189.
[17] 宋菲君. 从波动光学到信息光学 [M]. 北京: 科学出版社, 1987.
[18] 刘思敏, 许京军, 郭儒. 相干光学 —— 原理及应用 [M]. 天津: 南开大学出版社, 2001: 8.

第4章 激光光源

早在 1948 年，匈牙利裔英国科学家丹尼斯·伽博 (Dennis Gabor) 就已经提出了全息照相的原理，但由于缺乏高相干性和强度足够高的光源，在 20 世纪 50 年代，这方面的进展一直很缓慢．直到 1960 年出现激光以后，全息照相才得到迅猛的发展，足见激光对全息之重要．

激光是一种非常特殊的光．它是由激光器发射出来的一束定向的高亮度的细光束，称激光束．具有很高的方向性、相干性、和很高的能流密度．用生活中的词汇，激光器其实就是一种灯．像电灯、白炽灯、日光灯、碘钨灯……一样，都是灯．技术上的术语就是"光源"，是一种发光器件．不过它是一种非常特殊的光源，它发出的光就是激光．其特殊在于它实质上是一个光学振荡器，在其光学共振腔内 (最简单的共振腔是两面反射镜，光可以在两面镜子间来回反射)，盛有一定量的能放大光的特殊介质，通过外部激发 (可以是电激发、也可以是光激发、也可以是化学激发等)，不断提供能量，使腔内介质实现光能的放大作用，形成一定方向、一定频率的光振荡 (相当于在谐振腔轴线上形成一定波长的驻波)，并沿着振荡方位，通过部分透明的谐振腔镜，输出高相干性、高方向性、高能流密度的激光束．

激光问世前，在 20 世纪 50 年代，通过许多科学家的努力，发展了一种叫做"微波激射器"的新器件．这些科学家中，最重要的有美国的 C.H.Townes 和前苏联的 A.M.Prokhorov 和 N.G.Bosov，这三位科学家因此共享 1964 年的诺贝尔物理学奖金．"微波激射器"的英文是 MASER，它是 micro-wave amplification by stimulated emission of radiation 的缩写．它的工作方式很不寻常，是一种基于受激辐射的微波放大机制的波源．而后，Townes 和 A.L.Schawlow 想到："能不能将同样的技术推广到电磁波谱的光学频段"也就是能否制作出基于受激辐射的光放大机制的"光激射器"．他们经过缜密地科学思考，于 1958 年预言了其可能性，并指出其需要满足的物理条件．紧接着在 1960 年 7 月，T.H.Maiman 宣布第一台激光器在 Hughes 实验室诞生，几个月之后，在贝尔 (Bell) 实验室研究成功了氦-氖气体激光器，这是科学史上的一个伟大里程碑．直到如今，只有很少几种研究成果对当今科学领域的影响能够和激光相比拟[1]．

激光的英文是 LASER，是 light amplification by stimulated emission of radiation 的缩写．曾被翻译作"莱塞"、"莱泽"，台湾译作"镭射"，也有译为"光量子放大 (振荡) 器"、"受激光发射器""光激射器"等，我国于 1964 年根据钱学森的建议将

"LASER" 称作 "**激光**"[2,8].

4.1 激光的原理

4.1.1 原子发光机制

每个原子都是一个发光基元. 通常情况下, 原子处于稳定的基态. 当原子从外界获得能量时, 便跃迁至某激发态. 当原子从该激发态恢复到基态, 就会释放能量, 发射出一个光子. 光子具有的能量为 $h\nu$, 其中 ν 是光子的光振动频率. $h\nu$ 等于激发态能量与基态能量之差值 ΔE[3], 即

$$\Delta E = h\nu \tag{4-1-1}$$

式中, $h = 6.624 \times 10^{-27} (\text{erg·s})$ 为**普朗克常数**. 其对应的光波波长 λ 为

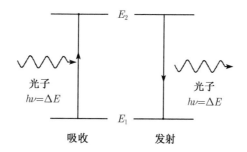

图 4-1-1 原子吸收、发射光子示意图

$$\lambda = cT = c/\nu \tag{4-1-2}$$

式中, c 为光速, T 为振动周期.

丹麦物理学家玻尔 (Bohr) 在对氢原子的研究中发现, 一个电子的角动量总是量 $h/2\pi$ 的整数倍. 一个质量为 m 的电子, 以速度 v 沿半径为 r 的圆轨道运动时, 具有的角动量 mvr. 为

$$mvr = n\left(\frac{h}{2\pi}\right)(n = 1, 2, 3, \cdots) \tag{4-1-3}$$

(4-1-3) 式表示电子轨道角动量是量子化的. n 是正整数, 称为**主量子数**.

电荷为 $-e$ 的电子, 绕着电荷为 $+e$ 的质子作半径为 r 的圆运动时, 其经典力学方程是

$$\frac{e^2}{4\pi\varepsilon_0 r^2} = \frac{mv^2}{r} \tag{4-1-4}$$

在 (4-1-3) 和 (4-1-4) 式中消去速度 v, 得到电子的轨道半径公式:

$$r = n^2 \left(\frac{\varepsilon_0 h^2}{\pi m e^2} \right) = n^2 a_\text{H} \tag{4-1-5}$$

a_H 是 $n = 1$ 时的轨道半径, 称为第一玻尔轨道半径, 是电子最小的轨道半径. 其值为

$$a_\text{H} = \left(\frac{\varepsilon_0 h^2}{\pi m e^2} \right) = 0.529 \text{Å} \tag{4-1-6}$$

于是, 其所有各级轨道可由数列 $a_\text{H}, 4a_\text{H}, 9a_\text{H}, \cdots$ 给出. 式中 Å 是光谱学中常用的长度单位, 称 "埃格斯特朗"(Angstrom) 简称 "埃". $1\text{Å} = 10^{-10}\text{m} = 0.1\text{nm}$.

对于一个给定的轨道, 其总能量 E 为动能与势能的和. 即

$$E = \frac{1}{2} m v^2 - \frac{e^2}{4\pi \varepsilon_0 r} \tag{4-1-7}$$

应用 (4-1-4), 消去速度 v, 得到

$$E = -\frac{e^2}{8\pi \varepsilon_0 r} \tag{4-1-8}$$

由于轨道是量子化的, 能量也是量子化的,

$$E_n = -\frac{R}{n^2} \tag{4-1-9}$$

式中, R 称为**里德伯常数**, 其值为

$$R = \frac{m e^4}{8 \varepsilon_0^2 h^2} \tag{4-1-10}$$

它也是基态 $n = 1$ 电子的结合能, 其近似值为 13.5eV.

由 (4-1-1) 和 (4-1-9) 两式, 可以得到氢光谱公式. 分别将轨道 n_i 和 n_j 相应的能量表示为 E_i 和 E_j, 我们有

$$\nu_{ji} = \frac{E_j - E_i}{h} = \frac{R}{h} \left(\frac{1}{n_i^2} - \frac{1}{n_j^2} \right) \tag{4-1-11}$$

式中, $R/h = 3.29 \times 10^{15}$Hz. 整数 n_i 和 n_j 的各种组合给出了实验上观测到的谱线系. 它们是

$n_i = 1, n_j = 2, 3, 4, \cdots\cdots$ 莱曼 (Lyman) 线系 (远红外)

$n_i = 2, n_j = 3, 4, 5, \cdots\cdots$ 巴尔末 (Balmer) 线系 (可见和近紫外)

$n_i = 3, n_j = 4, 5, 6, \cdots\cdots$ 帕邢 (Paschen) 线系 (近红外)

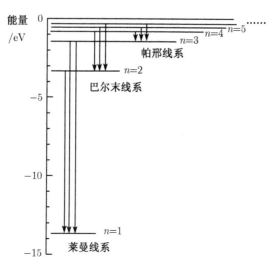

图 4-1-2 氢原子光谱示意图

$n_i = 4, n_j = 5, 6, 7, \cdots\cdots$ 布拉开 (Brackett) 线系 (红外)

$n_i = 5, n_j = 6, 7, 8, \cdots\cdots$ 普丰德 (Pfund) 线系 (红外)

用一台普通的小型分光仪来观察一支氢气放电管时, 很容易看到巴尔末线系的头三条谱线, 也就是波长为 6563Å 的 H_α 线, 波长为 4861Å 的 H_β 线, 波长为 4340Å 的 H_γ 线.

玻尔模型基本正确的数值结果, 还不能解释当电子在基态轨道上运行时为什么不辐射能量这一事实, 而且, 难于用在更复杂的原子中, 更不能用于分子中. 关于原子的现代量子理论如今已取代了玻尔理论, 这里就不作深入介绍.

4.1.2 受激发射与热辐射

爱因斯坦在 1917 年提出了有关原子体系的受激发射与感应发射的概念. 他指出: 为了完整地描述物质与辐射的相互作用, 必须包含有如下过程, 即激发态的原子可受到辐射的感应而发射一个光子, 同时跃迁到一个较低的能态上. 也就是说, 在外来光子的激发下, 原来处于激发态的原子从高能级跃迁至低能级, 同时发射一个光子. 这个光子和外来光具有完全相同的特征, 它们的频率相同, 相位相同, 偏振态相同, 传播方向相同, 两个光子是不可分辨的. 这个概念是理解激光机理的基础.

让我们考察一个原子体系, 在该体系内存在着能量分别为 $E_1, E_2, E_3, \cdots$ 的能级 $1, 2, 3, \cdots$. 处在各个能级上的单位体积内的原子数分别为 $N_1, N_2, N_3, \cdots$. 如果该原子体系在一定温度 T 下处于热辐射平衡状态. 则任何两个能级, 如能级 1 和能级 2 上相应的原子数满足下面的玻尔兹曼方程:

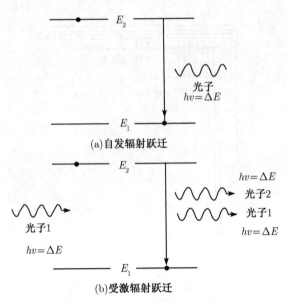

图 4-1-3　自发辐射和受激辐射

$$\frac{N_2}{N_1} = \frac{\exp(-E_2/kT)}{\exp(-E_1/kT)} = \exp\left(-\frac{E_2 - E_1}{kT}\right) \tag{4-1-12}$$

式中, k 是玻尔兹曼常数. 如图 4-1-4(a) 所示意. 通常情况下, 由于 $T > 0$, 因此, 若 $E_2 > E_1$, 则 $N_2 < N_1$. 也就是处于高能级的粒子数总是大于处于低能级的粒子数的.

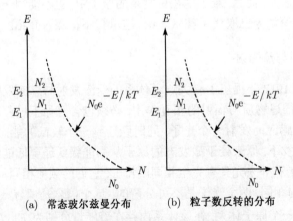

图 4-1-4　两能级系统粒子数分布示意图

处于高能级 2 的原子能够向低能级 1 衰变, 并释放能量. 释放能量的方式有两种. 一是转变为热运动的能量, 称为**无辐射跃迁**; 另一种方式是发射一个光子, 称为

4.1 激光的原理

自发辐射跃迁. 辐射出的光子频率由 (4-1-1) 式决定. 通常的普通光源如电灯、日光灯等都是属于自发辐射.

若以 A_{21} 表示单位时间从高能级 2 向低能级 1 自发发射的跃迁概率. 则每秒内的自发衰变数便是 $N_2 A_{21}$. 感应跃迁或受激跃迁则与所处的辐射场有关, 设辐射场的能量密度为 u_ν, B_{21} 与 B_{12} 分别为感应发射和感应吸收的比例常数. 于是, 单位时间从高能级 2 向低能级 1 感应发射的跃迁概率 $B_{21}u_\nu$, 由高能级 2 向低能级 1 感应发射的跃迁数为 $N_2 B_{21} u_\nu$; 类似地, 单位时间从低能级 1 向高能级 2 感应吸收的跃迁数为 $N_1 B_{12} u_\nu$. 上述表达式中的比例常数 A 和 B 称为爱因斯坦系数.

在平衡条件下, 单位时间从能级 1 向能级 2 感应吸收的跃迁数与单位时间从能级 2 向能级 1 的跃迁总数应该相等. 也就是

$$N_2 A_{21} + N_2 B_{21} u_\nu = N_1 B_{12} u_\nu \tag{4-1-13}$$

求解 u_ν, 得到

$$u_\nu = \frac{N_2 A_{21}}{N_1 B_{12} - N_2 B_{21}} \tag{4-1-14}$$

利用 (4-1-12) 式, 将 (4-1-14) 式改写为

$$u_\nu = \frac{A_{21}}{B_{21}} \frac{1}{(B_{12}/B_{21}) \exp(h\nu/KT) - 1} \tag{4-1-15}$$

为使 (4-1-15) 式与普朗克辐射公式相一致, 则应满足下述方程:

$$B_{12} = B_{21} \tag{4-1-16}$$

$$\frac{A_{21}}{B_{21}} = \frac{8\pi h \nu^3}{c^3} \tag{4-1-17}$$

因此, 在与辐射场处于平衡状态的原子体系, 其自发发射的跃迁概率 A_{21} 与感应发射的跃迁概率 $B_{21}u_\nu$ 之比为[3]

$$\frac{B_{21} u_\nu}{A_{21}} = \frac{1}{[\exp(h\nu/KT) - 1]} \tag{4-1-18}$$

一个普通光源 ($T \approx 10^{30}$K) 在可见光谱区的感应发射跃迁概率是非常小的. 因而, 在这种光源中, 大部分辐射是通过自发跃迁发射的. 这种自发跃迁是无规的, 所以, 普通光源的可见光辐射是非相干的.

而在激光器中, 某些占优势的模, 其辐射能密度增加极大, 以至于感应跃迁占主要地位. 注意到感应跃迁辐射的光子都具有完全相同的特征, 故激光器所发射的辐射是高度相干的.

4.1.3 光在介质中的放大

4.1.3.1 粒子数反转

设介质中包含有能级分别为 $E_1, E_2, E_3, \cdots$ 的原子. 考虑其中的两个能级 E_1 和 E_2, 设 $E_2 > E_1$. 由高能级 2 向低能级 1 受激发射的跃迁数为 $N_2 B_{21} u_\nu$; 单位时间从低能级 1 向高能级 2 受激吸收的跃迁数为 $N_1 B_{12} u_\nu$. 因为 $B_{12} = B_{21}$, 所以, 如果 $N_2 > N_1$, 也就是, 若高能级的粒子数大于低能级的粒子数时, 则高能级向低能级的受激跃迁将会超过低能级向高能级的跃迁.

这种处于低能级的粒子数大于处于高能级的粒子数的状态与玻尔兹曼方程 (4-1-12) 给出的热平衡分布是矛盾的. 这种状态称为**粒子数反转**. 如图 4-1-4(b) 所示意.

光束通过粒子数反转的介质中, 因为受激辐射的增益超过了因吸收而引起的损耗, 从而光强将会增强, 也就是说, 光将被放大.

假定有一束平行光通过一种处于粒子数反转的介质. 平行光中处于频率间隔为 ν 到 $\nu + \Delta\nu$ 内的光谱能量密度 u_ν 和光谱辐照度 I_ν 的关系为

$$u_\nu \Delta\nu = \frac{I_\nu \Delta\nu}{c} \tag{4-1-19}$$

由于多普勒效应以及其他谱线加宽效应, 处于一定能级的原子对于在一个特定频率间隔内的发射或吸收并不全部起作用, 而只是单位体积内的部分原子. 比如, 在能级 1 上, 单位体积内原子数 N_1 中只有部分原子 ΔN_1 才是起作用的. 因而, 向上能级跃迁的速率是

$$B_{12} u_\nu \Delta N_1 = B_{12} \left(\frac{I_\nu}{c}\right) \Delta N_1 \tag{4-1-20}$$

同样的, 向下能级跃迁的速率是

$$B_{21} u_\nu \Delta N_2 = B_{21} \left(\frac{I_\nu}{c}\right) \Delta N_2 \tag{4-1-21}$$

每一次向上能级的跃迁将从光束中减掉一个能量为 $h\nu$ 的光子; 同样的, 每一次向下能级的跃迁将从光束中增加一个能量为 $h\nu$ 的光子. 因而, 在频率间隔 $\Delta\nu$ 内的光谱能量密度变化的净时间速率为

$$\frac{\mathrm{d}}{\mathrm{d}t}(u_\nu \Delta\nu) = h\nu (B_{21} \Delta N_2 - B_{12} \Delta N_1) u_\nu \tag{4-1-22}$$

在时间 $\mathrm{d}t$ 内, 光波传播了一段距离 $\mathrm{d}x = c\mathrm{d}t$. 于是, 考虑到方程 (4-1-19), 我们有

$$\frac{\mathrm{d}I_\nu}{\mathrm{d}x} = \frac{h\nu}{c} \left(\frac{\Delta N_2}{\Delta\nu} - \frac{\Delta N_1}{\Delta\nu}\right) B_{21} I_\nu = \alpha_\nu I_\nu \tag{4-1-23}$$

式中
$$\alpha_\nu = \frac{h\nu}{c}\left(\frac{\Delta N_2}{\Delta \nu} - \frac{\Delta N_1}{\Delta \nu}\right) B_{21} \tag{4-1-24}$$

(4-1-23) 式给出了在光束传播方向上光强的增加率. 将它对传播距离进行积分后, 得到

$$I_\nu = I_{0\nu} \exp(\alpha_\nu x) \tag{4-1-25}$$

α_ν 是频率为 ν 的增益系数. 令 $\Delta\nu$ 为光谱线宽度, 并令 $\Delta N_2 = N_2, \Delta N_1 = N_1$, 便得到谱线中心位置上增益常数的最大值近似表达式:

$$\alpha_{\max} \approx \frac{h\nu}{c\Delta\nu}(N_2 - N_1) B_{12} \tag{4-1-26}$$

利用 (4-1-17) 式的爱因斯坦系数关系, (4-1-26) 式还可写为

$$\alpha_{\max} \approx \frac{\lambda^2}{8\pi\Delta\nu}(N_2 - N_1) A_{21} \tag{4-1-27}$$

显然, 当 $N_2 > N_1$, 也就是高能级的粒子数大于低能级的粒子数时, α_ν 为正值, 光束得到放大; 而当 $N_2 < N_1$, 也就是高能级的粒子数小于低能级的粒子数时, α_ν 为负值, 光束将衰减, 介质对光呈吸收作用.

4.1.3.2 增益曲线

为了确定增益是如何随频率而变化的, 还需要考虑谱线加宽问题. 在仅由热运动引起谱线加宽的情况下, 气体分子的能量分布具有高斯型函数的形式. 处于给定能级上并能吸收或发射频率范围在 ν 和 $\nu + \Delta\nu$ 内的原子数由下式给出[3]

$$\Delta N_i = N_i C \exp\left[-\beta(\nu - \nu_0)^2\right] \frac{c}{\nu_0}\Delta\nu \tag{4-1-28}$$

式中, $C = \sqrt{\frac{m}{2\pi kT}}$, $\beta = mc^2/(2kT\nu_0^2)$, T 是绝对温度, k 是玻尔兹曼常数. 此结果可以代替方程 (4-1-24) 中的 ΔN_1 和 ΔN_2, 从而得

$$\alpha_\nu = C \exp\left[-\beta(\nu - \nu_0)^2\right](N_2 - N_1)\frac{h\nu}{\nu_0} B_{21} \tag{4-1-29}$$

因此, 对于多普勒加宽的激光跃迁, 其增益与频率的关系是按高斯函数变化的, 如图 4-1-5 中的曲线所示. 增益的极大值出现在谱线中心处, 由下式给出:

$$\alpha_{\max} = C(N_2 - N_1)h B_{21} = C(N_2 - N_1)\frac{\lambda_0^3}{8\pi} A_{21} \tag{4-1-30}$$

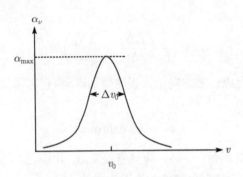

图 4-1-5 多普勒加宽谱线的增益系数

4.1.3.3 产生粒子数反转的方法

为使放大介质实现光的放大,需要对介质提供外部激发,输入能量,从而使其产生粒子数反转.最常用的一些方法是

(1) 光抽运或光子激发:使用外部光源照射工作介质,利用选择吸收的性能,将工作介质中某些特殊能级上产生粒子数反转.如红宝石激光器等.

(2) 电激发:用气体放电中的直接电激发来获得能量、实现粒子数反转.如氦氖激光器、氩离子激光器等.这种激发方法中,工作介质本身携带有放电电流,在适当的压力与电流条件下,放电中的电子直接激发激活原子,并在某些能级上实现粒子数反转.与此有关的因素是电子激发截面以及各种能级的寿命.

(3) 非弹性原子–原子碰撞:此方法也采用放电方式.工作介质常采用两种不同的气体原子 A 与 B,它们具有接近相同的激发态 A* 与 B*.在两种原子间可以发生如下的激发转移:

$$A^* + B \rightarrow A + B^*$$

如果其中某一种原子的激发态比如 A* 是亚稳态,那么由于气体 B 的存在,激发会转移到 B 上.于是,原子 B 的激发能级可能比某些低能级有高得多的粒子数.例如,氦氖激光器,氖原子从被激发的氦原子处获得激发,然后在氖原子中产生激光跃迁.

(4) 化学反应:这种方法中,分子经受了化学反应,由于化学反应的结果将产生一个处于激发态的分子或原子.在适当条件下,就能产生粒子数反转.例如氟化氢激光器.其激发态的氟化氢分子是通过下面的反应产生的:

$$H_2 + F_2 \rightarrow 2HF$$

4.1.4 激光振荡

激光器的光学共振腔通常由两块平面或凹面反射镜构成,在这两面镜子之间安放有工作介质,其中一面镜子是部分反射镜.当工作介质在外界激发下处于粒子数反转状态时,在两面镜子之间将产生驻波,激光将通过部分反射镜输出.

从激发态落入基态的跃迁辐射的光子能激发出一连串连锁反应. 一个光子诱发另一受激发射的光子, 受激发射的光子与激励它的光子同方向、同偏振态、两者不可分辨. 并且, 一变 2, 2 变 4, 4 变 8, $\cdots$ 产生雪崩式的放大过程. 不过, 只有在共振腔轴线方向上的光子得到雪崩式的往返反复放大, 因为它们可以在两个反射镜之间来回反射. 其他方向的光, 则只经历少许放大就逸出腔外, 形成激光器向四周散射的荧光. 在共振腔轴线方向上的光子只要有足够的能量克服两个镜片之间以及端面上的损耗, 那么, 光波在激活介质中来回传输时就能不断加强. 由于两个端面中的一个是部分反射的, 光的一部分就会从这个部分反射端面射出, 形成激光.

设共振腔腔长为 L, 驻波满足以下关系:

$$L = n\left(\frac{\lambda}{2}\right) \quad \text{或} \quad \nu_n = \frac{nc}{2L} \tag{4-1-31}$$

式中, c 为光速, λ 为波长, n 为整数, $n = 1, 2, 3, \cdots$.

在共振腔内满足上面关系的频率称为共振腔的纵模. 大多数激光器同时存在多个纵模振荡. 除纵模外, 还有横模, 我们将在下节讨论.

由 (4-1-31) 式, 可得到相邻两个纵模之间的频率差 $\Delta\nu$ 为

$$\Delta\nu = \frac{c}{2L} \tag{4-1-32}$$

振荡的阈值条件

前面指出: 当一束光通过放大介质时, 其辐照度的增长规律为 $I_\nu = I_{0\nu} \exp(\alpha_\nu x)$, 当激光腔内的光波从某点开始出发, 并在两面腔镜之间来回传播. 此过程中, 将发生散射、反射等损耗, 设其损耗率, 即所损耗的能量与原来能量之比为 δ. 为了维持激光振荡, 增益必须等于或大于损耗. 也就是

$$I_\nu - I_{0\nu} \geqslant I_{0\nu}\delta$$

或者, 相当于

$$\exp(\alpha_\nu 2L) - 1 \geqslant \delta \tag{4-1-33}$$

式中, L 应理解为放大介质的实际长度. 若 $\alpha_\nu 2L \ll 1$, 那么, 振荡条件可写为

$$\alpha_\nu 2L \geqslant \delta \tag{4-1-34}$$

若某个频率, 其增益超过了损耗, 那么, 振荡就会增长, 直至达到平衡条件. 只有满足一定增益阈值的几个纵模才能有激光输出. 如图 4-1-6 所示, 其中, 上图是纵模示意图, 中图是增益曲线或增益包络线, 下图是实际能输出的纵模. 在我们这个示例中, 能输出的有 7 个纵模.

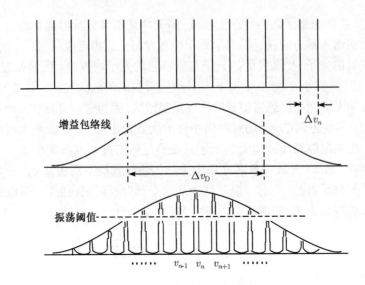

图 4-1-6 激光器中的振荡频率

损耗率 δ 基本上是一个常数, 与振荡的振幅无关. 因此, 当粒子数差 $(N_2 - N_1)$ 变小时, 介质将发生倒空现象, 随着增益便下降至

$$\alpha_\nu 2L = \delta \tag{4-1-35}$$

这时在振荡频率的增益带中心将出现粒子数倒空, 这种现象称为**烧孔现象**. 孔穴的形状是一个倒转的共振曲线, 类似于所谓**洛仑兹线型**的一个谐振子的共振曲线. 洛仑兹线型的宽度等于受激发射原子辐射寿命的倒数. 如果这一辐射的宽度大到甚至于超过增益曲线时, 则全部激发态的原子对所讨论的振荡激光模式都有贡献. 这种情况称**均匀加宽**. 另一方面, 如果激光跃迁的辐射宽度比增益曲线的宽度小, 那么, 只有部分原子对所讨论的振荡激光模式有贡献, 这种情况称为**非均匀加宽**. 在非均匀加宽的情况下, "烧孔" 作用使增益曲线发生改变, 如图 4-1-7 所示.

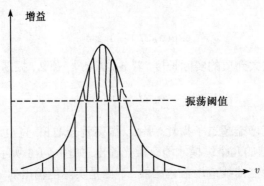

图 4-1-7 增益包络曲线中的烧孔现象

4.2 光学共振腔

激光器的光学共振腔[4]在激光器中起着重要的作用,光学谐振腔一般由两面反射镜构成,腔体四周是开放的. 这种形式的谐振腔,只有靠近轴线的光波才能得到充分的增益,与轴线夹角较大的光波没有得到多少放大就逸出腔外. 由于反射镜尺寸有限,每次反射都会因衍射效应而损失部分能量. 尽管如此,在多次反射、衍射后,在谐振腔内会建立起一种稳定的光场分布. 在稳定状态下,只有满足一定条件的振动模式能在共振腔内形成驻波.

我们将在本章进一步介绍光学共振腔的基本理论,以最简单的共焦谐振腔为例,分析讨论共振腔内驻波的形成,振荡的模式,激光光源的相干性等问题.

下面的讨论仍采用第 1 章 (1-1-35) 式的复数表示方式.

4.2.1 共振腔模式

为了对共振腔的谐波振荡进行定量的分析,我们先讨论一个具有两个曲率半径均为 R 的凹面镜组成的谐振腔. 设它们相距也为 R. 在这样的系统里,两个凹面镜的焦点是重合的,它位于共振腔的中心. 因而这种谐振腔被称为**共焦谐振腔**(confocal resonator) 或**共焦腔**.

假定 $R \gg \lambda$, λ 是在这个共振腔里的工作介质内的电磁辐射波长. 并且,我们只考虑局限于共振腔中心轴附近的区域. 我们的问题是要寻求能够在这两个凹面镜间来回振荡,每一次反复能重现它自身的电磁场结构,这样的电磁场结构称作**共振腔模式**(mode of the resonator). 此外,它必须满足以下条件,即当它完成了一次来回路程时,它的相位变化应是 π 的偶数倍. 因为此时它在共振腔内应形成驻波. 我们将看到,这些条件使共振腔内的振荡频率限制在一系列分离之值[4].

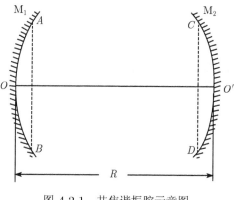

图 4-2-1 共焦谐振腔示意图

为了寻求光学共振腔内的诸振荡模式，我们必须首先研究反射镜对光场的影响. 选 z 轴与两凹面镜的中心轴线 OO' 相重合. 设球面波发自 z 轴上距离镜面为 u 的 P 点. 经过反射镜反射后球面波会聚到距离镜面为 v 的 Q 点 (见图 4-2-2). 于是，我们有

$$\frac{1}{u} + \frac{1}{v} = \frac{2}{R} \tag{4-2-1}$$

球面上的点的坐标可近似表示为

$$z \approx \frac{x^2 + y^2}{2R} \tag{4-2-2}$$

这里，我们假定了 $x, y \ll R$，对应于傍轴近似. 于是，在上述近似下，发射自 P 点的球面波波前在 KK' 平面的相位因子为

$$\exp\left[\frac{\mathrm{j}k}{2u}(x^2+y^2)\right]$$

类似地，会聚到 Q 点的球面波在 KK' 平面的相位变化为

$$\exp\left[-\frac{\mathrm{j}k}{2v}(x^2+y^2)\right]$$

若以 P_m 表示反射镜对入射光场产生的效应，我们有

$$\exp\left[\frac{\mathrm{j}k}{2u}(x^2+y^2)\right]P_\mathrm{m} = \exp\left[-\frac{\mathrm{j}k}{2v}(x^2+y^2)\right]$$

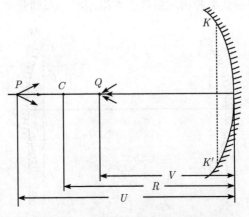

图 4-2-2 球面波在共焦腔内的传播

4.2 光学共振腔

或

$$P_{\mathrm{m}} = \exp\left[-\frac{\mathrm{j}k}{2}\left(\frac{1}{u}+\frac{1}{v}\right)(x^2+y^2)\right]$$
$$= \exp\left[-\frac{\mathrm{j}k}{2f}(x^2+y^2)\right] \quad (4\text{-}2\text{-}3)$$
$$= \exp\left[-\frac{\mathrm{j}k}{R}(x^2+y^2)\right]$$

式中, $f = R/2$ 表示了反射镜的焦距. 这里, 我们忽略了反射镜的有限尺寸.

下面, 让我们来计算共焦腔内的**横模**(transverse mode). 令 $f(x,y)$ 表示沿着图 4-2-1 所示的 AB 平面上的光场复振幅分布. 这光场经过距离为 R 的衍射, 从镜面 M_2 反射, 又经过距离为 R 的衍射, 再从镜面 M_1 反射回 AB 面. 这时, 对于一个稳定的光场分布状态而言, 就要求回到 AB 面的光场分布, 与原来出发时的光场分布 $f(x,y)$ 具有相同的形式, 最多相差一个常数因子. 或者说, 光场是**再生**的.

常数因子描述衍射损耗和相移, 但相移只能是 2π 的整数倍. 由于我们考虑的两个镜面是相同的, 从对称性考虑可以认为, 光场从 AB 面出发, 经过距离为 R 的衍射, 从镜面 M_2 反射到达 CD 面时, 除去一个常数因子外也是自再生的. 这常数因子同样描述衍射损耗和相移, 但相移必须是 π 的整数倍.

这种稳定的光场常称作自**再生结构**.

AB 平面上的光场 $f(x,y)$, 它经过距离为 R 的衍射, 从反射镜 M_2 反射到 CD 面上的光场分布 $g(x,y)$ 为

$$\begin{aligned}g(x,y) &= \left[\frac{\exp(\mathrm{j}kR)}{\mathrm{j}\lambda R}\iint_A f(x',y')\exp\left\{\frac{\mathrm{j}k}{2R}[(x-x')^2+(y-y')^2]\right\}\mathrm{d}x'\mathrm{d}y'\right]P_{\mathrm{m}}\\ &= \left[\frac{\exp(\mathrm{j}kR)}{\mathrm{j}\lambda R}\iint_A f(x',y')\exp\left\{\frac{\mathrm{j}k}{2R}[(x-x')^2+(y-y')^2]\right\}\mathrm{d}x'\mathrm{d}y'\right]\exp\\ &\quad\left[-\frac{\mathrm{j}k}{R}(x^2+y^2)\right]\end{aligned} \quad (4\text{-}2\text{-}4)$$

式中, 积分区域 A 表示反射镜 M_1 的面积. 若 $f(x,y)$ 成为谐振腔的一个模式, 这就要求

$$g(x,y) = \rho \cdot f(x,y) \quad (4\text{-}2\text{-}5)$$

式中, ρ 是一复常数. 其模决定了光场单程 (半个周期对应的路程) 的损耗, 其相位决定了单程的相移.

合并 (4-2-5), (4-2-4) 两式, 可得

$$\rho f(x,y) = \left[\frac{1}{j\lambda R}\exp(jkR)\iint_A f(x',y')\exp\left\{\frac{jk}{2R}\left[x'^2+y'^2-2xx'-2yy'\right]\right\}dx'dy'\right]$$
$$\times \exp\left[-\frac{jk}{2R}(x^2+y^2)\right]$$

在上式两方同乘以相位因子 $\exp\left[\frac{jk}{2R}(x^2+y^2)\right]$, 得

$$\rho f(x,y)\exp\left[\frac{jk}{2R}(x^2+y^2)\right]$$
$$=\left[\frac{1}{j\lambda R}\exp(jkR)\iint_A f(x',y')\frac{jk}{2R}(x'^2+y'^2)\exp\left\{-\frac{jk}{R}(xx'+yy')\right\}dx'dy'\right]$$
(4-2-6)

引入函数 $h(x,y)$, 其定义为

$$h(x,y) \equiv f(x,y)\exp\left[\frac{jk}{2R}(x^2+y^2)\right] \tag{4-2-7}$$

于是, (4-2-6) 式可写为

$$\rho h(x,y) = \frac{\exp(jkR)}{j\lambda R}\iint_A h(x',y')\exp\left[-j\frac{2\pi}{\lambda R}(xx'+yy)\right]dx'dy' \tag{4-2-8}$$

引入两个量纲为一的变量 ξ 和 η, 作下述变换：

$$\xi = \sqrt{\frac{2\pi}{\lambda R}}x', \quad \eta = \sqrt{\frac{2\pi}{\lambda R}}y' \tag{4-2-9}$$

于是, (4-2-8) 式可改写为

$$\rho h(\xi,\eta) = \frac{\exp(jkR)}{j2\pi}\left[\iint_B h(\xi',\eta')\exp\left\{-j\left[\xi\xi''+\eta\eta'\right]\right\}d\xi'd\eta'\right] \tag{4-2-10}$$

式中, B 是新变量对应的积分区域. 设反射镜为矩形, x,y 方向的边长分别为 $2a$ 和 $2b$. 于是, (4-2-10) 式可写为

$$\rho h(\xi,\eta) = \frac{\exp(jkR)}{j2\pi}\left[\int_{-\xi_0}^{\xi}\int_{-\eta_0}^{\eta}h(\xi',\eta')\exp\left[-j(\xi\xi''+\eta\eta')\right]d\xi'd\eta'\right] \tag{4-2-11}$$

其中,

$$\xi_0 = \sqrt{\frac{2\pi}{\lambda R}}a, \quad \eta_0 = \sqrt{\frac{2\pi}{\lambda R}}b$$

4.2 光学共振腔

令 $\rho \equiv \sigma\tau$,并将函数 $h(\xi,\eta)$ 分离为 $p(\xi)$ 和 $q(\eta)$,即

$$h(\xi,\eta) = p(\xi)q(\eta) \tag{4-2-12}$$

于是,我们可将 (4-2-11) 式分离为两个方程:

$$p(\xi)\sigma = \frac{\exp(jkR/2)}{\sqrt{2\pi j}} \int_{-\xi_0}^{\xi} p(\xi')\exp(-j\xi\xi')d\xi' \tag{4-2-13}$$

$$q(\eta)\tau = \frac{\exp(jkR/2)}{\sqrt{2\pi j}} \int_{-\xi_0}^{\xi} q(\eta')\exp(-j\eta\eta')d\eta' \tag{4-2-14}$$

前面已假定了只考虑傍轴的光场,而 x,y 取很大值的贡献均忽略不计. 这样,我们可以将 (4-2-13) 和 (4-2-14) 式的积分限扩展到到无限远. 由于这两个积分具有类似的形式,我们只要考虑其中一个就可以了. 现在,我们研究 (4-2-13) 式,并将它改写为

$$AP(\xi) = \int_{-\infty}^{\infty} P(\xi')\exp(-j\xi\xi')d\xi' \tag{4-2-15}$$

式中

$$A = \sqrt{2\pi j}\sigma\exp(-jkR/2) \tag{4-2-16}$$

将 (4-2-15) 式对 ξ 连续两次求导数,得

$$A\frac{d^2 P}{d\xi^2} = -\int_{-\infty}^{\infty} P(\xi')\xi'^2 \exp(-j\xi\xi')d\xi' \tag{4-2-17}$$

考虑积分

$$I = \int_{-\infty}^{\infty} \frac{d^2 P}{d\xi'^2} \exp(-j\xi\xi')d\xi' \tag{4-2-18}$$

应用分部积分法,注意到 $P(\xi)$ 及其导数在无限远处为 0.

$$\int_{-\infty}^{\infty} \frac{d^2 P}{d\xi'^2} \exp(-j\xi\xi')d\xi' = -\xi^2 \int_{-\infty}^{\infty} P(\xi')\exp(-j\xi\xi')d\xi' = -A\xi^2 P(\xi) \tag{4-2-19}$$

从 (4-2-17) 和 (4-2-19) 两式可得

$$\int_{-\infty}^{\infty} \left[\frac{d^2 P}{d\xi'^2} - \xi'^2 P(\xi')\right]\exp(-j\xi\xi')d\xi' = A\left[\frac{d^2 P}{d\xi'^2} - \xi^2 P(\xi)\right] \tag{4-2-20}$$

比较 (4-2-15) 和 (4-2-20) 两式,由于 $P(\xi)$ 与 $\left[\frac{d^2 P}{d\xi'^2} - \xi^2 P(\xi)\right]$ 满足相同的方程,可得

$$\left[\frac{d^2 P}{d\xi^2} - \xi^2 P(\xi)\right] = -\mu P(\xi) \tag{4-2-21}$$

式中, μ 为任意常数. 将 (4-2-21) 式改写为

$$\frac{\mathrm{d}^2 P}{\mathrm{d}\xi^2} + (\mu - \xi^2)P(\xi) = 0 \tag{4-2-22}$$

这是一个变系数的二阶线性常微分方程, 只有系数的奇点才可能是解的奇点. 对于奇点处, 不能作泰勒级数展开. 系数 $(\mu - \xi^2)$ 在有限处是没有奇点的, 只是在 $|\xi| \to \infty$ 时发生问题. 因此, 我们先分析一下当 $|\xi| \to \infty$ 时方程的解的性质. 这时, 可忽略常数 μ 而得到当 $|\xi| \to \infty$ 时的近似方程:

$$\frac{\mathrm{d}^2 P}{\mathrm{d}\xi^2} - \xi^2 P(\xi) = 0 \tag{4-2-23}$$

再作变换 $\varsigma = \xi^2$, 注意到 $\dfrac{\mathrm{d}P}{\mathrm{d}\varsigma} = \dfrac{1}{2\xi}\dfrac{\mathrm{d}P}{\mathrm{d}\xi}$ 以及

$$\frac{\mathrm{d}^2 P}{\mathrm{d}\varsigma^2} = \frac{1}{2\xi}\frac{\mathrm{d}}{\mathrm{d}\xi}\left(\frac{1}{2\xi}\frac{\mathrm{d}P}{\mathrm{d}\xi}\right) = \frac{1}{2\xi}\left[\frac{1}{2\xi}(\xi^2 P) - \frac{1}{2\xi^2}\left(2\xi\frac{\mathrm{d}P}{\mathrm{d}\varsigma}\right)\right] = \frac{1}{4}P - \frac{1}{\varsigma}\frac{\mathrm{d}P}{\mathrm{d}\varsigma}$$

于是 (4-2-23) 式化为

$$\frac{\mathrm{d}^2 P}{\mathrm{d}\varsigma^2} + \frac{1}{\varsigma}\frac{\mathrm{d}P}{\mathrm{d}\varsigma} - \frac{1}{4}P(\varsigma) = 0 \tag{4-2-24}$$

当 $\varsigma \to \infty$ 时, (4-2-24) 式中第二项可略去, 得

$$\frac{\mathrm{d}^2 P}{\mathrm{d}\varsigma^2} - \frac{1}{4}P(\varsigma) = 0 \tag{4-2-25}$$

这是一个常系数微分方程, 其解容易求得为

$$P = \exp\left(\pm\frac{1}{2}\varsigma\right) = \exp\left(\pm\frac{1}{2}\xi^2\right) \tag{4-2-26}$$

两个解中, $\exp\left(\dfrac{1}{2}\xi^2\right)$ 在 $|\xi| \to \infty$ 为无限大, 不符合物理要求, 故应舍去, 而只保留指数上带负号的解.

根据以上分析, 现在让我们来求得方程 (4-2-22) 的严格解 $\chi(\xi)$. 设它具有以下形式:

$$\chi(\xi) = \exp\left(-\frac{1}{2}\xi^2\right)u(\xi) \tag{4-2-27}$$

其中 $u(\xi)$ 是待定的函数. 将 (4-2-27) 代入 (4-2-22) 式, 得

$$\frac{\mathrm{d}^2 u}{\mathrm{d}\xi^2} - 2\xi\frac{\mathrm{d}u}{\mathrm{d}\xi} + (\mu - 1)u(\xi) = 0 \tag{4-2-28}$$

(4-2-28) 式称为厄米方程, 设其解为

$$u(\xi) = \xi^s(a_0 + a_1\xi + a_2\xi^2 + \cdots) = \sum_{r=0}^{\infty} a_r \xi^{r+s} \tag{4-2-29}$$

可设 $a_0 \neq 0$, 而 s 待定:

$$\frac{\mathrm{d}u(\xi)}{\mathrm{d}\xi} = (r+s)\sum_{r=0}^{\infty} a_r \xi^{r+s-1} \tag{4-2-30a}$$

$$\begin{aligned}
\frac{\mathrm{d}^2 u(\xi)}{\mathrm{d}\xi^2} &= (r+s)(r+s-1)\sum_{r=0}^{\infty} a_r \xi^{r+s-2} \\
&= a_0 s(s-1)\xi^{s-2} + a_1(s+1)s\xi^{s-1} \\
&\quad + \sum_{r=0}^{\infty} a_{r+2}(r+s+1)(r+s+2)\xi^{r+s}
\end{aligned} \tag{4-2-30b}$$

将 (4-2-30 a) 和 (4-2-30 b) 式代入 (4-2-28) 式, 得

$$a_0 s(s-1)\xi^{s-2} + a_1(s+1)s\xi^{s-1}$$
$$+ \sum_{r=0}^{\infty} \{a_{r+2}(r+s+1)(r+s+2) - a_r[2(r+s) - \mu + 1]\}\xi^{r+s} = 0$$

欲使上式对 ξ 的任何值都成立, 就必须要求每项 ξ 的幂的系数均为 0. 于是 ξ^{s-2} 的系数:

$$a_0 s(s-1) = 0, \quad 得\ s = 0, \quad s = 1$$

ξ^{s-1} 的系数:

$$a_1 s(s+1) = 0, \quad 得\ s = -1, \quad s = 0$$

......

ξ^{r+s} 的系数:

$$a_{r+2}(r+s+1)(r+s+2) - a_r[2(r+s) - \mu + 1] = 0$$

$$\frac{a_{r+2}}{a_r} = \frac{2(r+s) - \mu + 1}{(r+s+1)(r+s+2)}, \quad r = 1, 2, 3, \cdots \tag{4-2-31}$$

式 (4-2-31) 称递推关系, 利用它可以将 $a_2, a_4, a_6, \cdots$ 用 a_0 表示为

$$V_0 = a_0 + a_2\xi^2 + a_4\xi^4 + a_6\xi^6 + \cdots \tag{4-2-32}$$

或用 a_1 表示 $a_3, a_5, a_7, \cdots$, 而得

$$V_1 = a_1\xi + a_3\xi^3 + a_5\xi^5 + \cdots \tag{4-2-33}$$

式中, a_0, a_1 是任意常数, 而 V_0, V_1 均是方程 (4-2-28) 的解. 对任何有限的 ξ 值, 上面的两个解都是收敛的. 但是, 当 $\xi \to \infty$ 时, 则发散.

当 r 值甚大的情况下, 由 (4-2-31) 式得

$$\frac{a_{r+2}}{a_r} = \frac{2}{r} \tag{4-2-34}$$

而级数

$$\exp(\xi^2) = 1 + \frac{\xi^2}{1!} + \frac{\xi^4}{2!} + \frac{\xi^6}{3!} + \cdots + \frac{\xi^r}{(r/2)!} + \frac{\xi^{r+2}}{[(r/2)+1]!} + \cdots \tag{4-2-35}$$

以 b_r 表示 $\exp(\xi^2)$ 展开的级数的系数:

$$\frac{b_{r+2}}{b_r} = \frac{(r/2)!}{\left(\frac{r}{2}+1\right)!} = \frac{1}{\left(\frac{r}{2}+1\right)}$$

当 r 甚大时, 也有

$$\frac{b_{r+2}}{b_r} = \frac{2}{r} \cdots \tag{4-2-36}$$

比较 (4-2-34) 和 (4-2-36) 式, 可见, 当 $|\xi| \to \infty$ 时

$$V_0 \sim \exp(\xi^2)$$

$$V_1 \sim \xi \exp(\xi^2)$$

若取 V_0 为方程 (4-2-28) 的解, 代入 (4-2-27) 式, 有

$$\chi(\xi) \sim \exp(-\xi^2/2) \cdot \exp(\xi^2) = \exp(\xi^2/2)$$

当 $|\xi| \to \infty$ 时 $\chi(\xi) \to \infty$, 故不符合光场分布的物理要求. 取 V_1 为方程 (4-2-28) 的解也是一样但是, 若 V_0 或 V_1 中断为多项式, 则有

$$\chi(\xi) = \exp(-\xi^2/2) \times 多项式$$

这样的解, 在 $|\xi| \to \infty$ 时趋于 0, 是符合要求的. 将 (4-2-31) 改写为

$$\frac{a_{r+2}}{a_r} = \frac{2r - \mu + 1}{(r+1)(r+2)} \tag{4-2-37}$$

上面的递推关系实际上已经包括了 $s = 0, s = 1$ 的两种情况. 但对于 $s = -1$, 则由于在 $\xi = 0$ 处, $u(\xi) \to \infty$, 所以必须舍弃.

由 (4-2-36) 式可见, 级数中断为多项式的条件是该式右方分子对于某一个 n 值为 0. 譬如, 当

$$\mu = 2n + 1 \tag{4-2-38}$$

时, 代入 (4-2-37) 式, 有

4.2 光学共振腔

$$\frac{a_{r+2}}{a_r} = \frac{2(r-n)}{(r+1)(r+2)} \tag{4-2-39}$$

这时, 当 $r = n$ 时, $a_{n+2} = 0$. 而 $a_0 \neq 0, a_2 \neq 0, \cdots, a_n \neq 0$. 级数变为 n 次多项式.

为方便计, 也可以将多项式的系数均以最高次项的系数 a_n 来表示, 将 (4-2-39) 改写为

$$\frac{a_n}{a_{n-2}} = \frac{2(-2 \cdot 1)}{n(n-1)} \quad \text{或} \quad a_{n-2} = (-1)\frac{n(n-1)}{1 \cdot 2^2}a_n$$

$$\frac{a_{n-2}}{a_{n-4}} = \frac{2(-2 \cdot 2)}{(n-2)(n-3)} \quad \text{或} \quad a_{n-4} = (-1)^2\frac{n(n-1)(n-2)(n-3)}{1 \cdot 2 \cdot 2^4}a_n$$

$$\frac{a_{n-4}}{a_{n-6}} = \frac{2(-2 \cdot 3)}{(n-4)(n-5)} \quad \text{或} \quad a_{n-6} = (-1)^3\frac{n(n-1)(n-2)(n-3)(n-4)(n-5)}{1 \cdot 2 \cdot 3 \cdot 2^6}a_n$$

$$\cdots \cdots$$

于是, n 次多项式可表示为

$$H_n(\xi) = a_n\left\{\xi^n - \frac{n(n-1)}{1 \cdot 2^2}\xi^{n-2} + \frac{n(n-1)(n-2)(n-3)}{2! \cdot 2^4}\xi^{n-4}\right.$$
$$\left. - \cdots + (-1)^{[\frac{n}{2}]}\frac{n!}{\left[\frac{n}{2}\right]!2^n}\xi^{n-2[\frac{n}{2}]}\right\} \tag{4-2-40}$$

a_n 为任意常数. 若令 $a_n = 2^n$, 则

$$H_n(\xi) = (2\xi)^n - \frac{n(n-1)}{1\cdot}(2\xi)^{n-2} + \frac{n(n-1)(n-2)(n-3)}{2!\cdot}(2\xi)^{n-4} + \cdots$$
$$+ (-1)^{[\frac{n}{2}]}\frac{n!}{\left[\frac{n}{2}\right]!2^n}(2\xi)^{n-2[\frac{n}{2}]} \tag{4-2-41}$$

下面写出前面 $n = 0, n = 1, n = 2, n = 3, n = 4$ 和 $n = 5$ 的 5 个多项式:

$$\left.\begin{array}{ll} n = 0, & H_0(\xi) = 1 \\ n = 1, & H_1(\xi) = 2\xi \\ n = 2, & H_2(\xi) = 4\xi^2 - 2 \\ n = 3, & H_3(\xi) = 8\xi^3 - 12\xi \\ n = 4, & H_4(\xi) = 16\xi^4 - 48\xi^2 + 12 \\ n = 5, & H_5(\xi) = 32\xi^5 - 160\xi^3 + 120\xi \end{array}\right\} \tag{4-2-42}$$

以上的多项式称**厄米多项式**(Hermite polynomials), 可用下面便于记忆的形式表达为

$$H_n(\xi) = (-1)^n \exp(\xi^2)\frac{\mathrm{d}^n}{\mathrm{d}\xi^n}\left[\exp(-\xi^2)\right] \tag{4-2-43}$$

将此解代入 (4-2-27) 式便得到方程 (4-2-22) 的解 $\chi_n(\xi)$:

$$\chi_n(\xi) = \exp(-\xi^2/2)H_n(\xi) \tag{4-2-44}$$

$\chi_n(\xi)$ 在有限范围内与 ξ 轴相交 n 次. 即 $\chi_n(\xi) = 0$ 有 n 个根, 或称 $\chi_n(\xi)$ 有 n 个节点. 在图 4-2-3 中表示了前 5 个函数和它们的平方的图形.

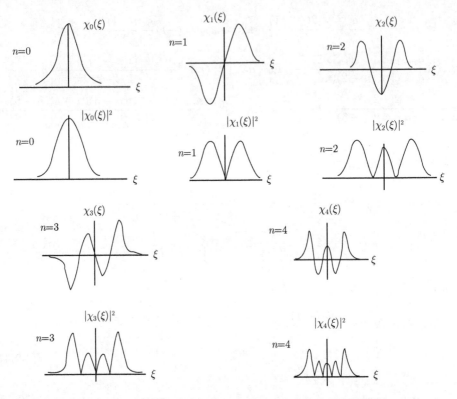

图 4-2-3 厄米多项式前 5 个函数的图形和它们的平方的图形

若将此解表示为厄米–高斯函数的形式, 即

$$j^{-m}H_m(\xi)\exp(-\xi^2/2) = \frac{1}{\sqrt{2\pi}}\int_{-\infty}^{\infty} H_m(\xi')\exp(-\xi'^2/2)\exp(-j\xi\xi')d\xi' \tag{4-2-45}$$

为使 (4-2-13) 和 (4-2-14) 式也具有厄米–高斯型, 这就要求

$$\sigma = j^{-m}j^{-1/2}\exp(jkR/2) = \exp\left\{j\left[\frac{1}{2}kR - \frac{1}{2}\left(m+\frac{1}{2}\right)\pi\right]\right\} \tag{4-2-46a}$$

$$\tau = j^{-n}j^{-1/2}\exp(jkR/2) = \exp\left\{j\left[\frac{1}{2}kR - \frac{1}{2}\left(n+\frac{1}{2}\right)\pi\right]\right\} \tag{4-2-46b}$$

注意到 $|\sigma| = |\tau| = 1$, 这意味着没有衍射损失. 这是由于我们假定了镜面是无穷大

的原因. 从平面 AB 到平面 CD 单程中的相移为

$$\sigma\tau = \exp\left\{j\left[kR - \frac{1}{2}(m+n+1)\pi\right]\right\} \tag{4-2-47}$$

对于稳定的模式, 要求相移为 π 的整数倍, 即

$$kR - \frac{1}{2}(m+n+1)\pi = q\pi, \quad q = 1, 2, 3, \cdots \tag{4-2-48}$$

由于 $k = \omega/c$, 于是

$$\omega_{mnq} = \pi(2q + m + n + 1)c/2R \tag{4-2-49}$$

只有满足 (4-2-49) 式的频率才能在谐振腔中形成稳定的振荡.

根据 (4-2-12) 和 (4-2-44) 等式, 这些满足条件的光波复振幅应为[4]

$$E_{mn}(x, y) = AH_m(\xi)H_n(\eta)\exp\left[-(\xi^2+\eta^2)/2\right]\exp\left[j(\xi^2+\eta^2)/2\right] \tag{4-2-50}$$

在以上分析中, 业已假定反射镜的曲率半径甚大于光波波长, 光场几乎是横向的, 电磁场的 z 分量很小. 因此, 它们形成横向电磁场的模式 (transverse electric and magnetic mode) 或简称横模, 并以符号 TEM$_{mn}$ 表示. 足标表示横模的阶数, 它们实际上是厄米多项式 $H_m(\xi)$ 和 $H_n(\xi)$ 的阶数. 由于 m 阶多项式有 m 个根, 故 $E_{mn}(x, y)$ 在 x 轴上有 m 个节点, 在 y 轴上有 n 个节点. 换言之, 在 x 轴上亮纹间有 m 个暗纹, 在 y 轴上亮纹间有 n 个暗纹. q 就是谐振腔间的驻波数目, 即振荡光波的纵模 (longitudinal mode) 数. 但因光学谐振腔的 q 值极大, 约为 10^4 的量级, 故通常略去不写此足标. 式 (4-2-49) 表明, 许多不同的模式可以具有相同的频率. $(m+n+2q)$ 取值相同的所有模式具有相同的振荡频率, 这些模式是兼并的

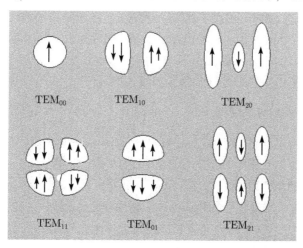

图 4-2-4 几个低阶模的分布图样

(degenerate). 图 4-2-4 中画出了一些低阶模 (m, n 较小的模) 在反射镜上, 或任意垂直于光轴的平面上的分布图样 (图中箭头是相位示意). 越是阶数较高, 光强分布越是离开中心, 衍射损失也越大. 最低阶的模对应于 $m = n = 0$, 称作基模, 即 TEM$_{00}$ 模式, $H_0(\xi) = 1$, $H_0(\eta) = 1$, 它的光强分布为高斯型的, 光强集中在光轴附近, 并且, 其波前没有相位上的突变. 从 (4-2-50) 式, 可得 TEM$_{00}$ 模式的复振幅分布 $E_{00}(\xi, \eta)$ 为

$$E_{00}(\xi,\eta) = AH_0(\xi)H_0(\eta) \exp\left[-(\xi^2 + \eta^2)/2\right] \exp\left[j(\xi^2 + \eta^2)/2\right] \\ = A\exp\left[-(\xi^2 + \eta^2)/2\right] \exp\left[j(\xi^2 + \eta^2)/2\right] \tag{4-2-51}$$

TEM$_{00}$ 模式的光强分布 $I_{00}(\xi, \eta)$ 为

$$I_{00} = E_{00}E_{00}^* = A^2 \exp\left[-(\xi^2 + \eta^2)\right] \tag{4-2-52}$$

将 (4-2-9) 式代入 (4-2-52) 式, 并取极坐标表示, 可得

$$I_{00}(r) = E_{00}E_{00}^* = I_0 \exp\left[-2\left(\frac{r^2}{\lambda R/\pi}\right)\right] = I_0 \exp\left[-2\left(\frac{r}{r_0}\right)^2\right] \tag{4-2-53}$$

这就是 TEM$_{00}$ 模式的高斯型光强分布规律. 式中, $I_0 = A^2$ 为激光束中心 (光轴) 的光强, $r^2 = x'^2 + y'^2$ 是离开中心的距离, $r_0 = \sqrt{\dfrac{\lambda R}{\pi}}$ 是光强降落到中心光强 e^{-2} 倍时的 r 值. 通常, r_0 被视为激光束的半径.

激光光源的空间相干性由它的横模结构决定. 在多横模的情况下, 每个横模都有确定的相位, 各个横模之间相位差或者为零, 或者为 π, 它们间具有确定不变的相位差. 在单横模的情况下, 激光具有完全的空间相干性, 因此, 作全息照相实验或其他干涉实验都采用工作在单横模模式的激光器.

4.2.2 非共焦腔内基模的振荡

以上我们分析了曲率半径相等的两个凹面镜构成的共焦腔. 下面, 我们进一步讨论曲率半径不等的凹面镜构成的非共焦腔内基模的振荡[4].

设谐振腔由曲率半径分别为 R_1 和 R_2, 相距为 d 的两个凹面镜构成. 镜面对称放置. 取 z 轴与中轴线重合, 两镜面与 z 轴的交点分别为 z_1 和 z_2. 前面已经指出, 基模是高斯型的, 欲使高斯光束在此两镜面间形成稳定的振荡, 必须使光束在 z_1 和 z_2 处的曲率半径恰好等于镜面的曲率半径. 在此情况下光束就能沿着原来的路径反射回来, 并在任何平面上都是再生的.

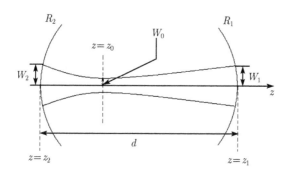

图 4-2-5 非共焦腔内基模的振荡

取 z 轴原点位于高斯腰, 令

$$\alpha^2 = (\pi\omega_0^2/\lambda)^2 \tag{4-2-54}$$

对于高斯光束, 根据第 2 章 (2-9-5) 式, 令 $\alpha = \pi\varpi_0^2/\lambda$, 我们有

$$R(z) = z + (\alpha^2/z) \tag{4-2-55}$$

作以下符号规定: 迎着 z 轴正方向, 若镜面为凹面, 曲率半径取负值; 若为凸面取正值. 于是

$$R(z_1) = -R_1, \quad R(z_2) = R_2 \tag{4-2-56}$$

代入 (4-2-55) 式, 得

$$z_1 + (\alpha^2/z_1) = -R_1 \tag{4-2-57}$$

$$z_2 + (\alpha^2/z_2) = R_2 \tag{4-2-58}$$

并且,

$$z_2 - z_1 = d \tag{4-2-59}$$

由 (4-2-57) 和 (4-2-58) 式可得

$$\alpha^2 = (R_2 - z_2)z_2 = -z_1(R_1 + z_1)$$

将 (4-2-59) 式代入上式, 消去 z_1 可得

$$-(R_1 + z_2 - d)(z_2 - d) = (R_2 - z_2)z_2$$

展开后可消去 z_2^2 项, 整理后得

$$z_2 = \frac{d(d - R_1)}{(2d - R_1 - R_2)} \tag{4-2-60}$$

引入两参量 g_1 和 g_2. 它们分别由下面两式定义：

$$g_1 = 1 - \frac{d}{R_1}, \quad g_2 = 1 - \frac{d}{R_2} \quad \text{或} \quad 1 - g_1 = \frac{d}{R_1}, \quad 1 - g_2 = \frac{d}{R_2} \tag{4-2-61}$$

并且

$$\frac{R_2}{R_1} = \frac{\frac{R_2}{d}}{\frac{R_1}{d}} = \frac{1 - g_1}{1 - g_2}$$

将 (4-2-60) 式分子分母均除以 R_1 可改写为

$$z_2 = \frac{d\left(1 - \dfrac{d}{R_1}\right)}{\left(1 - 2\dfrac{d}{R_1} + \dfrac{R_2}{R_1}\right)} = \frac{dg_1}{1 - 2(1 - g_1) + \dfrac{(1 - g_1)}{(1 - g_2)}}$$

$$= \frac{dg_1(1 - g_2)}{(1 - g_2) + (1 - g_1) - 2(1 - g_1)(1 - g_2)}$$

整理后得

$$z_2 = \frac{g_1(1 - g_2)}{g_1 + g_2 - 2g_1 g_2} d \tag{4-2-62}$$

类似地，有

$$z_1 = -\frac{g_2(1 - g_1)}{g_1 + g_2 - 2g_1 g_2} d \tag{4-2-63}$$

$$\alpha^2 = \frac{g_1 g_2 (1 - g_1 g_2)}{(g_1 + g_2 - 2g_1 g_2)^2} d^2 \tag{4-2-64}$$

由 (4-2-54) 可得

$$\omega_0^4 = \frac{\lambda^2}{\pi^2} \alpha^2 = \frac{\lambda^2}{\pi^2} \frac{d^2 g_1 g_2 (1 - g_1 g_2)}{(g_1 + g_2 - 2g_1 g_2)^2} \tag{4-2-65}$$

根据高斯光束的传播规律，我们有

$$\omega^2(z_1) = \omega_0^2 \left[1 + \left(\frac{\lambda z_1}{\pi \omega_0^2}\right)^2\right] \tag{4-2-66}$$

将 (4-2-65), (4-2-65), (4-2-63) 式代入 (4-2-66) 式：

$$\omega^2(z_1) = \frac{\lambda d}{\pi} \left[\frac{g_2}{g_1(1 - g_1 g_2)}\right]^{1/2} \tag{4-2-67}$$

$$\omega^2(z_2) = \frac{\lambda d}{\pi} \left[\frac{g_1}{g_2(1 - g_1 g_2)}\right]^{1/2} \tag{4-2-68}$$

若 $g_1g_2 \to 1$ 或 $g_1g_2 \to 0$, 则光束尺寸在镜面处将变为无限大, 上述分析对曲面腔镜将不成立. 因此, 对于稳定振荡的条件是 g_1g_2 之值需在 0~1 之间. 通常用稳定图 (stability diagram) 来表示上面的稳定条件. 取 g_1 为横坐标, g_2 为纵坐标. 满足稳定条件的区域在 $g_1g_2 = 1$ 的双曲线与坐标轴之间的阴影区. 即腔结构在阴影区域内都是稳定的. 如图 4-2-6 所示.

对称的共焦腔: $R_1 = R_2 = d, g_1 = g_2 = 0$, 对应于稳定图中的原点 O.

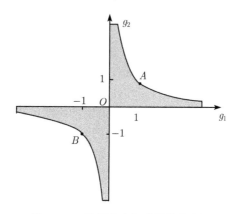

图 4-2-6 谐振腔内振荡模的稳定图

共心腔: $R_1 = R_2 = d/2$, 且两凹面共心. 这时, $g_1 = g_2 = -1$, 位于图中的 B 点.

平行平面腔: $g_1 = g_2 = 1$, 位于图中的 A 点. 共焦腔的调整比平行平面腔的调整更容易. 平行平面腔的调整精度约在 1rad·s 量级, 而共焦腔则只要求稍微自对准即可. 在典型的应用中, 共焦腔的调整精度大约只是平行平面腔的调整精度的四分之一[4].

4.3　全息干涉计量术常用的激光器

激光器的结构由三个主要部分组成: 工作物质、光学谐振腔和激励源. 产生激光的核心主要是具有亚稳态能级以及合适的激发态能级的激光工作物质. 按激光器的工作物质分类, 可分为固体激光器、气体激光器、半导体激光器、化学激光器、液体激光器等. 应用于全息领域的激光器主要为固体激光器和气体激光器. 下面, 我们主要介绍在全息领域应用得较普遍的几种固体激光器和气体激光器.

4.3.1　固体激光器

工作物质为晶体或玻璃的激光器, 分别称为晶体激光器和玻璃激光器, 通常把这两类激光器统称为固体激光器. 在激光器中以固体激光器发展最早, 这种激光器体积小，输出功率大，应用方便. 目前用于固体激光器的物质主要有三种：红宝石，输出波长为 694.3nm，为红光；掺钕钇铝石榴石 (Nd:YAG)，输出的波长为 $1.064\mu m$，倍频后为 532nm 的绿光；钕玻璃，输出波长 $1.064\mu m$，倍频后也为 532nm 的绿光. 它们的激励方式都主要用光泵激励，产生光放大，发出激光. 为使工作物质吸收足够大的光能，以激发大量的粒子，促成粒子数反转. 激励光源需设有聚光腔，以便光源发出的光都能会聚在工作物质上. 在光激励下，当增益大于谐振腔内的损耗时产生腔内振荡，并由部分反射镜一端输出激光. 工作物质有两个主要作用：一是产生激光；二是作为介质传播光束.

固体激光器的工作物质是固态基质中掺入少量具有特殊能级结构的元素而形成的. 真正产生激光的只是固体中这些相对少量的具有特殊能级结构的元素，这些元素被称为"激活元素". 固体材料只是作为这些激活元素的载体，并能传输光能而存在，被称为"固态基质"."固态基质"包括透明的绝缘体和半导体，但半导体激光器通常都不被列入固体激光器中而另外单独列为一类.

激活元素可分三类：① 过度金属元素，如铬 (Cr)、锰 (Mn)、钴 (Co)、镍 (Ni)、钒 (V) 等；② 大多数稀土元素，如钕 (Nd)、镝 (Dy)、钬 (Ho)、铒 (Er) 等；③ 个别的放射性元素，如铀 (U).

用作基质的有多种晶体和玻璃. 每一种激活元素都有其对应的一种或多种基质材料. 例如，铬离子掺入氧化铝晶体中有很好的发光性能，而掺入其他晶体或玻璃中发光性能就很差，甚至于不会发光. 钕离子能在多种晶体或玻璃中发光，因此是一种很好的激活元素.

激光器能够产生激光所需要的最低输入能量称为阈值. 阈值的高低与工作物质的能级结构有很大关系.

激活元素需要具备特殊能级结构，一般可归结为两种典型的能级结构，即三能级和四能级系统[11]. 图 4-3-1(a) 是红宝石的简化能级图. 在正常情况下，红宝石中的铬离子几乎都处于基态 1 上. 在疝灯的激励下，铬离子吸收了疝灯的光能，从基态 1 跃迁到能级 2，紧接着转移到能级 3 上，因为能级 3 是一个亚稳态能级，铬离子在这个能级上有较长的寿命，也就是可滞留较长的时间，于是大量的铬离子在这个能级上积累起来，实现了能级 3 与能级 1 之间的粒子数反转. 这种能级结构称为三能级系统. 它的特点是激光跃迁的低能级和基态是重合的. 图 4-3-1(b) 是四能级系统的能级结构示意图，例如钕玻璃激光器，它比三能级系统多了一个低能级 4，激光是从能级 3 跃迁到能级 4 而产生的. 正常情况下，能级 4 几乎是空的，没有处于这个能级的粒子. 受到光激励时，处于基态的粒子被激发到能级 2，如果能级 2 的寿命比能级 3 短得多，那么，粒子很快转移到亚稳态 3 积累起来，在能级 3 与 4 之间实现粒子数反转. 因为在常态下，能级 4 几乎是空的，因此四能级系统比三能级系统更容易实现粒子数反转. 所以钕玻璃的阈制值比红宝石低.

4.3 全息干涉计量术常用的激光器

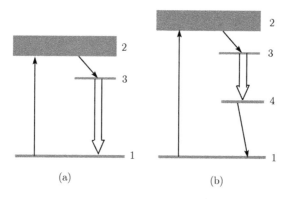

图 4-3-1 (a) 三能级系统 (b) 四能级系统

4.3.1.1 红宝石激光器

Maiman 在 1960 年 7 月 7 日纽约的一次记者招待会上宣布了第一台激光器运转的消息. 而他的第一篇有关的论文却被《物理评论快报》(Physical Review Letters) 拒绝了, 成为该杂志不可弥补的遗憾. 这第一台激光器是就是红宝石激光器. 其工作物质是一支人造红宝石棒, 它是在刚玉 (即氧化铝 Al_2O_3 晶体) 中, 掺入含量为 0.05%(重量) 的铬离子 (失去三个电子的铬原子) 的工作物质. 红宝石早先曾用在微波激射器中, 后来 Schawlow 建议把它用在激光器中. 至今仍是常用的晶体激光介质之一. 把圆柱形的红宝石棒的两个端面抛光成相互平行, 并与圆柱形的轴垂直. 两个端面抛光后镀银, 一个镀成全反射镜, 一个镀成部分反射镜, 以构成谐振腔 (现在的红宝石激光器的谐振腔则是大都利用放在宝石棒外部的两面反射镜, 而不再使用宝石棒自身的两个端面作为谐振腔). 将红宝石棒安放在一个螺旋形的气体放电闪光灯的中心轴线上, 由它提供光能激励. 因为铬原子的吸收带在光谱的蓝区和绿区, 所以红宝石看上去呈浅红微带淡紫色. 当点燃闪光灯管, 产生持续几个毫秒的强烈闪光. 其能量大部分损失为热, 也有许多铬离子 Cr^{3+} 被激发到吸收带中去. 激发了的离子迅速弛豫, 将能量传递给晶格, 完成无辐射跃迁, 并优先落入长寿命的亚稳态. 从亚稳态落入基态的跃迁辐射的光子就激发出一连串连锁反应. 一个光子诱发另一受激发射的光子, 受激发射的光子与激励它的光子同方向、同偏振态、两者不可分辨. 并且产生雪崩式的放大过程. 不过, 只有在宝石棒轴线方向上的光子得到雪崩式的往返反复放大, 因为它们可以在两个反射镜之间来回反射. 其他方向的光, 则只经历少许放大就逸出腔外, 形成宝石棒向四周散射的荧光. 在宝石棒轴线方向上的光子只要有足够的能量克服两个镜片之间以及端面上的损耗, 那么, 光波在激活介质中来回传输时就能不断加强. 由于两个端面中的一个是部分反射的, 激光脉冲的一部分就会从这个部分反射端面射出. 输出的激光波长为 694.3nm. 典型的红宝石脉冲激光器大约可输出 1J 左右的线偏振激光, 脉冲宽度 (脉冲持续时间) 约 $250 \sim 500\mu s$.

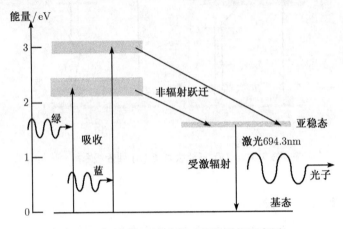

图 4-3-2　红宝石激光器三能级系统示意图

根据两相邻纵模的频率间隔的关系式 $\Delta\nu = \nu_{n+1} - \nu_n = c/2L$, 式中 c 为光在空气中的速度, L 为谐振腔反射镜之间, 激光在空气内和宝石棒及其他器件内的光程总长. 其典型值可以取 $L = 20\text{cm}$. 因此 $\Delta\nu = 0.75 \times 10^9 \text{Hz}$. 在室温下, 红宝石的 $\lambda = 0.6943\mu\text{m}$ 荧光全线宽为 $\Delta\nu_L = 420 \times 10^9 \text{Hz}$. 假定其频率 $\nu_n = nc/2L(n = 1, 2, 3, \cdots)$ 在 $\Delta\nu_L$ 范围之内的所有模式都有足够的增益以维持振荡, 可以估算出这种情况下振荡模式的数目为 $\Delta\nu_L/\Delta\nu = 420/0.75 = 560$. 因此, 激光器的相干长度不可能比荧光长多少. 假定荧光谱线是洛伦兹型的, 则其宽度为 $\Delta\nu_L = 420 \times 10^9 \text{Hz}$. 根据第 3 章 "高压气体放电光源" 的 (3-2-46) 式, 其相干长度约为

$$l_c = \tau_c c = 0.11 \times c/\delta\nu_L \approx 78.6\mu\text{m}.$$

即其相干性很差, 相干长度连 0.1mm 都不到. 因此, 有两个问题使多模红宝石激光器不适合于一般的全息照相. 一是相干长度太短; 二是脉冲持续时间也嫌太长. 为解决这两个问题, 通常, 采用加标准具的方法来获得更高的的相干性, 并采用 Q 开关的方法来压缩脉冲持续时间并提高脉冲能量.

为了提高激光的相干性、获得单模激光振荡, 通常在激光器腔内还要安装一个标准具, 只要标准具的透射峰和谐振反射镜的主反射峰和增益峰重合, 这时就只有一个频率能够达到阈值而振荡. 不过, 这里要指出的是, 有时, 标准具的透射峰和谐振反射镜的主反射峰和增益峰未必重合, 这时激光器往往会产生双纵模的同时振荡. 在这种情况下拍摄的全息图, 即使在单脉冲、单次曝光的情形下, 在其再现像上也会带有干涉条纹. 这在干涉计量的应用中是绝对不允许的. 有时, 即使在已经调好了激光器, 使标准具的透射峰和谐振反射镜的主反射峰和增益峰重合, 激光器只

4.3 全息干涉计量术常用的激光器

有单个纵模振荡. 在单脉冲、单次曝光的情形下, 再现像没有附加的干涉条纹. 然而, 当温度变化后, 又会在单脉冲、单次曝光的情形下, 出现干涉条纹. 这是因为标准具的透射峰和谐振反射镜的主反射峰和增益峰都随温度而变化, 并且变化又不同步, 于是, 原来重合的透射峰、主反射峰和增益峰就不再重合, 并随着温度的继续远离原温度而漂移越远. 因此, 必须随着环境温度的变化而调节标准具, 调节的方向和幅度需要实践经验的积累. 通常激光器标准具的温度控制精度为 0.01°C, 每次需要调节的幅度实际上并不大. 当然, 最好是实验室内保持恒温[15].

所谓 Q 开关是放在激光器腔内的一个高速光学快门, 它的工作方式之一是: 在激光器腔内垂直于两个反射镜的轴线上, 除了安放安放红宝石棒外, 还安放了一个偏振棱镜和一个克尔盒, 如图 4-3-3 所示. 偏振棱镜只允许一个方向的线偏振激光通过, 与这个方向垂直的线偏振激光则通不过. 克尔盒可通过控制电场来改变光的偏振方向. 于是, 连同偏振棱镜的共同作用, 它们可以起到电光开关的效果. 譬如, 在光激发的前期, 加上适当的电场, 使通过克尔盒的线偏振光转过 45°, 从反射镜反射回来的线偏振光再转过 45°, 于是, 这样的线偏振光就不能再通过偏振棱镜. 这时, 电光开关处于关闭状态. 当粒子数积累到最多时, 突然去掉电场, 开关迅速打开, 就形成了激光振荡, 并输出激光巨脉冲 (高能量脉冲).

为了适合于激光干涉计量中常采用的双曝光方法的需要, 适当控制电光 Q 开关, 可以在一定时间间隔先后发出两个等能量的脉冲激光. 例如, 美国的 22HD 型双脉冲红宝石激光器, 输出能量 4J, 脉冲宽度 25ns, 脉冲间隔 1~500μs 可调, 相干长度 5m. 为了满足更多的需要, 还可以使之具有更多脉冲的功能, 如北京光电研究所的 JQS-4000 型的多脉冲红宝石激光器, 输出能量 3J, 脉冲宽度 30ns, 相干长度 1m, 可输出多脉冲, 同步精度 1μs; JDD-2000 型输出能量 2J, 脉冲宽度 30ns, 相干长度 1m, 可输出 8 脉冲.

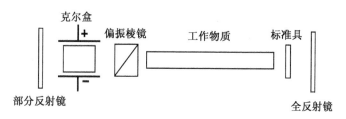

图 4-3-3 脉冲激光器电光开关示意图

4.3.1.2 Nd-YAG 激光器

掺有一定量钕离子 (Nd^{3+}) 的钇铝石榴石 (YAG) 晶体或玻璃为工作物质的激光器分别称为掺钕钇铝石榴石 (Nd:YAG) 激光器和钕玻璃激光器. 前者输出 1.064μm 的近红外辐射, 而后者的波长范围为 1.054~1.062μm. Nd:YAG 晶体具有很好的光学质量和很高的热导率,这使它可以在较高的重复频率下工作.最近几年发展起来的二极管泵浦技术使 Nd:YAG 激光器的能量转换效率大大提高,结构更加紧凑.激光器的输出功率和能量主要受工作物质尺寸的限制,晶体的长度典型情况下在 10cm 左右,而直径一般不超过 12mm. 与此相比,钕玻璃的尺寸则大得多,目前已生产出长 2m、直径 75mm 的棒材和直径 0.9m、厚 50mm 的圆片. 这种材料的主要缺点是导热性较差,因而只能以低重复频率工作. 例如,美国前些时候建造的一台大型钕玻璃激光器,每个脉冲的输出能量达 1 万焦,峰值功率在 1 013W 以上,但其重复频率是每天只有几个脉冲. 应用于全息领域的 Nd:YAG 激光器,通常利用非线性晶体倍频为 532nm 的绿色可见光,此外,还需要提高它的相干性能. 譬如,相干公司的 COMPASS 系列[10] 的 Nd:YAG 激光器,采用了一种星型谐振腔,如图 4-3-4 所示. 它采用了三角形的闭合环路,用发自 GaAlAs 半导体激光二极管的红外光束激励 Nd:YAG 工作物质. 谐振腔只用了两面反射镜,在通过工作物质 Nd:YAG 的偏转,使之形成闭合环路. 由于 YAG 的法拉第效应造成的非倒易偏振旋转 (non-reciprocal polarization rotation) 以及按布儒斯特角切割的旋转板的倒易旋转 (reciprocal rotation) 保证了闭合环路运转的方向性. 安放在腔内的、温度可控的非线性晶体用来产生 532nm 的二次谐波. 这种星型谐振腔技术保证了振幅的高稳定性,加快了预热时间,并避免了"跳模"现象.

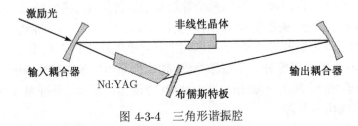

图 4-3-4 三角形谐振腔

国内的全固态激光器,如长春光机所与物理研究所研究生产的全固态激光器[12,13],这些激光器发射的激光从近红外 (1342nm, 1064nm, 946nm)、可见光 671nm, 532nm, 473nm 的红、绿、蓝光到紫外 355nm, 266nm 等. 其中, MSL 型单纵模 (单频) 绿光激光器的主要技术指标为

输出波长:532nm; 模式:TEM$_{00}$ 基模; 谱线宽度:< 0.00001nm;

相干长度:> 50m; 输出功率:1~50mW; 噪声 rms; 50MHz:< 0.1%;

稳定性 (4 小时内):< 5%, < 3%;

钕离子 (Nd^{3+}) 作为一种性能良好的激活元素,还可以掺入其他固态基质,如利用钒酸钇晶体作为固态基质. 钒酸钇晶体是一种用提拉法生长的正极单轴晶体,它的光谱透过范围宽,双折射大,是偏振光学元件的理想材料. 同时因其机械物理性能好、温度稳定性好,可替代方解石 ($CaCO_3$)、金红石 (TiO_2) 等双折射晶体. 将

4.3 全息干涉计量术常用的激光器

它作为基质, 掺入钕离子就制成掺钕钒酸钇晶体 Nd:YVO$_4$. 它是半导体激光二极管 LD 泵浦固体激光器的工作物质中效率最高的晶体之一. 它受激发射截面大, 对泵浦光的吸收带宽, 吸收效率高, 损伤阈值高. 同时由于其良好的物理、化学与机械性能, 使 Nd:YVO$_4$ 成为制作稳定高效的高功率半导体激光二极管 LD 泵浦固体激光器的一种极好的晶体材料.

相干公司 Verdi 系列的半导体泵浦全固态倍频 Nd:YVO$_4$ 激光器[10], 单频绿光 (532nm) 输出高达 18W. 其光路结构之一, 如图 4-3-5 所示. 腔内的各种光学元件都通过特殊工具精确对准后永久性地焊接到位, 这样的结构可牢固抗震, 并永久保持准直, 不会因时间原因发生松动而失调. 激光头在超净车间内加工和装配, 最后完全封离, 杜绝污染. 这种"永久性准直"(permalign) 技术的应用始于 AVIA^{TM} 和 Verdi^{TM} 的生产线中, 是这两个品牌成功的关键. 其中 Verdi 系列: V2 型输出功率 2W, V6 型输出功率 6W, V8 型输出功率 8W, V10 型输出功率 10W, V18 型输出功率 18W. 输出谱线都是单谱线 532nm, 具有极好的相干长度, 约大于 100m.

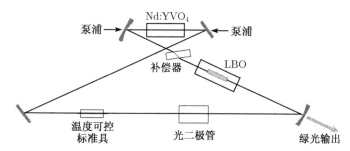

图 4-3-5 半导体泵浦全固态倍频 Nd:YVO$_4$ 激光器谐振腔

4.3.2 气体激光器

氦氖激光器是中性原子气体激光器, 由于气态物质的光学均匀性一般较好, 所以气体激光器 (gas lasers) 比固体激光器和半导体激光器来说, 输出的光学质量 (如单色性、相干性, 光束的发散角和稳定性等) 好, 价格也较相对低廉, 是全息实验室常备的激光光源.

4.3.2.1 氦氖激光器

第一台气体激光器是 1961 年由贾范 (Javan)、贝内特 (Bennett) 和赫里奥特 (Herriott) 报道的氦氖激光器. 其输出波长为 1.15μm, 是不可见的红外光. 而如今, 氦氖激光器通常工作在 0.6328μm 的波段, 提供数毫瓦、数十毫瓦的功率. 它价格相对便宜, 工作可靠, 稳定性好.

大多数的氦氖激光器的输出总是设计在最低阶空间模式 TEM$_{00}$, 光束截面的强度分布为高斯型, 在波面上的相位均匀而且相等. 常用的各种氦氖激光器的腔长从

0.25~2m 左右, 因此, 两相邻纵模 (轴模) 之间的频率差, 即纵模间距 ($\Delta\nu = c/2L$) 在 600~75MHz 之间. 波长为 632.8nm 的氦氖激光器半极大值点增益带宽约为 1500MHz 的数量级. 纵模数目主要取决于激光器的腔长, 因此, 也可根据腔长来大致估计激光器的相干长度.

氦氖激光器由放电管, 谐振腔和电源三部分构成. 放电管充有氦氖混合气体, 气压约在 0.1 毛左右, 氦、氖分压约为 5:1~7:1. 激活中心是氖原子, 氦原子在激励过程中只起辅助作用. 氦氖主要能级如图 4-3-6 所示. 图中氦原子的两个激发能级为 2^1S 和 2^3S, 均为亚稳态. 作为激活中心的氖原子的最低能级为 $(2P)^6$, 高能级有以下特征: 3S 和 2S 的能级寿命比 3P 和 2P 的能级寿命低得多, 1S 也是一个长寿命能级. 加上适当电压后, 管内生成放电等离子体. 被加速的电子与氦原子碰撞, 使它由基态跃迁到亚稳态 2^1S 和 2^3S. 由于这两个能级分别与氖原子 3S 能级中的第二能级和 2S 能级中的第二能级很接近, 所以通过共振转移能量由氦原子转移给氖原子, 形成处于这两个能级上的氖原子的积累. 另一方面, 落到 3P 和 2P 态的氖原子通过无辐射跃迁很快地跃迁到 1S 态. 于是在 2S 与 2P, 3S 与 3P 以及 3S 与 2P 能级之间同时实现了粒子数反转, 从而可对相应波长的辐射产生放大作用. 其中, 3S 与 2P 能级之间的跃迁产生 632.8nm 的红光[5].

此外, 在另外一些能级之间, 还可产生 543nm 的绿光、594nm 的黄光和 612nm 的橘红色光等谱线的激光. 在图 4-3-6 中没有画出相应的能级关系. 一般市售的氦氖激光器大都工作在 632.8nm 单谱线. 也有工作在其他谱线的, 如北京大学生产的 HN1200IT, HN1200VT 与 HN1200M 等型号的氦氖激光器.

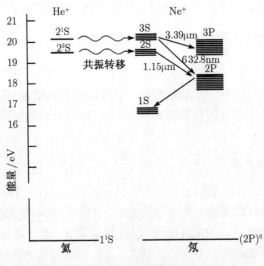

图 4-3-6 氦氖主要能级跃迁示意图

4.3 全息干涉计量术常用的激光器

谐振腔由两个反射镜组成,全反射镜反射率一般高于 99%. 另一面则为 98% 左右. 按反射镜安装情况的不同,可将气体激光器分为三种型式,如图 4-3-7 所示[6]. 两反射镜都安装在放电管内的称为内腔式激光器,见图 4-3-7(a); 两反射镜都安装在放电管外的称为外腔式激光器,反射镜安装在可精密调节的镜座上,可供使用者调节见图 4-3-7(c); 还有一个反射镜固定在腔内,另一个反射镜安装在腔外的,称为半内腔式激光器见图 4-3-7(b).

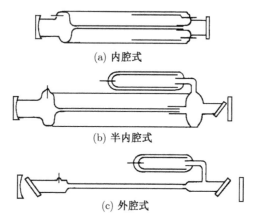

图 4-3-7 氦氖激光器结构示意图

一般条件下,氦氖激光器的输出波长的稳定度在 10^{-6} 左右,在高精度计量中采用稳频措施,最高稳频可达到 10^{-12} 以上.

内腔式激光管使用方便,不过,一般功率较小、模式较差、相干性也不够好. 外腔式输出的激光偏振特性稳定,特别适合于激光全息使用. 下面,我们以上海市激光技术研究所生产的氦氖激光器为例,了解外腔式氦氖激光器的一些主要性能指标[14].

表 4-3-1 氦氖激光器特性参数

型号	400	1 000	1 200A	1 200C	1 500A	2 000A
输出功率	⩾7	⩾30	⩾40	⩾25	⩾50	⩾70
横向模式			TEM$_{00}$			
偏振			直线 (垂直或水平)			
光束直径/mm	≈ 0.7	≈ 1.1	≈ 1.4	≈ 1.4	≈ 1.6	≈ 2.0
光发散角/mrad	⩽1	⩽0.7	⩽0.7	⩽0.7	⩽0.7	⩽0.5
输出功率稳定度 (%/h)	⩽±2.5	⩽±2.5	⩽±2.5		⩽±5	⩽±5
测试温度在 25°C±2°C			预热 45min			
谐振腔输出端曲率半径/m			∞			
谐振腔反射端曲率半径/m	1.5/2.0	4	5	5	6	7.5

作为全息干涉计量使用,最好是功率大、相干性好、稳定性好的激光器.但还需要综合考虑价格的因素.综合考虑下来,一般可选取腔长 120cm 左右的外腔式氦氖激光器.其输出功率约 40mW,相干长度约 25～30cm,功率稳定度 (%/h)≤ ±2.5.

近年的发展,氦氖激光器的性能有了很大的提高.譬如 120cm 长的氦氖激光器,通常有大于 11 个纵模的多纵模输出.纵模间隔为 125MHz,633nm 的 Doppler 展宽约 1 500MHz,压力展宽为 240MHz,输出功率约 40mW.虽然激光输出横模是 TEM_{00} 模,但为多纵模,即多频激光,相干长度通常只有 25~30cm.在腔内加入标准具后,在激光起振时,标准具的选模作用抑制了其他纵模,只允许一定的单纵模振荡,获得了大于 80% 以上的由多纵变成单纵模运转的光功率转换效率.使激光器变为单频输出,单频功率可达到 32mW 以上,相干长度达 10m[9].这种激光器还具有稳定性好,预热时间短,寿命长等特点.与其匹配的激光电源,耐用可靠,有效地延长了激光器的使用寿命.在正确使用条件下,点燃寿命可达一万小时,存放寿命五年以上.不过,这种腔内选模单氦氖激光器的价格相对昂贵,约 18 700～38 000 元,而一台多纵模、单横模的 120cm 长的氦氖激光器只是数千元[9].

4.3.2.2 氩离子激光器

氩离子激光器是由激光管中气体放电使原子电离并激发来实现离子数反转而产生激光的.其基本结构如图 4-3-8 所示意.通常,在可以提供单谱线运转的氩离子激光器中,在两面腔镜之间,还要安放一个棱镜和标准具来选择谱线.大功率的氩离子激光器,放电电流很大,所以一方面需要通水冷却,一方面还需进行气体回流.其工作物质是稀薄的纯氩气体,气压约在 0.05 毫左右.激活中心是一价氩离子 Ar^+.氩离子与激光跃迁有关能级如图 4-3-9 所示意.最低能级是 $2P^0$,激光跃迁的下能级是 $4S^2P$,高能级 $4P^2S^0$,$4P^2P^0$,$4P^2D^0$ 等均可作为激光上能级,所以氩离子激光器的激光谱线很丰富,其中落在可见光波段的主要谱线就有九条,其中以 488.0nm 和 514.5nm 为最强.

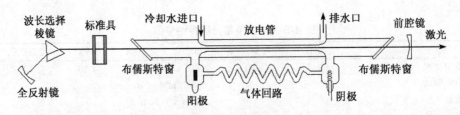

图 4-3-8　氩离子激光器基本结构示意图

氩离子受激发跃迁到上能级的方式主要有二.一是通过一次碰撞,即高速电子与氩原子碰撞时不仅将它电离成一价氩离子 Ar^+,同时使 Ar^+ 激发到某一激发态能级;二是通过二次碰撞过程,即高速电子与氩原子碰撞使其电离,然后 Ar^+ 再与高速电子发生第二次碰撞使之激发到某一激发态能级. 处于激光下能级 $4S^2P$ 的 Ar^+ 是通过自发跃迁回到基态 $2P^0$ 的. 两种激发形式在氩离子激光器中都存在, 由于一次碰撞要把 Ar 原子激发到高达 35.5eV 的能级, 需要的电子能量较大, 只有在低气压脉冲器件中才能达到, 而二次碰撞过程只需要约 16~20eV 的能量, 所以在连续工作的器件中, 二次碰撞过程占主导地位.

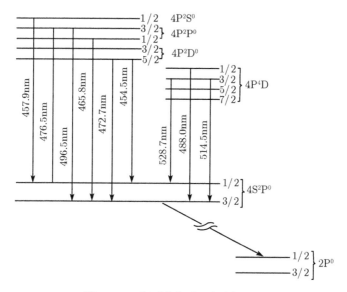

图 4-3-9 离子激光跃迁有关能级 v

表 4-3-2 列出了国内生产的几种氩离子激光器的主要数据[6].

表 4-3-2 氩离子激光器

激光器长度/mm	输出功率/W	光束发散度/mrad	光管外径/mm	冷却方式
750	0.3	1.5	100	
1050	0.8	1.5	100	水冷
1250	2	1	100	
1450	4	1	100	

功率更大的氩离子激光器有南京三乐公司生产的 A235, A237, A238 和 A239 型氩离子激光器, 其主要参数如表 4-3-3 所示[7].

国外生产的大功率氩离子激光器不但有很高的功率输出, 而且通常有较高的相干长度. 如 INNOVA 90 型系列中的 90-5 型氩离子激光器, 其标称功率全谱线输出为 5W, 单谱线输出 514.5nm 可达到 2.0W, 488.0nm 可达到 1.5W496.5nm 可达到 600mW, 457.9nm 可达到 350mW. 其余还有 5 条谱线有较弱的输出. 在单谱线工作情况下, 相干长度可达到 30m 左右. 可拍摄大场景的全息图, 用于大型工程结构的全息干涉计量. 更大功率的氩离子激光器, 如 INNOVA 400 型系列, 光束尺寸为 1.9mm. 光束发散度 0.4mrad, 光束指向稳定性 <10μrad, 其功率输出如表 4-3-4 所示.

表 4-3-3 氩离子激光器参数

	项目	A235	A237	A238	A239
	多谱	1	5	10	15
	528.7nm	—	—	—	0.90
	514.5nm	0.25	2.00	4.50	6.50
	496.5nm	—	0.50	1.20	2.25
激光功率/W	488.0nm	0.30	1.50	3.50	5.50
	476.5nm	—	—	—	1.60
	472.7nm	—	—	—	0.90
	465.8nm	—	—	—	0.50
	457.9nm	—	0.35	0.95	1.20
功率稳定性		<±3%	<±3%	<±3%	<±3%
光束直径		1.4mm	1.4mm	1.6mm	1.9mm
发散角		0.5mr	0.5mr	0.5mr	0.5mr
偏振角		<99%	<99%	<99%	<99%
寿命		≥2500h	≥2500h	≥2500h	≥2500h

表 4-3-4 INNOVA 400 型系列氩离子激光器的功率输出(单位/W)

型号	INNOVA 400-10	INNOVA 400-15	INNOVA 400-20	INNOVA 400-25
全线输出(可见光)	10.0	15.0	20.0	25.0
528.7	0.8	1.0	1.4	1.8
514.5	**5.0**	**7.0**	**9.0**	**10.0**
501.7	0.8	1.0	1.4	1.8
496.5	1.2	1.8	2.4	3.0
488.0	**4.0**	**6.0**	**7.0**	**8.0**
476.5	1.2	1.8	2.4	3.0
472.7	0.4	0.6	1.0	1.3
465.8	0.2	0.4	0.6	0.8
457.9	**0.8**	**1.2**	**1.4**	**1.5**
454.5	0.2	0.4	0.6	0.8

大功率氩离子激光器需要水冷, 操作管理带来许多不便. 耗电量、耗水量都很大. 为了节约用水、防止水垢, 需要使用去离子水、并采用循环供水系统. 风冷的氩离子激光器, 使用起来简便得多, 但功率一般较小, 约 25~100mW, 而且相干性较差.

在全息技术中常用的气体激光器还有氦镉激光器 (Hd-Cd Laser), 它的输出波长有紫光 442nm 或紫外光 325nm 或同时输出双波长 442/325nm. 特别适合于光致抗蚀剂全息图的记录其输出功率: 442nm 约在 15～180mW; 325nm 约在 8～100mW; 双波长 442/325nm 约在 5/35～30/100mW. 相干长度 10～30cm. 平均寿命约 5000h. 有很好的功率稳定性和光束指向性.

以上激光器都是激光全息常用的激光器, 从全息拍摄的角度考虑, 激光器的输出功率越稳定、相干长度越长越好, 然而, 性能越好的激光器价格也越贵. 例如, 相干公司 Verdi 系列的半导体泵浦全固态倍频激光器, 结构小巧、操作简便、稳定性好、相干长度大于 100m, 然而价格昂贵, 在数十万人民币上下. 所以, 只能根据实验室的实际需要和条件综合考虑.

参 考 文 献

[1] 赫克特 E, 赞斯 A, 著. 秦克诚, 詹达三, 林福成, 译. 光学 (下册)[M]. 第 2 版. 北京: 高等教育出版社, 1983: 966-967.

[2] 物理学名词补编 1(英汉对照)[M]. 北京: 科学出版社, 1970: 58.

[3] 福尔斯 G R. 现代光学导论 [M]. 上海: 上海科技出版社, 1980: 230-235, 272-284.

[4] Ghatak A K, Thyagarajan K. Contemporary optics[M]. New York: Plenum Press, 1978: 138-151.

[5] 龚祖同, 李景镇. 光学手册 [M]. 西安: 陕西科学技术出版社, 1986: 119-120.

[6] 王之江. 光学技术手册 (上册)[M]. 北京: 机械工业出版社, 1987: 653.

[7] 南京三乐光电子有限公司. 氩离子激光器参数 [OL](2006 年 9 月 1 日) [2006-9-01]. http://www.sanle-laser.com.

[8] 邓文芳. 氩离子激光器概述 [OL](2005-11-06)[2006-9-01]. hknng.3322.org/hknng/archive.php/article/784.

[9] 北京九州之光教育研究中心. HN1200D 型单纵模氦氖激光器 [OL] [2006-9-01]. http://www.caigou.com.cn/spzs/type.asp?sortid=11&typeid=123.

[10] 相干公司. 连续光 (CW) 半导体泵浦固体激光器系统 [OL] [2006-9-02]. http://www.coherent.com.cn/downloads/DPSS/VectorBrochure.pdf.

[11] 激光编写组. 激光 [M]. 上海: 上海人民出版社, 1971: 30-32.

[12] 江山. 国内首台大功率全色全固态激光器问世长春 [OL](2003-04-08)[2006-9-02]. http://www.cas.cn/html/Dir/2003/04/08/0378.htm.

[13] 长春新产业光电技术有限公司. 全固态激光光源 [OL] [2006-9-02]. http://www.cnilaser.com.

[14] 上海市激光技术研究所. 激光器系列 [OL] [2006-9-02] . http://www.shlaser.com/.

[15] 杨齐明, 张文碧, 吕晓旭, 等. 红宝石激光单脉冲全息照相出现干涉条纹的讨论 [J]. 激光杂志, 1992, 13(2): 239-242.

第 5 章 全息照相的基本原理

1948 年丹尼斯·伽博提出了全息照相的原理[1], 1960 年出现激光以后, 全息照相得到了迅猛的发展. 在科学研究、工业生产、医学、艺术等许多领域中获得广泛应用, 伽博也因此获得 1971 年诺贝尔物理学奖.

光波的振幅信息反映了光波的强弱, 光波的相位信息反映了光波传播的时间先后 (或传播距离的远近). 然而, 现有的各种光记录材料, 如感光胶片、CCD 等都只能记录光波的强度信息, 而不能直接记录光波的相位信息. 当用普通照相方法记录物体时, 必须首先把来自物体的光波通过透镜或针孔等光学系统成像. 然后将感光胶片放置在像平面上感光. 再经过显影、定影等过程, 在相纸上显示出来的是以强度分布表现的物体二维平面像, 最多还能显示物体的色彩的强度分布.

全息照相则不同, 它不仅记录物体光波的振幅, 而且能把物体光波的相位信息也记录下来. 在一定条件下照明这个记录, 就能再现物体的光波. 这时, 即便物体已经被移走, 只要用眼睛去观察这个再现的光波, 就能看到物体的三维像, 就好像物体仍然放在原来的位置一样. 实际上, 全息照相记录光信息所使用的感光材料也只能记录光波的强度信息, 也不能直接记录光波的相位信息. 那么, 为什么它能同时把光波的相位信息也记录下来呢? 关键在于记录时采用了另外一束与物体光波相干的辅助光波, 这一辅助光波与物体光波同时照在感光胶片上, 它们形成干涉条纹. 这些干涉条纹虽然也是以强度分布形式记录下来的, 然而这些干涉条纹不仅包含了物光的振幅信息, 也包含了物光的相位信息. 在一定条件下照明这张全息图, 例如, 用原来的参考光照明全息图, 就能再现物体的光波.

伽博把这种方法称为 "**光学成像的一种新的两步方法**"[1].

第一步: 将物光与参考光所形成的干涉图纹记录在全息图上. 称**记录过程**, 或**建图过程**.

第二步: 在一定条件下照明全息图, 再现物光波. 称**再现过程**, 或**建像过程**.

通常将物体的光波称**物光波**(object wave) 或简称**物光**, 称辅助光波为**参考光波**(reference wave) 或简称**参考光**. 记录下物光与参考光所形成的干涉条纹的感光胶片或干版就称为**全息图**(hologram). 这一名词是引自希腊字而得名的, "holos" 是 "完全"(whole), 而 "gramma" 是 "信息"(message) 的意思.

这种新的二步成像技术称为**全息照相**或**全息技术**或**全息术**(holography).

这过程类似无线电学的载波原理, 在记录过程中, 物光受到参考光的调制, 在再现过程中，载波得以解调，复原原始的物光波.

全息照相与普通照相相比较还有一个特点：在普通照相的情况下，物体的光波通过透镜或针孔等光学系统成像，将三维信息塌陷为二维图像后，在记录平面上所成的像点与物体上的发光点是一一对应的，如图 5-0-1(a) 和 (b) 所示意. 像上的箭头对应物体上的箭头，像上的箭尾对应物体上的箭尾. 如果记录的照片被撕破，破裂部分对应的物体的信息也随之毁弃，再也看不到了. 而全息照相所记录的物体信息则完全不同，记录面上的任意点，如图 5-0-1(e) 所示的 P 点，能记录下该点所对应的物体表面上所有的物点的光，因此，全息图即使破损，譬如破裂成许多碎片后，每个碎片都仍然保持有整个物体的信息，在参考光照射下，仍可再现出整个的物体. 只不过好像是通过由碎片形成的一个很小的窗口去看物体，也许只在一个角度下看

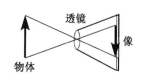

(a) 暗匣和透镜组成的照相系统

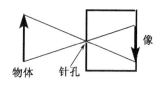

(b) 暗匣和针孔组成的照相系统

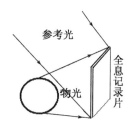

(c) 全息照相的记录过程

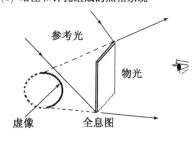

(d) 全息照相的再现过程

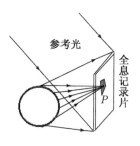

(e) 记录干版上P点记录的物光

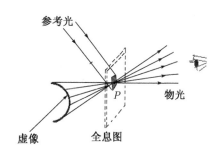

(f) P点再现的物光示意图

图 5-0-1

不全，只能看到物体的一部分，但可以通过改变视角，扫描式地观看，仍可看到整个的物体. 要想一次就能看到整个物体也行，只需将眼睛凑近该碎片，就像眼睛凑近一个很小的窗口，就可以看见窗口内的整个物体一样.

5.1 平面波形成的全息图——全息光栅

在第 3 章我们讨论了两列平面波的干涉和它们所产生的干涉条纹. 如果将这些干涉条纹记录在照相底版上，经过化学处理后，便得到一种最简单的全息图，因为这些干涉条纹具有像光栅一样的空间周期性，常称为**全息光栅**(holographic grating). 而且，这些干涉条纹是按余弦 (或正弦) 规律分布的，所以也称为**余弦光栅**(或**正弦光栅**). 让我们首先从研究这种最简单的全息图入手，来逐步了解全息图的性质.

5.1.1 干涉条纹的质量

设有两列同频率、同振向的单色平面波在空间某区域相遇而干涉，为记录下它们的干涉条纹，将一张感光乳胶片放在它们的干涉光场中，譬如，将胶片放在第 3 章图 3-1-2 中的 oxy 平面内. 设两光束在胶片中心是等光程的 (相应的复自相干度为 $|\gamma(\tau)| = |\gamma(0)| = 1$，在胶片其他位置的差别可忽略不计)，它们在感光乳胶片上的复振幅分别为

$$u_1 = A_1 \exp[j(\boldsymbol{k}_1 \cdot \boldsymbol{r} - \phi_1)], \quad u_2 = A_2 \exp[j(\boldsymbol{k}_2 \cdot \boldsymbol{r} - \phi_2)] \tag{5-1-1}$$

$\boldsymbol{k}_1, \boldsymbol{k}_2$ 分别为它们的波矢量. 若 λ 为平面光波的波长，则

$$|\boldsymbol{k}_1| = |\boldsymbol{k}_2| = 2\pi/\lambda \tag{5-1-2}$$

根据叠加原理，它们的合成光场在感光乳胶片上的复振幅分布为

$$u = u_1 + u_2 = A_1 \exp[j(\boldsymbol{k}_1 \cdot \boldsymbol{r} - \phi_1)] + A_2 \exp[j(\boldsymbol{k}_2 \cdot \boldsymbol{r} - \phi_2)] \tag{5-1-3}$$

相应的光场强度分布为

$$\begin{aligned} I &= (u_1+u_2)(u_1+u_2)^* = I_1 + I_2 + 2\sqrt{I_1 I_2}|\gamma(l_{12})|\cos(\boldsymbol{K}\cdot\boldsymbol{r}-\phi) \\ &= (I_1+I_2)\left[1 + \frac{2\sqrt{I_1 I_2}}{I_1+I_2}|\gamma(l_{12})|\cos(\boldsymbol{K}\cdot\boldsymbol{r}-\phi)\right] \\ &= I_0[1+V\cos\Theta] \end{aligned} \tag{5-1-4}$$

式中，

$$\boldsymbol{K} = \boldsymbol{k}_2 - \boldsymbol{k}_1, \quad I_1 = A_1^2, \quad I_2 = A_2^2, \quad \Theta = \boldsymbol{K}\cdot\boldsymbol{r}-\phi, \phi = \phi_2 - \phi_1 \tag{5-1-5}$$

平均光强为

$$I_0 = I_1 + I_2 \tag{5-1-6}$$

$|\gamma(l_{12})|$ 是自相干度,在两束光光程差为零的情况下,其值为 1. 于是,条纹能见度为

$$V = \frac{2\sqrt{I_1 I_2}}{I_1 + I_2} |\gamma(0)| = \frac{2\sqrt{B}}{1+B} \tag{5-1-7}$$

要使干涉条纹有最佳的明暗衬比,除要求两光束等光程外,还须使两束光光强相等 $I_1 = I_2$,即光束比为 $B = 1$. 这时,干涉条纹的能见度 $V = 1$,条纹最为清晰.

这里,我们已经假定两束平面波具有相同的偏振方向,否则,条纹能见度还需要乘以两平面波偏振方向夹角的余弦 $\cos\psi$,如第 3 章公式 (3-1-4a) 所示.

这就是说,为了记录下清晰的光栅条纹,应当使记录感光材料平面上的两束光偏振方向相同,光强相等,并且具有相等的光程,即它们在离开分束器后的光程差为零. 也就是第 3 章所指出的**等光程**或**零程差**配置. 在以上条件被满足时,就可以获得高质量的干涉条纹光场. 不过,要做到整个记录面上处处都达到零程差通常是不可能的,应做到的是中心光束具有零程差,而离开中心较远处最大程差不要超过 (3-2-22) 式所定义的相干长度也就可以了.

5.1.2 干涉条纹的记录和感光材料的性能

为了记录下光场的干涉条纹,我们需要使用感光材料制作成的全息干版 (将感光材料涂敷在玻璃平板上) 或全息软片 (将感光材料涂敷在透明软片上). 这些全息记录材料的种类很多,我们将在以后介绍. 本章将主要以卤化银乳胶感光材料为例进行讨论.

卤化银乳胶的记录过程可分 3 个阶段:首先通过曝光形成潜像;其次经过显影处理形成黑白图像,最后经过定影成为稳定的永久性图像.

银盐全息乳剂是由极细小的卤化银颗粒分散在明胶中混合构成的. 将这种乳剂涂敷在片基上. 干版的片基是玻璃材料;胶片的片基是醋酸盐材料. 当感光材料曝光时,乳剂中的卤化银粒子将吸收光能,那些吸收了足够能量的卤化银晶体将出现金属银小斑,这些金属银小斑被称为显影中心,并由它们形成潜像. 在显影过程中,这些单个的、细小显影中心会使卤化银晶粒变成金属银而沉积下来,而不含显影中心的晶粒则不会发生这样的变化. 各部分金属银含量的多少,由光能量的分布而定. 于是,各部分透光性能也因光能量的分布而定,潜像就转化成了黑白图像. 定影的作用则是将没有变化的卤化银晶粒全部清除而留下金属银. 于是,黑白图像变成稳定的永久性的图像——银像.

不过,干涉条纹是否能精确地用这些全息记录材料记录下来,还与感光材料的其他一些性能有关.

首先, 记录材料有一个分辨率的问题. 记录材料的**分辨率**(resolution), 也称**鉴别率**, 或**解像力**(resolving power), 其定义为记录材料所能记录下条纹的最高空间频率. 卤化银乳胶的分辨率主要决定于银颗粒的大小和分布. 分辨率的大小除与卤化银颗粒大小 (一般要求在 0.03 ~ 0.08μm) 有关外还与曝光量、显影条件等有关. 如将显影液 D19 或 D76 加水 5~20 倍稀释, 并延长显影时间到 6~16min, 也可以提高分辨率和信噪比. 普通照相材料的分辨率约在 200 条/毫米左右, 全息记录材料的分辨率约在 800~5 000 条/毫米左右[12]. 譬如 AGFA, 10E56, 10E75 的粒度约为 0.09μm; AGFA 8E56, 8E75 的粒度约为 0.035μm; 柯达克 649F 的粒度约为 0.06μm, SLAVICH, PFG-01, VRP-M 的粒度约为 0.035 ~ 0.040μm, SLAVICH, PFG-03M 和 PFG-03C 的粒度约为 0.008 ~ 0.012μm(见图 5-1-1)[7]. 表 5-1-1 中列出了部分全息记录材料的分辨率.

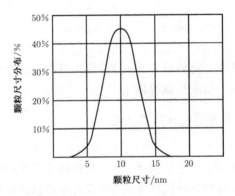

图 5-1-1 PFG 材料的颗粒尺寸分布

表 5-1-1 部分适合于全息记录的感光材料的分辨率

型号	分辨率
柯达克 131 型, 125 型 (高速全息干版)	1 250
柯达克 649F, 649GH, HRP	2 000 以上
14c 70, 10c 75	1 500
天津感光胶片公司全息干版 I 型	3 000
天津感光胶片公司天津全息干版 II 型	2 800
天津缩微技术公司 HP(F)633P	5 000 以上
天津缩微技术公司 HP(F)520P	5 000 以上
SLAVICH PFG-01, VRP-M	3 000 以上
SLAVICH PFG-03M, PFG-03C	5 000 以上
AGFA 10E56, 10E70, 10E75	2 800
AGFA 8E56, 8E70, 8E75	3 000

为了清晰地记录下干涉条纹, 除了对光源的相干性、条纹的能见度 V 有所要

5.1 平面波形成的全息图——全息光栅

求以外, 还必须根据条纹的空间频率来选择适合的记录材料. 根据第 3 章 (3-1-14) 式, 在波长一定时, 干涉条纹的空间频率由光束夹角决定, 夹角越大, 空间频率也越高. 为了对两束平面波干涉条纹的空间频率高低有一大致的了解. 在表 5-1-2 中列出了几种常用激光器波长, 在两光束不同夹角情况下所对应的空间频率.

表 5-1-2 两平面波不同夹角干涉条纹的空间频率(条/毫米)

两光束夹角	红宝石激光器 $\lambda = 694.3\text{nm}$	氦氖激光器 $\lambda = 632.8\text{nm}$	氩离子激光器 $\lambda = 514.5\text{nm}$	氩离子激光器 $\lambda = 488.0\text{nm}$
15°	376	413	507	535
30°	746	818	1 006	1 061
60°	1 440	1 580	1 944	2 049
90°	2 037	2 235	2 749	2 898
120°	2 495	2 737	3 367	3 549
150°	2 783	3 053	3 755	3 959
180°	2 881	3 160	3 887	4 098

在拍摄全息图前, 要预先估算干涉条纹的空间频率, 选择分辨率大于条纹空间频率的记录材料, 将此种材料制备的干版或软片放在干涉光场中适量曝光就能记录下干涉条纹.

当感光乳胶受到光照 (曝光), 再将它显影、定影之后, 它的透光性能将发生改变. 光照较强的部位, 透光性能将有较大的衰减; 而光照较弱的部位, 透光性能衰减较小. 为了描述乳胶的这种性能, 引入光密度或黑度以及曝光量等物理量. 将它们分别定义如下.

光密度(optical density) 或黑度 D

定义为入射光光强 I_0 与透射光光强 I 之比的对数:

$$D \equiv \lg(I_0/I) \tag{5-1-8a}$$

曝光量(exposure) E

定义为光强 I 与曝光时间 τ 的乘积:

$$E = I\tau \tag{5-1-8b}$$

曝光量表示感光材料表面单位面积上所接收到的光能量. 单位通常用 $\mu J/cm^2$, 即每平方厘米的微焦耳数. 光密度和曝光量曲线, 即 D-E 曲线是用来表征感光材料特性的曲线, 如图 5-1-2 是 AGFA 厂家为其生产的全息感光材料提供的技术数据中的 D-E 曲线. 图中的四根曲线分别表示 HOLO-TEST 乳胶 8E75HD 和 10E75 在红色激光下的 D-E 曲线, 以及 8E56HD 和 10E56 在蓝色和绿色激光下的 D-E 曲线[12]. 图 5-1-3 是 SLAVICH 的 PFG-01 和 VRP-M 乳胶分别在红色激光和绿色激光下的 D-E 曲线[7].

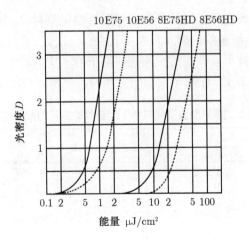

图 5-1-2　AGFA 乳胶的 D-E 曲线

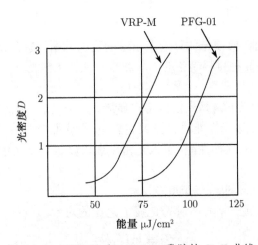

图 5-1-3　PFG-01 和 VRP-M 乳胶的 D-E 曲线

光密度的测量,通常采用平行光束,分别测出入射光光强 I_0 和透射光光强 I, 相除后取对数即可得光密度之值.

在全息和光信息处理中,复振幅透射率与曝光量关系是更重要的. 全息图的作用如同一个衍射屏. 在入射光 (已知其复振幅分布) 照射下,通过全息图后,其出射光场将有怎样的复振幅分布. 是我们更为关心的. 因此,在全息和光信息处理中,更多使用的是 t-E 曲线,即复振幅透射率与曝光量关系曲线. 图 5-1-4 是 AGFA 厂家为其生产的全息感光材料提供的技术数据中的 t-E 曲线. 图中的四根曲线分别表示了 HOLOTEST 乳胶 8E75HD 和 10E75 在 627nm 波长激光下的 t-E 曲线,以及 8E56HD 和 10E56 在 514nm 波长激光下的 t-E 曲线. 然而,由于应用上的方便,通常给出的是复振幅透射率之模 $|t|$. 并定义**强度透射率**(intensity transmissivity) 为

$$T_i = t \cdot t^* = I_0/I \tag{5-1-8c}$$

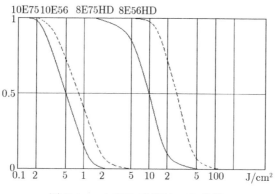

图 5-1-4 AGFA 乳胶的 t-E 曲线

即强度透射率等于透射光强与入射光强之比. 强度透射率容易测量, 取其根值就得到复振幅透射率之模 $|t|$.

许多全息工作者更关心的是全息图所能达到的衍射效率, 因此, 厂家往往也给出乳胶与衍射效率的曲线. 如图 5-1-5 是 SLAVICH 厂家为其生产的 PFG-01 和 VRP-M 乳胶提供的有关衍射效率的数据[7].

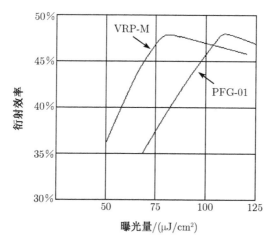

图 5-1-5 PFG-01 和 VRP-M 的衍射效率曲线

为描述记录材料感光的灵敏程度, 引入灵敏度的物理量, 它决定于感光材料对于所接收光信号单位面积的光能量的响应强弱程度, 它的粗略定义是在材料达到特定光密度时所需要的最小曝光量. AGFA 和 SLAVICH 等厂家都将 $|t| = 0.5$ 作为衡量乳胶灵敏度的特定光密度. 这时, 乳胶在正常化学处理的条件 (按厂家说明书上

给出的化学处理要求进行操作)下达到的光密度之值约为 $D = 0.6$(为什么取此值的原因,见本章 5.1.4.1 振幅型全息图有关 (5-1-27) 式的说明). 部分全息感光材料的灵敏度分别为下表所示:

表 5-1-3 部分全息感光材料的灵敏度

型号	曝光量 (达到光密度 $D = 0.6$)	型号	曝光量 (达到光密度 $D = 0.6$)
10E75	$0.5\mu J/cm^2$	SLAVICH PFG-01	$100\mu J/cm^2$
8E75HD	$10\mu J/cm^2$	SLAVICH PFG-03M	$1\,500\sim 2\,000\mu J/cm^2$
10E56	$1\mu J/cm^2$	SLAVICH PFG-03C	$3\,000\mu J/cm^2$
8E56HD	$25\mu J/cm^2$	SLAVICH PFG-04	$8\,000\mu J/cm^2$ (457nm CW)
649F	$5\mu J/cm^2$	SLAVICH PFG-04	$100\,000\mu J/cm^2$ (488nm CW)
SLAVICH VRP-M	$75\mu J/cm^2$	SLAVICH PFG-04	$250\,000\mu J/cm^2$ (514.5nm CW)

光谱灵敏度(spectral sensitivity)**或色灵敏度**(color sensitivity)

上面对灵敏度的定义是不够精确的,因为记录材料对光辐射响应的灵敏程度. 记录过程是一种光化学作用,光不能直接发生作用. 每一种记录材料都有自己的吸收带,只有在吸收带内的波长的光才能发生光化学作用. 此外,同一种感光乳胶对不同波长的响应是不同的,因此需要用光谱灵敏度或色灵敏度曲线才能准确地、全面地描述记录材料对不同波长的响应. 譬如 SLAVICH 为 VRP-M 和 PFG-01 提供的光谱灵敏度曲线表示在图 5-1-6 中. VRP-M 乳胶适用于绿色波长,包括波长

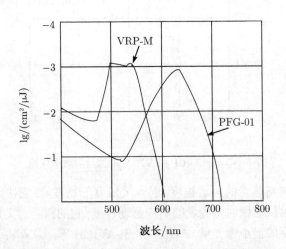

图 5-1-6 PFG-01 和 VRP-M 的光谱灵敏度曲线

488nm, 515.5nm, 526.5nm 和 532nm; PFG-01 乳胶适用于 600~680nm 范围的红色波长, 包括波长 633nm 和 647nm[7].

图 5-1-7 表示了 AGFA 生产的几种全息乳胶的光谱灵敏度或色灵敏度曲线 HOLOTEST8E56HD 和 10E56 在波长 560nm 附近最为敏感[12], 见图 5-1-7(a), 图 5-1-7(b) 它们适用于氪离子激光器和氩离子激光器. 而 HOLOTEST 全息乳胶 8E75HD 和 10E75 在波长 600~750nm 范围最为敏感, 见图 5-1-7(c), (d) 它们适用于氦氖激光器 (波长 633nm) 和红宝石激光器 (波长 694nm).

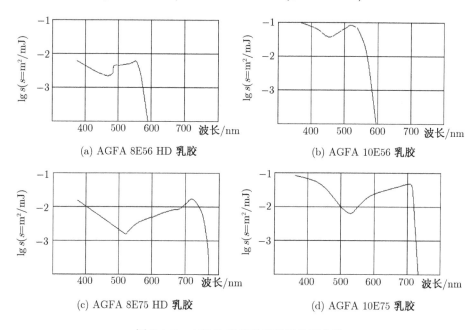

图 5-1-7 AGFA 乳胶的光谱灵敏度曲线

5.1.3 调制传递函数 MTF

理想的记录材料能将光场的干涉条纹分布准确地记录下来, 也就是它能将干涉条纹的强度分布准确地转移到记录材料中, 成为记录材料内相应物理量的同样调制度的条纹分布. 但实际的记录材料只能在某种程度上反映原来的光场干涉条纹的强度分布. 为了描述记录材料的这种性质, 我们引入调制传递函数 (modulation transfer function, MTF). 其定义是, **调制传递函数**—— 全息图的振幅调制度 $M_H(f)$ 与相应位置处光场干涉条纹能见度 V 的比值. 通常情况下它是全息图中条纹空间频率 f 的函数, 以 $M(f)$ 表示之:

$$M(f) \equiv \frac{M_H(f)}{V} \quad 或 \quad M_H(f) = VM(f) \tag{5-1-9}$$

对于理想的记录介质,调制传递函数 $M(f)$ 为 1,而实际的记录介质,调制传递函数 $M(f)$ 小于 1,显然,$M(f)$ 值越大,越趋近于 1,材料的记录性能就越好. 反之,$M(f)$ 值越小,材料的记录性能就越差. 因此,它可以反映记录材料性能的优劣. $M(f)$ 决定于条纹的空间频率,随着条纹的空间频率的增大而衰减. 当条纹的空间频率过于高时,$M(f)$ 就降低到无法记录下条纹的地步. 因此,在记录高空频条纹时,应特别注意选择满足条件的记录材料.

当我们记录 (5-1-4) 式所表述的两平面波的干涉条纹时,设曝光时间为 τ,其曝光量为曝光时间与光强的乘积,即记录材料上单位面积上所接受到的光场能量为

$$E = I\tau = I_0 \left[1 + V\cos\Theta\right]\tau \tag{5-1-10}$$

式中,$\Theta = \boldsymbol{K}\cdot\boldsymbol{r} - \phi$,$\phi = \phi_2 - \phi_1$,$\boldsymbol{K} = \boldsymbol{k}_2 - \boldsymbol{k}_1$,$I_1 = A_1^2$,$I_2 = A_2^2$,$I_1 + I_2 = I_0$ 为平均光强,$V = \dfrac{2\sqrt{I_1 I_2}}{(I_1 + I_2)} = \dfrac{2\sqrt{B}}{1+B}$ 为干涉条纹的能见度.

但是,由于记录材料不可能将光场干涉条纹的强度分布精确地记录下来. 也可认为,全息图的实际曝光量还不能以 (5-1-10) 式表述. 为此,我们引入**有效曝光量**的概念,以 E_e 表示有效曝光量,则有效曝光量可写为[5]

$$E_e = I_0\left[1 + M(f)V\cos\Theta\right]\tau = E_0\left[1 + M_H(f)\cos\Theta\right] \tag{5-1-11}$$

式中,$E_0 = I_0\tau$ 为平均曝光量.

$$M(f)V = M_H(f)$$

$M_H(f)$ 是全息图实际的振幅调制度.

图 5-1-8 是 KODAK 公司生产的 649F 型全息干版漂白后的传递函数 $M(f)$ 与条纹空间频率的关系[12].

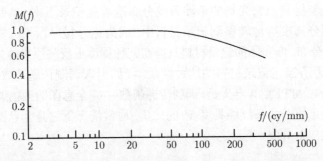

图 5-1-8 KODAK649F 型全息干版漂白后的传递函数 $M(f)$

5.1.4 干涉条纹的两种主要类型 —— 振幅型和相位型干涉条纹

记录材料经过曝光、化学处理后, 便将光场中的光强分布信息 —— 干涉条纹在感光材料内的空间分布转移到记录材料中. 记录在感光材料内的干涉条纹按条纹构成的形式分类, 可区别为**振幅型条纹**和**相位型条纹**两大类.

振幅型条纹是明暗相间的条纹 (在银盐感光材料的情况下, 它是以光密度高低不等、黑白相间的形式记录下条纹分布). 相位型条纹又可分为折射率高低相间的相位型条纹 (如重铬酸明胶记录下的条纹或经过漂白的卤化银乳胶记录下的条纹), 或者是凸凹相间的浮雕状相位型条纹 (如光致抗蚀剂记录下的条纹), 或者兼而有之. 以上无论哪一种情况, 我们都可以用全息图的屏函数, 即全息图的复振幅透射率 $t_H(x,y)$ 或反射率 $R_H(x,y)$ 来表示之.

在一般情况下, 用感光记录材料制作的全息图其复振幅透射率 $t_H(x,y)$ 可表示为

$$t_H(x,y) = t(x,y) \exp[j\psi(x,y)] \tag{5-1-12}$$

当感光记录材料曝光时, 复振幅透射率的模数 $t(x,y)$ 和相位 $\psi(x,y)$ 都将随之而变化. 变化的大小程度取决于感光材料接受到的光能多少, 也就是说, 取决于曝光量的大小. 我们可以将它们的变化关系最一般地表示如下[8]:

$$\frac{dt_H}{dE} = \frac{\partial t}{\partial E} \exp[j\psi] + jt\exp[j\psi] \frac{\partial \psi}{\partial E} \tag{5-1-13}$$

不同的感光记录材料, 有不同的响应. 有的材料在光照下相位不发生变化, 而只发生透过率模值的变化; 有的材料在光照下则只发生相位变化, 而透过率的模值却不发生变化. 若某种记录材料对 (5-1-13) 式中, $\frac{\partial t}{\partial E}$ 取有限值, 而 $\frac{\partial \psi}{\partial E} = 0$ 或近似为 0, 这种材料就形成**振幅型全息图**或**吸收型全息图**. 若某种记录材料对 (5-1-13) 式中, $\frac{\partial \psi}{\partial E}$ 取有限值, 而 $\frac{\partial t}{\partial E} = 0$ 或近似为 0, 这种材料就形成**相位型全息图**. 对于用前一种材料所制成的全息图, 其复振幅透射率可以表达为

$$t_H(x,y) = t[E_e(x,y)] \exp(j\psi_b)$$

式中, $\psi_b = $ 常数. 由于它只是一个常数相位因子, 通常将它忽略, 而将振幅全息图的复振幅透射率简单地表示为

$$t_H(x,y) = t[E_e(x,y)]$$

对于用后一种记录材料所制成的全息图, 其复振幅透射率 $t_H(x,y)$ 可以表达为

$$t_H(x,y) = b\exp[j\psi(x,y)]$$

式中, $b =$ 常数, $\psi(x,y) = \psi[E_e(x,y)]$.

下面, 我们分别讨论用这两种不同特性的记录材料所制成的两种类型的全息图.

5.1.4.1 振幅型全息图 —— 振幅型全息光栅

前面已指出: 经过曝光、化学处理后得到的全息图的复振幅透射率 $t(x,y)$ 可以表达为有效曝光量 $E_e(x,y)$ 的函数[3,8]. 即 $t_H(x,y) = t[E_e(x,y)]$ (5-1-14)

根据泰勒级数 (Taylor's series)

$$f(x) = f(a) + f'(a)\frac{(x-a)}{1!} + f''(a)\frac{(x-a)^2}{2!} + f'''(a)\frac{(x-a)^3}{3!} + \cdots \quad (5\text{-}1\text{-}15)$$

将 (5-1-14) 式用泰勒级数在某个有效曝光量 E_e 处展开:

$$t(E) = t(E_e) + t'(E_e)\frac{(E-E_e)}{1!} + t''(E_e)\frac{(E-E_e)^2}{2!} + t'''(E_e)\frac{(E-E_e)^3}{3!} + \cdots$$
(5-1-16)

当 $E = 0$ 时, 即在没有曝光的情况下, 我们有

$$t(0) = t(E_e) + t'(E_e)\frac{(-E_e)}{1!} + t''(E_e)\frac{(-E_e)^2}{2!} + t'''(E_e)\frac{(-E_e)^3}{3!} + \cdots$$

或

$$t(E_e) = t(0) + \left[\frac{(-1)^0}{1!}t'(E_e)\right]E_e + \left[\frac{(-1)^1}{2!}t''(E_e)\right]E_e^2 + \left[\frac{(-1)^2}{3!}t'''(E_e)\right]E_e^3 + \cdots$$
(5-1-17)

式中, $t'(E_e), t''(E_e), t'''(E_e), \cdots$ 分别为复振幅透射率 $t(x,y)$ 对曝光量的一阶、二阶、三阶、$\cdots$ 偏导数在有效曝光量 E_e 处的取值. 在只保留前面两项的情况下, 也就是在线性条件下, 我们有

$$t(E_e) = t(0) + t'(E_e)E_e \quad (5\text{-}1\text{-}18)$$

我们以 t_0 来表示 (5-1-18) 式中的常数项 $t(0)$, 即令

$$t_0 \equiv t(0) \quad (5\text{-}1\text{-}19)$$

t_0 实际上就是复振幅透射率 $t(x,y)$ 在有效曝光量 $E_e(x,y) = 0$ 处的取值. 将全息干版在没有曝光的情况下进行显影、定影处理后的感光材料的复振幅透射率就是 t_0*.

---

* 理解了 (5-1-21) 式各个系数的物理意义, 可以有以下的一些初步应用: 因 t_0 之值甚小, 将没有曝光的干版或胶片, 通过正常显影、定影处理后, 其光密度很小, 透光性能很好. 当干版或胶片储存时间比较长, 在使用前可以在不曝光情况下, 通过正常显影、定影处理后检查其光密度以判断是否可正常使用; 对于暗室环境是否达到遮光要求, 也可通过将裁成小片的新干版或胶片放在不同的需要检测的地点, 搁置一定的时间后, 再通过正常显影、定影处理后检查其光密度以判断暗室内这些位置是否满足实验要求; 试验化学试剂新配方或存放时间较长的化学试剂是否会带来噪声等也可用类似的方法.

(5-1-18) 式中的第二项系数 $t'(E_e)$ 是 t-E 曲线的斜率 $\dfrac{\partial t(x,y)}{\partial E}$ 在有效曝光量 E_e 处的取值. 我们以 β 来表示[4], 称**曝光量常数**. 即

$$t'(E_e) = \left.\frac{\partial t(x,y)}{\partial E}\right|_{E_e} = \beta \tag{5-1-20}$$

对于正片, $\beta > 0$; 对于负片, $\beta < 0$, 其值主要取决于记录材料的性质.

将 (5-1-11), (5-1-19), (5-1-20) 式代入 (5-1-18) 式, 便得

$$t(x,y) = t_0 + \beta E_e(x,y) = t_0 + \beta I_0 \left[1 + M(f) V \cos\Theta\right]\tau = t_b + \beta' I_0 M(f) V \cos\Theta \tag{5-1-21}$$

式中, $t_b = t_0 + \beta I_0 \tau = t_0 + \beta E_0 = t_0 + \beta' I_0$ 是常数, 反映了全息图的平均透射率, 可看作是全息图透射率的直流成分. $E_0 = I_0 \tau$ 为平均曝光量. 并且, $\beta' = \beta\tau$. 对于两束平面波干涉场的记录, 若只限于考虑理想情况, 即 $M(f) = 1$ 时,

$$t(x,y) = t_0 + \beta I_0 \left[1 + V \cos\Theta\right]\tau = (t_0 + \beta E_0) + \beta E_0 V \cos\Theta = t_b + \alpha \cos\Theta \tag{5-1-22}$$

式中,

$$\alpha = \beta E_0 V, \quad \Theta = \boldsymbol{K}\cdot\boldsymbol{r} - \phi \tag{5-1-23}$$

全息图透射率的极大值和极小值分别为

$$\left.\begin{array}{l} t_{\max} = t_b + \alpha \\ t_{\min} = t_b - \alpha \end{array}\right\} \tag{5-1-24}$$

理想情况下在记录材料上记录下的条纹调制度 M_H 为

$$M_H = \frac{t_{\max} - t_{\min}}{t_{\max} + t_{\min}} = \frac{\alpha}{t_b} \tag{5-1-25}$$

欲使记录下的条纹有最佳的透射率调制度 1, 需使 $M_H = 1$, 也就是 $\alpha = t_b$. 将此关系代入 (5-1-24) 式我们有

$$t_b = \alpha = 1/2, \quad t_{\min} = 0, t_{\max} = 1 \tag{5-1-26}$$

即暗纹部分的透光率为 0, 亮纹部分的透光率为 1.

注意到, $t_b = \alpha = 1/2$ 的条件相当于全息图的振幅平均透射率为 0.5, 或相应的强度透射率为 4. 即相应的光密度为

$$D = \lg 4 \approx 0.6 \tag{5-1-27}$$

这就是为什么通常在拍摄振幅全息图时,应选择合适的曝光量、在一定的化学处理条件下,使全息图达到的光密度为 0.6 的原因. 因为这时全息图的透射率调制度取最佳值 $M_H = 1$. 在此情况下,(5-1-22) 式可改写为

$$t(x,y) = \frac{1}{2}\left[1 + \cos\Theta\right] = \frac{1}{2} + \frac{1}{4}\exp(j\Theta) + \frac{1}{4}\exp(-j\Theta) \tag{5-1-28}$$

(5-1-28) 式表示了最佳情况下所获得的两束平面波的全息图的复振幅透射率.

遮去原来的第二列平面波,单独以第一列平面波照明全息图. 透过全息图的衍射光复振幅为

$$u(x,y) = t(x,y)A_1 \exp\left[j(\boldsymbol{k}_1 \cdot \boldsymbol{r} - \phi_1)\right]$$

$$= A_1 \exp\left[j(\boldsymbol{k}_1 \cdot \boldsymbol{r} - \phi_1)\right]\left[\frac{1}{2} + \frac{1}{4}\exp(j\Theta) + \frac{1}{4}\exp(-j\Theta)\right]$$

注意到

$$\Theta = \boldsymbol{K}\cdot\boldsymbol{r} - \phi, \quad \phi = \phi_2 - \phi_1, \quad \boldsymbol{K} = \boldsymbol{k}_2 - \boldsymbol{k}_1,$$

于是可将其进一步写为

$$u(x,y) = A_1 \exp\left[j(\boldsymbol{k}_1 \cdot \boldsymbol{r} - \phi_1)\right]\left[\frac{1}{2} + \frac{1}{4}\exp\left\{j\left[(\boldsymbol{k}_2 - \boldsymbol{k}_1)\cdot\boldsymbol{r} - (\phi_2 - \phi_1)\right]\right\}\right.$$

$$\left. + \frac{1}{4}\exp\left\{-j\left[(\boldsymbol{k}_2 - \boldsymbol{k}_1)\cdot\boldsymbol{r} - (\phi_2 - \phi_1)\right]\right\}\right]$$

$$= \frac{1}{2}A_1 \exp\left[j(\boldsymbol{k}_1 \cdot \boldsymbol{r} - \phi_1)\right] + \frac{A_1}{4}\exp\left[j(\boldsymbol{k}_2 \cdot \boldsymbol{r} - \phi_2)\right]$$

$$+ \frac{A_1}{4}\exp\left\{j\left[(2\boldsymbol{k}_1 - \boldsymbol{k}_2)\cdot\boldsymbol{r} - (2\phi_1 - \phi_2)\right]\right\} \tag{5-1-29}$$

(5-1-29) 式表明,在第一列平面波照明下,衍射光有 3 项. 第一项是零级衍射光,也是照明光的直透光,它具第一列平面波的性质,只是振幅比原来衰减了一半,即光强衰减了 1/4;第二项是一级衍射光,它是因照明光 (第一列平面波) 照射全息图而再现的第二列平面波. 这时,虽然已经遮去原来的第二列平面波,在第二列平面波的传播方向上也仍然有第二列平面波的衍射光出现,就好像第二列平面波并没有被遮挡一样,只是振幅衰减了 $A_1/4A_2$ 倍,全息图能再现物光就是这个现象. 第三项称负一级衍射光,它的意义将在以后介绍. 此外,全息图还可能产生二级、三级、…… 高级项衍射,这属于非线性现象,也将在以后介绍. 在线性记录的情况下,就只有三项衍射光,即零级和正负一级衍射光.

一般情况下,我们关心的是全息图再现的一级衍射光,因为它再现了所记录的物光,一般情况下总是希望这项衍射光的光强越强越好. 为了描述全息图再现物光

5.1 平面波形成的全息图——全息光栅

的强弱性能, 引入**衍射效率**(diffraction efficiency) 这一物理量. 它的定义是: 衍射光波与入射光波光强之比. 常以 η 表示之:

$$\eta \equiv \frac{I_1}{I} \tag{5-1-30}$$

式中, I 为入射光光强, I_1 为一级衍射光光强.

在上述利用两束平面波记录的全息图中, 照明全息图的入射光光强为 $I_0 = A_1^2$, 其一级衍射光光强为 $I_1 = \frac{A_1^2}{16}$. 故其相应的衍射效率为

$$\eta = \frac{A_1^2/16}{A_1^2} = \frac{I_1/16}{I_1} = \frac{1}{16} = 0.0625 = 6.25\% \tag{5-1-31}$$

这是振幅型全息图 (余弦型干涉条纹) 理想的最高衍射效率, 因为, 这是在假定了全息图无吸收等损失的情况下, 记录是线性的, 条纹能见度和调制传递函数为 1 的理想条件下所获得的结果. 实际的振幅型全息图 (余弦型干涉条纹) 的衍射效率 $\eta_{实际}$ 永远不能大于此值. 即

$$\eta_{实际} < 6.25\% \tag{5-1-32}$$

以上, 我们讨论的是两束平面波干涉场的线性记录, 记录的条纹信息是余弦型的. 如果不在记录材料的线性区进行记录, 处理后的条纹信息将发生畸变, 条纹不再是余弦型的. 我们考虑一种较极端的情况, 设处理后获得的全息条纹是矩形型的. 在理想情况下, 为二元光栅, 即透光部分其振幅透射率为 1; 不透光部分其振幅透射率为零. 这种光栅称为 **Ronchi 光栅**, 其振幅透射率可表示为

$$t(x) = \begin{cases} 1, & 0 < x \leqslant d/2 \\ 0, & -d/2 < x \leqslant 0 \end{cases} \tag{5-1-33}$$

式中, d 为 Ronchi 光栅的周期. 将 (5-1-33) 式用傅里叶级数展开, 我们有

$$t(x) = \frac{a_0}{2} + \sum_{n=1}^{\infty} [a_n \cos(2\pi n\nu x) + b_n \sin(2\pi n\nu x)] \tag{5-1-34}$$

$\nu = 1/d$ 为光栅的空间频率. 傅里叶级数的各项系数为

$$a_0 = \frac{2}{d} \int_{-\frac{d}{2}}^{\frac{d}{2}} t(x)\mathrm{d}x = 1$$

$$a_n = \frac{2}{d} \int_{-\frac{d}{2}}^{\frac{d}{2}} t(x) \cos(2\pi n\nu x)\,\mathrm{d}x = \frac{2}{d}\frac{1}{2\pi n\nu} \sin(2\pi n\nu x)\Big|_0^{\frac{d}{2}} = \frac{\sin(\pi n)}{\pi n} = 0$$

$$b_n = \frac{2}{d} \int_{-\frac{d}{2}}^{\frac{d}{2}} t(x) \sin(2\pi n\nu x)\,\mathrm{d}x = -\frac{2}{d}\frac{1}{2\pi n\nu} \cos(2\pi n\nu x)\Big|_0^{\frac{d}{2}}$$

$$= \frac{1}{\pi n}[1 - \cos n\pi] = \frac{1}{\pi n}[1 - (-1)^n]$$

于是,
$$t(x) = \frac{1}{2} + \frac{2}{\pi}\left[\sin(2\pi\nu x) + \frac{1}{3}\sin[2\pi(3\nu)x] + \frac{1}{5}\sin[2\pi(5\nu)x] + \cdots\right]$$
$$= \frac{1}{2} + \frac{1}{j\pi}\{\exp(j2\pi\nu x) - \exp(-j2\pi\nu x)$$
$$+ \frac{\exp[j2\pi(3\nu)x] - \exp[-j2\pi(3\nu)x]}{3} + \cdots\}$$

因此, 正负一级衍射的衍射效率为
$$\eta = \left(\frac{1}{\pi}\right)^2 \approx 10.13\% \tag{5-1-35}$$

可见, 矩形光栅的衍射效率比正弦光栅高. 然而, 在非线性记录的情况下, 再现物光将发生畸变, 这是人们在一般情况下都不期望的, 所以, 尽管有较高的衍射效率, 人们还是宁肯在线性区域记录全息图. 不过, 在全息干涉计量中, 在这种非线性区域记录全息图是有用的, 这将在第 10 章中作介绍.

以上, 我们主要考虑的都属于理想化的情况. 对于实际的振幅型记录材料, 为了使所得到的全息图能满足线性记录的条件, 我们对所选择的记录材料首先要作出它的透过率随曝光量变化的 t-E 曲线. 若厂家已提供资料, 可参考厂家提供的 t-E 曲线 (如图 5-1-4 是 AGFA 乳胶的 t-E 曲线), 否则可以通过实验测量出作为曝光量 E_e 的函数的强度透射率 T. 然后计算 $t = \sqrt{T}$, 画出该记录材料的 t-E 曲线. 有了这曲线后, 在实验中, 平均曝光量 E_0 应选取在这条曲线的线性区域 (直线部分) 的中心点附近. 在全息图面积上, 即使是两束光强分布相等的平行光, 因为光束是用细激光束通过扩束、准直后形成的平行光. 其波前仍具有高斯型的光强分布, 尽管使用光阑, 挡去边沿较弱的光. 但光束中心和边缘部分的强度仍有差异. 因此, 两束平面波的叠加光场中各部位的条纹能见度 V 是有差异的. 通常, 应找到数值最大的条纹能见度 $V_{\max}$. 在以平均曝光量 E_0 为中心的两侧, 在 $E_0(1+V_{\max})$ 和 $E_0(1-V_{\max})$ 的范围查看这个曝光量范围是否处于该记录材料的 t-E 曲线的线性记录区内. 实验时曝光量的选择只要满足此要求, 那么, 所记录的全息图就能实现线性记录的要求. 如图 5-1-9 所示意[8].

5.1.4.2 相位型全息图 —— 相位型全息光栅

有的记录材料在曝光、处理之后, 成为相位型的全息图, 譬如重铬酸明胶, 又譬如卤化银银盐乳胶在曝光后, 经过显影、定影后, 再经过漂白处理, 也变成折射率调制的相位型全息图.

相位型全息图的复振幅透射率 $t(x,y)$ 为[3]
$$t(x,y) = b\exp[j\psi(x,y)] \tag{5-1-36}$$

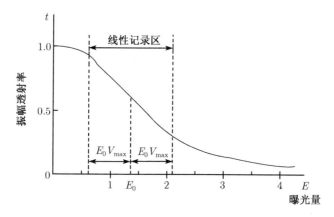

图 5-1-9　振幅透射率随曝光量变化的 t-E 曲线

式中, b 是常数, 是相位型全息图的振幅衰减系数. 相位 $\psi(x,y)$ 可以表达为有效曝光量 $E_e(x,y)$ 的函数. 在线性记录的条件下, 类似振幅全息图的讨论, 我们有

$$\psi(E_e) = \psi(0) + \psi'(E_e) E_e \tag{5-1-37}$$

以 ψ_b 来表示上式中的常数项 $\psi(0)$, 即令

$$\psi_b \equiv \psi(0) \tag{5-1-38}$$

它是复振幅透射率的相位在有效曝光量 $E_e(x,y) = 0$ 处的取值. 将全息干版在没有曝光的情况下进行显影、定影处理后的复振幅透射率的相位值就是 ψ_b, 它表示了在没有曝光的情况下, 经过化学处理后的感光材料对透射光引起的相移.

(5-1-37) 式中的第二项系数 $\psi'(E_e)$ 是 t-ψ 曲线的斜率 $\dfrac{\partial \psi(x,y)}{\partial E}$ 在有效曝光量 E_e 处的取值. 我们以 γ 来表示, 称**曝光量常数**. 即

$$\psi'(E_e) = \left.\dfrac{\partial \psi(x,y)}{\partial E}\right|_{E_e} = \gamma \tag{5-1-39}$$

这样, 相位全息图的相位 $\psi(x,y)$ 可表为

$$\psi(x,y) = \psi_b + \gamma E_e(x,y) \tag{5-1-40}$$

相位全息图的曝光量常数 γ 类似振幅全息图的曝光量常数 β, 其值主要取决于记录材料的性质. 而 E_e 的表达式就是前面介绍的 (5-1-11) 式. 于是, (5-1-40) 式可写为

$$\psi(x,y) = \psi_b + \gamma I_0 [1 + M(f) V \cos \Theta] \tau \tag{5-1-41}$$

对于两束平面波干涉场的记录,仍只限于考虑理想情况,设 $M(f) = 1$,(5-1-41) 式可写为

$$\psi(x,y) = \psi_b + \gamma I_0 \left[1 + V \cos \Theta\right] \tau = \psi_b + \gamma E_0 \left[1 + V \cos \Theta\right] = \psi_b + \gamma E_0 + \gamma E_0 V \cos \Theta \tag{5-1-42}$$

于是,相位型全息图的复振幅透射率 $t(x,y)$ 可表示为

$$t(x,y) = b \exp\left[j\psi(x,y)\right] = b \exp j \left[\psi_b + \gamma E_0 + \gamma E_0 V \cos \Theta\right] = C \exp\left[j\alpha \cos \Theta\right] \tag{5-1-43}$$

式中,

$$C = b \exp\left[j(\psi_b + \gamma E_0)\right], \quad \alpha = \gamma E_0 V, \quad \Theta = (\boldsymbol{k}_2 - \boldsymbol{k}_1) \cdot \boldsymbol{r} - (\phi_2 - \phi_1) \tag{5-1-44}$$

式中,α 为相位全息图的**相位调制度**. 利用贝塞尔展开式,将 (5-1-43) 改写为[2,3]:

$$t(x,y) = C \left\{ J_0(\alpha) + 2 \sum_{n=1}^{\infty} (-1)^n J_{2n}(\alpha) \cos(2n\Theta) \right. \\ \left. + 2j \sum_{n=0}^{\infty} (-1)^n J_{2n+1}(\alpha) \cos[(2n+1)\Theta] \right\} \tag{5-1-45}$$

式中,$J_m(\alpha)$ 是第一类贝塞尔函数,注意到它的一个重要关系:

$$J_{-m}(\alpha) = (-1)^m J_m(\alpha) \tag{5-1-46}$$

我们可以将 (5-1-45) 式改写为以下更简洁的形式:

$$t(x,y) = C \sum_{m=-\infty}^{\infty} (j)^m J_m(\alpha) \exp(jm\Theta) \tag{5-1-47}$$

对于正一级衍射,$m=1$,注意到,$j = \exp(j\pi/2)$,于是,我们有

$$t_1(x,y) = C j J_1(\alpha) \exp(j\Theta) = C \exp(j\pi/2) J_1(\alpha) \exp(j\Theta) \tag{5-1-48}$$

以第一列平面波照明全息图. 全息图的一级衍射光复振幅为

$$u_1(x,y) = A_1 \exp\left[j(\boldsymbol{k}_1 \cdot \boldsymbol{r} - \phi_1)\right] C \exp(j\pi/2) J_1(\alpha) \exp(j\Theta) \\ = A_1 b J_1(\alpha) \exp\left[j(\boldsymbol{k}_2 \cdot \boldsymbol{r} - \phi_2)\right] \exp\left\{j\left[(\pi/2) + \psi_b + \gamma E_0\right]\right\} \tag{5-1-49}$$

(5-1-49) 式表明,这项衍射光是平面波,其传播方向为 $\boldsymbol{k}_2$ 的方向. 也就是说,以第一列平面波照明全息图所得到的正一级衍射光再现了第二列平面波. 只是相位滞后了 $\pi/2 + \psi_b + \gamma E_0$,振幅衰减为 $bJ_1(\alpha) A_1/A_2$.

5.1 平面波形成的全息图——全息光栅

一级衍射光的衍射效率为

$$\eta_1 = \frac{I_1}{I} = \frac{A_1^2 |C|^2 [J_1(\alpha)]^2}{A_1^2} = |C|^2 [J_1(\alpha)]^2 = b^2 [J_1(\alpha)]^2 \tag{5-1-50}$$

若忽略吸收等损失,即 $|C| = b = 1$ 时,

$$\eta_1 = \frac{I_1}{I} = [J_1(\alpha)]^2 \tag{5-1-51}$$

而一阶贝塞尔函数是准周期函数,它的第一个极值,也是其最大值,在 $\alpha \approx 1.82$ 处,此时, $J_1(1.82) \approx 0.582$,即

$$\eta_{1\max} = [J_1(1.82)]^2 \approx 33.9\% \tag{5-1-52}$$

所以,相位全息图一级衍射的理论最大衍射效率为 33.9%. 这时,其他各衍射级的衍射效率都低于一级. 如,此时零级衍射效率约为 11.6%,二级衍射效率约为 9.37%.

类似振幅全息图,为了进行线性记录,必须使平均曝光量 E_0 选在记录材料的 ψ-E 曲线的直线部分的中点,并使全息图上的最大条纹能见度 $V_{\max}$ 与平均曝光量 E_0 的乘积 $E_0 V_{\max}$ 在平均曝光量 E_0 的两侧限制在线性记录区之内,如图 5-1-10 所示[8].

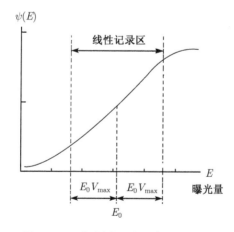

图 5-1-10 相位随曝光量变化的曲线

以上,我们讨论的是两束平面波干涉场的线性记录,记录的条纹信息是余弦型的. 如果记录不在材料的线性区,处理后的条纹信息将发生畸变. 我们考虑一种较极端的情况,设处理后获得的全息条纹是矩形型的.

这种折射率作矩形型分布的相位全息图的透射率函数的相位因子 $\psi(x)$ 可表示

为

$$\psi(x) = \begin{cases} 0, & 0 \leqslant x \leqslant d/2 \\ \pi, & -d/2 \leqslant x < 0 \end{cases} \tag{5-1-53a}$$

式中, d 是全息图记录的条纹间距. 于是, 相位全息图相应部分的透射率函数为

$$t(x) = \begin{cases} t_0, & 0 \leqslant x \leqslant d/2 \\ -t_0, & -d/2 \leqslant x < 0 \end{cases} \tag{5-1-53b}$$

用傅里叶级数展开,

$$t(x) = \frac{a_0}{2} + \sum_{n=1}^{\infty} [a_n \cos(2\pi n \nu x) + b_n \sin(2\pi n \nu x)] \tag{5-1-54a}$$

$\nu = 1/d$ 为光栅的空间频率. 傅里叶级数的各项系数为

$$a_0 = \frac{2}{d} \int_{-\frac{d}{2}}^{0} t(x) \mathrm{d}x = \frac{2}{d} \left[\int_{-\frac{d}{2}}^{0} t(x) \mathrm{d}x + \int_{0}^{\frac{d}{2}} t(x) \mathrm{d}x \right]$$

$$= \frac{2}{d} \left[-\int_{-\frac{d}{2}}^{0} t_0 \mathrm{d}x + \int_{0}^{\frac{d}{2}} t_0 \mathrm{d}x \right] = \frac{2}{d} \left[-t_0 \left(\frac{d}{2}\right) + t_0 \left(\frac{d}{2}\right) \right] = 0$$

$$a_n = \frac{2}{d} \int_{-\frac{d}{2}}^{\frac{d}{2}} t(x) \cos(2\pi n \nu x) \mathrm{d}x$$

$$= \frac{2}{d} \left[-\int_{-\frac{d}{2}}^{0} t_0 \cos(2\pi n \nu x) \mathrm{d}x + \int_{0}^{\frac{d}{2}} t_0 \cos(2\pi n \nu x) \mathrm{d}x \right]$$

$$= \frac{2t_0}{d} \left[\frac{-1}{2\pi n \nu} \sin(2\pi n \nu x) \Big|_{-\frac{d}{2}}^{0} + \frac{1}{2\pi n \nu} \sin(2\pi n \nu x) \Big|_{0}^{\frac{d}{2}} \right]$$

$$= t_0 \left[\frac{-1}{\pi n} \sin(\pi n) + \frac{1}{\pi n} \sin(\pi n) \right] = 0$$

$$b_n = \frac{2}{d} \int_{-\frac{d}{2}}^{\frac{d}{2}} t(x) \sin(2\pi n \nu x) \mathrm{d}x$$

$$= \frac{2}{d} \left[-\int_{-\frac{d}{2}}^{0} t_0 \sin(2\pi n \nu x) \mathrm{d}x + \int_{0}^{\frac{d}{2}} t_0 \sin(2\pi n \nu x) \mathrm{d}x \right]$$

$$= \frac{2t_0}{d}\left[\frac{1}{2\pi n\nu}\cos(2\pi n\nu x)\Big|_{-d/2}^{0} - \frac{1}{2\pi n\nu}\cos(2\pi n\nu x)\Big|_{0}^{d/2}\right]$$

$$= \frac{t_0}{\pi n}\left[1 - \cos(\pi n) - \cos(\pi n) + 1\right]$$

$$= \frac{2t_0}{\pi n}\left[1 - (-1)^n\right]$$

于是，这种相位全息图的透射率函数可表示为[6]

$$t_H(x) = \frac{2t_0}{j\pi}\left\{\exp(j2\pi\nu x) - \exp(-j2\pi\nu x) + \frac{\exp[j2\pi(3\nu)x] - \exp[-j2\pi(3\nu)x]}{3} + \cdots\right\} \tag{5-1-54b}$$

在没有吸收衰减的最佳情况下，$t_0 = 1$，矩形型分布相位全息图的一级衍射的衍射效率约为[6]

$$\eta_1 = \left(\frac{2}{\pi}\right)^2 \approx 40.5\% \tag{5-1-55}$$

由此可见，无论振幅型全息图，或是相位型全息图，矩形型条纹都比余弦型衍射效率高．用计算机制作的全息图大多是采用矩形型函数．

以上我们所讨论的都属于**薄全息图**的范围，所谓"薄"，是指全息图的记录材料的厚度与全息干涉条纹间距相比较而言．薄全息图精确的定义请参看后面第 6 章 6.5 节.

为便于比较上面这几种类型薄全息图的衍射效率，我们将这些结果归纳在表 5-1-4 中.

表 5-1-4 薄全息图最佳衍射效率的理论值

	余弦型调制	矩形型调制
振幅型全息图最佳衍射效率	6.3%	10.1%
相位型全息图最佳衍射效率	33.9%	40.5%

5.2 点光源形成的全息图

所有发光体都可视为发光点的集合．因此，首先弄清楚一个点光源作为物光，另一个点光源作为参考光所形成的全息图的规律，这是进一步深入理解全息图的一般规律的基础[4,10].

5.2.1 点光源全息图的记录

设有两个相干点光源，波长为 λ，分别位于 $P_0(x_0, y_0, z_0)$ 和 $P_r(x_r, y_r, z_r)$，记录

片位于 oxy 坐标平面,如图 5-2-1 所示. 它们在记录片上的复振幅分布分别为[4]

$$u_0(x,y) = A_0'(x,y)\exp[jkr_0(x,y)] \text{ 和 } u_r(x,y) = A_r'(x,y)\exp[jkr_r(x,y)]$$

式中, A_0' 和 A_r' 为复数, 其模分别与 $P_0(x_0,y_0,z_0)$ 和 $P_r(x_r,y_r,z_r)$ 点到记录片上的任意点 $Q(x,y)$ 的距离 r_0 和 r_r 成反比, 与光源强度成正比; 其幅角决定于它们的初相位. r_0 和 r_r 是记录片上任意点 $Q(x,y,0)$ 所在位置的函数, 在菲涅耳近似的情况下, 它们可以分别表为

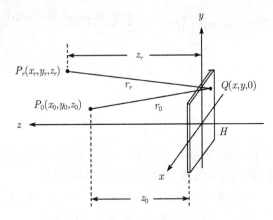

图 5-2-1 点源全息图的记录

$$r_0 = \sqrt{(x-x_0)^2 + (y-y_0)^2 + z_0^2}$$
$$\approx \left[z_0 + \frac{1}{2z_0}(x_0^2+y_0^2) + \frac{1}{2z_0}(x^2+y^2) - \frac{1}{z_0}(xx_0+yy_0)\right]$$
$$r_r = \sqrt{(x-x_r)^2 + (y-y_r)^2 + z_r^2}$$
$$\approx \left[z_r + \frac{1}{2z_r}(x_r^2+y_r^2) + \frac{1}{2z_r}(x^2+y^2) - \frac{1}{z_r}(xx_r+yy_r)\right]$$

于是, 这两个点光源 $P_0(x_0,y_0,z_0)$ 和 $P_r(x_r,y_r,z_r)$ 在记录片上的复振幅分布可分别表示为

$$u_0(x,y) = A_0'\exp[j(kr_0)] \approx A_0\exp\left[\frac{jk}{2}\frac{1}{z_0}(x^2+y^2)\right]\exp\left[-jk\left(\frac{x_0}{z_0}x+\frac{y_0}{z_0}y\right)\right]$$
(5-2-1)

$$u_r(x,y) = A_r'\exp[j(kr_r)] \approx A_r\exp\left[\frac{jk}{2}\frac{1}{z_r}(x^2+y^2)\right]\exp\left[-jk\left(\frac{x_r}{z_r}x+\frac{y_r}{z_r}y\right)\right]$$
(5-2-2)

全息片上的光强分布为

$$I(x,y) = [u_0(x,y) + u_r(x,y)][u_0(x,y) + u_r(x,y)]^* = |u_0|^2 + |u_r|^2 + u_0 u_r^* + u_0^* u_r$$

在记录材料的线性区域, 经正常曝光, 显影, 定影处理后, 全息图的复振幅透射率为

$$t = t_0 + \beta' I = t_b + \beta'|u_0|^2 + \beta' u_0 u_r^* + \beta' u_0^* u_r \tag{5-2-3}$$

5.2.2 点光源全息图的再现

用点光源照明再现该全息图. 设照明点光源位于 $P_B(x_B, y_B, z_B)$ 点, 则它在记录干版上的复振幅分布为

$$u_B = A'_B \exp(\mathrm{j}k r_B) \approx A_B \exp\left[\frac{\mathrm{j}k}{2}\frac{1}{z_B}(x^2+y^2)\right] \exp\left[-\mathrm{j}k\left(\frac{x_B}{z_B}x + \frac{y_B}{z_B}y\right)\right] \tag{5-2-4}$$

这时, 全息图的衍射光复振幅分布为

$$u_B t = u_B t_b + u_B \beta'|u_0|^2 + u_B \beta' u_0 u_r^* + u_B \beta' u_0^* u_r = u_1 + u_2 + u_3 + u_4 \tag{5-2-5}$$

考虑第 3 项衍射光 u_3:

$$\begin{aligned}
u_3 &= u_B \beta' u_0 u_r^* \\
&= A_3 \exp\left[\frac{\mathrm{j}k}{2}\left(\frac{1}{z_B} + \frac{1}{z_0} - \frac{1}{z_r}\right)(x^2+y^2)\right] \\
&\quad \exp\left\{-\mathrm{j}k\left[\left(\frac{x_B}{z_B} + \frac{x_0}{z_0} - \frac{x_r}{z_r}\right)x + \left(\frac{y_B}{z_B} + \frac{y_0}{z_0} - \frac{y_r}{z_r}\right)y\right]\right\} \\
&= A_3 \exp\left[\frac{\mathrm{j}k}{2}\frac{1}{z_p}(x^2+y^2)\right] \exp\left[-\mathrm{j}k\left(\frac{x_p}{z_p}x + \frac{y_p}{z_p}y\right)\right]
\end{aligned} \tag{5-2-6}$$

式中

$$A_3 \equiv \beta' A_B A_0 A_r^* \tag{5-2-7}$$

比较相应系数, 可得

$$\frac{1}{z_p} = \frac{1}{z_B} + \frac{1}{z_0} - \frac{1}{z_r} \tag{5-2-8}$$

$$\frac{x_p}{z_p} = \frac{x_B}{z_B} + \frac{x_0}{z_0} - \frac{x_r}{z_r} \tag{5-2-9}$$

$$\frac{y_p}{z_p} = \frac{y_B}{z_B} + \frac{y_0}{z_0} - \frac{y_r}{z_r} \tag{5-2-10}$$

这就是说, 第 3 项衍射光有如一个位置在 $P_p(x_p, y_p, z_p)$ 点处的点光源发出的球面波.

若再现时,照明点光源放在参考点源处,即当 $x_B = x_r$, $y_B = y_r$, $z_B = z_r$ 时,则有: $z_p = z_0$, $x_p = x_0$, $y_p = y_0$. 也就是说 $P_p(x_p, y_p, z_p)$ 与 $P_0(x_0, y_0, z_0)$ 点重合.

这时,第 3 项衍射光 u_3 再现了物点源 u_0 的光波,我们将衍射光 u_3 称为全息图衍射的**原始像**(primary image).

若 $z_p = z_0 > 0$,取正值,则 u_3 是发散的球面光波,观察者看到的是**虚像**(virtual image).

不过,原始像也可能是**实像**(real image). 这时, $z_p < 0$, 取负值,衍射光 u_3 是向 $(x_p, y_p, -|z_p|)$ 点会聚的球面波.

类似的,考虑第 4 项衍射光 u_4:

$$\begin{aligned}
u_4 &= u_B \beta' u_0^* u_r \\
&= A_4 \exp\left[\frac{\mathrm{j}k}{2}\left(\frac{1}{z_B} - \frac{1}{z_0} + \frac{1}{z_r}\right)(x^2 + y^2)\right] \\
&\quad \exp\left\{-\mathrm{j}k\left[\left(\frac{x_B}{z_B} - \frac{x_0}{z_0} + \frac{x_r}{z_r}\right)x + \left(\frac{y_B}{z_B} - \frac{y_0}{z_0} + \frac{y_r}{z_r}\right)y\right]\right\} \\
&= A_4 \exp\left[\frac{\mathrm{j}k}{2}\frac{1}{z_c}(x^2 + y^2)\right] \exp\left[-\mathrm{j}k\left(\frac{x_c}{z_c}x + \frac{y_c}{z_c}y\right)\right]
\end{aligned} \tag{5-2-11}$$

式中

$$A_4 \equiv \beta' A_B A_0^* A_r \tag{5-2-12}$$

比较相应系数,可得

$$\frac{1}{z_c} = \frac{1}{z_B} - \frac{1}{z_0} + \frac{1}{z_r} \tag{5-2-13}$$

$$\frac{x_c}{z_c} = \frac{x_B}{z_B} - \frac{x_0}{z_0} + \frac{x_r}{z_r} \tag{5-2-14}$$

$$\frac{y_c}{z_c} = \frac{y_B}{z_B} - \frac{y_0}{z_0} + \frac{y_r}{z_r} \tag{5-2-15}$$

这就是说,第 4 项衍射光有如一个位置在 $P_c(x_c, y_c, z_c)$ 点处的点光源发出的球面波.

当再现时,照明点光源放在参考点源处,即

$$x_B = x_r, \quad y_B = y_r, \quad z_B = z_r,$$

则

$$\frac{1}{z_c} = \frac{2}{z_r} - \frac{1}{z_0} \quad \text{或} \quad z_c = \frac{z_0 z_r}{2z_0 - z_r} \tag{5-2-16}$$

这时, $z_c \neq z_0$. 注意到 u_4 中含物光信息,它不是原始物光波 u_0,而是原始物光波的共轭光波 u_0^*,故这项衍射光波称共轭光波,相应的像称**共轭像**(conjugate image).

当 $z_0 > z_r/2$ 时，$z_c > 0$，为虚像. u_4 为发散的球面光波.

而当 $z_0 < z_r/2$ 时，$z_c < 0$，为实像. u_4 为会聚的球面光波.

若记录时使用的光源波长为 λ_1，再现时使用的光源波长为 λ_2，通过类似的计算，可得第 3 项衍射光 u_3 对应的原始像坐标值分别为

$$\frac{1}{z_p} = \frac{1}{z_B} + \mu \left(\frac{1}{z_0} - \frac{1}{z_r} \right) \tag{5-2-17}$$

$$\frac{x_p}{z_p} = \frac{x_B}{z_B} + \mu \left(\frac{x_0}{z_0} - \frac{x_r}{z_r} \right) \tag{5-2-18}$$

$$\frac{y_p}{z_p} = \frac{y_B}{z_B} + \mu \left(\frac{y_0}{z_0} - \frac{y_r}{z_r} \right) \tag{5-2-19}$$

式中

$$\mu \equiv \lambda_2/\lambda_1 = k_1/k_2 \tag{5-2-20}$$

第 4 项衍射光 u_4 对应的共轭像坐标值分别为

$$\frac{1}{z_c} = \frac{1}{z_B} - \mu \left(\frac{1}{z_0} - \frac{1}{z_r} \right) \tag{5-2-21}$$

$$\frac{x_c}{z_c} = \frac{x_B}{z_B} - \mu \left(\frac{x_0}{z_0} - \frac{x_r}{z_r} \right) \tag{5-2-22}$$

$$\frac{y_c}{z_c} = \frac{y_B}{z_B} - \mu \left(\frac{y_0}{z_0} - \frac{y_r}{z_r} \right) \tag{5-2-23}$$

当参考光和照明光均为平行光时，(5-2-18)，(5-2-19)，(5-2-22) 及 (5-2-23) 式不再适用. 这时，可用平行光传播方向的方向余弦以及物点和像点方向余弦来表达.

原始像的 3 个关系式可表示如下：

$$\frac{1}{z_p} = \frac{\mu}{z_0} \tag{5-2-24}$$

$$\cos \alpha_p = \cos \alpha_B + \mu (\cos \alpha_0 - \cos \alpha_r) \tag{5-2-25}$$

$$\cos \beta_p = \cos \beta_B + \mu (\cos \beta_0 - \cos \beta_r) \tag{5-2-26}$$

类似地，共轭像的 3 个关系式可表示如下：

$$\frac{1}{z_c} = -\frac{\mu}{z_0} \tag{5-2-27}$$

$$\cos \alpha_c = \cos \alpha_B - \mu (\cos \alpha_0 - \cos \alpha_r) \tag{5-2-28}$$

$$\cos \beta_c = \cos \beta_B - \mu (\cos \beta_0 - \cos \beta_r) \tag{5-2-29}$$

5.2.3 像的放大率

为了描述全息图再现时,所获得的再现像与原物相比较放大或缩小的情况. 一般采用几何光学中关于放大率的定义.

5.2.3.1 像的横向放大率

像的横向放大率定义为[6]

$$M_T \equiv \frac{\Delta x_i}{\Delta x_0} \text{ 及 } M_T \equiv \frac{\Delta y_i}{\Delta y_0} \tag{5-2-30}$$

在其他条件不变的情况下,考虑当物点 x_0 或 y_0 坐标发生微小变化时,原始像 x_p 或 y_p 坐标相应的变化. 分别对 (5-2-18),(5-2-19) 式求偏导数,我们得到

$$\Delta x_p = \mu \left(\frac{z_p}{z_0}\right) \Delta x_0 \tag{5-2-31}$$

$$\Delta y_p = \mu \left(\frac{z_p}{z_0}\right) \Delta y_0 \tag{5-2-32}$$

根据像的横向放大率定义和 (5-2-31),(5-2-32) 式,原始像的横向放大率为

$$M_{T_p} = \frac{\Delta x_p}{\Delta x_0} = \frac{\Delta y_p}{\Delta y_0} = \mu \frac{z_p}{z_0} \tag{5-2-33}$$

类似的,在其他条件不变的情况下,考虑当物点 x_0 或 y_0 坐标发生微小变化时,共轭像 x_c 或 y_c 坐标相应的变化. 分别对 (5-2-22),(5-2-23) 式求偏导数可得

$$\Delta x_c = -\mu \left(\frac{z_c}{z_0}\right) \Delta x_0 \tag{5-2-34}$$

$$\Delta y_c = -\mu \left(\frac{z_c}{z_0}\right) \Delta y_0 \tag{5-2-35}$$

根据像的横向放大率定义和 (5-2-34),(5-2-35) 式,共轭像的横向放大率为

$$M_{T_c} = \frac{\Delta x_c}{\Delta x_o} = \frac{\Delta y_c}{\Delta y_0} = -\mu \frac{z_c}{z_0} \tag{5-2-36}$$

5.2.3.2 像的视角放大率

像的视角放大率定义如下[6]:

x 轴方向的视角放大率为

$$M_{\text{ang}} \equiv \frac{\Delta \alpha_i}{\Delta \alpha_0} \tag{5-2-37}$$

y 轴方向的视角放大率为

$$M_{\text{ang}} \equiv \frac{\Delta \beta_i}{\Delta \beta_0} \tag{5-2-38}$$

5.2 点光源形成的全息图

由 (5-2-25) 式可得原始像 x 轴方向的视角放大率为

$$M_{\text{ang}} = \frac{\Delta \alpha_p}{\Delta \alpha_0} = \mu \frac{\sin \alpha_0}{\sin \alpha_p} \tag{5-2-39}$$

由 (5-2-26) 式可得原始像 y 轴方向的视角放大率为

$$M_{\text{ang}} = \frac{\Delta \beta_p}{\Delta \beta_0} = \mu \frac{\sin \beta_0}{\sin \beta_p} \tag{5-2-40}$$

由 (5-2-28) 式可得共轭像 x 轴方向的视角放大率为

$$M_{\text{ang}} = \frac{\Delta \alpha_c}{\Delta \alpha_0} = -\mu \frac{\sin \alpha_0}{\sin \alpha_c} \tag{5-2-41}$$

由 (5-2-29) 式可得共轭像 y 轴方向的视角放大率为

$$M_{\text{ang}} = \frac{\Delta \beta_c}{\Delta \beta_0} = -\mu \frac{\sin \beta_0}{\sin \beta_c} \tag{5-2-42}$$

5.2.3.3 像的纵向放大率

像的纵向放大率定义为[6]

$$M_L \equiv \frac{\Delta z_i}{\Delta z_0} \tag{5-2-43}$$

在其他条件不变的情况下, 考虑当物点 z 坐标变化时, 原始像 z 坐标相应的变化. 对 (5-2-17) 式求偏导数, 我们有

$$\frac{\Delta z_p}{z_p^2} = \mu \frac{\Delta z_0}{z_0^2} \quad \text{或} \quad \Delta z_p = \mu \left(\frac{z_p}{z_0}\right)^2 \Delta z_0 \tag{5-2-44}$$

根据像的纵向放大率定义和 (5-2-44) 式, 原始像的纵向放大率为

$$M_{L_p} = \frac{\Delta z_p}{\Delta z_0} = \mu \left(\frac{z_p}{z_0}\right)^2 = \frac{1}{\mu} M_{T_p}^2 \tag{5-2-45}$$

在其他条件不变的情况下, 考虑当物点 z 坐标变化时, 共轭像 z 坐标相应的变化. 对 (5-2-21) 式求偏导数, 可得

$$\Delta z_c = -\mu \left(\frac{z_c}{z_0}\right)^2 \Delta z_0 \tag{5-2-46}$$

根据像的纵向放大率定义和 (5-2-46) 式, 共轭像的纵向放大率为

$$M_{L_c} = \frac{\Delta z_c}{\Delta z_0} = -\mu \left(\frac{z_c}{z_0}\right)^2 = -\frac{1}{\mu} M_{T_c}^2 \tag{5-2-47}$$

5.2.4 像的分辨率

像的分辨率和记录与再现时参考光源与再现光源的大小，光源的单色性以及衍射受限等因素有关，下面，我们将在无像差的情况下进行讨论.

5.2.4.1 照明光源尺寸对再现像的影响

由 (5-2-18), (5-2-19), (5-2-22), (5-2-23) 式，我们可以得到

$$\frac{\Delta x_p}{z_p} = \frac{\Delta x_B}{z_B} \text{ 或 } \Delta x_p = \frac{z_p}{z_B}\Delta x_B \tag{5-2-48}$$

$$\Delta y_p = \frac{z_p}{z_B}\Delta y_B \tag{5-2-49}$$

$$\Delta x_c = \frac{z_c}{z_B}\Delta x_B \tag{5-2-50}$$

$$\Delta y_c = \frac{z_c}{z_B}\Delta y_B \tag{5-2-51}$$

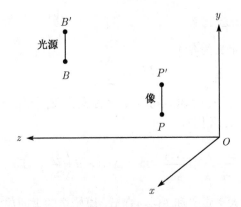

图 5-2-2　线源再现引起点像的展宽

当照明光为线光源时，如平行于 y 轴，长为 $\overline{BB'}$ 的线光源，当其照明全息图后，得到的原始像也是一个线段，长为 $\overline{PP'}$. 根据 (5-2-49) 式，在 $\overline{PP'}$ 不很长的情况下，我们有

$$\overline{PP'} = \frac{z_p}{z_B}\overline{BB'} \tag{5-2-52}$$

当 $\mu = 1$, $z_B = z_r$ 时，$z_p = z_0$

$$\overline{PP'} = \frac{z_0}{z_r}\overline{BB'} \tag{5-2-53}$$

由于照明光有一定线度引起点像的展宽. 这种展宽将引起像各个部分的重叠而导致模糊，所以 $\overline{PP'}$ 必须限制在一定范围之内. 当 $\overline{PP'}$ 的限制值一定时，若 (z_0/z_r) 的比值甚小，则 $\overline{BB'}$ 可以取较大之值. 当 $z_0 \to 0$ 时，$\overline{BB'}$ 可以很大. 因此，拍摄时

常使物体尽量靠近全息片. 当物体位于全息片上时, $z_0 = 0$, 于是 $\overline{PP'} = 0$. 在此情况下, 即使采用扩展光源照明全息图也能再现出清晰的像. $z_0 = 0$ 意味着物体位于全息片上. 譬如, 我们可以利用透镜将物体的实像成像在全息记录片上, 或用共轭再现的方法, 将物体的实像成像在全息记录片上. 总之, 只要物体尽量靠近全息片, 都可以降低再现时点像的展宽.

5.2.4.2 再现光源单色性的影响

若照明光源有一定的线宽 $\Delta\lambda$, 则由于线宽的存在使再现像点扩展而变模糊. 这种现象称为**色模糊**或**色差**. 色差也分为**横向色差**与**纵向色差**两种.

根据 (5-2-25) 式, 当照明光源有 $\Delta\lambda$ 波长展宽时, 所引起的衍射角的展宽 $\Delta\alpha_p$ 为

$$-\sin\alpha_p \Delta\alpha_p = \frac{\Delta\lambda}{\lambda_1}(\cos\alpha_0 - \cos\alpha_r) \tag{5-2-54}$$

由于衍射角的展宽 $\Delta\alpha_p$, 导致再现像相应的在 x 方向的展宽为 $\Delta x_p = z_p \Delta\alpha_p$

将 (5-2-54) 整理后代入上面的关系, 可得 x 方向的横向色差[5]:

$$\Delta x_p = z_p \Delta\alpha_p = -\frac{\Delta\lambda}{\lambda_1}(\cos\alpha_0 - \cos\alpha_r)\frac{z_p}{\sin\alpha_p} \tag{5-2-55}$$

类似的, y 方向的横向色差为

$$\Delta y_p = -\frac{\Delta\lambda}{\lambda_1}(\cos\beta_0 - \cos\beta_r)\frac{z_p}{\sin\beta_p} \tag{5-2-56}$$

纵向色差可根据 (5-2-17) 得到

$$\frac{\Delta z_p}{z_p^2} = -\frac{\Delta\lambda}{\lambda_1}\left(\frac{1}{z_0} - \frac{1}{z_r}\right) \text{ 或 } \Delta z_p = -\frac{\Delta\lambda}{\lambda_1}\left(\frac{1}{z_0} - \frac{1}{z_r}\right)z_p^2 \tag{5-2-57}$$

以后我们将看到, 在无透镜傅里叶变换全息图的情况下, 由于 $z_0 = z_r$, 故其纵向色差为零. 当 $z_0, z_r \to \infty$ 时, 纵向色差也趋于零.

此外, 当物体靠近全息图时, 即 $z_0 \to 0$ 时, 以原参考光再现, 于是原始像的轴向距离 $z_p \to 0$, 此时, 由 (5-2-55), (5-2-56) 式可知, 我们有 $\Delta x_p \to 0$, $\Delta y_p \to 0$, $\Delta z_p \to 0$ 故当物体位于全息片上时, 全息图的横向色差和纵向色差都趋于零, 由此可见, 物体位于全息片上的全息图可以用白光再现出清晰的图像. 正如前所述, 我们可以利用透镜将物体的实像成像在全息片上, 或用共轭再现的方法, 将物体的实像成像在全息片上. 此外, 若物体尽量靠近全息片时, 也可以大大降低再现时的色差.

5.2.4.3 衍射受限

我们知道,透镜成像光束受光瞳的限制,点物的像形成一个夫琅禾费衍射斑,使像的分辨率受到限制称"衍射受限". 全息图的再现也同样存在"衍射受限"的问题. 由于全息图可以看作由许许多多的微小光栅所组成. 其性质与光栅的性质有许多相似之处. 在第 2 章我们已经看到, 光栅衍射受到光栅有限大小尺寸的限制, 使其衍射光从一个点扩展为一个斑. 对于轴向衍射光而言, 扩展的光斑尺寸反比于光栅的线度、正比于照明光波长和光栅的距离, 如第 2 章 (2-10-9) 式所描述. 若 x_i, y_i 分别为光斑在 x 轴与 y 轴方向的半宽距, 则有

$$x_i = \frac{\lambda f}{a}, \quad y_i = \frac{\lambda f}{b} \qquad (5\text{-}2\text{-}58)$$

式中, a 和 b 分别为光栅的有限高度和宽度、f 为光栅离开观察面的距离.

类似的, 在全息技术中, 限制光束的是全息图的口径或照明光束的口径. 若不考虑其他因素的影响, 在衍射受限的情况下, 被记录物体的最小分辨率距离 $d_{\min}$ 为

$$d_{\min} = \frac{\lambda |z_0|}{D_H} \qquad (5\text{-}2\text{-}59)$$

式中, D_H 为全息图的线度, 并假定记录时物体位于 z 轴上.

当照明光束直径 D_B 小于全息图的线度 D_H 时, 像的分辨率还要降低. 这时, 被记录物体的最小分辨率距离 $d_{\min}$ 为

$$d_{\min} = \frac{\lambda |z_0|}{D_B} \qquad (5\text{-}2\text{-}60)$$

5.3 同轴全息图和离轴全息图

按参考光与物光的主光线的方向来区分全息图可分为同轴全息图和离轴全息图.

5.3.1 同轴全息图

同轴全息图 (on-axis hologram 或 in-line hologram) 是 Gabor 在首先提出全息照相概念时使用的记录方法, 所以, 也称 Gabor 全息图 (Gabor hologram).

同轴全息图在记录时物体中心和参考光中心和全息图中心三点共轴线, 如图 5-3-1 所示. 以球面波为例, 物光和参考光均为点光源, 它们与全息图中心都位于同一根轴线上. 若这根轴线与全息图正交, 则其同轴全息图的干涉条纹为一组同心圆环. 若这根轴线与全息图不正交, 则其同轴全息图的干涉条纹为一组同心椭圆环.

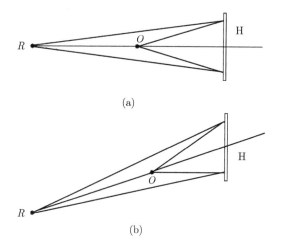

图 5-3-1 同轴全息图光路示意图

参考光也可以是平行光束,这时平行光的传播方向与物体中心和全息图中心两点的联线相平行.

同轴全息图的特点是,对光源的相干性要求不高,对系统的稳定性也要求不高,在横向色差公式 (5-2-55), (5-2-56) 中,因 $\alpha_o \approx \alpha_r$,故同轴全息图的再现像的横向色差趋于零. 但由于同轴全息图再现时,原始像和共轭像都在同一个方向传播,互相干扰,影响到不能观察到清晰的原始像. 不过,采用同轴全息拍摄粒子场或较小的透明物都还是有很好的效果. 因为在这种情况下产生的共轭像在观察面上已经弥散成一片光强很微弱的背景光了. 譬如,当我们采用共轭再现方法观察一个微粒的实像时,它对应的虚像处于很远距离的一个平面上. 因此,该虚像的衍射光波在到达这个被观察微粒的实像所在平面上时,光强已衰减得非常多,呈现为一个十分微弱的背景光.

5.3.2 离轴全息图

离轴全息图 (off-axis hologram) 在记录时物体中心和参考光中心以及全息图中心三点不共线. 在物光和参考光的夹角满足一定条件下,衍射光没有相互干扰,无论拍摄任何物体都有很好的效果,是全息工作者最常使用的方法. 前面所讨论的两束平面波所形成的全息图就是一种简单的离轴全息图. 实际上,同轴全息图只不过是离轴全息图在参物光夹角为零时的特殊情况.

离轴全息是美国密西根大学 (University of Michigan) 的 Emmett Leith 和 Juris Upatnieks 首先提出来的. 他们在阅读了 Gabor 的论文后,借用了他们在孔径雷达方面的研究成果,采用了激光和离轴全息方法首先成功地拍摄了三维物体的透射型全息图. 此后,带动了全世界成百上千的实验室开展了全息的研究工作.

5.3.2.1 透明物体的离轴全息图

1. 记录

一种简单的分波前法的记录光路如图 5-3-2 所示意[4,8]. S 为点光源, 经透镜 L 准直后, 所得的平行光分成两个部分. 一部分照在平面透明物体 O(如一张透明图片) 上; 另一部分经棱镜 P 折射, 照射在全息干版 H 上, 用作参考光 R. 取坐标使 xy 平面与全息记录片重合. 设参考光 R 的波矢量 $\boldsymbol{k}_R$ 在与 yz 相平行的平面内, 与 z 轴的夹角为 θ(与 y 轴的夹角为 $\frac{\pi}{2}+\theta$). 以 R 表示参考光在全息记录片上的复振幅分布, 则

$$R(x,y) = R_0 \exp(j\boldsymbol{k}_R \cdot \boldsymbol{r}) \tag{5-3-1}$$

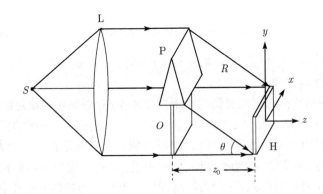

图 5-3-2 离轴全息图记录光路示意图

注意到 (5-3-1) 式中相位因子内参考光 R 的波矢量 $\boldsymbol{k}_R$ 与矢径 $\boldsymbol{r}$ 的标量积为

$$\boldsymbol{k}_R \cdot \boldsymbol{r} = k(x\cos\alpha + y\cos\beta + z\cos\gamma) \tag{5-3-2}$$

其中, α, β, γ 分别为参考光波矢量 $\boldsymbol{k}_R$ 与 x, y, z 轴的夹角. 而且, $\alpha = \pi/2, \beta = \frac{\pi}{2}+\theta$, $z = 0$. 因此, 我们有

$$\boldsymbol{k}_R \cdot \boldsymbol{r} = ky\cos\beta = -k\sin\theta y = -2\pi\frac{\sin\theta}{\lambda}y \tag{5-3-3}$$

于是, (5-3-1) 式可改写为

$$R = R_0 \exp\left(-2\pi\frac{\sin\theta}{\lambda}y\right) \tag{5-3-4}$$

以 $O(x,y)$ 表示物光在全息记录片上的复振幅分布:

$$O(x,y) = O_0(x,y)\exp[-j\phi_0(x,y)] \tag{5-3-5}$$

5.3 同轴全息图和离轴全息图

全息记录片上的光场的复振幅分布为

$$u(x,y) = R(x,y) + O(x,y) \tag{5-3-6}$$

全息记录片上的光场的光强分布为

$$I(x,y) = R_0^2 + |O(x,y)|^2 + O(x,y)R_0 \exp\left[\mathrm{j}\left(2\pi\frac{\sin\theta}{\lambda}y\right)\right]$$
$$+ O^*(x,y)R_0 \exp\left[-\mathrm{j}\left(2\pi\frac{\sin\theta}{\lambda}y\right)\right] \tag{5-3-7}$$

这表达式后面的第三项和第四项形成干涉项:

$$O(x,y)R_0 \exp\left[\mathrm{j}\left(2\pi\frac{\sin\theta}{\lambda}y\right)\right] + O^*(x,y)R_0 \exp\left[-\mathrm{j}\left(2\pi\frac{\sin\theta}{\lambda}y\right)\right]$$
$$= 2|O(x,y)|R_0 \cos\left[2\pi\frac{\sin\theta}{\lambda}y - \phi_0(x,y)\right]$$

这干涉项记录下物光的振幅分布信息和相位分布信息.

在感光乳胶的线性区域内控制曝光量,经过正常曝光和化学处理后所获得的全息图复振幅透射率可表示为

$$t(x,y) = t_0 + \beta'\left\{R_0^2 + |O(x,y)|^2 + R_0 O(x,y)\exp\left(\mathrm{j}2\pi\frac{\sin\theta}{\lambda}y\right)\right.$$
$$\left. + R_0 O^*(x,y)\exp\left(-\mathrm{j}2\pi\frac{\sin\theta}{\lambda}y\right)\right\}$$
$$= t_1 + t_2 + t_3 + t_4 \tag{5-3-8}$$

$$\begin{cases} t_1 = t_b = t_0 + \beta' R_0^2 \\ t_2 = \beta'|O(x,y)|^2 \\ t_3 = \beta' R_0 O(x,y)\exp\left(\mathrm{j}2\pi\frac{\sin\theta}{\lambda}y\right) \\ t_4 = \beta' R_0 O^*(x,y)\exp\left(-\mathrm{j}2\pi\frac{\sin\theta}{\lambda}y\right) \end{cases} \tag{5-3-9}$$

式中参数 $\beta' = \beta\tau$, 对于正片, $\beta > 0$. 对于负片, $\beta < 0$.

2. 再现

1) 再现光为原来的参考光

再现光 A 为平行光, 振幅为 A_0, 方向与记录时使用的参考光方向相同, 即

$$A = A_0 \exp\left(-\mathrm{j}2\pi\frac{\sin\theta}{\lambda}y\right) \tag{5-3-10}$$

全息图被再现光照射后，出射的衍射光有如下四项：

$$u(x,y) = At(x,y) = At_1 + At_2 + At_3 + At_4 = u_1 + u_2 + u_3 + u_4 \tag{5-3-11}$$

下面，让我们对这些衍射光的性质逐一地进行讨论．
首先，考虑第一项衍射光

$$u_1 = At_1 = A_0 t_b \exp\left(-\mathrm{j}2\pi \frac{\sin\theta}{\lambda} y\right) \tag{5-3-12}$$

根据 u_1 的振幅分布和相位因子我们可以判断：它是一束平面波，它的传播方向是沿着照明光原来的方向，也就是沿着原来记录时使用的参考光传播的方向．它是照明光的直透波，其振幅比原来的照明光衰减了 t_b 倍．

第二项衍射光为

$$u_2 = At_2 = A_0 \beta' |O(x,y)|^2 \exp\left(-\mathrm{j}2\pi \frac{\sin\theta}{\lambda} y\right) \tag{5-3-13}$$

这是一束沿照明光方向，也就是沿原来记录时使用的参考光方向传播的光波．但它不是平面波，$|O(x,y)|^2$ 表示的是物光自身相互干涉带有相干噪声的光波，对于透明胶片而言，它微微有些发散 (透明程度越差，发散角越大)，有的文献将 $|O(x,y)|^2$ 形成的发散光称为 "**晕轮光**"[2]．

由于第一项衍射光和第二项衍射光的传播方向相同，将它们合称为零级衍射光．

第三项衍射光，通常称为正一级衍射光：

$$u_3 = At_3 = A_0 \beta' R_0 O(x,y) = A_0 \beta' R_0 O_0(x,y) \exp\left[-\mathrm{j}\phi_0(x,y)\right] \tag{5-3-14}$$

它具有和原来物光完全相同的波前，只是振幅比原来物光衰减了 $A_0 \beta' R_0$ 倍．它沿着 z 轴方向，也就是原来物光的方向传播．观察者迎着它看，可以看到物体的虚像．这就是再现的物光．

第四项衍射光，通常称为负一级衍射光：

$$u_4 = At_4 = A_0 \beta' R_0 O^*(x,y) \exp\left(-\mathrm{j}2\pi \frac{2\sin\theta}{\lambda} y\right) \tag{5-3-15}$$

这是物光的共轭光，O 是发散的光波，故 O^* 是会聚的光波．将 (5-3-15) 式改写为

$$u_4 = A_0 \beta' R_0 O^*(x,y) \exp\left(-\mathrm{j}2\pi \frac{\sin\theta'}{\lambda} y\right) \tag{5-3-16}$$

比较相位因子可以看出，它的传播方向沿着与 z 轴夹角为 θ' 的方向，而

$$\theta' = \arcsin(2\sin\theta) \tag{5-3-17}$$

u_3 和 u_4 分别位于零级衍射光的两侧, 如图 5-3-3 所示.

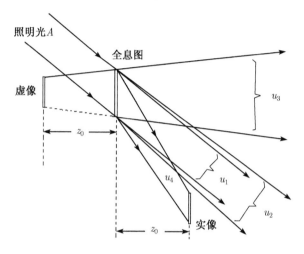

图 5-3-3 离轴全息图再现光路之一

2) 再现光垂直照射全息图

若再现光 A 仍为平行光, 振幅为 A_0, 但沿 z 轴方向垂直照射全息图. 如图 5-3-4 所示.

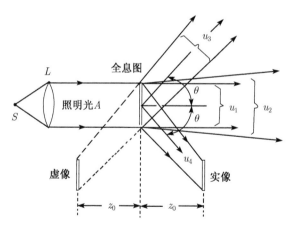

图 5-3-4 离轴全息图再现光路之二

$$A = A_0 \tag{5-3-18}$$

这时, 全息图被照射后, 出射的四项衍射光 u_1, u_2, u_3, u_4 分别为以下形式.

第一项衍射光:

$$u_1 = A_0 t_b \tag{5-3-19}$$

它是沿 z 轴方向传播的平面波.

第二项衍射光:
$$u_2 = A_0\beta' |O(x,y)|^2 \tag{5-3-20}$$

它也沿 z 轴方向传播, 是微微有些发散的 "晕轮光".

第三项衍射光:
$$u_3 = A_0\beta' R_0 O(x,y) \exp\left(\mathrm{j}2\pi\frac{\sin\theta}{\lambda}\right)y \tag{5-3-21}$$

它含有 $O(x,y)$ 项, 表示它具有与物光相同的性质, 只是振幅衰减了 $A_0\beta'R_0$ 倍, 并有一个相位因子 $\exp\left(\mathrm{j}2\pi\dfrac{\sin\theta}{\lambda}\right)y$, 它表示再现物光在传播方向上与原来的物光差一个 θ 角度. 即物光中心光束的传播方向与 z 轴的夹角为 θ, 形成的虚像在距离干版 z_0 处.

第四项衍射光:
$$u_4 = A_0\beta' R_0 O^*(x,y) \exp\left(-\mathrm{j}2\pi\frac{\sin\theta}{\lambda}\right)y \tag{5-3-22}$$

它是再现的物光共轭波, 处于虚像的另侧, 共轭波的实像位置和原始像的虚像位置是对称的, 如图 5-3-4 所示.

在这里我们看到, 再现时的照明光不一定要沿原来记录时使用的参考光方向. 不过, 这时的再现物光将发生相应的偏移.

3. 衍射像分离的条件

原始像和共轭像合称为**孪生像**(twin image). 在全息图再现时它们总是同时出现的, 欲使孪生像彼此分开, 并且与零级衍射光束也分开, 参考光的偏角 θ 必须至少大于某一最小值 $\theta_{\min}$. 为解决这个问题, 我们可以求出 u_3, u_4 的空间频谱, 要求它们不重叠, 也不与 u_1, u_2 重叠即可. 因为衍射光的空间频率反映了衍射光的传播方向, 空间频谱不重叠也就意味着它们的传播方向不发生重叠, 也就是它们在传播过程中彼此是分开的. 以再现光垂直照射全息图的情况为例, 我们讨论其衍射像分离的条件[4].

以 f_x, f_y 表示衍射光 u_1 的空间频率, 以 $\tilde{u}_1$ 表示 u_1 的傅里叶变换:
$$\tilde{u}_1(f_x, f_y) = F[u_1(x,y)] = A_0 t_b \delta(f_x, f_y) \tag{5-3-23}$$

同样, 对衍射光 u_2 有
$$\tilde{u}_2(f_x, f_y) = F[u_2(x,y)] = A_0\beta' \tilde{O}(f_x, f_y) \star \tilde{O}^*(f_x, f_y) \tag{5-3-24}$$

5.3 同轴全息图和离轴全息图

衍射光 u_3:

$$\tilde{u}_3(f_x, f_y) = A_0 \beta' R_0 \tilde{O}(f_x, f_y) \otimes \delta\left(f_x, f_y - \frac{\sin\theta}{\lambda}\right)$$
$$= A_0 \beta' R_0 \tilde{O}\left(f_x, f_y - \frac{\sin\theta}{\lambda}\right) \quad (5\text{-}3\text{-}25)$$

衍射光 u_4:

$$\tilde{u}_4(f_x, f_y) = A_0 \beta' R_0 \tilde{O}^*(-f_x, -f_y) \otimes \delta\left(f_x, f_y + \frac{\sin\theta}{\lambda}\right)$$
$$= A_0 \beta' R_0 \tilde{O}^*\left(-f_x, -f_y - \frac{\sin\theta}{\lambda}\right) \quad (5\text{-}3\text{-}26)$$

$\tilde{O}(f_x, f_y)$ 是物光 $O(x, y)$ 的傅里叶变换,它的带宽与物光的带宽相同. 因为这两个频谱的差别仅在于传播过程的传播函数,即 $\exp\left[\mathrm{j}2\pi\dfrac{z}{\lambda}\sqrt{1-(\lambda f_x)^2-(\lambda f_y)^2}\right]$ 型的纯相位函数.

设物体没有高于 B 周/mm 的空间频率分量. 即频谱频率分量 $< B$ 周/mm. 于是,在频域内 $\tilde{O}(f_x, f_y)$ 的分布就可能如图 5-3-5 所示. 其中:

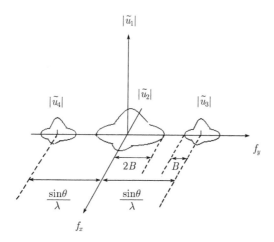

图 5-3-5 物体和全息图的频谱

$\tilde{u}_1(f_x, f_y)$ 是原点的 δ 函数;

$\tilde{u}_2(f_x, f_y)$ 正比于 $\tilde{O}(f_x, f_y)$ 的自相关函数. 其频率扩展到 $2B$;

$|\tilde{u}_3(f_x, f_y)|$ 与 $\tilde{O}(f_x, f_y)$ 简单地成正比,其频率扩展到 B,中心频率位于 $(0, \sin\theta/\lambda)$ 处;

$|\tilde{u}_4(f_x, f_y)|$ 则与 $\tilde{O}^*(f_x, f_y)$ 成正比,其频率扩展到 B,中心频率位于 $(0, -\sin\theta/\lambda)$ 处.

从图 5-3-5 中显而易见，u_2, u_3, u_4 分开的条件是

$$\sin\theta/\lambda \geqslant 3B \text{ 或 } \sin\theta \geqslant 3B\lambda$$

故

$$\theta_{\min} = \arcsin(3B\lambda) \tag{5-3-27}$$

当物光甚弱于参考光时，即 $O_0 \ll R_0$ 时，$\tilde{u}_2(f_x, f_y)$ 的大小比 $\tilde{u}_1(f_x, f_y)$，$\tilde{u}_3(f_x, f_y)$ 和 $\tilde{U}_4(f_x, f_y)$ 都小得多，可以忽略不计。这时，最小参考角只需满足 $\tilde{u}_3(f_x, f_y)$ 和 $\tilde{u}_4(f_x, f_y)$ 两项衍射光不相互重叠即可，即

$$\theta_{\min} = \arcsin(B\lambda) \tag{5-3-28}$$

若记录时所使用的参考光沿着 z 轴方向，也就是说，和物光的方向一致，即同轴全息图的情况。在 (5-3-4) 式中 $\theta = 0$。这时，上述四项衍射光都在 z 轴方向，一般情况下，它们相互干扰，不便观察。

5.3.2.2 漫散射物体的离轴全息图

前面一节对全息图所作的讨论中，在记录时物体离全息图有一定的距离，而再现时，观察面也离全息图有一定的距离。当物光通过这些距离的传播过程中要发生衍射，从而改变波前。但由于前一节讨论的是透明物体，所以影响并不大，可以忽略物光通过这些距离的传播过程中所发生的衍射效应。但，如果物体是漫散射的物体，则需要考虑到这些因素。下面，让我们更仔细、更严格地研究全息图对一般的漫散射物体的记录与再现过程。

1. 漫散射物体离轴全息图的记录

设全息片与漫散射平面物体相互平行，取直角坐标使 z 轴与物体平面相垂直，物体在 (x_0, y_0) 平面，全息片在 (x, y) 平面，观察面在 (x_i, y_i) 平面，参考光为平行光，其波矢量与 (x, z) 平面平行，和 z 轴的夹角为 θ_R，如图 5-3-6 所示意。在记录平面上的复振幅分布为

$$R(x, y) = R_0 \exp(jk\sin\theta_R) \tag{5-3-29}$$

设物光在 (x_0, y_0) 平面上的复振幅分布为 $o(x_0, y_0)$（注意，这里物光复振幅的符号是小写的 o），在记录平面上的复振幅分布为 $O(x, y)$（这里的符号是大写的 O）。当遮挡去物光，只有参考光时，全息记录片上的光场的光强分布就为 $RR^* = R_0^2$，它是一片均匀的光场。而当遮挡去参考光，只有物光时，全息记录片上的光场的光强分布就为 $|O(x, y)|^2$。对于物体是一透明胶片的情况下，$|o(x_0, y_0)|^2$ 是一束微微有些发散的光波，可以认为其复振幅分布与记录片上的复振幅分布 $O(x, y)$ 相似。然而在物体是漫散射物体的一般情况下，物体表面上的每一个点都向空间发出球面波，

5.3 同轴全息图和离轴全息图

这些子波还相互干涉,在空间形成的是一个散斑场. $|O(x,y)|^2$ 发散的程度取决于物体内微结构颗粒的大小和分布. 极端的情况是将一片毛玻璃取代图 5-3-2 中的透明胶片, 这时, $|O(x,y)|^2$ 是高度发散的光波, 为了单独考察物光波 $|O(x,y)|^2$, 可以遮挡去参考光波, 在记录平面上放置一个白色纸屏, 在屏上看到的将是物光形成的散斑场. 将观察屏前后挪动, 看到的都是散斑场的图纹分布, 只是散斑的尺寸大小随着观察屏与物体距离的增大而增大.

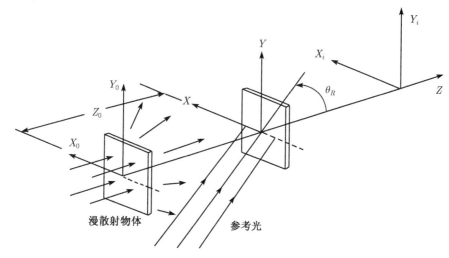

图 5-3-6 拍摄漫散射物体离轴全息图示意图

当物光和参考光同时照明全息记录片时, 全息记录片上的复振幅分布为

$$u(x,y) = O(x,y) + R(x,y) = O(x,y) + R_0 \exp(\mathrm{j}k\sin\theta_R)$$

全息记录片上光场的光强分布为

$$I(x,y) = R_0^2 + |O(x,y)|^2 + O(x,y)R_0\exp(-\mathrm{j}k\sin\theta_R) + O^*(x,y)R_0\exp(\mathrm{j}k\sin\theta_R)]$$

这表达式类似前面的 (5-3-7) 式, 只是由于参考光的方向不同, 其相位因子不同而已. 后面的第三项和第四项形成干涉项, 这干涉项记录下物光的的振幅分布信息和相位分布信息. 需要注意的是, 这时, 由于物光 $o(x_0,y_0)$ 经过一段距离 z_0 衍射到全息片上, 这属于 "近场衍射", 即菲涅耳衍射. 故它在记录平面上的复振幅分布应按照第 2 章的 (2-3-14) 式, 表示为

$$O(x,y) = o(x,y) \otimes f_{Z_0}(x,y) \tag{5-3-30}$$

式中,

$$f_{Z_0}(x,y) = \frac{\exp(\mathrm{j}kz_0)}{\mathrm{j}\lambda z_0}\exp\left[\frac{\mathrm{j}k}{2z_0}(x^2+y^2)\right] \tag{5-3-31}$$

在感光乳胶的线性区域内控制曝光量，经过正常曝光和化学处理后所获得的全息图复振幅透射率可表示为

$$t(x,y) = t_1(x,y) + t_2(x,y) + t_3(x,y) + t_4(x,y) \tag{5-3-32}$$

式中

$$t_1(x,y) = t_0 + \beta' |R(x,y)|^2 \tag{5-3-33}$$

$$t_2(x,y) = \beta' |O(x,y)|^2 \tag{5-3-34}$$

$$t_3(x,y) = \beta' R^*(x,y) O(x,y) \tag{5-3-35}$$

$$t_4(x,y) = \beta' R(x,y) O^*(x,y) \tag{5-3-36}$$

2. 漫散射物体离轴全息图的再现

设再现时的照明光为为准直的平行光，和 z 轴的夹角为 θ_P，在记录平面上的复振幅分布为

$$P(x,y) = P_0 \exp(\mathrm{j}k \sin\theta_P) \tag{5-3-37}$$

则紧贴全息片后方，第三项衍射光为

$$u_3(x,y) = P(x,y) t_3(x,y) \tag{5-3-38}$$

第三项衍射光经过距离 z_i 衍射到观察面上，它在观察平面上的复振幅分布为

$$\begin{aligned} u_3(x_i, y_i) &= [P(x_i, y_i) t_3(x_i, y_i)] \otimes f_{zi}(x_i, y_i) \\ &= [P(x_i, y_i) \beta' R^*(x_i, y_i) O(x_i, y_i)] \otimes f_{zi}(x_i, y_i) \\ &= \beta' P_0 R_0 \{\exp[\mathrm{j}k(\sin\theta_P - \sin\theta_R) x_i] \\ &\quad [o(x_i, y_i) \otimes f_{z_0}(x_i, y_i)]\} \otimes f_{z_i}(x_i, y_i) \end{aligned} \tag{5-3-39}$$

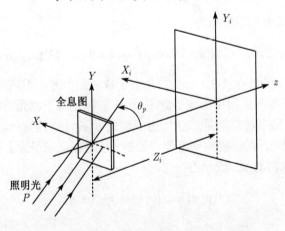

图 5-3-7 漫散射物体离轴全息图的再现

5.3 同轴全息图和离轴全息图

为简化 (5-3-39) 式, 我们对它进行连续的傅里叶变换和反变换. 因为经过这连续两次的变换后, 得到的还是原来的函数本身[11]. 即

$$u_3(x_i, y_i) = F^{-1}F[u_3(x_i, y_i)] \tag{5-3-40}$$

先考虑 $u_3(x_i, y_i)$ 的傅里叶变换, 并利用第 1 章 (1-2-95) 式进行化简:

$$F[u_3(x_i, y_i)] = (\beta' P_0 R_0) F\left\{\left\langle \exp\left[jk(\sin\theta_P - \sin\theta_R)x_i\right]\right.\right.$$

$$\left.\left. [o(x_i, y_i) \otimes f_{z0}(x_i, y_i)]\right\rangle \otimes f_{zi}(x_i, y_i)\right\}$$

$$= \beta' P_0 R_0 \left\{\delta\left(f_x - \frac{\sin\theta_P - \sin\theta_R}{\lambda}, f_y\right) \otimes \left[\tilde{o}(f_x, f_y)\tilde{f}_{z0}(f_x, f_y)\right]\right\} \tilde{f}_{zi}(f_x, f_y)$$

$$= \beta' P_0 R_0 \left\{\delta\left(f_x - \frac{\sin\theta_P - \sin\theta_R}{\lambda}, f_y\right) \otimes \left[\tilde{o}(f_x, f_y)\exp(jkz_0)\right.\right.$$

$$\left.\left. \times \exp\left[-j\pi\lambda z_0 (f_x^2 + f_y^2)\right]\right]\right\}$$

$$\times \exp(jkz_i)\exp\left[-j\pi\lambda z_i(f_x^2 + f_y^2)\right]$$

$$= \beta' P_0 R_0 \left\{\tilde{o}\left(f_x - \frac{\sin\theta_P - \sin\theta_R}{\lambda}, f_y\right)\exp(jkz_0)\right.$$

$$\left. \times \exp\left(-j\pi\lambda z_0\left[\left(f_x - \frac{\sin\theta_P - \sin\theta_R}{\lambda}\right)^2 + f_y^2\right]\right)\right\}$$

$$\times \exp(jkz_i)\exp\left[-j\pi\lambda z_i(f_x^2 + f_y^2)\right]$$

$$= \beta' P_0 R_0 \left\{\tilde{o}\left(f_x - \frac{\sin\theta_P - \sin\theta_R}{\lambda}, f_y\right)\exp[jk(z_0 + z_i)]\right.$$

$$\left. \times \exp[j2\pi z_0(\sin\theta_P - \sin\theta_R)f_x]\right\}$$

$$\times \exp\left[-j\pi\lambda(z_0 + z_i)(f_x^2 + f_y^2)\right]\exp\left[-j\pi\lambda z_0\left(\frac{\sin\theta_P - \sin\theta_R}{\lambda}\right)^2\right] \tag{5-3-41}$$

将 (5-3-41) 式代入 (5-3-40) 式:

$$u_3(x_i, y_i) = F^{-1}F[u_3(x_i, y_i)]$$

$$= \beta' P_0 R_0 \exp[jk(z_0 + z_i)]\exp\left[-j\pi\lambda z_0\left(\frac{\sin\theta_P - \sin\theta_R}{\lambda}\right)^2\right]$$

$$\times F^{-1}\left\{\tilde{o}\left(f_x - \frac{\sin\theta_P - \sin\theta_R}{\lambda}, f_y\right)\exp[j2\pi z_0(\sin\theta_P - \sin\theta_R)f_x]\right.$$

$$\left. \times \exp\left[-j\pi\lambda(z_0 + z_i)(f_x^2 + f_y^2)\right]\right\} \tag{5-3-42}$$

当 $z_i = -z_0$ 时，

$$\begin{aligned}
u_3(x_i, y_i) &= \beta' P_0 R_0 \exp\left[-\mathrm{j}\pi\lambda z_0 \left(\frac{\sin\theta_P - \sin\theta_R}{\lambda}\right)^2\right] \\
&\quad F^{-1}\left\{\tilde{o}\left(f_x - \frac{\sin\theta_P - \sin\theta_R}{\lambda}, f_y\right)\right. \\
&\quad \left. \times \exp[\mathrm{j}2\pi f_x(\sin\theta_P - \sin\theta_R)z_0]\right\} \\
&= \beta' P_0 R_0 \times \exp\left[-\mathrm{j}\pi\lambda z_0 \left(\frac{\sin\theta_P - \sin\theta_R}{\lambda}\right)^2\right] \\
&\quad \times F^{-1}\left[\tilde{o}(f_x, f_y) \otimes \delta\left(f_x - \frac{\sin\theta_P - \sin\theta_R}{\lambda}, f_y\right)\right] \\
&\quad \otimes F^{-1}\{\exp[\mathrm{j}2\pi f_x(\sin\theta_P - \sin\theta_R)z_0]\} \\
&= \beta' P_0 R_0 \exp\left[-\mathrm{j}\pi\lambda z_0 \left(\frac{\sin\theta_P - \sin\theta_R}{\lambda}\right)^2\right] \\
&\quad \times \left\{o(x_i, y_i)\exp\left[\mathrm{j}2\pi\left(\frac{\sin\theta_P - \sin\theta_R}{\lambda}\right)x_i\right]\right\} \\
&\quad \otimes \delta[x_i + (\sin\theta_P - \sin\theta_R)z_0] \\
&= \beta' P_0 R_0 \exp\left[-\mathrm{j}\pi\lambda z_0\left(\frac{\sin\theta_P - \sin\theta_R}{\lambda}\right)^2\right] o[x_i + (\sin\theta_P - \sin\theta_R)z_0, y_i] \\
&\quad \times \exp\{\mathrm{j}k(\sin\theta_P - \sin\theta_R)[x_i + (\sin\theta_P - \sin\theta_R)z_0]\} \\
&= \beta' P_0 R_0 \exp\left[-\mathrm{j}\pi\lambda z_0\left(\frac{\sin\theta_P - \sin\theta_R}{\lambda}\right)^2\right] o[(x_i + z_0(\sin\theta_P - \sin\theta_R), y_i)] \\
&\quad \times \exp[\mathrm{j}k(\sin\theta_P - \sin\theta_R)x_i]\exp\left[\mathrm{j}2\pi\lambda z_0\left(\frac{\sin\theta_P - \sin\theta_R}{\lambda}\right)^2\right] \\
&= \beta' P_0 R_0 \exp\left[\mathrm{j}\pi\frac{(\sin\theta_P - \sin\theta_R)^2}{\lambda}z_0\right] o[x_i + (\sin\theta_P - \sin\theta_R)z_0, y_i] \\
&\quad \times \exp\left[\mathrm{j}2\pi\left(\frac{\sin\theta_P - \sin\theta_R}{\lambda}\right)x_i\right] \\
&= \beta' P_0 R_0 \exp\left\{\mathrm{j}2\pi\left(\frac{\sin\theta_P - \sin\theta_R}{\lambda}\right)\left[x_i + \left(\frac{\sin\theta_P - \sin\theta_R}{2}\right)z_0\right]\right\} \\
&\quad \times o[x_i + (\sin\theta_P - \sin\theta_R)z_0, y_i]
\end{aligned}$$
(5-3-43)

(5-3-43) 式表明，当 $z_i = -z_0$ 时，在观察面形成的再现像与原来的物光分布是基本上相同的，只是在 x 轴的方向，位置移动了 $(\sin\theta_P - \sin\theta_R)z_0$. 这里，我们选取的观察面位置是任意的，未作任何限制. 因此无论观察面位置选在那里，再现像的位置总是在 $-z_0$ 处，也就是记录时物体所在的位置.

当照明光沿着原来参考光的方向, 即 $\theta_P = \theta_R$ 时, $\sin\theta_P - \sin\theta_R = 0$ 我们有

$$u(x_i, y_i) = \beta' P_0 R_0 o(x_i, y_i) \qquad (5\text{-}3\text{-}44)$$

这时, 再现像与原来的物光分布完全相同.

现在, 让我们再研究第四项衍射:

$$t_4(x, y) = \beta' R(x, y) O^*(x, y) = \beta' R(x, y) [o(x, y) \otimes f_{z0}(x, y)]^* \qquad (5\text{-}3\text{-}45)$$

在照明光 $P(x, y) = P_0 \exp(\mathrm{j}k\sin\theta_P)$ 的照射下, 第四项衍射光经过距离 z_i, 在观察面上的分布为

$$\begin{aligned}
u_4(x_i, y_i) &= [P(x_i, y_i) t_4(x_i, y_i)] \otimes f_{zi}(x_i, y_i) \\
&= [\beta' P(x_i, y_i) R(x_i, y_i) O^*(x_i, y_i)] \otimes f_{zi}(x_i, y_i) \\
&= \beta' P_0 R_0 \{\exp[\mathrm{j}k(\sin\theta_P + \sin\theta_R)x_i] \\
&\quad [o^*(x_i, y_i) \otimes f_{z0}^*(x_i, y_i)]\} \otimes f_{zi}(x_i, y_i) \qquad (5\text{-}3\text{-}46)
\end{aligned}$$

类似前面的方法, 对 (5-3-46) 式连续作傅里叶变换和反变换以简化之:

$$u_4(x_i, y_i) = F^{-1} F\{u_4(x_i, y_i)\} \qquad (5\text{-}3\text{-}47)$$

先考虑 $u_4(x_i, y_i)$ 的傅里叶变换:

$$\begin{aligned}
F\{u_4(x_i, y_i)\} &= \beta' P_0 R_0 \{F[\exp \mathrm{j}k(\sin\theta_P + \sin\theta_R)x_i] \\
&\quad \otimes F[o^*(x_i, y_i)] F[f_{z0}^*(x_i, y_i)]\} F[f_{zi}(x_i, y_i)] \\
&= \beta' P_0 R_0 \left\{\delta\left(f_x - \frac{\sin\theta_P + \sin\theta_R}{\lambda}, f_y\right)\right. \\
&\quad \otimes \left.[\tilde{o}^*(-f_x, -f_y) \exp(-\mathrm{j}kz_0) \exp(\mathrm{j}\pi\lambda z_0(f_x^2 + f_y^2))]\right\} \\
&\quad \times \exp(\mathrm{j}kz_i) \exp[-\mathrm{j}\pi\lambda z_i(f_x^2 + f_y^2)] \\
&= \beta' P_0 R_0 \tilde{o}^*\left(-f_x + \frac{\sin\theta_P + \sin\theta_R}{\lambda}, -f_y\right) \\
&\quad \times \exp(-\mathrm{j}kz_0) \exp\left\{\mathrm{j}\pi\lambda z_0\left[\left(f_x - \frac{\sin\theta_P + \sin\theta_R}{\lambda}\right)^2 + f_y^2\right]\right\} \\
&\quad \times \exp(\mathrm{j}kz_i) \exp[-\mathrm{j}\pi\lambda z_i(f_x^2 + f_y^2)] \\
&= \beta P_0 R_0 \tilde{o}^*\left(-f_x + \frac{\sin\theta_P + \sin\theta_R}{\lambda}, -f_y\right) \\
&\quad \times \exp[-\mathrm{j}k(z_0 - z_i)] \exp[\mathrm{j}\pi\lambda(z_0 - z_i)(f_x^2 + f_y^2)]
\end{aligned}$$

$$\times \exp\left[j\pi\lambda z_0 \left(\frac{\sin\theta_P + \sin\theta_R}{\lambda}\right)^2\right] \exp\left[-j2\pi\lambda z_0 \left(\frac{\sin\theta_P + \sin\theta_R}{\lambda}\right) f_x\right]$$

$$= \beta' P_0 R_0 \exp\left[-jk(z_0 - z_i)\right] \exp\left[j\pi\lambda z_0 \left(\frac{\sin\theta_P + \sin\theta_R}{\lambda}\right)^2\right]$$

$$\times \exp j\pi\lambda(z_0 - z_i)(f_x^2 + f_y^2) \exp\left[-j2\pi f_x (\sin\theta_P + \sin\theta_R) z_0\right]$$

$$\times \tilde{o}^*\left(-f_x + \frac{\sin\theta_P + \sin\theta_R}{\lambda}, -f_y\right) \tag{5-3-48}$$

$$u_4(x_i, y_i) = F^{-1} F\{u_4(x_i, y_i)\}$$

$$= \beta' P_0 R_0 \exp\left[-jk(z_0 - z_i)\right] \exp\left[j\pi\lambda z_0 \left(\frac{\sin\theta_P + \sin\theta_R}{\lambda}\right)^2\right]$$

$$\times F^{-1}\{\exp j\pi\lambda(z_0 - z_i)(f_x^2 + f_y^2)$$

$$\times \exp\left[-j2\pi f_x (\sin\theta_P + \sin\theta_R) z_0\right] \tilde{o}^*\left(-f_x + \frac{\sin\theta_P + \sin\theta_R}{\lambda}, -f_y\right)\} \tag{5-3-49}$$

当 $z_i = z_0$ 时,

$$u_4(x_i, y_i) = \beta P_0 R_0 \exp\left[j\pi\lambda z_0 \left(\frac{\sin\theta_P + \sin\theta_R}{\lambda}\right)^2\right]$$

$$\times F^{-1}\Big\{\exp\left[-j2\pi f_x(\sin\theta_P + \sin\theta_R)z_0\right]$$

$$\tilde{o}^*\left(-f_x + \frac{\sin\theta_P + \sin\theta_R}{\lambda}, -f_y\right)\Big\}$$

$$= \beta' P_0 R_0 \exp\left[j\pi\lambda z_0 \left(\frac{\sin\theta_P + \sin\theta_R}{\lambda}\right)^2\right]$$

$$\times F^{-1}\left\{\tilde{o}^*\left(-f_x + \frac{\sin\theta_P + \sin\theta_R}{\lambda}, -f_y\right)\right\}$$

$$\otimes F^{-1}\{\exp\left[-j2\pi f_x(\sin\theta_P + \sin\theta_R)z_0\right]\}$$

$$= \beta' P_0 R_0 \exp\left[j\pi\lambda z_0 \left(\frac{\sin\theta_P + \sin\theta_R}{\lambda}\right)^2\right]$$

$$\times \{o^*(x_i, y_i) \exp\left[jk(\sin\theta_P + \sin\theta_R)x_i\right]\} \otimes \delta\left[x_i - (\sin\theta_P + \sin\theta_R)z_0\right]$$

$$= \beta' P_0 R_0 \exp\left[j\pi\lambda z_0 \left(\frac{\sin\theta_P + \sin\theta_R}{\lambda}\right)^2\right]$$

$$\times o^*\left[x_i - (\sin\theta_P + \sin\theta_R)z_0, y_i\right]$$

$$\times \exp\{\left[jk(\sin\theta_P + \sin\theta_R)\right]\left[x_i - (\sin\theta_P + \sin\theta_R)z_0\right]\}$$

$$= \beta' P_0 R_0 \exp\left[j\pi\lambda z_0 \frac{(\sin\theta_P + \sin\theta_R)^2}{\lambda}\right]$$

$$\times \exp\left[jk(\sin\theta_P + \sin\theta_R)x_i\right] \exp\left[-j2\pi z_0 \frac{(\sin\theta_P + \sin\theta_R)^2}{\lambda}\right]$$

$$\times o^*[x_i - (\sin\theta_P + \sin\theta_R)z_0, y_i]$$

$$= \beta' P_0 R_0 \exp\left[-j\pi z_0 \frac{(\sin\theta_P + \sin\theta_R)^2}{\lambda}\right]$$

$$\times \exp\left[j2\pi\left(\frac{\sin\theta_P + \sin\theta_R}{\lambda}\right)x_i\right] o^*[x_i - (\sin\theta_P + \sin\theta_R)z_0, y_i]$$

$$= \beta' P_0 R_0 \exp\left[j2\pi\left(\frac{\sin\theta_P + \sin\theta_R}{\lambda}\right)\left(x_i - \frac{\sin\theta_P + \sin\theta_R}{2}z_0\right)\right]$$

$$\times o^*[x_i - (\sin\theta_P + \sin\theta_R)z_0, y_i] \tag{5-3-50}$$

这表明, 在 $z_i = z_0$ 处, 再现全息图的共轭像. 与原始像相比较, 它有相反的相位, 在距离上形成远近逆转. 也就是说, 物体凸起的地方, 共轭像对应的部分变成凹下去, 而原物凹进的部分, 共轭像又变成凸起. 它在与原始像相反的一侧形成实像, 是衍射光会聚的地方. 若在此处放置一个显示屏, 实像就会显示在上面.

在拍摄透明图片时, 如果我们将一片毛玻璃放在透明图片的前方, 如图 5-3-8 所示. 这样用漫散射光照明拍摄的全息图和没有毛玻璃直接用平行光照明透明图片拍摄的全息图是有极大差别的. 用漫散射光照明透明图片拍摄的全息图有许多优点: 透明图片在漫散射光照明下, 将物光散射到很广的角度范围. 因此, 来自透明图片上每一个小区域的光都散布到整个记录片上, 或者说记录片上每一个小区域都记录有整个物体的信息. 这种全息图比图 5-3-2 所示光路所获得的全息图有宽得多的频谱. 观察物体的虚像时, 可以在很大的角度范围内看到不同方位的图像. 这在全息干涉计量中有着特别重要的作用. 可以从多个角度获取信息. 此外, 即使全息片破碎或部分地毁坏了, 从残存的碎片仍可得到完整的图像. 在显微摄影的影像中,

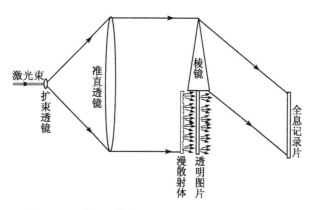

图 5-3-8 采用漫散射光照明透明图片拍摄的全息图

如有划痕或污点就会严重地影响图像的观察, 甚至于消除或淹没信息; 与此相反, 用漫散射光拍摄的全息图存储的信息是几乎不受记录材料的这些缺陷影响的. 这种特性在信息存储方面有着重要的应用价值. 当然, 随着碎片尺寸变小, 图像的分辨率也随之降低. 如前面 (5-2-59) 式所表示的衍射受限的情况. 再有, 在漫散射物光的情况下, 物光在全息记录片上的光强分布是比较均匀的, 这就有利于在全息图的所有各个部分都得到较佳的条纹能见度. 从而提高全息图的分辨率和衍射效率.

5.4 菲涅耳全息图和夫琅禾费全息图以及傅里叶变换全息图

5.4.1 菲涅耳全息图和夫琅禾费全息图

按全息图所记录的物体衍射光场分类, 可分为菲涅耳全息图和夫琅禾费全息图以及傅里叶变换全息图. 在物光场的菲涅耳衍射区拍摄的全息图是菲涅耳全息图, 在物光场的夫琅禾费衍射区拍摄的全息图是夫琅禾费全息图, 一般情况下拍摄的全息图, 都是菲涅耳全息图.

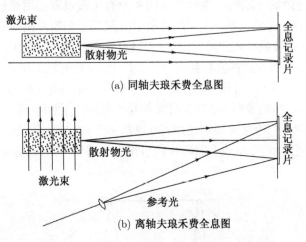

图 5-4-1　无透镜夫琅禾费全息图的拍摄光路

前面对全息图的所作的分析, 既适用于菲涅耳全息图, 也适用于夫琅禾费全息图. 不过, 夫琅禾费全息图有其特殊的一些性质, 下面, 我们将对它作进一步的介绍.

假定所研究的是平面物体, 取直角坐标 x, y, z, 全息记录片处于 x, y 平面, 其中心位于坐标原点, 平面物体处于 x_0, y_0 平面, 与全息记录片相平行, 两者之间的距离为 z_0.

若物体的复振幅分布为 $o(x_0, y_0)$, 则物光在菲涅耳衍射区的分布为

$$O(x,y) = \frac{\exp(jkz_0)}{j\lambda z_0} \int_{-\infty}^{\infty} \int_{-\infty}^{\infty} o(x_0, y_0)$$
$$\exp\left\{\frac{jk}{2z_0}\left[(x-x_0)^2 + (y-y_0)^2\right]\right\} dx_0 dy_0 \qquad (5\text{-}4\text{-}1)$$

物光在夫琅禾费衍射区的分布为

$$O(x,y) = \frac{\exp(jkz_0)}{j\lambda z_0} \exp\left[\frac{jk}{2z_0}(x^2+y^2)\right] \int_{-\infty}^{\infty}\int_{-\infty}^{\infty} o(x_0,y_0)$$
$$\exp\left\{-j2\pi\left(\frac{x}{\lambda z_0}x_0 + \frac{y}{\lambda z_0}y_0\right)\right\} dx_0 dy_0 \qquad (5\text{-}4\text{-}2)$$

在物光的菲涅耳衍射区, 物光衍射光场强度分布随距离变化很快, 达到夫琅禾费衍射区后, 物光衍射光场强度分布不再有大的变化.

在夫琅禾费衍射区, z_0 与所拍摄物体的线度相比甚大, 以至可以忽略物光衍射式中 x_0, y_0 的二次项时, 根据第 2 章 (2-3-17) 式, 其条件可表示为

$$(k/2z_0)(x_0^2+y_0^2) \ll \pi \text{ 或 } z_0 \gg (1/\lambda)(x_0^2+y_0^2) \qquad (5\text{-}4\text{-}3a)$$

若物体为一个半径为 a 圆形物体, 即 $x_0^2 + y_0^2 = a^2$, 则 (5-4-3a) 可改写为

$$z_0 \gg a^2/\lambda \qquad (5\text{-}4\text{-}3b)$$

可见, 通常情况下拍摄的全息图大多为菲涅耳全息图!

在实验室要对一般的物体拍摄无透镜夫琅禾费全息图是困难的. 譬如, 要用波长 0.633μm 的激光拍摄 10cm 尺寸的物体, 则大约需 $z_0 \gg$ 15km. 这在实验室是困难做到的. 要想在实验室使用 0.633μm 波长的激光, 在距离为米级的范围内拍摄无透镜夫琅禾费全息图, 被摄物体必须满足 $a \ll \sqrt{\lambda z_0}$ 即被摄物体必须其小于毫米级, 因此, 这类全息图可用于拍摄粒子场, 微生物等场合. 不过, 使用了透镜, 就可以将物光的夫琅禾费衍射区缩短到透镜焦距的量级. 故夫琅禾费全息图一般可分为用透镜和不用透镜的两种.

5.4.2 傅里叶变换全息图

当参考光使用的是平面波时, 这类夫琅禾费全息图被称为 "**傅里叶全变换全息图**". 傅里叶全息图的典型记录光路之一如图 5-4-2 所示. 将平面物体放置在透镜的前焦面上, 全息记录片放置在透镜的后焦面上, 透镜焦距为 f, 这时, 全息记录片上的物光复振幅分布如第 2 章 (2-4-21) 式所表示的那样: 它正好是放置在透镜的前焦面上平面物体 $o(x_0, y_0)$ 的傅里叶变换. 即全息记录片上的物光复振幅分布为

$$O(x,y) = \frac{\exp(j2kf)}{j\lambda f} \int_{-\infty}^{\infty} \int_{-\infty}^{\infty} o(x_0, y_0)$$
$$\exp\left\{-j2\pi\left(\frac{x}{\lambda f}x_0 + \frac{y}{\lambda f}y_0\right)\right\} dx_0 dy_0 \tag{5-4-4}$$

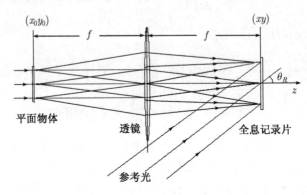

图 5-4-2 有透镜傅里叶变换全息图的记录光路之一

若参考光与 z 轴的夹角为 θ_R,它在全息记录片上的复振幅分布可表为

$$R(x,y) = R_0 \exp(jk\sin\theta_R x) \tag{5-4-5}$$

于是,记录平面上光场的强度分布为

$$I(x,y) = R_0^2 + O(x;y)O^*(x;y) + R_0\exp(-jk\sin\theta_R x)O(x,y)$$
$$+ R_0\exp(jk\sin\theta_R x)O^*(x;y) \tag{5-4-6}$$

当记录片记录的是振幅全息图时,在线性区经过正常处理后所获的复振幅透射率函数为

$$t(x,y) = t_0 + \beta' I(x,y) = t_1 + t_2 + t_3 + t_4 \tag{5-4-7}$$

式中,

$$t_1 = t_0 + \beta' R_0^2 \tag{5-4-8}$$

$$t_2(x,y) = \beta' O(x,y)O^*(x,y) \tag{5-4-9}$$

$$t_3(x,y) = \beta' R_0 \exp(-jk\sin\theta_R x)\frac{\exp(j2kf)}{j\lambda f}\int_{-\infty}^{\infty}\int_{-\infty}^{\infty} o(x_0,y_0)$$
$$\exp\left\{-j2\pi\left(\frac{x}{\lambda f}x_0 + \frac{y}{\lambda f}y_0\right)\right\} dx_0 dy_0 \tag{5-4-10}$$

$$t_4(x,y) = \times \beta' R_0 \exp(jk\sin\theta_R x) \frac{\exp(-j2kf)}{-j\lambda f} \int_{-\infty}^{\infty}\int_{-\infty}^{\infty} o^*(x_0,y_0)$$
$$\times \exp\left\{j2\pi\left(\frac{x}{\lambda f}x_0 + \frac{y}{\lambda f}y_0\right)\right\} dx_0 dy_0 \tag{5-4-11}$$

当以振幅为 A 的平面波垂直照射全息图，并通过一个焦距为 f' 的透镜形成实像时，若将全息图放置于透镜的前焦面 (x,y)，观察屏放置于透镜的后焦面 (x_i,y_i) 上，如图 5-4-3 所示. 此时前焦面 (x,y) 上衍射光的光场复振幅分布为

$$u(x,y) = At(x,y) = At_1 + At_2 + At_3 + At_4$$
$$= u_1(x,y) + u_2(x,y) + u_3(x,y) + u_4(x,y)$$

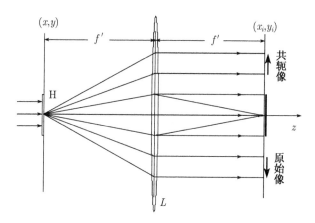

图 5-4-3 傅里叶全息图的再现光路示意图

根据第 2 章 (2-4-21) 式的结果，后焦面 (x_i,y_i) 上衍射光的光场复振幅分布 $\tilde{u}(x_i,y_i)$ 为

$$\tilde{u}(x_i,y_i) = (1/j\lambda f')\exp(j2kf')F[u(x_i,y_i)]$$
$$= \frac{\exp(j2kf')}{j\lambda f'}F[u_1(x_i,y_i) + u_2(x_i,y_i) + u_3(x_i,y_i) + u_4(x_i,y_i)]$$
$$= \frac{\exp(j2kf')}{j\lambda f'}[\tilde{u}_1(x_i,y_i) + \tilde{u}_2(x_i,y_i) + \tilde{u}_3(x_i,y_i) + \tilde{u}_4(x_i,y_i)] \tag{5-4-12}$$

首先，考虑第一项衍射光：

$$\frac{\exp(j2kf')}{j\lambda f'}\tilde{u}_1(x_i,y_i) = \frac{\exp(j2kf')}{j\lambda f'}F[At_1] = At_1\frac{\exp(j2kf')}{j\lambda f'}\delta(x_i,y_i) \tag{5-4-13}$$

它表明，第一项衍射光是平行光、经过透镜聚焦在透镜的后焦面上，形成一个中心亮点.

第二项衍射光为

$$\frac{\exp(\mathrm{j}2kf')}{\mathrm{j}\lambda f'}\tilde{u}_2(x,y) = \frac{\exp(\mathrm{j}2kf')}{\mathrm{j}\lambda f'}F[At_2]$$

$$= A\frac{\exp(\mathrm{j}2kf')}{\mathrm{j}\lambda f'}F[O(x,y)O^*(x,y)] \qquad (5\text{-}4\text{-}14)$$

由第 1 章 (1-2-29) 式可知, 第二项衍射光是物光的自相关函数, 它形成对称于中心亮点的晕轮光.

下面考虑第三项衍射光:

$$\frac{\exp(\mathrm{j}2kf')}{\mathrm{j}\lambda f'}\tilde{u}_3(x,y) = \frac{\exp(\mathrm{j}2kf')}{\mathrm{j}\lambda f'}F[At_3]$$

$$= \beta'AR_0\frac{\exp[\mathrm{j}2k(f+f')]}{-\lambda^2 ff'}\int_{-\infty}^{\infty}\int_{-\infty}^{\infty}o(x_0,y_0)\mathrm{d}x_0\mathrm{d}y_0$$

$$\times \int_{-\infty}^{\infty}\int_{-\infty}^{\infty}\exp\left\{-\mathrm{j}2\pi\left[\left(\frac{x_0}{\lambda f}+\frac{x_i}{\lambda f'}+\frac{\sin\theta_R}{\lambda}\right)x+\left(\frac{y_0}{\lambda f}+\frac{y_i}{\lambda f'}\right)y\right]\right\}\mathrm{d}x\mathrm{d}y$$

$$= \beta AR_0\frac{\exp[\mathrm{j}2k(f+f')]}{-\lambda^2 ff'}\int_{-\infty}^{\infty}\int_{-\infty}^{\infty}o(x_0,y_0)\delta\left(\frac{x_0}{\lambda f}+\frac{x_i}{\lambda f'}+\frac{\sin\theta_R}{\lambda},\frac{y_0}{\lambda f}+\frac{y_i}{\lambda f'}\right)\mathrm{d}x_0\mathrm{d}y_0$$

$$= \beta AR_0\frac{\exp[\mathrm{j}2k(f+f')]}{-\lambda^2 ff'}o\left(x_i=-\frac{f'}{f}x_0-f'\sin\theta_R,\quad y_i=-\frac{f'}{f}y_0\right) \qquad (5\text{-}4\text{-}15)$$

从第三项衍射的计算过程中, 我们可以看到, 这种再现光路使傅里叶变换全息图再经过一次傅里叶变换而复原为原物的像. 在观察屏上再现的是原始像, 它比原物放大了 $\dfrac{f'}{f}$ 倍, 相对于原来坐标 (x_0,y_0) 为一个倒像. 若坐标 (x_i,y_i) 与 (x_0,y_0) 取向相同, 原点都在 z 轴上, 该倒像位于 x_i 轴负侧, 中心在 $x_i=-f'\sin\theta_R$ 处, 如图 5-4-3 所示意.

下面, 再考虑第四项衍射光:

$$\frac{\exp(\mathrm{j}2kf')}{\mathrm{j}\lambda f'}\tilde{u}_4(x,y) = (1/\mathrm{j}\lambda f')\exp(\mathrm{j}2kf')F[At_4]$$

$$= \beta AR_0\frac{\exp[\mathrm{j}2k(f'-f)]}{\lambda^2 ff'}\int_{-\infty}^{\infty}\int_{-\infty}^{\infty}o^*(x_0,y_0)\mathrm{d}x_0\mathrm{d}y_0$$

$$\times \int_{-\infty}^{\infty}\int_{-\infty}^{\infty}\exp\left\{-\mathrm{j}2\pi\left[\left(\frac{x_i}{\lambda f'}-\frac{x_0}{\lambda f}-\frac{\sin\theta_R}{\lambda}\right)x+\left(\frac{y_i}{\lambda f'}-\frac{y_0}{\lambda f}\right)y\right]\right\}\mathrm{d}x\mathrm{d}y$$

$$= \beta AR_0\frac{\exp[\mathrm{j}2k(f'-f)]}{\lambda^2 ff'}\int_{-\infty}^{\infty}\int_{-\infty}^{\infty}o^*(x_0,y_0)$$

$$\times \delta\left[\frac{x_i}{\lambda f'}-\frac{x_0}{\lambda f}-\frac{\sin\theta_R}{\lambda},\frac{y_i}{\lambda f'}-\frac{y_0}{\lambda f}\right]\mathrm{d}x_0\mathrm{d}y_0$$

$$= \beta AR_0\frac{\exp[\mathrm{j}2k(f'-f)]}{\lambda^2 ff'}o^*\left(x_i=\frac{f'}{f}x_0+f'\sin\theta_R, y_i=\frac{f'}{f}y_0\right) \qquad (5\text{-}4\text{-}16))$$

第四项衍射光是物体的共轭像,是一个正像,也放大了 f'/f 倍,位于 x_i 轴正侧,中心在 $x_i = f'\sin\theta_R$ 处. 见图 5-4-3.

当再现时的准直照明光与记录时的参考光同方向时,则再现的原始像位于后焦面的中心,仍为放大了 f'/f 倍的倒像.

5.4.3 无透镜傅里叶变换全息图

物光不使用透镜也可以拍摄傅里叶变换全息图. 采用点光源发出的球面波作为参考光,并将它放置在与平面物体同一个平面内,如图 5-4-4 所示意. 这种全息图称作无透镜傅里叶变换全息图 (lensless Fourier hologram).

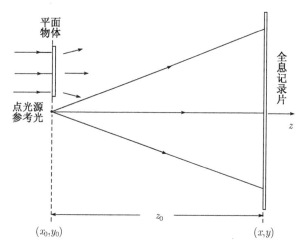

图 5-4-4　无透镜傅里叶变换全息图的拍摄光路示意

下面,介绍它的原理. 设平面物体和作为参考光的点光源都位于 x_0, y_0 平面内,全息记录片平面与平面物体平行,放置在 x, y 平面内,两者之间的距离为 z_0. 物面上物光的复振幅分布为 $o(x_0, y_0)$,全息记录片上的物光复振幅分布 $O(x, y)$ 仍可表示为 (5-4-2) 式,即

$$O(x,y) = \frac{\exp(jkz_0)}{j\lambda z_0} \exp\left[\frac{jk}{2z_0}(x^2+y^2)\right] \int_{-\infty}^{\infty}\int_{-\infty}^{\infty} o(x_0, y_0)$$
$$\times \exp\left\{-j2\pi\left(\frac{x}{\lambda z_0}x_0 + \frac{y}{\lambda z_0}y_0\right)\right\} dx_0 dy_0$$

而参考光此时为球面波,它在全息记录片上的复振幅分布可表为

$$R(x,y) = \frac{R_0 \exp(jkz_0)}{j\lambda z_0} \exp\left[\frac{jk}{2z_0}(x^2+y^2)\right] \tag{5-4-17}$$

在全息记录片上,对于 $O(x, y)$ 与参考光共轭光 $R^*(x, y)$ 的乘积项 $O(x,y)R^*(x,y)$,

恰好消去了相位因子 $\exp\left[\dfrac{\mathrm{j}k}{2z_0}(x^2+y^2)\right]$. 于是, 我们有

$$R^*(x,y)O(x,y) = \dfrac{R_0}{(\lambda z_0)^2}\int_{-\infty}^{\infty}\int_{-\infty}^{\infty}o(x_0,y_0)$$
$$\exp\left[-\mathrm{j}2\pi\left(\dfrac{x}{\lambda z_0}x_0+\dfrac{y}{\lambda z_0}y_0\right)\right]\mathrm{d}x_0\mathrm{d}y_0 \qquad (5\text{-}4\text{-}18)$$

可见, $R^*(x,y)O(x,y)$ 是物光复振幅函数 $o(x_0,y_0)$ 的傅里叶变换, 因此这种全息图依然具有傅里叶变换全息图的性质.

傅里叶变换全息图适合于拍摄平面物体和景深不大的三维物体.

此外, 也可以使用发散光照明物体, 但记录片的面积要相应增加.

傅里叶变换全息图记录的实际上是物光的傅里叶谱, 其光能大部分集中在低频范围, 为避免曝光不够均匀, 可以使全息记录片少许离焦, 以期在大部分曝光区域有比较合适的参物光比. 对于低频物体而言, 傅里叶变换全息图记录面上的直径仅在毫米量级, 记录时可以直接采用细束激光作参考光, 可使全息图的面积小于 $2\mathrm{mm}^2$ 左右, 这种全息图特别适用于高密度全息存储.

参 考 文 献

[1] Gabor D [J]. Proc. Roy. Soc. A., 1949., 197: 545.
[2] 史密斯 H M. 全息学原理 [M]. 北京: 科学出版社, 1973: 21, 56-57.
[3] 史密斯 H M. 全息记录材料 [M]. 北京: 科学出版社, 1984: 3, 5, 11-13.
[4] 顾德门 J W. 傅里叶光学导论 [M]. 北京: 科学出版社, 1979: 228, 237-242, 243-247.
[5] 于美文, 张静方. 全息显示技术 [M]. 北京: 科学出版社, 1989. 19, 50.
[6] 于美文. 光全息及其应用 [M]. 北京: 北京理工大学出版社, 1996: 140-143.
[7] Slavish. Emulsions for holography[OL] [2006-9-01]. http://www.slavich.com/technical.htm.
[8] Robert J Collier, Christoph B Burckhardt, Lawrence H Lin. Optical holgraphy[M]. New York and London: Academic Press, 1971: 158-163, 174-178.
[9] 于美文, 张静方. 光全息术 [M]. 北京: 北京教育出版社, 1989: 19.
[10] Ghatak A K, Thyagarajan K. Contemporary optics[M]. New York: Plenum Press, 1978: 250-256.
[11] 饭塚启吾, 著. 许菊心, 杨国光, 译. 光学工程学 [M]. 北京: 机械工业出版社. 1982: 88-91.
[12] 于美文, 张存林, 杨永源. 全息记录材料及其应用 [M]. 北京: 高等教育出版社. 1997: 38-40, 46.

第6章　全息图的几种主要类型

本章将介绍全息图的主要分类方式和几种主要类型的全息图. 下面我们作逐一介绍.

6.1　按参考光和物光的主光线方向分类

按参考光与物光的主光线的方向来区分全息图可分为**同轴全息图**和**离轴全息图**.

同轴全息图在记录时物体中心和参考光中心和全息图中心三点共轴线, 而离轴全息图则是在记录时物体中心和参考光中心和全息图中心三点不共线. 详见第 5 章 "同轴全息图和离轴全息图"一节, 这里不再赘述.

6.2　按全息图干涉条纹信息的构成型式分类

按全息图干涉条纹构成的类型分类, 可区别为**振幅型全息图**和**相位型全息图**两大类.

振幅型条纹是明暗相间的条纹 (在银盐感光材料的情况下, 它以光密度高低不等的类型构成全息干涉条纹). 相位型条纹又可分为折射率高低相间的相位型条纹 (如重铬酸明胶以折射率高低不等的类型构成全息干涉条纹), 或者是凸凹相间的浮雕状相位型条纹 (如光致抗蚀剂以凸凹高低不等的类型构成全息干涉条纹). 前者称**折射率型全息图**, 后者称**浮雕型全息图**.

振幅型全息图以及相位型全息图中折射率型的全息图都在第 5 章中讨论过, 不再赘述. 这里只对浮雕型全息图作扼要介绍.

除光致抗蚀剂全息图外, 还有光导热塑全息图, 刻蚀全息图以及模压全息图、烫印全息图等都属于浮雕全息图类型.

对于浮雕型全息图, 若只考虑一维的情况, 并以第 5 章中两平面波所形成的全息图为例, 以 $d(x)$ 表示全息图在 x 方向的厚度分布, 这时干涉条纹呈余弦分布, 我们有[1]

$$d(x) = h_0 + \frac{h_1}{2} \cos \Theta \qquad (6\text{-}2\text{-}1)$$

式中, h_0 为平均厚度, h_1 是浮雕型干涉条纹峰值–峰值的变化幅度, 如图 6-2-1 所示.

以光致抗蚀剂形成的浮雕型全息图为例，一定条件下光致抗蚀剂的浮雕槽纹深度是由曝光量 $E(x)$，处理时的刻蚀速度差 Δr(已曝光区域和未曝光区域被显影剂侵蚀的速度 r_1 与 r_2 之差值) 和显影时间 T 决定的，其厚度函数可表为[2,3]

$$d(x) = H - (r_2 T + \alpha_0 \Delta r E(x) T) \tag{6-2-2}$$

式中，α_0 为曝光量常数，H 为未显影前光致抗蚀剂的厚度.

若参考光和物光在全息记录片上的复振幅分布分别为

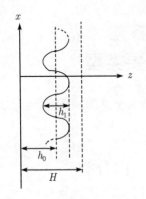

图 6-2-1 浮雕全息图的参数示意图

$$R(x) = R_0 \exp[-\mathrm{j}\phi_R(x)], \quad O(x) = O_0 \exp[-\mathrm{j}\phi_0(x)] \tag{6-2-3a}$$

如第 5 章 (5-1-11) 式所表述，对于理想的记录介质，即调制传递函数 $M(f)$ 为 1 的情况下，有效曝光量可以由下式表述：

$$E_{\mathrm{e}} = I_0 [1 + V \cos \Theta] \tau = E_0 [1 + V \cos \Theta] \tag{6-2-3b}$$

式中，$I_0 = O_0^2 + R_0^2$ 为平均光强，E_{e} 为平均有效曝光量，$V = 2\sqrt{B}/(1+B)$ 为干涉条纹的能见度，$\Theta = \phi_R(x) - \phi_0(x)$.

将 (6-2-3) 式代入 (6-2-2) 式，并注意到，为了与多数参考文献相一致，我们将 x 坐标原点沿其正方向平移对应于 π 的距离，使余弦函数前的负号变为正号. 于是，光致抗蚀剂的厚度函数可表为[3]

$$d(x) = h_0 + \frac{h_1}{2} \cos[\phi_R(x) - \phi_0(x)] \tag{6-2-4}$$

式中，

$$h_0 = H - (r_2 + \alpha_0 \Delta r E_0)T, \quad \frac{h_1}{2} = \alpha_0 \Delta r E_0 V T \tag{6-2-5}$$

h_0 为显影后浮雕全息图的平均厚度，h_1 是浮雕槽纹深度，也就是浮雕槽纹峰值–峰值的变化幅度，见图 6-2-1.

薄相位型全息图的透射率函数为 (见第 5 章 (5-1-36) 式)

$$t(x) = b \exp[\mathrm{j}\psi(x)] \tag{6-2-6}$$

对于浮雕相位型全息图而言，相移 $\psi(x)$ 是浮雕厚度 Δd 的函数，即

$$\psi(x) = \frac{2\pi}{\lambda}(n-1)d(x) \tag{6-2-7}$$

式中, λ 为透射再现波长, n 为记录介质光致抗蚀剂的折射率. 于是透射率函数可表示为

$$t(x) = b\exp\left[j\left(\frac{2\pi}{\lambda}\right)(n-1)h_0\right]\exp\left\{j\left[\frac{2\pi}{\lambda}(n-1)\frac{h_1}{2}\cos\Theta\right]\right\} = C\exp(j\alpha\cos\Theta) \tag{6-2-8}$$

式中,

$$\begin{cases} C = b\exp\left[j\left(2\pi/\lambda\right)(n-1)h_0\right] \\ \alpha = (n-1)(\pi h_1/\lambda) \\ \Theta = (\phi_R - \phi_0) \end{cases} \tag{6-2-9}$$

应用贝塞尔展开式, 只考虑零级和 ±1 级衍射时, 我们有

$$\begin{aligned} t(x) &= C\left[J_0(\alpha) + 2jJ_1(\alpha)\cos\Theta\right] \\ &= C\left\{J_0(\alpha) + J_1(\alpha)\exp\left[j(\phi_R - \phi_0 + \pi/2)\right] + J_1(\alpha)\exp\left[-j(\phi_R - \phi_0 - \pi/2)\right]\right\} \end{aligned} \tag{6-2-10}$$

以原参考光照明再现时, 透过光致抗蚀剂全息图的一级衍射光的衍射效率为

$$\eta_1 = \frac{|CJ_1(\alpha)R_0|^2}{R_0^2} = b^2 J_1^2(\alpha) = TJ_1^2(\alpha) \tag{6-2-11}$$

式中, $T = b^2$ 为强度透射系数.

当 $T = 1$, $\alpha \approx 1.82$ 时, 贝塞尔函数 $J(\alpha)$ 有最大值. 这时, $\eta_1 \approx 0.339$. 也就是说, 正弦型浮雕全息图理想的最大衍射效率为 33.9%.

6.3 按记录时全息图所在物体衍射光场的位置分类

按记录时全息图所物体衍射光场的位置分类, 可分为**菲涅耳全息图**和**夫琅禾费全息图**以及**傅里叶变换全息图**. 在物光场的菲涅耳衍射区拍摄的全息图是菲涅耳全息图, 在物光场的夫琅禾费衍射区拍摄的全息图是夫琅禾费全息图. 参考光使用的是平面波时, 这类夫琅禾费全息图被称为**傅里叶变换全息图**

这几种类型的全息图我们在第 5 章都已经讨论过, 这里不再赘述.

6.4 按全息图再现的不同方式分类

按全息图再现的不同方式分类, 可将全息图区分为**透射全息图**和**反射全息图**. 透射式再现, 即再现时照明光是透射过全息图发生衍射形成再现像的. 照明光源放在全息图的前方, 衍射光在它后方, 观察者也在全息图的后方、也就是观察者在照明光源的另侧观看. 反射式再现, 即再现时照明光是通过全息图的反射衍射光形成

再现像的, 光源放在观察者的同侧进行照明. 观察者在照明光源同侧观看. 两种全息图在记录时就有差别, 透射全息图参考光和物光都在全息图的同侧进行记录, 而反射全息图记录时, 参考光和物光在全息图的异侧.

6.4.1 透射全息图

图 6-4-1(a) 表示的是记录透射型全息图的一个示例, 物光 O 是一个点光源, 参考光 R 是平行光, 它们都在全息图 H 的左侧. 图中分别画出它们的 5 条光线, 在它们各自的交点, 干涉条纹在它们的交角的二等分线上 (见第 3 章 3.1.4 节). 它们在空间形成的干涉条纹实际上是一族间距不等的回转双曲面. 不过, 无论在什么位置, 双曲面都与该位置处参物光夹角的二等分线相切.

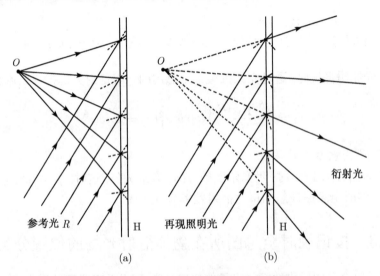

图 6-4-1 透射型全息图的记录和再现

当再现照明光也是平行光, 以原来参考光同样的角度照射全息图时, 将再现出原来的物光, 如图 6-4-1(b) 所示.

透射型全息图的原理在第 5 章已经作了介绍. 这里, 我们再以几何光学的光线传播理论来简单说明它的再现过程. 当记录介质记录下物光和参考光的干涉条纹时, 将在记录介质内形成一族反射面. 再现时照明在全息图上的光将被它们反射. 注意到这组反射面 (无论在什么位置) 都与参物光夹角的二等分线相切. 当以原来参考光同样的角度照射全息图时, 每根照明光线在干涉条纹面上, 以相等于原入射光的角度反射. 在图中画出了这 5 条光线对应的干涉条纹面的法线方向, 可以明显地看出, 在入射角等于反射角的这些衍射光, 恰好再现了原来的点光源发出的光线, 如果将这些反射光向后延伸, 它们的交点正好是原来点光源的位置. 也就是说, 衍

射光有如从虚光源 O 点发出的. 即使点光源已经不在原处, 全息图在这个平行光的照明下, 其衍射光也使得点光源 O 好似仍在原处一样. 当观察者在全息图的后方、也就是在照明光源的另侧观看这时, 就可以看到点光源 O 的虚像.

6.4.2 反射全息图

图 6-4-2(a) 表示的是记录反射型全息图的一个示例, 物光 O 是一个点光源, 参考光 R 是平行光, 它们分别在全息图 H 的异侧. 参考光 R 在左侧, 物光在右侧. 图中分别画出它们的 5 条光线, 在它们各自的交点, 干涉条纹也在它们的交角的二等分线上. 这时, 也将在记录介质内形成一族反射面 (条纹间距不等的一族回转双曲面), 再现时照明在全息图上的光将被它们反射. 注意到全息图内所记录的干涉条纹无论在什么位置都处于参物光夹角的二等分线上.

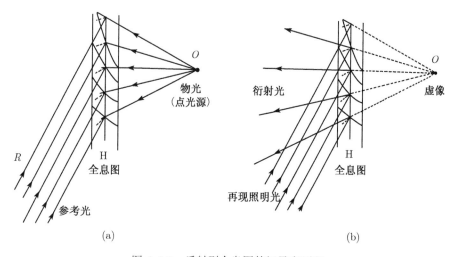

图 6-4-2 反射型全息图的记录和再现

当再现照明光也是平行光, 以原来参考光同样的角度照射全息图时, 如图 6-4-2(b) 所示, 将再现出原来的物光. 我们也以几何作图法简单说明这个过程. 注意到全息图内所记录的干涉条纹都在参物光夹角的二等分线上, 这时所形成的干涉条纹面呈二次曲面形状. 当以原来参考光同样的角度照射全息图时, 每根照明光线在干涉条纹面上, 以相等于入射光的角度反射. 在图中画出了干涉条纹面在该点的法线方向, 可以明显地看出, 在入射角等于反射角的这些衍射光, 恰好再现了原来的点光源, 如果将这些反射光向后延伸, 它们的交点正好是原来点光源的位置. 也就是说, 衍射光有如从虚光源 O 点发出的. 即使点光源已经不在原处, 全息图在原来参考光 (平行光) 的照明下, 其衍射光也使得点光源 O 好似仍在原处一样. 不过, 这时观察者需要在照明光源同侧观看.

以上我们采用几何法仅解释了一级衍射再现原始图像的原理. 有关反射型全息图的进一步分析, 请看下面一节关于体积全息图的讨论.

6.5 按全息图干涉条纹间距与记录介质厚度比例分类

按全息图干涉条纹间距与记录介质厚度比例分类, 可将全息图分为**平面全息图**(plane hologram) 和**体积全息图**(volume holograms) 两类. 前者又称薄全息图 (thin hologram), 后者又称厚全息图 (thick holograms).

对同一厚度记录材料的全息干版或软片而言, 全息图可以是平面全息图, 也可以是体积全息图, 取决于所记录的干涉条纹间距与记录材料厚度的关系. 通常, 以克莱因 (Klein) 参量作为区分这两种全息图的标准.

6.5.1 克莱因参量

若乳胶厚度为 δ, 干涉条纹的间距 (空间周期) 为 d, 乳胶折射率为 n, 记录波长为 λ_0(真空中的波长), 克莱因提出下面的参量 Q 作为确定体积全息图的下限[5,19]:

$$Q = \frac{2\pi\lambda_0\delta}{nd^2} \tag{6-5-1}$$

根据体积全息图的理论, 满足 $Q \geqslant 10$ 的全息图为体积全息图. 反之, 为平面全息图. 譬如, 拍摄透射型体积全息图, 若使用的全息干版具有的乳胶厚度为 $\delta = 7\mu m$, 折射率为 $n = 1.52$, 并采用氦氖激光器拍摄, $\lambda_0 = 0.6328\mu m$, 当 $Q \geqslant 10$ 时, 相应的干涉条纹间距为

$$d \leqslant \sqrt{\frac{\delta\pi\lambda_0}{5n}} = \sqrt{\frac{7\times\pi\times 0.6328}{5\times 1.52}} = \sqrt{1.83} = 1.35\mu m$$

在第 3 章 (3-1-13) 式中我们已经给出干涉条纹间距与形成干涉条纹的两光束夹角 2α 之间的关系为

$$d = \frac{\lambda_0}{2\sin\alpha}$$

故

$$\sin\alpha = \frac{\lambda_0}{2d} = \frac{0.6328}{2\times 1.35} \approx 0.234$$

即

$$2\alpha = 2\arcsin\frac{\lambda_0}{2d} \approx 27.1°$$

这说明, 参物光夹角 2α 大于 $27.1°$ 时, 使用乳胶厚度为 $\delta = 7\mu m$ 所拍摄的透射型全息图就有体积全息图的效果.

对于反射型体积全息图, 当参物光夹角为 $2\alpha = 180°$ 时, 这时, 条纹间距为 $d = \lambda/2 = \lambda_0/2n$, n 为乳胶介质的折射率. 若 $\lambda_0 = 0.6328\mu m$, $n = 1.52$, 则乳胶

介质内的条纹间距 d 为 $d = \dfrac{0.6328}{2 \times 1.52} \approx 0.208\mu m$. 对于厚度为 $\delta = 7\mu m$ 的乳胶来说, 乳胶介质内条纹面的总数约为 33 层. Klein 参量 Q 已经达到 $Q = \dfrac{2\pi\lambda_0\delta}{nd^2} = \dfrac{2\pi \times 0.6328 \times 7}{(0.208)^2} \approx 643.3$, 大大超过了 10. 所以, 仅就这一点而言, 使用天津 I 型全息干版也能拍摄反射全息图. 然而, 实际的效果并不很好, 这是由于乳胶的分辨率不够高的原因. 当条纹间距 d 为 $0.208\mu m$ 时, 相应的空间频率约为 4 800 线 /mm. 而天津 I 型全息干版的极限分辨率为 3 000cy/mm. 这时, 必须使用分辨率足够高的记录材料, 如天津缩微技术公司 HP(F) 或 SLAVICH PFG-03M, PFG-03C, AGFA 8E75HD 等记录材料, 这些材料的分辨率为 5 000cy/mm 以上, 都能满足需要. 总之, 拍摄体积全息图使用的记录材料, 不仅在乳胶层厚度方面需要满足克莱因参量 $Q \geqslant 10$ 的条件, 而且在分辨率方面也要满足条纹空间频率的要求.

一般情况下, 使用一般的全息记录材料所拍摄的全息图, 大都为平面全息图, 如第 5 章所讨论的全息图, 均属于平面全息图的范畴.

6.5.2 布拉格定律

为了用简化的模型分析全息图的性能, 无论那种类型的全息图, 一般都可以理想化为两种模型[6]: 一是平面衍射光栅; 二是体积衍射光栅. 为研究平面全息图和体积全息图的不同性质, 我们先比较一个平面衍射光栅和一个体积衍射光栅的不同性质. 图 6-5-1 表示一个竖直放置的平面光栅, 图中所见的是它的一个断面. 它是一个在不透明屏上开有一系列周期性间隔的透明狭缝的光栅. 当一个平面波以任意的入射角 θ_i 照射在这个光栅上时, 决定衍射光同相位或相长叠加的条件由下面的光栅方程所决定:

$$d(\sin\theta_i + \sin\theta_d) = \lambda_0 \tag{6-5-2}$$

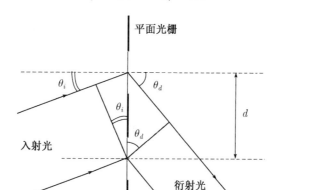

图 6-5-1 平面光栅的衍射

式中,d 为光栅间隔,θ_d 为衍射角. 方程所表示的是每一个透明狭缝衍射的光和所有其他透明狭缝衍射的同相位的光相叠加,这样就构成最大输出的衍射平面波. 这里,入射角 θ_i 和波长 λ_0 是任意的,只是入射角和衍射角的大小限制在 $0 \sim \pi/2$ 范围,即 $|\theta_i| \leqslant 90°$,$|\theta_d| \leqslant 90°$. 这里,我们仅考虑了第一级衍射. 除了一级衍射外,在平面波以任意的入射角 θ_i 照射在平面光栅上时还可以产生负的和高级衍射.

图 6-5-2 表示一个竖直放置的体积光栅,是它的一个断面示意图,它由周期性散射平面所构成,散射平面之间的间隔为 d. 当用一个平面波照明时,由相同的原理,相继平面散射的同相位光的叠加将产生最大的输出. 于是

$$\overline{DB'} + \overline{BE'} = 2d\sin\alpha = \lambda \tag{6-5-3}$$

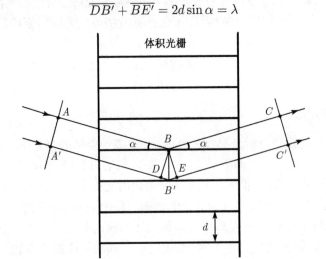

图 6-5-2 体积光栅的衍射

(6-5-3)式是一个确定平面波相长干涉和衍射的公式, 称作**布拉格定律**(Bragg's law)[7], 是布拉格 (W.L.Bragg) 在研究 X 射线的晶体衍射现象中导出的. 他假定晶体衍射实际上是入射波在晶体平面上的反射,在入射波和反射波的掠射角相等的情况下有最大的衍射, 如图 6-5-2 所示.

由 (6-5-3) 式可见,对于体积光栅而言,光波波长、光波入射角与光栅散射面间距有严格的关系. 对一定的体积光栅,间隔 d 已经给定,则一定的波长就确定了一定的入射角和衍射角. 不像平面光栅的衍射条件 (6-5-2) 式有很大的宽容性. 如果这个体积光栅是由两个平面波的干涉而形成的余弦光栅,那么,对于图 (6-5-2) 的干涉条纹而言,这两束平面波应该对称于光栅平面的法线方向,并分别与法线方向的夹角为 α. 而 (6-5-3) 式的布拉格条件相当于再现时须采用记录时的波长和角度.

体积全息图所记录的干涉条纹,可以看作是有很多的基元余弦光栅所组成. 它们都具有上述体积光栅特点. 因此,体积全息图具有方向和波长的选择性,仅当再

6.5 按全息图干涉条纹间距与记录介质厚度比例分类

现光的波长和入射方向与原参考光相同时衍射效率最大, 而当再现光的入射方向偏离原参考光时、或波长改变时, 衍射效率显著下降, 乃至趋于零.

体积全息图的记录介质内干涉条纹平面的取向和间距决定于参考光和物光的方向. 设物光入射面和参考光入射面重合, 都在 zx 平面内. 在空气中物光、参考光与记录介质法线的交角分别为 ψ_0 和 ψ_R, 而在记录介质中分别为 θ_0 和 θ_R. 物光和参考光均为平面波, 记录介质的折射率为 n. 按折射定律, 我们有

$$\frac{\sin \psi_0}{\sin \theta_0} = \frac{\sin \psi_R}{\sin \theta_R} = n \tag{6-5-4}$$

在记录材料内, 物光、参考光的空间频率分别为

$$f_{0x} = \sin \theta_0 / \lambda$$

$$f_{0z} = \cos \theta_0 / \lambda = \sqrt{1 - \sin^2 \theta_0}/\lambda = \sqrt{1 - \lambda^2 f_{0x}^2}/\lambda \tag{6-5-5}$$

$$f_{Rx} = \sin \theta_R / \lambda \tag{6-5-6}$$

$$f_{Rz} = \cos \theta_R / \lambda = \sqrt{1 - \sin^2 \theta_R}/\lambda = \sqrt{1 - \lambda^2 f_{Rx}^2}/\lambda \tag{6-5-7}$$

干涉条纹的等强度面方程为

$$\boldsymbol{K} \cdot \boldsymbol{r} = (\boldsymbol{k}_0 - \boldsymbol{k}_R) \cdot \boldsymbol{r} = 2\pi \left[(f_{0x} - f_{Rx}) x + (f_{0z} - f_{Rz}) z\right] = \text{const.} \tag{6-5-8}$$

$\boldsymbol{K}$ 的方向即干涉条纹的等强度面的法线方向, 等强度面与 z 轴的夹角 θ(见图 6-5-3) 可通过对 (6-5-8) 式求 x 对 z 的导数 $(\mathrm{d}x/\mathrm{d}z)$ 而得到

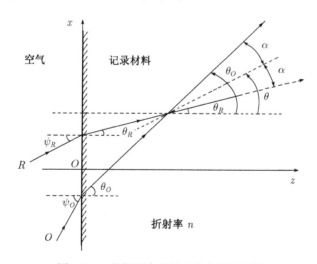

图 6-5-3 拍摄厚全息图有关参量示意图

$$\tan\theta = \frac{\mathrm{d}x}{\mathrm{d}z} = -\frac{(f_{Oz} - f_{Rz})}{(f_{Ox} - f_{Rx})} = -\frac{(\cos\theta_O - \cos\theta_R)}{(\sin\theta_O - \sin\theta_R)}$$

$$= -\frac{\left(-2\sin\dfrac{\theta_O + \theta_R}{2}\sin\dfrac{\theta_O - \theta_R}{2}\right)}{\left(2\cos\dfrac{\theta_O + \theta_R}{2}\sin\dfrac{\theta_O - \theta_R}{2}\right)}$$

$$= \tan\left(\frac{\theta_O + \theta_R}{2}\right)$$

故

$$\theta = \frac{(\theta_O + \theta_R)}{2} \tag{6-5-9}$$

(6-5-9) 式表明: 等强度面与 z 轴的夹角 θ 恰为物光、参考光与 z 轴的夹角之和之半, 即等强度面平分物光与参考光的夹角.

等强度面沿 x 轴与 z 轴的间距 (空间周期在 x 轴与 z 轴的分量)d_x 与 d_z 分别为

$$d_x = \frac{1}{(f_{Ox} - f_{Rx})} = \frac{\lambda}{\sin\theta_O - \sin\theta_R} = \frac{\lambda_0}{\sin\psi_O - \sin\psi_R} \tag{6-5-10}$$

$$d_z = \frac{1}{(f_{Oz} - f_{Rz})} = \frac{\lambda}{\cos\theta_O - \cos\theta_R} \tag{6-5-11}$$

等强度面的垂直间距 (空间周期):

$$d = \frac{\lambda}{2\sin\left(\dfrac{\theta_0 - \theta_R}{2}\right)} \tag{6-5-12}$$

而

$$\alpha = \frac{\theta_O - \theta_R}{2}$$

于是, (6-5-12) 式可写为 $2d\sin\alpha = \lambda$.

这正是 (6-5-3) 所表述的布拉格条件. α 就是相对于干涉条纹面的掠射角 (见图 6-5-3).

薄全息图的再现方式只有一种, 即透射型再现. 厚全息图的再现方式有两种, 透射型再现和反射型再现. 分别称为透射型厚全息图和反射型厚全息图.

6.5.3 透射型厚全息图

拍摄透射型厚全息图, 物光、参考光在全息记录片的同侧. 常采取对称入射的方式, 设两束光都在 xz 平面内, 对称于 z 轴 (见图 6-5-4). 这时, $\psi_R = -\psi_O, \theta_R = -\theta_O$

6.5 按全息图干涉条纹间距与记录介质厚度比例分类

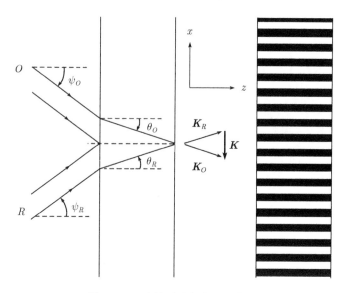

图 6-5-4 透射型厚全息图示意图

干涉条纹的空间频率为

$$f_x = f_{Rx} - f_{Ox} = \frac{\sin\theta_R}{\lambda} - \frac{\sin\theta_O}{\lambda} = \frac{2\sin\theta_R}{\lambda} \tag{6-5-13}$$

$$f_z = f_{Rz} - f_{Oz} = \frac{\cos\theta_R}{\lambda} - \frac{\cos\theta_O}{\lambda} = 0 \tag{6-5-14}$$

即干涉条纹平面与记录材料面相垂直. 干涉条纹的间距为

$$d = \frac{2\pi}{K} = \frac{\lambda}{2\sin\theta_R} = \frac{\lambda_0}{2\sin\psi_R} \tag{6-5-15}$$

透射型厚全息图 ψ_R 的取值可以由 $0°$ 变化到 $90°$,干涉条纹间距可以从零变化到 $\lambda_0/2$. 对于波长为 $\lambda_0 = 0.6328\mu m$ 的氦氖激光,相应的最大空间频率为

$$f = 2/\lambda_0 = \frac{2}{0.6328} \times 10^6/\mu m \approx 3\,161/mm$$

也就是说,在此情况下,记录透射型厚全息图的记录材料应达到 3 161 线 /mm 的分辨率.

6.5.4 反射型厚全息图

物光、参考光在全息记录片的异侧,也常采取对称入射的方式,如图 6-5-5 所示. 这时,

$$\psi_O = \pi - \psi_R, \quad \theta_O = \pi - \theta_R$$

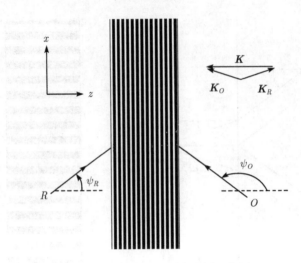

图 6-5-5 反射型厚全息图示意图

注意到
$$\sin\theta_O = \sin(\pi - \theta_R) = \sin\theta_R$$
$$\cos\theta_O = \cos(\pi - \theta_R) = -\cos\theta_R$$

干涉条纹的空间频率为

$$f_x = f_{Rx} - f_{Ox} = \frac{\sin\theta_R}{\lambda} - \frac{\sin\theta_O}{\lambda} = 0 \tag{6-5-16}$$

$$f_z = f_{Rz} - f_{Oz} = \frac{\cos\theta_R}{\lambda} - \frac{\cos\theta_O}{\lambda} = \frac{2\cos\theta_R}{\lambda} \tag{6-5-17}$$

即干涉条纹平面与记录材料面相平行,如图 6-5-5 所示. 条纹间距为

$$d = \frac{1}{f_z} = \frac{\lambda}{2\cos\theta_R} = \frac{\lambda}{2\sqrt{1-\sin^2\theta_R}} = \frac{\lambda_0}{2\sqrt{n^2-\sin^2\psi_R}} \tag{6-5-18}$$

反射型体积全息图 ψ_R 的取值可以由 0° 变化到 90°. 相应的干涉条纹间距可以从 $\lambda/2 = \lambda_0/2n$ 变化到 $\lambda_0/2\sqrt{n^2-1}$.

当用氦氖激光拍摄时,若记录材料的折射率为 $n = 1.52$,则在记录材料内干涉条纹的最低的空间频率为 $f_{z\min} = \dfrac{2}{\lambda_0}\sqrt{n^2-1} = \dfrac{2}{0.6328}\sqrt{1.52^2-1} \times 10^3 \text{cy/mm} \approx 3\,618\text{cy/mm}$;最高空间频率为 $f_{z\max} = \dfrac{2}{\lambda} = \dfrac{2n}{\lambda_0} = \dfrac{2\times 1.52}{0.6328} \times 10^3\text{cy/mm} \approx 4\,804\text{cy/mm}$. 这就要求记录材料的分辨率应达到近 5 000cy/mm.

若照明光沿原参考光方向入射在反射型体积全息图上,考虑沿反射角方向反射的光束 1 和经过第 2 个散射层反射的光束 2, 这两束光的光程差 Δ 为 (见图 6-5-6)

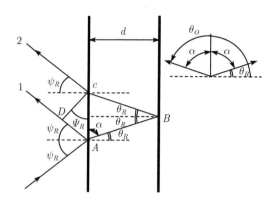

图 6-5-6 反射型体积全息图的再现

$$\Delta = 2n\overline{AB} - \overline{AD} = \frac{2nd}{\cos\theta_R} - \overline{AC}\sin\psi_R = \frac{2nd}{\cos\theta_R} - 2d\tan\theta_R(n\sin\theta_R) = 2nd\cos\theta_R$$

两束光相长叠加的条件是

$$2nd\cos\theta_R = \lambda_0 \text{ 或 } 2d\cos\theta_R = \lambda$$

注意到

$$\theta_R + \alpha = \pi/2 \text{ (见图 6-5-6)}$$

故得

$$2d\sin\alpha = \lambda$$

这正是布拉格条件. 即按原参考光方向, 以原波长照明体积全息图时, 入射在全息图乳胶内的光波方向正好满足布拉格条件.

6.5.5 体积全息图的衍射效率

反射全息图的衍射效率可以用耦合波理论推导出来, 有兴趣者可参看文献 [6], [9], 这里我们只介绍其部分结果.

6.5.5.1 透射型体积全息图的衍射效率

对于纯相位型记录介质, 光栅是相位调制的, 譬如折射率调制的相位全息图, 其内部的折射率可以表示为

$$n = n_0 + n_1\cos(\boldsymbol{K}\cdot\boldsymbol{r}) \tag{6-5-19}$$

式中, n_1 为记录介质折射率的调制度, $\boldsymbol{K}$ 为光栅矢量.

在布拉格入射条件下, 衍射效率公式为以下形式.

1. 相位型非倾斜光栅[9](全息图内的条纹如图 6-5-4 所示意)

有吸收：
$$\eta = \exp\left(-\frac{2\alpha_0\delta}{\cos\theta_b}\right)\sin^2\left(\frac{\pi n_1\delta}{\lambda_0\cos\theta_b}\right) \tag{6-5-20}$$

无吸收：
$$\eta = \sin^2\left(\frac{\pi n_1\delta}{\lambda_0\cos\theta_b}\right) \tag{6-5-21}$$

式中, α_0 为记录介质的吸收系数, δ 为记录介质的厚度, θ_b 为布拉格角, λ_0 为光波波长, n_1 为 (6-5-19) 式中所使用的记录介质折射率调制度.

当
$$\frac{n_1\delta}{\cos\theta_b} = \frac{\lambda_0}{2} \tag{6-5-22}$$

时, 衍射效率达到最大值
$$\eta_{\max} = 100\% \tag{6-5-23}$$

例如, 若 $\theta_b = 10°$, $n_1 = 0.015$, 用氦氖激光器记录, $\lambda_0 = 0.6328\mu m$. 要使体积全息图的衍射效率达到 $\eta = 100\%$, 则记录介质应有的厚度为

$$\delta = \frac{\lambda_0\cos\theta_b}{2n_1} = \frac{0.6328\times\cos 10^0}{2\times 0.015} \approx 21\mu m$$

2. 振幅型非倾斜光栅[9](全息图内的条纹如图 6-5-4 所示意)

衍射效率公式为 (在布拉格入射条件下):

$$\eta = \exp\left(-\frac{2\alpha_0\delta}{\cos\theta_b}\right)\text{sh}^2\left(-\frac{\alpha_0\delta}{2\cos\theta_b}\right) \tag{6-5-24}$$

将 (6-5-24) 式对 α_0 求导数, 并令导数等于零, 可得最大衍射效率为 3.7%. 这就是振幅型透射体积全息图的理论最大衍射效率.

6.5.5.2 反射型体积全息图的衍射效率

1. 相位型非倾斜光栅[9](全息图内的条纹如图 6-5-5 所示意)

无吸收：
$$\eta = \text{th}^2\left(\frac{\pi n_1\delta}{\lambda_0\sin\theta_b}\right) \tag{6-5-25}$$

根据双曲正切函数的性质, 只要 $n_1\delta$ 足够大, 理论衍射效率也可以趋近于 100%.

2. 振幅型非倾斜光栅[9](全息图内的条纹如图 6-5-5 所示意)

振幅型非倾斜光栅的衍射公式较为复杂, 这里只指出: 它在调制度最大的情况下, 衍射效率可达到最大值 7.2%.

以上我们介绍的都是非倾斜光栅, 至于倾斜光栅, 情况比较复杂, 有兴趣的读者可以参考文献 [6], [9].

6.6 按全息图的再现光源分类

至此, 我们可以将记录在理想介质上的几种主要类型的全息图 (包括平面全息图) 的理论上的最大衍射效率归纳如下表.

表 6-5-1　各种全息图衍射效率的理想值

全息图类型	透射型平面全息图			
调制方式	余弦振幅	矩形振幅	余弦相位	矩形相位
衍射效率/%	6.3	10.1	33.9	40.5
全息图类型	透射型体积全息图		反射型体积全息图	
调制方式	余弦振幅	余弦相位	余弦振幅	余弦相位
衍射效率/%	3.7	100	7.2	100

体积全息图的再现条件苛刻, 主要特点是:

(1) 方向有严格限制: 再现光需沿原参考光方向, 否则衍射效率大大减弱乃至为零;

(2) 波长有严格限制: 再现光波长需与原参考光相同, 并满足布拉格条件. 正是这一特点, 使得体积全息图可以在满足布拉格条件下用白光照明再现. 因为白光含有连续分布的不同波长的光波, 其中总有满足该体积全息图布拉格条件的波长, 而其他波长的光不起作用.

平面全息图不受上面两个条件的限制, 在白光照射下再现时, 各种波长的再现像, 同时以不同角度衍射, 叠加在一起, 造成再现图像的色模糊. 因此, 一般的平面全息图只能激光再现 (用特殊方法拍摄的平面全息图也可以用白光再现, 将在下面 6.6.2. 节中予以介绍). 此外, 平面全息图还不能反射再现 (仔细观察时, 虽也能看到有反射再现的像, 但衍射光太弱而不易分辨).

6.6　按全息图的再现光源分类

根据全息图再现时对光源的要求: 必须用激光再现, 或是可以用白光来照明再现, 是又一种区别全息图种类的方式. 按全息图的这两种不同的再现方式分类, 可区别为激光再现全息图和白光再现全息图两种.

6.6.1　激光再现全息图

除开下面即将介绍的彩虹全息图和像面全息图外, 绝大多数的平面全息图都属于激光再现全息图. 都必须使用激光再现.

6.6.2　白光再现全息图

体积全息图由于有严格的波长限制, 当照明再现光是白光时, 也能再现全息图干涉条纹间距所允许的单色图像. 对于银盐乳胶而言, 可以通过不同的化学处理而获得不同的干涉条纹间距,因此,可以控制再现图像的颜色.

若用红、绿、蓝三种记录波长拍摄体积全息图,在同一记录介质内形成三组布拉格反射面(三者间距不同),白光再现时,可得三色再现像,叠加在一起,便获得彩色物体的再现.

所有的体积全息图都是白光再现全息图. 当然,它们也可以激光再现,但必须满足全息图内干涉条纹间距所要求的布拉格条件.

反射型的体积全息图也常称为 Denniyuk 反射全息图. 1962 年,前苏联的 Yuri N. Denisyuk 将 Lippmann 在彩色摄影方面的研究成果 (获得 1906 年诺贝尔奖) 与全息技术相结合发展了白光反射型全息图,使全息图首次在普通白炽灯照明下再现.

至于平面全息图,主要有以下两种平面全息图属于白光再现全息图. 一是像全息图,一是彩虹全息图. 下面分别对它们作介绍.

6.6.2.1 像全息图

物体非常靠近记录介质,或利用成像系统将物体成像在记录介质附近,这种情况下拍摄的全息图就是像全息图. 当物体成像在记录介质上时,称为像面全息图. 即像面全息图是像全息图的一个特例.

正如 (5-2-52), (5-2-55) 及 (5-2-56) 式所表示的那样,因为 $z_0 \approx 0$,故,即使采用扩展的白光光源照明再现这种全息图也能再现出清晰的像. 像全息图记录时所采用的物光波一般有两种方式: 一种是透镜成像,见图 6-6-1 所示; 另一种是采用全息图的共轭再现像,如图 6-6-3(a) 所示.

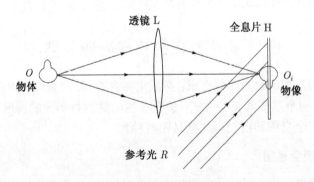

图 6-6-1　使用透镜的像全息图记录光路

在图 6-6-1 中,物体 O 通过透镜所形成的像 O_i 位于记录全息片上. 再现时,再现的物像也将是跨在全息片上,部分物体还突出到全息片的前方.

对于采用全息图的再现像的方式,一般采用菲涅耳全息图的共轭再现像作为拍摄的对象.

譬如, 菲涅耳全息图 H_1 是采用平行光 R_1 作为参考光拍摄的如图 6-6-2(a) 所示. 再现时, 使用原参考光的共轭光 R_1^* 照明再现, 如图 6-6-2(b) 所示. 则其衍射光为原来物光 O 的共轭光 O^*, 再现为一个实像. 如果观察者迎着衍射光观看, 将看到这个再现的实像, 它是物体的赝像, 原来的凸面变为凹面、而凹面变为凸面. 其实, 这两种情况下再现的曲面形状都一样, 并没有变化, 只是观察的方向相反而已, 可比较图 6-6-2 中 (a), (b) 两图.

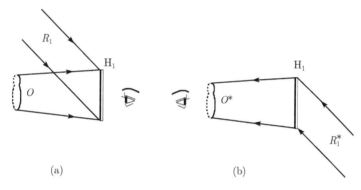

图 6-6-2　菲涅耳全息图的拍摄与共轭再现

将全息记录片 H 放置在这个再现的实像位置, 并使再现实像跨在全息片上, 使用会聚参考光 R 记录这个实像, 如图 6-6-3(a) 所示. 再现时, 使用拍摄全息片 H 的参考光的共轭光 R^*, 即发散光照明再现全息片 H, 如图 6-6-3(b) 所示. 这时, 观察者将看到原来的物体 O. 由于物像是跨在全息片上, 如果物像景深不大, 则 $z_0 \approx 0$, 故对再现光要求不严, 在白光点光源照明下可以产生一个近似消色的像, 即使采用稍稍扩展的白光光源照明再现这种全息图也能再现图像. 不过, 物像景深不能太大, 通常情况下, 只允许几个厘米. 否则, 会引起畸变和模糊.

6.6.2.2　彩虹全息图

彩虹全息图采用激光记录全息图, 而用白光再现. 它的主要方法是在记录系统中的适当位置放置一个狭缝. 再现时由于狭缝的作用, 限制了再现像的色模糊, 从而实现了白光再现全息图像. 二步彩虹全息是本顿 (Benton) 在 1969 年提出的[20], 因为它需要分两步进行记录, 故称 "二步". 采用这方法拍摄的白光再现全息图可以用光致抗蚀剂做记录材料而制成浮雕全息图, 再用电铸方法拷贝成金属浮雕模版, 再用金属浮雕模版在加热软化的塑料薄膜上压制模压全息图. 由于这种方法可以大批量生产低成本的模压全息图, 从而使全息图跨出实验室, 走向市场. (见 6.7.4 节对模压全息图的介绍) 后来, 美籍华人陈选、杨振寰等又利用像全息提出一步彩虹全息[21]. 这种方法将二步简化为一步, 虽然方法简单一些, 但视场受到限制.

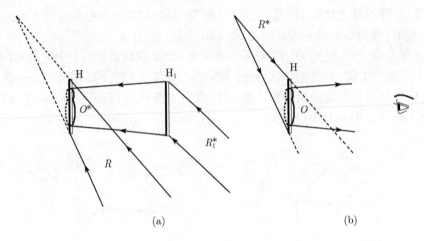

图 6-6-3 使用全息图再现像的像全息图记录光路及其再现

为了扩大视场又提出在系统中放置一个场镜的方法[22]. 以后又发展了像散二步彩虹和一步彩虹, 它们能够加宽狭缝和扩大景深. 此后, 陆续发展了许多新的方法, 如移动物体[23]或透镜[24]使在透镜焦平面上的光场形成一个 sinc 函数的分布以取代狭缝的作用、利用条形散斑屏[25]来产生综合狭缝的方法、零光程差方法[26]等.

首先, 让我们介绍二步彩虹全息术.

1. 二步彩虹全息术

二步彩虹全息 (two-step rainbow holography) 分两步进行记录.

第一步: 用发散参考光 R_1 以普通菲涅耳全息图方法记录一张主全息图 (master hologram)H_1, 如图 6-6-4(a) 所示.

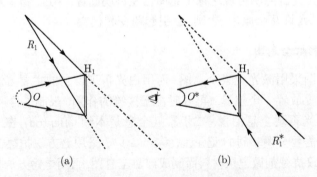

图 6-6-4 发散参考光拍摄菲涅耳全息图及其共轭再现

第二步: 用第一步所使用参考光的共轭光即汇聚光 R_1^* 照明再现 H_1, 同时, 在 H_1 前面加一个狭缝, 这样合成的像是**通过狭缝形成的赝像**. 若以这个实像作为新的物光再用另一束会聚的参考光 R_2 与其干涉而制作成一张菲涅耳全息图 H_2, 这就做成了一张彩虹全息图. 如图 6-6-5 所示.

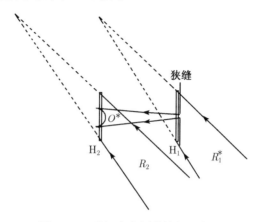

图 6-6-5 彩虹全息图的拍摄示意图

用拍摄 H_2 的参考光的共轭光 (发散光 R_2^*) 照明再现彩虹全息图 H_2 时, 若观察者的眼睛在狭缝实像处迎着衍射光观看时, 可以看到单色的三维物体像.

以拍摄一个球形物体为例, 设参考光 R_1 为一个点光源, 其菲涅耳全息拍摄光路如图 6-6-4(a) 所示意. 再现时, 若以 R_1 的共轭光 R_1^* 照明再现, 则再现的衍射光为原来物光的共轭光. 这时, 如果观察者迎着衍射光观看, 将看到再现的实像, 它是物体的赝像, 即原来的凸球面看上去变为凹球面. 如图 6-6-4(b) 所示意.

若在主全息图 H_1 前方放置一个狭缝, 如图 6-6-5 所示意, 这时, 相当于全息图 H_1 破裂成为一条狭窄的矩形条. 我们知道, 它依然可以再现出完整的三维物体的图像. 不过, 由于照明光是 R_1 的共轭光 R_1^*, 所以, 再现的衍射光形成物体的赝像 O^*. 若将全息记录片放置在赝像的中部, 使赝像跨在全息片 H_2 上, 并以会聚光 R_2 作为参考光进行记录, 这样, 就制作了彩虹全息图 H_2(见图 6-6-5).

再现时, 若以 R_2 的共轭光 R_2^* 作为照明光, 这时, 将再现出狭缝的实像和所记录的物体赝像的赝像, 也就是物体的原始像. 若观察者在狭缝的实像处向 H_2 方向观看, 他将看到物体的单色三维像, 一个立体的球形体跨在全息干版 H_2 上, 突出到干版的前方. 如图 6-6-6 所示在竖直方向, 由于受到狭缝的限制, 失去了纵向的视差. 而横向视差则完全保留, 所以观察者仍有显著三维景深的感觉.

当然, 全息记录片的位置也可以安放在其他地方, 譬如安放在图 6-6-7 中的位置 1, 即安放在 H_1 与实像之间, 这时照明 H_2 再现的物像将出现在全息图的后方. 又如, 若全息记录片安放在图 6-6-7 中的位置 2, 即放在实像的后方, 这时照明 H_2 再现的物像将出现在全息图的前方. 整个物体看上去突出到全息图的 H_2 外面来.

如果以另外一种波长的单色点光源照明再现 H_2, 则再现的狭缝实像位置将发生偏移, 而再现物体的原始像位置仍保持不变. 波长越短, 越向后、向下偏移. 如绿

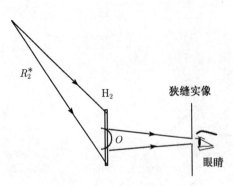
图 6-6-6　彩虹全息图的再现

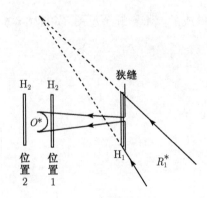
图 6-6-7　在不同位置记录彩虹全息图

色点光源照明 H_2 所再现的绿色狭缝实像位置比红色点光源照明 H_2 所再现的红色狭缝实像位置向后、向下偏移了一定的距离. 如图 6-6-8 所示.

如果以白色点光源照明再现 H_2, 则将再现出一系列按波长长短, 自上而下波长逐渐减小的顺序, 即按红、橙、黄、绿、青、蓝、紫、彩虹颜色顺序排列的连续的狭缝实像, 形成一个彩虹色窗口, 当眼睛沿竖直方向移动时, 就可以看到按彩虹色顺序排列的不同颜色的、有横向视差的、彩虹色的三维像. 这就是彩虹全息图名称的由来.

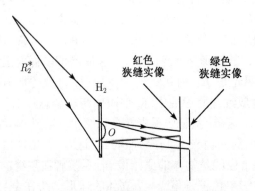
图 6-6-8　不同波长点光源照明再现彩虹全息图

上面第一步所使用的参考光也可用平行光, 这样就可以省去一个会聚透镜. 第二步则最好使用会聚透镜, 为的是在白光再现时可以使用普通的光源, 如日光、电灯光等.

2. 一步彩虹全息术

一步彩虹全息 (one-step rainbow holography) 采用一个透镜同时把物体和狭缝的像一次记录下来, 这样就省去了第一个步骤, 一步就制作成彩虹全息图. 图 6-6-9(a) 是一步彩虹全息图的一种记录光路. 物体 O 放置在透镜的二倍焦距处, 狭缝

S 位于焦点外附近处,在像方焦点以外较远处形成狭缝的实像 S_I,物体 O 的像 O_I 位于像方二倍焦距处. 全息干版可根据需要放在物像 O_I 之前或之后,或使物像 O_I 跨在全息干版上. 参考光可用发散光,也可用平行光. 图 6-6-9(a) 中所用的是发散光. 这样记录的全息图,当用原参考光照明再现时,眼睛置于狭缝的实像处,即可看到单色像. 若用白光照明再现,当眼睛沿竖直方向移动时,就可以看到按彩虹顺序排列的不同颜色的、有横向视差的三维再现像,如图 6-6-9(b) 所示.

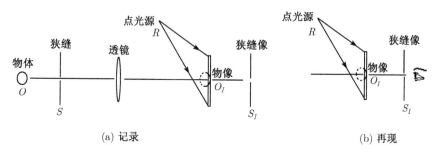

图 6-6-9 一步彩虹全息图的记录和再现

6.7 按全息图的制作方法分类

6.7.1 光全息图

应用光干涉方法制作的全息图,称为光全息图. 本书前面所介绍的全息图全部属于此类全息图.

6.7.2 计算机全息图

应用计算机方法制作的全息图,称为计算全息图. 主要有以下数种: ① 记录分布函数的振幅与相位的方法, ② 记录参考光与物光之和的绝对值平方的方法, ③ 调制开孔位置的方法, ④ 调制开孔大小与位置的方法, ⑤ 使用等间隔开孔的方法, ⑥ 计算机只用于制成物体示意图的方法. 这些都属于早期的一些计算机方法制作方法, 至于采用 CCD 和数字技术的数字全息方法,我们将在第 11~13 章专门介绍. 下面,将分别对上述六种方法作简要的介绍[8].

6.7.2.1 记录分布函数的振幅与相位的方法

用计算机计算全息图上的复振幅分布函数,例如,第 5 章全息图复振幅透射率的第三项衍射项,也就是包含原始像信息的衍射项,我们以复函数 $t_3(x,y) = A(x,y)\exp[\mathrm{j}\phi(x,y)]$ 表示. 将振幅分布 $A(x,y)$ 与相位分布 $\phi(x,y)$ 分别记录在两张照相底片上. 前者以不同的灰度来表示振幅的大小, 后者的记录比较麻烦, 需将浓淡图拍摄成照片,显影后漂白,根据颜色深浅引起的折射率变化,用经验加减其浓淡而得到符合 $\phi(x,y)$ 相位的图样. 再现时将两张照相底片重叠后用激光照射, 就可再建图像.

仅使用记录相位 $\phi(x,y)$ 的照片也能形成再现像. 这种仅用相位 $\phi(x,y)$ 的全息图称为相衍照片 (kinoform) 或开诺全息照片.

6.7.2.2 记录参考光与物光之和的绝对值平方的方法

与制作一般全息图方法相同,先用计算机计算 $|R(x,y)+O(x,y)|^2$,根据结果描出正比于计算机计算结果的浓淡图形. 然后缩小摄影而制成全息图,使用激光照射就再现出所设计的物体的像. 与方法 6.7.2.1 相比较,像变得暗一些. 不过,由于只用一块照相底版,制作起来简单一些.

6.7.2.3 调制开孔位置的方法

调制开孔位置的方法是在不透明的掩模上开孔,适当选择开孔的位置可近似地得到所要求的相位分布的波前. 这样,就不必像 6.7.2.1 和 6.7.2.2 节的方法那样做浓淡的分布图. 而且,由于只要开大小相同的孔,所以在制造工艺上也比上述两方法简单. 其原理可用图 6-7-1 予以说明.

设不透明的掩模放置在 $z=0$ 平面上,以振幅为 A 入射角为 θ 的平面波来照明,如图 6-7-1(a) 所示. 这时,在该平面上的光分布可表示为

$$u = A\exp(\mathrm{j}k\sin\theta) \tag{6-7-1}$$

设 x 轴的相位分布用图 6-7-1(b) 表示,随着 x 值的增加,相位值在 $-\pi$ 与 π 之间作周期性的变化. 如果在所希望的相位对应的位置上开孔,就能得到具有这个相位的点光源. 例如,图 6-7-1(b) 中,在距离掩模原点 $-\frac{1}{4}$ 周期处开孔,所得的点光源与开孔于原点的点光源的相位相比刚好差 $-\frac{\pi}{2}$ 的相位. 图 6-7-1(c) 表示每周期内开一个孔,孔的编号分别为 $a,b,c,\cdots,e$ 时,能得到图 6-7-1(d) 所示的具有 $a',b',c',\cdots,e'$ 的相位的点光源阵列. 这种方法制作的全息图仅记录了光的相位分布,也是一种相衍式全息图,即开诺全息图.

6.7.2.4 调制开孔大小与位置的方法

调制开孔大小与位置的方法是 6.7.2.3 节的方法的改进,这种方法不仅能记录相位,而且能记录振幅,用与图 6-7-1(c) 所示的同样的开孔 $a,b,c,\cdots,f$ 来制作全息图,但孔的大小与这个位置的光振幅成正比.

6.7 按全息图的制作方法分类

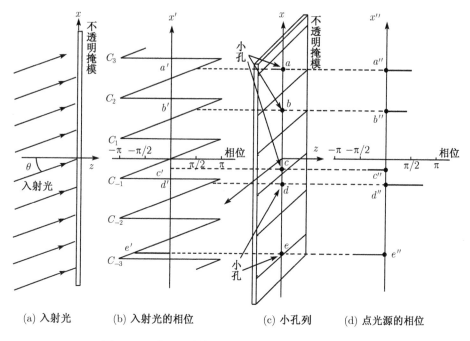

(a) 入射光　　(b) 入射光的相位　　(c) 小孔列　　(d) 点光源的相位

图 6-7-1　位置调制的孔列形成的全息图原理示意图

6.7.2.5　使用等间隔开孔的方法

6.7.2.3 和 6.7.2.4 节两种方法的开孔位置都是根据该点的相位值来确定的, 随着相位值不同而不同. 6.7.2.5 节的方法则不同, 它是在每一个区段内开 4 个等间隔的孔而制成的全息图, 孔与孔间的距离是一定的, 所以计算机的同步给定简单是其特点. 如图 6-7-2(a) 所示, 当用入射角 θ 的平面波来照明掩模时, 其相位分布如图 6-7-2(b) 所示, 是周期函数. 当把孔开在一个相位区域上, 其相应距离成 4 等分的点上, 如图 6-7-2(c) 所示. 开孔的大小由透过这些孔的光振幅 g_1, g_2, g_3, g_4 成正比的变化来决定. 若原点的相位为零. 这样 4 点的相位分别为 $0, \dfrac{\pi}{2}, \pi, \dfrac{3}{2}\pi$ 或 $-\dfrac{\pi}{2}$, 所以, 从这 4 个点出射的光, 其复振幅为

$$g = (g_1 - g_3) + \mathrm{j}(g_2 - g_4) \tag{6-7-2}$$

通过适当改变这 4 个开孔的大小, 就能够表示任意的复数. 用这种方法就可制作出所要求的全息图.

6.7.2.3, 6.7.2.4 和 6.7.2.5 节的方法的再现像清晰程度取决于开孔数, 要想得到清晰的像所必须的开孔数一般要非常多. 这样, 计算机的计算量就非常大. 为了简化计算, 一种改进的方法就是 6.7.2.6 节要介绍的方法.

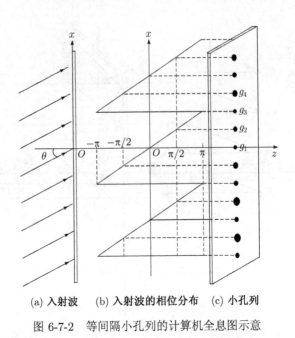

(a) 入射波　(b) 入射波的相位分布　(c) 小孔列

图 6-7-2　等间隔小孔列的计算机全息图示意

6.7.2.6　计算机只用于制成物体示意图的方法

人们在观看全息图时, 实际上只使用了全息图的有限区域, 如图 6-7-3 所示. 当眼睛置于 A 点时, 再现像只由全息图的 a-a' 部分所决定. 当眼睛置于 B 点时, 再现像只由全息图的 b-b' 部分所决定. 利用这点, 可以由设计图直接做出所谓的 "成品全息图".

计算机根据设计图的信息, 计算 A 点所看到的图形, 并将它描绘在底片上. 若可以计算 A 点所看到的图形, 那么, 从 B 点所看到的图形计算只要作坐标旋转计算就可以了. 同样, 眼睛移动到 $C, D, E, \cdots$ 这些位置所看到的图形也可以依次描绘在底片上. 将这些图形依次用同样的参考光记录在全息干版的对应于相应的视角所张的有效部位, 如对应于观察点 A, 则用掩膜遮挡住全息干版其他部分, 只让 aa' 部分曝光. 同样, 拍摄对应于观察点 B 的子全息图时, 用掩膜遮挡住全息干版其他部分, 只让 bb' 部分曝光, 并采用同样的参考光记录. 类似地, 拍摄记录对应于 $C, D, E, \cdots$ 这些位置的子全息图, 直至所有子全息图填满整个全息图. 这样, 就完成了一幅全息图的制作. 用与参考光相同的再现光照明这幅全息图, 眼睛位置移动时, 就可以依次见到各个观察点所看到的再现像, 所以有很好的立体感. 这种全息图的缺点是当眼睛放在计算机所设定的位置以外时, 像质就变坏. 这种 "成品全息图" 的制作方法和前面其他的方法相比较, 其运算量约可降低 1000 分之一以下[8].

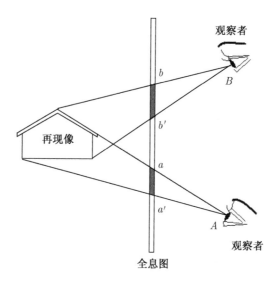

图 6-7-3　全息图的像的有用部分示意

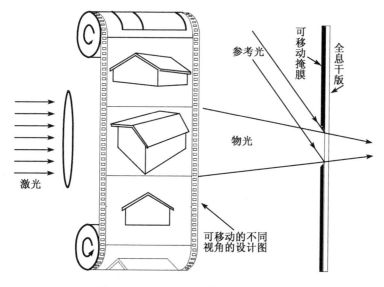

图 6-7-4　用设计图制作全息图示意图

6.7.3　刻蚀法全息图

浮雕型全息图以及调制开孔位置的计算机二元全息图,都可以采用激光束、离子束、电子束等通过刻蚀法来制作,这些方法最终是在记录材料上获得凸凹相间的浮雕型条纹或小孔阵列. 浮雕型全息图衍射机理和能达到的最高衍射效率在本章的第 6.2 节以光刻法为例进行了讨论, 这里不再赘述.

6.7.4 模压法、模压全息图

模压全息图[29~31] 是将记录在光致抗蚀剂、光导热塑、未坚膜的重铬酸盐明胶等材料上的浮雕全息图 (通常是可以白光显示的全息图, 如彩虹全息图或像面全息图), 用电铸方法复制在一块金属模版上, 再用这块金属模版压印在加热软化的塑料薄片上, 这样就将浮雕全息图转印在塑料薄片上. 为了加强其反射光, 在塑料薄片上再通过真空镀铝的过程, 便制作成可以白光显示的反射型全息图 (图 6-7-5). 因为它是用金属模版压印而成的, 故称模压全息图. 其工艺过程如下:

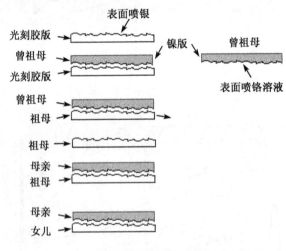

图 6-7-5　模压工艺过程图纹转移示意图

将光致抗蚀剂 (也可以是光导热塑等) 浮雕全息图 (常称为原版全息图) 进行表面清洁处理, 用中性洗涤剂清除表面污垢、杂质;

在原版全息图表面上制作一层导电层. 方法有多种, 包括真空镀银、化学沉积镀银、喷射镀银、喷射镀镍等;

用去离子水冲洗, 放入软槽 (不含硬度剂) 电铸. 剥离后得到第一代金属模版, 常称 "曾祖母"(grand grand mother);

经处理后, 用它再电铸第二代金属模版. 这第二代模版常称为 "祖母"(grand mother) 或主版 (master);

再用第二代模版电铸第三代金属模版. 这第三代模版常称为 "母亲"(mother);

最后, 用第三代模版在硬槽 (含硬度剂) 中电铸出模压用的工作模片 (shim) 也被称为 "女儿"(daughter).

工作模片是最后安装在模压机模压辊筒上的模片, 其质量优劣至关重要. 它实际上是所有前面几道工序的综合结果,没有优质的光致抗蚀剂原版全息图,没有优质的前几代模版,就不可能制出优质的工作模片.

工作模片采用镍镀是为了硬度和耐磨性能的要求,通常一个工作模片可耐磨为 1 500~3 000ft,即 370~1 000m.

将带有全息浮雕信息的工作模片安装在模压机模压辊筒上或印模上,并通电加热,对聚脂 (PET) 或聚氯乙烯 (PVC) 镀铝薄膜进行热印压,受热软化的镀铝薄膜在印辊或印模的巨大压力下就被压印上与工作模片表面相似的浮雕沟纹,也就是把工作模片上的全息图转印到镀铝薄膜上. 模压全息图主要是通过反射光观看的,镀铝的目的是为了增强反射光的强度. 这种方法有些类似通常使用的压纹机,所以,也常把这种全息转印专用设备称为全息模压机.

模压转印分平压和滚压两种,滚压又分为圆压平和圆压圆两种,不同的加工方式有不同的专用设备. 后一种方式速度快,更适宜于大批量工业化生产.

6.7.5 烫印法、烫印全息图

烫印全息图 (hot stamping hologram) 是利用传统印刷中的烫印方法将存有全息图纹的浮雕型模压全息图转移到其他载体上,如纸、塑料或其他材料上. 首先,将浮雕型模压全息图转移在涂敷有热熔胶层和分离层的聚脂薄膜 (PET) 上. 然后,在烫印设备上通过加热的烫印模头将全息烫印材料上的热熔胶层和分离层加热熔化,在一定的压力作用下,将烫印材料的信息层全息浮雕条纹与 PET 基材分离,使铝箔信息层与承烫面黏合,融为一体,牢固结合.

为了将烫印电化铝上特定部分的全息图准确烫印到承烫材料的特定位置上. 在普通传统印刷中的烫印设备上需要特别安装全息图自动定位装置.

烫印全息图与普通的模压全息图相比较,片基更薄、粘贴得更为牢靠,不可被揭取. 用手摸上去,几乎分不出全息图的厚度.

烫印全息也分平烫和滚烫两种,不同的加工方式有不同的专用设备. 后一种方式速度快,更适宜于大批量工业化生产.

6.8 按制作全息图的记录材料分类

6.8.1 卤化银乳胶全息图

卤化银是最常用的一种全息记录材料,它有很高的感光灵敏度和分辨率,很宽的光谱敏感区. 用这种材料记录的全息图即卤化银全息图 (silver halide emulsions holograms),其主要特性,在第 5 章已经讨论过,这里不再赘述. 它是全息技术中最常使用的记录材料.

6.8.2 光导热塑全息图

光导热塑料 (thermoplastic) 是一种浮雕型相位记录介质, 光导热塑片的结构如图 6-8-1 所示, 在透明基片 (可以是玻璃, 也可以是软片) 上先涂布一层透明的导电材料, 例如氧化锡, 在它上方是一层透明的光电导体, 最上一层是热塑料[27].

常用的记录方法有两种——顺序法和同时法.

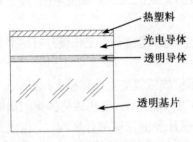

图 6-8-1 光导热塑料结构示意图

6.8.2.1 顺序法

首先要在暗室中对光导热塑片敏化. 所谓敏化就是用带有高压的电网充电, 在热塑料和透明导体之间建立约几千伏特电位差的、均匀的电场, 如图 6-8-2(a) 所示意. 第二步是通过曝光, 记录物光和参考光的干涉条纹. 光电导体受光照部分导电, 而未受光照部分保持原来不导电状态, 光强的大小决定了光电导体导电的程度, 于是, 在光电导体上形成了对应于干涉图形的电荷分布的潜像, 如图 6-8-2(b) 所示意. 第三步是再充电, 使光导层上的电荷潜像转移到热塑层上, 如图 6-8-2(c) 所示. 第四步是显影和定影, 显影过程是在透明电极上通电加热使塑料软化, 由于电场静电力的作用使热塑料变形, 其形变分布对应于曝光时的光强分布. 定影过程就是冷却, 于是形成了对应于参、物光干涉图形的浮雕型相位全息图, 如图 6-8-2(d) 所示.

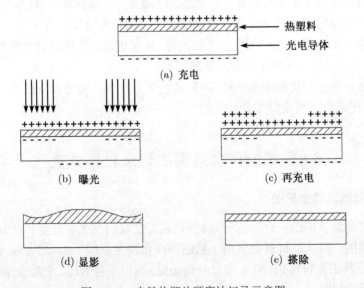

图 6-8-2 光导热塑片顺序法记录示意图

光导热塑料可以擦除后再重复使用. 擦除方法是在透明电极上通电加热,使热塑料升温到软化点以上,则表面张力使形变恢复到原来的状态后再冷却. 图 6-8-2(e) 是擦除并冷却后的情况. 它是一个可逆的过程.

6.8.2.2 同时法

这种方法是对光导热塑片的曝光和充电是同时进行的. 加热程序可放在此前,或在此后,或也可同时进行. 可一步或两步完成记录. 由于在开始充电时,参、物光干涉图形已对光导体曝光,故从一开始,电荷就按参、物光干涉图形对光导体的作用来分布. 若干涉图形是不变的,电荷分布也会按干涉图形的分布而继续增加. 热塑料被升温软化,并在充电的静电力作用下变形. 电荷较多部分,静电力大变形较大. 形变大处,电荷积累也越多,这相当于一个正反馈过程,直至充电、曝光停止. 热塑料冷却,与干涉图形相对应的形变也同时凝固,全息记录过程就此完成.

同时法更有利于热塑料上条纹形变的形成,效果比顺序法好.

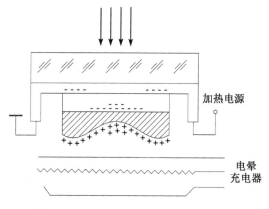

图 6-8-3 光导热塑片同时法记录示意图

光导热塑片可反复记录–擦除数百次,甚至于上千次之多. 然而,超过一定次数后,会发生老化. 其表现是产生形变的阈值电位升高;首先从空间频率较高的部分开始,衍射效率降低;软化温度升高而且噪声增大. 老化的原因主要是电晕充电时空气电离产生的臭氧,臭氧会引起热塑材料的老化. 尤其在材料被加热时,臭氧的破坏作用更为严重. 此外,照相过程中的环境因素、灰尘黏附等也会造成录像质量的下降.

光导热塑料的特点是干显影、定影,而且是原位显影、定影. 再加上可以反复记录–擦除使用,特别实用于实时全息.

6.8.3 光折变晶体全息图

"光折变"是"光致折射率变化效应"的简称. 光折变晶体是指在光辐射作用下

折射率可发生改变的晶体.

1955 年, 贝尔实验室的 Ashkin 等发现被光辐射辐照可引起铌酸锂 ($LiNbO_3$) 等晶体内的折射率变化. 这种折射率变化将导致光波波前在通过这种晶体时发生畸变, 因此称这种效应为 "光损伤". 两年后, Chen 等认识到 "光损伤" 材料是一种优质的光记录材料, 并首次用铌酸锂晶体进行了全息存储. 随后, 人们发现通过均匀光照或加热可以修复这种 "光损伤" 痕迹, 使晶体恢复原态. 由于 "损伤" 和 "复原" 是指光照下晶体折射率的变化及复原过程, 故人们将这种效应称为光折变效应.

光折变晶体可分为三类.

(1) 铁电体: 铌酸锂 ($LiNbO_3$), 钽酸锂 ($LiTaO_3$), 钛酸钡 ($BaTiO_3$), 铌酸钾 ($KNbO_3$), 钽铌酸钾 ($K(NbTa)O_3$-KTN), 铌酸钡钠 ($Ba_2NaNb_5O_{15}$-BNN), 铌酸锶钡 (($SrBa)Nb_2O_6$-SBN), 钾钠铌酸锶钡 (KNSBN) 等.

这类晶体电光系数大, 可提供高衍射效率, 但响应慢 (50ms~1s), 而且不易获得尺寸大、光学质量高的晶体.

(2) 非铁电体: 硅酸铋 ($Bi_{12}SiO_{20}$-BSO)、锗酸铋 ($Bi_{12}GeO_{20}$-BGO) 和钛酸铋 ($Bi_{12}TiO_{20}$-BTO)

这类晶体容易获得尺寸大、光学质量高的晶体, 响应也快. 但电光系数较小, 以上两类晶体材料的光谱响应区处于可见光的中段.

(3) 化合物半导体: 磷化铟 (InP)、砷化镓 (GaAs)、磷化镓 (GaP)、碲化镉 (CdTe)、硫化镉 (CdS)、硒化镉 (CdSe)、硫化锌 (ZnS) 等.

这类材料响应快, 但电光系数小, 它们的光谱响应区处于 $0.9 \sim 1.35 \mu m$ 的近红外波段, 或 $0.6 \sim 0.7 \mu m$ 的橙-红波段.

光折变晶体的成像是由于在非均匀光场的照射下, 通过复杂的光电过程, 最终形成一种折射率分布与原光场强度分布相对应的图像. 下面简要介绍光折变晶体折射率光栅形成的机理.

光折变晶体中的杂质、缺陷和空位, 在晶体禁带隙中形成中间能级, 即构成施主和受主能级, 成为光激发电荷的主要来源. 在一定波长的非均匀分布的光辐照下, 晶体内的施主 (受主) 被电离产生电子 (空穴), 同时, 电子 (空穴) 从中间能级受激跃迁至导带 (价带). 光激发载流子在导带 (价带) 内可自由迁移, 并有三种迁移机制 —— 扩散 (载流子由于浓度不同而扩散迁移)、漂移 (载流子在外电场或晶体内极化电场作用下的漂移) 和异常光生伏特效应 (均匀铁电体材料在均匀光照下产生沿自发极化方向的光生伏特电流). 在光折变效应中, 上述三种迁移机制可单独作用或联合作用完成了光折变晶体内部载流子的迁移过程. 迁移的电子 (空穴) 可以重新俘获, 经过再激发、再迁移、再俘获, 最终离开光照区而在暗区被电子 (空穴) 陷阱俘获. 由此导致晶体内空间电荷分布的变化, 使空间电荷分离, 形成了相应于光场分布的空间电荷场.

空间电荷场通过线形电光效应(泡克耳斯效应),在晶体内形成折射率的空间调制变化,产生折射率调制的相位光栅.

光折变晶体也是一种可重复使用的实时记录材料. 可用作空间光调制器、信息存储器、相位共轭器件以及应用于实时全息检测[5,27].

6.8.4 重铬酸明胶全息图

重铬酸明胶[9](dichromated gelatin) 简称 DCG,用它制作的全息图具有相位型全息图的理想特性. 在涂布厚度适当、处理适当的情况下, 可形成一种折射率变化幅度很大的透明薄膜, 吸收和散射光非常小, 衍射效率可接近 100%.

DCG 不能长期保存, 一般在使用前自行制备. 制备方法主要有以下三种.

6.8.4.1 用银盐干版制作 DCG 版

用银盐干版制作 DCG 版[1,10] 的方法, 见下面框格所述.

用 Kodak649F 光谱干版制作 DCG 反射全息图的工艺

1. 在非坚膜定影液中浸泡 10min
2. 在流水中冲洗 10min
3. 浸泡在 50°C 的热水中 20min
4. 浸泡在 10% 的重铬酸铵水溶液中 (用 1% 的 Kodak Photo-Flo200 浸泡)5min
5. 在 70°C 的恒温箱中烘焙 10min
6. 曝光 (Ar$^+$ 激光器)
7. 在 0.5% 的重铬酸铵水溶液中浸泡 5min
8. 在非坚膜定影液中浸泡 5min
9. 在流水中冲洗 10min
10. 在 50% 异丙醇中脱水 5min
11. 在 100% 异丙醇中脱水 5min
12. 在 100°C 的恒温箱中烘焙 10min

框中第一步是为了溶解掉银盐版中的卤化银, 清除以前混合进去的各种化学药品, 制出尽可能透明的明胶版.

6.8.4.2 用无银明胶版敏化

由于 DCG 版总是随时用随时制备, 如果每次制备都从涂布感光胶开始就太麻烦. 因此, 人们想到预先制出无银明胶版备用. 这与用银盐干版制备 DCG 版开始定影步骤所达到的目的类同. 不过这里是将明胶溶液涂于片基上, 干燥后可以较长时期保存. 其基本工艺表述在下框格中.

无银明胶版制备及处理工艺

1. 5g 明胶放入 100ml 去离子水中, 不搅动, 浸泡 30min 以上, 直至明胶完全吸水膨胀
2. 将浸泡好的明胶水溶液放在磁力恒温搅拌器上, 在温度 50°C, 搅拌 30min, 直至明胶完全溶解

续表

> 3. 将明胶溶液倒在水平放置的玻璃片基上,被倒出的溶液量取决于所要求的膜层厚度 (例如, 20ml 明胶溶液倒在 $50cm^2$ 的片基上,可以形成 $10\mu m$ 厚的感光层)
> 4. 明胶版干了以后,将干版浸泡在 F5 定影液中 5min
> 5. 用自来水冲洗 5min,再用蒸馏水冲洗即得无银明胶版
> 6. 将无银明胶版在 5% 的重铬酸溶液中浸泡 5min 后取出,放在通风干燥的暗室中自然干燥
> 7. 曝光 (Ar^+ 激光器)
> 8. 用自来水冲洗 10min
> 9. 在 50% 异丙醇中脱水 5min
> 10. 在 100% 异丙醇中脱水 5min
> 11. 用热风快速吹干

6.8.4.3 DCG 感光液涂布法

若 DCG 版不需要长期保存,可采用 DCG 感光液涂布法制备. 这种方法是:在明胶溶液中按比例加入敏化剂 (如重铬酸铵) 和坚膜剂 (如硫酸铬钾) 配成 DCG 感光液. 将 DCG 感光液倒在水平放置的玻璃片基上,用刀片或玻璃棒涂匀. 然后,在玻璃片基上自然流平 (放在水平平台上). 薄膜和厚膜的工艺有所不同,分别介绍在下面两个框格中.

薄 DCG 版制备及处理工艺

> 1. 5.5g 明胶放入 100ml 去离子水中,不搅动,浸泡 30min 以上,直至明胶完全吸水膨胀
> 2. 将浸泡好的明胶水溶液放在磁力恒温搅拌器上,在温度 $40\pm1°C$ 条件下搅拌 30min,直至明胶完全溶解. 然后加入 15ml 10% 的重铬酸铵溶液,搅拌 5min 后,再加入 0.7ml 24% 的硫酸铬钾溶液,继续搅拌 15~20min 后即配好 DCG 感光液
> 3. 用 $0.2\mu m$ 的过滤器或用多层纱布过滤感光液,然后将盛感光液的烧杯放在恒温水浴中,温度保持在 $40\pm1°C$,静置 15~30min. 如感光液中有气泡,可在喉头喷雾器中装入消泡剂喷洒消泡 (消泡剂为 1:1 的乙醇和正丁醇的混合液),或直接用玻璃棒将气泡赶出烧杯
> 4. 用小烧杯称出一定量的感光液,再放回 $40°C$ 的恒温水浴中. 从保温 $70°C$ 烘箱中,取出片基放在水平平台上,迅速将小烧杯的感光液倒在片基的中心处,然后用刀片或玻璃棒涂匀. 如果片基的温度是 $70°C$, 感光液的温度是 $40°C$, 环境温度为 $25\pm2°C$, 数分钟后,感光液即可自动流平,而后自然干燥
> 5. 曝光 (Ar^+ 激光器), 曝光量为 80~100 mJ/cm^2
> 6. 坚膜,将曝光后的 DCG 版放在 F5 定影液中坚膜,当 DCG 版的黄色褪为无色时,停止坚膜. 坚膜温度为 $20\pm4°C$.
> 7. 水显影,自来水冲洗 1min 后,放在 $35°C$ 的去离子水中搅动 15min
> 8. 异丙醇显影 I 用 50% 异丙醇水溶液,在温度 $50°C$ 下脱水 30s.
> 9. 异丙醇显影 II 用 75% 异丙醇水溶液,在温度 $50°C$ 下脱水 30s.
> 10. 异丙醇显影 III 用 100% 异丙醇水溶液,在温度 $80°C$ 下脱水 10~40s
> 11. 迅速用热风快速吹干

在第 6 步以后的环境温度要求是室内温度在 $20\pm4°C$.

厚膜 DCG 版制备及处理工艺

1. 5.5g 明胶放入 100ml 去离子水中, 不搅动, 浸泡 30min 以上, 直至明胶完全吸水膨胀
2. 将浸泡好的明胶水溶液在温度 70°C ~ 80°C 恒温水浴中搅拌 1h, 直至明胶完全溶解.
3. 使恒温水浴保持在 50°C, 加入 17ml 5%的重铬酸铵溶液, 搅拌 5min 后, 再加入 1.3ml 2%的硫酸铬钾溶液
4. 用 0.2μm 的过滤器或用多层纱布过滤感光液, 然后将盛感光液的烧杯放在恒温水浴中, 温度保持在 50°C, 静置 1h. 如感光液中有气泡, 可在喉头喷雾器中装入消泡剂喷洒消泡, 或直接用玻璃棒将气泡赶出烧杯
5. 用小烧杯称出一定量的感光液, 再放回 50°C 的恒温水浴中. 从保温 70°C 烘箱中, 取出片基放在水平平台上, 迅速将小烧杯的感光液倒在片基的中心处, 然后用刀片或玻璃棒涂匀. 如果片基的温度是 70°C, 感光液的温度是 50°C, 环境温度为 $25 \pm 2°C$, 数分钟后, 感光液即可自动流平, 而后自然干燥
6. 曝光 (Ar^+ 激光器), 曝光量为 $100\sim250mJ/cm^2$
7. 水显影, 水温为 $20 \pm 2°C$ 的自来水冲洗 10~20min, 然后, 在去离子水中冲洗
8. 异丙醇显影 I 用 50% 异丙醇水溶液, 在温度 $25 \pm 2°C$ 下脱水 3min
9. 异丙醇显影 II 用 75% 异丙醇水溶液, 在温度 $25 \pm 2°C$ 下脱水 2~5min 至见到再现现象
10. 异丙醇显影 III 用 100% 异丙醇水溶液, 在温度 $25 \pm 2°C$ 下脱水 2~5min
11. 迅速用热风快速吹干, 根据吹风机的热量不同, 可以改变再现像的颜色

6.8.5 光致抗蚀剂全息图

光致抗蚀剂 (photoresists) 是一种光敏有机材料, 这种材料在不均匀光照下曝光和显影, 可形成对应于光场分布的浮雕图形. 可分为正性和负性两类. 正性光致抗蚀剂在曝光后, 曝光部分产生有机酸, 放在碱性显影剂中被溶解, 而未曝光部分不被溶解; 负性光致抗蚀剂在曝光后, 曝光部分铰链后不溶于显影剂. 而未曝光部分被溶解. 在使用光致抗蚀剂记录全息图时, 要求全息图的条纹信息与基片牢固黏结, 故必须使用正性光致抗蚀剂, 否则, 如果使用负性光致抗蚀剂, 未曝光部分将被溶解, 将使整个全息图被损坏.

全息技术中常用的正性光致抗蚀剂见表中所列举.

表 6-8-1 正性光致抗蚀剂性能

品名	型号	实用波长/nm	曝光量/(mJ/cm^2)	分辨率/(cy/mm)
Shipley MICROPOSIT	1350	紫外 ~500	10(411.6nm)	1 500
Shipley MICROPOSIT	1400	350~450	40(454nm)	1 500
Shipley MICROPOSIT	1800	350~500		1 500
Kodak KAR	3	紫外 ~500	10(400nm)	>1 500
Kodak Micro	809	紫外 ~500	100(400nm)	>1 000
CAF PR	102	紫外 ~500	10(400nm)	~1 000
Way Coat LS	1359	紫外 ~500	10(411.6nm)	>1 500
BP	212	350~450	50(411.6nm)	~1 200

北京化工二厂所生产的 BP212 光致抗蚀剂,配有 BP212 显影剂.用这种显影剂以 1+4 稀释后使用,衍射效率一般可达 28%.

注意到光致抗蚀剂的分辨率一般都只有 1 000 ~ 1 500cy/mm,因此,拍摄全息图时参考光和物光的夹角不可太大,一般都限制在 30° 以内.实际使用时应根据所采用的记录激光波长和记录材料具体估算.

6.8.6 光致聚合物全息图

聚合作用是一种化学反应,在聚合过程中,小分子或单体结合成大分子或聚合物.光致聚合是在光照下引起的聚合过程,是光化学方法产生自由基或离子引发单体的聚合反应.单体可直接受光激发引起聚合,也可由光引发剂或光敏剂受光作用而引发单体聚合.后者称光敏引发聚合.激光全息记录材料,一般均采用光敏引发聚合.光引发聚合是光引发剂首先吸收光子跃迁到激发态,在激发态发生光化学反应生成活性种子(自由基或离子),这些活性种子引发单体聚合;光敏引发聚合是光敏剂首先吸收光子跃迁到激发态,在激发态的光敏剂与引发剂之间发生能量转移或电子转换,由引发剂产生活性种子,这种活性种子再引发单体聚合,这两种光聚合都有连锁反应的链增长过程,光反应的量子效率可通过链锁过程得到放大,一般可达到 $10^2 \sim 10^3$,因此这种材料的灵敏度可以很高.

杜邦 (Du Pont) 公司系统开发了光聚合型的全息记录材料.装置了为体积相位全息技术使用的光聚合物软片的生产线.所生产的软片可用来记录波长范围为 458~647nm 的反射型或透射型全息图.整个处理是简单的干过程,并适宜于批量制作.光敏聚合物涂布在 51μm(2 密耳) 厚的聚酯 (mylar polyester, PET) 基底上,并复盖有 61μm 的 PVC 聚氯乙烯 (vinyl chloride) 或 23μm 的聚酯 (mylar polyester) 材料的保护层.光敏聚合物涂层厚度为 6~20μm,决定于软片的情况.表 6-8-2 是杜邦公司 HRF 系列部分全息软片的反射全息特性 [9].

表 6-8-2 HRF 系列全息软片的反射全息特性

软片类型	膜厚/μm	记录波长/nm	灵敏度/(mJ/cm²)	再现波长/nm	衍射效率/%	带宽/nm	折射率调制 Δn
HRF-150	34	514	60	502	88.7	8	0.008
HRF-7	7	514	20	503	72.69	20	0.031
HRF-15	15	514	20	507	99.22	14	0.033
HRF-25	25	514	20	507	99.94	13	0.029
HRF-26	26	633	200	624	99.17	15	0.024
HRF-18	18	514	15	502	>99.99	28	0.068
HRF-8	8	647	400	644	91.09	36	0.048
HRF-16	16	647	400	640	99.46	31	0.044

6.9 按制作全息图所使用的波源分类

全息学的原理,不仅适用于光波,也适用于一切具有波动性的物质运动形式,如可见光波段以外的电磁波、声波等.这些不同性质的波,在波长上有着很大差别,并具有不同的物理特性,如光波不能透过不透明的电介质,而可见光波段以外的一些电磁波和声波可以透过.原则上,可见光波段以外的电磁波从无线电波到微波、红外、紫外、X射线、γ射线;声波从次声波到超声波都可以制作全息图.不过,目前发展活跃的主要是微波全息、X射线全息和超声全息等.

6.9.1 电磁波全息图

6.9.1.1 微波全息图

微波全息图是利用微波的干涉产生的全息图,再现时,用微波照射进行再现,或将微波形成的全息图缩小后用激光再现.

1. 微波波源与接收器

1) 微波发生器

微波是波长 1mm~10cm(频率范围约在 $3\times10^9 \sim 3\times10^{11}$Hz) 的电磁波 (见图 1-1-1). 在电磁波谱中介于超短无线电波 (电视波) 和远红外线之间.

实验用微波波源 —— 微波发生器主要由体效应二极管、直流稳压电源和谐振腔组成. 体效应二极管是用砷化镓化合物半导体制成的固体负阻器件. 当砷化镓体效应二极管两端施加一定的电场时,其导电电流会产生微波振荡. 在图 6-9-1 中体效应管是利用同轴结构连接在谐振腔内. 当在两端加上约 10V 直流电压时,就能在腔内产生波长约 3cm 的微波振荡,从发射喇叭传送出去.

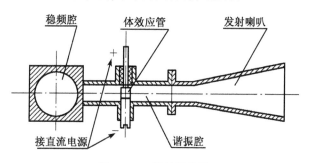

图 6-9-1 微波发生器

谐振腔是由 LC 谐振回路演变来的,如图 6-9-2 所示. 它可看做无数个电感线圈并联在电容盘上形成的闭合腔体. 腔体内要求有良好的光洁度并镀银,这样可以提高其品质因数 Q 值. 谐振腔的谐振频率与其形状和大小有关,腔内加上一个短路活塞,可以调节频率.

2) 微波接收器

微波接收器由接收喇叭、衰减器、高频检波二极管及微安计组成,如图 6-9-3 所示. 衰减器是在一段波导宽边中央垂直插入的涂有电阻膜(镍铬合金)的玻璃吸收片,可吸收部分传输功率,调整该片进入波导的深度即能改变衰减量. 检波二极管安装在波导中. 微波检波器的原理与普通调幅收音机里的检波器原理很相似,但须使用能响应高频的微波二极管(如 2DV14C 管). 在微波频率范围,结电容对整流后的信号起滤波作用,因此在二极管两端得到直流电压,可以接上微安计测量电流值,其大小取决于微波信号的振幅. 波导的一端有短路活塞可以调谐.

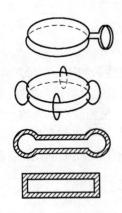

图 6-9-2 微波谐振腔

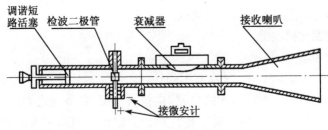

图 6-9-3 微波接收器

2. 微波场分布的记录

微波的记录方法主要有以下几种.

1) 接收器扫描方法

将接收器沿图 6-9-4 所示的活动横轨上横向扫描. 譬如,先由左端扫描至右端,之后,活动横轨单向移动,如从上向下移动. 然后,又继续由右端扫描至左端,如此往复直至整个记录平面都扫描到. 可以在接收器上安装一个小电珠,它将接收器接收的微波信号用发光的形式显示出来,随着微波信号的强弱而忽明忽暗. 若系统处于暗室中,这时,可采用相机记录,就能将微波信号在该平面上的强弱分布记录在一张照片上.

通过提高放大器的灵敏度,可用于非常微弱的电场,其灵敏度比其他方法高 60~70dB. 但由于机械振动等原因,扫描速度受到限制,影响到扫描速度不可能很快,这是此方法的缺点.

以下的 2), 3), 4) 方法都是不做扫描而一次成图的方法. 所有这些方法都是利用微波的电介质损耗产生热效应进行记录的方法.

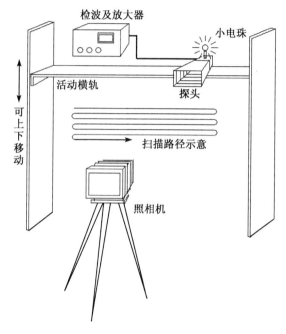

图 6-9-4　接收器扫描方法示意图

2) 加热变色方法

将微波的吸收薄膜放在电场 E 中，就产生相应的感应电流密度 $i = \sigma E$，薄膜吸收的热量与感应电流的平方成正比，采用对此效应敏感的电介质制成的吸收薄膜主要有以下：

第一种吸收薄膜是采用浸过盐酸钴 ($CoCl_2 - 6H_2O$) 的试纸。这种试纸一般具有桃红色，被微波照射后温度上升而变成青蓝色。

第二种吸收薄膜是采用波拉罗依德底片 (Polaroid film)。这种底片具有一种特性，在显像过程中，它的显像速度随温度升高而增加。当底片通过狭滚筒时，显影液在负片和正片之间扩展，并开始显影。若在显影过程中，将这种底片放在微波场中，由于显影液是水溶性的，导电体的损耗大，微波被强烈吸收，温度升高，而温度升高的这部分的显像速度加快，只要将负片和正片及时分离，使显影停止，就能形成微波场的分布图形。其灵敏度在 $10 \sim 20 mW/cm^2$ 左右。

第三种吸收薄膜是采用将胆固醇液晶 (cholesteric liquid crystal) 涂敷在微波吸收薄膜上。这种液晶具有随温度变化而灵敏地变色的特性。其灵敏度可达到 $10 mW/cm^2$ 左右。

第四种吸收薄膜是采用光色材料 (photochromics) 薄膜。这种光色材料薄膜对可见光是透明的，但受紫外线照射时会变为深蓝色。当紫外线移去后，又变成透明的. 其褪色速度与温度有关, 温度升高褪色速度也随之加快. 在这种光色底片背面涂敷一层微波吸收剂, 就可以利用褪色速度随温度的变化来绘制微波强度分布图. 由于光色底片属于非颗粒的结构, 因此这种方法的优点是可以直接用激光来照射光色底片获得微波全息再现像.

3) 热显示方法

采用热成像照相机 (thermal vision camera) 拍摄受微波照射的吸收薄膜温升的方法. 热像仪的机构及原理和电视摄像机是相同的, 不同的只是波长灵敏度分布中心不在可见光区域而是在红外线区域. 它具有在几米外测出 $0.05°C$ 温差的能力.

4) 表面膨胀方法

当微波照射在吸收体上时, 吸收体产生微小的热膨胀, 膨胀的程度决定于微波场的强弱. 可以采用光学全息干涉计量方法来测定微小膨胀分布, 从而得到微波场的强弱分布. 吸收体通常使用碳混入石蜡或硅橡胶制成板状.

3. 微波全息术的某些应用

1) 微波全息术的透视检测

微波可以透过光学上不透明的介质, 所以, 人们对将微波全息技术应用于透视检测方面进行了种种努力. 规模大的尝试有从宇宙飞船上发射微波, 扫描月球表面, 利用其反射波制作微波全息图, 以了解月球内部的构造.

与 X 射线透视比较. 当使用 X 射线作透视时, 观看的是物体的阴影. 所以, 胶片必须放在物体的背后. 然而, 在微波全息的情况下, 记录片的位置是任意的. 这在应用于非破坏性检测和探矿等方面是非常有利的. 此外, X 射线可能对组织造成破坏, 而微波对人体是无害的, 并且, 微波全息技术能够以更低的成本更快地得出检测结果, 使医务工作者得到器官和肿瘤的三维图像. 目前, 英国科学家们正从事三维微波全息造影技术方面的应用研究有了许多进展, 他们的微波造影系统有望于应用在医疗、安全和工业应用等领域.

2) 微波波段现象的可视化

将微波全息图缩小 $10^{-4} \sim 10^{-5}$ 倍时, 就可以使用激光来观察其再现像. 这样, 就能把微波波段的现象可视化, 相当于用眼睛直接看到微波波段的现象. 例如, 记录拍摄下发射中的线状天线的微波全息图, 缩小后用激光再现, 可以显示线状天线微波发射场的分布状态, 有助于深入研究线状天线的发射机制.

3) 微波全息天线

应用全息学的原理可制作应用于发射和接收微波的全息天线, 它运用全息图的下面的性质: 当使用参考光波照射全息图时, 能再现物光波; 同样, 当使用物光波照射全息图时, 也能再现参考光波. 其制作和工作原理可以用图 6-9-5 予以说明. 其中, 图 6-9-5(a) 表示了来自抛物线天线发射的微波平行波作为参考光波, 喇叭形天线发射的发散波作为物体波, 同时照射在全息图面上, 于是可以测定全息图面上的电场强度分布. 用分布有格子状开孔的铝箔制作成微波透射率与这电场强度分布图纹相似的板. 通过改变开孔的大小来改变该开孔处的微波透射系数. 这样制作成的铝箔板就是微波全息天线.

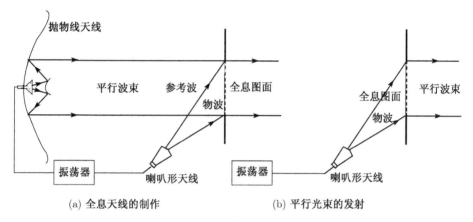

图 6-9-5 微波全息天线示意图

此外, 侧视合成孔径雷达 (side looking synthetic aperture radar) 全息测冰系统 (holographic ice surveying system, 也称为 HISS 雷达) 等也是与全息有许多相似之处, 通过目标散射的回波与发射波的干涉, 获得探测目标的信息, 经过信息处理后, 能够将分辨率提得很高. 感兴趣的读者可参阅文献 [8], [11].

6.9.1.2 X 射线全息图

波长在 0.01 ~ 10nm 范围内的电磁波属于 X 射线 (见图 1-1-1). X 射线全息图通常以 X 射线激光作为相干光源, 制成的全息图用可见波段的激光再现. 由于 X 射线激光的波长短、亮度高、脉冲窄、相干性好等特点用波长 2 ~ 4nm 的 X 射线激光全息能够观察到活的生物细胞和亚细胞结构、能够观察到许多快速变化的物理和化学动力学过程; 更短波长 (1 ~ 0.1nm) 的 X 射线激光可以进行诸如表面物理、原子分子物理、化学反应动力学等方面需要高时间分辨率的快速变化过程的研究[12]. 然而, 由于 X 射线激光光源和 X 射线光学元件还不完善, 目前, X 射线激光全息技术虽还处于初始阶段, 在科学家的努力下已获得许多可喜的进展. 我国上海光机所和合肥国家同步辐射实验室合作研究, 成功地拍摄成了国内第一张同轴软 X 射线全息图, 并用计算机数字重构获得了清晰的图像.《自然》杂志在 vol.432, no.7019 的封面上刊载了一幅用 X 射线全息方法拍摄的金属薄膜中的一个磁畴图案, 其空间分辨率达到了 50nm. 由中国科学院上海光学精密机械研究所和第二军医大学长海医院共同承担的相关研究, 首次成功拍摄到 "水窗" 波段 (2.3~4.4nm) 软 X 射线区域具有亚微米分辨率的 X 射线全息图. 日本东京大学研发了一种仪器,将多能量 X 射线全息技术 (multiple energy X-ray holography, MEXH) 应用于第三代同步加速器 Spring-8 以获取全息数据[28].

1. X 射线激光全息的主要类型

通常 X 射线激光全息图再现时都用可见波段的激光再现. 因此, 再现时为了不丢失信息, 必须使 X 射线激光记录的全息图 (或放大以后) 最小栅距不小于可见光波长. 所以, 记录系统宜采用夫琅禾费型同轴全息图或无透镜傅里叶变换全息图. 这两种全息图都易于使它们的栅距增大. 世界上首例 X 射线激光全息图就是采用伽博同轴全息记录系统拍摄的, 如图 6-9-6 所示意. 使用的光源是类氖硒激光器发射的软 X 射线, 得到一张直径为 8μm 的碳纤维的伽博全息图.

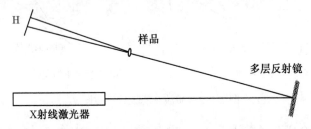

图 6-9-6 X 射线同轴全息的记录示意图

关于 X 射线同轴全息图和 X 射线无透镜傅里叶变换全息图的详细分析, , 有兴趣的读者可参看 [13], [14] 等文献.

2. X 射线光学元件和记录介质

与 X 射线激光全息有关的 X 射线光学元件有 X 射线多层反射镜、X 射线透镜等.

X 射线多层反射镜是高–低吸收介质多层膜系镀在光学平滑表面的片基上形成的. 每层膜的厚度在纳米量级. 膜的厚度满足下式:

$$2h\mu\sin\theta = m\lambda, \quad m = 0, 1, 2, \cdots \tag{6-9-1}$$

式中, μ 是折射率修正项, $h = h_A + h_B$ 为膜厚, 即单层高–低吸收介质膜厚相加的单层总厚度. 显然, 膜厚越小能够反射的 X 射线波长越短[12]. 现已研制成的和正在研制中的耐辐射和耐高温的多层反射镜膜系材料有: Mo 与 Si; TaC 与 C; W 与 C; Hf 与 Si; HfC 与 C 等.

X 射线透镜一般都采取菲涅耳波带片的结构. 它由对 X 射线激光透明和不透明的同心圆环组成. 圆环的半径为

$$r_n^2 = n\lambda f + \left(n\frac{\lambda}{2}\right)^2, \quad n = 1, 2, 3, \cdots \tag{6-9-2}$$

式中, λ 是 X 射线波长, f 是 X 射线透镜的焦距. X 射线激光经过菲涅耳波带片聚焦后的点光源可作为无透镜傅里叶变换全息图的参考光源或 X 射线成像透镜.

X 射线激光全息的记录材料虽可使用一般的 X 射线感光胶片, 但灵敏度不高, 分辨率受银颗粒的限制. 较好的材料是光致抗蚀剂, 它对软 X 射线很敏感, 探测极限为 5~20nm[15].

3. 计算机模拟 X 射线激光全息

计算机数值模拟和数值再现是研究 X 射线激光全息术的重要手段. 特别是当前优良的 X 射线激光光源和 X 射线光学元件还不具备的条件下, 通过计算机模拟对 X 射线激光全息图像处理、数值再现和分析, 为微观结构的分析提供了一种有效手段.

计算机模拟包括了 X 射线激光全息图的生成和它的再现过程. 在计算机生成 X 射线全息图时, 物光场和参考光场分布为已知的, 根据衍射理论可以计算出记录面上两光场叠加后的光强分布, 其结果能够在计算机显示屏幕上以不同的灰度显示出来, 也可以将全息图的强度分布复制在记录介质上, 以光学方法再现. 在计算机的数值再现过程中, 通过计算机模拟参考光照射在全息图上, 通过全息图后其振幅和相位受到调制, 通过数值积分, 可以计算出衍射光的在全息图后面一定的空间位置处的光场分布, 即实现全息图的数值再现 [9].

6.9.1.3 光全息图

光全息图就是利用光波的干涉制作的全息图, 本书中涉及的绝大部分都属于光全息图. 光全息图按光源发光的时间特性来看, 可区分为两大类, 即连续波全息图和脉冲全息图两大类.

1. 连续波全息图

连续波全息图是使用连续波激光器拍摄的全息图. 本书中前面所介绍的都属于连续波全息图的范围.

当使用连续波激光器拍摄全息图时, 根据一般连续波激光器功率和记录介质灵敏度需要的曝光量的要求, 都使得记录时的曝光时间相对地比较长. 在曝光时间间隔之内, 在全息图平面上的干涉条纹不能发生移动, 哪怕只有几分之几的波长的移动量也是不允许的. 显然, 这样的移动会导致最终记录的干涉条纹变模糊. 从而使再现像畸变, 衍射效率降低. 严重时, 将记录不了任何干涉条纹, 再现时看不到任何衍射像.

干涉条纹是由相干的物光和参考光形成的, 条纹分布由它们的光程差所决定. 在曝光时间间隔之内要使干涉条纹保持不动、不变化, 就意味着它们的光程差在曝光时间间隔之内保持不变. 那么, 影响到它们的光程差发生变化的因素主要有哪些呢? 主要有:

地基的振动

空气的流动

温度的变化

以上这些因素完全不发生变化是做不到的. 只能设法将它们的影响降到尽可能小的程度. 通常, 要求这些因素的影响能降到使物光和参考光的光程差变化小于十分之一波长就可以了, 具体的方法如下.

(1) 使用减振工作台 [常称, **防振台**(anti-vibration desk) 或**隔振台**(vibration isolated desk)] 拍摄全息图. 将所有拍摄全息图所要使用的光学器件都稳固地安放在减振工作台上进行工作.

通常, 周围环境的振动频率多数在 5Hz 以上. 如美国新港 (Newport) 公司对于其防震台的分析中, 在 N-6"环境噪声源" 一节所列举的主要噪声源有, 机器 (10~200Hz)、街道交通 (5~100Hz)、声振动 (大于 20Hz)、地面和建筑物的共振 (5~50Hz)、电机带动的设备和器具 (10~500Hz). 根据这些情况, 防震系统的固有振动频率可选择在 1~5Hz 之间, 并要求具有足够好的阻尼性.

气浮工作台是性能较好的减振工作台. 图 6-9-7 的示例是上海机械学院生产的 ZJ 型气垫隔振平台. 该隔振平台采用高导磁不锈钢面板、面板和底版之间系肋状蜂窝结构. 隔振方式是采用 4 只空气弹簧 (气垫) 充气隔振, 并设置有自动平衡阀可自动调节平衡. 该气垫隔振平台的主要技术参数为, 系统固有频率 ≤3Hz、阻尼率 ≤ 0.6. 此外, 也可以使用沙箱、微孔塑料、气垫等支撑起工作台. 最简单的气垫可以用汽车或飞机的内轮胎, 工作台要求刚性好, 质量大. 所有光学器件都设置有磁性座, 可以利用磁性牢固地吸附在工作台面上. 否则必须利用其他的办法将其稳妥地固定住. 在每次布置完光路以后, 在曝光之前, 还必须留有一定的预静时间, 让所有的被触碰过的光学器件有足够的时间恢复稳定.

图 6-9-7　ZJ 型气垫隔振平台

(2) 为减缓空气流动和温度变化的影响, 在工作台上可安装一个隔离罩. 即在工作台上先安装一个刚性框架 (见图 6-9-8), 然后在这个框架上安装上顶盖, 周围挂上塑料帘或布帘, 以抑制工作台上的空气流动, 并保持温度的恒定. 如果没有隔离罩, 在全息图曝光期间, 室内不要通风, 工作人员不得走动、不得讲话、更不得触碰减振工作台, 最好站在离开减振工作台比较远些的位置.

图 6-9-8 减振工作台面和隔离罩框架

以上所述, 都是使用连续波激光器拍摄全息图时决不可疏忽大意之处.

为了检查减振工作台的性能, 有条件者可通过测振仪进行检测. 在没有测振仪的情况下, 可以在减振工作台布置一个迈克耳孙干涉仪系统, 调节到光场中只有 3~5 根条纹. 然后观察其稳定状态.

显然, 使用连续波激光器所拍摄的全息图, 其拍摄对像只能限制于静物. 而不能拍摄活体、运动的物体.

2. 脉冲全息图

脉冲全息图[6] 是使用脉冲激光器拍摄的全息图. 使用调 Q 的激光器激光脉冲的宽度约为几十纳秒. 单频脉冲激光器在一个脉冲内振荡频率保持不变, 有很好的相干性. 其时间相干性决定于脉冲的宽度, 一般在米的量级. 例如, 北京光电研究所的 JQS-4000 型的多脉冲红宝石激光器, 输出能量 3J, 脉冲宽度 30ns, 相干长度 1m, 可输出多脉冲, 同步精度 1ns; 美国 22HD 型双脉冲红宝石激光器, 输出能量 4J, 脉冲宽度 25ns, 脉冲间隔 1 ~ 500μs 可调, 相干长度 5m. 如此短的脉冲宽度, 相当于曝光时间只 25~30ns. 比普通高速相机的快门速度高得多得多, 可以拍摄各种活体和快速运动变化状态, 如出膛的子弹 (见图 6-9-9)、喷射的液体、喷射的微粒群、飞虫、人物、⋯⋯, 还有爆炸、燃烧、破裂等现象的瞬态记录. 而且, 在拍摄时无须任何隔振、防振措施.

图 6-9-9 子弹飞行的脉冲全息图

在使用高能量脉冲激光器拍摄时,需注意的事项如下.

(1) 应使用单片负透镜 (凹透镜) 扩束. 如果使用正透镜 (凸透镜), 在透镜焦点附近的能量密度将太高而导致空气电离, 并影响到光束波前的畸变.

(2) 注意所使用的各种光学器件的阈值能够承受脉冲激光的能量密度. 譬如镀金属膜的反光镜和分束镜的破坏阈值一般为 10^6W/cm^2, 一个未扩束的脉冲光束就能损坏其膜面. 因此, 应选择介质反光镜, 它们具有较高的破坏阈值 (可查阅该产品的技术参数). 此外, 还应特别注意保持器件的清洁. 譬如, 若反光镜落有灰尘, 或其他有机物污染, 能使介质反光镜在低于 10^6W/cm^2 的情况下就开始损坏.

(3) 在拍摄人物时, 应特别注意保护人眼的安全. 具体要求可参看附录 E.

此外, 由于脉冲激光的高能量密度和极短的曝光时间, 带来了对易律失效的问题. 为此, 必须选择适合的处理试剂. 一般采用 SM-6 进行处理, 其配方和注意事项见附录 B.

近年来由于激光技术的飞速发展, 使得激光器脉冲宽度缩短到皮秒乃至飞秒的量级, 采用超短脉冲激光全息技术不仅可以用来研究皮秒乃至飞秒量级的超高速瞬态现象, 而且可以拍摄处于高散射介质内的物体的全息图 (再现时能重建物体的二维图像, 是发展高散射介质内全息层析技术的基础), 还可以作特别微小物体的形貌检测 (见 14 章 14.4 节).

6.9.2 超声全息

超声全息 (ultrasonic wave holography) 技术是利用超声波的干涉来获得被观察物体声场全部信息 (振幅分布和相位分布) 的声成像技术, 一般包括用超声波为波源制作超声全息图 (声建图) 和由超声全息图再现物体可见像 (光成像) 两步过程. 其原理和光学全息相似.

在超声全息技术中, 参考波一般用超声波, 有时也可用电信号来模拟. 若需要保存声全息图, 通常把声全息图记录在照片底片上作为光调制器, 需要时可随时用激光再现可见像; 也可以不保留声全息图, 将声建图与光成像的两步合为一步, 即在声建图的同时进行光成像, 称为 "实时再现".

超声全息的建图方法很多, 主要有液面超声全息、扫描超声全息和液晶显示超声全息.

6.9.2.1 *液面超声全息 (浮雕法成像)*

液面超声全息是利用液面的变形来形成声全息图, 其装置如图 6-9-10 所示. 超声波频率为兆赫级的信号源同时激励两个超声波发射头, 其中超声波发射头 1 发出的超声波聚束后通过声栏 1, 再透过物体, 经过声透镜和声反射板反射后形成物波, 并发射到成像油槽 (如硅油) 另一个超声波发射头 2 发出的超声波聚束后通过声栏 2, 直接发射到成像油槽, 并与物波在成像油槽液面上相互干涉, 在液面上形成浮雕状的声全息图. 当激光照射该液面时, 声全息图表面就把振幅和相位变化信息转移到反射光束上, 使光束产生相应的衍射, 然后通过相机拍摄. 拍摄时, 可通过改变光阑选择一级衍射光或零级衍射光[16]. 在文献 [16] 的实验示例中, 物体采用了在橡皮

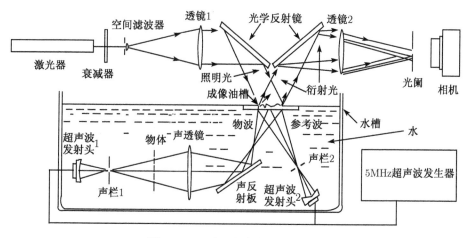

图 6-9-10 液面声全息原理示意图

上刻的空心字"超声全息"4 个字符, 尺寸为 $20 \times 20 \text{mm}^2$, 笔画宽度为 $1.5 \sim 3\text{mm}$. 实验用实物照片和再现的一级衍射像, 见图 6-9-11(a) 和 (b). 对于液面声全息的成像理论和有关零级和一级像的详细讨论可参看文献 [16].

(a) 液面声全息试验用实物照片

(b) 液面声全息试验再现的一级衍射像

图 6-9-11

上述装置在成像后也可用摄像头接收和记录, 并在荧屏上直接进行实时观察物体的再现像. 这对运动变化的物体更为实用, 如图 6-9-12 所示意. 这是液面声全息的一大优点: 能实时再现物像, 可以观察运动目标. 不过, 液面处的最低声强为 $1\sim 10^{-2}\text{mW/cm}^2$ 时, 才可获得可分辨的图像, 因此其灵敏度低, 不宜用于较大距离的检测.

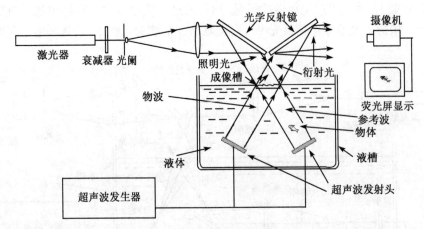

图 6-9-12 液面声全息实时显示示意图

此外, 还可以利用声光效应的方法, 通常这是指透明介质中由于相干激光束与相干声束的相互作用而产生光衍射的一种物理效应, 这种效应的物理机制在于介质中传播的声波会引起介质密度的空间周期性变化, 从而使介质的光折射率发生相应变化,而介质中这种光折射率的空间周期变化形成了介质中相应的光栅,导致光束发生一级或多级衍射.

6.9.2.2 扫描声全息

扫描声全息所需要的声强比液面超声全息要弱得多,只需要约 $10^{-8}\mathrm{mW/cm^2}$ 的量级,是一种比较灵敏的成像方法. 采用一个尺寸小于 1/2 声波波长点接收器,在物波与参考波互相干涉的声场内某个全息记录平面上扫描,得到声波干涉场的强度分布信息. 如果用这个信号调制一同步扫描的点光源,底片便感光,即能得到一幅声全息图. 在扫描声全息中,也可以不用参考声源,点接收器提供的物波信号可以直接与超声波发生器提供的参考电信号互相叠加,然后输入显示器,以显示声全息图,如图 6-9-13 所示. 这种方法不仅比较简单,而且还有减少声干扰信号的明显优越性. 但单探头扫描声全息方法,成像时间较长,只能用来观察静目标.

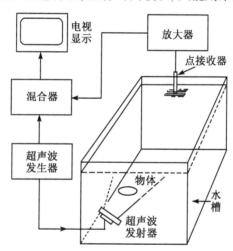

图 6-9-13 扫描声全息装置示意图

声全息图再现物像中,除光学法再现外,近年来随着数字计算机的发展,利用电子计算机进行成像处理技术得到发展. 这种数字声全息技术,通常用换能器,对声波干涉场进行扫描,获得数字化超声数据,然后对数字化数据进行滤波及其他数字信号处理,在计算机内重建数字物像,最后再显示声全息物像. 由于超声数据的数字化,可以消除图像中的噪声,提高成像质量,而且还能对图像进行平移、图像变换及图像彩色编码等处理工作,减小像液面声全息中菲涅耳环的干扰和在扫描声全息中声波的多次反射、折射所造成的像的畸变. 而且,数字相位检测技术允许使用宽带的发射脉冲,从而提高了空间分辨率.

6.9.2.3 液晶显示超声全息

液晶显示超声全息是利用了声热效应,超声波在介质内传播时,由于弛豫、内摩擦等原因使声能被介质吸收而转变为热能,致使介质发热的效应.

液晶是液体相与固体相之间具有可逆的介晶状态相的中间体,是具有各向异性的有机物质,它在一定的温度范围内表现为液体,即具有液体的流动性和表面张力,但又具有一定的固体特性,即呈现晶体的光学与电学性质,特别是光学性质,因此而被称为液晶.应用最多的一种液晶是称为胆甾型液晶,它具有环形二向色性,当它的温度变化时,它对光的反射率具有某种选择性,即对某一波长的反射率特别加强,而呈现为一定的颜色.因此,用这种材料制成的薄膜放在超声波的声场中时,利用它吸收声能而引起的温度变化从而变色,于是在液晶面上能显现出超声波束的横截面,如图 6-9-14 所示.在圆柱形水槽中充满可控温的热水,水槽一端有一个圆形窗口,窗口的防水密封隔膜用 100μm 厚度的聚乙烯薄膜制成,隔膜背面涂成黑色,然后在外表面涂上一层均匀的胆甾型液晶.发射超声波的换能器置于圆柱水槽的轴线上,使超声束垂直指向窗口中心.当超声束投射到隔膜(液晶显示面)上时,由于声束横截面上各部分的声强不同,产生的热效果将会不同,因而可以在隔膜上显示出不同的颜色,所构成的图案反映出声场横截面的图像,这里利用的就是液晶所特有的温度-颜色效应.

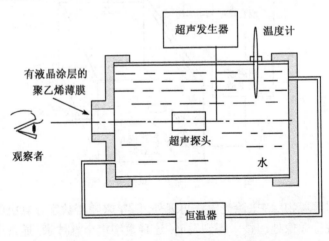

图 6-9-14 液晶显示超声全息装置示意图

超声全息技术可用于检查复合材料、胶接结构(如蜂窝结构)、层压制品以及塑料、金属、陶瓷等薄层制件,可以检测诸如脱黏、贫胶区、富胶区、疏松、孔洞、夹杂物、密度变化以及未黏合的分层缺陷等.还可用于水下大比例尺测图、海底工程测量和沉船打捞等.

超声全息技术的优点是能提供实时图像而不必研究全息底片(不同于光全息法),并且响应迅速,但其缺点是通常需要采用水浸法或穿透法,设备比较复杂、昂贵,试验条件要求严格,目前的检测对像还仅能用于较薄的工件,实际推广应用超声全息技术还存在不少的问题，需要继续研究、解决.

参 考 文 献

[1] 史密斯 H M. 全息学原理 [M]. 北京: 科学出版社, 1973: 56-59.

[2] 史密斯 H M, 著. 马春荣, 等, 译. 全息记录材料 [M]. 北京: 科学出版社, 1984: 12-13, 270-274.

[3] 熊秉衡, 张文碧, 钟丽云, 等. 模压全息图的衍射效率与光刻胶母版沟纹深度的关系 [J]. 光子学报, 1996,25(11): 993-996.

[4] 于美文, 张静方. 全息显示技术 [M]. 北京: 科学出版社, 1989: 76.

[5] 陈家壁, 苏显渝. 光学信息技术原理及应用 [M]. 北京: 高等教育出版社, 2002: 146-147, 220-221.

[6] Robert J Collier, Christoph B Burckhardt, Lawrence H Lin. Optical holgraphy[M]. New York and London: Academic Press, 1971: 12-14, 311-335.

[7] Bragg W L. The diffraction of short electromagnetic waves by a crystal[J].Poc Cambridge Phil Soc, 1912, 17: 43.

[8] 饭塚启吾, 著. 许菊心, 杨国光, 译. 光学工程学 [M]. 北京: 机械工业出版社, 1982: 94-98, 88-91, 138-151.

[9] 于美文. 光全息及其应用 [M]. 北京: 北京理工大学出版社, 1996: 166-185, 251-258, 434-436, 555-557.

[10] Jeong T H, et al. Simplified processing method of dichromated gelatin holographic recording material. Appl Opt, 1991, 30(29): 4122-4173.

[11] 顾德门 J W. 傅里叶光学导论 [M]. 北京: 科学出版社, 1979: 208-218.

[12] 彭惠民. X 射线激光全息术. 物理, 1993, 22(5): 275-280.

[13] 程静, 韩申生, 邵雯雯, 等. 部分相干光的 X 射线同轴伽伯全息理论 [J]. 光学学报. 1999, 19(3): 306-314.

[14] 朱佩平, 徐至展, 等. 可见光再现无透镜傅里叶变换全息图的可行性研究 [J]. 光学学报, 1994, 14(10): 1074-1081.

[15] Jacobsen C, et al. X-ray holographic microscopy using photoresists[J]. JOSA (A), 1990, 7(10): 1847-1861

[16] 周静华, 孙曾铭, 等. 液面法超声全息成像的理论分析与实验结果 [J]. 声学学报, 1979, 3(1): 52-64.

[17] 夏纪真. 无损检测导论 [M]. 2005.

[18] The American Conference of Government Industrial Hygienists. A guide for uniform industrial hygiene codes and regulations[M]. 1968.

[19] 于美文, 张静方. 光全息术 [M]. 北京: 北京教育出版社, 1989: 89.

[20] Benton S A. Hologram reconstructions with extended light sources[J]. JOSA, 1969,59(10): 1545A

[21] Chen H, Yu F T S. One-step rainbow hologram[J]. Opt Lett, 1978,3(2): 85.

[22] Tamura P N. One-step rainbow holography with a field lens[J]. Appl Opt, 1978, 17(21): 3343.

[23] Qizhe Chan, Guicong Chen, Hsuan Chen. One-step rainbow holography of diffuse 3-D objects with no slit s[J]. Appl Opt, 1983, 22(23): 3902-3905.

[24] 国承山. 不用狭缝的三维漫射体一步彩虹全息术 [J]. 中国激光, 1987, 14(12): 738-739.

[25] 于美文. 条形散斑屏用于彩虹全息记录系统 [J]. 光学学报, 1986, 6(3): 207-211.

[26] Quercioli F, Molesini G. Zero-path-difference rainbow holography[J]. Opt Lett, 1985, 10(10): 475-477.

[27] 于美文, 张存林, 杨永源. 全息记录材料及其应用 [M]. 北京: 高等教育出版社, 1997: 113-114, 248.

[28] Kouichi Hayashi, Masao Miyake, Tomoaki Tobioka, et al. Development of apparatus for multiple energy X-ray holography at spring-8[J]. Nuclear Instruments and Methods in Physics Research Section A: Accelerators, Spectrometers, Detectors and Associated Equipment, 2001, 467-468(2):1241-1244.

[29] 熊秉衡. 对当前开发模压全息技术的一些看法 [J]. 光学技术, 1993, 1: 4-7.

[30] 熊秉衡. 全息印刷技术 [J]. 云南印刷, 1994, 2 (58): 24-27.

[31] 熊秉衡. 模压全息技术的某些新进展 [J]. 激光与光电子学进展, 1995, 11 (359): 1-4.

第7章　全息干涉计量的基本原理和方法

所谓干涉计量, 是指利用干涉的方法进行计量或量度或检测. 英文是 interferometry. 译作干涉计量、或干涉计量法、或干涉计量技术、或干涉计量术.

全息干涉计量是利用全息照相的方法来进行干涉计量, 与一般光学干涉检测方法很相似, 也是一种高精度、无损、全场的检测方法, 灵敏度和精度也基本相同, 只是获得相干光的方式不同. 一般光学干涉检测方法获得相干光的方式主要有分振幅法和分波前法. 分振幅法是将同一束光的振幅分为两个部分, 或多个部分. 如迈克耳孙干涉仪、法布里-珀罗干涉仪; 分波前法是将一束光的同一波前为两个部分, 或多个部分. 如双缝干涉、多缝干涉、菲涅耳双反射镜、菲涅耳双棱镜等. 全息干涉计量术则是将同一束光在不同时间的波前来进行干涉, 可以看作是一种波前的时间分割法. 其主要特点是, 相干光束由同一光学系统所产生, 因而可以消除系统误差[1].

对于一般光学干涉检测方法, 物光波是与一个作为标准的参考光波 (如一个平面光波) 相比较. 这种情况下, 物光会受到包围待测物体的介质的影响而产生附加条纹, 使最后得到的条纹图样变得复杂化, 因此, 对检测环境、条件要求非常严格. 而在全息检测的情况下, 它是将同一束光在不同时间的波前来进行干涉, 相干光束是由同一光学系统所产生, 因而包围介质的欠缺引起的光程变化会自动抵消, 故这种方法与包围待测物体的介质的光学质量无关; 同样的原因, 它对光学元件的精度要求比一般光学干涉检测方法低得多, 因而, 设备的费用也较低. 由于全息干涉计量术主要检测物体的变化, 它曾经被称为 "差分干涉计量术".

全息干涉计量是全息技术最重要、最成功的应用之一. 根据其曝光方法的不同, 可分为三种. 一是单曝光法或实时法, 它利用单次曝光形成的全息图的再现像与测量时的物光之间的干涉进行检测[2]; 二是双曝光法, 它利用两次曝光形成的两个再现像之间的干涉进行检测; 三是连续曝光法, 它利用持续曝光形成的一系列再现像之间的干涉进行检测. 下面分别介绍它们的基本原理和方法.

7.1　单曝光法或实时全息法

7.1.1　基本原理

单曝光法 (One-exposure method), 顾名思义, 这种方法只曝光一次, 记录下初始的物光波前. 再现时, 将物光和参考光同时照明全息图, 在物光方向将同时看到,参考光再现的初始物光波前与再现时观察时刻的直接透过全息图传播的物光波前. 这种方法是将再现的物体初始物光波前与继后观察时刻的物光波前作即时的干涉比较, 具有**实时**的特点故也称为实时全息干涉计量 (real-time holographic interferometry) 或实时全息法.

透明物和不透明物的实时全息检测光路分别如图 7-1-1(a), (b) 所示意. 它们的原理是相同的. 图中, BS 为分束镜, M_1, M_2, M_3 为反射镜, VA 为可变衰减器, SF, SF_1, SF_2 为空间滤波器, CL, CL_1, CL_2 为准直镜, H 为全息干版, L 为扩束镜, O 为待测物体.

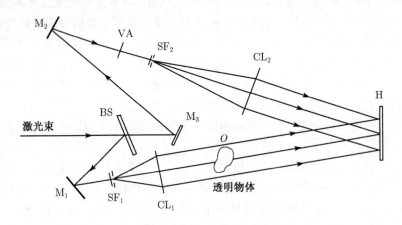

(a) 实时全息用于检测透明物体的实验光路

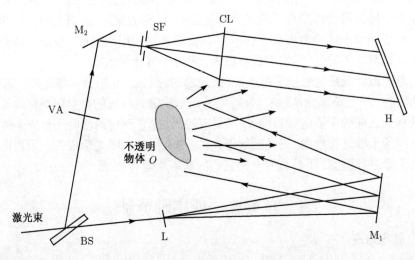

(b) 实时全息用于检测不透明物体的实验光路

图 7-1-1

7.1 单曝光法或实时全息法

我们先考虑一种比较简单的实时全息检测方法,它主要应用于透明物体的检测. 在图 7-1-1(a) 中, 暂取去待测物体, 细激光束通过 BS 分束镜的反射和透射分为两束. 第一束是被分束镜反射的光束, 它通过反射镜 M_1 再次反射后经过空间滤波器 SF_1 滤波并扩束, 再通过准直镜 CL_1 准直为平行光. 第二束是通过分束镜透射的光束, 它经过反射镜 M_3 和 M_2 的两次反射后, 通过可变衰减器 VA 调节光强, 再经过空间滤波器 SF_2 滤波并扩束, 最后通过准直镜 CL_2 准直为平行光. 反射镜 M_3 的作用是通过改变它的位置来调整两光束的光程差. 可变衰减器 VA 的作用则是调节两光束的光束比以获得最佳的条纹衬比. 两束平面波交汇处放置全息记录干版, 用这两束平行光曝光一次, 这样形成的全息图实际上就是一个全息光栅. 不同一般全息光栅的是, 在曝光之后, 它必须精确复位在它原来曝光的位置上. 然后将原来的两束平行光同时照明再现. 这时, 将会出现怎样的现象呢? 我们还是根据前面所讨论的步骤来进行分析.

首先, 让我们考虑这张全息光栅的复振幅透射率.

取坐标如图 7-1-2 所示, 使干版平面位于 xy 平面内, z 轴垂直于干版平面. 设第一束平行光为物光 O (以后将把待测物体放入此光束内), 与 z 轴的夹角为 θ_O; 第二束平行光为参考光 R, 与 z 轴的夹角为 $-\theta_R$ 角. 它们的波矢量分别为 $\boldsymbol{k}_R$ 和 $\boldsymbol{k}_O$, 初相分别为 ϕ_R 和 ϕ_O, 它们在干版平面上的复振幅分布分别为

$$R(x,y) = R_0(x,y) \exp\left[j\left(\boldsymbol{k}_R \cdot \boldsymbol{r} - \phi_R\right)\right]$$
$$= R_0 \exp\left[j\left(-2\pi \frac{\sin\theta_R}{\lambda}y - \phi_R\right)\right] \tag{7-1-1}$$

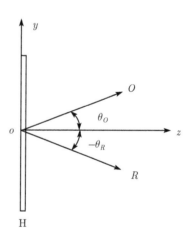

图 7-1-2 实时全息图的记录

$$O(x,y) = O_0 \exp\left[j\left(\boldsymbol{k}_O \cdot \boldsymbol{r} - \phi_O\right)\right] = O_0 \exp\left[j\left(2\pi \frac{\sin\theta_O}{\lambda}y - \phi_0\right)\right] \tag{7-1-2}$$

在记录干版上的光强分布为

$$I(x,y) = O(x,y)O^*(x,y) + R(x,y)R^*(x,y) + O(x,y)R^*(x,y) + O^*(x,y)R(x,y) \tag{7-1-3}$$

若采用光阑限制两光束的截面积, 只让高斯光斑中心附近的光通过, 则可近似认为光束的光强是均匀分布的, 与坐标位置无关. 即

$$O(x,y)O^*(x,y) = O_0^2 = 常数, \quad R(x,y)R^*(x,y) = R_0^2 = 常数$$

若曝光时间为 τ,则相应的曝光量为

$$E(x,y) = \left\{ O_0^2 + R_0^2 + 2O_0 R_0 \cos\left[2\pi\frac{\sin\theta_O + \sin\theta_R}{\lambda}y + (\phi_R - \phi_0)\right] \right\}\tau$$

$$= (O_0^2 + R_0^2)\left\{1 + \frac{2O_0 R_0}{(O_0^2 + R_0^2)}\cos\left[2\pi\frac{\sin\theta_O + \sin\theta_R}{\lambda}y\right] + (\phi_R - \phi_0)\right\}\tau$$

$$= I_0\tau\left\{1 + \frac{2\sqrt{B}}{1+B}\cos\Theta\right\} = E_0(1 + V\cos\Theta) \tag{7-1-4}$$

其中,

$$\Theta(x,y) = 2\pi\frac{\sin\theta_O + \sin\theta_R}{\lambda}y + (\phi_R - \phi_0) \tag{7-1-5a}$$

$$I_0 = O_0^2 + R_0^2 \tag{7-1-5b}$$

$$E_0 = I_0\tau \tag{7-1-5c}$$

$$B = \frac{R_0^2}{O_0^2} \tag{7-1-5d}$$

$$V = \frac{2\sqrt{B}}{1+B} \tag{7-1-5e}$$

式中,I_0 为平均光强,E_0 为平均曝光量,B 为光束比,V 为条纹衬比.

若制作的全息图是相位型的,当其复振幅透射率的相位 $\psi(x,y)$ 与曝光量 E_0 成正比的情况下,根据第 5 章 (5-1-43) 式,全息图的复振幅透射率可表为

$$t(x,y) = b\exp[j\psi(x,y)] = b\exp j[\psi_b + \gamma E_0 + \gamma E_0 V\cos\Theta] = K\exp[j\alpha\cos\Theta] \tag{7-1-6}$$

其中,

$$K = b\exp[j(\psi_b + \gamma E_0)], \quad \alpha = \gamma E_0 V, \quad \Theta = 2\pi\frac{\sin\theta_O + \sin\theta_R}{\lambda}y + (\phi_R - \phi_O) \tag{7-1-7}$$

式中,γ 为曝光量常数,α 为相位调制度.此外,为了与多数文献使用的符号相一致,对常复数项 $b\exp[j(\psi_b + \gamma E_0)]$ 采用 K 表示,而不再使用 C.注意,K 只是一个复系数,和灵敏度矢量毫无关系.应用贝塞尔函数展开,并只考虑零级和正负一级衍射时,我们有

$$t(x,y) = K[J_0(\alpha) + 2jJ_1(\alpha)\cos\Theta]$$

$$= K\left\{J_0(\alpha) + J_1(\alpha)\exp\left[j\left(\Theta + \frac{\pi}{2}\right)\right] + J_1(\alpha)\exp\left[-j\left(\Theta - \frac{\pi}{2}\right)\right]\right\} \tag{7-1-8}$$

以后我们将在 (7-1-28) 和 (7-1-29) 式中看到,在参考光和物光的夹角大于 30° 时,二级以上的衍射项是不会出现的.这时,(7-1-8) 式可以认为是一个没有作任何忽略舍弃的精确的表达式.

7.1 单曝光法或实时全息法

当单独以原参考光照明实时全息图时,在紧贴干版附近的衍射光复振幅分布为

$$
\begin{aligned}
u_R(x,y) &= R(x,y)\, t(x,y) \\
&= R_0 \exp \mathrm{j}\left(-2\pi \frac{\sin\theta_R}{\lambda} y - \phi_R\right) K \left\{ J_0(\alpha) + J_1(\alpha) \exp\left[\mathrm{j}\left(\Theta + \frac{\pi}{2}\right)\right] \right. \\
&\quad \left. + J_1(\alpha) \exp\left[-\mathrm{j}\left(\Theta - \frac{\pi}{2}\right)\right] \right\} \\
&= u_{R0} + u_{R1} + u_{R-1}
\end{aligned}
\tag{7-1-9}
$$

式中, u_{R0}, u_{R1}, u_{R-1} 表示了三项衍射光,它们分别为

$$
u_{R0} = b J_0(\alpha) R_0 \exp[\mathrm{j}(\psi_b + \gamma E_0)] \exp \mathrm{j}\left(-2\pi \frac{\sin\theta_R}{\lambda} y - \phi_R\right) \tag{7-1-10}
$$

$$
u_{R1} = b J_1(\alpha) R_0 \exp\left[\mathrm{j}\left(\psi_b + \gamma E_0 + \frac{\pi}{2}\right)\right] \exp\left[\mathrm{j}\left(2\pi \frac{\sin\theta_O}{\lambda} y - \phi_O\right)\right] \tag{7-1-11}
$$

$$
\begin{aligned}
u_{R-1} &= b J_1(\alpha) R_0 \exp\left[\mathrm{j}\left(\psi_b + \gamma E_0 + \frac{\pi}{2}\right)\right] \\
&\quad \times \exp\left[-\mathrm{j}\left(2\pi \frac{\sin\theta_O + 2\sin\theta_R}{\lambda} y - \phi_O + 2\phi_R\right)\right] \\
&= b J_1(\alpha) R_0 \exp\left[\mathrm{j}\left(\psi_b + \gamma E_0 + \frac{\pi}{2}\right)\right] \\
&\quad \times \exp\left[-\mathrm{j}\left(2\pi \frac{\sin\theta_{R-1}}{\lambda} y - \phi_O + 2\phi_R\right)\right]
\end{aligned}
\tag{7-1-12}
$$

式中

$$
\sin\theta_{R-1} = \sin\theta_O + 2\sin\theta_R \tag{7-1-13}
$$

为了在实时全息技术中讨论问题之方便,我们对每一项衍射光的复振幅下面的足标用两个字符标注. 第一个字符是 R 或 O,用以表示该衍射光是用参考光波再现或是用物光波 O 再现; 第二个字符是数字 1 或 0 或 -1 表示衍射光波的级序.

$u_{R0}(x,y)$ 是参考光再现的零级衍射,也就是参考光的直接透射光. 方向沿着原参考光的方向,振幅比原参考光衰减了 $bJ_0(\alpha)$ 倍,相位比原参考光滞后了 $\psi_b + \gamma E_0$.

$u_{R1}(x,y)$ 是参考光再现的 $+1$ 级衍射,它是再现的物光,具有与原来物光相同的性质,方向沿着原物光的方向,即传播方向与 z 轴夹角为 θ_0,只是振幅比原物光衰减了 $bJ_1(\alpha)R_0/O_0$ 倍,相位比原物光滞后了 $\psi_b + \gamma E_0 + \dfrac{\pi}{2}$.

$u_{R-1}(x,y)$ 是参考光再现的负一级衍射,它是共轭物光,与 $+1$ 级衍射再现物光相比较,具有相同的振幅,方向在参考光之另一侧. 其传播方向与 z 轴的夹角为 $-\theta_{R-1}$,θ_{R-1} 与 θ_O,θ_R 满足 (7-1-13) 式的关系. 即

$$
\theta_{R-1} = \arcsin(\sin\theta_O + 2\sin\theta_R)
$$

以上再现的 3 束衍射光的传播方向,如图 7-1-3(b) 所示意.

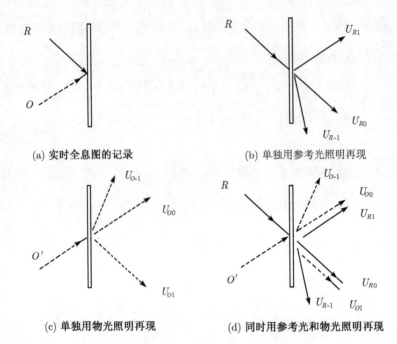

图 7-1-3 实时全息图的记录与再现示意图

类似地,如果遮去参考光,让原物光单独照明实时全息图时,在紧贴干版附近的衍射光复振幅分布为

$$
\begin{aligned}
u_0(x,y) &= O(x,y)\, t(x,y) \\
&= O_0 \exp \mathrm{j} \left(2\pi \frac{\sin\theta_O}{\lambda} y - \phi_0\right) K \left\{ J_0(\alpha) + J_1(\alpha) \exp\left[\mathrm{j}\left(\Theta + \frac{\pi}{2}\right)\right] + J_1(\alpha) \right. \\
&\quad \left. \times \exp\left[-\mathrm{j}\left(\Theta - \frac{\pi}{2}\right)\right] \right\} \\
&= u_{O0} + u_{O-1} + u_{O1}
\end{aligned}
\tag{7-1-14}
$$

式中,u_{O0}, u_{O-1}, u_{O1} 表示了三项衍射光,它们分别为

$$
u_{O0} = b J_0(\alpha) O_0 \exp\left[\mathrm{j}(\psi_b + \gamma E_0)\right] \exp\mathrm{j}\left(2\pi \frac{\sin\theta_O}{\lambda} y - \phi_0\right) \tag{7-1-15}
$$

$$
\begin{aligned}
u_{O-1} &= b J_1(\alpha) O_0 \exp\left[\mathrm{j}(\psi_b + \gamma E_0 + \frac{\pi}{2})\right] \\
&\quad \times \exp\left[\mathrm{j}\left(2\pi \frac{2\sin\theta_O + \sin\theta_R}{\lambda} y - 2\phi_O + \phi_R\right)\right] \\
&= b J_1(\alpha) O_0 \exp\left[\mathrm{j}(\psi_b + \gamma E_0 + \frac{\pi}{2})\right] \\
&\quad \times \exp\left[\mathrm{j}\left(2\pi \frac{\sin\theta_{O-1}}{\lambda} y - 2\phi_O + \phi_R\right)\right]
\end{aligned}
\tag{7-1-16}
$$

$$u_{O1} = bJ_1(\alpha) O_0 \exp\left[j(\psi_b + \gamma E_0 + \frac{\pi}{2})\right]$$
$$\times \exp\left[j\left(-2\pi\frac{\sin\theta_R}{\lambda}y - \phi_R\right)\right] \tag{7-1-17}$$

式中第一项 u_{O0} 是物光照明实时全息图再现的零级衍射,方向沿着原物光的方向,它也就是物光的直透光. 具有和物光完全一样的性质,只是振幅比原物光衰减了 $bJ_0(\alpha)$ 倍,相位比原物光滞后了 $\psi_b + \gamma E_0$.

式中第三项 u_{O1} 是物光照明实时全息图再现的正一级衍射,也就是物光照明实时全息图再现的参考光. 它具有参考光的性质,并沿原参考光的方向传播,振幅比原参考光衰减了 $(bO_0 J_1(\alpha)/R_0)$ 倍,相位比原参考光滞后了 $\psi_b + \gamma E_0 + \frac{\pi}{2}$.

式中第二项 u_{O-1} 是物光照明实时全息图再现的负一级衍射. 它是原参考光的共轭光,与正一级衍射即再现参考光相比较,具有相同的振幅,方向在零级衍射光之另一侧. 若以 θ_{O-1} 表示它的传播方向与 z 轴的夹角,则 θ_{O-1} 与 θ_O, θ_R 有如下的关系:

$$\sin\theta_{O-1} = 2\sin\theta_O + \sin\theta_R \tag{7-1-18}$$

以上再现的 3 束衍射光的传播方向,如图 7-1-3(c) 所示意.

如果以原来记录时使用的参考光和物光同时照明再现这张实时全息图,则上述 6 束衍射光将全部出现. 可以看出,物光的直透光 u_{O0} 和参考光再现的物光 u_{R1} 具有同样的衍射方向,这两束光合并为一束光; 物光再现的参考光 u_{O1} 和参考光的直透光 u_{R0} 也具有同样的衍射方向,这两束光也合并为一束光. 于是,看上去好像只有 4 束衍射光,见图 7-1-3(d).

这时,将待测的透明物体放置在物光光路中,如图 7-1-1(a) 所示. 于是,物光波将发生变化. 变化了物光波我们用 $O'(x,y)$ 来表示,设物体是透明的、光束通过它时,强度分布上的变化甚微,可以忽略不计. 它只在相位分布上发生了 $\Delta\phi_O(x,y)$ 的变化,于是,变化了物光波可以表示为

$$\begin{aligned} O'(x,y) &= O_0 \exp\left[j(\boldsymbol{k}_0 \cdot \boldsymbol{r} - \phi_O - \Delta\phi_O(x,y))\right] \\ &= O_0 \exp\left[j\left(2\pi\frac{\sin\theta_O}{\lambda}y - \phi_O - \Delta\phi_O(x,y)\right)\right] \end{aligned} \tag{7-1-19}$$

在这种情况下,前面所作的讨论中,实时全息图的复振幅透射率 $t(x,y)$ 以及由参考光照明再现的 3 束衍射光 u_{R0}, u_{R1}, u_{R-1} 仍保持不变. 只是由物光照明再现的 3 束衍射光 u_{O0}, u_{O1}, u_{O-1} 随之发生改变. 下面,我们讨论它们的变化.

当遮去参考光,以变化了的物光波 O' 单独照明全息图 H 时,在紧贴干版后附近的衍射光的复振幅分布为

$$u'_O(x,y) = O'(x,y)t(x,y)$$

$$= O_0 \exp\left[j\left(2\pi\frac{\sin\theta_O}{\lambda}y - \phi_O - \Delta\phi_O\right)\right] b\exp[j(\psi_b + \gamma E_0)]$$
$$\times \left\{J_0(\alpha) + J_1(\alpha)\exp\left[j\left(\Theta + \frac{\pi}{2}\right)\right] + J_1(\alpha)\exp\left[-j\left(\Theta - \frac{\pi}{2}\right)\right]\right\}$$
$$= u'_{O0} + u'_{O-1} + u'_{O1} \tag{7-1-20}$$

$$u'_{O0} = bJ_0(\alpha)\exp[j(\psi_b + \gamma E_0)]O_0\exp\left[j\left(2\pi\frac{\sin\theta_O}{\lambda}y - \phi_O - \Delta\phi_O\right)\right] \tag{7-1-21}$$

$$u'_{O1} = bO_0 J_1(\alpha)\exp\left[j\left(\psi_b + \gamma E_0 + \frac{\pi}{2}\right)\right]$$
$$\times \exp\left[-j\left(2\pi\frac{\sin\theta_R}{\lambda}y + \phi_R + \Delta\phi_O\right)\right] \tag{7-1-22}$$

$$u'_{O-1} = bO_0 J_1(\alpha)\exp\left[j\left(\psi_b + \gamma E_0 + \frac{\pi}{2}\right)\right]$$
$$\times \exp\left[j\left(2\pi\frac{\sin\theta_{O-1}}{\lambda}y - 2\phi_O - \Delta\phi_O + \phi_R\right)\right] \tag{7-1-23}$$

将这 3 项衍射光 u'_{O0}, u'_{O-1}, u'_{O1} 与 u_{O0}, u_{O1}, u_{O-1} 相互比较，可以看到，它们彼此的对应项在振幅衰减以及传播方向方面都是一样的，只是相位发生了微弱的变化，增加了一个相位因子 $\Delta\phi_O$，它是坐标的函数，描述了透明物体对通过它的光波引起的相位变化分布.

当以原来记录时使用的参考光和现时的物光同时照明再现这张实时全息图时，上述 6 束衍射光将同时全部出现. 注意到 u_{R1} 和 u'_{O0} 以及 u_{R0} 和 u'_{O1} 两组衍射光分别具有相同的传播方向，由于 u'_{O0} 和 u'_{O1} 的相位发生了微弱的变化，它们将分别引起所在光场中的干涉现象.

u_{R1} 和 u'_{O0} 在物光的传播方向上，它们叠加后的光强分布为

$$I_O = (u_{R1} + u'_{O0})^*(u_{R1} + u'_{O0}) = |u_{R1}|^2 + |u'_{O0}|^2 + u'_{O0}u_{R1}^* + u'^*_{O0}u_{R1}$$
$$= b^2\left[(J_1 R_0)^2 + (J_0 O_0)^2 - 2J_0 J_1 R_0 O_0 \sin\Delta\phi_O(x,y)\right] \tag{7-1-24}$$

u_{R0} 和 u'_{O1} 在参考光的传播方向上，它们叠加后的光强分布为

$$I_R = (u_{R0} + u'_{O1})(u_{R0} + u'_{O1}) = |u_{R0}|^2 + |u'_{O1}|^2 + u_{R0}u'^*_{O1} + u^*_{R0}u'_{O1}$$
$$= b^2\left[(J_0 R_0)^2 + (J_1 O_0)^2 + 2J_0 J_1 R_0 O_0 \sin\Delta\phi_O(x,y)\right] \tag{7-1-25}$$

为简化语言，我们将沿物光方向的传播的 u_{R1} 和 u'_{O0} 所形成的干涉光场称作"**物光场**"，以 I_O 表示该光场的光强分布；将沿参考光方向的传播的 u_{R0} 和 u'_{O1} 所形成的干涉光场称作"**参考光场**"，以 I_R 表示该光场的光强分布. 由 (7-1-24) 和 (7-1-25) 两式我们可以看出，两个光场都带有物光的相位变化的信息 $\Delta\phi_O$，它们的

干涉图纹分布都决定于物光的相位变化 $\Delta\phi_O$. 而且, 两光场的干涉条纹分布规律是相似的, 只是两者在相位上恰好反相, 即相位差为 π. 前者的亮纹位置恰是后者的暗纹位置 (这是能量守恒的必然结果). 通常在作实时全息检测时, 一般都在 "物光场" 内进行. 显然, 也同样可以在 "参考光场" 进行检测[3].

利用全息光栅作为实时全息图进行检测的方法有许多应用, 如检测燃烧场的折射率分布、物体的蠕变、检测玻璃板的平行度、检测光学元件的质量、稳定性等[6], 例如, 我们为了选择平行度较好的玻璃板作为液门的窗口材料. 于是, 对手头的一些废弃的全息干版, 用化学试剂去除其乳胶、并清洗干净后, 将它们逐个放入图 7-1-1 的一支平行光束中观察比较. 并在物光场安放一个毛玻璃屏, 将光斑投影在毛玻璃上拍摄下干涉图像, 如图 7-1-4 所示. 可明显看出, AGFA 干板的片基平行度和均匀性均较好. 量出干版宽度, 已知激光波长, 即可方便地计算出玻璃板前后两个表面的的平行度.

 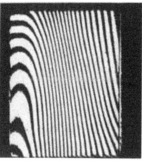 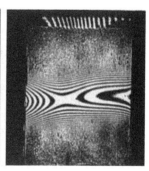

(a) AGFA 全息干版片基　　(b) 天津全息干版片基　　(c) 一般玻璃片

图 7-1-4　玻璃板平行度比较图

又如, 为了研究酒精灯火焰的折射率分布, 只需将酒精灯放入图 7-1-1(a) 的一支平行光束中, 然后点燃, 稍等片刻火焰场便处于稳定的燃烧状态, 图 7-1-5 是将干涉图纹投影在毛玻璃上拍摄下图像.

又如, 我们为了对一个大尺寸 (直径 32cm、厚 12mm) 的 KDP 倍频晶体的平度进行检测 (该晶体将用于激光惯性约束聚变作倍频器使用), 使用类似图 7-1-1 的光路 (这里, 为了用小窗口的液门检测大尺寸的透明试件, 实际上使用的是第 10 章图 10-6-10 所示的光路布局).

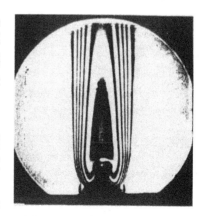

图 7-1-5　酒精灯火焰的干涉图

图 7-1-6 晶体平度检测的干涉图纹

先不放入待测晶体,拍摄一幅两平行光束的光栅实时全息图,拍摄时,记录干版放在在液门中曝光,并在液门中原位显影、定影、漂白、冲洗后,再把晶体放入光路,并使晶面垂直于平行光束. 在某确定方位观察其图纹,并用数码相机拍摄下其干涉条纹. 然后将晶体沿水平轴旋转 90° 拍摄一幅. 再将晶体沿铅直轴旋转 180° 拍摄一幅,然后又沿水平轴旋转 90° 再拍摄一幅 ……, 拍摄下多幅不同方位的干涉图.

晶体在不同的方位上的干涉图纹是不同的,对同一幅图像所反映的不均匀性,最大者约为两个波长,最小者约为半个波长,它们反映了厚度和折射率不均匀性综合效果. 检测结果提供了该晶体在作为倍频器进行精密加工时不同位置所需要加工量的大小,其最大加工量约为 1.3μm、最小加工量约为 0.32μm. 在晶体相应的位置做上标记,作为进一步精密加工的参考依据,图 7-1-6 是其中的一幅.

图 7-1-1(a) 的光路在没有放入物体前,只由原来的两束记录光照明再现时,由于 $\Delta\phi_O = 0$,"物光场" 和 "参考光场" 的光强分布的 (7-1-24) 和 (7-1-25) 式变为

$$I_O = b^2 \left[(R_0 J_1)^2 + (O_0 J_0)^2 \right], \quad I_R = b^2 \left[(R_0 J_0)^2 + (O_0 J_1)^2 \right] \qquad (7\text{-}1\text{-}26)$$

此时,无论是在 "物光场",或是在 "参考光场" 都没有任何干涉条纹,而是一片明亮的光场. 在我们的示例中,就是再现了两束平行光. 若将一个观察屏或一块毛玻璃放在再现的光束中,可以显示一个明亮的圆形光斑. 若通过衰减镜直接对向光束观察,可以看到一个点光源. 随着观察者的眼睛上下移动,它也随着上下移动. 这个亮点实际上是针孔的像. 因为平行光束的形成是激光束通过扩束透镜聚焦,并通过空间滤波器的针孔后扩束,再通过准直透镜成为平行光. 如图 7-1-7 所示, 当观察者的眼睛在位置 A 点时,针孔的虚像在光束向后延伸的 A' 点,而当观察者的眼睛在位置 B 点时,针孔的虚像在光束向后延伸的 B' 点. 因此,当观察者的眼睛上下移动时,亮点 (针孔的虚像) 也随着上下移动. 针孔的虚像看上去总是在眼睛的正前方.

一般情况下,物光照明实时全息图再现的负一级衍射 u_{O-1} 和参考光照明实时全息图再现的负一级衍射 u_{R-1} 对全息检测没有多大的重要性,最好它们不要出现在衍射光场中. 根据 (7-1-13) 和 (7-1-18) 式,我们讨论一下在什么条件下,它们就会不出现在衍射光场中[15].

若 $\theta_O = \theta_R = \theta$,根据 (7-1-13) 和 (7-1-18) 式,我们有

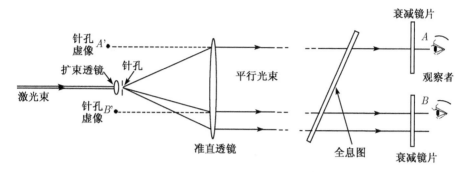

图 7-1-7 观看准直平行光束现象示意图

$$\theta_O = \theta_R = \theta, \quad \theta_{O-1} = \theta_{R-1} = \arcsin(3\sin\theta) \qquad (7\text{-}1\text{-}27)$$

显然, 当 $3\sin\theta > 1$ 时, u'_{O-1} 和 u_{R-1} 这两束衍射光就不再出现了. 此时

$$\theta > \arcsin(1/3) \approx 19.5° \qquad (7\text{-}1\text{-}28)$$

若 $\theta_O = 0, \theta_R = \theta$, 根据 (7-1-13) 和 (7-1-18) 式, 我们有

$$\theta_{O-1} = \theta'_{O-1} = \theta_R, \quad \theta_{R-1} = \arcsin(2\sin\theta).$$

故, 当 $2\sin\theta > 1$ 时, 衍射光 u_{R-1} 不再出现. 此时

$$\theta > \arcsin(1/2) = 30° \qquad (7\text{-}1\text{-}29)$$

此时物光照明实时全息图再现的负一级衍射 u_{O-1} 将沿着与 z 轴成 θ_R 的方向传播 (参考光则是沿着与 z 轴成 $-\theta_R$ 的方向传播).

在采取两光束对称于 z 轴入射的情况下, 一般情况下 θ 都大于 $20°$, 因此, 衍射光 u_{R-1} 和 u'_{O-1} 都不会出现. 其他高级衍射光就更不会出现了. 所以, 前面在第 5 章相位型全息图部分关于相位型全息图的复振幅透射率的贝塞尔展开式 (5-1-47) 式在一般情况下只取三项是足够精确的.

不过, 这只是在一般情况下的结果. 在第 10 章, 我们将讨论在一些特殊情况下, 为了提高相位测量的灵敏度, 将采用非线性全息的方法, 这时, 就需要高级衍射项的出现. 为此, 参考光和物光的夹角需足够小以满足高级衍射项的衍射角小于 $90°$ 的条件.

以上的方法是先拍摄两束平行光的全息图, 而后将待测透明物体放入一支光路进行检测. 也可以先将透明物体放入一支光路, 稳定后进行拍摄, 即将处于初始状态的静态物体摄入实时全息图中, 然后以处于变化状态的物光与参考光一起同时照明再现实时全息图,其效果和前面的方法是完全相同的,分析也和前面一样.不过,这时就只能对已被摄入实时全息图的物体进行检测,不可再检测其他的物体.而采用前一种方法,则可以用同一张实时全息图对多个透明物体分别进行检测.

7.1.2 实验方法和装置

在实时全息法中,用参考光再现的物体像必须与原来位置的物体本身严格地重合,复位精度不得低于波长的量级.如此苛刻的要求给实时全息图的摄制带来一定的困难,特别是在使用卤化银乳胶作为记录材料的情况下,必须借助专门的设备和方法,或使用其他特殊的记录材料.分别介绍如下.

7.1.2.1 卤化银乳胶记录

1. 复位架

它是一种干版夹持架,将干版装上曝光后,可取下处理,然后装回架上.由于它设有精密的定位点,故能使干版精确复位.图 7-1-8 所示的复位架是瑞典 N.Abramson 教授设计的[7].它以 3 个球形定位端点来定位干版平面,另外 3 个圆柱形定位销子来定位干版在平面内的位置,整个干版依靠重力就位,是一种最简易实用的复位装置.

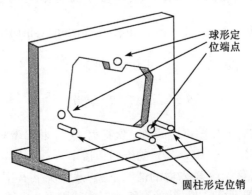

图 7-1-8 复位架示意图

2. 原位曝光及化学处理方法

使用一个稳定的支架将全息干版垂直悬挂,如图 7-1-9 所示,将盛有化学试剂的容器从其下方升起,浸没干版在试剂内进行处理.整个处理过程均在暗室情况下进行操作.也有做成机械化操作的装置,使整个过程能更加可靠地在暗室中完成化学处理.整个过程比较麻烦,先得把玻璃容器移开进行曝光,然后将盛有显影液的容器从干版下方升起,浸没干版进行处理.完毕后缓缓降下容器,再换上第二种化学试剂,如此反复多次.直至全部化学处理完成.在整个过程中必须细心谨慎,不得触碰支架或干版,否则全功尽弃.

7.1 单曝光法或实时全息法

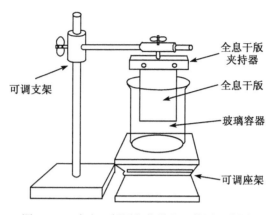

图 7-1-9 全息干版原位化学处理装置示意图

3. 液门闸盒

"液门闸盒"简称"液闸盒"或"液门盒"或"液门"(liquid gate) 是一个前后有透明玻璃窗口、侧面狭窄的容器, 如图 7-1-10 所示. 将全息记录干版夹持在全息干版夹持器上后, 通过液闸盒上方的槽口插入液闸盒, 液闸盒内有与它相匹配的滑槽导轨, 当夹持器推到液闸盒的底部, 就被卡槽和弹簧稳定地固定在此位置, 而夹持器上的全息干版也正好处于液闸盒窗口的位置. 水和化学试剂可直接从图示的进液入口注入液门盒, 通常可将一个漏斗插在进液入口以便于注入溶液. 先将蒸馏水注入液闸盒, 使之浸没全息干版. 这时, 为了关闭排液出口, 对于没有阀门的简易液闸盒可以在排液出口端接一个橡皮软管, 并用一个弹簧夹子将它夹紧作为闸门. 待系统充分稳定、全息干版的乳胶吸收溶液, 膨胀完毕达到稳定态后, 可以进行曝光. 曝光后的处理全部过程在液闸盒内进行, 整个过程中全息干版保持原位不动. 先将排液出口所接的橡皮软管的夹子放松, 让蒸馏水通过橡皮软管泄放. 然后再次关闭排液出口 (夹紧橡皮软管) 注入显影液进行显影. 显影完毕后, 用相同的方法泄放显影液. 之后, 重复类似的操作. 注入蒸馏水以清洗全息干版, 然后泄放; 注入定影液进行定影, 然后泄放; 注入蒸馏水进行清洗, 然后泄放; 注入漂白液进行漂白, 然后泄放; 注入蒸馏水进行清洗, 然后泄放; 再次注入蒸馏水进行清洗, 然后泄放; 注入蒸馏水进行观察. 由于乳胶与水的折射率比空气更为匹配, 这就大大减小了乳胶畸变的影响. 为了进一步简化人工的操作, 也可用泵、阀门、管道系统自动控制输入输出. 这样, 全息干版在液闸盒内曝光后就可以更方便地进行原位处理了. 图 7-1-11 是它的工作原理图. 以上 3 种方法适用于银盐全息干版制作的实时全息图.

7.1.2.2 热塑记录

热塑记录材料以高压充电 (约数千伏) 作为显影手段, 故可方便地原位显影, 它还可以通过加温来消像, 擦除原来的记录而重新使用, 同一张热塑片可重复使用数

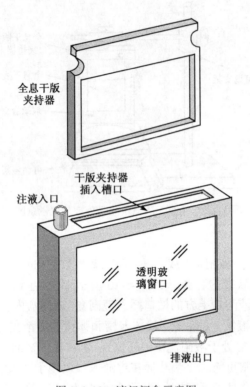

图 7-1-10 液门闸盒示意图

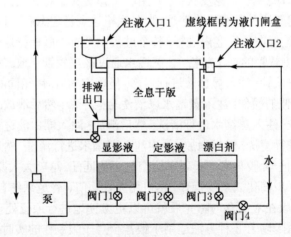

图 7-1-11 控制液门闸盒处理系统示意图

十次乃至数百次. 它是一种浮雕型记录介质, 衍射效率较高, 很容易达到 30% 左右. 其感光阈值较高, 光照度小于 60Lux 就不能正常记录, 在高于读书必须的照度条件

下 (见附录 A 表 A-1), 也就是通常的室内照明条件下就可以工作而无须在暗室条件下工作, 对实验带来许多方便. 它的缺点是: 分辨率不高, 约小于 2 000 线/mm, 噪声较大, 尺寸较小, 不适宜于拍摄较大的物体.

7.1.2.3 光折变晶体记录

光折变晶体是一种在光照下折射率可发生改变的晶体. 也可方便地原位显影, 也可以通过加温来消像, 擦除原来的记录而重新使用, 但目前所制作的光折变晶体体积都较小, 不适宜于拍摄较大的物体.

7.2 双曝光法或二次曝光法

双曝光法或二次曝光法 (double-exposure holographic interferomefry) 是 1965 年 Haines 和 Hildebrand 提出的方法. 这个方法是采用同一张全息片曝光两次来制作全息图, 第一次记录原始物光波, 第二次记录变化后的物光波. 再现时出现两个物光波. 它们之间相互干涉, 形成干涉条纹. 分析这些条纹, 就可以了解物体前后发生的变化. 与单曝光法看到的条纹不同的是: 双曝光法看到的条纹一般是静止不动的, 被称为是 "冻结" 的条纹 (frozen fringe); 而单曝光法看到的条纹是实时地随着物体的变化而变化, 因此条纹是活动的, 被称为是 "活" 的条纹, 或 "动态" 条纹 (live fringe). 故实时全息干涉计量也被称为: 动态全息干涉计量 (live holographic interferometry).

7.2.1 基本原理

7.2.1.1 漫反射平板的转动的二次曝光全息图

让我们先看一个简单示例. 拍摄一个漫反射平板的二次曝光全息图, 当漫反射平板与全息干版平面处于相互平行的状态时, 作第一次曝光. 然后, 将漫反射平板沿着其一端边沿作为转轴, 旋转一个微小角度后静止, 再作第二次曝光. 将这个两次曝光的全息图进行化学处理后, 在原参考光照明下再现时, 便再现出这两个物光波前, 它们都是漫反射平板上表面的虚像. 一个是平行于全息图平面的原始物光波, 一个是相对全息图平面旋转了微小角度的变化后的物光波. 这两个物光波前相互干涉, 形成类似劈尖干涉的干涉条纹. 根据条纹的走向, 可以确定旋转的方向; 根据条纹的间距, 可以确定转动的角度. 也就是说, 这些条纹反映了物体变化的信息. 其计算公式, 和劈尖干涉的计算似, 只是劈尖干涉需要考虑半波损失.

对于劈尖干涉而言, 若介质的折射率为 n, 注意到下表面的反射光线 2 是在光密表面反射回光疏介质的, 故在反射处发生半波长的突变. 而上表面的反射光线 1 没有半波损失), 其上下两表面的反射光光程差 δ 可表为 (见图 7-2-2(a)).

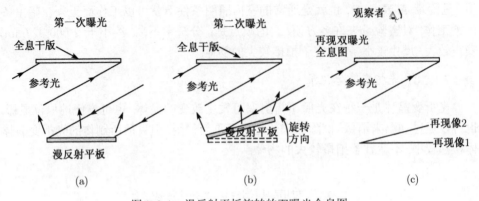

图 7-2-1 漫反射平板旋转的双曝光全息图

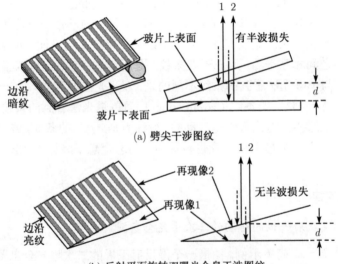

图 7-2-2 劈尖干涉和双曝光全息干涉的比较

$$\delta = 2nd + \frac{\lambda}{2} \tag{7-2-1a}$$

暗纹条件为

$$\delta = N\frac{\lambda}{2} \quad \text{或} \quad d = (N-1)\frac{\lambda}{4n}, \quad N = 1,3,5,\cdots \tag{7-2-1b}$$

对于双曝光法,光线 1 和光线 2 的光程差 δ_H 为

$$\delta_H = 2nd$$

亮纹条件为

$$d = N\frac{\lambda}{2n} = 2N\frac{\lambda}{4n} \quad (N = 0, 1, 2, 3, \cdots\cdots) \qquad (7\text{-}2\text{-}2)$$

式中, d 为观察点处上下两平面之间的距离. 比较 (7-2-1) 和 (7-2-2) 两式, 可以看出: 前者暗纹所在位置, 恰为后者的亮纹所在位置. 在平面物的边沿, 也就是旋转轴所在位置, 即 $d = 0$ 处, 对劈尖干涉是暗纹, 而对双曝光法全息图该边沿是亮纹.

7.2.1.2　二次曝光全息图的一级衍射图纹

现在, 让我们考虑一般情况下的二次曝光全息图. 设物体变化时, 强度分布不变, 只是相位分布发生了变化.

第一次曝光时, 物光在记录平面上的复振幅分布为

$$O_1(x, y) = O_0(x, y) \exp[-\mathrm{j}\phi_{O1}(x, y)] \qquad (7\text{-}2\text{-}3)$$

参考光在记录平面上的复振幅分布为

$$R(x, y) = R_0 \exp[-\mathrm{j}\phi_R(x, y)] \qquad (7\text{-}2\text{-}4)$$

干版上相应的的光强分布为

$$I_1(x, y) = |O_1(x, y) + R(x, y)|^2 \qquad (7\text{-}2\text{-}5)$$

设曝光时间为 τ_1, 则曝光量为

$$E_1 = I_1(x, y)\tau_1 = |O_1(x, y) + R(x, y)|^2 \tau_1 \qquad (7\text{-}2\text{-}6)$$

第二次曝光时, 若物体在强度分布上没有变化, 仍为 $O_0(x, y)$, 只是相位分布变化为 $\phi_{02}(x, y)$, 则物光的复振幅分布可表示为

$$O_2(x, y) = O_0(x, y) \exp[-\mathrm{j}\phi_{02}(x, y)] \qquad (7\text{-}2\text{-}7)$$

参考光仍为 $R(x, y) = R_0(x, y) \exp[-\mathrm{j}\phi_R(x, y)]$, 干版上相应的的光强分布为

$$I_2(x, y) = |O_2(x, y) + R(x, y)|^2 \qquad (7\text{-}2\text{-}8)$$

设第二次曝光曝光时间为 τ_2, 则相应的曝光量为

$$E_2 = I_2(x, y)\tau_2 = |O_2(x, y) + R(x, y)|^2 \tau_2 \qquad (7\text{-}2\text{-}9)$$

两次曝光的总曝光量为

$$E = E_1 + E_2 = |O_1(x, y) + R(x, y)|^2 \tau_1 + |O_2(x, y) + R(x, y)|^2 \tau_2 \qquad (7\text{-}2\text{-}10)$$

若制作的实时全息图是振幅型的,经过合适的曝光、显影、定影后,在线性条件下,全息图的振幅透射率为

$$\begin{aligned}t(x,y) &= t_0 + \beta(E_1 + E_2) = t_0 + \beta\left(|O_1|^2 + |R|^2 + O_1 R^* + O_1^* R\right)\tau_1 \\ &\quad + \beta\left(|O_2|^2 + |R|^2 + O_2 R^* + O_2^* R\right)\tau_2 \\ &= \left[t_0 + \beta(\tau_1 + \tau_2)|R|^2\right] + \left[\beta\left(\tau_1|O|_1^2 + \tau_2|O_2|^2\right)\right] \\ &\quad + \left[\beta(\tau_1 O_1 + \tau_2 O_2) R^*\right] + \left[\beta(\tau_1 O_1^* + \tau_2 O_2^*) R\right] \\ &= t_1 + t_2 + t_3 + t_4 \end{aligned} \quad (7\text{-}2\text{-}11)$$

当以原来记录时所用的参考光再现时,我们有

$$u(x,y) = Rt(x,y) = u_1 + u_2 + u_3 + u_4 \quad (7\text{-}2\text{-}12)$$

考虑第三项衍射光 u_3:

$$\begin{aligned}u_3(x,y) &= Rt_3 = \beta(\tau_1 O_1 + \tau_2 O_2) RR^* \\ &= \beta R_0^2 O_0 \{\tau_1 \exp\mathrm{j}[-\phi_{O1}(x,y)] + \tau_2 \exp\mathrm{j}[-\phi_{O2}(x,y)]\}\end{aligned} \quad (7\text{-}2\text{-}13)$$

第三项衍射光包括有两项物光的复振幅,即第一次曝光时的物光和第二次曝光时的物光的复振幅,它们互相干涉的光强分布为

$$\begin{aligned}I_3 &= \left(\beta R_0^2 O_0\right)^2 \left\{\tau_1^2 + \tau_2^2 + 2\tau_1\tau_2 \cos[\phi_{O2}(x,y) - \phi_{O1}(x,y)]\right\} \\ &= \left(\beta R_0^2 O_0\right)^2 \left(\tau_1^2 + \tau_2^2\right)\left\{1 + \frac{2\tau_1\tau_2}{\tau_1^2 + \tau_2^2}\cos[\phi_{O2}(x,y) - \phi_{O1}(x,y)]\right\} \\ I_3 &= I_{3O}\{1 + V_3 \cos[\phi_{O2}(x,y) - \phi_{O1}(x,y)]\}\end{aligned} \quad (7\text{-}2\text{-}14)$$

式中,$V_3 = \dfrac{2\tau_1\tau_2}{\tau_1^2 + \tau_2^2}$ 为第三项衍射光的干涉条纹衬比.显然,为了获得最佳的条纹衬比,应该取两次曝光时间相等,即 $\tau_1 = \tau_2 = \tau$.这时 $V_3 = 1$,(7-2-14) 式可写为

$$\begin{aligned}I_3 &= I_{3O}\{1 + \cos[\phi_{O2}(x,y) - \phi_{O1}(x,y)]\} \\ &= I_{3O}\{1 + \cos[\Delta\phi(x,y)]\} = 2I_{3O}\cos^2\left[\frac{\Delta\phi(x,y)}{2}\right]\end{aligned} \quad (7\text{-}2\text{-}15)$$

式中,$I_{3O} = \left(\tau\beta R_0^2 O_0\right)^2$ 为第三项衍射光的平均光强. (7-2-15) 式表明:再现的两束物光的光强分布按余弦规律变化,这就是两束物光相干涉的效应.通过分析这些干涉条纹,就可以了解物体所发生的变化.

在具体分析物体某物理量的变化状态时,还需要将相应的物光的相位增量 $\Delta\phi(x,y) = [\phi_{O2}(x,y) - \phi_{O1}(x,y)]$ 表示为该物理量的函数.如物体发生位移的分析,就需要将相位增量表示为位移量的函数.

7.2 双曝光法或二次曝光法

在双曝光全息干涉计量术中采用脉冲激光器拍摄,可以对快速变化的过程进行研究分析. 在第 6 章的图 6-9-9 中所显示的子弹飞行的脉冲全息图就是一幅双曝光全息图, 子弹是在实验室内的一个气室里飞行的过程中被拍摄下来的. 子弹进入气室前先作第一次曝光, 子弹进入气室内的某一瞬间作第二次曝光. 子弹冲击波区域内由于气室内气体的密度发生变化, 从而引起再现时的干涉条纹[8].

7.2.2 物体的位移测量

物体最简单的运动变化是空间位置的变化, 物体表面上任意点位移的测量是测量物体变化的基础. 利用全息干涉计量方法测量位移是利用物体位移引起物光的相位变化来间接测定相应的位置变化. 譬如, 利用双曝光全息干涉计量方法, 在物体没有发生位移时作第一次曝光, 在物体位移后作第二次曝光. 根据 (7-2-15) 式, 只要我们找出第一次曝光和第二次曝光时刻物光的相位增量 $\Delta\phi = [\phi_{O2}(x,y) - \phi_{O1}(x,y)]$ 和物体位移之间的关系, 便可利用全息图显示的干涉条纹分布来求出物体上各个点的位移量分布.

下面, 将在物体的其他物理量没有变化的情况下, 寻求物光相位增量 $[\phi_{O2}(x,y) - \phi_{O1}(x,y)]$ 与物体位移量之间的函数关系.

设物体上某点 P_1 发生了一个微小位移, 从 P_1 点移动到了 P_2 点, $S(x_S, y_S, z_S)$ 为照明点光源, $V(x_V, y_V, z_V)$ 为全息图上的某任意点 (以后, 观察者将通过这一点观看物体上的 P_1 点). 它们在笛卡儿坐标系统中的坐标位置分别表示在相应的括弧内. 位移矢量由 P_1 指向 P_2, 可表示为 $\boldsymbol{d}(d_x, d_y, d_z)$, 括弧中 d_x, d_y, d_z 为位移矢量在三个坐标轴上的分量. 设光扰动在 S 点的初相位为 ϕ_S, 物体 P_1 点位移发生前从点光源 S 发射的光线经 P_1 点反射到 V 点, 在点 V 的相位 ϕ_{O1} 为

$$\phi_{O1} = -(\boldsymbol{k}_1 \cdot \boldsymbol{SP}_1 + \boldsymbol{k}_2 \cdot \boldsymbol{P}_1\boldsymbol{V}) + \phi_S \tag{7-2-16}$$

式中, $\boldsymbol{SP}_1$ 为由 S 点指向 P_1 的矢量, $\boldsymbol{k}_1$ 为沿该方向的波矢量, 也就是位移前光源 S 照向 P_1 点的波矢量; $\boldsymbol{P}_1\boldsymbol{V}$ 为由 P_1 点指向 V 点的矢量, $\boldsymbol{k}_2$ 为沿该方向的波矢量, 即位移前从 P_1 点射向全息图 V 点反射光线的波矢量, $|\boldsymbol{k}_1| = |\boldsymbol{k}_2| = \dfrac{2\pi}{\lambda}$.

位移发生后 V 点的相位 ϕ_{O2} 为

$$\begin{aligned}\phi_{O2} &= -(\boldsymbol{k}_1' \cdot \boldsymbol{SP}_2 + \boldsymbol{k}_2' \cdot \boldsymbol{P}_2\boldsymbol{V}) + \phi_S \\ &= -[(\boldsymbol{k}_1 + \Delta\boldsymbol{k}_1) \cdot \boldsymbol{SP}_2 + (\boldsymbol{k}_2 + \Delta\boldsymbol{k}_2) \cdot \boldsymbol{P}_2\boldsymbol{V}] + \phi_S\end{aligned} \tag{7-2-17}$$

式中, $\boldsymbol{SP}_2$ 为由 S 点指向 P_2 的矢量, 相应的波矢量为 $\boldsymbol{k}_1' = \boldsymbol{k}_1 + \Delta\boldsymbol{k}_1$, 也就是位移后光源照向 P_2 点的波矢量; $\boldsymbol{P}_2\boldsymbol{V}$ 为由 P_2 点指向 V 的矢量, 相应的波矢量为 $\boldsymbol{k}_2' = \boldsymbol{k}_2 + \Delta\boldsymbol{k}_2$, 也就是位移后从 P_2 点射向全息图 V 点光线的波矢量, $|\boldsymbol{k}_1'| = |\boldsymbol{k}_2'| = \dfrac{2\pi}{\lambda}$.

于是，位移前后全息图上 V 点物光的相位增量 $\Delta\phi$ 为

$$\Delta\phi = \phi_{O2} - \phi_{O1} = \boldsymbol{k}_1 \cdot (\boldsymbol{SP}_1 - \boldsymbol{SP}_2) - \Delta\boldsymbol{k}_1 \cdot \boldsymbol{SP}_2 + \boldsymbol{k}_2 \cdot (\boldsymbol{P}_1\boldsymbol{V} - \boldsymbol{P}_2\boldsymbol{V}) - \Delta\boldsymbol{k}_2 \cdot \boldsymbol{P}_2\boldsymbol{V} \tag{7-2-18}$$

注意到，当位移量 d 很小时，$\boldsymbol{k}_1$ 的增量 $\Delta\boldsymbol{k}_1$ 的方向与 $\boldsymbol{k}_1$ 相垂直；$\boldsymbol{k}_2$ 的增量 $\Delta\boldsymbol{k}_2$ 也与 $\boldsymbol{k}_2$ 相垂直. 即

$$\Delta\boldsymbol{k}_1 \perp \boldsymbol{SP}_2, \quad \Delta\boldsymbol{k}_2 \perp \boldsymbol{P}_2\boldsymbol{V}$$

故

$$\Delta\boldsymbol{k}_1 \cdot \boldsymbol{SP}_2 = 0, \quad \Delta\boldsymbol{k}_2 \cdot \boldsymbol{P}_2\boldsymbol{V} = 0 \tag{7-2-19}$$

此外，从图 7-2-3 可以明显看出下面的矢量关系：

$$\boldsymbol{SP}_1 + \boldsymbol{d} = \boldsymbol{SP}_2, \quad \boldsymbol{d} + \boldsymbol{P}_2\boldsymbol{V} = \boldsymbol{P}_1\boldsymbol{V} \tag{7-2-20}$$

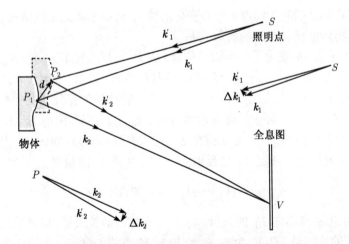

图 7-2-3 测量不透明表面形变的全息光路

于是

$$\Delta\phi = \phi_{O2} - \phi_{O1} = \boldsymbol{k}_1 \cdot (\boldsymbol{SP}_1 - \boldsymbol{SP}_2) + \boldsymbol{k}_2 \cdot (\boldsymbol{P}_1\boldsymbol{V} - \boldsymbol{P}_2\boldsymbol{V})$$
$$= \boldsymbol{k}_1 \cdot (-\boldsymbol{d}) + \boldsymbol{k}_2 \cdot \boldsymbol{d} = (\boldsymbol{k}_2 - \boldsymbol{k}_1) \cdot \boldsymbol{d} \tag{7-2-21}$$

以 $\boldsymbol{K}$ 表示 $(\boldsymbol{k}_2 - \boldsymbol{k}_1)$，它就是第 3 章中已经介绍过的灵敏度矢量即

$$\boldsymbol{K} \equiv \boldsymbol{k}_2 - \boldsymbol{k}_1 \tag{7-2-22}$$

$$\Delta\phi = \phi_{O2} - \phi_{O1} = \boldsymbol{K} \cdot \boldsymbol{d} \tag{7-2-23}$$

令 K 的单位矢量为 $\hat{e} = \dfrac{K}{K}$, k_1 的单位矢量为 $\hat{e}_1 = \dfrac{k_1}{k_1}$, k_2 的单位矢量为 $\hat{e}_2 = \dfrac{k_2}{k_2}$, $\hat{e}_2 - \hat{e}_1 = e$(注意 $|\hat{e}| \neq |e|$, e 不是单位矢量). 于是, (7-2-23) 式也可表示为

$$\Delta\phi = \phi_{O2} - \phi_{O1} = (\mathbf{k}_2 - \mathbf{k}_1) \cdot \mathbf{d} = \mathbf{K} \cdot \mathbf{d} = \dfrac{2\pi}{\lambda}[\hat{e}_2 - \hat{e}_1] \cdot \mathbf{d} = \dfrac{2\pi}{\lambda}\mathbf{e} \cdot \mathbf{d} \quad (7\text{-}2\text{-}24)$$

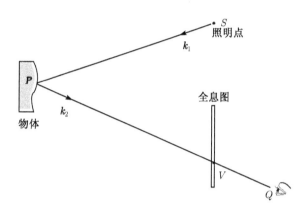

图 7-2-4 观察二次曝光全息图再现像上 P 点的示意图

点 P_2 和点 P_1 虽然在微观尺度上是不同的两个点, 然而当位移量 d 极小时, 在宏观尺度上它们可以看作是同一个点 P, 即在宏观尺度上我们有

$$P_1 = P_2 = P$$

注意到 P 点的坐标为 x_P, y_P, z_P, S 点的坐标为 x_S, y_S, z_S, 于是, 可将 k_1 和 k_2 的单位矢量 $\hat{e}_1, \hat{e}_2$ 表示如下[1,4]:

$$\hat{e}_1(P) = \begin{vmatrix} e_{1x}(P) \\ e_{1y}(P) \\ e_{1z}(P) \end{vmatrix} = \dfrac{1}{\sqrt{(x_P - x_S)^2 + (y_P - y_S)^2 + (z_P - z_S)^2}} \begin{vmatrix} x_P - x_S \\ y_P - y_S \\ z_P - z_S \end{vmatrix}$$
$$(7\text{-}2\text{-}25)$$

$$\hat{e}_2(P) = \begin{vmatrix} e_{2x}(P) \\ e_{2y}(P) \\ e_{2z}(P) \end{vmatrix} = \dfrac{1}{\sqrt{(x_V - x_P)^2 + (y_V - y_P)^2 + (z_V - z_P)^2}} \begin{vmatrix} x_V - x_P \\ y_V - y_P \\ z_V - z_P \end{vmatrix}$$
$$(7\text{-}2\text{-}26)$$

全息图中物体虚像上相应条纹的亮纹条件为

$$\Delta\phi(P) = \dfrac{2\pi}{\lambda}\mathbf{d}(P) \cdot [\hat{e}_2(P) - \hat{e}_1(P)] = \dfrac{2\pi}{\lambda}\mathbf{d}(P) \cdot \mathbf{e}(P) = 2\pi N \quad (7\text{-}2\text{-}27)$$

式中, N 为条纹序数, 可取一系列整数值. 也可以表示为波长的关系. 注意到相位增量 $\Delta\phi(P)$ 与对应的光程增量 $\Delta\delta(P)$ 之间的关系为

$$\Delta\phi(P) = -\frac{2\pi}{\lambda}\Delta\delta(P) \tag{7-2-28}$$

于是, 亮纹条件 (7-2-28) 式还可表示为

$$-\Delta\delta(P) = \boldsymbol{d}\cdot[\hat{e}_2(P) - \hat{e}_1(P)] = \boldsymbol{d}(P)\cdot\boldsymbol{e}(P) = N\lambda \tag{7-2-29}$$

以上表明, 每一点的干涉相位由该点的位移矢量和灵敏度矢量的数性积决定. 而灵敏度矢量仅仅由全息光路布局的几何结构所决定. 当位移矢量和灵敏度矢量相垂直时, 干涉相位总是为零, 与位移大小无关. 全息图上 V 点通常称为**观察点** (viewing point), 当观察者视角变化时, P 点将随视角变化而变化, 这时, $\boldsymbol{k}_1$ 和 $\boldsymbol{k}_2$ 都随之变化, 所以, 我们可把 $\boldsymbol{k}_1$, $\boldsymbol{k}_2$ 都看作是点 P 的函数或点 V 的函数. 为以后叙述的方便, 我们将 $\boldsymbol{k}_1$ 称作**照明波矢量**(illumination wave vector); 将 $\boldsymbol{k}_2$ 称作**观察波矢量**(observation wave vector). 将 $\hat{e}_1$ 称作**照明矢量**(illumination vector); 将 $\hat{e}_2$ 称作**观察矢量**(observation vector).

让我们看一个应用双曝光全息方法检测一维位移的简单例子——测定悬臂梁自由端的微小位移. 设待研究的悬臂梁, 位置处于 x 轴上, 其一端固定在刚性基座上, 另一端是自由端, 可在 xz 平面内摆动, 见图 7-2-5. 照明光是一束单色平面波, 沿 z 轴反方向垂直照射在梁上. 当悬臂梁处于静止状态, 也就是整个梁身处于 x 轴上时, 作第一次曝光, 然后, 在 z 方向微微对悬臂梁的自由端加力, 使其稍稍偏离平衡位置时, 作第二次曝光.

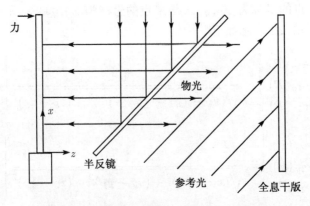

图 7-2-5 悬臂梁的垂直变形的全息记录示意

将这张双曝光全息图在参考光照明下再现时, 将会看到再现像上分布有明暗相间的干涉条纹, 如图 7-2-6(b) 所示. 考察梁上任意点 $P(x,y,z)$, 第一次曝光时, 梁

上所有的点，包括任意点 $P(x,y,z)$，都有 $z=0$. 第二次曝光时，设任意点 $P(x,y,z)$ 在 z 方向移动的距离为 $z(x)$.

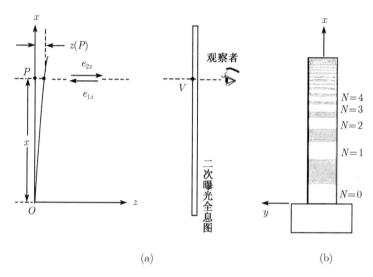

图 7-2-6 观察全息图悬臂梁再现像上的干涉图纹

在所选取的坐标情况下，对于考察点 $P(x,y,z)$ 我们有

$$e_{2x}=e_{2y}=0, \quad e_{1x}=e_{1y}=0, \quad -e_{1z}=e_{2z}=1, \quad d_x=d_y=0, \quad d_z=z(P)=z(x)$$

根据 (7-2-29) 式，干涉条纹的亮纹条件为

$$\boldsymbol{d}(P)\cdot\boldsymbol{e}(P)=d_z e_z=z(x)(e_{2z}-e_{1z})=N\lambda$$

即

$$2z(x)=N\lambda$$

或

$$z(x)=\frac{1}{2}N\lambda \tag{7-2-30}$$

由于刚性基座没有移动，其对应的相移为 0，对应的条纹序数为 $N=0$，其他条纹序数依次为 $N=1,2,3,\cdots$ 等整数. 因此，任何一点偏离 z 轴的距离，可简单地数出该位置的条纹序数，根据式 (7-2-30) 式就可以确定其表面上各个点位移量大小. 图 7-2-6(b) 表示了观察者沿 z 轴的反方向观察二次曝光全息图时，悬臂梁在 xy 平面上的干涉条纹示意.

7.2.3 三维位移场的测量

一般情况下，物体的位移是三维的，需要有三个方程式来求解. 下面我们介绍两种简单、常用方法.

7.2.3.1 多全息图分析法

为了确定位移 d 的 3 个独立分量, 必须测出 3 个参量, 建立 3 个独立的方程式. 譬如, 可以同时记录 3 张不同位置的双曝光全息图. 在物体位移前, 对 3 张不同位置的全息干版作第一次曝光. 在物体位移后, 对这 3 张全息干版作第二次曝光. 处理后对 3 张双曝光全息图分别在 V_1, V_2 和 V_3 三点进行相位测量. 如图 7-2-7 所示, 对于每个观测点 $V_i (i = 1, 2, 3)$, 可以确定一个观察方向从 P 点指向 V_i 点的波矢量 $\boldsymbol{k}_2^{(i)}$, 它们与照明光波的波矢量 $\boldsymbol{k}_1$ 一起决定它们分别对应的灵敏度矢量. 对于每个观察方向 i, 可以写出一个相位增量 $\Delta\phi$ 和位移的关系式. 为了简化表达式的形式, 我们以 $\Phi^{(i)}$ 表示对于观察点 V_i 的相位增量 $\Delta\phi^{(i)} (i = 1, 2, 3)$, 相应的灵敏度矢量为 $\boldsymbol{K}_i = \boldsymbol{k}_2^{(i)} - \boldsymbol{k}_1$, 于是

$$\left.\begin{aligned}\Phi^{(1)} &= (\boldsymbol{k}_2^{(1)} - \boldsymbol{k}_1) \cdot \boldsymbol{d} = \boldsymbol{K}_1 \cdot \boldsymbol{d} \\ \Phi^{(2)} &= (\boldsymbol{k}_2^{(2)} - \boldsymbol{k}_1) \cdot \boldsymbol{d} = \boldsymbol{K}_2 \cdot \boldsymbol{d} \\ \Phi^{(3)} &= (\boldsymbol{k}_2^{(3)} - \boldsymbol{k}_1) \cdot \boldsymbol{d} = \boldsymbol{K}_3 \cdot \boldsymbol{d}\end{aligned}\right\} \qquad (7\text{-}2\text{-}31)$$

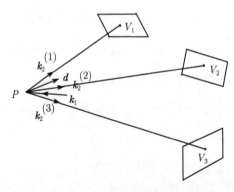

图 7-2-7 多全息图分析系统简图

若三个灵敏度矢量是非共面的, 则式 (7-2-31) 方程组将决定位移矢量 d. 这种测量位移的方法称为多全息图分析法. 它首先是由 A. E. Ennos[5] 提出的. 他利用两张全息图和接近掠入射的照明相配合去测量金属箔片的面内形变. 显然, 若 V_1, V_2 和 V_3 是位于同一张大全息图上的三个观察点时, (7-2-31) 式也是同样有效的.

由 (7-2-31) 式可知, 确定位移矢量 d 的最方便的方法是将全部矢量分解为 xyz 坐标系中互相垂直的分量. 如果物体是平面, 可使坐标的 xy 平面与物体相平行将是很方便的. 在其他情况下, 坐标系的选取, 总是以最简便为原则.

(7-2-31) 式可以写成线性代数方程组, 并用矩阵形式表示如下:

7.2 双曝光法或二次曝光法

$$\begin{bmatrix} \Phi^{(1)} \\ \Phi^{(2)} \\ \Phi^{(3)} \end{bmatrix} = \begin{bmatrix} K_{1x} K_{1y} K_{1z} \\ K_{2x} K_{2y} K_{2z} \\ K_{3x} K_{3y} K_{3z} \end{bmatrix} \begin{bmatrix} d_x \\ d_y \\ d_z \end{bmatrix} \qquad (7\text{-}2\text{-}32)$$

亮纹条件为

$$\begin{bmatrix} K_{1x} K_{1y} K_{1z} \\ K_{2x} K_{2y} K_{2z} \\ K_{3x} K_{3y} K_{3z} \end{bmatrix} \begin{bmatrix} d_x \\ d_y \\ d_z \end{bmatrix} = 2\pi \begin{bmatrix} N_1 \\ N_2 \\ N_3 \end{bmatrix} \qquad (7\text{-}2\text{-}33)$$

系数矩阵完全由全息系统的几何位置和光波波长决定. 式右的矢量由观察干涉条纹而得到. 由 (7-2-33) 可以解出位移的三个正交分量 d_x, d_y 和 d_z. 计算时, 首先在物体上确定零级条纹所在位置, 即在第一次曝光和第二次曝光时位置保持不变的那些点. 然后数出从零级条纹所在位置到 V_1 点的亮条纹数目, 即确定出 V_1 点的条纹序数 N_1(所选择的观察点为亮点). 同样的办法, 逐一确定 V_2 和 V_3 点的条纹序数 N_2 和 N_3. 这就意味着全息图记录的物体上必须存在有一个在两次曝光过程中保持不动的点或区域, 然而, 并不能总是如此. 譬如, 与静止的夹具连接不牢时就会造成物体整体的移动, 有时, 即便物体上存在有两次曝光过程中保持不动的点或区域, 也很难找到它们的位置. 参考文献 [9] 和 [14] 提出了解决这个问题的一个简单方法: 即把一个易于弯曲的细条的一端固定在全息图视场内某个在检测中保持静止不动的物体上, 细条另一端固定在待测物体上, 并被轻轻拉紧. 这样, 就在干涉图中引入了一个可靠的零级条纹参考点.

U. Kopf 提出了一种三次曝光的全息方法[12], 在这种方法中, 由于零级条纹的亮度比其他亮纹亮得多, 所以易于识别. Jean-Michel Desse 等开发了一种基于彩色全息干涉计量的光学新技术, 此方法同时使用连续激光器的三个波长记录在一张全色银盐干版上 (Slavich PFG 03C). 光学系统调节到恰好使全息图产生一均匀的背底颜色, 于是零级条纹就呈现为白色, 极便于识别. 此方法他们主要应用于亚声速风洞的研究中, 显然也可应用于固体力学中的形变和位移测量[1,16,17].

7.2.3.2 单全息图分析法

单全息图分析法是测量位移矢量的又一种方法, 是由 E. B. Aleksandrov 和 A. M. Bonch-Bruevich 提出来的[13]. 它通过全息图上三个不同的点 V_1, V_2 和 V_3 观察物点 P 可对三个独立的相位变化进行测量. 如果 $\Phi^{(1)}$, $\Phi^{(2)}$ 和 $\Phi^{(3)}$ 是通过一个零级条纹数出其他条纹序数来确定的, 那么, 对于多全息图分析所作出的全部讨论和方程式都是适用的. 然而, 采用单个的大全息图, 可以应用另外一种不需要依靠零级条纹的方法.

如果观察者通过小孔或望远镜将视线对准 P 点, 连续地从 V_1 移动到 V_2, 观察者在视场中将看到条纹逐条横扫过视场, 数出所扫过的条纹数 ΔN_{21} 是 $\Phi^{(2)} - \Phi^{(1)}$

的度量. 因为 $\Phi^{(2)} - \Phi^{(1)} = 2\pi\Delta N_{21}$. 对图 7-2-8 中四个观察方向都写出相位和位移的关系式, 我们有

$$\left.\begin{array}{l}\Phi^{(1)} = (\boldsymbol{k}_2^{(1)} - \boldsymbol{k}_1) \cdot \boldsymbol{d} = 2\pi N_1 \\ \Phi^{(2)} = (\boldsymbol{k}_2^{(2)} - \boldsymbol{k}_1) \cdot \boldsymbol{d} = 2\pi N_2 \\ \Phi^{(3)} = (\boldsymbol{k}_2^{(3)} - \boldsymbol{k}_1) \cdot \boldsymbol{d} = 2\pi N_3 \\ \Phi^{(4)} = (\boldsymbol{k}_2^{(4)} - \boldsymbol{k}_1) \cdot \boldsymbol{d} = 2\pi N_4\end{array}\right\} \qquad (7\text{-}2\text{-}34)$$

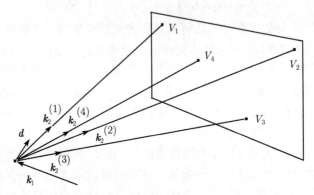

图 7-2-8 单全息图分析的有关参数示意图

将上述方程式两两相减, 得

$$\left.\begin{array}{l}\Phi^{(2)} - \Phi^{(1)} = (\boldsymbol{k}_2^{(2)} - \boldsymbol{k}_2^{(1)}) \cdot \boldsymbol{d} = \boldsymbol{K}^{(2)} \cdot \boldsymbol{d} = 2\pi\Delta N_{21} \\ \Phi^{(3)} - \Phi^{(1)} = (\boldsymbol{k}_2^{(3)} - \boldsymbol{k}_2^{(1)}) \cdot \boldsymbol{d} = \boldsymbol{K}^{(3)} \cdot \boldsymbol{d} = 2\pi\Delta N_{31} \\ \Phi^{(4)} - \Phi^{(1)} = (\boldsymbol{k}_2^{(4)} - \boldsymbol{k}_2^{(1)}) \cdot \boldsymbol{d} = \boldsymbol{K}^{(4)} \cdot \boldsymbol{d} = 2\pi\Delta N_{41}\end{array}\right\} \qquad (7\text{-}2\text{-}35)$$

式中, $\Delta N_{21} = (N_2 - N_1)$, $\Delta N_{31} = (N_3 - N_1)$, $\Delta N_{41} = (N_4 - N_1)$, $\boldsymbol{k}_2^{(i)} - \boldsymbol{k}_2^{(1)} = \boldsymbol{K}^{(i)}$ $(i = 2, 3, 4)$. 我们可对全息图进行逐点扫描来决定 ΔN_{21}、ΔN_{31} 和 ΔN_{41}, 并可将确定位移矢量的三个分量的方程式写成如下的矩阵形式:

$$\begin{bmatrix} K_x^{(2)} K_y^{(2)} K_z^{(2)} \\ K_x^{(3)} K_y^{(3)} K_z^{(3)} \\ K_x^{(4)} K_y^{(4)} K_z^{(4)} \end{bmatrix} \begin{bmatrix} d_x \\ d_y \\ d_z \end{bmatrix} = 2\pi \begin{bmatrix} \Delta N_{21} \\ \Delta N_{31} \\ \Delta N_{41} \end{bmatrix} \qquad (7\text{-}2\text{-}36)$$

在确定条纹序数的变化值时, 如 ΔN_{21}, 可以任意选择一种符号规则, 并在整个测量过程中保持一致. 例如, 如果条纹相对观察者向左侧运动, 规定 ΔN_{21} 为正值, 则条纹相对观察者向右侧运动时, ΔN_{21} 就应取负值. 这样, 就可以确定位移的数值和方向, 然而它的指向仍难以确定, 除非它在实际上就很明显. 如在本章图 7-2-6 所示悬臂梁再现像上的干涉图纹, 因为施力的方向是清楚的, 位移的指向可轻而易

举地判断. 这个问题也可归结为条纹序数的符号的不确定性. 实际上, 以上问题的不确定性, 还在于所建立的方程式组的个数不够, 除开位移 $\boldsymbol{d}(d_x, d_y, d_z)$ 有三个未知数外, 还有物光相位差 $\varPhi$ 也作为是一个未知数, 因此, 至少需要 4 个独立方程式. 这些方程式可以通过 4 次独立的观察来建立. 每次以不同的方向观察便得到类似 (7-2-34) 式中的一个方程. 由于全息图尺寸有限, 若只以 4 个观察点建立方程组进行测量, 可能会产生较大的误差. 为了减小误差, 通常采用大于 4 次的观察, 这样就形成了为了测定位移 $\boldsymbol{d}(d_x, d_y, d_z)$ 和物光相位差 $\varPhi$ 的一组超定方程式 (over-determined set of equations). 譬如. 观察次数有 r 次, 并使得通过 V_i 点所观察的 P 点处于亮纹的位置, 我们可得到下面 r 组方程式[10,11]:

$$\left.\begin{aligned}\varPhi^{(1)} &= (\boldsymbol{k}_2^{(1)} - \boldsymbol{k}_1) \cdot \boldsymbol{d} = 2\pi N_1 \\ \varPhi^{(2)} &= (\boldsymbol{k}_2^{(2)} - \boldsymbol{k}_1) \cdot \boldsymbol{d} = 2\pi N_2 \\ &\cdots\cdots \\ \varPhi^{(r)} &= (\boldsymbol{k}_2^{(r)} - \boldsymbol{k}_1) \cdot \boldsymbol{d} = 2\pi N_r\end{aligned}\right\} \quad (7\text{-}2\text{-}37)$$

将 (7-2-37) 式中的方程式两两与第一个方程式相减, 可得

$$\left.\begin{aligned}\Delta\varPhi^{(21)} &= \varPhi^{(2)} - \varPhi^{(1)} = (\boldsymbol{k}_2^{(2)} - \boldsymbol{k}_2^{(1)}) \cdot \boldsymbol{d} = 2\Delta N_{21}\pi \\ \Delta\varPhi^{(31)} &= \varPhi^{(3)} - \varPhi^{(1)} = (\boldsymbol{k}_2^{(3)} - \boldsymbol{k}_2^{(1)}) \cdot \boldsymbol{d} = 2\Delta N_{31}\pi \\ &\cdots\cdots \\ \Delta\varPhi^{(r1)} &= \varPhi^{(r)} - \varPhi^{(1)} = (\boldsymbol{k}_2^{(r)} - \boldsymbol{k}_2^{(1)}) \cdot \boldsymbol{d} = 2\Delta N_{r1}\pi\end{aligned}\right\} \quad (7\text{-}2\text{-}38)$$

于是, 我们有

$$\left.\begin{aligned}\varPhi^{(2)} &= \varPhi^{(1)} + 2\Delta N_{21}\pi \\ \varPhi^{(3)} &= \varPhi^{(1)} + 2\Delta N_{31}\pi \\ &\cdots\cdots \\ \varPhi^{(r)} &= \varPhi^{(1)} + 2\Delta N_{r1}\pi\end{aligned}\right\} \quad (7\text{-}2\text{-}39)$$

将 (7-2-39) 式的关系代入 (7-2-37) 式:

$$\left.\begin{aligned}\varPhi^{(1)} &= \left(\boldsymbol{k}_2^{(1)} - \boldsymbol{k}_1\right) \cdot \boldsymbol{d} = \varPhi^{(1)} + 2\Delta N_{11}\pi \\ \varPhi^{(2)} &= \left(\boldsymbol{k}_2^{(2)} - \boldsymbol{k}_1\right) \cdot \boldsymbol{d} = \varPhi^{(1)} + 2\Delta N_{21}\pi \\ \varPhi^{(3)} &= \left(\boldsymbol{k}_2^{(3)} - \boldsymbol{k}_1\right) \cdot \boldsymbol{d} = \varPhi^{(1)} + 2\Delta N_{31}\pi \\ &\cdots\cdots \\ \varPhi^{(r)} &= \left(\boldsymbol{k}_2^{(r)} - \boldsymbol{k}_1\right) \cdot \boldsymbol{d} = \varPhi^{(1)} + 2\Delta N_{r1}\pi\end{aligned}\right\} \quad (7\text{-}2\text{-}40)$$

将方程组所有方程中的 $\Phi^{(1)}$ 移项到等式的另一边，并以 $K^{(i)}$ 表示 $\left(k_2^{(i)} - k_1\right)$，以 $\Delta\Phi^{(i1)}$ 表示 $\Phi^{(i)} - \Phi^{(1)}$，将 (7-2-40) 式改写为

$$\left.\begin{array}{l} K^{(1)} \cdot d - \Phi^{(1)} = 2\Delta N_{11}\pi = \Delta\Phi^{(11)} \\ K^{(2)} \cdot d - \Phi^{(1)} = 2\Delta N_{21}\pi = \Delta\Phi^{(21)} \\ K^{(3)} \cdot d - \Phi^{(1)} = 2\Delta N_{31}\pi = \Delta\Phi^{(31)} \\ \cdots\cdots \\ K^{(r)} \cdot d - \Phi^{(1)} = 2\Delta N_{r1}\pi = \Delta\Phi^{(r1)} \end{array}\right\} \qquad (7\text{-}2\text{-}41)$$

或写成矩阵形式：

$$\begin{bmatrix} K_x^{(1)} & K_y^{(1)} & K_z^{(1)} & -1 \\ K_x^{(2)} & K_y^{(2)} & K_z^{(2)} & -1 \\ K_x^{(3)} & K_y^{(3)} & K_z^{(3)} & -1 \\ \cdots & \cdots & \cdots & \cdots \\ K_x^{(r)} & K_y^{(r)} & K_z^{(r)} & -1 \end{bmatrix} \begin{bmatrix} d_x \\ d_y \\ d_z \\ \Phi^{(1)} \end{bmatrix} = \begin{bmatrix} \Delta\Phi^{(11)} \\ \Delta\Phi^{(21)} \\ \Delta\Phi^{(31)} \\ \cdots \\ \Delta\Phi^{(r1)} \end{bmatrix} = 2\pi \begin{bmatrix} \Delta N_{11} \\ \Delta N_{21} \\ \Delta N_{31} \\ \cdots \\ \Delta N_{r1} \end{bmatrix} \qquad (7\text{-}2\text{-}42)$$

显然，式中，$\Delta\Phi^{(11)} = 0$，$\Delta N_{11} = 0$. 将 (7-2-42) 式表达为简写式：

$$\left(\overline{\overline{K}}, -1\right) \begin{pmatrix} d \\ \Phi^{(1)} \end{pmatrix} = \overline{\overline{\Delta\Phi}} = 2\pi\overline{\overline{\Delta N}} \qquad (7\text{-}2\text{-}43)$$

其中，$\left(\overline{\overline{K}}, -1\right)$ 是 r 行、4 列矩阵；$\begin{pmatrix} d \\ \Phi^{(1)} \end{pmatrix}$ 是 4 行、1 列矩阵；$\overline{\overline{\Delta\Phi}}$ 和 $\overline{\overline{\Delta N}}$ 是 r 行、1 列矩阵.

令

$$\overline{\overline{G}} \equiv \left(\overline{\overline{K}}, -1\right) \qquad (7\text{-}2\text{-}44)$$

则 (7-2-43) 式可改写为

$$\overline{\overline{G}} \begin{pmatrix} d \\ \Phi^{(1)} \end{pmatrix} = \overline{\overline{\Delta\Phi}} = 2\pi\overline{\overline{\Delta N}} \qquad (7\text{-}2\text{-}45)$$

为了计算 d 和 $\Phi^{(1)}$，必须求出 $\overline{\overline{G}}$ 的逆矩阵. 首先需将 $\overline{\overline{G}}$ 变成方阵，并且满秩. 为此，可用 $\overline{\overline{G}}$ 的转置矩阵 $\overline{\overline{G}}^T$ 左乘 (7-2-45) 两端. 得到

$$\overline{\overline{G}}^T \overline{\overline{G}} \begin{pmatrix} d \\ \Phi^{(1)} \end{pmatrix} = \left[\overline{\overline{G}}^T \left(\overline{\overline{\Delta\Phi}}\right)\right] \quad \text{或} \quad \begin{pmatrix} d \\ \Phi^{(1)} \end{pmatrix} = \left(\overline{\overline{G}}^T \overline{\overline{G}}\right)^{-1} \left[\overline{\overline{G}}^T \left(\overline{\overline{\Delta\Phi}}\right)\right]$$

$$(7\text{-}2\text{-}46)$$

(7-2-46) 式表明, 只要测出观察点、照明点和物体上 P 点的坐标值, 以及对全息图各个观察点 V_i 到 V_1 点连续扫描确定它们之间条纹序数的变化值, 就可以确定位移和 V_1 点的相位增量. (7-2-46) 式是测定位移的最后公式, 它是通过建立超定方程组并转换为矩阵形式导出的, 这样, 就便于编制计算机程序进行快速计算.

(7-2-37)~(7-2-46) 式的推导过程符合最小二乘法原理, 因为按 (7-2-46) 式计算出来的位移 d 具有最小的均方误差. 有关其证明以及应用 (7-2-46) 式编制计算机程序的实例, 可参看参考文献 [10], [11].

7.3 连续曝光法或时间平均法

连续曝光法 (continue-exposure method) 或时间平均法 (time-average holographic interferometry) 常用于研究物体的振动. 在物体振动过程中, 拍摄一张全息照片, 对振动物体在一定时间间隔 T 内连续地曝光. 这相当于在同一片全息干版上记录下一系列的物光波前, 这样拍摄下来的全息图用原参考光照明再现时, 将再现出物体振动过程中所有的像. 观察者所看到的是所有再现像互相干涉的总效果.

下面, 我们介绍这种方法的基本原理.

设物光和参考光在全息干版上的复振幅分别为 $O(x,y,t)$ 和 $R(x,y)$, 则任意点 $P(x,y)$ 的曝光量为

$$E(x,y) = \int_0^T (O_0^2 + R_0^2 + OR^* + O^*R) \mathrm{d}t \tag{7-3-1}$$

T 为曝光时间, 在线性记录的情况下, 对于振幅型全息图, 我们有

$$\begin{aligned} t(x,y) &= t_0 + \beta E(x,y) \\ &= t_0 + \beta'(O_0^2 + R_0^2) + \beta R^* \int_0^T O(x,y,t) \mathrm{d}t + \beta R \int_0^T O^*(x,y,t) \mathrm{d}t \end{aligned} \tag{7-3-2}$$

式中, 以 t_3 表示对应于原始像的第三项, 以 T_0 表示振动周期, 并设

$$T = NT_0 + T_\varepsilon \tag{7-3-3}$$

若 $NT_0 \gg T_\varepsilon$ 则 t_3 可表示为

$$t_3 = N\beta R^* \int_0^{T_0} O(x,y,t) \mathrm{d}t$$

以原参考光照明全息图, 再现的原始像所对应的衍射光复振幅为

$$u_3 = N\beta R_0^2 \int_0^{T_0} O(x,y,t) \mathrm{d}t \tag{7-3-4}$$

若拍摄的是一根簧片的振动过程,簧片两端分别夹紧在上下两个固定基座上.取坐标如图 7-3-1 所示. 只考虑一维的情况, 设簧片在平衡位置附近作谐振动, 簧片上任意点 $P(x)$ 相对平衡位置 P_0 的位移 $d(x,t)$ 可表为

$$d(x,t) = A(x)\cos(\omega t + \psi) \tag{7-3-5}$$

式中, 振幅 A 为 x 的函数, ψ 是振动的初相.

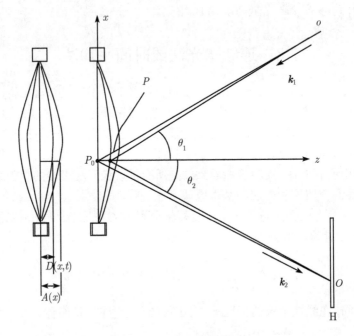

图 7-3-1　簧片的振动分析

设簧片振动过程中, 物光振幅变化极其微小, 可忽略不计, 仅其相位发生变化. 即

$$O(x) = O_0(x)\exp[-\mathrm{j}\phi(x,t)]$$

式中, $O_0(x)$ 分布保持不变, 只相位 $\phi(x,t)$ 发生变化. 物体初始状态在平衡位置 P_0, 相位为 $\phi_0(x)$; 某瞬间移动到任意点 $P(x)$, 相位为 $\phi(x)$. 注意到在图 7-3-1 所选取的坐标中, 照明矢量和观察矢量的各个分量为 $e_{1x} = e_{1y} = e_{2x} = e_{2y} = 0$, $e_{2z} = \cos\theta_2$, $e_{1z} = -\cos\theta_1$, 相应的相位增量 $\Delta\phi$ 根据 (7-2-24) 式, 为

$$\Delta\phi = \phi - \phi_0 = (\boldsymbol{k}_2 - \boldsymbol{k}_1)\cdot\boldsymbol{d} = \frac{2\pi}{\lambda}d(x,t)(e_{2z} - e_{1z}) = \frac{2\pi}{\lambda}d(x,t)[\cos\theta_2 - (-\cos\theta_1)]$$

或

$$\phi = \phi_0 + \frac{2\pi}{\lambda}d(x,t)(\cos\theta_2 + \cos\theta_1) \tag{7-3-6}$$

7.3 连续曝光法或时间平均法

于是, 物光复振幅分布可表示为

$$O(x) = O_0(x)\exp[-\mathrm{j}\phi_0]\exp[-\mathrm{j}\frac{2\pi}{\lambda}d(x,t)(\cos\theta_2 + \cos\theta_1)]$$

$$= O_0(x)\exp[-\mathrm{j}\phi_0]\exp[-\mathrm{j}\frac{2\pi}{\lambda}A(x)(\cos\theta_2 + \cos\theta_1)\cos(\omega t + \psi)] \quad (7\text{-}3\text{-}7)$$

将 (7-3-7) 式代入 (7-3-4) 式, 得

$$u_3 = N\beta R_0^2 O_0(x)\exp(-\mathrm{j}\phi_0)\int_0^{T_0}\exp[-\mathrm{j}\frac{2\pi}{\lambda}A(x)(\cos\theta_2 + \cos\theta_1)\cos(\omega t + \psi)]\mathrm{d}t$$

$$= N\beta R_0^2 O_0(x)\exp(-\mathrm{j}\phi_0)\left(\frac{2\pi}{\omega}\right)$$

$$\times \frac{1}{2\pi}\int_0^{2\pi}\exp[-\mathrm{j}\frac{2\pi}{\lambda}A(x)(\cos\theta_2 + \cos\theta_1)\cos(\omega t + \psi)]\mathrm{d}(\omega t)$$

$$= (NT_0)\beta R_0^2 O_0(x)\exp(-\mathrm{j}\phi_0)\left[\frac{1}{2\pi}\int_0^{2\pi}\exp[-\mathrm{j}\xi\cos(\omega t + \psi)]\mathrm{d}(\omega t + \psi)\right]$$

根据第 2 章 (2-5-14) 式的关系, 我们得到

$$u_3 = T\beta R_0^2 O_0(x)\exp(-\mathrm{j}\phi_0)J_0(\xi) \quad (7\text{-}3\text{-}8)$$

式中, $J_0(\xi)$ 是第一类零阶贝塞尔函数, 并且

$$\xi = \frac{2\pi}{\lambda}A(x)(\cos\theta_2 + \cos\theta_1) \quad (7\text{-}3\text{-}9)$$

再现正一级衍射光, 即物光原始像的光强分布为

$$I = u_3 u_3* = CO_0^2 J_0^2(\xi) = CI_0 J_0^2(\xi) \quad (7\text{-}3\text{-}10)$$

式中,

$$C = T^2\beta^2 R_0^4 = \text{const.}$$

1) 当簧片静止不动时

物面上各点振幅为零 $A(x) = 0$, $\xi = 0$ $J_0(0) = 1$, 故 $I = CI_0$, 即整个物面是一片亮区. 但比原来物光衰减了 C 倍.

2) 簧片连同基座一同做活塞式振动时

物面上各点振幅相等, $A(x) = A_0$

$$\xi = \frac{2\pi}{\lambda}A(x)(\cos\theta_2 + \cos\theta_1) = \frac{2\pi}{\lambda}A_0(\cos\theta_2 + \cos\theta_1) \neq 0$$

若 $\xi = \xi_n$, 即 ξ 等于第一类零阶贝塞尔函数的根值时, 则物面是一片暗区.

若 $\xi \neq \xi_n$, 整个物面亮度均匀, 但比静止时暗.

3) 簧片做非活塞式振动时

各处 $D(x)$ 不等, 物面呈现节线和暗区. 物面光强分布是物体静止时的光强被 ξ 的第一类零阶贝塞尔函数所调制并衰减了 C 倍. 其强度分布曲线如图 7-3-2 所示. 与节线对应的零级亮纹宽度比其他各级大许多, 亮度也高得多.

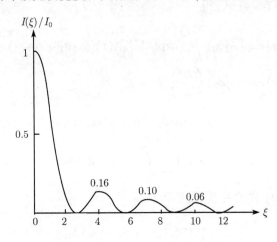

图 7-3-2 悬臂梁干涉条纹强度分布曲线

暗纹条件是

$$J_0(\xi_n) = 0$$

式中, ξ_n 为一类零阶贝塞尔函数之根值. 表 7-3-1 列出了前 6 个根值.

表 7-3-1 前 6 个暗纹位置

条纹序数	ξ_n	条纹序数	ξ_n
1	2.4048	4	11.7915
2	5.5201	5	14.9309
3	8.6537	6	18.0710

表 7-3-2 列出了前 6 级亮纹的亮度与零级亮纹亮度之比, 即相对亮度 $I(\xi)/I_0$. 可以看出, 除零级亮纹外, 其余亮纹的亮度都很低.

表 7-3-2 各级亮纹与零级比的相对亮度

条纹序数	相对亮度	条纹序数	相对亮度
0	1	3	0.06
1	0.16	4	0.04
2	0.10	5	0.03

根据时间平均全息图上干涉条纹的分布状态,可以分析振动物体各个部位的振幅分布以及振动体的振动模式.这种方法已发展成为全息振动分析的一种成熟技术,并在航空制造业、机床制造业、汽车工业、乐器研究、振动模式分析等方面获得应用[17,18].

图 7-3-3 是激振吉他的两幅时间平均全息图,表示了它的两种不同的振动模式,根据不同激振条件下所产生的不同的振动模式,以及乐器上各个部位的振幅分布,有助于指导吉他、小提琴等各种乐器制作时应注意的问题.

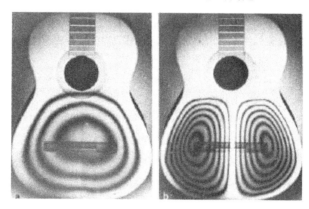

图 7-3-3 激振吉他的时间平均全息图

参 考 文 献

[1] 维斯特 C M,著.樊雄文,王玉洪,译.全息干涉度量学 [M].北京:机械工业出版社,1984:75-85,119-136.

[2] 熊秉衡.实时全息检测的若干要点 [J].红外技术,2000, 22 (S):96-101.

[3] 熊秉衡,王正荣,张永安,等.实时全息检测透明物的一种新方法[J].光学学报,2001,21(7):841-845.

[4] Kreis Thomas. Handbook of holographic interferometry-optical and digital methods[M]. Berlin: Wiley-VCH, 2004.

[5] Ennos A E. Measurements of in-plane surface strain by hologram interferometry[J]. J Sci Instrum, Ser. II, 1968, 1: 731-746.

[6] 王正荣,熊秉衡,张永安,等.用实时全息术研究低速变化过程的一种简易系统 [J].光学学报,1997, 17(6): 572-576.

[7] 艾布拉姆森 N. 全息图的摄制与估算 [M].北京:科技出版社,1988: 88.

[8] 采用 Q 开关红宝石激光器拍摄的子弹飞行的双曝光全息图 [EB/OL]. http://www.ph.ed.ac.uk/~wjh/teaching/mo/slides/holo-interferometry/holo-inter.pdf,20.04.04.

[9] Abramson N. The holo-diagram. II: A practical device for information retrieval in hologram interferometry[J]. Appl Opt, 1970 9: 97-101.

[10] 王仕璠. 信息光学理论与应用 [M]. 北京：北京邮电大学出版社, 2004: 251-253.
[11] 王仕璠, 袁格, 贺安之, 等. 全息干涉计量学 —— 理论与实践 [M]. 北京：科学出版社. 1989: 37-42.
[12] Kopf U. Fringe oder determination and zero motion fringe identification in holographic displacement measurements[J]. Opt Laser Technol, 1973, 5: 111-113.
[13] Aleksandrov E B, Bonch-Bruevich A M. Investigation of surface strains by the hologram technique[J]. Soc Phys Tech Phys, 1967,12: 258-265.
[14] Sciammarella C A, Gibert J A. Strain analysis of a disk subjected to diametral compression by means of holographic interferometry[J]. Appl Opt, 1973, 12: 1951-1956.
[15] 熊秉衡, 王正荣, 张永安, 等. 利用卤化银乳胶制作具有予期位相调制度的、位相型、薄全息光栅的研究 [J]. 光学学报, 1997, 17(8): 1021-1027.
[16] Jean-Michel Desse, Fe'lix Albe, Jean-Louis Tribillon. Real-time color holographic interferometry[J]. Applied Optics, 2002, 41(25): 5326-5333.
[17] Feng Shih Yu. Some acoustical measurements on the Chinese musical instrument Pi-Pa[J]. J Acoust Soc Am, 1984, 75(2): 599.
[18] 哈尔滨科技大学激光研究室. 浙江古鞭钟的振动模式与结构分析 [J]. 哈尔滨科技大学学报, 1982, 1.

第 8 章 不透明物体的全息干涉计量

8.1 刚体平移和转动的测量

固体的运动变化一般是复杂的, 其位置、大小、形状都可能发生改变. 我们首先研究最简单的固体, 即**刚体**. 它的定义是: 固定间距的质点集合. 或: 在运动、变化过程中其表面和内部任意两点之间的距离保持不变的固体. 刚体的运动, 只有转动与平移, 而没有形变. 所以, 对刚体运动变化所作的测量就是刚体平动和转动的测量. 研究刚体运动的全息干涉计量方法有许多实际的应用. 例如, 应用于研究高速运动的子弹、磁盘等的运动状态; 机械结构、部件的优化设计; 机械制造过程的检测; 牙科的实验研究等[1].

8.1.1 刚体运动的方程式组

根据力学理论, 刚体上任意一点 P 的位移可表示为

$$\boldsymbol{d} = \boldsymbol{d}_0 + \boldsymbol{\theta} \times \boldsymbol{r} = \boldsymbol{d}_0 - \boldsymbol{r} \times \boldsymbol{\theta} \tag{8-1-1}$$

式中, $\boldsymbol{d}_0$ 表示刚体质心的平移, $\boldsymbol{\theta}$ 表示刚体的转动矢量, $\boldsymbol{r}$ 为刚体上被考察的某任意点 P 的矢径, 即 P 点的位置矢量. 在笛卡儿直角坐标系中, 点 P 的坐标为 (x,y,z), 上述物理量可分别表示为

$$\boldsymbol{d} = d_x\hat{\boldsymbol{i}} + d_y\hat{\boldsymbol{j}} + d_z\hat{\boldsymbol{k}} \tag{8-1-2a}$$

$$\boldsymbol{d}_0 = d_{0x}\hat{\boldsymbol{i}} + d_{0y}\hat{\boldsymbol{j}} + d_{0z}\hat{\boldsymbol{k}} \tag{8-1-2b}$$

$$\boldsymbol{\theta} = \theta_x\hat{\boldsymbol{i}} + \theta_y\hat{\boldsymbol{j}} + \theta_k\hat{\boldsymbol{k}} \tag{8-1-2c}$$

$$\boldsymbol{r} = x\hat{\boldsymbol{i}} + y\hat{\boldsymbol{j}} + z\hat{\boldsymbol{k}} \tag{8-1-2d}$$

$$\boldsymbol{\theta} \times \boldsymbol{r} = \begin{bmatrix} \hat{\boldsymbol{i}} & \hat{\boldsymbol{j}} & \hat{\boldsymbol{k}} \\ \theta_x & \theta_y & \theta_z \\ x & y & z \end{bmatrix} = (z\theta_y - y\theta_z)\hat{\boldsymbol{i}} + (x\theta_z - z\theta_x)\hat{\boldsymbol{j}} + (y\theta_x - x\theta_y)\hat{\boldsymbol{k}} \tag{8-1-2e}$$

(8-1-2e) 式还可等价地表示为下面的三种形式:

$$\boldsymbol{\theta} \times \boldsymbol{r} = \begin{bmatrix} z\theta_y - y\theta_z \\ x\theta_z - z\theta_x \\ y\theta_x - x\theta_y \end{bmatrix} = \begin{bmatrix} 0 & -\theta_z & \theta_y \\ \theta_z & 0 & -\theta_x \\ -\theta_y & \theta_x & 0 \end{bmatrix} \begin{bmatrix} x \\ y \\ z \end{bmatrix} = \begin{bmatrix} 0 & z & -y \\ -z & 0 & x \\ y & -x & 0 \end{bmatrix} \begin{bmatrix} \theta_x \\ \theta_y \\ \theta_z \end{bmatrix} \tag{8-1-2f}$$

转动矢量 $\boldsymbol{\theta}$ 服从右手螺旋法则, 握拢右手四指, 竖起拇指, 使四个指头的转向和物体的转向相一致, 则与转动平面相垂直的拇指的指向就是物体转动矢量 $\boldsymbol{\theta}$ 的矢量方向. 转角的大小就等于转动矢量 $\boldsymbol{\theta}$ 的模 $|\boldsymbol{\theta}|$, 和其他矢量具有同样的性质, 它可以投影在直角坐标的三个方向上, 每个坐标分量的正负与一般矢量投影的规则一样. 以 θ_x 为例, 当右手四指的转向与物体转向相同, 拇指方向沿 x 坐标正向时, θ_x 取正值; 而当拇指方向指向 z 坐标负向时, θ_x 取负值.

将 (8-1-1) 式写为矩阵形式:

$$\begin{bmatrix} d_x \\ d_y \\ d_z \end{bmatrix} = \begin{bmatrix} d_{0x} \\ d_{0y} \\ d_{0z} \end{bmatrix} - \begin{bmatrix} y\theta_z - z\theta_y \\ z\theta_x - x\theta_z \\ x\theta_y - y\theta_x \end{bmatrix} \tag{8-1-3}$$

(8-1-3) 式还可改写为

$$\begin{bmatrix} d_x \\ d_y \\ d_z \end{bmatrix} = \overline{\overline{I}} \begin{bmatrix} d_{0x} \\ d_{0y} \\ d_{0z} \end{bmatrix} - \begin{bmatrix} 0 & -z & y \\ z & 0 & -x \\ -y & x & 0 \end{bmatrix} \begin{bmatrix} \theta_x \\ \theta_y \\ \theta_z \end{bmatrix} \tag{8-1-4}$$

式中, $\overline{\overline{I}} = \begin{bmatrix} 1 & 0 & 0 \\ 0 & 1 & 0 \\ 0 & 0 & 1 \end{bmatrix}$ 为 3×3 单位矩阵, (8-1-4) 式还可进一步写为更紧凑的形式:

$$\boldsymbol{d} = \overline{\overline{I}} \boldsymbol{d}_0 - \overline{\overline{R}}_A \boldsymbol{\theta} = \left(\overline{\overline{I}}, -\overline{\overline{R}}_A \right) \begin{pmatrix} \boldsymbol{d}_0 \\ \boldsymbol{\theta} \end{pmatrix} \tag{8-1-5}$$

式中, $\overline{\overline{R}}_A$ 为 P 点位置矢量 $\boldsymbol{r}$ 的诸分量构成的反对称矩阵, 其行列式为零. 具体形式如下:

$$\overline{\overline{R}}_A = \begin{bmatrix} 0 & -z & y \\ z & 0 & -x \\ -y & x & 0 \end{bmatrix} \tag{8-1-6a}$$

$$\begin{pmatrix} \boldsymbol{d}_0 \\ \boldsymbol{\theta} \end{pmatrix} = \begin{bmatrix} d_{0x} \\ d_{0y} \\ d_{0z} \\ \theta_x \\ \theta_y \\ \theta_z \end{bmatrix}, \quad \left(\overline{\overline{I}}, -\overline{\overline{R}}_A \right) = \begin{pmatrix} 1 & 0 & 0 & 0 & z & -y \\ 0 & 1 & 0 & -z & 0 & x \\ 0 & 0 & 1 & y & -x & 0 \end{pmatrix} \tag{8-1-6b}$$

8.1 刚体平移和转动的测量

由 (8-1-5) 式出发，对测试点计算出 d，便可求解 θ 和 d_0. 不过，它们都是矢量，要解出它们至少需要两个矢量方程. 我们可通过选择两个测试点来建立所需要的方程.

第一个测试点：
$$d_1 = d_0 - r_1 \times \theta \tag{8-1-7a}$$

第二个测试点：
$$d_2 = d_0 - r_2 \times \theta \tag{8-1-7b}$$

或写成矩阵形式：
$$\begin{pmatrix} d_1 \\ d_2 \end{pmatrix} = \begin{pmatrix} \overline{\overline{I}}, -\overline{\overline{R}}_{A1} \\ \overline{\overline{I}}, -\overline{\overline{R}}_{A2} \end{pmatrix} \begin{pmatrix} d_0 \\ \theta \end{pmatrix} \tag{8-1-7c}$$

式中，$\overline{\overline{R}}_{A1}$ 和 $\overline{\overline{R}}_{A2}$ 的意义与式 (8-1-6a) 中的 $\overline{\overline{R}}_A$ 类似. 各自代表两个测试点的空间位置矢量的分量组成的反对称矩阵. 它们的行列式都为零，(8-1-7c) 式右端的矩阵是降秩的，它没有逆矩阵. 为了确定刚体的平动和转动，至少需要 3 个测试点. 又为了减少误差，提高测量的精度，可选 n 个测试点，每个测试点可得到一个类似于 (8-1-5) 的方程式，形成了一组超定方程式. 将它们表示为矩阵方程形式，即为

$$\begin{bmatrix} d_1 \\ d_2 \\ \vdots \\ d_n \end{bmatrix} = \begin{bmatrix} \overline{\overline{I}}, -\overline{\overline{R}}_{A1} \\ \overline{\overline{I}}, -\overline{\overline{R}}_{A2} \\ \vdots \\ \overline{\overline{I}}, -\overline{\overline{R}}_{An} \end{bmatrix} \begin{bmatrix} d_0 \\ \theta \end{bmatrix} \tag{8-1-8}$$

令

$$\overline{\overline{d}} = \begin{bmatrix} d_1 \\ d_2 \\ \vdots \\ d_n \end{bmatrix}, \quad \overline{\overline{A}} = \begin{bmatrix} \overline{\overline{I}}, -\overline{\overline{R}}_{A1} \\ \overline{\overline{I}}, -\overline{\overline{R}}_{A2} \\ \vdots \\ \overline{\overline{I}}, -\overline{\overline{R}}_{An} \end{bmatrix} \tag{8-1-9}$$

$\overline{\overline{A}}$ 是 $3n \times 6$ 矩阵，这时，(8-1-8) 式可改写为

$$\overline{\overline{d}} = \overline{\overline{A}} \begin{bmatrix} d_0 \\ \theta \end{bmatrix} \tag{8-1-10}$$

用 $\overline{\overline{A}}$ 的转置矩阵 $\overline{\overline{A}}^{\mathrm{T}}$ 乘上式两端，最后可得

$$\begin{bmatrix} d_0 \\ \theta \end{bmatrix} = \left(\overline{\overline{A}}^{\mathrm{T}} \overline{\overline{A}} \right)^{-1} \left(\overline{\overline{A}}^{\mathrm{T}} \overline{\overline{d}} \right) \tag{8-1-11}$$

(8-1-11) 式就是测定刚体微小转动与平动的公式. 求出各个分量 d_{0x}, d_{0y}, d_{0z} 和 $\theta_x, \theta_y, \theta_z$ 后, 应用下面公式:

$$d_0 = \sqrt{d_{0x}^2 + d_{0y}^2 + d_{0z}^2}, \quad \theta = \sqrt{\theta_x^2 + \theta_y^2 + \theta_z^2} \tag{8-1-12}$$

便可以计算刚体的微小转动与平动的量值.

有关应用以上公式所编制的计算机程序可参看文献 [1].

8.1.2 瞬时转动中心和阻力中心的测定

在刚体运动过程中, 有两个特殊的点 —— 瞬时转动中心和阻力中心. **瞬时转动中心**是刚体运动过程中的任意瞬间位移为零的点. 而**阻力中心**是受约束的刚体运动过程中的任意瞬间转速为零的点.

当研究刚体的受控运动时, 常常需要测定其瞬时转动中心和阻力中心的位置, 以便选取合适的加力点, 使得刚体的运动状态按实际需要来变化, 以达到预期的效果. 例如, 在正牙学中, 研究牙体在矫形力作用下的瞬时转动中心和阻力中心是考察牙体受控运动、修复学中基牙的受力分析以及创伤成因等研究的重要依据.

根据 (8-1-1) 式, 设满足位移为零的点 $P_c(x_c, y_c, z_c)$ 的矢径为 r_c, 我们有

$$\boldsymbol{d} = \boldsymbol{d}_0 + \boldsymbol{\theta} \times \boldsymbol{r}_c = 0 \tag{8-1-13}$$

利用 (8-1-2f) 式, 将 $(\boldsymbol{\theta} \times \boldsymbol{r}_c)$ 表示为

$$(\boldsymbol{\theta} \times \boldsymbol{r}_c) = \begin{bmatrix} 0 & -\theta_z & \theta_y \\ \theta_z & 0 & -\theta_x \\ -\theta_y & \theta_x & 0 \end{bmatrix} \begin{bmatrix} x_c \\ y_c \\ z_c \end{bmatrix}$$

于是, 我们可将 (8-1-13) 式改写为

$$\begin{bmatrix} d_{0x} \\ d_{0y} \\ d_{0z} \end{bmatrix} = - \begin{bmatrix} 0 & -\theta_z & \theta_y \\ \theta_z & 0 & -\theta_x \\ -\theta_y & \theta_x & 0 \end{bmatrix} \begin{bmatrix} x_c \\ y_c \\ z_c \end{bmatrix} \tag{8-1-14a}$$

或简表为

$$\boldsymbol{d}_0 = -\bar{\bar{\boldsymbol{\theta}}}_A \cdot \boldsymbol{r}_c \tag{8-1-14b}$$

式中,

$$\bar{\bar{\boldsymbol{\theta}}}_A = \begin{bmatrix} 0 & -\theta_z & \theta_y \\ \theta_z & 0 & -\theta_x \\ -\theta_y & \theta_x & 0 \end{bmatrix} \tag{8-1-14c}$$

$r_c(x_c, y_c, z_c)$ 代表瞬时转动中心位置. 由于 (8-1-14c) 式表示的反对称矩阵 $\bar{\bar{\theta}}_A$ 是降秩的, 故不能由 (8-1-14c) 式求出 $r_c(x_c, y_c, z_c)$.

刚体的瞬时转动中心只能对某些特定的运动形式求解, 例如平面平行运动. 若刚体在 xy 平面作平面平行运动, 则只有 θ_z 不为零, 而 $\theta_x = \theta_y = 0$. 于是, (8-1-14a) 式可写为

$$\begin{bmatrix} d_{0x} \\ d_{0y} \\ d_{0z} \end{bmatrix} = - \begin{bmatrix} 0 & -\theta_z & 0 \\ \theta_z & 0 & 0 \\ 0 & 0 & 0 \end{bmatrix} \begin{bmatrix} x_c \\ y_c \\ z_c \end{bmatrix} = - \begin{bmatrix} -\theta_z y_c \\ \theta_z x_c \\ 0 \end{bmatrix} = \begin{bmatrix} \theta_z y_c \\ -\theta_z x_c \\ 0 \end{bmatrix} \qquad (8\text{-}1\text{-}15)$$

由此可求得刚体的瞬时转动中心的坐标为

$$x_c = -d_{0y}/\theta_z, \quad y_c = d_{0x}/\theta_z, \quad z_c = 0 \qquad (8\text{-}1\text{-}16)$$

若刚体在 yz 平面作平面平行运动, 则只有 θ_x 不为零, 而 $\theta_y = \theta_z = 0$. 于是, (8-1-14) 式可写为

$$\begin{bmatrix} d_{0x} \\ d_{0y} \\ d_{0z} \end{bmatrix} = - \begin{bmatrix} 0 & 0 & 0 \\ 0 & 0 & -\theta_x \\ 0 & \theta_x & 0 \end{bmatrix} \begin{bmatrix} x_c \\ y_c \\ z_c \end{bmatrix} = \begin{bmatrix} 0 \\ \theta_x z_c \\ -\theta_x y_c \end{bmatrix} \qquad (8\text{-}1\text{-}17)$$

$$x_c = 0, \quad y_c = -d_{0z}/\theta_x, \quad z_c = d_{0y}/\theta_x \qquad (8\text{-}1\text{-}18)$$

若刚体在 zx 平面作平面平行运动, 则只有 θ_y 不为零, 而 $\theta_z = \theta_x = 0$. 于是, (8-1-14) 式可写为

$$\begin{bmatrix} d_{0x} \\ d_{0y} \\ d_{0z} \end{bmatrix} = - \begin{bmatrix} 0 & 0 & \theta_y \\ 0 & 0 & 0 \\ -\theta_y & 0 & 0 \end{bmatrix} \begin{bmatrix} x_c \\ y_c \\ z_c \end{bmatrix} = \begin{bmatrix} -\theta_y z_c \\ 0 \\ \theta_y x_c \end{bmatrix} \qquad (8\text{-}1\text{-}19)$$

$$x_c = d_{0z}/\theta_y, \quad y_c = 0, \quad z_c = -d_{0x}/\theta_y \qquad (8\text{-}1\text{-}20)$$

在一般情况下, 刚体可能不作单纯的平面平行运动, 不过, 只要 θ 某一个分量 θ_i 与其他分量比较足够大, 例如, 当 $\theta_x > 3\theta_y$, $\theta_x > 3\theta_z$ 时, 也就可以将它近似地作为平行于 yz 平面的平面平行运动来处理.

若求出的 $\theta = 0$ 时, 则不存在瞬时转动中心, 或瞬时转动中心在无限远处. 此时, 刚体没有转动, 只有平动, 对应的加力点恰好通过受约束刚体的阻力中心[1].

8.2 物体变形的测量

物体形状大小的改变称为**形变**. 在科学研究、工程设计等诸多方面, 精确测定物体的形变有十分重要的意义. 一般的形变可以看作是由拉伸、压缩、剪切、扭转、弯曲等几种基本的形变合成的. 这些形变又是由纵向应变和横向的剪切应变两种最基本的形变所组成.

在介绍如何将全息干涉计量技术应用于精确测定物体的形变之前, 我们先考虑物体形变的数学表述.

8.2.1 表面形变的数学表述

设 PQ 为某物体表面上长度为 Δr 的任意线段元. 当该物体经历任意形变后, 线段元 PQ 变化到一个新的位置 $P'Q'$, 如图 8-2-1 所示意. 这时, 它的位置、方位和长度都发生了变化.

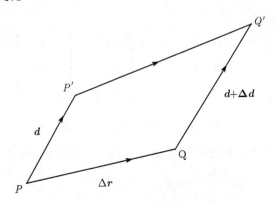

图 8-2-1 物体表面形变示意图

若 P 点的位置由矢径 r 描述, Q 点的位置由矢径 $r+\Delta r$ 描述, P 点的位移为 d, 即 P' 点的位置由矢径 $r+d$ 描述, Q 点的位移 d' 为

$$d' = d + \Delta d \tag{8-2-1a}$$

于是, Q' 点的位置为

$$r + \Delta r + d + \Delta d \tag{8-2-1b}$$

在刚体平移的情况, 物体没有变形, 亦即 $\Delta d = 0$. 这时, 刚体上所有各点的位移均为

$$d' = d \tag{8-2-2}$$

8.2 物体变形的测量

然而, 当物体变化时既有变形又有转动时, 这时, Δd 不再为零. (8-2-1a) 式中表示的位移是刚体平移和物体变形和转动的和. 第一项 d 表示的是刚体的平移, 第二项 Δd 表示的是物体的变形和转动.

第二项 Δd 可以用泰勒级数展开为

$$\Delta d = d(r+\Delta r) - d(r) = \frac{\partial d}{\partial x}\Delta x + \frac{\partial d}{\partial y}\Delta y + \frac{\partial d}{\partial z}\Delta z + \cdots \tag{8-2-3}$$

式中, $\Delta x, \Delta y, \Delta z$ 表示 Δr 的三个分量. 当线段元 PQ 甚小时, (8-2-3) 式中的高级小量可以忽略不计. 于是, Δd 的三个分量可由下面的方程式给出为

$$\Delta d_x = \frac{\partial d_x}{\partial x}\Delta x + \frac{\partial d_x}{\partial y}\Delta y + \frac{\partial d_x}{\partial z}\Delta z \tag{8-2-4}$$

$$\Delta d_y = \frac{\partial d_y}{\partial x}\Delta x + \frac{\partial d_y}{\partial y}\Delta y + \frac{\partial d_y}{\partial z}\Delta z \tag{8-2-5}$$

$$\Delta d_z = \frac{\partial d_z}{\partial x}\Delta x + \frac{\partial d_z}{\partial y}\Delta y + \frac{\partial d_z}{\partial x_z}\Delta x_z \tag{8-2-6}$$

式中, d_x, d_y, d_z 为 d 的三个分量. $\frac{\partial d_x}{\partial x}, \frac{\partial d_x}{\partial y}, \frac{\partial d_x}{\partial z}, \frac{\partial d_y}{\partial x}, \frac{\partial d_y}{\partial y}, \frac{\partial d_y}{\partial z}, \frac{\partial d_z}{\partial x}, \frac{\partial d_z}{\partial y}, \frac{\partial d_z}{\partial z}$ 是一个二阶张量 (second rank tensor) 的 9 个分量. 矢量为一阶张量 (a tensor of the first rank), 标量为零阶张量 (zero rank tensor). 二阶张量可表示为下面的矩阵形式

$$\varepsilon \equiv \left| \begin{array}{ccc} \varepsilon_{xx} & \varepsilon_{xy} & \varepsilon_{xz} \\ \varepsilon_{yx} & \varepsilon_{yy} & \varepsilon_{yz} \\ \varepsilon_{zx} & \varepsilon_{zy} & \varepsilon_{zz} \end{array} \right| \tag{8-2-7}$$

其中,

$$\varepsilon_{ix} \equiv \frac{\partial d_i}{\partial x}, \quad \varepsilon_{iy} \equiv \frac{\partial d_i}{\partial y}, \quad \varepsilon_{iz} \equiv \frac{\partial d_i}{\partial z}, \quad i = x, y, z \tag{8-2-8}$$

这个二阶张量, 称为**位移梯度张量**(displacement gradient tensor). 为了进一步说明这些量的物理意义, 我们考虑一个二维平面的一个线段元 PQ, 取坐标使其坐落在 x, y 平面内, 并使 x 轴平行于线段元 PQ, 如图 8-2-2 所示. 这样, Δr 只有在 x 方向上的一个分量 Δx, 而 $\Delta y, \Delta z$ 皆为零. 于是我们有

$$\Delta d_x = \frac{\partial d_x}{\partial x}\Delta x, \quad \Delta d_y = \frac{\partial d_y}{\partial x}\Delta x.$$

$$\frac{\Delta d_x}{\Delta x} = \frac{\partial d_x}{\partial x}$$

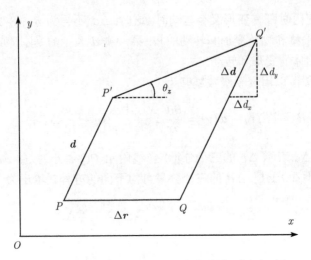

图 8-2-2　物体变化后 P,Q 两点移动到 P',Q' 两点

它表示了物体在 x 方向上单位长度的变化量. 实际上 Δx 代表物体上 PQ 的线段长度, Δd_x 表示了该线段的长度增量. 它们的比值正好就是力学上定义的 x 方向上的法向应变 (normal strain) 或**纵向应变**(longitudinal strain)ε_{xx}. 因此, x 方向上的纵向应变就等于位移梯度张量的第一个对角线元素, 即

$$\frac{\Delta d_x}{\Delta x} = \frac{\partial d_x}{\partial x} = \varepsilon_{xx} \tag{8-2-9a}$$

类似的, y,z 方向上的纵向应变就等于位移梯度张量的第二和第三个对角线元素:

$$\frac{\Delta d_y}{\Delta y} = \frac{\partial d_y}{\partial y} = \varepsilon_{yy} \tag{8-2-9b}$$

$$\frac{\Delta d_z}{\Delta z} = \frac{\partial d_z}{\partial z} = \varepsilon_{zz} \tag{8-2-9c}$$

同时, 在图 8-2-2 中我们可以明显看到 PQ 的线段不仅增长了 Δd_x, 而且绕 z 轴转动了一个角度 θ_z

$$\tan\theta_z = \frac{\Delta d_y}{\Delta x + \Delta d_x} \approx \frac{\Delta d_y}{\Delta x} \tag{8-2-10a}$$

这是在 $\Delta d_x \ll \Delta x$ 时的结果, 这在全息技术所涉及的领域中绝大多数情况下都满足这个条件, 于是, 当 θ_z 甚小时, 我们有

$$\frac{\Delta d_y}{\Delta x} = \frac{\partial d_y}{\partial x} = \theta_z \tag{8-2-10b}$$

它表示了线段元 PQ 转过的角度, 即线段元绕 z 轴的转角 θ_z. 注意到 Δx 代表物体上 PQ 的线段长度, Δd_y 表示了该线段在切向 y 方向的偏移量, (8-2-10b)式正好对应于力学上定义的**切向应变**或**切应变**(shearing strain)ε_{yx}. 类似地, $\dfrac{\Delta d_x}{\Delta y} = \dfrac{\partial d_x}{\partial y} = -\theta_z$ 表示了 x 方向上的切应变 ε_{xy}, 或线段元绕 z 轴的转角 θ_z. 转角的负号表示 d_x 的增量与 θ_z 的转向两者是相反的. 即当 d_x 的增量为正时, θ_z 的转向为负 (服从右螺旋法则). 或反之.

这样, 我们看到了位移 **d** 的三个正交分量的梯度张量矩阵的 9 个元素中, 对角线元素 $\dfrac{\partial d_x}{\partial x}, \dfrac{\partial d_y}{\partial y}, \dfrac{\partial d_z}{\partial z}$ 表示了纵向应变; 而非对角线元素 $\dfrac{\partial d_x}{\partial x_y}, \dfrac{\partial d_y}{\partial x_x}, \dfrac{\partial d_y}{\partial x_z}, \dfrac{\partial d_z}{\partial x_y}, \dfrac{\partial d_z}{\partial x_x},$ $\dfrac{\partial d_x}{\partial x_z}$ 表示了变形物体的切应变 ε_{ij}.

以后我们将指出, 位移梯度张量可分离为两个张量, 可将转动从形变中分离出来. 为此, 我们首先考虑当物体只有单纯的转动时位移梯度张量所具有的形式. 考虑两个在同一个平面上、长度相等的线段元 PQ_1 和 PQ_2, 它们分别平行于 x 和 y 轴, 长度分别以 $\Delta x, \Delta y$ 表示, 且 $\Delta x = \Delta y$, 它们绕平行于 z 轴的转轴转过 θ_z 的角度, 如图 8-2-3 所示. 根据右螺旋法则, $\theta_z > 0$. 其中线段元 PQ_1 即Δx 上 Q_1 点的位移 Δd 在 x 和 y 方向的分量分别为: $\Delta d_x^{(x)}, \Delta d_y^{(x)}$, 显然有 $\Delta d_x^{(x)} = \dfrac{\partial d_x}{\partial x}\Delta x < 0$, $\Delta d_y^{(x)} = \dfrac{\partial d_y}{\partial x}\Delta x > 0$.

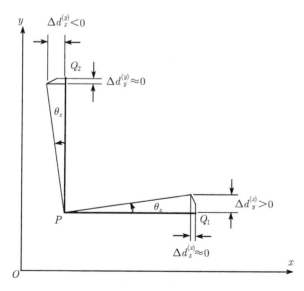

图 8-2-3 等长度的两正交线段元旋转

对于很小的转动角 θ_z：

$$\Delta d_x^{(x)} \approx 0$$

即

$$\frac{\partial d_x}{\partial x} \approx 0$$

而

$$\Delta d_y^{(x)} = \frac{\partial d_y}{\partial x}\Delta x = \theta_z \Delta x > 0$$

即

$$\frac{\partial d_y}{\partial x} = \theta_z$$

线段元 PQ_2 即 Δy 上 Q_2 点的位移 Δd 在 x 和 y 方向的分量分别为：$\Delta d_x^{(y)}$, $\Delta d_y^{(y)}$. 在转动方向 $\theta_z > 0$ 时, 显然有 $\Delta d_x^{(y)} < 0$, $\Delta d_y^{(y)} < 0$.

对于很小的转动角 θ_z, $\Delta d_y^{(y)} \approx 0$

故

$$\Delta d_y^{(y)} = \frac{\partial d_y}{\partial y}\Delta y \approx 0$$

即

$$\frac{\partial d_y}{\partial y} \approx 0$$

而

$$\Delta d_x^{(y)} = \frac{\partial d_x}{\partial y}\Delta y = -\theta_z \Delta y < 0$$

即

$$\frac{\partial d_x}{\partial y} = -\theta_z$$

于是

$$\frac{\partial d_y}{\partial x} = -\frac{\partial d_x}{\partial y} = \theta_z.$$

我们也可以从图 8-2-4 来看上述关系. 先看 Δx 的转动, 注意到 Δx 是线段长度总取正值. 图中, Δd 在 y 方向分量的增量 $\Delta d_y > 0$ 时, 转动方向是沿 z 坐标正向, 即旋转角为正, $\lim\limits_{\theta \to 0} \Delta d_y / \Delta x = \partial d_y / \partial x = \theta_z$.

而当 $\Delta d_y < 0$, 转动方向是沿 z 坐标负向, 旋转角为负, 故

$$\lim\limits_{\theta \to 0}(-\Delta d_y/\Delta x) = -\partial d_y/\partial x = -\theta_z$$

8.2 物体变形的测量

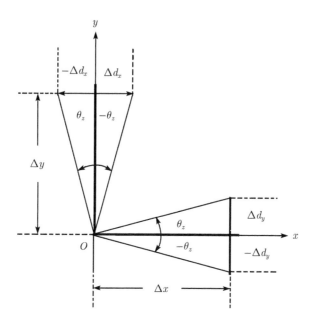

图 8-2-4 位移梯度与旋转角关系示意图

也有
$$\partial d_y/\partial x = \theta_z$$
再看 Δy 的转动, 同样 Δy 是长度总取正值. 当 $\Delta d_x > 0$, 旋转角为负, 我们有
$$\lim_{\theta \to 0} (\Delta d_x/\Delta y) = \partial d_x/\partial y = -\theta_z.$$
而当 $\Delta d_x < 0$, 旋转角为正
$$\lim_{\theta \to 0} (-\Delta d_x/\Delta y) = \theta_z = -\partial d_x/\partial y$$
同样得到
$$\partial d_x/\partial y = -\theta_z$$
于是
$$\frac{\partial d_y}{\partial x} = -\frac{\partial d_x}{\partial y} = \theta_z$$
类似的可以求得
$$\frac{\partial d_z}{\partial y} = -\frac{\partial d_y}{\partial z} = \theta_x, \quad \frac{\partial d_x}{\partial z} = -\frac{\partial d_z}{\partial x} = \theta_y$$
这样, 我们看到物体作微小转动时, 其位移梯度张量满足以下的关系:
$$\frac{\partial d_x}{\partial x} = \frac{\partial d_y}{\partial y} = 0, \quad \frac{\partial d_y}{\partial x} = -\frac{\partial d_x}{\partial y} = \theta_z,$$

$$\frac{\partial d_z}{\partial y}=-\frac{\partial d_y}{\partial z}=\theta_x, \quad \frac{\partial d_x}{\partial z}=-\frac{\partial d_z}{\partial x}=\theta_y \tag{8-2-11}$$

这就是物体只有单纯的转动时位移梯度张量所具有的形式[2].

8.2.2 测量物体变形的条纹矢量理论

8.2.2.1 条纹矢量及其梯度

在前面, 我们一直将物体位移后的相位值 ϕ_{02} 减位移前的相位值 ϕ_{01} 定义为相位增量, 并以符号 $\Delta\phi=\phi_{20}-\phi_{10}$ 表示. 因为符号 Δ 通常是用来表示微小的增量. 而物体位移后的相位值 ϕ_{02} 与位移前的相位值 ϕ_{01} 往往不一定很微小, 此外, 也是为了在数学上表述的方便, 我们将增量符号 Δ 省略, 将 $\Delta\phi(x,y)$ 表示为 $\Phi(x,y)$, 即令 $\Delta\phi(x,y)\equiv\Phi(x,y)$. 这也是在第 7 章中, 为了简化表达式的形式, 已经采用过的表达形式.

采用这样的简化表达式形式, 在单次曝光法中, 描述光强分布的 (7-1-24) 式可改写为

$$I=b^2\left[(J_1R_0)^2+(J_0O_0)^2-2J_0J_1R_0O_0\sin\Phi(x,y)\right] \tag{8-2-12}$$

在双曝光法中, 描述光强分布的 (7-2-15) 式可改写为

$$I=I_{30}\{1+\cos[\Phi(x,y)]\} \tag{8-2-13}$$

在前面的讨论中, 亮纹公式 $\Phi(x,y)=2N\pi$ 和暗纹公式 $\Phi(x,y)=(2N+1)\pi$ 中的条纹序数 N 为整数, 在此情况下, 只考虑了亮纹和暗纹所在位置. 为了以后进一步深入分析问题之便, 此后我们不再将 N 限制为整数, 而将 N 看作是连续函数, 用它来描述条纹灰度的分布. Φ 的取值随物点 $P(x,y)$ 的变化表示了干涉条纹灰度的空间分布, 通常将它称作**条纹定位函数**(fringe-locus function). 为了更好地进行条纹空间分布的定量分析, 条纹矢量理论引入了**条纹矢量**(fringe vector) 概念. 它被定义为条纹定位函数的梯度. 即

$$\boldsymbol{K}_f\equiv\boldsymbol{\nabla}\Phi \tag{8-2-14}$$

对由于位移 $\boldsymbol{d}(d_x,d_y,d_z)$ 引起的相位增量, 在直角坐标系中可表示为

$$\Phi=\boldsymbol{K}\cdot\boldsymbol{d}=K_xd_x+K_yd_y+K_zd_z \tag{8-2-15}$$

式中, $\boldsymbol{K}$ 是灵敏度矢量 $\boldsymbol{K}=\boldsymbol{k}_2-\boldsymbol{k}_1$, $\boldsymbol{d}$ 是位移矢量. 于是, 相应的条纹矢量可表示为

$$\boldsymbol{K}_f\equiv\boldsymbol{\nabla}\Phi=\left(\hat{\boldsymbol{i}}\frac{\partial}{\partial x}+\hat{\boldsymbol{j}}\frac{\partial}{\partial y}+\hat{\boldsymbol{k}}\frac{\partial}{\partial z}\right)(K_xd_x+K_yd_y+K_zd_z) \tag{8-2-16}$$

对条纹定位函数取梯度后得到一个含有 18 项元素的矢量表达式. 整理后可将它表示为下面的矩阵形式:

$$\begin{bmatrix} K_{fx} \\ K_{fy} \\ K_{fz} \end{bmatrix} = \begin{bmatrix} d_x^x & d_y^x & d_z^x \\ d_x^y & d_y^y & d_z^y \\ d_x^z & d_y^z & d_z^z \end{bmatrix} \begin{bmatrix} K_x \\ K_y \\ K_z \end{bmatrix} + \begin{bmatrix} K_x^x & K_y^x & K_z^x \\ K_x^y & K_y^y & K_z^y \\ K_x^z & K_y^z & K_z^z \end{bmatrix} \begin{bmatrix} d_x \\ d_y \\ d_z \end{bmatrix} \qquad (8\text{-}2\text{-}17)$$

式中, $d_x^x = \dfrac{\partial d_x}{\partial x}, d_x^y = \dfrac{\partial d_x}{\partial y}, \cdots, K_x^x = \dfrac{\partial K_x}{\partial x}, K_x^y = \dfrac{\partial K_x}{\partial y}, \cdots$

可将 (8-2-17) 式表示成另一种矩阵形式:

$$\begin{bmatrix} K_{fx} & K_{fy} & K_{fz} \end{bmatrix} = \begin{bmatrix} K_x & K_y & K_z \end{bmatrix} \begin{bmatrix} d_x^x & d_x^y & d_x^z \\ d_y^x & d_y^y & d_y^z \\ d_z^x & d_z^y & d_z^z \end{bmatrix}$$

$$+ \begin{bmatrix} d_x & d_y & d_z \end{bmatrix} \begin{bmatrix} K_x^x & K_x^y & K_x^z \\ K_y^x & K_y^y & K_y^z \\ K_z^x & K_z^y & K_z^z \end{bmatrix} \qquad (8\text{-}2\text{-}18)$$

(8-2-18) 式可简表为

$$\boldsymbol{K}_f = \boldsymbol{K}\overline{\overline{f}} + \boldsymbol{d}\overline{\overline{g}} \qquad (8\text{-}2\text{-}19)$$

式中,

$$\overline{\overline{f}} \equiv \begin{bmatrix} d_x^x & d_x^y & d_x^z \\ d_y^x & d_y^y & d_y^z \\ d_z^x & d_z^y & d_z^z \end{bmatrix} \qquad (8\text{-}2\text{-}20)$$

$$\overline{\overline{g}} \equiv \begin{bmatrix} K_x^x & K_x^y & K_x^z \\ K_y^x & K_y^y & K_y^z \\ K_z^x & K_z^y & K_z^z \end{bmatrix} \qquad (8\text{-}2\text{-}21)$$

以上是条纹矢量理论的几个基本关系式.

8.2.2.2 应变张量与旋转矩阵

根据弹性力学理论, 将固体看作为连续介质的情况下, 固体变形时, 其内部每两个点 P, Q 之间的距离都要变化, 正如前面所介绍的那样. 为了将位移梯度张量分离为两个张量, 使转动和形变分离开来, 将 (8-2-7) 式所表示的二阶位移梯度张量改写为如下形式:

$$\varepsilon_{\alpha\beta} \equiv \frac{1}{2}\left(\frac{\partial d_\alpha}{\partial \beta} + \frac{\partial d_\beta}{\partial \alpha}\right), \quad \alpha,\beta = x,y,z \qquad (8\text{-}2\text{-}22)$$

式中, 当下标取同样符号, 即 $\alpha = \beta$ 时, 有

$$\varepsilon_{xx} = \frac{\partial d_x}{\partial x}, \quad \varepsilon_{yy} = \frac{\partial d_y}{\partial y}, \quad \varepsilon_{zz} = \frac{\partial d_z}{\partial z} \tag{8-2-23a}$$

表示纵向应变. 而下标取不同符号, 即 $\alpha \neq \beta$ 时, 有

$$\varepsilon_{xy} = \frac{1}{2}\left(\frac{\partial d_x}{\partial y} + \frac{\partial d_y}{\partial x}\right), \quad \varepsilon_{yz} = \frac{1}{2}\left(\frac{\partial d_y}{\partial z} + \frac{\partial d_z}{\partial y}\right), \quad \varepsilon_{zx} = \frac{1}{2}\left(\frac{\partial d_z}{\partial x} + \frac{\partial d_x}{\partial z}\right), \cdots \tag{8-2-23b}$$

等 6 项表示切向应变. 其中, $\varepsilon_{xy} = \varepsilon_{yx}, \varepsilon_{yz} = \varepsilon_{zy}, \varepsilon_{zx} = \varepsilon_{xz}$, 故应变张量是对称张量, 它的 9 个元素中, 只有 6 个是独立的.

根据本章 (8-1-1) 式, 当物体只有转动没有平移时, 物体上各点的位移可表示为

$$\boldsymbol{d} = \boldsymbol{\theta} \times \boldsymbol{r}$$

或

$$\begin{bmatrix} d_x \\ d_y \\ d_z \end{bmatrix} = \begin{bmatrix} \hat{\boldsymbol{i}} & \hat{\boldsymbol{j}} & \hat{\boldsymbol{k}} \\ \theta_x & \theta_y & \theta_z \\ x & y & z \end{bmatrix} = \begin{bmatrix} z\theta_y - y\theta_z \\ x\theta_z - z\theta_x \\ y\theta_x - x\theta_y \end{bmatrix} \tag{8-2-24}$$

对 (8-2-23) 的 3 个分量关系式分别求导数, 可得

$$\left.\begin{array}{l}\dfrac{\partial d_x}{\partial z} = \theta_y, \quad \dfrac{\partial d_x}{\partial y} = -\theta_z, \quad \dfrac{\partial d_y}{\partial x} = \theta_z, \\ \dfrac{\partial d_y}{\partial z} = -\theta_x, \quad \dfrac{\partial d_z}{\partial y} = \theta_x, \quad \dfrac{\partial d_z}{\partial x} = -\theta_y\end{array}\right\} \tag{8-2-25}$$

于是, 我们有

$$\frac{\partial d_y}{\partial x} = -\frac{\partial d_x}{\partial y} = \theta_z, \quad \frac{\partial d_z}{\partial y} = -\frac{\partial d_y}{\partial z} = \theta_x, \quad \frac{\partial d_x}{\partial z} = -\frac{\partial d_z}{\partial x} = \theta_y$$

这个结果和前面一节的 (8-2-11) 式是一样的. 我们可以将转动角在 3 个坐标上的分量和相应的位移梯度的分量的关系表示如下:

$$\theta_x = \frac{1}{2}\left(\frac{\partial d_z}{\partial y} - \frac{\partial d_y}{\partial z}\right), \quad \theta_y = \frac{1}{2}\left(\frac{\partial d_x}{\partial z} - \frac{\partial d_z}{\partial x}\right), \quad \theta_z = \frac{1}{2}\left(\frac{\partial d_y}{\partial x} - \frac{\partial d_x}{\partial y}\right) \tag{8-2-26}$$

8.2 物体变形的测量

(8-2-20) 式可进一步改写为

$$\overline{\overline{f}} \equiv \begin{bmatrix} d_x^x & d_x^y & d_x^z \\ d_y^x & d_y^y & d_y^z \\ d_z^x & d_z^y & d_z^z \end{bmatrix} = \begin{bmatrix} \dfrac{\partial d_x}{\partial x} & \dfrac{\partial d_x}{\partial y} & \dfrac{\partial d_x}{\partial z} \\ \dfrac{\partial d_y}{\partial x} & \dfrac{\partial d_y}{\partial y} & \dfrac{\partial d_y}{\partial z} \\ \dfrac{\partial d_z}{\partial x} & \dfrac{\partial d_z}{\partial y} & \dfrac{\partial d_z}{\partial z} \end{bmatrix}$$

$$= \frac{1}{2} \begin{bmatrix} \left(\dfrac{\partial d_x}{\partial x}+\dfrac{\partial d_x}{\partial x}\right) & \left(\dfrac{\partial d_x}{\partial y}+\dfrac{\partial d_y}{\partial x}\right) & \left(\dfrac{\partial d_x}{\partial z}+\dfrac{\partial d_z}{\partial x}\right) \\ \left(\dfrac{\partial d_y}{\partial x}+\dfrac{\partial d_x}{\partial y}\right) & \left(\dfrac{\partial d_y}{\partial y}+\dfrac{\partial d_y}{\partial y}\right) & \left(\dfrac{\partial d_y}{\partial z}+\dfrac{\partial d_z}{\partial y}\right) \\ \left(\dfrac{\partial d_z}{\partial x}+\dfrac{\partial d_x}{\partial z}\right) & \left(\dfrac{\partial d_z}{\partial y}+\dfrac{\partial d_y}{\partial z}\right) & \left(\dfrac{\partial d_z}{\partial z}+\dfrac{\partial d_z}{\partial z}\right) \end{bmatrix}$$

$$+ \frac{1}{2} \begin{bmatrix} \left(\dfrac{\partial d_x}{\partial x}-\dfrac{\partial d_x}{\partial x}\right) & \left(\dfrac{\partial d_x}{\partial y}-\dfrac{\partial d_y}{\partial x}\right) & \left(\dfrac{\partial d_x}{\partial z}-\dfrac{\partial d_z}{\partial x}\right) \\ \left(\dfrac{\partial d_y}{\partial x}-\dfrac{\partial d_x}{\partial y}\right) & \left(\dfrac{\partial d_y}{\partial y}-\dfrac{\partial d_y}{\partial y}\right) & \left(\dfrac{\partial d_y}{\partial z}-\dfrac{\partial d_z}{\partial y}\right) \\ \left(\dfrac{\partial d_z}{\partial x}-\dfrac{\partial d_x}{\partial z}\right) & \left(\dfrac{\partial d_z}{\partial y}-\dfrac{\partial d_y}{\partial z}\right) & \left(\dfrac{\partial d_z}{\partial z}-\dfrac{\partial d_z}{\partial z}\right) \end{bmatrix} \quad (8\text{-}2\text{-}27)$$

$$= \begin{bmatrix} \varepsilon_{xx} & \varepsilon_{xy} & \varepsilon_{xz} \\ \varepsilon_{yx} & \varepsilon_{yy} & \varepsilon_{yz} \\ \varepsilon_{zx} & \varepsilon_{zy} & \varepsilon_{zz} \end{bmatrix} + \begin{bmatrix} 0 & -\theta_z & \theta_y \\ \theta_z & 0 & -\theta_x \\ -\theta_y & \theta_x & 0 \end{bmatrix} = \overline{\overline{\varepsilon}} + \overline{\overline{\theta}}$$

这样，我们就将转动从形变中分离出来. $\overline{\overline{f}}$ 称为**形变梯度矩阵**，$\overline{\overline{\theta}}$ 称为**旋转矩阵**，是反对称矩阵. $\overline{\overline{\varepsilon}}$ 称为**应变矩阵**或**应变张量**，应变张量是对称张量.

形变梯度矩阵 $\overline{\overline{f}}$ 还可以表示为

$$\overline{\overline{f}} = \frac{1}{2}\left(\overline{\overline{f}} + \overline{\overline{f}}^{\mathrm{T}}\right) + \frac{1}{2}\left(\overline{\overline{f}} - \overline{\overline{f}}^{\mathrm{T}}\right) \quad (8\text{-}2\text{-}28)$$

于是，应变矩阵和旋转矩阵便可表示为

$$\overline{\overline{\varepsilon}} = \frac{1}{2}\left(\overline{\overline{f}} + \overline{\overline{f}}^{\mathrm{T}}\right) \quad (8\text{-}2\text{-}29)$$

$$\overline{\overline{\theta}} = \frac{1}{2}\left(\overline{\overline{f}} - \overline{\overline{f}}^{\mathrm{T}}\right) \quad (8\text{-}2\text{-}30)$$

式中，$\overline{\overline{f}}^{\mathrm{T}}$ 为形变梯度矩阵 $\overline{\overline{f}}$ 的转置矩阵. 因此，只要求出形变梯度矩阵 $\overline{\overline{f}}$，则物体发生的应变和旋转就都可以求出来了.

为了求解形变梯度矩阵 $\overline{\overline{f}}$，可将 (8-2-19) 式改写为

$$\boldsymbol{K}\overline{\overline{f}} = \boldsymbol{K}_f - \boldsymbol{d}\overline{\overline{g}} \tag{8-2-31}$$

或

$$\begin{bmatrix} K_x & K_y & K_z \end{bmatrix} \begin{bmatrix} d_x^x & d_x^y & d_x^z \\ d_y^x & d_y^y & d_y^z \\ d_z^x & d_z^y & d_z^z \end{bmatrix} = \begin{bmatrix} K_{fx} & K_{fy} & K_{fz} \end{bmatrix}$$

$$- \begin{bmatrix} d_x & d_y & d_z \end{bmatrix} \begin{bmatrix} K_x^x & K_x^y & K_x^z \\ K_y^x & K_y^y & K_y^z \\ K_z^x & K_z^y & K_z^z \end{bmatrix} \tag{8-2-32}$$

式中，灵敏度矢量 $\boldsymbol{K}$ 和它的分量偏导数的矩阵 $\overline{\overline{g}}$ 都是由光路的几何参数决定的，我们下面将主要考虑如何确定条纹矢量 $\boldsymbol{K}_f$ 的问题.

8.2.2.3 求解条纹矢量 $\boldsymbol{K}_f$ 的公式

设对于某选定观察方向 $\boldsymbol{k}_2$，作为基准的待测点 P 处的条纹定位函数为 Φ_0，而第 i 个待测点 $P^{(i)}$ 处的条纹定位函数 $\Phi^{(i)}$ 为 (略去高级无穷小量)：

$$\begin{aligned} \Phi^{(i)} &= \Phi_0 + \frac{\partial \Phi}{\partial x}\Delta x + \frac{\partial \Phi}{\partial y}\Delta y + \frac{\partial \Phi}{\partial z}\Delta z \\ &= \Phi_0 + \left(\hat{\boldsymbol{i}}\frac{\partial \Phi}{\partial x} + \hat{\boldsymbol{j}}\frac{\partial \Phi}{\partial y} + \hat{\boldsymbol{k}}\frac{\partial \Phi}{\partial z}\right) \cdot \left(\hat{\boldsymbol{i}}\Delta x + \hat{\boldsymbol{j}}\Delta y + \hat{\boldsymbol{k}}\Delta z\right) \\ &= \Phi_0 + \boldsymbol{\nabla}\Phi \cdot \Delta \boldsymbol{r}_p^{(i)} = \Phi_0 + \boldsymbol{K}_f \cdot \Delta \boldsymbol{r}_p^{(i)}, \quad i = 1, 2, 3 \cdots, n \end{aligned} \tag{8-2-33}$$

或

$$\Delta \Phi^{(i)} = \Phi^{(i)} - \Phi_0 = \boldsymbol{\nabla}\Phi \cdot \Delta \boldsymbol{r}_p^{(i)} = \boldsymbol{K}_f \cdot \Delta \boldsymbol{r}_p^{(i)}, \quad i = 1, 2, 3 \cdots, n \tag{8-2-34}$$

式中，$\Delta \boldsymbol{r}_p^{(i)}$ 是从基准待测点 P 指向第 i 个待测点 $P^{(i)}$ 的矢量，n 表示在点 P 附近选取的待测点数目.

$$\Delta \Phi^{(i)} = 2\pi \Delta N^{(i)} \tag{8-2-35}$$

$\Delta N^{(i)}$ 表示在待测点 P 至第 i 个待测点 $P^{(i)}$ 之间分布的条纹数目，可通过观察再现像获得. 若以 $\boldsymbol{r}^{(i)}$ 表示 $\Delta \boldsymbol{r}_p^{(i)}$，即以 $\boldsymbol{r}^{(i)}$ 表示从待测点 P 指向第 i 个待测点 $P^{(i)}$ 的矢量. 也就是以 P 点为坐标原点时待测点 $P^{(i)}$ 的矢径，有

$$\Delta \boldsymbol{r}_p^{(i)} \equiv \boldsymbol{r}^{(i)} \tag{8-2-36}$$

将 (8-2-34) 式写成矩阵形式：

$$\overline{\overline{\Delta \Phi}} = \overline{\overline{r}} \cdot \boldsymbol{K}_f = 2\pi \overline{\overline{\Delta N}} \tag{8-2-37}$$

8.2 物体变形的测量

式中,

$$\overline{\overline{\Delta \Phi}} = \begin{bmatrix} \Delta \Phi^{(1)} \\ \Delta \Phi^{(2)} \\ \vdots \\ \Delta \Phi^{(n)} \end{bmatrix} = \begin{bmatrix} \Delta \Phi^{(1)} - \Phi_0 \\ \Delta \Phi^{(2)} - \Phi_0 \\ \vdots \\ \Delta \Phi^{(n)} - \Phi_0 \end{bmatrix}$$

$$\overline{\overline{r}} = \begin{bmatrix} r^{(1)} \\ r^{(2)} \\ \vdots \\ r^{(n)} \end{bmatrix}, \quad \overline{\overline{\Delta N}} = \begin{bmatrix} \Delta N^{(1)} \\ \Delta N^{(2)} \\ \vdots \\ \Delta N^{(n)} \end{bmatrix} \tag{8-2-38}$$

条纹矢量 K_f 的形式见 (8-2-16) 和 (8-2-17) 式. 用 $\overline{\overline{r}}$ 的转置矩阵 $\overline{\overline{r}}^T$ 左乘 (8-2-37) 式两端, 整理后得到

$$K_f = \left(\overline{\overline{r}}^T \overline{\overline{r}}\right)^{-1} \left(2\pi \overline{\overline{r}}^T \overline{\overline{\Delta N}}\right) \tag{8-2-39}$$

(8-2-39) 式就是求解条纹矢量 K_f 的公式, 它由物体上 $n+1$ 个点的坐标及观察到的条纹数目所确定.

8.2.2.4 超定方程组

使用公式 (8-2-31) 需要采取多次观察方法来求解位移 d, 而沿不同观察方向观察再现图样时, 求出的 K_f 是不同的. 于是, 通过多次观察可得到类似 (8-2-31) 式的一系列方程式[1,5]:

$$\begin{cases} K^{(1)} \overline{\overline{f}} = K_f^{(1)} - d\overline{\overline{g}}^{(1)} \\ K^{(2)} \overline{\overline{f}} = K_f^{(2)} - d\overline{\overline{g}}^{(2)} \\ \quad \vdots \\ K^{(l)} \overline{\overline{f}} = K_f^{(l)} - d\overline{\overline{g}}^{(l)} \end{cases} \tag{8-2-40}$$

式中, $K^{(i)}$ 是第 i 次观察的灵敏度矢量 $K^{(i)} = k_2^{(i)} - k_1, i = 1, 2, \cdots, l$. l 表示观察点总数.

将 (8-2-40) 写成矩阵形式, 我们有

$$\overline{\overline{K}} \,\overline{\overline{f}} = \overline{\overline{K}}_{fg} \tag{8-2-41}$$

式中,

$$\overline{\overline{K}} = \begin{bmatrix} K^{(1)} \\ K^{(2)} \\ \vdots \\ K^{(l)} \end{bmatrix}, \quad \overline{\overline{K}}_{fg} = \begin{bmatrix} K_f^{(1)} \\ K_f^{(2)} \\ \vdots \\ K_f^{(l)} \end{bmatrix} - d \begin{bmatrix} g^{(1)} \\ g^{(2)} \\ \vdots \\ g^{(l)} \end{bmatrix} = \overline{\overline{K}}_f - d\overline{\overline{g}} \tag{8-2-42}$$

以 $\overline{\overline{K}}$ 的转置矩阵 $\overline{\overline{K}}^T$ 左乘 (8-2-41) 两端,整理后得到

$$\overline{\overline{f}} = \left(\overline{\overline{K}}^T \overline{\overline{K}}\right)^{-1} \left(\overline{\overline{K}}^T \overline{\overline{K}}_{fg}\right) \tag{8-2-43}$$

公式 (8-2-39) 和 (8-2-43) 的推导过程是符合最小二乘法原理的,因此由它们求得的解具有最小均方误差.

至于 $\overline{g}$,它是灵敏度矢量分量的偏导数组成的矩阵. 若照明光是用准直光照明,则可利用本章 (8-3-22) 诸式的结果;若照明光是用球面光照明,则可利用本章 (8-3-38) 诸式的结果,将灵敏度矢量分量的导数代入 $\overline{g}$ 进行计算.

把求出的 $\overline{f}$ 代入 (8-2-29) 和 (8-2-30) 式,就可得到物体的应变张量和旋转矩阵[1].

8.2.2.5 表面应变的检测

有时,我们需要了解相对于观察平面物体表面的应变场. 为此,可在本节叙述的理论基础上,通过投影变换,由空间应变场来计算物体的表面应变[1,5].

此方法的要点是利用矢量的投影变换矩阵. 如图 8-2-5 所示,观察矢量 k_2 的单位矢量是 $\hat{e}_2$,位移矢量是 d,它在以 $\hat{e}_2$ 为法矢量的平面上的投影为 d_p,它也是垂直于观察方向的面内位移. 它们之间的关系为

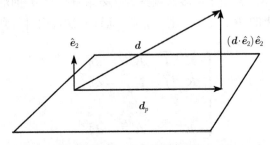

图 8-2-5　矢量的投影

$$d_p = d - (d \cdot \hat{e}_2) \hat{e}_2 \tag{8-2-44}$$

将 (8-2-44) 式写成矩阵形式:

$$\begin{bmatrix} d_{px} \\ d_{py} \\ d_{pz} \end{bmatrix} = \begin{bmatrix} d_x \\ d_y \\ d_z \end{bmatrix} - (e_{2x}d_x + e_{2y}d_y + e_{2z}d_z) \begin{bmatrix} e_{2x} \\ e_{2y} \\ e_{2z} \end{bmatrix} \tag{8-2-45}$$

将 (8-2-45) 式左第二项改写为下面形式:

8.2 物体变形的测量

$$(e_{2x}d_x + e_{2y}d_y + e_{2z}d_z) \begin{bmatrix} e_{2x} \\ e_{2y} \\ e_{2z} \end{bmatrix} = \begin{bmatrix} e_{2x} \\ e_{2y} \\ e_{2z} \end{bmatrix} (e_{2x}d_x + e_{2y}d_y + e_{2z}d_z)$$

$$= \begin{bmatrix} e_{2x} \\ e_{2y} \\ e_{2z} \end{bmatrix} \begin{bmatrix} e_{2x} & e_{2y} & e_{2z} \end{bmatrix} \begin{bmatrix} d_x \\ d_y \\ d_z \end{bmatrix}$$

于是, 可将 (8-2-45) 式写成

$$\boldsymbol{d}_p = \overline{\overline{P}} \boldsymbol{d} \qquad (8\text{-}2\text{-}46)$$

式中,

$$\overline{\overline{P}} \equiv \overline{\overline{I}} - \begin{bmatrix} e_{2x} \\ e_{2y} \\ e_{2z} \end{bmatrix} \begin{bmatrix} e_{2x} & e_{2y} & e_{2z} \end{bmatrix} \qquad (8\text{-}2\text{-}47)$$

$\overline{\overline{I}}$ 为 3×3 的单位矩阵, $\overline{\overline{P}}$ 为投影变换矩阵 (projection-transform matrix). 利用 $\overline{\overline{P}}$ 可将任意的空间矢量变换为确定平面上的投影矢量, 它只决定于观察矢量的诸分量. 于是, 由求解空间应变场的有关公式直接采用投影变换, 便可求得表面应变. 将 (8-2-28), (8-2-29), (8-2-30) 式作投影变换, 便得到

$$\overline{\overline{f}}_p = \overline{\overline{P}} \, \overline{\overline{f}} = \frac{1}{2}\left(\overline{\overline{f}}_p + \overline{\overline{f}}_p^{\mathrm{T}}\right) + \frac{1}{2}\left(\overline{\overline{f}}_p - \overline{\overline{f}}_p^{\mathrm{T}}\right) \qquad (8\text{-}2\text{-}48)$$

$$\overline{\overline{\varepsilon}}_p = \frac{1}{2}\left(\overline{\overline{f}}_p + \overline{\overline{f}}_p^{\mathrm{T}}\right) \qquad (8\text{-}2\text{-}49)$$

$$\overline{\overline{\theta}}_p = \frac{1}{2}\left(\overline{\overline{f}}_p - \overline{\overline{f}}_p^{\mathrm{T}}\right) \qquad (8\text{-}2\text{-}50)$$

足标 p 表示投影变换后的值. 应用以上诸式, 便可求得物体表面的形变.

这里介绍的条纹矢量理论主要应用于均匀形变. 所谓均匀形变, 指的是物体中各个元素的变形是完全相同的. 通常在应用全息干涉计量方法研究的有限区域内, 形变大都是均匀的. 不过, 在非均匀形变的情况下也可近似使用上述方法, 其计算结果与理论相比, 误差约在 10%~30%. 若将条纹矢量法与光电条纹内插法相结合, 可进一步改善计算结果[1].

8.3 干涉条纹的定域

进一步的研究发现:在漫射物体全息干涉计量中所看到的条纹并不出现在空间的所有位置,而只局限于一定的区域:条纹可以出现在物体表面上,也可以出现在物体的后面,也可以出现在物体的前面某一空间区域.当观察者移动他们的观察位置时,条纹会显示出某种形式的视差.

我们知道,全息条纹的形成是两个同一的表面 D 和 D' 在空间少许不同的位置所散射的光互相干涉的结果.两个波前的干涉可以利用透镜将它们聚焦在一个普通平面上.这个透镜可以是观察者的眼睛或相机的透镜(譬如,在要求拍摄下干涉条纹的情况下).这里,有两个基本问题:一是如何解释这些条纹的形成;二是为什么透镜的聚焦平面所观察到的条纹的清晰度因物体位移不同而不同、因观察方向的不同而不同.也就是说,干涉条纹的最大能见度是位移和观察方向的函数.在空间的某些区域,干涉条纹具有很好的能见度,而在空间的另外一些区域,干涉条纹的能见度很差,这就导致了干涉条纹的定域的概念.

8.3.1 全息条纹的观察和条纹定域的概念

当物体位移时,从表面上每一个点散射到观察平面上的每一个点的相位将发生变化.从未位移的物体上某给定点散射到观察平面上某给定点的相位 ϕ_{O1} 与位移后从物体上同一点散射到观察平面上同一点的相位 ϕ_{O2} 有 (7-2-24) 式给出的关系:

$$\Delta\phi = \phi_{O2} - \phi_{O1} = (\boldsymbol{k}_2 - \boldsymbol{k}_1) \cdot \boldsymbol{d} = \frac{2\pi}{\lambda}[\hat{\boldsymbol{e}}_2 - \hat{\boldsymbol{e}}_1] \cdot \boldsymbol{d} = \frac{2\pi}{\lambda}\boldsymbol{e} \cdot \boldsymbol{d}$$

根据前面的约定,我们以 $\Phi(x,y)$ 来表示 $\Delta\phi(x,y)$,于是,将上式改写为

$$\Phi = \phi_{2O} - \phi_{1O} = (2\pi/\lambda)(\hat{\boldsymbol{e}}_2 - \hat{\boldsymbol{e}}_1) \cdot \boldsymbol{d} \tag{8-3-1}$$

需要注意的是,符号 Φ 表示的是物光波的相位增量,即从表面上某点散射到观察平面上某点物光波的相位增量.也就是物体末了状态物面上某点对应于观察平面上某点的相位值 ϕ_{2O} 减物体初始状态物面上同一点对应于观察平面上同一观察点的相位值 ϕ_{O1} 的差值.

还需要特别注意的是:观察平面上的点和物面上的点并非一个点和另一个点一一对应.譬如,当我们利用透镜将它们聚焦在一个普通平面上观察时.观察面上的一个点 M 或 M',实际上对应的是物面上一个区域 S,或 S'.而 M 或 M' 实际上也不是一个几何点,而是光学系统分辨率所决定的微小成像区域,我们姑且仍把它看作为一个"点".这就是说,在观察平面上一个"点"的光是从物体上一个区域散射的,物面上对应于观察平面上这个"**点**"的区域可称为**分辨率区域**(resolution area). 其大小与这个平面的位置有关, 当观察平面对应于透镜的焦平面时, 这个分辨率区域的直径大约相当于透镜的孔径, 如图 8-3-1 所示. 而当观察平面是物体被聚焦的平面时, 则分辨率区域大约为艾里斑的大小. 为了求出在观察平面上光强如何随物体的位移而变化, 我们首先给出从物体上散射到观察平面上某一点对应于该点分辨率区域所散射光的总复振幅. 物体表面可看作是由大数无规高度的点散射源所组成, 每个点向所有方向散射光. 并设这些点散射源有相同的振幅, 只是相位不同.

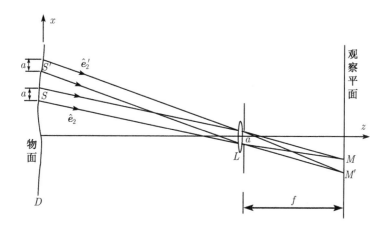

图 8-3-1 焦平面的观察点与对应物面分辨率区域示意图

以双曝光法为例, 设位移前, 在第一次曝光瞬间, 观察平面 (即记录平面) 上某点的复振幅 U_1 可表示为

$$U_1 = u_0 \sum_{i=1}^{N} \exp\left[-\mathrm{j}(\phi_i)\right] \tag{8-3-2}$$

式中, u_0 是单个散射点的散射光的振幅, ϕ_i 是第 i 个散射点的散射光的相位, 并设分辨率区域内共包含有 N 个散射点. 当物体发生位移后, 在第二次曝光瞬间, 观察平面上同一点的复振幅 U_2 为

$$U_2 = u_0 \sum_{i=1}^{N} \exp\left[-\mathrm{j}(\phi_i + \Phi_i)\right] \tag{8-3-3}$$

其中 Φ_i 是第 i 个散射点在位移后的散射光的相位增量. 若 $\boldsymbol{d}_i$ 为第 i 个散射点的位移, 则

$$\Phi_i = (2\pi/\lambda)\left(\hat{\boldsymbol{e}}_2 - \hat{\boldsymbol{e}}_1\right) \cdot \boldsymbol{d}_i \tag{8-3-4}$$

当这两个场相叠加时, 所得到的光强为

$$I = (U_1 + U_2)(U_1^* + U_2^*)$$

$$= \left\{ u_0 \sum_{i=1}^{N} \exp\left[\mathrm{j}\left(\phi_i\right)\right] + u_0 \sum_{i=1}^{N} \exp\left[\mathrm{j}\left(\phi_i + \Phi_i\right)\right] \right\}$$

$$\left\{ u_0 \sum_{j=1}^{N} \exp\left[-\mathrm{j}\left(\phi_j\right)\right] + u_0 \sum_{j=1}^{N} \exp\left[-\mathrm{j}\left(\phi_j + \Phi_j\right)\right] \right\}$$

$$= u_0^2 \sum_{i=1}^{N}\sum_{j=1}^{N} \exp\left[\mathrm{j}\left(\phi_i - \phi_j\right)\right] + u_0^2 \sum_{i=1}^{N}\sum_{j=1}^{N} \exp\left[\mathrm{j}\left(\phi_i - \phi_j - \Phi_j\right)\right]$$

$$+ u_0^2 \sum_{i=1}^{N}\sum_{j=1}^{N} \exp\left[\mathrm{j}\left(\phi_i + \Phi_i - \phi_j\right)\right] + u_0^2 \sum_{i=1}^{N}\sum_{i=j}^{N} \exp\left[\mathrm{j}\left(\phi_i + \Phi_i - \phi_j - \Phi_j\right)\right]$$

$$= 2Nu_0^2 + \left(2u_0^2 \sum_{i=1}^{N} \cos \Phi_i\right) + \langle \mathrm{cross - terms} \rangle \tag{8-3-5}$$

$$I = 2u_0^2 \left[N + \left(\sum_{i=1}^{N} \cos \Phi_i\right) \right] + \langle \mathrm{cross - terms} \rangle \tag{8-3-6}$$

式中, 我们只计算了相同点, 即下标 $i = j$ 的乘积项. 交叉项 (cross – terms) 是指所有在求和时下标 $i \neq j$ 的不同点的乘积项. 在由于散射表面的无规高度, ϕ_i 和 ϕ_j 对于不同的点是无规变化的, 凡对 i, j 求和的交叉项对该点分辨率区域求和后其平均值均为零.

通常情况下, Φ_i 也是无规变化的, 于是在这观察点上的平均光强为

$$\langle I \rangle = 2u_0^2 N \tag{8-3-7}$$

然而, 若在该点分辨率区域上 Φ_i 之值是恒定的, 则在这观察点上的光强为

$$I = 2u_0^2 N \left(1 + \cos \Phi_i\right) + \langle \mathrm{cross - terms} \rangle \tag{8-3-8}$$

若沿着观察平面上的一条线上的许多散斑对方程式 (8-3-8) 取平均, 则沿着这条线上的平均光强为

$$\langle I \rangle = 2u_0^2 N \left(1 + \cos \Phi_i\right) \tag{8-3-9}$$

可见, 当 $\Phi_i = 2N\pi$ 时, 光强具有最大值 $\langle I \rangle = 4u_0^2 N$, 而当 $\Phi_i = (2N+1)\pi$ 时, 光强具有最小值零.

根据 (8-3-1) 式, 在下面的情况下, 该点分辨率区域上 Φ_i 之值必然取恒定之值:

(1) 在分辨率区域上 $\hat{e}_1$ 是恒矢量, 即照明光是平面波;
(2) 在分辨率区域上 $\hat{e}_2$ 是恒矢量, 即观察平面是透镜的焦平面;
(3) 在分辨率区域上 d 是恒矢量, 即物体经历的是刚体平移.

8.3 干涉条纹的定域

以上的第一条和第三条是明显的. 第二条的原因是: 当记录平面位于透镜的焦平面时, 落到该平面上的给定点的光都来自分辨率区域所有点发出的同一方向的散射光, 见图 8-3-1. 图中透镜对无限远聚焦, 物面 D 离透镜足够远, 物面上对应于透镜焦平面上 M 和 M' 点的分辨率区域为 S 和 S'. 它们的直径与透镜孔径的直径 a 是相等的. 不过, 以后我们将在更为普遍的情况下导出, 即便上述三个条件不被满足, 分辨率区域上 Φ_i 之值也仍可以看作是恒定值的条件.

从图中可看到, 观察平面上不同的点对应于不同方向的观察矢量以及不同的 Φ_i, 如图中焦平面上 M 和 M' 点所对应的观察矢量为 $\hat{e}_2$ 和 $\hat{e}'_2$, 它们相应的相位增量 Φ_i, Φ'_i 一般是不等的, 因而两点的光强也一般是不等的, 这就形成了观察平面上的全息干涉条纹图样. 既然透镜是对无限远聚焦, 因此这些干涉条纹是定域在无限远处 (localized at infinity).

由漫射物体的散射光形成的全息干涉条纹的能见度可定义如下:

$$\frac{\langle I\rangle_{\max} - \langle I\rangle_{\min}}{\langle I\rangle_{\max} + \langle I\rangle_{\min}} \tag{8-3-10}$$

在刚体平移的情况下, 能见度是一致的. 通常情况下, 对于分辨率区域上所有的点 Φ_i 之值是不同的; 虽然如此, 在适当选择观察平面的情况下, 全息条纹仍可能观察到. 为说明这一点, 将方程式 (8-3-6) 改写为

$$I = 2u_0^2\left[N + \sum_{i=1}^{N}\cos\left(\Phi_0 + \delta\Phi_i\right)\right] + \langle\text{cross} - \text{terms}\rangle \tag{8-3-11}$$

式中, $\Phi_i = \Phi_0 + \delta\Phi_i$, Φ_0 是位于分辨率区域中心之相位增量值. 为了表示不同点相位增量值 Φ_i 之微小不同, 以 $\delta\Phi_i$ 表示在 i 点处偏离中心 Φ_0 之值.

若光强 I 之值沿着 Φ_0 为常数的一条线上的许多散斑求平均, 则其平均值为

$$\langle I\rangle = 2u_0^2\left[N + \cos\Phi_0\sum_{i=1}^{N}\cos\left(\delta\Phi_i\right) - \sin\Phi_0\sum_{i=1}^{N}\sin\left(\delta\Phi_i\right)\right] \tag{8-3-12}$$

当 $\delta\Phi_i$ 的最大值甚小于 π, 即 $\delta\Phi_i \ll \pi$ 时, $\cos(\delta\Phi_i) \approx 1$, 而 $\sin(\delta\Phi_i) \approx 0$, 于是, (8-3-12) 式可改写为

$$\langle I\rangle = 2u_0^2 N\left[1 + \cos\Phi_0\right] \tag{8-3-13}$$

这时, 观察到的全息条纹图样是 Φ_0 的余弦函数.

假定物体位于 x,y 平面物体上某点 (矢径为 r) 散射到观察平面某给定点的光的相位增量为 $\Phi(r)$. 则分辨率区域内 $\Phi(r)$ 的增量可以用泰勒级数展开为

$$\Phi(r) = \Phi_0 + \left(\frac{\partial\Phi}{\partial x}\right)(x - x_0) + \left(\frac{\partial\Phi}{\partial y}\right)(y - y_0) + \cdots \tag{8-3-14}$$

式中, $\Phi(r_0) = \Phi_0$, 矢径 r 的坐标值为 x, y. $\Delta\Phi = \Phi(r) - \Phi_0$ 的最大值得自分辨率区域的最端点. 若将它的最大值表示为

$$\Delta\Phi_{\max} = \left(\frac{\partial \Phi}{\partial x}\right)\Delta x + \left(\frac{\partial \Phi}{\partial y}\right)\Delta y \tag{8-3-15}$$

则当 $\Delta\Phi_{\max}$ 取最小值时, $\Phi(r)$ 在分辨率区域可取最小之值. (8-3-15) 式中 Δx 为 x 方向分辨率区域的大小, Δy 为 y 方向分辨率区域的大小. 由 (8-3-10), (8-3-11), (8-3-15) 可知, 除非 $\left(\frac{\partial \phi}{\partial x}\right)\Delta x$, $\left(\frac{\partial \phi}{\partial y}\right)\Delta y$ 为零, 否则条纹的能见度将小于 1. 当 (8-3-15) 取最小值时, 条纹的能见度将取最大值, 这时条纹将定位于该平面上.

由于

$$\Phi = (2\pi/\lambda)(\hat{e}_2 - \hat{e}_1)\cdot d,$$

方程式 (8-3-15) 可写为

$$\left[\frac{\partial}{\partial x}(\hat{e}_2 - \hat{e}_1)\cdot d + (\hat{e}_2 - \hat{e}_1)\cdot\frac{\partial}{\partial x}d\right]\Delta x$$
$$+ \left[\frac{\partial}{\partial y}(\hat{e}_2 - \hat{e}_1)\cdot d + (\hat{e}_2 - \hat{e}_1)\cdot\frac{\partial}{\partial y}d\right]\Delta y \to \min \tag{8-3-16}$$

这就是全息干涉条纹定域必须满足的一般要求[2].

以上是有关全息干涉条纹定域的一些基本概念, 下面, 我们将进一步导出全息干涉条纹定域条件的方程式.

8.3.2 全息干涉条纹的定域条件

为了具体研究条纹定域条件, 我们以双曝光全息为例, 进一步研究干涉条纹的定域性质.

当观察者观看一张双曝光全息图时, 光波的干涉条纹将形成在他的视网膜上; 当用相机拍摄时, 光波的干涉条纹将形成在记录胶片上. 图 8-3-2 表示了观察一张双曝光全息图的简单系统. 在检测器表面的叠加光场 $(U_1 + U_2)$ 是用透镜聚焦在物体表面前某个平面 (像平面) 上成像得到的. 其中 U_1 是原始物光的复振幅、也就是第一次记录瞬间物光的复振幅; U_2 是物体变化后第二次记录瞬间的物光复振幅. 我们可以忽略全息图的存在, 假定 U_1 和 U_2 都是从物体表面发出的光波. Q 点的叠加光场成像在检测器表面上的 Q' 点, 它们都对应于物体表面上 P 点附近的一个分辨率区域. 图 8-3-2 中表示了形成这个像的 3 条光线. 如果周围的介质是均匀和各向同性的, 则连接 Q 到 Q' 点的所有光线的光程是相等的, 即每条光线在 Q' 点的相对相位与它在 Q 点的相对相位相同. 因此, 在 Q' 点的干涉图样与在 Q 点由同样的光锥所形成的干涉图样是相同的.

8.3 干涉条纹的定域

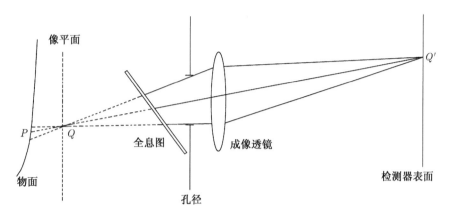

图 8-3-2 双曝光全息图的复合光场成像示意图

为了分析 Q 点的干涉，我们首先考虑从物面上，在光锥中某点 P 发出的光线与从同一点位移了 d 以后所发出的光线相干涉。它们的相位差 $\Phi = \phi_2 - \phi_1 = (\boldsymbol{k}_2 - \boldsymbol{k}_1) \cdot \boldsymbol{d}$。光场在 Q 点的相位是整个光锥内，即相应的分辨率区域内物体表面所有点的贡献，因此，必须将整个光锥内物体表面所有点相应的 Φ 相加。正如 (8-3-6) 式所表示的那样。当采用大数值孔径的观测系统时，由于光锥很大，Q 点对应的分辨率区域上各个点的 Φ 值变化很大，并且是随机的，这时 Q 点将看不到干涉条纹，Q 点的光强如 (8-3-7) 所示。然而，可能存在这样一些 Q 点，在这些 Q 点附近，光锥内各点的 Φ 值变化很小，接近于相等。相当于在此区域内 Φ 值为常数。譬如，在相应的光锥内物面的中心点对应的 Φ 值为 Φ_0，其周围各点的 Φ 值与 Φ_0 偏离甚小。于是，在这些点的周围就会产生干涉条纹，如 (8-3-13) 式所示。

假定物体表面是一个局部平面，取直角坐标使 z 轴垂直于物体表面，任意点 $P(x,y;0)$ 由波矢量为 $\boldsymbol{k}_1$ 的光线照明，而以波矢量为 $\boldsymbol{k}_2$ 的光线散射到 Q 点。即照明矢量为 $\boldsymbol{k}_1$，观察矢量为 $\boldsymbol{k}_2$，观察点为 Q 点。且 Q 点在像面上，位于距离物体表面为 z 的固定位置 (X,Y,z) 处。随着 P 点位置的变化，$\boldsymbol{k}_1$ 和 $\boldsymbol{k}_2$ 随之变化。它们是任意点 P 坐标 (x,y) 的函数。如图 8-3-3 所示。图中 P 和 Q 点与图 8-3-2 中的 P 和 Q 点相对应，S 是照明光源。既然条纹定域的空间需要满足 Φ 为常数或近似为常数。我们由此可以得到**条纹定域条件**是

$$\mathrm{d}\Phi = \frac{\partial \Phi}{\partial x}\mathrm{d}x + \frac{\partial \Phi}{\partial y}\mathrm{d}y = 0 \qquad (8\text{-}3\text{-}17)$$

式中，$\mathrm{d}x$ 和 $\mathrm{d}y$ 是物点 P 的微量变化。z 是物体表面到 Q 点的距离，它是 Φ 表达式中的参数。满足 (8-3-17) 式 z 值的所有点构成的区域就确定了干涉条纹的定位域[3]。

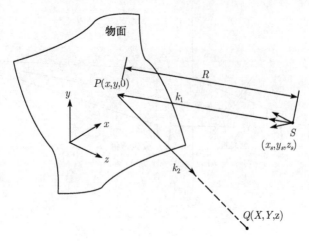

图 8-3-3　说明条纹定位区域的辅助图

8.3.3　用准直光照明得到的条纹定域

图 8-3-2 中, 在光锥中某点 P 发出的光线与从同一点位移了 d 以后所发出的光线相干涉, 它们的相位差 Φ 为

$$\Phi = \boldsymbol{K} \cdot \boldsymbol{d} = (\boldsymbol{k}_2 - \boldsymbol{k}_1)\boldsymbol{d} = (2\pi/\lambda)(\hat{e}_2 - \hat{e}_1)\boldsymbol{d}$$
$$= (2\pi/\lambda)(e_x d_x + e_y d_y + e_z d_z)$$
$$= (2\pi/\lambda)[(e_{2x} - e_{1x})d_x + (e_{2y} - e_{1y})d_y + (e_{2z} - e_{1z})d_z] \quad (8\text{-}3\text{-}18)$$

对于准直照明, $\boldsymbol{k}_1$ 是常矢量. 而 $\boldsymbol{k}_2$ 和 $\boldsymbol{d}$ 是表面物点坐标 (x,y) 和 Q 点位置的函数. 我们用上标表示它们相对于表面物点坐标 (x,y) 的偏导数. 例如, $\dfrac{\partial k_{2x}}{\partial y} \equiv k_{2x}^y$ 表示 $\boldsymbol{k}_2$ 在 x 方向的分量对坐标 y 的偏导数. 用这种记号法, 对于准直照明的情况, 式 (8-3-17) 可表示为

$$(k_{2x}^x d_x + k_{2y}^x d_y + k_{2z}^x d_z + K_x d_x^x + K_y d_y^x + K_z d_z^x)\,\mathrm{d}x$$
$$+ (k_{2x}^y d_x + k_{2y}^y d_y + k_{2z}^y d_z + K_x d_x^y + K_y d_y^y + K_z d_z^y)\,\mathrm{d}y = 0 \quad (8\text{-}3\text{-}19\mathrm{a})$$

(8-3-19a) 式除以 $(2\pi/\lambda)$, 可改写为

$$(e_{2x}^x d_x + e_{2y}^x d_y + e_{2z}^x d_z + e_x d_x^x + e_y d_y^x + e_z d_z^x)\,\mathrm{d}x$$
$$+ (e_{2x}^y d_x + e_{2y}^y d_y + e_{2z}^y d_z + e_x d_x^y + e_y d_y^y + e_z d_z^y)\,\mathrm{d}y = 0 \quad (8\text{-}3\text{-}19\mathrm{b})$$

注意到观察矢量 $\boldsymbol{k}_2$ 是从物点 $P(x,y,0)$ 指向固定的观测点 $Q(X,Y,z)$ 的波矢量, 以 ρ 表示 P 点与 Q 点之间的距离, 即 $\rho = \sqrt{(X-x)^2 + (Y-y)^2 + z^2}$, 则单位矢

8.3 干涉条纹的定域

量 $\hat{e}_2$ 的各个分量可以表示如下:

$$e_{2x} = \frac{X-x}{\sqrt{(X-x)^2+(Y-y)^2+z^2}} = \frac{X-x}{\rho} \tag{8-3-20a}$$

$$e_{2y} = \frac{Y-y}{\sqrt{(X-x)^2+(Y-y)^2+z^2}} = \frac{Y-y}{\rho} \tag{8-3-20b}$$

$$e_{2z} = \frac{z}{\sqrt{(X-x)^2+(Y-y)^2+z^2}} = \frac{z}{\rho} \tag{8-3-20c}$$

因为 X, Y, z 是我们研究问题的参数, 不是点 P 坐标 x, y 的函数, e_{2x}^x 等导数是不难计算的.

$$e_{2x}^x = \frac{1}{\rho}\left[-1 + \frac{(X-x)^2}{\rho^2}\right] = -\frac{1}{\rho}\left(1-e_{2x}^2\right)$$

又, 因为 $\hat{e}_2$ 是单位矢量, 故有

$$e_{2x}^2 + e_{2y}^2 + e_{2z}^2 = 1 \tag{8-3-21}$$

利用 (8-3-21) 式, 以及 (8-3-20c) 式的关系 $\rho = z/e_{2z}$, 我们可得到以下关系式:

$$e_{2x}^x = -\frac{1}{\rho}\left(e_{2y}^2 + e_{2z}^2\right) = -\frac{e_{2z}}{z}\left(e_{2y}^2 + e_{2z}^2\right) \tag{8-3-22a}$$

$$e_{2x}^y = \frac{X-x}{\rho^3}(Y-y) = \frac{1}{\rho}\frac{(X-x)}{\rho}\frac{(Y-y)}{\rho} = \frac{e_{2z}}{z}e_{2x}e_{2y} \tag{8-3-22b}$$

$$e_{2y}^x = \frac{(Y-y)(X-x)}{\rho^3} = \frac{1}{\rho}\frac{(X-x)}{\rho}\frac{(Y-y)}{\rho} = \frac{e_{2z}}{z}e_{2x}e_{2y} \tag{8-3-22c}$$

$$e_{2y}^y = \frac{(Y-y)^2}{\rho^3} - \frac{1}{\rho} = -\frac{e_{2z}}{z}\left(e_{2x}^2 + e_{2z}^2\right) \tag{8-3-22d}$$

$$e_{2z}^x = \frac{z}{\rho^3}(X-x) = \frac{1}{\rho}\frac{X-x}{\rho}\frac{z}{\rho} = \frac{e_{2z}}{z}e_{2x}e_{2z} \tag{8-3-22e}$$

$$e_{2z}^y = \frac{z}{\rho^3}(Y-y) = \frac{1}{\rho}\frac{Y-y}{\rho}\frac{z}{\rho} = \frac{e_{2z}}{z}e_{2y}e_{2z} \tag{8-3-22f}$$

将以上诸关系式代入 (8-3-19b) 式, 我们便获得准直照明下的定域条件:

$$\left(-\frac{e_{2z}}{z}\left(e_{2y}^2 + e_{2z}^2\right)d_x + \frac{e_{2z}}{z}e_{2x}e_{2y}d_y + \frac{e_{2z}}{z}e_{2x}e_{2z}d_z + e_x d_x^x + e_y d_y^x + e_z d_z^x\right)dx$$

$$+ \left(\frac{e_{2z}}{z}e_{2x}e_{2y}d_x - \frac{e_{2z}}{z}\left(e_{2x}^2 + e_{2z}^2\right)d_y + \frac{e_{2z}}{z}e_{2y}e_{2z}d_z + e_x d_x^y + e_y d_y^y + e_z d_z^y\right)dy = 0$$

$$\left\{\frac{e_{2z}}{z}\left[\left(e_{2y}^2 + e_{2z}^2\right)d_x - e_{2x}e_{2y}d_y - e_{2x}e_{2z}d_z\right] - \left(e_x d_x^x + e_y d_y^x + e_z d_z^x\right)\right\}dx$$

$$+\left\{\frac{e_{2z}}{z}\left[-e_{2x}e_{2y}d_x+\left(e_{2x}^2+e_{2z}^2\right)d_y-e_{2y}e_{2z}d_z\right]-\left(e_xd_x^y+e_yd_y^y+e_zd_z^y\right)\right\}\mathrm{d}y=0 \quad (8\text{-}3\text{-}23)$$

若在所有方向上观测孔径的尺寸大致相同 (例如圆形孔径), 则在 (8-3-23) 式中 $\mathrm{d}x$ 和 $\mathrm{d}y$ 可以独立变化, 因此, $\mathrm{d}x$ 和 $\mathrm{d}y$ 的系数必须都为零, 从而获得下面两个方程式[3]:

$$\frac{e_{2z}}{z}\left[\left(e_{2y}^2+e_{2z}^2\right)d_x-e_{2x}e_{2y}d_y-e_{2x}e_{2z}d_z\right]-\left(e_xd_x^x+e_yd_y^x+e_zd_z^x\right)=0 \quad (8\text{-}3\text{-}24\mathrm{a})$$

$$\frac{e_{2z}}{z}\left[-e_{2x}e_{2y}d_x+\left(e_{2x}^2+e_{2z}^2\right)d_y-e_{2y}e_{2z}d_z\right]-\left(e_xd_x^y+e_yd_y^y+e_zd_z^y\right)=0 \quad (8\text{-}3\text{-}24\mathrm{b})$$

整理后得**准直光照明下的条纹定域条件**:

$$z=e_{2z}\left[\frac{\left(e_{2y}^2+e_{2z}^2\right)d_x-e_{2x}e_{2y}d_y-e_{2x}e_{2z}d_z}{\left(e_xd_x^x+e_yd_y^x+e_zd_z^x\right)}\right] \quad (8\text{-}3\text{-}25\mathrm{a})$$

$$z=e_{2z}\left[\frac{-e_{2x}e_{2y}d_x+\left(e_{2x}^2+e_{2z}^2\right)d_y-e_{2y}e_{2z}d_z}{\left(e_xd_x^y+e_yd_y^y+e_zd_z^y\right)}\right] \quad (8\text{-}3\text{-}25\mathrm{b})$$

这两个方程式各自描述了空间中的一个曲面 $z=z(x,y,z)$, 一般而言, 这两个曲面是不同的. 因为两个等式都必须被满足, 故条纹是沿着这两个曲面的交线所确定的曲线定域. 当然, 特殊情况下, 也可能条纹在一个曲面上定域.

实验表明, 条纹的确是定域在由 (8-3-25a) 与 (8-3-25b) 两式所预示的空间曲线附近, 但是, 定域的锐度取决于观测系统的孔径. 当孔径减小时定域区间可以伸展到包括整个物体表面的区域. 为进一步理解这一现象让我们研究图 8-3-4 通过一个矩形孔径观察二次曝光全息图. 在观察屏上形成的条纹图样是 Q 点对应的光锥包含的分辨率区域内所有光波的像. 中心光线从物面上的点 $P(x_0,y_0)$ 发出并通过 Q 点, Q 点的有效光强度是由孔径决定的光锥面内所有光线对 (两次曝光的光线对) 的光强度积分. 这个锥面正对着物面上尺寸为 $2\Delta x, 2\Delta y$ 的矩形面积, 这个矩形面积受到了孔径大小的限制. 因此, 在用记录时的参考光再现下, 根据第 7 章 (7-2-15) 式, 当两次曝光时间相等的情况下, 其第三项衍射光在某确定点 (x,y) 的光强为

$$I_3=I_{30}\{1+\cos[\phi_{02}(x,y)-\phi_{01}(x,y)]\}=I_{30}\{1+\cos[\varPhi(x,y)]\}$$

图 8-3-4 中, 第三项衍射光在 Q 点的有效平均光强, 也就是通得过矩形孔径的这部分光线在 Q 点的总平均光强是

$$I_3(Q)=\frac{I_{30}}{4\Delta x\Delta y}\int_{x_0-\Delta x}^{x_0+\Delta x}\int_{y_0-\Delta y}^{y_0+\Delta y}\{1+\cos[\varPhi(x,y)]\}\mathrm{d}x\mathrm{d}y \quad (8\text{-}3\text{-}26)$$

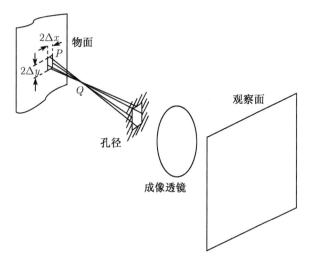

图 8-3-4 矩孔孔径成像系统形成的干涉条纹

$I_3(Q)$ 在物面上对应于 Q 点的分辨率区域内进行积分, 因为 Q 点的光强是由孔径决定的光锥面内分辨率区域内所有光线对 (两次曝光的光线对) 的集体贡献. 不过, Δx, Δy 很小, 于是 $\Phi(x,y)$ 可近似用在分辨率区域中心点 (x_0, y_0) 展开的泰勒级数展开式的前几项表示为

$$\Phi(x,y) = \Phi(x_0, y_0) + \frac{\partial \Phi}{\partial x}(x-x_0) + \frac{\partial \Phi}{\partial y}(y-y_0)$$
$$= \Phi_0 + \Phi_0^x (x-x_0) + \Phi_0^y (y-y_0) \tag{8-3-27}$$

式中,

$$\Phi_0^x = \left.\frac{\partial \Phi}{\partial x}\right|_{x=x_0, y=y_0}; \quad \Phi_0^y = \left.\frac{\partial \Phi}{\partial y}\right|_{x=x_0, y=y_0}$$

注意到三角关系式:

$$\cos(\phi_1 + \phi_2 + \phi_3) = \cos\phi_1 \cos(\phi_2 + \phi_3) - \sin\phi_1 \sin(\phi_2 + \phi_3)$$
$$= \cos\phi_1 \cos\phi_2 \cos\phi_3 - \cos\phi_1 \sin\phi_2 \sin\phi_3 - \sin\phi_1 \sin\phi_2 \cos\phi_3$$
$$- \sin\phi_1 \cos\phi_2 \sin\phi_3$$

于是

$$\cos[\Phi(x,y)] = \cos\Phi_0 \cos[\Phi_0^x(x-x_0)] \cos[\Phi_0^y(y-y_0)]$$
$$- \cos\Phi_0 \sin[\Phi_0^x(x-x_0)] \sin[\Phi_0^y(y-y_0)]$$
$$- \sin\Phi_0 \sin[\Phi_0^x(x-x_0)] \cos[\Phi_0^y(y-y_0)]$$

$$-\sin\Phi_0 \cos[\Phi_0^x(x-x_0)]\sin[\Phi_0^y(y-y_0)]$$

若略去高级无限小量, 只保留下第一项, 我们有

$$\cos[\Phi(x,y)] \approx \cos\Phi_0 \cos[\Phi_0^x(x-x_0)]\cos[\Phi_0^y(y-y_0)] \tag{8-3-28}$$

将 (8-3-28) 式代入 (8-3-26) 式, 我们有

$$\begin{aligned}
I_3(Q) &\approx \frac{I_{30}}{4\Delta x \Delta y} \int_{x_0-\Delta x}^{x_0+\Delta x} \int_{y_0-\Delta y}^{y_0+\Delta y} \{1+\cos\Phi_0 \\
&\quad \times \cos[\Phi_0^x(x-x_0)]\cos[\Phi_0^y(y-y_0)]\}\mathrm{d}x\mathrm{d}y \\
&= \frac{I_{30}}{4\Delta x \Delta y} \left\{ 4\Delta x \Delta y + \cos\Phi_0 \int_{x_0-\Delta x}^{x_0+\Delta x} \cos[\Phi_0^x(x-x_0)]\,\mathrm{d}x \right. \\
&\quad \left. \times \int_{y_0-\Delta y}^{y_0+\Delta y} \cos[\Phi_0^y(y-y_0)]\,\mathrm{d}y \right\} \\
&= \frac{I_{30}}{4\Delta x \Delta y} \left\{ 4\Delta x \Delta y + \cos\Phi_0 [I_x \times I_y] \right\}
\end{aligned}$$

注意到积分号内的 Φ_0^x 和 x_0 都不是变量, 因此

$$\begin{aligned}
I_x &= \int_{x_0-\Delta x}^{x_0+\Delta x} \cos[\Phi_0^x(x-x_0)]\,\mathrm{d}x \\
&= \frac{1}{\Phi_0^x} \int_{x_0-\Delta x}^{x_0+\Delta x} \cos[\Phi_0^x(x-x_0)]\,\mathrm{d}\Phi_0^x(x-x_0)
\end{aligned}$$

作变量代换, 令 $\xi = \Phi_0^x(x-x_0)$ 则当 $x = x_0 + \Delta x$ 时, $\xi_2 = \Phi_0^x \Delta x$, $x = x_0 - \Delta x$ 时, $\xi_1 = -\Phi_0^x \Delta x$. 于是

$$I_x = \frac{1}{\Phi_0^x} \int_{\xi_1}^{\xi_2} \cos\xi\,\mathrm{d}\xi = \frac{1}{\Phi_0^x}[\sin(\Phi_0^x \Delta x) - \sin(-\Phi_0^x \Delta x)] = \frac{2\sin(\Phi_0^x \Delta x)}{\Phi_0^x}$$

同样

$$I_y = \int_{y_0-\Delta y}^{y_0+\Delta y} \cos[\Phi_0^y(y-y_0)]\,\mathrm{d}y = \frac{2\sin(\Phi_0^y \Delta y)}{\Phi_0^y}$$

于是, (8-3-26) 可写为

$$I_3(Q) \approx I_{30}\left[1 + \frac{\sin(\Phi_0^x \Delta x)}{(\Phi_0^x \Delta x)} \frac{\sin(\Phi_0^y \Delta y)}{(\Phi_0^y \Delta y)} \cos\Phi_0(x_0,y_0)\right] \tag{8-3-29}$$

由 (8-3-29) 式决定的条纹能见度为

$$V = \frac{\sin(\Phi_0^x \Delta x)}{\Phi_0^x \Delta x} \frac{\sin(\Phi_0^y \Delta y)}{\Phi_0^y \Delta y} \tag{8-3-30}$$

上面的表达式是 sinc 函数,我们知道,当它在 $\Phi_0^x = 0$,$\Phi_0^y = 0$ 的位置有最大值 $V = 1$. 现在,我们可以给出条纹定域的精确定义:**对于一个确定的观察方向,若全息干涉条纹的能见度达最大值则说它是定域的**. 其定量描述就是 (8-3-25a) 与 (8-3-25b) 两式. 这两个方程式确定了沿着 $V = 1$ 的观测方向由 z 所定的位置. 如果 $\Phi_0^x \Delta x$ 和 $\Phi_0^y \Delta y$ 的值在 z 偏离定域值而迅速变化时,就可以很清楚地确定出条纹定位的区域. 如果 $\Phi_0^x \Delta x$ 和 $\Phi_0^y \Delta y$ 的值在 z 偏离定域值时变化很缓慢,则定域区间很宽广. 因为 Φ_0^x 和 Φ_0^y 是由系统的几何结构及物体的位移场确定的,故定位域的锐度受观察孔径的控制. 如果孔径大,定域将是很明显的. 如果孔径很小,则在一个相当宽的区域都能看到比较清楚的条纹. 根据 (8-3-30) 式,条纹能见度是两个因子的乘积,一项是 Δx 的函数,一项是 Δy 的函数. 它们之一,譬如,Δy 的尺寸很小,则 $\lim\limits_{\Delta y \to 0} \frac{\sin(\Phi_0^y \Delta y)}{\Phi_0^y \Delta y} = 1$,定域将主要由 $\Phi_0^x \Delta x$ 之值决定. 这就启发了人们在全息干涉计量术中应用狭缝孔径[6,7]. 如果把一个带有与 y 轴平行的长狭缝的不透明屏放在观察者和两次曝光全息图之间,则条纹定位域将只由 (8-3-25a) 决定[3].

8.3.4 用球面光照明得到的条纹定域

当应用全息干涉计量术研究大尺寸物体的运动时,常需要采用球面光而不是平面光照明物体. 因为大直径的准直透镜或反光镜一般是非常昂贵的,并且加大了整个全息系统的尺寸. 对于大多数变形的测量,本章 8.3.3 节的分析是足够的,因为在物体表面的很小区间上球面照明光波的曲率通常可以忽略. 但是,为了得到条纹系统的更精确的分析,特别是当出现刚体运动的时候,我们需要将条纹定位域的分析扩展到把波阵面曲率也考虑进来.

如前所述,条纹定域条件可通过联立 (8-3-17) 和 (8-3-18) 式导出. 因为不受 k_1 是常数的限制,故其结果为

$$\begin{aligned}&\left(e_x^x d_x + e_y^x d_y + e_z^x d_z + e_x d_x^x + e_y d_y^x + e_z d_z^x\right) \mathrm{d}x \\ &+ \left(e_x^y d_x + e_y^y d_y + e_z^y d_z + e_x d_x^y + e_y d_y^y + e_z d_z^y\right) \mathrm{d}y = 0\end{aligned} \tag{8-3-31}$$

应注意的是,式中所有的项都含 $e = \hat{e}_2 - \hat{e}_1$ 的分量或分量的导数. 为了计算 e 的三个分量 $e_x = e_{2x} - e_{1x}$,$e_y = e_{2y} - e_{1y}$,$e_z = e_{2z} - e_{1z}$ 的导数,让我们研究图 8-3-3 所示光路. 物点 $P(x,y,0)$ 由位于点 $S(x_s, y_s, z_s)$ 的固定点光源发出沿 k_1 方向传播的光照明,沿 k_2 方向的散射光朝向 Q 点,R 是点光源到物点的距离,即 R 是照

明波阵面的曲率半径. 照明矢量 k_1 的单位矢量 $\hat{e}_1$ 各个分量如下:

$$e_{1x} = \frac{x-x_s}{\sqrt{(x-x_s)^2+(y-y_s)^2+z_s^2}} = \frac{x-x_s}{R} \tag{8-3-32a}$$

$$e_{1y} = \frac{y-y_s}{\sqrt{(x-x_s)^2+(y-y_s)^2+z_s^2}} = \frac{y-y_s}{R} \tag{8-3-32b}$$

$$e_{1z} = \frac{-z_s}{\sqrt{(x-x_s)^2+(y-y_s)^2+z_s^2}} = -\frac{z_s}{R} \tag{8-3-32c}$$

$\hat{e}_1$ 的各个分量对 x, y 的偏导数分别为

$$e_{1x}^x = \frac{1}{R} - \frac{(x-x_s)^2}{R^3} = \frac{1}{R}(1-e_{1x}^2) = \frac{1}{R}(e_{1y}^2+e_{1z}^2) \tag{8-3-33a}$$

$$e_{1y}^x = -\frac{(x-x_s)(y-y_s)}{R^3} = -\frac{1}{R}e_{1x}e_{1y} \tag{8-3-33b}$$

$$e_{1z}^x = \frac{z_s(x-x_s)}{R^3} = -\frac{1}{R}e_{1x}e_{1z} \tag{8-3-33c}$$

$$e_{1x}^y = -\frac{(x-x_s)(y-y_s)}{R^3} = -\frac{1}{R}e_{1x}e_{1y} \tag{8-3-33d}$$

$$e_{1y}^y = \frac{1}{R} - \frac{(y-y_s)^2}{R^3} = \frac{1}{R}(1-e_{1y}^2) = \frac{1}{R}(e_{1x}^2+e_{1z}^2) \tag{8-3-33e}$$

$$e_{1z}^y = \frac{(y-y_s)z_s}{R^3} = -\frac{1}{R}e_{1y}e_{1z} \tag{8-3-33f}$$

注意到 $\hat{e}_1$ 是单位矢量, (8-3-33) 诸式化简过程中应用了下面的关系式:

$$e_{1x}^2+e_{1y}^2+e_{1z}^2 = 1 \tag{8-3-34}$$

因为 $e \equiv \hat{e}_2 - \hat{e}_1$, 我们有

$$e_x = e_{2x}-e_{1x}, \quad e_y = e_{2y}-e_{1y}, \quad e_z = e_{2z}-e_{1z} \tag{8-3-35}$$

于是,

$$e_x^x = e_{2x}^x-e_{1x}^x, \quad e_y^x = e_{2y}^x-e_{1y}^x, \quad e_z^x = e_{2z}^x-e_{1z}^x \tag{8-3-36}$$

$$e_x^y = e_{2x}^y-e_{1x}^y, \quad e_y^y = e_{2y}^y-e_{1y}^y, \quad e_z^y = e_{2z}^y-e_{1z}^y \tag{8-3-37}$$

将 (8-3-22) 与 (8-3-33) 式代入 (8-3-36) 式, 我们便有

$$e_x^x = e_{2x}^x - e_{1x}^x = -\left[\frac{e_{2z}}{z}(e_{2y}^2+e_{2z}^2) + \frac{1}{R}(e_{1y}^2+e_{1z}^2)\right] \tag{8-3-38a}$$

8.3 干涉条纹的定域

$$e_y^x = e_{2y}^x - e_{1y}^x = \left(\frac{e_{2z}}{z}e_{2x}e_{2y} + \frac{1}{R}e_{1x}e_{1y}\right) \tag{8-3-38b}$$

$$e_z^x = e_{2z}^x - e_{1z}^x = \left(\frac{e_{2z}}{z}e_{2x}e_{2z} + \frac{1}{R}e_{1x}e_{1z}\right) \tag{8-3-38c}$$

$$e_x^y = e_{2x}^y - e_{1x}^y = \left(\frac{e_{2z}}{z}e_{2x}e_{2y} + \frac{1}{R}e_{1x}e_{1y}\right) \tag{8-3-38d}$$

$$e_y^y = e_{2y}^y - e_{1y}^y = -\left[\frac{e_{2z}}{z}\left(e_{2x}^2 + e_{2z}^2\right) + \frac{1}{R}\left(e_{1x}^2 + e_{1z}^2\right)\right] \tag{8-3-38e}$$

$$e_z^y = e_{2z}^y - e_{1z}^y = \left(\frac{e_{2z}}{z}e_{2y}e_{2z} + \frac{1}{R}e_{1y}e_{1z}\right) \tag{8-3-38f}$$

将 (8-3-38) 诸式代入 (8-3-31) 式, 我们便得到**球面光照明下的条纹定域条件**:

$$\begin{aligned}
\Bigg\{&-\left[\frac{e_{2z}}{z}(e_{2y}^2 + e_{2z}^2) + \frac{1}{R}(e_{1y}^2 + e_{1z}^2)\right]d_x + \left(\frac{e_{2z}}{z}e_{2x}e_{2y} + \frac{1}{R}e_{1x}e_{1y}\right)d_y \\
&+ \left(\frac{e_{2z}}{z}e_{2x}e_{2z} + \frac{1}{R}e_{1x}e_{1z}\right)d_z + e_x d_x^x + e_y d_y^x + e_z d_z^x \Bigg\}\mathrm{d}x \\
&+ \Bigg\{\left(\frac{e_{2z}}{z}e_{2x}e_{2y} + \frac{1}{R}e_{1x}e_{1y}\right)d_x - \left[\frac{e_{2z}}{z}\left(e_{2x}^2 + e_{2z}^2\right) + \frac{1}{R}\left(e_{1x}^2 + e_{1z}^2\right)\right]d_y \\
&+ \left(\frac{e_{2z}}{z}e_{2y}e_{2z} + \frac{1}{R}e_{1y}e_{1z}\right)d_z + e_x d_x^y + e_y d_y^y + e_z d_z^y \Bigg\}\mathrm{d}y = 0 \tag{8-3-39}
\end{aligned}$$

(8-3-39) 式是最一般的条纹定域条件. 以上使用的坐标 x, y 是被观察物点的坐标, z 是沿着观察点和物点 $(x, y, 0)$ 之间连线从物体表面到定域点的距离, 即 (8-3-20c) 式所表示的关系 $z = \rho e_{2z}$. 如果我们打算用图 8-3-3 的 (X, Y, z) 坐标系写出定域表面或曲线的方程式, 还必须进行下面的变换[3]:

$$\left.\begin{array}{l} X = x - (e_{2x}/e_{2z})\,z \\ Y = y - (e_{2y}/e_{2z})\,z \end{array}\right\} \tag{8-3-40}$$

8.3.5 示例

在图 8-3-5 的 4 种不同光路布局情况下, 我们来看几种不同运动变化的物体的全息干涉条纹的定域表面位置. 首先, 在物体作刚体平移的情况下, 物体表面上所有的点有相等的位移分量 d_x, d_y, d_z, 它们的导数均为零, 于是, (8-3-25a) 和 (8-3-25b) 式给出的 z 值为无限大. 条纹定域在无限远. 也就是说, 如果用透镜观察, 条纹成像在透镜的后焦面上. 若以眼睛直视, 应将眼睛向无限远处聚焦. 即是使眼睛肌肉放松, 使眼睛处于观察远处的状态 (通常称为 "调视到无限远"). 此时, 条纹成像在眼睛的视网膜上.

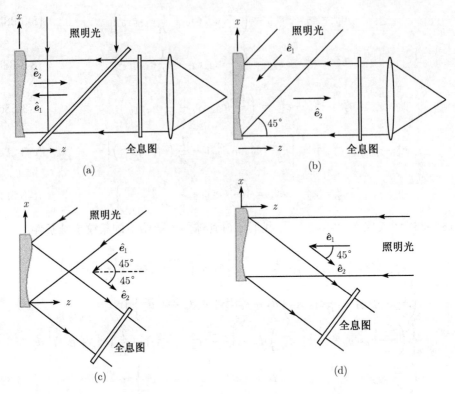

图 8-3-5　几种不同光路布局下条纹的不同定域

再看下面的示例[4]. 将满足 (8-3-25a) 和 (8-3-25b) 条件的 z 坐标分别表示为 z_A 和 z_B.

8.3.5.1　示例一

物体位移为 $(0,0,-x\theta_y)$，即 $d_x = d_y = 0, d_z = -x\theta_y$，根据 (8-3-25a) 式, 注意到 $d_z^x = \dfrac{\partial d_z}{\partial x} = -\theta_y$, 我们有

$$z_A = \left[\frac{-e_{2x}e_{2z}^2 d_z}{(e_x d_x^x + e_y d_y^x + e_z d_z^x)}\right] = -\frac{e_{2x}e_{2z}^2(-x\theta_y)}{e_z(-\theta_y)} = -\frac{e_{2x}e_{2z}^2}{(e_{z2}-e_{z1})}x, \quad z_B = \infty$$

对于光路 (a), 诸灵敏度矢量的分量为

$$e_{1x} = e_{1y} = 0, \quad e_{1z} = -1, \quad e_{2x} = e_{2y} = 0, \quad e_{2z} = 1$$

$$z_A = -\frac{e_{2x}e_{2z}^2}{(e_{z2}-e_{z1})}x = 0$$

即条纹定域在物体表面上.

8.3 干涉条纹的定域

对于光路 (b), 诸灵敏度矢量的分量为

$$e_{1x} = -\sqrt{2}/2, \quad e_{1y} = 0, \quad e_{1z} = -\sqrt{2}/2, \quad e_{2x} = e_{2y} = 0, e_{2z} = 1,$$

也有 $z_A = 0$, 即条纹也定域在物体表面上.

对于光路 (c), 诸灵敏度矢量的分量为

$$e_{1x} = -\sqrt{2}/2, \quad e_{1y} = 0, \quad e_{1z} = -\sqrt{2}/2, \quad e_{2x} = -\sqrt{2}/2, \quad e_{2y} = 0, \quad e_{2z} = \sqrt{2}/2$$

于是

$$z_A = -\frac{e_{2x}e_{2z}^2}{(e_{z2} - e_{z1})}x = -\frac{\left(-\frac{1}{\sqrt{2}}\right)\left(\frac{1}{\sqrt{2}}\right)^2}{\left(\frac{1}{\sqrt{2}}\right) - \left(-\frac{1}{\sqrt{2}}\right)}x = \frac{\left(\frac{1}{\sqrt{2}}\right)\left(\frac{1}{2}\right)}{\left(\frac{2}{\sqrt{2}}\right)}x = \frac{1}{4}x$$

它决定了一个沿 y 轴与观察面倾斜相交的平面.

对于光路 (d), 诸灵敏度矢量的分量为

$$e_{1x} = e_{1y} = 0, \quad e_{1z} = -1, \quad e_{2x} = -\sqrt{2}/2, \quad e_{2y} = 0, \quad e_{2z} = \sqrt{2}/2$$

于是

$$z_A = -\frac{e_{2x}e_{2z}^2}{(e_{z2} - e_{z1})}x = -\frac{\left(-\frac{1}{\sqrt{2}}\right)\left(\frac{1}{\sqrt{2}}\right)^2}{\left(\frac{1}{\sqrt{2}}\right) - (-1)}x = \frac{\left(\frac{1}{\sqrt{2}}\right)\left(\frac{1}{2}\right)}{\left(\frac{1}{\sqrt{2}} + 1\right)}x$$

$$= \frac{\left(\frac{1}{2}\right)}{(1+\sqrt{2})}x = \frac{x}{2(1+\sqrt{2})}$$

8.3.5.2 示例二

若物体表面绕一根平行于物面, 离开物面有一定距离的转轴旋转, 该转轴平行于 y 轴, 与物面距离为 r. 于是, 物体表面上 (x, y, o) 点的位移为

$$\boldsymbol{d} = \begin{bmatrix} \hat{\boldsymbol{i}} & \hat{\boldsymbol{j}} & \hat{\boldsymbol{k}} \\ 0 & \theta_y & 0 \\ x & y & r \end{bmatrix} = r\theta_y \hat{\boldsymbol{i}} - x\theta_y \hat{\boldsymbol{k}}$$

即

$$d_x = r\theta_y, \quad d_y = 0, \quad d_z = -x\theta_y$$

根据 (8-3-25) 式, 注意到 $d_z^x = \dfrac{\partial d_z}{\partial x} = -\theta_y$, 当照明光、观察方向, 物点都在 zx 平面上, 即 $e_y = 0$.

$$z_A = \frac{(e_{2z}^3)(r\theta_y) - e_{2x}e_{2z}^2(-x\theta_y)}{(-\theta_y)(e_{z2} - e_{z1})} = -\frac{e_{2z}^3 r + e_{2x}e_{2z}^2 x}{(e_{z2} - e_{z1})}$$

对于光路 (a)

$$z_A = -\frac{e_{2z}^3 r + e_{2x}e_{2z}^2 x}{(e_{z2} - e_{z1})} = -\frac{r}{(1+1)} = -0.5r$$

条纹定域在平行于物体表面, 位于物体表面后方距离为 $-r/2$ 的平面.

对于光路 (b)

$$z_A = -\frac{e_{2z}^3 r + e_{2x}e_{2z}^2 x}{(e_{z2} - e_{z1})} = -\frac{\sqrt{2}r}{(1+\sqrt{2})} \approx -0.586r$$

对于光路 (c)

$$z_A = -\frac{e_{2z}^3 r + e_{2x}e_{2z}^2 x}{(e_{z2} - e_{z1})} = -\frac{\left(\dfrac{1}{\sqrt{2}}\right)^3 r - \left(\dfrac{1}{\sqrt{2}}\right)\left(\dfrac{1}{\sqrt{2}}\right)^2 x}{\dfrac{2}{\sqrt{2}}}$$

$$= -\frac{r-x}{4} = -\frac{r}{4} + \frac{x}{4} = 0.25(x-r)$$

对于光路 (d)

$$z_A = \frac{-\dfrac{1}{2}\dfrac{1}{\sqrt{2}}r + \dfrac{1}{\sqrt{2}}\dfrac{1}{2}x}{\left(\dfrac{1}{\sqrt{2}} + 1\right)} = \frac{-r+x}{2(1+\sqrt{2})} \approx 0.207(x-r)$$

8.3.5.3　示例三

若物体绕 z 轴旋转 θ_z, 且照明光、观察方向, 物点都在 zx 平面上, 即 $e_y = 0$

$$\boldsymbol{d} = \begin{bmatrix} \hat{\boldsymbol{i}} & \hat{\boldsymbol{j}} & \hat{\boldsymbol{k}} \\ 0 & 0 & \theta_z \\ x & y & z \end{bmatrix} = -y\theta_z\hat{\boldsymbol{i}} + x\theta_z\hat{\boldsymbol{j}}$$

即

$$d_x = -y\theta_z, \quad d_y = x\theta_z, \quad d_z = 0,$$

$$d_y^x = \frac{\partial d_y}{\partial x} = \theta_z, \quad d_x^y = \frac{\partial d_x}{\partial y} = -\theta_z$$

$$z_A = -e_{2z}\left[\frac{\left(e_{2y}^2+e_{2z}^2\right)y + e_{2x}e_{2y}x}{(e_{2y}-e_{1y})}\right], \quad z_B = -e_{2z}\left[\frac{e_{2x}e_{2y}y + \left(e_{2x}^2+e_{2z}^2\right)x}{(e_{2x}-e_{1x})}\right]$$

对于光路 (a)

$$z_A = \infty, \quad z_B = \infty$$

这时, 条纹定域在无限远, 但灵敏度矢量与位移相垂直, 观察者看不到条纹.

对于光路 (b)

$$z_A = \infty,$$

$$z_B = -e_{2z}\left[\frac{e_{2x}e_{2y}y + \left(e_{2x}^2+e_{2z}^2\right)x}{(-e_{1x})}\right] = -\sqrt{2}x \approx -1.414x$$

对于光路 (c)

$$z_A = \infty, \quad z_B = \infty$$

同样, 条纹定域在无限远, 因灵敏度矢量与位移相垂直, 观察者看不到条纹.

对于光路 (d)

$$z_A = \infty, \quad z_B = -e_{2z}\left[\frac{\left(e_{2x}^2+e_{2z}^2\right)x}{(e_{2x})}\right] = -\frac{1}{\sqrt{2}}\left[\frac{x}{-1/\sqrt{2}}\right] = x$$

8.3.5.4 示例四

物体发生形变时, 位移矢量可能是物体表面坐标的非线性函数, 例如在张力作用下待测试件的位移可描述为 $\boldsymbol{d} = \varepsilon x \hat{\boldsymbol{i}}$, 即 $d_x = \varepsilon x, d_y = 0, d_z = 0$. 这时, 对于光路 (a), (c) 的布局, 因灵敏度矢量与位移垂直, 仍无条纹.

对于光路 (b)

$$z_A = e_{2z}\left[\frac{\left(e_{2y}^2+e_{2z}^2\right)d_x}{(e_x d_x^x)}\right] = \left[\frac{x}{(-e_{1x})}\right] = \sqrt{2}x, \quad z_B = \infty$$

对于光路 (d)

$$z_A = e_{2z}\left[\frac{\left(e_{2z}^2\right)d_x}{(e_x d_x^x)}\right] = \left[\frac{\left(\frac{1}{\sqrt{2}}\right)\frac{x}{2}}{\left(-\frac{1}{\sqrt{2}}\right)}\right] = -\frac{x}{2}, \quad z_B = \infty$$

8.3.5.5 示例五

一个一端固定的长为 L 的悬臂梁的弯曲. 其位移可表示为

$$d_x = 0, \quad d_y = 0, \quad d_z = \frac{b}{2}\left[3\left(\frac{x}{L}\right)^2 - \left(\frac{x}{L}\right)^3\right]$$

式中, b 为自由端的偏移量.

$$d_z^x = \frac{\partial d_z}{\partial x} = \frac{b}{2}\left[6\left(\frac{x}{L^2}\right) - 3\left(\frac{x^2}{L^3}\right)\right] = \frac{b}{2}\left(\frac{x}{L}\right)\left[\left(\frac{6}{L}\right) - 3\left(\frac{x}{L^2}\right)\right]$$

$$z_A = -\frac{e_{2x}e_{2z}^2}{(e_{2z}-e_{1z})}\left(\frac{d_z}{d_z^x}\right), \quad z_B = \infty$$

对于光路 (a) 和 (b), 因为 $e_{2x} = 0$, 故都有 $z_A = 0$

对于光路 (c)

$$z_A = -\frac{e_{2x}e_{2z}^2}{(e_{2z}-e_{1z})}\left(\frac{d_z}{d_z^x}\right) = \frac{1}{4}\left(\frac{d_z}{d_z^x}\right)$$

$$\frac{d_z}{d_z^x} = \frac{(b/2)\left[3(x/L)^2 - (x/L)^3\right]}{(b/2)(x/L)\left[(6/L) - 3(x/L^2)\right]} = \frac{\left[3(x/L) - (x/L)^2\right]}{\left[(6/L) - 3(x/L^2)\right]} = \frac{\left[3(x/L) - (x/L)^2\right]L}{3\left[2 - (x/L)\right]}$$

$$z_A = e_{2z}\left[\frac{-e_{2x}e_{2z}d_z}{(e_{2z}-e_{1z})d_z^x}\right] = \frac{L}{12}\left[\frac{3(x/L) - (x/L)^2}{2 - (x/L)}\right]$$

对于光路 (d)

$$z_A = -\frac{e_{2x}e_{2z}^2}{(e_{2z}-e_{1z})}\left(\frac{d_z}{d_z^x}\right) = \frac{1}{2(\sqrt{2}+1)}\frac{d_z}{d_z^x} = \left[\frac{L\left[3(x/L) - (x/L)^2\right]}{6(1+\sqrt{2})\left[2 - (x/L)\right]}\right]$$

8.4 分析全息干涉图一种简易方法

本节将介绍一种分析全息干涉图的简易方法. 它利用条纹间距方程式, 给出条纹间距分量 (如测量平行于观察平面的坐标轴的条纹间距) 与位移关系, 使用平行光照明, 并对光路作特殊的安排, 大大简化了对干涉图样的分析.

8.4 分析全息干涉图一种简易方法

8.4.1 条纹间距方程式

若在干涉图样中某一点的条纹序数 $N(\boldsymbol{r}_0)$ 对应于物体上位置矢量为 $\boldsymbol{r}_0$ 的给定点 P_0. 而在另外矢量为 $\boldsymbol{r}$ 的任意点 P, 相应的条纹序数为 $N(\boldsymbol{r})$, 应用泰勒级数展开, 我们有

$$N(\boldsymbol{r}) = N(\boldsymbol{r}_0) + \left(\frac{\partial N}{\partial x}\right)(x-x_0) + \left(\frac{\partial N}{\partial y}\right)(y-y_0)$$
$$+ \left(\frac{\partial^2 N}{\partial x^2}\right)\frac{(x-x_0)^2}{2!} + \left(\frac{\partial^2 N}{\partial y^2}\right)\frac{(y-y_0)^2}{2!} + \cdots$$

式中, $(x-x_0)$, $(y-y_0)$ 分别表示 $(\boldsymbol{r}-\boldsymbol{r}_0)$ 在 x, y 坐标轴上的分量.

忽略高阶项后, 我们有

$$\Delta N = N(\boldsymbol{r}) - N(\boldsymbol{r}_0) = \left(\frac{\partial N}{\partial x}\right)(x-x_0) + \left(\frac{\partial N}{\partial y}\right)(y-y_0) + \cdots$$
$$= \left(\frac{\partial N}{\partial x}\right)\Delta x + \left(\frac{\partial N}{\partial y}\right)\Delta y + \cdots \tag{8-4-1}$$

当沿着 x 轴或 y 轴上条纹的间距就等于 Δx 或 Δy 时, 我们有[2]

$$\Delta N = \left(\frac{\partial N}{\partial x}\right)\Delta x = 1 \quad \text{或} \quad \Delta N = \left(\frac{\partial N}{\partial y}\right)\Delta y = 1 \tag{8-4-2}$$

亮纹表达式为

$$N\lambda = \boldsymbol{d}(P) \cdot \boldsymbol{e}(P) = d_x e_x + d_y e_y + d_z e_z \tag{8-4-3}$$

对 (8-4-3) 式微分, 我们有

$$\lambda\left(\frac{\partial N}{\partial x}\right) = \left(\frac{\partial e_x}{\partial x}\right)d_x + \left(\frac{\partial e_y}{\partial x}\right)d_y + \left(\frac{\partial e_z}{\partial x}\right)d_z + e_x\left(\frac{\partial d_x}{\partial x}\right)$$
$$+ e_y\left(\frac{\partial d_y}{\partial x}\right) + e_z\left(\frac{\partial d_z}{\partial x}\right) \tag{8-4-4a}$$

$$\lambda\left(\frac{\partial N}{\partial y}\right) = \left(\frac{\partial e_x}{\partial y}\right)d_x + \left(\frac{\partial e_y}{\partial y}\right)d_y + \left(\frac{\partial e_z}{\partial y}\right)d_z + e_x\left(\frac{\partial d_x}{\partial y}\right)$$
$$+ e_y\left(\frac{\partial d_y}{\partial y}\right) + e_z\left(\frac{\partial d_z}{\partial y}\right) \tag{8-4-4b}$$

利用 (8-4-2) 式, 我们可将 (8-4-4a) 和 (8-4-4b) 式写为

$$\frac{\lambda}{\Delta x} = \left(\frac{\partial e_x}{\partial x}\right)d_x + \left(\frac{\partial e_y}{\partial x}\right)d_y + \left(\frac{\partial e_z}{\partial x}\right)d_z + e_x\left(\frac{\partial d_x}{\partial x}\right)$$

$$+ e_y \left(\frac{\partial d_y}{\partial x}\right) + e_z \left(\frac{\partial d_z}{\partial x}\right) \tag{8-4-5a}$$

$$\frac{\lambda}{\Delta y} = \left(\frac{\partial e_x}{\partial y}\right) d_x + \left(\frac{\partial e_y}{\partial y}\right) d_y + \left(\frac{\partial e_z}{\partial y}\right) d_z + e_x \left(\frac{\partial d_x}{\partial y}\right)$$
$$+ e_y \left(\frac{\partial d_y}{\partial y}\right) + e_z \left(\frac{\partial d_z}{\partial y}\right) \tag{8-4-5b}$$

于是, 条纹间距 Δx, Δy 就与平移的诸分量 d_x, d_y, d_z 以及位移梯度的诸分量 $\frac{\partial d_x}{\partial x}, \frac{\partial d_y}{\partial x}, \frac{\partial d_z}{\partial x}, \frac{\partial d_x}{\partial y}, \frac{\partial d_y}{\partial y}, \frac{\partial d_z}{\partial y}$ 联系起来. 将方程式 (8-4-5) 改写为下面的形式

$$\frac{\lambda}{\Delta x} = e_x^x d_x + e_y^x d_y + e_z^x d_z + e_x d_x^x + e_y d_y^x + e_z d_z^x \tag{8-4-6a}$$

$$\frac{\lambda}{\Delta y} = e_x^y d_x + e_y^y d_y + e_z^y d_z + e_x d_x^y + e_y d_y^y + e_z d_z^y \tag{8-4-6b}$$

假定物面坐落在 x, y 平面上, 并且物体表面是平面. 这些与方程式 (8-4-3) 相关联的方程式使得位移分量 d_x, d_y, d_z 和位移梯度分量 $d_x^x, d_y^x, d_z^x, d_x^y, d_y^y, d_z^y$ 可以被确定, 如果在 3 个独立方向观察; 即 9 次测量 $[3 \times (N, \Delta x, \Delta y)]$ 就可以得到 9 个未知量 d_x, d_y, d_z 和 $d_x^x, d_y^x, d_z^x, d_x^y, d_y^y, d_z^y$. 可以看到, 每一个观察方向包括着 9 个独立系数 e_x, e_y, e_z 和 $e_x^x, e_y^x, e_z^x, e_x^y, e_y^y, e_z^y$. 当物面被假定位于 x, y 平面上时, 它们依赖于观察方向的取向.

条纹间距是需要在像面上测量的, 而 Δx, Δy 与物面坐标有关. 如果条纹间距在像面上, 并在正方向观察物体, 则像面上的条纹间距 $(\Delta x)_{\text{image}}$, $(\Delta y)_{\text{image}}$ 与物面上的条纹间距 $(\Delta x)_{\text{object}}$, $(\Delta y)_{\text{object}}$ 的关系为

$$(\Delta x)_{\text{image}} = \frac{S_2}{S_1} (\Delta x)_{\text{object}} \tag{8-4-7a}$$

$$(\Delta y)_{\text{image}} = \frac{S_2}{S_1} (\Delta y)_{\text{object}} \tag{8-4-7b}$$

式中, S_1 和 S_2 分别为透镜与物体及透镜与像面的距离.

如果以角度 θ 观察在坐落在 x, y 平面上的物面的一个点, 如图 8-4-1 所示, 这时 $(\Delta x)_{\text{image}}$ 为

$$(\Delta x)_{\text{image}} = \frac{S_2}{S_1} (\Delta x)_{\text{object}} \cos \theta \tag{8-4-7c}$$

在非正方向观察条纹时常需要考虑这种效应的影响[2].

8.4 分析全息干涉图一种简易方法

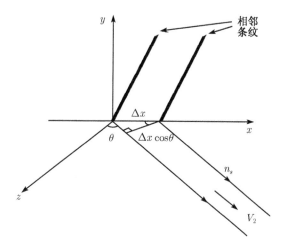

图 8-4-1 条纹间距与观察角关系示意图

8.4.2 条纹间距方程式的应用

前面已指出, 为了确定干涉图样上一个点的位移和位移梯度的诸分量必须做 3 次独立的方向的测量. 当坐标轴的选择使得物体表面位于 x,y 平面上时, 在这 3 个观察方向上的每一次测量有 9 个系数需要计算. 本节中将介绍一种光路布局它将使系数的总数从 27 个降低到 13 个, 于是简化了条纹图样的分析[2].

物体表面 D 位于 x,y 平面上, 如图 8-4-2 所示. 平面波 U_0 经分束镜 B 反射后照明物体. 全息干版 H 垂直于 z 轴, 平行于 x,y 平面. 分束镜 B 和全息干版 H 需足够大以至于可以容许图 8-4-3 所示的 OV_1, OV_2, OV_3 三个观察方向. 对于单张全息图的记录, 可使用图 8-4-3 的再现光路, 图中 V_1, V_2, V_3 表示了 3 个方向的观察透镜孔径的中心, OV_1 位于 z 轴上, 使其可正对物面观察, 即观察视线与 z 轴重合, OV_2 和 OV_3 分别位于 zx 和 yz 平面. 三个观察方向的观察透镜孔径的中心的坐标分别为

$$V_1(0,0,Z_{(1)}), \quad V_2(X_{(2)},0,Z_{(2)}), \quad V_3(0,Y_{(3)},Y_{(3)})$$

OV_2 和 OV_3 对 z 轴的夹角均为 θ, 于是

$$\tan\theta = \frac{X_{(2)}}{Z_{(2)}} = \frac{Y_{(3)}}{Z_{(3)}} \tag{8-4-8a}$$

OV_1, OV_2, OV_3 具有同样的长度, 因此

$$\left.\begin{array}{l} Z_{(2)} = Z_{(3)} \\ X_{(2)} = Y_{(3)} \\ Z_{(1)} = \sqrt{Z_{(2)}^2 + X_{(2)}^2} = \sqrt{Z_{(3)}^2 + Y_{(3)}^2} = R \end{array}\right\} \tag{8-4-8b}$$

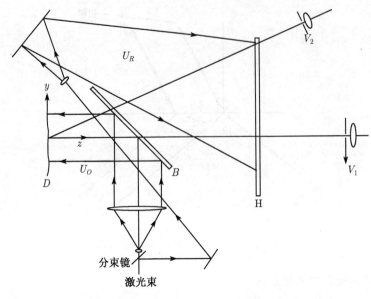

图 8-4-2 简化计算的一种全息干涉计量光路布局

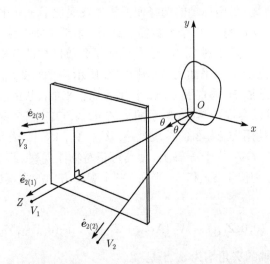

图 8-4-3 简化计算全息图再现时的观察点示意图

假定 OV_1, OV_2, OV_3 比物体的尺寸大得非常多,灵敏度矢量的诸分量和它们的导数需在每一个观察位置进行计算.这就要求将下面的方程式用物体和观察位置的坐标来表示:

$$(\hat{e}_{2(1)} - \hat{e}_1) \cdot \boldsymbol{d} = N_1 \lambda \tag{8-4-9a}$$

$$(\hat{e}_{2(2)} - \hat{e}_1) \cdot \boldsymbol{d} = N_2 \lambda \tag{8-4-9b}$$

8.4 分析全息干涉图一种简易方法

$$(\hat{e}_{2(3)} - \hat{e}_1) \cdot \boldsymbol{d} = N_3\lambda \quad (8\text{-}4\text{-}9c)$$

式中, $\hat{e}_1(0,0,-1)$ 是照明方向的单位矢量, $\hat{e}_{2(1)}, \hat{e}_{2(2)}, \hat{e}_{2(3)}$ 分别是从物体上某给定点 $(x,y,0)$ 分别到位于 V_1, V_2, V_3 的观察透镜孔径的中心的散射光方向的单位矢量 (见图 8-4-3); N_1, N_2 和 N_3 是这 3 个观察点的条纹序数. 下面, 我们将使用物平面坐标计算和微分这些方程式, 根据 (8-3-22) 的 6 个关系式, 我们来分别导出 V_1, V_2 和 V_3 三个方向关于灵敏度矢量分量的导数, 并将所得结果列于表 8-4-1 中.

表 8-4-1　在 OV_1, OV_2, OV_3 方向灵敏度的分量及其导数之值

OV_1 观察方向		
$e_{x(1)} = 0$	$e_{y(1)} = 0$	$e_{z(1)} = 2$
$e^x_{x(1)} = -\dfrac{1}{R}$	$e^x_{y(1)} = 0$	$e^x_{z(1)} = 0$
$e^y_{x(1)} = 0$	$e^y_{y(1)} = -\dfrac{1}{R}$	$e^y_{z(1)} = 0$
OV_2 观察方向		
$e_{x(2)} = \sin\theta$	$e_{y(2)} = 0$	$e_{z(2)} = \cos\theta + 1$
$e^x_{x(2)} = -\dfrac{1}{R}\cos^2\theta$	$e^x_{y(2)} = 0$	$e^x_{z(2)} = \dfrac{1}{R}\cos\theta\sin\theta$
$e^y_{x(2)} = 0$	$e^y_{y(2)} = -\dfrac{1}{R}$	$e^y_{z(2)} = 0$
OV_3 观察方向		
$e_{x(3)} = 0$	$e_{y(3)} = \sin\theta$	$e_{z(3)} = 1+\cos\theta$
$e^x_{x(3)} = -\dfrac{1}{R}$	$e^x_{y(3)} = 0$	$e^x_{z(3)} = 0$
$e^y_{x(3)} = 0$	$e^y_{y(3)} = -\dfrac{1}{R}\cos^2\theta$	$e^y_{z(3)} = \dfrac{1}{R}\sin\theta\cos\theta$

1. V_1 方向

注意到观察点的坐标 $V_1(0,0,Z_{(1)}=R)$, 物体表面上 P 点的坐标为 $P(x,y,0)$, 观察矢量 $\hat{e}_{2(1)}$ 的 3 个分量为

$$e_{2x(1)} = e_{2y(1)} = 0, \quad e_{2z(1)} = 1 \quad (8\text{-}4\text{-}10a)$$

于是, 灵敏度矢量的 3 个分量为

$$e_{x(1)} = e_{2x(1)} - e_{1x(1)} = 0, \quad e_{y(1)} = e_{2y(1)} - e_{1y(1)} = 0, \quad e_{z(1)} = e_{2z(1)} - e_{1z(1)} = 2$$
$$(8\text{-}4\text{-}10b)$$

灵敏度矢量分量对于 x 和 y 坐标的导数可将 (8-4-10a), (8-4-10b) 两式中的诸关系分别代入 (8-3-22a)~(8-3-22f) 的 6 个关系式而得到

$$e^x_{2x(1)} = -\dfrac{e_{2z(1)}}{z_{(1)}}\left(e^2_{2y(1)} + e^2_{2z(1)}\right) = -\dfrac{1}{R}e^3_{2z(1)} = -\dfrac{1}{R} \quad (8\text{-}4\text{-}11a)$$

$$e_{2x(1)}^y = \frac{e_{2z(1)}}{z_{(1)}} e_{2x(1)} e_{2y(1)} = 0 \tag{8-4-11b}$$

$$e_{2y(1)}^x = \frac{e_{2z(1)}}{z_{(1)}} e_{2x(1)} e_{2y(1)} = 0 \tag{8-4-12a}$$

$$e_{2y(1)}^y = -\frac{e_{2z(1)}}{z_{(1)}} \left(e_{2x(1)}^2 + e_{2z(1)}^2\right) = -\frac{1}{R} e_{2z(1)}^3 = -\frac{1}{R} \tag{8-4-12b}$$

$$e_{2z(1)}^x = \frac{e_{2z(1)}}{z_{(1)}} e_{2x(1)} e_{2z(1)} = 0 \tag{8-4-13a}$$

$$e_{2z(1)}^y = \frac{e_{2z(1)}}{z_{(1)}} e_{2y(1)} e_{2z(1)} = 0 \tag{8-4-13b}$$

2. V_2 方向

注意到观察点的坐标为 $V_2(X_{(2)}, 0, Z_{(2)})$, 物体表面上 P 点的坐标为 $P(x, y, 0)$, 观察矢量 $\hat{e}_{2(2)}$ 的 3 个分量为

$$e_{2x(2)} = \sin\theta, \quad e_{2y(2)} = 0, \quad e_{2z(2)} = \cos\theta \tag{8-4-14a}$$

于是, 灵敏度矢量的 3 个分量为

$$e_{x(2)} = e_{2x(2)} - e_{1x(2)} = \sin\theta, \quad e_{y(2)} = e_{2y(2)} - e_{1y(2)} = 0,$$
$$e_{z(2)} = e_{2z(2)} - e_{1z(2)} = \cos\theta + 1 \tag{8-4-14b}$$

同样, 为求出在 V_2 方向的灵敏度矢量分量对于 x 和 y 坐标的导数可将 (8-4-14a), (8-4-14b) 两式中的诸关系分别代入 (8-3-22a)~(8-3-22f) 的 6 个关系式而得到

$$e_{2x(2)}^x = -\frac{e_{2z(2)}}{z} \left(e_{2y(2)}^2 + e_{2z(2)}^2\right) = -\frac{1}{Z_{(2)}} e_{2z(2)}^3$$
$$= -\frac{1}{R\cos\theta} (\cos\theta)^3 = -\frac{1}{R}\cos^2\theta \tag{8-4-15a}$$

$$e_{2x(2)}^y = \frac{e_{2z(2)}}{z_{(2)}} e_{2x(2)} e_{2y(2)} = 0 \tag{8-4-15b}$$

$$e_{2y(2)}^x = \frac{e_{2z(2)}}{z_{(2)}} e_{2x(2)} e_{2y(2)} = 0 \tag{8-4-16a}$$

$$e_{2y(2)}^y = -\frac{e_{2z(2)}}{z_{(2)}} \left(e_{2x(2)}^2 + e_{2z(2)}^2\right) = -\frac{\cos\theta}{R\cos\theta} \left(\sin^2\theta + \cos^2\theta\right) = -\frac{1}{R} \tag{8-4-16b}$$

$$e_{2z(2)}^x = \frac{e_{2z(2)}}{z_{(2)}} e_{2x(2)} e_{2z(2)} = \frac{1}{R\cos\theta} \sin\theta \cos^2\theta = \frac{1}{R} \sin\theta \cos\theta \tag{8-4-17a}$$

$$e_{2z(2)}^y = \frac{e_{2z(2)}}{z_{(2)}} e_{2y(2)} e_{2z(2)} = 0 \tag{8-4-17b}$$

3. V_3 方向

注意到观察点的坐标 $V_3(0, Y_{(3)}, Z_{(3)})$, 物体表面上 P 点的坐标为 $P(x, y, 0)$, 观察矢量 $\hat{e}_{2(3)}$ 的 3 个分量为

$$e_{2x(3)} = 0, \quad e_{2y(3)} = \sin\theta, \quad e_{2z(3)} = \cos\theta \tag{8-4-18a}$$

灵敏度矢量的 3 个分量为

$$e_{x(3)} = 0, \quad e_{y(3)} = e_{2y(3)} - e_{1y(3)} = \sin\theta, \quad e_{z(3)} = e_{2z(3)} - e_{1z(3)} = \cos\theta + 1 \tag{8-4-18b}$$

同样方法可求得 V_3 方向的灵敏度矢量分量对于 x 和 y 坐标的导数分别为

$$e_{2x(3)}^x = -\frac{e_{2z(3)}}{z_{(3)}}\left(e_{2y(3)}^2 + e_{2z(3)}^2\right) = -\frac{\cos\theta}{R\cos\theta}\left(\sin^2\theta + \cos^2\theta\right) = -\frac{1}{R} \tag{8-4-19a}$$

$$e_{2x(3)}^y = \frac{e_{2z(3)}}{z_{(2)}}e_{2x(3)}e_{2y(3)} = 0 \tag{8-4-19b}$$

$$e_{2y(3)}^x = \frac{e_{2z(3)}}{z_{(2)}}e_{2x(3)}e_{2y(3)} = 0 \tag{8-4-20a}$$

$$e_{2y(3)}^y = -\frac{e_{2z(3)}}{z_{(2)}}\left(e_{2x(3)}^2 + e_{2z(3)}^2\right) = -\frac{\cos\theta}{R\cos\theta}\left(\cos^2\theta\right) = -\frac{1}{R}\cos^2\theta \tag{8-4-20b}$$

$$e_{2z(3)}^x = \frac{e_{2z(3)}}{z_{(2)}}e_{2x(3)}e_{2z(3)} = 0 \tag{8-4-21}$$

$$e_{2z(3)}^y = \frac{e_{2z(3)}}{z_{(2)}}e_{2y(3)}e_{2z(3)} = \frac{\cos\theta}{R\cos\theta}\sin\theta\cos\theta = \frac{1}{R}\sin\theta\cos\theta \tag{8-4-22}$$

将上述结果列于表 4-2-1 中. 因为是平面波照明, k_1 是常矢量, 因此, 在 V_1, V_2, V_3 三个方向都有: $e_x^x = e_{2x}^x, e_y^x = e_{2y}^x, e_z^x = e_{2z}^x, e_x^y = e_{2x}^y, e_y^y = e_{2y}^y, e_z^y = e_{2z}^y$.

现在, 让我们应用条纹间距方程式 (8-4-6), 并采用图 8-4-2 的光路布局来分析几种不同类型位移的条纹图样.

8.4.2.1 示例一 刚体平移

首先, 考虑一个刚体的平移 $(d, 0, 0)$, 即刚体位移平行于 x 轴, $d_x = d$, 在 y 和 z 方向的位移分量均为零 $(d_y = 0, d_z = 0)$. 根据本章关于条纹定域条件的 (8-3-25) 式, 由于位移分量的导数均为零, 条纹图样定域在无限远处. 即, 条纹定域在透镜的后焦面上. 条纹间距可以根据下面的公式 (得自表 8-4-1) 求得.

在 OV_1 方向:

$$\frac{\lambda}{\Delta x} = e_{x(1)}^x d_x = -\frac{d}{R},$$

$$\frac{\lambda}{\Delta y} = e_{x(1)}^y d = 0$$

于是, 我们有

$$\Delta y = \infty, \quad |\Delta x| = \frac{\lambda R}{d} \tag{8-4-23}$$

在 OV_2 方向:

$$\frac{\lambda}{\Delta x} = e^x_{x(2)} d_x = -\frac{d}{R}\cos^2\theta, \quad \frac{\lambda}{\Delta y} = e^y_{x(2)} d = 0$$

于是, 我们有

$$|\Delta x| = \frac{R\lambda}{d\cos^2\theta}, \quad \Delta y = \infty \tag{8-4-24}$$

在 OV_3 方向:

$$\frac{\lambda}{\Delta x} = e^x_{x(3)} d_x = -\frac{d}{R}, \quad \frac{\lambda}{\Delta y} = e^y_{x(3)} d_2 = 0$$

于是, 我们有

$$|\Delta x| = \frac{\lambda R}{d}, \quad \Delta y = \infty \tag{8-4-25}$$

于是, 在这三个方向观察, 条纹都是平行于 y 轴, 如图 8-4-4 所示. 若位移为 100μm, 距离 $R = 500$mm, 波长 $\lambda = 632.8$nm, 则在 OV_1 和 OV_3 方向观察条纹间距约为 3.2mm. 而在 OV_2 方向观察, 在 $\theta = 30°$ 的情况下, 条纹间距约为 4.2mm. 若位移发生在 y 轴方向, 即位移为 $d(0, d, 0)$ 时, 可以得到类似的情况, 此时条纹将平行于 x 轴, 间距则和上面一样.

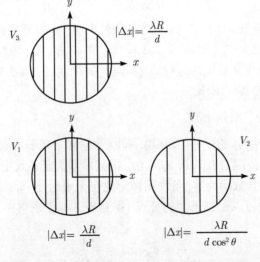

图 8-4-4　刚体平移在 V_1, V_2, V_3 方向的干涉图样

8.4 分析全息干涉图一种简易方法

若位移有两个方向的分量, 譬如 d_x 和 d_y.

在 OV_1 方向:

$$\frac{\lambda}{\Delta x} = e^x_{x(1)}d_x + e^x_{y(1)}d_y = -\frac{d_x}{R}, \quad \frac{\lambda}{\Delta y} = e^y_{x(1)}d_x + e^y_{y(1)}d_y = -\frac{d_y}{R},$$

$$|\Delta x| = \frac{R\lambda}{d_x}, \quad |\Delta y| = \frac{R\lambda}{d_y} \tag{8-4-26}$$

在 OV_2 方向:

$$\frac{\lambda}{\Delta x} = e^x_{x(2)}d_x + e^x_{y(2)}d_y = -\frac{d_x}{R}\cos^2\theta,$$

$$\frac{\lambda}{\Delta y} = e^y_{x(2)}d_x + e^y_{y(2)}d_y = -\frac{d_y}{R},$$

$$|\Delta x| = \frac{R\lambda}{d_x \cos^2\theta}, \quad |\Delta y| = \frac{R\lambda}{d_y} \tag{8-4-27}$$

在 OV_3 方向:

$$\frac{\lambda}{\Delta x} = e^x_{x(3)}d_x + e^x_{y(3)}d_y = -\frac{d_x}{R}$$

$$\frac{\lambda}{\Delta y} = e^y_{x(3)}d_y + e^y_{y(3)}d_y = -\frac{d_y}{R}\cos^2\theta$$

$$|\Delta x| = \frac{R\lambda}{d_x}, \quad |\Delta y| = \frac{R\lambda}{d_y \cos^2\theta} \tag{8-4-28}$$

在这种情况下, 我们得到倾斜分布的条纹如果从 V_1 方向观察, $\Delta x = \Delta y$, 条纹序数变化将具有最大值在平行于位移矢量的方向上, 所以条纹垂直于位移矢量. 同样在 OV_2 和 OV_3 方向也一样, 尽管倾斜角在 d_x 和 d_y 方向发生了变化. 它表示在图 8-4-5 中, d_x 和 d_y 都是正的, 且具有同样大小.

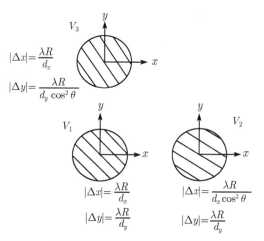

图 8-4-5 刚体平移在 V_1, V_2, V_3 方向的干涉图样之二

8.4.2.2 示例二 面内位移梯度 d_x^y 和 d_y^x

考虑刚体的面内转动，采用表 8-4-1 的结果.

在 OV_1 方向观察：
$$\frac{\lambda}{\Delta x} = e_{y(1)}d_y^x = 0$$
$$\frac{\lambda}{\Delta y} = e_{x(1)}d_x^y = 0$$

于是，
$$\Delta x = \infty, \quad \Delta y = \infty \tag{8-4-29}$$

也就是说，在 OV_1 方向观察没有条纹 (位移矢量与灵敏度矢量垂直).

在 OV_2 方向观察：
$$\frac{\lambda}{\Delta x} = e_{y(2)}d_y^x = 0$$
$$\Delta x_2 = \infty \tag{8-4-30a}$$
$$\frac{\lambda}{\Delta y} = e_{x(2)}d_x^y = d_x^y \sin\theta, \quad \Delta y = \frac{\lambda}{d_x^y \sin\theta} \tag{8-4-30b}$$

在 OV_3 方向观察：
$$\frac{\lambda}{\Delta x} = e_{y(3)}d_y^x = d_y^x \sin\theta$$
$$\Delta x = \frac{\lambda}{d_y^x \sin\theta} \tag{8-4-31a}$$
$$\frac{\lambda}{\Delta y} = e_{x(3)}d_x^y = 0, \quad \Delta y = \infty \tag{8-4-31b}$$

对于观察角 $\theta = 30°$，$\lambda = 633\text{nm}$，$d_x^y = -d_y^x = 2 \times 10^{-4}$ rad，我们有 $\Delta x = \Delta y = 6.3\text{mm}$. 条纹的形式如图 8-4-6 所示. 条纹间隔约 1mm 时，对应的面内位移梯度约为 1.2×10^{-3} rad.

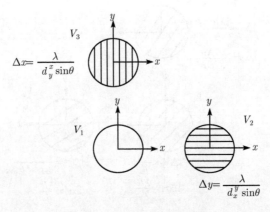

图 8-4-6 面内位移条纹图样

8.4 分析全息干涉图一种简易方法

8.4.2.3 示例三 离面位移梯度 d_z^y 即 $\dfrac{\partial d_z}{\partial y}$

在物体平面, 物体绕水平轴旋转. 根据表 8-4-1, 无论在 OV_1, OV_2 或 OV_3 方向观察, 条纹都平行于 x 轴.

在 OV_1 方向观察：

$$\frac{\lambda}{\Delta x} = e_{x(1)}d_x^x + e_{y(1)}d_y^x + e_{z(1)}d_z^x = 0, \quad \Delta x = \infty \tag{8-4-32a}$$

$$\frac{\lambda}{\Delta y} = e_{x(1)}d_x^y + e_{y(1)}d_y^y + e_{z(1)}d_z^y = e_{z(1)}d_z^y = 2d_z^y, \quad \Delta y = \frac{\lambda}{2d_z^y} \tag{8-4-32b}$$

在 OV_2 方向观察：

$$\frac{\lambda}{\Delta x} = e_{x(2)}d_x^x + e_{y(2)}d_y^x + e_{z(2)}d_z^x = 0, \quad \Delta x = \infty \tag{8-4-33a}$$

$$\frac{\lambda}{\Delta y} = e_{z(2)}d_z^y = (1+\cos\theta)d_z^y, \quad \Delta y = \frac{\lambda}{(1+\cos\theta)d_z^y} \tag{8-4-33b}$$

在 OV_3 方向观察：

$$\frac{\lambda}{\Delta x} = e_{x(3)}d_x^x + e_{y(3)}d_y^x + e_{z(3)}d_z^x = 0, \quad \Delta x = \infty \tag{8-4-34a}$$

$$\frac{\lambda}{\Delta y} = e_{z(3)}d_z^y = (1+\cos\theta)d_z^y, \quad \Delta y = \frac{\lambda}{(1+\cos\theta)d_z^y} \tag{8-4-34b}$$

条纹定域于物体平面, 具有如图 8-4-7 所示的形式. 与示例二相比较, 我们可以看到 d_z^y 在观察角 $\theta = 30°$ 时, 约 3.3×10^{-4} rad 的情况下就可产生 1mm 的条纹间距.

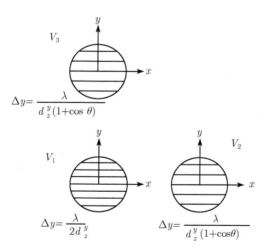

图 8-4-7　离面位移 d_z^y 位移条纹图样

因此, 条纹图样在这个观察角, 离面位移比面内位移梯度的灵敏度大致超过 3 倍.

8.4.2.4 示例四 刚体平移 $(0,0,d_z)$ 与离面转动 d_z^x 的叠加

若刚体位于 xy 平面上, 作离面位移 $(0,0,d_z)$, 并同时作离面转动 d_z^x.

在 OV_1 方向观察:

$$\frac{\lambda}{\Delta x} = e_{z(1)}^x d_z + e_{z(1)} d_z^x = 2d_z^x, \quad \Delta x = \frac{\lambda}{2d_z^x} \tag{8-4-35a}$$

$$\frac{\lambda}{\Delta y} = e_{z(1)}^y d_z + e_{z(1)} d_z^y = 0, \quad \Delta y = \infty \tag{8-4-35b}$$

在 OV_2 方向观察:

$$\frac{\lambda}{\Delta x} = e_{z(2)}^x d_z + e_{z(2)} d_z^x = [(d_z \cos\theta \sin\theta/R) + (1+\cos\theta) d_z^x]$$

$$\Delta x = \frac{\lambda}{[(d_z \cos\theta \sin\theta/R) + (1+\cos\theta) d_z^x]} \tag{8-4-36a}$$

$$\frac{\lambda}{\Delta y} = e_{z(2)}^y d_z + e_{z(2)} d_z^y + e_{x(2)} d_x^y = 0, \quad \Delta y = \infty \tag{8-4-36b}$$

在 OV_3 方向观察:

$$\frac{\lambda}{\Delta x} = e_{z(3)}^x d_z + e_{z(3)} d_z^x = e_{z(3)} d_z^x = (1+\cos\theta) d_z^x, \quad \Delta x = \frac{\lambda}{(1+\cos\theta) d_z^x} \tag{8-4-37a}$$

$$\frac{\lambda}{\Delta y} = e_{z(3)}^y d_z = d_z \sin\theta \cos\theta/R, \quad \Delta y = \frac{R\lambda}{d_z \sin\theta \cos\theta} \tag{8-4-37b}$$

既然只有两个变量 d_z 和 d_z^x 包含在诸位移分量中, 在这 3 个可利用的方向中的任意两个条纹图样的组合就可以确定它们之值.

8.4.2.5 示例五 物体在均匀轴向荷载下的面内应变

考虑一个位于 x, y 平面上的、受到均匀的轴向负荷下变形的物体, 如图 8-4-8 所示. 这是一个具有均匀横断面的 "薄" 带状物体 (thin strip), 其厚度甚小于长度 L 和宽度 w. 其典型的长度和宽度之比 L/w 为 5~10 的范围. 在张力负荷的作用下, 其形变可以非常精确地由下面的方程式所表述:

$$\frac{\partial d_x}{\partial x} = \varepsilon_{xx} \tag{8-4-38a}$$

$$\frac{\partial d_y}{\partial y} = \varepsilon_{yy} = \nu \varepsilon_{xx} \tag{8-4-38b}$$

式中, ν 是材料的泊松比 (poisson's ratio).

$$\frac{\partial d_x}{\partial y} = -\frac{\partial d_y}{\partial x} = 0 \tag{8-4-38c}$$

8.4 分析全息干涉图一种简易方法

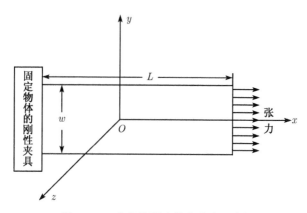

图 8-4-8 薄物体面内纵向应变示意图

其中,
$$\frac{\partial d_z}{\partial x}, \frac{\partial d_z}{\partial y} \ll \frac{\partial d_x}{\partial x}, \frac{\partial d_y}{\partial y} \tag{8-4-38d}$$

$\frac{\partial d_x}{\partial x}, \frac{\partial d_y}{\partial y}$ 是试件平面的正应变这种类型的形变将产生下面的条纹图样.

在 OV_1 方向观察:
$$\frac{\lambda}{\Delta x} = e_{x(1)}\left(\frac{\partial d_x}{\partial x}\right) = 0, \quad \Delta x = \infty \tag{8-4-39a}$$

$$\frac{\lambda}{\Delta y} = e_{y(1)}\left(\frac{\partial d_y}{\partial y}\right) = 0, \quad \Delta y = \infty \tag{8-4-39b}$$

即在 OV_1 方向观察看不到条纹.

在 OV_2 方向观察:
$$\frac{\lambda}{\Delta x} = e_{x(2)}\left(\frac{\partial d_x}{\partial x}\right) = \varepsilon_{xx}\sin\theta, \quad \Delta x = \frac{\lambda}{\varepsilon_{xx}\sin\theta} \tag{8-4-40a}$$

$$\frac{\lambda}{\Delta y} = e_{y(2)}\left(\frac{\partial d_y}{\partial y}\right) = 0, \quad \Delta y = \infty \tag{8-4-40b}$$

在 OV_3 方向观察:
$$\frac{\lambda}{\Delta x} = e_{x(3)}\left(\frac{\partial d_x}{\partial x}\right) = 0, \quad \Delta x \to \infty \tag{8-4-41a}$$

$$\frac{\lambda}{\Delta y} = e_{y(3)}\left(\frac{\partial d_y}{\partial y}\right) = \varepsilon_{yy}\sin\theta, \quad \Delta y = \frac{\lambda}{\varepsilon_{yy}\sin\theta} \tag{8-4-41b}$$

因为只有位移梯度, 根据 (8-3-25) 式, 条纹将位于物体平面, 其取向如图 8-4-9 所示. 根据在 OV_2 和 OV_3 方向的条纹图样可以确定 ε_{xx} 和 ε_{yy} 之值.

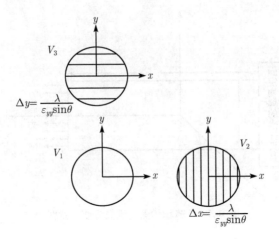

图 8-4-9　薄物体面内纵向应变的条纹图样

方程式 (8-4-38) 要求负荷力精确地平行于 x 轴,并且,夹持试件的夹具没有变形. 然而,在实践中这些条件难以满足,因而,叠加在试件的线性应变上还有弯曲和旋转. 全息干涉图对这些位移分量都很灵敏,在分析这 3 个图样时对这些因素都必须予以独立地确定.

8.4.2.6　示例六　平面带状物体四点弯曲的形变

如图 8-4-10 所示,一个具有均匀横截面的矩形带状物体刚性地支持在两根离中心等距离的圆柱形长杆 S_1 和 S_2 上,并通过另外两根圆柱形长杆 P_1 和 P_2 对称地施加相等的负荷力. 这就是所谓的四点弯曲 (four-point bending). 其表面位移可由下面的分量式表达:

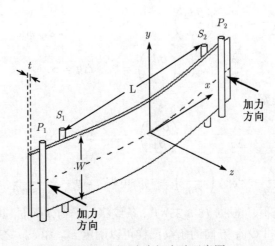

图 8-4-10　四点弯矩实验示意图

$$d_z = \frac{1}{2R_x}\left[x^2 + \nu\left(t^2 - y^2\right)\right] \tag{8-4-42a}$$

$$d_x = \frac{M}{EI}xy \tag{8-4-42b}$$

$$d_y = \frac{M\nu}{EI}yz \tag{8-4-42c}$$

式中, R_x 为沿 x 轴的曲率半径; M 为所施加的弯矩; ν 为试件材料的泊松比; t 为试件的厚度; E 为试件材料的杨氏模量; I 为试件横截面惯性矩.

从正方向 OV_1 观察该形变所对应的全息干涉图时, 仅仅由位移梯度 $d_z^x = \dfrac{\partial d_z}{\partial x}$ 和 $d_z^y = \dfrac{\partial d_z}{\partial y}$ 所决定的离面应变分量最灵敏. 在此情况下, 以 $\lambda/2$ 的间距考虑离面位移的等值线. 根据 (8-4-3) 式和表 8-4-1 我们有

$$e_{x(1)}d_x + e_{y(1)}d_y + e_{z(1)}d_z = N_1\lambda$$

$$2d_z = N_1\lambda \tag{8-4-43}$$

如果与 (8-4-42a) 式相结合, 我们将获得两组双曲线条纹, 它们由下面的方程式决定:

$$\frac{N_1\lambda}{2} = \frac{1}{2R_x}\left[x^2 + \nu\left(t^2 - y^2\right)\right] \tag{8-4-44}$$

或

$$x^2 - \nu y^2 = \left(N_1 R_x \lambda - \nu t^2\right) = f\left(N_1\right) \tag{8-4-45}$$

其渐进线为

$$x^2 - \nu y^2 = 0 \tag{8-4-46}$$

条纹图样见图 8-4-15, 其中的小角 α 满足下面的关系:

$$\tan\nu = \alpha/2 \tag{8-4-47}$$

这种形变的全息干涉观测为泊松比的测量提供了一个有用的技术.

根据 8.4.3 节的分析, 当载荷完全对称的情况下, 图 8-4-11 中的实线箭头表示了条纹的运动方向是朝向静态的零级条纹, 也就是双曲线的渐进线汇聚. 通常, 由于加载系统施力方向的微小误差, 引起其表面发生微小的转动这时, $d_z^x = \dfrac{\partial d_z}{\partial x}$ 和 $d_z^y = \dfrac{\partial d_z}{\partial y}$ 的鞍形面位移分量分别为负的和正的, 同时, 产生了 d_z^y 的负倾斜, 这时条纹的运动方向为图 8-4-11 中的虚线箭头所表示.

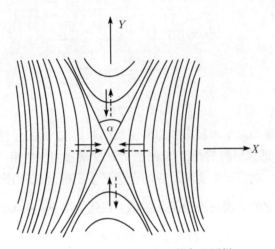

图 8-4-11　四点弯矩实验的条纹图样

参 考 文 献

[1] 王仕璠. 信息光学理论与应用 [M]. 北京：北京邮电大学出版社. 2004: 259-266.
[2] Robert Jones, Wykes C. Holographic and speckle interferometry. 2nd ed. Series: Cambridge studies in modern optics (No. 6)[M]. New York: Cambridge University Press, 2001: 68-74, 85-106.
[3] 维斯特 C M, 著. 樊雄文, 王玉洪, 译. 全息干涉度量学 [M]. 北京：机械工业出版社, 1984: 74-85.
[4] Kreis Thomas. Handbook of holographic interferometry-optical and digital methods[M]. Berlin: Wiley-VCH, Edition-October, 2004: 191-195, 203-214.
[5] 王仕璠, 袁格, 贺安之, 等, 全息干涉计量学 —— 理论与实践 [M]. 北京：科学出版社. 1989: 37-42, 89-97.
[6] Stetson K A. The argument of the fringe function in hologram interferometry of general deformations[J]. Optik, 1970, 31: 576-591.
[7] Walls S. Visibility and localization of fringes in holographic interferometry of diffusely reflection surfaces[J]. Ark Fys, 1969, 40: 299-403.

第9章 透明物体的全息干涉计量

9.1 透明物体的全息干涉条纹的形成和定域

在本章中,我们将讨论全息干涉计量应用于研究非均匀折射率的透明介质. 这是研究空气动力学、热传导、等离子体诊断、透明模型应力分析等方面全息干涉测量技术的基础.

图 9-1-1 中表示了酒精灯火焰的全息干涉图. 这张全息图的拍摄, 可以采用单曝光法、也可采用双曝光法. 利用第 7 章 7.1 节中图 7-1-1(a) 的光路. 将酒精灯放在光路中后, 先不点燃它, 而是将它静置一定时间后, 当全息台和周围空气恢复稳定, 空气温度达到均匀一致后, 再拍摄全息图. 原位显影、定影、漂白、清洗后, 以原来的物光和参考光同时照明全息图再现时, 将酒精灯点燃, 就可以看到如图 9-1-1 所示的燃烧的酒精灯火焰以及在火焰中的干涉条纹. 也可以使用双曝光方法, 仍使用第 7 章图 7-1-1(a) 同样的光路. 第一次曝光时物光波通过正在燃烧的酒精灯火焰照射在全息干版上; 在火焰熄灭一段时间后, 当空气温降低到平衡态时, 保持其他一切不变, 光束通过空气温度保持均匀一致的空间作第二次曝光. 这样拍摄的双曝光全息图再现时, 也可以得到类似图 9-1-1 的酒精灯火焰的全息干涉图. 火焰中出现的干涉条纹是酒精灯未点燃前周围分布均匀的空气折射率场和酒精灯点燃后火焰及其周围空气温度分布不均匀的非均匀空气折射率场两者相应的物光

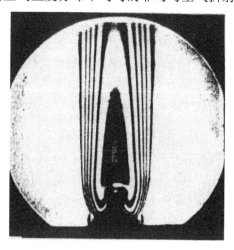

图 9-1-1 火焰的全息干涉图

波发生相移,从而产生干涉条纹.为了根据干涉条纹分布,进一步分析火焰场的折射率分布以及温度分布等我们感兴趣的问题,我们需要了解,当光波通过非均匀折射率的透明介质时,其相位将发生怎样的变化.为此,我们首先将介绍一些有关单色光在非均匀介质中传播的基本知识,这是进一步讨论透明物体全息干涉计量术的基础.

9.1.1 单色光在非均匀介质中的传播性质

在第 1 章我们已指出,光在无极性介电介质中的速度与介质的密度和光的波长有关.在真空中光的速度是

$$c_0 = 1/\sqrt{\mu_0 \varepsilon_0} \approx 2.99776 \times 10^8 \mathrm{m/s}$$

式中,μ_0 是磁导率,ε_0 是自由空间的介电常数.在其他介质中光的速度 c 之值为

$$c = \frac{c_0}{n} \tag{9-1-1}$$

式中,n 为介质的折射率.光学非均匀介质就是折射率 n 为逐点变化的介质.当光波通过一非均匀介质传播时,它的波面即等相位面将发生畸变.这是显而易见的,譬如一个平面波在通过非均匀介质传播时,因为不同折射率区域光速不同,自然就不再保持平面的波阵面了.为了简化问题的讨论,我们利用几何光学中光线的概念来描述非均匀性对光传播的影响.光线定义为在空间处处和波阵面相正交的曲线.在均匀介质中,光线是直线;在非均匀介质中,光线是曲线.

图 9-1-2 是光线在非均匀介质中传播的示意图.图中绘出了非均匀介质中的几条光线和相应的波阵面.几何光学方程式是与电磁波理论的短波长相近似的方程式.介质中光线与折射率分布之间的关系式为[1,2]

$$\frac{\mathrm{d}}{\mathrm{d}s}\left(n\frac{\mathrm{d}\boldsymbol{r}}{\mathrm{d}s}\right) = \boldsymbol{\nabla} n \tag{9-1-2}$$

式中,$\boldsymbol{r}$ 为光线上某任意点的位置矢量;s 为从光线上某任意点测量的光线长度;$\boldsymbol{\nabla}$ 为梯度算符,即

$$\boldsymbol{\nabla} n = \hat{\boldsymbol{i}}\frac{\partial n}{\partial x} + \hat{\boldsymbol{j}}\frac{\partial n}{\partial y} + \hat{\boldsymbol{k}}\frac{\partial n}{\partial n} \tag{9-1-3}$$

在均匀介质中 n 是常数,于是光线方程 (9-1-2) 变成

$$\frac{\mathrm{d}^2 \boldsymbol{r}}{\mathrm{d}s^2} = 0 \tag{9-1-4}$$

方程 (9-1-4) 的解是

$$\boldsymbol{r} = \boldsymbol{a}s + \boldsymbol{b}$$

式中,$\boldsymbol{a}$ 和 $\boldsymbol{b}$ 为常矢量,它表明在均匀介质中光线是直线.

9.1 透明物体的全息干涉条纹的形成和定域

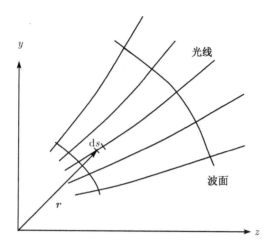

图 9-1-2 非均匀介质中的波阵面和光线

至于非均匀介质, 可区别为两种类型的非均匀性. 第一种, 只在两种介质的分界处是不连续的, 例如透镜、棱镜和窗的表面. 第二种, 折射率变化是连续的, 如火焰、等离子体、流动空气场、受力的透明固体等.

9.1.1.1 光线通过几种折射率不同的均匀介质产生的折射

对于两种均匀介质分界处的不连续情况, 光线在每种介质中是以直线传播, 但在分界处有不连续的斜率. 考虑到电磁波的边界条件, 一部分光将被反射, 另一部分光将通过分界面而透射. 如果边界是光滑的 (用波长尺度衡量), 反射将主要由牛顿反射定律决定, 即入射光线的入射角 θ_i 等于反射光线的反射角 θ_r:

$$\theta_r = \theta_i \tag{9-1-5}$$

透射光的方向由斯涅尔定律 (Snell's law) 决定

$$n_1 \sin\theta_1 = n_2 \sin\theta_2 \tag{9-1-6}$$

式中, n_1 和 n_2 分别是两种介质的折射率, θ_1 和 θ_2 分别是在两种介质中光线与交界面法线之间的角度. 如图 9-1-3 所示. 由 (9-1-6) 可以看出, 若两种介质的折射率相等, 光线将继续沿着原来的方向传播. 而当两种介质的折射率不同时, 光线将在第二种介质内方向发生偏折, 这种现象称折射 (refraction).

现在, 让我们讨论分界面处三种简单但却是很重要的折射例子.

1. 光线通过平行板所产生的折射

设平行透明板的厚度为 l, 见图 9-1-4. 图中标注了光线经过两个界面的入射角和折射角. 在第一个界面, 我们有

$$n_1 \sin\theta_1 = n_2 \sin\theta_2$$

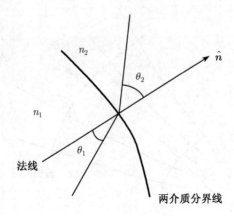

图 9-1-3　两种介质分界面处的折射

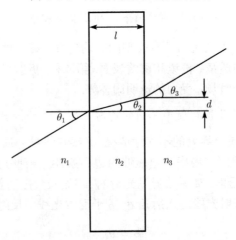

图 9-1-4　平行透明板产生的折射

在第二个界面, 我们有
$$n_2 \sin\theta_2 = n_3 \sin\theta_3$$
消去 $n_2 \sin\theta_2$ 项, 我们得到
$$\sin\theta_3 = \frac{n_1}{n_3} \sin\theta_1 \tag{9-1-7}$$

这样, 光线将由式 (9-1-7) 所确定的角度 θ_3 射出. 处于空气中的玻璃窗是一种重要的情况. 这时, 窗两边的折射率 $n_1 = n_3 \approx 1$, 于是 $\theta_1 = \theta_3$. 光线平行于它原来的方向射出, 但位移了一个量 d, 如图 9-1-4 所示. 位移量 d 为
$$d = l \tan\theta_2 = l \frac{\sin\theta_2}{\sqrt{1-\sin^2\theta_2}} = l \frac{\sin\theta_1}{\sqrt{n_2^2 - \sin^2\theta_1}} \tag{9-1-8a}$$

当 $n_2 \gg \sin\theta_1$ 时, 我们有

$$d = l\left(\frac{1}{n_2}\right)\sin\theta_1 \tag{9-1-8b}$$

如果光线与窗垂直, 则不产生折射.

2. 光线通过楔形棱镜产生的折射

设入射光线垂直于楔形棱镜的后表面, 如图 9-1-5 所示. 设楔角为 γ, 则折射只在第二个界面处发生, 其中, 对于第二个界面的入射角为 $\theta_1 = \gamma$, 于是, 我们有

$$n_2 \sin\theta_2 = n_1 \sin\gamma$$

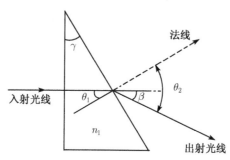

图 9-1-5 楔形棱镜的折射

如果棱镜周围是空气, 那么 $\sin\theta_2 = n_1 \sin\gamma$, 则光线将从原来的方向偏折角度 $\beta = \theta_2 - \theta_1$, 对于小角度, 若 $\sin\gamma \approx \gamma$, 于是

$$\beta = n_1\gamma - \theta_1 = n_1\gamma - \gamma = (n-1)\gamma \tag{9-1-9}$$

式中, $n = n_1$ 为棱镜的折射率.

3. 光线通过圆柱体产生的折射

某任意均匀圆柱体的曲率半径为 R、折射率为 n_2, 其周围介质也作均匀分布, 折射率为 n_1, 如图 9-1-6 所示. 追迹通过该圆柱体的光线, 可以得到入射光线的入射角与出射光线的出射角是相等的. 譬如, 某光线从 A 点入射进圆柱体, 从 B 点出射出圆柱体. 连接 A, B 两点, 以及它们分别与圆心 O 的连线, 由于 $\overline{AO} = \overline{BO} = R$, 故 $\triangle AOB$ 为等腰三角形 $\theta_2 = \theta_3$.

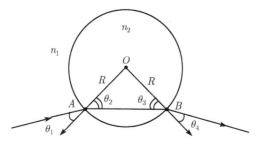

图 9-1-6 均匀圆柱体的折射

注意到 $\overline{AO}$ 与 $\overline{BO}$ 就分别是 A, B 两点圆柱体边界面的法线,根据 (9-1-6) 式,我们有

$$n_1 \sin\theta_1 = n_2 \sin\theta_2 \text{ 和 } n_2 \sin\theta_3 = n_1 \sin\theta_4$$

由于 $\theta_2 = \theta_3$,因此 $\theta_1 = \theta_4$. 也就是说,入射光线的入射角与出射光线的出射角是相等的. 然而,与平面窗的情况不同的是,出射光线不平行于它原来的方向,图 9-1-7 表示了一束平行光线通过均匀圆柱体后的折射情况. 图 9-1-7(a) 是圆柱体的折射率大于周围介质折射率,即 $n_2 > n_1$ 时折射光线的示意图;而图 9-1-7(b) 是圆柱体的折射率小于周围介质折射率,即 $n_2 < n_1$ 时折射光线的示意图. 在实验室中常利用圆柱状的玻璃棒将细激光束发散为扇形片状光束.

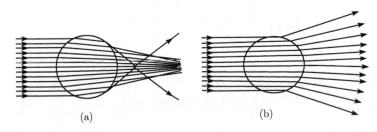

图 9-1-7 两种均匀圆柱体的折射

9.1.1.2 光线通过折射率连续变化的透明介质产生的折射

在干涉计量术中,一般遇到的是具有连续的、平滑折射率变化的透明物体. 决定通过这种介质的光程通常是困难的,但可以对几种少数情况找到式 (9-1-2) 的简单精确解或近似解. 下面,讨论两个对干涉计量术有实用价值的例子.

1. 折射率仅沿某确定方向变化的透明介质

假定折射率只在垂直于入射光线的一个方向有变化,如图 9-1-8 所示,平行于 z 轴的光线在 y_0 处射入介质. 将介质分层,使得它的折射率仅仅是 y 的函数. 于是,式 (9-1-2) 的 y 和 z 方向的分量分别为

y 方向:

$$\frac{\mathrm{d}}{\mathrm{d}s}\left[n(y)\frac{\mathrm{d}y}{\mathrm{d}s}\right] = \frac{\mathrm{d}n}{\mathrm{d}y}$$

z 方向:

$$\frac{\mathrm{d}}{\mathrm{d}s}\left[n(y)\frac{\mathrm{d}z}{\mathrm{d}s}\right] = \frac{\mathrm{d}n}{\mathrm{d}z} = 0$$

因为

$$\mathrm{d}s = \sqrt{\mathrm{d}z^2 + \mathrm{d}y^2} = \mathrm{d}z\sqrt{1 + (\mathrm{d}y/\mathrm{d}z)^2},$$

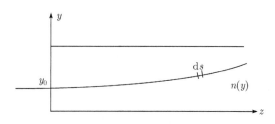

图 9-1-8 光线通过层状介质的路径

即

$$\frac{ds}{dz} = \sqrt{1+y'^2} \text{ 或 } \frac{dz}{ds} = \frac{1}{\sqrt{1+y'^2}}$$

$$\frac{d}{ds}\left[n(y)\frac{dy}{ds}\right] = \frac{dz}{ds}\frac{d}{dz}\left[n(y)\frac{dy}{dz}\frac{dz}{ds}\right]$$

或

$$\left(\frac{1}{\sqrt{1+y'^2}}\right)\frac{d}{dz}\left[n(y)\frac{dy}{dz}\left(\frac{1}{\sqrt{1+y'^2}}\right)\right] = \frac{dn}{dy}$$

即

$$\left(\frac{y''}{1+y'^2}\right)n(y) = \frac{dn}{dy}$$

上式中, $y' = \frac{dy}{dz}$, $y'' = \frac{d^2y}{dz^2}$, 并略去了高级无穷小量. 将上式分离变量, 得

$$\frac{y''dy}{1+y'^2} = \frac{dn}{n(y)} \tag{9-1-10}$$

若光线在 $z=0$ 处入射, 我们有

$$y(0) = y_0, \quad y'(0) = 0, \quad n(0) = n_0$$

将 (9-1-10) 式积分后, 可得[3]

$$1 + y'^2 = \left(\frac{n}{n_0}\right)^2 \tag{9-1-11}$$

作为一种特殊情况, 假定折射率 n 的变化是线性的, 可以表示为

$$n(y) = n_0 + n'(y - y_0)$$

对于小的梯度变化, 可取近似式:

$$\left(\frac{n}{n_0}\right)^2 \approx 1 + 2\left(\frac{n'}{n_0}\right)(y - y_0)$$

于是, (9-1-11) 的近似解为

$$y'^2 = 2\left(\frac{n'}{n_0}\right)(y - y_0)$$

当 $y'(0) = 0$ 时, 它的解为

$$y - y_0 = \frac{1}{2}\left(\frac{n'}{n_0}\right)z^2 \tag{9-1-12}$$

(9-1-12) 式表明, 作为一次近似的情况, 光线在线形变化的层状介质中将走一条近似抛物线的路径.

2. 折射率分布径向对称的介质

在介质的折射率分布具有径向对称性 (radially symmetric) 的情况下, 可将折射率表示为 $n = n(r)$, 并定义矢量 $\boldsymbol{s} \equiv \mathrm{d}\boldsymbol{r}/\mathrm{d}s$

矢量 $\boldsymbol{s}$ 与光线相切, 将 (9-1-2) 式写为

$$\frac{\mathrm{d}}{\mathrm{d}s}(n(r)\boldsymbol{s}) = \boldsymbol{\nabla} n \tag{9-1-13}$$

根据 M. 玻恩和 E. 沃尔夫的理论, 讨论 $\boldsymbol{r} \times n\boldsymbol{s}$ 的导数

$$\frac{\mathrm{d}}{\mathrm{d}s}(\boldsymbol{r} \times n\boldsymbol{s}) = \frac{\mathrm{d}\boldsymbol{r}}{\mathrm{d}s} \times n\boldsymbol{s} + \boldsymbol{r} \times \frac{\mathrm{d}}{\mathrm{d}s}(n\boldsymbol{s}) \tag{9-1-14}$$

因为 $\dfrac{\mathrm{d}\boldsymbol{r}}{\mathrm{d}s}$ 平行于 $n\boldsymbol{s}$, (9-1-14) 右边的第一项恒等于零. 应用式 (9-1-13) 可以看出, 第二项也等于零. 因为矢量 $\boldsymbol{\nabla} n$ 指向径向方向, 于是

$$\frac{\mathrm{d}}{\mathrm{d}s}(\boldsymbol{r} \times n\boldsymbol{s}) = 0$$

也就是

$$\boldsymbol{r} \times n\boldsymbol{s} = \text{const.} \tag{9-1-15}$$

应用图 9-1-9 中所表示的 θ 角, 即以 θ 表示光线上某点的径向方向与该点切线方向的夹角. 于是, 可将此结果表示为

$$rn(r)\sin\theta = p \tag{9-1-16}$$

式中, p 称为**碰撞参数**(impact parameter). 对每条光线有一常数值. (9-1-16) 式就是所谓的 **Bouguer 公式**(Bouguer formula)[2]. 此公式是折射率方程式几个少数的精确解之一[2].

9.1 透明物体的全息干涉条纹的形成和定域 · 405 ·

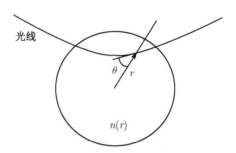

图 9-1-9 Bouguer 公式的符号标记

9.1.2 相位物体的全息干涉计量术

在透明介质的干涉计量术中,重要的物理量是光程 δ,它的定义是

$$\delta \equiv \int n\,\mathrm{d}s \tag{9-1-17}$$

它是折射率沿光线路径的积分. 当折射可以忽略时,光线保持为直线,则路径积分变成线积分. 如光线平行于 z 轴,可以简单地以用 $\mathrm{d}z$ 代替 $\mathrm{d}s$. 于是,我们有

$$\delta(x,y) \equiv \int n(x,y;z)\,\mathrm{d}z \tag{9-1-18}$$

在这种无折射区域中,光线通过介质的效应就是相对于光波在均匀介质中经过同一直线路径的相位变化. 这种折射可以忽略的透明物体通常称为**相位物体**(phase object).

我们首先讨论采用平面波的相位物体的全息干涉计量术[1].

图 9-1-10 是一种相位物体的全息光路示意图. 它实际上是采用了第 7 章 7.1.1 节图 7-1-1(a) 的光路,这里只画出了光路的局部. 若利用此光路拍摄的是双曝光全息图. 在第一次曝光时,相位物体的折射率分布为 $n_1(x,y,z)$,在第二次曝光时,相位物体的折射率分布为 $n_2(x,y,z)$. 当双曝光全息图显影、定影漂洗处理后,以原来记录时的参考光波照明再现时,根据第 7 章 (7-2-15) 式,第三项衍射光的光强分布为

$$I_3 = I_{3O}\{1 + \cos[(\phi_{O2} - \phi_{O1})]\} = I_{3O}\{1 + \cos[\Phi(x,y)]\} \tag{9-1-19a}$$

或将 (9-1-19a) 式改写为光程差 $\Delta\delta(x,y)$ 的函数:

$$I_3 = I_{3O}\left\{1 + \cos\left[\frac{2\pi}{\lambda}\Delta\delta(x,y)\right]\right\} \tag{9-1-19b}$$

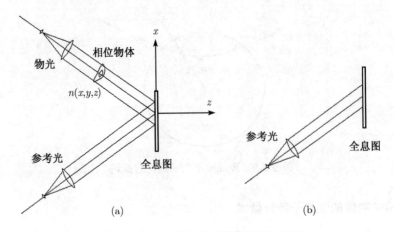

图 9-1-10　相位物体的全息光路示意图

在大多数的应用中, 都采取第一次或第二次曝光时, 相位物体的折射率分布为常数, 即折射率的分布是均匀的, 并表示为

$$n_1(x,y,z) = n_0 = \text{const.} \tag{9-1-20}$$

于是, (9-1-19b) 式中的光程差 $\Delta\delta(x,y)$ 可表示为

$$\Delta\delta(x,y) = \int [n(x,y,z) - n_0]\mathrm{d}z \tag{9-1-21}$$

图纹的亮纹方程为

$$\Delta\delta(x,y) = \int [n(x,y,z) - n_0]\mathrm{d}z = N\lambda \tag{9-1-22}$$

若物体的折射率只在 y 方向有变化, 其他方向没有变化, 则光程差 $\Delta\delta(x,y)$ 可简化为

$$\Delta\delta(y) = l[n(y) - n_0] \tag{9-1-23}$$

式中, l 是物体的长度. 这时条纹间隔由折射率 n 的梯度决定. 图 9-1-11 是下面两个例子的示意图. 在图 9-1-11(a) 中, 折射率呈线性变化:

$$n(y) = n_0 + n'y$$

代入亮纹方程, 我们有

$$\Delta\delta(y) = [(n_0 + n'y) - n_0]l = n'yl = N\lambda \tag{9-1-24}$$

即干涉条纹是一系列等间隔的平行条纹, 它们的间隔为

$$\Delta y = \frac{\lambda}{n'l} \tag{9-1-25}$$

9.1 透明物体的全息干涉条纹的形成和定域

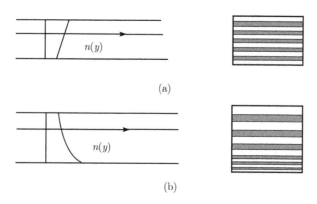

图 9-1-11 层状介质全息干涉计量形成的条纹图样

在图 9-1-11(b) 中, 折射率的变化形式为

$$n(y) = n_0 - n_1 \exp(-\alpha y) \tag{9-1-26}$$

这种折射率的分布类似于热障层的测量中发生的情况. 代入亮纹方程, 我们有

$$n_1 \exp(-\alpha y) l = N\lambda \tag{9-1-27}$$

干涉图纹是一些不等间隔的平行条纹. 折射率梯度小的区域间隔大, 折射率梯度大的区域间隔小.

径向对称相位物体在空气动力学、热传导和物质输运以及等离子体诊断中是特别重要的. 一种径向对称相位物体表示在图 9-1-12(a) 中, 如图中一条典型光线所表明的, 检测平面波沿 z 方向传播. 对于一张双曝光全息图, 可以通过 (9-1-21) 式计算出光程差 $\Delta\delta(x,y)$.

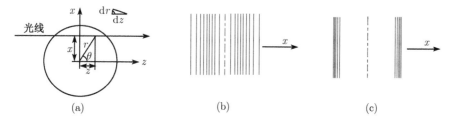

图 9-1-12 圆柱形相位物体的全息干涉计量

注意到, 这时

$$dz = \frac{dr}{\cos\theta} = \frac{dr}{(z/r)} = \frac{rdr}{\sqrt{r^2 - x^2}} \tag{9-1-28}$$

代入 (9-1-21) 式, 我们有

$$\Delta\delta(x,y) = 2\int_x^R [n(r) - n_0] \frac{rdr}{\sqrt{r^2 - x^2}} \tag{9-1-29}$$

(9-1-29) 式中的积分为 $[n(r) - n_0]$ 的 Abel 变换[5,6]. 因此, 可以认为该干涉图显示了径向对称相位物体 Abel 变换的轮廓. 图 9-1-12(b) 表示了圆柱体内具有等折射率 n 的相位物体的条纹图样. 图 9-1-12(c) 表示了折射率具有如式 (9-1-30) 所示的高斯分布的相位物体的条纹图样:

$$n(r) - n_0 = n_1 \exp\left(-\frac{r^2}{a^2}\right) \tag{9-1-30}$$

图 9-1-1 所示的火焰全息干涉图, 即为径向对称相位物体形成条纹图样的一个例子.

全息干涉计量在时间上是不同的, 即两个相干波是不同时间的光波相互干涉的. 在马赫-陈德干涉仪中, 只有一束光波通过相位物体, 它和另一束经过不同路径的比较光波相干涉. 在类似图 9-1-10 所示的全息干涉计量仪中, 物光波和比较光波经过同一个物空间. 因此, 全息干涉仪是一种单光程干涉仪. 这一重要特性使得它可以采用光学质量较差的实验舱窗口. 譬如, 当实验舱窗口表面不是光学平面、且内部欠均匀时, 它将使得通过它的物波引入附加程差或噪声 $\delta_n(x, y)$. 设 $\Delta\delta(x, y)$ 表示实验系统中相位物体产生的相位差. 在马赫-陈德干涉仪中, 相位物体的干涉条纹图样的强度分布将是

$$I = I_0 \left\{ 1 + \cos\frac{2\pi}{\lambda} [\Delta\delta(x, y) + \delta_n(x, y)] \right\} \tag{9-1-31a}$$

而在双曝光全息图的情况下, 每次曝光中物光的相位都含有附加程差或噪声. 若 $\delta_{n2}(x, y)$ 和 $\delta_{n1}(x, y)$ 分别是第一次和第一次曝光时由于实验舱窗口光学质量较差而引入的附加程差. 即

第一次曝光时物光的相位为

$$\phi_{01} = -\frac{2\pi}{\lambda} [\delta_{01}(x, y) + \delta_{n1}(x, y)]$$

第二次曝光时物光的相位为

$$\phi_{02} = -\frac{2\pi}{\lambda} [\delta_{02}(x, y) + \delta_{n2}(x, y)]$$

双曝光干涉条纹图样的强度分布将是

$$I = I_0 \left\{ 1 + \cos\frac{2\pi}{\lambda} [\Delta\delta(x, y) + \Delta\delta_n(x, y)] \right\} \tag{9-1-31b}$$

在 (9-1-31b) 式中, $\Delta\delta(x, y) = \delta_{O2}(x, y) - \delta_{O1}(x, y)$, $\Delta\delta_n(x, y) = \delta_{n2}(x, y) - \delta_{n1}(x, y)$. 一般情况下, 两次曝光时由于实验舱窗口光学质量较差而引入的附加程差是一样的, 即

$$\delta_{n2}(x,y) = \delta_{n1}(x,y), \text{ 或 } \Delta\delta_n(x,y) = 0 \tag{9-1-31c}$$

因此, 在双曝光全息图的情况下, 干涉条纹图样的强度分布将是

$$I = I_0 \left\{ 1 + \cos\frac{2\pi}{\lambda}[\Delta\delta(x,y)] \right\} \tag{9-1-31d}$$

这样, 在马赫–陈德干涉仪中, 实验舱窗口的附加程差将在条纹图样中产生误差. 这种误差只有在采用光学平面的均匀性好的光学元件使得附加程差为常数, 即 $\delta_n(x,y)$ = const. 时方才可以消除其影响. 而在全息干涉计量仪中, 虽光路中某些元、器件也会引起附加程差 (如实验舱窗口质量较差), 但这些因素在两次曝光中都存在, 只要两次曝光时这些因素保持不变, 它们引起的附加程差也就保持不变 (这是容易做到的), 于是, (9-1-31c) 式就得以满足, 在干涉条纹图样的强度分布中就不再出现 $\delta_n(x,y)$. 也就是说, 附加程差的影响被完全消除了. 图 9-1-13 的比较实验对此作了说明, 实验舱窗口是用普通有机玻璃材料制作的, 里面灌满了水. 相位物体为水, 它被加热后产生了热流, 图 9-1-13(a) 所示为马赫–陈德干涉图样. 所期望获得的条纹图样被舱窗口引入附加程差影响得完全淹没模糊了. 图 9-1-13(b) 所示的是同一个实验舱和相位物体用双曝光全息干涉计量法所获得的干涉图样, 它清楚地显示出所期望获得的条纹. 这个例子说明全息干涉计量术能消除实验舱窗口所引入附加程差的影响. 不过, 应该指出, 由弯曲的实验舱窗口的折射造成的误差则是不能消除的, 在定量的测量中还必须计入其影响[1].

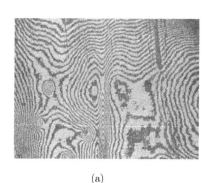
(a)

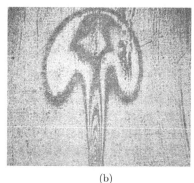
(b)

图 9-1-13 非均匀实验舱窗口的影响

由式 (9-1-19) 所描述的干涉图称为**无限条纹干涉图**(infinite-fringe interferogram). 这个术语的含义是指, 当 $\Delta\delta(x,y) = 0$ 时 (均匀光强度的光场) 对应的条纹是无限宽的条纹. 对于这种无限宽条纹干涉图所显示出 $\Delta\delta(x,y)$ 的等值线存在一个问题: 由于 $\Delta\delta(x,y)$ 和 $-\Delta\delta(x,y)$ 得到的是同样的条纹图样, 因而, 在这种类型的干涉图

中符号的意义不确定. 这样一来, 在解释条纹时就不能确定光程从一个条纹到下一个条纹是增加还是减少. 以后, 我们将指出, 在干涉图中引入参考条纹也可以解决这种符号意义不确定的问题. 一般而言, 这些条纹是一些平行的直楔形条纹, 其间隔相等并与已经知道符号的等相位梯度相对应. 这样得到的条纹干涉图称为**有限条纹干涉图**(finite-fringe interferogram), 常应用于经典干涉计量中.

在双曝光全息干涉计量法的两次曝光之间, 将物光束倾斜一小角度 $\Delta\theta_O$, 便可引入楔形参考条纹. 所得干涉图样的光强分布为

$$I_3 = I_{3O}\left\{1 + \cos\frac{2\pi}{\lambda}\left[(\Delta\delta(x,y) + \Delta\theta_O y)\right]\right\} \tag{9-1-32}$$

这种类型全息干涉图的例子如图 9-1-14(a) 所示. 也可以在其他方向引入倾斜条纹. 虽然在某些情况下, 其他几何形状的参考条纹也是有用的. 然而, 一般总使参考条纹的取向平行于所研究的梯度方向, 如图 9-1-14(b) 所示. 在全息干涉计量术中, 也可以用其他几种技术产生楔形条纹. 如在双曝光全息干涉计量法的两次曝光之间, 将参考光束倾斜一小角度 $\Delta\beta_R$, 则物光束也将引入一等效倾斜[7,8]. 在平行光束的情况下, 等效倾斜量可以应用第 5 章 (5-2-26) 式予以考虑, 根据该表达式, 再现照明光、再现原始像、参考光束与物光束与 y 轴夹角的关系为

$$\cos\beta_P = \cos\beta_B + \mu(\cos\beta_O - \cos\beta_R)$$

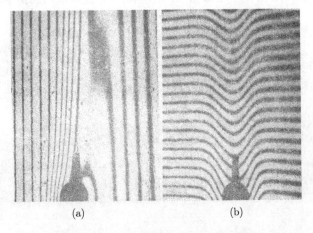

图 9-1-14 具有楔形参考条纹的干涉图

或替换为与 z 轴的夹角:

$$\sin\theta_P = \sin\theta_B + \mu(\sin\theta_O - \sin\theta_R) \tag{9-1-33}$$

当 $\mu = 1$ 时

$$\sin\theta_P = \sin\theta_B + \sin\theta_O - \sin\theta_R \qquad (9\text{-}1\text{-}34)$$

当照明光束倾斜 $\Delta\theta_B$ 时，再现物光束将偏移 $\Delta\theta_P$，考虑 (9-1-34) 式的微分关系，我们有

$$\cos\theta_P \Delta\theta_P = \cos\theta_B \Delta\theta_B$$

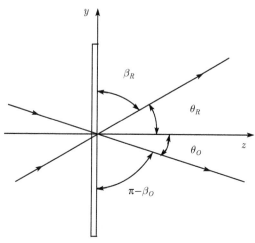

图 9-1-15 改变物光或参考光角度以形成参考条纹

或

$$\Delta\theta_P = \frac{\cos\theta_B}{\cos\theta_P}\Delta\theta_B \qquad (9\text{-}1\text{-}35)$$

若第一次曝光时物光束方位角为 θ_O，参考光束方位角为 θ_R，且物体所在空间没有扰动. 第二次曝光时参考光束方位角为 $\theta_R + \Delta\theta_R$，并有相位物体存在. 再现时用方位角为 $\theta_C = \theta_R + \Delta\theta_R$ 的照明再现光束，这样，就使再现的物光波相对于原物光波多倾斜了一个小角度 $\Delta\theta_O$. 根据 (9-1-35) 式, 再现的物光多倾斜的小角度 $\Delta\theta_O$ 为

$$\Delta\theta_O = \frac{\cos(\theta_R + \Delta\theta_R)}{\cos\theta_O}\Delta\theta_R \approx \frac{\cos\theta_R}{\cos\theta_O}\Delta\theta_R \qquad (9\text{-}1\text{-}36)$$

它引起的附加程差为

$$\frac{\cos\theta_R}{\cos\theta_O}\Delta\theta_R y \qquad (9\text{-}1\text{-}37)$$

于是，(9-1-32) 式可具体写为

$$I_3 = I_{3O}\left\{1 + \cos\frac{2\pi}{\lambda}\left[\Delta\delta + \left(\frac{\cos\theta_R}{\cos\theta_O}\Delta\theta_R\right)y\right]\right\} \qquad (9\text{-}1\text{-}38)$$

双曝光全息图也可以分别记录在两张干版上. 第一张干版记录原始状态的物光：

$$O_1(x, y) = O_0(x, y)\exp[-j\phi_{01}(x, y)]$$

处理后成为第一张全息图. 第二张干版记录变化状态后的物光:

$$O_2(x,y) = O_0(x,y)\exp[-j\phi_{02}(x,y)]$$

处理后成为第二张全息图. 两次拍摄时, 干版安放在相同的位置, 使用相同的参考光. 然后, 将两张全息原来的参考光照明再现出 $O_1(x,y)$ 和 $O_2(x,y)$. 这两张全息图也可以各自倾斜或移动, 以产生楔形条纹或剪切条纹这种全息图常称为双全息图方法 (dual hologram interferometry)[9,10,11].

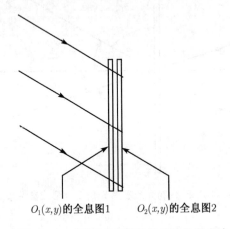

图 9-1-16　形成双参考条纹的双参考光法

还有一种产生参考条纹的双参考光束方法[12], 这种方法可以用单片全息干版对参考条纹实行动态控制. 如图 9-1-17(a) 所示. 物光 $O(x,y)$ 的最初离轴全息图用参考光 $R_1(x,y)$ 记录. 同一片全息干版进行第二次曝光时, 改用参考光 $R_2(x,y)$ 记录. 这样的双曝光全息图在显影、定影、漂洗、干燥处理后, 同时用 $R_1(x,y)$ 和 $R_2(x,y)$ 照明再现, 如图 9-1-17(b) 所示. 可以使参考光束各自单独倾斜, 以产生任何所期望的方向和周期的参考条纹.

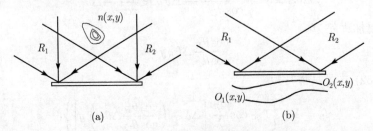

图 9-1-17　单全息图形成参考条纹的双参考光法

以上, 我们主要介绍了采用平面波检测相位物体的全息干涉计量. 它提供了重要的具有实用价值的优点, 例如, 可以消除物光光程误差, 可以永久性记录保存, 可

9.1 透明物体的全息干涉条纹的形成和定域

以灵活地应用参考条纹等. 然而, 这些应用原则上用其他光学方法也都可以. 下面, 我们将注意力转向只有全息术适用的漫射光照明干涉计量术上. 这种全息干涉计量术最早见于 L.O. 赫弗林格, R.F. 沃尔克和 R.E. 布鲁克斯等[13]的重要文章中, 他们的高速气流场的脉冲激光全息干涉图清楚地展示了相位物体全息干涉计量术的应用价值.

漫射光照明干涉计量术主要是在物光光路上采用了漫射光照明物体, 典型的一种方法是在物光光路中插入一片毛玻璃, 如图 9-1-18 所示. 这种方法有如下的特点:

(1) 在整个全息记录干版上, 光强几乎是平均分布的;
(2) 光学元件上的尘埃、划痕产生的衍射环噪声得以消除殆尽;
(3) 可以从许多方向用眼睛直接观看全息图.

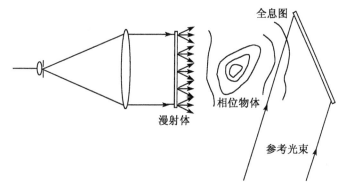

图 9-1-18 漫射光照明物体的全息记录光路

前两个特点在 E.N. 利思和 J. 厄帕特尼克斯[14]早期工作中已经强调指出, 在任何透射物体的全息记录中都是重要的. 因为要获得高质量的全息图必须使参考光与物光的光束比在整个全息记录干版上都保持一样, 当物光有比较均匀的光强分布时就比较容易做到. 当使用平面波照明物体时, 任何障碍, 譬如光学元件上的尘埃将产生的圆斑衍射, 它将在记录干版上形成艾里斑环状噪声. 而使用漫射光照明时, 尘埃的这种圆斑衍射就被完全消除了.

第三个特点使漫射光照明更具有吸引力. 当使用平面波照明, 直接用眼睛直接观看全息图时, 在物光束的针孔处将看到一个极强的亮斑 (即第 7 章第 7.1.1 节图 7-1-7 所示意的情况), 难以分辨出条纹图样. 而且, 通常不能用普通相机拍摄条纹, 因为视场受光阑尺寸决定的面积所限. 因此, 只能将条纹投影在一个漫射屏幕上才可以看到, 或者通过大孔径镜头进行拍摄. 如果物体为漫射光照明, 干版记录的物光是从各个方向散射的光, 再现时, 物光也是向各个方向散射, 故可以用普通成像方法. 虚像上的条纹图样可以用肉眼通过全息图直接观察, 也可以用普通相机拍摄.

而且，条纹在空间定域，并通常定域在靠近相位物体的空间，使观察者形成相位物体三维结构的定性印像。一张漫射照明物体的全息图可以从任何方向观察。当观察方向改变时，双曝光全息图或实时全息图的条纹图样将随之变化。这样，单张漫射照明物体的全息图等于相位物体在不同方位记录的大量平面波干涉图。这种多方向干涉图的测量计算有助于定量分析三维非对称的折射率分布。

还可以利用图 9-1-19 所示的漫射光照明物体的全息图形成的实像来研究它的干涉条纹。将这种全息图转动 180°，或用共轭参考光照明全息图即可形成实像。然后，将漫射观察屏安放在实像空间即可对条纹进行考察，或者直接将底片对条纹的实像曝光，拍摄下条纹图样。也可以用短焦距透镜系统，如低倍率的显微镜对实像上的精细条纹图样作细致地考察。

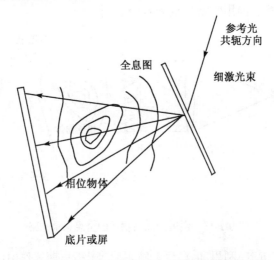

图 9-1-19　漫射光照明物体全息图的细激光束再现

在许多情况下，在给定方向观察到的干涉条纹定域在复杂的三维表面。因为由典型的大口径全息图形成的实像聚焦深度很小，故不能记录下清晰的条纹系统照片。这种现象启发我们应用如图 9-1-19 所示的细激光束再现技术[15]。应用图 9-1-18 所示的光路布局记录，再现时将全息图安放在原来拍摄时的位置，采用细激光束，沿原参考光的共轭照明方向照明全息图如图 9-1-19 所示；或将全息图旋转 180°，用细激光束沿原参考光方向照明全息图也一样。最好采用直径可变的激光束。实像和干涉图纹是由激光束所照明的全息图上被照明的微小区域发出的光形成的，如果全息图和物体之间的距离很大，这些光线接近于平行。通过照明全息图上不同的点，可以改变形成干涉图的近于平行光的取向。如果全息图和物体之间的距离不大，则干涉图是由扇形光束形成的，如图 9-1-19 所示，这种干涉图适合于定量计算。因为全息图上只有一小部分面积得到照明，定域的有效区域扩大了，因而可以使全部条纹系统清晰地成像. 但另一方面, 这样小的孔径使特征散斑尺寸增加. 全息图上的最佳照明孔径需要权衡这两方面的因素, 折中选取.

了解漫射体的特性对于设计漫射照明全息干涉计量术是有用的. 有两个值得注意的问题: 一是通过漫射版后光强的角分布状态; 二是通过漫射版后光线的偏振状态. 漫射体有两大类: 表面漫射体和体积漫射体. 典型的表面漫射体是毛玻璃, 它可以精确地由简单的透射函数表征:

$$t(x,y) = \exp[-j\phi(x,y)] \tag{9-1-39}$$

式中, $\phi(x,y)$ 是实数. 例如, 具有均匀折射率的平板毛玻璃. 它的一个平面是用颗粒尺寸为 1~100μm 的金刚砂研磨而形成的. 研磨时由于众多的划痕和挤压形成许多细微、无规的轮廓. 实验表明, 毛玻璃表面可以准确地按高斯随机过程模拟[16]. 表面漫射体不会显著地改变光波的偏振状态. 体积漫射体, 如不透明玻璃, 是由许多非常小的散射中心的三维集合组成. 光通过它, 经过多次散射后而成为漫射光. 这既影响到振幅也影响到光的相位, 故体积漫射体不像表面漫射体那样容易表征. 由于不透明玻璃中多次散射, 光线的偏振状态也变成没有规律而出现消偏振现象.

对某些毛玻璃和不透明玻璃, 图 9-1-20 给出了散射光强随角度变化的角度分布曲线. 图中, 曲线 1 是用 500 号金刚砂研磨的毛玻璃; 曲线 2 是用 800μm 金刚砂研磨的毛玻璃; 曲线 3 是 500μm 厚的乳白玻璃; 曲线 4 是 Lambertian 散射体. 图中, 曲线 4 是完善的 Lambertian 散射体的曲线, 它是 $\cos\theta$ 曲线的一段. 曲线 3 表明

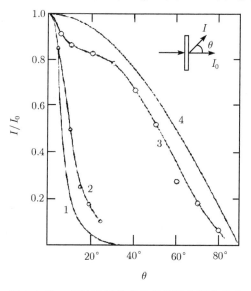

图 9-1-20 各种散射体产生的散射光强角分布

乳白玻璃在较大的角度范围内提供了较为均匀的光强,其分布接近于 Lambertian 散射体. 在希望获得较大观察角度时,可以采用乳白玻璃. 毛玻璃散射的光强,在 10°左右减至极大值的一半. 将毛玻璃用稀释的氢氟酸予以仔细地腐蚀处理,可以在小的观察角内得到非常均匀的光强[17]. 干涉计量术中某些特殊用途的漫射器可以用相息图或漂白全息图技术获得[18~20]. 当使用厚度 500μm 以上的体积漫射器时,透射光将完全消偏振,这时,需要使用一个起偏器安放在全息干版前进行记录.

图 9-1-21　散射版断面示意图

J. M. 伯奇等和 J. W. C.[21] 和盖茨[22] 研究了一种如图 9-1-22 所示的散射版全息干涉仪. 其中使用了一种称之为散射平板的漫射元件. 散射版可以用非常细的磨料将毛玻璃稍加研磨而得到. 这样形成如图 9-1-21 所示的表面轮廓. 类似的元件也可以用淡的烟玻璃[23] 或制作适当的漂白全息图来得到. 通过散射版的一部分光是镜面透射光,其余部分是散射光. 镜面透射光与散射光之比可以通过抛光过程予以控制. 散射版全息干涉仪的工作原理是:以镜面透射光作为参考光,漫射光作为物光而摄制成全息图,如图 9-1-22 所示. 所有靠近底片平面某点相干形成全息图的光都来自散射版某个点的邻近,这样就减少了对相干性的要求. 因此,使用散射版照明的全息干涉计量方法特别适宜于脉冲激光器或多模连续激光器. 甚至于可以使用滤波水银灯和疝灯[19]. 此类全息干涉计量方法还有一个特点是简单. 然而,由于透镜直径的限制,它只用于检测小的物体.

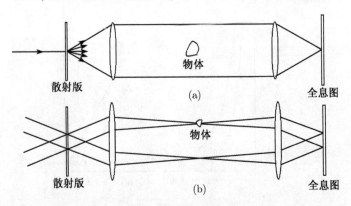

图 9-1-22　伯奇-盖茨散射版干涉仪

然而,在漫射照明全息干涉计量术中,条纹的清晰度和分辨率是受激光散斑限

制的. 我们知道, 特征激光散斑的尺寸 b_s 为

$$b_s \approx 1.22\lambda \left(\frac{f}{d}\right) \tag{9-1-40}$$

式中, f 是透镜焦距, d 是透镜光瞳直径, λ 为激光波长. 而 $\frac{f}{d}$ 为成像系统的 F 数. 若干涉条纹宽度 d_f 和散斑为同一量级, 将使得干涉条纹难以分辨. 因此, 应满足规范

$$\frac{b_s}{d_f} < 1 \tag{9-1-41}$$

在可见光中, 如透镜的 F 数较低, 例如使用 $F/2$, 此规范一般是可以满足的. 遗憾的是, 条纹定位域经常迫使应用大 F 数的成像系统, 以获得足够的定位域深度. 如果条纹间隔超过每毫米几根条纹的数值, 则散斑问题是一个需要考虑的问题.

9.1.3 漫射照明相位物体全息术中的条纹定域

在漫射照明的相位物体全息干涉图中观察到的条纹是在空间某一范围定域的. 随着观察方向的变化, 条纹移动并改变形状, 而且条纹往往在靠近折射率梯度陡峭的地方定域. 例如, 记录火焰的干涉图, 则条纹将在靠近火焰中心处定域. 如相位物体有更加复杂的形状, 则条纹定位域的面或曲线可能卷曲得很厉害. 本节将导出条纹定位域面和折射率变化的分布以及全息系统光路布局之间的关系[1].

在漫射照明的相位物体全息干涉计量中, 条纹的定位域可以利用与第 8 章中确定不透明物体的全息干涉条纹的定域类似的方法予以分析. 分析仍限于无折射的情况, 即假定光线是直线传播的. 图 9-1-23 中绘出了一片被照明的漫射版, 在双曝光全息方法的第一次曝光时, 漫射版前面的区域折射率为 n_0, 而在第二次曝光时, 漫射版前面的区域折射率为 $n(x,y,z)$. 为了考虑折射率的变化, 我们引入函数 $f(x,y,z)$, 其定义为

$$f(x,y,z) \equiv n(x,y,z) - n_0 \tag{9-1-42}$$

它是任意点 (x,y,z) 的函数, 也可以用该点的矢径 $\boldsymbol{r}(x,y,z)$ 表示为 $f(\boldsymbol{r})$. 为了方便起见, 将直角坐标的 xy 平面选在漫射版平面上, 如图 9-1-23 所示.

设观察者通过一个观察系统考察干涉图. 该观察系统接收具有平均传播向量 $\boldsymbol{k}_2$ 的光. 系统对垂直于 $\boldsymbol{k}_2$ 并包含 Q 点的平面聚焦. 正如第 8 章所讨论过的, 如果通过 Q 点并被光学系统接收的两次曝光的光线对的小光锥范围内相位差是接近于恒定的, 那么对应的干涉条纹就定域在这些 Q 点的附近. 为讨论方便计, 利用 (9-1-42) 式将它们的光程差表示为

$$\Delta\delta = \int f(\boldsymbol{r})\,\mathrm{d}s \tag{9-1-43}$$

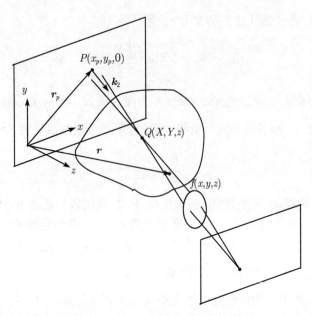

图 9-1-23 分析相位物体全息条纹定域的示意图

分析时, 沿所有具有给定传播向量 k_2 的光线寻找 $\Delta\delta$ 随观察方向的变化为零的一些 Q 点, 以此决定条纹定位域. 图 9-1-23 表示了通过点 $P(x_p, y_p, 0)$ 和 $Q(X, Y, z)$ 入射到接收器表面的一条光线. 沿这条光线传播的光波的波矢量为 k_2. 条纹定域条件为

$$\mathrm{d}(\Delta\delta) = \frac{\partial(\Delta\delta)}{\partial x_p}\mathrm{d}x_p + \frac{\partial(\Delta\delta)}{\partial y_p}\mathrm{d}y_p = 0 \tag{9-1-44}$$

式中, $\mathrm{d}x_p$ 和 $\mathrm{d}y_p$ 为光线和漫射版交点处的微分变量.

将 (9-1-43) 式改写为

$$\Delta\delta = \int f(\boldsymbol{r})\mathrm{d}s = \int_{-\infty}^{\infty} f(\boldsymbol{r}_p + \hat{e}_2 s)\mathrm{d}s \tag{9-1-45}$$

式中, $\boldsymbol{r} = \boldsymbol{r}_p + \hat{e}_2 s$, s 为积分线段元 $\mathrm{d}s$ 沿光线方向离开 $P(x_p, y_p, 0)$ 点的距离, $\hat{e}_2$ 为 k_2 的单位矢量. 因为折射率之差 $f(x, y, z)$ 仅在漫射版和观察系统入瞳之间的有限区域不为零, 并且没有不连续点, 而在此区域之外均为零, 所以我们可以将积分限取 $\pm\infty$. 又由于 (9-1-45) 式中的积分上下限是固定的, 故可对它求导数 $\frac{\partial(\Delta\delta)}{\partial x_p}$ 如下:

$$\frac{\partial(\Delta\delta)}{\partial x_p} = \int_{-\infty}^{\infty} \boldsymbol{\nabla} f \cdot \left(\frac{\partial \boldsymbol{r}}{\partial x_p}\right)\mathrm{d}s \tag{9-1-46}$$

9.1 透明物体的全息干涉条纹的形成和定域

式中,

$$\boldsymbol{\nabla} f \equiv \hat{\boldsymbol{i}}\frac{\partial f}{\partial x} + \hat{\boldsymbol{j}}\frac{\partial f}{\partial y} + \hat{\boldsymbol{k}}\frac{\partial f}{\partial z} \equiv \hat{\boldsymbol{i}}f^x + \hat{\boldsymbol{j}}f^y + \hat{\boldsymbol{k}}f^z \tag{9-1-47}$$

为 f 的梯度, $\frac{\partial f}{\partial x} = f^x, \frac{\partial f}{\partial y} = f^y, \frac{\partial f}{\partial z} = f^z$, 即它们的上标表示偏导数, 如同第 8 章 8.3.3 节所使用过的一样. 注意到 $\boldsymbol{r} = \boldsymbol{r}_p + \hat{\boldsymbol{e}}_2 s$, $\boldsymbol{r}_p = x_p \hat{\boldsymbol{i}} + y_p \hat{\boldsymbol{j}}$, 于是, 我们有

$$\begin{aligned}\frac{\partial \boldsymbol{r}}{\partial x_p} &= \hat{\boldsymbol{i}} + \left(\hat{\boldsymbol{i}}\frac{\partial e_{2x}}{\partial x_p} + \hat{\boldsymbol{j}}\frac{\partial e_{2y}}{\partial x_p} + \hat{\boldsymbol{k}}\frac{\partial e_{2z}}{\partial x_p}\right)s \\ &\equiv \hat{\boldsymbol{i}} + \left(\hat{\boldsymbol{i}}e_{2x}^{x_p} + \hat{\boldsymbol{j}}e_{2y}^{x_p} + \hat{\boldsymbol{k}}e_{2z}^{x_p}\right)s\end{aligned} \tag{9-1-48}$$

式中,

$$\frac{\partial e_{2x}}{\partial x_p} \equiv e_{2x}^{x_p}, \quad \frac{\partial e_{2y}}{\partial x_p} \equiv e_{2y}^{x_p}, \quad \frac{\partial e_{2z}}{\partial x_p} \equiv e_{2z}^{x_p},$$

同样它们的上标表示偏导数. 故 (9-1-46) 式可展开为

$$\begin{aligned}\frac{\partial (\Delta \delta)}{\partial x_p} &= \int_{-\infty}^{\infty} \boldsymbol{\nabla} f \cdot \left(\frac{\partial \boldsymbol{r}}{\partial x_p}\right) \mathrm{d}s \\ &= \int_{-\infty}^{\infty} \left[\left(1 + e_{2x}^{x_p}s\right)f^x + e_{2y}^{x_p}f^y s + e_{2z}^{x_p}f^z s\right] \mathrm{d}s\end{aligned} \tag{9-1-49}$$

类似地, $\Delta\delta$ 对于 y_p 的偏导数为

$$\begin{aligned}\frac{\partial (\Delta \delta)}{\partial y_p} &= \int_{-\infty}^{\infty} \boldsymbol{\nabla} f \cdot \left(\frac{\partial \boldsymbol{r}}{\partial y_p}\right) \mathrm{d}s \\ &= \int_{-\infty}^{\infty} \left[e_{2x}^{y_p}f^x s + \left(1 + e_{2y}^{y_p}s\right)f^y + e_{2z}^{y_p}f^z s\right] \mathrm{d}s\end{aligned} \tag{9-1-50}$$

如观察孔径 (如方孔或圆孔) 在各个方向尺寸大致相同, $\mathrm{d}x_p$ 和 $\mathrm{d}y_p$ 可以在式 (9-1-44) 中独立地变化. 因此, $\frac{\partial (\Delta\delta)}{\partial x_p}$ 和 $\frac{\partial (\Delta\delta)}{\partial y_p}$ 必须分别为零. 第 8 章 (8-3-22) 式对于 $\hat{\boldsymbol{e}}_2$ 的分量相对于平面 $z=0$ 中的坐标 x_p, y_p 的导数给出了表示式, 该表示式可以用于式 (9-1-49) 和 (9-1-50) 中, 从而得到下面的条纹定域条件:

$$\begin{aligned}\frac{\partial (\Delta \delta)}{\partial x_p} = \int_{-\infty}^{\infty} &\left[\left(1 - \frac{e_{2z}}{z_l}\left(e_{2y}^2 + e_{2z}^2\right)s\right)f^x \right. \\ &\left. + \frac{e_{2z}}{z_l}e_{2x}e_{2y}f^y s + \frac{e_{2z}}{z_l}e_{2x}e_{2z}f^z s\right] \mathrm{d}s = 0\end{aligned} \tag{9-1-51}$$

$$\frac{\partial(\Delta\delta)}{\partial y_p} = \int_{-\infty}^{\infty} \left[\frac{e_{2z}}{z_l} e_{2x} e_{2y} f^x s \right.$$
$$\left. + \left(1 - \frac{e_{2z}}{z_l}\left(e_{2x}^2 + e_{2z}^2\right)s\right)f^y + \frac{e_{2z}}{z_l} e_{2y} e_{2z} f^z s \right] \mathrm{d}s = 0 \quad (9\text{-}1\text{-}52)$$

这里引入脚标 l 为的是强调 z_l 是沿式中光线定域点的 z 坐标, 而不是积分变量. s 是从漫射版平面点 $P(x_p, y_p, 0)$ 到积分线段元 $\mathrm{d}s$ 的距离, 我们有

$$z = s e_{2z} \text{ 或 } s = \frac{z}{e_{2z}} \quad (9\text{-}1\text{-}53)$$

式中, z 和 s 都是计算光程差的积分变量, 于是 (9-1-51) 式可以改写为

$$\int_{-\infty}^{\infty} \left[\left(f^x - f^x\left(e_{2y}^2 + e_{2z}^2\right)\frac{z}{z_l}\right) + e_{2x} e_{2y} f^y \frac{z}{z_l} + e_{2z} e_{2x} f^z \frac{z}{z_l} \right] \mathrm{d}z = 0$$

或

$$\int_{-\infty}^{\infty} f^x \mathrm{d}z = \int_{-\infty}^{\infty} \left\{ f^x\left(e_{2y}^2 + e_{2z}^2\right) - e_{2x} e_{2y} f^y - e_{2z} e_{2x} f^z \right\} \frac{z}{z_l} \mathrm{d}z \quad (9\text{-}1\text{-}54)$$

于是, 我们得到下面的结果:

$$z_l = \frac{\int_{-\infty}^{\infty} \left\{ f^x\left(e_{2y}^2 + e_{2z}^2\right) - e_{2x} e_{2y} f^y - e_{2z} e_{2x} f^z \right\} z \mathrm{d}z}{\int_{-\infty}^{\infty} f^x \mathrm{d}z} \quad (9\text{-}1\text{-}55)$$

类似地

$$z_l = \frac{\int_{-\infty}^{\infty} \left[-e_{2x} e_{2y} f^x + \left(e_{2x}^2 + e_{2z}^2\right) f^y - e_{2y} e_{2z} f^z \right] z \mathrm{d}z}{\int_{-\infty}^{\infty} f^y \mathrm{d}z} \quad (9\text{-}1\text{-}56)$$

对于特定的折射率变化场 $f(x, y, z)$ 计算 (9-1-55) 和 (9-1-56) 式可得到两个曲面方程. 条纹将沿着两曲面的交线定域.

如沿着 z 轴观察干涉图, 那么 $\hat{\boldsymbol{e}}_2 = \hat{\boldsymbol{k}}$, $e_{2x} = e_{2y} = 0$, $e_{2z} = 1$, 定域条件将是

$$z_l = \frac{\int_{-\infty}^{\infty} f^x z \mathrm{d}z}{\int_{-\infty}^{\infty} f^x \mathrm{d}z} \quad (9\text{-}1\text{-}57)$$

$$z_l = \frac{\int_{-\infty}^{\infty} f^y z \, dz}{\int_{-\infty}^{\infty} f^y \, dz} \qquad (9\text{-}1\text{-}58)$$

(9-1-57) 和 (9-1-58) 式表明条纹定域是由垂直于观察方向的场的梯度所决定的. 特别是, 条纹在 z 方向的 f^x 和 f^y 的一次矩为零的地方定域.

现在, 让我们讨论几个条纹定域的例子. 许多特别重要的折射率场是径向对称的. 取坐标如图 9-1-12 所示, 径向对称的光程差可参看 (9-1-29) 式, 表示为

$$\Delta\delta(x,y) = 2\int_x^R [n(r) - n_0] \frac{r \, dr}{\sqrt{r^2 - x^2}} \text{ 或 } \Delta\delta(x) = 2\int_x^R \frac{f(r) \, r \, dr}{\sqrt{r^2 - x^2}} \qquad (9\text{-}1\text{-}59)$$

(9-1-57) 和 (9-1-58) 式表明条纹定域是由垂直于观察方向的场的梯度所决定的. 特别是: 条纹在 z 方向的 f^x 和 f^y 的一次矩为零的地方定域. 因此, 条纹将定域在物体的中心平面, 即垂直于观察方向并包含相位物体对称轴的平面. 这一点可用图 9-1-1 的照片说明. 该照片是将底片放置在火焰双曝光全息图所形成的实像的中心平面而得到的. 如底片放置在中心平面前后的某个平面位置, 则条纹将模糊不清或根本看不到.

为了进一步说明条纹定位域, 让我们再看图 9-1-24 的例子. 图中所示是两个间隔为 2.5cm 的径向对称相位物体的干涉图. 散射板和物体以及观察方向如图 9-1-24(a) 所示. 相位物体是两个相同的小型电加热器上的热水流. 当沿着 k_2 方向观察时, 光轴通过两个相位物体的中心. 垂直于观察方向的梯度矩在两个相位

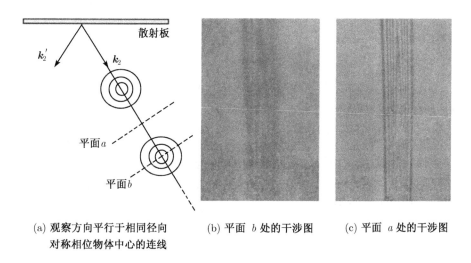

(a) 观察方向平行于相同径向对称相位物体中心的连线　　(b) 平面 b 处的干涉图　　(c) 平面 a 处的干涉图

图 9-1-24　条纹定域的例子

物体中间的平面处为零. 图 9-1-24(b) 和图 9-1-24(c) 表明, 条纹的确是在此平面定域. 如同一全息干涉图沿着 k'_2 方向观察时, 则由每个相位物体产生的条纹将分别定域在它们各自的中心平面.

9.2 干涉条纹的分析

上节中我们讨论了透明物体全息干涉图纹的形成. 本节我们将讨论给定一张全息干涉图, 怎样分析折射率的分布[1].

9.2.1 反转技术

对于一个干涉图样, 一旦计算出了 $\Delta\delta$, 就必须将方程式 (9-1-21) 逆反过来, 以决定 $n(x,y,z) - n_0$. 根据相位物体的结构, 很容易完成这种逆运算. 实际问题中相位物体的折射率场分布可分为三种情况:

(1) 二维折射率场, 在 z 方向折射率分布没有变化;
(2) 径向对称的折射率场;
(3) 非对称的折射率场.

9.2.1.1 二维折射率场

对于二维的相位物体, 方程式 (9-1-21) 的逆运算是直截了当的. 假定相位物体在 z 方向即物光波的传播方向上长度为 L, 未知的折射率变化仅为 x,y 的函数, 于是式 (9-1-21) 变为

$$\Delta\delta(x,y) = \int [n(x,y) - n_0]\mathrm{d}z = [n(x,y) - n_0]L = N(x,y)\lambda \tag{9-2-1a}$$

因此,

$$[n(x,y) - n_0] = N(x,y)\frac{\lambda}{L} \tag{9-2-1b}$$

在实际中遇见的许多场合下折射率场几乎都是二维的, 例如围绕翼面的气流、靠近长而热的圆柱体的温度分布等等, 因此这个简单的关系式往往非常有用.

9.2.1.2 径向对称的折射率场

在研究围绕着锥状物体、喷管、热卷流、火焰、等离子弧等气体中的问题时, 我们会遇到径向对称的相位物体. 在这些情况中, 折射率分布仅是半径的函数. 为方便起见, 仍使用下面的关系:

$$f(r) = n(r) - n_0$$

图 9-1-12(a) 画出了一条通过径向对称的相位物体, 沿 z 方向传播的光线. 根据 (9-1-28) 式, $\mathrm{d}z = r\mathrm{d}r/\sqrt{r^2-x^2}$, $z = \sqrt{r^2-x^2}$, 以及 (9-1-59) 式, 对于亮纹可给

9.2 干涉条纹的分析

出关系式如下:

$$N(x)\lambda = 2\int_x^R \frac{f(r)r\mathrm{d}r}{\sqrt{r^2-x^2}} \tag{9-2-2}$$

(9-2-2) 式右方表示的就是向 z 轴的反方向观看,即对向光线传播的方向观察时,对应于坐标为 x 处光线传播的总光程差. 在许多实际问题中,相位物体常以某个很大的半径平滑地衰减至零并且没有间断点,在这种情况下 (9-2-2) 式可改写为

$$N(x)\lambda = 2\int_x^\infty \frac{f(r)r\mathrm{d}r}{\sqrt{r^2-x^2}} \tag{9-2-3}$$

(9-2-3) 式的右方是 $f(r)$ 的 Abel 变换. 因此, 一个径向对称相位物体的干涉图样显示出 $n(r) - n_0$ 的 Abel 变换值的等值线. (9-2-3) 式的反演式为

$$f(r) = -\frac{\lambda}{\pi}\int_r^\infty \frac{(\mathrm{d}N/\mathrm{d}x)\mathrm{d}x}{\sqrt{r^2-x^2}} \tag{9-2-4}$$

这种反演式可以由经典的方法[24], 或更方便一点即由变换的方法[25] 导出.

在干涉计量数据的分析中,条纹级序数 $N(x)$ 只是在一些有限个分离位置上为已知,故需进行数字上的转换. 转换方法可以从 (9-2-3) 或 (9-2-4) 的数值近似值为基础. 无论在那种情况下,设想将相位物体分成 I 个等宽度的 Δr 的单个环状元素,如图 9-2-1 所示. 其目的是从包括 I 个 $N(x)$ 值的数据中决定 I 个 $f(r)$ 的离散值.

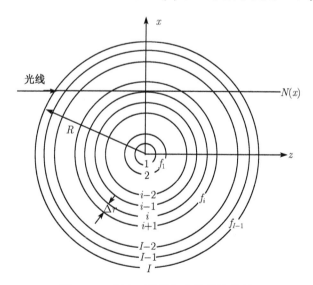

图 9-2-1 径向对称的相位物体的横断面

基于近似式 (9-2-3) 的方法, 导出一代数方程组, 然后对此方程组求解. 最简单的方法是认为每个环状元素具有均匀的折射率. 假定 f_k 表示元素 $r_k \leqslant r \leqslant r_{k+1}$ 的

$n - n_0$ 值, 式中 $r_k = k\Delta r$. 考虑第 i 条光线, 光线所通过路径的 x 坐标值在整个积分过程中保持为恒量, 即 $x = x_i = r_i = i\Delta r$. 于是, 方程 (9-2-3) 变成

$$N_i \lambda = 2 \sum_{k=i}^{I-1} f_k \int_{r_k}^{r_{k+1}} \frac{r \mathrm{d}r}{\sqrt{r^2 - r_i^2}} \tag{9-2-5}$$

注意到 $r\mathrm{d}r/\sqrt{r^2 - x^2} = \mathrm{d}z$ 的积分为 $z = \sqrt{r^2 - x^2}$. 故 (9-2-5) 式中的积分可表示为

$$z_{k+1} - z_k = \sqrt{r_{k+1}^2 - r_i^2} - \sqrt{r_k^2 - r_i^2} = \Delta r \left[\sqrt{(k+1)^2 - i^2} - \sqrt{k^2 - i^2}\right]$$

于是, (9-2-5) 式可以改写为

$$\sum_{k=i}^{I-1} A_{ki} f_k = \left(\frac{\lambda}{2\Delta r}\right) N_i \tag{9-2-6}$$

式中系数 A_{ki} 为

$$A_{ki} = \left[\sqrt{(k+1)^2 - i^2} - \sqrt{k^2 - i^2}\right] \tag{9-2-7}$$

(9-2-6) 式是一组联立线性代数方程式, 对它求解以求出未知数 f_k. 因系数 A_{ki} 形成以下三角矩阵, 故其解是相当简单的. 于是

$$A_{I-1,I-1} f_{I-1} = \frac{\lambda}{2\Delta r} N_{I-1}$$

$$A_{I-2,I-2} f_{I-2} + A_{I-1,I-2} f_{I-1} = \frac{\lambda}{2\Delta r} N_{I-2}$$

$$A_{I-3,I-3} f_{I-3} + A_{I-2,I-3} f_{I-2} + A_{I-1,I-3} f_{I-1} = \frac{\lambda}{2\Delta r} N_{I-3}$$

……

首先确定最外圈元素的位置, 使得 $f_I = 0$. 这样, 每个 f 值可以依次计算. 从外圈开始, 逐渐向中心进行. W. Hauf 和 U. Grigull 计算了由方程式 (9-2-7) 给出的系数[26], 并制作了表格, 其元素达 $I = 25$.

另一种反转方法可以用 $f(x)$ 的更加复杂的表示式导出. 每个表示式可以用于方程式 (9-2-7) 的一组不同的系数 A_{ki}. 例如, L. Ladenburg 等[27] 假定 $f(x)$ 在每个环状元素中随 r 线性变化. 这样导出的系数为

$$A_{ki} = (k+i)\sqrt{(k+1)^2 - i^2} - k\sqrt{k^2 - i^2} - i^2 \ln \frac{k+1+\sqrt{(k+1)^2 - i^2}}{k^2 + \sqrt{k^2 - i^2}} \tag{9-2-8}$$

R. Barakat[28] 和 D. W. Sweeney[29] 基于用抽样数列得到的 $f(r)$ 表示式研究了一种方法. 由 D. W. Sweeney 推荐的这种方法允许在任意处取条纹数据, 而不必正好在等距离的间隔上. 因此, 可以用冗余的数据以抑制误差.

还有许多种改进的数值计算方法, 这里我们不再介绍. 目前发展的光波衍射的逆运算方法, 可以用计算机直接计算出, 比这些方法更精确、更快捷、更方便. 我们将在本书的第 12 章作进一步介绍.

9.2.1.3 非对称的折射率场

下面, 我们进一步讨论非对称相位物体的干涉计量的问题. 决定一种非对称相位物体的折射率分布要求分析大量分别从各个不同观察方向记录的干涉图, 全息干涉计量技术对于记录这种数据是最为理想的. 我们称这种数据为多方向干涉计量数据.

假定一非均匀相位物体的折射率变化为 $n(x,y,z) - n_0$. 现讨论在 $z = \text{const.}$ 的一特殊平面决定的这种分布问题. 在此平面上, 折射率的变化可在笛卡儿坐标中表示为

$$f(x,y) = n(x,y) - n_0 \tag{9-2-9}$$

或在圆柱坐标系中表示为

$$f(r,\phi) = n(r,\phi) - n_0 \tag{9-2-10}$$

上面两式中相同的符号 f 和 n 是为了强调它们是在不同的坐标系中表示同一个物理量的分布. 图 9-2-2 给出了在一个特殊观察方向所记录数据的表示法, 用这些符号则光程差可表示为

$$N(P,\theta)\lambda = \int_{-\infty}^{\infty}\int_{-\infty}^{\infty} f(r,\phi)\delta\left[P - r\sin(\phi-\theta)\right] \mathrm{d}x\mathrm{d}y \tag{9-2-11}$$

对于一个由 θ 确定的观察方向, $N(P,\theta)$ 是从干涉图上读得的条纹级序数. δ 是 Dirac 的 Delta 函数, 于是上式右方的积分表示了 $f(r,\phi)$ 沿通过相位物体的直线光线的线积分. 为方便起见, 可用积分限 $\pm\infty$, 因为假定相位物体在场的边沿平滑地衰减为零. (9-2-11) 式的右方是函数 $f(r,\phi)$ 的二维 Radon 变化[30]. 因此, 一个非对称相位物体的干涉图显示出 $n(r,\phi) - n_0$ 的 Radon 变化的等值线. (9-2-11) 式的反演式为

$$f(r,\phi) = \frac{\lambda}{2\pi^2}\int_{-\pi/2}^{\pi/2}\mathrm{d}\theta\int_{-\infty}^{\infty}\frac{(\partial N/\partial P)\mathrm{d}P}{r\sin(\phi-\theta) - P} \tag{9-2-12}$$

这个反演式是由 M. V. Berry 和 D. F. Gibbs 给出的[31].

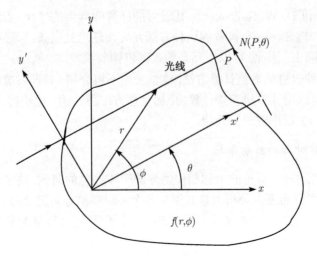

图 9-2-2 分析非均匀相位物体所使用的坐标和符号

由离散的一组条纹级序数的测量值所组成的干涉测量数据必须从数值上进行变换. 变换方法既可基于 (9-2-11) 式的数值近似式, 也可基于 (9-2-12) 式的数值近似式. 以 (9-2-11) 式的数值近似式为基础的方法需要求解一组代数方程式. 如图 9-2-3 所示意, 最简单的方法是将相位物体所占据的区域分成许多 $\Delta x \times \Delta y$ 的矩形元素. 此处

$$\Delta x = \frac{L_x}{M+1}, \quad \Delta y = \frac{L_y}{N+1} \tag{9-2-13a}$$

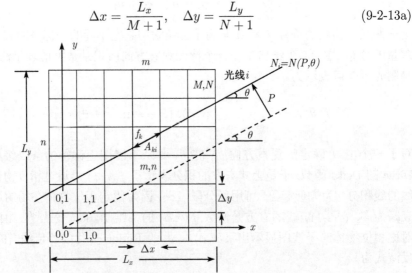

图 9-2-3 分解为许多矩形元素的非均匀相位物体的横断面

每个元素被认为均有均匀的折射率. 令 f_k 表示中心在 $x = m\Delta x$, $y = n\Delta y$ 处的元素的折射率变化值, 其中 m 和 n 为整数. 脚标 k, m 和 n 的关系为

9.2 干涉条纹的分析

$$k = n(M+1) + m + 1 \tag{9-2-13b}$$

假定条纹级序数 N_i 是和通过相位物体的第 i 条光线相联系. 这条光线是由坐标 P, θ 所确定的. 如 A_{ki} 表示在第 k 个元素上的第 i 条光线的线段长度, 则第 i 条光线总的光程差为

$$\sum_{k=1}^{K} A_{ki} f_k = \lambda N_i \tag{9-2-14}$$

式中, $K = (M+1) \times (N+1)$ 是元素的总和. (9-2-14) 式是 (9-2-11) 式的有限和的近似式. 系数 A_{ki} 可以用几何方法确定, 其值如下[32]:

$$A_{ki} = \Delta x \sec\theta, \text{ 对于 } |b| \leqslant \frac{\Delta y - \Delta x |\tan\theta|}{2} \text{ 和 } |\tan\theta| \leqslant \frac{\Delta y}{\Delta x} \tag{9-2-15a}$$

$$A_{ki} = \frac{\Delta y \sec\theta}{|\tan\theta|}, \text{ 对于 } |b| \leqslant \frac{\Delta x |\tan\theta| - \Delta y}{2} \text{ 和 } |\tan\theta| > \frac{\Delta y}{\Delta x} \tag{9-2-15b}$$

$$A_{ki} = \frac{\sec\theta}{|\tan\theta|} \left(\frac{\Delta x |\tan\theta| + \Delta y}{2} - |b| \right), \text{ 对于 } \frac{|\Delta y - \Delta x |\tan\theta||}{2}$$
$$< |b| \leqslant \frac{|\Delta y + \Delta x |\tan\theta||}{2} \tag{9-2-15c}$$

$$A_{ki} = \Delta y, \text{ 对于 } |c| < \frac{\Delta x}{2} \text{ 和 } |\tan\theta| = \infty \tag{9-2-15d}$$

$$A_{ki} = 0, \text{ 对于 } |b| > \frac{\Delta x |\tan\theta| + \Delta y}{2} \tag{9-2-15e}$$

$$A_{ki} = 0, \text{ 对于 } |c| > \frac{\Delta x}{2} \text{ 和 } |\tan\theta| = \infty \tag{9-2-15f}$$

式中,

$$b = P\sec\theta + m\Delta x \tan\theta - n\Delta y \tag{9-2-15g}$$

$$c = P + m\Delta x \tag{9-2-15h}$$

如果程长测量次数 I 等于元素 k 的数目, 则可得到形如 (9-2-14) 的 k 个线性方程组, 而且可对 k 个未知数求解 f_k. 这种分析全息干涉图的方法是由 W. Alwang 等介绍的[33].

另一种反演方法可以应用 $f(x,y)$ 的更加复杂的表示式推导出来. 每个不同的表示式为方程式 (9-2-14) 得到一组不同的系数. 例如, D. W. Sweeney 和 C. M. Vest 应用一个以抽样定理为基础的表示式[32]:

$$f(x,y) = \sum_{m=0}^{M-1}\sum_{n=0}^{N-1} f(m\Delta x, n\Delta y)\frac{\sin[\pi(x-m\Delta x)/\Delta x]}{\pi(x-m\Delta x)/\Delta x}\frac{\sin[\pi(y-n\Delta y)/\Delta y]}{\pi(y-n\Delta y)/\Delta y} \tag{9-2-16}$$

于是, 为方程式 (9-2-14) 得到一组系数:

$$A_{ki} = \Delta x \sec\theta \, \text{sinc}\left[\frac{P\sec\theta + m\Delta x\tan\theta - n\Delta y}{l_y}\right], \quad \text{对于 } 0 \leqslant |\tan\theta| \leqslant \frac{\Delta x}{\Delta y} \tag{9-2-17a}$$

$$A_{ki} = \left(\frac{\Delta y \sec\theta}{|\tan\theta|}\right)\text{sinc}\left[\frac{P\sec\theta + m\Delta x\tan\theta - n\Delta y}{\Delta x\tan\theta}\right], \quad \text{对于 } \frac{\Delta y}{\Delta x} \leqslant |\tan\theta| \leqslant \infty \tag{9-2-17b}$$

$$A_{ki} = \Delta y \, \text{sinc}\left(\frac{P + m\Delta x}{\Delta x}\right), \quad \text{对于 } |\tan\theta| = \infty \tag{9-2-17c}$$

多方向干涉计量数据也可以直接用快速傅里叶变换 (FFT) 来进行反演. 为了看出怎样才能做到这一点. 假定 $\tilde{f}(f_x, f_y)$ 是未知折射率分布 $f(x,y)$ 的二维傅里叶变换. 此外, 从干涉计量数据中决定 $\tilde{f}(f_x, f_y)$ 也是有可能的. 对于给定观察方向的条纹级序数 (见图 9-2-2):

$$\lambda N(y') = \int_{-\infty}^{\infty} f(x', y')\mathrm{d}x' \tag{9-2-18}$$

$N(y')$ 的一维傅里叶变换是

$$\begin{aligned}F[\lambda N(y')] &= \int_{-\infty}^{\infty} \lambda N(y')\exp(-\mathrm{j}2\pi f'_y y')\,\mathrm{d}y' \\ &= \int_{-\infty}^{\infty}\int_{-\infty}^{\infty} f(x', y')\exp(-\mathrm{j}2\pi f'_y y')\,\mathrm{d}x'\mathrm{d}y'\end{aligned} \tag{9-2-19}$$

当将 (9-2-19) 式与二维傅里叶变换的定义

$$\tilde{f}(f_x, f_y) = \int_{-\infty}^{\infty}\int_{-\infty}^{\infty} f(x,y)\exp[-\mathrm{j}2\pi(f_x x + f_y y)]\,\mathrm{d}x\mathrm{d}y \tag{9-2-20}$$

进行比较时可清楚地看到, (9-2-19) 式的右方是 $f(x,y)$ 沿着 $f'_x = 0$ 的直线进行计算的二维傅里叶变换. 这个结果对于任何一个观察方向都是正确的. 于是, 我们可以叙述由 R. N. Bracewell[34] 作出的下述一般结论, 它被称之为中心截面定理 (central sector theorem): 沿所有平行于直线 $y = x\tan\theta$ 对 $f(x,y)$ 所作积分的一维傅里叶变换等于沿着 y' 方向, 即 $y = x\tan(\theta + \pi/2)$ 直线计算的 $f(x,y)$ 的二维傅里叶变换.

这个定理可以应用于分析全息干涉图. 对于每个单独的观察方向, 条纹级序数采用 FFT 方法[35] 进行数值转换.

9.2.2 由折射产生的误差

在前面条纹解释的讨论中，我们假定了所有的探测光线都是直线，即由于折射造成的光线弯曲的影响被忽略了．然而，当实验断面的长度或折射率的梯度很大时，折射的影响是不能忽略的．这时，前面给出的用于各种条纹解释的方程式将带有误差．我们将在本节中讨论由折射率引入的误差，并指出怎样将它们在某些重要的场合中减到最小．

若所研究的介质其折射率仅在 y 方向变化．介质被限制在长度为 L 的试验区，如图 9-2-4 所示意．一条典型的探测光线在位置 y_0 处垂直于 y 方向入射进试验区．其路径由方程式 (9-1-10) 决定．我们只分析线性变化的情况：

$$n(y) = n_0 + n'(y - y_0) \tag{9-2-21}$$

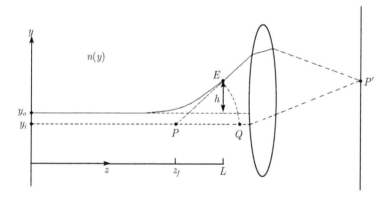

图 9-2-4　探测光折射的影响示意图

若 $n_0 = n(y_0)$，且 n' 是在 y_0 处折射率的斜率，则式 (9-2-21) 是一般变量 $n(y)$ 的一次近似式．此探测光线的方程式将由 (9-1-12) 给出一次近似式：

$$y - y_0 = \frac{1}{2}\left(\frac{n'}{n_0}\right)z^2 \tag{9-2-22}$$

在试验区的出口处光线已经偏斜了一个量 h，如图 9-2-4 所示：

$$h = \frac{1}{2}\left(\frac{n'}{n_0}\right)L^2 \tag{9-2-23}$$

且有由下式

$$y'_L = \left(\frac{n'}{n_0}\right)L \tag{9-2-24}$$

给出的斜率．这条光线通过试验区的光程由 (9-1-17) 给出

$$\delta = \int_0^L n(y)\sqrt{1 + (\mathrm{d}y/\mathrm{d}z)^2}\,\mathrm{d}z \tag{9-2-25}$$

联立式 (9-2-21), (9-2-22) 和 (9-2-25) 并计算其积分, 得到光程:

$$\delta = n_0 L \left[1 + \frac{1}{3}\left(\frac{n'}{n_0}\right)^2 L^2\right] \tag{9-2-26}$$

式中略去了比 $(n'/n_0)^2$ 小的项.

(9-2-26) 式可用于导出估计折射率影响重要性的一个规范. 此式的第一项是虚构的通过 y_0 点的直射水平光线的光程, 第二项是折射率产生的偏差. 如果要求这个偏差小于 $\lambda/10$, 其条件是

$$\frac{n'^2 L^3}{n_0 \lambda} < 0.3 \tag{9-2-27}$$

如果这个不等式不能被满足, 则折射率误差不可忽略. 也可以用条纹间隔 $d_f = \lambda/n'L$ 来表示方程式 (9-2-27):

$$\frac{\lambda L}{n_0 d_f^2} < 0.3 \tag{9-2-28}$$

在折射率不能忽视的情况下分析全息干涉图时, 必须考虑到观察或拍摄条纹图样的成像透镜的作用. 图 9-2-4 表示了这样一个透镜. 干涉图是将平面 $z = z_f$ 成像在屏上或摄影底片上得到的. 此光线将显得好像是从 P 点发出的, 该点是将出射光线向后延伸后投影在焦面 $z = z_f$ 上得到的. 当该光线在 P' 点和参考光一同曝光时通过无扰动试验区 P 点的直射光线相干时就形成了干涉图样. 应用式 (9-2-23), (9-2-24) 和图 9-2-6 的几何关系, 可以决定该光线的位置:

$$y_i = y_0 + \frac{n'L}{n_0}(z_P - L/2) \tag{9-2-29}$$

由条纹图样在 P' 所决定的光程差为

$$\Delta\delta = \delta - n_0(z_f + \overline{PQ}) \tag{9-2-30}$$

式中, $\overline{PQ} = \overline{PE}$ 为从 P 点至探测光线从试验区出射的点之间的半径. 距离 $\overline{PQ}$ 参加到此分析式中是因为对于一个理想透镜或成像系统, 从 E 到 P' 的光线其光程将等于从 Q 到 P' 的光程. 由于

$$\overline{PQ} = \overline{PE} = \sqrt{1 + (y'_0)^2}(L - z_f)$$

将方程式 (9-2-24) 和 (9-2-30) 联立, 得到

$$\Delta\delta = n_0 L^2 \left(\frac{n'}{n_0}\right)^2 \left(\frac{1}{2}z_f - \frac{1}{6}L\right) \tag{9-2-31}$$

式中略去了小于 $(n'/n_0)^2$ 的项.

如果一观察者沿用通常记数条纹的方法,则由式 (9-2-31) 给出的光程差将被错误地看作是水平光线 $y = y_i$ 产生的. 这种类型的误差可以通过选择最佳聚焦平面 $z = z_f$ 来减弱, 或用计算加以改正. 为了做到这一点, 我们首先计算沿通过试验区的假想直光线 $y = y_i$ 的光程差. 如 (9-2-21) 恰当地表示了靠近 $y = y_i$ 处的折射率分布, 则这个光程差为

$$\Delta \delta_i = n_0 L \left(\frac{n'}{n_0} \right) (y_i - y_0)$$

将上式与 (9-2-29) 联立, 得到

$$\Delta \delta_i = n_0 L^2 \left(\frac{n'}{n_0} \right)^2 \left(z_f - \frac{L}{2} \right) \tag{9-2-32}$$

按通常的条纹解释方法, 式中, $\Delta \delta_i$ 是在 $y = y_i$ 处得出的正确折射率的光程差; $\Delta \delta$ 为用实验方法在 P' 点测得的光程差. $\Delta \delta$ 偏离 $\Delta \delta_i$ 的偏差为

$$\Delta \delta - \Delta \delta_i = n_0 L^2 \left(\frac{n'}{n_0} \right)^2 \left(\frac{L}{3} - \frac{z_f}{2} \right) \tag{9-2-33}$$

当 $z_f = \frac{2}{3} L$ 时, 偏差为零. 因此, 对于此等级的近似, 可以通过焦距在距试验区出口平面为 $L/3$ 的平面上来消除折射误差. 这种结论已由 H. Svensson[36], O. P. Wachtell[37], W. L. Howes 和 D. R. Buchele[38] 用更加正规的函数展开方法得到. 当在试验区段的入射平面和出射平面存在着窗的时候, 对于此等级的近似, 该结论也是对的[38]. 如果由于某种原因应用其他聚焦平面 $z = z_f$, 方程式 (9-2-33) 可用于折射率误差的计算改正:

$$[n(y_i) - n_0] L = \Delta \delta_i = \Delta \delta - n_0 L^2 \left(\frac{n'}{n_0} \right)^2 \left(\frac{L}{3} - \frac{z_f}{2} \right)$$

由于 $\Delta \delta = N(y_i) \lambda$, 式中 $N(y_i)$ 是条纹级序数, 则

$$[n(y_i) - n_0] = N(y_i) \frac{\lambda}{L} - n_0 L \left(\frac{n'}{n_0} \right)^2 \left(\frac{L}{3} - \frac{z_f}{2} \right) \tag{9-2-34}$$

当折射不能忽略时, 用这个方程式去取代方程式 (9-2-1).

9.3 应用示例

通过以上的讨论, 我们看到, 相位物体的折射率变化, 可以用全息干涉计量技术予以检测. 任何一种相位物体的物理量变化, 只要该物理量的变化与其相应的折射率相联系. 我们就可以采用全息干涉计量技术对其相应的物理量变化进行检测.

譬如, 流体的质量、密度、等离子体的电子密度、流体温度、反应气体中化学物质的浓度以及透明固体试件中的应变、应力状态等, 都与折射率有密切的关系, 都可以通过检测它们折射率的变化而求出这些物理量相应的变化. 在这一节我们将介绍全息干涉计量技术在某些方面的应用示例, 特别是全息干涉计量技术在空气动力学和流体的目视观测、等离子体诊断、热传导和物质传递测量、透明物体的应力分析等方面的应用[1].

9.3.1 空气动力学和流体目视观测

光学干涉计量技术应用于研究风洞和激波管中的可压缩气流已经有多年的历史, 最常使用的仪器是由陈德 L. Zehnder[39] 和马赫 L. Mach[40] 最早提出的马赫–陈德干涉仪. 由于这种干涉仪简单、实用, 至今仍常在实验室中使用. 然而, 全息干涉计量技术的许多优点, 使其在此领域内放宽了记录干涉图对光学和环境条件的要求.

在这些研究中, 关键的待测量物理量是气体中的密度分布, 以 ρ 表示密度, 它与气体折射率之间的关系, 可由洛伦茨–洛伦兹 (lorenz-lorentz) 关系式表示为[4]

$$\frac{1}{\rho}\frac{n^2-1}{n^2+2} = C = \text{const.} \cdots \quad \text{或} \quad \frac{(n-1)}{\rho} = \frac{(n^2+2)C}{(n+1)} = K \qquad (9\text{-}3\text{-}1a)$$

对于气体, 折射率大都接近于 1, 因此, 当折射率发生变化时, 上述诸量的变化以 $(n-1)$ 的变化相对的比较灵敏. 将 (9-3-1a) 式改写为

$$n - 1 = K\rho \qquad (9\text{-}3\text{-}1b)$$

(9-3-1b) 式被称为 Gladstone-Dale 方程, 或简称 G-D 公式. 式中, K 为 Gladstone-Dale 常数, 或简称 G-D 常数, 其值由气体的性质决定, 它是光波波长的弱函数, 在适当条件下几乎与温度和压力无关. 在表 9-3-1 中列出了对应于不同波长的空气的 K 值; 在表 9-3-2 中列出了几种普通气体分别对应于氩离子和氦氖激光器中心谱线的波长 514.5nm 和 632.8nm 的 K 值. 混合气体的 K 值可以由各个组成气体的 K 值的质量加权平均计算而得到[41]

$$K = \sum_i a_i K_i \qquad (9\text{-}3\text{-}2)$$

式中, a_i 是第 i 种气体的质量比值, K_i 第 i 种气体的 K 值.

图 9-3-1 是一张典型的高速空气流的全息干涉图. 在此情况下流场是径向对称的, 可使用方程 (9-2-4) 决定 $f(r) = n(r) - n_0$. 式中 n_0 是周围的折射率. 然后应用 (9-3-1) 式决定流场中的密度分布:

$$\rho(r) = \rho_0 + \frac{f(r)}{K} \qquad (9\text{-}3\text{-}3)$$

9.3 应用示例

表 9-3-1 在温度 288K 时空气的 Gladstone-Dale 常数[1]

λ / nm	$K/(m^3/kg)$
356.2	0.2330×10^{-3}
380.3	0.2316×10^{-3}
407.9	0.2304×10^{-3}
447.2	0.2290×10^{-3}
480.1	0.2281×10^{-3}
509.7	0.2274×10^{-3}
567.7	0.2264×10^{-3}
607.4	0.2259×10^{-3}
644.0	0.2255×10^{-3}
703.4	0.2250×10^{-3}
912.5	0.2239×10^{-3}

表 9-3-2 一些气体在温度 300K 0.1013 MN/m³ 时的 Gladstone-Dale 常数[1]

气体	$K/(m^3/kg)$	
	$\lambda = 514.5$nm	$\lambda = 632.8$nm
Ar	0.175×10^{-3}	0.158×10^{-3}
He	0.196×10^{-3}	0.195×10^{-3}
CO_2	0.229×10^{-3}	0.227×10^{-3}
N_2	0.240×10^{-3}	0.238×10^{-3}
O_2	0.191×10^{-3}	0.189×10^{-3}

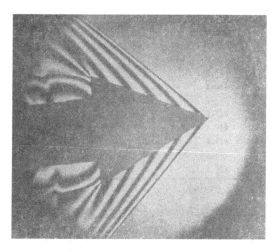

图 9-3-1 高速气流通过圆锥体的双曝光全息干涉图

式中 ρ_0 是远离试验物体的背景密度. 全息干涉计量技术也可应用于低速流体力学的一些流场研究中. 如层状流动的研究.

9.3.2 等离子体诊断

当物体加热到足够高温度时，原子内的轨道电子受到激励达到脱离原子的程度，于是产生了等离子体，等离子体是一种原子离子和电子的集合. 等离子体试验研究的一个重要课题是决定这些粒子密度的空间分布，特别是电子的密度分布. 一种等离子体的折射率是原子、离子和电子按它们的数值密度加权的折射率的和. 重粒子 (原子和离子) 的折射率由 Glqdstone-Dale 方程 (9-3-1) 描述，并且是同一个量级. 例如，与氩离子有关的 Glqdstone-Dale 常数是 $K_{离子} = \frac{2}{3} K_{原子}$. $K_{原子}$ 和 $K_{离子}$ 的值与探测光的波长 λ 只有微弱的联系. 折射率与电子数值密度 N_e(单位体积内的电子数) 之间的关系如下式所表示：

$$n_e = \left(1 - \frac{N_e e^2 \lambda^2}{2\pi m_e c^2}\right)^{1/2} \tag{9-3-4}$$

式中，n_e 是电子气的折射率、e 是电子电荷、m_e 是电子质量、c 是光速. 计算出这个方程式中的常数，给出

$$n_e = \sqrt{1 - 8.92 \times 10^{-14} \lambda^2 N_e} \approx 1 - 4.46 \times 10^{-14} \lambda^2 N_e \tag{9-3-5}$$

式中，λ 的单位为厘米，N_e 的单位是 cm^{-3}. 若 n_e 与 1 相差甚微，可将 (9-3-5) 式改写为

$$n_e - 1 = -4.46 \times 10^{-14} \lambda^2 N_e \tag{9-3-6}$$

应注意的是：与中性气体不同，电子气的色散是相当大的，即其折射率与波长的关系很大. 如要进一步比较重粒子与电子对折射率的贡献，可在一特定波长，例如，$\lambda = 546.3$nm 时计算方程式 (9-3-6)，并将它和由重粒子如氩气的原子数密度 N_a 表示的 Gladstone-Dale 关系式进行比较：

电子

$$n_e - 1 = -13.33 \times 10^{-23} N_e \tag{9-3-7}$$

原子

$$n_a - 1 = +1.06 \times 10^{-23} N_a \tag{9-3-8}$$

除了更多的色散外，每个电子的贡献比原子大一个数量级，但符号相反. 因此，在离子化程度较高的等离子体中电子气对折射率起主导作用.

因为方程式 (9-3-6) 表现出较强的色散，因此测量两种不同波长情况下的折射率能够直接决定电子密度：

$$n(\lambda_1) - n(\lambda_2) = n_e(\lambda_1) - n_e(\lambda_2) = -4.46 \times 10^{-14} (\lambda_1^2 - \lambda_2^2) N_e \tag{9-3-9}$$

用两个分离的波长进行的测量,可以避免重粒子折射率产生的误差. 例如图 9-3-2 所示的系统,由红宝石激光器发出的光通过一个倍频器产生的波长分别为 $\lambda_1 = 694.3\text{nm}$ 和 $\lambda_2 = 347.1\text{nm}$ 的两束共轴光,然后一同射入全息干涉仪中. λ_1 和 λ_2 相差 1 倍,他们彼此是不相干的,故应用这种系统在单次曝光时就可以同时用每个波长记录下各自的全息图. 在全息底片上可以记录两次相继的曝光,一次是不存在等离子体的情况,一次是在等离子体点火的状态. 所获得的双曝光全息图可以用与 λ_1 接近的波长 $\lambda_3 = 632.8\text{nm}$ 的连续波氦氖激光器照明. 因为用 λ_2 记录的全息图的平均空间频率为用 λ_1 记录的全息图的平均空间频率的 2 倍,故由用 λ_2 记录的全息图所再现的波阵面的传播方向和用 λ_1 记录的全息图所再现的波阵面的传播方向将近似成 θ 角,如图 9-3-3 所示. 这两个干涉图在空间是分开的,于是可以分别进行照相和分析.

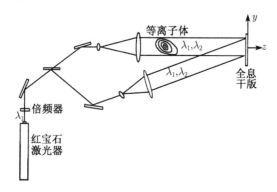

图 9-3-2 记录色散等离子体的双波长双曝光全息系统

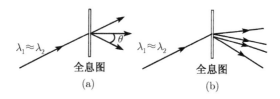

图 9-3-3 双波长双曝光全息图的再现

图 9-3-4 表示了用这种方法拍摄的双曝光全息图所得到的不同角度的两张干涉图. 注意,在以波长较长的光波记录的全息图中条纹的位移也较大. 等离子体是由红宝石激光器发出的 0.2J, 30ns 的脉冲聚焦光束击穿氢气而产生的.

还可以用非线性全息干涉计量术产生出条纹为折射率差 $n(\lambda_1) - n(\lambda_2)$ 的等值线的干涉图. 用这种方法可以避免使用两个单独的干涉图. 这是所希望的,因为 N_e 是两个大数之差,它对于条纹位置中的小误差是敏感的. 单次曝光双波长全息图是用类似图 9-3-2 所示的系统记录的. 曝光和显影过程应选择便于得到非线性的全息

图,见第 10 章第 10.1.1 节的公式 (10-1-11):

$$t(E_e) = \sum_{n=-\infty}^{\infty} c_n \exp\left[jn\left(2\pi(\sin\theta/\lambda)y\right)\right]\exp\left[-jn\phi_0(x,y)\right]$$

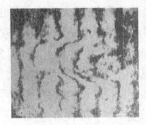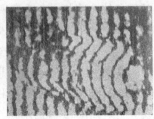

图 9-3-4 不同波长记录的等离子体全息图

对于单次曝光双波长全息图的情况,我们有

$$\begin{aligned}t(x,y) = &\sum_{n=-\infty}^{\infty} c_n \exp\left[jn\left(2\pi\frac{\sin\theta}{\lambda_1}y\right)\right]\exp\left[-jn\phi_{\lambda 1}(x,y)\right]\\ &+ \sum_{n=-\infty}^{\infty} c_n \exp\left[jn\left(2\pi\frac{\sin\theta}{\lambda_2}y\right)\right]\exp\left[-jn\phi_{\lambda 2}(x,y)\right]\end{aligned} \quad (9\text{-}3\text{-}10)$$

式中,$\phi_{\lambda 1}$ 和 $\phi_{\lambda 2}$ 是等离子体分别在波长 λ_1 和 λ_2 上产生的相位分布. 用 $\lambda_3 \approx \lambda_1$ 的氦氖激光器单平面波照明再现这张全息图就可以得到所需要的干涉图 (见图 9-3-3b). 再现照明光波在全息图平面的复振幅分布为

$$u_R(x,y) = A\exp\left(j2\pi\frac{\sin\theta}{\lambda_3}y\right) \quad (9\text{-}3\text{-}11)$$

再现衍射光波为

$$u(x,y) = A\exp\left(j2\pi\frac{\sin\theta}{\lambda_3}y\right)t(x,y) \quad (9\text{-}3\text{-}12)$$

考虑其中的两项衍射光波:

$$\begin{aligned}&Ac_2 \exp\left[j2\pi\left(\frac{1}{\lambda_3}-\frac{2}{\lambda_1}\right)\sin\theta y\right]\exp\left[j2\phi_{\lambda 1}(x,y)\right]\\ &+ Ac_1 \exp\left[j2\pi\left(\frac{1}{\lambda_3}-\frac{1}{\lambda_2}\right)\sin\theta y\right]\exp\left[j\phi_{\lambda 2}(x,y)\right]\end{aligned}$$

它们分别表示了用波长 λ_2 记录的一级衍射光波和用波长 λ_1 记录的二级衍射光波. 因为 $\lambda_3 \approx \lambda_1 = 2\lambda_2$, 如果 $c_1 = c_2$, 则上式可以简化为

$$Ac_1\left(-j2\pi\frac{1}{\lambda_1}\sin\theta y\right)\{\exp\left[j2\phi_{\lambda 1}(x,y)\right]+\exp\left[j\phi_{\lambda 2}(x,y)\right]\} \quad (9\text{-}3\text{-}13)$$

(9-3-13) 式表明这两个衍射光波沿着相同的方向传播, 与 z 轴夹角为 $-\theta$, 如图 9-3-3(b) 所示. 它们的干涉场的光强分布为

$$I = I_0 \{1 + \cos[\phi_{\lambda 2}(x,y) - 2\phi_{\lambda 1}(x,y)]\} \tag{9-3-14}$$

因为

$$\phi_{\lambda 1} = \frac{2\pi}{\lambda_1}\int n(\lambda_1)\mathrm{d}s, \quad \phi_{\lambda 2} = \frac{2\pi}{\lambda_2}\int n(\lambda_2)\mathrm{d}s \tag{9-3-15}$$

当 $\lambda_1 = 2\lambda_2$ 时, 方程式 (9-3-14) 中的相位差为

$$\phi_{\lambda 2} - 2\phi_{\lambda 1} = \frac{2\pi}{\lambda_2}\int n(\lambda_2)\mathrm{d}s - 2\frac{2\pi}{\lambda_1}\int n(\lambda_1)\mathrm{d}s = \frac{2\pi}{\lambda_2}\int [n(\lambda_2) - n(\lambda_1)]\mathrm{d}s \tag{9-3-16}$$

方程式 (9-3-16) 表明: 干涉条纹是波长 λ_1 和 λ_2 的折射率差的一些等值轮廓线. 也就是计算 (9-3-9) 式所需要的数据.

9.3.3 热传导和物质传递

将干涉计量术应用于热传导和物质传递[1](heat and mass transfer) 实验中可测量温度的空间分布或化学物质的浓度分布. 首先, 我们讨论气体的温度与其折射率之间的关系. 气体的折射率是由 Gladstone–Dale 方程 (见 9.3.1 节 (9-3-1b) 式):

$$n - 1 = K\rho$$

所描述. 在大多数情况下, 气体的密度可以用理想气体的状态方程

$$\rho = \frac{MP}{RT} \tag{9-3-17}$$

进行计算. 式中 P 为压强, 单位为 Pa, M 为气体的分子量、R 是气体的普适常数, 其值为 $R = 8.3143 J/\mathrm{mol}\cdot K$, T 是绝对温度, 单位为 K. 联立方程式 (9-3-1) 和 (9-3-17) 得到

$$n - 1 = \frac{KMP}{RT} \tag{9-3-18}$$

因此, 折射率曲线相对于温度的斜率为

$$\frac{\mathrm{d}n}{\mathrm{d}T} = -\frac{KMP}{RT^2} \tag{9-3-19}$$

如在给定的实验中温度变化很小, 则方程式 (9-3-19) 的右边近似为常数, 于是折射率随温度变化的关系为线性关系. 例如, 对于温度在 288K, 压强为 $P = 0.1013\mathrm{MPa}$ 的空气, 当波长为 $\lambda = 632.8\mathrm{nm}$ 时, Gladstone-Dale 常数为 $K = 0.226 \times 10^{-3}\mathrm{m}^3/\mathrm{kg}$, 它的分子量为 28.97. 因此

$$\frac{\mathrm{d}n}{\mathrm{d}T} = -0.961 \times 10^{-6} K^{-1} \tag{9-3-20}$$

当波长为 $\lambda = 632.8$nm 时,应用下式计算空气的折射率可以达到很高的精度[42]:

$$n - 1 = \frac{0.292015 \times 10^{-3}}{1 + 0.368184 \times 10^{-2}T} \tag{9-3-21}$$

当波长为 $\lambda = 514.5$nm 时,(9-3-21) 式为

$$n - 1 = \frac{0.294036 \times 10^{-3}}{1 + 0.369203 \times 10^{-2}T} \tag{9-3-22}$$

式中,T 是摄氏温度. 这些方程式以 Glqdstone-Dale 关系式为基础,应用了由 W. F. Meggers 和 C. L. Peters 关系式计算的波长关系[43],还包含了 J. W. Tilton 所加的微小修正[44].

液体的折射率和密度之间的关系用 Lorentz-Lorenz 方程式表示:

$$\frac{n^2 - 1}{\rho(n^2 + 2)} = \bar{r}(\lambda) \tag{9-3-23}$$

式中,$\bar{r}(\lambda)$ 为**比折射率**(specific refractivity),它是物质和波长的函数. 方程式 (9-3-1) 表示的 Gladstone-Dale 关系式是式 (9-3-23) 的一次近似式,只对气体有效. 液体的密度不像在气体中那样是温度的简单函数. 水在波长为 $\lambda = 632.8$nm 时的一个简单而仍精确的折射率经验公式为

$$n - 1.3331733 = -\left(1.936T + 0.1699T^2\right) \times 10^{-5} \tag{9-3-24}$$

在波长为 $\lambda = 514.5$nm 时为

$$n - 1.337253 = -\left(2.8767T + 0.14825T^2\right) \times 10^{-5} \tag{9-3-25}$$

式中,T 是摄氏温度.

表 9-3-3 列出了一些液体在温度 298K 时折射率随温度变化.

C. C. Murphy 和 S. S. Alpert[45] 证明了下面给出的 $\dfrac{\mathrm{d}n}{\mathrm{d}T}$ 值的关系式, 精度在 2% 以内.

$$\frac{\mathrm{d}n}{\mathrm{d}T} = -\frac{3}{2}\left[\frac{n(n^2 - 1)}{2n^2 + 1}\right]\beta \tag{9-3-26}$$

式中,β 是液体的热膨胀系 (coefficient of thermal expansivity),这个关系式对于估算折射率对温度的变化率是有用的.

全息干涉计量术应用于热传导时具有该技术用于空气动力学测量时同样的优点. 最重要的特性是能抵消相位误差,因而允许使用低质量的实验仓窗口,以及在测量非对称温度场时可应用多方向干涉度量.

表 9-3-3　一些液体在温度 298K 时折射率随温度的变化

液体	$(-\mathrm{d}n/\mathrm{d}T)/\mathrm{K}^{-1}$	
	$\lambda = 546.1\mathrm{nm}$	$\lambda = 632.8\mathrm{nm}$
水 (water)	1.00×10^{-4}	0.985×10^{-4}
甲醇 (methyl alcohol)	4.05×10^{-4}	4.0×10^{-4}
乙醇 (ethyl alcohol)	4.05×10^{-4}	4.0×10^{-4}
异丙醇 (isopropyl alcohol)	4.15×10^{-4}	4.15×10^{-4}
苯 (benzene)	6.42×10^{-4}	6.40×10^{-4}
甲苯 (toluene)	5.55×10^{-4}	5.55×10^{-4}
硝基苯 (nitrobenzene)	4.68×10^{-4}	4.68×10^{-4}
c- 乙烷 (c-hexane)	5.46×10^{-4}	5.43×10^{-4}
n- 乙烷 (n-hexane)	5.43×10^{-4}	5.4×10^{-4}
n- 辛烷 (n-octane)	4.76×10^{-4}	
n- 葵醇 (n-decane)	4.48×10^{-4}	
n- 十六烷 (n-hexadecane)	4.06×10^{-4}	
异辛烷 (isooctane)	4.87×10^{-4}	
丙酮 (acetone)	5.31×10^{-4}	5.31×10^{-4}
三氯甲烷 (chloroform)	5.98×10^{-4}	5.98×10^{-4}
四氯化碳 (carbon tetrachloride)	5.99×10^{-4}	5.98×10^{-4}
二硫化碳 (carbon disulfide)	7.96×10^{-4}	7.96×10^{-4}

9.3.4　应力分析

全息干涉计量术可应用于透明固体的应力分析[1]. 图 9-3-5 表示了一个薄透明材料的实验样品. 其厚度为 t, 试件上下两端受到拉力 F 的作用. 当试件受此拉伸负荷后, 光程要发生相应的变化. 其因素有二: 一是由于受力后试件厚度的微小变化而引起; 二是由于受力后试件折射率的微小变化而引起. 若 x,y 方向的应力远大于 z 方向的应力. 这时, 在一定近似程度上可视为所有应力都位于 x,y 平面内, 即试件处于平面应力状态. 由于泊桑效应, 材料在 z 方向所产生的应变 ε_{zz} 为[1]

$$\varepsilon_{zz} = \frac{\delta t}{t} \tag{9-3-27}$$

式中, t 为试件厚度, δt 是受力后试件厚度的微小增量. 相当于在第 8 章 (8-2-9c) 式中, $\Delta d_z = \delta t, \Delta z = t$. 在弹性材料中, 这种横向应变与应力场的关系为

$$\varepsilon_{zz} = -\left(\frac{\nu}{E}\right)(\sigma_1 + \sigma_2)g \tag{9-3-28}$$

式中, σ_1, σ_2 为主应力 (principal stresses), 它们互相垂直, 并位于 x,y 平面. 若物光沿 z 轴方向照明透射试件进行二次曝光全息干涉计量. 第一次曝光在试件受力之前, 第二次曝光在试件受力之后, n_0 为未受力状态下试件的折射率, n 为受力状态下试件的折射率, 则两次曝光之间在图 9-3-6 所示两虚线之间 $\overline{AB}$ 路段的光程差 $\Delta\delta$ 为

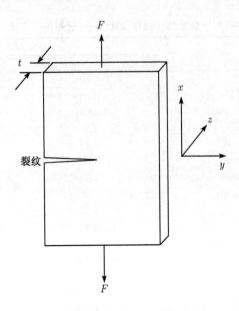

图 9-3-5 受拉伸负荷的试件

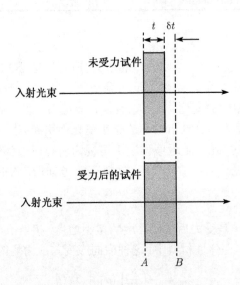

图 9-3-6 两次曝光间的光程差示意图

$$\Delta\delta = [n(t+\delta t) - (n_0 t + \delta t)] \tag{9-3-29}$$

在其他条件没有变化的情况下,这也就是物光两次曝光之间的总光程差. 设 n_1 为光在 σ_1 方向偏振的折射率;n_2 为光在 σ_2 方向偏振的折射率;A, B 为材料的应

9.3 应用示例

力–光学系数 (stress-optic coefficients of the material):

$$n_1 - n_0 = A\sigma_1 + B\sigma_2, \quad n_2 - n_0 = B\sigma_1 + A\sigma_2 \tag{9-3-30}$$

对于应力–光学灵敏度较低的材料 (materials of low stress-optic sensitivity), 近似地有

$$A = B, \quad n_1 = n_2 = n \tag{9-3-31}$$

对光学上各向同性的材料, (9-3-30) 式可写作

$$n - n_0 = A(\sigma_1 + \sigma_2) \tag{9-3-32}$$

将 (9-3-28) 式的关系代入 (9-3-32) 式, 得

$$n - n_0 = -\frac{AE\varepsilon_{zz}}{\nu} \tag{9-3-33}$$

于是, 表示光程差的 (9-3-29) 式可进一步写为

$$\begin{aligned}\Delta\delta &= (n - n_0)t + (n-1)\delta t = -\frac{AE\varepsilon_{zz}t}{\nu} + (n-1)\varepsilon_{zz}t \\ &= \left[-\frac{AE}{\nu} + \left(n_0 - \frac{AE\varepsilon_{zz}}{\nu} - 1\right)\right]\varepsilon_{zz}t \\ &= \left[-\frac{AE}{\nu} + (n_0 - 1)\right]\varepsilon_{zz}t - \frac{AE\varepsilon_{zz}^2}{\nu}t\end{aligned} \tag{9-3-34}$$

注意到 $\dfrac{AE\varepsilon_{zz}^2}{\nu}t$ 是一个比 (9-3-34) 式中其他项小得很多的项, 将它略去后就得到

$$\Delta\delta = \left[\left(n_0 - \frac{E}{\nu}A\right) - 1\right]\varepsilon_{zz}t \tag{9-3-35}$$

干涉条纹的亮纹条件为 $\Delta\delta = N\lambda$, 于是我们得到

$$\varepsilon_{zz} = \frac{N\lambda}{\left[\left(n_0 - \dfrac{E}{\nu}A\right) - 1\right]t} \tag{9-3-36}$$

式中, N 为条纹序数, $(n_0 - EA/\nu)$ 可视为试件的有效折射率 (effective refractive index). 于是, 由 (9-3-36) 式可定量计算 z 方向试件的应变 ε_{zz}.

T. D. Duldderarh 和 R. O'Regan[46~48] 将此方法应用于实验断裂力学中. 他们测量了如图 9-3-5 所示的拉伸试件中裂纹尖端附近的应变场. 所研究的试件是由聚甲基丙烯酸甲脂 (PMM) 制作的, 其厚度为 $0.7 \sim 13$ mm. 图 9-3-7 是他们获得的一张典型的全息干涉图与理论值的比较. 实验中显示的干涉条纹在图中的上半部, ε_{zz} 的理论等值曲线画在图中的下半部, 可以看到实验结果与理论计算吻合得很好.

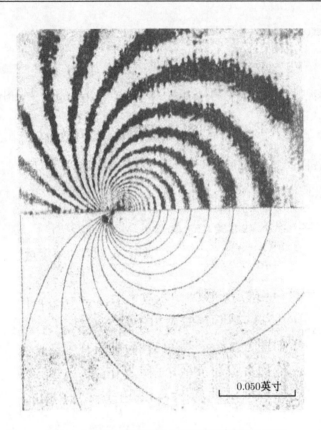

图 9-3-7　横向应变理论等值线和干涉图的比较

参 考 文 献

[1] 维斯特 C M, 著. 樊雄文, 王玉洪, 译. 全息干涉度量学 [M]. 北京: 机械工业出版社, 1984: 282-310.

[2] Born M, Wolf E. Principles of optics[M]. 2nd ed. New York: Pergamon Press, 1964: 122-123.

[3] Hauf W, Grigull U. Optical methods in heat transfer, in Advances in Heat Transfer[G]. New York: Academic Press, 1964, 6: 122.

[4] 朱德忠. 热物理激光测试技术 [M]. 北京: 科学出版社, 1990: 4.

[5] Bracewell R. N. The fourier transform and its applications[M]. New York: McGraw · Hill, 1965: 262-266.

[6] Sneddon I. H. The use of integral transform[M]. New York: McGraw Hill, 1972: 318-323.

[7] Chau H H M, Mullany G J. Holographic moiré patterns: their application to flow visualization in aerodynamics[J]. Appl Opt, 1967, 6: 1428-1430.

[8] Nakatani N, Kawta K, Yamada T. Flow visualization by an improved double exposure

method in holography[J]. Opt Laser Technol, 1974, 6: 82-83.

[9] Gates J W C. Holographic phase recording by interference between reconstructed wavefronts from seperate holograms[J]. Nature, 1968, 220: 473-474.

[10] Havener A G, Radley R J. Dual hologram interferometry[J]. Opto-Electronics, 1972, 4: 349-357.

[11] Radley R J Jr, Havener A G. Application of dual hologram interferometry to wind tunnel testing[J]. AIAA J, 1973, 11: 1332-1333.

[12] Ballard G S. Double-exposure holographic interferometry with seperate reference beams[J]. J Appl Phys, 1968, 39: 4846-4848.

[13] Heflinger L O, Wuerker R F, Brooks R E. Holographic interferometry[J]. Appl Phys, 1966, 37: 642-649.

[14] Leith E N, Upatnieks J. Wave-front reconstruction with diffused illumination and three-dimensional objects[J]. J Opt Soc Am, 1964, 54: 1295.

[15] Chau H H, Zucker O S F. Holographic thin-beam reconstruction technique for the study 3-D refractive index field[J]. Opt Commun, 1973, 8: 336-339.

[16] Kurtz C N. Transmitance characteristics of surface diffusers and the design of nearly band-limited binary diffusers[J]. J Opt Soc Am, 1972, 62: 982-989.

[17] Dyson J. Optical diffusing screens of high efficiency[J]. J Opt Soc Am, 1960, 50: 519-520.

[18] Kurtz C N, Hoadley H O, De J J Palma. Design and synthesis of random phase diffusers[J]. J Opt Soc Am, 1973, 63: 1080-1092.

[19] Gates J W C. Holography with scatter plates[J]. J Phys E: Sci Instrum, 1968, Ser. 2, 1: 989-994.

[20] Dallas W J. Deterministic diffusers for holography[J]. Appl Opt, 1973, 12: 1179-1187.

[21] Burch J M, Gates J W C, Hall R G N, et al. Holography with a scatter-plate as a beam splitter and a pulsed ruby laser as a light source[J]. Nature, 1966, 212: 1347.

[22] Gates J W C. Holography with scatter plates[J]. J Phys E: Sci Instrum, 1968, 2(1): 989-994.

[23] Fraser S M, Kinloch K A R. Large viewing angle holograms[J]. J Phys E: Sci Instrum, 1974, 7: 774-776.

[24] Bennett F D, Carter W C, Bergdolt V E. Interferometric analysis of air flow about projectiles in free flight[J]. J Appl Phys, 1952, 23: 453-469.

[25] Bracewell R N. The fourier transform and its applications[M]. New York: McGraw-Hill, 1965: 262-266.

[26] Hauf W, Grigull U. Optical methods in heat transfer[M]. New York: Academic Press, 1970: 267-274.

[27] Ladenburg R, Winkler J, Van Voorhis C C. Interferometric study of faster than sound

phenomena[J]. Part I. Phys Rev, 1968, 73: 1359-1377.

[28] Barakat R. Solution of an Abel integral equation for band-limited functions by means of sampling theorems[J]. J Math Phys, 1964, 43: 325-331.

[29] Sweeney D W. A comparision of Abel integral inversion schemes for interferometric applications[J]. J Opt Soc Am, 1974, 64: 559.

[30] Gel'Fand I M, Gracv M I, Vilenkin Ya N. Generalized functions[M]. New York: Academic Press, 1966.

[31] Berry M V, Gibbs D F. The interpretation of optical projections[J]. Proc Roy Soc, 1970, A314: 143-152.

[32] Sweeney D W, Vest C M. Reconstruction of three dimensional refractive index fields from multidirectional interferometric data[J]. Appl Opt, 1973, 12: 2649-2664.

[33] Alwang W, Cavanaugh I, Burr R, et al. Optical techniques for flow visualization and fluid flow measurement in aircraft turbomachinery, item I, final report PWA-3942 [R]. Hartford: Pratt and Whitney Aircraft Co, CT, 1970.

[34] Bracewell R N, Riddle A C. Inversion of fan beam scans in radio astronomy, astrophys[J]. J, 1967, 150: 427-434.

[35] Gooley J W, Tukey J W. An algorithm for the calculation of complex Fourier series[J]. Math Comp, 1965, 19: 297-301.

[36] Svensson H. The second-order aberrations in the interferometric measurement of concentration gradient[J]. Opt Acta, 1954, 1: 25-32.

[37] Wachtell O P. Refraction error in interferometry of boundary layer in supersonic flow along a flat plate[J]. Ph D Dissertation, Princeton University, 1951.

[38] Howes W L, Buchele D R. Optical interferometry of inhomogeneous gases[J]. J Opt Soc Am, 1966, 56: 1617-1528.

[39] Zehnder L. Ein neuer Intérferenzrefraktur[J]. Z. Instrumentenk., 1891, 11: 275-285.

[40] Mach L. Uber einen Intérferenzrefraktur[J]. Z. Instrumentenk., 1892, 12: 89-93.

[41] Merzkirch W. Flow visualization[M]. New York: Academic Press, 1974.

[42] Radulovic P T. Holographic interferometry of asymmetric temperature or density fields, doctoral dissertation[M]. The University of Michigan, 1977.

[43] Meggers W F, Peters C L. Measurements on the index of refraction of air for wavelengths from 2218 Å to 5000 Å [J]. Bull Bur Stands, 1918, 19, (14): 697-740.

[44] Tilton J W. Standard conditions for precise prism refractometry[J]. J Res Natl Bur Stands, 1935, 14: 393-418.

[45] Murphy C C, Alpert S S. Dependence of refractive index temperature coefficient on the thermal expansivity of liquids[J]. Am J Phys, 1976, 39: 834-836.

[46] Dudderar T D. Applications of holography to fracture mechanics[J]. Exp Mech, 1969,

9: 281-285.

[47] Dudderar T D, Gorman H J. The determination of mode I stress-intensity factor by holographic interferometry[J]. Exp Mech, 1973, 13: 145-149.

[48] Dudderar T D, O'Regan R. Measurement of the strain field near a creak tip in polymethylmethacrylate by holographic interferometry[J]. Exp Mech, 1971, 11: 49-56.

第 10 章　全息干涉计量中的一些特殊技术

10.1　提高相位测量灵敏度的一些方法

10.1.1　非线性全息干涉计量术

对于大多数应用而言, 希望记录和处理全息图时使得振幅透射率随着曝光量作线性变化. 当全息术应用于三维照相或信息存储时, 非线性效应是相当有害的, 它将产生鬼象和噪声. 而在全息干涉计量术中, 却有可能利用非线性效应. 在本节中, 我们将研究全息图的非线性效应, 并介绍它对提高相位测量灵敏度的一些应用[1].

首先, 我们还是从两个等幅平面波曝光形成的全息图进行讨论. 若记录材料是线性的, 则得到正弦形轮廓的条纹. 以平面波照明再现时, 衍射光有三项: 直接透射光和正负一级衍射光. 如果记录是非线性的, 则得到非正弦形轮廓的条纹. 譬如, 在过曝光的情况下, 曝光量越过了记录材料的线性区, 这时记录下的正弦条纹就会发生畸变. 在图 10-1-1 中, (a) 图表示录是线性的, 记录介质中所形成的是正弦形轮廓的条纹; (b) 图则表示记录是非线性的, 记录介质中所形成的是非正弦形轮廓的条纹, 是正弦形轮廓发生了畸变的条纹.

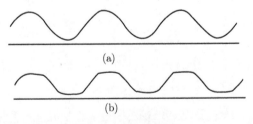

图 10-1-1　条纹轮廓

与这种非正弦形轮廓的条纹相对应的振幅透射率可用傅里叶级数展开. 透射率级数将包含多项高次谐波, 因而将产生出多项高次衍射光. 如果使这种高次谐波通过待测相位物体, 可以形成高灵敏度、高分辨率的干涉图.

全息图的一种典型的复振幅透射率与曝光量关系的曲线如图 10-1-2 所示. 根据第 5 章 (5-1-17) 式, 单次曝光全息图的复振幅透射率 t 为

$$t(E_e) = t(0) + \left[\frac{(-1)^{1-1}}{1!}t'(E_e)\right]E_e + \left[\frac{(-1)^{2-1}}{2!}t''(E_e)\right]E_e^2 + \left[\frac{(-1)^{3-1}}{3!}t'''(E_e)\right]E_e^3 + \cdots$$

10.1 提高相位测量灵敏度的一些方法

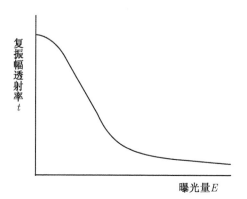

图 10-1-2 全息图的一种典型 $t\text{-}E$ 曲线

令

$$A_0 = t(0), \quad A_1 = \frac{(-1)^{1-1}}{1!} t'(E_\mathrm{e}), \quad A_2 = \frac{(-1)^{2-1}}{2!} t''(E_\mathrm{e}), \quad A_3 = \frac{(-1)^{3-1}}{3!} t'''(E_\mathrm{e}) + \cdots$$

我们就得到单次曝光全息图的复振幅透射率 t 与有效曝光量 E_e 关系如下：

$$t(E_\mathrm{e}) = A_0 E_\mathrm{e}^0 + A_1 E_\mathrm{e}^1 + A_2 E_\mathrm{e}^2 + A_3 E_\mathrm{e}^3 + \cdots \tag{10-1-1}$$

此级数的前四项在有用的范围和图 10-1-2 所示照相乳剂的 $t\text{-}E$ 曲线能较好地吻合[1]. 当曝光量大于线性全息所要求的曝光量时, 就可以获得平方项和立方项.

根据第 5 章 (5-1-11) 式, 有效曝光量 E_e 可表示为

$$E_\mathrm{e} = I_0 [1 + M(f) V \cos \Theta] \tau = E_0 [1 + M(f) V \cos \Theta]$$

若物光和参考光在全息干版上的复振幅分布分别为

$$u_O(x,y) = u_O \exp[-\mathrm{j}\phi_O(x,y)], \quad u_R(x,y) = u_R \exp[-\mathrm{j}\phi_R(x,y)] \tag{10-1-2}$$

则

$$\Theta = \phi_O(x,y) - \phi_R(x,y) \tag{10-1-3}$$

在理想的情况下, 若 $M(f) = 1, V = 1$ 时, 全息图的复振幅透射率就可以表示为

$$t(E_\mathrm{e}) = A_0 + A_1 E_0 [1 + \cos \Theta] + A_2 \{E_0 [1 + \cos \Theta]\}^2 + A_3 \{E_0 [1 + \cos \Theta]\}^3 + \cdots$$

将上式展开后, 得

$$\begin{aligned}
t(E_\mathrm{e}) = {} & A_0 + A_1 E_0 + A_2 E_0^2 + A_3 E_0^3 + \cdots \\
& + A_1 E_0 \cos \Theta + 2 A_2 E_0^2 \cos \Theta + 3 A_3 E_0^3 \cos \Theta + \cdots \\
& + A_2 E_0^2 \cos^2 \Theta + 3 A_3 E_0^3 \cos^2 \Theta + \cdots \\
& + A_3 E_0^3 \cos^3 \Theta + \cdots
\end{aligned} \tag{10-1-4}$$

将同类项合并, (10-1-4) 式可改写为

$$t(E_e) = B_0 + B_1 \cos\Theta + B_2 \cos^2\Theta + B_3 \cos^3\Theta + \cdots \tag{10-1-5}$$

用三角公式, 上式可进一步改写为

$$t(E_e) = C_0/2 + C_1 \cos\Theta + C_2 \cos 2\Theta + C_3 \cos 3\Theta + \cdots \tag{10-1-6a}$$

这就是以余弦函数表征的单次曝光非线性全息图的复振幅透射率. 为了将展开式便于在指数函数形式下用求和符号表达, 我们将级数的第一项乘以因子 1/2. 将 (10-1-6 a) 式用尤拉公式展开后表示为

$$t(E_e) = \sum_{n=-\infty}^{\infty} c_n \exp(jn\Theta) \tag{10-1-6b}$$

式中, $c_n = C_n/2$, $c_n = c_{-n}$. 此级数实际上只有有限项能对全息衍射起作用, 因为只有衍射角在 $-\pi/2$ 和 $\pi/2$ 之间的衍射光才会出现在全息图后的空间.

下面, 我们将图 10-1-3 所示光路作为一个示例来讨论. 图中, 平面波通过相位物体作为物光束垂直入射在全息记录干版上, 参考光束也是平面波, 入射角为 $-\theta$. 全息图平面上物光束和参考光束的复振幅分布分别为

$$u_O(x,y) = u_O \exp[-j\phi_0(x,y)] \tag{10-1-7a}$$

$$u_R(x,y) = R_0 \exp(j2\pi fy)$$
$$= R_0 \exp[-j2\pi(\sin\theta/\lambda)y] \tag{10-1-7b}$$

式中,

$$f = -(\sin\theta/\lambda) \tag{10-1-8}$$

$$\Theta = 2\pi(\sin\theta/\lambda)y - \phi_0(x,y) \tag{10-1-9}$$

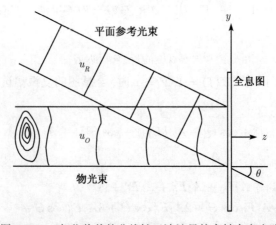

图 10-1-3　相位物体的非线性干涉计量的离轴全息光路

10.1 提高相位测量灵敏度的一些方法

代入 (10-1-6) 式, 得到单次曝光全息图的复振幅透射率为

$$t(E_e) = c_0 + 2c_1 \cos\left[2\pi(\sin\theta/\lambda)y - \phi_0(x,y)\right] + 2c_2 \cos 2\left[2\pi(\sin\theta/\lambda)y - \phi_0(x,y)\right]$$
$$+ 2c_3 \cos 3\left[2\pi(\sin\theta/\lambda)y - \phi_0(x,y)\right] + \cdots \tag{10-1-10}$$

或表示为

$$\begin{aligned}
t(E_e) &= c_0 + c_1 \exp\left[\mathrm{j}(2\pi(\sin\theta/\lambda)y)\right] \exp\left[-\mathrm{j}\phi_0(x,y)\right] \\
&\quad + c_1 \exp\left[-\mathrm{j}(2\pi(\sin\theta/\lambda)y)\right] \exp\left[\mathrm{j}\phi_0(x,y)\right] \\
&\quad + c_2 \exp\left[\mathrm{j}(4\pi(\sin\theta/\lambda)y)\right] \exp\left\{-\mathrm{j}\left[2\phi_0(x,y)\right]\right\} \\
&\quad + c_2 \exp\left[-\mathrm{j}(4\pi(\sin\theta/\lambda)y)\right] \exp\left\{\mathrm{j}\left[2\phi_0(x,y)\right]\right\} \\
&\quad + c_3 \exp\left[\mathrm{j}(6\pi(\sin\theta/\lambda)y)\right] \exp\left\{-\mathrm{j}\left[3\phi_0(x,y)\right]\right\} \\
&\quad + c_3 \exp\left[-\mathrm{j}(6\pi(\sin\theta/\lambda)y)\right] \exp\left\{\mathrm{j}\left[3\phi_0(x,y)\right]\right\} + \cdots \\
&= \sum_{n=-\infty}^{\infty} c_n \exp\left[\mathrm{j}n(2\pi(\sin\theta/\lambda)y)\right] \exp\left[-\mathrm{j}n\phi_0(x,y)\right]
\end{aligned} \tag{10-1-11}$$

式中, $c_n = c_{-n}$. 当用记录时的参考光 $R_0 \exp[-\mathrm{j}2\pi(\sin\theta/\lambda)y]$ 照明再现时, 作为示例, 若只考虑全息图的前五项衍射光, 它们的复振幅可表示为

$$\begin{aligned}
& R_0 \exp\left(-\mathrm{j}2\pi(\sin\theta/\lambda)y\right) t(E_e) \\
&= c_0 R_0 \exp\left(-\mathrm{j}2\pi(\sin\theta/\lambda)y\right) + c_1 R_0 \exp\left[-\mathrm{j}\phi_0(x,y)\right] \\
&\quad + c_1 R_0 \exp\left(-\mathrm{j}4\pi(\sin\theta/\lambda)y\right) \exp\left[\mathrm{j}\phi_0(x,y)\right] \\
&\quad + c_2 R_0 \exp\left[\mathrm{j}(2\pi(\sin\theta/\lambda)y)\right] \exp\left\{-\mathrm{j}\left[2\phi_0(x,y)\right]\right\} \\
&\quad \times c_2 R_0 \exp\left[-\mathrm{j}(6\pi(\sin\theta/\lambda)y)\right] \exp\left\{\mathrm{j}\left[2\phi_0(x,y)\right]\right\} \\
&= u_0 + u_1 + u_{-1} + u_2 + u_{-2}
\end{aligned} \tag{10-1-12}$$

其中,

$$u_0 = c_0 R_0 \exp\left[-2\pi(\sin\theta/\lambda)y\right] \tag{10-1-13}$$

u_0 为零级衍射, 是照明光的透射光, 其空间频率为 $f = -\dfrac{\sin\theta}{\lambda}$, 它沿着原来参考光的方向传播. 不带有物光信息.

$$u_1 = c_1 R_0 \exp\left[-\mathrm{j}\phi_0(x,y)\right] \tag{10-1-14}$$

u_1 为正一级衍射, 它是再现的原始物光, 它沿着全息图的法线方向传播, 也就是沿着原来物光的方向传播.

$$u_{-1} = c_1 R_0 \exp\left[-\mathrm{j}\left(2\pi\frac{2\sin\theta}{\lambda}y\right)\right] \exp\mathrm{j}\left[\phi_0(x,y)\right] \tag{10-1-15}$$

u_{-1} 为负一级衍射,它是再现的共轭物光,它的空间频率为

$$f_{-1} = 2f = -\frac{2\sin\theta}{\lambda} = \frac{\sin\theta_{-1}}{\lambda}, \text{其衍射角 } \theta_{-1} = -\arcsin(2\sin\theta)$$

$$u_2 = c_2 R_0 \exp\left[j\left(2\pi\frac{\sin\theta}{\lambda}y\right)\right]\exp\{-j[2\phi_0(x,y)]\} \tag{10-1-16}$$

u_2 为正二级衍射,它的空间频率为 $f_2 = -f = \frac{\sin\theta}{\lambda} = \frac{\sin\theta_2}{\lambda}$,其衍射角 $\theta_2 = \theta$,即沿着参考光对 z 轴对称的方向传播.

$$u_{-2} = c_2 R_0 \exp\left[-j\left(2\pi\frac{3\sin\theta}{\lambda}fy\right)\right]\exp\{j[2\phi_0(x,y)]\} \tag{10-1-17}$$

u_{-2} 为负二级衍射,它的空间频率为 $f_{-2} = 3f = -\frac{3\sin\theta}{\lambda} = \frac{\sin\theta_3}{\lambda}$,其衍射角

$$\theta_{-2} = -\arcsin(3\sin\theta),$$

这时,要使得负二级衍射光出现,必须满足条件 $|\theta_{-2}| = \arcsin(3\sin\theta) \leqslant \frac{\pi}{2}$ 或 $(3\sin\theta) \leqslant 1$ 即参考光的入射角需满足 $\theta \leqslant \arcsin\left(\frac{1}{3}\right) \approx 19.5°.$

利用高次衍射光波可以对微小相移进行放大.例如,以振幅和传播与方向均与二级衍射光相同的平面波与之叠加,即以下式所表示的平面波与之叠加:

$$u_p = A_2 \exp\left[j\left(2\pi\frac{\sin\theta}{\lambda}y\right)\right] \tag{10-1-18}$$

式中,若使 $A_2 = c_2 R_0$.则此平面波与二级衍射光叠加后,它们的合成光场为

$$u = A_2 \exp\left[j\left(2\pi\frac{\sin\theta}{\lambda}y\right)\right] + A_2 \exp\left[j\left(2\pi\frac{\sin\theta}{\lambda}y\right)\right]\exp[-j2\phi(x,y)] \tag{10-1-19}$$

于是,衍射光场的光强分布为

$$I_2 = uu^* = 2A_2^2[1 + \cos 2\phi(x,y)] = I_{20}[1 + \cos 2\phi(x,y)] \tag{10-1-20}$$

类似的,如果将振幅和传播与方向均与三级衍射光振幅相同的平面波与三级衍射光叠加,它们的合成光场为

$$I_3 = 2A_3^2[1 + \cos 3\phi(x,y)] = I_{30}[1 + \cos 3\phi(x,y)]$$
$$\cdots\cdots$$

可见,正二级衍射相位差可增大为 2 倍,正三级衍射相位差可增大为 3 倍,……. 也就是说,它们的干涉条纹数分别为线性干涉图中的条纹数的 2 倍和 3 倍. 这就提高了相位测量的灵敏度.

10.1 提高相位测量灵敏度的一些方法

如果采取参考光的共轭照明, 即采用的照明光为

$$u_R^*(x,y) = R_0 \exp\left[\mathrm{j}2\pi\left(\sin\theta/\lambda\right)y\right] \tag{10-1-21}$$

当用记录时的参考光的共轭光照明再现时, 也只考虑全息图的前五项衍射光. 它们的复振幅可表示为

$$\begin{aligned}
& R_0 \exp\left(\mathrm{j}2\pi\frac{\sin\theta}{\lambda}y\right) t(E_e) \\
&= c_0 R_0 \exp\left(\mathrm{j}2\pi\frac{\sin\theta}{\lambda}y\right) + R_0 c_1 \exp\mathrm{j}\left[\phi_0(x,y)\right] \\
&\quad + R_0 c_1 \exp\left[\mathrm{j}\left(4\pi\frac{\sin\theta}{\lambda}y\right)\right]\exp\{-\mathrm{j}\left[\phi_0(x,y)\right]\} \\
&\quad + R_0 c_2 \exp\left[-\mathrm{j}\left(2\pi\frac{\sin\theta}{\lambda}y\right)\right]\exp\{\mathrm{j}\left[2\phi_0(x,y)\right]\} \\
&\quad + R_0 c_2 \exp\left[\mathrm{j}\left(6\pi\frac{\sin\theta}{\lambda}y\right)\right]\exp\{-\mathrm{j}\left[2\phi_0(x,y)\right]\} \\
&= u_0' + u_{-1}' + u_1' + u_{-2}' + u_2'
\end{aligned} \tag{10-1-22}$$

这里, 零级衍射为

$$u_0' = c_0 R_0 \exp\left(\mathrm{j}2\pi\frac{\sin\theta}{\lambda}y\right) \tag{10-1-23}$$

它是照明光共轭参考光的透射光, 并沿着共轭参考光的方向传播.

$$u_1' = R_0 c_1 \exp\left[\mathrm{j}\left(2\pi\frac{2\sin\theta}{\lambda}y\right)\right]\exp\{-\mathrm{j}\left[\phi_0(x,y)\right]\} \tag{10-1-24}$$

u_1' 为正一级衍射, 是再现的原始物光, 它不再沿着原来物光的方向传播. 其空间频率为 $f_1 = 2f = \dfrac{2\sin\theta}{\lambda} = \dfrac{\sin\theta_1}{\lambda}$, 其衍射角 $\theta_1 = \arcsin(2\sin\theta)$.

$$u_{-1}' = c_1 R_0 \exp\mathrm{j}\left[\phi_0(x,y)\right] \tag{10-1-25}$$

为负一级衍射, 它是再现的共轭物光, 它沿着全息图的法线方向传播.

$$u_2' = R_0 c_2 \exp\left[\mathrm{j}\left(2\pi\frac{3\sin\theta}{\lambda}y\right)\right]\exp\{-\mathrm{j}\left[2\phi_0(x,y)\right]\} \tag{10-1-26}$$

为正二级衍射, 它的空间频率为 $f_2 = 3f = \dfrac{3\sin\theta}{\lambda} = \dfrac{\sin\theta_2}{\lambda}$, 其衍射角 θ_2 为 $\theta_2 = \arcsin(3\sin\theta)$.

$$u_{-2}' = R_0 c_2 \exp\left[-\mathrm{j}\left(2\pi\frac{\sin\theta}{\lambda}y\right)\right]\exp\{\mathrm{j}\left[2\phi_0(x,y)\right]\} \tag{10-1-27}$$

为负二级衍射, 它的空间频率为 $f_{-2} = -f = -\dfrac{\sin\theta}{\lambda}$, 它沿着原来参考光的方向传播.

将图 10-1-4 与图 10-1-5 中沿全息图法线方向传播的一级衍射光波相比较, 即 (10-1-14) 与 (10-1-25) 相比较, 我们可看到, 它们都沿着同一方向传播, 而它们的相位分布恰好反相. 如果用参考光和其共轭光同时照明, 则这两项衍射光波形成的光场强度分布为

$$I = 2\left[c_1 R_0\right]^2 \left\{1 + \cos 2\left[\phi_0\left(x,y\right)\right]\right\} \tag{10-1-28}$$

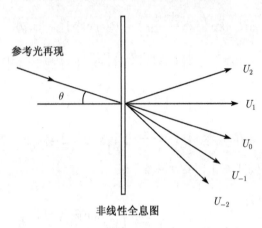

图 10-1-4　非线性全息图以原参考光照明再现

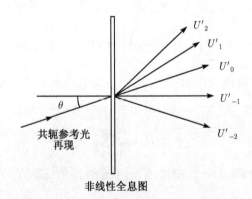

图 10-1-5　非线性全息图的共轭照明再现

这样, 相位灵敏度也增加了 2 倍. 这里, 我们只用了全息图的线性部分. 若将高次衍射相叠加, 可以得到更高的相位放大[1].

譬如, 若采用的照明光波为

$$u'_R = R_0 \exp\left(\mathrm{j}4\pi\dfrac{\sin\theta}{\lambda}y\right) \text{ 和 } u'^*_R = R_0 \exp\left(-\mathrm{j}4\pi\dfrac{\sin\theta}{\lambda}y\right)$$

10.1 提高相位测量灵敏度的一些方法

则沿全息图法线方向传播的将不再是一级衍射光波, 而是二级衍射光波. 它们是

$$u_2'' = R_0 c_2 \exp\{-j[2\phi_0(x,y)]\} \quad \text{和} \quad u_{-2}'' = R_0 c_2 \exp\{j[2\phi_0(x,y)]\}$$

这两项衍射光波形成的光场强度分布为

$$I = 2(c_2 R_0)^2 \{1 + \cos 4[\phi_0(x,y)]\} \tag{10-1-29}$$

此光强分布的干涉条纹图具有 4 倍的放大倍数. 显然, 采用更高次的衍射项将产生更高的放大倍数. 可以使这种方法得到进一步的推广, 从而得到 4, 6, 8, ⋯ 倍的相位放大. K.Matsumoto 和 M.Takashima 用此种技术得到了 14 倍的相位放大[2].

应注意的是, 上面所介绍的相位放大方法对于相位误差却不能补偿. 由于光学元件的质量引起的任何相位误差也以同样的倍数放大, 故对光学元件的质量要求很高. 而照相乳剂的收缩是另一个误差来源. S.Toyooka 研究了一种消除相位误差的方法[3]. 第一张全息图用离轴全息方法记录相位物体的最初状态的平面波, 全息图经显影后复位, 然后使相位物体变化到所需要的状态, 使通过它的光经过第一张全息图的衍射后, 记录在第二张全息图上, 将第二张全息图作非线性处理, 让一对高次衍射光叠加得到相位放大. 应用参考文献 [3] 中所详细叙述的系统, 能使除第一张全息图显影时乳剂收缩所产生的误差之外的所有误差都消除掉. 虽然这种干涉仪能有效地消除误差, 但需要特别仔细的实验步骤和精确地对准.

非线性全息术的另外一种应用是多光束全息干涉计量 (holographic multiple-beam interferometry). 我们知道, 多光束干涉计量可以产生轮廓清晰的非正弦条纹, 其位置可以通过肉眼观察来精确确定. 然而采用非全息的多光束干涉计量时, 需要通过物体表面进行多次反射, 因此, 这些表面通常必须具有很高的反射率. 而多光束全息干涉计量却可以用来研究表面反射率很低的相位物体.

现在, 让我们再次考虑一张复振幅透射率如 (10-1-11) 式所表示的非线性全息图. 将 (10-1-11) 式改写为

$$t(E_e) = c_0 + c_1 \exp[j(2\pi f y)] \exp[-j\phi_0(x,y)] + c_{-1} \exp[-j(2\pi f y)] \exp[j\phi_0(x,y)] + \cdots$$
$$= \sum_{n=-\infty}^{\infty} c_n \exp[jn(2\pi f y)] \exp[-jn\phi_0(x,y)] \tag{10-1-30}$$

这是一张用平面参考光记录的相位物体的非线性全息图. 物光和参考光在全息图上的复振幅分布由 (10-1-7) 式表示. 这张全息图再现时的各项衍射光的相位分布为 $\phi_0(x,y)$ 的整数倍. 将若干项这种衍射光相叠加即可形成多光束干涉图. 为了实现这种叠加, 各项衍射光必须沿着同一方向传播. 图 10-1-6(a) 所示的光路布局就可以实现这种同方向多光束的叠加. 将条纹频率等于全息图衍射光频率的光栅,

例如，将 Ronchi 直线线纹光栅或全息相位光栅置于照明平面光束中，在全息图平面上得到的多光束照明光波为下面的求和符号虽是无限，但衍射项却是有限的，凡衍射角大于 π/2 者都不会出现，有

$$u_R(x,y) = \sum_{m=-\infty}^{\infty} a_m \exp(-\mathrm{j}m2\pi fy) \tag{10-1-31}$$

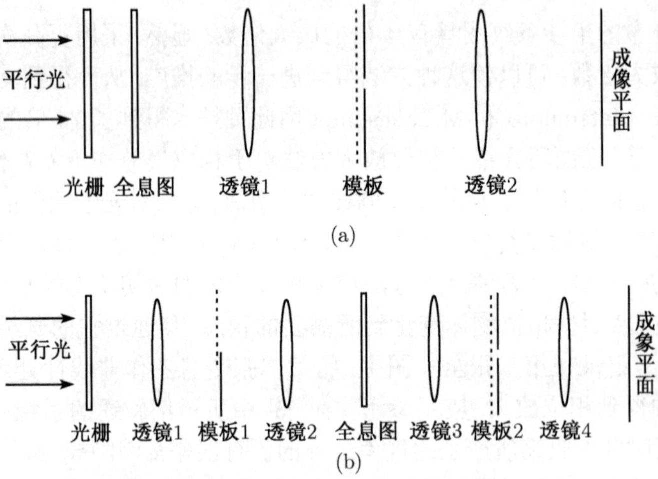

图 10-1-6　非线性全息图与光栅的组合

用这样的照明光波再现非线性全息图，所形成的衍射光复振幅分布为

$$u(x,y) = \left[\sum_{m=-\infty}^{\infty} a_m \exp(-\mathrm{j}m2\pi fy)\right]\left\{\sum_{n=-\infty}^{\infty} c_n \exp[\mathrm{j}n(2\pi fy)]\exp[-\mathrm{j}n\phi_0(x,y)]\right\}$$
$$\tag{10-1-32}$$

(10-1-32) 式表示沿不同方向传播的所有各级衍射光. 这时，在系统的傅里叶变换平面上置一小孔光阑，就可选择沿某特定方向传播的衍射光，譬如小孔位于光轴上，如图 10-1-6 所示. 只有沿光轴方向，也就是原物光方向传播的衍射光可通过，也就是上式中 $m=n$ 的所有诸项可通过. 设所有通过的衍射光的复振幅分布为 $u_0(x,y)$，则有

$$u_0(x,y) = \left[\sum_{n=-\infty}^{\infty} a_n c_n \exp[-\mathrm{j}n\phi_0(x,y)]\right] = a_0 c_0 + 2\sum_{n=1}^{\infty} a_n c_n \cos[n\phi_0(x,y)]$$
$$\tag{10-1-33}$$

(10-1-33) 式中，使用了关系式 $a_n = a_{-n}$，$c_n = c_{-n}$. 对应于干涉图的光强分布为

$$I_0(x,y) = \left|a_0 c_0 + 2\sum_{n=1}^{\infty} a_n c_n \cos[n\phi_0(x,y)]\right|^2 \tag{10-1-34}$$

若该孔径用于选择一级衍射光，即沿记录全息图的参考光的方向传播的衍射项，则得到的一级衍射光的复振幅分布 $u_1(x,y)$ 为 (10-1-32) 式中 $m=n+1$ 的所有诸项：

$$u_1(x,y) = \exp(-j2\pi fy) \times \left\{\sum_{n=-\infty}^{\infty} a_{n+1}c_n \exp[-jn\phi_0(x,y)]\right\}$$

$$= \left\{a_1c_0 + 2\sum_1^{\infty} a_{n+1}c_n \cos n\phi_0(x,y)\right\} \exp(-j2\pi fy) \quad (10\text{-}1\text{-}35)$$

这样得到的干涉图的强度分布为

$$I_1(x,y) = \left|a_1c_0 + 2\sum_{n=1}^{\infty} a_{n+1}c_n \cos n\phi_0(x,y)\right|^2 \quad (10\text{-}1\text{-}36)$$

如不将光栅放在全息图的前面，而是放在全息图的后面，也可以得到类似的结果。由 (10-1-34) 和 (10-1-36) 式所描述的条纹轮廓是与系数 a_n 和 c_n 的有关值以及光学系统实际上收集的衍射级序数有关的。O. Bryngdahl 介绍了一种系统[4]，在这种系统中，由 (10-1-30) 式所描述的全息图采用了与全息图具有同样载波频率的光栅成像在全息图上的方式照明。用于将光栅成像的望远系统的变换平面上放置一个模板，它遮挡所有的负级次衍射，如图 10-1-6(b) 所示。全息图再现的衍射光复振幅具有类似于 (10-1-33) 式描述的分布，但不同的是它将取 $n=0$ 到 $n=\infty$ 的和。于是最后出射的沿 z 轴方向传播的光波复振幅为

$$u_0(x,y) = \left[\sum_{n=0}^{\infty} a_n c_n \exp[-jn\phi_0(x,y)]\right] \quad (10\text{-}1\text{-}37)$$

对应于干涉图的光强分布为

$$I_0(x,y) = \left|\sum_{n=0}^{\infty} a_n c_n \exp[-jn\phi_0(x,y)]\right|^2 \quad (10\text{-}1\text{-}38)$$

(10-1-38) 式中对于 n 取值不同的系数 c_n 的大小可以人为地予以控制。方法是在模板 1 的平面上与每个衍射级相对应的透光孔上置放一个可调整的中性强度滤光片，如图 10-1-6(b) 所示意。让高衍射级的光强逐级下降，譬如，使 (10-1-36) 和 (10-1-38) 式中的系数成几何级数衰减，也就是使得通过系统输出的衍射光波复振幅具有如下的形式：

$$u_0(x,y) = \left[\sum_{n=1}^{\infty} A^n \exp[-jn\phi_0(x,y)]\right] = \lim_{n\to\infty}\left\{\frac{1-A^{n+1}\exp[-j(n+1)\phi_0(x,y)]}{1-A\exp[-j\phi_0(x,y)]}\right\} - 1$$

$$(10\text{-}1\text{-}39)$$

式中, A 为常数且小于 1, 对于足够大的 n 值有 $A^{n+1} \approx 0$. 所以, 可将 (10-1-39) 式改写为

$$u_0(x,y) = \frac{1}{1 - A\exp[-\mathrm{j}\phi_0(x,y)]} - 1 = \frac{A\exp[-\mathrm{j}\phi_0(x,y)]}{1 - A\exp[-\mathrm{j}\phi_0(x,y)]} \qquad (10\text{-}1\text{-}40\text{a})$$

对应于干涉图的光强分布为

$$I(x,y) = \frac{A^2}{1 + A^2 - 2A\cos\phi_0} \qquad (10\text{-}1\text{-}40\text{b})$$

(10-1-40b) 式称为**艾里分布**(Airy distribution), 在经典的干涉计量中, 可用它描述多次反射条纹.

图 10-1-7 是用全息多光束干涉计量术产生的条纹轮廓的示意. 图 10-1-7(a) 表示了不同的 A 值的艾里分布, 它是由式 (10-1-40 b) 所描述的条纹轮廓. 事实上, 只有有限数量的衍射分量对于干涉图样有贡献. 这一点, 图 10-1-7(b) 作了说明. 该图表明条纹轮廓只与 (10-1-39) 式中求和括号内很少几个分量的和相对应. 为了指出不同级次有关光强的影响, 图 10-1-7(c) 中绘出了当系数 $a_n c_n$ 的值相同时类似的条纹轮廓.

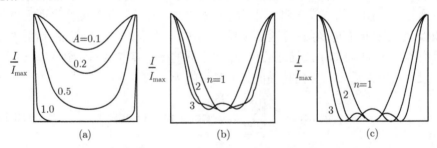

图 10-1-7 多光束全息术产生的条纹轮廓

以上关于全息干涉计量术的分析中, 忽略了光栅和全息图各项衍射的有关相位延迟. 若光栅和全息图不是纯振幅结构, 就会产生这种延迟. 这些延迟产生了偏离预定条纹轮廓的偏差. K. Matsumoto 详细分析了图 10-1-6(a) 所示系统的输出衍射光[5], 并考虑了这些延迟. 他还应用了菲涅耳衍射理论计算了不同级次的衍射光从光栅到全息图传播了一段距离 d 而产生的相位延迟. 改变距离 d 可以调整条纹轮廓, 以达到最佳的条纹锐度效果.

10.1.2 双参考光全息干涉计量技术

双参考光法也称**三光束全息干涉计量技术** (three-beam holographic interferometry). 首先, 我们介绍由 M. De 和 L. Sevigny 提出的单次曝光的双参考光法[6]. 为简化分析, 假定三束平面波具有相等的光强度. 其中, 中间的一束平面波通过了一

相位物体, 并作为物光波垂直照射在全息图平面上. 其他两束平面波分别以入射角 θ 和 $-\theta$ 对称于物光波照射在全息图平面上, 取坐标如图 10-1-8(a) 所示. 它们的复振幅可分别表示如下:

物光波,
$$U_0(x,y) = O_0 \exp[-j\phi(x,y)] \tag{10-1-41a}$$

参考光波 1,
$$U_{R1}(x,y) = R_0 \exp(j2\pi fy) \tag{10-1-41b}$$

参考光波 2 为参考光波 1 的共轭, 即
$$U_{R2}(x,y) = R_0 \exp(-j2\pi fy) \tag{10-1-41c}$$

式中, $f = (\sin\theta)/\lambda$, 为使分析简便计, 设 $O_0 = R_0$. 此外, 为简化表达方式, 下面我们将相位分布函数 $\phi(x,y)$ 以 ϕ 表示. 于是, 这三个光束在全息图上的光强分布为

$$I(x,y) = I_0 |\exp(j2\pi fy) + \exp(-j2\pi fy) + \exp(-j\phi)|^2$$

式中, $I_0 = R_0^2 = O_0^2$. 将上式右方展开后得

$$I = I_0\{3 + \exp(-j4\pi fy) + \exp(j4\pi fy) + \exp(j2\pi fy)[\exp(j\phi) + \exp(-j\phi)]$$
$$+ \exp(-j2\pi fy)[\exp(j\phi) + \exp(-j\phi)]\} \tag{10-1-42}$$

在理想情况下 (调制传递函数 $M(f) = 1$, $V = 1$), 将底版同时由这三个光束曝光得到的振幅全息图具有下面形式的透射率:

$$t(x,y) = t_0 + \beta E_e(x,y)$$
$$= t_0' + \alpha\{\exp(-j4\pi fy) + \exp(j4\pi fy) + \exp(j2\pi fy)$$
$$\times [\exp(j\phi) + \exp(-j\phi)] + \exp(-j2\pi fy)[\exp(j\phi) + \exp(-j\phi)]\} \tag{10-1-43}$$

式中, τ 为曝光时间,

$$t_0' = t_0 + 3\beta E_0, \quad \alpha = \beta E_0 = \beta I_0 \tau \tag{10-1-44}$$

如果以图 10-1-8b 所示的沿原物光波方向传播的振幅为 A 的平面波照明再现这张全息图, 这时, 两项一级衍射光波所具有的光强都将为

$$I_1 = I_{10}|\exp[j\phi(x,y)] + \exp[-j\phi(x,y)]|^2 = 2I_{10}|1 + \cos[2\phi(x,y)]| \tag{10-1-45}$$

(10-1-45) 式中, $I_{10} = (A\alpha)^2$, 相位项表示了这张全息干涉图的两项一级衍射光波都具有相位放大 2 倍的性能. 至于这两项一级衍射光波孰为正一级、孰为负一级无关紧要. 因为它们都含有一项原始物光波和一项共轭物光波, 只是方向不同, 一束沿参考光 U_{R1} 的方向传播, 一束沿参考光 U_{R2} 的方向传播, 对原物光是完全对称的, 如图 10-1-8(b) 所示. 它们产生的干涉图纹是完全一样的, 图纹分布都可用 (10-1-45) 式表征, 用它们中任何一束衍射光都可以进行干涉计量.

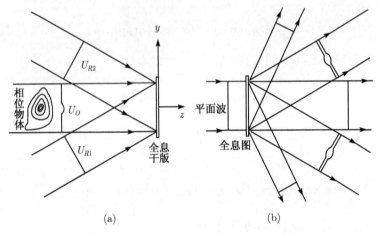

图 10-1-8 双参考光全息干涉计量示意图

若在上面的单次曝光双参考光全息图方法中, 将参考光的方向改变如图 10-1-9(a) 所示的情况下记录全息图. 即两束参考光均在物光同侧. 第二束参考光的空间频率为第一束参考光的空间频率的 2 倍, 在此情况下, 它们的复振幅分布分别为

物光波
$$U_O(x, y) = O_0 \exp[-j\phi(x, y)] \qquad (10\text{-}1\text{-}46a)$$

参考光波 1
$$U_{R1}(x, y) = R_0 \exp(j2\pi f y) \qquad (10\text{-}1\text{-}46b)$$

参考光波 2
$$U_{R2}(x, y) = R_0 \exp(j4\pi f y) \qquad (10\text{-}1\text{-}46c)$$

式中, $f = (\sin\theta)/\lambda$, $O_0 = R_0$. 参考光波 1 与 z 轴的夹角为 θ, 参考光波 2 与 z 轴的夹角为 $\theta_2 = \arcsin(2\sin\theta)$.

在和前面同样的假设条件下, 这三个光束在全息图上的光强分布为

$$I(x, y) = I_0 \left| \exp(j2\pi f y) + \exp(j4\pi f y) + \exp[-j\phi(x, y)] \right|^2$$

式中, $I_0 = R_0^2 = O_0^2$. 为简化表达方式,下面我们仍将相位分布函数 $\phi(x,y)$ 以 ϕ 表示. 于是上式可写为

$$I(x,y) = I_0[\exp(j4\pi fy)\exp(j\phi) + \exp(j2\pi fy) + \exp(j2\pi fy)\exp(j\phi) + 3$$
$$+ \exp(-j\phi)\exp(-j2\pi fy) + \exp(-j2\pi fy)$$
$$+ \exp(-j\phi)\exp(-j4\pi fy)] \tag{10-1-47}$$

将底版同时由这三个光束曝光得到的振幅全息图具有下面形式的透射率:

$$t(x,y) = t_0 + \beta I(x,y)\tau$$
$$= t_0' + \alpha\{\exp(j4\pi fy)\exp(j\phi) + \exp(j2\pi fy)[1+\exp(j\phi)]$$
$$+ \exp(-j2\pi fy)[1+\exp(-j\phi)]$$
$$+ \exp(-j4\pi fy)\exp(-j\phi)\} \tag{10-1-48}$$

式中, τ 为曝光时间,

$$t_0' = t_0 + 3\beta E_0, \quad \alpha = \beta E_0 = \beta I_0\tau \tag{10-1-49}$$

如果以振幅为 A 的平面波垂直于全息图照明再现时,其衍射光波如图 10-1-9(b)所示意. 这时, 正一级衍射光包含有原始光波和一个平面波的叠加. 它们的空间频率为

$$f_{+1} = -f = \frac{-\sin\theta}{\lambda}$$

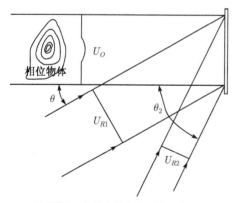
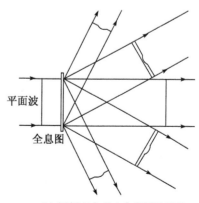

(a) 同侧双参考光的全息干涉示意图　　(b) 同侧双参考光全息图的再现

图 10-1-9

其传播方向与 z 轴的夹角为 $-\theta$, 所具有的光强为

$$I_{+1} = I_{10} \left|\exp\left[-\mathrm{j}\phi(x,y)\right] + 1\right|^2$$
$$= 2I_{10} \left|1 + \cos\left[\phi(x,y)\right]\right| \tag{10-1-50}$$

负一级衍射光包含有原始物光之共轭光波和一个平面波的叠加. 它们的空间频率为 $f_{-1} = f = \dfrac{\sin\theta}{\lambda}$, 传播方向与 z 轴的夹角为 θ, 所具有的光强与正一级衍射光相同, 如下式所示:

$$I_{-1} = I_{10} \left|\exp\left[\mathrm{j}\phi(x,y)\right] + 1\right|^2$$
$$= 2I_{10} \left|1 + \cos\left[\phi(x,y)\right]\right| \tag{10-1-51}$$

(10-1-50) 和 (10-1-51) 两式表示了一张普通的线性全息干涉图, 然而, 干涉图却是用单次曝光而得到的, 在某些应用中这样做是有益的.

10.1.3 多波长全息干涉计量方法

单次曝光多波长全息术可以获得提高灵敏度的干涉图, 也可以获得降低灵敏度的干涉图. 这项技术非常类似于多波长轮廓法 (见后面第 10.3 节), 它已经由 F. Weiglh[16,17] 和 A. L. Afansseva[18] 等讨论并从实验上得到证明. 现讨论用离轴全息光路记录的一张单次曝光全息图, 如图 10-1-10 所示. 物光波和参考光波都包含了两个波长 λ_1 和 λ_2 的光, 这两个波长既可以从一个激光器的两条谱线得到, 也可以从两个不同的激光器得到. 这时, 在和前一节类似的简化条件下, 全息图的复振幅透射率的形式为

$$t(x,y) = t_0 + \beta I(x,y)\tau$$
$$= t_0 + \alpha\{\left|\exp\left[-\mathrm{j}\phi_1(x,y)\right] + \exp(\mathrm{j}2\pi f_1 y)\right|^2 + \left|\exp\left[-\mathrm{j}\phi_2(x,y)\right] + \exp(\mathrm{j}2\pi f_2 y)\right|^2\}$$

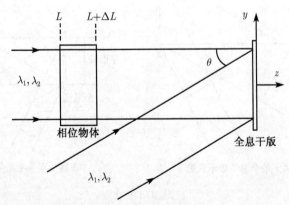

图 10-1-10　多波长单次曝光全息干涉仪示意图

$$= t_0' + \alpha\{\exp(\mathrm{j}2\pi f_1 y)\exp[\mathrm{j}\phi_1(x,y)] + \exp(-\mathrm{j}2\pi f_1 y)\exp[-\mathrm{j}\phi_1(x,y)]$$
$$+ \exp(\mathrm{j}2\pi f_2 y)\exp[\mathrm{j}\phi_2(x,y)] + \exp(-\mathrm{j}2\pi f_2 y)\exp[-\mathrm{j}\phi_2(x,y)]\} \quad (10\text{-}1\text{-}52)$$

式中, $t_0' = t_0 + 4\beta I_0 \tau$, $\alpha = \beta I_0 \tau$, $f_1 = \dfrac{\sin\theta}{\lambda_1}$, $f_2 = \dfrac{\sin\theta}{\lambda_2}$ 为两个波长的参考光波分别具有的空间频率, $\phi_1(x,y)$ 和 $\phi_2(x,y)$ 为两个波长的物光波分别具有相位分布:

$$\phi_1(x,y) = \frac{2\pi}{\lambda_1}\int_L^{L+\Delta L} n(x,y,z)\mathrm{d}z \quad (10\text{-}1\text{-}53\mathrm{a})$$

$$\phi_2(x,y) = \frac{2\pi}{\lambda_2}\int_L^{L+\Delta L} n(x,y,z)\mathrm{d}z \quad (10\text{-}1\text{-}53\mathrm{b})$$

假定透明介质是非色散的, 即折射率 $n(x,y,z)$ 与波长无关. 再现时, 全息图同时用波长为 λ_3 的两个光波照明, 如图 10-1-11 所示. 若照明光波分别为 $A\exp(\mathrm{j}2\pi f_a y)$ 和 $A\exp(\mathrm{j}2\pi f_b y)$.

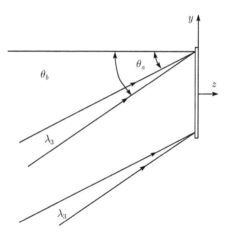

图 10-1-11 多波长全息图的再现

对于给定的波长 λ_3, 选择合适的入射角 θ_a 和 θ_b 使得它们满足下面的条件:

$$\frac{\sin\theta}{\lambda_1} = \frac{\sin\theta_a}{\lambda_3} \quad \text{和} \quad \frac{\sin\theta}{\lambda_2} = \frac{\sin\theta_b}{\lambda_3}$$

即

$$\sin\theta_a = \frac{\lambda_3}{\lambda_1}\sin\theta \quad \text{和} \quad \sin\theta_b = \frac{\lambda_3}{\lambda_2}\sin\theta \quad (10\text{-}1\text{-}54)$$

于是, 我们有

$$f_1 = f_a \quad \text{和} \quad f_2 = f_b$$

这时沿 z 轴方向传播的衍射物光波光强分布为

$$I = I_0'\left|\exp[-\mathrm{j}\phi_1(x,y)] + \exp[-\mathrm{j}\phi_2(x,y)]\right|^2$$

$$= I_0' \{2 + \exp j\left[\phi_2(x,y) - \phi_1(x,y)\right] + \exp j\left[-\phi_2(x,y) + \phi_1(x,y)\right]\}$$

$$= 2I_0' \{1 + \cos\left[\phi_2(x,y) - \phi_1(x,y)\right]\} \tag{10-1-55}$$

将 (10-1-53) 式代入 (10-1-55) 式, 因 $\dfrac{1}{\lambda_2} - \dfrac{1}{\lambda_1} = \dfrac{\lambda_1 - \lambda_2}{\lambda_1 \lambda_2}$, 如果 λ_1 和 λ_2 只有很小的差别, 此干涉图所具有的灵敏度将大约为通常干涉图灵敏度的 $\dfrac{\lambda_1 - \lambda_2}{\lambda}$ 倍. 故采用这种技术可以显著地降低灵敏度.

如果选择合适的入射角 θ_a 和 θ_b 使得它们满足: $f_a = f_1$ 和 $f_b = -f_2$, 则类似的分析可知, 沿 z 轴方向传播的衍射物光波光强分布为

$$I = 2I_0 \{1 + \cos\left[\phi_2(x,y) + \phi_1(x,y)\right]\} \tag{10-1-56}$$

此干涉图具有的灵敏度约为通常干涉图灵敏度的 $\dfrac{\lambda_1 + \lambda_2}{\lambda}$ 倍. 于是灵敏度也可以适当地增加.

K. S. Mustafin 和 V. A. Seleznev 证实, 采用非线性多波长全息术研究色散介质在离子诊断技术中是非常重要的[19].

10.1.4 多通道全息干涉计量方法

应用多通道全息干涉计量术也可以提高相位测量的灵敏度. 由 F. Weigl 等提出的一个简单系统如图 10-1-12 所示. 相位物体放置在两个间距为 L 的平行分光镜片组成的谐振腔中. 通过谐振腔的物光照射在全息图上的光束包含有通过谐振腔 1, 3, 5, ⋯ 次的光波. 若 $2L > L_c$, 式中 L_c 为激光器的相干长度, 这些光波相干性很低, 它们之间的干涉对干涉条纹的贡献可以忽略不计. 调节参考光光程的长度, 使每次曝光只有一个物光波与之相干. 对于一个双曝光全息图, 用这种系统按通常的方式记录, 当调节参考光光程的长度, 使参考光光程的长度与通过三次相位物体的物光光程相等, 将会得到 3 倍的相位放大. 若调节参考光光程的长度, 使参考光光程与通过五次相位物体的物光光程相等, 将获得 5 倍的相位放大, ⋯⋯. 然而, 随着放大倍数的增加, 携带物光信息的那部分光波的强度将降低, 这就限制了可能

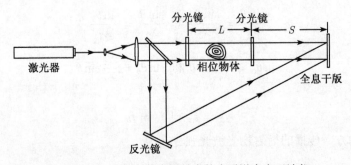

图 10-1-12 应用于提高灵敏度的多通道全息干涉仪

达到的放大倍数. 还应注意的是这种方法要求高精度的光学元件. 还应注意激光光源以激光器腔长的偶数倍为周期的准周期性, 以避免其他所不期望的光波之间的干涉[1].

10.2 外差全息干涉计量术

外差全息干涉计量术 (heterodyne holographic interferometry, HHI) 是由 Dàndliker, Inleicher 和 Hottier[20] 提出的. 这种技术能使相位 ϕ 之测量值达到相当高的准确度. 下面介绍其基本原理.

10.2.1 外差全息干涉计量术的基本原理

设两个不同频率 f_1 和 f_2 的光波分别具有振幅 u_1 和 u_2, 相位 ϕ_1 和 ϕ_2. 当它们在空间相遇振幅相叠加时, 叠加后的光场强度分布为

$$I(t) = u_1^2 + u_2^2 + 2u_1 u_2 \cos\left[2\pi(f_1 - f_2)t + (\phi_1 - \phi_2)\right] \tag{10-2-1}$$

若 $u_1 = u_2$,

$$I(t) = 2u_1^2 \left\{1 + \cos\left[2\pi(f_1 - f_2)t + (\phi_1 - \phi_2)\right]\right\} = 2u_1^2 \left\{1 + \cos\left[2\pi Ft + \Phi\right]\right\} \tag{10-2-2}$$

式中,

$$F = f_1 - f_2 = \Delta f, \quad \Phi = \phi_1 - \phi_2 \tag{10-2-3}$$

若采用一个能够分辨频率 F 的检测器检测光信号, 输出信号的平均值将正比于 $2u_1^2$, 并按正弦形式以频率 F、调制振幅 $2u_1^2$ 而振荡., 若频率差 Δf 调节到足够低, 致使光电传感器足以分辨, 如小于 100MHz. 干涉相位 Φ 就可以被精确测定. 于是, 视场中各点的位移 d 就可以测定了. 这样的测量其精确度可以达到 10^{-2}rad 或 3×10^{-3} 每周期, 因此可以分辨 d 的微小变化. 此外, 测量还不依赖于 u_1, u_1, 因为它们只影响及信号的振幅.

10.2.2 外差全息干涉计量术实验

HHI 可采用在实时全息方法中, 也可采用在二次曝光全息方法中. 在实时全息中可使用变化的物光和不同频率的参考光. 而在二次曝光全息中, 两次曝光可都采用单一的频率, 但需使用两束分离的参考光. 在再现时两束参考光使用不同的频率. 两种方法都要求使用两个检测器. 对于第一种方法, 一个检测器对图纹的实像进行扫描、而另一个检测器处于静态以提供固定的参照频率. 于是, 干涉图纹场相位 Φ 的变化就可以获得. 另外一种方法是, 固定两个、或三个、或四个检测器的间

距,同时移动它们对图纹的实像进行扫描,于是,可以测量出 Φ 的梯度的变化,即两个已知恒定间距之间的相位 Φ 的变化 $\Delta\Phi(x)$ 和 $\Delta\Phi(y)$. 在实验中,通常是利用分束镜将连续激光器的光束分成两束,其中一束通过声光调制器 (acousto-optic modulator) 以获得不同的频率. 如图 10-2-1 所示. 一般情况下,光电检测器并不移动,而是移动连接在检测器上的光纤头. 用光纤头扫描,将信号通过光纤传给光电二极管测器. 然后经过放大器、窄带滤波器,再输入到相位计 (phasemeter) 中.

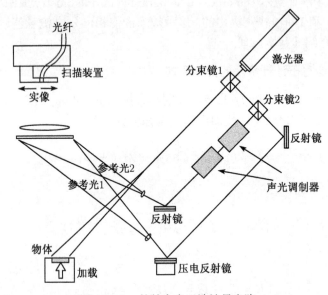

图 10-2-1　外差全息干涉计量光路

两个振荡信号的相互相移 (mutual phase shift) 可通过同时测量信号延迟 Δt 和振荡周期 T 来确定.

$$\Delta\Phi = 2\pi\Delta t/T \tag{10-2-4}$$

信号延迟 Δt 是两个信号在电压升高时达到触发器电平 (trigger level) 瞬间之间的时间间隔,如图 10-2-2 所示.

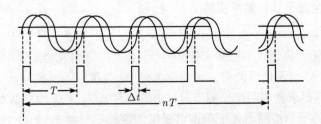

图 10-2-2　时间延迟和振荡周期的测量

10.3 全息等值线

为提高测量的精确度和分辨率, 在图 10-2-2 中可以对 n 个周期求平均. 一般的相位计都允许对测量时间 t_m 加以控制, 于是, n 之值与拍频和测量时间 t_m 的关系为

$$n = t_m F \tag{10-2-5}$$

只要满足取样定理, 由时间外差法确定的干涉相位分布可以同时确定符号的正负. 这是因为相位计在区间 $[-\pi, \pi]$ 具有区别相移正负的能力. 取样定理要求扫描的梯阶和检测器的间距要小于半个条纹周期. 反之, 能被测量的干涉图纹的条纹密度受限制于扫描的梯阶和检测器的间距. 对此方法有兴趣的读者可参看文献 [21].

10.3 全息等值线

全息干涉图样得自物体两个状态的光波波前. 在全息形变或位移测量中, 这两个状态的相位变化是由位移矢量场和灵敏度矢量的标量积所给出. 而位移矢量描述了表面各点位置在两个状态间的变化, 由激光波长、照明方向和观察方向决定的灵敏度矢量, 以及测量的光路布局则是保持不变的.

而全息等值线 (holographic contouring, 全息轮廓线或等高线) 方法, 其思路则恰好相反. 在全息等值线方法中, 物体没有位移, 条纹的产生是由其他因素引起的. 譬如波长 λ 发生变化、介质的折射率发生变化、照明方向发生变化都能产生干涉条纹. 而这些条纹反映出来的信息是调制三维物体像的全息等值线. 也就是说, 三维物体的像被一组条纹所调制, 这组条纹相对于一个标准面具有恒定之值.

10.3.1 用波长差产生等值线

在第 7 章中 (7-2-24) 式表明, 灵敏度矢量的长度依赖于波长 λ. 波长 λ 发生变化, 将引起灵敏度矢量的变化, 从而引起光程的变化. 波长的变化可以按预期的不连续的阶梯变化, 例如, 使用氩离子激光器或连续的染料激光器的不同波长, 也可以使用带有可变标准具的脉冲激光器, 利用改变标准具的腔片的距离来改变波长.

图 10-3-1 表示了一种使用双波长的全息等值线方法的光路布局. 它采用平面

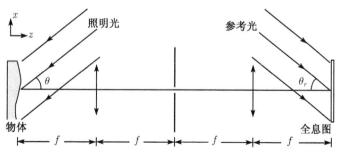

图 10-3-1 用波长差产生等值线的光路

波作参考光和照明光,使用实时全息方法,并将全息图拍摄成像平面全息图,再现时用一个远心的观察系统观看. 设记录全息图时使用的波长为 λ, 照明时使用的波长为 λ'. 于是,物体上的 P 点在再现时将移动到 P' 点. 这时,我们也可以将它视为, 波长没有改变, 而是物体上的 P 点发生了相应的位移.

再现时,使再现光波长满足:
$$\frac{\sin\theta}{\lambda} = \frac{\sin\theta'}{\lambda'} \tag{10-3-1}$$

若记录时使用的光源波长为 λ, 再现时使用的光源波长为 λ', 根据第 5 章的 (5-2-17), (5-2-18), (5-2-19), (5-2-20) 式, 第 3 项衍射光 u_3 对应的原始像坐标值分别为

$$\frac{1}{z_p} = \frac{1}{z_B} + \mu\left(\frac{1}{z_0} - \frac{1}{z_r}\right), \quad \frac{x_p}{z_p} = \frac{x_B}{z_B} + \mu\left(\frac{x_0}{z_0} - \frac{x_r}{z_r}\right), \quad \frac{y_p}{z_p} = \frac{y_B}{z_B} + \mu\left(\frac{y_0}{z_0} - \frac{y_r}{z_r}\right)$$

式中,
$$\mu \equiv \lambda'/\lambda = k/k'$$

当参考光和再现时的照明光都使用平行光时, 即 $z_B \to \infty$, $z_r \to \infty$ 时, 我们有
$$\frac{1}{z_p} = \mu\left(\frac{1}{z_0}\right) \quad \text{或} \quad z_p = \frac{z_0}{\mu} = \frac{\lambda}{\lambda'}z_0 \tag{10-3-2a}$$

$$x_p = z_p\left(\mu\frac{x_0}{z_0}\right) = x_0, \quad y_p = z_p\left(\mu\frac{y_0}{z_0}\right) = y_0 \tag{10-3-2b}$$

这相当于物体在 z 方向伸长或压缩, 而横向尺寸没有变化.

于是, 在这种情况下, 相当于物体发生一个等价的、假想的位移 $\boldsymbol{d}$[21]:

$$\boldsymbol{d} = \begin{bmatrix} 0 \\ 0 \\ (z_p/\mu) - z_p \end{bmatrix} \tag{10-3-3}$$

式中,
$$\mu = \lambda'/\lambda.$$

若使光路布局满足: 观察矢量 $\hat{\boldsymbol{e}}_2 = (0, 0, 1)^{\mathrm{T}}$, 照明矢量 $\hat{\boldsymbol{e}}_1 = (-\sin\theta, 0, -\cos\theta)^{\mathrm{T}}$ (见图 10-3-1). 于是, 灵敏度矢量为

$$\boldsymbol{K} = \frac{2\pi}{\lambda}(\boldsymbol{e}_2 - \boldsymbol{e}_1) = \frac{2\pi}{\lambda}(\sin\theta, 0, 1+\cos\theta)^{\mathrm{T}} \tag{10-3-4}$$

$$\Phi = \boldsymbol{K} \cdot \boldsymbol{d} = \frac{2\pi}{\lambda}\boldsymbol{e}\cdot\boldsymbol{d} = \frac{2\pi}{\lambda}[\sin\theta \quad 0(1+\cos\theta)]\begin{bmatrix} 0 \\ 0 \\ (z_p/\mu) - z_p \end{bmatrix}$$

10.3 全息等值线

$$= \frac{2\pi}{\lambda}\left[(1+\cos\theta)\left(\frac{1-\mu}{\mu}\right)z_p\right]$$
$$= 2\pi(1+\cos\theta)\left(\frac{\lambda-\lambda'}{\lambda\lambda'}\right)z_p \tag{10-3-5}$$

条纹条件:
$$\Phi = 2\pi(1+\cos\theta)\left(\frac{\lambda-\lambda'}{\lambda\lambda'}\right)z_p = 2N\pi, \tag{10-3-6}$$
$$N = \pm 1, \pm 2, \pm 3, \cdots$$

条纹对应于两个波前在 z 方向的**等相位值线**或**等值线**或**等高线**. 它们以平行于全息图平面即 (x,y) 平面的平面与物体表面相截.

等高线条纹的宽度 Δz_P 为
$$\Delta z_P = \frac{\lambda\lambda'}{(1+\cos\theta)(\lambda-\lambda')} \tag{10-3-7}$$

Δz_P 又称为等值线条纹灵敏度.

10.3.2 用折射率的变化产生等值线

此方法又称为**沉浸法**[21] (immersion method). 在这个方法中, 改变的仍然是激光波长. 但不改变激光的频率, 而是通过改变介质的折射率来改变激光的传播速度, 从而改变波长.

若 c_0 为真空中的光速, c 是折射率为 n 的介质中的光速, λ 为其相应的波长; c' 是折射率为 n' 的介质中的光速, λ' 为其相应的波长. ν 为光波的频率. 则它们有以下的关系:

$$\nu = \frac{c_0}{\lambda_0} = \frac{c}{\lambda} = \frac{c'}{\lambda'} \tag{10-3-8a}$$

$$\lambda = \frac{\lambda_0}{n}, \quad \lambda' = \frac{\lambda_0}{n'} \text{ 或 } K = \frac{2\pi}{\lambda} = \frac{2\pi}{\lambda_0}n, \quad K' = \frac{2\pi}{\lambda'} = \frac{2\pi}{\lambda_0}n' \tag{10-3-8b}$$

沉浸法的实验装置如图 10-3-2 所示意. 若采用双曝光法拍摄全息图, 将物体放置在一个盛有折射率为 n 的透明气体或液体的容器中, 进行第一次曝光. 之后, 将容器中的透明气体或液体更换为折射率为 n' 的透明气体或液体, 进行第二次曝光.

若采用实时方法, 则在上述第一次曝光后就原位处理全息图, 或取出处理后精确复位. 然后将容器中的透明气体或液体更换为折射率为 n' 的透明气体或液体, 在原光路中同时使用物光和参考光再现观察.

设物体由一束平面波透过玻璃容器壁进行照明, 采用远心成像系统进行观察, 这样, 就能消除由于不同折射率引起不同的偏转效应. 设从容器壁到物体表面的距离为 $z(P)$, 则两次状态的相位差为[21]

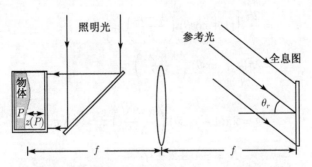

图 10-3-2 用折射率的变化产生等值线的装置示意图

$$\Delta\phi(P) = \Phi(P) = K' \cdot r' - K \cdot r = (2\pi/\lambda_0)[(n-n')2z(P)] \tag{10-3-9}$$

于是,等值线间隔为

$$\Delta z = \lambda_0/2(n-n') \tag{10-3-10}$$

若所使用的是酒精(alcohol)掺水的液体,其折射率可通过调整它们的比例而改变,可以方便地改变等值线的间隔,这种方法常被称为"掺水烈酒法"(grog method)。

10.3.3 变化照明方向产生等值线

在前面两节中,我们通过改变波长来改变灵敏度矢量,显然,也可以通过改变照明或观察方向来改变灵敏度矢量.

在图 10-3-3 的光路中,若采用双曝光全息方法,第一次曝光时,照明点光源在位置 S,而第二次曝光时,点光源移动到位置 S',其相应的位置变化矢量为 $d_S(S)$,方向由 S 指向 S'。

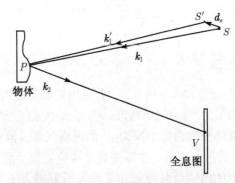

图 10-3-3 变化照明方向产生等值线示意图

让我们考虑由于照明点光源位置的变化,其相应的相位将作怎样的变化.

第一次曝光时,从点光源 S 发射的光线经某点 P 点漫反射到在全息图上的某点 V 点,到达 V 点的光波相位 ϕ_{01} 为

10.3 全息等值线

$$\phi_{01} = -(\boldsymbol{k}_1 \cdot \boldsymbol{SP} + \boldsymbol{k}_2 \cdot \boldsymbol{PV}) + \phi_S \tag{10-3-11}$$

式中，ϕ_S 为点光源 S 的初相；$\boldsymbol{SP}$ 为由 S 点指向 P 点的矢量；$\boldsymbol{k}_1$ 为沿该方向的波矢量，也就第一次曝光时光源 S 照向 P 点的照明矢量；$\boldsymbol{PV}$ 为由 P 点指向 V 的矢量，$\boldsymbol{k}_2$ 为沿该方向的波矢量，也就是第一次曝光时，从 P 点射向全息图 V 点漫反射光线的观察矢量，$|\boldsymbol{k}_1| = |\boldsymbol{k}_2| = 2\pi/\lambda$。

第二次曝光时，V 点的相位 ϕ_{02} 为

$$\phi_{02} = -(\boldsymbol{k}_1' \cdot \boldsymbol{S'P} + \boldsymbol{k}_2 \cdot \boldsymbol{PV}) + \phi_S \tag{10-3-12}$$

$$\boldsymbol{S'P} = \boldsymbol{SP} - \boldsymbol{d_S}, \boldsymbol{k}_1' = \boldsymbol{k}_1 + \Delta\boldsymbol{k}_1 \tag{10-3-13}$$

(10-3-13) 式中，$\boldsymbol{S'P}$ 为由 S' 点指向 P 点的矢量；$\boldsymbol{k}_1'$ 为沿该方向的波矢量，也就第二次曝光时的照明矢量；而观察矢量和第一次曝光时一样，仍为 $\boldsymbol{k}_2$。

于是，两次曝光前后全息图上 V 点物光的相位增量 Φ 为

$$\Phi = \phi_{02} - \phi_{01} = -(\boldsymbol{k}_1' \cdot \boldsymbol{S'P} + \boldsymbol{k}_2 \cdot \boldsymbol{PV}) + \phi_S + (\boldsymbol{k}_1 \cdot \boldsymbol{SP} + \boldsymbol{k}_2 \cdot \boldsymbol{PV}) - \phi_S$$

$$= \boldsymbol{k}_1 \cdot \boldsymbol{d_S} - \Delta\boldsymbol{k}_1 \cdot \boldsymbol{SP} + \Delta\boldsymbol{k}_1 \cdot \boldsymbol{d_S} = \boldsymbol{k}_1 \cdot \boldsymbol{d_S} - \Delta\boldsymbol{k}_1 \cdot \boldsymbol{SP} + \Delta\boldsymbol{k}_1 \cdot \boldsymbol{d_S} \tag{10-3-14}$$

当点光源的位移动量 $\boldsymbol{d_S}$ 甚小时，$\Delta\boldsymbol{k}_1 \perp \boldsymbol{SP}$，$\Delta\boldsymbol{k}_1 \cdot \boldsymbol{SP} \approx 0$，$\Delta\boldsymbol{k}_1 \cdot \boldsymbol{d_S} \approx 0$

$$\Phi(P) = \boldsymbol{k}_1(P) \cdot \boldsymbol{d_S} = (2\pi/\lambda)\hat{\boldsymbol{e}}_1(P) \cdot \boldsymbol{d_S}(S) \tag{10-3-15}$$

这时物体被一组旋转对称双曲面 (rotational symmetric hyperboloids) 所截，它们的焦点位于两个照明点光源 S 与 S' 处。物体离照明点光源越远截面就越平坦，条纹图样与观察位置无关[21]。

当照明光使用平行光时，将产生等间距的平行面。这时，相当于有两束不同方向的平面波先后照在物体表面上。(10-3-11) 和 (10-3-12) 式可改写为

$$\phi_{01} = -(\boldsymbol{k}_1 \cdot \boldsymbol{r} + \boldsymbol{k}_2 \cdot \boldsymbol{PV}) + \phi_{01}', \quad \phi_{02} = -(\boldsymbol{k}' \cdot \boldsymbol{r} + \boldsymbol{k}_2 \cdot \boldsymbol{PV}) + \phi_{02}'$$

式中，ϕ_{01}' 和 ϕ_{02}' 分别为两平面波在坐标原点的初相，$\boldsymbol{r}$ 为 P 点的矢径。于是，

$$\Phi = \phi_{02} - \phi_{01} = -(\boldsymbol{k}_1' - \boldsymbol{k}_1) \cdot \boldsymbol{r} + \phi_{02}' - \phi_{01}' = -(\boldsymbol{k}_1' - \boldsymbol{k}_1) \cdot \boldsymbol{r} + \Delta\phi_0$$

其中，$\Delta\phi_0 = \phi_{02}' - \phi_{01}' = \text{const}$ 为两平面波在原点的初相差，对定态光场是恒量。若两平面波波矢量 $\boldsymbol{k}_1', \boldsymbol{k}_1$ 之间的夹角为 2α，则条纹的距离为

$$\Delta h = \lambda/2\sin\alpha \tag{10-3-16}$$

和第 3 章 (3-1-13) 式所给出的结果一样。同样的情况也可以不使用全息的方法，直接将两束夹角为 2α 平行光照射在物体表面上，将产生同样的效果，这种方法常称为投影条纹等值线法 (projected fringe contouring)。

如果照明角度的变化是采用两次曝光间在适当的方向上移动物体的变化来达到. 等值线面几乎可以产生在任何方位[22,23].

此技术可以结合使用照明方向的改变[24~26].

10.4 比较全息干涉计量术

10.4.1 比较全息干涉计量术原理

与传统的干涉计量相比较, 全息干涉计量的一大优点是能比较粗糙漫反射表面的变形状态. 此技术对反射面没有特别严格要求. 然而, 这种比较必须是对同一个物体的不同状态, 对于不同的物体, 尽管它们的宏观几何形状相同, 也不能用全息技术进行直接比较[21].

在非破坏检测中的普遍问题是要对大数量的部件产品和一个标准件相比较. 现在发展的比较全息干涉计量术 (comparative holographic interferometry)[27~30] 是一种比较两个试件相对于同样载荷下的变形、或比较两个试件的外形的全息技术.

在比较全息干涉计量术中, 通常要对一个标准件分别在两片全息干版上记录两张全息图. 第一张是无载荷标准件的全息图, 第二张是有载荷标准件的全息图, 见图 10-4-1(a). 然后对待检测试件拍摄双曝光全息图. 第一次曝光时, 用第一张 (无载荷标准件的) 全息图的再现实像照明无载荷的待检测试件; 第二次曝光时, 用第二张 (有载荷标准件的) 全息图的再现实像照明有载荷的待检测试件, 见图 10-4-1(b)[27,28,32,33].

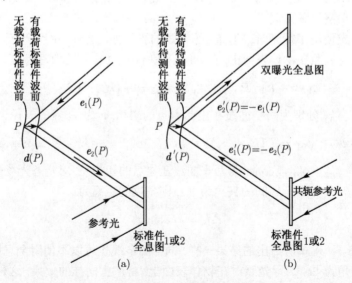

图 10-4-1 比较全息图记录光路示意图

10.4 比较全息干涉计量术

下面, 我们对上述方法作定量的分析. 首先, 考虑第一张无载荷标准件的全息图. 设全息记录干版上参考光波和物光波的复振幅分布分别为

参考光波:
$$R(P) = R_0 \exp[-j\phi_R(P)] \tag{10-4-1a}$$

无载荷标准件的物光波:
$$O_1(P) = O_{O1}(P) \exp[-j\phi_O(P)] \tag{10-4-1b}$$

若拍摄的是振幅型全息图, 则在线性条件下, 第一张全息图的复振幅透射率为

$$t(x,y) = t_0 + \beta[RR^* + O_1O_1^* + O_1R^* + RO_1^*]\tau = t_b + t_2 + \beta'O_1R^* + \beta'RO_1^* \tag{10-4-2}$$

式中, $t_b = t_1 = t_0 + \beta'RR^*$, $t_2 = \beta'O_1O_1^*$. 类似的, 考虑第二张有载荷标准件的全息图. 设第二张全息记录干版上参考光波和物光波的复振幅分布分别为

参考光波:
$$R(P) = R_0 \exp[-j\phi_R(P)] \tag{10-4-3a}$$

有载荷标准件的物光波:
$$O_2(P) = O_{O2}(P) \exp\{-j[\phi_O(P) + \Delta\phi_O(P)]\} \tag{10-4-3b}$$

若拍摄的也是振幅型全息图, 则在线性条件下, 第二张全息图的复振幅透射率为

$$t(x,y) = t_0 + \beta'[RR^* + O_2O_2^* + O_2R^* + RO_2^*] = t_b + t_2 + \beta'O_2R^* + \beta'RO_2^* \tag{10-4-4}$$

若用参考光的共轭光 R^* 替代 R 照明再现第一张全息图时, 则其负一级衍射为

$$u_1 = R^*\beta'RO_1^* = \beta'|R|^2 O_1^* = \beta'|R|^2 O_{O1} \exp[j\phi_O(P)] \tag{10-4-5}$$

类似的, 以参考光的共轭光 R^* 再现第二张全息图, 其负一级衍射为

$$u_2 = \beta'|R|^2 O_2^* = \beta'|R|^2 O_{O2} \exp\{j[\phi_O(P) + \Delta\phi_O(P)]\} \tag{10-4-6}$$

现在, 我们拍摄待检测试件双曝光全息图.

先以 u_1 照明无载荷待检测试件作第一次曝光.

若在单位振幅的、均匀平行光照明下, 无载荷待检测试件在双曝光全息图上的复振幅分布为

$$O_1'(P) = O_{O1}'(P) \exp[-j\phi_O'(P)] \tag{10-4-7}$$

则在使用 u_1 照明无载荷待检测试件时，它在双曝光全息图上的复振幅分布变为

$$\begin{aligned} u_1 O'_1 &= u_1 O'_{O1}(P) \exp\left[-\mathrm{j}\phi'_O(P)\right] \\ &= \beta' |R|^2 O_{O1}(P)^* O'_{O1}(P) \exp \mathrm{j}\left[\phi_O(P) - \phi'_O(P)\right] \\ &= \beta' |R|^2 O_{O1}(P)^* O'_{O1}(P) \exp \mathrm{j}\left[\phi_{O1}(P)\right] \end{aligned} \tag{10-4-8}$$

这也就是双曝光全息图的第一次曝光时的物光复振幅分布.

类似的，我们考虑双曝光全息图的第二次曝光的情形. 若以单位振幅的、均匀的平行光照明下，有载荷待检测试件在双曝光全息图上的复振幅分布为

$$O'_2(P) = O'_{O2}(P) \exp\left\{-\mathrm{j}\left[\phi'_O(P) + \Delta\phi'_O(P)\right]\right\} \tag{10-4-9}$$

则在使用 u_2 照明有载荷待检测试件时，它在双曝光全息图上的复振幅分布变为

$$\begin{aligned} u_2 O'_2 &= u_2 O'_{O2}(P) \exp\left\{-\mathrm{j}\left[\phi'_O(P) + \Delta\phi'_O(P)\right]\right\} \\ &= \beta' |R|^2 O^*_{O2} O'_{O2}(P) \exp\left\{\mathrm{j}\left[\phi_O(P) - \phi'_O(P) + \Delta\phi_O(P) - \Delta\phi'_O(P)\right]\right\} \\ &= \beta' |R|^2 O^*_{O2}(P) O'_{O2}(P) \exp \mathrm{j}\left[\phi_{O2}(P)\right] \end{aligned} \tag{10-4-10}$$

根据第 7 章 (7-2-15) 式，在两次曝光时间相等，且 $O^*_{O1}(P) O'_{O1}(P) \approx O^*_{O2}(P) O'_{O2}(P)$ 的情况下，双曝光全息图的正一级衍射的光强分布为

$$I_3 = 2\left(\tau\beta R_0^2 O_0\right)^2 \left\{1 + \cos\left[\phi_{O2}(x,y) - \phi_{O1}(x,y)\right]\right\} = I_{30}\left\{1 + \cos\left[\Phi(x,y)\right]\right\} \tag{10-4-11}$$

于是，我们得到

$$\Phi = \phi_{O2}(x,y) - \phi_{O1}(x,y) = \left[\Delta\phi_O(P) - \Delta\phi'_O(P)\right] \tag{10-4-12}$$

这里 $\Delta\phi_O(P)$ 是标准件在有载荷后发生的相位变化，$\Delta\phi'_O(P)$ 是待检测物体在有载荷后发生的相位变化. 根据第 7 章 (7-2-24) 式，在记录第一张和第二张标准件的普通全息图时所使用的照明光和观察单位矢量分别为 $\hat{e}_1(P)$ 和 $\hat{e}_2(P)$，设标准件上的 P 点在两次曝光前后的位移为 $\boldsymbol{d}(P)$，因此

$$\Delta\phi(P) = \frac{2\pi}{\lambda}\boldsymbol{d}(P) \cdot \left[\hat{e}_2(P) - \hat{e}_1(P)\right] \tag{10-4-13}$$

而拍摄待检测件的双曝光全息图时所使用的照明光单位矢量 $\hat{e}'_1(P)$ 和观察单位矢量 $\hat{e}'_2(P)$ 分别为

$$\hat{e}'_1(P) = -\hat{e}_2(P), \quad \hat{e}'_2(P) = -\hat{e}_1(P) \tag{10-4-14}$$

比较图 10-4-1(b) 和图 10-4-1(a)，显而易见，双曝光全息图所使用的照明矢量是拍摄标准件的普通全息图的观察矢量的反转，而双曝光全息图的观察矢量则为拍

摄标准件的普通全息图的照明矢量的反转. 设待检测件上的 P 点在两次曝光前后的位移为 $d'(P)$.

于是,
$$\Delta\phi'(P) = \frac{2\pi}{\lambda}d'(P) \cdot [\hat{e}'_2(P) - \hat{e}'_1(P)] = \frac{2\pi}{\lambda}d'(P) \cdot [\hat{e}_2(P) - \hat{e}_1(P)] \quad (10\text{-}4\text{-}15)$$

最后的结果是
$$\Phi(P) = \Delta\phi(P) - \Delta\phi'(P) = \frac{2\pi}{\lambda}[\hat{e}_2(P) - \hat{e}_1(P)] \cdot [d(P) - d'(P)] \quad (10\text{-}4\text{-}16)$$

只要待测物体的载荷等于标准件的载荷, 全息图 1 和 2 能精确地复位, 那么, 待测物体如果存在有微小的缺陷就能被检测出来.

这种方法也可以用来检测相同外形的同种产品之间的微小差别[34~36].

10.4.2 实时比较全息干涉计量术

实施这种方法需要使标准件和待测物体的全息图再现像非相干地重叠在一起. 在图 10-4-2 中, 采用了一个分束镜, 布置成迈克耳孙型的全息光路, 没有载荷的标准件和没有载荷的待测物体采用全息方法记录下来. 再现的重叠有两个像的衍射波场与有载荷的标准件和有载荷的待测物体的反射波场进行实时的比较.

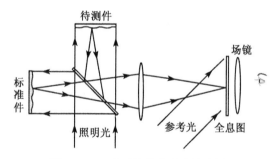

图 10-4-2　实时比较全息光路布局

此方法可以允许调节其中一个试件的载荷, 以补偿可能发生的两试件载荷的不一致, 以及试件可能发生的刚体移动的问题.

下面, 介绍这种方法的原理. 为简化问题的分析, 假定分束镜调节到恰好使以下光束到达全息图上的振幅分布都相等, 即

无载荷的标准件光波 (standard1) 在全息图上的复振幅分布:
$$O_{S_1}(P) = O_{O1}(P)\exp[-j\phi(P)] \quad (10\text{-}4\text{-}17a)$$

有载荷的标准件光波 (standard 2) 在全息图上的复振幅分布:
$$O_{S_2}(P) = O_{O1}(P)\exp\{-j[\phi(P) + \Delta\phi(P)]\} \quad (10\text{-}4\text{-}17b)$$

无载荷的待测件光波 (Test 1) 在全息图上的复振幅分布:

$$O_{T_1}(P) = O_{O1}(P) \exp[-j\phi'(P)] \tag{10-4-17c}$$

有载荷的待测件光波 (Test 2) 在全息图上的复振幅分:

$$O_{T_2}(P) = O_{O1}(P) \exp\{-j[\phi'(P) + \Delta\phi'(P)]\} \tag{10-4-17d}$$

因为标准件和待测件表面在微观结构上的不完全一致, 它们的光波是不相干的, 这就意味着

$$\langle O_{S_1} O_{T_1}^* \rangle = \langle O_{S_1} O_{T_2}^* \rangle = \langle O_{S_2} O_{T_1}^* \rangle = \langle O_{S_2} O_{T_2}^* \rangle = \langle O_{T_1} O_{S_1}^* \rangle = \langle O_{T_1} O_{S_2}^* \rangle$$
$$= \langle O_{T_2} O_{S_1}^* \rangle = \langle O_{T_2} O_{S_2}^* \rangle = 0, \tag{10-4-18}$$

只有 O_{S_1} 和 O_{S_2}, 以及 O_{T_1} 和 O_{T_2} 是相干的.

全息图精确复位后, 用记录时的物光和参考光同时照明全息图, 在象面上的光强为

$$\begin{aligned}
I(P) &= \langle |O_{S_1} + O_{S_2} + O_{T_1} + O_{T_2}|^2 \rangle \\
&= \langle [O_{S_1} + O_{S_2} + O_{T_1} + O_{T_2}][O_{S_1}^* + O_{S_2}^* + O_{T_1}^* + O_{T_2}^*] \rangle \\
&= \langle I_{S_1} + I_{S_2} + I_{T_1} + I_{T_2} + O_{S_1} O_{S_2}^* + O_{S_2} O_{S_1}^* + O_{T_1} O_{T_2}^* + O_{T_2} O_{T_1}^* \rangle \\
&= 4I_1(P) + 2I_1(P)[\cos\Delta\phi(P) + \cos\Delta\phi'(P)] \\
&= 4I_1(P)\left[1 + \cos\frac{\Delta\phi(P) + \Delta\phi'(P)}{2} \cos\frac{\Delta\phi(P) - \Delta\phi'(P)}{2}\right] \tag{10-4-19}
\end{aligned}$$

式中, 为了简化分析, 突出主要关心的问题, 假定了这些衍射项都具有数值相等的系数, 忽略了常数项, $I_{S_1} = I_{S_2} = I_{T_1} = I_{T_2} = |O_{O1}(P)|^2 = I_1(P)$. (10-4-19) 式表明, 干涉相位之和 $[\Delta\phi(P) + \Delta\phi'(P)]$ 的高频条纹的余弦函数, 被干涉相位之差 $[\Delta\phi(P) - \Delta\phi'(P)]$ 的低频条纹所调制. 这种低频条纹就是莫阿 (Moire) 条纹, 因此, 这种技术也称为莫阿比较全息干涉计量术 (comparative holographic Moire interferometry).

对于力学性能相等的试件 $[\Delta\phi(P) = \Delta\phi'(P)]$, (10-4-19) 变为

$$I(P) = 4I_1(P)[1 + \cos\Delta\phi(P)] \tag{10-4-20}$$

在这种情况下, 低频莫阿 (Moire) 条纹将消失.

通常, 标准件和待测件由不同方向的照明光照明. 若标准件的照明单位矢量为 $\hat{e}_1$, 待测件的照明单位矢量为 $\hat{e}_1'$, 而观察矢量则是共同的. 以 $\boldsymbol{d}(P)$ 表示标准件上 P 点的位移; 以 $\boldsymbol{d}'(P)$ 表示待测件上 P 点的位移, 于是, 我们有

$$\Delta\phi(P) = \frac{2\pi}{\lambda}[\hat{e}_2(P) - \hat{e}_1(P)] \cdot \boldsymbol{d}(P) \tag{10-4-21a}$$

$$\Delta\phi'(P) = \frac{2\pi}{\lambda}\left[\hat{e}_2(P) - \hat{e}'_1(P)\right]\cdot\boldsymbol{d}'(P) \qquad (10\text{-}4\text{-}21\text{b})$$

于是, 我们得到

$$\Delta\phi(P) - \Delta\phi'(P) = \frac{2\pi}{\lambda}\left\{[\hat{e}_2(P) - \hat{e}_1(P)]\cdot[\boldsymbol{d}(P) - \boldsymbol{d}'(P)] - [\hat{e}_1(P) - \hat{e}'_1(P)]\cdot\boldsymbol{d}'(P)\right\} \qquad (10\text{-}4\text{-}22)$$

在实践中可以使标准件和待测件的照明方向相一致, 即 $\hat{e}_1$ 和 $\hat{e}'_1$ 具有相同的方向, 因而 $\hat{e}_1 - \hat{e}'_1 = 0$, 如图 10-4-2 所示. 于是, (10-4-22) 式化简为

$$\Delta\phi(P) - \Delta\phi'(P) = \frac{2\pi}{\lambda}\left[\hat{e}_2(P) - \hat{e}_1(P)\right]\cdot\left[\boldsymbol{d}(P) - \boldsymbol{d}'(P)\right] \qquad (10\text{-}4\text{-}23)$$

这时, 所产生的莫阿条纹提供了标准件和待测件表面位移矢量差的信息[37].

比较全息干涉计量术和比较全息莫阿干涉计量术实现了标准件和待测件表面位移矢量差的测量, 适用于许多全息非破坏检测的要求. 还有一种使用相移技术提高估算精度的和改进干涉图纹质量的方法可参看文献 [38], [31].

10.5 全息剪切干涉计量方法

在剪切干涉计量中, 条纹图样是由彼此可以相对移动的两个相同波阵面相干涉而形成的. 这一点很容易应用全息技术予以实现. 例如, 若所研究的是纯相位物体. 其复振幅分布函数可表示为 $\exp(\mathrm{j}\phi)$, 若设法将其波阵面分为两个, 这两个波阵面有略微的差异, 譬如产生剪切的效果 (两者复振幅分布相同, 只是在空间坐标上发生了平移或旋转等), 则其剪切干涉图样将可以表示为

$$I = 1 + \cos\Delta\phi \qquad (10\text{-}5\text{-}1)$$

可以定义五种基本类型的剪切[7]:

横向剪切 (Δy) (lateral shear),

$$\Delta\phi = \phi(x,y) - \phi(x, y + \Delta y) \qquad (10\text{-}5\text{-}2)$$

反转或折叠剪切 (reversion or fold shear),

$$\Delta\phi = \phi(x,y) - \phi(x,-y) \qquad (10\text{-}5\text{-}3)$$

旋转剪切 ($\Delta\theta$)(rotation shear),

$$\Delta\phi = \phi(r,\theta) - \phi(r, \theta + \Delta\theta) \qquad (10\text{-}5\text{-}4)$$

径向剪切 (比例为 m) (radial shear, ratio m),

$$\Delta\phi = \phi(r,\theta) - \phi(mr,\theta) \qquad (10\text{-}5\text{-}5)$$

纵向剪切 (Δz) (longitudinal shear),

$$\Delta\phi = \phi(x,y,z) - \phi(x,y,z+\Delta z) \qquad (10\text{-}5\text{-}6)$$

应用一个简单的离轴双曝光全息干涉仪，在两次曝光之间将物体或全息图平移或将它们中之一绕 z 轴旋转，就可以引入剪切. 在此同时，也可倾斜反光镜 M 或全息图，引入参考条纹. 图 10-5-1 的系统适合于横向或旋转剪切形成干涉图，其他类型的剪切可以更方便地使用另一些不同的系统，这些系统不需要物体或全息图作精密的机械运动，其中一种系统，其光路如图 10-5-2 所示. 全息图是由通过物体的两个等振幅光波形成的，采用光学方法在这两个光波之间引入剪切. 然后，将物体移走对两个平面波进行第二次曝光. 所得到的全息图用这两个平面波中的一个照明时，未受干扰的光波和具有两个物光波的再现光波之间形成干涉图样. 采用一个倾斜的平面玻璃板可以将物光波引入横向剪切. 正如第 9 章 (9-1-8) 式所表明的那样，倾斜的平面玻璃板具有将光束横向平移的效果. 设两个物光波的复振幅分别为 $A\exp(-j\phi)$ 和 $A\exp(-j2\pi fy)\exp(-j\phi_S)$. 全息干版首先对这两个物光波曝光. 然后，将物体移走，对原来的两束平面波 A 和 $A\exp(-j2\pi fy)$ 曝光. 其中空间频率为 $f = \dfrac{\sin\theta}{\lambda}$，倾斜光束与 z 轴的夹角为 $-\theta$. 设两次曝光时间相等，均为 τ, 则双曝光

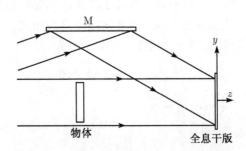

图 10-5-1　双曝光全息剪切干涉仪示意图

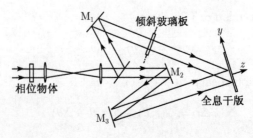

图 10-5-2　一种全息剪切干涉仪的示意图

全息图的曝光量为

$$E(x,y) = (A^2\tau)\left[|\exp(-j\phi) + \exp(-j2\pi fy)\exp(-j\phi_S)|^2 + |1 + \exp(-j2\pi fy)|^2\right]$$
$$= (A^2\tau)\left\{4 + \exp(-j2\pi y)[1 + \exp j(\phi - \phi_S)]\right.$$
$$\left. + \exp(j2\pi y)[1 + \exp j(-\phi + \phi_S)]\right\} \tag{10-5-7}$$

若制作成振幅全息图,则其复振幅透射率为

$$t(x,y) = t_0 + \beta E(x,y)$$
$$t(x,y) = t_b + \alpha\left\{\exp(-j2\pi fy)[1 + \exp j(\phi - \phi_S)]\right.$$
$$\left. + \exp(j2\pi fy)[1 + \exp j(-\phi + \phi_S)]\right\} \tag{10-5-8}$$

式中,

$$t_b = t_0 + 4\beta A^2\tau,\ \alpha = \beta A^2\tau \tag{10-5-9}$$

当以平面波 $A\exp(-j2\pi fy)$ 照明时,则沿 z 轴出射的衍射光光强分布为

$$I = I_0|1 + \exp j(-\phi + \phi_S)|^2 = 2I_0[1 + \cos(\phi - \phi_S)] \tag{10-5-10}$$

式中,$I_0 = (\alpha A)^2$,衍射光为相位差 $\phi - \phi_S$ 的余弦函数分布,这也就是所期望的全息图.

C. M. Vest 和 D. W. Sweeney[8] 以及 J. Shamir[9] 也讨论过一些类似的方法. 参考条纹可以在两次曝光之间通过倾斜反射镜 M_3 而得到. 径向剪切可以采用该系统的一种变异系统引入. 在此系统中物体以略有差别的放大率在全息干版上成像. 应用两个在角度方向略微分开的再现波再现一张单次曝光全息图也可以达到剪切干涉计量的目的[10].

本章前面部分所讨论的应用非线性全息干涉计量术或者使相位差加倍的多参考光束或多再现光束技术. 无论哪种方法, 如果物体在全息图平面上成像, 则合成干涉图都可以看作是对全息图纵向剪切的结果. 这一点已由 O. Bryngdahl[11] 用一张单次曝光离轴全息图在再现时用原参考光和它的共轭光波照明进行的试验证实了. 由光栅衍射的两个一次波作为共轭再现光波. 如果使用伽博波带板代替光栅, 则可以应用类似的原理发展出一种纯径向剪切干涉仪[12,13].

Y. Doi 等[14] 研究了一种再现时可以引入可变横向剪切的单次曝光全息干涉仪, 其光路布局如图 10-5-3 所示. 应用双棱镜得到的两个参考光波沿互相垂直的方向线性偏振 (如 0° 和 90°), 通过物体的光在 45° 方向偏振. 先进行单次曝光, 然后

将所得到的全息图复原到原来的位置,用两个参考光波照明,并通过一个在 45° 方向偏振的偏振屏来观察. 将全息图绕 z 轴旋转, 可以引入一级横向剪切. 在另外一种基于偏振效应的方法中,用两块像石英这样的双折射平行平板置于通常的离轴全息系统中透明物体的后面[15], 双折射板将物光波分成两个在 0° 和 90° 方向线性偏振的横向剪切波, 并应用在 45° 方向偏振的参考光波作单次曝光记录. 用此全息图再现的两个光波形成横向剪切干涉图. 如果用一个双折射透镜代替双折射板, 同样也可以形成径向剪切干涉图.

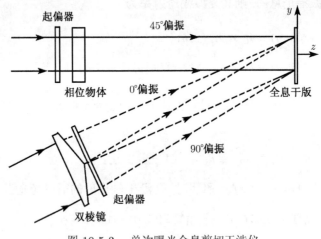

图 10-5-3　单次曝光全息剪切干涉仪

10.6　实时全息的一些特殊方法

　　实时全息是一种高精度、无损、全场的实时检测方法. 它有许多优点, 譬如, 只需要拍摄一张全息图就可以对物体后续的变化进行研究, 可以研究物体高速的动态变化过程等. 但这种方法在国内尚未广泛应用, 原因主要有二. 一是由于它对复位的要求很高, 令人望而生畏; 二是在于认识上的一个误区: 以为在实时全息中, 很难获得高衬比的干涉条纹. 许多文献引用了图 10-6-1 所示的光束比 B 与条纹衬比 V 的关系, 它表明: 要想衬比高, 就必须加大光束比. 只当光束比趋于"无限大"时, 衬比才可能趋于最佳值 1. 然而, 众所周知, 光束比过于增大时, 衍射效率将会降低, 图像亮度将变暗. 故许多文献认为, 在实时全息中不易得到高衬比的干涉条纹, 并认为: 作为两种因素兼顾的折衷考虑, 光束比的最佳选择是 $B = 3$. 但是, 这种看法并不正确.

　　其实, 前面所述两个问题都不难解决. 首先, 复位要求虽高, 但有许多解决方法, 譬如使用液匣盒, 而液匣盒的使用并不困难、价格也并不昂贵. 对经验丰富者

10.6 实时全息的一些特殊方法

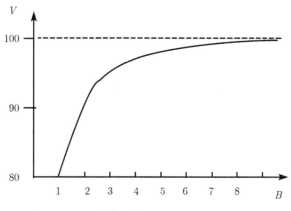

图 10-6-1 干涉条纹衬比 V 与光束比 B 曲线

而言, 甚至于不用液匣盒, 使用一个普通的光学支架也能进行实时全息实验, 这时, 若实验中所有元器件的稳定性都很可靠, 由于干板复位不精确而出现的条纹一般都是对应于全息干板的刚性位移而出现的条纹, 它们的取向一般都很有规律性, 通常都可以通过调节参考光路的准直透镜的二维微调, 将条纹调到消失, 即可进行实验. 而采用光导热塑、光折变晶体、CCD 等材料, 不仅不需要使用液门, 而且省去了化学处理过程. 至于第二个问题, 只需掌握制作实时全息图的几个关键技术, 就一定能获得高质量的实验结果. 本节将介绍如何在实时全息检测中获得高条纹衬比和高亮度检测光场, 如何获得无畸变的衍射图像等方法, 以及在实验中应注意的一些问题. 使用了这些方法, 就有可能获得高衬比的干涉条纹和高亮度的检测光场.

10.6.1 在实时全息中获得高反衬度干涉条纹的方法

10.6.1.1 理论依据

在采用实时全息干涉计量方法进行检测时, 通常用两种方式记录实时全息图. 一是振幅型全息图, 二是相位型全息图, 下面对这两种类型的实时全息图作分别的讨论[48].

1. 振幅型实时全息图

设参物光波在全息记录干版上的复振幅分布分别为

$$O(x,y) = O_0 \exp\left[-\mathrm{j}\phi_O(x,y)\right], \quad R(x,y) = R_0 \exp\left[-\mathrm{j}\phi_R(x,y)\right] \qquad (10\text{-}6\text{-}1)$$

在线性记录条件下, 所记录的实时法振幅型全息图的振幅透射系数 $t(x,y)$ 为

$$\begin{aligned} t(x,y) &= \beta_0 - \beta E_\mathrm{e}(x,y) = \beta_0 - \beta' I(x,y) = \beta_0 - \beta'[|R|^2 + |O|^2 + OR* + O*R] \\ &= C + \beta' R_0 O_0 \exp\left[-\mathrm{j}(\phi_O - \phi_R + \pi)\right] + \beta' R_0 O_0 \exp\left[\mathrm{j}(\phi_O - \phi_R + \pi)\right] \end{aligned} \qquad (10\text{-}6\text{-}2)$$

式中,
$$C \equiv \beta_0 - \beta'(O_0^2 + R_0^2) \tag{10-6-3}$$

这里记录材料选用了负片, 为了与多数文献的符号相一致, β 与 β' 取的是绝对值, 所以负片以 $-\beta$ 与 $-\beta'$ 表示. 此外, 以 β_0 表示在第 5 章 (5-1-20), (5-1-21) 等式所使用的符号 t_0. 它是复振幅透射率 $t(x,y)$ 在有效曝光量 $E_e(x,y) = 0$ 处的取值. 还注意到 $-\beta' = \beta' \exp(\pm j\pi)$, 故 (10-6-2) 式后面两项少了前面的负号.

观测时, 用原参考光波和被检测的物光波:
$$O'(x,y) = O_0(x,y) \exp\{-j[\phi_O(x,y) + \Delta\phi_O(x,y)]\} \tag{10-6-4}$$

同时照射全息图, 并只考虑沿物光方向传播的两项衍射光, 即
$$\beta' O_0 R_0^2 \exp\{-j[\phi_O(x,y) + \pi]\} \tag{10-6-5}$$

及
$$CO_0 \exp\{-j[\phi_O(x,y) + \Delta\phi_O(x,y)]\} \tag{10-6-6}$$

其中, (10-6-5) 式表示的第一项衍射光是参考光 R 照明全息图再现的初始物光波, (10-6-6) 式表示的第二项衍射光是透过全息图, 衰减了 C 倍的被检测物体当时的物光波, 它们叠加后的光强分布为
$$I = O_0^2\{\beta'^2 R_0^4 + C^2 + 2\beta' C R_0^2 \cos[\Delta\phi_O(x,y) - \pi]\} \tag{10-6-7}$$

干涉计量中, 许多文献将条纹能见度称作**条纹衬比**或**反衬度**, 以后我们也将以**条纹衬比**表述.

根据 (10-6-7) 式可得到条纹衬比 V 为
$$V \equiv \frac{I_{\max} - I_{\min}}{I_{\max} + I_{\min}} = \frac{2\beta' C R_0^2}{(\beta'^2 R_0^4 + C^2)} = \frac{2\beta'[(\beta_0/O_0^2) - \beta'(1+B)]B}{\beta'^2 B^2 + [(\beta_0/O_0^2) - \beta'(1+B)]^2} \tag{10-6-8}$$

有些文献指出, 在忽略 β_0 的情况下, (10-6-8) 式可简化为
$$V = \frac{2B(1+B)}{2B^2 + 2B + 1} \tag{10-6-9}$$

式中, B 为光束比, 图 10-6-1 为根据 (10-6-9) 式得到的 V-B 曲线. 根据这个结果, 这些文献认为: 由于再现物光波面和直射物光波面的振幅大不相同, 干涉条纹的衬比较差. 并进一步指出: **实时法中参物光比选大些好, 选取较大的参物光比 B 有利于改善条纹衬比, 但若参物光比太大, 则由物光束的绝对强度太小, 导致全息图上总照度下降, 因此实验中最好取 $B = 3$**.

实际上, 在 (10-6-8) 式中是根本不能忽略 β_0 的. 因为根据 (10-6-2) 式我们可以明显地看到 β_0 必须大于 $\beta' I(x,y)$, 也就是 β_0 是根本不能忽略的, 否则振幅全息

图的振幅透射系数 $t(x,y)$ 将小于零, 这是不允许的. 其实, 在忽略 β_0 的情况下, 所得到的 (10-6-9) 式应该有一个负号, 即应改写为 $V = -\dfrac{2B(1+B)}{2B^2+2B+1}$ 这个结果是不合理的.

事实上, 在不忽略 β_0 的情况下, 从 (10-6-8) 式可得

$$V = \frac{2(\beta' R_0^2/C)}{1+(\beta' R_0^2/C)^2} = \frac{2x}{1+x^2} \tag{10-6-10}$$

式中,

$$x \equiv \beta' R_0^2/C$$

当 $\dfrac{\mathrm{d}V}{\mathrm{d}x} = 2(1-x^2)/(1+x^2)^2 = 0$ 即

$$x = \beta' R_0^2/C = 1 \tag{10-6-11}$$

时, 我们有

$$V = V_{\max} = 1 \tag{10-6-12}$$

这时, 参考光光强和物光光强满足下面的关系:

$$R_0^2 = (\beta_0/2\beta') - (O_0^2/2) \tag{10-6-13}$$

也就是说, V-B 曲线并非如图 10-6-1 所示的是一条单调上升的曲线, 而是有极大值的. 在满足 (10-6-13) 式的情况下, 条纹能见度可取极大值 1. 不过, 由于振幅全息图的衍射效率不高, 实用意义还不是很大. 然而, 对于相位型全息图的情况就大不相同了. 下面, 我们讨论相位型全息图的情况.

2. 相位型实时全息图

为了获得更亮的再现像, 通常都要将振幅全息图进行漂白处理, 将它转变为相位型全息图. 我们知道, 对于相位型全息图而言, 最高的衍射效率约为 33.9%. 这时的衍射光强约为入射参考光强的 1/3. 在实时全息检测中, 如果假定物光无衰减地透过全息图, 则在光束比为 $B=3$ 的情况下, 参考光再现的物光 (全息图的一级衍射光) 与物体通过全息图透射过来的物光光强接近相等, 接近于佳衬比, 即条纹衬比 $V \approx 1$. 这可能就是误认为参物光束比 B 的最佳选择是 $B=3$ 的主要依据. 然而, 实际情况是物光透过全息图无衰减的设想是不正确的. 尽管这时物体的再现像 (一级衍射光) 最亮, 但透射物光却衰减很大, 以至于透射物光太弱, 导致干涉条纹衬比度很低, 并不适合于干涉计量的要求. 事实上, 即使是在不考虑吸收等能量损失的理想情况下, 当相位全息图的衍射效率最高, 也就是一级衍射效率达到了 $\eta_{1\max} = [J_1(1.82)]^2 \approx 33.9\%$, (见第 5 章 (5-1-52) 式) 时, 相应的全息图的相位调制度是 $\alpha \approx 1.82$. 在这样的相位调制度下, 根据贝塞尔函数表查看 $J_0(\alpha)$ 的取值,

这张全息图的零级衍射却仅为 $\eta_0 = [J_0(1.82)]^2 \approx 0.11$. 也就是说,物光透射过全息图光强将会衰减约十分之一,因此,这时的条纹衬比并非佳值.

对于相位型全息图而言,在正常记录、线性处理的情况下,全息图的复振幅分布应用贝塞尔函数展开,可表示为 (第 5 章 (5-1-47) 式,只是在这里将常复数项 C 改用 K 表示)

$$t(x,y) = K \sum_{m=-\infty}^{\infty} (\mathrm{j})^m J_m(\alpha) \exp(\mathrm{j}m\Theta) \tag{10-6-14}$$

只考虑零级和正负一级衍射时,相位型全息图的复振幅透射率可简化如下:

$$t(x,y) = K\left\{J_0(\alpha) + J_1(\alpha)\exp\left[\mathrm{j}\left(\Theta + \frac{\pi}{2}\right)\right] + J_1(\alpha)\exp\left[-\mathrm{j}\left(\Theta - \frac{\pi}{2}\right)\right]\right\} \tag{10-6-15}$$

式中,复系数:

$$K = b\exp[\mathrm{j}(\psi_b + \gamma E_0)] \tag{10-6-15a}$$

相位调制度:

$$\alpha = \gamma E_0 V \tag{10-6-15b}$$

平均光强:

$$I_0 = |O|^2 + |R|^2 \tag{10-6-15c}$$

平均曝光量:

$$E_0 = I_0 \tau \tag{10-6-15d}$$

光束比:

$$B = |R|^2/|O|^2 \tag{10-6-15e}$$

条纹衬比:

$$V = 2\sqrt{B}/(1+B) \tag{10-6-15f}$$

此外, ψ_b 是在没有曝光的情况下,经过化学处理后的感光材料对透射光引起的相移; γ 是曝光量常数; b 是振幅衰减系数.

设物光、参考光在记录平面上的复振幅分布仍如 (10-6-1) 式所表示,于是我们有

$$\Theta = \phi_O(x,y) - \phi_R(x,y)$$

可将 (10-6-15) 式写为

$$t(x,y) = K\left\{J_0(\alpha) + J_1(\alpha)\exp[-\mathrm{j}(\phi_O - \phi_R - \pi/2)] + J_1(\alpha)\exp[\mathrm{j}(\phi_O - \phi_R + \pi/2)]\right\} \tag{10-6-16}$$

以 $O'(x,y)$ 表示变化了的物体的物光波在记录平面上的复振幅分布,设它只在相位上发生变化 $\Delta\phi_0(x,y)$,在强度分布上的变化甚微,可以忽略不计,即

10.6 实时全息的一些特殊方法

$$O'(x,y) = O_0 \exp[-j(\phi_O + \Delta\phi_O)] \tag{10-6-17}$$

当以参考光和变化了的物体的物光波同时照再现明实时全息图时，衍射光有以下六项：

$$\begin{aligned}
u &= \{O_0 \exp[-j(\phi_O + \Delta\phi_O)] + R_0 \exp[-j\phi_R]\} t(x,y) \\
&= K\{R_0 J_0(\alpha) \exp[-j\phi_R] + R_0 J_1(\alpha) \exp[-j(\phi_O - \pi/2)] \\
&\quad + R_0 J_1(\alpha) \exp[j(\phi_O - 2\phi_R + \pi/2)] \\
&\quad + O_0 J_0(\alpha) \exp[-j(\phi_O + \Delta\phi_O)] + O_0 J_1(\alpha) \exp[j(-\phi_R - \Delta\phi_O + \pi/2)] \\
&\quad + O_0 J_1(\alpha) \exp[-j(2\phi_0 + \Delta\phi_O - \phi_R - \pi/2)]\} \\
&= U_{R0} + U_{R1} + U_{R-1} + U_{O0} + U_{O1} + U_{O-1} \tag{10-6-18}
\end{aligned}$$

通常人们在作实时全息检测时，一般都在"物光场"内进行．组成"物光场"的衍射光有两束：一是参考光再现的原始物光（参考光再现的一级衍射）U_{R1}；二是物光照射在全息图上再现的零级衍射光，也就是透过全息图的物光（物光再现的零级衍射）U_{O0}．它们的复振幅分别为

$$U_{R1} = KR_0 J_1(\alpha) \exp[-j(\phi_O - \pi/2)], \quad U_{O0} = KO_0 J_0(\alpha) \exp[-j(\phi_O + \Delta\phi_O)] \tag{10-6-19}$$

因此，在"物光场"内的光场强度分布是

$$\begin{aligned}
I_O &= (U_{R1} + U_{O0})^*(U_{R1} + U_{O0}) \\
&= |KR_0 J_1(\alpha)\exp[-j(\phi_O - \pi/2)] + KO_0 J_0(\alpha)\exp[-j(\phi_O + \Delta\phi_O)]|^2 \\
&= |K|^2[(R_0 J_1)^2 + (O_0 J_0)^2 + 2R_0 O_0 J_1 J_0 \cos(\Delta\phi_O + \pi/2)] \tag{10-6-20}
\end{aligned}$$

于是，"物光场"内的干涉条纹衬比是

$$V = \frac{2R_0 O_0 J_1 J_0}{(R_0 J_1)^2 + (O_0 J_0)^2} \tag{10-6-21}$$

令

$$A \equiv \frac{J_1(\alpha)}{J_0(\alpha)} \tag{10-6-22}$$

将 (10-6-21) 式改写为

$$V = \frac{2A\sqrt{B}}{1 + (A\sqrt{B})^2} = \frac{2x}{1 + x^2} \tag{10-6-23}$$

式中，$x = A\sqrt{B}$．为了获得高衬比的干涉条纹，对上式求导数，类似 (10-6-11) 式的结果得，当 $\frac{dV}{dx} = 2(1 - x^2)/(1 + x^2)^2 = 0$ 即

$$x = A\sqrt{B} = 1 \tag{10-6-24}$$

或
$$B = \frac{1}{A^2} = \left[\frac{J_0(\alpha)}{J_1(\alpha)}\right]^2 \tag{10-6-25}$$

此时, 干涉条纹衬比可达到最大值:
$$V = V_{\max} = 1 \tag{10-6-26}$$

V 随 $A\sqrt{B}$ 的变化曲线如图 10-6-2 所示意.

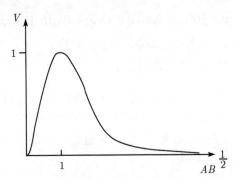

图 10-6-2　干涉条纹衬比 V 与 $A\sqrt{B}$ 关系曲线

当光束比 B 一定时, V 随 A 而变化, 也就是随相位调制度 α 而变化. 表 10-6-1 列出了 $[J_0(\alpha)/J_1(\alpha)]^2$ 与相位调制度的关系. 实验中选定了光束比 B 之后, 就可以根据 (10-6-25) 式从表 10-6-1 中查到所需要的相位调制度 α 之值, 并通过选择合适的曝光量来达到此值, 从而使实时全息图的条纹衬比达到最佳值[48].

条件 (10-6-25) 还可从另外一个途径获得, 既然组成"物光场"的衍射光只有两束, 它们的干涉条纹衬比最大的条件显然就是两者光强相等. 也就是要求:

$$I_{R1} = I_{O0} \quad 或 \quad |U_{R1}|^2 = |U_{O0}|^2$$

根据 (10-6-19) 式, 上面的关系式可写为

$$|KR_0 J_1(\alpha)|^2 = |KO_0 J_0(\alpha)|^2$$

化简后, 即

$$\left(\frac{R_0}{O_0}\right)^2 = \left[\frac{J_0(\alpha)}{J_1(\alpha)}\right]^2$$

或

$$B = \left[\frac{J_0(\alpha)}{J_1(\alpha)}\right]^2$$

这个结果和 (10-6-25) 式是一样的, 其物理意义更为明显.

10.6.1.2 实验上获得最佳衬比的方法

实验上获得最佳衬比的方法有两种, 介绍如下.

1. 利用衰减器调节光束比以达到最佳衬比

这是最简单的方法, 在拍摄了实时全息图后, 经过处理, 并精确复位后, 以物光和参考光同时照明再现时, 用光度计在物光场分别测量 (10-6-19) 式所示两项衍射光的光强. 譬如, 遮去物光, 单独用参考光照明全息图, 在其后方就可以测量 $U_{R1}(x,y)$ 对应的光强 $I_{R1}(x,y)$, 即参考光再现的 +1 级衍射光强; 类似的, 遮去参考光, 单独用物光照明全息图, 在其后方就可以测量 $U_{O0}(x,y)$ 对应的光强 $I_{O0}(x,y)$, 即直接透过全息图的物光光强. 如果前者大于后者, 即 $I_{R1}(x,y) > I_{O0}(x,y)$ 时, 可将一个衰减器放在参考光的光路中, 如第 7 章图 7-1-1(a) 所示, 图中 VA 是可变衰减器. 调节它的衰减量的大小, 直至使 $I_{R1}(x,y)$ 之值降到与 $I_{O0}(x,y)$ 相等. 这时, 图像上的干涉条纹必将达到最佳衬比. 不过, 此方法获得的衍射图像并非最佳, 因为它以损失衍射光强为代价, 降低了衍射像的亮度. 最好的方法应该是在记录时就可使全息图满足条件 (10-6-25), 而不是在再现时依靠衰减器降低其中一束光的强度来达到这个条件. 下面我们就介绍满足条件 (10-6-25) 的实时全息图的记录方法.

2. 最佳衬比实时全息图的记录方法

以银盐乳胶为记录材料时, 可以按以下步骤进行[48,49]：

第一步, 设定光束比 B, 拍摄第一张全息图 H_1.

光束比 B 的选择与拍摄一般的全息图相同, 主要依据被摄对象的表面性质和尺寸大小. 一般而言, 对透明的相位型物体可选 $B = 1.2 \sim 2$, 对散射物体大致选 $B = 3 \sim 10$. 物体越大则参考光束比越大. 表 10-6-1 中该光束比的对应项 $[J_1(\alpha)]^2$ 可作为全息图可能达到的衍射效率的参考值. 对于散射物体, 因散斑对记录的影响等因素, 其衍射效率要比此值小得多.

第二步, 照明再现这第一张全息图 H_1, 并作如下检测：

(1) 遮去物光, 单独用参考光照明全息图, 在其后方测量 $U_{R1}(x,y)$ 对应的光强, 即参考光再现的 +1 级衍射光强. 记下读数, 设为 $I_{R1}(x,y)$;

(2) 遮去参考光, 单独用物光照明全息图, 在其后方测量 $U_{O0}(x,y)$ 对应的光强, 即直接透过全息图的物光光强. 记下读数, 设为 $I_{O0}(x,y)$.

第三步, 根据第二步的测量结果估算最佳衬比实时全息图需要的曝光时间.

(1) 计算出比值
$$B' = \frac{I_{R1}}{I_{O0}} \tag{10-6-27}$$

(2) 根据 (10-6-19) 式, 我们有
$$B' = \frac{I_{R1}}{I_{O0}} = \frac{|U_{R1}|^2}{|U_{O0}|^2} = \frac{[R_0 J_1(\alpha)]^2}{[O_0 J_0(\alpha)]^2} = B\left[\frac{J_1(\alpha)}{J_0(\alpha)}\right]^2$$

或
$$\frac{B}{B'} = \left[\frac{J_0(\alpha)}{J_1(\alpha)}\right]^2 \tag{10-6-28}$$

算出 $\frac{B}{B'}$, 对照表 10-6-1 中数据就可得到第一张全息图 H_1 对应的相位调制度的取值 α_1.

表 10-6-1　$[J_1(\alpha)]^2$, $[J_1(\alpha)/J_0(\alpha)]^2$ 与相位调制度 α 的关系

α	$[J_1(\alpha)]^2$	$[J_0(\alpha)]^2/[J_1(\alpha)]^2$	α	$[J_1(\alpha)]^2$	$[J_0(\alpha)]^2/[J_1(\alpha)]^2$
0.1	0.0025	398.0	1.3	0.2725	1.411
0.2	0.0099	99.0	1.4	0.2933	1.096
0.3	0.0220	43.48	1.5	0.3113	0.8416
0.4	0.0384	24.01	1.6	0.3248	0.6385
0.5	0.0587	15.00	1.7	0.3339	0.4745
0.6	0.0822	10.12	1.8	0.3381	0.3419
0.7	0.1082	7.174	1.9	0.3378	0.2350
0.8	0.1360	5.266	2.0	0.3326	0.1506
0.9	0.1648	3.958	2.1	0.3230	0.0859
1.0	0.1937	3.023	2.2	0.3091	0.03943
1.1	0.2218	2.355	2.3	0.2915	0.01057
1.2	0.2483	1.814	2.4	0.2706	0.00002

(3) 估算最佳衬比实时全息图的曝光时间 τ_{opt}.

根据 (10-6-15b) 式给出的关系 $\alpha = \gamma E_0 V$, 我们可看到, α 值取决于平均曝光量 E_0、条纹能见度 V 和曝光量常数 γ. 而 E_0 取决于参物光的平均光强和曝光时间 τ, V 取决于参物光比, γ 则取决于化学处理和记录材料的性能. 在拍摄与处理过程中严格控制实验条件. 使用同一型号乃至同一包装的全息干版或软片, 使用同样的化学试剂、处理方法、处理时间、处理温度 ……, 那么, 所拍摄的每张全息图的曝光量常数 γ 值可保持为恒量. 如果每次拍摄再保持平均光强 I_0 不变, 光束比不变, 也即能见度 V 不变. 这时, 全息图的相位调制度 α 的取值就只决定于曝光时间 τ, 并与 τ 呈线性关系 (在这里, 只考虑正常曝光, 正常处理条件下的情况. 而不考虑强光、短曝光和弱光、长曝光出现的对易律失效情况). 于是, 我们便可通过控制曝光时间 τ 来控制相位调制度 α 的取值.

若第一张全息图 H_1 的曝光时间为 τ_1, 所达到的相位调制度的取值用上面的方法检测为 α_1. 而根据实际需要希望所要拍摄的全息图应具有的相位调制度, 也即预期的最佳相位调制度 (optimum phase modulation) 之值为 α_{opt}, 则再次拍摄的最佳的曝光时间 τ_{opt} 为

$$\tau_{\text{opt}} = \frac{\alpha_{\text{opt}}}{\alpha_1} \tau_1 \tag{10-6-29}$$

当光束比 B 设定后, 最佳相位调制度 α_{opt} 的取值可根据 (10-6-25) 式, 并通过查表 10-6-1 而得到.

第四步, 除曝光时间外, 保持实验条件与拍摄第一张全息图 H_1 相同. 以 (10-6-29) 式计算的最佳曝光时间 τ_{opt} 拍摄第二张全息图 H_2.

需要注意的是, 当光场中光强分布不均匀时, 应选择几个代表性的点进行测量, 分别计算这些点的光束比, 并以它们的平均值来估算 α 值与最佳曝光时间 τ_{opt}.

10.6.1.3 实验实例[50,51]

1. 利用全息光栅作为实时全息图进行检测

这种方法拍摄的实时全息图是全息光栅. 物光、参考光均采用平面波, 具体光路如图 10-6-3 所示. 激光束通过分束镜分为两路, 再分别通过空间滤波器 SL_1, SL_2 滤波, 扩束, 再分别通过 CL_1, CL_2 准直成两束平行光. 拍摄实时全息图时, 待测相位物体并不放入光路, 拍摄的是没有待测相位物体的"空场", 实际上拍摄的全息图是一个全息光栅. 曝光完毕, 原位显影、定影、漂白、清洗后, 再用物光、参考光同时照明. 这时, 通过全息图无论是对着其中那一个光路, 看到的都是"点光源"(因为平行光的获得是通过激光束扩束、准直而得到的, 这时看到的是扩束处的空间滤波器的针孔像. 需注意的是, 观看时需带上激光防护镜, 或隔着衰减器观看). 若在全息图后方, 放置一片毛玻璃, 则可以看到明亮的平行光形成的光场. 这时可将需要检测的相位物体放在任何一束平行光的光路中 (于是, 这光路便成为"物光光路"), 在毛玻璃上便可观察到该物体的干涉图像. 譬如放一盏点燃的酒精灯火焰, 如图 10-6-3 所示. 就可以马上看到火焰由于各个部分折射率不相同而引起的干涉条纹, 如图 10-6-4 所示. 这种方法适宜于检测透明相位型物体, 而且, 可以多次更换物体进行检测. 譬如, 拿走酒精灯, 换上其他拟检测的透明物体.

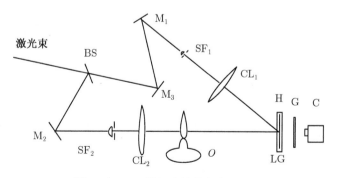

图 10-6-3 酒精灯火焰的全息干涉图

拍摄前, 首先要选择光束比. 既然拍摄的是两束平行光形成的全息光栅, 所以, 光束比最好是接近 1, 而又不等于 1, 以避免条纹落在乳胶特性曲线的趾部. 在我们

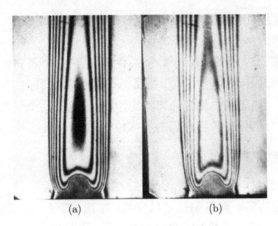

图 10-6-4 酒精灯火焰干涉条纹

的这个示例中，光束比是 $B = 1.10$，这是平均值. 由于扩束准直后的光场光强仍是高斯型分布，光场中的光强分布是不均匀的，因此我们在光场中取上、中、下、左、右 5 个点分别测它们的光束比，然后进行平均，所有数据列于表 10-6-2 中. 以下标 1 表示第一张全息图对应之值. 先估计一个认为比较合适的曝光量，以曝光时间 $\tau_1 = 19.7$s 拍摄第一张实时全息图. 其效果一般不会很好，表 10-6-2 列出了我们进行此实验的第一张实时全息图有关的测量数据，根据这些数据计算，这张全息图相位调制度为 $\alpha_1 \approx 2.13$(曝光过量)，条纹衬比在 $44.2\% \sim 54.7\%$ 之间. 这时，如我们将酒精灯火焰移入光路，可以看到，干涉条纹衬比较差，如图 10-6-4 (b) 所示. 根据 (10-6-25) 式和表 10-6-1 可知，光束比 $B = 1.10$ 所对应的最佳实时全息图的相位调制度 $\alpha_{\text{opt}} \approx 1.40$. 由 (10-6-29) 式以及表 10-6-2 中拍摄第一张实时全息图的有关数

表 10-6-2 全息光栅实验数据

	B	B'_1	B/B'_1	V_1	B'_2	B/B'_2	V_2
上	1.15	11.3	0.10	54.7	0.93	1.24	99.9
中	1.07	18.4	0.06	44.2	0.81	1.32	99.5
下	1.07	18.4	0.06	44.2	1.00	1.07	100.0
左	1.15	14.9	0.08	48.6	1.07	1.08	99.9
右	1.07	14.9	0.07	48.6	0.93	1.15	99.9
平均	1.10	15.6	0.07	48.1	1.10	1.17	99.8

据，可以算出

$$\tau_{\text{opt}} \approx 1.40 \times 19.7\text{s}/2.13 = 13.0\text{s}$$

保持其他条件不变，利用此数据曝光，所获得的第二张全息图的检测数据也列于表 10-6-2 中，并以下标 2 表示. 可见，此时所获得的 α 值已达到预期的 $\alpha_{\text{opt}} \approx 1.40$，条纹衬比在 $99.5\% \sim 100\%$ 的范围，图纹清晰，如图 10-6-4(a) 所示.

利用全息光栅作为实时全息图进行检测的方法有许多应用,如检测物体的蠕变、检测玻璃板的平行度、检测光学元件的光学质量、机械稳定性等等. 这种方法的方便处在于,只需要拍摄一张"空场"全息图,就可以依次将许多待测物体放入光场中逐一进行检测. 只要小心保持整个全息系统的稳定,可以作多次的检测,我们的系统曾保持有一个多月时间的稳定记录.

2. 拍摄火箭推进剂样品燃烧过程

为了在小口径光学元件的条件下获得大视场,对物光只扩束而不准直. 在扩束后的光路中安置一片大毛玻璃. 在我们的实验中,毛玻璃 G 的尺寸为 200mm×255mm, 它距离全息干版 H 为 300mm, 见图 10-6-5. M_1, M_2 为反射镜, BS 为分束镜, SF 为空间滤波器, CL 为准直透镜, L 为凹透镜, G 为毛玻璃, LG 为液门闸盒, C 为具有连拍功能的相机或摄像机, O 为火箭推进剂样品. 全息图曝光时,火箭推进剂样品 O 并不放入光路,待拍摄并处理完毕实时全息图后再放入光路,并点燃观察. 同时,使用具有连拍功能的相机或摄像机对燃烧场通过实时全息图进行拍摄记录.

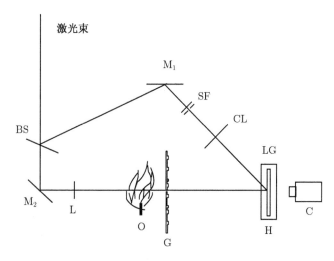

图 10-6-5 研究火箭推进剂样品燃烧过程光路

为了获得较高的衍射效率,应该使参物光比大些. 我们选取的光束比为 $B = 6$, 不过, 实测平均值 (取 5 个取样点的平均值) 为 $B = 5.91$, 表 10-6-3 中列出实测数据.

第一次拍摄, 曝光时间 $\tau_1 = 11.3\text{s}$. 经测量所达到的相位调制度为 $\alpha_1 = 1.41$, 相应的条纹衬比 V_1 在 67.9%~77.1% 之间, 条纹清晰度差. 根据前面的理论, 光束比 $B = 5.91$ 所对应的最佳实时全息图的相位调制度 $\alpha_{\text{opt}} \approx 0.77$. 由 (10-6-29) 式可以算出 $t_{\text{opt}} \approx 6.17\text{s}$.

第二次拍摄，利用此数据曝光，其他条件不变，所获得的第二张全息图的检测数据列于表 10-6-3 中，所获得的相位调制度已接近预期之值．其条纹衬比 V_2 在 99.4% 至 99.9% 的范围，条纹十分清晰．

表 10-6-3　火箭推进剂样品燃烧过程实例的实验数据

	B	B'_1	B/B'_1	$V_1/\%$	B'_2	B/B'_2	$V_2/\%$
上	4.92	5.31	0.93	73.0	1.07	4.60	99.9
中	7.46	6.15	1.21	69.4	1.15	6.49	99.7
下	4.60	5.34	0.86	72.9	0.93	4.95	99.9
左	6.06	6.52	0.93	67.9	0.81	7.48	99.4
右	6.50	4.51	1.44	77.1	1.23	5.29	99.5
平均	5.91	5.57	1.07	72.1	1.04	5.76	99.7

图 10-6-6 是火箭推进剂常温常压下燃烧全过程系列图片．最上方第一排图片是将点燃的火柴，移近火箭推进剂样品的过程．图中央的柱形物就是火箭推进剂样品，火柴头的周围同心环形条纹是燃烧火焰引起的不均匀折射率的分布，它反映了火焰场的温度分布．第二排图片是火柴头的火焰将火箭推进剂样品点燃的过程．可以看到火柴头被移走，火箭推进剂样品被点燃的图景．自第三排以后的图片，是火箭推进剂样品整个燃烧的全过程．样品尺寸为 1mm×5mm×40mm．使用连拍相机拍摄，连拍速度为每秒 5 帧，每帧曝光时间为 1/250s．整个过程的持续时间为 7s，全过程的系列照片共有 36 张．从照片上可以看到图像清晰，条纹衬比好，燃烧过程的许多细节都一一清楚地记录下来，如推进剂样品表面的演变，燃烧场气流的分布和变化状态等[50]．

上述过程也可以采用 CCD 摄像机对燃烧过程进行记录[51]，我们实验中所使用的摄像机的拍摄速度为每秒 60 帧，每帧曝光时间为 1/1 000s．摄像机记录的优点是：

(1) 燃烧过程能被连续地记录下来，能捕获许多瞬态变化的细节．如推进剂样品表面的演变，从光滑到变形，到形成不规则的片状物并逐渐脱落．燃烧场气流的分布和变化状态，如高温中心随时间发生周期性变化等这是连拍相机做不到的；

(2) 对于感兴趣的现象可以反复重新播放，可放慢速度播放，并可使用定格进行拍照；

(3) 录像带可以擦除，可反复使用．

图 10-6-7 是在摄像机播放过程中定格拍照的 6 张照片．可以看到燃烧过程中，燃烧物有一些类似水滴状的脱落物掉下，这是连拍相机没有捕获到的现象．采用摄像机记录实时全息法检测对象的快速变化状态是极为简便、有效、经济、实用的．

我们在上述实验中采用的是 BETACAM 3P DXC-537APK 型的 CCD 摄像机，在像增强 GAIN+9DB 时，以 25 frams/s 的速度记录，其快门控制的曝光时间可达

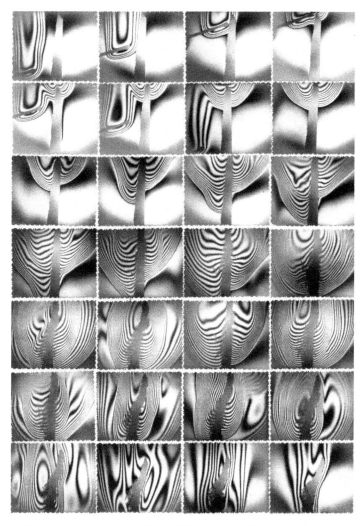

图 10-6-6 双基型火箭推进剂常温常压下燃烧全过程系列图片

排列顺序：自左至右、自上而下

1s/1000. 如果采用高速摄像机，甚至超高速摄像机，将可达到更高的时间分辨率.

这种方法所拍摄的实时全息图实际上是拍摄的一块毛玻璃，所以，在检测透明相位物体时，也不限于一个待测物体，也可以更换待测透明物体，进行多次检测. 也是很方便、实用的一种方法.

3. 拍摄 100W 普通白炽灯逐级加压的点燃过程

实验光路如图 10-6-8 所示. 图中，M_1，M_2 为反射镜，BS 为分束镜，SF 为空间滤波器，CL 为准直镜，L 为扩束镜，G 为毛玻璃，LG 为液闸盒，C 为具有连拍功能

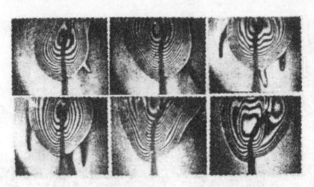

图 10-6-7 录像带播放过程中定格拍照的照片

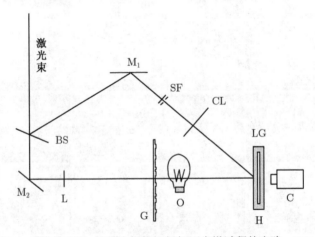

图 10-6-8 拍摄白炽灯逐级加压点燃过程的光路

的相机. 实验中,被摄物为白炽灯 O 和作为其背景的毛玻璃 G. 毛玻璃尺寸为 200mm×255mm. 全息图曝光时,白炽灯 O 和毛玻璃已经放入光路. 光束比为 $B = 8.91$,这也是 5 个取样点的平均值. 同样,为达到最佳的条纹衬比,根据条件 $B = \dfrac{J_0^2(\alpha)}{J_1^2(\alpha)}$,和表 10-6-1,应该使全息图的相位调制度达到 $\alpha_{\text{opt}} \approx 0.61$.

根据第一张全息图的数据,曝光时间应取 6.1s. 经过原位化学处理后所获实时全息图得到了很好的条纹衬比. 图 10-6-9 是 100W 普通白炽灯逐级加压的点燃过程的系列全息干涉图. 从照片上可以看到在逐级加压过程中白炽灯内反映温度场的干涉条纹的变化.

以上,我们介绍了可以获得高衬比条纹的实时全息记录方法,我们看到,在任何参物光束比的情况下都可以得到高衬比干涉条纹. 下面,我们将进一步讨论怎样同时获得高亮度检测光场和高衬比条纹的问题.

10.6　实时全息的一些特殊方法　　　　　　　　　　　　　　　　　　　　　　　· 493 ·

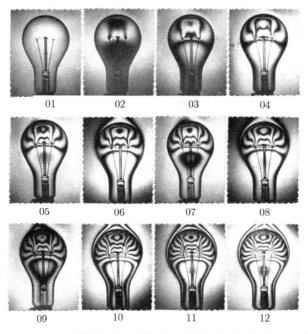

图 10-6-9　100 瓦普通白炽灯逐级加压点燃过程的系列全息干涉图

10.6.2　同时获得高亮度检测光场和高衬比条纹的实时全息记录方法

根据本章第 10.6.1 节的讨论, 若在"物光场"内进行检测, 所看到的干涉图样的条纹的衬比是

$$V = \frac{2R_0 O_0 J_1 J_0}{(R_0 J_1)^2 + (O_0 J_0)^2}$$

见第 10.6.1 节 (10-6-21) 式, 或

$$V = \frac{2A\sqrt{B}}{1+(A\sqrt{B})^2},$$

见第 10.6.1 节 (10-6-23) 式, 式中,

$$A \equiv J_1(\alpha)/J_0(\alpha)$$

我们可以将物光场中干涉条纹的衬比改写为

$$V = \frac{2[J_1(\alpha)/J_0(\alpha)]\sqrt{B}}{1+[J_1(\alpha)/J_0(\alpha)]^2 B} \tag{10-6-30}$$

根据以上的讨论, 在任何光束比情况下, 都可按照 (10-6-25) 式的条件拍摄实时全息图, 并取得最佳的条纹衬比. 但是, 如果要同时考虑检测光场的亮度也要求最

佳,应该怎样选择拍摄参数呢?若想获得检测光场最佳的亮度,首先会想到使拍摄的实时全息图具有最高的衍射效率.但这想法是否正确呢?让我们以拍摄实时全息光栅为例,研究它达到最高衍射效率时的几种典型的情况,比较它们的干涉条纹的衬比和相应的检测光场亮度[52].

10.6.2.1 最高衍射效率下的条纹衬比及检测光场亮度

1. 光束比取 $B = 3$

若取光束比为 $B=3$,假定所拍摄的实时全息图具有最高的衍射效率.此时,衍射效率为 $\eta_{\max} \approx 33.9\%$,相位调制度为 $\alpha \approx 1.82$.于是,查表可得 $[J_1(1.82)/J_0(1.82)]^2 \approx 3$.将结果代入 (10-6-30),可得到其相应的条纹衬比为 $V \approx 60\%$.也就是说,这种情况下,虽然衍射光亮度高,但条纹衬比却不算高,并不适宜于检测的要求.实际上,在此情况下,再现时沿物光方向传播的两项衍射光的光强比为比值 $B' = \dfrac{|U_{R1}|^2}{|U_{O0}|^2} = \dfrac{I_{R1}}{I_{O0}} = B\left[\dfrac{J_1(\alpha)}{J_0(\alpha)}\right]^2 \approx 9$,两束光光强相差较大.直接根据表达式 $V = \dfrac{2\sqrt{B'}}{1+B'}$ 计算条纹衬比,也立即可得 $V \approx 60\%$.

因此,衍射效率最大值条件下,光束比为 $B = 3$ 并不可取,原因是条纹衬比较低.

2. 光束比取 $B = 1/3$

那么,是否可以在衍射效率最大值条件下,同时获得最佳的条纹衬比呢?根据前面的讨论,当然是可以的.根据前面的结果,在最佳衬比应满足的条件为 (10-6-25) 式所给出的关系式 $B = \dfrac{1}{A^2} = \left[\dfrac{J_0(\alpha)}{J_1(\alpha)}\right]^2$,当相位调制度已经确定为 $\alpha \approx 1.82$ 时,为获得最佳的条纹衬比,就需要按这个条件,重新选择光束比 B.由 (10-6-25) 可以算出,这时的光束比应取 $B = [J_0(1.82)/J_1(1.82)]^2 \approx \dfrac{1}{3}$.也就是说,物光反而要比参考光强出三倍.这在一般情况下拍摄全息图是忌讳的,但在全息干涉计量中,譬如利用全息光栅作实时全息检测时,就没有这样的问题,也可以选择这样的光束比.

在此情况下,再现时沿物光方向传播的两项衍射光的光强比为比值为

$$B' = \dfrac{|U_{R1}|^2}{|U_{O0}|^2} = \dfrac{I_{R1}}{I_{O0}} = B\left[\dfrac{J_1(1.82)}{J_0(1.82)}\right]^2 \approx \dfrac{1}{3} \times 3 = 1$$

相应的条纹衬比也就达到了最大值 $V = V_{\max} \approx 1$.这时,衍射效率和条纹衬比均达到了最大值.也就是说,全息图既有最亮的再现像,而且,图像上的干涉条纹也有最佳的条纹衬比.然而,还不能认为这就是实时全息法应用于检测透明物体的最佳选择.因为,这时光场的亮度却并非最佳.对于实时全息检测的有效光场而言,其平均

光强是一级衍射光的平均光强与直透物光的平均光强两者之和. 所以, 单单只考虑一级衍射光的衍射效率就不够了. 还必须同时考虑直透物光光强, 也就是必须同时考虑两者的综合影响. 具体说, 就是要考虑在一定的照明光强下, 既能获得有效光场的最高亮度, 又同时获得最佳的条纹衬比, 这才是实时全息法的最佳选择[52].

10.6.2.2 光能利用率

入射在实时全息图上的平均光强为 $I = |R_0|^2 + |O_0|^2$, 而作为检测用的有效光的平均光强为 $I_{\text{effect}} = |U_{R1}|^2 + |U_{O0}|^2$. 为了定量评估光能的利用率, 引入**光能利用率** S 描述光能的利用率. 它的定义是, 形成干涉图纹的有效光平均光强 (average effective intensity) I_{effect} 与入射在实时全息图上的平均光强 I 之比, 即

$$S \equiv \frac{I_{\text{effect}}}{I} = \frac{|K|^2 \left[R_0^2 J_1^2(\alpha) + O_0^2 J_0^2(\alpha) \right]}{R_0^2 + O_0^2} = \frac{|K|^2 \left[B J_1^2(\alpha) + J_0^2(\alpha) \right]}{B + 1} \quad (10\text{-}6\text{-}31)$$

(10-6-31) 式表示了入射在实时全息图上的总光强中真正贡献给检测光场的光强占有多大比例. 因此, S 之值越大, 则光能的利用率越高.

当光束比为 $B = 1/3$, 衍射效率最高, 即相位调制度为 $\alpha \approx 1.82$ 的情况下, 若不考虑其他损失, 假定 $|K| = 1$ 时, 根据 (10-6-31) 式, 我们有 $S \approx 17\%$. 这时, 虽然条纹衬比达到了最佳值 $V \approx 1$, 但光能利用率并不高.

因此, 在衍射效率取最大值时, 或者光能利用率并不高, 或者条纹能见度不好, 在实时全息检测中都不能认为是最佳的选择.

10.6.2.3 同时获得高亮度检测光场和高衬比干涉条纹的条件

现在, 让我们考虑光能利用率最佳的条件. 对 (10-6-31) 式求导可得

$$S' = \frac{|K|^2 \left[J_1^2(\alpha) - J_0^2(\alpha) \right]}{(B+1)^2} \quad (10\text{-}6\text{-}32)$$

当 $S' = 0$ 时, 也就是 $J_1^2(\alpha) = J_0^2(\alpha) \approx 0.29$ 或 $\alpha \approx 1.42$ 时, 光能利用率取最大值 $S_{\max}$. 这时,

$$S = S_{\max} = |K|^2 J_0^2(\alpha) \approx 0.29 |K|^2 \quad (10\text{-}6\text{-}33)$$

不考虑其他损失, 假定 $|K|^2 = 1$ 时, 我们有 $S \approx 29\%$. 这时全息图的衍射效率是

$$\eta = |K|^2 J_1^2(\alpha) \approx 29\%$$

为了同时获得最佳的条纹衬比, 根据 (10-6-25) 式我们有 $B = 1$.

这时, 虽然衍射效率并非最高, 但有效光场即检测光场的亮度却最高, 光能利用率最大, 并同时具有最佳的条纹衬比. 它说明了, 对于实时全息检测的有效光场而言, 不仅要考虑衍射光的亮度, 还同时要考虑直透物光的亮度. 亦即需要同时考虑两者之综合影响. 结论是: 在一定的照明光强下, 能获得检测光场最高亮度和干涉条纹最佳衬比的最佳选择是光束比取 $B = 1$, 相位调制度取 $\alpha = 1.42$.

10.6.2.4 实验实例

以上我们介绍了一种同时获得高亮度检测光场和高衬比干涉条纹的方法,这方法应用于透明物体的检测和燃烧场的诊断等方面获得很好的结果. 除开同时获得高亮度检测光场和高衬比干涉条纹的方法之外,我们还列举了光束比取 3 和 1/3,衍射效率取最佳值的两种比较典型的情况,说明了这两种情况的不足之处. 下面,我们将上述三种情况的较为典型的三次实验结果列在表 10-6-4 中以供比较[52].

表 10-6-4 三次实验的主要数据

	实验 1	实验 2	实验 3
平均光束比 $\bar{B}$	3.34	0.299	1.04
平均相位调制度 $\bar{\alpha}$	1.80	1.85	1.43
平均衍射效率 $\bar{\eta}$	37.5	35.4	25.5
平均条纹衬比 $\bar{V}$	57.4	98.6	99.0
平均光能利用率 $\bar{S}$	31.7	16.1	26.0

在实验 1 中,平均光束比取 $\bar{B} \approx 3$,平均相位调制度取 $\bar{\alpha} \approx 1.82$ 时,虽然衍射效率和光能利用率都很高,比前面的理论值还要高. 但一级衍射光与直透物光的光束比太大,约 10 倍多,条纹衬比理论值 60.6% 还低,只有 57.4%,并不实用.

在实验 2 中,平均光束比取 $\bar{B} \approx 1/3$,平均相位调制度取 $\bar{\alpha} \approx 1.82$ 时,一级衍射光与直透物光的光束比接近于 1,可以获得很高的条纹衬比,但光能利用率低,只有 16.1%,稍低于理论值 17%. 通常,在激光光源功率和记录材料灵敏度都较高的情况下,还是可以满足实验要求的. 但在某些情况下,如在一定激光光源功率给定限制、记录材料灵敏度不高或欲使记录信息有尽可能高的时间分辨率时,就必须进一步考虑光能的利用率问题. 此外,由于物光强过参考光,再现像将发生一定程度的畸变. 故此参数不适宜于实际应用.

在实验 3,平均光束比取 $\bar{B} \approx 1$,平均相位调制度取 $\bar{\alpha} \approx 1.42$ 时,既获得了高衬比的干涉条纹,又获得了高亮度的有效检测光场,光能的利用率达到了 26%,虽低于理论值 29%,不过,比实验 2 的光能利用率 16.1% 好得多. 在光能的利用率方面虽不如实验 1,不过在条纹衬比方面又比实验 1 好得多. 因此,这是使用实时全息法检测透明体的最佳选择. 由于采用了这种拍摄参数,我们曾用功率输出仅 30mW 的氦氖激光器拍摄出高质量的实时全息图,获得了高亮度的检测光场和高衬比的干涉条纹,可以用具有连拍功能的相机和 CCD 摄像机记录下快门速度为 1/4000s 的瞬态现象. 而且图像清晰、条纹衬比高. 若使用高速摄影机,还可以记录下更高速度的动态变化过程.

实验还表明,当曝光量和相位调制度较低 (α 低于 1.4) 时,实际的衍射效率和光能的利用率都比理论值低一些 (约低 10% 左右). 这主要是由于记录材料界面的反射和吸收所致. 当曝光量和相位调制度较高 (α 高于 1.7 以上) 时, 实际的衍射效率和光能的利用率都比理论值要高, 这主要是由于乳胶的体积效应所致, 它不仅弥补了反射和吸收的损失, 还使实际的衍射效率比薄相位型全息图的理论值高出约 10% 左右. 在曝光量强、相位调制度高时, 乳胶的体积效应尤为显著. 尽管出现上述现象, 这时的衍射效率和光能的利用率仍与理论值相近, 后者略低于理论值.

在使用卤化银乳胶时, 为了保证在特性曲线的线形区进行记录, 需避开曲线的趾部, 故光束比应略大于 1, 通常可取 $B = 1.1 \sim 1.2$. 不过, 在实际工作中, 光场一般不会是均匀的. 常取中心部分 $B = 1$. 这时光场的其余部分就不再等于 1, 而是 1.1, 1.2 或 0.9, 0.8 等其他偏离 1.0 不大之值. 而整个光场的平均值 $B \approx 1.0$. 这时, 记录材料上虽有很小局域处于特性曲线的趾部, 但其他大部分区域均处于曲线的线形区.

10.6.3 在 "参考光场" 检测透明物的方法

在实时全息术中采用液闸盒可带来多方面的好处, 如复位精度高、可提高乳胶感光灵敏度、便于控制显影黑度等. 然而由于液闸盒窗口尺寸限制, 用实时全息法所检测的物体尺寸不能太大. 同样, 后来发展的新记录材料光导热塑、光折变晶体、量子阱材料、CCD 等虽有其他方面的优越性, 但它们的尺寸更小. 为了在较小尺寸的液闸盒或晶体等新材料窗口下获得较大的检测截面, 需采用大口径透镜以缩放光束, 这时, 必须在全息图后面的成像面上进行观察和记录, 有时是很不方便的, 特别是像面较远, 实验室空间较小的情况下. 此外, 实时全息术用于物体的燃烧场分析、电弧等离子体诊断技术等方面时, 将面临能自己发光的物体. 而物体自身发射的光, 不能与参考光干涉, 却能对乳胶起感光作用, 从而降低条纹衬比, 并带来严重的噪声. 为此, 需在检测光路上加装适当的滤波器, 滤去物体自发光, 只让携带信号的激光通过. 不过, 这需要付出降低信号光的代价, 并提高研究的费用. 为解决这些问题, 可以采用物光再现的参考光和原来的参考光的干涉光场即 "参考光场" 的图纹来检测透明物体状态变化的方法. "参考光场" 与 "物光场" 的图纹分布规律是相同的, 仅相位差 π 而已, 所以可以替代 "物光场" 进行检测. 对 "参考光场" 这组条纹观察时, 可以在参考光透过全息图的路径上任意位置观察, 有很大的灵活性. 若不需要放大图纹, 可采用平行光作为参考光. 若欲放大图纹, 则可采用发散或会聚光作为参考光. 在本节中还将讨论 "参考光场" 干涉条纹的衬比并导出在 "参考光场" 获得最佳衬比的条件[53].

10.6.3.1 基本原理

实验光路如图 10-6-10 所示. 为了用小窗口的液闸盒检测大尺寸的透明试件, 在物光光路中采用了扩束后的准直光照明大尺寸透明试件后, 又通过直径为 450mm

的大会聚透镜缩小光束,使信号光全部通过液匣盒的小窗口. 若扩束准直后光束的有效直径为 D, CL_2 的焦距为 F, 液匣盒通光有效直径为 d, 置于液匣盒内的全息干版离透镜 CL_2 的距离为 S, 干版离透镜 CL_2 焦点的距离为 f. 此时, 直径为 D 的平行光束在记录面上的缩小倍数 N 为

$$N = f/F = d/D \tag{10-6-34}$$

设物光光束的中心光线垂直入射在全息干版上. 取坐标如图 10-6-10 所示. 全息干版位于 XY 平面内, 物光束中心与 Z 轴重合并沿 Z 轴正向传播. 如果透镜 CL_1, CL_2 是不会带来相位畸变的理想透镜. 将待测透明物体 o 放入光路, 设这时紧贴物后平面上的光场复振幅分布为

$$O(x,y) = O_0(x,y) \exp[-j\phi_0(x,y)] \tag{10-6-35a}$$

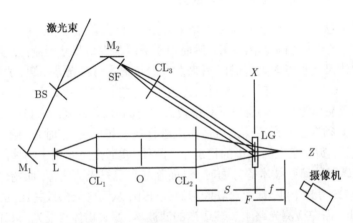

图 10-6-10　在参考光场检测透明物体示意图

BS: 分束镜; M_1, M_2: 反射镜; SF: 空间滤波器; LG: 液门; O: 实验试件; CL_1: $\Phi 300mm$ 准直透镜; L: 凹透镜; CL_2: $\Phi 450mm$ 成像透镜; CL_3: $\Phi 100\ mm$ 准直透镜; S: 透镜 CL_2 离记录平面距离; F: 透镜 CL_2 焦距; f: 记录平面与透镜 CL_2 焦点之间距离

对于散射效应极微的透明物体, 准直光束通过它后, 仍可视为准直光束, 再通过透镜后, 仍有显著的聚焦现象. 于是, 物光复振幅在 XY 平面上的分布可近似表示为

$$O(x,y) = O_0(x,y) \exp[-j\phi_0(x,y)] \exp[-j(k/2f)(x^2+y^2)] \tag{10-6-35b}$$

式中, $f = F - S$. 一般情况下, 透镜口径越大越难做, 也越昂贵. 若物光光路上的透镜质量不够好, 所成的像有某种程度的畸变, 将透镜由于质量等因素对光束产生的相位畸变用一个相位函数 $P(x,y)$ 表示, 则 (10-6-35b) 式可改写为

$$O(x,y) = O_0(x,y)\exp[-j\phi_0(x,y)]\exp[-j(k/2f)(x^2+y^2)]\exp[jP(x,y)]$$
(10-6-36)

参考光是由高质量的 $\phi100$ 准直透镜 CL_3 产生的平行光束，与 Z 轴的夹角为 θ. 它在干版平面上的复振幅分布为

$$R(x) = R_0\exp[-j(k\sin\theta)x]$$
(10-6-37)

相应于曝光时间 τ 的曝光量 $E(x,y)$ 为

$$\begin{aligned}E(x,y) &= \tau[\langle|O(x,y)^2|\rangle + R_0^2][1+V\cos\Phi(x,y)]\\ &= \tau(\bar{I}_0 + \bar{I}_R)(1+V\cos\Phi) = E_0(1+V\cos\Phi)\end{aligned}$$
(10-6-38)

式中, $E_0 = \tau(\bar{I}_0 + \bar{I}_R)$ 为平均曝光量,

$$\Phi = k\sin\theta x - \phi_0(x,y) - (k/2f)(x^2+y^2) + P(x,y)$$
(10-6-39)

在只考虑零级和一级衍射的情况下，经曝光、化学处理后所获得的相位型薄全息图的复振幅透射率 $t(x,y)$ 可表为

$$t(x,y) = K\{J_0(\alpha) + J_1(\alpha)\exp[j(\Phi+\pi/2)] + J_1(\alpha)\exp[-j(\Phi-\pi/2)]\}$$ (10-6-40)

式中,

$$\alpha = \gamma E_0 V$$
(10-6-41)

若待测物体只在相位分布上发生变化 $\Delta\phi_O(x,y)$，而在振幅分布上没有发生变化. 于是, 变化了的物光在全息图平面上的复振幅分布 $O'(x,y)$ 可表为

$$O'(x,y) = O_0(x,y)\exp([-j(\phi_O+\Delta\phi_O)])\exp[-j(k/2f)(x^2+y^2)]\exp[jP(x,y)]$$
(10-6-42)

以参考光 $R(x,y)$ 和变化了的物光 $O'(x,y)$ 同时照射全息图时，将产生六项衍射光如下

$$[R(x,y)+O'(x,y)]t(x,y) = U_{R0} + U_{R1} + U_{R-1} + O_{O0} + O_{O1} + O_{O-1}$$ (10-6-43)

式中，六项衍射光分别为

$$U_{R0} = KR_0J_0\exp[-j(k\sin\theta)x]$$
(10-6-43a)

$$U_{R1} = KR_0J_1\exp[j(-\phi_O - (k/2f)(x^2+y^2) + P + \pi/2)]$$
(10-6-43b)

$$U_{R-1} = KR_0J_1\exp\left[-j\left(2k\sin\theta x - \phi_O - (k/2f)(x^2+y^2) + P - \pi/2\right)\right]$$ (10-6-43c)

$$O_{OO} = KO_0 J_0 \exp\left([-j(\phi_O + \Delta\phi_O)]\right)$$
$$\exp\left[-j(k/2f)(x^2 + y^2)\right] \exp[jP] \tag{10-6-43d}$$
$$O_{O1} = KO_0 J_1 \exp\left[-j(k\sin\theta x + \Delta\phi_O - \pi/2)\right] \tag{10-6-43e}$$
$$O_{O-1} = KO_0 J_1 \exp\left[j\left(k\sin\theta x - 2\phi_O - \Delta\phi_O\right.\right.$$
$$\left.\left. - (k/f)(x^2 + y^2) + 2P + \pi/2\right)\right] \tag{10-6-43f}$$

其中 U_{R1}, U_{OO} 两项衍射光沿物光方向传播. 它们的光场, 也就是 "物光场" 的辐照度分布 $I_{\text{object}}(x, y)$ 为

$$I_{\text{object}} = (KR_0 J_1)^2 + (KO_0 J_0)^2 + 2(KR_0 J_1)(KO_0 J_0)\cos\left[\Delta\phi_O + \pi/2\right] \quad (10\text{-}6\text{-}44)$$

其中 U_{R0}, U_{O1} 两项衍射光沿参考光方向传播. 它们的光场, 也就是 "参考光场" 的辐照度分布 $I_{\text{reference}}$ 为

$$I_{\text{reference}} = (KR_0 J_0)^2 + (KO_0 J_1)^2 + 2(KR_0 J_0)(KO_0 J_1)\cos\left[\Delta\phi_O - \pi/2\right] \quad (10\text{-}6\text{-}45)$$

由 (10-6-44), (10-6-45) 式可见, 两光场在干版平面的干涉条纹分布规律是相同的, 只是两者在相位上恰好反相 (相位相差为 π), 前者的亮纹位置恰好为后者的暗纹位置. 考察它们的相位函数可以知道: 参考光再现的零级衍射, 即参考光通过全息图的直透光 U_{R0} 具有原来参考光的性质, 仍为平行光束, 只是振幅有所衰减. 物光再现的正一级参考光 U_{O1} 带有物体振幅分布的信息 $O_0(x, y)$ 以及相位变化的信息 $\Delta\phi_O(x, y)$, 却不具有原来物光的相位函数 $\phi_O(x, y)$, 也不受相位畸变函数 $P(x, y)$ 的影响, 它沿着原来参考光的方向传播, 也是平行光束, 其分布与传播距离无关. 参考光再现的正一级衍射光 U_{R1} 与物光再现的零级衍射, 即物光通过全息图的直透光 U_{OO} 则不同, 它们的相位函数表明: 它们具有原来物光束的性质, 两者都是会聚光, 都会聚于透镜的焦点, 然后再发散. 它们都带有物体相位变化的信息, 还同时都带有相位畸变函数 $P(x, y)$ 的影响. 不过, 正如 (10-6-44) 和 (10-6-45) 式所表达的那样, 两光场的光强分布却都是相似的, 即使是带有相位畸变函数 $P(x, y)$ 的 U_{R1} 与 U_{OO} 叠加后的物光场也恰好互相抵消了畸变函数的影响. 所以, 采用两光场中任意一个光场都可以研究物体的变化. 然而, 在 "物光场" 检测必须在透镜的成像面上, 否则, 再现像会发生畸变, 而且不能避开自发光的干扰; 而在 "参考光场" 检测可完全避开自发光的干扰, 还可以更为灵活地在任意位置进行记录, 在任何位置再现像都没有畸变.

10.6.3.2 "参考光场"的干涉条纹衬比

由 (10-6-45) 式和条纹衬比的定义,"参考光场"的干涉条纹衬比为

$$V = \frac{2(R_0 J_0)(O_0 J_1)}{(R_0 J_0)^2 + (O_0 J_1)^2} = \frac{2 J_0 J_1 \sqrt{B}}{B J_0^2 + J_1^2} = \frac{2(J_1/J_0)\sqrt{B}}{B + (J_1/J_0)^2} = \frac{2\left(A/\sqrt{B}\right)}{1 + \left(A/\sqrt{B}\right)^2} = \frac{2x}{1+x^2}$$

(10-6-46)

在光束比 B 保持不变的情况下,将 (10-6-46) 式求导,得

$$V' = \frac{2(1-x^2)}{(1+x^2)^2}, \quad 当 \quad V' = 0 \text{ 时}, x = A/\sqrt{B} = 1 \quad 或 \quad B = A^2 = \left[\frac{J_1(\alpha)}{J_0(\alpha)}\right]^2$$

(10-6-47)

由 (10-6-47) 式可见,为获得"参考光场"的最佳条纹衬比,应使曝光、处理后的实时全息图的相位调制度达到 (10-6-47) 式所要求之值. 在实时全息术中,一旦选定了参物光束比 B 时,根据 (10-6-47) 式和表 10-6-1 就可以得到相应于最佳条纹衬比的相位调制度 α. 至于在实践过程中如何控制实验条件以使所拍摄的实时全息图达到所期望的 α 之值,可参看前面 10.6.1.2 节. 值得注意的是,这种情况下所获得的最佳纹衬比的条件,与"物光场"的干涉条纹的最佳纹衬比的条件 (10-6-25) 式相比较,两者恰好互为倒数 (即干涉项 U_{R1} 与 U_{O0} 的干涉图纹与干涉项 U_{R0} 与 U_{O1} 的干涉图纹这两者之最佳衬比条件恰好互为倒数),这是能量守恒定律的必然结果.

10.6.3.3 实验示例

1. 带有方格标记的玻璃平板

将一个带有方格标记的玻璃平板记录在实时全息图上. 再现时,用两片毛玻璃作为观察屏. 第一片放在"参考光场"中,第二片放在"物光场"中. 并使它们的平面均与带有方格标记的玻璃平板平面相平行. 图 10-6-11(a) 是第一片毛玻璃上物体的图像,方格标记保持了原来的形状,而且,前后移动毛玻璃位置时,屏上图像也都一样,没有变化. 第二片毛玻璃上物体的图像,只在像面及其附近很小景深范围是无畸变的,在其他位置均有畸变. 图 10-6-11 (b) 表示了第二片毛玻璃屏放在焦点前

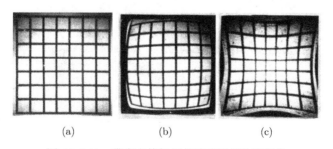

图 10-6-11 带有方格标记的玻璃平板的再现像

方呈现的凸枕形畸变；图 10-6-11 (c) 为第二片毛玻璃屏放在焦点后方呈现的凹枕形畸变[53].

2. 固体透明试件

物体 O 是一个夹持在加力架上的有机玻璃平板，它是地震基础研究中关于微破裂成核过程与应力场关系的模拟试验中使用的试件．试件加力后的干涉条纹图也通过上述的两片毛玻璃作为观察屏进行观察．图 10-6-12(a) 是第一片毛玻璃屏上样品上的干涉条纹，它放在"参考光场"中任意位置图纹都没有变化，不放大、也不缩小、不发生任何畸变．图 10-6-12 (b) 是放在透镜 CL_2 像面的第二片毛玻璃屏上样品的干涉条纹，将它与图 10-6-12 (a) 相比较，两光场的干涉条纹分布规律是相同的，前者的亮纹位置恰好为后者的暗纹位置[53].

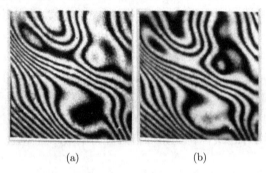

图 10-6-12　有机玻璃试件的再现像

3. 酒精灯火焰的燃烧场

物体 O 是酒精灯火焰的燃烧场．图 10-6-13(b) 是第一块毛玻璃上燃烧场的涉条纹，类似实验 (2)，屏可放在"参考光场"中的任意位置进行记录，非常方便．此外，它还不受酒精灯燃烧场自身发光的影响，无需使用滤色片就可以获得反衬度很好的干涉条纹．图 10-6-13 (a) 是放在透镜 CL_2 像面上的第二块毛玻璃屏上物体的图像和干涉条纹，图 10-6-13 (a) 与图 10-6-13 (b) 的条纹分布规律是相同的，前者的

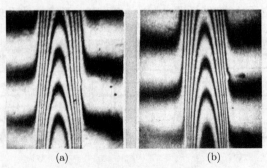

图 10-6-13　酒精灯火焰的燃烧场的干涉图

亮纹位置恰好为后者的暗纹位置. 当第二块毛玻璃放在距离 CL_2 像面较远的位置上时, 图纹都有一定的畸变.

在 "物光场" 中, 将屏放在透镜 CL_2 像面上进行记录, 有时非常不便. 例如, 对于我们实验室的光路布局而言, 像面位置距离液门就太远, 约为 2m. 几乎已经到达实验室的墙角, 摆放相机或摄像机都有些困难. 并且, 由于燃烧物体的燃烧场自身发光的影响, 需使用滤色片才能获得衬比度好的干涉条纹.

综上所述: 在实时全息干涉计量术中可采用 "参考光场" 的干涉条纹进行对透明物体进行实时检测. 这方法在用于待测物体有自身发光现象的问题时可以避免物体自发光的干扰 (譬如, 火箭固体燃料的燃烧场、等离子体诊断等场合); 并可在 "参考光场" 中任意位置进行记录, 这对于使用缩放光束对大截面透明物体进行的检测带来更多的方便, 无须在透镜的像面唯一的位置上检测, 而可以将记录面安放在任意的位置.

10.6.4 采用移相器判断条纹序数

这是在实时全息干涉计量中判断条纹序数的一种简便快捷的方法[54], 它利用一个压电移相器来改变参考光的光程 (见图 10-6-14), 通过衍射场干涉条纹的变化趋向来判断条纹序数的增加方向. 所谓压电移相器, 实际上是一个靠压电效应控制其空间位置的小反射镜. 当调节移相器控制电压使反射镜后退, 参考光光程增加而其他一切条件不变时, 条纹将从级序大的位置向级序小的位置移动. 由此便可容易地判断物体表面的位移形变方向. 若调节 PS 驱动器控制电压使参考光路上产生的

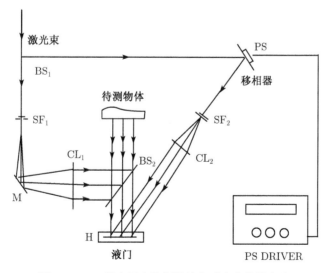

图 10-6-14 带有压电移相器的实时全息检测光路

附加光程差为

$$\Delta\delta_R = -(\lambda/2\pi)\Delta\phi_R \qquad (10\text{-}6\text{-}48)$$

在这种情况下，实时全息图的复振幅透射率仍保持不变，而再现时物光和参考光分别为

$$O'(x,y) = O_0 \exp[-\mathrm{j}(\phi_O + \Delta\phi_O)], \quad R'(x,y) = R_0 \exp[-\mathrm{j}(\phi_R + \Delta\phi_R)] \qquad (10\text{-}6\text{-}49)$$

这时，相应的衍射光变为

$$(O'+R')t(x,y) = (O'+R')K\{J_0(\alpha) + J_1(\alpha)\exp[\mathrm{j}(\phi_O - \phi_R + \pi/2)]$$
$$+ J_1(\alpha)\exp[-\mathrm{j}(\phi_O - \phi_R - \pi/2)]\}$$

物光场的两项衍射光为

$$U_{R1} = KR_0 J_1 \exp[-\mathrm{j}(\phi_O + \Delta\phi_R - \pi/2)] \qquad (10\text{-}6\text{-}49\mathrm{a})$$

$$U_{O0} = J_0 K O_0 \exp[-\mathrm{j}(\phi_O + \Delta\phi_O)] \qquad (10\text{-}6\text{-}49\mathrm{b})$$

物光场的光强分布函数为

$$I_O = (KJ_0 O_0)^2 + (KR_0 J_1)^2 + 2(KJ_0 O_0)(KR_0 J_1)\cos[\Delta\phi_O - \Delta\phi_R + \pi/2] \qquad (10\text{-}6\text{-}50)$$

在移相器没有动作时，即 $\Delta\phi_R = 0$ 时，亮纹条件是

$$\Delta\phi_O + \pi/2 = 2N\pi \quad 或 \quad \Delta\phi_O = (2N - 1/2)\pi \qquad (10\text{-}6\text{-}51)$$

式中，N 为条纹序数.

当移相器的移动方向是使参考光的光程增加 $\Delta\delta_R > 0$ 时，根据 (10-6-50) 式，物光场的亮纹条件变化为

$$\Delta\phi_O - \Delta\phi_R + \pi/2 = 2N'\pi$$

或

$$\Delta\phi_O - \Delta\phi_R = (2N' - 1/2)\pi \qquad (10\text{-}6\text{-}52)$$

N' 为新的条纹分布的条纹序数. 将 (10-6-52) 式与 (10-6-51) 式相减，我们得

$$-\Delta\phi_R = 2N'\pi - 2N\pi = 2(N' - N)\pi$$

注意到 (10-6-48) 式给出的关系式，我们有

$$\Delta\phi_R = -(2\pi/\lambda)\Delta\delta_R$$

故

$$\Delta\delta_R = (N' - N)\lambda \qquad (10\text{-}6\text{-}53)$$

因此,
$$\text{当 } \Delta\delta_R > 0 \text{ 时, 就有 } N' - N > 0 \text{ 或 } N' > N \tag{10-6-54a}$$
这时, 在某固定的观察点, 其条纹序数变大, 或条纹从序数大的位置往序数小的位置方向移动.

反之,
$$\text{当 } \Delta\delta_R < 0 \text{ 时, 就有 } N' - N < 0 \text{ 或 } N' < N \tag{10-6-54b}$$
这时, 在某固定的观察点, 其条纹序数变小, 或条纹从序数小的位置往序数大的位置方向移动. 由此可快速地判断干涉条纹的序数顺序.

10.7 大型结构的全息检测 —— 大景深全息技术

全息照相的景深和被摄物体的尺寸大小通常被限制在激光器的相干长度之内, 也可以采用 "光程补偿" 的技术扩展景深, 但这种方法一般只能将景深扩展到激光器相干长度的 1~2 倍. 贝尔实验室曾有用普通氦氖激光器拍摄了 1.2m 景深的记录[39]. 然而, 这对拍摄许多工程结构还是很不够的.

当以能见度允许的条件来定义相干长度 l_C, 譬如以第 3 章 (3-2-22) 式来定义相干长度 l_C 时, 即复自相干度的模 $|\gamma(\tau)|$ 等于 $1/\sqrt{2}$ 时对应的光程差 l_C 来定义相干长度时, 我们有

$$|\gamma(l_C)| \equiv 1/\sqrt{2} \approx 0.707$$

对于实验室常用的氦氖激光器而言, 这个相干长度约为几十厘米的量级 (譬如, 输出功率约三四十毫瓦的氦氖激光器, 其相干长度约为二三十厘米). 因此, 通常拍摄大景深、大面积的全息图都不使用氦氖激光器, 而采用经过选模的大功率氩离子激光器或大能量的红宝石激光器, 它们的相干长度一般在米的量级, 乃至 10m 量级. Gates 曾用 10J 输出的红宝石激光器在现场条件下拍摄了 $6m^3$ 的工程结构[40]. 然而, 要用这样的激光器来拍摄大景深、大面积的全息图付出的代价是昂贵的.

下面我们将介绍, 如何采用较为低廉的、普通实验室最常用的氦氖激光器来拍摄大景深、大面积全息图的方法.

10.7.1 远距离拍摄方法 —— 等光程椭圆

当被摄物体很大, 而激光器相干长度很小时, 可以将物光作远距离的扩束, 使得照明在物体上的物光波面具有较大的曲率半径, 以满足相干性的要求, 这是最简单的方法.

为了使照明物体的物光, 在通过物体散射到全息记录干版上具有近乎相等的光程, 可使用等光程椭圆方法布置光路. 作等光程椭圆的方法如下.

若激光束透过参物光分束镜后直接照明物体,参考光经过参物光分束镜反射后,再经过一个反射镜的反射便到达干版,则以参物光分束镜中心 L 及干版中心 H 为两焦点作一个椭圆,并使椭圆经过参考光反射镜中心,然后将物体表面放在这个椭圆的周界附近,椭圆周界线内外允许有一定范围的宽度,这就是激光器相干长度允许的宽度. 只要物体被拍摄表面摆放的位置处于激光器相干长度的范围内,都能很好地满足相干性的要求. 如图 10-7-1 所示. 若拍摄的物体相当大时,需要使分束镜中点 L 和全息记录干版中心 H 靠近,并使参考光的反射镜离开 L, H 足够远,使图 10-7-1 的等光程椭圆曲线趋向于圆曲线,即增大曲率半径.

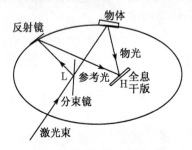

图 10-7-1　参物光等光程椭圆示意　　　　图 10-7-2　物光的等光程椭圆示意

譬如, 使用一支相干长度为 30cm 的 60mW 的氦氖激光器拍摄一座宽 1m, 厚 1m, 高 2m 的机床. 要使机床距扩束透镜 L 的焦点和全息记录干版 H 的中心的距离大约为 10m 远. Nils Abramson 曾使用此数据拍摄机床, 获得满意的结果 (见图 10-7-3)[42].

显然, 如此大的物体, 如此远的距离, 一般的全息防震台是用不上的. 被摄物体只能放在地面上, 多数的光学元件也只能放在地面上. 因而, 拍摄时需特别注意防震措施. 譬如, 对光路中安放在地面的每个元件可分别垫以金属块以增大其惯性, 并垫橡皮以防震, 且最好在夜间拍摄.

当物体非常大, 有时采用图 10-7-1 的光路不便安排布局时, 也可以分别单独做物光的等光程椭圆, 如图 10-7-2 所示, 以物光的扩束镜焦点 L 与记录干版中心 H 为两个焦点作等光程椭圆. 具体实施时, 可以用一根细绳. 一端固定在物光扩束透镜的焦点 L 位置, 另一端固定在全息记录干版的中心 H 位置, 将细绳套上一支杆身光滑的笔 P, 笔暂时固定在物体表面的中心点, 这时需调整光路, 使物光从分束镜到 P 点, 再到记录片中心 H 的光程与参考光从分束镜到记录片中心 H 的光程相等. 然后移动笔 P, 在光路平面上画一段椭圆曲线, 将待摄物表面安放在此椭圆曲线周界附近, 只要不超过椭圆周界线内外激光器相干长度的范围, 都能很好地满足相干性的要求. 当然, 也可以不在光路平面上真画曲线, 而只是套上一支可让细绳自由滑动的光滑的杆, 用它来控制待摄物表面的位置, 也就可以达到目的了. 这种方法虽可拍摄很大的场景,但景深受限于激光器的相干长度.

图 10-7-3　机床的全息干涉图

10.7.2　大景深全息技术

10.7.2.1　激光相干性的准周期性

在第 3 章 3.2.5 节激光光源的时间相干性中,我们曾讨论了多纵模激光器的时间相干性.指出,多纵模激光器的时间相干性具有准周期性的特点,其复自相干度的模在程差为腔长的偶数倍的情况下,均有很好的时间相干性.

为什么多纵模激光器的时间相干性有这样的准周期性呢? 原来是其光学谐振腔造成的. 时间相干性的周期 T 等于激光往返于谐振腔一次所经历的时间,即 $T = 2L/c$,决定于光速与二倍谐振腔的长度 $2L$. 我们在第 4 章 4.2.1 节曾指出,在激光器谐振腔内能形成稳定电磁振荡的模式必须满足的条件是:在谐振腔两个反射腔镜间来回振荡,每一次反复能重现它自身的电磁场结构,即当它完成了一次来回路程 $2L$ 时,它的相位变化应是 π 的偶数倍,它在共振腔内才能形成驻波.在第 3 章 3.2.5 节气体激光器的功率谱密度的表达式中可以看到,除开单纵模的 (3-2-50a) 式以外,其余诸式中的纵模间距 $\Delta\nu = (c/2L)$ 就反映了它们所满足的驻波条件.因而,由此得到的多纵模激光光源的复自相干度的表达式 (3-2-52) 所包含各式中除开单纵模的 (3-2-52a) 式以外,其余诸式都具有相同的周期性,即无论纵模数 N 取何值,当 $l = m2L(m = 1, 2, 3, \cdots)$ 时,都有 $f_N(E = 2m\pi) = 1$.

为了更形象化的理解多纵模激光器时间相干性的这种准周期性,下面我们将采用有限长波列的理想模型,对此性质再从另一个角度作一粗略的讨论.

在图 10-7-4 的迈克耳孙光路中,设激光器内受激原子辐射光波的持续时间为 τ_0,波列长度为 $l_0 = c\tau_0$. 考虑激光器内同一个受激原子的某一次辐射的光波,其复振幅为 u,在透射出激光器前腔镜以后,其复振幅表示为 u_1,经过分束比为 1 的分束镜分为两个振幅相等的波列 $u_1^{(1)}$ 和 $u_1^{(2)}$,波列 $u_1^{(1)}$ 经分束镜反射,到达固定反射镜 M_1,再反射回分束镜,再透射过分束镜向前传播;波列 $u_1^{(2)}$ 透射过分束镜,到达动镜 M_2,经 M_2 反射回分束镜,再经分束镜反射后与波列 $u_1^{(1)}$ 相遇,一同向前传播,若相遇时两束波列有一微小的夹角,在观察屏 (如一块毛玻璃) 上将呈现两等幅平面波的干涉图样,即第 1 章 3.1.2 节所述的正弦型干涉条纹. 若各种光能损失都可忽略不计,则条纹的能见度只决定于两束波列的光程差. 将波列 $u_1^{(1)}$ 所通过的光路称光路 1,波列 $u_1^{(2)}$ 通过的光路称光路 2,并使光路 2 的光程在开始时等于光路 1. 移动动镜 M_2 后,光路 2 的光程总是大于光路 1. 两者光程差为 d,时间差为 $\tau = d/c$. 则在观察屏上的两波列的复振幅可分别写为 $u_1^{(1)}(t+\tau)$ 和 $u_1^{(2)}(t)$. 应该注意的是,透射出激光器前腔镜的这个第一束波列 u_1 只是该原子在该时刻发射的那一列波列 u 的非常小的一部分. 若波列 u 的总能量为 W,前腔镜的反射率为 r,后腔镜的反射率为 1,不考虑其他损失,则透过前腔镜出射的第一束波列 u_1 所携带的能量为 $(1-r)W$. 通常 r 很接近 1,如氦氖激光器的前腔镜反射率 r 约为 98%,所以,第一束波列 u_1 所携带的能量约为该原子在该时刻辐射出的波列 u 总能量 W 的 2%,绝大部分能量被前腔镜反射回激光器内,现在,让我们考察反射回去的波列.

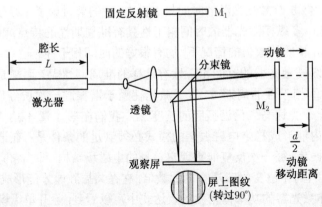

图 10-7-4 迈克耳孙光路相干性实验

10.7 大型结构的全息检测 —— 大景深全息技术

经前腔镜第一次反射的波列所携带的能量为 rW, 经后腔镜 (全反射镜) 反射, 再回到前腔镜时, 假设在后腔镜反射以及在腔内传播过程中, 该波列若没有其他能量损失, 那么, 它再次到达前腔镜出射的波列所携带的能量为 $(1-r)rW$. 这是该原子同一次辐射透过前腔镜输出的第 2 束波列 u_2, 它遇到分束镜后, 又被分成两个波列 $u_2^{(1)}$ 和 $u_2^{(2)}$, 当它们到达观察屏上时, 比前面所讨论的两束波列分别滞后了它在激光腔内来回传播一次所经历的时间 $\dfrac{2L}{c}$, 它们在屏上的复振幅可分别写为: $u_2^{(1)}(t+\tau-1\times(2L/c))$ 和 $u_2^{(2)}(t-1\times(2L/c))$. 所产生的干涉图纹与 $u_1^{(1)}$ 和 $u_1^{(2)}$ 的干涉图纹除衬比略有差别外, 是完全一样的.

类似的, 经前腔镜第 2 次反射的波列所携带的能量为 r^2W, 经后腔镜反射, 再回到前腔镜并透过它时, 所带出的能量为 $(1-r)r^2W$. 这是该原子同一次辐射透过前腔镜的第 3 束波列 u_3, 它遇到分束镜后, 又分成两个波列 $u_3^{(1)}$ 和 $u_3^{(2)}$, 当它们到达观察屏上时, 比该原子同一次辐射透过前腔镜输出的第 1 束波列产生的两束波列分别滞后了它在激光腔内来回传播 2 次所经历的时间, 它们在屏上的复振幅可分别写为: $u_3^{(1)}(t+\tau-2\times(2L/c))$ 和 $u_3^{(2)}(t-2\times(2L/c))$. 这两束波列的光程差同样为 d, 干涉图纹同前面一样.

如此类推, 经前腔镜第 N 次反射的波列所携带的能量为 r^NW, 经后腔镜 (全反射镜) 反射, 再回到前腔镜并透过它时, 所带出的能量为 $(1-r)r^NW$. 这是透过前腔镜的第 $N+1$ 束波列 u_{N+1}, 它遇到分束镜后, 又被分成两个波列 $u_{N+1}^{(1)}$ 和 $u_{N+1}^{(2)}$, 当它们到达观察屏上时, 比前面所讨论的两束波列分别滞后了它在激光腔内来回传播 N 次所经历的时间, 它们在屏上的复振幅可分别写为: $u_{N+1}^{(1)}(t+\tau-N\times(2L/c))$ 和 $u_{N+1}^{(2)}(t-N\times(2L/c))$ 光程差同样为 d, 干涉图纹也同前面一样.

由于仪器和人眼的响应时间和暂留时间都相对长, 屏上被检测或被观察到的干涉图纹是谐振腔所有依次输出诸波列所分的两两配对波列的干涉图纹的强度叠加. 所有波列能量的总和为

$$\sum_{n=0}^{N}(1-r)r^nW = (1-r)\left[1+r+r^2+r^3+\cdots+r^N\right]W$$

$$= (1-r)\left[\dfrac{1-r^{N+1}}{1-r}\right]W = (1-r^{N+1})W \qquad (10\text{-}7\text{-}1)$$

当 $N\to\infty$ 时, $r^{N+1}\to 0$, 于是从激光器前反镜输出的所有波列的能量总和为 W. 也就是说, 该原子该次辐射的光波全部都输出了激光器, 这是在前面假定了光波在激光器来回反射过程中没有能量损失的情况下的必然结果, 当然, 这是假想的理想情况, 为了简化讨论, 忽略了众多因素.

若激光器内有 M 个受激原子, 它们处于相同的状态, 辐射的光波具有同样的频率, 同样的波列长度 (同样的发光持续时间), 经过同样光路的情况下, 每个原子

同一次的辐射产生的干涉图纹是相同的. M 个原子辐射的光波所产生的干涉图纹是单个原子辐射的光波所产生的干涉图纹强度的 M 倍. 所以, 我们只需要讨论某一个原子同一次辐射产生的光场性质就可以了.

开始时两光路光程相等, 即 $d=0$. 这时, 谐振腔所有依次输出诸波列所分的两两波列都是等光程而且是等振幅的, 即 $u_1^{(1)}(t)$ 和 $u_1^{(2)}(t)$, $u_2^{(1)}(t-1\times(2L/c))$ 和 $u_2^{(2)}(t-1\times(2L/c)),\cdots$ 都处于相干叠加的状态, 每对配对波列的干涉条纹能见度都为 1. 因而, 激光器输出所有波列的干涉条纹的强度叠加的总光场也具有完全一样的干涉条纹, 且能见度也为 1.

然后保持光路 1 不变, 移动动镜使光路 2 的光程增长. 在两光路的程差大于零, 小于波列长度, 即 $0<d<c\tau_0$ 时, 谐振腔所有依次输出诸波列所分的两两波列都处于同样的部分重叠的情况, 即两两配对光束都处于同样的部分相干状态, 这时, 光场虽仍有干涉条纹, 但能见度不是最好, 处于 0 与 1 之间.

继续移动动镜使光路 2 的光程继续增长, 长到两光路的程差大于波列长度 (激光的相干长度) $d>c\tau_0$ 时, 谐振腔所有依次输出诸波列所分的两两波列都处于完全不相重叠的情况, 也就是所有波列都不能配对相干, 所有波列都是不相干的, 光场一片均匀, 没有干涉条纹. 然而, 若再继续移动动镜使光路 2 的光程继续增长, 长到一定程度后, 又将见到模糊的条纹, 而且, 随着动镜继续移动, 程差 d 继续增大, 条纹能见度越来越好. 当两光路的程差增大到恰好等于二倍腔长, 即 $d=2L$ 或 $\tau=2L/c$ 时, 能见度又逼近最佳值 1.这时, 让我们进一步考虑激光器出射波列的情况. 最先到达屏上的波列 $u_1^{(1)}(t)$ 的末端早已在观察屏上消失后, 波列 $u_1^{(2)}(t)$ 的首端方才到达观察屏. 因而波列 $u_1^{(2)}(t)$ 不能与波列 $u_1^{(1)}(t)$ 相遇, 这两个第一次出射的波列不再能相互发生干涉.然而 $u_1^{(2)}(t)$ 却恰好与波列 $u_2^{(1)}(t+\tau-1\times(2L/c))=u_2^{(1)}(t)$ 相遇, 这两个波列光程恰好相等; 同样地, 波列 $u_2^{(2)}(t-1\times(2L/c))$ 恰好与波列 $u_3^{(1)}(t+\tau-2\times(2L/c))=u_3^{(1)}(t-1\times(2L/c))$ 光程恰好相等; $\cdots\cdots$, 这样, 除开波列 $u_1^{(1)}(t+\tau)=u_1^{(1)}(t+2L/c)$ 与最后的一支波列分束后通过光路 2 的波列 (此波列的能量实际为零可不予考虑) 之外, 所有其余波列都两两等光程, 两两都处于相干叠加状态. 屏上的光场是除开波列 $u_1^{(1)}(t+\tau)$ 以外其余波列两两配对的干涉图纹的强度叠加, 再叠加上 $u_1^{(1)}(t+\tau)$ 形成的均匀亮场. 注意到, 两两配对光束的光束比均为

$$B_1=\left|u_{n+1}^{(1)}(t)\right|^2/\left|u_n^{(2)}\right|^2=\left|u_2^{(1)}(t)\right|^2/\left|u_1^{(2)}\right|^2=\left|u_3^{(1)}(t)\right|^2/\left|u_2^{(2)}\right|^2=\cdots=r$$

配对两波列所形成的干涉图纹的能见度均为

$$V_1=2\sqrt{r}/(1+r) \tag{10-7-2a}$$

每一对配对波列形成的干涉图纹均可表示为

$$(1 + V_1 \cos \phi)$$

同一个原子、同一次辐射、经过谐振腔来回反射依次输出的所有波列产生的光场为所有上述两两配对光束形成的干涉图纹以及不能配对的波列形成均匀光场的强度叠加.

形成衬底均匀亮场的能量:

$$(1 - r) W/2$$

形成干涉条纹的能量:

$$W - (1 - r) W/2$$

所有波列形成的光场分布可表示为

$$I \propto (1-r) W/2 + [W - (1-r) W/2] (1 + V_1 \cos \phi) = W \{1 + [(1+r) V_1/2] \cos \phi\}$$

于是, 所有波列形成的光场的条纹能见度为

$$V = (1 + r) V_1/2 \tag{10-7-2b}$$

若 $r = 0.98$, 则有 $V_1 \approx 0.99995 \approx 1.00$. 所有波列形成的光场的能见度为 $V(d = 1 \times 2L) \approx 0.99$. 可见, 这时光场的条纹能见度是非常高的.

若再移动动镜使光路 2 的光程继续增长, 长到两光路的光程差恰好等于四倍腔长, 即 $d = 2 \times 2L$ 时, 除开最先从激光器输出的波列 $u_1^{(1)}$, $u_1^{(2)}$, $u_2^{(1)}$ 三个波列以及最后一个波列不能配对外, 其余 $u_1^{(2)}$ 与 $u_3^{(1)}(t)$, $u_2^{(2)}$ 与 $u_4^{(1)}(t)$, …… 等波列仍然可以两两配对, 也能两两等光程, 两两都能相干叠加. 这时, 配对波列的光束比均为

$$B_2 = \left|u_{n+2}^{(1)}(t)\right|^2 / \left|u_n^{(2)}\right|^2 = \left|u_3^{(1)}(t)\right|^2 / \left|u_1^{(2)}\right|^2 = \left|u_4^{(1)}(t)\right|^2 / \left|u_2^{(2)}\right|^2 = \cdots = r^2$$

配对两波列形成的干涉图纹的能见度均为

$$V_2 = 2r/(1 + r^2) \tag{10-7-3a}$$

每对波列形成的干涉图纹均可表示为

$$(1 + V_2 \cos \phi)$$

形成衬底均匀亮场的能量:

$$(1 - r) W + (1 - r) rW/2$$

形成条纹的能量:

$$W - (1 - r) W - (1 - r) rW/2$$

所有波列形成的光场分布可表示为

$$I \propto (1-r)W + (1-r)rW/2 + [W - (1-r)W - (1-r)rW/2](1+V_2\cos\phi)$$
$$= W\{1 + [r(1+r)V_2/2]\cos\phi\}$$

所有波列形成的光场条纹的能见度为

$$V = [r(1+r)/2]V_2 \tag{10-7-3b}$$

若 $r = 0.98$,则有 $V_2 \approx 0.9998 \approx 1.00$,光场条纹的能见度 $V(d = 2\times 2L) \approx 0.97$. 可见,这时的条纹能见度仍是非常高的.

若两光路的程差等于 N 倍二倍腔长,即当 $d = N\times(2L)$ 时,类似的计算,两两配对波列的光束比均为

$$B_N = \left|u_{n+N}^{(1)}\right|^2 / \left|u_n^{(2)}\right|^2 = \left|u_{1+N}^{(1)}(t)\right|^2 / \left|u_1^{(2)}\right|^2 = \left|u_{2+N}^{(1)}(t)\right|^2 / \left|u_2^{(2)}\right|^2 = \cdots = r^N$$

配对两波列形成的干涉图纹的能见度均为

$$V_N = 2\sqrt{r^N}/(1+r^N) \tag{10-7-4a}$$

每对波列形成的干涉图纹均可表示为

$$(1 + V_N\cos\phi)$$

形成衬底均匀亮场的能量:

$$(1-r)W + (1-r)rW + \cdots\cdots + (1-r)r^{N-1}W/2$$

形成条纹的能量:

$$W - (1-r)W - (1-r)rW - \cdots\cdots - (1-r)r^{N-1}W/2$$

所有波列形成的光场分布为

$$I \propto W\{1 + [(1+r)r^{N-1}V_N/2]\cos\phi\}$$

所有波列形成的光场条纹的能见度为

$$V = (1+r)r^{N-1}V_N/2 \tag{10-7-4b}$$

在 N 取值不大的情况下,若取 3 位有效数字,都可以取 $V_N \approx 1$. 譬如,当 $N = 10$, $B_{10} = r^{10}$ 时,我们有 $V_N = 2r^5/(1+r^{10}) \approx 0.9949 \approx 1.00$. 这时,(10-7-4b) 式可简化为

$$V = (1+r)r^{N-1}/2 \tag{10-7-4c}$$

当光场条纹的能见度等于 90%，即 $V = 0.9$ 时，我们有

$$(1+r)r^{N-1}/2 = 0.9 \quad \text{或} \quad (1+r)r^{N-1} = 1.8 \tag{10-7-5a}$$

或

$$N = 1 + \frac{\lg 1.8/(1+r)}{\lg r} \tag{10-7-5b}$$

也就是当 N 值满足 (10-7-5b) 式时，条纹能见度等于 90%. 譬如，当 $r = 0.98$ 时，$N = 5.7$. 可见，在 $r = 0.98$ 的情况下，当光程差为 5 个二倍腔长时，条纹能见度还能保持在 90% 以上 (这时 $V \approx 91.3\%$). 不过，这理想的无源谐振腔模型既未考虑受激辐射、也未考虑外界激励的能量补给等因素. 这个假想模型的分析仅仅用以说明谐振腔所导致的周期性，它表明：即使在不考虑受激辐射和能量补给的情况下，仅靠谐振腔来回反射输出的光束，其能见度也具有准周期性. 实际上，激光能见度的衰减要比上面的简化分析要缓慢得多. 严格的讨论，应根据第 3 章 3.2.5 的方法进行分析. 激光能见度的衰减是按 (3-2-55) 式的指数函数规律而缓慢下降的.

利用激光器能见度的准周期性，根据被摄诸物体的分布位置的不同，采取不同光程的物光照明，使之与参考光的程差保持为不同偶数倍腔长，并使各个照明区域内参物光程差都不大于相干长度. 用这种方法就可获得景深很大的高质量的全息照片.

10.7.2.2 大景深全息技术的示例[43]

示例 1 使用的激光器为北京大学制作的 NH120 型氦氖激光器，腔长 1.2m，输出功率 34mW，相干长度经实测按第 3 章 (3-2-22) 式的定义约为 20cm，稳定性 $< \pm 3\%$，工作在 TEM_{00} 模式. 拍摄对象是一个安放在路轨上的蒸汽机车模型，长 240cm，轨道和路基台座长 450cm，前景放置一个放大镜 L_0 和一块写有字符的标牌 P，光路布局如图 10-7-5(a) 所示. 图中 BS_1, BS_2, BS_3 为楔形分束镜，M_1, M_2, M_3, M_4, M_5 为全反射镜，L_1, L_2, L_3, L_4, L_R 为扩束透镜，SF 为空间滤波器. 各束照明光在分束镜后的功率分别为：参考光 R 为 6mW，照明光 O_1 为 15mW，O_2 为 6mW，O_3 为 1.2mW，O_4 为 2mW，O_5 为 1.2mW. 其中，O_1, O_2 为主体物光；O_3, O_5 为衬景物光，它们分别为楔形分束镜 BS_1, BS_2 第二次反射的光束；O_4 为近景物光. 物光与参考光最大光程差为 4.8m，光程变化范围为 4.6～5m，最大景深为 5m. 实验所用的全息干版是天津感光胶片厂生产的全息 I 型干版，曝光时间为 20～30s，采用 D76 硬性显影液显影，F5 定影液定影.

全息图获得了很好的像质，图 10-7-5(b) 是再现像的照片. 近景和远景都十分清晰，通过放大镜 L_0，还可以看到标牌 P 上被放大的字符. 若观察时在全息图前方放置一个透镜作为目镜，与放大镜 L_0 组成一望远镜，调节目镜的距离，就可以清晰地看到远景的细节.

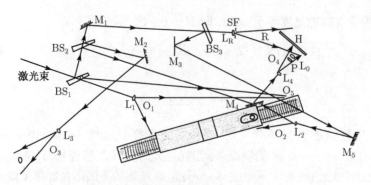

(a) 大面积、大景深物体的拍摄光路之一

(b) 大面积、大景深物体全息图的再现照片

图 10-7-5

此全息照片曾在 1984 年全国首届全息摄影展览会上展出，此项研究在《上海激光通讯》1988 年 6 月 25 日[44] 作了如下的报道：

"…… 大物体全息照相研究获得可喜的突破性进展，云南工学院熊秉衡教授等，采用相干长度仅 20cm 的氦氖激光器拍摄了景深达 8.2m 的菲涅耳全息图. …… 王大珩、王之江、徐大雄等在 1986 年国际全息应用会议上所作的 "Holography in China" 特邀专题报告中曾这样指出："长沙铁道学院的科学家们 (当时他们仍在长沙工作) 利用了激光光源时间相干性的准周期性质，成功地用普通氦氖激光器拍摄了尺寸 $4.5m^2$，景深 8.2m 的菲涅耳全息图. "(Based on the principle of the periodicity of the coherent length in a multimode laser, scientists in the Railway Institute in Changsha have succeeded in making Fresnel holograms of very large object of 4.5meters in width and 8.2 meters in depth.[55]) 为将此方法应用于科研和工程技术，他们采用了不等光程的多束物光分区照明物体进行双曝光全息干涉计量，在不同照明区域按不同物光公式计算. 干涉条纹在两照明区分界线上虽不连续，但在分界线上的两组数据是符合很好的. 此项研究曾受邀在法国嘎纳举行的第二届光学光电子学国际会议上第一个宣读，并受到与会者的好评. 认为这一项技术对工程技术中大型结构的分析有广阔的应用前景. 这项技术获得了 1987 年国家教委的科技进步二等奖. "

示例 2 光路布局如图 10-7-6 所示,拍摄对象是一组分布在空间距离全息干版不同景深的几何模型,共有 6 组物体群,位于图中 1, 2, 3, 4, 5, 6 的位置,它们被照明的中心位置与参考光中心的光程差分别为 0, 2.4m, 4.8m, 7.2m, 9.6m 和 12m, 光程差变化范围分别为 40cm. 这种光路非常简单,特别适宜于拍摄分离的、不连续的物体群,只要把被摄物体分别放在参物光程差为激光器腔长的偶数倍位置处,每个物体被摄面中心的前后距离的光程差不要超过激光器的相干长度即可. 这幅全息图的参数和示例 1 基本一样,最远处的实验室墙壁、壁上的电源开关、紧靠墙壁的一座碘钨灯支架也都清晰可见. 最远的物体的景深达到了 8.2m 近景也放置了放大镜和写有字符的标牌. 无论远景和近景都获得了很好的像质.

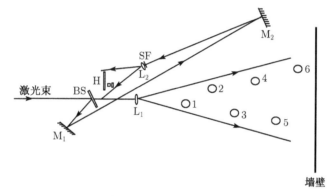

图 10-7-6 大面积、大景深物体的拍摄光路之二

10.7.2.3 全息大景深技术应用于大型工程结构的干涉计量

当采取多束物光照明大物体时,用不同光程的物光分区照明,互相衔接,但不重叠,每束物光中心与参考光中心的程差严格控制在腔长的偶数倍. 具体布置光路时,可先让两束物光重叠,然后以遮挡屏遮挡,使两束光恰好不重叠,而物体的照明又不间断,两照明区有很好的衔接. 在此情况下,在两照明区的边界处,干涉条纹是不连续的. 因此,在处理数据时应根据不同照明区物光的参数来分别予以计算,下面我们看一个实例[45].

如图 10-7-7 所示光路,待测物体是一个拉床模型,激光器腔长为 1.2m,采用两束物光 O_1, O_2 分区照明,通过拉床模型照明区 2 中心的物光 O_2 与参考光中心的光程相等;通过拉床模型照明区 1 中心的物光 O_1 与参考光中心的光程差为激光器腔长的两倍,即 2.4m. 图中,BS_1, BS_2,透反比分别为 3/2 和 6/1,M_1, M_2, M_3 为全反射镜,L_1, L_2, L_3 为扩束镜,SF 为空间滤波器,物光 O_1, O_2 和参考光 R 的光束比分别为 4/1 和 5/1. 取直角坐标如图 10-7-8 所示,x, y 平面与拉床模型表面重合,z 坐标与全息干版相垂直. 物光 O_1, O_2 作为球面波的等价点光源 S_1, S_2 的位置分别

为

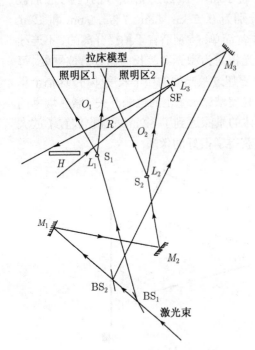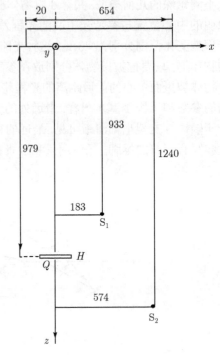

图 10-7-7 双物光拉床模型全息光路布局　　图 10-7-8 双物光拉床模型全息光路参数

S_1：

$$x_{S_1} = 183\text{mm}, \quad y_{S_1} = 0,$$
$$z_{S_1} = 933\text{mm}$$

S_2：

$$x_{S_2} = 574\text{mm}, \quad y_{S_2} = 0,$$
$$z_{S_2} = 1240\text{mm}$$

以 $\hat{e}_1^{(S^1)}$ 和 $\hat{e}_1^{(S^2)}$ 分别表示点光源 S_1 和 S_2 分别指向物面上某点 P 的单位矢量，以 $\hat{e}_2$ 表示点 P 指向全息干版上某点 Q 的单位矢量，$\boldsymbol{L}$ 表示点 P 在两次曝光前后发生的位移，则通过全息图上 Q 点观察再现的物光时，干涉条纹的亮纹位置分别由下面两式决定：

物光 O_1 照明区域，

$$\left[\hat{e}_2 - \hat{e}_1^{(S^1)}\right] \cdot \boldsymbol{L} = N_1 \lambda \tag{10-7-6a}$$

物光 O_2 照明区域，

$$\left[\hat{e}_2 - \hat{e}_1^{(S^2)}\right] \cdot \boldsymbol{L} = N_2 \lambda \tag{10-7-6b}$$

在忽略面内位移的情况下, (10-7-6a) 和 (10-7-6b) 式可简化为

$$\left(e_{2z} - e_{1z}^{(S^1)}\right) L_z = N_1 \lambda \tag{10-7-7a}$$

$$\left(e_{2z} - e_{1z}^{(S^2)}\right) L_z = N_2 \lambda \tag{10-7-7b}$$

注意到物面在 xy 平面上, 故 $z_p = 0$, e_{1z}, e_{2z} 等分别为

$$e_{2z} = \frac{z_Q}{\sqrt{(x_Q - x_P)^2 + (y_Q - y_P)^2 + z_Q^2}} \tag{10-7-8a}$$

$$e_{1z}^{(S^1)} = \frac{-z_{S_1}}{\sqrt{(x_P - x_{S_1})^2 + (y_P - y_{S_1})^2 + z_{S_1}^2}} \tag{10-7-8b}$$

$$e_{1z}^{(S^2)} = \frac{-z_{S_2}}{\sqrt{(x_P - x_{S_2})^2 + (y_P - y_{S_2})^2 + z_{S_2}^2}} \tag{10-7-8c}$$

取观察点 Q 为干版中心位置, 其坐标值为

$$x_Q = 0, \quad y_Q = -51\text{mm}, \quad z_Q = 979\text{mm}$$

两束物光的分界线位置在 $x = 259\text{mm}$ 处. 再现的双曝光全息干涉条纹图如图 10-7-9 所示. 在不同物光照明区域分别用 (10-7-6), (10-7-7), (10-7-8) 式即可计算出各点相应的位移, 得到的数据分别列在表 10-7-1 中.

图 10-7-9 双物光照明拉床模型全息干涉图纹

在 $y = 0$ 的水平线上取 19 个点计算.

在 $x = 259\text{mm}$ 的竖直线上取 7 个点计算, 数据列于表 10-7-2 中.

从图 10-7-9 上看, 不同物光照明区域的干涉条纹在照明边界上是不连续的, 不过, 分别按不同物光公式计算所得到的两组数据, 在照明边界上对待测物体表面的同一点是连续的, 与实际是符合得较好的.

10.7.2.4 实践上应注意的一些问题

拍摄大景深全息的主要注意事项如下:

表 10-7-1　$y=0$ 水平线上的离面位移量

测点编号		测点水平坐标 x_P/mm	条纹序数 N_1	离面位移量 $L_z/\mu\text{m}$
	1	−9.6	5.0	1.6
	2	0	4.5	1.4
物	3	12.4	5.0	1.6
光	4	25.2	4.0	1.3
O_1	5	40.8	3.0	1.0
照	6	60.4	2.0	0.6
明	7	78.4	1.0	0.3
区	8	100	0.0	0.0
域	9	134	−1.0	−0.3
	10	168	−1.5	−0.5
	11	196	−2.0	−0.6
	12	225	0.0	0.0
	13	259	0.8	0.3
物	13	259	0.9	0.3
光	14	500	1.0	0.3
O_2	15	562	2.0	0.7
照	16	578	3.0	1.0
明	17	617	4.5	1.5
区	18	620	4.0	1.4
域	19	636	3.0	1.0

表 10-7-2　在 $x=259\text{mm}$ 竖直线上的离面位移量

测点编号	测点坐标 y_P/mm	物光 O_1 照明区域		物光 O_2 照明区域	
		N_1	$L_z/\mu\text{m}$	N_2	$L_z/\mu\text{m}$
1	44	3.0	1.0	3.3	1.1
2	36	2.5	0.8	2.8	0.9
3	20	1.7	0.6	2.0	0.7
4	0	0.8	0.3	0.9	0.3
5	−44	0.0	0.0	0.0	0.0
6	−84	−0.2	−0.1	−0.2	−0.1
7	−132	0.0	0.0	0.0	0.0

(1) 采取多束物光照明大物体时，不同光程的物光应分区照明，互相衔接，但不重叠，如图 10-7-10 所示，每束物光中心与参考光的程差必须控制在腔长的偶数倍；同束物光内各个部分的光程差需控制在激光器相干长度范围之内.

(2) 大景深全息技术一般用于拍摄大物体或大场景，拍摄物体越大或场景越大，曝光时间要求越长. 因而必须特别注意防震措施. 但往往因为被拍摄物体太大，不便使用防震全息台，这时，可将光路中的所有元件分别垫以金属块以增大其惯性，并垫橡皮以隔震，且最好在夜间拍摄.

(3) 使用等光程椭圆方法布置光路. 若激光束透过分束镜直接照明物体表面, 而参考光经过分束镜反射后, 再经过一次反射便到达干版, 则以参物光的分束镜及干版中心为两个焦点, 通过参考光的反射镜中心作一椭圆. 使物体待摄表面处于椭圆周界附近, 只要不超过椭圆周界线内外激光器相干长度的范围, 都能很好地满足参物光相干的要求. 当大物体有多个面要求被拍摄下来时, 可以用多束物光分别照明这些面. 这些物光光路可分别布置, 分别作它们相应的物光等光程椭圆.

(4) 当激光器的输出功率不足以提供充分照明时, 可采用玻璃微珠的回向反射效应, 在被摄物表面涂敷适当大小的玻璃微珠, 以保证物光在干版上有足够的照度.

(5) 当使用大景深全息技术进行干涉计量检测时, 若使用多束物光分区照明大型待测物体. 这时双曝光或实时全息图再现的图像上干涉条纹在不同物光照明区的分界线处将呈现条纹断开、不连续的现象. 在定量计算时, 只需在不同物光照明区, 按不同的物光公式分别进行计算即可. 在两物光照明区的分界线处分别按不同的物光公式进行计算的两组数据对同一点会是相吻合一致的.

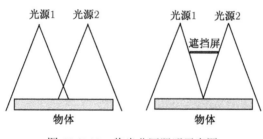

图 10-7-10 物光分区照明示意图

参 考 文 献

[1] 维斯特 C M, 著. 樊雄文, 王玉洪, 译. 全息干涉度量学 [M]. 北京: 机械工业出版社, 1984: 324-339.

[2] Matsumoto K, Takashima M. Phase-difference amplification by nonlinear holography [J]. J Opt Soc Am, 1970, 60: 30-33.

[3] Toyooka S. Elimination of wave-front aberration of optical elements used in phase difference amplification[J]. Appl Opt, 1974, 13: 2014-2018.

[4] Bryngdahl O. Multiple-beam interferometry by wavefront reconstruction [J]. J Opt Soc Am, 1969, 59: 1171-1175.

[5] Matsumoto K. Analysis of holographic multiple-beam interferometry[J]. J Opt Soc Am, 1971, 61: 176-181.

[6] De M, Sevigny L. Three-beam holographic interferometry[J]. Appl Opt, 1967, 6: 1655-1671.

[7] Bryngdahl O. Shearing interferometry by wave-front reconstruction[J]. J Opt Soc Am, 1968, 58: 865-871.

[8] Vest C M, Sweeney D W. Holographic interferometry with both traversing the object[J]. Appl Opt, 1970, 9: 2810-2812.

[9] Shamir J. Reduced sensitivity phase object analysis by moiré techniques[J]. Appl Opt, 1973, 11: 271-274.

[10] Marquet M, Bourgcon M H, Saget J C. Interférrométrie par holographie[J]. Rev Opt Theor Instrum, 1966, 45: 501-506.

[11] Bryngdahl O. Longitudinally reversed shearing interferometry[J]. J Opt Soc Am, 1969, 59: 142-146.

[12] Fouéré J C, Roychoughuri C. Holographic radial and internal shear interferometer[J]. Opt Commun, 1974, 12: 29-31.

[13] Fouéré J C, Malacara D. Holographic radial shear interferometry[J]. Appl Opt, 1974, 13: 2035-2039.

[14] Doi Y, Komatsu T, Fujimato T. Shearing interferometry by holography[J]. Jap J Appl Phys, 1973, 12: 1036-1042.

[15] Mallick S, Roblin M L. Shearing interferometry by wave-front reconstruction using a single exposure[J]. Appl Phys Lett, 1969, 14: 61-62.

[16] Weigl F. A generalized technique of two-wavelength non-diffuse holographic interferometry[J]. Appl Opt, 1971, 10: 187-192.

[17] Weigl F. Two-wavelength holographic interferometry for transparent media using a diffraction grating[J]. Appl Opt, 1971, 10: 1083-1086.

[18] Afansseva A L, Mustafin K S, Seleznev V A. Polychromatic holographic interferometry with recording in a three-dimensional medium[J]. Opt Spectrosc, 1972, 32: 312-313.

[19] Mustafin K S, Seleznev V A. Holographic interferometry with variable sensitivity[J]. Opt Spectrosc, 1972, 32: 532-535.

[20] Dàndliker. Inleicher and hottier [J]. Progress in Optics, 1980, XVII: 3-82.

[21] Kreis Thomas. Handbook of holographic interferometry-optical and digital methods[M]. Berlin: Wiley-VCH, Edition-October 2004: 235-241, 333-338, 349-353.

[22] Abramson N. Holographic contouring by translation[J]. Appl Opt, 1976, 15: 1018-1022.

[23] Rastogi P K. A holographic technique featuring broad range sensitivity to contour diffuse object[J]. Journ Modern Opt, 1991, 38(9): 1673-1683.

[24] Carelli P, Paoletti D, Schirripa G Spagnolo, et al. Holographic contouring method: application to automatic measurements of surface defect in artwork[J]. Opt Eng, 1991, 30(9): 1294-1298.

[25] DeMattia P, Fossati-Bellani V. Holographic contouring by displacing the object and the illumination beam[J]. Opt Comm, 1978, 26(1): 17-21.

[26] Yonemura M. Holographic contour generation by spatial frequency modulation[J]. Appl Opt, 1982, 21(20): 3652-3658.

[27] Fuzessy Z, Gyimesi F. Difference holographic interferometry: displacement measurement[J]. Opt Eng, 1984, 23(6): 780-783.

[28] Rastogi P K. Comparative holographic interferometry: A non-destructive inspection system for detection of flaws[J]. Exp Mech, 1985, 25: 325-337.

[29] Neumann D B. Comparative holography[C]. In Technical Digest of Topical Meeting on Hologram Interferometry and Speckle Metrology, pages MB2-1-MB2-4. Opt Soc Amer, 1980.

[30] Neumann D B. Comparative holography: a technique for evaluating background fringes in holographic interferometry[J]. Opt Eng, 1985, 24 (4): 625-627.

[31] Rastogi R K, Barillot M, Kaufmann G H. Comparative phase shifting holographic interferometry[J]. Apply Opt, 1991, 30(7): 722-728.

[32] Fuzessy Z, Gyimesi F, Banyasz I. Difference holographic interferometry (DHI): single reference beam technique[J]. Opt Comm, 1984, 68 (6): 404-407.

[33] Gyimesi F, Fuzessy Z. Difference holographic interferometry: theory[J]. Journ Modern Opt, 1988, 35(10): 1699-1716.

[34] Rastogi R K. Techniques to measure displacements, derivatives and surface shapes, extension to comparative holography[G]//Rastogi P K. Holographic interferometry, volume 68 of springer series in optical sciences. 1994: 213-292.

[35] Fuzessy Z. Measurement of 3D-displacement by regulated path length interferometry[G]//Fagan W F. Industrial applications of laser technology. Proc of Soc Photo-Opt Instr Eng, 1983: 17-21.

[36] Gyimesi F, Fuzessy Z. Difference holographic interferometry (DHI): two-refractive-index contouring[J]. Opt Comm, 1985, 53(1): 17-22.

[37] Rastogi R K. Comparative holographic moiré interferometry in real time[J]. Apply Opt, 1984, 23(6): 924-927.

[38] Kaufmann G H, Rastogi R K. Comparatives holographic interferometry using a phase shifting technique[C]//Stetson K, Pryputniewicz R. International conference on hologram interferometry and speckle metrology[C]. 1990: 180-183.

[39] Melroy D O. Holograms with increased range coverage[J]. Applied Optics, 1967, 6, (11): 2005.

[40] Gates J W. [J]. J Scient Instrum, 1968, 1: 989.

[41] Collier R J, Burckhardt C B, et al. Optical holgraphy[M]. New York: Academic Press, 1971: 143.

[42] Nils Abramson. The making and evaluation of holograms [M]. London: Academic Press Inc. 1981: 225-234.

[43] 熊秉衡, 葛万福. 大景深全息图的拍摄 [J]. 光学学报, 1985, 5(7): 600.

[44] 上海激光通讯 1988 年 6 月 25 日第三版 "大物体全息照相获国家科技进步二等奖"
[45] Xiong B, Ge W. Application of great depth holographic technique to double-exposure holographic interferometry [C]. Proceedings of SPIE, 1986, 599.
[46] 于美文. 光全息及其应用 [M]. 北京：北京理工大学出版社, 1996.
[47] 朱德忠. 热物理激光测试技术 [M]. 北京：科学出版社, 1990.
[48] 熊秉衡, 王正荣, 张永安, 等. 可获得高反衬度干涉条纹的实时全息记录方法 [J]. 光子学报, 1996, 25(8): 705-712.
[49] 熊秉衡, 王正荣, 张永安, 等. 利用卤化银乳胶制作具有予期位相调制度的、位相型、薄全息光栅的研究 [J]. 光学学报, 1997, **17**(8): 1021-1027
[50] 王正荣, 熊秉衡, 张永安, 等. 用实时全息术研究低速变化过程的一种简易系统 [J]. 光学学报, 1997, 17(6): 572-576.
[51] 王正荣, 熊秉衡, 张永安, 等. 用实时全息法配合摄像机研究固体火箭推进剂的燃烧过程 [J]. 激光杂志, 1998, 19(6): 18-20.
[52] 熊秉衡, 王正荣, 张永安, 等. 同时获得高亮度检测光场和高衬比度干涉条纹的实时全息记录方法 [J]. 光学学报, 1999, 19(5): 604-608.
[53] 熊秉衡, 王正荣, 佘灿麟. 实时全息检测透明物的一种新方法 [J]. 光学学报, 2001, 2l(7): 841-845.
[54] 熊秉衡, 佘灿麟, 王正荣, 张永安. 利用压电移相器判别物体形变方向 [J]. 光子学报, 1996, 25(8): 713-718.
[55] Wang Da-heng, Wang zhi-jiang, Hsu Da-hsiung, et al. Holography in China[C]. The International Conference On Holography Appilations 86 Conference Digest, Beijing: China Academic Publishers, 1986: 5-9.

第 11 章 数字全息预备知识

全息干涉测量是一种非常有用的无损检测技术. 然而, 用传统全息干板记录全息图时必须做显影及定影的湿处理, 在实际应用中有许多不便. 远在 20 世纪 70 年代, 人们便已经开始用 CCD 记录干涉图, 并用计算机进行物体图像重建的研究[1~3], 最早的研究报道可以追溯到 1967 年由 J. W. Goodman 发表于美国 *Appl. Phys. Lett.* 杂志的一篇论文[1]. 1971 年, T. Huang[2] 在介绍计算机在光波场分析中的进展时, 首次提出了数字全息 (digital holography) 的概念. 随着计算机处理速度的提高及廉价 CCD 的问世, 20 世纪 90 年代这项技术获得长足进步. 进入 21 世纪后, 数字全息已经成为一个十分活跃的研究领域[4~11]. 本书的后续篇幅将对数字全息进行讨论, 鉴于衍射的数值计算及计算机图像处理是实现数字全息的基础. 因此, 作为预备知识, 对这两方面的知识作必要介绍.

关于衍射的数值计算, 菲涅耳衍射积分是最常用的数学表达式[12], 存在不同的计算方法[13~15]. 这其中, 用快速傅里叶变换 FFT(fast Fourier transform)[16] 计算菲涅耳衍射是目前最广泛采用的方法. 我们将对菲涅耳衍射的快速傅里叶变换计算作分析研究.

由于 CCD 及计算机技术的进步, 计算机图像处理已经形成一门单独的学科, 具有十分丰富的内容[17], 限于篇幅, 我们只针对光波场的图像表示以及本书将讨论的真彩色数字全息作最必要的介绍. 为便于实际应用, 本章最后将基于 WINDOWS 下的一种编程语言 ——DELPHI 7.0[18,19], 分析计算机真彩色图像的形成、存取及衍射场图像表示的程序实例.

11.1 菲涅耳衍射的数值计算

数字全息研究中, 菲涅耳衍射积分是应用最广泛的公式. 本节对它的数值计算作讨论.

11.1.1 菲涅耳衍射积分的两种表述形式

设 $O_0(x_0, y_0)$ 为物平面光波复振幅, 沿 z_0 方向经距离 d 的衍射到达观测平面 xy 的光波复振幅 $O(x, y)$ 通常由卷积形式的菲涅耳衍射积分表出[12,13]

$$O(x,y) = \frac{\exp(\mathrm{j}kd)}{\mathrm{j}\lambda d} \int_{-\infty}^{\infty} \int_{-\infty}^{\infty} O_0(x_0, y_0) \exp\left\{\frac{\mathrm{j}k}{2d}\left[(x-x_0)^2 + (y-y_0)^2\right]\right\} \mathrm{d}x_0 \mathrm{d}y_0 \tag{11-1-1}$$

式中，$\mathrm{j} = \sqrt{-1}$，λ 为光波长，$k = 2\pi/\lambda$. 将 (11-1-1) 式中的指数函数二次项展开后可以得到

$$\begin{aligned}O(x,y) &= \frac{\exp(\mathrm{j}kd)}{\mathrm{j}\lambda d} \exp\left[\frac{\mathrm{j}k}{2d}(x^2+y^2)\right] \\ &\times \int_{-\infty}^{\infty}\int_{-\infty}^{\infty} \left\{O_0(x_0,y_0)\exp\left[\frac{\mathrm{j}k}{2d}(x_0^2+y_0^2)\right]\right\}\exp\left[-\mathrm{j}\frac{2\pi}{\lambda d}(x_0 x + y_0 y)\right]\mathrm{d}x_0\mathrm{d}y_0\end{aligned} \tag{11-1-2}$$

与熟知的二维傅里叶变换式进行比较可以发现，(11-1-2) 式的主要计算是进行 $O_0(x_0,y_0)\exp\left[\dfrac{\mathrm{j}k}{2d}(x_0^2+y_0^2)\right]$ 的傅里叶变换，但变换结果还要再乘以一个二次相位因子.

如果对 (11-1-1) 式两边作傅里叶变换并利用空域卷积定理则有[13]

$$\begin{aligned}F\{O(x,y)\} &= F\{O_0(x_0,y_0)\} F\left\{\frac{\exp(\mathrm{j}kd)}{\mathrm{j}\lambda d}\exp\left[\frac{\mathrm{j}k}{2d}(x^2+y^2)\right]\right\} \\ &= F\{O_0(x_0,y_0)\}\exp\left\{\mathrm{j}kd\left[1 - \frac{\lambda^2}{2}(f_x^2 + f_y^2)\right]\right\}\end{aligned} \tag{11-1-3}$$

式中，f_x, f_y 是频域坐标. 再对 (11-1-3) 式两边作傅里叶逆变换便得到用傅里叶变换表述菲涅耳衍射的另一种表达式：

$$O(x,y) = F^{-1}\left\{F\{O_0(x_0,y_0)\}\exp\left\{\mathrm{j}kd\left[1-\frac{\lambda^2}{2}(f_x^2+f_y^2)\right]\right\}\right\} \tag{11-1-4}$$

在衍射计算中，对于实际遇到的光波场 $O_0(x_0,y_0)$，衍射积分通常无解析解. 因此，要解决实际衍射问题，几乎只能通过数值计算. 鉴于衍射积分能够表为傅里叶变换的形式，傅里叶变换通常又可以通过离散傅里叶变换 (discrete Fourier transform, DFT) 进行足够满意的计算，利用 DFT 计算衍射成为一种可行的衍射计算方法. 计算机技术的进步及 1965 年由库利–图基 (Cooley-Tukey)[16] 提出的快速傅里叶变换 (fast Fourier transform, FFT) 技术给离散傅里叶变换计算带来了极大的便利，利用 FFT 计算衍射问题逐渐形成一种比较流行的方法.

研究离散傅里叶变换 (DFT) 及快速傅里叶变换 (FFT) 理论可知[16]，FFT 只是 DFT 的一种快速算法，为能用 FFT 正确完成衍射计算问题，必须让被变换函数的取样满足奈奎斯特取样定理[12,16]. 以下从离散傅里叶变换与傅里叶变换的关系以及奈奎斯特取样定理入手进行讨论.

11.1.2 离散傅里叶变换与傅里叶变换的关系

函数作二维离散傅里叶变换时, 要求被变换函数是二维空间的周期离散函数[16]. 实际需要作傅里叶变换的函数通常是在空域无限大平面上均有定义的连续函数, 于是, 必须将函数截断在有限的区域进行取样, 并进行二维周期延拓. 通常的取样方法是, 先将函数的主要部分通过坐标变换放在第一象限, 并沿平行于坐标轴的方向将函数截断在一个 $\Delta L_x \times \Delta L_y$ 的矩形区域内; 然后, 取样周期为 $T_x = \Delta L_x/N_x, T_y = \Delta L_y/N_y$, 从坐标原点开始将函数离散为 $N_x \times N_y$ 个点的二维离散分布值, 图 11-1-1(a), (b) 描述了上述过程 (图中用黑点标注出取样点落在函数定义区域上的位置, 用小圆圈表示取样为零的位置). 图 11-1-1(c) 是二维周期延拓结果.

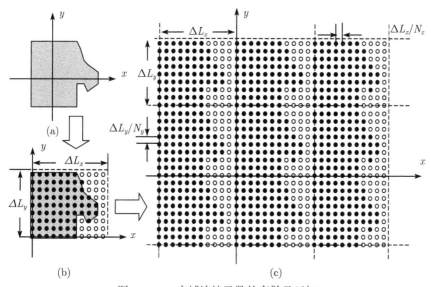

图 11-1-1 空域连续函数的离散及延拓

很明显, 函数经截断及离散处理后无论在空域及频域均会引入误差. 现以 x 方向的傅里叶变换为例进行研究[13], 以后再将结果推广到二维空间. 图 11-1-2 示出对于某一给定的 y, 函数沿 x 方向进行离散傅里叶变换的过程. 图中, 左边为一列空域的原函数图像, 右边一列图像是它们的频谱的模, 符号 $\Leftrightarrow$ 表示它们为傅里叶变换对. 例如, 图 11-1-2(a1) 为空域的原函数 $g(x,y)$, 图 11-1-2(a2) 为它的频谱 $G(f_x,y)$ 的模 $|G(f_x,y)|$.

对未经截断函数的取样, 等于用图 11-1-2(b1) 的梳状函数 $\delta_{T_x}(x)$ 乘以图 11-1-2(a1) 的原函数, 数学表达式为

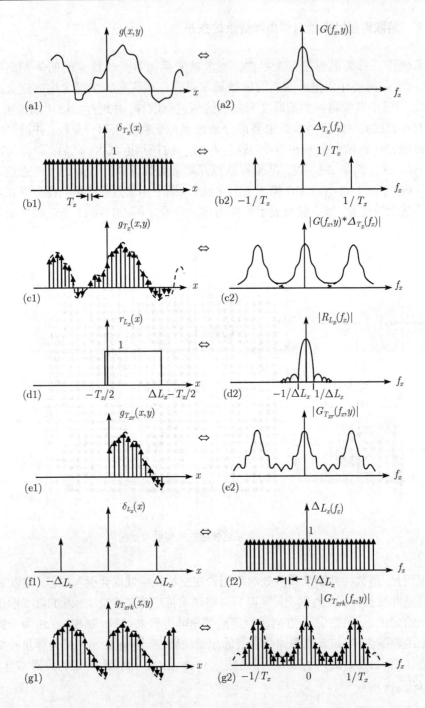

图 11-1-2　函数的离散傅里叶变换过程

11.1 菲涅耳衍射的数值计算

$$g_{T_x}(x,y) = g(x,y)\delta_{T_x}(x) = g(x,y) \sum_{n=-\infty}^{\infty} \delta(x - nT_x) \tag{11-1-5}$$

由于梳状函数 $\delta_{T_x}(x)$ 为周期 T_x 的 δ 函数,可以表为傅里叶级数:

$$\delta_{T_x}(x) = \sum_{n=-\infty}^{\infty} \delta(t - nT_x) = \sum_{k=-\infty}^{\infty} A_k \exp\left(jk\frac{2\pi}{T_x}x\right)$$

其中,

$$A_k = \frac{1}{T_x} \int_{-T_x/2}^{T_x/2} \delta_{T_x}(x) \exp\left(-jk\frac{2\pi}{T_x}x\right) dx = \frac{1}{T_x}$$

于是,

$$g_{T_x}(x,y) = g(x,y)\frac{1}{T_x} \sum_{k=-\infty}^{\infty} \exp\left(jk\frac{2\pi}{T_x}x\right)$$

上式表明,取样信号已经不是原信号,而是无穷多个截波信号 $\frac{1}{T_x} \sum_{k=-\infty}^{\infty} \exp\left(jk\frac{2\pi}{T_x}x\right)$ 被信号 $g(x,y)$ 调制的结果 [见图 11-1-2(c1)].

现在,通过傅里叶变换来考察信号经取样后的频谱与原信号频谱的关系. 对上式作傅里叶变换得

$$\begin{aligned} G_{T_x}(f_x, y) &= \int_{-\infty}^{\infty} g_{T_x}(x, y) \exp(-j2\pi f_x x) \, dx \\ &= \int_{-\infty}^{\infty} g(x, y) \frac{1}{T_x} \sum_{k=-\infty}^{\infty} \exp\left(jk\frac{2\pi}{T_x}x\right) \exp(-j2\pi f_x x) \, dx \\ &= \frac{1}{T_x} \sum_{k=-\infty}^{\infty} \int_{-\infty}^{\infty} g(x, y) \exp\left(-j2\pi\left(f_x - \frac{k}{T_x}\right)t\right) dx \\ &= \frac{1}{T_x} \sum_{k=-\infty}^{\infty} G\left(f_x - \frac{k}{T_x}, y\right) \end{aligned} \tag{11-1-6}$$

结果表明,在取样信号频谱 $G_{T_x}(f_x, y)$ 中除了包含原信号频谱 $G(f_x, y)$ 外,还包含了无穷多个被延拓的频谱,延拓的周期为 $1/T_x$[见图 11-1-2(c2)]. 并且,由于原函数的频谱宽度大于延拓的周期 $1/T_x$,相邻的频谱曲线产生了混叠.

根据傅里叶变换中频域的卷积定律,图 11-1-2(c2) 也可以通过原函数的频谱函数 $G(f_x, y)$[图 11-1-2(a2)] 与梳状函数的频谱函数 $\Delta_{T_x}(f_x)$[图 11-1-2(b2)] 的卷积求出,

$$G_{T_x}(f_x, y) = G(f_x, y) * \Delta_{T_x}(f_x) \tag{11-1-7}$$

为强调这个关系,图 11-1-2(c2) 的纵坐标由这个卷积表达式标注.

由此可见,连续函数经过周期为 T_x 的无穷 δ 序列取样离散后,其频谱与原函数频谱相比有如下性质:

(1) 频谱发生了周期为 $1/T_x$ 的周期延拓,即变换后频谱的最高频率为 $1/(2T_x)$. 如果原函数的频谱宽度 (包含正负频谱) 大于 $1/T_x$ 时,则产生频谱混叠,引入失真.

(2) 离散信号频谱 $G_{T_x}(f_x,y)$ 的幅度是原函数频谱 $G(f_x,y)$ 的 $1/T_x$ 倍.

然而,上面对连续函数被无穷 δ 序列取样离散的后的频谱研究只是一个理论结果,因为实际上不可能作取样点为无限多的数值计算. 并且, 由于离散傅里叶变换事实上讨论的是在空域及频域均是周期离散函数的傅里叶变换问题, 还要将离散函数截断及延拓才能满足要求. 因此, 将空域非周期的离散函数 (图 11-1-2(c1)) 先通过下述矩形窗函数 (图 11-1-2(d1)) 截断

$$r_{L_x}(x) = \begin{cases} 1, & -T_x/2 < x < \Delta L_x - T_x/2 \\ 0 \end{cases} \quad (11\text{-}1\text{-}8)$$

得到具有 N_x 个点的的离散分布 [图 11-1-2(e1)]:

$$g_{T_{xr}}(x,y) = g(x,y)\delta_{T_x}(x)r_{L_x}(x) \quad (11\text{-}1\text{-}9)$$

然后, 再将截断后的部分进行周期为 ΔL_x 的延拓, 形成图 11-1-2(g1) 的周期离散序列:

$$g_{T_{xrk}}(x,y) = g_{T_{xr}}(x+k\Delta L_x,y) \quad k=0,\pm 1,\pm 2,\cdots \quad (11\text{-}1\text{-}10)$$

按照傅里叶变换理论, 空域中矩形窗函数图 11-1-2(d1) 与离散序列图 11-1-2(c1) 的乘积的频谱函数, 可表为矩形函数的频谱函数 $R_{L_x}(f_x)$[图 11-1-2(d2)] 与图 11-1-2(c1) 的频谱函数图 11-1-2(c2) 的卷积:

$$G_{T_{xr}}(f_x,y) = [G(f_x,y) * \Delta_{T_x}(f_x)] * R_{L_x}(f_x) \quad (11\text{-}1\text{-}11)$$

对应的频谱函数曲线示于图 11-1-2(e2) 中.

由图可见, 由于矩形窗函数的频谱 $R_{L_x}(f_x)$ 具有较大的起伏变化的傍瓣, 卷积运算的结果使图 11-1-2(e2) 的频谱曲线形状产生了失真 (为说明问题, 图中略有夸大). 将图 11-1-2(e2) 与图 11-1-2(a2) 比较不难发现, 现在得到的是带有畸变的原函数频谱的周期延拓曲线, 延拓周期为 $1/T_x$.

由于离散傅里叶变换是对空域及频域均为周期离散函数的变换, 因此, 图 11-1-2(e2) 的曲线还将被周期为 $1/\Delta L_x$ 的梳状函数 [图 11-1-2(f2)] 取样, 其结果是一个周期为 N_x 的频域的离散函数 [图 11-1-2(g2)].

在频域进行上面频谱函数与梳状函数的乘积取样时, 就对应着它们在空域原函数的卷积运算. 图 11-1-2(e1) 与图 11-1-2(f1) 的函数在空域卷积运算的结果成为一周期为 N_x 的空域离散函数 [图 11-1-2(g1)].

空域及频域离散函数均以 N_x 为周期, 我们只要分别知道一个周期内的离散值或样本点便可以了解离散函数全貌. 离散傅里叶变换或其快速算法 FFT, 便是完成从空域到频域, 以及从频域到空域的这 N_x 个样本点的计算方法.

还应该指出, 通过离散傅里叶变换计算出的 N_x 个样本点的高频部分在输出离散序列的中部, 应按 $N_x/2, N_x/2+1, \cdots, N_x-1, 0, 1, \cdots, N_x/2-1$ 的顺序重新排列, 才能得到中央是零频率的离散频谱.

至此, 我们已经知道, 离散傅里叶变换是傅里叶变换的一种近似计算. 只要能够将衍射的计算表为卷积的形式, 并了解离散傅里叶变换与傅里叶变换间的定量关系, 采取合适的措施抑制畸变, 便能对傅里叶变换问题求数值解.

关于抑制矩形窗函数的傍瓣引起的畸变问题, 可以选择其他形式的窗函数对离散序列进行截断, 但这样做将会在空域引入额外的能量损失, 对于特别关心衍射场能量问题的衍射计算未必可行, 详细的讨论可以参看有关数字信号处理的专著. 由于频谱混叠通常是需要解决的主要畸变问题, 以下对消除频谱混叠的奈奎斯特取样定理作介绍.

11.1.3 奈奎斯特取样定律

对于带限函数, 若频谱 $G(f_x, y)$ 的高端频率取值为 $f_{\max}(y)$, 只要将取样间隔 T_x 取得足够小, 使得下式成立:

$$1/T_x > 2f_{\max}(y) \qquad (11\text{-}1\text{-}12)$$

则可以消除频谱混叠现象. 这就是一维奈奎斯特取样定理[12,16].

由于我们研究的是二维问题, 如果要使取样结果能够完全代表二维的带限函数, (11-1-12) 式必须对任意给定的 y 都成立. 可以认为, 这就是二维奈奎斯特取样定理.

取样定理很简单, 然而, 衍射运算中遇到的函数却基本上都不是带限函数. 例如, 在后面将研究的菲涅耳衍射积分中, 积分核就是在整个复平面均有定义的连续函数, 为得到较理想的衍射计算结果, 原则上只能是将函数截断的区域尽可能地宽, 取样间隔尽可能地小, 代价则是显著增加计算量. 究竟如何进行对函数截断及取样, 使计算结果能够得到可以接受的精度, 是在实际计算中必须认真研究的问题, 以下结合衍射积分的实际计算方法进行研究.

11.1.4 菲涅耳衍射积分的运算及逆运算

菲涅耳衍射积分是信息光学研究领域获得广泛使用的衍射计算表达式. 目前, 基于 FFT 技术主要有两种计算衍射的方法, 其一是进行一次 FFT 计算的 Single-FFT(S-FFT) 方法, 也称为直接傅里叶变换法; 其二是进行两次 FFT 计算的 Double-

FFT(D-FFT 法). 由于其算法基于空域卷积定理, 通常也称为卷积算法, 以下逐一进行介绍[13~15].

11.1.4.1 菲涅耳衍射积分的 S-FFT 计算

为便于讨论, 将菲涅耳衍射积分 (11-1-2) 重新写出.

$$O(x,y) = \frac{\exp(jkd)}{j\lambda d} \exp\left[\frac{jk}{2d}(x^2+y^2)\right]$$
$$\times \iint_{-\infty}^{\infty} \left\{O_0(x_0,y_0)\exp\left[\frac{jk}{2d}(x_0^2+y_0^2)\right]\right\} \exp\left[-j\frac{2\pi}{\lambda d}(x_0x+y_0y)\right] dx_0 dy_0 \quad (11\text{-}1\text{-}13)$$

式中, $O_0(x_0,y_0)$ 为物平面光波复振幅, d 是沿 z_0 方向的衍射距离. $O(x,y)$ 是观测平面 xy 的光波复振幅; $j = \sqrt{-1}$, λ 为光波长, $k = 2\pi/\lambda$.

(11-1-13) 式的主要计算是进行 $O_0(x_0,y_0)\exp\left[\frac{jk}{2d}(x_0^2+y_0^2)\right]$ 的傅里叶变换, 但变换结果还要再乘以一个二次相位因子. 若利用离散傅里叶变换 DFT 进行计算, 物平面取样宽度为 ΔL_0, 取样数为 $N \times N$, 取样间距 $\Delta x_0 = \Delta y_0 = \Delta L_0/N$, 上式可写为

$$O(p\Delta x, q\Delta y) = \frac{\exp(jkd)}{j\lambda d} \exp\left[\frac{jk}{2d}((p\Delta x)^2 + (q\Delta y)^2)\right]$$
$$\text{DFT}\left\{O_0(m\Delta x_0, n\Delta y_0)\exp\left[\frac{jk}{2d}((m\Delta x_0)^2+(n\Delta y_0)^2)\right]\right\}_{\frac{p\Delta x}{\lambda d},\frac{q\Delta y}{\lambda d}}$$
$$(p,q,m,n = -N/2, \quad -N/2+1, \cdots, N/2-1) \quad (11\text{-}1\text{-}14)$$

式中, $\Delta x = \Delta y$ 是离散傅里叶变换后对应的空域取样间距. 为确定这个数值, 根据前面对离散傅里叶变换的讨论, (11-1-14) 式中离散傅里叶变换的计算结果将是 $\frac{p\Delta x}{\lambda d}, \frac{q\Delta y}{\lambda d}$ 取值范围在 $1/\Delta x_0$ 的 $N \times N$ 点的离散值. 即

$$\frac{\Delta L}{\lambda d} = \frac{1}{\Delta x_0} = \frac{N}{\Delta L_0} \quad \text{或者} \quad \Delta L = \frac{\lambda dN}{\Delta L_0} \quad (11\text{-}1\text{-}15)$$

因此

$$\Delta x = \Delta y = \frac{\Delta L}{N} = \frac{\lambda d}{\Delta L_0} \quad (11\text{-}1\text{-}16)$$

以上结果表明, 如果保持物平面取样间隔及观测区域不变, 离散傅里叶变换计算结果在观测平面上衍射图样的取样范围 ΔL 不但是光波长 λ 及取样数 N 的函数, 并且将随衍射距离 d 增加而增加. 对于给定的光波长 λ 及物平面取样范围 ΔL_0, 当衍射距离 d 很小时, 如果取样数 N 保持不变, 计算结果只对应于观测平面上邻近光轴的很小区域的衍射图像.

然而, 只有满足取样定律的计算才不引起频谱混叠, 获得准确的计算结果. 分析 (11-1-13) 式可知, 被变换函数由物函数与指数相位因子的乘积组成, 理论分析容易证明[13], 指数相位因子 $\exp\left[\frac{jk}{2d}(x_0^2+y_0^2)\right]$ 的傅里叶变换为 $\frac{\lambda d}{j}\exp\left\{-i\lambda d\pi\left[\left(\frac{x}{\lambda d}\right)^2+\left(\frac{y}{\lambda d}\right)^2\right]\right\}$, 是在整个频域都有取值的非带限函数. 按照频域卷积定理, $O_0(x_0,y_0)\exp\left[\frac{jk}{2d}(x_0^2+y_0^2)\right]$ 的频谱是指数相位因子频谱与物函数 $O_0(x_0,y_0)$ 频谱的卷积, 无论物函数是否是带限函数, 卷积运算结果都是非带限函数. 因此, $O_0(x_0,y_0)\exp\left[\frac{jk}{2d}(x_0^2+y_0^2)\right]$ 也将是整个频域都有取值的非带限函数, 要使 (11-1-13) 式的 DFT 计算严格地满足奈奎斯特取样定理是不可能的. 然而, 参照 (11-1-12) 式知, 在形式上奈奎斯特取样定理可以视为是空域取样间距的倒数大于或等于函数最高频谱的两倍, 即在最高频谱所对应的空间周期上至少要有两个取样点. 在实际衍射计算中, 常基于下面的方法[14,15]让计算近似地满足取样定律.

通常情况下, 物函数相对于指数相位因子的空间变化率不高, 则近似地认为 (11-1-14) 式中 DFT 的取样只取决于指数相位因子的取样. 并且, 如果 ΔL_0 确定的范围中指数相位 $\exp\left[\frac{jk}{2d}(x_0^2+y_0^2)\right]$ 每变化一个周期 2π 时至少有两个取样点, 则认为 DFT 计算近似满足取样定律. 数值分析证明[13], 这种方法的物理意义是保证光传播的能量守恒.

由于二次相位因子空间频率最高点对应于 (11-1-14) 式中 m 及 n 等于 $\pm N/2$ 时的取样值, 因此, 在区域边界处求解不等式

$$\left.\frac{\partial}{\partial m}\frac{k}{2d}\left((m\Delta x_0)^2+(n\Delta y_0)^2\right)\right|_{m,n=N/2}\leqslant \pi \tag{11-1-17}$$

可得到近似满足奈奎斯特取样定理的条件. 即

$$\frac{\pi}{\lambda d}\times 2\Delta x_0^2\frac{N}{2}\leqslant \pi \tag{11-1-18}$$

由此可得

$$\Delta x_0^2 \leqslant \frac{\lambda d}{N} \tag{11-1-19}$$

如果只考虑衍射场的强度分布, (11-1-19) 式即是近似满足奈奎斯特取样定理的条件.

由于衍射场的最终结果是 DFT 计算与前方二次指数相位因子的乘积. 如果我们期望整个计算结果近似满足奈奎斯特取样定理, 还应考虑 DFT 前方二次指数相位因子的取样问题.

将获得 (11-1-19) 式的讨论方法应用于离散傅里叶变换前方的相位因子可得

$$\Delta x^2 \leqslant \frac{\lambda d}{N} \tag{11-1-20}$$

但根据 (11-1-15) 式, 有

$$N\Delta x = \frac{\lambda dN}{N\Delta x_0} \quad \text{或} \quad \Delta x = \frac{\lambda d}{N\Delta x_0}$$

代入 (11-1-20) 式得出 $\left(\frac{\lambda d}{N\Delta x_0}\right)^2 \leqslant \frac{\lambda d}{N}$, 即 $\Delta x_0^2 \geqslant \frac{\lambda d}{N}$. 与 (11-1-19) 式比较可以看出, 这是一组基本相互矛盾的条件, 因此, 只有两不等式取等号:

$$\Delta x_0 = \Delta x = \sqrt{\frac{\lambda d}{N}} \quad \text{或者} \quad \Delta L_0 = \Delta L = \sqrt{\lambda dN} \tag{11-1-21}$$

才可以通过一次离散傅里叶变换计算获得近似满足取样定理的衍射场.

综上所述, 当光波长 λ 给定后, 假如物平面取样宽度 ΔL_0 和取样数 N 是可变参数, 利用 S-FFT 方法计算菲涅耳衍射积分时有三个基本结论:

其一, 根据 (11-1-15) 式, 计算出来的衍射场宽度为 $\Delta L = \frac{\lambda dN}{\Delta L_0}$. 由于衍射距离 d 趋近于 0 时, ΔL 将趋近于 0. 当观测平面临近物平面时, 使用 S-FFT 方法无法计算衍射图样.

其二, 根据 (11-1-19) 式, 物平面取样间隔满足 $\Delta x_0 \leqslant \sqrt{\frac{\lambda d}{N}}$ 或者 $\Delta L_0 \leqslant \sqrt{\lambda dN}$ 时, 可以较好地计算菲涅耳衍射场的强度分布.

其三, 根据式 (11-1-21) 式, 如果要使计算结果是近似满足奈奎斯特取样定理的衍射场, 物平面及衍射场平面的取样宽度必须相等, 并满足 $\Delta L_0 = \Delta L = \sqrt{\lambda dN}$.

虽然以上结论是一种近似结果, 但按照这个结论进行的计算可以足够好地满足实际需要. 可以看出, 不可能使用 S-FFT 变换法解决整个菲涅耳衍射区域的衍射计算问题. 比较接近物平面的衍射计算必须采用其他方法. 下面介绍的菲涅耳衍射的双 FFT(D-FFT) 算法就是一种很适用的近场计算方法.

11.1.4.2 菲涅耳衍射积分的 D-FFT 计算

衍射积分的 D-FFT 计算, 是需要进行两次离散傅里叶变换才能得到结果的一种算法. 由于衍射过程可以视为光波通过一个线性空间不变系统的线性变换, 当对卷积形式的衍射积分进行傅里叶变换后, 所有的经典衍射公式均能够找到与公式对应的传递函数[13]. 因此, 衍射积分的 D-FFT 算法也可以称为卷积算法或传递函数法. 此外, 由于衍射的角谱理论表示的衍射公式十分简明地给出了衍射的传递函数表达式, 菲涅耳衍射的传递函数是角谱传递函数的傍轴近似[13], 一些文献也将衍射积分的 D-FFT 计算方法称为角谱法[14]. 为便于与上面讨论的 S-FFT 计算方法相对应, 本书采用 D-FFT 这个名称.

D-FFT 算法是针对第一节给出的衍射积分的另一种表达式, 即 (11-1-4) 式的计算方法. 为便于讨论, 定义菲涅耳衍射传递函数[13]:

$$H_F(f_x, f_y) = \exp\left\{jkd\left[1 - \frac{\lambda^2}{2}(f_x^2 + f_y^2)\right]\right\} \tag{11-1-22}$$

将 (11-1-4) 式重新写为

$$O(x, y) = F^{-1}\{F\{O_0(x_0, y_0)\}H_F(f_x, f_y)\} \tag{11-1-23}$$

式中, f_x, f_y 是频域坐标.

可以看出, 菲涅耳衍射过程相当于将物面光波场通过一个线性空间不变系统的过程, 观测平面的光波场的频谱是物平面光波场的频谱与一个传递函数的乘积. 由于物函数的频谱宽度不受光波传播的影响, 当物平面的取样满足奈奎斯特取样定理时, 如果在计算过程中物平面及衍射观测平面保持相同的取样宽度和取样数, 计算结果也是满足奈奎斯特取样定理的衍射场. 若利用离散傅里叶变换 DFT 及离散傅里叶逆变换 IDFT 进行计算, 物平面取样宽度为 ΔL_0, 取样数为 $N \times N$, 取样间距 $\Delta x_0 = \Delta y_0 = \Delta L_0/N$, (11-1-23) 式重新写成

$$\begin{aligned}
O(p\Delta x, q\Delta y) = \text{IDFT}\Big\{&\text{DFT}\{O_0(r\Delta x_0, s\Delta y_0)\} \\
&\exp\left\{jkd\left[1 - \frac{\lambda^2}{2}((m\Delta f_x)^2 + (n\Delta f_y)^2)\right]\right\}\Big\} \\
(p, q, r, s, m, n &= -N/2, -N/2 + 1, \cdots, N/2 - 1).
\end{aligned} \tag{11-1-24}$$

根据离散傅里叶变换与傅里叶变换关系的讨论, 物函数的 DFT 完成后, 其取值范围是 $1/\Delta x_0 = N/\Delta L_0$. 为实现在同一坐标尺度下与传递函数的乘积运算, 传递函数在频域的取样单位必须满足 $\Delta f_x = \Delta f_y = 1/\Delta L_0$. 于是, 当乘积运算完成并进行逆离散傅里叶变换 IDFT 回到空域时, 空域宽度为 $\Delta L = 1/\Delta f_x = \Delta L_0$. 因此, 利用传递函数法计算衍射时物平面及衍射观测平面保持相同的取样宽度.

沿用上面近似满足奈奎斯特取样定理的讨论方法, 令离散的传递函数在 $m, n = N/2$ 时取样变化率小或等于 π, 有

$$\left|\frac{\partial}{\partial m}\frac{2\pi}{\lambda}d\left[1 - \frac{\lambda^2}{2}\left((m\Delta f_x)^2 + (n\Delta f_y)^2\right)\right]\right|_{m,n=N/2} \leqslant \pi \tag{11-1-25}$$

将 $\Delta f_x = \Delta f_y = \dfrac{1}{\Delta L_0}$ 代入 (11-1-25) 式求解得

$$\Delta x_0 \geqslant \sqrt{\lambda d/N} \tag{11-1-26}$$

从形式上看, 条件 (11-1-26) 似乎是一个很容易满足的条件. 但应该记住, 这个条件是在物函数 O_0 的取样间距 Δx_0 满足取样定理的前提下得出的, 即对于给定的 N, λ 及 d, Δx_0 并不能任意扩大.

我们看到, D-FFT 计算衍射时只需考虑进行正变换时指数函数的取样问题, 条件 (11-1-26) 满足时, D-FFT 法就能对近场菲涅耳衍射图样的振幅及相位作有效计算, 并且, 所计算衍射场的宽度并不像 S-FFT 计算随衍射距离的增大而线性扩展.

乍看起来, 这似乎让人感到 D-FFT 法计算衍射问题要比 S-FFT 法计算优越. 然而, 根据衍射的角谱理论, 物平面光波场可以分解为沿不同方向传播的平面波的叠加, 若物光场频谱最高频率为 f_{max}, 经过距离 d 的衍射后, 衍射场宽度将扩大为 $\Delta L_0 + 2d\lambda f_{max}$. 因此, 保持宽度为 ΔL_0 的衍射场 D-FFT 衍射计算结果并不能随 d 的增加有效包含衍射场的光信息, 只有衍射距离比较小或物光场频谱宽度较狭窄时, 衍射的 D-FFT 计算才是可行的.

D-FFT 衍射计算能有效作近场计算的特点正好弥补了 S-FFT 法不能计算近场衍射的不足. 因此, 综合两种算法就能较好地解决衍射距离从 $d \to 0$ 直到 $d \to \infty$ 的菲涅耳衍射场的许多计算问题.

综上所述, 当给定的计算参数满足 $\Delta x_0 \leqslant \sqrt{\lambda d/N}$ 条件时, 使用一次离散傅里叶变换计算的 S-FFT 法可以较好地计算衍射图像的强度分布, 而当给定的参数满足 $\Delta x_0 \geqslant \sqrt{\lambda d/N}$ 并且取样间距 Δx_0 也让 O_0 的满足取样定理时, 可以通过 D-FFT 法完成光波场振幅及相位的计算. 两种方法的可行性只在 $\Delta x_0 = \sqrt{\lambda d/N}$ 区域产生重叠. 上述结论为我们根据实际条件选择计算方法提供了便于使用的依据.

11.1.4.3 菲涅耳衍射积分的逆运算

在稍后的讨论中将看到, 数字全息的波面重建既可以从菲涅耳衍射积分出发进行计算, 也可以逆着光的传播方向通过菲涅耳衍射的逆运算实现. 因此, 衍射逆运算在数字全息研究中也是一个很重要的内容. 我们将看出, 菲涅耳衍射逆运算与菲涅耳衍射积分有非常相似的形式, 因此, 逆运算也可以通过一次 FFT 的 S-FFT 算法法及两次 FFT 的 D-FFT 算法完成. 为简明起见, 下面在导出逆运算式后, 将只对逆运算的 S-FFT 计算方法作介绍, 读者可以参照前面菲涅耳衍射积分 D-FFT 算法的讨论得到与逆运算相应的结果.

根据 (11-1-22), (11-1-23) 式, 有

$$F\{O_0(x_0, y_0)\} = F\{O(x,y)\} \exp\left\{-\mathrm{j}kd\left[1 - \frac{\lambda^2}{2}(f_x^2 + f_y^2)\right]\right\}$$

$$= F\{O(x,y)\} F\left\{\frac{\exp(-\mathrm{j}kd)}{-\mathrm{j}\lambda d} \exp\left[-\frac{\mathrm{j}k}{2d}(x^2 + y^2)\right]\right\}$$

11.1 菲涅耳衍射的数值计算

$$= F\left\{O(x,y) * \frac{\exp(-jkd)}{-j\lambda d}\exp\left[-\frac{jk}{2d}(x^2+y^2)\right]\right\}$$

上式两边作逆傅里叶变换即得

$$O_0(x_0,y_0) = \frac{\exp(-jkd)}{-j\lambda d}\int_{-\infty}^{\infty}\int_{-\infty}^{\infty} O(x,y)\exp\left\{-\frac{jk}{2d}\left[(x_0-x)^2+(y_0-y)^2\right]\right\}dxdy$$

(11-1-27)

为便于讨论这个结果,将菲涅耳衍射积分 (11-1-1) 式重写如下

$$O(x,y) = \frac{\exp(jkd)}{j\lambda d}\int_{-\infty}^{\infty}\int_{-\infty}^{\infty} O_0(x_0,y_0)\exp\left\{\frac{jk}{2d}\left[(x-x_0)^2+(y-y_0)^2\right]\right\}dx_0dy_0$$

很明显,以上两式建立了垂直于光波传播方向的两个空间平面光波场间的相互变换关系,构成了一个数学形式对称的菲涅耳衍射变换对. 下面对逆运算的离散计算该满足的条件进行讨论.

(11-1-27) 式可以整理成傅里叶逆变换表示的形式:

$$O_0(x_0,y_0) = \frac{\exp(-jkd)}{-j\lambda d}\exp\left[-\frac{jk}{2d}(x_0^2+y_0^2)\right]$$

$$\int_{-\infty}^{\infty}\int_{-\infty}^{\infty}\left\{O(x,y)\exp\left[-\frac{jk}{2d}(x^2+y^2)\right]\right\}\exp\left[2\pi\left(\frac{x_0}{\lambda d}x+\frac{y_0}{\lambda d}y\right)\right]dxdy$$

$$= \frac{\exp(-jkd)}{-j\lambda d}\exp\left[-\frac{jk}{2d}(x_0^2+y_0^2)\right]$$

$$\times F^{-1}\left\{O(x,y)\exp\left[-\frac{jk}{2d}(x^2+y^2)\right]\right\}_{f_x=\frac{x_0}{\lambda d}, f_y=\frac{y_0}{\lambda d}}$$

(11-1-28)

可以发现,(11-1-28) 式的主要计算是进行衍射屏函数与指数相位因子乘积 $O(x,y)\exp\left[-\frac{jk}{2d}(x^2+y^2)\right]$ 的傅里叶逆变换,但变换结果还要再乘以一个二次相位因子. 若利用离散傅里叶逆变换 IDFT 进行计算,衍射屏平面取样宽度为 ΔL,取样数为 $N\times N$,物平面取样宽度 ΔL_0 则满足 $\frac{\Delta L_0}{\lambda d} = \frac{N}{\Delta L}$. 由于取样间距 $\Delta x = \Delta y = \Delta L/N$. (11-1-28) 式的离散傅里叶逆变换式则为

$$O_0\left(m\frac{\lambda d}{\Delta L}, n\frac{\lambda d}{\Delta L}\right) = \frac{\exp(-jkd)}{-j\lambda d}\exp\left[-\frac{j\pi}{\lambda d}\left(\left(m\frac{\lambda d}{\Delta L}\right)^2 + \left(n\frac{\lambda d}{\Delta L}\right)^2\right)\right]$$

$$\times \text{IDFT}\left\{O\left(p\frac{\Delta L}{N}, q\frac{\Delta L}{N}\right)\exp\left[-\frac{j\pi}{\lambda d}\left(\left(p\frac{\Delta L}{N}\right)^2+\left(q\frac{\Delta L}{N}\right)^2\right)\right]\right\}$$

$$(m,n,p,q = -N/2, -N/2+1, \cdots, N/2-1)$$

(11-1-29)

分析 (11-1-29) 式可知，被变换函数由衍射屏函数与指数相位因子的乘积组成，参照前面对 (11-1-14) 式的讨论，仍然近似认为 IDFT 的取样取决于指数相位因子的取样，作下述分析.

由于二次相位因子空间频率最高点对应于式中 p 及 q 等于 $\pm N/2$ 时的取样值，因此，在区域边界处求解不等式：

$$\frac{\partial}{\partial p}\frac{\pi}{\lambda d}\left[\left(p\frac{\Delta L}{N}\right)^2+\left(q\frac{\Delta L}{N}\right)^2\right]\bigg|_{p,q=N/2}\leqslant \pi \qquad (11\text{-}1\text{-}30)$$

可得到近似满足奈奎斯特取样定理的条件. 即

$$\frac{\pi}{\lambda d}\times\frac{\Delta L^2}{N}\leqslant \pi$$

由此可得

$$\Delta L^2 \leqslant \lambda d N \qquad (11\text{-}1\text{-}31)$$

如果只考虑物平面的强度分布，(11-1-31) 式可以作为近似满足奈奎斯特取样定理的条件.

由于衍逆运算的最终结果是 IDFT 计算结果与前方二次指数相位因子的乘积，如果我们期望最终结果是近似满足奈奎斯特取样定理的取样，还应考虑 IDFT 前方二次指数相位因子的取样问题.

将获得 (11-1-31) 式的讨论方法应用于离散傅里叶逆变换前方的相位因子：

$$\frac{\partial}{\partial m}\frac{\pi}{\lambda d}\left(\left(m\frac{\lambda d}{\Delta L}\right)^2+\left(n\frac{\lambda d}{\Delta L}\right)^2\right)\bigg|_{m,n=N/2}\leqslant \pi$$

显然可得

$$\Delta L^2 \geqslant \lambda d N \qquad (11\text{-}1\text{-}32)$$

与 (11-1-31) 比较可以看出，这是一组基本相互矛盾的条件，只有两不等式取等号时，即

$$\Delta L = \sqrt{\lambda d N} \qquad (11\text{-}1\text{-}33)$$

才可以通过一次离散傅里叶变换计算获得满足奈奎斯特取样定理的菲涅耳衍射场.

综上所述，当光波长 λ 给定后，假如观测屏取样宽度 ΔL 和取样数 N 是可变参数，利用单 IDFT 方法计算菲涅耳衍射逆运算时有三个基本结论：

其一，物面光波场宽度为 $\Delta L_0 = \dfrac{\lambda d N}{\Delta L}$. 由于衍射距离 d 趋近于 0 时，ΔL_0 将趋近于 0. 当观测平面临近物平面时，使用一次 IDFT 方法将无法重建有实用价值宽度的物平面光波场.

其二，观测屏平面宽度满足 $\Delta L^2 \leqslant \lambda d N$ 时，可以较好地计算物平面衍射场的强度分布.

其三, 如果要使计算结果是近似满足奈奎斯特取样定理的衍射场, 物平面及观测平面的宽度必须相等, 并满足 $\Delta L_0 = \Delta L = \sqrt{\lambda d N}$.

菲涅耳衍射积分计算方法的讨论将在后续两章的数字全息研究中获得验证及应用. 但是, 菲涅耳衍射积分只是衍射问题的傍轴近似解[12], 数字全息检测研究中, 在许多情况下必须使用消傍轴近似的衍射公式才能得到准确的结果. 关于消傍轴近似的基尔霍夫衍射积分、瑞利-索末菲积分及角谱衍射公式的数值计算问题, 读者可以参看文献 [15].

11.2 计算机图像的基础知识

计算机图像处理是实现数字全息的必要技术, 本节对相关知识作介绍.

11.2.1 三基色原理及图像的数字表示

实验研究表明, 大自然中几乎所有颜色都可以用三种相互独立的颜色按不同的比例混合而得到. 即三基色原理[17,18], 它包括下述内容：

(1) 相互独立的颜色, 即不能以其中两种混合而得到第三种的颜色. 将这三种颜色按不同比例进行组合, 可获得自然界各种色彩感觉. 如彩色电视技术中采用红 (R)、绿 (G)、蓝 (B) 作为基色, 印染技术中采用黄、品红、青作为基色.

(2) 任意两种非基色的彩色相混合也可以得到一种新的颜色, 但它等于把两种彩色各自分解为三基色, 然后将基色分量分别相加后再相混合而得到的颜色.

(3) 三基色的大小决定彩色光的亮度, 混合色的亮度等于各基色亮度之和.

(4) 三基色的比例决定混合色的色调, 当三基色的混合比例相同时, 色调相同.

利用三基色原理, 将彩色分解和重现, 最终实现在视觉上的各种不同的颜色, 是彩色图像显示和表达的基本方法. 在各类彩色应用技术中, 人们使用多种混色方法, 但本质上讲是两种：相加混色和相减混色.

白光是不同色光的混合体. 相减混色即在白光中减去不需要的颜色, 留下需要的颜色. 相加混色不仅运用三基色原理, 还进一步利用眼的视觉特性. 常用的相加混色方法有如下两种.

(1) 时间混色法：将三种基色按一定比例轮流投射到同一显示屏上. 由于人眼的视觉暂留特性, 只要交替速度足够快, 产生的彩色视觉与三基色同时出现相混时一样. 这是顺序制彩色电视图像显示的基础.

(2) 空间混色法：将三种基色按一定比例同时投射到同一屏幕彼此距离很近的点上, 利用人眼分辨率有限的特性产生混色. 或者, 使用空间坐标相同的三基色光同时投射产生合成光. 这是同时制彩色电视图像和计算机图像的显示基础.

基于三基色原理及计算机数值处理特点, 在计算机显示屏上的图像通常可分为位映像图像和向量图像两大类. 位映像图像是对电视图像的数字化. 可以把位映像图像视为二维点阵, 点阵的每一点称为像素, 即一幅完整的图像由许多像素紧密排列组合而成. 位映像图像易于描述真实世界的景物, 用扫描仪扫描照片、用 CCD 探测器或数码相机生成图像文件并在计算机上显示的图像通常都是位映像图像. 而向量图像不记录像素的数量, 而是将所描述物体视为几何图形, 通过不同位置和尺寸的直线、曲线、圆形、方形构成物体. 向量图像通常用于计算机辅助设计 (CAD) 和工艺美术设计、插图等. 在数字全息研究中, 通常用扫描仪扫描传统全息照片或用 CCD 探测器探测全息干涉图. 因此, 数字全息检测的图像基本都是位映像图像.

位映像图像根据彩色数可以分为以下四类: ① 单色图像; ② 4~16 彩色图像; ③ 32~256 彩色图像; ④ 256 色以上的彩色图像. 众所周知, 计算机中的数据是以二进制为数据表示基础的. 一个二进制的位称为比特 (Bit), 它有 0 或 1 两种可能. 通常将取 0 值表示黑色, 取 1 时表示白色. 于是, 一幅单色黑白图像的一个像素可用一个比特表示. 通常将 8 个比特定义为一个字节. 由于一个字节中各比特取不同的数值时可以表示 0~255 的十进制数, 用一个字节的取值代表一个基色的亮度, 用三个字节描述一个像素的色彩时就能包括颜色的亮度及色调. 按照三基色混色原理, 这种方式定义的位图则能表示出 $255 \times 255 \times 255$ 种色彩, 通常称为真彩色. 根据计算机数据的二进制表示, 4 色图像的一个像素需要两个比特表示, 16 色图像的一个像素需要 4 个比特表示, 256 色图像的一个像素需要 8 个比特或 1 个字节表示, 一幅图像包含的像素越多, 色彩越丰富, 需要的比特数或字节数越大.

数字全息检测中所使用的图像主要取决于 CCD 探测器的性能. 通常使用的 CCD 是能够用三个字节描述一个像素的真彩色探测器. 然而, 有用的通常只是色彩的亮度信息, 并且, 由于在数字图像处理中的终端显示通常用显像管 (CRT) 显示, 国际照明委员会 (CIE) 规定[20]选择红色 (R): $\lambda=700$nm, 绿色 (G): $\lambda=546.1$nm 和蓝色 (B): $\lambda=435.8$nm, 三种单色作为表色系统的三基色, 并且, 相加的混色原理规定白光 (W) 用红绿蓝三种色光相加时的表达式为 $1(W)=0.30(R)+0.59(G)+0.11(B)$. 这个规定通常称为 CIE 的 RGB 表示系统.

数字全息检测研究中, 可以按照上述 RGB 表示系统将 CCD 探测到的三种色光对应数据乘以权重相加作为该像素的亮度 (通常也称灰度), 将图像转化成一个字节表示 0~255 级灰度的图像再进行后续处理. 现在, 随着 CCD 技术的进步, 已经能够用高于一个字节表示一个像素灰度的探测器进行数字全息[10], 但处理数据的基本原则仍然是一致的.

11.2.2 图像文件的格式及 BMP 图像

随着计算机及图像处理技术的迅速发展, 当人们处理越来越多的图像信息后,

11.2 计算机图像的基础知识

通常需要将图像以计算机文件的形式存储下来备用. 在缺乏公认标准的情况下, 许多应用程序开发者都提出支持自己程序的文件格式. 为使不同的图像文件在不同的应用程序及相应的硬件中能够使用, 从 20 世纪 80 年代开始, 国际标准化组织开始对图像文件的格式进行规定. 但是, 目前流行的图像文件格式仍然有几十种. 例如, 著名的图像处理软件 ——Photoshop 就支持 30 多种图像文件格式. 如 PCX, MacPaint, Tiff, Gif, GEM, IFF/ILBM, Targa, BMP/DIB, PostScript, Sun, PBM, XBM, JPEG 等.

当然, 在数字全息研究中, 我们实际上接触到的只是所使用的 CCD 及扫描仪厂家选择的某几种文件格式. 为便于应用, 许多图像处理软件, 如 Photoshop, 也具备有识别不同格式图像或将某种图像转化为某一指定格式图像的能力. 但是, 数字全息检测研究中不但通常需要从探测图像文件中获取图像数据, 而且理论分析结果通常需要形成图像文件保存或显示. 因此, 了解一种比较流行图像的格式是必要的. 鉴于 BMP 格式的图像通常能携带 CCD 探测到的完整三基色信息, 并且 BMP 格式是微软公司为 WINDOWS 操作系统设置的标准图像格式, 在 WINDOWS 系统软件中包含了一系列支持 BMP 图像的 API 函数, 随着 WINDOWS 操作系统在 PC 机上的流行, BMP 文件逐渐成为 PC 机上的流行图像文件格式. 以下通过对 BMP 文件格式的解析, 让读者能详细了解 BMP 文件各个部分的具体结构, 同时, 通过一个程序实例, 详细介绍对 BMP 文件的处理方法.

BMP 文件格式又称 DIB, 是 Device Independent Bitmap 的缩写, 即与设备无关的位元映射文件的意思. BMP 文件可以描述多达 32 位彩色图像, 并且通常是以非压缩方式存储的, 但我们只介绍不带压缩的 BMP 文件格式.

一个 BMP 文件大体上包括如下四个部分:

(1) BITMAPFILEHEADER : BMP 位图文件头;

(2) BITMAPINFOHEADER : BMP 位图信息头;

(3) RGBQUADATA : BMP 调色板;

(4) BITMAPDATA : BMP 图像数据.

下面分别进行介绍.

(1) BMP 位图文件头, 共 14 个字节, 其结构为

Typedef struct taq BITMAPFILEHEADER{
    WORD bfType ; //2 字节, 指定文件类型, 必须是 "BM" 或 0x424D 或 66, 77.
    DWORD bfsize ; //4 字节, 指定文件大小.
    WORD bfReserved1 ; //2 字节, 保留字, 可以不考虑.
    WORD bfReserved2 ; //2 字节, 保留字, 可以不考虑.
    DWORD bfoffBits ; //4 字节, 从文件头到实际的位图的偏移字节数, 即位图文
                    //件前三部分的长度之和.

} BITMAPFILEHEADER;
　　(2) 位图信息头, 共 40 个字节, 其结构为
Typedef struct taq BITMAPINFOHEADER {
　　DWORD biSize; // 4 字节, 指定文件的总长度.
　　LONG biWidth; // 4 字节, 图像的宽度, 单位是像素.
　　LONG biHeight; // 4 字节, 图像的高度, 单位是像素.
　　WORD biPlane; // 2 字节, 必须是 1, 不用考虑.
　　WORD biBitCount; // 2 字节, 表示颜色时用到的位数. 取下述数值对应不同的意义:
　　　　　　　　　　　//1: 黑白单色图; 4: 16 色图; 8: 256 色图; 24: 真彩色图.
　　DWORD biCompression; // 4 字节, 位图是否压缩, 只考虑不压缩的情况, 可设为 0.
　　DWORD biSizeImage; // 4 字节, 实际位图数据占用的字节数.
　　LONG biXpelsPerMeter; // 4 字节, 位图的水平分辨率, 单位是每米的像素个数.
　　LONG biYpelsPerMeter; // 4 字节, 位图的垂直分辨率, 单位是每米的像素个数.
　　DWORD biCirUsed; // 4 字节, 图像实际用到的颜色数, 如果该值为零, 则颜
　　　　　　　　　　　//色数为 2 的 biBitCount 次幂.
　　DWORD biClrImportant; // 4 字节, 图像中重要的颜色数, 如果为零, 所有颜色都重要.
} BITMAPINFOHEADER;
　　(3) 位图调色板 RGBQUAD
　　当图像是真彩色时, 色彩数据已经准确地纪录了色彩的信息, 不需要调色板, 但是, 其他情况都需要调色板. 调色板实际是一个数组, 数组中每个元素的类型是一个 RGBQUAD 结构, 占 4 个字节, 其定义如下:
　　typedef struct tagRGBQUAD{
　　　　BYTE rgbBlue; //该颜色的蓝色分量.
　　　　BYTE rgbGreen; //该颜色的绿色分量.
　　　　BYTE rgbRed; //该颜色的红色分量.
　　　　BYTE rgbReserved; //保留值.
　　}RGBQUAD;
　　(4) 位图数据 BITMAPDATA
　　对于用到调色板的位图, 图像数据就是该像素颜色在调色板中的索引值. 对于真彩色图, 图像数据就是实际的 RGB 值. 下面就 2 色, 16 色, 256 色位图和 3 字节

真彩色位图分别介绍.

1) 2 色位图

用 1 位就可以表示的像素颜色 (一般 0 表示黑, 1 表示白), 所以一个字节可以表示 8 个像素.

2) 16 色位图

用 4 位可以表示一个像素的颜色, 所以, 一个字节可以表示两个像素.

3) 256 色位图

1 个字节刚好表示 1 个像素.

4) 真彩色

RGB 的三个彩色分量分别用 1 个字节表示, 因此 3 个字节才能表示 1 个像素.

在根据上面的图像结构建立程序时, 还应该注意两点: 其一, 每一行的字节数必须是 4 的整倍数, 如果不是, 则需要补齐 (对非压缩图像补 0). 其二, BMP 文件的数据是从下到上, 从左到右排列的. 即第一个像素是图像左下角像素, 然后从左往右, 从下往上排列.

11.2.3 真彩色图像转换为灰度图像的程序

现给出一个 Windows 下用 Delphi 7.0 语言编写的程序编写过程. 加深对 BMP 文件格式的了解.

程序设计界面如图 11-2-1, 图中, 放置 image1 组件并让 image1 的 AutoSize 属性选择为 True, 以便能够完整地显示尺寸较大的图像. 文字编辑框 edit1, edit2, edit3 及 edit4 依次用来放置真彩色位图文件名、位图的宽度、位图的高度以及位图每一像素所用到的比特数. 编辑框 edit5 用来输入变换后的文件名. 在界面上再放置允许调用打开文件对话框的标志及两个按键.

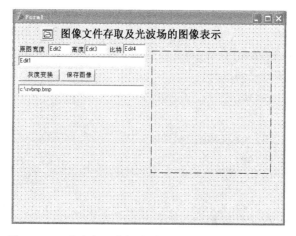

图 11-2-1 真彩色图像的读取及灰度变换程序设计界面

通过程序设计,预计让软件具有下面功能:

(1) 用鼠标左键单击文字编辑框 edit1 时,可以弹出文件选择对话框.根据弹出的文件对话框选择出真彩色图像文件后,程序将做文件读取及相关操作.除将真彩色文件显示在 image1 上外,还将图像的宽度、高度及所调用图像每一像素所用到的比特数放在文字编辑框 edit1, edit2, edit3 及 edit4 中.

(2) 用鼠标左键单击"灰度变换"按键,image1 上的真彩色图变化为灰度图.

(3) 在 edit5 中输入路径及文件名后,用鼠标左键单击"文件存储"按键,image1 上的灰度图像将存入指定位置.

程序代码的编写步骤如下:

(1) 弹出代码编辑器,在代码编辑器自动生成的程序框架上找到 implementation 关键词,在该关键词前方输入下列代码定义全程变量.

```
type
      imgt=array[0..1048576] of byte;
      img=^imgt;// 比特型指针数组,用于存放位图的三基色数据.
      FFF=array[0..65535] of single;  //用于存放下一节衍射计算结果.
var
  nx, ny, bte: integer;            //图像长、宽及像素比特数.
  debut: array[1..54] of byte;     //用于存放位图文件头 54 个字节的数据.
  RR0, GG0, BB0: img;              //用于存放 BMP 图像的 R、G、B 值.
  Ur, Ui: FFF;                     //用于存放衍射计算结果.
```

(2) 在程序框架的{$R *.dfm}后方编写将调用的 bmp 图像读取的程序块.编写过程中请注意每行代码与上面讲过的 bmp 图像结构的关系:

```
procedure Tgbmp(var a,b,c:img;var nx,ny,bte:integer;nom:string);
var
  i,j,vcol,commance:integer;
  n,longs,k,Nxy:longint;
  sort,s1,s2:string;
  T:file;
  NN:array[1..4] of longint;
  a1,b1,c1,nf:byte;
  TT:img;
begin
    New(TT); //指针变量初始化.
    AssignFile(T,nom); //打开文件名为 nom 的文件,.
```

```
Reset(T,1); //将文件读取指针放在文件起始位置.
BlockRead(T,debut,54);//将 54 字节的文件头读入数组 debut.
//第 11~14 字节获取图像起始字节位置.
for i:=1 to 4 do NN[i]:=debut[10+i];
Nxy:=NN[1]+NN[2]*256+NN[3]*256*256+NN[4]*256*256*256;
//第 19~22 字节计算图像宽度.
for i:=1 to 4 do NN[i]:=debut[18+i];
Nx:=NN[1]+NN[2]*256+NN[3]*256*256+NN[4]*256*256*256;
//第 23~26 字节计算图像高度.
for i:=1 to 4 do NN[i]:=debut[22+i];
Ny:=NN[1]+NN[2]*256+NN[3]*256*256+NN[4]*256*256*256;
//29 及 30 字节计算图像位数.
bte:=debut[29]+debut[30]*256;
//由于每行像素规定是4的整数倍,确定位图数据每行末是否包含nf位0.
case bte of
24:   begin
        if (3*Nx) mod 4 = 0 then nf:=0;
        if (3*nx) mod 4 <>0 then nf:=4-(3*nx-((3*nx) div 4)*4);
      end;
8:    begin
        if (Nx) mod 4 = 0 then nf:=0;
        if (nx) mod 4 <>0 then nf:=4-(nx-((nx) div 4)*4);
      end;
end;

Nxy:=Nxy-54;
if Nxy<>0 then BlockRead(T,TT,Nxy); //指针移动到图像数据区起始位置.

  for i:=0 to Ny-1 do
  begin
   for j:=0 to Nx-1 do
    begin
     k:=i*Nx+j;
     case bte of
```

```
            24:begin //读 24 位真彩色的三基色数据.
                BlockRead(T,TT,3); //读三个字节放入指针数组 TT^ 中.
                a^[k]:=TT^[0];
                b^[k]:=TT^[1];
                c^[k]:=TT^[2];
                end;
            8:begin //读 8 位灰度图像数据.
                BlockRead(T, TT^ ,1);//只读一个字节放入指针数组 TT^ 中.
                a^[k]:=TT^[0];
                b^[k]:=a^[k];
                c^[k]:=a^[k];
                end;
         end;
         if (nf<>0) and (j=Nx-1) then BlockRead(T,TT^,nf); //每行末可
能的补 0 数据.
          end;
       end;
        close(T);
        Dispose(TT);
    end;
```

(3) 接上程序块, 在编辑框中输入存储 bmp 灰度图像文件的代码. 在编写过程中注意如何通过代码定义 bmp 文件需要的各参数.

```
procedure SvBmp(var a:img;nx,ny:integer;nom:string);
type
       xx=array[0..4] of byte;
       yy=xx;
var i,j:integer;
       Nxy:longint;
       T:File;
       nf:byte;
       NN:array[1..54] of byte;
       panel:array[1..1024] of byte;
       d:  img;
       pp:yy;
begin
```

11.2 计算机图像的基础知识

```
nf:=0;
new(d);
new(pp);
for i:=0 to 4 do pp[i]:=0;
//
if Nx mod 4<>0 then nf:=4-(Nx mod 4);
//图像形式 BM.
NN[1]:=66;
NN[2]:=77;
//图像文件字节数.
Nxy:=Nx*Ny+Ny*nf+54+1024;
NN[3]:=Nxy shl 24 shr 24;
NN[4]:=Nxy shl 16 shr 24;
NN[5]:=Nxy shl 8 shr 24;
NN[6]:=Nxy shr 24;
//保留字 0.
NN[7]:=0;
NN[8]:=0;
//保留字 0.
NN[9]:=0;
NN[10]:=0;
// 图像字节起始位置.
Nxy:=1078;
NN[11]:=Nxy shl 24 shr 24;
NN[12]:=Nxy shl 16 shr 24;
NN[13]:=Nxy shl 8 shr 24;
NN[14]:=Nxy shr 24;
//图像头字节数.
Nxy:=40;
NN[15]:=Nxy shl 24 shr 24;
NN[16]:=Nxy shl 16 shr 24;
NN[17]:=Nxy shl 8 shr 24;
NN[18]:=Nxy shr 24;

//图像宽度.
```

```
Nxy:=Nx;
NN[19]:=Nxy shl 24 shr 24;
NN[20]:=Nxy shl 16 shr 24;
NN[21]:=Nxy shl 8 shr 24;
NN[22]:=Nxy shr 24;

//图像高度.
Nxy:=Ny;
NN[23]:=Nxy shl 24 shr 24;
NN[24]:=Nxy shl 16 shr 24;
NN[25]:=Nxy shl 8 shr 24;
NN[26]:=Nxy shr 24;
//目标设备级别.
NN[27]:=1;
NN[28]:=0;
//每个像素所需位数.
NN[29]:=8;
NN[30]:=0;
    //图像压缩类型 0: 不压缩.
NN[31]:=0;
NN[32]:=0;
NN[33]:=0;
NN[34]:=0;
//图像的大小（字节为单位）.
Nxy:=Nx*Ny+Ny*nf;
//Nxy:=0;
NN[35]:=Nxy shl 24 shr 24;
NN[36]:=Nxy shl 16 shr 24;
NN[37]:=Nxy shl 8 shr 24;
NN[38]:=Nxy shr 24;
//目标设备水平分辨率 N/M.
Nxy:=2834;
NN[39]:=Nxy shl 24 shr 24;
NN[40]:=Nxy shl 16 shr 24;
NN[41]:=Nxy shl 8 shr 24;
```

```
NN[42]:=Nxy shr 24;
   //目标设备垂直分辨率 N/M.
Nxy:=2834;
NN[43]:=Nxy shl 24 shr 24;
NN[44]:=Nxy shl 16 shr 24;
NN[45]:=Nxy shl 8 shr 24;
NN[46]:=Nxy shr 24;
//位图实际使用的色彩表中颜色变址数.
NN[47]:=0;
NN[48]:=0;
NN[49]:=0;
NN[50]:=0;
   //位图显示过程中被认为重要颜色的变址数.
NN[51]:=0;
NN[52]:=0;
NN[53]:=0;
NN[54]:=0;
//确定调色板数据.
for i:=0 to 255 do
    begin
    panel[i*4+1]:=i;
    panel[i*4+2]:=i;
    panel[i*4+3]:=i;
    panel[i*4+4]:=0;
    end;

//建立 BMP 文件.
AssignFile(T,nom);
Rewrite(T,1);
blockWrite(T,NN,54);        //写信息头
blockWrite(T,panel,1024);    //写调色板.
  for i:=0 to Ny-1 do        //写图像数据.
    for j:=0 to Nx-1 do
    begin
        d^[0]:=a^[I*Nx+j];
```

```
            blockWrite(T,d,1);
            if (nf<>0) and (j=Nx-1) then blockwrite(T,pp,nf);
         end;
    Close(T);
    dispose(d);
    dispose(pp);
end;
```

(4) 以上两个程序块编写好后,点击页面,在弹出的代码编辑框中写入读取图像三色数据的指针变量的初始化代码:

```
procedure TForm1.FormCreate(Sender:  TObject);
begin
  //约束位图格式图片.
    Form1.OpenDialog1.Filter := '*.bmp|*.bmp';
    New(RR0);
    New(GG0);
    New(BB0);
end;
```

(5) 在 Edit1 组件的属性表里用鼠标单击 Events 事件页,用鼠标左键单击 onClick 右边表框,在弹出的代码编辑框中写入调用读真彩色图像过程的下列代码.

```
procedure TForm1.Edit1Click(Sender:  TObject);
begin
   if OpenDialog1.Execute then
         begin
            Form1.Edit1.Text:=OpenDialog1.FileName;
            Form1.Image1.Picture.Bitmap.LoadFromFile(OpenDialog1.FileName);
            Tgbmp(RR0, GG0, BB0, nx, ny, bte, Form1. Edit1. Text);
//调用图像读取过程.
            Form1.Edit2.Text:=IntTostr(nx);//标示图像宽度.
            Form1.Edit3.Text:=IntTostr(ny);//标示图像高度.
            Form1.Edit4.Text:=IntTostr(bte);//标示每像素使用比特数.
         end;
   end;
```

(6) 用鼠标单击按键 1,根据 CIE 的 RGB 表示系统在弹出的代码编辑框中写入下列代码,完成三基色数据转换为灰度数据的操作.

11.2 计算机图像的基础知识

```
procedure TForm1.Button1Click(Sender: TObject);
var I, J, R, G, B, hu:integer;
begin
    for I:=0 to ny-1 do
    for J:=0 to nx-1 do
      begin
      R:=RR0^[I*nx+J];
      G:=GG0^[I*nx+J];
      B:=BB0^[I*nx+J];
      hu:=round(0.3*R+0.59*G+0.11*B); // CIE 的 RGB 表示.
      RR0^[I*nx+J]: =hu; //存储灰度数据备用.
      Form1.Image1.Canvas.Pixels[J,ny-1-I]:=RGB(hu,hu,hu);//用灰度像素绘图.
      end;
   end;
```

(7) 用鼠标单击按键 2, 在弹出的代码编辑框中写入存放变换后灰度图像的代码, 并释放资源.

```
procedure TForm1.Button2Click(Sender: TObject);
var nom:string;
begin
  nom:=form1.Edit5.Text;
  SvBmp(RR0,nx,ny,nom);
  Dispose(RR0);
  Dispose(GG0);
  Dispose(BB0);
  Close();
end;
```

图 11-2-2 是一个执行结果. 它将 CCD 探测到的占用数据空间较大的三字节真彩色图像变成了占用空间相对较小的只由一个字节表示的灰度图像. 并将其存为文件 c:\svbmp.bmp. 下一节将介绍如何通过衍射计算及衍射场的图像表示来形成该图像的过程.

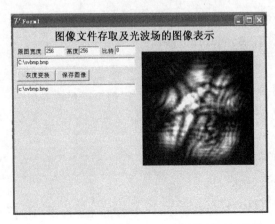

图 11-2-2　调用已经形成的灰度图像并显示结果

11.3　二维光波场强度分布的数字图像表示及程序实例

11.3.1　二维光波场强度分布的数字图像表示

计算机重建物光波面,通过计算机图像显示或输出数据是通常的数字全息研究过程. 并且, 其输出形式通常是光波场在某平面的二维强度分布图像. 因此, 必须建立数值计算结果与相应的物理图像的关系.

根据本章对衍射积分计算的研究, 衍射场的计算结果通常是观测平面上光波场的实部 $o_r(x,y)$ 及虚部 $o_i(x,y)$ 的离散值. 下面介绍在计算机上使用光波场的实部及虚部离散值表示光波场强度图像的问题.

若计算宽度 ΔL, 取样数 $N \times N$, 取样间隔则是 $\Delta x = \Delta y = \Delta L/N$. 光波场强度强度分布表为

$$I(i\Delta x, j\Delta y) = o_r^2(i\Delta x, j\Delta y) + o_i^2(i\Delta x, j\Delta y)$$
$$(i,j = 0,1,2,\cdots,N-1)$$
(11-3-1)

计算机图像灰度通常是以 0~255 灰度等级表示的, 在给定强度单位下, (11-3-1) 式计算结果的极大值 $I_{\max}$ 并不一定是 255. 因此, 必须对计算结果作规格化或归一化处理. 即对 (11-3-1) 式作下运算:

$$I_t(i\Delta x, j\Delta y) = \frac{I(i\Delta x, j\Delta y)}{I_{\max}} \times 255$$
(11-3-2)

经过处理并将结果转换为整形数组后, 利用 $I_t(i\Delta x, j\Delta y)$ 即可用计算机显示出 0~255 灰度等级的图像. 然而, 这是充分利用了计算机灰度等级并与光波场强度分布完全成线性关系的理想图像. 在应用研究中, CCD 探测的光波强度通常难于控制在

11.3 二维光波场强度分布的数字图像表示及程序实例

理想的线性区域,为了能够让模拟图像与 CCD 测量结果能较直观地比较,可引入限幅放大系数 g, 按照下式对计算结果作非线性处理:

$$I_t(i\Delta x, j\Delta y) = \begin{cases} \dfrac{I(i\Delta x, j\Delta y)}{I_{\max}} 255g, & \text{当计算小于 255 时} \\ 255, & \text{当计算值大于或等于 255 时} \end{cases} \quad (11\text{-}3\text{-}3)$$

不难看出,系数 g 的引入能够模拟 CCD 曝光不足 ($0<g<1$) 以及曝光过度 ($g>1$) 的情况. 当用计算机编程语言将上述结果按灰度逐点排列在指定显示区域时,即能形成非常直观的与传统感光片负片相似的图像.

11.3.2 二维光波场强度分布的数字图像程序实例

在图 11-2-2 中, CCD 探测的图像事实上是一个倒置的开孔为 "龙" 字光阑穿过一 $4f$ 系统的衍射图像. 光阑的边长为 11mm, $4f$ 系统的两面透镜焦距分别为 f_1=697mm, f_2=127mm, 光路由图 11-3-1 给出. 图中, 自左向右传播的平面波照射光阑后, 在 $4f$ 系统理想像平面后方距离 d=105mm 处是 CCD 探测屏.

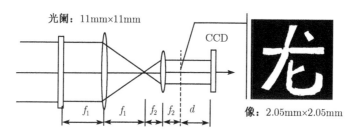

图 11-3-1 衍射场探测光路

根据瑞利的衍射计算理论[12], 可以将 CCD 平面的衍射场视为光学系统出射光瞳的衍射. 设透镜孔径足够大, 光学系统的出射光瞳即光阑在 $4f$ 系统后形成的理想像. 因此, CCD 探测到的衍射场强度可以视为是边长 $11\text{mm} \times f_2/f_1 \approx 2.05\text{mm}$ 的光阑被平面波照明后的衍射图像. 利用前面讨论过的菲涅耳衍射积分的 D-FFT 计算容易得到结果.

设计算后衍射场的实部 o_r 及虚部 o_i 分别用取样为 256×256 的单精度数组 U_r, U_i : FFF=array[0..65535] of single 分别存储, 其存储程序块为

```
procedure UriSave(nom:string;N:integer);
var
  I,J:integer;
  InFile:File;
  tr,ti:single;
  BytesRead:integer;
```

```
begin
    BytesRead:=SizeOf(tr);//确定单精度数所占字节数.
    AssignFile (InFile,nom);
    Rewrite (InFile,1);
    FOR I := 0 TO N-1 do
    FOR J := 0 TO N-1 do
    begin
    tr:=Ur[I*N+J];
    blockWrite (Infile,tr,BytesRead);
    ti:=Ui[I*N+J];
    blockWrite (Infile,ti,BytesRead);
end;
    CloseFile(InFile);
end;
```

现扩展上面已经有的程序,做模拟 CCD 探测的衍射图像的工作.

原程序在页面上增加一个"图像显示"按键及一文字编辑框,将编辑框内文字置"1",并用"限幅放大"标识编辑框,其页面形式如图 11-3-2. 准备让程序具有下面功能:

(1) 用鼠标左键点击文字编辑框 5,能够弹出文件选择对话框,并将衍射计算数据文件名放在编辑框内.

(2) 按下"图像显示"按键,则调用衍射计算数据,并形成衍射图像显示.

(3) 改变"限幅放大"数据,所形成的衍射图像能够模拟 CCD 曝光的实际情况.

图 11-3-2 光波场图像表示的编程页面

11.3 二维光波场强度分布的数字图像表示及程序实例

为实现功能 1, 可在文字编辑框的 Edit5DblClick 事件程序框架中写入下列代码:

```
procedure TForm1.Edit5DblClick(Sender:  TObject);
begin
if OpenDialog1.Execute then
        begin
           Form1.Edit5.Text:=OpenDialog1.FileName;
        end;
end;
```

为实现功能 2 和 3, 先在 Delphi7.0 代码编辑框中写入下程序块:

```
procedure smCCD(nom:string;N:integer;gg:double);
var
  i,j,col:integer;
  InFile:File;
  tr,ti,pmax,pxy:single;
  BytesRead:integer;
begin
    BytesRead:=SizeOf(tr);
    AssignFile(InFile,nom);
    Reset(InFile,1);
    pmax:=0;
    FOR I := 0 TO N-1 do
    FOR J := 0 TO N-1 do
    begin
    BlockRead(Infile,tr,BytesRead);
    Ur[I*N+J]:=tr;
    BlockRead(Infile,ti,BytesRead);
    Ui[I*N+J]:=ti;
    pxy:=tr*tr+ti*ti;
    if pmax<pxy then pmax:=pxy; //求强度极大值 pmax.
    end;
    CloseFile(InFile);

    FOR I := 0 TO N-1 do
    FOR J := 0 TO N-1 do
```

```
        begin
            tr:=Ur[I*N+J];
            ti:=Ui[I*N+J];
            pxy:=tr*tr+ti*ti;
            col:=round(pxy/pmax*255*gg);//规格化及放大处理.
            if col>255 then col:=255;  //限幅.
            Form1.Image1.Canvas.Pixels[J,I]:=RGB(col,col,col);
        end;
    end;
```

然后,在"图像显示"按键的 Button3Click 事件触发程序块中写入下列代码:

```
procedure TForm1.Button3Click(Sender:  TObject);
var
    i,j,code,N:integer;
    InFile:File;
    gg:single;
    BytesRead:integer;
    nom:string;
begin
    nom:=form1.Edit5.Text;
    val(form1.Edit6.Text,gg,code);
    N:=256;
    smCCD(nom,N,gg);
end;
```

上面代码编写完成后,即可运行程序. 图 11-3-3 给出放大系数为 1 时运行结果.

与图 11-2-2 比较容易看出,实际 CCD 图像有曝光过度的情况. 为此,将限幅放大系数置为 2,重新运行程序,图 11-3-4 是新的输出结果. 可以看出, 理论计算及计算机图像模拟与 CCD 实测图 11-2-2 已经非常接近.

基于本章的预备知识,后续两章将对数字全息作较详细的讨论.

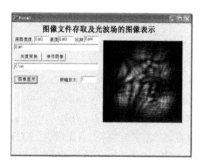 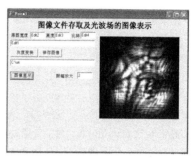

图 11-3-3 限幅放大系数为 1 时的模拟图像   图 11-3-4 限幅放大系数为 2 时的模拟图像

参 考 文 献

[1] Goodman J W, Lawrence R W. Digital image formation from electronically detected holograms[J]. Appl Phys Lett, 11, 1967(3): 77-79.

[2] Huang T. Digital Holography[C]. Proc of IEEE, 1971(159): 1335-1346.

[3] Kronrod M A, Merzlyakov N S, Yaroslavskii L P. Reconstruction of a hologram with a computer[J]. Sov Phys Tech Phys, 17, 1972: 333-334.

[4] Wagner C, Seebacher S, Osten W, Jü ptner W. Digital recording and numerical reconstruction of lensless Fourier holograms in optical metrology[J]. Appl Opt, 38, 1999: 4812-4820.

[5] Yamaguchi I, Kato J, Ohta S. Surface shape measurement by phase shifting digital holography[J]. Opt Rev, 2001, 8: 85-89.

[6] 刘诚. 李良钰, 李银柱, 等. 数字全息测量技术中消除零级衍射像的方法 [J]. 中国激光, 2001, A 28, (11): 1024-1026.

[7] De Nicola S, Ferraro P, Finizio A, et al. Wave front reconstruction of Fresnel ff-axis holograms with compensation of aberrations by means of phase shifting digital holography[J]. Opt Lasers Eng, 2002, 37: 331-340.

[8] 葛宝臻, 罗文国, 吕且尼, 赵慧影, 张以谟. 数字再现三维物体菲涅耳计算全息研究 [J]. 光电子. 激光, 2002, 13(12): 1289-1292.

[9] Yimo Zhang, Qieni Lü, Baozhen Ge. Elimilation of zero-order diffraction in digital off-axis holography[J]. Optics Communication, 240, 2004: 261-267.

[10] Pascal Picart, Julien Leval, Denis Mounier, et al. Some opportunities for vibration analysis with time averaging in digital Fresnel holography[J]. Aplled Optics, 2005, 44(3): 337-343.

[11] 李俊昌, 陈仲裕, 赵帅, 等. 柯林斯公式的逆运算及其在波面重建中的应用 [J]. 中国激光, 2005, 32, (11): 1489-1494.

[12] 顾德门. 傅里叶光学导论 [M]. 詹达三, 译. 北京: 科学出版社, 1976.

[13] 李俊昌. 激光的衍射及热作用计算 (修订版)[M]. 北京: 科学出版社, 2008.

[14] David Mas, Javier Garcia, Carlos Ferreira, et al. Bernardo, Francisco Marinho. Fast algorithms for free-space diffraction patterns calculation[J]. Optics Communications, 1999, 164: 233-245.

[15] Li Junchang, Peng Zujie, FU Yunchang. Diffraction transfer eunction and its calculation of classic diffraction formula[J]. Optics Communications, 2007, 280: 243-248.

[16] 布赖姆 E O. 快速傅里叶变换 [M]. 柳群译. 上海: 上海科学技术出版社, 1979.

[17] Kenneth R Castleman. 数字图像处理 [M]. 朱志刚等译. 北京: 电子工业出版社, 2000.

[18] 飞思科技产品研发中心. DELPHI 7 基础编程 [M]. 北京: 电子工业出版社, 2003.

[19] 刘骏. Delphi 数字图像处理及高级应用 [M]. 北京: 科学出版社, 2003.

[20] 阮秋绮. 数字图像处理 [M]. 北京: 电子工业出版社, 2002.

第12章 平滑波面数字全息的基本理论

利用 CCD 记录全息干涉图, 通过计算机数值处理完成相关物理量测量的过程被称为数字全息测量. 应用研究中, 被测量物体表面有光学平滑及光学粗糙两种情况[1~3]. 所谓光学平滑面, 即局域起伏标准差甚小于光波长的表面. 而光学粗糙面, 即表面局域起伏标准差大于光波长的表面. 当一个波面相对平滑的物光照明到光学平滑的物体表面时, 反射光或透射光的波面仍然保持相对平滑的特性. 若引入参考光, 并用 CCD 记录下干涉图像后, 利用传统的基于光程变化的干涉理论便能处理测量结果. 但是, 对于光学粗糙表面, 被物体反射或透射的光是散射光, 其波面结构非常复杂, 难于定量计算. 建立于光程差分析基础上的全息干涉条纹形成理论不能直接应用, 必须使用统计光学理论才能准确描述[1~3]. 因此, 我们将先对相对简单的平滑波面的数字全息测量进行讨论, 为下一章光学粗糙面物体的数字全息检测研究作准备.

数字全息研究至今已经有近四十年的历史[4~6], 与传统的用照相干版制作全息图的技术相对应, 使用 CCD 探测数据可以构成振幅型及相位型数字全息图. 目前的研究工作主要是基于振幅型数字全息展开的. 因此, 本章将只对振幅型数字全息进行讨论, 相位型全息图将在下一章介绍.

由于使用菲涅耳衍射积分能够沿着光传播的方向计算物体的实像, 在数字全息研究中习惯采用的物平面波面重建模型, 是全息干涉图被参考光的共轭光照射后沿着光波传播方向计算物体实像的模型[7~11]. 但是, 分析干涉测量的物理内容可以发现, 一旦获得到达 CCD 平面的物光振幅及相位后, 物平面的光波场也可以通过逆着光传播方向的衍射逆运算完成[12,13]. 因此, 本章将对菲涅耳衍射逆运算在数字全息研究中的应用作介绍. 由于物平面光波场的波面重建问题等效于物体通过一个相干光成像系统的成像问题, 我们将基于线性系统的理论, 导出数字全息光学系统的脉冲响应. 此外, 由于零级衍射光对于物光波面重建计算是噪声. 本章还将介绍几种适用的消除噪声的数值处理方法.

在数字全息测量研究中, 被测量物体的尺寸通常与 CCD 探测器尺寸有较大差异, 在进行实际测量时, 通常采用光学系统对物光进行变换, 让携带物体信息的物光能被 CCD 充分接收, 这时将涉及物光通过一个光学系统的波面重建问题. 当光学系统能够表示成由 ABCD 四个矩阵元素描述的光学系统时, 使用柯林斯公式[13~15]能十分方便地解决问题. 本章将介绍柯林斯公式及柯林斯公式的逆运算,并讨论 ABCD 数字全息系统的脉冲响应. 菲涅耳衍射积分及柯林斯公式及均是衍射问题的傍轴近似表达式, 为获得准确的波面重建, 必须使用严格满足亥姆霍兹方程的衍射理论. 因此, 本章还将对如何使用基尔霍夫公式、瑞利-索末菲公式及角谱理论进行数字全息研究作简要介绍.

一个有价值的数字全息测量通常还涉及许多相关技术, 本章最后将介绍一个数字全息变焦系统及一个三维场的检测实例.

12.1 基于菲涅耳衍射积分及其逆运算的数字全息

数字全息简化光路如图 12-1-1. 图中, 物平面和 CCD 平面分别用 x_0y_0 和 xy 定义. 两平面间距为 d. 在 CCD 平面右边距离 d 处再定义平面 x_iy_i. 为简明起见, 将物体视为在物平面的一个振幅型透射光阑, 图中用空心箭头表示透射图像. 一束沿 z 轴正向传播的平面波照射光阑, 透射光形成物光场 O. 参考光 R 假定为平面波, 图中用细实线箭头表示出到达 CCD 平面的参考光方向.

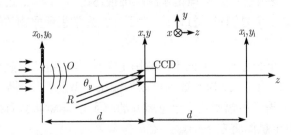

图 12-1-1 数字全息简化光路及坐标定义

令到达 CCD 平面的物光及参考光复振幅分别为 $O(x,y)$, $R(x,y)$, CCD 平面上的干涉场强度则为

$$I(x,y) = |O(x,y) + R(x,y)|^2 \\
= |O(x,y)|^2 + |R(x,y)|^2 + O^*(x,y)R(x,y) + O(x,y)R^*(x,y) \quad (12\text{-}1\text{-}1)$$

用 CCD 记录下上面的干涉图像, 则获得了数字全息图. 与传统全息重现物体像的技术一样, 数字全息图的物光场重建也可以选择不同形式的重现光波. 应用研究中通常选择沿光轴 z 传播的单位振幅平面波为重现波. 这样, 式 (12-1-1) 也代表单位振幅平面波照射全息图后在 CCD 平面形成透射波. 为便于分析, 令

$$I(x,y) = t_0(x,y) + t_+(x,y) + t_-(x,y) \quad (12\text{-}1\text{-}2)$$

其中,

第一项, $t_0(x,y) = |O(x,y)|^2 + |R(x,y)|^2$, 沿光轴传播的光波, 常称为零级衍射光;

第二项, $t_+(x,y) = O^*(x,y) R(x,y)$, 振幅受到参考光调制的共轭物光, 传播方向与参考光方向相同, 该列光波将在 $x_i y_i$ 平面形成振幅受参考光分布调制的物光场实像;

第三项, $t_-(x,y) = O(x,y) R^*(x,y)$, 振幅受到参考光调制的物光, 传播方向与共轭参考光方向相同, 该列光波在原物平面形成振幅受参考光分布调制的物光场虚像.

可以看出, 除第一项外, 其余两项都包含有物光的振幅和位相信息. 如果沿着光波传播的方向计算物体的实像, 第一、三两项是噪声. 反之, 如果采用衍射逆运算的方法求物体的虚像, 则第一、二两项成为噪声.

12.1.1 计算物体实像的菲涅耳衍射波面重建

基于图 12-1-1 的光路, 以下利用计算机模拟建立数字全息图, 并利用模拟全息图分别对物体实像及虚像的重建进行讨论.

令物平面光波场为

$$O_0(x_0, y_0) = o_0(x_0, y_0) \exp(j\varphi_0) \tag{12-1-3}$$

式中, $o_0(x_0, y_0)$ 表示物平面的振幅透过函数, φ_0 为实常数. 到达 CCD 平面的光波场由菲涅耳衍射积分表出[16]

$$O(x, y) = \frac{\exp(jkd)}{j\lambda d} \int_{-\infty}^{\infty} \int_{-\infty}^{\infty} O_0(x_0, y_0) \exp\left\{\frac{jk}{2d}\left[(x-x_0)^2 + (y-y_0)^2\right]\right\} dx_0 dy_0 \tag{12-1-4}$$

式中, $k = 2\pi/\lambda$, λ 是光波长.

当参考光为均匀平面波时, 复振幅可以表为

$$R(x, y) = a_r \exp\left[jk(x\sin\theta_x + y\sin\theta_y)\right] \tag{12-1-5}$$

式中, a_r 为实常数, θ_x, θ_y 分别是参考光矢量与 z 轴的夹角 θ 在 xz 及 yz 平面的投影. 给定相关参数, 根据以上两式即能按照 (12-1-1) 式形成全息图 $I(x,y)$. 这时, 用单位振幅平面波照射全息图后的三项透射光可分别表达为

$$t_0(x, y) = |O(x, y)|^2 + a_r^2$$
$$t_+(x, y) = O^*(x, y) a_r \exp\left[jk(x\sin\theta_x + y\sin\theta_y)\right]$$
$$t_-(x, y) = O(x, y) a_r \exp\left[-jk(x\sin\theta_x + y\sin\theta_y)\right]$$

透射波经衍射到达 $x_i y_i$ 平面时的位置由图 12-1-2 示出. 图中用空心箭头表示出物体的实像.

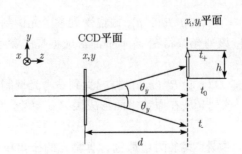

图 12-1-2 各级衍射光的方位

显然, 如果知道零级衍射光在 x_iy_i 平面的宽度, 则能对物体像与零级衍光分离时参考光与 z 轴应有的夹角作出估计. 设零级衍射光的宽度是 ΔL_m, 物高为 h, 在 y 方向刚好能够分离的一个估计则是

$$\theta_y = \frac{\Delta L_m + h}{2d} \tag{12-1-6}$$

在 12.1.3 节我们将证明, 在所研究情况下, x_iy_i 平面的零级衍射光呈现为 CCD 光瞳在平面波照射下经距离 d 的菲涅耳衍射图像. 因此, 零级衍射光宽度可简单地设为 CCD 探测器面阵的宽度.

将 CCD 平面视为菲涅耳衍射的初始平面, CCD 平面右方距离 d 的光波场可由菲涅耳衍射积分表出[16]

$$U_i(x_i, y_i) = \frac{\exp(jkd)}{j\lambda d} \int_{-\infty}^{\infty} \int_{-\infty}^{\infty} I(x, y) \exp\left\{\frac{jk}{2d}\left[(x-x_i)^2 + (y-y_i)^2\right]\right\} dxdy \tag{12-1-7}$$

根据 (12-1-7) 式的计算结果, 即可用上一章的知识在计算机上显示 x_iy_i 平面各衍射光的图像.

可以看出, 为模拟上述数字全息过程, 最主要的是进行菲涅耳衍射积分 (12-1-4) 及 (12-1-7) 的计算. 在上一章中, 我们已经介绍了菲涅耳衍射积分两种算法, 即一次傅里叶变换算法 (S-FFT) 及卷积算法 (D-FFT), 现用 D-FFT 算法进行模拟.

常用的 CCD 窗口宽度通常是 5mm 左右, 为让 CCD 能较充分地接收物光信息, 将物体设计为高度约为 $h=4$mm 的 "物" 字透光孔构成的平面光阑 (见图 12-1-3(a)). 令物平面取样宽度为 ΔL_0, 取样数为 $N=512$. 为获得满足奈奎斯特取样定理[16,17] 的像平面重建场, 设

$$\Delta L_0 = \sqrt{\lambda d N} = 20\text{mm} > 2h + \Delta L_m.$$

(a) 物平面光阑　　　　(b) $\theta_x=0,\theta_y=0.21°$ CCD平面干涉场

20mm×20mm, 512×512像素

图 12-1-3　物平面光阑及 CCD 探测到的干涉图像模拟

令 $\lambda=632.8$ nm, 求得 $d=1234.6$ mm, $\theta_y = \dfrac{\Delta L_m + h}{2d} = 0.00369 \approx 0.21°$. 设 $\theta_x=0$, 图 12-1-3(a),(b) 分别给出物平面光阑及物光经距离 d 射到达 CCD 平面与参考光干涉形成的数字全息图 $I(x,y)$, 数字全息图是根据计算结果用 0～255 灰度归一化表示的, 为模拟研究 CCD 窗口对信息的截取作用, 图中只绘出 CCD 窗截取的干涉场, 窗口外数据全部为 0 值. 此外, 在模拟计算中, 为得到对比度较好的干涉条纹, 参考光的振幅选择为 CCD 面阵上物光振幅的平均值.

图 12-1-4(a) 是根据图 12-1-3(b) 的全息图重建的在 $x_i y_i$ 平面各级衍射光的强度图像 $|U_i(x_i,y_i)|^2$. 容易看出, 由于零级衍射光并不限于 CCD 光瞳所规定的范围, 对物体重建图像还一些干扰, 重建像质量不高. 根据零级衍射图像分布的特点, 令 $\theta_x=\theta_y=0.0021°$ 图 12-1-4(b) 给出另一重建图像. 可以看出, 选择参考光沿 CCD 对角线方向倾斜, 可以较好地避开零级衍射光的干扰.

(a) $\theta_x=0,\theta_y=0.21°$ 的重建图像　　(b) $\theta_x=\theta_y=0.21°$ 的重建图像

20mm×20mm, 512×512像素

图 12-1-4　计算物体实像的菲涅耳衍射波面重建过程模拟

需要说明的是,零级衍射光的强度远高于物光及共轭物光,为能够在模拟图像中显示物光及共轭物光衍射图像,对每一幅重建图像灰度作了适当的限幅放大 (见 11.3 节).

12.1.2 计算物体虚像的菲涅耳衍射逆运算波面重建

第 11 章证明,菲涅耳衍射逆运算式可以视为是距离 $-d$ 的正向菲涅耳衍射的运算. 因此, 只要将实像计算程序的距离参数 d 变为 $-d$, 便能完成虚像的重建. 利用上面的基本参数, 图 12-1-5(a),(b) 分别给出 $\theta_x=0$, $\theta_y=0.21°$ 以及 $\theta_x=\theta_y=0.21°$ 两种情况的波面重建结果.

(a) $\theta_x=0, \theta_y=0.21°$ 的重建图像　　(b) $\theta_x=\theta_y=0.21°$ 的重建图像

20mm×20mm, 512×512 像素

图 12-1-5　计算物体虚像的波面重建

不难看出, 衍射逆运算与正向运算波面重建质量没有本质区别. 应用研究中可以选择任何一种方法.

12.1.3 菲涅耳数字全息波面重建系统的脉冲响应

可以认为, 数字全息成像系统是把 x_0y_0 平面上的物体在 x_iy_i 平面成像的光学系统, 但这个系统的一部分存在于计算机的虚拟空间中, 图 12-1-6 给出菲涅耳衍射数字全息成像系统的示意图. 图中, 实心箭头及空心箭头分别代表物体及其实像.

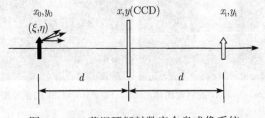

图 12-1-6　菲涅耳衍射数字全息成像系统

按照线性系统理论，只要能求出这个系统的脉冲响应或点扩散函数，便能了解重建像受哪些参数的影响. 以下基于傅里叶光学理论[16]，研究物平面 (ξ, η) 处的单位振幅点光源 $\delta(x_0 - \xi, y_0 - \eta)$ 通过光学系统后的响应.

点光源 $\delta(x_0 - \xi, y_0 - \eta)$ 通过光学系统后在 xy 平面的光波场可由菲涅耳衍射积分表出

$$u_\delta(x, y; \xi, \eta) = \frac{\exp(jkd)}{j\lambda d} \int_{-\infty}^{\infty} \int_{-\infty}^{\infty} \delta(x_0 - \xi, y_0 - \eta) \\ \times \exp\left\{\frac{jk}{2d}\left[(x - x_0)^2 + (y - y_0)^2\right]\right\} dx_0 dy_0$$

利用 δ 函数的筛选性质即得

$$u_\delta(x, y; \xi, \eta) = \frac{\exp(jkd)}{j\lambda d} \exp\left\{\frac{jk}{2d}\left[(x - \xi)^2 + (y - \eta)^2\right]\right\} \tag{12-1-8}$$

通常情况参考光被选择为振幅均匀的波束，令 a_r 为实常数，可将其写为

$$R(x, y) = a_r \exp[j\phi(x, y)] \tag{12-1-9}$$

两束光相干涉后，由 CCD 记录的干涉图为 CCD 平面干涉场强度分布与 CCD 窗口函数之积：

$$I_{w\delta}(x, y; \xi, \eta) = I_\delta(x, y; \xi, \eta) w(x, y) \tag{12-1-10}$$

其中，干涉场强度为

$$I_\delta(x, y; \xi, \eta) = |u_\delta(x, y; \xi, \eta) + R(x, y)|^2 \\ = \frac{1}{\lambda^2 d^2} + a_r^2 + u_\delta^*(x, y; \xi, \eta) R(x, y) + u_\delta(x, y; \xi, \eta) R^*(x, y) \tag{12-1-10a}$$

CCD 窗口函数为

$$w(x, y) = w_\alpha(x) w_\beta(y) \tag{12-1-10b}$$

以及，

$$w_\alpha(x) = \left[\text{rect}\left(\frac{x}{\alpha \Delta x}\right) * \text{comb}\left(\frac{x}{\Delta x}\right)\right] \text{rect}\left(\frac{x}{N\Delta x}\right)$$

$$w_\beta(y) = \left[\text{rect}\left(\frac{y}{\beta \Delta y}\right) * \text{comb}\left(\frac{y}{\Delta y}\right)\right] \text{rect}\left(\frac{y}{M\Delta y}\right)$$

这里，我们设 $\alpha \Delta x \times \beta \Delta y$ 是 CCD 单个像素尺寸，相邻像素间隔在 x 方向是 Δx 而在 y 方向是 Δy，用像素填充因子 $\alpha, \beta \in [0, 1]$ 来描述相邻像素间存在一个隔离区的情况. 像素在空间的周期出现通过矩形函数与梳状函数 $\text{comb}(x/\Delta x)$ 和 $\text{comb}(y/\Delta y)$ 的卷积来表示. 整个列阵落在由 $N\Delta x \times M\Delta y$ 确定的有限范围内，N 和 M 分别是 x 和 y 方向上的像素数. 图 12-1-7 是 CCD 窗口结构的示意图.

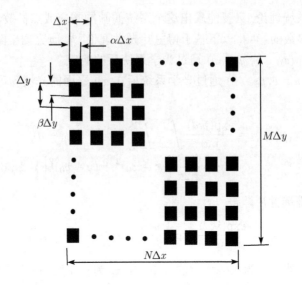

图 12-1-7 CCD 窗口结构示意图

让全息图 $I_{w\delta}(x,y;\xi,\eta)$ 与共轭参考光 R^* 相乘形成衍射波,并由传播了距离 d 的菲涅尔衍射积分给出像平面的场:

$$h_\delta(x_i,y_i;\xi,\eta) = \frac{\exp(\mathrm{j}kd)}{\mathrm{j}\lambda d} \iint_{-\infty}^{\infty} I_{w\delta}(x,y;\xi,\eta) R^*(x,y) \\ \times \exp\left\{\frac{\mathrm{j}k}{2d}\left[(x-x_i)^2+(y-y_i)^2\right]\right\} \mathrm{d}x\mathrm{d}y \tag{12-1-11}$$

由于平面波可以视为波面半径无限大的球面波. 为让研究结果较具一般性,设参考光是向 $(x_\mathrm{r},y_\mathrm{r},z_\mathrm{r})$ 点会聚的球面波,傍轴近似下复振幅是

$$R(x,y) = a_\mathrm{r}\exp\left\{-\frac{\mathrm{j}k}{2z_\mathrm{r}}\left[(x-x_\mathrm{r})^2+(y-y_\mathrm{r})^2\right]\right\} \tag{12-1-12}$$

这时 (12-1-11) 式菲涅耳衍射积分号内的函数:

$$\begin{aligned}&I_{w\delta}(x,y;\xi,\eta)R^*(x,y)\\&=\left(\frac{1}{\lambda^2 d^2}+a_\mathrm{r}^2\right)a_\mathrm{r}\exp\left\{\frac{\mathrm{j}k}{2z_\mathrm{r}}\left[(x-x_\mathrm{r})^2+(y-y_\mathrm{r})^2\right]\right\}w(x,y)\\&+\frac{\exp(-\mathrm{j}kd)}{-\mathrm{j}\lambda d}a_\mathrm{r}^2\exp\left\{-\frac{\mathrm{j}k}{2d}\left[(x-\xi)^2+(y-\eta)^2\right]\right\}w(x,y)\\&+\frac{\exp(\mathrm{j}kd)}{\mathrm{j}\lambda d}a_\mathrm{r}^2\exp\left\{\frac{\mathrm{j}k}{2d}\left[(x-\xi)^2+(y-\eta)^2\right]\right\}\\&\times\exp\left\{\frac{\mathrm{j}k}{z_\mathrm{r}}\left[(x-x_\mathrm{r})^2+(y-y_\mathrm{r})^2\right]\right\}w(x,y)\end{aligned}$$

代入 (12-1-11) 式得到

$$h_\delta(x_i, y_i; \xi, \eta) = h_0(x_i, y_i; \xi, \eta) + h_+(x_i, y_i; \xi, \eta) + h_-(x_i, y_i; \xi, \eta) \tag{12-1-13}$$

等式右边表达式与上面菲涅耳衍射积分内函数展开式的三项相对应，并且每项都可以写成分离变量的表达式：

$$h_0(x_i, y_i; \xi, \eta) = \left(\frac{1}{\lambda^2 d^2} + a_r^2\right) a_r \Phi_0(x_i, \xi) \Phi_0(y_i, \eta) \tag{12-1-13a}$$

$$h_+(x_i, y_i; \xi, \eta) = \frac{\exp(-jkd)}{-j\lambda d} a_r^2 \Phi_+(x, \xi) \Phi_+(y, \eta) \tag{12-1-13b}$$

$$h_-(x_i, y_i; \xi, \eta) = \frac{\exp(jkd)}{j\lambda d} a_r^2 \Phi_-(x, \xi) \Phi_-(y, \eta) \tag{12-1-13c}$$

由于分离变量后在 x 或 y 方向具有完全相似的形式，为简明起见，只对 x 方向的 $\Phi_0(x_i, \xi)$, $\Phi_+(x_i, \xi)$ 以及 $\Phi_-(x_i, \xi)$ 的计算作研究. 它们的具体形式是

$$\Phi_0(x_i, \xi) = \int_{-\infty}^{\infty} \exp\left\{\frac{jk}{2z_r}(x-x_r)^2\right\} \exp\left\{\frac{jk}{2d}(x-x_i)^2\right\} w_\alpha(x)\,\mathrm{d}x \tag{12-1-13d}$$

$$\Phi_+(x_i, \xi) = \int_{-\infty}^{\infty} \exp\left\{-\frac{jk}{2d}(x-\xi)^2\right\} \exp\left\{\frac{jk}{2d}(x-x_i)^2\right\} w_\alpha(x)\,\mathrm{d}x \tag{12-1-13e}$$

$$\Phi_-(x_i, \xi) = \int_{-\infty}^{\infty} \exp\left\{\frac{jk}{2d}\left[(x-\xi)^2 + (x-x_i)^2\right] + \frac{jk}{z_r}(x-x_r)^2\right\} w_\alpha(x)\,\mathrm{d}x \tag{12-1-13f}$$

三式依次对应于零级衍射光，点源实像光及点源虚像光三部份. 现逐一进行讨论.

12.1.3.1 零级衍射光

将 (12-1-13(d)) 式写为频域坐标取值为 $f_x = \dfrac{x_i}{\lambda d}$ 的傅里叶变换形式，得

$$\begin{aligned}
\Phi_0(x_i, \xi) &= \exp\left(\frac{jk}{2d}x_i^2\right) \int_{-\infty}^{\infty} \exp\left\{\frac{jk}{2z_r}(x-x_r)^2 + \frac{jk}{2d}x^2\right\} w_\alpha(x) \exp(-j2\pi f_x x)\,\mathrm{d}x \\
&= \exp\left(\frac{jk}{2d}x_i^2\right) F\left\{\exp\left[\frac{jk}{2z_r}(x-x_r)^2 + \frac{jk}{2d}x^2\right] \mathrm{rect}\left(\frac{x}{N\Delta x}\right)\right\} \\
&\quad * \left[F\left\{\mathrm{rect}\left(\frac{x}{\alpha\Delta x}\right)\right\} F\left\{\mathrm{comb}\left(\frac{x}{\Delta x}\right)\right\}\right] \\
&= \exp\left(\frac{jk}{2d}x_i^2\right) F\left\{\exp\left[\frac{jk}{2z_r}(x-x_r)^2 + \frac{jk}{2d}x^2\right] \mathrm{rect}\left(\frac{x}{N\Delta x}\right)\right\} \\
&\quad *\alpha\Delta x^2 \mathrm{sinc}(\alpha\Delta x f_x) \mathrm{comb}(\Delta x f_x)
\end{aligned}$$

为便于分析上式的物理意义，现考虑 $\alpha \to 1$ 的情况. 这时[18],

$$\alpha \Delta x^2 \operatorname{sinc}(\alpha \Delta x f_x) \operatorname{comb}(\Delta x f_x) \to \Delta x \delta(f_x)$$

于是得到

$$\begin{aligned}\Phi_0(x_i, \xi) &= \Delta x \exp\left(\frac{\mathrm{j}k}{2d}x_i^2\right) F\left\{\exp\left[\frac{\mathrm{j}k}{2z_r}(x-x_r)^2\right]\operatorname{rect}\left(\frac{x}{N\Delta x}\right)\exp\left(\frac{\mathrm{j}k}{2d}x^2\right)\right\}\\ &= \Delta x \int_{-\infty}^{\infty}\operatorname{rect}\left(\frac{x}{N\Delta x}\right)\exp\left[\frac{\mathrm{j}k}{2z_r}(x-x_r)^2\right]\exp\left[\mathrm{j}\frac{\pi}{\lambda d}(x-x_i)^2\right]\mathrm{d}x\end{aligned}$$
(12-1-14)

类似地，若 $\beta \to 1$，在 y 方向也可以得到

$$\Phi_0(y_i, \eta) = \Delta y \int_{-\infty}^{\infty}\operatorname{rect}\left(\frac{y}{M\Delta y}\right)\exp\left[\frac{\mathrm{j}k}{2z_r}(y-y_r)^2\right]\exp\left[\mathrm{j}\frac{\pi}{\lambda d}(y-y_i)^2\right]\mathrm{d}y$$
(12-1-15)

将上结果代入 (12-1-13a) 便能看出，零级衍射光是矩形孔 $\operatorname{rect}\left(\frac{x}{N\Delta x}\right)\operatorname{rect}\left(\frac{y}{M\Delta y}\right)$ 被波束中心是 $(x_r, y_r, -z_r)$ 的球面波照射下经距离 d 的菲涅耳衍射.

当 $z_r \to \infty$ 时，球面波的相位因子可以写为

$$\exp\left[\frac{\mathrm{j}k}{2z_r}\left[(x-x_r)^2+(y-y_r)^2\right]\right] = \exp\left[\mathrm{j}k\left(-\frac{x_r}{z_r}x-\frac{y_r}{z_r}y\right)\right]$$

这时，球面波变为平面波，零级衍射光是边长为 $N\Delta x$ 及 $M\Delta y$ 的矩形孔经距离 d 在 $x_i y_i$ 平面上的衍射场，衍射图样中心是 $\left(-\frac{x_r}{z_r}d, -\frac{y_r}{z_r}d\right)$.

上面的分析是基于 $\alpha \to 1$ 的情况得出的，如果条件不满足，在 $\Phi_0(x,\xi)$ 的运算式中 $\operatorname{sinc}(\alpha\Delta x f_x)\operatorname{comb}(\Delta x f_x)$ 将是周期 $\Delta f_x = \frac{1}{\Delta x}$ 幅度受 $\operatorname{sinc}(\alpha\Delta x f_x)$ 调制的梳状函数，它与前面函数卷积的结果是周期为 Δf_x 函数. 但是，如果前面函数是带限函数的变换，且最高频率小于 $\Delta f_x/2$，则卷积计算时在最靠近频域原点的那一个周期内的数值将与 α 的取值无关. 而用离散傅里叶变换计算 $F\{\Phi_0(x,\xi)\}$ 时，因 Δx 是 CCD 平面取样间距，变换结果在频域的宽度刚好就是 Δf_x，只对应于最靠近频域原点的那一个周期内的数值. 因此，只要离散傅里叶变换计算满足取样定理，上述分析同样适用于 α 小于 1 以及 β 小于 1 的情况.

然而，CCD 像素的填充因子对重建图像质量仍然是有影响的，这一点将在本节最后再作讨论.

由于零级衍射光位置与最初假设的物平面点光源的坐标 (ξ, η) 无关，若将物体视为点光源的集合，零级衍射光的形式基本无变化. 图 12-1-4 及图 12-1-5 的模拟

研究可以作为零级衍射光是 CCD 光瞳衍射图像的一个形像的证明. 但应该指出, 本章只限于平滑波面的数字全息讨论, 当物体是散射体, 各级衍射光将具新的特点. 在下一章将从统计光学的观点出发再作讨论.

12.1.3.2 点源实像的衍射光

根据 (12-1-13e) 有

$$\Phi_+(x_i,\xi) = \exp\left(\frac{jk}{2d}x_i^2\right) \int_{-\infty}^{\infty} \exp\left\{-\frac{jk}{2d}(x-\xi)^2 + \frac{jk}{2d}x^2\right\} w_\alpha(x) \exp\left\{-j2\pi\frac{x_i}{\lambda d}x\right\} dx$$

$$= \exp\left(\frac{jk}{2d}x_i^2 - \frac{jk}{2d}\xi^2\right) F\left\{\exp\left[\frac{jk}{d}\xi x\right] \text{rect}\left(\frac{x}{N\Delta x}\right)\right\}$$

$$* \left[F\left\{\text{rect}\left(\frac{x}{\alpha\Delta x}\right)\right\} F\left\{\text{comb}\left(\frac{x}{\Delta x}\right)\right\}\right]$$

$$= \exp\left(\frac{jk}{2d}x_i^2 - \frac{jk}{2d}\xi^2\right) \text{sinc}\left[\frac{N\Delta x}{\lambda d}(x_i-\xi)\right]$$

$$*\alpha\Delta x^2 \text{sinc}(\alpha\Delta x f_x) \text{comb}(\Delta x f_x)$$

基于上面对零级衍射光卷积运算的讨论, 可以直接写出

$$\Phi_+(x_i,\xi) = \Delta x^2 \exp\left(\frac{jk}{2d}(x_i^2-\xi^2)\right) \text{sinc}\left[\frac{N\Delta x}{\lambda d}(x_i-\xi)\right] \tag{12-1-16}$$

对于 y 方向同样可得

$$\Phi_+(y_i,\eta) = \Delta y^2 \exp\left(\frac{jk}{2d}(y_i^2-\eta^2)\right) \text{sinc}\left[\frac{M\Delta y}{\lambda d}(y_i-\eta)\right] \tag{12-1-17}$$

于是, 对于物体实像部分, 物平面 x_0y_0 上 (ξ,η) 处的单位振幅点光源通过光学系统后的响应可写成

$$h_+(x_i,y_i;\xi,\eta) = C\left(\frac{x_i}{\lambda d},\frac{y_i}{\lambda d}\right) \exp\left[-j\frac{\pi}{\lambda d}(\xi^2+\eta^2)\right]$$

$$\times \text{sinc}\left[\frac{N\Delta x}{\lambda d}(x_i-\xi)\right] \text{sinc}\left[\frac{M\Delta y}{\lambda d}(y_i-\eta)\right]$$

这里, 用 $C\left(\frac{x_i}{\lambda d},\frac{y_i}{\lambda d}\right)$ 代表了与 ξ,η 无关的其他项. 令

$$h(x_i,y_i) = C\left(\frac{x_i}{\lambda d},\frac{y_i}{\lambda d}\right) \text{sinc}\left(\frac{N\Delta x}{\lambda d}x_i\right) \text{sinc}\left(\frac{M\Delta y}{\lambda d}y_i\right) \tag{12-1-18}$$

将物平面光波复振幅 $O_0(x_0,y_0)$ 视为若干点源的叠加, 在像平面上的光波场则由叠

加积分给出

$$O_i(x_i, y_i) = \int_{-\infty}^{\infty}\int_{-\infty}^{\infty} O_0(\xi, \eta) h_+(x_i, y_i; \xi, \eta) \,\mathrm{d}\xi\mathrm{d}\eta$$

$$= \int_{-\infty}^{\infty}\int_{-\infty}^{\infty} O_0(\xi, \eta) \exp\left[-\mathrm{j}\frac{\pi}{\lambda d}(\xi^2 + \eta^2)\right] h(x_i - \xi, y_i - \eta) \,\mathrm{d}\xi\mathrm{d}\eta \tag{12-1-19}$$

上面结果表明, 如果将 $O_0(x_0, y_0) \exp\left[-\mathrm{j}\frac{\pi}{\lambda d}(x_0^2 + y_0^2)\right]$ 视为输入信号, 则数字全息成像系统是一个线性空间不变系统, 系统的脉冲响应 $h(x_i, y_i)$ 由 (12-1-18) 式给出. 它是一个二维 sinc 函数. 考查 δ 函数用 sinc 函数定义的表达式便知[19], CCD 窗口 $N\Delta x \times M\Delta y$ 越大, λd 越小, 脉冲响应 $h(x_i, y_i)$ 越接近 δ 函数, 成像质量则越高. 为对该结果形成较直观地概念, 基于图 12-1-4(b) 的基本研究参数, 使用两种不同尺寸的 CCD 进行图像重建. 图 12-1-8 给出重建结果. 不难看出, 当 CCD 窗口尺寸变小后, 物平面图像重建质量显著下降.

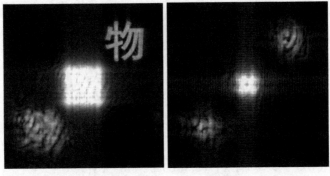

(a) CCD尺寸5.12mm×5.12mm (b) CCD尺寸2.56mm×2.56mm
(20mm×20mm,512×512像素)

图 12-1-8　同一条件两种不同尺寸 CCD 在 $x_i y_i$ 平面重建图像比较

由于 (12-1-19) 式与球面波半径及传播方向无关, 其结论完全适用于平面波为参考光的情况.

12.1.3.3　点源虚像的衍射光

根据 (12-1-13f) 式及上面对窗口函数运算的讨论, 若 $z_r \neq -d$ 时, 可以直接写出

$$\Phi_-(x_i, \xi) = \int_{-\infty}^{\infty} \exp\left\{\frac{\mathrm{j}k}{2d}\left[(x-\xi)^2 + (x-x_i)^2\right] + \frac{\mathrm{j}k}{z_r}(x-x_r)^2\right\} w_\alpha(x) \,\mathrm{d}x$$

$$= N\Delta x^2 \int_{-\infty}^{\infty} \exp\left\{\frac{\mathrm{j}k}{2d}(x-\xi)^2 + \frac{\mathrm{j}k}{z_\mathrm{r}}(x-x_\mathrm{r})^2\right\}$$
$$\mathrm{rect}\left(\frac{x}{N\Delta x}\right) \exp\left[\frac{\mathrm{j}k}{2d}(x-x_\mathrm{i})^2\right] \mathrm{d}x$$
$$= C'(x_\mathrm{r},\xi) \int_{-\infty}^{\infty} \exp\left\{\frac{\mathrm{j}k}{2d_\mathrm{r}}(x-x_\xi)^2\right\} \mathrm{rect}\left(\frac{x}{N\Delta x}\right) \exp\left[\frac{\mathrm{j}k}{2d}(x-x_\mathrm{i})^2\right] \mathrm{d}x$$
$$\tag{12-1-20}$$

其中,

$$C'(x_\mathrm{r},\xi) = N\Delta x^2 \exp\left[-\mathrm{j}k\left(\frac{(x_\mathrm{i}z_\mathrm{r}+2x_\mathrm{r}d)^2}{2(2d+z_\mathrm{r})z_\mathrm{r}d} - \frac{x_\mathrm{i}^2}{2d} - \frac{x_\mathrm{r}^2}{z_\mathrm{r}}\right)\right]$$

$$d_\mathrm{r} = \frac{2z_\mathrm{r}d}{2d+z_\mathrm{r}} \tag{12-1-21}$$

$$x_\xi = \frac{\xi z_\mathrm{r}+2x_\mathrm{r}d}{2d+z_\mathrm{r}} \tag{12-1-22}$$

由于 $\Phi_-(y_\mathrm{i},\eta)$ 也具有相似的形式, 于是, 对应于点源虚像的衍射光将是波面半径 d_r 的球面波照射下的矩形孔衍射图像. 球面波的波束中心在 $\left(\frac{\xi z_\mathrm{r}+2x_\mathrm{r}d}{2d+z_\mathrm{r}}, \frac{\eta z_\mathrm{r}+2y_\mathrm{r}d}{2d+z_\mathrm{r}}, -d_\mathrm{r}\right)$. 即球面波的波束中心与物平面点源的坐标 (ξ,η) 相关, 并且, 当物平面点源的坐标 (ξ,η) 发生变化时, 矩形孔衍射图像只产生平移. 因此, 如果将来自一实际物体表面的光视为大量的点源集合时, 对应于物体虚像的衍射光在实像平面是受每一点源位置调制的矩形孔衍射场的相干叠加, 其结果是弥散区域大于矩形孔衍射场的十分模糊的图像.

当 $z_\mathrm{r} \to \infty$ 时, 参考光从球面波变为平面波, 这时 (12-1-20) 式中 $d_\mathrm{r} = 2d$, $x_\xi = \xi + 2\frac{x_\mathrm{r}}{z_\mathrm{r}}d$, 上面的分析仍然适用. 图 12-1-8 的图像左下角给出了来自物体虚像的衍射光在物体实像平面形态的一个实例.

现在, 我们来讨论 $z_\mathrm{r} = -d$ 时的情况. 在点源实像衍射光的讨论中我们已经看到, 参考光引入后, (12-1-13e) 积分式中二次相位因子消失, 像平面上的响应变为 CCD 窗口的傅里叶变换, 其变换接近 δ 函数是成像的基本原因. 然而, 研究点源虚像的表达式 (12-1-13f) 可知, 只要 $z_\mathrm{r} = -d$, 同样可以消除积分式中二次相位因子. 获得与 (12-1-18) 式等价的 CCD 窗口的傅里叶变换表达式. 事实上, 这就是无透镜傅里叶变换数字全息的有透镜重现计算[1,20]. 因为在制作全息图时, 波面半径 $z_\mathrm{r} = -d$ 的球面参考波事实上就是波束中心在 $(x_\mathrm{r},y_\mathrm{r},-d)$ 的球面波, 重现时共轭参考光是波束中心在 $(x_\mathrm{r},y_\mathrm{r},d)$ 的球面波. 当观察屏置于全息图后方距离 d 处时, 其作用等效为对全息图作频域取值为 $f_x = \frac{x_\mathrm{i}}{\lambda d}$, $f_y = \frac{y_\mathrm{i}}{\lambda d}$ 的傅里叶变换计算.

可以证明, 无论选择实像计算或虚像计算作数字全息研究, 对于同一个菲涅耳数字全息系统所得到的脉冲响应都是等价的. 即无论选择实像计算或虚像计算获得的波面重建质量没有本质区别. 当选择好一种重建方法进行波面重建时, 零级衍射光及其共轭项始终是波面重建的噪声. 因此, 在点源实像研究中得到的结果, 即 (12-1-18) 式, 可以视为数字全息系统的脉冲响应.

在结束本节讨论前, 有必要再讨论 CCD 像素填充因子对成像质量的影响问题. 分析 CCD 像素接收光信息的实际情况可知, CCD 像素接收的信息是落在像素表面的光能平均值, 这样, 大填充因子时取样数据的失真将随干涉条纹空间频率的增加而增加. 为较直观地说明这个问题, 图 12-1-9 给出一组振幅 I 平均强度为 I_0 的干涉条纹的强度曲线. 图中, x_1, x_2, x_3, x_4 分别代表 CCD 阵列上 4 个像素的中心坐标, 每一坐标两侧的虚线标示出像素的宽度, 并且, x_1, x_2 与干涉条纹极大值相对应, x_3, x_4 对应于干涉条纹极小值. 由于像素接收的光能正比于像素两侧的虚线及条纹强度曲线构成封闭图形的面积, x_1 处的取样值将大于 x_2 处的取样值, x_3 处的取样值将大于 x_4 处的取样值. 因此, 大的填充因子将导致取样条纹对比度随条纹空间频率的增高而下降. 例如, 图中 x_2, x_3 处对应于填充因子为 1 并满足奈奎斯特采样定理的临界情况. 很容易证明, x_2 处采样值与 x_1 处之比约为 $(\pi I_0 + 2I)/\pi(I_0 + I) < 1$, 而 x_3 处采样值与 x_4 处之比约 $(\pi I_0 - 2I)/\pi(I_0 - I) > 1$. 因此, 如果只从波面重建质量考虑, 小填充因子的 CCD 列阵要优于大填充因子的列阵.

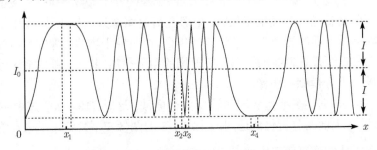

图 12-1-9　像素填充因子对取样数值影响的示意图

12.2　消除波面重建噪声的讨论

数字全息系统中物体波面重建在计算机内进行, 零级衍射光始终是重建波面的噪声, 提高信噪比及消除噪声是提高波面重建质量必须做的工作. 本节对一些常用的技术进行讨论.

12.2.1　数字全息图的衍射效率

数字全息的波面重建不消耗实际的重现光能, 为更直接地反映出数字全息研究中重建物光与需要消除的其余衍射光的比例. 可以将透过数字全息图的物光或共轭物光能量与总透射光能量之比定义为数字全息图的衍射效率. 现研究选择什么样的物光和参考光的强度比 p 才能够获得最强的物光衍射波.

令物光为 $O = \sqrt{p}\exp[jk\varphi(x,y)]$，参考光为 $R = \exp[jk\varphi_r(x,y)]$，重现光为 $X = a_x\exp[jk\varphi_x(x,y)]$，全息图的透射波则为

$$\begin{aligned}XI &= X\left(|O|^2 + |R|^2\right) + XO^*R + XOR^* \\ &= a_x(p+1)\exp[jk\varphi_x(x,y)] \\ &\quad + a_x\sqrt{p}\exp[-jk\varphi(x,y) + jk\varphi_r(x,y) + jk\varphi_x(x,y)] \\ &\quad + a_x\sqrt{p}\exp[jk\varphi(x,y) - jk\varphi_r(x,y) + jk\varphi_x(x,y)]\end{aligned} \quad (12\text{-}2\text{-}1)$$

从 (12-2-1) 式知透射光总强度是三项衍射光波强度之和

$$I_t = a_x^2(p+1)^2 + 2a_x^2 p \quad (12\text{-}2\text{-}2)$$

无论选择物光或共轭物光进行波面重建,对重建物光波面有贡献的光波强度与透射光总强度之比均为

$$\eta = \frac{a_x^2 p}{I_t} = \frac{1}{p+4+1/p} \quad (12\text{-}2\text{-}3)$$

很容易证明 $p=1$, 即照明物光和参考光的振幅或强度相等时上式有极大值. 回顾由 CCD 记录干涉图的过程可知, 物光和参考光振幅相等事实上就是要求 CCD 记录的干涉条纹具有最好的对比度或最丰富的灰度层次, 这是一个合乎逻辑的结论.

将 $p=1$ 代入 (12-2-3) 后可求得 $\eta=1/6$. 即在作振幅型数字全息研究时, 最佳物参比情况下对波面重建有用的信号能量只占总信号能量的 1/6. 这时, 零级衍射光与总透射光的强度比是 4/6, 对于波面重建是最强的噪声.

上结论表明让 CCD 记录的干涉图具有最好的对比度或最丰富的灰度层次, 无疑是获得高质量波面重建结果的基本保证. 此外, 从本章前面对振幅型数字全息的模拟研究也可以看出, 零级衍射光的确是最强的应该消除的噪声.

12.2.2 频域滤波法

频域滤波法即在干涉图的频谱中滤除噪声频谱的方法. 如果物光频谱是分布有界的带限函数, 当参考光是平面波并与物光有一定的夹角时, 理论上已经有许多人证明, 适当选择参考光与物光的夹角, 便能在 CCD 记录的干涉图频谱中有效地提取物光频谱. 事实上, 参考光可以是平面波、球面波或其他形式的波面. 为让讨论结果更具一般性, 以下讨论参考光是有一定振幅分布任意曲面波的情况[21].

令物光和参考光分别是

$$O(x,y) = o(x,y)\exp[jk\varphi(x,y)]$$

$$R(x,y) = r(x,y)\exp[jk\varphi_r(x,y)]$$

式中，$j=\sqrt{-1}$，$k=2\pi/\lambda$，λ 为光波长。根据二元函数的泰勒级数表示及二项式定理，参考光的相位因子可展开为

$$\varphi_r(x,y) = a_1 x + b_1 y + \psi_r(x,y) \tag{12-2-4}$$

其中，$a_0, a_1, a_2, \cdots, b_0, b_1, b_2, \cdots, c_2, \cdots$ 是实数，且

$$\psi_r(x,y) = a_0 + a_2 x^2 + b_2 y^2 + c_2 xy + \cdots \tag{12-2-4a}$$

物光及参考光干涉场强度则为

$$\begin{aligned}I_H(x,y) &= o^2(x,y) + r^2(x,y) \\ &+ o(x,y)r(x,y)\exp[jk(\varphi(x,y) - \psi_r(x,y))]\exp[-jk(a_1 x + b_1 y)] \\ &+ o(x,y)r(x,y)\exp[-jk(\varphi(x,y) - \psi_r(x,y))]\exp[jk(a_1 x + b_1 y)]\end{aligned} \tag{12-2-5}$$

(12-2-5) 式作傅里叶变换

$$\begin{aligned}F\{I_H(x,y)\} &= F\{o^2(x,y) + r^2(x,y)\} \\ &+ F\{o(x,y)r(x,y)\exp[jk(\varphi(x,y) - \psi_r(x,y))]\} \\ &\times F\{\exp[-jk(a_1 x + b_1 y)]\} \\ &+ F\{o(x,y)r(x,y)\exp[-jk(\varphi(x,y) - \psi_r(x,y))]\} \\ &\times F\{\exp[jk(a_1 x + b_1 y)]\}\end{aligned}$$

由于 $F\{\exp[-jk(a_1 x + b_1 y)]\} = \delta\left(f_x + \dfrac{a_1}{\lambda}, f_y + \dfrac{b_1}{\lambda}\right)$ 以及 $F\{\exp[jk(a_1 x + b_1 y)]\}$
$= \delta\left(f_x - \dfrac{a_1}{\lambda}, f_y - \dfrac{b_1}{\lambda}\right)$，利用 δ 函数的卷积性质得

$$F\{I_H(x,y)\} = G_0(f_x, f_y) + G\left(f_x + \dfrac{a_1}{\lambda}, f_y + \dfrac{b_1}{\lambda}\right) + G^*\left(f_x - \dfrac{a_1}{\lambda}, f_y - \dfrac{b_1}{\lambda}\right) \tag{12-2-6}$$

其中，

$$G_0(f_x, f_y) = F\{o^2(x,y) + r^2(x,y)\} \tag{12-2-6a}$$

$$G(f_x, f_y) = F\{o(x,y)r(x,y)\exp[jk(\varphi(x,y) - \psi_r(x,y))]\} \tag{12-2-6b}$$

只要在二维频率空间中 $\dfrac{a_1}{\lambda}, \dfrac{b_1}{\lambda}$ 足够大，且 $G(f_x, f_y)$ 分布有限，通过适当的选通滤波就能取出 $G\left(f_x + \dfrac{a_1}{\lambda}, f_y + \dfrac{b_1}{\lambda}\right)$，在频域进行坐标平移就能求出 $G(f_x, f_y)$，于是有

$$\begin{aligned}O'(x,y) &= F^{-1}[G(f_x, f_y)] \\ &= o(x,y)r(x,y)\exp\{jk[\varphi(x,y) - \psi_r(x,y)]\}\end{aligned} \tag{12-2-7}$$

12.2 消除波面重建噪声的讨论

对于给定的参考光, $r(x,y), \varphi_r(x,y)$ (或 $\psi_r(x,y)$) 是已知量, 到达 CCD 平面的物光则为

$$O(x,y) = O'(x,y) / \{r(x,y) \exp[-jk\psi_r(x,y)]\} \tag{12-2-8}$$

参照 (12-2-4a) 不难看出, 式中 $\psi_r(x,y) = a_0$ 对应于参考光是平面波的情况, $\psi_r(x,y) = a_0 + a_2 x^2 + b_2 y^2 + c_2 xy$ 对应于文献 [13] 讨论的参考光是球面波的情况.

令频率坐标为 u,v, 图 12-2-1 是零级衍射光, 物光以及共轭物光频谱在频域的分布示意图, 图中, 用大圆环表示零级衍射光频谱范围, 用小圆环表示物光及共轭物光频谱范围. 可以看出, 只要物光频谱宽度有界, 球面参考波的波束中心位置或平面波与光轴夹角选择适当, 将能有效地将物光频谱从 CCD 探测图像的频谱中分离出来.

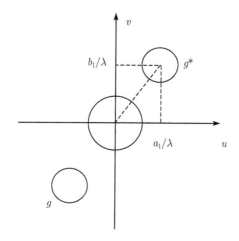

图 12-2-1 CCD 图像频谱分布示意图

从形式上看, 当光波长 λ 以及物光频谱宽度 $2f_{\max}$ 给定后, 似乎总可以选择足够大的 $a_1/\lambda, b_1/\lambda$ 来保证对物光频谱的分离. 然而, 由于 CCD 像素尺寸的限制, 不可能无限增大 $a_1/\lambda, b_1/\lambda$. 为简明地说明这个问题, 设 CCD 相邻像素取样间隔为 Δx, 按照奈奎斯特取样定理, 物光频谱宽度必须满足

$$f_{\max} \leqslant \frac{1}{2\Delta x} \tag{12-2-9}$$

才能较好地用 CCD 记录物光信息. 即 $a_1/\lambda, b_1/\lambda$ 不能大于 $1/2\Delta x$. 此外, 由于数字全息重建基本上采用二维离散傅里叶变换作为运算工具. 而二维离散傅里叶变换是二维空间的周期函数[16,17]. 当 $a_1/\lambda, b_1/\lambda$ 选择不合适而使物光频谱中心过于偏移, 则逸出周期边界的物光频谱将叠加到共轭物光的频谱上. 与此同时, 共轭物光的频谱也将在物光频谱一侧混叠. 这时, 物光频谱的分离质量将明显下降.

为形像地说明这个问题, 图 12-2-2 给出某研究实例的相邻 4 个周期的离散傅里叶变换频谱图示意图. 据图可知, 各级衍射光的频谱中心在频域取样区间的对角线上将能最有效地利用取样空间.

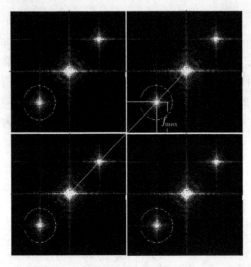

图 12-2-2 相邻 4 个周期的 CCD 图像离散傅里叶变换频谱

研究 (12-2-6a) 式可知, 零级衍射光的频谱是参考光频谱的自相关与物光频谱的自相关的和[1], 其形式是在原点有振幅极大值的分布, 而物光及共轭物光的频谱项的宽度是参考光及物光频谱卷积的宽度. 如果按照通常的频谱的宽度的定义 (即振幅度下降为中央极大值的 $1/\sqrt{2}$ 为频谱的宽度[22]), 零级衍射光频谱的宽度在理论上不比物光及共轭物光项宽. 但由于零级衍射光强度大, 所定义的频谱宽度之外的高频成分的幅度通常甚大于物光或共轭物光频谱边界的幅度. 因此, 如果按照这个定义来确定频谱边界时各级衍射光频谱的边界区域始终存在不同程度的混叠. 特别是待测量对像的频谱宽度事实上还是未知数, 理论上要严格地给出如何将物光频谱完整地取出的准则很困难. 在实际研究中, 通常可让各级衍射光的频谱中心等分取样区域的对角线, 即

$$\frac{a_1}{\lambda} = \frac{b_1}{\lambda} = \frac{1}{4\Delta x} \tag{12-2-10}$$

并且, 让选通滤滤器的直径略小于相邻频谱中心的间距, 可以获得较好的结果 (图 12-2-2 中用浅色圆环示出物光频谱的选通滤波区域).

由于要避开零级衍射光频谱的干扰, 频域滤波法的数据利用率不高. 但是, 只需要一幅干扰图就能实现检测, 能够较好地满足许多变化量实时检测的要求. 图 12-2-3 给出这项技术用于火焰摇曳的酒精灯两个瞬时的检测图像. 其中, 图 (a) (a′) 是两个测量瞬时 CCD 探测的干涉图像; 图 (b), (b′) 是 (a), (a′) 的频谱 (图中用浅色圆环示出选通滤波器的范围); 图 (c), (c′) 是根据选取的频谱重建物光场的相位变化图像. 利用 CCD 连续地采集干涉图像, 便能获取被测量随时间变化的信息. 该实验所采用的光路见 12.5 节, 在 12.5 节中还可以看到频域滤波法用于二维应力场实时检测的实例.

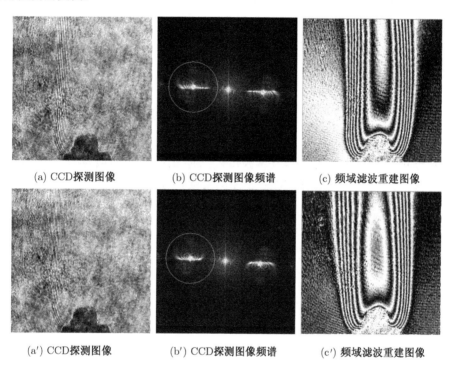

(a) CCD 探测图像　　(b) CCD 探测图像频谱　　(c) 频域滤波重建图像

(a′) CCD 探测图像　　(b′) CCD 探测图像频谱　　(c′) 频域滤波重建图像

图 12-2-3　火焰摇曳的酒精灯两个瞬时的数字实时全息检测图像

12.2.3　消零级衍射光频域滤波法

在上述讨论中已经看出, 为从干涉图的频谱中提取物光频谱, 必须有效消除零级衍射光及共轭像的影响. 目前, 数字全息研究中有许多消除零级衍射光和共轭像的方法, 现对一种比较适用的方法[11] 作介绍. 该方法只要求对参考光引入一个非 2π 整数倍的任意像移, 拍摄第二幅图像, 利用相移前后两幅图像的差值图像, 理论上能够完全消除零级衍射光影响.

设 $O(x, y)$, $R(x, y)$ 为到达 CCD 平面的物光及参考光的复振幅, 全息图强度分布为

$$I_H(x, y) = |O|^2 + |R|^2 + O^*R + R^*O \tag{12-2-11}$$

若参考光引入一非 2π 整数倍的相移 δ, CCD 记录的第二幅全息图强度则是

$$I'_H(x,y) = |O|^2 + |R|^2 + RO^* \exp(j\delta) + R^*O \exp(-j\delta) \tag{12-2-12}$$

两式相减得到消除零级衍射光的差值图像

$$I_H(x,y) - I'_H(x,y) = RO^*[1 - \exp(j\delta)] + R^*O[1 - \exp(-j\delta)] \tag{12-2-13}$$

对 (12-2-13) 式作傅里叶变换

$$\begin{aligned}&F[I_H(x,y) - I'_H(x,y)] \\ &= [1 - \exp(j\delta)] F[R(x,y)O^*(x,y)] + [1 - \exp(-j\delta)] F[R^*(x,y)O(x,y)]\end{aligned} \tag{12-2-14}$$

不难看出, 变换结果中已经不存在零级衍射光的频谱, 其余两项与单一 CCD 图像的频谱只分别差一复常数, 频谱在频率空间的位置与分布保持不变. 相对单一图像的傅里叶变换, 可以选择半径较大的滤波器来有效地取出共轭物光频谱, 实现质量较好的波面重建.

为对消零级衍射光后波面重建质量的改善情况建立一个直观概念, 图 12-2-4 ~ 图 12-2-6 给出采用消零级衍射光措施前后振幅型物体波面重建图像模拟研究实例[23]. 每一幅图像的边宽均是 11mm, 取样数 512×512, 光波长 632.8nm. 图 12-2-4(a) 是测量物, 是一幅振幅透过率正比于名画《蒙娜丽莎》灰度的透光片, 由 CCD 收到的干涉图像的灰度分布示于图 12-2-4(b)(到达 CCD 的物光及参考光均是会聚的球面波[13], 故衍射场横向尺寸变小, 图中用浅色实线框出 CCD 窗口边界); 直接用一幅 CCD 探测图像作离散傅里叶变换后的频谱图示于图 12-2-5(a). 设计一滤波器从该频谱中取出物光频谱 (图中用浅色实线标出频域巴特沃思滤波器选通区域),

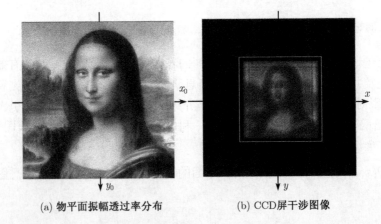

(a) 物平面振幅透过率分布 (b) CCD屏干涉图像

图 12-2-4　物平面振幅透过率分布及 CCD 探测平面的干涉图强度分布

通过波面重建计算获得的物平面灰度图绘于图 12-2-5(b). 可以看出, 由于为避免零级衍射光的干扰, 太小的选通区域将物光频谱的高频成份也滤除了, 图像重建结果损失细节结构, 是比较模糊的图像.

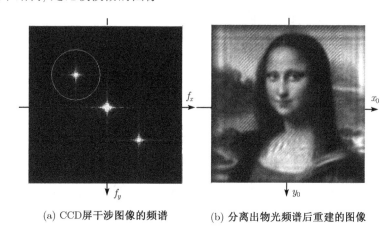

(a) CCD屏干涉图像的频谱　　(b) 分离出物光频谱后重建的图像

图 12-2-5　CCD 屏干涉图像的频谱及分离出物光频谱后重建的图像.

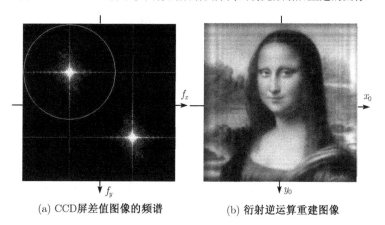

(a) CCD屏差值图像的频谱　　(b) 衍射逆运算重建图像

图 12-2-6　CCD 屏差值图像的频谱及衍射逆运算重建图像

对参考光引入一相移后重新建立一 CCD 图像, 新建立的图像与图 12-2-4(b) 的差值图像的频谱绘于图 12-2-6(a). 我们看到, 图中已经完全消除零衍射光的频谱. 这时, 可以选择较大半径的滤波器取出物光频谱 (见图中浅色圆环). 再次重建物平面的图像示于图 12-2-6(b). 重建图像质量明显提高.

12.2.4　空间载波相移法

令被测量物体到达 CCD 屏的物光为

$$O(x,y) = o(x,y)\exp[\mathrm{j}\varphi(x,y)] \tag{12-2-15}$$

制作全息图时的参考光为

$$R(x,y) = a_\text{r} \exp\left(\text{j}\frac{2\pi}{\lambda} x \sin\theta_x\right) \tag{12-2-16}$$

于是, 得到 CCD 屏的干涉图强度分布

$$I(x,y) = o^2(x,y) + a_\text{r}^2 + 2a_\text{r} o(x,y) \cos\left[\varphi(x,y) - \frac{2\pi}{T_x} x\right] \tag{12-2-17}$$

其中,

$$T_x = \lambda / \sin\Delta\theta_x \tag{12-2-18}$$

令 $A(x,y) = o^2(x,y) + a_\text{r}^2$, $B(x,y) = 2a_\text{r} o(x,y)$, 若 $A(x,y)$, $B(x,y)$ 以及 $\varphi_0(x,y)$ 的变化在像素尺寸 Δx 的范围内可以忽略, 下面两式近似成立[24,25]:

$$I(x+\Delta x, y) = A(x,y) + B(x,y) \cos\left[\varphi(x,y) - \frac{2\pi}{T_x}(x+\Delta x)\right] \tag{12-2-19}$$

$$I(x-\Delta x, y) = A(x,y) + B(x,y) \cos\left[\varphi(x,y) - \frac{2\pi}{T_x}(x-\Delta x)\right] \tag{12-2-20}$$

根据 (12-2-17), (12-2-19), (12-2-20) 三式, 可以求得

$$\frac{I(x+\Delta x, y) - I(x,y)}{I(x-\Delta x, y) - I(x,y)} = \frac{\tan\left(\dfrac{\pi}{T_x}\Delta x\right) - \tan\left[\varphi(x,y) - \dfrac{2\pi}{T_x}x\right]}{\tan\left(\dfrac{\pi}{T_x}\Delta x\right) + \tan\left[\varphi(x,y) - \dfrac{2\pi}{T_x}x\right]}$$

于是得到物光相位

$$\varphi(x,y) = \frac{2\pi}{T_x} x + \arctan\frac{[I(x-\Delta x, y) - I(x+\Delta x, y)] \tan\left(\dfrac{\pi}{T_x}\Delta x\right)}{I(x-\Delta x, y) + I(x+\Delta x, y) - 2I(x,y)} \tag{12-2-21}$$

将上结果代入 (12-2-17), 由于式中参考光振幅 a_r 是已知量, 即能求出到达 CCD 平面的物光振幅 $o(x,y)$.

为证实上面的讨论, 现给出实验证明. 图 12-2-7 给出三幅在不同状态下由 CCD 拍摄的单次曝光法实时全息干涉图像[25]. 它们是全息片未精确复位时重现的物光波与原始物光有一微小夹角时拍摄的实时全息干涉图. 12.5 节的讨论中将看到, 基于马赫–曾德尔 (Mach-Zehnder) 干涉仪[1] 也可以设计成不使用感光版的数字实时全息系统, 获得上述图像, 可以借用这些实验结果来证实空间载波相移法的可行性.

实验时测量对像是一垂直放置的电热丝通过不同电流时在电炉丝周围产生的三维温度场. 由于是轴对称物体, 只要知道邻近物体的某一方向的透射场, 便能通过轴对称场的 CT 重建待测物理量的三维分布[26~28].

12.2 消除波面重建噪声的讨论

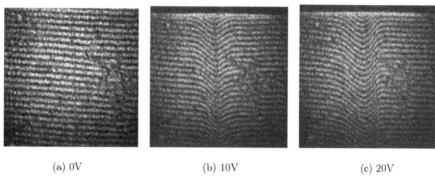

(a) 0V   (b) 10V   (c) 20V

图 12-2-7 电热丝通电过程的全息干涉图样

图像尺寸：80 mm×80mm, 像素数：400×400

图 12-2-7(a) 是电热丝未通电时两列平行光的干涉图. 12-2-8(b), (c) 是加 10V 及 20V 电压时电热丝升温后拍摄的全息干涉图. 将 x 坐标定义在垂直方向, 条纹间隔 T_x 直接通过图像测量获得后. 便能计算 "形变" 物光的复振幅.

鉴于常用 CCD 拍摄的干涉图灰度等级是 0~255, 将空间载波相移法用于图 12-2-7(c), 并将处理获得相位 $\varphi(x,y)$ 表述如下式

$$I(x,y) = 127.5 + 127.5\cos[\varphi(x,y)] \tag{12-2-22}$$

设电热丝通电时在干涉图面上引起的相位变化为 $\varphi(x,y)$, 根据 (12-2-17) 式可将同轴全息干涉图表为

$$I(x,y) = o^2(x,y) + a_r^2 + 2a_r o(x,y)\cos(\varphi(x,y)) \tag{12-2-23}$$

对比以上两式可知, 如果空间载波相移法可行, 根据 (12-2-22) 由计算机模拟建立

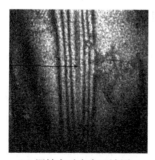 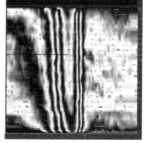

(a) 同轴实时全息干涉图   (b) 空间载波相位解调模拟图

图 12-2-8 空间载波相移法的实验证明

图像尺寸：80mm×80mm, 像素数：400×400, 电压：20V

的 0~255 灰度等级图像将与将全息图精确复位后在同一电压下实际拍摄的干涉图像相近. 为此, 在图 12-2-8(a) 中我们给出全息图精确复位后电热丝加电压 20 V 后拍摄的实时干涉图, 基于 (12-2-21), (12-2-22) 式并利用图像处理技术获得的模拟图像示于图 12-2-8(b). 不难看出, 两幅图像十分相近, 空间载波法的可行性获得证明. 文献 [26] 中, 读者可以看到基于空间载波相移法对三维温度场的最后测量结果.

由于空间载波相移法与频域滤波法一样, 可以只用一幅干涉图便能获取到达干涉屏的物光复振幅, 具有重要的实用价值. 在此, 对这种方法的适用范围作简单讨论.

该方法成立的基本条件是 CCD 图像的像素尺寸 Δx 足够小, 使得在 Δx 变化的范围内 $\Delta\varphi(x,y)$ 的变化相对于 $2\pi\Delta x/T_x$ 可以忽略, 即

$$\varphi(x+\Delta x, y) - \varphi(x,y) \ll \frac{2\pi}{T_x}\Delta x \tag{12-2-24}$$

因此, 这个表达式可以作为衡量使用空间载波相移法可行性的重要参考. 例如, 在使用 CCD 列阵的实验测量中, CCD 能够分辨的最短的载波周期为 $T_x=2\Delta x$, 这样, 在使用 (12-2-21) 式求得的物光位相变化结果中, 满足 $\varphi(x+\Delta x, y) - \varphi(x,y) \ll \pi$ 的区域内或相邻像素位相变化远小于 π 时, 其解调位相值才可能是准确的. 因此, 选择合适的参考光与照明物光夹角 $\Delta\theta_x$, 产生能够由 CCD 分辨并尽可能小的载波周期 T_x 是提高测量精度的关键. 考查图 12-2-8(a) 可以看出, 图像中垂线附近灰度变化较剧烈, 但灰度变化周期 3 次 (即 6π 的位相变化) 时约对应于 50 像素的长度, 满足相邻像素位相变化远小于 π 的条件, 采用空间载波相移法是可行的.

12.2.5 时间相移法

如果在数字全息检测过程中能够准确和方便地让参考光引入相移, 例如在光路中使用压电陶瓷片控制的反射式相移器, 依次用 CCD 记录不同相移的干涉图, 可以有多种方案使用多幅相移图像准确获得物光复振幅[24]. 由于相移在测量的不同时刻依次引入, 这种方法称时间相移法.

12.2.5.1 等步长相移法

设到达 CCD 平面的物光和参考光分别为 $O(x,y) = o(x,y)\exp[\mathrm{j}\varphi(x,y)]$, $R(x,y) = r(x,y)\exp(\mathrm{j}\varphi_\mathrm{r}(x,y))$, 干涉图强度分布则为:

$$I(x,y) = o^2(x,y) + r^2(x,y) + 2o(x,y)r(x,y)\cos[\varphi(x,y) - \varphi_\mathrm{r}(x,y)] \tag{12-2-25}$$

令 N 为整数, 当逐步在参考光中引入 $2\pi/N$ 的相移时, 第 n 次相移后 CCD 测量到的干涉图强度是

12.2 消除波面重建噪声的讨论

$$I_n(x,y) = o^2(x,y) + r^2(x,y) + 2o(x,y)r(x,y)\cos[\varphi(x,y) - \varphi_r(x,y) + 2n\pi/N]$$

$$(n = 1, 2, \cdots, N)$$

容易验证, 当 $N \geqslant 3$ 时, 到达 CCD 的物光相位可由下式求出:

$$\varphi(x,y) = \varphi_r(x,y) + \arctan\frac{\sum_{n=1}^{N} I_n(x,y)\sin(2\pi n/N)}{\sum_{n=1}^{N} I_n(x,y)\cos(2\pi n/N)} \qquad (12\text{-}2\text{-}26)$$

当 $\varphi(x,y)$ 确定后, 由于参考光复振幅通常已知, 选择 (12-2-25) 或任一干涉图像所对应的方程便能确定出物光振幅. 从而完全确定到达 CCD 平面的物光复振幅. 通过衍射或衍射的逆运算即能重建物平面光波场.

事实上, 由 N 幅干涉图实现的等步长法的每次相移量并不一定 $2\pi/N$, 只是这时求解相移的公式是一些特殊的形式, 读者可以从文献 [24] 中得到许多重要的表达式. 此外, 当相移能够准确引入时, 等步长相移也不是必须的, 下面是两种便于使用的例子.

12.2.5.2 二次给定相移法

如果对参考光引入两次非 2π 整数倍的相移 δ_1, δ_2 后, 通过 3 幅图像也可以准确获取到达 CCD 的物光复振幅. 这时有以下三方程:

$$I(x,y) = o^2(x,y) + r^2(x,y) + 2o(x,y)r(x,y)\cos[\varphi(x,y) - \varphi_r(x,y)]$$

$$I_1(x,y) = o^2(x,y) + r^2(x,y) + 2o(x,y)r(x,y)\cos[\varphi(x,y) - \varphi_r(x,y) + \delta_1]$$

$$I_2(x,y) = o^2(x,y) + r^2(x,y) + 2o(x,y)r(x,y)\cos[\varphi(x,y) - \varphi_r(x,y) + \delta_2]$$

求解上面三个方程, 得

$$\varphi(x,y) = \arctan\frac{(I_1 - I)(\cos\delta_2 - 1) - (I_2 - I)(\cos\delta_1 - 1)}{(I_1 - I)\sin\delta_2 - (I_2 - I)\sin\delta_1} + \varphi_r(x,y) \qquad (12\text{-}2\text{-}27)$$

$$o(x,y) = \frac{I_2 - I}{2r(x,y)\{\cos[\varphi(x,y) - \varphi_r(x,y) + \delta_2] - \cos[\varphi(x,y) - \varphi_r(x,y)]\}} \qquad (12\text{-}2\text{-}28)$$

由于参考光及相移 δ_1, δ_2 是已知量, 基于 (12-2-27), (12-2-28) 两式, 可以求出到达 CCD 屏的变形物光复振幅, 实现相应的数字全息检测.

12.2.5.3 二次对称相移法

二次对称相移法是上面二次给定相移法的一个特例, 即让参考光引入非 2π 整数倍的相移 $\pm\delta$. 由于这种方法在实验中容易实现 (例如在拍摄完第一幅图像后, 参考光路中插入相移片拍摄第二张图像, 相移片取出并插入物光光路拍摄第三张图像), 此外, 方程组的解还有略为简单的形式.

与该方法对应的三个方程为

$$I(x,y) = o^2(x,y) + r^2(x,y) + 2o(x,y)r(x,y)\cos[\varphi(x,y) - \varphi_r(x,y)]$$

$$I_1(x,y) = o^2(x,y) + r^2(x,y) + 2o(x,y)r(x,y)\cos[\varphi(x,y) - \varphi_r(x,y) + \delta]$$

$$I_2(x,y) = o^2(x,y) + r^2(x,y) + 2o(x,y)r(x,y)\cos[\varphi(x,y) - \varphi_r(x,y) - \delta]$$

求解方程组, 得

$$\varphi(x,y) = \arctan\frac{[I_2(x,y) - I_1(x,y)](\cos\delta - 1)}{[I_2(x,y) + I_1(x,y) - 2I(x,y)]\sin\delta} + \varphi_r(x,y) \tag{12-2-29}$$

$$o(x,y) = \frac{I_2(x,y) - I_1(x,y)}{2r(x,y)\sin\delta\sin[\varphi(x,y) - \varphi_r(x,y)]} \tag{12-2-30}$$

由于参考光是已知量, 相移 δ 可以实际设定. 因此, 基于 (12-2-27), (12-2-28) 两式, 可以求出到达 CCD 屏的变形物光复振幅, 实现相应的数字全息检测.

12.2.5.4 二次对称相移法模拟研究实例

这里给出一个同轴全息物光波面重建模拟. 模拟计算时采用菲涅耳衍射的 D-FFT 算法及二次对称相移法. 被测量物体是一个相位变换板, 平面波通过相位变换板后相位从 $0\sim\pi/2$ 的变化与名画《蒙娜丽莎》的灰度变化 $0\sim 255$ 成比例, 光波长 632.8nm, 取样平面宽度 20mm, 对应取样数 512, 物平面到 CCD 屏的距离为 300mm, 对称相移值 $\delta=1.1$ 弧度. 图 12-2-9(a), (b), (c), (d) 四幅图像依次给出参考光引入相移为 0, $+\delta$, $-\delta$ 时 CCD 平面干涉图强度分布及物平面相位重建图像. 在图像重建时假定 CCD 窗口宽度也是 20mm, 512×512 像素. 由于重建图像 (图 12-2-9d) 与预先给定的物平面图像区别甚微, 这里没有绘出原物平面图像.

(a) 参考光0相移干涉图像

(b) 参考光相移1.1弧度干涉图像

(c) 参考光相移−1.1弧度干涉图像

(d) 衍射逆运算物平面重建图像

图 12-2-9　时间相移法 CCD 平面干涉图及波面重建的模拟实验研究

应该指出, 虽然时间相移法在理论上能够非常满意地获取到达 CCD 平面的物光信息. 然而, 上面给出的模拟研究是在准确给定相移的理想情况下得到的, 实际上由于各种不同的原因而较难保证准确相移, 并且, 在相移过程中也不容易保证相关物理量不发生变化. 基于单一图像的消零级衍射光干扰的研究是一个很有价值的研究课题[36]. 此外, 不同的相移方法对相移误差的敏感还不相同, 国内外已经有不少学者进行过专门研究 (如文献 [37], [38]). 应用研究中应根据实际情况合理选择相移方法.

12.3　傍轴光学系统的数字全息

在数字全息应用研究中, CCD 尺寸是固定的, 被测量对像的尺寸可能甚大或甚小于 CCD 尺寸. 为能够使用 CCD 充分探测物体的信息, 通常要设计光学系统, 让物光通过光学系统变换后能与 CCD 窗口尺寸相匹配. 因此, 将遇到物光波穿过一个光学系统后的物平面波面重建问题. 处理这类问题时, 若已经准确获得到达 CCD 平面的物光复振幅, 在原则上可以使用衍射场的逆向空间追迹[15,31] 完成波面重建 (见本章后续讨论). 然而, 空间追迹计算通常较繁杂, 在保证一定的测量精度下找到更简洁的理论来实现波面重建有重要意义.

1970 年, 柯林斯 (Collins) 导出计算光波通过傍轴轴对称光学系统的衍射表达式 —— 柯林斯公式[14]. 理论及实验研究表明[13], 基于柯林斯公式及柯林斯公式的逆运算[15], 可以实现物平面光波场的重建. 虽然柯林斯公式是基于菲涅耳衍射及矩阵光学理论导出的结果, 但正如菲涅耳衍射积分被足够精确地用于解决大量衍射问题一样, 柯林斯公式能够足够准确地用于傍轴光学系统的数字全息研究. 因此, 本节介绍物光通过 ABCD 光学系统的数字全息波面重建方法, 导出与衍射逆运算波面重建相关的 ABCD 数字全息光学系统的脉冲响应. 并根据研究结果, 说明光学系统的矩阵元素及 CCD 探测器的物理特性对波面重建的影响.

12.3.1 柯林斯公式及用柯林斯公式的逆运算实现波面重建

设轴对称傍轴光学系统可由 2×2 的矩阵 $\begin{bmatrix} A & B \\ C & D \end{bmatrix}$ 描述[13,30]. 图 12-3-1 是该光学系统及坐标定义示意图. 图中, 入射平面及出射平面的坐标分别由 $x_0 y_0$ 及 xy 定义. 若入射平面光波场为 $O_0(x_0, y_0)$, 出射平面光波场 $O(x, y)$ 可由柯林斯公式表出[13,30]

$$O(x,y) = \frac{\exp(\mathrm{j}kL)}{\mathrm{j}\lambda B} \int_{-\infty}^{\infty}\int_{-\infty}^{\infty} O_0(x_0, y_0) \\ \times \exp\left\{\frac{\mathrm{j}k}{2B}\left[A(x_0^2 + y_0^2) + D(x^2+y^2) - 2(xx_0 + yy_0)\right]\right\} \mathrm{d}x_0 \mathrm{d}y_0 \tag{12-3-1}$$

式中, $\mathrm{j} = \sqrt{-1}$, L 为 ABCD 光学系统的轴上光程, $k = 2\pi/\lambda$, λ 为光波长.

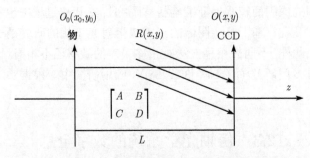

图 12-3-1 ABCD 数字全息系统及坐标定义

下面导出柯林斯公式的逆运算表达式.

12.3 傍轴光学系统的数字全息

对 (12-3-1) 式作变量代换 $x_a = Ax_0$, $y_a = Ay_0$ 可得

$$O(x,y) \exp\left[j\frac{k}{2B}\left(\frac{1}{A} - D\right)(x^2 + y^2)\right] =$$
$$\int_{-\infty}^{\infty}\int_{-\infty}^{\infty} O_0\left(\frac{x_a}{A}, \frac{y_a}{A}\right) \frac{\exp(jkL)}{j\lambda BA^2} \exp\left\{j\frac{k}{2BA}\left[(x_a - x)^2 + (y_a - y)^2\right]\right\} dx_a dy_a$$
(12-3-2)

等式两边作傅里叶变换并利用卷积定律：

$$F\left\{O(x,y) \exp\left[j\frac{k}{2B}\left(\frac{1}{A} - D\right)(x^2 + y^2)\right]\right\}$$
$$= F\left\{O_0\left(\frac{x}{A}, \frac{y}{A}\right)\right\} F\left\{\frac{\exp(jkL)}{j\lambda BA^2} \exp\left\{j\frac{k}{2BA}[x^2 + y^2]\right\}\right\}$$
$$= F\left\{O_0\left(\frac{x}{A}, \frac{y}{A}\right)\right\} \frac{\exp(jk(L - BA))}{A} \exp\left\{jkBA\left[1 - \frac{\lambda^2}{2}\left(f_x^2 + f_y^2\right)\right]\right\}$$
(12-3-3)

于是,

$$F\left\{O_0\left(\frac{x}{A}, \frac{y}{A}\right)\right\}$$
$$= A\exp(-jk(L - BA)) \exp\left\{-jkBA\left[1 - \frac{\lambda^2}{2}\left(f_x^2 + f_y^2\right)\right]\right\}$$
$$\times F\left\{O(x,y) \exp\left[j\frac{k}{2B}\left(\frac{1}{A} - D\right)(x^2 + y^2)\right]\right\}$$
$$= AF\left\{\frac{\exp(-jkL)}{-j\lambda BA} \exp\left[-j\frac{k}{2BA}(x^2 + y^2)\right]\right\}$$
$$\times F\left\{O(x,y) \exp\left[j\frac{k}{2B}\left(\frac{1}{A} - D\right)(x^2 + y^2)\right]\right\}$$

再对等式两边作逆傅里叶变换：

$$O_0\left(\frac{x_a}{A}, \frac{y_a}{A}\right) = \frac{\exp(-jkL)}{-j\lambda B}\int_{-\infty}^{\infty}\int_{-\infty}^{\infty} O(x,y) \exp\left[j\frac{k}{2B}\left(\frac{1}{A} - D\right)(x^2 + y^2)\right]$$
$$\times \exp\left\{-j\frac{k}{2BA}\left[(x - x_a)^2 + (y - y_a)^2\right]\right\} dxdy$$
(12-3-4)

对 (12-3-4) 式利用 $x_a = Ax_0$, $y_a = Ay_0$ 的坐标变换关系，即得

$$O_0(x_0, y_0) = \frac{\exp(-jkL)}{-j\lambda B}$$
$$\int_{-\infty}^{\infty}\int_{-\infty}^{\infty} O(x,y) \exp\left\{-\frac{jk}{2B}\left[D(x^2 + y^2) + A(x_0^2 + y_0^2) - 2(x_0 x + y_0 y)\right]\right\} dxdy$$
(12-3-5)

于是, (12-3-1), (12-3-5) 两式构成轴对称傍轴光学系统入射平面及出射平面光波场间的相互运算关系.

分析 (12-3-5) 式的物理意义可以看出, 如果将 ABCD 系统的入射平面视为数字全息系统的物平面, 出射平面视为 CCD 探测平面 (见图 12-3-1), 只要能够通过 CCD 探测到的干涉图像处理获得到达探测平面的物光波场 $O(x,y)$, 利用 (12-3-5) 式即能进行物平面光波场 $O_0(x_0, y_0)$ 的重建.

利用柯林斯公式可以显著简化傍轴光学系统的数字全息研究. 由于柯林斯公式事实上是基于菲涅耳衍射积分及矩阵光学理论而建立的[14,15], 很容易写成与菲涅耳衍射积分相似的数学形式 (例如 (13-3-2) 式). 参照上一章的讨论, 可以建立使用一次 FFT 及两次 FFT 的计算方法, 完成柯林斯公式及其逆运算的计算.

12.3.2 ABCD 系统数字全息的波面重建实验研究

基于上面的分析, 现进行一个傍轴光学系统的数字全息实验研究. 我们将使用频域消零级衍射光的技术[11], 在参考光中引入一个非 2π 整数倍的相移, 使用柯林斯公式的逆运算重建被测量物体的波面.

12.3.2.1 ABCD 系统数字全息实验

图 12-3-2 是实验研究的简化光路, 图中, 照明物光是来自 O 点的发散球面波, 穿过物平面的光波通过透镜 L 后成为会聚的物光波, 该列光波穿过立方分束镜 Ms 后投向 CCD 成为物光. 平面参考光自上而下由立方分束镜 Ms 引入, 经反射到达 CCD 成为参考光. 在该实验中, 我们通过在参考光路中插入和取出平晶的两种状态来产生参考光的相移, 以便使用两幅干涉图的差值图像消除零级衍射光的干扰.

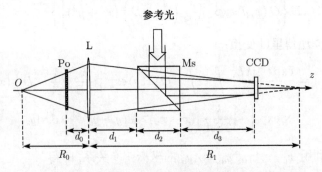

图 12-3-2　ABCD 系统数字全息实验研究简化光路

不难看出, 上实验光路能够适应于被测量物体尺寸变化的情况, 当物体尺寸较小时, 可以让物体移近 O 点, 让携带物体信息的光波较好地充满 CCD 窗口. 反之, 当物体尺寸较大时, 让物体移近 L, 让 CCD 较满意地获取物光信息.

模拟及实际测量的物体用透光孔为 "龙" 字的平面光阑 (见图 12-3-3(a)). 与装置相关的实验参数为

d_0=147mm, d_1=135mm, d_2=80mm,

d_3=1100mm, R_1=2070mm, R_0=1055mm

透镜 L 的焦距 $f = (1/R_0 + 1/R_1)^{-1} = 698.83$mm, CCD 型号是 WAT-902H(EIA), 像素尺寸：6.4512mm×4.8412mm. 有效像素：552×784. 物平面取样宽度 ΔL=11mm.

将物平面到 CCD 平面视为一个 ABCD 系统, 并将点源 O 对物平面的照射作用视为紧贴物平面有一焦距为 $R_0 - d_0$ 的负透镜, 其矩阵元素由下式确定[30]：

$$\begin{bmatrix} A & B \\ C & D \end{bmatrix} = \begin{bmatrix} 1 & d_3 \\ 0 & 1 \end{bmatrix} \begin{bmatrix} 1 & d_2/n \\ 0 & 1 \end{bmatrix} \begin{bmatrix} 1 & d_1 \\ 0 & 1 \end{bmatrix} \begin{bmatrix} 1 & 0 \\ -1/f & 1 \end{bmatrix}$$
$$\times \begin{bmatrix} 1 & d_0 \\ 0 & 1 \end{bmatrix} \begin{bmatrix} 1 & 0 \\ 1/(R_0-d_0) & 1 \end{bmatrix}$$
(12-3-6)

12.3.2.2 柯林斯公式逆运算重建物平面

图 12-3-3(c),(d) 是相移前后 CCD 探测的干涉图, 图 12-3-3(e),(f) 分别是的差值图像灰度及其频谱图. 从频谱图中可以看出, 零级衍射光已经基本消失. 由于柯林斯公式可以整理成与菲涅耳衍射积分相似的形式[15], 参照第 11 章对菲涅耳衍射积分计算的讨论, 将 (12-3-5) 式表示成 D-FFT 计算的形式, 利用 (12-3-6) 式求出系统的 ABCD 参数, 并将图 12-3-3(f) 滤波获得的物光频谱代入后即能对物平面光波场进行重建.

物平面光阑的二值图像及柯林斯公式逆运算重建的物平面图像绘于图 12-3-3(a), (b) 中. 可以看出, 用柯林斯公式的逆运算实现波面重建是可行的.

(a) 实际物平面光阑　　(b) 柯林斯公式逆向计算重建图像

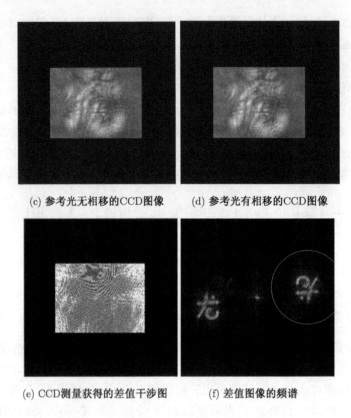

(c) 参考光无相移的CCD图像　　(d) 参考光有相移的CCD图像

(e) CCD测量获得的差值干涉图　　(f) 差值图像的频谱

图 12-3-3　数字全息实验及波面重建结果

图像宽度 11mm×11mm

12.3.3　ABCD 系统数字全息系统的脉冲响应

为对柯林斯公式逆运算重建波面的质量受哪些因素的影响有确切的概念，现研究 ABCD 系统数字全息系统的脉冲响应. 分析柯林斯公式逆运算重建物平面光波场的数字全息过程可知，该过程分为两个阶段：其一，从 x_0y_0 平面发出的光波经过 ABCD 系统的传播到达 xy 平面与参考光干涉，干涉场的强度分布被 CCD 探测器接收. 这是一个光波在实际光学系统中传播与接收的过程；其二，根据 CCD 探测数据由计算机模拟参考光对全息图的照射，求出到达 CCD 的物光复振幅 $O(x,y)$，并通过衍射逆运算公式求出物平面的光波场. 这是通过计算机完成的在虚拟空间的光学过程.

根据 CCD 探测到的干涉图像利用计算机求出到达 CCD 的物光复振幅 $O(x,y)$ 有多种方法，例如，12.2 的频域滤波法、空间载波相移法及时间相移法等. 为简化研究，我们假定已经能够准确求出 $O(x,y)$，只对噪声滤除后的波面重建还受哪些因

12.3 傍轴光学系统的数字全息

素影响进行研究. 现仿照对菲涅耳衍射数字全息脉冲响应的研究方法, 将实际物平面发出光波视为二维线性系统的输入信号, 逆运算重建的物平面光波场视为二维线性系统输出信号, 研究该线性系统的脉冲响应.

令物平面上坐标 (ξ,η) 处的单位振幅点光源复振幅为 $\delta(x_0-\xi,y_0-\eta)$, 物平面上该点源发出的光波通过 ABCD 系统到达 CCD 靶面上的光波复振幅可以通过公式 (12-3-1) 求出

$$\begin{aligned} O_\delta(x,y;\xi,\eta) &= \frac{\exp(\mathrm{j}kL)}{\mathrm{j}\lambda B} \int_{-\infty}^{\infty}\int_{-\infty}^{\infty} \delta(x_0-\xi,y_0-\eta) \\ &\quad \times \exp\left\{\frac{\mathrm{j}k}{2B}\left[A(x_0^2+y_0^2)+D(x^2+y^2)-2(xx_0+yy_0)\right]\right\}\mathrm{d}x_0\mathrm{d}y_0 \\ &= \frac{\exp(\mathrm{j}kL)}{\mathrm{j}\lambda B}\exp\left\{\frac{\mathrm{j}k}{2B}\left[A(\xi^2+\eta^2)+D(x^2+y^2)-2(x\xi+y\eta)\right]\right\} \end{aligned}$$
(12-3-7)

考虑 CCD 窗口接收特性后点光源的理想重建场由柯林斯公式的逆运算式 (12-3-2) 给出

$$\begin{aligned} O_{\mathrm{r}\delta}(x_0,y_0;\xi,\eta) &= \frac{\exp(-\mathrm{j}kL)}{-\mathrm{j}\lambda B} \int_{-\infty}^{\infty}\int_{-\infty}^{\infty} O_\delta(x,y)w(x,y) \\ &\quad \times \exp\left\{-\frac{\mathrm{j}k}{2B}\left[D(x^2+y^2)+A(x_0^2+y_0^2)-2(x_0x+y_0y)\right]\right\}\mathrm{d}x\mathrm{d}y \end{aligned}$$
(12-3-8)

式中, $w(x,y)$ 是 CCD 的窗口函数, M 列 N 行像素的 CCD 列阵结构示意图与图 12-1-7 相同. 令像素栅距在 x 方向是 Δx, 而在 y 方向是 Δy, 在这两个方向的像素填充因子分别为 $\alpha,\beta\in[0,1]$, 则 CCD 窗口函数可表为

$$\begin{aligned} w(x,y) &= \mathrm{rect}\left(\frac{x}{\alpha\Delta x}\right)\mathrm{rect}\left(\frac{y}{\beta\Delta y}\right)*\mathrm{comb}\left(\frac{x}{\Delta x}\right)\mathrm{comb}\left(\frac{y}{\Delta y}\right) \\ &\quad \times \mathrm{rect}\left(\frac{x}{M\Delta x}\right)\mathrm{rect}\left(\frac{y}{N\Delta y}\right) \end{aligned}$$
(12-3-9)

将 (12-3-7) 式代入 (12-3-8) 式, 整理后用傅里叶逆变换表为

$$\begin{aligned} &O_{\mathrm{r}\delta}(x_0,y_0;\xi,\eta) \\ &= \exp\left\{-\mathrm{j}\frac{k}{2B}A\left[(x_0^2+y_0^2)-(\xi^2+\eta^2)\right]\right\} F^{-1}\{w(x,y)\}_{f_x=\frac{x_0-\xi}{\lambda B},f_y=\frac{y_0-\eta}{\lambda B}} \end{aligned}$$
(12-3-10)

将 $w(x,y)$ 的表达式代入 (12-3-10) 式整理后得

$$O_{\mathrm{r}\delta}(x_0,y_0;\xi,\eta) = M\alpha\Delta x^3 N\beta\Delta y^3\exp\left\{-\mathrm{j}\frac{k}{2B}A\left[(x_0^2+y_0^2)-(\xi^2+\eta^2)\right]\right\}$$

$$\times \operatorname{sinc}\left(\alpha\Delta x \frac{x_0-\xi}{\lambda B}\right) \operatorname{comb}\left(\Delta x \frac{x_0-\xi}{\lambda B}\right) \operatorname{sinc}\left(\beta\Delta y \frac{y_0-\eta}{\lambda B}\right) \operatorname{comb}\left(\Delta y \frac{y_0-\eta}{\lambda B}\right)$$

$$\times \operatorname{sinc}\left[M\Delta x\left(\frac{x_0-\xi}{\lambda B}\right)\right] \operatorname{sinc}\left[N\Delta y\left(\frac{y_0-\eta}{\lambda B}\right)\right] \tag{12-3-11}$$

在对 (12-3-11) 式作进一步简化前, 我们回顾菲涅耳衍射数字全息脉冲响应讨论中关于 CCD 填充因子 α, β 影响的讨论. 通过研究已经指出, 大填充因子时取样数据的失真将随干涉条纹空间频率的增加而增加. 这对于物光通过 ABCD 系统的数字全息仍然适用. 此外, 无论 α, β 是否为 1, 只要是使用离散傅里叶变换进行计算, 式 (12-3-11) 可进一步简化成 (参见 12.1 节对 (12-1-14) 式的讨论)

$$O_{r\delta}(x_0,y_0;\xi,\eta) = M\Delta x^3 N\Delta y^3 \exp\left\{-\mathrm{j}\frac{k}{2B}A\left[(x_0^2+y_0^2)-(\xi^2+\eta^2)\right]\right\}$$
$$\times \operatorname{sinc}\left[M\Delta x\left(\frac{x_0-\xi}{\lambda B}\right)\right] \operatorname{sinc}\left[N\Delta y\left(\frac{y_0-\eta}{\lambda B}\right)\right] \tag{12-3-12}$$

若物平面光波场为 $O_0(\xi,\eta)$, 根据线性叠加原理, 理想物光重建场由下叠加积分确定:

$$O_r(x_0,y_0) = M\Delta x^3 N\Delta y^3 \exp\left[-\mathrm{j}\frac{k}{2B}A(x_0^2+y_0^2)\right]$$
$$\times \int_{-\infty}^{\infty}\int_{-\infty}^{\infty} O_0(\xi,\eta) \exp\left[\mathrm{j}\frac{k}{2B}A(\xi^2+\eta^2)\right] \tag{12-3-13}$$
$$\times \operatorname{sinc}\left[M\Delta x\left(\frac{x_0-\xi}{\lambda B}\right)\right] \operatorname{sinc}\left[N\Delta y\left(\frac{y_0-\eta}{\lambda B}\right)\right] \mathrm{d}\xi\mathrm{d}\eta$$

可以看出, 如果将 $O_0(\xi,\eta)\exp\left[\mathrm{j}\frac{k}{2B}A(\xi^2+\eta^2)\right]$ 视为输入信号, $O_r(x_0,y_0)$ 视为输出信号, 由实际测量系统与计算机数值处理形成的 "组合光学系统" 将是一个二维线性空间不变系统. 其脉冲响应是

$$h(x_0,y_0;\xi,\eta) = M\Delta x^3 N\Delta y^3 \exp\left[-\mathrm{j}\frac{k}{2B}A(x_0^2+y_0^2)\right]$$
$$\times \operatorname{sinc}\left[M\Delta x\left(\frac{\xi}{\lambda B}\right)\right] \operatorname{sinc}\left[N\Delta y\left(\frac{\eta}{\lambda B}\right)\right] \tag{12-3-14}$$

众所周知, 当脉冲响应是 δ 函数时可以获得物平面光波场的理想重建. 而当 $M\Delta x$ 及 $N\Delta y$ 趋于无穷及 B 趋于 0 时 (12-3-14) 式变为 δ 函数与一复常数的乘积. 因此, CCD 窗口越大, B 越小, 光波场重建质量越高. 由于 $B=0$ 对应于 ABCD 系统的输出平面是输入平面的像平面的情况[13,30], 将 CCD 探测器置于物体的像平面附近可以获得较好的光波场重建质量. 这个结论为数字全息检测系统的优化设计提供了理论依据.

12.4 消傍轴近似的数字全息

本章上述研究中,物平面波面重建采用的是菲涅耳衍射及柯林斯公式. 众所周知. 菲涅耳射积分是基尔霍夫公式、瑞利–索末菲公式及衍射的角谱理论公式的傍轴近似[16]. 而柯林斯公式是基于菲涅耳衍射公式以及矩阵光学理论导出的结果[13]. 因此, 如果数字全息波面重建局限于使用菲涅耳衍射积分及柯林斯公式, 从严格的理论意义上讲, 其结果只对于满足傍轴近似的测量才成立. 为实现准确的波面重建, 应该使用严格满足亥姆霍兹方程的基尔霍夫公式、瑞利–索末菲公式及衍射的角谱理论公式[16] 作为衍射计算的基本工具.

理论及实验研究表明, 无论是基尔霍夫公式、瑞利–索末菲公式及衍射的角谱理论公式的正向运算还是逆运算均可以通过 FFT 计算完成[15,32] 并且, 参照菲涅耳衍射积分离散的讨论, 可以确定出相应的满足取样定理的关系. 因此, 在应用研究中, 应根据实际情况及测量精度的要求选择不同的数学工具实现波面重建. 作为上述讨论的一个证明, 下面用角谱理论公式对图 12-3-2 的数字全息波面重建进行计算.

12.4.1 衍射场追迹重建波面的理论模拟

沿用图 12-3-2 的实验系统, 但为了直观地表示出物光衍射场的正向计算及逆向追迹过程, 我们只绘出物光光路 (见图 12-4-1), 并将模拟测量物体 P_0 设计为透光孔为 "逆向追迹" 四字的平面光阑. 图 12-4-2(a) 是光阑图像.

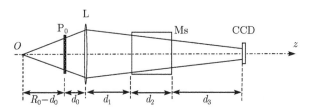

图 12-4-1 数字全息实验的物光简化光路

下面的数值模拟过程: 首先用角谱理论公式通过正向追迹计算[15], 模拟生成 CCD 上的物光与参考光干涉的强度图像、模拟参考光引入一次任意相移后的干涉图, 并利用文献 [11] 提出的消零级衍射光技术求出差值图像的频谱. 其次, 设计滤波器, 取出物光频谱, 用角谱理论公式作衍射场的逆向追迹[31], 对物平面光波场进行重建.

(a) 物面光阑　　　　　　(b) 逆向追迹重建图像

图 12-4-2　物面光阑及由衍射逆运算追迹重建的物平面图像

11mm×11mm

12.4.1.1　衍射场的正向追迹

设物平面坐标为 $x_0 y_0$, 物平面光阑的振幅透过函数为 $o_0(x_0, y_0)$, 照明物光设为单位振幅平面波, 透过光阑的物平面光波场则为

$$O_0(x_0, y_0) = o_0(x_0, y_0) \exp\left(\mathrm{j}k \frac{x_0^2 + y_0^2}{2(R_0 - d_0)}\right) \tag{12-4-1}$$

令 $T_0(x_0, y_0) = \mathrm{rect}\left(\dfrac{x_0}{\Delta L}\right) \mathrm{rect}\left(\dfrac{y_0}{\Delta L}\right)$, 设透镜 L 平面坐标为 $x_1 y_1$, 到达透镜平面的光波场即为

$$O_1(x_1, y_1) = F^{-1}\left\{F\{O_0(x_0, y_0) T_0(x_0, y_0)\} \exp\left[\mathrm{j}\frac{2\pi}{\lambda} d_0 \sqrt{1 - (\lambda f_x)^2 - (\lambda f_y)^2}\right]\right\} \tag{12-4-2}$$

令立方分束镜左侧面的坐标为 $x_2 y_2$, 得到立方分束镜左侧面的衍射场:

$$O_2(x_2, y_2) = F^{-1}\left\{F\{O_1(x_1, y_1) T_1(x_1, y_1)\} \exp\left[\mathrm{j}\frac{2\pi}{\lambda} d_1 \sqrt{1 - (\lambda f_x)^2 - (\lambda f_y)^2}\right]\right\} \tag{12-4-3}$$

这里引入了边界受限的透镜 L 的复振幅变换函数[13,28]:

$$T_1(x_1, y_1) = T_0(x_1, y_1) \exp\left(-\mathrm{j}k \frac{x_1^2 + y_1^2}{2f}\right)$$

令立方分束镜右侧面的坐标为 $x_3 y_3$, 立方分束镜右侧面的衍射场即

$$O_3(x_3, y_3) = F^{-1}\left\{F\{O_2(x_2, y_2) T_0(x_2, y_2)\} \exp\left[\mathrm{j}\frac{2\pi}{\lambda_s} d_2 \sqrt{1 - (\lambda_s f_x)^2 - (\lambda_s f_y)^2}\right]\right\} \tag{12-4-4}$$

其中, $\lambda_s = \lambda/n$, n 为立方分束镜折射率. 本实验中 $n=1.5$.

最后，得到 CCD 平面的衍射场：

$$O(x,y) = F^{-1}\left\{F[O_3(x_3,y_3)T_0(x_3,y_3)]\exp\left[j\frac{2\pi}{\lambda}d_3\sqrt{1-(\lambda f_x)^2-(\lambda f_y)^2}\right]\right\}$$
(12-4-5)

选择取样数 $N\times N=512\times 512$，根据追迹计算数据，图 12-4-3 分别给出用 0~255 灰度等级表示的到达透镜 L 及 CCD 平面的衍射场强度分布.

(a) 透镜平面

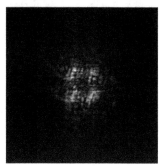
(b) CCD 平面

图 12-4-3　到达透镜 L 及 CCD 平面的衍射场强度分布

可以看出，由于照明物光是发散的球面波，到达透镜 L 的光波场横向略有放大. 但经过透镜后，透射光变成会聚的球面波，到达 CCD 平面时，已经形成横向尺寸较小的非常模糊的衍射图像.

12.4.1.2　CCD 平面的物光频谱

将参考光表示成

$$R(x,y) = a_r\exp[jk(\theta_x x + \theta_y y)] \tag{12-4-6}$$

振幅 a_r 的取值为 CCD 窗口内 $|O(x,y)|$ 的平均值，根据干涉图像中各衍射光频谱中心等分对角线的原则 (见 (12-2-10) 式的相关讨论)，令

$$\theta_x = \theta_y = \frac{\lambda}{4\Delta x} = \frac{N\lambda}{4\Delta L}$$

由下式求出 CCD 平面干涉图强度分布：

$$I(x,y) = |R(x,y) + O(x,y)|^2 \tag{12-4-7}$$

在参考光中引入非 2π 整数倍的任意相移求出另一幅干涉图，两图像的差值图像示于图 12-4-4(a). 图中，为模拟 CCD 窗口宽度小于 ΔL 的情况，CCD 窗口外的数据已经全部置 0 使图像变为黑色.

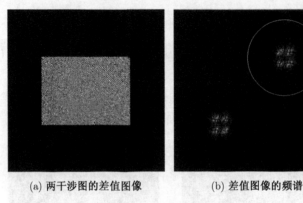

(a) 两干涉图的差值图像　　　(b) 差值图像的频谱

图 12-4-4　差值图像及其频谱

图 12-4-4(b) 是用 FFT 对图 12-4-4(a) 作离散傅里叶变换的结果. 很明显, 零级衍射光的频谱已经消失, 图面上只有物光及共轭物光的频谱. 由于合适选择了的参考光方位, 两组频谱的中心距离是对角线的一半. 因此, 以略小于 1/4 对角线的长度为滤波器半径就能较好地获取物光频谱, 图中圆环标示出选通区域. 在模拟实验中, 我们选择 120 像素为半径设计 5 阶巴特沃什滤波器[22] 取出物光频谱.

12.4.1.3　衍射逆运算追迹重建物平面

CCD 平面的物光频谱取出后, 将频谱中心移到坐标原点, 通过对周围数据补 0 重新形成 512×512 数据 (见图 12-4-5(a)), 根据角谱理论逆向追迹. 首先求出立方分束镜右侧光波场

$$O_3(x_3,y_3) = F^{-1}\left\{F\left[O(x,y)T_0(x,y)\right]\exp\left[-j\frac{2\pi}{\lambda}d_3\sqrt{1-(\lambda f_x)^2-(\lambda f_y)^2}\right]\right\} \tag{12-4-8}$$

立方分束镜左侧面的衍射场即为

(a) CCD 平面物光频谱　　　(b) 透镜 L 处光波场的逆向追迹图像

图 12-4-5　CCD 平面物光频谱及透镜 L 处光波场的逆向追迹图像

12.4 消傍轴近似的数字全息

$$O_2(x_2,y_2) = F^{-1}\left\{F[O_3(x_3,y_3)T_0(x_2,y_2)]\exp\left[-\mathrm{j}\frac{2\pi}{\lambda_s}d_2\sqrt{1-(\lambda_s f_x)^2-(\lambda_s f_y)^2}\right]\right\}$$
(12-4-9)

根据上面结果，得到透镜 L 右侧衍射场：

$$O_1(x_1,y_1) = F^{-1}\left\{F[O_2(x_2,y_2)T_0(x_1,y_1)]\exp\left[-\mathrm{j}\frac{2\pi}{\lambda}d_1\sqrt{1-(\lambda f_x)^2-(\lambda f_y)^2}\right]\right\}$$
(12-4-10)

从透镜 L 返回到物平面的计算时，应注意引入透镜的复振幅逆向变换作用[13,31]，因此有

$$O_0'(x_0,y_0) = F^{-1}\left\{F[O_1(x_1,y_1)T_1^*(x_1,y_1)]\exp\left[-\mathrm{j}\frac{2\pi}{\lambda}d_0\sqrt{1-(\lambda f_x)^2-(\lambda f_y)^2}\right]\right\}$$
(12-4-11)

其中，

$$T_1^*(x_1,y_1) = T_0(x_1,y_1)\exp\left(\mathrm{j}k\frac{x_1^2+y_1^2}{2f}\right).$$

由于物平面是被球面波照明的，物平面光波场复振幅重建还必须进行下面的运算：

$$O_0(x_0,y_0) = O_0'(x_0,y_0)\exp\left(\mathrm{j}k\frac{x_0^2+y_0^2}{2(R_0-d_0)}\right)$$
(12-4-12)

至此，对衍射逆运算追迹波面重建过程作了完整的理论表述。物平面重建图像绘在前面的图 12-4-2(b) 中。将重建图像与原物的比较可以看出，重建图像的字体边沿已经出现灰度的平滑过渡，不再像原光阑透光孔那样黑白分明。这正是上面分析过的由于 CCD 窗口限制，损失了物光频谱高频成份的结果。

为便于与正向追迹计算时到达不同元件表面的光波场作比较，图 12-4-5(b) 给出根据 (12-4-34) 式得到的透镜 L 处光波场强度分布。与正向追迹计算时的图 12-4-3(a) 比较可以看出，二者形式及尺度都很相近。但是，由于 CCD 窗口及滤波器对高频成份的限制作用，图 12-4-5(b) 中已经少了衍射图像的微细结构，其灰度变化相对平缓。

为进一步证实衍射场空间追迹波面重建的可行性，下面再给出实验证明。

12.4.2 衍射场追迹重建波面的实验证明

再次使用图 12-3-2 ABCD 系统数字全息实验研结果，即物平面是透光孔为"龙"字的光阑的实验，我们用上面模拟研究的方法通过逆向追迹对物平面作重建。物平面光阑的二值图像及逆向追迹重建的物平面图像绘于图 12-4-6(a), (b) 中。因此，使用严格满足亥姆霍兹方程的衍射公式进行消傍轴近似的数字全息是完全可行的。在应用研究中，应根据实际测量条件及精度要求，选择合适的计算公式较满意地实现数字全息检测。

(a) 物平面光阑的二值图像　　(b) 逆向追迹重建的物平面图像

图 12-4-6　物平面光阑的二值图像及逆向追迹重建的物平面图像

12.5　数字全息变焦系统

随着计算机及 CCD 探测技术的进步, 使用 CCD 代替传统全息感光板的全息检测正成为一个研究热点. 然而, 由于 CCD 像素尺寸的限制, CCD 探测器的分辨率还远小于传统全息干板的分辨率. 按照取样定理, 为让 CCD 能够正确记录物光与参考光的干涉, 在垂直于最细密的干涉条纹方向至少应有两个取样点[2]. 由于参考光与物光之间的夹角越小, 干涉条纹宽度越大, 数字全息的研究目前主要局限于傍轴全息的范畴. 此外, 当 CCD 面阵的尺寸与被测量对像的投影尺寸有较大差异时, 通常还应适当设计光波横向变换系统, 让 CCD 有效获取物光信息. 虽然, 在本章上述讨论中曾经用一片透镜实现了光波的变换, 但变换后的光波是球面波, 当波面半径较小时, 在 CCD 上容易出现干涉条纹间隔小于像素尺寸的情况, 使 CCD 的探测不满足取样定理.

研究 $4f$ 系统知, 平面波通过 $4f$ 系统变换后的光波仍然是平面波, 当参考光是傍轴平面波时, 变换前后的物光与参考光的干涉条纹宽度不发生变化, 于是 $4f$ 系统成为一种较流行的数字全息物光光路. 并且, 为避开相对繁杂的衍射重建计算, 通常让 CCD 平面与物平面构成共轭像面, 根据物像的放大关系直接用 CCD 探测数据处理出测量结果. 然而, 由于实际测量物尺寸难于预测, 当物体尺寸变化较大时, $4f$ 系统的透镜尺寸及焦距要进行相应的变化才能获得好的测量结果, 在一些情况下甚至测量不能进行. 例如, 当物体投影尺寸甚大于 CCD 面阵尺寸时, $4f$ 系统的第二面透镜焦距变得很小. 而参考光通常是从第二透镜后方引入的, 这时, 引入参考光元件的宽度就有可能大于第二透镜的焦距, CCD 面阵无法放置在系统的像平面上. 如何设计一个数字全息系统, 让系统能够方便地适应于被测量物体尺寸的变化, 是一个值得研究的问题.

12.5 数字全息变焦系统

基于 $4f$ 系统及照相机变焦镜头的设计思想, 作者在原 $4f$ 系统的两透镜中间插入一负透镜, 设计了一个数字全息变焦系统. 对系统的理论及实验研究表明, 物光进行横向缩小变换时, 通过适当设计, 有足够的空间在最后一面透镜与 CCD 间插入光学元件引入参考光. 并且, 当使用柯林斯公式逆运算或衍射场逆向追迹运算进行波面重建时, CCD 及物平面位置的选择不再受共轭像面的限制, 可以根据实验条件方便放置. 此外, 通过三个透镜相对位置的调节, 还能变换横向放大率, 适应于不同尺寸物体的检测. 本节对测量系统进行理论分析及给出部分实验结果.

12.5.1 数字全息变焦系统简介

图 12-5-1 是基于马赫--曾德尔 (Mach-Zehnder) 干涉仪设计的数字全息变焦系统原理图[39]. 射入系统的激光经半反半透镜 S_1 分解为向下传播的照明物光及水平方向传播的参考光. 被全反镜 M 反射的照明物光经透镜 F_0 及 L_0 形成剖面尺寸较大的平面波照明物体 O. 球面透镜 L_1, L_2 及 L_3 构成一变焦系统, 其中 L_2 是负透镜. 穿过 L_1, L_2 的光波焦点与 L_3 的左方焦点吻合, 经 L_3 出射的物光透过分束镜 S 到达 CCD. 在参考光路中, 经半反半透镜 S_2 透射的激光照射到压电晶体相移反射器 PZT, 经 PZT 及 S_2 反射后再经透镜 F_1 及 L_4 组成的扩束系统, 形成平面波. 该平面波经分束镜 S 反射到达 CCD 形成参考光. PZT 能在全息检测中变化参考光的相位, 为使用相移法获取到达 CCD 的物光复振幅提供方便. 设 L_1, L_2, L_3 的焦距分别是 f_1, f_2, f_3, 理论分析将证明, 当 $f_1 > f_3$ 时, 则能在 CCD 上形成放大率小于 f_3/f_1 的物平面 O 的像.

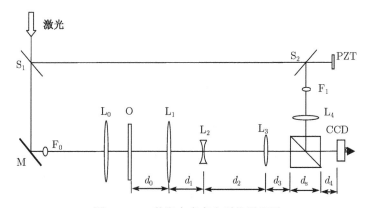

图 12-5-1 数字全息变焦系统原理图

12.5.2 变焦系统研究

图 12-5-2 是由 L_1, L_2, L_3 组成的变焦系统简图. 图中, 用空心圆圈示出未插入负透镜 L_2 时右方焦点位置 P_0. 负透镜放入后, 当平行于光轴的光波从左向右射入

系统时, 焦点向右平移距离 d_f 到实心圆 P 处. 图中实线绘出一条平行于光轴并穿过 L_1 及 L_2 到达 P 点的光线. 过 P 作光线的反向延长线, 与入射光线交于 H 点. 于是, 过 H 并垂直于光轴的平面是 L_1 及 L_2 组成的光学系统的像方主面[40], 该主面到 L_1 的距离为 d_h. 不难看出, 若让 P 点是 L_3 的物方焦点, 插入 L_2 等效于形成一个新的 4f 系统, 第一面等效透镜的焦距是 $d_h + f_1 + d_f$. 系统的横向放大率为

$$\beta = -\frac{f_3}{d_h + f_1 + d_f} \tag{12-5-1}$$

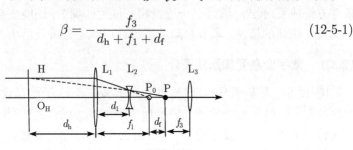

图 12-5-2 变焦系统原理图

将 P 视为负透镜 L_2 对 P_0 所成的像, 根据高斯成像公式及几何关系, d_f 及 d_h 由以下两式确定:

$$\frac{1}{-f_2} = \frac{1}{-(f_1 - d_1)} + \frac{1}{(f_1 - d_1) + d_f} \tag{12-5-2}$$

$$\frac{f_1 - d_1}{f_1} = \frac{(f_1 - d_1) + d_f}{d_h + f_1 + d_f} \tag{12-5-3}$$

12.5.3 变焦系统的参数设计

在应用研究中, 通常需要解决的问题是给定 CCD 的窗口宽度 ΔL, 三面透镜的焦距 f_1, f_2, f_3 及物平面宽度 ΔL_0, 应如何设计测量系统. 下面基于矩阵光学研究这个问题.

根据 (12-5-1) 式, 令

$$|\beta| = \frac{\Delta L}{\Delta L_0} = \frac{f_3}{d_h + f_1 + d_f} \tag{12-5-4}$$

当 f_1, f_2, f_3 给定后, 由 (12-5-2), (12-5-3), (12-5-4) 三式可以确定出 d_1, d_f 及 d_h.

图 12-5-1 中, 设立方分束镜的折射率为 n, 将物平面 O 到 CCD 窗口平面的光学系统视为一 ABCD 系统, 系统的光学矩阵为[30]

$$\begin{bmatrix} A & B \\ C & D \end{bmatrix} = \begin{bmatrix} 1 & d_4 \\ 0 & 1 \end{bmatrix} \begin{bmatrix} 1 & d_s/n \\ 0 & 1 \end{bmatrix} \begin{bmatrix} 1 & d_3 \\ 0 & 1 \end{bmatrix} \begin{bmatrix} 1 & 0 \\ -1/f_3 & 1 \end{bmatrix}$$
$$\times \begin{bmatrix} 1 & d_2 \\ 0 & 1 \end{bmatrix} \begin{bmatrix} 1 & 0 \\ 1/f_2 & 1 \end{bmatrix} \begin{bmatrix} 1 & d_1 \\ 0 & 1 \end{bmatrix} \begin{bmatrix} 1 & 0 \\ -1/f_1 & 1 \end{bmatrix} \begin{bmatrix} 1 & d_0 \\ 0 & 1 \end{bmatrix}$$
$$\tag{12-5-5}$$

展开可得

$$A = (1-d/f_3)(1-d_1/f_1) + [d_2 + d(1-d_2/f_3)][1/f_2 - (1+d_1/f_2)/f_1]$$
$$B = (1-d/f_3)[d_0 + d_1(1-d_0/f_1)] + [d_2 + d(1-d_2/f_3)]$$
$$\quad [d_0/f_2 + (1+d_1/f_2)(1-d_0/f_1)]$$
$$C = -(1-d_1/f_1)/f_3 + (1-d_2/f_3)[1/f_2 - (1+d_1/f_2)/f_1]$$
$$D = -[d_0 + d_1(1-d_0/f_1)]/f_3 + (1-d_2/f_3)[d_0/f_2 + (1+d_1/f_2)(1-d_0/f_1)]$$

其中,

$$d = d_4 + d_s/n + d_3 \tag{12-5-6}$$

由于 $B=0$ 时输出平面是系统的像平面[30], 因此有

$$d = \frac{[d_0 + d_1(1-d_0/f_1)] + [d_0/f_2 + (1+d_1/f_2)(1-d_0/f_1)]d_2}{[d_0 + d_1(1-d_0/f_1)]/f_3 - (1-d_2/f_3)[d_0/f_2 + (1+d_1/f_2)(1-d_0/f_1)]} \tag{12-5-7}$$

注意到 $d_2 = f_1 + d_f + f_3 - d_1$. 根据实验条件给定 d_0 或 d, 便可以求出 d 或 d_0, 以及相关元件的位置参数.

例如, 我们在实验研究中有 f_1=697mm, f_2=60mm, f_3=127mm 的三面透镜及 d_s=80mm, $n \approx 1.6$ 的分束镜, 如果用第 1 和第 3 两透镜组成 $4f$ 系统, 其横向放大率为 $\beta = -f_3/f_1 \approx -0.19$, 在 CCD 与系统最后一面透镜间放入分束镜 S 时, 由于三元件间剩余宽度只有 47mm, 元件的固定及调节很不方便. 当需要更小的放大率时不能进行测量. 此外, 物平面到系统第一面透镜的距离是 697mm, 空间利用率较低. 实际需要的是 d_0=390mm 放大率 $\beta = -0.14$ 的系统, 根据 (12-5-7) 式求得 d=334mm, d_1=665mm, d_2=147mm. 在最后一面透镜与 CCD 间有足够的空间放置分束镜 S. 实验时 d_3=20mm, 由 (12-5-6) 式求得 d_4=264mm. 让物平面是一个透光孔为 "龙" 字的光阑, 我们在波长 532nm 的激光下进行了实验. 图 12-5-3(a), (c), (d) 分别给出理论预计的像平面附近 CCD 获得的 512×512 像素的三幅图像. 由于像素宽度是 0.0032mm, 对应 CCD 面阵宽度是 1.638mm. 图 12-5-3(b) 是根据光阑投影图绘出的边界宽度 1.638mm/0.14=11.7 mm 的 "龙" 字图案. 可以看出, 实验对理论分析作出了较好的证明.

利用光学系统物平面与像平面是共轭平面的性质, 本节的讨论也可以推广于物体尺寸甚小于 CCD 面阵的情况.

12.5.4 变焦系统在数字实时全息中的应用

基于二次曝光数字全息理论. 可以将变焦系统用于实时全息检测. 以下介绍测量原理及研究实例.

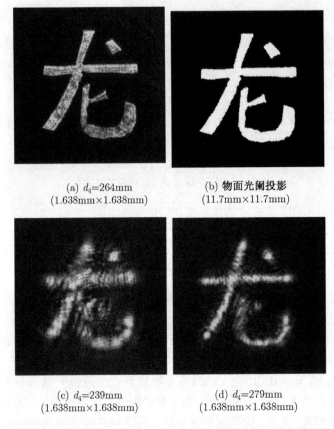

(a) d_4=264mm
(1.638mm×1.638mm)

(b) 物面光阑投影
(11.7mm×11.7mm)

(c) d_4=239mm
(1.638mm×1.638mm)

(d) d_4=279mm
(1.638mm×1.638mm)

图 12-5-3 物面光阑投影与 CCD 探测平面光波场强度图像比较

在图 12-5-1 中建立直角坐标 $oxyz$, 令 CCD 平面为 xy 平面. 设被测物体的物理量变化只改变透射光的相位, 时刻 t_i 到达 CCD 平面的物光和参考光可分别表为

$$O_i(x,y) = o(x,y)\exp[jk\varphi_i(x,y)] \qquad (12\text{-}5\text{-}8)$$

$$R(x,y) = r(x,y)\exp[jk\varphi_r(x,y)] \qquad (12\text{-}5\text{-}9)$$

式中, $j=\sqrt{-1}$, $k=2\pi/\lambda$, λ 为光波长. 根据二元函数的泰勒级数表示及二项式定理, 参考光的相位因子可展开为

$$\varphi_r(x,y) = a_1 x + b_1 y + \psi_r(x,y) \qquad (12\text{-}5\text{-}9\text{a})$$

其中,

$$\psi_r(x,y) = a_0 + a_2 x^2 + b_2 y^2 + c_2 xy + \cdots \qquad (12\text{-}5\text{-}9\text{b})$$

$a_0, a_1, a_2, \cdots, b_0, b_1, b_2, \cdots, c_2, \cdots$ 是实数.

物光及参考光干涉场强度则为

$$I_H(x,y) = o^2(x,y) + r^2(x,y)$$
$$+ o(x,y)r(x,y)\exp[jk(\varphi_i(x,y)-\psi_r(x,y))]\exp[-jk(a_1x+b_1y)]$$
$$+ o(x,y)r(x,y)\exp[-jk(\varphi_i(x,y)-\psi_r(x,y))]\exp[jk(a_1x+b_1y)]$$
(12-5-10)

对 (12-5-10) 式两边作傅里叶变换, 注意到 $F\{\exp[-jk(a_1x+b_1y)]\} = \delta\left(f_x + \dfrac{a_1}{\lambda}, f_y + \dfrac{b_1}{\lambda}\right)$ 以及 $F\{\exp[jk(a_1x+b_1y)]\} = \delta\left(f_x - \dfrac{a_1}{\lambda}, f_y - \dfrac{b_1}{\lambda}\right)$, 并利用 δ 函数的卷积性质得

$$F\{I_H(x,y)\} = G_0(f_x,f_y) + G\left(f_x + \dfrac{a_1}{\lambda}, f_y + \dfrac{b_1}{\lambda}\right) + G^*\left(f_x - \dfrac{a_1}{\lambda}, f_y - \dfrac{b_1}{\lambda}\right)$$
(12-5-11)

其中,

$$G_0(f_x,f_y) = F\{o^2(x,y) + r^2(x,y)\} \tag{12-5-11a}$$

$$G(f_x,f_y) = F\{o(x,y)r(x,y)\exp[jk(\varphi_0(x,y)-\psi_r(x,y))]\} \tag{12-5-11b}$$

可见, 只要在二维频率空间中 $\dfrac{a_1}{\lambda}, \dfrac{b_1}{\lambda}$ 足够大, 且 $G(f_x,f_y)$ 分布有限, 通过适当的选通滤波就能取出 $G\left(f_x + \dfrac{a_1}{\lambda}, f_y + \dfrac{b_1}{\lambda}\right)$, 在频域进行坐标平移就能求出 $G(f_x,f_y)$. 于是有

$$O_i'(x,y) = F^{-1}\{G(f_x,f_y)\} = o(x,y)r(x,y)\exp[jk(\varphi_i(x,y)-\psi_r(x,y))] \quad (12\text{-}5\text{-}12)$$

以及

$$\varphi_i(x,y) - \psi_r(x,y) = \dfrac{1}{k}\arctan\dfrac{\text{Im}[O_i'(x,y)]}{\text{Re}[O_i'(x,y)]} \tag{12-5-13}$$

可见, 通过频谱分离及反变换获得的是带有某种相位调制的物光. 如果能准确给定参考光相位函数 $\varphi_r(x,y)$, $\psi_r(x,y)$ 就能求出. 例如, 若参考光是理想平面波, $\psi_r(x,y)$ 是常数. 如果参考光是可由二次曲面近似的球面波, 则 $\psi_r(x,y)$ 是坐标的二次函数. 但实验研究表明, 让参考光是理想平面波或准确知道波面半径的球面波并非易事. 单纯通过一幅干涉图难于对 $\psi_r(x,y)$ 准确求解.

然而, 研究 (12-5-13) 式可知, 如果在测量过程中保持参考光不变, 并且, 如果感兴趣的是任意两个时刻物光场的相位变化, 只要合理进行数据处理, 则能够完全消除 $\psi_r(x,y)$ 的影响. 例如, 若通过实验求出与时刻 $t_0, t_1, t_2, \cdots$ 对应的 $O_0'(x,y)$, $O_1'(x,y), O_3'(x,y)\cdots$, 根据 (12-5-13) 式, 任意两个时刻 t_p, t_q 间物光的相位变化则为

$$\varphi_p(x,y) - \varphi_q(x,y) = \frac{1}{k}\arctan\frac{\operatorname{Im}\left[O'_p(x,y)\right]}{\operatorname{Re}\left[O'_p(x,y)\right]} - \frac{1}{k}\arctan\frac{\operatorname{Im}\left[O'_q(x,y)\right]}{\operatorname{Re}\left[O'_q(x,y)\right]} \quad (12\text{-}5\text{-}14)$$

显然, 如果 t_0 是初始时刻, 即让 (12-5-14) 式中 $p=0$, (12-5-14) 式将能够得到传统的实时全息任意时刻 t_p 的测量结果. 例如, 我们很容易根据 (12-5-14) 式将任意两个时刻间物光场的相位变化用下式表示的灰度图像进行显示:

$$I_{p,q}(x,y) = 127.5 + 127.5\cos\left[\varphi_p(x,y) - \varphi_q(x,y)\right] \quad (12\text{-}5\text{-}15)$$

以厚 8mm, 宽 100mm 预置裂纹的有机玻璃板为物体, 我们参照图 12-5-3 的实验参数用数字实时全息研究了物体受纵向拉力作用下应力场, 为与传统全息技术进行比较, 实验在弹性形变范围进行. 物体形变恢复后用传统全息技术进行同样的实验. 传统实时全息的光路与第 7 章图 7-1-1(a) 检测透明物体的实验光路相同. 图 12-5-4 是全息平台上的实验系统. 通过 1:10 杠杆的重臂沿物体纵向加拉力. 并用原位冲洗感光板的 "液门" 保证全息图的位置不变化.

图 12-5-4　透明板拉应力场实时全息检测系统

实验研究表明, 根据 (12-5-15) 式形成的数字全息干涉条纹不但与传统全息干涉图基本一致, 而且具有较小的背景噪声. 图 12-5-5 给出重建干涉图物理尺寸放大 1/0.14 倍后, 在同一尺度下的两组比较结果.

不难看出, 在本实验中, 不但传统实时全息获取的物体应力变化信息完全可以通过数字实时全息得到, 而且数字实时全息干涉图的背景噪声很小.

分析 (12-5-15) 式的推导过程可知, 相位 $\varphi(x,y)$ 的获取是通过 $o(x,y)r(x,y)\exp\left[\mathrm{j}k\varphi(x,y)\right]$ 的虚部与实部的比值的反正切求出的, $o(x,y)r(x,y)$ 在运算中作为公因子被消去. 因此, 按照 (12-5-15) 式所形成的干涉图不受照明物光及参考光强度分布的影响,具有很干净的背景. 反之,传统全息干涉图的质量不但取决于照明物光及参考光的均匀度,而且与化学感光板处理过程中许多因素有关,例如,图 12-5-5 中传统全息干涉图上的斑渍就是化学处理过程中附着在干板上的微小杂物引起的.

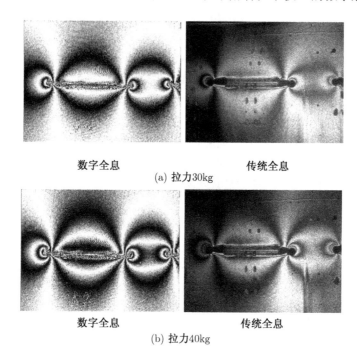

(a) 拉力30kg

(b) 拉力40kg

图 12-5-5　数字实时全息与传统实时全息干涉图的比较

46.8mm×35.1mm

但是,数字实时全息干涉条纹的质量与照明物光及参考光均匀度仍然是有关的. 其影响主要由 (12-5-11) 式中的零级衍射光频谱 $G_0(f_x, f_y)$ 引入. 由于 $G_0(f_x, f_y) = F\{o^2(x,y) + r^2(x,y)\}$, 当照明物光及参考光均匀度差时频谱较宽, 频谱高端可能与 $G(f_x, f_y)$ 混叠, 使反变换图像产生畸变. 为避免其影响, 可以参照 12.2.3 小节消零级衍射光频域滤波法, 通过图 12-5-1 中的 PZT 让参考光作一次非 2π 相移, 使用 CCD 拍摄的两幅干涉图的差值图像代替单一图像 $I_i(x,y)$ 进行处理, 可以获得较理想的结果. 当然, 对于实时检测而言, 拍摄两幅图像时被测物理量的变化可以忽略不计是获得正确结果的前提.

还值得一提的是, 由于变焦系统出射的光波接近平面波, 偏离像平面的光波场横向尺度基本一致, 利用 CCD 可以在变焦系统后不同位置较好地接收来自物平面的衍射波 (见图 12-5-3). 只要能够通过 CCD 探测到的干涉图像处理获得到达 CCD 平面的物光波场, 利用柯林斯公式的逆运算或衍射场逆向追迹也能实现物平面或像平面光波场的重建. CCD 不必严格与像平面相吻合, 将为实验调整及实际应用提供许多方便.

12.6 三维场的数字全息重建实例

本章的上述讨论只对二维场的重建作了研究, 不但测量的对像很简单, 而且测量对像基本上被假定成透射型物体. 简单的测量例子仅仅是便于描述数字全息的基本理论而设计的. 二维场的重建是实现复杂的三维场测量的基础. 例如三维粒子场的数字全息检测就是由一系列的二维场表示出来的[34]. 如果被测量对像具有平滑的光学反射表面, 换言之, 表面的起伏甚小于光波长, 只要将光波通过透射物体的光程变化与从物体表面表面反射时的光程变化相对应, 对透射物体的研究结果原则上就能用于反射型物体. 即使被测量物体表面是不光滑的曲面, 数字全息检测技术仍然可以使用, 我们将在下一章进行讨论.

全息技术虽然已经在工业生产及科学研究中获得广泛应用[2,33], 一个面对实际的测量通常还涉及许多相关技术. 例如, 被测量的信息通常包含在重建物光的相位分布中, 但是, 在使用计算机完成物平面光波场波面重建时, 由光波复振幅的实部及虚部只能获得从 $-\pi/2$ 到 $\pi/2$ 的相位值, 实际相位被包裹其中. 为得到对测量有用的实际相位, 还必须根据实验进行相位的解包裹工作[29]. 此外, 数字全息检测通常是从计算机对 CCD 探测的干涉图像处理开始的, 它还涉及许多图像处理问题. 我们将在下一章对近年来发展起来的相位绝对测量技术作介绍, 读者还可根据所遇到的实际问题参看一些专门的著作[2,29].

本节介绍一个测量实例 —— 白炽灯内气体温度场全息 CT 模拟与检测[28]. 通过这个例子, 可以扼要地了解完成一个有价值的数字全息时还涉及的一些相关知识. 虽然这个实验所选用的图像是用传统的干板作单次曝光实时全息研究得到的干涉图, 但是, 利用上一节所介绍的数字全息变焦系统, 让邻近白炽灯的平面与 CCD 窗口构成共轭相面, 也可以用 CCD 探测数据获得相似的图像.

12.6.1 白炽灯点燃过程的实时全息干涉图像简介

图 12-6-1 是白炽灯逐步点燃过程中灯泡及灯泡周围气体折射率变化的实时全息干涉图像的一组实验结果.

实时全息干涉图像是初始物光与测量时刻物光的干涉图像[1,35]. 如果将初始物光与数字全息研究中的参考光相对应, 则下面的研究对于用 CCD 作为干涉场记录手段的数字全息完全适用.

由于两光束的相位差为 $2n\pi \pm \delta (n=0, \pm 1, \pm 2, \cdots)$ 时, 观察点将具有同样的干涉强度, 这意味着被测量对像折射率增加及减小相同的数值时, 在观察点将获得同

12.6 三维场的数字全息重建实例

样的干涉强度信息. 因此, 如何正确判断折射率变化的正负, 是获得正确测量的关键. 以下根据对测量问题的分析, 利用计算机模拟技术, 为实际干涉图的正确判读提供重要依据.

图 12-6-1 白炽灯逐步点燃过程的实时全息干涉图像

12.6.2 白炽灯点燃过程的模拟研究

由于气体被密封在玻璃外壳内, 白炽灯内气体被灯丝加热后, 在灯丝上方的气体密度总体应低于通电前灯泡内气体的密度, 灯丝下方的密度则高于通电前灯泡内气体的密度. 根据气体密度减小后折射率减小的知识[29], 选择下述模拟研究方案:

将灯泡近似为一个球体与柱体的组合 (见图 12-6-2), 在过球心的水平面上设置一个环形折射率极小值区; 在该平面上下两方对称轴上分别设置折射率极小及极大值点, 并让折射率在组合体内部平滑变化; 为近似模拟组合体外气体折射率的分布, 设组合体外存在一个以模拟球体的球心为对称中心, 由内向外折射率逐步增加的折射率空间分布.

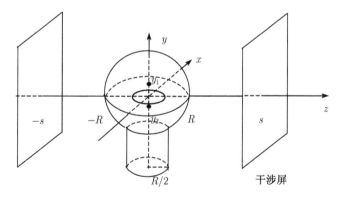

图 12-6-2 理论模拟研究对象及坐标定义

令 $\Delta N(x,y,z,t)$ 为图 12-6-2 所定义的直角坐标系中折射率随时间 t 变化的函数, 按照上述方案将模拟研究函数选择如下:

(1) 当 $y \geqslant -R\sqrt{3}/2$

$$\Delta N(x,y,z,t) = \begin{cases} \Delta N_0(x,y,z,t), & x^2+y^2+z^2 > R^2 \\ \sum_{i=1}^{3} \Delta N_i(x,y,z,t), & x^2+y^2+z^2 \leqslant R^2 \end{cases} \quad (12\text{-}6\text{-}1\text{a})$$

(2) 当 $y < -R\sqrt{3}/2$

$$\Delta N(x,y,z,t) = \begin{cases} \Delta N_0(x,y,z,t), & x^2+z^2 > R^2/4 \\ \sum_{i=1}^{3} \Delta N_i(x,y,z,t), & x^2+z^2 \leqslant R^2/4 \end{cases} \quad (12\text{-}6\text{-}1\text{b})$$

其中,

$$\Delta N_0(x,y,z,t) = a_0(t)\exp\left[-\frac{x^2+y^2+z^2}{w_0^2}\right]$$

$$\Delta N_1(x,y,z,t) = a_1(t)\exp\left[-\frac{x^2+(y-y_1)^2+z^2}{w_1^2}\right]$$

$$\Delta N_2(x,y,z,t) = a_2(t)\exp\left[-\frac{x^2+(y-y_2)^2+z^2}{w_2^2}\right]$$

$$\Delta N_3(x,y,z,t) = a_3(t)\exp\left(-\frac{y^2}{w_y^2}\right)\left(\frac{x^2+z^2}{w_3^2}\right)\exp\left(-\frac{x^2+z^2}{w_3^2}\right)$$

以上诸式中, $y_1, y_2, w_0, w_1, w_2, w_3$ 为常数, 并且 $a_0(t), a_1(t), a_2(t), a_3(t)$ 设计为随参数 t 逐渐增加的函数, 以便模拟灯泡通电时灯内外气体折射随时间 t 变化的情况.

忽略从被测量物体到干涉图样观测屏的菲涅耳衍射效应, 令 $k=2\pi/\lambda$, λ 为光波长. 光波从 $z=-s$ 平面到 $z=s$ 平面因折射率变化引起的位相变化即为

$$\Delta\varphi(x,y,t) = k\int_{-s}^{s} \Delta N(x,y,z,t)\,\mathrm{d}z \quad (12\text{-}6\text{-}2)$$

对 (12-6-2) 式求解后得

$$\Delta\varphi(x,y,t) = \Delta\varphi_0(x,y,t) + \Delta\varphi_1(x,y,t) + \Delta\varphi_2(x,y,t) + \Delta\varphi_3(x,y,t)$$

$$\Delta\varphi_0(x,y,t) = k\sqrt{\pi}w_0 a_0(t)\exp\left[-\frac{x^2+(y-y_0)^2}{w_0^2}\right]\left[\mathrm{erf}\left(\frac{s}{w_0}\right) - \mathrm{erf}\left(\frac{s_1}{w_0}\right)\right]$$

$$\Delta\varphi_1(x,y,t) = k\sqrt{\pi}w_1 a_1(t)\exp\left[-\frac{x^2+(y-y_1)^2}{w_1^2}\right]\mathrm{erf}\left(\frac{s_1}{w_1}\right)$$

$$\Delta\varphi_2(x,y,t) = k\sqrt{\pi}w_2 a_2(t)\exp\left[-\frac{x^2+(y-y_2)^2}{w_2^2}\right]\mathrm{erf}\left(\frac{s_1}{w_2}\right)$$

$$\Delta\varphi_3(x,y) = ka_3(t)\exp\left(-\frac{y^2}{w_y^2}\right)\exp\left(-\frac{x^2}{w_3^2}\right)$$

$$\times\left[\sqrt{\pi}\left(\frac{x^2}{w_3}+\frac{w_3}{2}\right)\mathrm{erf}\left(\frac{s_1}{w_3}\right)-s_1\exp\left(-\frac{s_1^2}{w_3^2}\right)\right]$$

上述各式中, $y \geqslant -R\sqrt{3}/2$ 时, 若 $\sqrt{x^2+z^2} \leqslant R$ 则 $s_1 = \sqrt{R^2-x^2-z^2}$, 否则 $s_1=0$; 当 $y < -R\sqrt{3}/2$ 时, 若 $|x| \leqslant R/2$ 则 $s_1 = \sqrt{R^2/4-x^2}$, 否则 $s_1=0$.

设模拟干涉图像强度分布为 $I_m(x,y,t) = 127.5 + 127.5\cos[\Delta\varphi(x,y,t)+\pi]$, 并令

$$s=50\mathrm{mm}, R=35\mathrm{mm}, w_0=60\mathrm{mm}, w_1=30\mathrm{mm}, w_2=30\mathrm{mm}, w_3=9\mathrm{mm}$$

$$y_1=20\mathrm{mm},\ y_2=-25\mathrm{mm},\quad a_0(t)=-0.00004\left[1-\exp(-t^2)\right],$$

$$a_1(t)=-0.0002\left[1-\exp(-t^2)\right],\quad a_2(t)=0.0001\left[1-\exp(-t^2)\right],$$

$$a_3(t)=-0.0008\left[1-\exp(-t^2)\right], \lambda=0.0006328\mathrm{mm},$$

图 12-6-3 给出 0-255 灰度等级的部分模拟干涉图像.

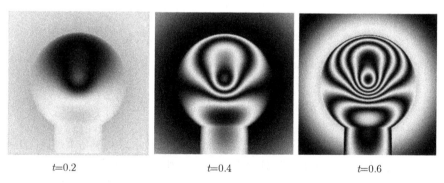

$t=0.2$ $t=0.4$ $t=0.6$

图 12-6-3 灯泡点燃过程的实时全息干涉图的模拟图像

分析干涉图不难看出, 在所模拟的情况下, 干涉图上下两方形成两组干涉条纹, 上方一组干涉条纹对应于球体上方折射率减小的分布, 下方对应于折射率增加分布的情况. 若忽略物体外空气折射率变化对干涉图像的影响, 两组条纹的分界区域对应于物体内折射率基本保持不变的区域. 将分界区定义为零级干涉条纹, 往上强度每变化一个周期则对应于物体折射率变化后引起透射光的一个光波长的正向光程差, 反之, 往下强度每变化一个周期对应透射光的一个光波长的负向光程差. 不难看出, 模拟研究能为处理实际干涉图提供很大方便.

12.6.3 实际图像的处理

12.6.3.1 清除背景噪声

从干涉图灰度测量的角度看,实测图像中的灯丝及其支架是噪声. 将灯丝及支架作为背景噪声清除后, 很容易发现实测干涉图也是由上下两组干涉条纹构成的. 图 12-6-4 给出实际测量图像及清除灯丝及其支架后的图像. 可以看出, 在灯丝位置附近干涉条纹的空间变化周期十分小, 说明热源附近气体密度或折射率变化十分剧烈.

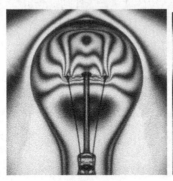 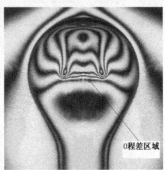

实测图像　　　　　　　　处理后图像

图 12-6-4　测量图像处理实例

12.6.3.2 确定实测干涉图像强度分布函数的基本参数

干涉图像的强度分布可表为

$$I(x,y) = A(x,y) + B(x,y)\cos\left(\frac{2\pi}{\lambda}\left[\Delta L(x,y) \pm \frac{\lambda}{2}\right]\right) \tag{12-6-3}$$

式中, $A(x,y)$, $B(x,y)$ 是反应实验研究中照明光源及记录材料非均匀性的函数; $\Delta L(x,y)$ 是灯泡点燃前后穿过灯泡的物光到达干涉屏的光程差, 式中 $\lambda/2$ 前符号的选择是当观察在物光方向时取负号, 在参考光方向取正号[34]. 根据我们的实验情况, 可以将 $A(x,y)$, $B(x,y)$ 视为常数 A 和 B. 并且, 由于实验记录在参考光方向, 上式简化为

$$I(x,y) = A + B\cos\left(\frac{2\pi}{\lambda}\left[\Delta L(x,y) + \frac{\lambda}{2}\right]\right) \tag{12-6-4}$$

于是光程差 $\Delta L(x,y)$ 由下式描述:

$$\Delta L(x,y) = \frac{\lambda}{2\pi}\left\{\arctan\sqrt{\frac{B^2}{[I(x,y)-A]^2}-1}+2n\pi\right\}-\frac{\lambda}{2} \tag{12-6-5}$$

式中, $n=0, \pm 1, \pm 2, \cdots$, 为干涉条纹级次, 具体数值将根据干涉图上零级干涉条纹的选择及观测位置确定. 设干涉图像强度极大及极小值分别为 $I_{\max}$, $I_{\min}$, 根据 (12-2-4) 式容易求得

$$A = \frac{I_{\max}+I_{\min}}{2}, \quad B = \frac{I_{\max}-I_{\min}}{2} \tag{12-6-6}$$

测量实际图像后得 $A=133.5$, $B=104.5$.

12.6.3.3 干涉图相位参考点的确定

图 12-6-5 给出干涉图上 $y=8.6$mm 剖面位置及 0~255 等级的干涉条纹强度曲线. 根据模拟研究提供的信息, 零级干涉条纹是强度曲线中从左往右第二个极大值点 a 处所对应的条纹. 其余各级条纹的级次 n 标注于强度曲线中.

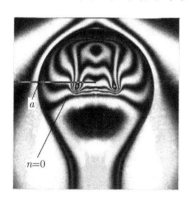
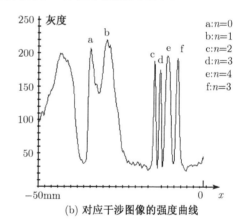

(a) 层析剖面位置　　(b) 对应干涉图像的强度曲线

图 12-6-5

选择图 12-6-5 中 a 点为零程差参考点, 利用 (12-2-5) 式求得光程差 $\Delta L(x,y)$ 的曲线示于图 12-6-6.

12.6.4 三维折射率场的重建

根据 (12-6-2) 式及轴对称性, 设灯泡边界与观测剖面交线半径为 R_y, 在极坐标下有[29]

$$\Delta L(x,y) = 2\int_x^{R_y} \frac{\Delta N(r)\, r}{\sqrt{r^2-x^2}}\, dr \tag{12-6-7}$$

令 h 为干涉图像的像素宽度, $N_y = R_y/h$. 设折射率场沿半径方向满足线性近似, 可得到计算沿半径方向 $r=ph$ ($p=0,1,2,\cdots,N_y-1$) 的 N_y 个等间隔点折射率的方程组:

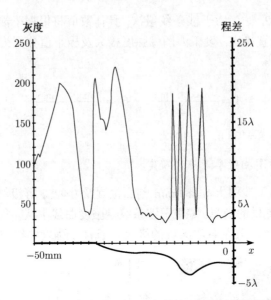

图 12-6-6　干涉图灰度 (细线) 及光程差 $\Delta L(x,y)$ (粗线) 比较

$$\Delta L(ph,y) = 2\sum_{i=p}^{N_y-1}\int_{ih}^{(i+1)h}\frac{\Delta N(ih)+[\Delta N((i+1)h)-\Delta N(ih)]\dfrac{r-ih}{h}}{\sqrt{r^2-p^2h^2}}r\mathrm{d}r \tag{12-6-8}$$

经积分并整理后得

$$\Delta N(ph) = \frac{1}{A_{pp}}\left[\frac{\Delta L(ph,y)}{h} - \sum_{i=p+1}^{N_y}A_{ip}\Delta N(ih)\right] \tag{12-6-9}$$

其中,

$$A_{ip} = (i+1)\sqrt{(i+1)^2-p^2} - 2i\sqrt{i^2-p^2} + (i-1)\sqrt{(i-1)^2-p^2}$$
$$+p^2\ln\frac{\left(i+\sqrt{i^2-p^2}\right)^2}{\left(i-1+\sqrt{(i-1)^2-p^2}\right)\left(i+1+\sqrt{(i+1)^2-p^2}\right)}$$
$$A_{pp} = (p+1)\sqrt{2p+1} - p^2\ln\frac{p+1+\sqrt{2p+1}}{p}$$

利用图 12-6-6 的光程差计算结果及 (12-6-9) 式, 即可求得观察剖面的折射率变化分布. 为便于与相应的程差曲线比较, 图 12-6-7 同时给出折射率及程差曲线.

　　利用类似的方法, 可以求出整个灯泡内气体折射率在灯泡通电时的空间变化. 由于气体折射率的变化与气体的密度及温度分布有确定的数学关系[29], 根据上述测量结果不难获得灯内气体密度及温度的三维分布.

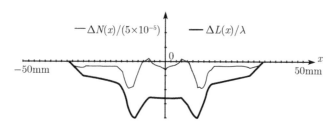

图 12-6-7 观察剖面的折射率变化及光程差曲线比较

12.6.5 计算机模拟研究信息的讨论

模拟研究干涉图与相应的程差曲线容易发现,物体外的空间折射率分布会对干涉图像结构发生影响,当 $a_0(t) \neq 0$ 时,干涉图像上零相位区事实上不是两组干涉条纹的分界区,图 12-6-8 给出 $t=0.6$ 时 $a_0(t) \neq 0$ 及 $a_0(t)=0$ 的两幅干涉图像. 在每一幅图像右侧是变化物光与原始物光到达干涉屏时沿图像纵轴的程差曲线. 显然, $a_0(t) \neq 0$ 时干涉图像的零程差区已经移到下面一组干涉条纹内. 不难看出, 在上述的实测研究中, 选择两组干涉条纹的交界区为零程差参考点等价于将实际程差分布统一地减去一个常数值. 这在事实上是将灯泡通电前后外部空间的折射率视为均匀变化. 当灯泡外空间的折射率变化不均匀时, 不但在干涉图像上灯泡投影区域外出现相应的干涉条纹, 而且灯泡投影区域内的干涉图像将同时带有灯内外气体折射率变化的信息. 考查所研究的实际干涉图像可以看出, 在灯泡外存在干涉条纹, 因此, 上述测量是未考虑周围空间折射率非均匀分布影响的一种近似. 很明显, 应将灯泡及其周围介质视为一个轴对称体, 才能获得更好的结果.

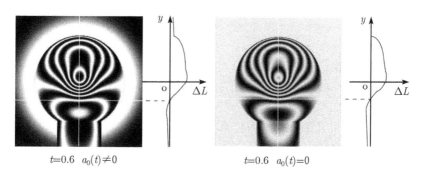

图 12-6-8 测量环境对干涉图零相位区的影响

图像尺寸 100mm×100mm

干涉图的正确分析与相位识别是完成测量的重要技术. 以上的研究表明, 根据实际测量的物理问题建立数学模型, 利用计算机图像模拟技术能够为测量结果的正确处理提供很多方便.

参 考 文 献

[1] 陈家璧, 苏显渝. 光学信息技术原理及应用 [M]. 北京: 高等教育出版社, 2002.

[2] Kreis Thomas. Handbook of holographic interferometry optical and digital methods[M]. Wiley-VCH, 2004.

[3] 顾德门 J W. 统计光学 [M]. 秦克诚, 等, 译. 北京: 科学出版社, 1992.

[4] Goodman J W, Lawrence R W. Digital image formation from electronically detected holograms[J]. Appl Phys Lett, 1967, 11(3):77-79

[5] Huang T. Digital holography[C]. Proc of IEEE, 1971, 159:1335-1346.

[6] Kronrod M A, Merzlyakov N S, Yaroslavskii L P. Reconstruction of a hologram with a computer[J]. Sov Phys Tech Phys, 1972, 17: 333-334 .

[7] Wagner C, Seebacher S, Osten W, et al. Digital recording and numerical reconstruction of lensless Fourier holograms in optical metrology[J]. Appl Opt, 1999, 38: 4812-4812.

[8] Yamaguchi I, Kato J, Ohta S. Surface shape measurement by phase shifting digital holography[J]. Opt Rev, 2001, 8: 85-89.

[9] Nicola S de, Ferraro P, Finizio A, et al. Wave front reconstruction of Fresnel ff-axis holograms with compensation of aberrations by means of phase shifting digital holography[J]. Opt Lasers Eng, 2002, 37: 331-340.

[10] 葛宝臻, 罗文国, 吕且尼, 等. 数字再现三维物体菲涅耳计算全息研究 [J]. 光电子. 激光, 2002, 13, (12): 1289-1292.

[11] Yimo Zhang, Qieni Lü, Baozhen Ge. Elimilation of zero-order diffraction in digital off-axis holography[J]. Optics Communication, 2004, 240: 261-267.

[12] Pascal Picart, Julien Leval, Denis Mounier, et al. Some opportunities for vibration analysis with time averaging in digital Fresnel holography[J]. Aplled Optics, 2005, 44, (3): 337-343.

[13] 李俊昌, 陈仲裕, 赵帅, 等. 柯林斯公式的逆运算及其在波面重建中的应用 [J]. 中国激光, 2005, 32, (11): 1489-1494.

[14] Collins S A. Laser-system diffraction integral written in terms of matrix optics [J]. J Opt Soc Am, 1970, 60: 1168.

[15] 李俊昌. 激光的衍射及热作用计算 [M]. 北京: 科学出版社, 2003.4.

[16] 顾德门. 傅里叶光学导论 [M]. 詹达三, 译. 北京: 科学出版社, 1976.

[17] 布赖姆 E O. 快速傅里叶变换 [M]. 柳群译. 上海: 上海科学技术出版社, 1979.

[18] Thomas M Kreis. Frequency analysis of digital holography[J]. Opt Eng, 2002, 41(4): 771-778.

[19] 沈永欢. 实用数学手册 [M]. 北京: 科学出版社, 1992.

[20] 于美文. 光全息学及其应用 [M]. 北京: 北京理工大学出版社, 1996.

[21] 李俊昌, 郭荣鑫, 樊则宾. 非平面参考光波的数字实时全息研究 [J]. 光子学报, 2008, 37(8): 1156-1159.

[22] 俞卞章, 李志均, 金明录. 数字信号处理 [M]. 西安: 西北工业大学出版社, 1998.
[23] Li Junchang, Peng Zujie, Chen Jinbo. Application of eliminating zero-order Diffraction light in wavefront reconstruction of inverse diffraction computation[J]. Optoelectronics Letters, 2006, 2(5): 0381-0382.
[24] 钱克矛, 续伯钦, 伍小平. 光学干涉计量中的位相测量方法 [J]. 实验力学, 2001, 16(3): 239-245.
[25] Li Junchang, Xiong Bingheng. A fast phase identification method for real-time holographic interferometry[C]. Proceedings of SPIE - The International Society for Optical Engineering, v 5290, Practical Holography XVIII: Materials and Applications, 2004: 250~256.
[26] 陈希慧, 焦春妍, 李俊昌. 空间载波相移法用于全息CT测量气体温度场的研究 [J]. 激光杂志, 2006, 30(4): 412-414.
[27] 李俊昌, 熊秉衡, 钟丽云, 等. 全息CT测量轴对称透明体折射率变化的模拟研究 [J]. 光电子. 激光, 2002, 13(10): 1026-1030.
[28] 李俊昌, 熊秉衡. 图像模拟在白炽灯气体折射率全息CT测量中的应用 [J]. 中国激光, 2005, 32(2): 252-256.
[29] 贺安之, 阎大鹏. 激光瞬态干涉度量学 [M]. 北京: 机械工业出版社, 1993.
[30] 吕百达. 激光光学 [M]. 北京: 高等教育出版社, 2003.
[31] Li Junchang, Xiong Bingheng, Zhong Liyun, et al. Inverse calculation of diffraction and its application to the real-time holographic interferometry[C], SPIE, Electronic Imaging 2002, 12-25 January 2002, San Jose California USA(4659-43): 284-290.
[32] LI Junchang, Peng Zujie, FU Yunchang. Diffraction transfer function and its calculation of classic diffraction formula[J]. Optics Communications, 2007, 280: 243-248.
[33] Paul Smigielski. Hologrqpgie Industrielle[M]. Toulouse: Teknea, 1994.
[34] Gongxin Shen, Runjie Wei. Digital holography particle image velocimetry for the measurement of 3D t-3c flows[J]. Optics and Lasers in Engineering, 2005, 43: 1039–1055.
[35] Xiong Bingheng, Wang Zhenrong, Li Junchang, et al. Some novel methods in real-time holographic interferometry[C]. SPIE, Electronic Imaging, 2002, 12-25 January, 2002, San Jose California: 91-95.
[36] 王亮, 冯少彤, 聂守平. 利用多尺度变换提高数字全息再现象质量 [J]. 光电子 • 激光, 2007, 18(5): 625-628.
[37] 丁志华, 王桂英, 王之江. 相移干涉显微镜中相移误差分析 [J]. 计量学报, 1995, 16(4):262-268.
[38] 惠梅, 王东生, 邓年茂, 等. 对相移误差不敏感的四帧相位算法 [J]. 清华大学学报 (自然科学版), 2003, 43(8): 1017-1019.
[39] 李俊昌, 樊则宾, 彭祖杰. 数字全息变焦系统的研究及应用 [J]. 光子学报, 2008, 37(7). 1420-1424.
[40] 郁道银, 谈恒英. 工程光学 [M]. 北京: 机械工业出版社, 2000.

第13章 数字全息的统计光学表述及实际应用

第 12 章将来自物体的光波视为平滑波阵面光波. 然而, 实际测量物体表面的起伏变化量通常甚大于光波长, 当激光照射到物体后, 反射光或透射光均是散射光, 振幅和相位变得非常复杂, 不再是原照射激光束的空间相干场, 而变为振幅及相位随机变化的散斑场[1~3]. 于是, 将光波视为平滑波面的讨论不再适用. 但是, 散射光中毕竟携带着物体表面的信息, 全息技术在工业检测中的成功应用[1] 事实上就是散射光波干涉检测的成功应用. 对散射光波场如何描述以及如何从散射光中获取物体表面的信息, 无疑是面对实际测量必须解决的课题, 这正是本章主要阐述的内容.

对散斑场的较准确的描述必须使用统计光学理论, 许多文献[1~3] 已经进行了系统的介绍, 读者可以从中获得较完整的知识. 这一章不准备重复这些文献已有的详细讨论, 准备基于统计光学知识, 主要对二次曝光数字全息及三维面形的数字全息检测进行讨论. 将通过计算机数值模拟及图像处理技术, 对二次曝光数字全息系统的检测全过程进行较完整的模拟[4,5], 并导出消零级衍射干扰的高保真物光场卷积重建方法. 理论结果将与实验测量相比较. 此外, 由于相位测量是数字全息检测的关键技术, 在三维面形的数字全息检测研究中, 将对等效波长数字全息及绝对相位检测技术进行介绍.

传统的相位型全息图的衍射效率高于振幅型, 但数字全息的研究目前主要局限在振幅型范畴. 如果相位型数字全息的数字衍射效率也高于振幅型, 对于提高数字全息检测信号的质量具有重要意义. 此外, 真彩色数字全息涉及三基色光波的波面重建, 带有更丰富的物体信息, 具有潜在的应用前景. 后续内容将基于统计光学理论对相位型数字全息及散射光的真彩色数字全息进行一些讨论, 给出研究实例.

随着 CCD 技术及计算机技术的进步, 数字全息正形成一个蓬勃发展的应用研究领域. 本章最后介绍数字全息检测的一些应用及研究状况.

13.1 数字全息的统计光学表述

由于实际物体表面的起伏不平通常甚大于光波长, 当激光照射到物体后, 反射及透射光变为散射光. 本节简要介绍散射光波场的统计光学描述, 用统计光学的观点讨论散射光数字波面重建问题.

13.1.1 散射光的统计光学理论

设物体表面是非光学平滑的空间曲面 S_0, 定义物体复反射或复透射率为

$$R(x_0, y_0, z_0) = r(x_0, y_0, z_0) \exp[j\phi_r(x_0, y_0, z_0)] \tag{13-1-1}$$

式中, $r(x_0, y_0, z_0)$ 及 $\phi_r(x_0, y_0, z_0)$ 均是与表面特性及照明光波长有关的随机变量. 若到达物体表面照明光场的复振幅为 $A(x_0, y_0, z_0) = a(x_0, y_0, z_0) \exp[j\phi_a(x_0, y_0, z_0)]$, 被物体散射的光波场可以表示成

$$\begin{aligned}A_{S_0}(x_0, y_0, z_0) &= a(x_0, y_0, z_0) r(x_0, y_0, z_0) \exp[j(\phi_r(x_0, y_0, z_0) + \phi_a(x_0, y_0, z_0))] \\ &= a_0(x_0, y_0, z_0) \exp[j\phi_0(x_0, y_0, z_0)]\end{aligned} \tag{13-1-2}$$

于是, 散射光的振幅及相位均变为随机变量.

大量实验表明, 光学粗糙表面的散射光场可以视为来自表面的大量散射基元的散射光, 散射光具有如下统计特性[1~3]:

(1) 被测量表面上各散射基元散射光波的振幅 $a_0(x_0, y_0, z_0)$ 与相位 $\phi_0(x_0, y_0, z_0)$ 彼此统计独立, 不同散射基元散射出的光场复振幅彼此统计独立.

(2) 被测量表面起伏的标准差远大于照明光的波长, 以至于可以认为 $\phi_0(x_0, y_0, z_0)$ 取值概率在期间 $[-\pi, \pi]$ 上均匀分布.

(3) 被测量表面的散射基元非常细微, 与照明区域及测量系统在物面上形成的点扩散函数的有效覆盖区域相比足够小, 但与光波长相比又足够大. 这时, 被测量表面的散射光波在物面上的相关函数可以表为[3]

$$J_{A0}(r_{02} - r_{01}) = \langle A_0(r_{01}) A_0^*(r_{02}) \rangle = \langle I_0(r_0) \rangle \delta(r_{02} - r_{01}) \tag{13-1-3}$$

式中, 运算符 $\langle \cdot \rangle$ 表示系综平均运算, 函数 $\delta(.)$ 为二维 δ 函数, $\langle I_0(r_0) \rangle$ 为照明光场及物面宏观反射特性决定的空间缓变函数, 带下标的矢量 r 是物体表面三维空间坐标的简写. (13-1-3) 式表明, 散射后物面光波场不再是激光器发出的空间相干场, 而是变成了空间非相干场. 当物体表面有微小位移时, 物体表面各部位的散射特性基本保持不变.

为对 (13-1-3) 的适用范围给出较确切的表述, 我们对散斑场形式作进一步讨论.

当相干光从物体表面散射时, 只要观测距离小于光波的相干长度, 在整个散射空间都形成散斑场. 理论研究指出[1], 散斑的平均尺寸随观测距离的变化而变化, 每一散斑的空间形貌呈椭球状. 只要物体表面位移甚小于下面将给出的椭球状散斑界定的区域, 根据 (13-1-3) 式进行的相关研究就是可行的. 由于应用研究中通常采

用散斑场的直接探测及成像探测两种方式，图 13-1-1 分别描述了这两种情况的平均散斑尺寸．

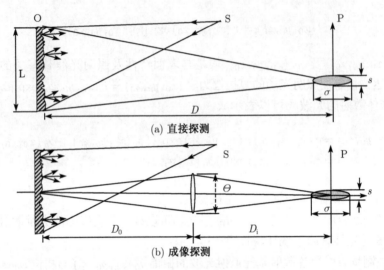

图 13-1-1　散斑平均尺寸定义图

直接探测散斑的情况示于图 13-1-1(a)．宽度 L 的散射物体 O 被波长 λ 的相干光源 S 照明后，在散射面前方距离 D 处置一观测屏或 CCD，记录散斑场的强度分布．这时椭球状散斑平均长度 $\sigma = 8\lambda D^2/L^2$，平均宽度 $s = \lambda D/L$；

对物体成像探测的情况示于图 13-1-1(b)，在散射面前方 D_0 处置一个焦距 f 直径 Θ 的成像透镜，在透镜后距离 D_i 处将散射面成像在观测屏 P 上．这时椭球状散斑平均长度 $\sigma = 8\lambda D_i^2/\Theta^2$，平均宽度 $s = 1.22\lambda D_i/\Theta$．如果定义成像放大率 $g = D_i/D_0$，根据透镜成像理论，也可将椭球状散斑平均尺寸表为 $\sigma = 8\lambda(1+g)^2 f^2/\Theta^2$ 以及 $s = 1.22\lambda(1+g)f/\Theta$．

于是，当物体表面的位移纵向及位移值甚小于 σ 以及横向位移值甚小于 s 时，可以使用 (13-1-3) 式进行相关的研究．

13.1.2　散射光的波面重建

设物体表面是非光学平滑的空间曲面 S_0，如果用相干光照明物体，被物体散射的穿过邻近物体的平面 $x_0 y_0$ 的光波仍然满足 (13-1-2) 式，即

$$O_{S_0}(x_0, y_0) = o_0(x_0, y_0) \exp[j\varphi_0(x_0, y_0)] \tag{13-1-4}$$

式中，$o_0(x_0, y_0)$ 及 $\varphi_0(x_0, y_0)$ 是与表面特性及照明光波长有关的两个随机变量．

经过距离 d 的衍射后，在 xy 平面的光波场由菲涅耳衍射积分表出

13.1 数字全息的统计光学表述

$$O_S(x,y) = \frac{\exp(jkd)}{j\lambda d} \int_{-\infty}^{\infty}\int_{-\infty}^{\infty} O_{S_0}(x_0,y_0)\exp\left\{j\frac{k}{2d}\left[(x_0-x)^2+(y_0-y)^2\right]\right\}dx_0 dy_0 \quad (13\text{-}1\text{-}5)$$

式中, $j=\sqrt{-1}$, λ 为光波长, $k=2\pi/\lambda$.

现在考查是否也可以像平滑波的数字全息实现过程一样, 根据干涉场的 CCD 记录重建出振幅和相位是随机变化的物平面光波场.

将 xy 平面视为 CCD 平面, 设参考光是振幅为 a_r 传播方向余弦为 $\cos\alpha, \cos\beta, \cos\gamma$ 的平面波:

$$R(x,y) = a_r \exp[jk(x\cos\alpha + y\cos\beta)] \quad (13\text{-}1\text{-}6)$$

由 CCD 探测到的干涉光波场强度分布即为

$$I_S(x,y) = \left\{|O_S(x,y)|^2 + |R(x,y)|^2 + O_S^*(x,y)R(x,y) + O_S(x,y)R^*(x,y)\right\}w(x,y) \quad (13\text{-}1\text{-}7)$$

式中, $w(x,y)$ 是 CCD 的窗口函数.

分析 (13-1-7) 式的每一项可知, 由于 $O_S(x,y)$ 是振幅及相位都随机变化的函数, 尽管参考光是平滑波面, $I_S(x,y)$ 已变为强度分布随机变化的散斑干涉场.

不难看出, 如果实施衍射逆运算波面重建, 有贡献的项只能是 $O_S(x,y)R^*(x,y)\times w(x,y)$. 其余各项均是重建噪声. 根据上一章的讨论, 窗口函数 $w(x,y)$ 只对重建物面的质量有影响, 并不对需要证明的命题起作用. 为简明起见我们只考虑 $O_S(x,y)\times R^*(x,y)$.

将 CCD 探测图像视为振幅型全息图, 对单位振幅平面波照射全息图后的透射光做逆运算. 则有[6]

$$O_0(x_0,y_0) = \frac{\exp(-jkd)}{-j\lambda d}\int_{-\infty}^{\infty}\int_{-\infty}^{\infty} O_S(x,y)R^*(x,y)$$
$$\times \exp\left\{-\frac{jk}{2d}\left[(x_0-x)^2+(y_0-y)^2\right]\right\}dxdy \quad (13\text{-}1\text{-}8)$$

即

$$O_0(x_0,y_0) = \frac{\exp(-jkd)}{-j\lambda d}\int_{-\infty}^{\infty}\int_{-\infty}^{\infty} O_S(x,y)r\exp\left[-j\frac{2\pi}{\lambda}(x\cos\alpha+y\cos\beta)\right]$$
$$\times \exp\left\{-\frac{jk}{2d}\left[(x_0-x)^2+(y_0-y)^2\right]\right\}dxdy$$
$$(13\text{-}1\text{-}9)$$

将积分号内相位因子合并, 作配方运算后可以写成

$$O_0(x_0,y_0) = a_r \exp\left\{jk\left[-x_0\cos\alpha - y_0\cos\beta + \frac{d}{2}(\cos^2\alpha + \cos^2\beta)\right]\right\}\frac{\exp(-jkd)}{-j\lambda d}$$

$$\times \int_{-\infty}^{\infty}\int_{-\infty}^{\infty} O_S(x,y)\exp\left\{-\frac{jk}{2d}\left[(x-(x_0-d\cos\alpha))^2\right.\right.$$

$$\left.\left. + (y-(y_0-d\cos\beta))^2\right]\right\}\mathrm{d}x\mathrm{d}y$$

(13-1-10)

与菲涅耳衍射变换的逆运算式比较, 立即得到

$$O_0(x_0,y_0) = a_r \exp\left\{-jk\left[x_0\cos\alpha + y_0\cos\beta - \frac{d}{2}(\cos^2\alpha + \cos^2\beta)\right]\right\}$$
$$\times O_{S_0}(x_0-d\cos\alpha, y_0-d\cos\beta)$$

(13-1-11)

该结果是附加了一个相位因子的放大 a_r 倍的中心平移在 $(d\cos\alpha, d\cos\beta)$ 的物平面光波场. 但附加相位因子可以准确计算.

回顾推导过程可知, 我们对 $O_{S_0}(x_0,y_0)$ 没有作任何限制, 即它完全可以是振幅及相位均随机分布的散射光. 类似的讨论可以证明, 利用正向的菲涅耳衍射运算式, 获得的是中心在 $(-d\cos\alpha, -d\cos\beta)$ 处的物平面实像.

虽然上面的讨论没有涉及如何从 (13-1-7) 式中获取物光的问题, 但是, 只要将物光视为散射光, 上一章从 CCD 探测的全息图中获取物光或共轭物光信息的讨论基本是适用的. 此外, 本章还将基于散射光的统计光学的表述, 导出对于实际检测非常适用的波面重建方法.

13.2 两次曝光数字全息检测研究

两次曝光或双曝光全息是获得广泛实际应用的光学检测技术[1]. 它不但可以对具有起伏不平表面的物体进行检测, 而且, 当选择脉冲间隔很小的激光作两次曝光检测时, 还能检测处于运动中的实际物体[1]. 近年来随着计算机及 CCD 技术的进步, 用 CCD 分别记录物体形变前后的数字全息图, 让重建物平面光波场在计算机的虚拟空间中进行干涉, 同样实现了物体微形变的检测, 并获得重要应用[4]. 以下基于统计光学的基本知识, 分别对傅里叶变换法[6](或 S-FFT 法) 及卷积法 (或 D-FFT 法) 波面重建作较详细的研究, 导出能够保存物光场高频信息的消零级衍射干扰的卷积重建算法, 给出相应的实验证明. 所得的结论可以用于其它形式数字全息检测.

13.2.1 物体表面形变与相干基元波相差的关系

由于被测量表面可以视为大量散射基元的组合体. 物体的形变可以由每一个基元在形变前后的位移表示出来. 基于本书 7.2.2 节物体位移测量的讨论, 设物体形

变时表面由 S_0 变化为 S_1, 用图 13-2-1 表出某一散射基元形变前后的位移矢量 d 与相关各矢量的关系. 各矢量是: r 由直角坐标原点指向观测点的矢径; r_0, r_1 从照明光源指向形变前后该基元的矢量; r_2, r_3 从形变前后该基元指向观测点的矢量; k_0, k_1 是指向形变前后基元的照明光传播矢量; k_2, k_3 是形变前后基元散射光指向观测点的光传播矢量, 光传播矢量数值均为 $2\pi/\lambda$, λ 是光波长.

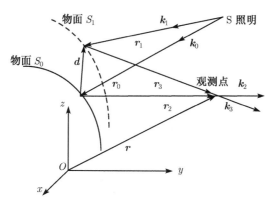

图 13-2-1 散射基元在物体形变前后的位移矢量与相关矢量的关系

由图可知, 对于给定的观测点, 到达观测点的形变前基元的散射光对于形变后基元散射光相位变化是

$$\Delta(r) = (k_0 \cdot r_0 + k_2 \cdot r_2) - (k_1 \cdot r_1 + k_3 \cdot r_3) \tag{13-2-1}$$

位移矢量可以表为

$$d(r) = r_1 - r_0 = r_2 - r_3 \tag{13-2-2}$$

注意到在实际测量中位移通常很小, 因此有 $k_0 \approx k_1$ 以及 $k_2 \approx k_3$. 定义 $s(r) = k_2 - k_0$ 为灵敏度矢量, 可以将 (13-2-1) 足够准确地表为

$$\Delta(r) = d(r) \cdot s(r) \tag{13-2-3}$$

根据灵敏度矢量的定义, 灵敏度矢量与观测点及照明光源的配置直接相关, 其数值可以大于 $2\pi/\lambda$. 此外, 由于一个空间位移矢量可以分解成三个不共面的矢量, 要完成表面三维微形变的实际检测, 原则上要进行与观测位置相关的三个不共面的灵敏度矢量方向的测量[1].

13.2.2 双曝光全息图的统计光学表述

基于对散射光波场性质的描述, 图 13-2-1 中物体形变前后表面的第 i 个相干基元对的光波场可分别写为

$$A_{0i}(x_{0i}, y_{0i}, z_{0i}) = a_{0i}(x_{0i}, y_{0i}, z_{0i}) \exp[j\phi_{0i}(x_{0i}, y_{0i}, z_{0i})] \tag{13-2-4}$$

$$A_{1i}(x_{1i},y_{1i},z_{1i}) = a_{1i}(x_{1i},y_{1i},z_{1i}) \exp[\mathrm{j}\phi_{1i}(x_{1i},y_{1i},z_{1i})] \tag{13-2-5}$$

式中, $a_{0i}(x_{0i},y_{0i},z_{0i})$, $\phi_{0i}(x_{0i},y_{0i},z_{0i})$, $a_{1i}(x_{1i},y_{1i},z_{1i})$ 及 $\phi_{1i}(x_{1i},y_{1i},z_{1i})$ 是不同的随机变量. 但彼此间有关联, 其关联性质是

$$a_{1i}(x_{1i},y_{1i},z_{1i}) = a_{0i}(x_{0i},y_{0i},z_{0i}) \tag{13-2-6}$$

$$\phi_{1i}(x_{1i},y_{1i},z_{1i}) = \phi_{0i}(x_{0i},y_{0i},z_{0i}) + k(|\boldsymbol{r}_{1i}| - |\boldsymbol{r}_{0i}|) \tag{13-2-7}$$

式中, $|\boldsymbol{r}_{0i}|$, $|\boldsymbol{r}_{1i}|$ 分别是照明光源或相位参考面到形变前后该散射基元中心的光程.

将每一基元的散射光视为以基元为球心的球面波. 定义散射光矢量 $\boldsymbol{r}_R$, 它是由散射基元指向物体外部的一个光矢量. 同时, 定义从散射基元中心 (x_{0i},y_{0i},z_{0i}) 和 (x_{1i},y_{1i},z_{1i}) 指向观测点 (x,y,z) 的矢径分别为 $\boldsymbol{r}_{2i}$, $\boldsymbol{r}_{3i}$. 由于球面波的振幅与点源到观测点的距离成反比, 可将第 i 个相干基元对发出的光波在观测位置 (x,y,z) 的光波场近似表为

$$O_{0i}(x,y,z) = \frac{A_{S_0}(x_{0i},y_{0i},z_{0i})}{|\boldsymbol{r}_{2i}|+1} \exp(\mathrm{j}k \times \mathrm{sgn}(\boldsymbol{r}_{2i}\cdot\boldsymbol{r}_R)|\boldsymbol{r}_{2i}|) \tag{13-2-8}$$

$$O_{1i}(x,y,z) = \frac{A_{S_1}(x_{1i},y_{1i},z_{1i})}{|\boldsymbol{r}_{3i}|+1} \exp(\mathrm{j}k \times \mathrm{sgn}(\boldsymbol{r}_{3i}\cdot\boldsymbol{r}_R)|\boldsymbol{r}_{3i}|) \tag{13-2-9}$$

式中 sgn(*) 是符号函数, 当括号内数值为正时取正号, 反之取负号. 容易证实, 当观测位置如图 13-2-1 所示时, 符号函数均取正号, 在观测位置形变前后基元发出光波的相差将满足 (13-2-1) 式. 为说明引入符号函数的必要性, 将观测点分别放在形变前后的基元中心, 考察 (13-2-1) 与以上两式的关系.

当观测点是 (x_{0i},y_{0i},z_{0i}) 时, (13-2-1) 式中 $\boldsymbol{r}_2 = 0$, $\boldsymbol{r}_3 = -\boldsymbol{d}$, 于是有

$$\Delta(\boldsymbol{r}) = (\boldsymbol{k}_0\cdot\boldsymbol{r}_0) - (\boldsymbol{k}_1\cdot\boldsymbol{r}_1 + \boldsymbol{k}_3\cdot\boldsymbol{r}_3) = \boldsymbol{k}_0\cdot\boldsymbol{r}_0 - \boldsymbol{k}_1\cdot\boldsymbol{r}_1 + k|\boldsymbol{d}| \tag{13-2-10}$$

而根据 (13-2-8) 式及 (13-2-9) 式, 并注意 $\mathrm{sgn}(\boldsymbol{r}_{3i}\cdot\boldsymbol{r}_R) = -1$, $\boldsymbol{r}_{3i} = \boldsymbol{d}$, $\boldsymbol{r}_{2i} = 0$, 物面 S_0 基元相对物面 S_1 基元的相差为

$$\begin{aligned}&\Delta\phi(x_{0i},y_{0i},z_{0i})\\&= \phi_0(x_{0i},y_{0i},z_{0i}) - [\phi_0(x_{0i},y_{0i},z_{0i}) + k(|\boldsymbol{r}_{1i}|-|\boldsymbol{r}_{0i}|) + k\mathrm{sgn}(\boldsymbol{r}_{3i}\cdot\boldsymbol{r}_R)|\boldsymbol{r}_{3i}|]\\&= k(|\boldsymbol{r}_{0i}|-|\boldsymbol{r}_{1i}|) + k|\boldsymbol{d}|\end{aligned} \tag{13-2-11}$$

显然, 以上两式意义相同.

当观测点 (x,y,z) 是 (x_{1i},y_{1i},z_{1i}) 时, (13-2-1) 式中 $\boldsymbol{r}_3 = 0$, $\boldsymbol{r}_2 = \boldsymbol{d}$, 于是有

$$\Delta(\boldsymbol{r}) = (\boldsymbol{k}_1\cdot\boldsymbol{r}_1) - (\boldsymbol{k}_0\cdot\boldsymbol{r}_0 + \boldsymbol{k}_2\cdot\boldsymbol{r}_2) = \boldsymbol{k}_1\cdot\boldsymbol{r}_1 - \boldsymbol{k}_0\cdot\boldsymbol{r}_0 - k|\boldsymbol{d}| \tag{13-2-12}$$

而根据 (13-2-8) 式及 (13-2-9) 式, 这时 $\mathrm{sgn}(\boldsymbol{r}_{2i}\cdot\boldsymbol{r}_R) = 1$, $\boldsymbol{r}_{3i} = 0$, $\boldsymbol{r}_{2i} = \boldsymbol{d}$, 物面 S_1

基元相对物面 S_0 基元的相差为

$$\Delta\phi(x_{1i}, y_{1i}, z_{1i})$$
$$= [\phi_0(x_{0i}, y_{0i}, z_{0i}) + k(|\boldsymbol{r}_{1i}| - |\boldsymbol{r}_{0i}|)] - [\phi_0(x_{0i}, y_{0i}, z_{0i}) + k\mathrm{sgn}(\boldsymbol{r}_{2i} \cdot \boldsymbol{r}_R)|\boldsymbol{r}_{2i}|]$$
$$= k(|\boldsymbol{r}_{1i}| - |\boldsymbol{r}_{0i}|) - k|\boldsymbol{d}|$$

(13-2-13)

以上两式意义仍然相同.

综上所述, 可以用 (13-2-8) 式及 (13-2-9) 式较好地表述相干基元对发出的光波在任意空间位置 (x, y, z) 的光波场. 若物体表面由 N 个相干基元组成, 二次曝光干涉光波场的强度分布是这 N 个相干基元对的干涉场强度的叠加

$$I(x, y, z) = \sum_{i=1}^{N} |O_{0i}(x, y, z) + O_{1i}(x, y, z)|^2 \quad (13\text{-}2\text{-}14)$$

分析 (13-2-14) 式不难看出, 如果观测位置远离位移前后的物体表面, 由于物体通常由数量庞大基元组成, 在观测位置各基元对发出的光波干涉强度的强弱取值有相同的概率, 事实上形成的是菲涅耳衍射散斑场, 看不到干涉条纹. 这种情况, 相当于在重现物体的散射光方向用一个观测屏或 CCD 探测器接收散射光时看到的图像. 但是, 当观测位置选择在临近形变前后物体的表面时, 情况则大不相同. 为便于分析, 将观测点临近第 p 个散射基元时的光波干涉场强度重新写为

$$I_p(x, y, z) = |O_{0p}(x, y, z) + O_{1p}(x, y, z)|^2 + \sum_{i \neq p}^{N} |O_{0i}(x, y, z) + O_{1i}(x, y, z)|^2$$

(13-2-15)

根据 (13-2-8) 式及 (13-2-9) 式, 观测点无论落在形变前或形变后基元位置时, 散射基元的振幅取最大的数值, 这时, 它和来自与之配对的距离不远的相干基元的光波进行相干叠加后, 将产生强烈的干涉, 即 (13-2-15) 等式右边第一项将起显著作用. 从统计的观点看, 后面叠加项中各基元对在观测点的干涉场强度叠加形成的是第一项表述的干涉条纹的背景. 因此, 如果将观测位置选择在形变前或形变后的物体表面, 则能获得较好的干涉条纹对比度. 这种情况, 即对应于在重现光波场时用相机拍摄物体虚像或用眼睛直接观测物体虚像时, 在邻近物体表面区域看到干涉条纹的情况.

因此, 根据实际给定的位移对 (13-2-15) 式第一项作计算, 将第二项视为物体被物光照明下的随机反射场亮度, 便能较好地表示双曝光干涉场.

13.2.3 双光路两次曝光数字全息测量系统

作为上述理论知识的综合应用及实验证明, 以下通过计算机数值模拟及图像处理技术, 以美国应用光学杂志 (Applied Optics)2003 年报道的一个二次曝光数字全

息系统[4] 为研究对象,对该系统中光波传播及数字全息检测全过程进行较完整的模拟,理论模拟的结果将逐一与实验测量相比较.

图 13-2-2 是所研究的双光路两次曝光数字全息测量系统光路图. 图中,来自氦氖激光的光束首先被半反半透镜分为两部分. 每一部分将再次分解为两束光,经扩束、准直及起偏振后,分别形成两路照明物光及投向 CCD 的两路参考光. 并且,为消除两组物光及参考光间的干扰,投向物体的照明物光及投向 CCD 的参考光是两组振动方向相互垂直的偏振光. 此外,为精确控制参考光的角度,让重建物光能够与零级衍射光及共轭物光分离,参考光的角度是通过在垂直于光轴方向控制扩束镜的平移设定的. 实验研究时,在物体形变前后分别用 CCD 拍摄干涉图,使用 S-IFFT 算法作菲涅耳衍射逆运算波面重建,并通过物体形变前后重建波面的比较完成物体形变的测量.

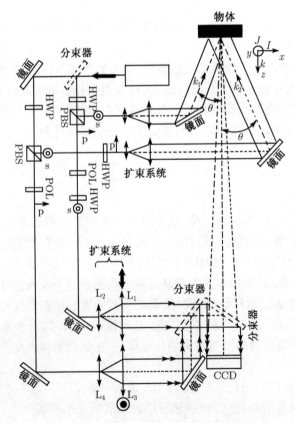

图 13-2-2 两次曝光数字全息测量系统光路

由于测量对象的微动被设计成围绕垫圈的一对角线的轻微转动,表面位移矢量将平行于转动方向. 可以只用在两个灵敏度矢量方向的表面位移投影测量完成物体三维位移检测.

我们将使用计算图像生成及处理技术, 虚拟物体及虚拟被两束平面波照明后的物平面光波场. 通过衍射的 D-FFT 算法模拟到达 CCD 平面的物光, 并模拟垫圈转动前后 CCD 接收到的两组物光与参考光干涉的图像. 然后, 使用文献 [4] 实验研究的参数及 D-IFFT 算法模拟验证该文献的主要工作.

13.2.4 形变物体及双曝光干涉场的数学描述

13.2.4.1 坐标定义

为简明起见, 将垫圈视为内外半径分别为 R_0=4mm, R_1=12mm 薄圆环 (见图 13-2-3). 将垫圈转动前的平面视为 x_0y_0 平面, CCD 探测平面 xy 与 x_0y_0 平面的距离为 z_d=995mm. 两照明物光的光矢量均在 xz 平面内, 与 z 轴的夹角都是 $\theta = 45°$. 物体的转动由一端升高 $h = 3.4\mu m$ 实现, 对应于转角 $\alpha = \arctan \dfrac{h}{2R_1} \approx 0.008°$.

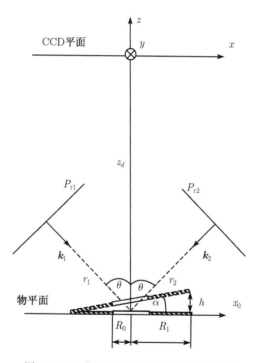

图 13-2-3 物平面及 CCD 平面坐标定义

13.2.4.2 转动前物平面光波场描述

设两相位参考平面 P_{r1}, P_{r2} 为距离物平面坐标原点 $r_1 = r_2 = L = 1\,000$mm 并分别垂直于光矢量 $\boldsymbol{k}_1$, $\boldsymbol{k}_2$ 的平面. 在 $ox_0y_0z_0$ 坐标中平面方程 P_{r1} 为

$$-x_0 \sin\theta + z_0 \cos\theta - L = 0$$

平面方程 P_{r_2} 为

$$x_0 \sin\theta + z_0 \cos\theta - L = 0$$

于是，任意空间点 $P_{0i}(x_{0i}, y_{0i}, z_{0i})$ 到 P_{r_1}，P_{r_2} 的距离分别为

$$L_{0i1} = |-x_{0i} \sin\theta + z_{0i} \cos\theta - L| \tag{13-2-16a}$$

$$L_{0i2} = |x_{0i} \sin\theta + z_{0i} \cos\theta - L| \tag{13-2-16b}$$

考虑到光漫反射及观察位置到观察点距离 z_d 的变化[5]，物体表面某散射基元中心 $P_{0i}(x_{0i}, y_{0i}, z_{0i})$ 的光波复振幅分别表为

$$O_{0i1}(x_{0i}, y_{0i}) = \left(A \frac{\cos\varphi_{0i1} + \cos\psi_{0i1}}{|z_d - z_{0i}|}\right) \exp\left(\mathrm{j}\phi_{01} + \mathrm{j}k L_{0i1}\right) \tag{13-2-17a}$$

$$O_{0i2}(x_{0i}, y_{0i}) = \left(A \frac{\cos\varphi_{0i2} + \cos\psi_{0i2}}{|z_d - z_{0i}|}\right) \exp\left(\mathrm{j}\phi_{02} + \mathrm{j}k L_{0i2}\right) \tag{13-2-17b}$$

式中，ϕ_{01}，ϕ_{02} 是 $[-\pi, \pi]$ 区间变化的随机相位，A 为一随机数，φ_{0i1}，φ_{0i2} 分别是两照明光在 P_{0i} 点的入射角，ψ_{0i1}，ψ_{0i2} 分别为反射光与观测方向的夹角。显然，物体转动前 $\varphi_{0i1} = \varphi_{0i2} = \psi_{0i1} = \psi_{0i2} = 45°$。

13.2.4.3 转动后物平面光波场描述

物体转动后，散射基元中心坐标变为 $P_{1i}(x_{1i}, y_{1i}, z_{1i})$。与转动前该基元的坐标有下关系：

$$\begin{cases} x_{1i} = (x_{0i} + r_1)\cos\alpha - r_1 \\ y_{1i} = y_{0i} \\ z_{1i} = (x_{0i} + r_1)\sin\alpha \end{cases} \tag{13-2-18}$$

类似地可以得到转动后该散射基元中心 $P_{1i}(x_{1i}, y_{1i}, z_{1i})$ 到参考面 P_{r1}，P_{r2} 的距离：

$$L_{1i1} = |-x_{1i} \sin\theta + z_{1i} \cos\theta - L| \tag{13-2-19a}$$

$$L_{1i2} = |x_{1i} \sin\theta + z_{1i} \cos\theta - L| \tag{13-2-19b}$$

该散射基元的光波复振幅分别是

$$O_{1i1}(x_{1i}, y_{1i}) = \left(A \frac{\cos\varphi_{1i1} + \cos\psi_{1i1}}{|d - z_{1i}|}\right) \exp\left(\mathrm{j}\phi_{01} + \mathrm{j}k L_{1i1}\right) \tag{13-2-20a}$$

$$O_{1i2}(x_{1i}, y_{1i}) = \left(A \frac{\cos\varphi_{1i2} + \cos\psi_{1i2}}{|d - z_{1i}|}\right) \exp\left(\mathrm{j}\phi_{02} + \mathrm{j}k L_{1i2}\right) \tag{13-2-20b}$$

由于 k_1, k_2 的入射角分别是 $\theta - \alpha$ 和 $\theta + \alpha$, 因此有 $\cos\varphi_{1i1} = \cos(\theta - \alpha)$, $\cos\varphi_{1i2} = \cos(\theta + \alpha)$. 而 k_1, k_2 的反射光与 z_0 轴的夹角分别是 $\theta - 2\alpha$ 和 $\theta + 2\alpha$, 于是得到 $\cos\psi_{1i1} = \cos(\theta - 2\alpha)$ 及 $\cos\psi_{1i2} = \cos(\theta + 2\alpha)$.

13.2.4.4 二次曝光干涉条纹表达式

根据 (13-2-9) 式以及 13.2.1 节的讨论, 当物光在 x_0y_0 被重建时, 转动后的基元光波在垫圈转动前该基元位置时的光波场分别是

$$O_{1i1}(x_{0i}, y_{0i}) = \left(A \frac{\cos\varphi_{1i1} + \cos\psi_{1i1}}{|z_d - z_{1i}|(\Delta_i + 1)} \right) \exp(j\phi_{01} + jkL_{1i1} - jk\Delta_i) \quad (13\text{-}2\text{-}21\text{a})$$

$$O_{1i2}(x_{0i}, y_{0i}) = \left(A \frac{\cos\varphi_{1i2} + \cos\psi_{1i2}}{|z_d - z_{1i}|(\Delta_i + 1)} \right) \exp(j\phi_{02} + jkL_{1i2} - jk\Delta_i) \quad (13\text{-}2\text{-}21\text{b})$$

其中

$$\Delta_i = \sqrt{(x_{1i} - x_{0i})^2 + (y_{1i} - y_{0i})^2 + (z_{1i} - z_{0i})^2} \quad (13\text{-}2\text{-}21\text{c})$$

于是, k_1, k_2 两路照明光相对应的物平面干涉图可以根据 (13-2-17a), (13-2-17b), (13-2-21a) 及 (13-2-21b) 分别表为

$$I_1(x_{0i}, y_{0i}) = |O_{0i1}(x_{0i}, y_{0i}) + O_{1i1}(x_{0i}, y_{0i})|^2 + \frac{I_0}{d} \quad (13\text{-}2\text{-}22\text{a})$$

$$I_2(x_{0i}, y_{0i}) = |O_{0i2}(x_{0i}, y_{0i}) + O_{1i2}(x_{0i}, y_{0i})|^2 + \frac{I_0}{d} \quad (13\text{-}2\text{-}22\text{b})$$

式中, I_0 是一个常数, 反映其余相干基元对干涉场按强度叠加后形成的一个强度背景.

基于上述分析, 以下进行理论模拟与文献 [4] 实验测试的比较.

13.2.5 傅里叶变换重建模拟及实验证明

13.2.5.1 垫圈表面双曝光干涉图像的模拟

利用表达式 (13-2-22a)(13-2-22b), 我们对文献 [4] 中垫圈有一微小转动时模为 2π 的双曝光检测相差图像进行了模拟. 模拟图像示于图 13-2-4(a). 图 13-2-4(b) 给出文献 [4] 数字全息实验检测结果.

可以看出, 模拟的图像与实验测量很吻合. 为进一步证实统计光学解释的可行性, 下面对文献 [4] 的数字全息检测过程也进行模拟.

13.2.5.2 CCD 探测图像的模拟

令物平面光波场宽度 $\Delta L_0 = 90\text{mm}$, 取样数 $N=512$, 取样间隔 $\Delta x_0 = \Delta y_0 = \Delta L_0/N$. 根据物平面光波场的具体表达式 (13-2-17a) 及第 11 章对 (12-1-14) 式讨论, 令 $O_{0i1}(r\Delta x_0, s\Delta y_0) = O_i(r\Delta x_0, s\Delta y_0)$, 第一照明物光 k_1 照明后到达 CCD 平面的光波场则为

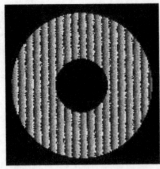
(a) 模为2π的相位变化理论模拟

(b) 实测图像

图 13-2-4

$$O_1(p\Delta x, q\Delta y) = \frac{\exp(jkd)}{j\lambda d} \exp\left\{\frac{jk}{2d}[(p\Delta x)^2 + (q\Delta y)^2]\right\}$$
$$\text{DFT}\left\{O_{10}(m\Delta x_0, n\Delta y_0)\exp\left[\frac{jk}{2d}((m\Delta x_0)^2 + (n\Delta y_0)^2)\right]\right\}_{\frac{p\Delta x}{\lambda d}, \frac{q\Delta y}{\lambda d}} \tag{13-2-23}$$

$$(p, q, m, n = -N/2, -N/2+1, \cdots, N/2-1)$$

根据 (12-1-16) 有, $\Delta x = \Delta y = \dfrac{\lambda d}{\Delta L_0}$. 利用文献 [4] 的实验参数 d=995mm, 求得 $\Delta x = \Delta y \approx 0.0067$mm. 因此, S-FFT 计算结果对应于宽度 $\Delta L = N\Delta x = 512 \times 0.0067mm\approx 3.58$mm 区域内的 512×512 点离散值.

设到达 CCD 平面的两参考光分别为

$$R_1(\Delta x, \Delta y) = A_r \exp\left(j\frac{2\pi}{\lambda}(p\Delta x \sin\theta_x + q\Delta y \sin\theta_y)\right) \tag{13-2-24a}$$

$$R_2(\Delta x, \Delta y) = A_r \exp\left(j\frac{2\pi}{\lambda}(p\Delta x \sin\theta_x - q\Delta y \sin\theta_y)\right) \tag{13-2-24b}$$

于是, 可以写出 CCD 平面上第一组干涉场的强度表达式:

$$I_1(\Delta x, \Delta y) = |R_1(\Delta x, \Delta y) + O_1(\Delta x, \Delta y)|^2 \tag{13-2-25a}$$

选择与第二组干涉场相对应的物光后, 利用类似讨论可以表出

$$I_2(\Delta x, \Delta y) = |R_2(\Delta x, \Delta y) + O_2(\Delta x, \Delta y)|^2 \tag{13-2-25b}$$

由于两组光束的振动方向相互垂直, CCD 平面的干涉场强度是上面两项之和[4]:

$$I(\Delta x, \Delta y) = I_1(\Delta x, \Delta y) + I_2(\Delta x, \Delta y) \tag{13-2-26}$$

在模拟研究中, 我们将参考光的振幅 A_r 取为 (13-2-23) 计算的 O_1 振幅的极

大值. 并且, 按照 12.2.2 小节讨论, 选择受噪声影响最小的重建方案. 即在重建物平面上让零级衍射光及共轭物光的中心近似平分重建物面的对角线. 令 $z_d \tan \theta_x = z_d \tan \theta_y = 22.5\text{mm}$ 可求得 $\theta_x = \theta_y \approx 1.3°$. 根据所确定的参考光角度容易看出, 当物光是平面波时, 在 CCD 平面的干涉条纹宽度约 $\lambda/\sin\theta_x \approx 0.028\text{mm}$. 由于 $\Delta x = \Delta y \approx 0.0067\text{mm}$, 在垂直于条纹方向可以有大于两个点的取值, 因此所作的模拟满足取样定律.

根据类似的讨论可以写出垫圈转动后的 CCD 平面的干涉场强度. 按照上面定义的参数, 图 13-2-5(a), (b) 分别给出垫圈转动前后模拟计算的到达 CCD 的全息干涉图.

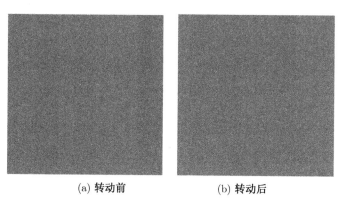

(a) 转动前　　　　(b) 转动后

图 13-2-5　垫圈转动前后由 CCD 记录的全息干涉图模拟

3.58mm×3.58mm

该模拟图像与上一章平滑物体数字全息同类图像比较容易看出, 当反射光波是平滑波面时, 到达 CCD 平面的光波还能找到一些与物体表面强度分布相关的信息 (例如图 12-2-4(b)). 然而, 对于散射光, 到达 CCD 平面时已经找不到与原物体表面强度关连的图像. 如果能够根据光波场的重建理论, 基于这两幅图像重建出物平面, 并且获得垫圈的复振幅及位移信息, 对于验证统计光学及数字全息的相关理论, 是很有意义的.

13.2.5.3　衍射逆运算波面重建

根据 (13-2-25a), (13-2-25b) 及 (13-2-26) 式, 忽略二维坐标表示后, CCD 平面的光波场强度可以分解为

$$I = \left(|O_1|^2 + |R_1|^2 + |O_2|^2 + |R_2|^2\right) + O_1^* R_1 + O_1 R_1^* + O_2^* R_2 + O_2 R_2^* \quad (13\text{-}2\text{-}27)$$

(13-2-27) 式中, 等式右边小括号中的项是零级衍射光项, 如果直接将该式作为衍射场复振幅, 则相当于用沿 z 轴传播的单位平面波照射振幅型全息图后的透射光波.

根据 12.1.2 计算物体虚像的菲涅耳衍射逆运算波面重建讨论, 应用 (12-1-29) 式, 可以写出 S-IFFT 逆运算重建表达式:

$$O_0\left(m\frac{\lambda d}{\Delta L}, n\frac{\lambda d}{\Delta L}\right) = \frac{\exp(-\mathrm{j}kd)}{-\mathrm{j}\lambda d}\exp\left[-\frac{\mathrm{j}\pi}{\lambda d}\left(\left(m\frac{\lambda d}{\Delta L}\right)^2 + \left(n\frac{\lambda d}{\Delta L}\right)^2\right)\right]$$
$$\mathrm{IDFT}\left\{I\left(p\frac{\Delta L}{N}, q\frac{\Delta L}{N}\right)\exp\left[-\frac{\mathrm{j}\pi}{\lambda d}\left(\left(p\frac{\Delta L}{N}\right)^2 + \left(q\frac{\Delta L}{N}\right)^2\right)\right]\right\}$$
(13-2-28)

$$(m, n, p, q = -N/2, -N/2+1, \cdots, N/2-1)$$

在具体运算前, 根据 CCD 平面的光波场强度表达式 (13-2-14) 可以作出如下两点预测:

(1) (13-2-27) 式右边小括号内的项是零级衍射光, 它将位于重建物平面的中心.

(2) 对波面重建有贡献的分别是 $O_1R_1^*$ 及 $O_2R_2^*$ 两项, 鉴于 R_1, R_2 是与光轴对称的射向 CCD 的均匀平面参考波, $O_1R_1^*$ 及 $O_2R_2^*$ 即是分别增加了不同的倾斜平面波相位因子的散斑衍射场, 它们分别对应于两个照明物光照射下的同一个物体发出的两列光波. 倾斜平面波相位因子的存在将让重建后物体偏移物平面的中心. 根据上面对参考光角度的选择, O_{01} 在 x, y 方向位移分量应为 22.5mm, 22.5mm, U_{02} 在 x, y 方向位移分量应为 -22.5mm, 22.5mm. 这就是说, 按照所设计的参数, 将在重建的物平面上方出现同一物体的不同照明物光照射下的像.

图 13-2-6(a) 给出根据 (13-2-28) 式计算并取模平方后由计算机表示的物平面光波场强度分布图像. 由图可见, 在图像上方的两个重建物体的确是两照明物光从不同方向照明后的结果. 重建物面的位移值与理论预测吻合. 整幅重建图像中央是强烈的零级衍射光. 此外, 图像中还有作为重建噪声的共轭光图像, 其分布是散斑场, 位置刚好在每一重建物体沿对角线方向的对称位置. 利用类似 $O_1R_1^*$ 及 $O_2R_2^*$ 重建图像位移的讨论, 不难对噪声的位置作出解释.

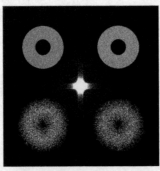
(a) 模拟重建图像 (90mm×90mm)

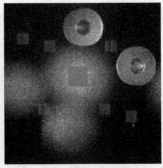
(b) 实验重建图像

图 13-2-6 物平面的理论模拟重建图像与实验重建图像的比较

与此同时, 图 13-2-6(b) 给出文献 [4] 根据实验的重建图像. 二者比较表明, 实验测量时参考光的方位与理论模拟的理想方位有一些差异, 从而根据实验重建的物体位置产生偏移. 但重建图像的形式是完全一致的. 并且, 在实验重建的图像的中央是也是形式相同的零级衍射光 (已被作者用一个方形灰度块覆盖). 此外, 我们看到理论模拟中的共轭物光与实验重建图像的共轭物光形式完全相似, 都是强度随机分布的散斑场.

13.2.5.4 模拟相差图与实验相差图的比较

按照同样步骤获得物体形变后的物平面光波场后, 图 13-2-7(a) 给出理论模拟的形变前后物光场的模为 2π 的相差灰度图. 图 13-2-7(b) 是文献 [4] 以 2π 为模的实测相位差的灰度图像. 比较这两幅图像不难看出, 它们对应的是同一量值的物体位移. 其主要差别只在于实验重建的两物体图像 13-2-7(a), (b) 不在对称位置. 但文献 [4] 已经指出, 重建图像不对称是由于实验时参考光配置有微小偏差造成的. 因此, 实验重建图像对模拟研究已经给出了很好的证明.

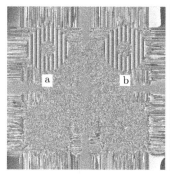 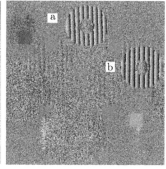

(a) 2π 为模的位相差的实测图像　　(b) 2π 为模的位相差的实测图像

图 13-2-7　二次曝光干涉图像的理论模拟与实验测量比较

90mm×90mm

13.2.5.5 模拟测量与实验测量的比较

在数字全息形变检测中, 形变前后重建物平面 x_0y_0 光波场的相差是获得形变信息的基础. k_1, k_2 两路照明光相对应的物平光场相差可以根据 (13-2-17a), (13-2-17b), (13-2-21a) 及 (13-2-21b) 分别表为

$$\Delta\Phi_1(x_{0i}, y_{0i}) = k(L_{0i1} - L_{1i1} + \Delta_i) \quad (13\text{-}2\text{-}29\text{a})$$

$$\Delta\Phi_2(x_{0i}, y_{0i}) = k(L_{0i2} - L_{1i2} + \Delta_i) \quad (13\text{-}2\text{-}29\text{b})$$

设 $P_{0i}(x_{0i}, y_{0i}, z_{0i})$ 到 $P_{1i}(x_{1i}, y_{1i}, z_{1i})$ 的位移矢量为

$$\boldsymbol{d}_i = \Delta x_i \boldsymbol{i} + \Delta y_i \boldsymbol{j} + \Delta z_i \boldsymbol{k} \quad (13\text{-}2\text{-}30)$$

根据图 13-2-3, 两照明光矢量是 $k_1 = i\sin\theta - k\cos\theta$, $k_2 = -i\sin\theta - k\cos\theta$, 相应的灵敏度矢量则分别为

$$s_{1i} = \frac{2\pi}{\lambda}k - \frac{2\pi}{\lambda}(i\sin\theta - k\cos\theta) = \frac{2\pi}{\lambda}[k(1+\cos\theta) - i\sin\theta] \quad (13\text{-}2\text{-}31\text{a})$$

$$s_{2i} = \frac{2\pi}{\lambda}k - \frac{2\pi}{\lambda}(-i\sin\theta - k\cos\theta) = \frac{2\pi}{\lambda}[k(1+\cos\theta) + i\sin\theta] \quad (13\text{-}2\text{-}31\text{b})$$

按照 (13-2-3) 式的讨论, 有 $\Delta\Phi_1(x_{0i}, y_{0i}) = d_i \cdot s_{1i}$, $\Delta\Phi_2(x_{0i}, y_{0i}) = d_i \cdot s_{2i}$, 即

$$\Delta\Phi_1(x_{0i}, y_{0i}) = \frac{2\pi}{\lambda}\Delta z_i(1+\cos\theta) - \frac{2\pi}{\lambda}\Delta x_i\sin\theta \quad (13\text{-}2\text{-}32\text{a})$$

$$\Delta\Phi_2(x_{0i}, y_{0i}) = \frac{2\pi}{\lambda}\Delta z_i(1+\cos\theta) + \frac{2\pi}{\lambda}\Delta x_i\sin\theta \quad (13\text{-}2\text{-}32\text{b})$$

从 (13-2-32a) 和 (13-2-32b) 两式求得

$$\begin{aligned}\Delta z_i &= \frac{\Delta\Phi_2(x_{0i}, y_{0i}) + \Delta\Phi_1(x_{0i}, y_{0i})}{4\pi(1+\cos\theta)}\lambda \\ &= \frac{(L_{0i2} + L_{0i1} - L_{1i2} - L_{1i1} + 2\Delta_i)}{2(1+\cos\theta)}\end{aligned} \quad (13\text{-}2\text{-}33\text{a})$$

$$\begin{aligned}\Delta x_i &= \frac{\Delta\Phi_2(x_{0i}, y_{0i}) - \Delta\Phi_1(x_{0i}, y_{0i})}{4\pi\sin\theta}\lambda \\ &= \frac{(L_{0i2} - L_{0i1} - L_{1i2} + L_{1i1})}{2\sin\theta}\end{aligned} \quad (13\text{-}2\text{-}33\text{b})$$

从图 13-2-4(a) 可以看出, 垫圈两侧最大相差约 $18.5\times 2\pi$. 代入 (13-2-33a) 第一个等式不难得 $\Delta z_i \approx 3.3\mu m$. 其结果与模拟给定值 0.34nm 已经非常接近, 说明相差图的模拟是正确的. 事实上由 (13-2-33a) 第二个等式准确计算结果是 $\Delta z_i \approx 0.339\mu m$, 与模拟研究时设定值 $h = 0.34\mu m$ 基本无区别. 此外, 从图 13-2-7(a) 还可看出, 在任意给定的位置 $\Delta\Phi_2(x_{0i}, y_{0i})$, $\Delta\Phi_1(x_{0i}, y_{0i})$ 基本无区别, 由 (13-2-33b) 式所确定的 Δx_i 将取很小的数值. 这个结果与实验完全一致.

至此, 我们对非光学平滑表面物体的双曝光数字全息测量过程进行了细致的模拟研究. 由于理论模拟与实验测量吻合, 双曝光数字全息的统计光学表述得到了很好的证明.

13.2.6 物平面光波场的卷积重建

由于存在衍射的一次快速傅里叶变换算法 (S-FFT) 及卷积算法 (D-FFT), 对应地存在两种波面重建方法. 上一节使用的 S-FFT 算法所得的物平面尺寸与波长、衍射距离及取样数相关. 为得到实际物体尺寸, 必须重新定义计算结果中离散单位的物理长度, 对于彩色或多种波长光波的数字全息多有不便. 因此, 我们有兴趣对波面的卷积重建方法进行研究.

13.2 两次曝光数字全息检测研究

众所周知,卷积重建物平面取样单位的物理长度不变,当使用平面波作为重现光,测量对象的投影尺寸大于 CCD 窗口时,可以采取补零扩大 CCD 平面的措施 (参见本书 12.3 节),让扩展后的 CCD 平面尺寸与物体的投影尺寸相适应. 然而,当物体的投影尺寸甚大于 CCD 窗口时,这种方法将导致庞大的计算量. 本节使用球面波作为重现光,导出高效率地卷积重建物平面光波场的方法,并给出实验证明.

13.2.6.1 球面波为重现光的数字全息波面重建讨论

图 13-2-8 是理论研究的坐标定义图. 定义 $x_0 y_0$ 是与被测量物体相切的平面, $x' y'$ 是球面波为重现光时物体的像平面. 两平面到 CCD 窗口平面 xy 的距离分别是 d 和 d'. 为简明起见,图中未标出照明物光.

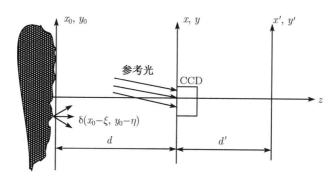

图 13-2-8 物平面光场卷积重建研究坐标定义

根据统计光学理论[1~3],来自光学粗糙表面的散射光是物体表面的大量散射基元散射光的叠加,可以通过任意给定位置的散射基元的研究综合出物体表面的散射场. 引入 δ 函数可将物平面上坐标 (ξ, η) 处基元的光波场表为

$$u_0(\xi, \eta) = o(\xi, \eta) \delta(x_0 - \xi, y_0 - \eta) \exp[j\phi_o(\xi, \eta)] \tag{13-2-34}$$

式中,$j = \sqrt{-1}$,$o(\xi, \eta)$ 是随机振幅,$\phi_o(\xi, \eta)$ 是取值范围 $-\pi \sim \pi$ 的随机相位.

在 CCD 平面的光波场由菲涅耳衍射积分表出

$$\begin{aligned} u_\delta(x, y; \xi, \eta) &= \frac{\exp(jkd)}{j\lambda d} o(\xi, \eta) \exp[j\phi_o(\xi, \eta)] \\ &\int_{-\infty}^{\infty} \int_{-\infty}^{\infty} \delta(x_0 - \xi, y_0 - \eta) \exp\left\{\frac{jk}{2d}\left[(x-x_0)^2 + (y-y_0)^2\right]\right\} dx_0 dy_0 \end{aligned} \tag{13-2-35}$$

式中,$k = 2\pi/\lambda$,λ 是光波长. 利用 δ 函数的筛选性质得

$$u_\delta(x, y; \xi, \eta) = \frac{\exp[jkd + j\phi_o(\xi, \eta)]}{j\lambda d} o(\xi, \eta) \exp\left\{\frac{jk}{2d}\left[(x-\xi)^2 + (y-\eta)^2\right]\right\}$$

$$= \frac{o(\xi,\eta)}{\lambda d} \exp[j\phi'_o(\xi,\eta)] \exp\left[\frac{jk}{2d}(x^2+y^2)\right] \exp\left\{-\frac{jk}{d}[x\xi+y\eta]\right\} \tag{13-2-36}$$

式中,
$$\phi'_o(\xi,\eta) = kd + \phi_o(\xi,\eta) + \frac{k}{2d}(\xi^2+\eta^2) \tag{13-2-36a}$$

可见, 到达 CCD 的物光是一个振幅及相位均为随机量的光波.

为简明起见, 定义到达 CCD 的参考光是平面波

$$R(x,y) = r(x,y)\exp[jk(\alpha x + \beta y)] \tag{13-2-37}$$

CCD 平面上物光及参考光干涉场强度则为

$$I_H(x,y;\xi,\eta) = \left[\left|\frac{o(\xi,\eta)}{\lambda d}\right|^2 + r^2(x,y)\right]w(x,y)$$
$$+ g_{\xi\eta}(x,y)\exp\left[-jk\left(\left(\alpha+\frac{\xi}{d}\right)x + \left(\beta+\frac{\eta}{d}\right)y\right) + \frac{jk}{2d}(x^2+y^2)\right]w(x,y)$$
$$+ g^*_{\xi\eta}(x,y)\exp\left[jk\left(\left(\alpha+\frac{\xi}{d}\right)x + \left(\beta+\frac{\eta}{d}\right)y\right) - \frac{jk}{2d}(x^2+y^2)\right]w(x,y) \tag{13-2-38}$$

其中, $g^*_{\xi\eta}(x,y)$ 是 $g_{\xi\eta}(x,y)$ 的共轭函数, 且

$$g_{\xi\eta}(x,y) = \left|\frac{o(\xi,\eta)}{\lambda d}\right| r(x,y) \exp[j\phi'_0(\xi,\eta)] \tag{13-2-38a}$$

$w(x,y)$ 是 CCD 面阵的矩形窗口函数. 令面阵宽度分别为 ΔL_x, ΔL_y, 则

$$w(x,y) = \text{rect}\left(\frac{x}{\Delta L_x}, \frac{y}{\Delta L_y}\right) \tag{13-2-38b}$$

设重现光为波面半径 r_c 的单位振幅球面波:

$$R_c(x,y) = \exp\left[\frac{jk}{2r_c}(x^2+y^2)\right] \tag{13-2-39}$$

重现光照射数字全息图形成的衍射波则为

$$I_H(x,y;\xi,\eta)R_c(x,y) = \left[\left|\frac{o(\xi,\eta)}{\lambda d}\right|^2 + r^2(x,y)\right]\exp\left[\frac{jk}{2r_c}(x^2+y^2)\right]w(x,y)$$
$$+ g_{\xi\eta}(x,y)\exp\left\{-jk\left[\left(\alpha+\frac{\xi}{d}\right)x + \left(\beta+\frac{\eta}{d}\right)y\right]\right.$$
$$\left. + \frac{jk}{2}\left(\frac{1}{d}+\frac{1}{r_c}\right)(x^2+y^2)\right\}w(x,y)$$

$$+g_{\xi\eta}^{*}(x,y)\exp\left\{jk\left[\left(\alpha+\frac{\xi}{d}\right)x+\left(\beta+\frac{\eta}{d}\right)y\right]\right.$$
$$\left.-\frac{jk}{2}\left(\frac{1}{d}-\frac{1}{r_c}\right)(x^2+y^2)\right\}w(x,y) \tag{13-2-40}$$

理论及实验研究表明, 如果通过衍射积分研究实像的重建. (13-2-40) 式中对重建有贡献的是等式右边第三项, 重建场可根据菲涅耳衍射积分[6] 表示为

$$u_{\xi\eta}(x',y')=\frac{\exp(jkd')}{j\lambda d'}\int_{-\infty}^{\infty}\int_{-\infty}^{\infty}g_{\xi\eta}^{*}(x,y)$$
$$\times\exp\left[jk\left(\left(\alpha+\frac{\xi}{d}\right)x+\left(\beta+\frac{\eta}{d}\right)y\right)-\frac{jk}{2}\left(\frac{1}{d}-\frac{1}{r_c}\right)(x^2+y^2)\right]$$
$$\times w(x,y)\exp\left\{\frac{jk}{2d'}\left[(x'-x)^2+(y'-y)^2\right]\right\}dxdy \tag{13-2-41}$$

根据相干光成像的理论[1~3], 若衍射场是像平面, (13-2-41) 积分式中二次相位因子应消失, 即

$$\left(-\frac{1}{d}+\frac{1}{r_c}+\frac{1}{d'}\right)=0$$

令 $M=1-\dfrac{d}{r_c}$, 由上式可得

$$d'=\frac{d}{M},\quad r_c=\frac{d}{1-M} \tag{13-2-42}$$

这时 (13-2-41) 式可表示成傅里叶变换形式:

$$u_{\xi\eta}(x',y')=\frac{\exp(jkd')}{j\lambda d'}\exp\left[\frac{jk}{2d'}(x'^2+y'^2)\right]\int_{-\infty}^{\infty}\int_{-\infty}^{\infty}g_{\xi\eta}^{*}(x,y)w(x,y)$$
$$\times\exp\left\{-j2\pi\left[\left(x'-\alpha d'-\frac{\xi}{M}\right)\frac{x}{\lambda d'}+\left(y'-\beta d'-\frac{\eta}{M}\right)\frac{y}{\lambda d'}\right]\right\}dxdy \tag{13-2-43}$$

理论分析可以证明, $g_{\xi\eta}^{*}(x,y)w(x,y)$ 的傅里叶变换是主要能量集中在原点附近的弥散分布. 因此, 物平面上坐标 (ξ,η) 的散射基元发出的光波在像平面上形成的是能量集中在 $\left(\alpha d'+\dfrac{\xi}{M},\beta d'+\dfrac{\eta}{M}\right)$ 点附近的弥散斑. 由于 $\alpha d',\beta d'$ 对于任意的 (ξ,η) 均为不变量, 将物平面视为不同位置散射基元的组合, 只要能够获得到达 CCD 平面的共轭物光复振幅, 则通过衍射运算重建的平面上将形成中心平移到 $(\alpha d',\beta d')$ 的横向放大率 $1/M$ 的物体的像. 按照复振幅叠加原则, 物平面光波场可以表为

$$O'(x',y')=\sum_{\xi}\sum_{\eta}u_{\xi\eta}(x',y') \tag{13-2-44}$$

综上所述, 如果能够从 CCD 探测的全息图中分离出物光, 定义 M 为尺度缩放因子, 根据 $r_c = \dfrac{d}{1-M}$ 确定出重现光的波面半径, 用 (13-2-39) 所定义的光波照射 CCD 图像, 并选择 $d' = \dfrac{d}{M}$ 为重建距离, 将能得到横向尺度缩小为原来的 $1/M$ 的物面光波场.

以上的结论是基于衍射运算波面重建的讨论获得的. 容易证明, 选择 (13-2-40) 等式右边第二项, 并使用菲涅耳衍射逆运算[6]求物光场的虚像, 可以导出等价的结论.

13.2.6.2 球面波为重现光的物光波面卷积重建

上面对数字球面波重现物平面的可行性作出了证明, 但用于波面重建计算的 (13-2-44) 式只是一个理论分析结果, 因为通过 (13-2-40) 式不能直接分离出物光场, 重建计算还不能进行. 众所周知, 当到达 CCD 的物光频谱分布有界时, 适当选择参考光与物光的夹角, 便能通过傅里叶变换在频域中分离出物光频谱, 通过反变换就能得到物光场. 然而, 既然能够从 CCD 探测图像的傅里叶变换中分离出物光频谱, 使用卷积或 D-FFT 算法进行物平面光波场重建是一种效率更高的计算方法. 以下亦对此进行讨论.

对 (13-2-40) 式两边作关于 x, y 的傅里叶变换得

$$F\left\{I_H(x,y;\xi,\eta)R_c(x,y)\right\} = G_0(f_x, f_y) * F\{w(x,y)\}$$
$$+ G(f_x, f_y) * F\left(\exp\left\{-j2\pi\left[\frac{(\alpha d + \xi)}{\lambda d}x + \frac{(\beta d + \eta)}{\lambda d}y\right]\right\}\right) * F[w(x,y)]$$
$$+ G'(f_x, f_y) * F\left(\exp\left\{j2\pi\left[\frac{(\alpha d + \xi)}{\lambda d}x + \frac{(\beta d + \eta)}{\lambda d}y\right]\right\}\right) * F[w(x,y)]$$
$$\tag{13-2-45}$$

其中,

$$G_0(f_x, f_y) = F\left\{\left[\left|\frac{o(\xi,\eta)}{\lambda d}\right|^2 + r^2(x_1, y_1)\right]\exp\left[-\frac{jk}{2r_c}(x^2+y^2)\right]\right\} \tag{13-2-45a}$$

$$G(f_x, f_y) = F\left\{g_{\xi\eta}(x,y)\exp\left[\frac{jk}{2}\left(\frac{1}{d}-\frac{1}{r_c}\right)(x^2+y^2)\right]\right\} \tag{13-2-45b}$$

$$G'(f_x, f_y) = F\left\{g^*_{\xi\eta}(x,y)\exp\left[-\frac{jk}{2}\left(\frac{1}{d}+\frac{1}{r_c}\right)(x^2+y^2)\right]\right\} \tag{13-2-45c}$$

它们依次称为零级衍射光频谱、物光频谱及共轭物光频谱. 将 (13-2-45) 式中窗口函数的傅里叶变换展开

$$F\{w(x,y)\} = \Delta L_x \Delta L_y \mathrm{sinc}(f_x \Delta L_x)\mathrm{sinc}(f_y \Delta L_y)$$

13.2 两次曝光数字全息检测研究

$$F\left(\exp\left\{-\mathrm{j}2\pi\left[\frac{(\alpha d+\xi)}{\lambda d}x+\frac{(\beta d+\eta)}{\lambda d}y\right]\right\}\right)=\delta\left[f_x+\frac{(\alpha d+\xi)}{\lambda d},f_y+\frac{(\beta d+\eta)}{\lambda d}\right]$$

$$F\left(\exp\left\{\mathrm{j}2\pi\left[\frac{(\alpha d+\xi)}{\lambda d}x+\frac{(\beta d+\eta)}{\lambda d}y\right]\right\}\right)=\delta\left[f_x-\frac{(\alpha d+\xi)}{\lambda d},f_y-\frac{(\beta d+\eta)}{\lambda d}\right]$$

利用 δ 函数的卷积性质可将 (13-2-45) 式简化为

$$\begin{aligned}F\left[I_{\mathrm{H}}(x,y;\xi,\eta)R_{\mathrm{c}}(x,y)\right]=&G_0\left(f_x,f_y\right)*\Delta L_x\Delta L_y\mathrm{sinc}\left(f_x\Delta L_x\right)\mathrm{sinc}\left(f_y\Delta L_y\right)\\&+G\left(f_x,f_y\right)*\Delta L_x\Delta L_y\mathrm{sinc}\left\{\left[f_x+\frac{(\alpha d+\xi)}{\lambda d}\right]\Delta L_x\right\}\\&\times\mathrm{sinc}\left\{\left[f_y+\frac{(\beta d+\eta)}{\lambda d}\right]\Delta L_y\right\}\\&+G'\left(f_x,f_y\right)*\Delta L_x\Delta L_y\mathrm{sinc}\left\{\left[f_x-\frac{(\alpha d+\xi)}{\lambda d}\right]\Delta L_x\right\}\\&\times\mathrm{sinc}\left\{\left[f_y-\frac{(\beta d+\eta)}{\lambda d}\right]\Delta L_y\right\}\end{aligned}$$

(13-2-46)

根据 sinc 函数与 δ 函数的关系[6], 又有

$$\begin{aligned}&F\left[I_{\mathrm{H}}(x,y;\xi,\eta)R_{\mathrm{c}}(x,y)\right]\\&\approx G_0\left(f_x,f_y\right)+G\left(f_x+\frac{\alpha d+\xi}{\lambda d},f_y+\frac{\beta d+\eta}{\lambda d}\right)+G'\left(f_x-\frac{\alpha d+\xi}{\lambda d},f_y-\frac{\beta d+\eta}{\lambda d}\right)\end{aligned}$$

(13-2-47)

若 $G'(f_x,f_y)$ 分布宽度有限. 在频率空间通过适当的选通滤波并作频域坐标平移就能得到 $G'(f_x,f_y)$. 应该注意的是, 频域坐标的上述平移对应于物平面的空间坐标原点移动到 (ξ,η).

设 $O(x_0,y_0)$ 是物平面上以 (ξ,η) 为原点的物平面光波场, 将该光波场视为某一数量的散射基元的散射光的组合, 令第 i 个散射元的共轭光频谱为 $G'_i\left(f_x-\frac{x_{0i}}{\lambda d},f_y-\frac{y_{0i}}{\lambda d}\right)$, CCD 平面的共轭光频谱即为 $\sum_i G'_i\left(f_x-\frac{x_{0i}}{\lambda d},f_y-\frac{y_{0i}}{\lambda d}\right)$. 根据菲涅耳近似及衍射场的卷积算法[6], 横向放大率 $1/M$ 的物光场可通过下式计算

$$O'(x',y')=F^{-1}\left\{\left[\sum_i G'_i\left(f_x-\frac{\xi_i}{\lambda d},f_y-\frac{\eta_i}{\lambda d}\right)\right]\exp\left\{\mathrm{j}kd'\left[1-\frac{\lambda^2}{2}\left(f_x^2+f_y^2\right)\right]\right\}\right\}$$

(13-2-48)

事实上, (13-2-48) 式也为物平面光波场的局域近似重建提供了可能性. 分析 (13-2-47) 可知, 物点 (ξ,η) 的频谱分布是能量集中在 $\left(\frac{\alpha d+\xi}{\lambda d},\frac{\beta d+\eta}{\lambda d}\right)$ 附近的弥散斑. 这意味着共轭光频谱的强度图像与物光场强度图像近似相似. 因此, 可以根据频谱的强度图像设计选通滤波器获取局域物光场的频谱, 近似完成物光场的局域重建.

由于重建计算通常用快速傅里叶变换 FFT 完成, 现在讨论 FFT 计算时如何在频率空间确定选通滤波器宽度或取样数的问题.

设 CCD 面阵宽度分别是 $\Delta L_x, \Delta L_y$, FFT 变换后频域的取样单位则分别是 $1/\Delta L_x, 1/\Delta L_y$. 如果重建计算区域的物理尺度是 $\Delta \xi \times \Delta \eta$, 根据上述研究, 到达 CCD 平面的光波频谱将主要分布在 $\dfrac{\Delta \xi}{\lambda d} \times \dfrac{\Delta \eta}{\lambda d}$ 所确定的区域内. 在频率空间中沿横向及纵向的取样数分别是

$$N_{fx} = \frac{\Delta \xi}{\lambda d} \bigg/ \frac{1}{\Delta L_x} = \frac{\Delta L_x \Delta \xi}{\lambda d}, \quad N_{fy} = \frac{\Delta \eta}{\lambda d} \bigg/ \frac{1}{\Delta L_y} = \frac{\Delta L_y \Delta \eta}{\lambda d} \tag{13-2-49}$$

以上研究中曾假定在进行数字全息图记录时到达 CCD 的参考光是平面波. 事实上可以证明, 只要参考光相位函数的展开项中包含坐标的一次项, 并且一次项的系数能保证数字全息图作傅里叶变换后能有效分离物光频谱, 就能使用上述方法进行物光场卷积重建.

13.2.6.3 物平面光波场卷积重建的实验研究

为给出卷积重建讨论的实验证明, 作者与 P. PICART[4] 在图 13-2-9 所示的光路中进行了实验研究. 图中, 波长为 532nm 的 YAG 激光及 632.8nm 的氦氖激光构成两组物光及参考光, 它们的振动面相互垂直. 被测量物体是直径 24mm 的铝垫圈, 我们通过 CCD 记录垫圈在水平方向施加压力前后的干涉图. 物体到 CCD 平面的距离为 750mm. CCD 像素宽度 5μm, 有效像素 1460×1060.

作为球面波卷积重建的比较依据, 我们首先用平面波为重现光, 使用 CCD 探测图像中 1024×1024 像素以及一次傅里叶变换法 (S-FFT) 进行物光场波面重建及检测. 图 13-2-10(a), (b) 分别是在 CCD 探测图像中取绿色光分量及红色光分量重建获得的干涉图像. 比较两幅干涉图能够看出, S-FFT 算法重建平面上物体的相对尺寸随波长增大而减小. 当综合两种色光在不同角度照射物体的测量结果时, 需要将物体的取样单位统一在同一尺度.

选择尺度缩放因子 $M = 5$, 图 13-2-10(a′)(b′) 分别给出球面波照明的卷积重建双曝光干涉图. 其中, 图 13-2-10(a′) 与图 13-2-10(a) 的 S-FFT 重建相对应, 图 13-2-10(b′) 与图 13-2-10(b) 的 S-FFT 重建相对应. 容易看出, 两种重建方法获得的干涉条纹是相似的, 即卷积重建时的尺度缩小对测量不产生影响. 由于球面波卷积重建物体的尺寸只与波面半径相关, 容易综合不同色光的测量信息. 并且, 由于重建物体能通过尺度缩放因子 M 的选择充满整个重建平面, 对测量对象的精细分析提供了很大方便.

众所周知, 用平面波为重现光, 通过补零操作, 让 CCD 取样平面扩大到能够容纳物体投影的尺寸, 也能实现物面光场的整体重建. 或者, 基于对 (13-2-48) 式的分析, 将物光场分解为若干区域, 对每一区域进行重建后, 拼接重建结果也能形成整

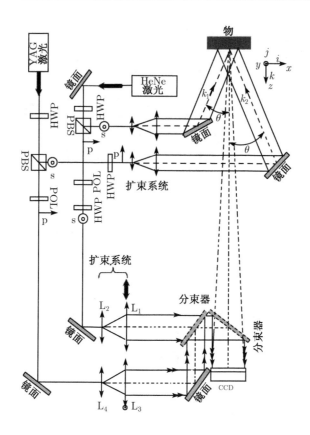

图 13-2-9 双激光两次曝光数字全息测量系统光路

个物光场. 但是, 这两种做法的缺点是计算量显著增加. 并且, 选择拼接法重建物光场时, 由于局域重建所选择的滤波器能够通过重建区域外物光频谱的高频成分, 重建区域中部分地混叠了周边区域的物光场信息, 重建质量不高. 为证实这些分析, 以上面双曝光检测中绿色光分量的实验为例, 使用平面波为重现光, 图 13-2-11(a), (b) 分别给出 6144×6144 点整体重建及 9 个 2048×2048 点局域重建拼接的检测干涉图, 而图 13-2-11(c) 是选择尺度缩放因子 $M=6.1$ 的 1024×1024 点球面波重建干涉图.

通过比较不难看出, 拼接重建的干涉条纹在边界处连续性差, 干涉条纹密集时条纹的识别比较困难. 而用球面波重建时, 不但重建图像质量与平面波整体重建一致, 具有很好的质量, 而且重建计算效率比其余两种方法提高了一个数量级以上.

13.2.7 消零级衍射干扰的物平面光波场高保真卷积重建

在球面波卷积重建研究中容易发现, 当尺度缩放因子 M 较大, 或物体投影尺寸甚大于 CCD 面阵时, 全息图的各级衍射光频谱显著扩展而产生混叠. 为避免零

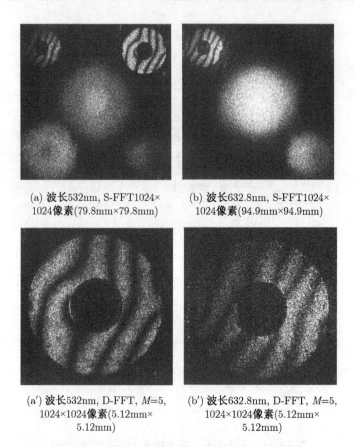

(a) 波长532nm, S-FFT1024× 1024像素(79.8mm×79.8mm)

(b) 波长632.8nm, S-FFT1024× 1024像素(94.9mm×94.9mm)

(a′) 波长532nm, D-FFT, $M=5$, 1024×1024像素(5.12mm× 5.12mm)

(b′) 波长632.8nm, D-FFT, $M=5$, 1024×1024像素(5.12mm× 5.12mm)

图 13-2-10 两种不同波面重建方法的双曝光干涉图比较

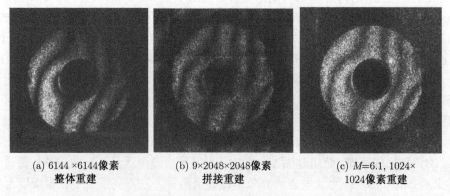

(a) 6144×6144像素 整体重建

(b) 9×2048×2048像素 拼接重建

(c) $M=6.1$, 1024× 1024像素重建

图 13-2-11 平面波重现与球面波重现双曝光干涉图像的比较

级衍射光的干扰,不得不使用较小尺寸的选通滤波器取出物光或共轭物光频谱,损失了频谱的高频成份. 虽然,在参考光中引入一个非 2π 整数倍的相移拍摄第二幅

全息图, 用两幅图像的差值图像进行处理, 可以消除零级衍射光频谱, 用大尺寸的选通滤波器实现高质量的物光场重建 (见 12.2.3 节). 然而, 代价是必须采用两幅图像, 对于变化量的检测在许多情况下失效.

为提高物光场的卷积重建质量, 作者对球面波照射下的数字全息图频谱以及零级衍射光在重建场中的干扰图像进行了理论研究. 结果表明, 通过实验参数的优化选择, 不但能够有效消除零级衍射光的干扰, 而且能让重建物光场充分保留高频信息, 只使用单一全息图就能实现高质量的物光场重建.

13.2.7.1 零级衍射光频谱分析

基于前面对 (13-2-45a) 式的讨论, 将物平面视为大量散射基元的集合, 即用 $\left|\sum_i u_\delta(x,y;\xi_i,\eta_i)\right|^2$ 代替 $\left|\frac{o(\xi,\eta)}{\lambda d}\right|^2$, 可将全息图的零级衍射光频谱写成

$$G'_0(f_x,f_y) = C(f_x,f_y) * \int_{-\infty}^{\infty}\int_{-\infty}^{\infty} w(x,y) \\ \times \exp\left[\frac{\mathrm{j}k}{2r_\mathrm{c}}(x^2+y^2)\right]\exp[-\mathrm{j}2\pi(xf_x+yf_y)]\mathrm{d}x\mathrm{d}y \tag{13-2-50}$$

其中, $w(x,y)$ 是 CCD 的窗口函数, 而

$$C(f_x,f_y) = F\left\{\left|\sum_i u_\delta(x,y;\xi_i,\eta_i)\right|^2 + r^2(x,y)\right\} \tag{13-2-50a}$$

(13-2-50a) 式中 $F\left\{\left|\sum_i u_\delta(x,y;\xi_i,\eta_i)\right|^2\right\}$ 为 $F\left\{\sum_i u_\delta(x,y;\xi_i,\eta_i)\right\}$ 的自相关, 是在频率平面原点有极大值的某种弥散分布[3], 令 $|\Phi(f_x,f_y)| \leqslant 1$ 为其分布函数, 可将 $F\left\{\left|\sum_i u_\delta(x,y;\xi_i,\eta_i)\right|^2\right\}$ 表为 $A\Phi(f_x,f_y)$. 此外, 由于 $r(x,y)$ 通常是坐标的缓变函数, 于是有

$$C(f_x,f_y) = A\Phi(f_x,f_y) + D\delta(f_x,f_y) \tag{13-2-50b}$$

其中, A, D 均为实数, 因到达 CCD 的物光与参考光的强度常是同一量级, 必然有 $D \gg A$.

令 $f'_x = \dfrac{x}{\lambda r_\mathrm{c}}, f'_y = \dfrac{y}{\lambda r_\mathrm{c}}$ 可以将 (13-2-50) 式化简为

$$G'_0(f_x,f_y) = \lambda^2 r_\mathrm{c}^2 \left[A\exp\left(-\frac{f_x^2+f_y^2}{B}\right) + D\delta(f_x,f_y)\right] * \exp\left[-\mathrm{j}\pi\lambda r_\mathrm{c}(f_x^2+f_y^2)\right] \\ \times \int_{-\infty}^{\infty}\int_{-\infty}^{\infty}\mathrm{rect}\left(\frac{f'_x}{\Delta L_x/|\lambda r_\mathrm{c}|}, \frac{f'_y}{\Delta L_y/|\lambda r_\mathrm{c}|}\right)$$

$$\times \exp\left\{\mathrm{j}\pi\lambda r_{\mathrm{c}}\left[(f_x - f'_x)^2 + (f_y - f'_y)^2\right]\right\}\mathrm{d}f'_x\mathrm{d}f'_y \qquad (13\text{-}2\text{-}51)$$

对比空域的菲涅耳衍射积分可以看出, (13-2-51) 表达式中频域积分的强度分布与平面波照射矩形孔的衍射图像相似, 矩形孔的宽度分别是 $\Delta L_x/|\lambda r_{\mathrm{c}}|, \Delta L_y/|\lambda r_{\mathrm{c}}|$. 设横向及纵向取样数分别为 N_x, N_y, 它们与离散傅里叶变换频谱面的宽度之比分别为

$$P_{fx} = \frac{\Delta L_x/|\lambda r_{\mathrm{c}}|}{N_x/\Delta L_x} = \frac{\Delta^2 L_x}{N_x|\lambda r_{\mathrm{c}}|}, \quad P_{fy} = \frac{\Delta L_y/|\lambda r_{\mathrm{c}}|}{N_x/\Delta L_y} = \frac{\Delta^2 L_y}{N_x|\lambda r_{\mathrm{c}}|} \qquad (13\text{-}2\text{-}52)$$

由于 $D \gg A$, $G'_0(f_x, f_y)$ 的强度分布主要表现为矩形孔衍射图像与 δ 函数的卷积, 仍然呈现为一个矩形孔衍射图像. 由于 $r_{\mathrm{c}} = \dfrac{d}{1-M}$, 即较大的 M 必然与较大的矩形孔相对应. 当物体的投影尺寸甚大于 CCD 面阵尺寸时, 零级衍射光频谱将与物光及共轭物光的频谱混叠, 形成卷积重建场的噪声.

13.2.7.2 零级衍射光对卷积重建图像的影响

引入复常数 Q, 可将 (13-2-51) 式近似为频率空间的受限球面波:

$$G'_0(f_x, f_y) \approx Q\mathrm{rect}\left(\frac{f_x}{\Delta L_x/|\lambda r_{\mathrm{c}}|}, \frac{f_y}{\Delta L_y/|\lambda r_{\mathrm{c}}|}\right)\exp\left[-\mathrm{j}\pi\lambda r_{\mathrm{c}}(f_x^2 + f_y^2)\right] \qquad (13\text{-}2\text{-}53)$$

设共轭物光频谱中央坐标为 (f_{xc}, f_{yc}), 滤波器窗口函数则是

$$w_f(f_x, f_y) = \mathrm{rect}\left(\frac{f_x - f_{xc}}{M\Delta L_x/(\lambda d)}, \frac{f_y - f_{yc}}{M\Delta L_y/(\lambda d)}\right) \qquad (13\text{-}2\text{-}54)$$

通过滤波窗口的零级衍射光频谱则为

$$\begin{aligned}&G'_0(f_x, f_y)w_f(f_x, f_y)\\&\approx Q\mathrm{rect}\left(\frac{f_x}{\Delta L_x/|\lambda r_{\mathrm{c}}|}, \frac{f_y}{\Delta L_y/|\lambda r_{\mathrm{c}}|}\right)\mathrm{rect}\left(\frac{f_x - f_{xc}}{M\Delta L_x/(\lambda d)}, \frac{f_y - f_{yc}}{M\Delta L_y/(\lambda d)}\right)\\&\times \exp\left[-\mathrm{j}\pi\lambda r_{\mathrm{c}}(f_x^2 + f_y^2)\right]\end{aligned}$$
$$(13\text{-}2\text{-}55)$$

设 (13-2-55) 式中两矩形函数重叠区域的边宽分别是 $\Delta f_{x0}, \Delta f_{y0}$, 区域中心坐标是 (f_{x0}, f_{y0}). 令 (f_{xc}, f_{yc}) 在频率平面第一象限, 有

$$\Delta f_{x0} = \left[\frac{\Delta L_x}{2|\lambda r_{\mathrm{c}}|} - \left(f_{xc} - \frac{M\Delta L_x}{2\lambda d}\right)\right], \quad \Delta f_{y0} = \left[\frac{\Delta L_y}{2|\lambda r_{\mathrm{c}}|} - \left(f_{yc} - \frac{M\Delta L_y}{2\lambda d}\right)\right] \qquad (13\text{-}2\text{-}56)$$

当 $\Delta f_{x0}, \Delta f_{y0}$ 均为正值时, 则有

$$f_{x0} = \frac{\Delta L_x}{2|\lambda r_{\mathrm{c}}|} - \frac{\Delta f_{x0}}{2}, \quad f_{y0} = \frac{\Delta L_y}{2|\lambda r_{\mathrm{c}}|} - \frac{\Delta f_{y0}}{2} \qquad (13\text{-}2\text{-}57)$$

于是, (13-2-55) 式重新写为

$$G_0'(f_x,f_y)\,w_f(f_x,f_y) \approx Q\mathrm{rect}\left(\frac{f_x-f_{x0}}{\Delta f_{x0}},\frac{f_y-f_{y0}}{\Delta f_{y0}}\right)\exp\left[-\mathrm{j}\pi\lambda r_\mathrm{c}\left(f_x^2+f_y^2\right)\right]$$
(13-2-58)

将 (13-2-58) 式的频谱平移, 让矩形窗的中心与频率平面中心吻合, 并仍然用 f_x,f_y 为坐标, (13-2-58) 式变为

$$\begin{aligned}&G_0''(f_x,f_y)\,w_f''(f_x,f_y)\\&\approx Q\mathrm{rect}\left(\frac{f_x+f_{xc}-f_{x0}}{\Delta f_{x0}},\frac{f_y+f_{yc}-f_{y0}}{\Delta f_{y0}}\right)\exp\left[-\mathrm{j}\pi\lambda r_\mathrm{c}\left((f_x+f_{xc})^2+(f_y+f_{yc})^2\right)\right]\end{aligned}$$
(13-2-59)

参照 (13-2-48) 式, 零级衍射光在重建平面上的干扰场即为

$$U_0''(x',y') = F^{-1}\left\{G_0''(f_x,f_y)\,w_f''(f_x,f_y)\exp\left\{\mathrm{j}kd'\left[1-\frac{\lambda^2}{2}\left(f_x^2+f_y^2\right)\right]\right\}\right\}$$
(13-2-60)

按逆傅里叶变换将 (13-2-60) 式展开, 整理后得

$$\begin{aligned}U_0''(x',y') = {}& Q\lambda^2(d'+r_\mathrm{c})^2\exp\left[-\mathrm{j}\pi\lambda r_\mathrm{c}\left(f_{xc}^2+f_{yc}^2\right)+\mathrm{j}\pi\frac{(x'+\lambda r_\mathrm{c}f_{xc})^2+(y'+\lambda r_\mathrm{c}f_{yc})^2}{\lambda(d'+r_\mathrm{c})}\right]\\&\times\int_{-\infty}^{\infty}\int_{-\infty}^{\infty}\mathrm{rect}\left(\frac{X+\lambda r_\mathrm{c}f_{xc}+(f_{xc}-f_{x0})\lambda|d'+r_\mathrm{c}|}{\Delta f_{x0}\lambda|d'+r_\mathrm{c}|}\right.\\&\times\left.\frac{Y+\lambda r_\mathrm{c}f_{yc}+(f_{yc}-f_{y0})\lambda|d'+r_\mathrm{c}|}{\Delta f_{y0}\lambda|d'+r_\mathrm{c}|}\right)\\&\times\exp\left\{-\mathrm{j}\frac{\pi}{\lambda(d'+r_\mathrm{c})}\left[(X-x')^2+(Y-y')^2\right]\right\}\mathrm{d}X\mathrm{d}Y\end{aligned}$$
(13-2-61)

其中引用了下列代换:

$$X = \lambda|d'+r_\mathrm{c}|f_x - \lambda r_\mathrm{c}f_{xc},\quad Y = \lambda|d'+r_\mathrm{c}|f_y - \lambda r_\mathrm{c}f_{yc} \tag{13-2-61a}$$

分析 (13-2-61) 式可知, 在重建图像平面上零级衍射光的干扰是平面波照射下的一个矩形孔的衍射图像, 矩形孔在两坐标方向的宽度分别是

$$\Delta f_{x0}\lambda|d'+r_\mathrm{c}|,\quad \Delta f_{y0}\lambda|d'+r_\mathrm{c}| \tag{13-2-62}$$

数值分析容易证明, $M>1$ 时 (13-2-62) 式所确定的矩形孔尺寸通常甚小于 $\Delta L_x \times \Delta L_y$. 根据 (13-2-61) 式还可知, 矩形孔衍射斑中心坐标分别为

$$x_{d0} = -\lambda r_\mathrm{c}f_{xc} - (f_{xc}-f_{x0})\lambda|d'+r_\mathrm{c}|,\quad y_{d0} = -\lambda r_\mathrm{c}f_{yc} - (f_{yc}-f_{y0})\lambda|d'+r_\mathrm{c}|$$
(13-2-63)

因此，在重建平面上，零级衍射光形成的干扰斑位置是共轭物光频谱中心、球面波半径、重建距离及波长等参数的函数. 当斑点落在重建物光场上时，对重建场形成干扰.

13.2.7.3 保留物光场高频信息的消零级衍射光干扰研究

将相关参数代入 (13-2-63) 式可以看出，尺度缩放因子 M 越大，重建平面上零级衍射光斑点越小. 如果通过 M 及相关参数的选择，能让斑点落在重建像之外，便能避免干扰. 此外，由于斑点是一个矩形孔的衍射图像，在平行矩形孔边界的方向有较强的振幅，如果让重建像的中心在矩形衍射孔的对角线方向，将能最有效地避免干扰. 换言之，在设计全息系统时，让参考光沿 CCD 面阵对角线方向偏斜将有利于提高重建图像质量.

鉴于实际上常取 x 和 y 方向相同的取样数 N 进行重建计算. 为简明起见，令 CCD 面阵宽度 $\Delta L_x = \Delta L_y = \Delta L_m$，令干扰斑中心位于重建图像的四个角上，即令 $x_{d0} = y_{d0} = \Delta L/2$，并将相关参数代入 (13-2-63) 可得

$$2\Delta L_m M^2 - (4\lambda d f_{xc} + 2\Delta L_m) M + 2f_{xc}\lambda d - \Delta L_m = 0 \quad (13\text{-}2\text{-}64a)$$

$$2\Delta L_m M^2 - (4\lambda d f_{yc} + 2\Delta L_m) M + 2f_{yc}\lambda d - \Delta L_m = 0 \quad (13\text{-}2\text{-}64b)$$

显然，当 $f_{xc} = f_{yc}$ 时才能对 M 求解.

由于离散傅里叶变换得到的频谱平面宽度是 $N/\Delta L_m$，若 $f_{xc} = f_{yc} = \dfrac{N}{4\Delta L_m}$ 是共轭物光频谱的中心，物光与共轭物光的频谱在不混叠的情况下将能最充分地利用频率平面. 将这个较理想选择代入上面任一式得

$$4\Delta^2 L_m M^2 - (2\lambda dN + 4\Delta^2 L_m) M + \lambda dN - 2\Delta^2 L_m = 0 \quad (13\text{-}2\text{-}65)$$

利用 (13-2-65) 式，便能求出优化的尺度缩放因子 M.

现对上结果的物理意义作分析. 当 M 确定后，物平面宽度则为 $M\Delta L_m$. 由于频率平面的取样单位是 $1/\Delta L_m$，令 $N_M = M\Delta^2 L_m/\lambda d$ 是获取共轭物光频谱的选通滤波器取样宽度，代入 (13-2-65) 式得

$$N_M = \frac{M-1}{M-1-1/(2M)} \times \frac{N}{2} \quad (13\text{-}2\text{-}66)$$

对于较大的 M，必然有 $N_M \approx N/2$. 研究 x_{d0}, y_{d0} 的表达式 (13-2-63) 可知，$x_{d0} = y_{d0} = \Delta L_m/2$ 事实上对应于一个较大的 M 值. 因此，优化的尺度缩放因子 M 通常与 $N_M \approx N/2$ 相对应. 这意味着重建图像通常能较好地包含物体的高频信息.

至此，我们获得了避免零级衍射干扰时便于使用的理论结果. 虽然以上结论是基于在频率平面的第一象限的讨论获得的，但通过坐标旋转变换可以推广到其他象限使用. 下面进行实验证明.

13.2.7.4 消零级衍射光干扰的物光场高保真卷积重建实验

为简明地验证理论分析, 现基于图 13-2-9 光路中 YAG 激光实验数据进行研究. 被测量物体仍然是直径 24mm 的铝垫圈, 物体到 CCD 平面的距离为 750mm. CCD 像素宽度 5μm, 有效像素 1024×1024.

就消除零级衍射干扰而言, 传统的方法是选择适当的滤波窗口滤除零级衍射光频谱. 为便于比较, 先按传统方法进行重建. 选择尺度缩放因子 $M=6$ 和 5, 图 13-2-12 给出卷积重建的两组主要图像及结果. 其中, 图 13-2-12(a), 图 13-2-13(a) 分别是全息图的频谱. 在每幅图像上用浅色方框标示出选取共轭物光频谱时的滤波窗口尺寸及位置. 图 13-2-12(b), 图 13-2-13(b) 分别是通过滤波窗口、经过坐标平移及补零操作后的频谱. 基于这两幅图对应的频谱, 按照 (13-2-48) 式卷积重建的图像示于图 13-2-12(c) 及图 13-2-13(c). 可以看出, 由于图 13-2-12(b) 的滤波器不能完全滤除零级衍射光频谱, 图 13-2-12(c) 重建图像中形成强烈的噪声. 而图 13-2-13(b) 有效滤除了零级衍射光频谱, 图 13-2-13(c) 重建图像中不再看到零级衍射光的影响. 然而, 图 13-2-13(a) 的滤波窗小于图 13-2-12(a), 图 13-2-13(c) 是以损失重建图像的高频信息为代价而消除干扰的. 因此, 研究既保留图像的高频信息, 又能有效消除零级衍射光的影响的方法, 对于实现高质量的数字全息检测有重要意义.

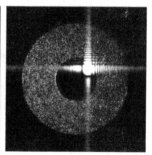

(a) 全息图频谱　　(b) 带干扰的共轭物光频谱　　(c) 卷积重建图像

$M=6$, $P_{fx}=P_{fy}=0.32$, 1024×1024 像素

图 13-2-12　带零级衍射干扰的物光场卷积重建

将相关实验参数代入 (13-2-65), 求得优化的尺度缩放因子 $M=8.39$. 于是有 $r_c = d/M = 89.39\text{mm}$ 以及 $d' = d/(1-M) = -101.49\text{mm}$. 图 13-2-14(a), (b), (c) 分别给出全息图的频谱、重建物光的频谱及重建图像. 从图 13-2-14(b) 及图 13-2-14(c) 可以看出, 尽管滤波器允许大量的零级衍射光频谱通过, 但如理论所预测, 噪声斑被移到图像边角区域, 不对物体的重建像形成直接影响. 在不触及物光频谱的前提下, 选通滤波器窗已经最大限度地获取了共轭物光频谱. 因此, 重建图像中有效地包含了物光场的高频信息.

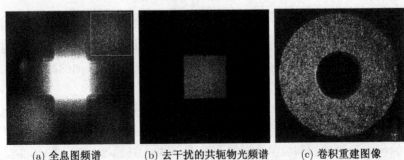

(a) 全息图频谱　　(b) 去干扰的共轭物光频谱　　(c) 卷积重建图像

$M=5$, $P_{fx}=P_{fy}=0.26$, 1024×1024像素

图 13-2-13　损失物光场高频信息的消零级衍射干扰卷积重建

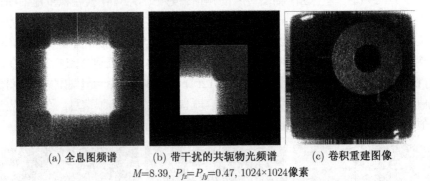

(a) 全息图频谱　　(b) 带干扰的共轭物光频谱　　(c) 卷积重建图像

$M=8.39$, $P_{fx}=P_{fy}=0.47$, 1024×1024像素

图 13-2-14　消零级衍射光干扰的物光场高保真卷积重建

应该指出，(13-2-52) 式对零级衍射光频谱分布的描述也是比较准确的．以上三组图像下方均给出了衍射孔的宽度与频谱平面的宽度比．

考察重建图像 13-2-14(c) 还可以看出，对于本实验，重建平面上还有足够的空间放置较大尺寸物体的像，物体的对称中心也未在理想位置．因此，移动物体，或通过参考光的调整变化物光或共轭物光的频谱位置，让零级衍射干扰对称地分布在重建图像平面边沿，还能更好地限制零级衍射光的干扰．因此，(13-2-65) 式还为光学系统的设计及调整提供了便于使用的依据．

综上所述，将研究对象视为散射体，基于统计光学及数字全息的基本理论，本节导出了一种能有效保留重建物光场高频信息的消零级衍射光干扰的方法．对于实现高质量的数字全息检测有重要意义．

13.3　三维面形的数字全息检测及相位测量技术

由于数字全息能够计算邻近物体的物平面光波场．通过对光波场的振幅及相位变化的分析, 原则上能获得邻近物平面物体的三维形貌. 但在实际中存在以下困难: 其一, 通过数值重建得到的是反正切函数在其主值范围内的相位分布, 需要进行相位解包裹; 其二, 对于深度变化较大的实际物体, 根据散射光的统计光学分析, 重建平面上事实上是一个相位随机变化的散斑场, 不可能完成高度测量.

然而, 理论及实验研究表明, 借助于两种波长差异较小的照明物光或照明物光角度变化的数字全息技术, 可以等效地重建出一个波长较大的物平面光波场. 并且, 通过适当的处理, 还能有效地消除散射光随机相位变化对测量的影响, 实现三维面形的检测. 这就是近年来发展起来并获得实际应用的三维面形数字全息检测.

13.3.1 数字全息三维面形检测原理

图 13-3-1 是研究数字全息三维形貌测量原理的相关坐标定义图. 在直角坐标 $oxyz$ 中定义与被测量物体相切的平面为 $z=0$ 平面, 该平面也将是数字全息重建平面; CCD 窗口在 $z=d_1$ 平面. 为简明起见, 图中未标出参考光.

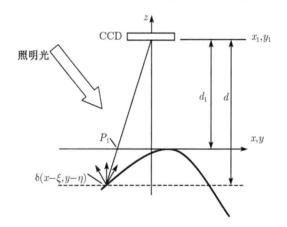

图 13-3-1 数字全息三维形貌测量原理图

根据统计光学理论[1~3], 光学粗糙表面的散射光场可以视为来自表面的大量散射基元的散射光. 引入 δ 函数可将中心坐标为 (ξ, η, ζ) 的散射基元的散射光近似为

$$u_0(\xi, \eta, \zeta) = o(\xi, \eta, \zeta) \delta(x-\xi, y-\eta) \exp[j\phi(\xi, \eta, \zeta) + j\phi_r] \tag{13-3-1}$$

式中, $o(\xi, \eta, \zeta)$ 是随机振幅, 其平方值正比于投向观测方向的漫反射光的强度; $\phi(\xi, \eta, \zeta)$ 对应于物体表面经光学平滑处理后照明光的相位; ϕ_r 是与照明光及与所研究散射基元相关的随机相位, 变化范围 $-\pi \sim \pi$.

令该散射基元到 CCD 平面的距离为 d, 在 CCD 平面的光波场由菲涅耳衍射积分表出

$$u_\delta(x_1,y_1;\xi,\eta,\zeta) = \frac{\exp(\mathrm{j}kd)}{\mathrm{j}\lambda d} o(\xi,\eta,\zeta) \exp[\mathrm{j}\phi(\xi,\eta,\xi)+\mathrm{j}\phi_\mathrm{r}]$$
$$\iint_{-\infty}^{\infty} \delta(x_0-\xi,y_0-\zeta)\exp\left\{\frac{\mathrm{j}k}{2d}[(x_0-x_1)^2+(y_0-y_1)^2]\right\}\mathrm{d}x_0\mathrm{d}y_0 \tag{13-3-2}$$

式中,$\mathrm{j}=\sqrt{-1},k=2\pi/\lambda$,$\lambda$是光波长.

利用 δ 函数的筛选性质,即得

$$u_\delta(x_1,y_1;\xi,\eta,\zeta) =$$
$$\frac{\exp[\mathrm{j}kd+\mathrm{j}\phi(\xi,\eta,\zeta)+\mathrm{j}\phi_\mathrm{r}]}{\mathrm{j}\lambda d} o(\xi,\eta,\zeta) \exp\left\{\frac{\mathrm{j}k}{2d}[(x_1-\xi)^2+(y_1-\eta)^2]\right\} \tag{13-3-3}$$

定义到达 CCD 的参考光为振幅 a_r 相位 $\psi(x_1,y_1)$ 的均匀光波:

$$R(x_1,y_1) = a_\mathrm{r}\exp[\mathrm{j}\psi(x_1,y_1)]$$

参考光与物光在平面 x_1y_1 的干涉场强度则为

$$\begin{aligned}I_\delta(x_1,y_1;\xi,\eta,\zeta) &= |u_\delta(x_1,y_1;\xi,\eta,\zeta)+R(x_1,y_1)|^2\\ &= \frac{o^2(\xi,\eta,\zeta)}{\lambda^2 d^2}+a_\mathrm{r}^2+u_\delta^*(x_1,y_1;\xi,\eta,\zeta)R(x_1,y_1)\\ &\quad +u_\delta(x_1,y_1;\xi,\eta,\zeta)R^*(x_1,y_1)\end{aligned} \tag{13-3-4}$$

由 CCD 记录的干涉图为干涉场强度分布与 CCD 窗口函数 $w(x_1,y_1)$ 之积:

$$I_{w\delta}(x_1,y_1;\xi,\eta,\zeta) = I_\delta(x_1,y_1;\xi,\eta,\zeta)w(x_1,y_1) \tag{13-3-5}$$

假定 CCD 的取样满足取样定理,窗口函数可以直接用探测器列阵的宽 L_x 和高 L_y 表为

$$w(x_1,y_1) = \mathrm{rect}\left(\frac{x_1}{L_x}\right)\mathrm{rect}\left(\frac{y_1}{L_y}\right) \tag{13-3-6}$$

让全息图 $I_{w\delta}(x_1,y_1;\xi,\eta,\zeta)$ 与参考光 R 相乘,并假定已经消除零级衍射及共轭光,重建场可由菲涅尔衍射逆运算[6] 给出

$$\begin{aligned}h_\delta(x,y;\xi,\eta,-d_1) &= \frac{\exp(-\mathrm{j}kd_1)}{-\mathrm{j}\lambda d_1}\iint_{-\infty}^{\infty} w(x_1,y_1)u_\delta(x_1,y_1;\xi,\eta,\zeta)a_\mathrm{r}^2\\ &\quad \times\exp\left\{-\frac{\mathrm{j}k}{2d_1}[(x_1-x)^2+(y_1-y)^2]\right\}\mathrm{d}x_1\mathrm{d}y_1\end{aligned} \tag{13-3-7}$$

将 u_δ 的表达式 (13-3-3) 代入 (13-3-7) 式,令 $d_m=\left(\dfrac{1}{d}-\dfrac{1}{d_1}\right)^{-1}$,$x_m=x_1\dfrac{d_1}{d_m}-\dfrac{d_1\xi}{d}$ 以及 $y_m=y_1\dfrac{d_1}{d_m}-\dfrac{d_1\eta}{d}$,经整理可得

13.3 三维面形的数字全息检测及相位测量技术

$$h_\delta(x,y;\xi,\eta,\zeta) = \frac{\exp[\mathrm{j}k(d-d_1)+\mathrm{j}\phi(\xi,\eta,\zeta)+\mathrm{j}\phi_\mathrm{r}]}{\lambda^2 dd_1^3} d_m^2 a_\mathrm{r}^2 o(\xi,\eta,\zeta)$$

$$\times \exp\left\{\frac{\mathrm{j}k}{2}\left(\frac{\xi^2+\eta^2}{d} - \frac{x^2+y^2}{d_1}\right) - \frac{\mathrm{j}k}{2}d_m\left[\left(\frac{\xi}{d}-\frac{x}{d_1}\right)^2 + \left(\frac{\eta}{d}-\frac{y}{d_1}\right)^2\right]\right\}$$

$$\times \int_{-\infty}^{\infty}\int_{-\infty}^{\infty} w\left(\frac{x_m+\xi d_1/d}{d_1/d_m}, \frac{y_m+\eta d_1/d}{d_1/d_m}\right)$$

$$\times \exp\left\{\frac{\mathrm{j}k}{2d_1(d_1/d_m)}\left[(x_m+x)^2+(y_m+y)^2\right]\right\}\mathrm{d}x_m\mathrm{d}y_m$$
(13-3-8)

(13-3-8) 式是一个相关运算, 但将积分式中 $(x_m+x)^2+(y_m+y)^2$ 写成 $[x_m-(-x)]^2+[y_m-(-y)]^2$ 后, 重建场也可以视为放大 (d_1/d_m) 倍的 CCD 窗口经距离 $(d_1/d_m)d_1$ 的菲涅耳衍射. 由于放大率 $|d_1/d_m| = |d_1/d-1| \ll 1$ 通常是满足的. 因此, 重建场是中心在 $-x = -\dfrac{d_1}{d}\xi, -y = -\dfrac{d_1}{d}\eta$ 的一个很小矩形孔的衍射斑.

当 $-x = -\dfrac{d_1}{d}\xi, -y = -\dfrac{d_1}{d}\eta$ 时, (13-3-8) 式表述的衍射光没有任何偏斜, 二重积分值是实数 c. 令 $C_R = \dfrac{c}{\lambda^2 dd_1^3}d_m^2 a_\mathrm{r}^2$, 则有

$$h_\delta\left(\frac{d_1}{d}\xi, \frac{d_1}{d}\eta; \xi,\eta,\zeta\right)$$
$$= C_R o(\xi,\eta,\zeta)\exp[\mathrm{j}k(d-d_1)+\mathrm{j}\phi(\xi,\eta,\zeta)+\mathrm{j}\phi_\mathrm{r}]\exp\left[-\frac{\mathrm{j}k}{2}\left(\frac{\xi^2+\eta^2}{d/(d_1/d_m)}\right)\right]$$
(13-3-9)

为分析这个结果, 在图 13-3-1 中令 P_1 是散射基元中心 (ξ,η,ζ) 到 CCD 中心的连线与 $z=0$ 平面的交点. 根据几何关系知, 上式是 P_1 点的重建场复振幅. 因此, 中心坐标为 (ξ,η,ζ) 散射基元发出的光波在 $z=0$ 平面上的数字全息重建场是很小矩形孔的衍射斑, 衍射斑中心的复振幅由 (13-3-9) 描述. 此外, 由于 $\zeta = -(d-d_1)$ 代表以切平面 $z=0$ 为参考面的物体表面点 (ξ,η,ζ) 的深度. 于是, 在直角坐标 $oxyz$ 中, 若物体表面由曲面 $z=z(x,y)$ 表示, 可以将 (13-3-9) 式在 $oxyz$ 直角坐标中重新写为

$$h_\delta\left(\frac{d_1}{d}x, \frac{d_1}{d}y, 0\right)$$
$$= C_R o(x,y,z)\exp[-\mathrm{j}kz+\mathrm{j}\phi(x,y,z)+\mathrm{j}\phi_\mathrm{r}]\exp\left[-\frac{\mathrm{j}k}{2}\left(\frac{x^2+y^2}{d/(d_1/d_m)}\right)\right]$$
(13-3-10)

(13-3-10) 式右边最后一项是半径为 $|d/(d_1/d_m)|$ 的球面波相位因子. 由于 $|d_1/d_m| \ll 1$, 并且所研究物体通常位于离光轴不远的区域, 以至于 $\dfrac{x^2+y^2}{d/(d_1/d_m)} \ll \lambda$

通常能够满足. 这时, (13-3-10) 还可简化为

$$h_\delta\left(\frac{d_1}{d}x, \frac{d_1}{d}y, 0\right) = C_R o(x,y,z)\exp\left[-\mathrm{j}kz + \mathrm{j}\phi(x,y,z) + \mathrm{j}\phi_\mathrm{r}\right] \tag{13-3-11}$$

将来自物体表面的散射光视为许多不同位置基元的具有统计独立的随机振幅及相位的散射光叠加, 注意到中心坐标 (x,y,z) 的基元发出的光波在重建平面上的衍射场将是中心坐标 $\left(\dfrac{d_1}{d}x, \dfrac{d_1}{d}y, 0\right)$ 的衍射斑, 并且条件 $|d_1/d_m| = |d_1/d - 1| \ll 1$ 满足时, 则有 $x \approx \dfrac{d_1}{d}x, y \approx \dfrac{d_1}{d}y$. 将所有扩展到衍射斑中心的光波场用振幅及相位均是随机数的函数 $e_\mathrm{r}\exp(\mathrm{j}\Psi_\mathrm{r})$ 表示, 整个物体在 $z=0$ 平面的重建的光波场将具下述形式

$$O(x,y,0) = e_\mathrm{r}\exp(\mathrm{j}\Psi_\mathrm{r}) + C_R o(x,y,z)\exp[\mathrm{j}\phi(x,y,z) + \mathrm{j}\phi_\mathrm{r} - \mathrm{j}kz] \tag{13-3-12}$$

虽然在形式上相邻散射基元的衍射场能够扩展到该衍射斑内, 但是每一小矩形孔在重建平面的衍射场能量仅仅局限于矩形孔几何投影区附近, 衍射距离 $|(d_1/d_m)d_1|$ 越短, 它能扩展到相邻衍射斑内的光波振幅值就越小. 此外, 相邻基元的影响对应于偏离相邻矩形孔衍射场中心的光波场, 其衍射波的相位将随偏离其中心距离的变化而强烈变化. 从统计的观点看, 这将使得扩展到所研究位置的所有相邻基元衍射波的叠加成为一个有微小振幅值 e_r 以及相位 $\Psi_\mathrm{r} \approx 0$ 的准零相位光波场. 因此, $e_\mathrm{r}\exp(\mathrm{j}\Psi_\mathrm{r})$ 对相位测量的影响通常可以忽略.

事实上, 重建物平面的计算等效于对物体在计算机虚拟空间成像计算, (13-3-2) 式右边第一项能够忽略对应于 $|e_\mathrm{r}/C_R o(x,y,z)| \ll 1$ 或者数字全息重建像在像的 "景深" 范围内的情况. 关于数字全息重建像的景深问题已经有研究人员[12] 作过十分有益的研究, 在此不作进一步讨论. 实际研究表明, 对于三维面形测量, 邻近物体平面的重建场通常具有足够的景深. 作为实验证明, 用一个身高 150mm 的仿制陶兵马俑为物体, 图 13-3-2 给出重建平面与兵马俑头部前后切面及中间剖面相吻合的三幅数字全息重建像.

可以看出, 在深度变化 20mm 的范围内, 重建图像没有可以察觉的变化. 并且, 重建像能够较清晰地反映出兵马俑的轮廓及照明的情况. 这个结果表明, 重建像场强度与从物体表面漫反射光的强度 $|C_R o(x,y,z)|^2$ 近似成正比. 这正是 (13-3-12) 式右边第二项在邻近物体的重建光波场中起主导作用的一个实验证明.

基于上面的讨论, 可以足够好地将邻近物体的重建场最终表示成

$$O(x,y,0) = C_R o(x,y,z)\exp[\mathrm{j}\phi(x,y,z) + \mathrm{j}\phi_\mathrm{r} - \mathrm{j}kz] \tag{13-3-13}$$

若图 13-3-1 中照明光是平行于 xoz 与 z 轴的夹角为 θ 的平行光, 可将相位写成

$$\phi(x,y,z) = k(x\sin\theta - z\cos\theta) \tag{13-3-14}$$

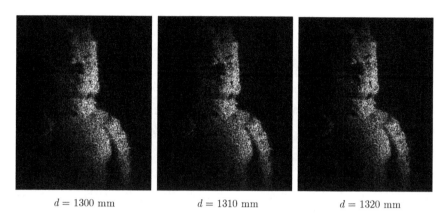

图 13-3-2 物体前后切平面 ($d = 1300$mm, $d = 1320$mm) 及中央剖面 ($d = 1310$mm) 重建图像比较

数字全息重建的物平面光波场则为

$$O(x,y,0) = C_R o(x,y,z) \exp[jk(x\sin\theta - z(1+\cos\theta)) + j\phi_r] \quad (13\text{-}3\text{-}15)$$

在 $z = 0$ 平面上,振幅为 a_0 的照明光的复振幅可以表为

$$E(x,y,0) = a_0 \exp[jkx\sin\theta] \quad (13\text{-}3\text{-}16)$$

令物体高度分布函数为 $z = z(x,y)$,于是有

$$\frac{O(x,y,0)}{E(x,y,0)} = C_R \frac{o(x,y,z)}{a_0} \exp[-jkz(x,y)(1+\cos\theta) + j\phi_r] \quad (13\text{-}3\text{-}17)$$

定义与照明光的几何配置有关的 $c_g = 1 + \cos\theta$ 为几何因子,并定义绝对相位:

$$\Gamma(x,y) = \frac{2\pi}{\lambda} c_g z(x,y) \quad (13\text{-}3\text{-}18)$$

(13-3-17) 式也可写为

$$\frac{O(x,y,0)}{E(x,y,0)} = C_R \frac{o(x,y,z)}{a_0} \exp[-j\Gamma(x,y) + j\phi_r] \quad (13\text{-}3\text{-}19)$$

(13-3-19) 式所描述的光波在 $z = 0$ 平面的与沿 z 轴传播的平面光波干涉的图像为

$$I(x,y) = \left|1 + \frac{O(x,y,0)}{E(x,y,0)}\right|^2 = 1 + \frac{o^2}{a_0^2} + 2\frac{o}{a_0}\cos[-\Gamma(x,y) + \phi_r] \quad (13\text{-}3\text{-}20)$$

如果 ϕ_r 是变化范围甚小于 2π 的随机值,该式事实上给出了带有相位噪声 ϕ_r 的物体的等高线图案. 等高线间距是

$$\Delta z = \frac{\lambda}{c_g} \quad (13\text{-}3\text{-}21)$$

令最大噪声相位是 $|\phi_r|_{\max} = \varepsilon 2\pi$, $(0 < \varepsilon < 1)$, 则高度测量的绝对误差为

$$\delta z = \frac{\varepsilon \lambda}{c_g} \tag{13-3-22}$$

由于平面 $z = 0$ 上的光波场绝对相位通过数值重建可以直接得到, 原则上通过 (13-3-19) 或 (13-3-20) 式可以获得物体的三维形貌信息. 但是, 如果是直接用可见光做数字全息, 当物体表面不是光学平滑表面时, ϕ_r 项是 $-\pi$ 和 π 间的随机噪声, 这时, (13-3-20) 式中的干涉条纹亦被噪声烟湮没, 无法通过等高线的识别获得物体的高度分布, 测量事实上不能进行. 此外, 即使是物体表面为光学平滑面, 重建像的景深也足够大, 由于等高线间隔是波长量级, 物体高度的测量还必须进行繁杂的相位解包裹计算. 这些原因让物体形貌测量只能局限于若干波长量级的深度变化范围, 显著限制了它的实际应用. 但是, 如果能够让测量时对应的是一个较大的波长, 情况则大不相同. 这就是下面将继续讨论的等效光波的数字全息及多波长等高线相位绝对测量技术[7,8].

13.3.2 等效光波的数字全息及绝对相位的计算

设 $\lambda_1 > \lambda_0$, 用波矢 $|\boldsymbol{k}_0| = 2\pi/\lambda_0$ 及 $|\boldsymbol{k}_1| = 2\pi/\lambda_1$ 的光波做数字全息时, 邻近物体表面的散射光复振幅分别是

$$O_0(\boldsymbol{r}) = o_0(\boldsymbol{r}) \exp[\mathrm{j}\boldsymbol{k}_0 \cdot \boldsymbol{r} + \mathrm{j}\phi_{r0}] \tag{13-3-23}$$

$$O_1(\boldsymbol{r}) = o_1(\boldsymbol{r}) \exp[\mathrm{j}\boldsymbol{k}_1 \cdot \boldsymbol{r} + \mathrm{j}\phi_{r1}] \tag{13-3-24}$$

式中, $o_0(\boldsymbol{r}), o_1(\boldsymbol{r}), \phi_{r0}, \phi_{r1}$ 均是随机变量.

当分别通过数字全息重建了物平面光波场时, 利用计算机不难获得

$$O'(\boldsymbol{r}) = \frac{O_0(\boldsymbol{r})}{O_1(\boldsymbol{r})} = \frac{o_0(\boldsymbol{r})}{o_1(\boldsymbol{r})} \exp[\mathrm{j}(\boldsymbol{k}_0 - \boldsymbol{k}_1) \cdot \boldsymbol{r} + \mathrm{j}(\phi_{r0} - \phi_{r1})] \tag{13-3-25}$$

现在考查这个结果. $O'(\boldsymbol{r})$ 的振幅 $o'(\boldsymbol{r}) = o_0(\boldsymbol{r})/o_1(\boldsymbol{r})$ 是随机变量; 非光学平滑表面散射引起的附加相位 $\phi_r = \phi_{r0} - \phi_{r1}$ 仍然是随机变量, 但是, 由于 λ_1 与 λ_0 差别通常很小 (见下一节测量实例), 表面非光学平滑引起的两照明光的随机相位变化非常接近, 使得 ϕ_r 的随机变化范围也显著减小; 相位因子中 $\boldsymbol{k}_0$ 和 $\boldsymbol{k}_1$ 是方向相同但数值不一的波矢量. 令 $\boldsymbol{k} = \boldsymbol{k}_0 - \boldsymbol{k}_1$ 以及 $|\boldsymbol{k}| = 2\pi/\Lambda_1$, 显然有

$$\Lambda_1 = \frac{\lambda_1 \lambda_0}{\lambda_1 - \lambda_0} \tag{13-3-26}$$

因此, (13-3-3) 式可以重新写为

$$O'(\boldsymbol{r}) = o'(\boldsymbol{r}) \exp[\mathrm{j}\boldsymbol{k} \cdot \boldsymbol{r} + \mathrm{j}\phi_r] \tag{13-3-27}$$

不难看出, (13-3-5) 式等效于使用一个较长波长 Λ_1 的光束对物体照明. 当波长变大后, 对于通过相位检测获取物体表面的信息的研究通常带来方便. 由于 ϕ_r 的变化范围小于 $[-\pi, \pi]$, 使得散射波相位中包含有可检测的物体表面的位置信息, 通过相位检测获取物体表面位置信息成为可能; 此外, 物体表面位移是由散射光相位变化 $\Delta(r) = d(r) \cdot s(r)$ 给出的 (见 (13-2-14) 式的相关讨论), 当波长 Λ_1 较大时, 灵敏度矢量 $s(r)$ 的数值将减小. 对于给定的位移场 $d(r)$, 可以通过适当选择的 Λ_1, 让整个物体位移场测量中相位变化 $\Delta(r)$ 控制在 2π 之内, 不作相位展开就能根据形变前后重建物平面相位差获得物体的表面位移信息.

13.3.3 多波长等高线数字全息三维面形测量技术

(13-3-27) 式事实上为我们扩大单一波长光波作物体的三维面形测量的范围提供了可能性. 因为根据物体的最大高度, 总可以再引入一个照明光, 从理论上得到一个较大的等效波长 Λ_1, 使物体表面高度变化引起的散射光的相位变化控制在 2π 以内. 如果还能够有效消除随机相位 ϕ_r 的影响, 则能实现高度变化范围较大的三维面形的检测. 当能够准确检测形变前后的物体三维面形时, 物体表面的形变测量不再受最大位移必须小于散斑尺寸的限制 (见 13.1.1 的讨论), 对于实际应用有重要意义.

13.3.3.1 多波长等高线相位绝对测量方法及多波长序列的确定

多波长等高线相位绝对测量技术的基本思想是以一种较大的合成光波长 Λ_1 开始, 逐步减小合成波长, 当波长减小到某一数值 Λ_k 时, 高度测量的绝对误差则减小到 $\varepsilon \Lambda_k / c_g$. 虽然, 减小合成波长将使绝对相位超过 $2n\pi$ (n 为整数), 但该方法能准确得到合成波长减小时对应的整数 n, 从而较准确地获得测试点的绝对相位.

设 $z_{\max}$ 是被测量物体的最大深度, 令第一次形成的等效合成波长为[7]

$$\Lambda_1 = \frac{z_{\max} c}{1 - 4\varepsilon} \tag{13-3-28}$$

此后合成波长逐步减小, 第 k 次减小为 Λ_k. 理论分析证明[8], 如果逐步减小合成波长的过程中相邻合成波长满足

$$\Lambda_{k+1}(1 - 4\varepsilon) \geqslant \Lambda_k 4\varepsilon \quad 或 \quad \Lambda_{k+1} \geqslant \Lambda_k \frac{4\varepsilon}{1 - 4\varepsilon} \tag{13-3-29}$$

则可以非常准确地确定绝对相位 Γ_k.

为使用上结果, 公式 (13-3-29) 取等号, 将 Λ_k 表为

$$\Lambda_k = \Lambda_1 \left(\frac{4\varepsilon}{1 - 4\varepsilon} \right)^{k-1} \tag{13-3-30}$$

或者
$$\Lambda_k = \frac{\lambda_k \lambda_0}{\lambda_k - \lambda_0} = \frac{\Lambda_1 \left[4\varepsilon/(1-4\varepsilon)\right]^{k-1}}{\Lambda_1 \left[4\varepsilon/(1-4\varepsilon)\right]^{k-1} - \lambda_0} \cdot \lambda_0 \tag{13-3-31}$$

根据实际情况选择合适的 λ_0 以及可以接受的最大误差 $\varepsilon\Lambda_{k_{\max}}/c_g$, 利用公式 (13-3-30) 即可确定合成波长数 $k_{\max}$, 从而通过最少的合成波长数达到预期的测量精度.

13.3.3.2 确定绝对相位的递推公式

公式 (13-3-29) 取等号时, 可以直接得到相邻两次合成波长之间的关系

$$\Lambda_k = \Lambda_{k+1} \frac{1-4\varepsilon}{4\varepsilon} \tag{13-3-32}$$

分析上式知, 如果已经准确知道第 k 步测量的绝对相位 $\varGamma_k$, 由于波长 Λ_k 是 Λ_{k+1} 的 $\frac{1-4\varepsilon}{4\varepsilon}$ 倍, 第 $k+1$ 步的绝对相位 $\varGamma_{k+1}$ 则是 $\varGamma_k$ 的 $\frac{1-4\varepsilon}{4\varepsilon}$ 倍. 然而, 这个结论只是在准确地知道 $\varGamma_k$ 的情况下才成立. 如果在 $\varGamma_k$ 存在误差的情况下使用这个结论, 将把第 k 次测量的误差放大 $\frac{1-4\varepsilon}{4\varepsilon}$ 倍带到 $\varGamma_{k+1}$ 中, 不能实现逐级减小测量误差的初衷. 然而, 当我们已经测量得到的第 $k+1$ 步模为 2π 的相位 $\Delta\varPhi_{k+1}$ 时, $\left(\varGamma_k \frac{1-4\varepsilon}{4\varepsilon} - \Delta\varPhi_{k+1}\right)$ 可以近似视为 $\varGamma_{k+1}$ 取模时失去的 $2n\pi$ 相位. 理论分析证明[7], 整数 n 准确满足:

$$n = \mathrm{INT}\left[\frac{1}{2\pi}\left(\varGamma_k \frac{1-4\varepsilon}{4\varepsilon} - \Delta\varPhi_{k+1}\right) + \frac{1}{2}\right] \tag{13-3-33}$$

式中 INT[*] 代表对方括号中的数值取整数部分. 于是可将 $\varGamma_{k+1}$ 表示成

$$\varGamma_{k+1} = \Delta\varPhi_{k+1} + \mathrm{INT}\left[\frac{1}{2\pi}\left(\varGamma_k \frac{1-4\varepsilon}{4\varepsilon} - \Delta\varPhi_{k+1}\right) + \frac{1}{2}\right] \times 2\pi \tag{13-3-34}$$

考查这个结果可知, 等式右端第二项是准确值. $\varGamma_{k+1}$ 的误差只存在于第一项 $\Delta\varPhi_{k+1}$ 中, 且 $\Delta\varPhi_{k+1}$ 始终是小于 2π 的值. 由于第二项随 k 的增加而增加, 因此所确定的绝对相位 $\varGamma_{k+1}$ 的误差将随 k 的增加逐步减小. 在实际测量中, 根据 (13-3-28) 式确定出 Λ_1 后, 可以获得小于 2π 的绝对相位 $\varGamma_1 = \Delta\varPhi_1$. 代入递推公式 (13-3-34), 即能获得误差逐步减小的绝对相位. 下面给出测量实例.

13.3.3.3 多波长等高线法测量实例

文献 [7] 给出一个高度有跃变的铰链套测量实例 (见图 13-3-3). 实验时使用的 CCD 是 1024 像素 ×1024 像素, θ=28.5°, 几何因子 c=1.88. 估计误差 ε=1/12. 最大深度 $z_{\max}\approx 1.0$mm. 令 $z_{\max} = 1.078$mm $= [\Lambda_1 \cdot (1-4\varepsilon)]/c$, 得到 Λ_1 =3.04mm.

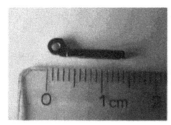 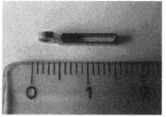

(a) 侧面图　　　　　　　　(b) 顶视图

图 13-3-3　铰链套

设 $\lambda_0 = 579.01\text{nm}$, 根据公式 (13-3-30), (13-3-31), 计算得 $\lambda_1 = 579.12\text{nm}$, $\lambda_2 = 579.23\text{nm}$, $\lambda_3 = 579.45\text{nm}$, 以及 $\Lambda_3 = 0.76\text{mm}$. 最后步进的深度误差是 $\delta z = \dfrac{\varepsilon \Lambda_k}{c} \approx 0.034\text{mm} = 34\mu\text{m}$.

测量步骤如下:

(1) 根据波长 $\lambda_1 \lambda_2 \lambda_3$ 的实验重建物平面光波场 0 到 3;

(2) 由物平面光波场 1 和 $0(\Lambda_1 = 3.04\text{mm})$ 重建模为 2π 的相位差 $\Delta\Phi_1$; 由物平面光波场 2 和 $0(\Lambda_2 = 1.52\text{mm})$ 重建模为 2π 的相位差 $\Delta\Phi_2$; 由物平面光波场 3 和 $0(\Lambda_3 = 0.76\text{mm})$ 重建模为 2π 的相位差 $\Delta\Phi_3$;

(3) 应用递归运算公式 (13-3-34) 求绝对相位及物体高度分布.

图 13-3-4 是绝对相位的逐级展开过程示意图. 其中, 图 13-3-4(a), (b) 和 (c) 给出了用 0~255 级灰度表示的相位 $\Delta\Phi_1$ 到 $\Delta\Phi_3$. 误差系数 ε 引起的噪音在三个图像中基本相同, 但从 $\Delta\Phi_1$ 到 $\Delta\Phi_3$ 信噪比逐步增加. 图 13-3-4(d) 是展开的 0~255 等级灰度表示的绝对相位 Γ_3 的灰度图像. 根据该图像可以看出, 被测量物体高度有三个不同的灰度区. 黑色灰度值代表深度较大的区域, 而较亮的区域表示深度较

(a) $\Delta\Phi_1(\Delta\Lambda_1=3.04\text{mm})$　(b) $\Delta\Phi_2(\Delta\Lambda_2=1.52\text{mm})$　(c) $\Delta\Phi_3(\Delta\Lambda_3=0.76\text{mm})$　(d) 展开相位 Γ_3 的灰度图像

图 13-3-4　绝对相位的逐级展开过程

小. 三个区域深度等级非常明显. 但是, 由于加工的原因, 最深的区域表示特定的粗糙部分, 综合三个不同区域的相位信息才可以获得这一区域的正确高度[7]. 根据 Γ_3 绘出的三维形貌图如图 13-3-5. 在给定的误差范围内, 该方法测量的结果与用另外的精密检测获得的结果一致[7], 证明多波长等高线测量是可靠的.

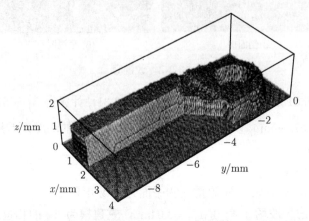

图 13-3-5　根据绝对相位 Γ_3 绘出的铰链套三维形貌图

应用研究中, 利用染料激光器可以在一个很宽的波长范围内提供出所需要的相干光波, 一些稳定的半导体激光也能提供所需的不同波长. 因此, 上述方法具有重要的实用价值.

13.3.4　改变照明光倾角的测量技术

研究上面绝对相位的测量方法可以发现, 让两次不同波长照明条件下重建的物平面光波场在计算机的虚拟空间进行叠加, 是获得等高线的关键. 理论及实验研究证明[9], 如果使用单一波长的激光照明, 使用改变投射角获得的两个重建场进行叠加, 也能形成等高线.

根据 (13-3-14), 当用波长 λ, 倾角为 θ 及 $\theta + \Delta\theta$ 的平行光照明物体时, 重建物平面光波场的相位分布分别为

$$\phi_1(x,y) = \frac{2\pi}{\lambda}\left[x\sin\theta - z(1+\cos\theta)\right] + \phi_{r1} \tag{13-3-35}$$

$$\phi_1(x,y) = \frac{2\pi}{\lambda}\left[x\sin(\theta+\Delta\theta) - z(1+\cos(\theta+\Delta\theta))\right] + \phi_{r2} \tag{13-3-36}$$

两式中, ϕ_{r1}, ϕ_{r2} 均是在 $-\pi$ 到 π 有均匀取值概率的随机相位.

于是, 两式之差为

$$\begin{aligned}&\phi_1(x,y) - \phi_2(x,y) \\ &= \frac{2\pi}{\lambda}\{x[\sin\theta - \sin(\theta+\Delta\theta)] - z[\cos\theta - \cos(\theta+\Delta\theta)]\} + \phi_{r1} - \phi_{r2}\end{aligned} \tag{13-3-37}$$

当 $\Delta\theta$ 较小时, 可以认为物体表面对同一光波散射的特性变化不大. (13-3-37) 式中 $\phi_{r1} - \phi_{r2}$ 不再是由 $-\pi$ 到 π 有均匀取值概率的随机数. 于是, 与前面的处理相似, 定义 $\phi_{r1} - \phi_{r2} = \varepsilon 2\pi (0 < \varepsilon < 1)$ 为相位测量噪声. (13-3-37) 式重新写为

$$\phi_1(x,y) - \phi_2(x,y)$$
$$= \frac{2\pi}{\lambda}\left\{\begin{array}{l} x[\sin\theta(1-\cos\Delta\theta) - \cos\theta\sin\Delta\theta] \\ -z[\cos\theta(1-\cos\Delta\theta) + \sin\theta\sin\Delta\theta] \end{array}\right\} + \varepsilon 2\pi \qquad (13\text{-}3\text{-}38)$$

参照 (13-3-17) 式, 通过数值处理可以得到只包含高度 $z(x,y)$ 的相差, 并将其表为

$$\Delta\phi(x,y) = \frac{2\pi}{\Lambda_\theta} z(x,y) + \varepsilon 2\pi \qquad (13\text{-}3\text{-}39)$$

其中

$$\Lambda_\theta = \frac{\lambda}{\cos\theta(1-\cos\Delta\theta) + \sin\theta\sin\Delta\theta} \approx \frac{\lambda}{\Delta\theta\sin\theta} \qquad (13\text{-}3\text{-}40)$$

因此, 就如双波长分别照明可以等效于合成波长的一次照明一样, 也可以通过旋转照明光的角度, 用单一波长 λ 光波的两次测量来等效一个较大波长 Λ_θ 的一次照明测量. 当物体表面满足光学平滑条件时, 令 Λ_θ 等于测量的最大深度 $z_{\max}$, 通过 (13-3-40) 式即能确定旋转角, 完成相应的三维面形测量. 当物体是非光学平滑的散射物时, 合适选择 ε, 参照前面多波长等高线相位绝对测量的讨论, 原则上也能通过序列角度旋转的多次测量[9], 形成一种"多角度等高线相位绝对测量"方法, 实现精度较高的数字全息三维形貌检测.

13.4 相位型数字全息图及波面重建

使用照像感光板制作全息图的传统技术中, 平面全息图有振幅型及相位型两种形式. 理论研究已经证明, 相位型全息图的衍射效率高于振幅型全息图[10]. 但是, 目前数字全息的研究基本上还是基于振幅型平面全息的物理意义展开的. 是否可以基于 CCD 探测数据形成相位型数字全息图, 其衍射效率是否也高于振幅型数字全息, 是很有意义的问题.

事实上, 基于 CCD 探测数据也可以形成相位型平面全息图. 但形成相位型全息图时, 存在一个可以选择的参数, 该参数与用感光板制作传统相位全息图时的曝光时间相对应. 可将该参数定义为相位型全息图的"构成参数". 适当选择"构成参数", 利用相位型数字全息图也能进行物光场的波面重建. 如果能够充分发挥相位型全息衍射效率高的特点, 对于提高数字全息检测质量具有重要意义. 本节介绍相位型数字全息图的形成及"构成参数"的选择方法, 给出同等条件下与振幅型数字全息相比较的理论模拟及实验证明.

13.4.1 相位型数字全息图的形成及波面重建

定义 xy 为平面全息图的坐标平面, 令 $j = \sqrt{-1}$, 全息图的透过率一般可表示为

$$t_H(x,y) = t_0(x,y) \exp[j\phi_H(x,y)] \tag{13-4-1}$$

令 $I(x,y)$ 是制作全息图时物光与参考光干涉场的强度分布, $t_0(x,y) = 1$, $\phi_H(x,y) = gI(x,y)$, 将 g 称为相位型全息图的 "构成参数", 可将相位型全息图的透过率表示为

$$t_H(x,y) = \exp[jgI(x,y)] \tag{13-4-2}$$

若物光波为 $O(x,y) = o(x,y)\exp[j\varphi(x,y)]$, 参考光波为 $R(x,y) = r(x,y)\exp[j\varphi_r(x,y)]$, 干涉图强度分布则是

$$I(x,y) = o^2(x,y) + r^2(x,y) + 2o(x,y)r(x,y)\cos[\varphi(x,y) - \varphi_r(x,y)] \tag{13-4-3}$$

设 $K = \exp[jg(o^2(x,y) + r^2(x,y))]$,

$$\alpha = 2go(x,y)r(x,y)$$

以及

$$\psi(x,y) = \frac{\pi}{2} - \varphi(x,y) + \varphi_r(x,y),$$

(13-4-2) 式可以重新写成

$$t_H(x,y) = K\exp[j\alpha \sin\psi(x,y)] \tag{13-4-4}$$

显然, 由于 $\sin\psi(x,y)$ 的变化范围在 ± 1 之间, 为让透射函数是单值的, 形成相位型数字全息图时 g 的选择必须保证

$$\alpha = 2go(x,y)r(x,y) \leqslant \pi \tag{13-4-5}$$

根据整数阶贝塞尔函数 $J_n(\alpha)$ 的性质 (参见第 5 章 (5-1-47) 式及第 10 章 (10-6-14) 式的讨论) 将 (13-4-4) 式展开为[32]

$$t_H(x,y) = K \sum_{n=-\infty}^{\infty} J_n(\alpha) \exp[jn\psi(x,y)] \tag{13-4-6}$$

从 (13-4-6) 式可以看出, 当用单位振幅平面波照明相位型全息图时, 透射光中有沿光轴 z 传播的 $n=0$ 的零级衍射波, 并且两侧对称地分布有 $n = \pm 1, \pm 2, \cdots$ 的衍射波. 为便于后续讨论, 图 13-4-1 绘出贝塞尔函数 $J_n(\alpha)$ 的图像.

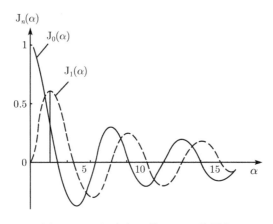

图 13-4-1 贝塞尔函数 $J_n(\alpha)$ 的图像

设参考光是平行于 xz 平面传播并与 z 轴夹角为 θ_x 的光波, 即 $\varphi_r(x,y) = \dfrac{2\pi}{\lambda}\theta_x x$, λ 是光波长. 由于 $n\psi(x,y) = \dfrac{n\pi}{2} - n\varphi(x,y) + \dfrac{2\pi}{\lambda}n\theta_x x$, 当 $|n\theta_x| \geqslant \pi/2$ 的衍射波事实上不存在, 经距离 d 的传播后, $n = \pm 1$ 的衍射光偏离光轴的距离是 $d\tan\theta_x$. 并且, $n = 1$ 对应于原物平面光场的实像, $n = -1$ 对应于原物光经距离 $2d$ 的衍射波, 称共轭物光.

令 $k = 2\pi/\lambda$, 可用菲涅耳衍射积分表示出全息图后距离 d 处 $x_i y_i$ 平面的衍射场:

$$U(x_i, y_i) = \frac{\exp(jkd)}{j\lambda d} \exp\left[\frac{jk}{2d}(x_i^2 + y_i^2)\right]$$
$$\times \iint_{-\infty}^{\infty} \left\{t_H(x,y)\exp\left[\frac{jk}{2d}(x^2+y^2)\right]\right\}\exp\left[-j\frac{2\pi}{\lambda d}(x_i x + y_i y)\right]dxdy \tag{13-4-7}$$

根据第 11 章的讨论, 上式可以通过一次快速傅里叶变换 S-FFT 进行数值计算. 让波面重建的计算宽度 $\Delta L_0 \leqslant 4d\tan\theta_x \approx 4d\theta_x$, 衍射平面上将主要出现 $n = 0, \pm 1$ 的衍射光. 由于 $n = 0$ 的零级衍射光振幅正比于 $J_0(\alpha)$, 且 $\alpha = 2go(x,y)r(x,y) \leqslant \pi$, 如果能够选择 g 及 $o(x,y)r(x,y)$, 让 $J_0(\alpha)$ 取零值, 将能有效消除零级衍射光的影响, 或者让 $J_1(\alpha)$ 取极大值, 则能让 $n = \pm 1$ 的衍射光有最大的振幅.

设 $I_{\max}, I_{\min}$ 分别是 CCD 探测图像 $I(x,y)$ 的极大和极小值, 若物光和参考光的振幅的空间变化缓慢, 可以认为 $o(x,y)r(x,y)$ 是常数 C_{or}. 容易证明 $C_{or} = (I_{\max} - I_{\min})/4$, 于是有

$$g = \frac{2\alpha}{I_{\max} - I_{\min}} \tag{13-4-8}$$

由于 $o(x,y)r(x,y)$ 通常还是坐标的函数,按照上式选择 α 确定的 g 事实上不可能完全消除零级衍射光,也不可能让 ± 1 衍射光始终保持极大值. 但研究贝塞尔函数 $J_n(\alpha)$ 的图像知,$J_1(\alpha)$ 取第一极大值时 $\alpha \approx 1.9$,$J_0(\alpha)$ 取第一零点时 $\alpha \approx 2.5$,并且 α 从 1.9 变化到 2.4 时 $J_0(\alpha) < J_1(\alpha)$. 可以预见,让 α 的取值在 1.9~2.5 之间形成相位型数字全息图后,利用 (13-4-7) 式应能较好地实现物光波面重建.

13.4.2 理论模拟及实验证明

为证实上面的结论,下面进行理论模拟及实验. 图 13-4-2 是模拟及实验研究的光路. 图中,波长 $\lambda=532\text{nm}$ 的激光被分束镜 S_0 分为两部分. 透射光经全反镜 M_0 反射、透镜 F_0 及 L_0 扩束和准直后形成照明物光. 物体是经毛玻璃片散射的孔径光阑,透光孔形状为 "龙" 字,字宽 $D \approx 20\text{mm}$. 由光阑来的光波穿过分束镜 S 到达 CCD 成为物光. 参考光是经 M_1 反射的光束,经透镜 F_1 及 L_1 扩束及准直后,投向分束镜 S,经 S 反射到达 CCD 形成参考光.

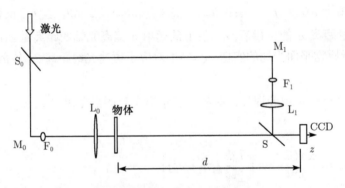

图 13-4-2 模拟及实验研究光路

令取样数 $N \times N = 512 \times 512$. 由于实验时使用的 CCD 像素宽度 $\Delta x = \Delta y = 3.28\text{nm}$,与 512 像素 $\times$512 像素对应的 CCD 平面宽度则为 $\Delta L = 1.6384\text{mm}$. 为让模拟计算满足取样定理,参考光与光轴夹角必须满足 $\lambda/\theta \geq 2\Delta x$,取 $\theta = 2.5° > \lambda/(4\Delta x) \approx 0.04 \approx 2.32°$. 因物宽 $D \approx 20\text{mm}$,为让物平面能够同时容纳基本分开的 $n=0$,± 1 的衍射光,令物平面计算宽度 $\Delta L_0 \approx 4D$. 按照 $d\tan\theta \approx d\theta \approx D$,求得 $d = D/\theta \approx 500\text{mm}$. 根据第 11 章的讨论,(13-4-7) 式用 S-FFT 计算后物平面重建宽度即为 $\Delta L_0 = \lambda d/\Delta x \approx 81.1\text{mm}$.

令物面光阑的光瞳函数为 $P_0(x_0, y_0)$,$\varphi_0(x_0, y_0)$ 为 $0\sim 2\pi$ 间变化的随机数,模拟的物平面光波场可写为

$$O_0(x_0, y_0) = \text{rect}\left(\frac{x_0}{\Delta L_0}, \frac{x_0}{\Delta L_0}\right) P_0(x_0, y_0) \exp[j\varphi_0(x_0, y_0)] \qquad (13\text{-}4\text{-}9)$$

13.4 相位型数字全息图及波面重建

到达 CCD 平面的散射物光可由菲涅耳衍射积分表出

$$O(x,y) = \frac{\exp(\mathrm{j}kd)}{\mathrm{j}\lambda d} \exp\left[\frac{\mathrm{j}k}{2d}(x^2+y^2)\right]$$
$$\times \iint_{-\infty}^{\infty} \left\{ O_0(x_0,y_0) \exp\left[\frac{\mathrm{j}k}{2d}(x_0^2+y_0^2)\right]\right\} \exp\left[-\mathrm{j}\frac{2\pi}{\lambda d}(x_0 x+y_0 y)\right] \mathrm{d}x_0 \mathrm{d}y_0$$
(13-4-10)

令 $r(x,y)$ 为物光振幅的平均值,$\varphi_{\mathrm{r}}(x,y) = \frac{2\pi}{\lambda}(\theta x + \theta y)$,即让参考光偏斜方向对于 x,y 轴对称. 根据 (13-4-10) 式的 S-FFT 计算结果即可计算 $I(x,y)$. 图 13-4-3(a) 给出模拟计算的 512×512 像素的 $I(x,y)$ 图像.

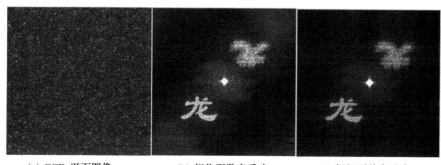

(a) CCD 平面图像　　　(b) 相位型数字重建　　　(c) 振幅型数字重建
1.68mm×1.68mm　　　81.1mm×81.1mm　　　81.1mm×81.1mm

图 13-4-3　模拟计算的 CCD 图像及两种全息图重建物平面比较 (512×512 像素)

选择 $\alpha \approx 2.4$ 由 (13-4-8) 式确定出 g,构成相位型数字全息图 $t_H(x,y)$. 图 13-4-3(b) 是根据模拟的相位型全息图 $t_H(x,y)$ 代入 (13-3-7) 式进行波面重建的结果. 为便于与振幅型数字全息图处理结果相比较,令 $t_H(x,y) = I(x,y)$ 代入 (13-4-7) 式,图 13-4-3(c) 给出相应的重建结果. 比较重建图像不难看出,对于所选择的 g,相位型全息图重建的物平面光场与振幅型全息图没有本质区别.

图 13-4-4 是按照模拟研究的参数进行实验的结果. 其中图 13-4-4(a) 是 CCD 探测的干涉图,图 13-4-4(b),(c) 分别是相位型及振幅型数字全息图重建的图像. 很明显,实验结果对理论分析也给出了很好的证明.

现在研究相位型数字全息图构成参数 g 对重建光场各级衍射光的相对强度的影响. 分析 (13-3-6) 式及贝塞尔函数图像知,在 $J_1(\alpha)$ 的第 1 个极值与 $J_0(\alpha)$ 的第 1 个零点间,$J_1(\alpha)$ 的值始终大于 $J_0(\alpha)$,当 α 的取值偏离这个范围时,二者区别较小. 当 g 的取值让 α 大于 π 后,由于透过率变成非单值函数,波面重建质量将逐渐变坏直至消失在噪声中. 作为实例,令 g_0 是选择 $\alpha=2.4$ 由 (13-4-8) 式确定的构成参数,图 13-4-5 给出 $g=0.5g_0$,$1.0g_0$,$2.0g_0$,$4.0g_0$ 时模拟重建物光区同一放大率的

强度图像 (基于实验测量, 也可以得到完全相似的图像).

(a) CCD 平面图像
1.68mm×1.68mm

(b) 相位型数字重建
81.1mm×81.1mm

(c) 振幅型数字重建
81.1mm×81.1mm

图 13-4-4　实验测量的 CCD 图像及两种全息图重建物平面强度图像 (512×512 像素)

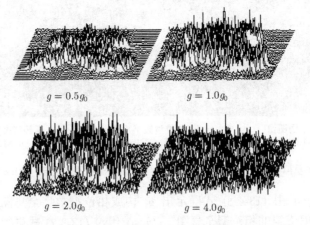

图 13-4-5　不同构成参数 t 对重建物光场影响的比较

从图 13-4-5 可以看出, 如果以获得最大信号及最大信号噪声比为优化目标, g 的取值存在一个优化值. 在进行模拟研究时, 理想像的复振幅是已知的. 让重建物光场与理想像的最小方差为优化指标. 通过计算机数值分析能够求出 g 的优化值, 便能为实际数字全息研究及应用提供参考.

对于数字全息检测而言, 重建物平面上除物光外, 其余衍射光均可以视为噪声. 从理论上看, 一旦消除噪声, 相位型全息图与振幅型全息图获取的物光信息是等价的. 目前, 基于振幅型数字全息图人们已经进行了大量的消除噪声的研究. 相位型数字全息图的形成机制与振幅型全息图不一样, 消除噪声的方法将有自己的特点. 例如, 零级衍射光的强度可以通过构成参数的选择进行抑制, ±1 级衍射光的振幅可以通过构成参数的选择达到比振幅型衍射光高的数值. 这些特点为消除噪声的研究提供了新的途径. 找到合适的消除噪声的方法, 发挥相位型全息图的优点是很有价值的.

13.5 散射光的真彩色数字全息

CCD 技术与计算机技术相结合, 基于单色光的数字全息理论可以在计算机的虚拟空间中成功地建立物平面光波场. 随之而来的一个很自然的问题就是: 用传统的感光板记录三基色光的全息图后, 可以重现原物体的真彩色像[10~11], 数字全息是否也能实现真彩色物体的波面重建?

答案是肯定的, 根据 CCD 分别记录的每一种基色光全息干涉图, 不但可以在计算机中重建来自物体的各基色光波场, 并且能够通过屏幕逼真地显示出物体的真彩色图像[13]. 如果基于单色光数字全息的理论来平等地研究物体对三基色光的不同响应, 原则上应能更充分地揭示物体的信息.

但是, 三基色光对应于三种不同的波长, 衍射的计算与波长相关, 如何正确处理 CCD 记录的三种色光的数据, 让重建图像中同一像素对应的三色光不但准确地在期待位置叠加, 而且能正确地重现原色彩, 有一些特别的问题需要讨论. 因此, 作者基于统计光学以及本书前面介绍的知识, 对真彩色数字全息进行一些讨论.

13.5.1 三基色光波重建计算涉及的主要问题

物平面光波场的真彩色重建, 事实上是三基色光波的分别重建及合成, 涉及三种不同波长光波的衍射计算及计算结果在虚拟空间的准确重叠. 比单一光波的重建复杂. 由于应用研究中的衍射计算基本是借助快速傅里叶变换 (FFT) 完成, 以下基于这个前提进行讨论.

13.5.1.1 物平面重建尺寸的统一问题

基于第 11 章的知识, 使用 S-FFT 算法完成距离为 d 的衍射的计算时, 若物平面取样宽度为 ΔL_0, 取样数为 $N \times N$, 取样间距 $\Delta x_0 = \Delta y_0 = \Delta L_0/N$, 衍射场的宽度则为

$$\Delta L = N\Delta x = \frac{\lambda d N}{\Delta L_0} \tag{13-5-1}$$

不难看出, 如果将 CCD 窗口宽度视为 ΔL, (13-5-1) 式意味着对于三种不同的色光, 同一 CCD 探测到的数据进行波面重建时物平面宽度 ΔL_0 将有不同的值. 换言之, 三种色光重建的物平面的离散点事实上不在同一位置. 因此, 使用 S-FFT 算法进行波面重建时, 必须根据 (13-5-1) 式做相应的处理, 让重建的三种色光图像的尺寸统一, 才可能合成物体的真彩色图像.

然而衍射计算还可以使用 D-FFT 算法. D-FFT 计算菲涅耳衍射时物平面及衍射平面取样宽度不变. 于是, 可以直接使用 CCD 探测结果进行三种不同色光的

波面重建,特别是使用球面波作为重现光时,选择合适的尺度缩放因子(见 13.2.6 的讨论),D-FFT 算法能够在同一空间平面上重建出同一尺寸的三种色光的物光场,有许多方便之处.

13.5.1.2 参考色光角度差异引起的三色图像叠加错位问题

令 O 和 R 分别代表到达 CCD 平面的某种色光的物光及参考光复振幅,CCD 平面的干涉场强度可以简写为

$$I = |O|^2 + |R|^2 + O^*R + OR^* \tag{13-5-2}$$

回顾波面重建的理论知,如果单独使用一幅干涉图实现波面重建有多种算法. 例如,直接对上式进行衍射逆运算,这时,OR^* 一项中 R^* 等效于光波场 O 的一个倾斜因子,物平面重建物体的中心与 CCD 中心的连线将与 R^* 光的传播方向相同;或者,直接对上式进行衍射运算,这时,O^*R 项中 R 等效于光波场 O^* 的一个倾斜因子,CCD 中心到重建物体实像中心连线是 R 光的传播方向.

可以看出,重建图像的位置与参考光的方向均有密切关系. 三种色光重建图像的准确叠加,取决于对每一色光参考光的准确控制.

13.5.1.3 重建物平面时各色光的量值问题

根据三基色理论[5,15],合成真彩色时有两个必须注意的问题:其一,三基色的大小决定彩色光的亮度,混合色的亮度等于各基色亮度之和;其二,三基色的比例决定混合色的色调,当三基色的混合比例相同时,色调相同.

第一个问题所说的三基色的大小,指的是光波的强度. 根据衍射理论进行波面重建给出的是光波的复振幅. 因此,在完成每一色光的波面重建计算后. 如果要合成真彩色,必须计算出物平面上各点的衍射场的强度,即复振幅的模平方.

第二个问题所说的色调,指的就是颜色,即不同的颜色是由不同比例的三基色合成的. 正确地保持各色光的强度相对值是准确重建色彩的关键. 从 (13-5-2) 式能够看出,如果要准确地获得物光 O 的振幅或强度,必须准确知道参考光的振幅及强度. 为让重建物体的颜色不失真,必须准确测量三种照明色光及参考光的强度. 这样,即便实验研究中三基色照明光强度有变化,在重建物平面真彩色图像时,实验测量能为三种色光的等强度照明的补偿运算提供依据.

13.5.2 真彩色重建图像的显示及存储

由于计算机数据处理的灵活性,只要正确地保持各色光的强度相对值,重建物体的亮度可以通过计算机根据需要进行显示. 例如,若计算机显示屏亮度变化范围是 0~255 等级,我们期望重建物体的亮度最大值只是 200,则应对整个真彩色的物

13.5 散射光的真彩色数字全息

光场亮度作归格化处理. 即让亮度的最大值与 200 相对应, 保持各像素三基色相对比例对各色光的分量值进行相应的线性变换.

物体对不同色光的反射特性通常是有区别的. 从物理量检测的角度看, 重建物平面的每一种物光的振幅和相位都包含着特定的物理信息. 因此, 有可能需要将相关信息形成图像文件保存, 以便后续研究. 由于物平面上每一像素包含三种色光的振幅和相位, 每一像素由 6 个不同的量表示. 一种可以考虑的信息存储方式是将三基色的强度和相位分别按照真彩色 BMP 图像格式存成两幅图像. 两幅图像中, 按照强度存储的图像即被测量物体的真彩色强度图像. 若要进行数据处理, 在图像文件打开后对每一分量的值开平方即得到与每种色光振幅成正比的量. 至于与相位对应的 BMP 图像, 可以将 $0\sim2\pi$ 的相位变化分成 255 等级存储形成图像文件.

基于 11 章 11.2.3 的知识, 容易写出 WINDOWS 下 DELPHI7.0 编写的下述代码. 其中, a,b,c 是三个 $0\sim255$ 型范围变化的 byte 型数组变量.

```
procedure SaveBmp(var a,b,c:img;nx,ny:integer;nom:string);
type
      xx=array[0..4] of byte;
      yy=\ xx;
var i,j:integer;
      Nxy:longint;
      T:File;
      nf:byte;
      NN:array[1..54] of byte;
      d:  img;
      pp:yy;
begin
   nf:=0;
   new(d);
   new(pp);
   for i:=0 to 4 do pp\ [i]:=0;
   //
   if (3*Nx) mod 4 = 0 then nf:=0;
   if (3*nx) mod 4 <>0 then nf:=4-(3*nx-((3*nx) div 4)*4);\\

   //图像形式BM.
   NN[1]:=66;
   NN[2]:=77;
```

```
//图像文件字节数.
Nxy:=Nx*Ny*3+Ny*nf+54;
NN[3]:=Nxy shl 24 shr 24;
NN[4]:=Nxy shl 16 shr 24;
NN[5]:=Nxy shl 8 shr 24;
NN[6]:=Nxy shr 24;
//保留字0.
NN[7]:=0;
NN[8]:=0;
//保留字0.
NN[9]:=0;
NN[10]:=0;
// 图像字节起始位置.
Nxy:=54;
NN[11]:=Nxy shl 24 shr 24;
NN[12]:=Nxy shl 16 shr 24;
NN[13]:=Nxy shl 8 shr 24;
NN[14]:=Nxy shr 24;
//图像头字节数.
Nxy:=40;
NN[15]:=Nxy shl 24 shr 24;
NN[16]:=Nxy shl 16 shr 24;
NN[17]:=Nxy shl 8 shr 24;
NN[18]:=Nxy shr 24;\\

//图像宽度.
Nxy:=Nx;
NN[19]:=Nxy shl 24 shr 24;
NN[20]:=Nxy shl 16 shr 24;
NN[21]:=Nxy shl 8 shr 24;
NN[22]:=Nxy shr 24;\\

//图像高度.
Nxy:=Ny;
NN[23]:=Nxy shl 24 shr 24;
```

13.5 散射光的真彩色数字全息

```
NN[24]:=Nxy shl 16 shr 24;
NN[25]:=Nxy shl 8 shr 24;
NN[26]:=Nxy shr 24;
//目标设备级别.
NN[27]:=1;
NN[28]:=0;
//每个像素所需位数.
NN[29]:=24;
NN[30]:=0;
//图像压缩类型 0:不压缩.
NN[31]:=0;
NN[32]:=0;
NN[33]:=0;
NN[34]:=0;
//图像的大小(字节为单位).
Nxy:=Nx*Ny*3+Ny*nf;
NN[35]:=Nxy shl 24 shr 24;
NN[36]:=Nxy shl 16 shr 24;
NN[37]:=Nxy shl 8 shr 24;
NN[38]:=Nxy shr 24;
//目标设备水平分辨率N/M.
Nxy:=2835;
NN[39]:=Nxy shl 24 shr 24;
NN[40]:=Nxy shl 16 shr 24;
NN[41]:=Nxy shl 8 shr 24;
NN[42]:=Nxy shr 24;
//目标设备垂直分辨率N/M.
Nxy:=2835;
NN[43]:=Nxy shl 24 shr 24;
NN[44]:=Nxy shl 16 shr 24;
NN[45]:=Nxy shl 8 shr 24;
NN[46]:=Nxy shr 24;
//位图实际使用的色彩表中颜色变址数.
NN[47]:=0;
NN[48]:=0;
```

```
NN[49]:=0;
NN[50]:=0;
//位图显示过程中被认为重要颜色的变址数.
NN[51]:=0;
NN[52]:=0;
NN[53]:=0;
NN[54]:=0;

//建立BMP文件.
AssignFile(T,nom);
Rewrite(T,1);
blockWrite(T,NN,54);
 for i:=0 to Ny-1 do
   for j:=0 to Nx-1 do
     begin
        d\ [0]:=a\ [(Ny-1-i)*Nx+j];
        d\ [1]:=b\ [(Ny-1-i)*Nx+j];
        d\ [2]:=c\ [(Ny-1-i)*Nx+j];
        blockWrite(T,d\ ,3);
        if (nf<>0) and (j=Nx-1) then blockwrite(T,pp\ ,nf);
        end;
   Close(T);
   dispose(d);
   dispose(pp);
end;
```

13.5.3 真彩色图像重建的模拟

由于标量衍射理论能够很准确地描述相干光的传播与干涉问题. 基于菲涅耳衍射逆运算波面重建的 S-FFT 算法以及消零级衍射光技术, 下面进行散射光真彩色全息的理论模拟.

13.5.3.1 实验光路及实验过程介绍

模拟实验研究光路如图 13-5-1 所示. 图中, 三基色激光器 R, G, B 从上而下发出激光, 分别经全反射及半反射后沿同一水平光轴投向半反半透镜 S, 经 S 分束成沿水平方向传播的参考光及垂直方向传播的照明物光. 垂直传播的照明物光经

13.5 散射光的真彩色数字全息

扩束及再反射后沿水平方向射向物体. 物体设计为宽度为 L_0 的二维平面光阑, 光阑对三基色光的振幅透过率满足透射光的强度合成一幅女孩的彩色画像 (参见图 13-5-2). 经 S 分束沿水平方向传播的参考光将通过一相移片, 产生非 2π 整数倍相移. 通过相移片的光束反射到垂直方向后扩束准直为平行光, 经一半反半透镜反射投向 CCD.

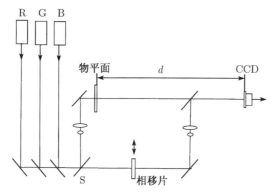

图 13-5-1 真彩色数字全息模拟光路

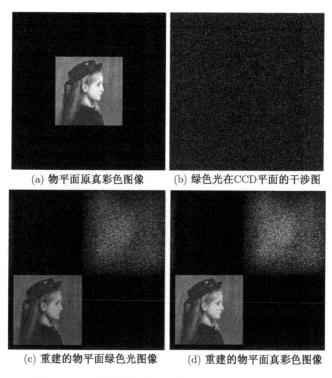

(a) 物平面原真彩色图像　(b) 绿色光在CCD平面的干涉图

(c) 重建的物平面绿色光图像　(d) 重建的物平面真彩色图像

图 13-5-2 真彩色消零级衍射光重建过程的相关图像
200mm×200mm 取样 1024×1024

R, G, B 激光器选择如下三种不同波长：632.8nm, 515nm, 488nm 其中, 632.8nm 对应于氦氖激光器的红光, 515nm 和 488nm 对应于氩离子激光器发出的绿光及蓝光. CCD 像素尺寸: $3.2\mu m \times 3.2\mu m$, 像素数量: 1024×1024. 下面考虑实验参数的优化问题.

13.5.3.2 实验参数的优化研究

1. 取样数及物平面宽度

根据 CCD 的像素数, 采用 $N \times N = 1024 \times 1024$ 点取样. 设作为重建对象的彩色图片宽度为 D_0=80mm, 由于零级衍射光消除后, 理想的重建结果是重建图像及共轭光分别处于重建物平面不相邻的两个象限中. 为再减小一些相邻光波场间的干扰, 物平面宽度取为 ΔL_0=200mm$> 2D_0$.

2. 重建物平面尺寸的统一

根据衍射逆运算的 S-FFT 讨论, 波长 λ, 物面宽度 ΔL_0, 衍射距离 d, 以及 CCD 平面的宽度 ΔL 满足关系式 $\Delta L_0 \Delta L = N \lambda d$. 当 N 确定后, 若保持 $\Delta L_0 \Delta L$ 不变, 衍射距离 d 将随三种不同的基色光而变化, 这对实验调整形成困难. 一种比较方便的方案是, 保持 ΔL_0 及衍射距离 d 不变. 这时较大的波长将对应于较大的 CCD 平面的宽度 ΔL. 但是, 只要在最大波长下求出的 ΔL 是 CCD 的最大允许范围, 则其余色光的 ΔL 则必定落在 CCD 的允许范围. 由于 CCD 探测图像是干涉场的强度, 只要让波长最小的探测满足取样定理, 便能够通过插值, 在每种色光规定的区域内形成 1024×1024 点的取样, 并通过菲涅耳衍射的 S-FFT 逆运算重建出同一宽度的物平面.

基于上述分析, 根据 $d = \dfrac{\Delta L_0 \Delta L}{N \lambda}$ 求得 $d = 1011.37$mm; 根据 $\Delta L = \dfrac{N \lambda d}{\Delta L_0}$ 分别求得 CCD 平面宽度: 红色光 $\Delta L = 3.28$mm, 绿色光 $\Delta L = 2.67$mm, 蓝色光 $\Delta L = 2.52$mm.

3. 参考光角度的选择

在保证满足取样定理的前提下, 参考光角度选择的原则是让重建物体与共轭光场各占重建物平面上不相邻的两个象限. 于是, 参考光总是沿 CCD 平面对角线方向倾斜, 在傍轴近似下, 其角度满足

$$\theta = \frac{\sqrt{2} \Delta L_0}{4d} = \frac{\sqrt{2} \times 200\text{mm}}{4 \times 1011.37\text{mm}} \approx 0.07 \approx 4°$$

两平面波干涉时, 干涉条纹宽度为 λ/θ. 这样, 对于红绿蓝三种色光分别求得条纹宽度 0.0090mm, 0.0073mm, 0.0069mm. 由于所使用的 CCD 的像素宽度是 0.0032mm, 每种色光的条纹宽度内均有两个以上取样点, 满足取样定理.

13.5.3.3 散射物的真彩色模拟重建

按照图 13-5-1 的光路及相关参数, 我们使用菲涅耳衍射逆运算的 S-FFT 算法进行重建. 图 13-5-2 给出对散射物模拟重建研究结果. 为使模拟研究能为实验提供依据, 采取下述模拟研究措施:

(1) 让激光器依次发光, 用 CCD 拍摄完第一幅干涉图后, 抽出相移片, 再用 CCD 记录下第二幅干涉图. 模拟研究将使用这两幅干涉图的差值图像消除零级衍射光 (见 12.2.5 节). 以期获得较好的重建质量.

(2) 由于实际物体局域散射光振幅的随机变化量相对于局域散射光振幅平均值通常较小, 为简单起见, 我们仍然用原图像的基色分量开平方作为模拟色光的振幅值.

(3) 物平面上取样点的相位变化取为 $0\sim 2\pi$ 的随机数.

(4) 将原彩色图像周围通过补零扩大为 200mm×200mm 以及取样 1024×1024 点的图像, 作为物平面计算区域 [见图 13-5-2(a)].

考查重建图像可以看出, 零级衍射光已经完全消除, 重建图像具有与原图像完全相似的彩色. 真彩色数字全息波面重建是可能的.

13.5.4 真彩色数字全息的实验研究

为证实上述讨论的可行性, 作者对主要包含红绿两种色光的物体, 一个高度约 150mm 的陶瓷仿制秦兵马俑 (高 130mm) 进行了真彩色数字全息实验. 实验时采用波长 632.8nm 氦氖激光器的红光和波长 532nm 的 YAG 激光. CCD 像素尺寸 3.2μm×3.2μm. 有效像素 2048×1536(陕西维视数字图像技术有限公司 MV-3000UC 型 CCD 探测器, 但在实际计算时只使用 1024×1024 像素). 实验光路与图 13-5-1 基本相同, 但取消了蓝色激光、原来的平面型透射物及其前方的全反射镜, 将兵马俑直接放置于被取消的全反射镜位置, 由自下而上的物光照射, 散射光成为物光. 相移通过一平晶片的放入取出实现. 此外, 为得到较大的重建图像, CCD 到物体的实际距离 d 约 1300mm.

为准确知道参考光的与物光的夹角, 在放入兵马俑前先用 CCD 监测和记录了照明物光与参考光的干涉图像 (图 13-5-3(a) 是绿色光干涉图的局部). 实验时对红光及绿光分别做完全相似的单色光数字全息重建. 实验测得到达分束镜 S 前方两种色光的强度分别是红光 16mW 及绿光 19mW, 这个数据为我们合成真彩色时对红光的强度补偿提供了依据. 将红光重建图像的强度扩大 16/19 倍, 红绿两种色光分别重建的物平面光波场强度分布示于图 13-5-3(b) 及图 13-5-3(c). 从这两幅图像可以看出, 虽然零级衍射光未能如理论模拟那样完全消除, 但参考光的角度选择已经能够保证重建图像不受零级衍射光的干扰, 并且, 对于所测量物体, 表面散射光的红光强度低于绿色光.

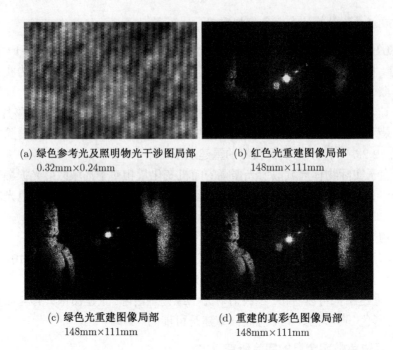

图 13-5-3 真彩色数字全息实验

为证实重建像的位置与参考光角度的关系. 从干涉图 13-5-3(a) 测得干涉条纹间隔为 0.013mm, 根据 $\lambda/\theta=0.013$mm 及 $\lambda=0.000532$mm 求得 $\theta=0.04$. 于是, 重建图像偏离中心的距离为 $d\times\theta=1300$mm$\times 0.04=53.2$mm. 考察重建图像可以看出, 重建物体、共轭像及零级衍射光所在的位置与理论预测完全吻合.

沿用上面模拟研究中统一尺寸的方法, 并按照计算机三基色合成及显示原理, 将表示成 0~255 灰度等级的图 13-5-3(b) 及图 13-5-3(c) 的强度分别视为红色及绿色光分量值, 并将每一像素的蓝色分量始终置 0, 合成的真彩色图像示于图 13-5-3(d). 重建的真彩色图与原物体相比较表明, 重建图像的色彩与真实物体色彩相近, 真彩色数字全息是可能的. 当然, 精细的实验证明还必须对物体色彩分量作定量比较, 但色彩恢复的定量比较涉及较严格的实验测试, 这里不作进一步讨论.

13.6 数字全息的应用

由于数字全息不需要对记录介质作物理、化学的湿处理, 应用方便. 近年来已成为人们研究的一个热点. 它的应用领域非常广泛, 涉及粒子场测试[16~18]、微机械形貌测量[7]、振动测量[19]、材料物理性质检测[20,21] 及生物体检测[22] 等方面. 事实上, 数字全息的应用研究随着计算机技术及 CCD 技术的进步还在日新月异地发

13.6.1 三维粒子场检测

数字全息术可以对透明介质中的粒子场进行分析. 自从 B.J.Thompson[23] 1964 年首次利用同轴夫琅禾费全息成功地测量了大气中的云雾后, 粒子场全息分析技术得到很大的发展, 逐步实现了全自动数据处理[18], 已成为 3D 粒子场分析的主要方法.

13.6.1.1 检测系统及可行性模拟研究

粒子场的全息检测通常采用参考光与照明物光夹角很小的准同轴光路装置. 图 13-6-1 是一检测装置示意图. 由左上方入射的激光被半反半透镜 S 分为两部分, 其中, 沿水平方向反射的光束先经一全反镜反射后, 被扩束和准直, 再经另一半反半透镜反射成与光轴夹角很小的光束到达 CCD 形成参考光. 沿垂直方向透过 S 的激光经全反射镜反射后, 被扩束准直成截面较大的沿水平方向传播的照明物光. 照明物光透过装有待测粒子场的腔体形成物光. 由于 CCD 窗口尺寸相对于粒子场截面通常较小, 物光通过一对焦点重合的透镜 L_1 和 L_2 变换为截面与 CCD 窗口相适应的光束. 变换后的光束穿过半反半透镜后形成到达 CCD 的物光.

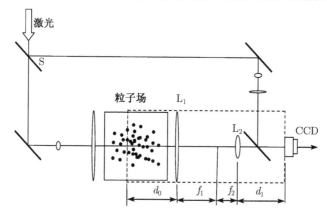

图 13-6-1 用 ABCD 参数表述的粒子场数字全息层析系统

设想 CCD 记录的全息图是透射的振幅型全息图 I. 物光和参考光分别用 O 和 R 表示, 用原参考光照 R 明该全息图得到

$$RI = R\left(|O|^2 + |R|^2\right) + O^*RR + ORR^* \tag{13-6-1}$$

(13-6-1) 式中, 第一项是零级衍射光, 第二和第三两项用于重建物平面的实像及虚像.

用计算机重建物平面的过程有多种方法[17]. 现根据上一章对傍轴光学系统数字全息的讨论及文献 [24] 的模拟研究方法, 对粒子场重建的可行性作出证明.

将垂直于光轴并通过粒子场的平面视为物平面,则物平面到 CCD 探测屏的介质空间及其中的光学元件构成一个 ABCD 光学系统 (图中用虚线框出). 该系统的 ABCD 参数[6,25] 由下式确定:

$$\begin{bmatrix} A & B \\ C & D \end{bmatrix} = \begin{bmatrix} 1 & d_1 \\ 0 & 1 \end{bmatrix} \begin{bmatrix} 1 & 0 \\ -1/f_2 & 1 \end{bmatrix} \begin{bmatrix} 1 & f_1 + f_2 \\ 0 & 1 \end{bmatrix} \begin{bmatrix} 1 & 0 \\ -1/f_1 & 1 \end{bmatrix} \begin{bmatrix} 1 & d_0 \\ 0 & 1 \end{bmatrix}$$
(13-6-2)

于是, 当获得 CCD 平面上的物光波复振幅后, 改变位置参数 d_0, 通过柯林斯公式的逆运算对每一物平面波面重建, 便得到粒子场的三维图像.

为证实理论分析的可行性, 设三维的粒子场由图 13-6-2(a)、图 13-6-2 (b) 及图 13-6-2(c) 表示的三个不同平面的二维粒子场组成. 模拟研究按下步骤进行:

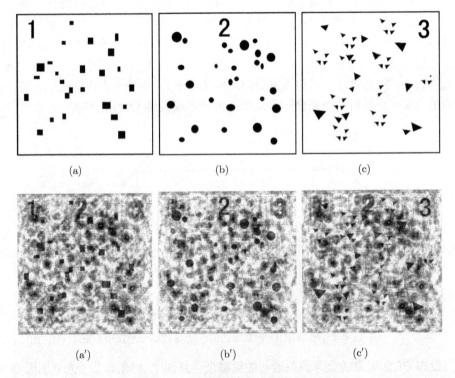

图 13-6-2 粒子场三维层析重建的模拟研究

1) 根据衍射场的空间追迹[6], 将最左边的物平面视为物平面, 后续两物平面视为平面光阑, 求出到达透镜 L_1 左侧的光波复振幅;

2) 将 L_1 到 CCD 平面视为另一 ABCD 系统, 用柯林斯公式求得到达 CCD 的物光场 O;

3) 引入参考光 R, 按照 $I = |OR|^2$ 求得全息图 I;

4) 使用柯林斯公式的逆运算重建给定 d_0 的物平面强度分布图像.

给定一组模拟参数按照上述步骤重建的物平面分别示于图 13-6-2(a′), 图 13-6-2 (b′) 和图 13-6-2 (c′).

分析重建图像可以看出, 重建物平面能够较好地将该平面的 "粒子" 成像, 但像的质量受到许多因素的影响. 例如, 重建图像中存在共轭光背景, 并且, 部分粒子的像边界与另一层面邻近粒子的离焦像相重叠, "粒子" 的像边界事实上是两邻近粒子的投影边界叠加. 因此, 必须选择合适的图像特征识别方法, 才可能将重建平面的 "粒子" 取出. 更重要的是, 模拟研究只是近似地对一个 "冻结" 的稳态粒子场作了表述, 被测量粒子场通常是随时间变化迅速的三维场, 不但要用足够多的二维测量综合出各给定时刻的瞬态粒子分布, 还应该通过间隔时间很小的相邻两次瞬态测量, 求出给定时刻三维空间粒子的速度分布[18]. 因此, 要形成一个实际的测试技术, 还有许多问题需要解决. 但是, 尽管如此, 模拟研究对数字全息测量粒子场的可能性给出了直观的证明.

13.6.1.2 测量实例

由于粒子场的数字全息检测具有重要的实际意义, 为准确地从重建物平面图像中获取粒子的信息, 国内外已经有不少研究人员针对上面分析的问题进行了卓有成效的研究[16~18], 目前逐步在喷雾、雾滴、聚合物粒子生长、微小粒子跟踪和微生物测量及分析等方面让形成了实用的数字全息检测技术. 作为实例, 这里介绍 2005 年报道的北京航空航天大学[18] 的一个实际检测结果.

这项研究涉及一种在线记录和显示测量结果的数字全息系统, 能够以 30 帧每秒的速度用显示大约 20000 个矢量表示的粒子三维速度矢量场. 测量对象是置于流体中的表面有不透光涂层的玻璃球, 玻璃球直径为 10~30μm、密度为 1.03. 流体装在边长 25mm 的透明立方体容器中, 容器两侧对角开有边宽 5mm 的方形入口和出口, 注入流体的流速为 1~20 mm/s. 图 13-6-3 给出容器形式及坐标定义. 实验时

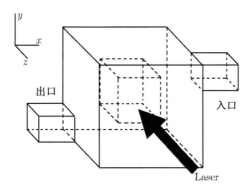

图 13-6-3 待测量的粒子场容器结构

研究的是位于立方体流体容器中心部分体积约 93mm³ 的立方体,实验用激光的波长 632.8nm,CCD 有效像素 1008×1018,每次曝光时间为 1ms.

图 13-6-4 给出一组粒子速度场测量结果. 图中,每一子图是 $z=70\sim 79$mm 每隔 1mm 的三维速度场 (坐标定义见图 13-6-3), 背景颜色标示垂直于图面的速度分量. 位于 79 毫米右上角的图与入口附近的流体相对应, 而 70mm 处左下角部分的图与出口附近流体相对应. 测试结果物理意义的详细分析可参见文献 [18].

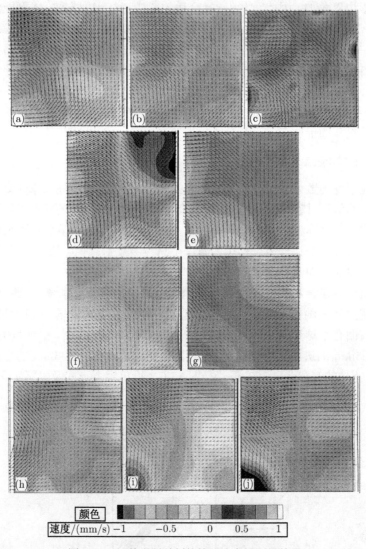

图 13-6-4 某观测时刻的粒子速度场测量结果

正如许多文献指出的[16~18],随着计算机及 CCD 技术的进步,数字全息粒子图像测速技术将会成为解决复合流体问题的最有力并且是最具潜力的工具.

13.6.2 微机电系统的数字全息检测

随着计算机及高精度机械加工技术的进步,微机电系统及微型元件获得广泛应用. 为保证微系统的质量,微机电元件的几何尺寸及空间配置精度的测量是一种关键技术. 在该研究领域中,数字全息三维形貌检测获得了重要应用. 下面给出国外报道的一个测量气流传感器的实例[7].

气流传感器的形貌如图13-6-5(a),其传感关键部位是硅芯片上一个宽度约1mm的方形的隔膜(图13-6-5(b)). 穿过隔膜和底层的气流变化将导致通过隔膜周围空间的光束变形. 应变仪将这个变形转化成光电信号后便能获取气流变化的信息. 很明显,准确知道隔膜在给定气流状态的形状对控制产品的质量非常重要.

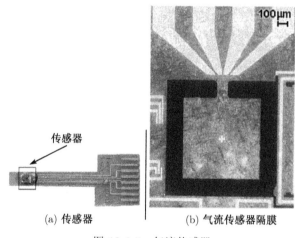

图 13-6-5 气流传感器

利用数字全息的多波长等高线法对的隔膜邻近区域测试结果示于图13-6-6. 由重建图像的像素大小确定的侧向分辨力达18μm. 在做该测量时,目的是判断隔膜和芯片底层在没有气流时是否平行,因为平行时才能保证让传感器输出正确的探测值. 测量结果表明隔膜是倾斜的,要通过生产工艺控制来避免这种结果.

13.6.3 材料物性参数的检测

对材料形变的测量测能获取材料的许多重要物性参数[20],例如材料的杨氏模量、热膨胀系数及泊松比等. 国内外在该研究领域不但已经获得许多重要进展,一些测量技术已经获得实际应用. 下面分别介绍2005年报道的西北工业大学[21]材料的泊松比的数字全息测定,以及德国西门子公司制造的有较强功能的数字全息干涉系统[20].

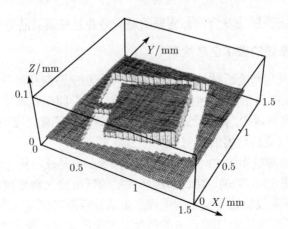

图 13-6-6　气流传感器隔膜和邻近芯片表面的 3 维形貌

13.6.3.1　材料泊松比的测定[21]

1. 测量原理

根据弹性力学中板或梁的纯弯曲理论, 一块矩形平板试样在纯弯加载条件下, 试样表面具有相同离面位移的点 (x,y) 构成两组双曲线, 可表示为[26]

$$x^2 - \mu y^2 = c \tag{13-6-3}$$

式中, μ 为材料的泊松比, c 为常数. 当 $c=0$ 时 (13-6-3) 式即为该双曲线的渐近线. 令该双曲线组的渐近线间的夹角为 2α, 由几何关系可得

$$\mu = x^2/y^2 = \tan 2\alpha \tag{13-6-4}$$

因此, 采用全息干涉法得到试样纯弯曲变形前后的离面位移分布图, 做出其渐近线便能测得夹角 2α, 然后根据 (13-6-4) 式计算出待测试样材料的泊松比 μ. 图 13-6-7 是用于泊松比测量的加载夹具装置示意图.

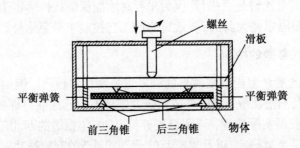

图 13-6-7　泊松比测量的加载夹具装置示意图

设加载前后物光场的全息图利由 CCD 记录并由计算机分别数值再现. 若令再现的二维场取样数为 $N \times N$, 两种状态下物平面光场的复振幅分布分别是 $U_{d1}(m,n)$ 和 $U_{d2}(m,n)(m,n=0,1,2,\cdots,N-1)$, 则重建场相位分布 $\Phi_1(m,n)$ 和 $\Phi_2(m,n)$ 分别为

$$\Phi_1(m,n) = \arctan \frac{\text{Im}[U_{d1}(m,n)]}{\text{Re}[U_{d1}(m,n)]} \tag{13-6-5}$$

$$\Phi_2(m,n) = \arctan \frac{\text{Im}[U_{d2}(m,n)]}{\text{Re}[U_{d2}(m,n)]} \tag{13-6-6}$$

于是, 两种状态下再现物光场的相位差分布[2] 可表示为

$$\Delta\Phi(m,n) = \begin{cases} \Phi_1 - \Phi_2, & \Phi_1 \geqslant \Phi_2 \\ \Phi_1 - \Phi_2 + 2\pi, & \Phi_1 < \Phi_2 \end{cases} \tag{13-6-7}$$

如果物光场的变化为平板试样的纯弯曲变形, 则由 (13-6-7) 式得到的相位差分布图样与平板试样纯弯曲变形的离面位移分布图样等效. 可通过由 (13-6-7) 式所得的相位差分布图计算试样材料的泊松比.

2. 实验测量系统

实验测量系统主要由数字全息图记录光路、试样加载夹具、CCD、图像数据采集与处理系统组成. 光路结构如图 13-6-8 所示.

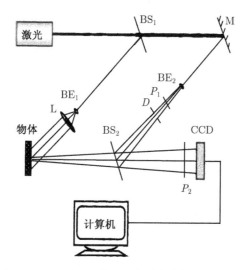

图 13-6-8 无透镜傅里叶变换全息图记录光路

HeNe 激光器发出的细激光束 (λ=632.8nm) 由分束镜 BS$_1$ 分为两束, 其中一束光经扩束镜 BE$_1$ 和准直透镜 L 扩束准直后照射在待测试样表面, 经反射后作为物光垂直投射到 CCD 的光敏面上; 另一束光依次经平面镜 M 反射, 小孔扩束镜 BE$_2$

扩束和半透半反镜 BS_2 反射后,以一定的倾角投射在 CCD 的光敏面上. 光阑 D 用于调节光斑大小,减光板 P_1 和 P_2 用来调节总光强以及物光与参考光的光强比. 通过改变分束镜 BS_2 的方位角可以方便地调节到达 CCD 光敏面上的物参夹角. 实验所用 CCD 为敏通 1802CB 黑白型,其靶面的实际尺寸为 6.40mm×4.80mm,像素数为 795(H)×596(V),每个像素的尺寸为 8.1μm×8.1μm. 采用无透镜傅里叶变换全息记录光路的特点是,光路结构简单便于实用化;光学元件少且无需成像透镜,因而可避免或降低因其表面的灰尘或污渍引起的衍射图样以及透镜带来的像差等非线性影响;数值重建算法简单,只需一次傅里叶变换,因而使得再现处理周期缩短;横向分辨率高且能够充分利用 CCD 的空间带宽[27].

3. 实验及测量结果

实验中选取型号为 2A12 的矩形铝板作为试样,试样尺寸为长 120mm,宽 20mm,厚 2mm. 加载时,为使测量结果与真值最接近,取试样夹具的两个后三角锥的间距 (100mm) 与试样宽度 (20mm) 的比值为 5:1. 实验中,在对试样均匀连续加载的过程中先后进行了 10 次测量,依次经数值再现后得到了双曲线簇条纹状的相位差分布图样. 由相位差分布图样测量出 2α 角,再利用式 (13-6-4) 便能计算出该试样的泊松比.

10 次测量所得的数据如表 13-6-1. 由表 13-6-1 可得 10 次测量结果的平均值为 0.329,10 次中单次测量的最大相对误差为 0.6%. 由材料力学手册给出的轧制铝材的泊松比[28] 为 0.32~0.36,表明此测量方法具有较高的准确性和重复性.

表 13-6-1 对 α 和泊松比 μ 进行 10 次测量的结果

次数	$\alpha/(°)$	泊松比	平均值
1	29.875	0.330	
2	29.913	0.331	
3	29.763	0.327	
4	29.763	0.327	
5	29.800	0.328	0.329
6	29.875	0.330	
7	29.838	0.329	
8	29.800	0.328	
9	29.875	0.330	
10	29.913	0.331	

实验结果表明,该方法简单易行,尤其适合对光学粗糙表面、小泊松比或小尺寸的试样进行全场测量,测量结果不但具有良好的重复性,而且具有较高的灵敏度和精度,是一种有效的光学测量泊松比的方法.

13.6.3.2 多功能数字全息检测系统

为适应数字全息研究的发展,文献 [20] 报道了德国西门子公司制造的有多种功能的数字全息检测系统.并报道了使用这个系统对材料的三维面形、形变、杨氏模量、泊松比及材料热膨胀系数测量的情况.图 13-6-9(a) 是该系统的结构框图,图 13-6-9(b) 是外形图.从结构框图可以看出,检测系统中的激光通过光纤分为 5 路传送到由计算机控制的输出端.其中前 4 路均分总光束功率的 95%,它们通常作为照明物光,剩余的 5% 功率的光束通过光纤传播作为测量时的参考光,其输出也受计算机控制.装置腔体对称轴是系统的光轴,CCD 接收屏垂直于光轴放置在腔体内,接收从被测量物体散射的物光及通过内部光学元件引导的参考光.从该系统外形图可以看出,照明物光通过能方便调整照明角度的 4 个激光头输出,特别适应于三维形变检测中位移矢量各分量的检测.该系统能用于多种数字全息检测研究,是一个拥有多种检测功能的数字全息测量装置.作为一个应用实例,图 13-6-9(c) 是该系统安装在另一装置上形成一个热膨胀系数复合测量装置的图片.

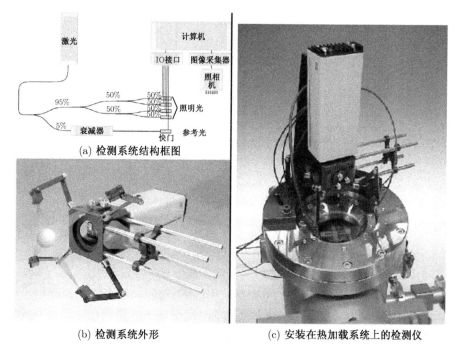

图 13-6-9 用于微元件的物性参数的研究的检测系统 (德国 CMW Chemnitz 制造)

13.6.4 时间平均法数字全息振动分析

传统全息干涉计量中,由于银盐感板能够记录时间累积的光辐射能,从而形成了时间平均法[10,11]研究振动的技术.虽然作为电荷耦合器件阵列的 CCD 采集图像的机理[29] 与银盐感光板不同, 但理论及实验研究表明[19,30,31], 也可以用数字全息方法实现振动分析. 这里, 介绍 2005 年法国研究人员报道的一个研究成果[19].

实验设置如图 13-6-10, 物体为直径 60mm 的扬声器, 被 3700Hz 的正弦波激励, 置于离探测器距离为 d_0=1037mm 处. 连续输出的 He-Ne 激光被偏振分束镜分成参考光及照明光. 调整在参考光路中立方分束镜之后的半波片, 让照明物光及参考光均在 S 方向偏振. 照明物光通过透镜 L_3 扩束及全反镜反射投向物体, 由物体散射的光波形成物光. 穿过立方分束镜的参考光束在通过组合透镜 L_1 和 L_2 后被扩束成剖面与 CCD 窗口尺寸相适应的平面波. 该列光波经半反半透镜反射到 CCD 形成参考光. 参考光相对于光轴的角度通过对 L_2 的精密平移控制实现.

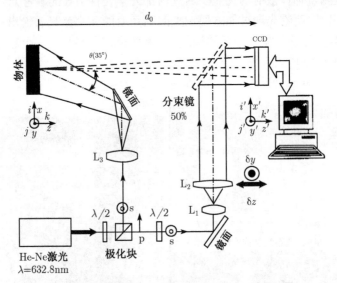

图 13-6-10 时间平均法数字全息振动测量

实验研究中探测器 CCD 包含 $M \times N = 1024 \times 1360$ 个像素, 像素宽度 $P_x = P_y = 4.65 \mu m$. CCD 曝光时间 1s. 图 13-6-11(a), (b), (c) 分别给出扬声器受低、中、高三种不同振幅激励时数字重建的时间平均干涉图像.

通过图像处理获得的与图 13-6-11(a), (b), (c) 对应的等高线图像分别示于图 13-6-11(a'), (b'), (c'). 不难看出, 数字全息的时间平均干涉测量在形式上得到与传统的全息检测相似的结果. 为证实数字全息检测的可靠性, 文献 [19] 的作者用同样的参数进行了传统的数字全息实验, 将实验获得的干涉图与数字全息重建图像进行比较. 比较结果表明, 两种方法得到的干涉图是相似的. 不同之处是数字全息能够通过对作者提出的 "过零点相位"[19] 的检测较方便地获取干涉图中的等高线, 而传统全息图像只能通过灰度图像的处理来进行相应分析. 当然, 数字全息重建图像的分辨率还远不如传统图像. 但这并未显著影响该方法的实用价值.

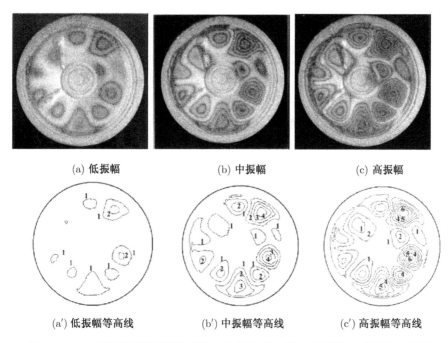

图 13-6-11 三种不同振幅激励时数字重建的时间平均干涉图像及其振幅等高线

13.6.5 生物体微形变检测

数字全息已被成功地应用于反射型物体的干涉研究中. 生物体的微形变测量更显示出这项技术的优越性. 因为生物样本通常不稳定且时常是湿润的表面, 使用其他传统的测量通常遇到困难. 作为应用研究实例, 下面给出一个心脏瓣膜样本表面微形变的无透镜傅里叶变换数字全息检测研究结果[22].

实验所用的设备如图 13-6-12 所示. He-Ne 激光器用作一点光源, 其波长 λ =632.8nm, 最大输出功率为 12mW, 记录距离 z=87cm. 在物平面上, 参考光经过扩束镜扩束和针孔滤波器滤波以抑制产生的高阶空间频谱. 参考光和物体反射的光相叠加所形成的干涉项被 CCD 记录并作为波面重建的依据.

研究所使用的心脏瓣膜样本是由猪的心脏瓣膜制成的, 图 13-6-13(a) 是样本照片. 因保存于生理氯化钠的溶液中, 研究过程中有湿润的表面. 图 13-6-13(b) 是样本的物平面再现图.

为实现微形变测量研究, 在两幅记录全息图间用金属针使瓣膜叶片变形. 图 13-6-13(c) 是形变前后重建物面光场的相差图, 对相差平滑处理后的灰度图像示于图 13-6-13(d), 得出的形变如图 13-6-13(e) 所示.

研究这个测量结果可以看出, 物体形变最大尺度不到 $1\mu m$. 从形式上看, 这个

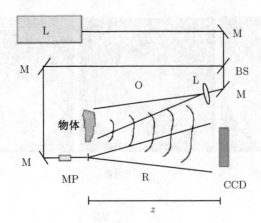

L: He-Ne 激光器, M: 全反镜, BS: 分束镜,
MP: 扩束镜和针孔滤波器, R: 参考光, O: 物光, Obj: 物体, CCD: CCD探测器

图 13-6-12　数字无透镜傅里叶变换全息的实验装置

位移变化测量对于实际应用可能没有特别意义. 然而, 重要的是实现了对生物体湿润表面的非接触检测. 采用上面介绍过的多波长等高线测量或者变换照明物光倾角的数字全息技术, 就能实现较大尺寸形变的生物体的三维面形及其形变的检测.

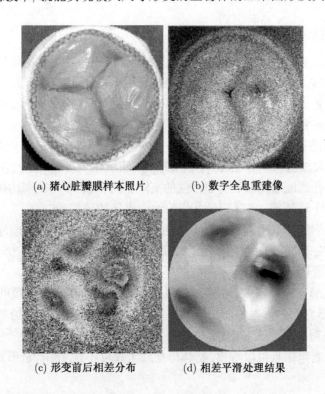

(a) 猪心脏瓣膜样本照片　　(b) 数字全息重建像

(c) 形变前后相差分布　　(d) 相差平滑处理结果

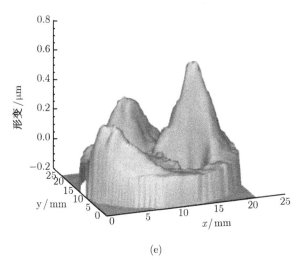

(e)

图 13-6-13　猪心脏瓣膜样本形变场测量结果

应该指出, 为与前两章及本章的理论分析相对应, 本章最后一节简明地给出了数字全息的部分应用. 事实上, 数字全息技术正随着计算机及 CCD 技术的进步而迅猛发展. 新兴技术及理论正不断涌现[33,35]. 例如, 南开大学现代光学研究所采用脉冲数字全息技术实现对飞秒级超快动态过程的数字显微全息记录, 为研究高速变化的物理过程提供了一种全新的工具. 下一章还将对许多重要的应用实例进行较详细的介绍.

参 考 文 献

[1] Paul Smigielski. Holographie industrielle[M]. Toulouse, 1994.

[2] 顾德门 J W. 统计光学 [M]. 秦克诚, 等, 译. 北京: 科学出版社, 1992.

[3] 陈家璧, 苏显渝. 光学信息技术原理及应用 [M]. 北京: 高等教育出版社, 2002.

[4] Pascal Picart, Eric Moisson, Denis Mounier. Twin-sensitivity measurement by spatial multiplexing of digitally recorded holograms[J]. Applied Optics, 2003, 42(11): 1947-1957.

[5] 李俊昌. 散射光数字全息检测过程的统计光学讨论 [J]. 光子学报, 2008, 36(4): 734-739

[6] 李俊昌. 激光的衍射及热作用计算 (修定版)[M]. 北京: 科学出版社, 2008.

[7] Christophe Wagner, Wolfgang Osten. Direct shape measurement by digital wavefront reconstruction and multiwavelength contouring[J]. Optical Engineering, 2000, 39(1): 79-85.

[8] Werner Nadeborn, Peter Andra, Wolfgang Osten. A robust procedure for absolute phase measurement[J]. Optics and Lasers in Engineering, 1996, 24: 245-260.

[9] Ichirou Yamaguchi, Sohgo Ohta, Jun-ichi Kato. Surface contouring by phase-shifting digital holography[J]. Optics and Lasers in Engineering, 2001, 36: 417-428.

[10] 于美文. 光全息学及其应用 [M]. 北京: 北京理工大学出版社, 1996.

[11] 王仕璠. 信息光学理论与应用 [M]. 北京: 北京邮电大学出版社, 2003.

[12] 刘诚, 朱健强. 数字全息形貌测量的基本特性分析 [J]. 强激光与粒子束, 2002, 14(3): 328-330.

[13] Domenico Alfieri, Giuseppe Coppola, Sergio De Nicola, et al. Method for superposing reconstructed images from digital holograms of the same object recorded at different distance and wavelength[J]. Optics Communications, 2006, 260: 113-116.

[14] 钱克矛, 续伯钦, 伍小平. 光学干涉计量中的位相测量方法 [J]. 实验力学, 2001, 16(3): 239-245.

[15] 刘骏. Delphi 数字图像处理及高级应用 [M]. 北京: 科学出版社, 2003.

[16] 成锋, 郝志琦, 王淑岩, 等. 电子学全息法再现三维物场 [J]. 光学学报, 1997, 17(5): 577-580.

[17] 吕且妮, 葛宝臻, 罗文国, 等. 数字全息术及其在粒子场测试中的研究进展 [J]. 光电子·激光, 2002, 13(10): 1087-1091.

[18] Gongxin Shen, Runjie Wei. Digital holographical particle image velocimetry for the measurements of 3Dt-3C flows[J]. Optics & Lasers in Engineering, 2005, 43: 1039-1055.

[19] Pascal Picart, Julien Leval, Denis Mounier, et al. Some opportunities for vibration analysis with time averaging in digital Fresnel holography[J]. Applied Optics, 2005, 44(3): 337-343.

[20] Seebacher S, Osten W, Baumbach T, et al. The determination of material parameters of microcomponents using digital holography[J]. Optics and Lasers in Engineering, 2001, 36: 103-126.

[21] 徐莹, 赵建林, 范琦, 等. 利用数字全息干涉术测定材料的泊松比 [J]. 中国激光, 2005, 32(6): 787-790.

[22] Dieter Dirksen, H Droste, B Kemper, et al. Lensless Fourier holography for digital holographic interferometry on biological samples[J]. Optics and Lasers in Engineering 36, 2001: 241-249.

[23] Thompson B J, Ward J H, Zinky W R. Application of hologram techniques for particle size analysis[J]. Appl Opt, 1967(3): 512-526.

[24] 李俊昌, 陈仲裕, 赵帅, 等. 柯林斯公式的逆运算及其在波面重建中的应用 [J]. 中国激光, 2005, 32(11): 1489-1494.

[25] 吕百达. 激光光学 [M]. 北京: 高等教育出版社, 2003.

[26] 谢东, 庹有康. 应用激光全息干涉技术测量复合材料泊松比的研究 [J]. 激光杂志, 2001, 22(2): 48-516.

[27] 徐莹, 赵建林, 向强, 等. 无透镜傅里叶变换全息图数值再现中的图像处理 [J]. 光学学报, 2004, 24(11): 1503-15069.

- [28] 皮萨连科 Г С, 亚科符列夫 А П, 马特维也夫 В В. 材料力学手册 [M]. 范钦珊, 朱祖成, 译. 北京: 中国建筑工业出版社, 1981.
- [29] 雷玉堂, 王庆有, 何加铭, 等. 光电检测技术 [M]. 北京: 中国计量出版社, 1997.
- [30] Lu B, Yang X, Abendroth H, et al. Time-averaged subtraction method in electronic speckle pattern interferometry[J]. Opt Commun. 1989, 70: 177-180.
- [31] Wang W C, Hwang C H, Lin S Y. Vibration measurement by the time-averaged electronic speckle pattern interferometry methods[J]. Appl Opt, 1996, 35: 4502-4509.
- [32] 沈永欢, 梁在中, 许履珊. 实用数学手册 [M]. 北京: 科学出版社, 1992. 8: 674
- [33] 袁操今, 翟宏琛, 王晓雷, 等. 采用短相干数字全息术实现反射型微小物体的三维形貌测量 [J]. 物理学报, 2007, 56(1): 218-222.
- [34] 翟宏琛, 王晓雷, 母国光. 记录飞秒级超快瞬态过程的脉冲数字全息技术 [J]. 激光与光电子学进展, 2007, 44(2): 19.
- [35] 王晓雷, 张楠, 赵友博, 等. 飞秒激光激发空气电离的阈值研究 [J]. 物理学报, 2008, 57(1): 354-357.

第14章 应 用

14.1 全息干涉计量技术的应用

全息干涉计量技术具有全场、灵敏、非接触、非破坏、精确度高等特点,实时全息技术又增加了实时的优点、使用脉冲激光器和高功率激光的实时全息又可进一步研究各种高速、瞬态现象、所有这些特点使得全息干涉计量技术在越来越广泛的领域获得了成功的应用. 重要的应用方面: 物体静态变形和动态变形检测、物性检测、非破坏检测与评估、形貌检测、流场检测、粒子场检测、燃烧场分析、等离子体诊断等.

在本书各个章节中业已介绍了与该章节有关的一些应用范例, 本章拟提供读者更多的一些应用信息, 希望它有助于启发读者的思维和想象, 去构思更多、更新的可能应用, 去解决实践中遇到的各种各样的问题.

14.1.1 在力学研究、力学参数检测等方面的应用

14.1.1.1 应用于实验力学、断裂力学、实验地震学的研究

为了研究固体的断裂机理, 文献 [1] 介绍了一种全息干涉计量技术与声发射源测定技术相结合的检测系统来研究固体试件的断裂过程. 根据断裂力学理论, 受力试件在载荷增加发生宏观破裂之前, 先在某些部位发生微破裂, 微破裂逐渐增多, 丛集成核, 尔后形成宏观破裂. 为了研究断裂的规律性, 需要了解微破裂与应力场之间的关系. 该系统可以同时检测受力试件微破裂发生的位置、强度以及其周围应力场的分布. 整个系统由全息干涉摄影系统和瞬态波形自动记录系统组合而成. 试件和加力架安装在全息防震台上, 试件的受力变形状态及其变化通过实时全息干涉摄影系统进行检测和记录. 微破裂发生时, 其振动波在试件内向四周传播, 通过分布在试件上的多个传感器接收后输入到瞬态波形自动记录仪. 记录仪自动记录微破裂的振动波波形、并储存在记录仪内. 通过这些已知位置的传感器接受到的同一个微破裂的振动波波形, 可以确定该微破裂发生的位置、时刻和强度大小. 全息系统和瞬态波形记录系统同步计时, 于是, 这两种方式获得应力场和微破裂的数据可供进一步分析微破裂成核过程和应力场关系. 该系统可在一块试件中观测到连续的、多次的微破裂的发生、丛集、成核过程, 能观测并记录下此过程中应力场的连续变化、记录下裂纹的延伸、分叉、扩展以及最后试件整体破裂的过程. 在停止加力后,

乃至卸载过程中,试件仍继续发生微破裂的现象(在实验地震学中,这种卸载过程中,仍继续发生微破裂的现象被看作为"余震"现象)也都能观察和记录下来.

1. 试件的受力变形状态的检测

实验中所采用的实时全息干涉摄影系统是一套带有液匣盒的实时全息干涉系统和摄像机及具有连拍功能的相机所组成的实时全息干涉摄影系统[1]. 光路布局如图 14-1-1 所示. 图中 BS 为分束镜,M 为反射镜,SF 为空间滤波器,CL_1 是一具口径为直径 300mm 的大准直透镜,L_2 是一具口径为直径 450mm 的大成像透镜,CL_2 是一具口径为直径 100mm 的准直透镜,PS 是一个压电晶体控制的反射镜,它一方面用作反射镜、一方面用作移相器用以判断位移方向. L_1 为一个凹透镜,用作扩束. LG 是液匣盒,O 为透明有机玻璃板材制作的地震模拟实验试件. 其尺寸为 10 mm 厚,边长 200 mm×200 mm 的正方形. 由于液匣盒 LG 的窗口较小,只有 80 mm 高、100 mm 宽. 我们采用了大口径透镜 L_2(见图 14-1-2(a) 中部为大口径透镜,其正前方为液匣盒)来缩小光束,以使待检测截面全部信息进入液匣盒窗口. 此外,在实验中还采用了用物光再现的参考光和原参考光的干涉图纹进行检测的方法,既提高了像质、又可在任何位置灵活地作摄影记录,而不仅限于透镜成像面[2]. 油压式加力架 HD 高 800mm、宽 920mm、深 300mm;重约 800kg;检测截面为最大线度可达 424mm;采用油压系统加力,加力时机座自身位移不大于亚微米级,试件平面内的水平和竖直方向的加载能力可达 30t 力、垂直试件方向的加载能力可达吨级. 加力架正面照片见图 14-1-3,其中部下侧是待侧试件. 试件上方和两侧圆柱形活塞式压头是由橡皮软管联结的油压系统驱动的. 在图 14-1-2(b) 中,可看到三

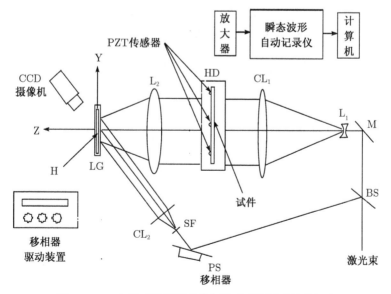

图 14-1-1 全息干涉摄影系统与微破裂检测系统的组合

个手动油压泵分别控制压强的大小，并分别由三个压强计显示压强的数值. 当试件发生微破裂时，其振动波的传播通过试件上安放的 PZT 传感器传送到瞬态波形自动记录仪自动记录. 试件受力变形状态以及状态的变化则通过实时全息干涉摄影系统记录下来 [3].

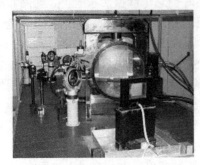 

(a) 系统正视照片　　　　　　　　　　　　(b) 系统侧视照片

图 14-1-2　实时全息检测系统

图 14-1-3　加力架正视照片

2. 微破裂的检测方法 [4~7]

受力试件在载荷逐渐增加时，首先在某些部位发生微破裂. 这些微破裂发生时，伴随着弹性波向四周发射. 可以通过检测它所发射的弹性波而判断它发生的位置和破裂的强度大小. 在试件周围边缘附近安放 8 个 PZT 传感器，如图 14-1-4 所示 (图中方形试件周边的 8 个黑点表示 8 个 PZT 传感器)，它们将微破裂传来的声波转换为电信号，通过放大，将振动波形分别记录、存储在 8 通道瞬态波形自动记录仪内. 根据微破裂 (声源) 声信号到达这 8 个传感器的时间和震动波形可以确定微破裂的空间位置及振动强度.

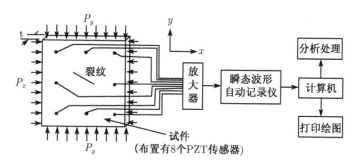

图 14-1-4 试件和 8 通道瞬态波形自动记录仪示意图

样品在受力之初可视为各向同性体. 随着压力增加, 出现各向异性. 这时, 弹性波沿不同方向的传播速率不等, 微破裂发出的弹性波, 呈椭球型波面. 在 x, y 平面的两个坐标轴方向 (即加载方向) 为速率最大和最小的方向, 设相应的最大速率和最小速率分别为 V_1^i 和 V_2^i, 如图 14-1-5 所示. 设第 i 个微破裂点所在位置为 $P^i(x^i, y^i)$, 第 j 个检测器的接收点位置为 $P_j(x_j, y_j)$, 并设沿两点 $P^i(x^i, y^i)$ 和 $P_j(x_j, y_j)$ 连线方向的速度为 V_j^i. θ_j^i 为 i, j 连线方向与 x 坐标轴的夹角, l_j^i 为 $P^i(x^i, y^i)$, $P_j(x_j, y_j)$ 两点间连线的长度我们有

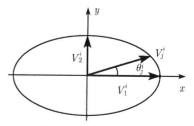

图14-1-5 试件内声波速率非各向均匀示意图

$$\cos\theta_j^i = (x^i - x_j)/l_j^i, \sin\theta_j^i = (y^i - y_j)/l_j^i \tag{14-1-1}$$

$$l_j^i = \sqrt{(x^i - x_j)^2 + (y^i - y_j)^2} \tag{14-1-2}$$

由图 14-1-5 所示的声波速率椭圆, 我们可得到下面的关系式:

$$\left(\frac{V_j^i \cos\theta_j^i}{V_1^i}\right)^2 + \left(\frac{V_j^i \sin\theta_j^i}{V_2^i}\right)^2 = 1 \tag{14-1-3}$$

若 t_j 是第 j 个检波器接受点接收到第 i 个微破裂所发出信号的时刻, t^i 是第 i 个微破裂产生那一瞬间的时刻. 振动波从 $P^i(x^i, y^i)$ 点传播到 $P_j(x_j, y_j)$ 点所经历的时间, 通常称为 "走时", 并以 T_j^i 表示, 即 $T_j^i = t_j - t^i$. 于是

$$l_j^i = V_j^i(t_j - t^i) = V_j^i T_j^i \tag{14-1-4}$$

从 (14-1-1), (14-1-3), (14-1-4) 式可得

$$T_j^i = T_j^i(P^i, V^i) = \left[\left(\frac{x^i - x_j}{V_1^i}\right)^2 + \left(\frac{y^i - y_j}{V_2^i}\right)^2\right]^{1/2} \tag{14-1-5}$$

取实际"走时"为 t_j^i，建立目标函数 Q^i：

$$Q^i = \sum \left[t_j^i - T_j^i \right]^2 \tag{14-1-6}$$

利用最小二乘法来求解 $(x^i, y^i, V_1^i, V_2^i, t_j^i)$，使

$$Q^i(x_i, y_i, V_i) = \min \sum \left[t_j^i - T_j^i \right]^2 \tag{14-1-7}$$

式中，$x^i, y^i \in D, H, V_1^i, V_2^i \in V_1, V_2$

D, H 是试件的最大宽度和最大高度，V_1, V_2 是速率的最大可能范围.

微破裂记录系统主要参数如下.

PZT 传感器：谐振频率 1 MHz，直径 5mm；

放大器：带宽 1kHz~1MHz，增益 80dB，从 32dB 开始，步进 6dB，实验中所用增益为 50dB 和 56dB；

瞬态波形自动记录仪：8 通道记录，每道采样率 10MHz，每道内存 16 kB.

利用这种检测系统，先用已知发射源标定，定位偏差不超过 ±3.0mm.

图14-1-6 瞬态波形自动记录仪和图像记录装置

在图 14-1-6 中，图右是多通道瞬态波形自动记录仪，图左是安放图像记录装置的位置，此刻是一座装在三角支架上的数码相机，也可以安放摄像机.

3. 在全息干涉计量中的焦散线现象

将试件夹持在油压加力架上. 从零负荷开始，逐渐加压，直至试件破裂. 整个试验过程中试件上的干涉图纹变化，可以直接以肉眼观察，并用摄像机或数码相机记录下来. 试件在负荷作用下发生的微破裂则由瞬态波形自动记录仪(即声发射源自动检测仪) 记录并存储在计算机中. 文献 [3] 使用刻有同样雁列式狭缝的同样类型的试件，见图 14-1-7(a)，在同样条件下的五次试验，获得了类似的结果. 以 1#试件为例，整个试验过程可分为 4 个阶段：

试验第一个阶段

当加载的力还不是很大，条纹不是很多，应力和应变服从胡克定律，试件的形变可以用 9.3.4 节方程 (9-3-36) 式定量计算. 见图 14-1-7(b), (c), (d)，当加载力逐渐增大时，条纹变得越来越密. 在连续加力过程中，闭合干涉条纹的变化有两类，一类是闭合干涉条纹向周围扩展，不断有新的条纹从核心处逐条"吐出"；另一类是闭合干涉条纹向核心收拢，并在核心处被逐条"吞没"消失. 根据条纹动态的分析：前者代表待测物体表面凸起的区域或称"凸区"，其核心处是其最高点，称为"峰"；后者代表待测物体表面凹下的区域或称"凹区"，其核心处是其最低点，称为"谷". 一般情况下，相邻应力集中点附近的干涉条纹，往往一个是"凸区"，一个是"凹区"；在

加力过程中它们对应的条纹一个是扩散,一个是收拢.它们的交界处称为:"应变缝隙"(strain gap).

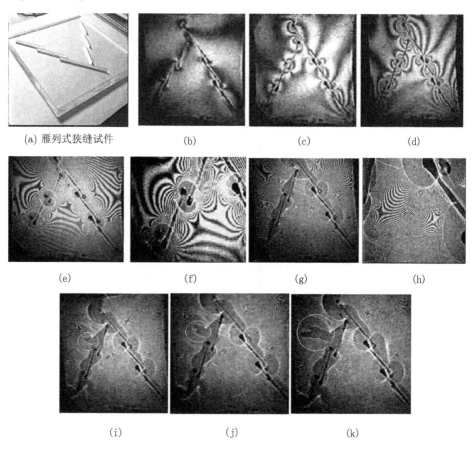

图 14-1-7 试件加载过程中的几幅典型的全息干涉图纹照片

试验第二阶段

见图 14-1-7(e), (f),在第二阶段,当负载应力增大至破裂应力的 30% 左右,在每一根预置裂缝的端点处出现阴影区,并且,它们随着负载力的增大变得越来越大.这过程中,发生有许多微破裂,它们大多发生在阴影区内,阴影区周边有一根很亮的包络线.

试验第三阶段

见图 14-1-7(g), (h),当负载应力增大至破裂应力的 70% 左右时,试验进入了第三阶段. 此时,阴影区继续增大,并有少数破裂发生. 这些破裂通常发生在阴影区,它们伴随着清脆的"噼啪"响声,有的破裂可直接用肉眼看到. 此时,条纹非常密集, 图 14-1-7(h) 是放大的局部, 这些条纹在实验室用肉眼观看还是很清晰的, 但拍摄成照片后, 缩小的照片, 就不易分辨条纹细节. 原物尺寸是 200mm × 200mm, 这里展示的全都是缩小的照片.

试验第四阶段

见图 14-1-7(i), (j), (k) 和图 14-1-8 当负载应力增大到接近破裂应力时, 试验进入了第四阶段. 这时, 裂纹的扩展以一种加速的方式, 迅速导致整个试件的完全破裂. 并且, 破裂通常总是向 "应变间隙"(strain gap) 延伸.

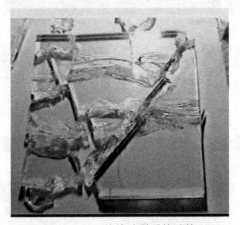

图 14-1-8 整体破裂后的试件

我们观察到并记录下从预制裂缝端点开始形成并逐步扩大直到最后整个试件破裂 (断裂) 的裂纹发展的动态过程. 在试件整体破裂的前几秒钟, 一个预制裂缝端点的阴影区迅速变大, 延伸, 并在一侧出现分叉, 分叉继续急剧扩展 (见图 14-1-7(i), (j), (k) 中白色圆圈内的阴影区) 直至整个试样破裂 (见图 14-1-8). 这些现象不仅能直接清晰地观察到, 并能以较高的时间分辨率记录下来, 有助于对破裂机理的进一步深入研究.

实验中出现的阴影区属于几何光学中所谓的 "焦散线现象". 当试件负荷增加到相当值后, 在试件某些应力集中区变形很大. 这些变形区, 形成类似微凸透镜 (压应力负荷) 或微凹透镜 (张应力负荷) 的效果, 光束通过它们将发生折射, 并在空间形成一个三维包络面. 此包络面称焦散曲面. 如在此空间放置一个与试件平面平行的观察屏, 就可直接观察到这种焦散曲面的横截面. 在此横截面的图像中, 存在着一条明亮的曲线, 它周围包围着一个暗区. 在几何光学中, 这条明亮的曲线称作 "**焦散曲线**"(caustic curve). 它所包围的阴影区称作 "**焦散斑**"(shadow spot). 根据断裂力学理论, 可以通过测量焦散斑的 "**特征长度**" 而计算应力强度因子. 这种利用测量焦散斑的 "**特征长度**" 计算应力强度因子的实验方法, 在实验力学中称为 "**焦散**

线法",已成为实验力学中的一种重要检测手段[21]. 将全息干涉计量的光路图与实验力学中使用平行光照明的焦散线实验光路 (见图 14-1-10)[21] 相比较, 可以发现: 撤去图 14-1-1 中与参考光光路有关的元件 (即 BS, PS, SF 和 CL2), 剩余的光路布局恰好和实验力学的焦散线实验光路是一样的. 图 14-1-9 (a) 是采用图 14-1-1 的实时全息试验获得的干涉图纹, 图中既有干涉条纹, 又有阴影区——焦散斑和它们的包络——明亮的焦散曲线. 在上述试验中, 当遮挡去参考光时, 就获得图 14-1-9 (b). 可以看到, 这是一幅典型的焦散线实验的结果. 图中没有干涉条纹, 只有焦散斑和明亮的焦散曲线. 这表明: 阴影区的形成是由于光的折射, 而不是由于两束光的干涉现象. 而且, 当撤除试件负荷后, 绝大部分阴影区都会恢复原来状态. 它基本上属于弹性变形现象, 而非塑性或屈服变形现象. 当然, 在负荷甚大时, 有少数应力集中处会产生塑性或屈服变形, 这些部分将不会恢复原状[18].

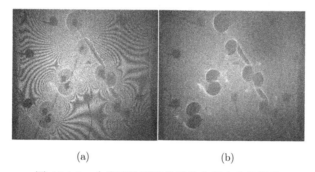

(a) (b)

图 14-1-9 全息干涉图纹伴随的焦散斑和焦散线

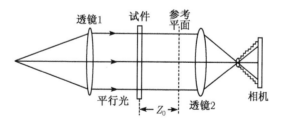

图 14-1-10 采用平行光照明的焦散线实验光路

4. 应用焦散线方法计算应力强度因子

根据断裂力学理论, 这些出现在预制狭缝尖端附近的焦散斑属于 II 型破裂. 它们所对应的应力强度因子 K_{II} 可按下式计算[21]:

$$K_{II} = 2\left(\frac{D}{3.02}\right)^{5/2} \left[\frac{(2\pi)^{1/2}}{3z_0 \mid C \mid tM^{3/2}}\right] \quad (14\text{-}1\text{-}8)$$

式中, t 是试件的厚度; M 是光学系统的放大倍数; z_0 是焦散线像平面至物平面 (试件平面) 之间的距离; D 是焦散斑的特征长度; C 是与泊松比和弹性模量有关的参数.

断裂力学理论还指出，应力和应力强度因子之间有以下的关系[21]：

$$\sigma_{xx} = -\left[\frac{K_{\mathrm{II}}}{2(2\pi r)^{1/2}}\right]\sin\left(\frac{\theta}{2}\right)\left[2+\cos\left(\frac{\theta}{2}\right)+\cos\left(\frac{3\theta}{2}\right)\right] \quad (14\text{-}1\text{-}9)$$

$$\sigma_{yy} = \frac{K_{\mathrm{II}}}{2(2\pi r)^{1/2}}\sin\left(\frac{\theta}{2}\right)\cos\left(\frac{\theta}{2}\right)+\cos\left(\frac{3\theta}{2}\right) \quad (14\text{-}1\text{-}10)$$

$$\sigma_{xy} = \sigma_{yx} = \frac{K_{\mathrm{II}}}{2(2\pi r)^{1/2}}\cos\left(\frac{\theta}{2}\right)\left[1-\sin\left(\frac{\theta}{2}\right)\sin\left(\frac{3\theta}{2}\right)\right] \quad (14\text{-}1\text{-}11)$$

式中，$\sigma_{xx}, \sigma_{xy}, \sigma_{yy}, \sigma_{yx}$ 是应力张量 $\tilde{S}(\sigma_{xx}, \sigma_{xy}, \sigma_{yy}, \sigma_{yx})$ 的诸分量，若 $\tilde{S}$ 的本征值为 Λ_1, Λ_2 则每点的主应力之和为

$$\Lambda_1 + \Lambda_2 = \sigma_{xx} + \sigma_{yy} \quad (14\text{-}1\text{-}12)$$

各个点的应力与应变的关系如下：

$$\varepsilon_x = \left(\frac{1}{E}\right)(\sigma_{xx} - \sigma_{yy}) \quad (14\text{-}1\text{-}13)$$

$$\varepsilon_y = \left(\frac{1}{E}\right)(\sigma_{yy} - \sigma_{xx}) \quad (14\text{-}1\text{-}14)$$

$$\varepsilon_z = -\left(\frac{\nu}{E}\right)(\sigma_{xx} + \sigma_{yy}) \quad (14\text{-}1\text{-}15)$$

借助于上述关系式，在选取适当坐标后，即可确定应力强度因子之值以及试件上每个点的 $\sigma_{xx}, \sigma_{xy}, \sigma_{yy}, \sigma_{yx}$ 和 $\varepsilon_x, \varepsilon_y, \varepsilon_z$ 之值. 当具体计算时，还需应用叠加原理，考虑几个端点相应的应力场的叠加.

5. 应力强度因子与全息干涉条纹序数的关系[18]

在 9.3.4 节中，我们曾指出：位置在 x, y 平面内的透明固体平板受到 x, y 平面内应力后，根据 9.3.4 节方程 (9-3-36) 式，在 z 方向所产生的应变 ε_z 为

$$\varepsilon_z = \frac{N\lambda}{\left[\left(n_0 - \frac{E}{\nu}A\right) - 1\right]t}$$

式中，N 为条纹序数；$(n_0 - \frac{AE}{\nu})$ 为试件的有效折射率；n_0 为光在记录时试件的折射率；A 为试件的应力 - 光学系数；λ 为照明光源的波长；E 为试件材料的弹性模量；ν 为泊松系数. 注意到 $\Lambda_1 + \Lambda_2 = \sigma_{xx} + \sigma_{yy} = \sigma_1 + \sigma_2$，由表达式 (14-1-9), (14-1-10) 和 (14-1-15) 式，我们有

$$N = \left(\frac{\nu K_{\mathrm{II}} t}{(2\pi r)^{1/2} E\lambda}\right)\left[\left(n_0 - \frac{E}{\nu}A\right) - 1\right]\sin\left(\frac{\theta}{2}\right) \quad (14\text{-}1\text{-}16)$$

14.1 全息干涉计量技术的应用

表达式 (14-1-16) 是一个重要的公式，它将全息干涉计量与断裂力学理论联系起来. 式中 N 是位于狭缝尖端处干涉条纹的序数 [18]. 通过测定焦散斑的特征长度 D 后 (见图 14-1-11)，便可获得应力强度因子之值. 然后依据 (14-1-16) 式，就可确定裂纹尖端的条纹序数. 而该值也正是这部分区域内干涉条纹的极值 (当裂纹尖端处于凸区时，N 取正值，即为条纹序数之极大值；而当裂纹尖端处于凹区时，N 取负值，即为条纹序数之极小值).

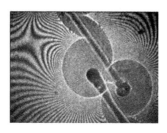

图 14-1-11　焦散斑的特征长度

我们看到，全息干涉条纹以及阴影区的发展变化可以直接观察，也便于记录. 配合声发射自动检测仪，记录微破裂的发生时间、位置和强度，再加上全息干涉条纹提供的周围应力场分布变化的数据，大大丰富了实验过程记录的信息. 将全息法与焦散线法以及声发射源测定法结合起来应用于试件的检测中，不仅可以定量检测试件的形变场、应力场分布，而且有助于裂纹生成、扩展机理的研究. 此方法不仅可用于实验地震学的基础研究，还可应用于更广阔的领域.

以上实验所获得的丰富信息，地震学工作者业已分析出许多重要的结果，可参看文献 [4]~[10].

实时全息在实验力学，材料力学，断裂力学等方面有许多应用. 譬如，将实时全息方法应用于岩石压剪耦合破坏过程的实时监测和岩石受力分析研究 [11~15] 等.

14.1.1.2　力学参数的检测

用全息方法测量位移和形变有多方面的应用，譬如，分析结构的性能、机床的刚度、牙科的基础研究等 [118~122]. 对材料形变的测量测能获取材料的许多重要力学参数，例如材料的杨氏模量、热膨胀系数及泊松比等 [16,17,19]. 在第 8 章、第 13 章已做过一些介绍. 实践表明，全息干涉计量方法简单易行，尤其适合对光学粗糙表面、有较高的准确性和重复性. 是一种有效的材料主要参数的光学测量方法. 由于所有这些测量都基于位移和形变的测量，因此，在测量位移和形变方法方面进行了许多基础性研究 [123~128].

美国 OHIO 的北极星研究小组用全息技术研究一种先进的石墨–环氧树脂合

成部件及其辅助的支撑架的动态性能[22]. 他们采用了实时全息和时间平均全息技术对这种复合材料结构的性能进行了一系列实验, 取得了满意的结果. 图 14-1-12 是他们的实验装置和光路, 采用了新港公司生产的、用光导热塑为记录材料 (见 14.2.1 节热塑记录材料) 的便捷式全息照相系统 (instant. holocamera. system), 保证了精确复位的要求, 并大大简化了实验的操作, 记录一幅全息图通常不超过 1 分钟. 使用氩离子激光器, 单频输出波长 0.5145μm, 用高分辨率 CCD 的电视摄像机摄像和监视. 并进行数字记录以备继后的图像处理. 组件安装固定好后, 拍摄一张 "未受干扰" 状态下的全息图 (无激振或外加应力), 全息图留在原位, 再现时它的像叠加在被检测组件表面上, 实时全息的干涉图像可通过视频监视器观察. 可调节全息照相的位置, 以消除可能发生的刚体位移引起的条纹. 然后, 通过施加机械外力或激振方式引起的干涉条纹来分析组件的性能. 所施加的机械应力可以设计为模拟所预期的环境条件, 也可通过温度梯度或振动来显示结构的性能. 声振动激振方式的连续谱是大约 30~5kHz. 共振模式图纹可实时地观察和记录. 经过选择的、特别感兴趣的共振模式还采用时间平均全息法和多次曝光全息法做进一步的研究分析.

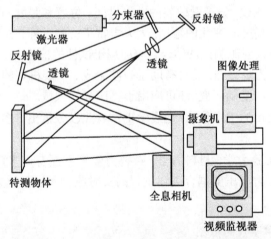

图 14-1-12　光导热塑记录材料的全息干涉计量系统

除应用于动态的或静态的变形分析外, 还可应用于光测弹性力学、检测材料的性能、材料的缺陷、材料的外形等.

在检测材料的外形、轮廓方面, 前面第 8 章、第 13 章也都曾做过一些介绍, 主要是全息等值线方法如用波长差产生等值线、用折射率的变化产生等值以及变化照明方向或位置产生等值线.

在检测材料缺陷方面, 文献 [20] 介绍了一种利用表面声波的实时全息检测钛合金表面缺陷的方法. 他们将实时全息技术应用于高级钛合金表面声波 (SAW, surface acoustic wave) 的可视化借以判断表面缺陷. 使用 BR(14.2.5 节 BR 软片记录材料) 作实时全息存储并恢复表面声波信息. 所捕获的声波图样的时间序列和全场 (二维) 的可视化可提供有关材料表面的任何不规则的信息. 特别是表面缺陷或条纹图样的缺陷前兆所在部位会散射声表面波, 它们将在这些部位引起二维声条纹图样的不规则性. 从而为评估声散射角, 图纹类型以及条纹频率提供有关的丰富信息. 根据这些信息可以分析表面缺陷的大小、取向和所在位置. 实时记录的性能使这种方法能现场研究材料缺陷与时间有关的发展过程. 此项研究获得美国国防部先进研究项目处 DARPA(defense advanced research projects agency) 的赞助.

美国 Emory 大学眼科系用实时全息干涉计量测量牛眼球巩膜的弹性, 检测结果表明: 其弹性系数在 3.9~9.0 MPa 之间 [23].

在光测弹性力学方面, 全息光弹已发展得相当普遍, 许多高等学校已将有关方法引入在教学实验中. 国内许多厂家也提供了整套的全息光弹仪, 如 409-II 型普通光测弹性仪、FQG-200 型非球面激光全息光弹仪 (见图 14-1-13) 等. 后者是一种多用途综合性物理光学仪器. 由分光、偏振光、准直光、参考光和旋光系统以及加载系统、全息平台和各种附件组成. 主要用于全息光弹试验, 也可进行光弹条纹倍增、斜射和补偿等试验, 并能进行散光光弹试验. 此外还能进行激光全息干涉、散斑计量和莫尔法等力学试验还可进行振型测定等非破坏性试验. 在进行各种干涉测量时, 具有高精度、非接触、可得全场信息等优点.

图 14-1-13 FQG-200 型非球面激光全息光弹仪

14.1.2 微电子学中的应用

全息干涉计量在微电子学中的无损检测、精密仪器制造的部件检测、电子器件的缺陷分析、微工业 (micro industry) 的检测、光学元件的检测等方面获得了许多应用. 譬如, 无损检测人造心脏 [24], 由于人造心脏的工作时间需尽可能长, 如果人造心脏能工作 10 年, 则它开启和关闭次数将达到 4×10^8 之多. 因此, 在制造过程中严格控制质量, 在出厂前认真检测其可靠性是非常重要的.

图 14-1-14 是实时检测人造心脏的光路示意图. 激光通过透镜扩束后, 中心光线以 45° 倾角照射到全息干版上, 所有扩束光入射在乳胶内, 被乳胶吸收的部分形成参考光, 余下部分透过乳胶, 在玻璃基底上反射后照射到人造心脏 (artificial heart valves, AHV) 上, 在其表面上反射后形成物光. 在 AHV 未工作前拍摄下物体的初始状态, 在激光束被遮挡的情况下, 原位处理后, 再放出激光, 启动 AHV, 相当于工作状态下的物光与原来的参考光同时照射在实时全息图上, 在 "物光场" 放置记录照相机并通过电视屏幕进行实时显示.

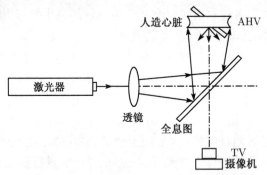

图 14-1-14 无损检测人造心脏的光路示意图

又如, 在电子工业中的应用. 随着印刷电路板 (printed circuit board, PCB) 复杂程度的增加, 焊点的耐热循环性, 及封装材料的热匹配程度在很大程度上决定了电子系统的可靠性, 成为重要的研究课题之一. 文献 [25] 采用二次曝光和实时全息干涉技术对不同功率和不同夹持条件下的 PCB 进行了实验测试, 获得了电子封装热变形模式及其变形数据, 为改善产品可靠性的提供了实验依据. 采用这种方法, 还可以研究电路板在工作条件下的热场分布, 从而进一步研究在某个电子整机系统中每块电路板在工作时相互之间热的影响. 图 14-1-15(a) 是印刷电路板 PCB 的外形, (b) 是通过 CCD 记录的一幅 PCB 的双曝光干涉图纹.

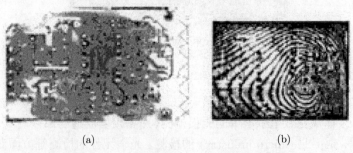

图 14-1-15 印刷电路板 PCB 及其干涉图样

文献 [26] 对 PBGA(plastic ball grid array) 封装电子器件进行实时检测, 采用光导热塑记录材料记录, 用计数器从加载开始对条纹计数, 并依次赋予条纹相应序数, 以摄像机记录图纹动态过程, 研究了 PBGA 器件产生形变差异的原因.

在高精度机械加工技术中, 为保证微系统的质量, 微机电元件的几何尺寸及空间配置精度的测量是很重要的. 在这方面, 数字全息能提供简便易行的方法, 在第 13 章我们介绍了数字全息在微电子学三维形貌检测中的应用示例 [27].

14.1.3 在分子物理学, 流体力学, 空气动力学中的应用

全息干涉计量在分子物理学, 流体力学, 空气动力学中有多方面的应用.

采用全息技术可方便地研究在封闭空间里的自由对流. 譬如在液体容器的底部放置一个加热器. 在未加热前记录一张全息图, 然后对电热器通电. 于是, 可采用实时全息方法以观察并记录热量和质量传输的动态过程. 或采用双曝光全息方法拍摄某两个瞬间的干涉图像.

应用全息技术可方便地测量低压下液体的压缩系数. 由于折射率的变化与液体压缩系数有密切的关系, 可利用测量液体折射率的变化来间接测定液体的压缩系数. 液体的压缩系数非常小, 譬如水的压缩系数约在 10^{-5}atm^{-1} 的数量级. 所以, 若采用其他方法则通常需要在高压强下来进行测量. 而利用全息干涉计量技术可以不需要很高的压强就能有效地测量微小折射率的变化 [28,29], 从而精确地测定液体的压缩系数.

根据等温压缩系数 (isothermal compressibility) 的关系式:

$$X = \frac{1}{\rho}\frac{\Delta\rho}{\Delta P} \tag{14-1-17}$$

式中, $\Delta\rho = \rho - \rho_0$ 是在发生压强增量 ΔP 前后, 液体的密度差. (14-1-17) 式可改写为

$$\frac{\rho_0}{\rho} = 1 - X\Delta P \tag{14-1-18}$$

另外一方面, 与 $\Delta\rho$ 相关的折射率增量 Δn 决定了光程的变化 $\Delta\delta = \Delta nd$, 而光程的变化又引起条纹的变化 $\Delta\delta = \Delta N\lambda$. 其中, N 为条纹序数. 于是

$$\Delta n = \frac{\lambda}{l}\Delta N \tag{14-1-19}$$

式中, λ 为激光波长, l 为激光传播过容器的宽度.

将 (9-3-1b) 式改写为

$$\frac{n-1}{\rho} = K = \text{const.} \quad \text{或} \quad \frac{n-1}{\rho} = \frac{n_0-1}{\rho_0}$$

类似上面的关系式, 下面的经验公式给出了液体密度与折射率之间的关系, 它在很大压强范围内都是准确成立的 (直至 1500atm):

$$\frac{n-1}{n_0-1} = \frac{\rho}{\rho_0} \tag{14-1-20}$$

将 (14-1-18) 式改写为

$$X\Delta P = 1 - \frac{\rho_0}{\rho} = 1 - \frac{n-1}{n_0-1} = \frac{n_0-n}{n_0-1} = \frac{\Delta n}{n_0-1}$$

将 (14-1-19) 式代入 (14-1-18) 式, 就得到

$$X = \frac{\lambda \Delta N}{l(n_0-1)\Delta P} \tag{14-1-21}$$

对于水而言, 在温度为 $T = 20°C$ 时, $X = 0.5 \times 10^{-4}$, $n = 1.332$, 若 $\frac{\lambda}{l} = 6.33 \times 10^{-5}$ 则压力变化 1atm 时, 对应的条纹序数的变化为 $\Delta N = 0.26$. 因此, 采用全息干涉的方法, 不需要很高的压强就可以观察到足够明显的变化[29,24].

研究温度低于饱和条件下的液体 (过冷液体, subcooled liquid) 中蒸气气泡破裂的热水力学现象有重要的意义, 因为这些现象与工业装置的效率、安全等因素有密切关系. 德国慕尼黑的技术大学应用全息干涉计量和高速电影术 (high speed cinematography) 研究浓缩气泡相位界面的热交换过程. 光路布局如图 14-1-16 所示意.

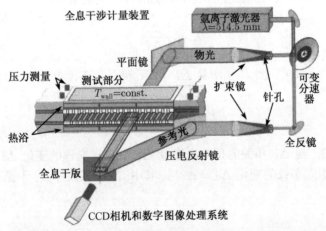

图 14-1-16 用全息干涉计量方法研究热力学现象的光路布局

他们记录了气泡发展变化过程, 使用了楔形参考条纹方法的有限条纹干涉图. 可以看到气泡形成和分离时边界层的条件的急剧变化, 在气泡顶部和根部的情况大不相同, 如图 14-1-17 所示. 由于气泡直径很小, 相位界面曲率很大, 以及在液体边沿气

泡界面附近极高的温度梯度,通常使用的计算方法如 Abel 积分方法等不足以分析和估计这些全息图.因为光束通过靠近气泡的温度场的偏转是不能忽略不计的,而在 Abel 方法中则是假定光束没有偏转.故需要作出额外的修正程序.

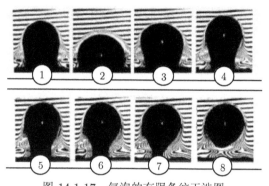

图 14-1-17 气泡的有限条纹干涉图

(压强 $P=2$bar, $T=7.6$K, Jacob 数 $Ja=7.1$)

图 14-1-18 表示了在气泡顶和气泡圈 (equator) 以 Nusselt 数表征的热传递的时间过程 (根据图 14-1-17 的干涉图纹估算). 在开始的几个毫秒, 气泡由于通过 "管嘴"(nozzle) 注入蒸气而缓慢增长. 在此期间 (可长达 60 ms) 热传导几乎是恒值. 分离的开端导致热传导的增大, 可以从气泡根部的收缩看出. 在气泡向上移动时, 其上部表面边界层变得很薄. 气泡的底端显示有微小的振动, 并引起湍流和旋涡. 对此现象的深入分析, 可参阅文献 [94]~[101].

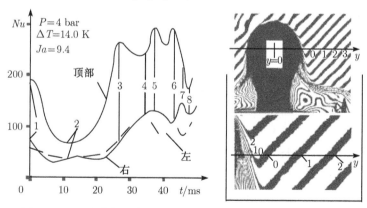

图 14-1-18 在蒸气气泡顶和边沿的局部 Nusselt 数的时间过程

他们还应用层析全息干涉计量仪研究液体混合容器内混合过程中的 3 维非稳定温度场. 从不同观察角度照明待测体积以重建其三维场. 检测室包括一个玻璃室和一个玻璃圆柱体. 这个圆柱体安放在玻璃室的中央, 外部是密封的, 混合过程就在圆柱体内进行.

光路布局如图 14-1-19 所示. 图中, S_i 为反射镜, L_i 为透镜, ST_i 为分束镜, AO_i 为扩束器, H_i 为全息片, MK 为混合室, OW_i 为物光, RW 为参考光, $i = 1, 2, 3 \cdots$. 物光共有四束 ($OW_1 \sim OW_4$) 由不同角度 (相邻物光束夹角为 45°) 穿过检测室, 之后通过透镜会聚到全息干版上, 并与参考光相干涉分别记录在全息干版 H_1 和 H_2 上. 每个全息片有两束物光与同一束参考光相干涉. 氩离子激光器功率为 $P = 3W$, 输出波长为 $\lambda = 514$nm. 全息图的干涉图纹用数码相机记录下来. 变化涡轮叶片的转速可使雷诺数 (Reynolds numbers) 变化在 $100 < Re < 1000$ 范围. 为了在搅拌容器内造成不稳定的温度场, 从上方注入 3 ml 加热了的同样液体. 它们之间的温度差约为 $\Delta T = 0.85$K. 在搅拌容器内的混合过程主要是由于扩散和对流引起的. 在流场中的瞬态热传递现象可以实时地观察和记录而没有任何滞后. 此方法应用于热量和质量传输中的混合现象是非常有效的. 他们也用此方法应用于研究有黏性的液体在搅拌容器中以薄片状态混合的散逸现象 (dissipation phenomena).

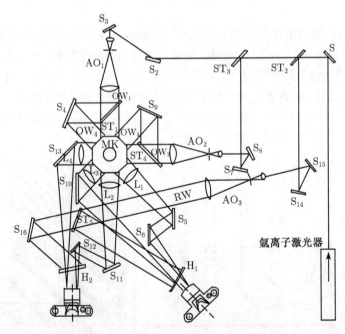

图 14-1-19 层析全息干涉计量仪光路布局

图 14-1-20 是在搅拌容器中注入冷液体后不同时间从 0° 观察角获得的干涉图. 从干涉图纹的分布和变化可以看出, 这样的一个混合过程在相对低的搅拌器转速下 ($Re \approx 200$) 没有什么大的碰撞、冲击, 即便是在搅拌器所在平面上也一样. 注入后两秒钟, 喂入的液体几乎完全到达容器底部, 干涉图样的漩涡线显示了液体各部位

的温度差. 由于在搅拌器下有较高的轴向和径向速度, 这个区域的冷液体元素在容器的横截面被提升和展开. 干涉图还表明, 搅拌器下方比搅拌器上方有较快的轴向输运. 搅拌容器内的混合过程是由于在不同尺寸大小、不同浓度或温度的流体元素之间的扩散和对流引起的. 这些宏观的流体元素通过动量的传输, 在搅拌器的周围, 或混合、或分离成更小的流体元素.

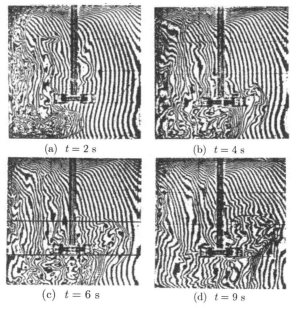

图 14-1-20　搅拌容器中注入冷液体后不同时间的干涉图

在这个称为宏观混合 (macro-mixing) 的过程中, 流体元素逐渐减小, 当它们减小到所谓精微元素的尺寸大小 (microscopic elements 或显微镜方可分辨的元素) 后, 流体元素间的不均匀性主要通过分子的输运过程而降低.

图 14-1-21 表示了再现的、在搅拌器下方一个平面、时间为实验开始后的 6, 9 和 12s 的温度场. 依次分别表示在图 14-1-21(a), (b) 和 (c) 中, 图中右方曲线为等温线, 相邻等温线 (Line→Line) 之间的温差 (线间温差) 为 $\Delta T_{L \to L}$; 该时刻整个试验区域内的最大温差为 ΔT_{max}, 图中注明了这些参数之值. 在实验开始后 6s, 较高温度的区域 (包含大部分注入液) 仍被聚集在容器的一侧, 且有较大的温度梯度. 以后, 较高温度的区域变得越来越小, 并向容器的另一侧扩散, 温度梯度也变小. 对这些研究的深入介绍可参看文献 [102].

此外, 他们还利用有限条纹全息干涉计量方法研究了次声速和超声速的氢/空气火焰中的混合过程. 试验分为两个部分. 第一部分是采用全息干涉计量研究喷头近场的混合过程. 这些试验是在没有发生燃烧的情况下进行的 (冷混合, cold mixing), 并使用氦气作为氢气的替代物. 第二部分是研究燃烧过程, 涉及氢/空气火焰的稳定性和性能.

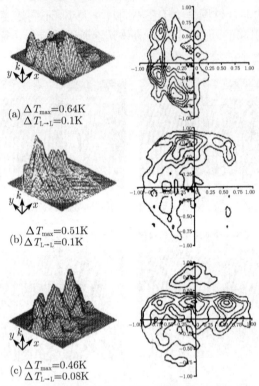

(a) $\Delta T_{\max}=0.64\text{K}$
$\Delta T_{\text{L}\to\text{L}}=0.1\text{K}$

(b) $\Delta T_{\max}=0.51\text{K}$
$\Delta T_{\text{L}\to\text{L}}=0.1\text{K}$

(c) $\Delta T_{\max}=0.46\text{K}$
$\Delta T_{\text{L}\to\text{L}}=0.08\text{K}$

图 14-1-21 实验开始后搅拌器下方平面的温度场

图 14-1-22 所示的一系列干涉图显示了喷射混合对喷头空气马赫数的依赖性. 氦的射流 (流速恒定) 通过一个垂直于空气气流方向 (空气气流方向由竖直向上的白色箭头所示) 的单孔喷射器喷射 (氦的射流方向由水平向左的白色箭头所示). 可以看到在较低的进口马赫数, 喷射混合氦气渗透入周围的空气气流场很深, 并很快转向空气气流方向. 混合喷嘴外部的附着物显得凸凹不齐表示了混合切变层宏观旋涡的碰撞、冲击. 空气马赫数的增加导致渗透深度的降低, 由于氦和空气的动量比降低, 引起氦气流的更快的偏转. 当空气马赫数达到超声速时, 混合喷射的氦气流变得非常细. 这些检测结果有助于研究改善氢/空气的混合而获得更为有效的热能利用. 有关此项研究的介绍可参阅文献 [103], [104].

挪威 Bergen 大学技术物理系 [31] 应用双曝光和实时全息研究流体的运动, 制作了一套闭合的通过透明的矩形槽的由压强驱动的环流系统来研究液体与粒子的相互作用. 特别是研究了粒子在折射率匹配的流体的可视化运动. 他们设计的实时全息检测光路如图 14-1-23 所示. 液流通过 4 个球阀管道进入带有透明玻璃窗的观察槽，并扰动观察槽内的粒子．流量和流速可通过球阀予以控制．实验结果有助于研究石油等在通过管道输运时的某些问题．图 14-1-24 是安放在全息防震台上的带有窗的观察槽照片，其右侧有 4 个球阀管道，可根据需要控制流量、流速的大小．粒子由透明玻璃珠子组成，其中混有不透明的珠子．配合折射率匹配的流体，通过实时全息图可以清晰地看到混杂在透明珠子中的不透明珠子的运动．图 14-1-25 是观察液槽视场中看到的珠子情况：其中，(a) 没有全息图，白光照明下视场中看到的珠子；(b) 没有全息图，激光照明下视场中看到的珠子；(c) 通过实时全息图看到的视场．其中，混杂在透明珠子中的不透明的珠子清晰可辨．所采用的记录材料是一种新型的噬菌调理素 BR 软片（见 14.2.5 节 BR 记录材料），特别适合于实时全息，在他们的研究报告中还详细介绍了他们对这种记录材料所做的基本实验，有兴趣者可参看文献 [31]．

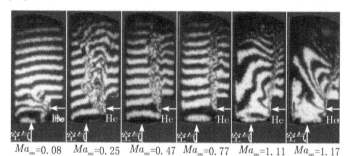

图 14-1-22　在不同的空气马赫数下喷射混合的干涉图
(氢气从单孔喷头在室壁右方喷射出来)

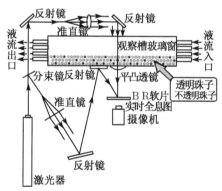

图 14-1-23　折射率匹配流体可视化运动光路图

图 14-1-24　带透明窗流动液体观察槽

实时全息应用于强光等离子体诊断，在发光强、谱线宽、变化快等恶劣条件下，采用光栅滤波等方法，清华大学研究了高电离等离子状态的迅速变化过程 [32]．

上海交通大学采用实时全息层析测试技术研究了三维非对称温度场 [33]．

图 14-1-25　观察液槽视场中看到的珠子情况

天津大学应用实时全息干涉方法测量液相扩散系数,研究液相扩散过程[47].测量了氨基酸在水溶液中的扩散系数[48],这项工作有助于分析氨基酸的分离及加工过程.华中理工大学利用实时激光全息干涉法研究了内置孤立物体的二维封闭方腔自然对流换热.得出了在不同的 Ra 数下和具有不同导热系数的内置孤立物体情况下的平均换热系数.比较了有内置物体与无内置物体时自然对流的换热系数,得到相同条件下自然对流的换热系数减少的结果[49].此外,还有用全息干涉计量方法研究热交换器的热交换过程[105,106],研究高负荷热源的强制性对流冷却[107],测量液体浓度分布[108],气体的温度分布[129,130]等.

全息技术在生物与医学方面也获得许多应用,如应用全息技术监测高纯度药剂的生产,血液检测 (blood testing),电泳分析 (electro-phoretic analysis),细胞学研究 (cytological studies) 等,譬如应用于活体细胞的观察,采用一个特殊的显微镜系统,再现像通过 TV 相机进入计算机处理.于是,可以对物体作动态的研究.植物被安放在一个专用容器里,无水情况下放置一段时间,记录下一张全息图,然后,给植物输送水分,干涉条纹开始变化,观察条纹的变化可以研究水在植物内的传输,医学上的血液检测,以及植物的呼吸等[29].

在粒子场的检测方面的应用.在 5.3.1 节中曾指出:同轴全息图拍摄粒子场时,原始像和共轭像不会互相干扰; 在 5.4.1 节又指出:物体尺寸甚小于毫米级时可以在距离为米级的范围内拍摄无透镜夫琅禾费全息图,因此,同轴夫琅禾费全息适宜于拍摄粒子场.B.J.Thompson 于 1964 年采用同轴夫琅禾费全息成功地测量了大气中的云雾后,粒子场全息分析技术得到很大的发展,我国在这方面也有成功的应用[34,115～117],现在,粒子场全息分析技术已逐步实现了全自动数据处理,这方面的情况在第 13 章已作了介绍.

美国物理光学公司电子光学与全息分部开发了一种实时测量水滴大小尺寸的测量系统,这是美国能源部资助一个研究项目[30].为充分了解地球趋暖的问题,需要了解覆盖地球大部分的云层的性质,特别是需要开发新的仪器测试手段来测量这些云层的水滴颗粒大小的统计分布.值得注意的是测量在浓度为 10～100drops/cm^3 内直径在 3～200μm 的水滴颗粒大小的分布.该项目将开发一种新的、高分辨率

的 (小于 1μm)、高灵敏度的 ($10^{-7}J/cm^2$) 检测系统. 采用光导热塑记录材料记录全息图以及其再现像. 它将实时记录全息图, 并增加系统的视场, 从而能分析水滴颗粒的数目. 在第一阶段, 将开发一种记录水滴颗粒光导热塑全息图的光学实验装置, 它能将来自全息图的水滴颗粒再现像记录到另外的高分辨率的光导热塑材料上. 通过干涉图样可直接测量或估算水滴颗粒的直径. 预计这种高分辨率、高速全息水珠测量系统将可能在多方面获得应用. 如应用于大气测量技术 (atmospheric measurement technology) 冷却器 (oil-fired direct-absorbing chillers); 微型涡轮 (microturbines); 以及应用于医学、生物学、高等院校、研究部门等. 它还有助于燃烧效率和商业冲洗系统的研究.

14.1.4 在空间技术、核技术、高能物理等方面的应用

空间技术的许多基础研究都采用了全息方法, 包括风洞可视化检测、研究高速流体中的湍流和不稳定气流结构、研究各种状态下的冲击波性能等.

美国国家航空和宇宙航行局 (NASA, national aeronautics and space administration) 的 HYPULSE 部门开发了一套运用了高速多帧纹影和改进了的激光全息干涉计量子系统组成的冲击波风洞可视化光学系统. 这个系统提供了一些新的功能, 诸如从一个子系统迅速切换到另一个子系统, 并可通过几个不同的窗口进行检测. 这个机敏的系统可作为冲击波风洞可视化检测的一台低成本的、日常操作的装置. 应用这装置 HYPULSE 研究了模拟超音速冲压式喷气发动机在马赫数 7 的飞行条件[109]. 美国 Johns Hopkins 大学应用全息干涉计量仪精确测量高速、非稳定温度场, 他们引入了周期性变化的压强作为参照, 并将条纹序数作为二维空间坐标的连续函数, 采用数字图像处理方法计算, 获得了与实际符合很好的结果[110]. 朝鲜原子能研究所的光量子实验室采用实时全息方法, 用高速多帧相机记录以及双脉冲激光器、双参考光光束、双曝光全息干涉计量方法研究了冲击波的传播过程[111]. 荷兰的 Delft 技术大学和英国的 Warwick 大学合作开发了一套双平面波参考光数字全息测量系统应用于高速流体研究, 可定量测量湍流和不稳定气流结构的密度分布[112]. 日本的 Tohoku 大学采用双曝光全息研究环形激波管内空气中会聚柱面冲击波的稳定性[113,114].

俄罗斯科学院物理 - 技术研究所研发了一种智能化、小型化的全息检测系统, 并将它应用于太空中的科学研究, 用于记录无重力情况下晶体生长、电泳分离蛋白质等过程, 还可监测舷窗的外表面状态 (采集表面缺陷, 微刮痕, 微穴, 污染等数据)[35~39].

下面的几幅图片是利用该设备拍摄下的图片. 图 14-1-26 是几种典型的舷窗缺陷图. 窗上的坑凹的尺寸在 10~50 μm 范围, 它们的深度范围为几个微米至厘米的量级. 这些缺陷是由于速度在 2 ~ 8km/s 的粒子冲击以划痕或断片的形式出现.

(a) 擦伤　　　(b) 微流星体痕迹　　　(c) 污染

图 14-1-26　几种典型的舷窗缺陷图

图 14-1-27(a), (b) 显示了太空船舷窗的污染物. 图 14-1-27(c) 是"MIR"和平号空间站舷窗外表面"碎片"型缺陷的干涉图.

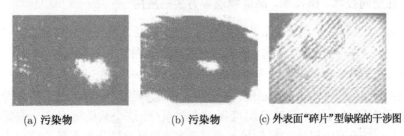

(a) 污染物　　　(b) 污染物　　　(c) 外表面"碎片"型缺陷的干涉图

图 14-1-27　太空船舷窗的污染物和外表面"碎片"型缺陷的干涉图

此系统的具体装置以及主要的光路布局, 见 14.3 节. 由于系统具有良好的功能、并易于操作, 还可应用于工业上的无损检测, 如精密仪器的部件, 微电子工业 (半导体芯片), 光纤, 光学元件, 振动控制等方面.

在空间技术上的应用方面, 还有用全息技术严格检查太空中使用构件的应用. 美国国家航空和宇宙航行局格伦研究中心 (Glenn Research Center) 应用实时全息技术检测空间站的冷却板[40~42]. 图 14-1-28(a) 是冷却板的正视图, 它有 94.4cm 宽, 26cm 高. 被牢固地夹持在全息台上, 见图 14-1-28(b). 在不同载荷下的实时全息干涉图纹, 如图 14-1-28(c) 所示. 所加载荷依序为 0, 10, 20, 30, 40, 90psi. (psi 是压强单位, 规定为英镑/平方英寸).

法国航天研究中心研发了一种实时彩色全息干涉计量仪, 使用准傅里叶离轴实验装置, 采用氩氖连续激光器, 记录材料用 Slavich PFG 03C 全色干版. 通过调节使得背景色是均匀的, 干涉条纹是彩色的, 零位移部分是白色, 它使零级条纹更易于判断. 应用于亚声速的风洞研究. 可拍摄彩色数字干涉计量电影, 并再现 3 组得自 3 束不同激光 (476 nm, 532 nm, and 647 nm) 的数字全息图[43~45].

应用于核发电站 (NPP, nuclear power plant) 的检测. 乌克兰 Kviv 大学研究一种全息诊断设备, 能检测 NNP 重要部件的应力集中、检测疲劳应变和预破坏带, 气体和蒸气流. 该装置具有抗干扰、可远距离控制、高可靠性、高灵敏度、及实时检测的性能. 此项目获得美国设在乌克兰的科学技术中心的资助[46].

此外, 使用双曝光全息为核材料运输容器、存储容器的安全设计提供热传导数据.

(a) 冷却板正视图

(b) 冷却板后视图 (夹持在全息台上)

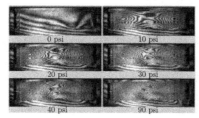

(c) 冷却板的实时全息图纹

图 14-1-28　冷却板的实时全息检测

在高能物理研究中, 应用全息技术记录气泡室 (云雾室) 中的高能粒子的三维径迹. 当高能粒子通过过热液体时, 将会在它经过的路径上形成气泡, 从而显示出它的径迹. 典型的气泡室内是充满液态氢, 并处在高于正常沸点的温度状态. 为防止它沸腾而在其上方用一个大活塞施加约 10 个大气压的压力. 当高能粒子通过气泡室并有可能发生相互作用时, 活塞将移动以降低压强, 造成可以产生气泡的条件. 约 3ms 后, 采用闪光照明拍摄下粒子的径迹. 采用全息照相可以达到 6μm 的分辨率. 在费米国家实验室 (Enrico Fermi National Laboratory) 成功地记录了物质和反物质作用的全息照片. 图 14-1-29 表示了斯坦福 (Stanford) 气泡室所记录的全息照片[137].

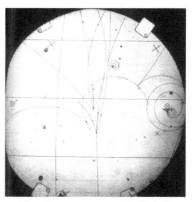

图 14-1-29　Stanford气泡室的粒子径迹全息照片

14.1.5　应用于振动分析

振动分析是全息干涉计量术的又一重要应用领域[131~136,138]. 传统方法采用加速度仪 (accelero-meters) 和信号分析仪 (signal analyzers) 来测量振动, 虽也精确、可靠，但都是逐点式 (pointwise) 和接触式的．光学测振仪 (optical vibrometers) 可用来替代加速度仪，虽是非接触式的，但它也是逐点式的测量仪器．而全息方法则不同，它不仅是非接触式的，而且是全场的 (full-field) 测量手段．不仅精确而且可视化、直观、便于记录和显示．实时全息、双曝光全息以及时间平均全息法都可用于振动分析，时间平均全息法尤其适用于振动模式分析．也可用数字全息方法进行振动分析，在第 13 章已介绍了有关示例.

用全息方法检测振动模式是一个检验有限元方法的有力手段．通过一帧用有限元方法的数值计算的图样和全息干涉图相比较可改进有限元的计算方法．下面是一块矩形机钢板的振动模式的振幅分布图，其中，图 14-1-30(a) 是 13-th 模式振动的电子全息干涉图；图 14-1-30(b) 是根据全息干涉图计算的振幅分布图；图 14-1-30(c) 是根据有限元方法预期的振幅分布图．通过两者的比较，可校正改进有限元方法，有助于在有限元的选择、边界条件的设定，以及材料有时发生的各向异性等因素考虑进限元法的计算中．

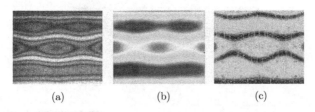

图 14-1-30　用有限元方法和全息方法研究矩形钢板的振动模式

通常，需要在不同激振频率下研究振动模式．采用时间平均全息方法是最有效的．图 14-1-31 的 8 幅照片表示了火箭发动机涡轮泵叶片在不同激振频率下的全息干涉图．图片次序由左而右第一排的频率分别为：531Hz, 1.614kHz, 1.954kHz, 2.947kHz；第二排图片的激振频率分别为：4.478kHz, 5.511kHz, 6.614kHz, 8.429kHz.

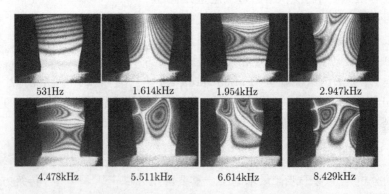

图 14-1-31　火箭发动机涡轮泵涡轮叶片在不同的激振频率下的全息干涉图

14.1 全息干涉计量技术的应用

美国航天部门的工程师和研究人员将全息照相术和剪切照相术 (shearography) 应用于喷气发动机部件的检测. 图 14-1-32 表示了飞机喷气发动机部件和用等离子体封焊的 F-100 -PW-220 型喷气发动机压缩机部件在白噪声激励下进行全息无损检测. 图中显示的是一块测试母件带有许多编程好的结合缺陷如最下面的一幅图中阴影部分所示.

图 14-1-32　F-100-PW-220 型喷气发动机压缩机部件的全息无损检测

图 14-1-33 表示了喷气发动机空气涡轮机入口鼻锥体振动模式的全息干涉图. 根据这些干涉图, 配合计算机编程软件的自动分析计算大大方便了对这些部件的检测分析, 是一种安全可靠、高效的手段.

将全息干涉计量系统、数码相机、计算机与显示屏相组合, 可以实现一种非常直观的振动检测仪. 如美国 Goshen College 物理系所研制的实时全息干涉计量仪 (real-time holographic interferometry). 这是获得美国国家基金会 (NSF) 赞助的一个项目. 其结构如图 14-1-34 所示. 倍频 YAG 激光器的连续激光通过分束镜分为两束. 反射光束经过扩束镜照明待研究物体, 另一部分耦合进一根光纤, 光纤的另一端通过一面再组合镜 (recombination mirror) 透射在相机 CCD 接收器上; 激光从物体上散射的光被照相机透镜采集后通过再组合镜也照射在相机 CCD 接收器上. 两光束干涉的光场输出到计算机中, 并由计算机软件程序进行处理, 在监视器上实时显示二维的干涉图样. 目前, 类似的装置不仅被用作研究分析, 而且已被许多高校采用, 作为实验或演示的教学仪器.

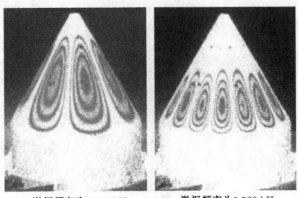

图 14-1-33 空气涡轮机入口鼻锥体振动模式的全息干涉图

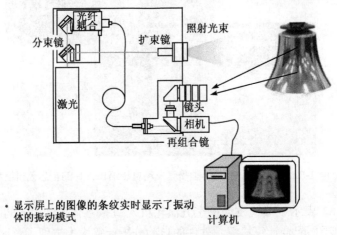

图 14-1-34 实时全息干涉计量仪

14.2 记录材料的进展

14.2.1 热塑记录材料的商品化

热塑记录材料用高压充电作为显影手段, 故可方便地原位显影. 它还可以通过加温来消像, 擦除原来的记录重新使用. 同一张热塑片可重复使用数十次乃至数百次. 虽然它分辨率不高, 噪声较大, 尺寸较小, 不适宜拍摄较大的物体. 但由于它是一种浮雕型相位记录介质, 衍射效率较高, 且感光阈值较高, 因此在通常的照明条件下就可以工作而无须暗室[55]. 这些优点使它适宜于在生产线上的全息无损检测. 商品化的产品如 NEWPORT 公司的 HC-300 型光导热塑记录仪 (HC-300 Thermoplastic Recorder) 是一套采用光导热塑片的全息照相系统. 窗口尺寸 50mm×30mm, 有效记录面积为 30mm×30mm, 显影时间 10s, 灵敏度对于波长 0.6328μm 为 100ergs/cm², 能记录的最佳空间频率为 800cycles/mm. 可反复记录/擦除 1000 次, 但公司只保证拍摄高质量的全息图 300 次, 并保证存放期 1 年[56]. 美国 PROLOG 公司称他们制造的光导热塑片可反复记录–擦除数千次之多.

14.2.2 光折变晶体记录材料

光折变晶体 (photorefractive crystals, PRC) 有自显影和无限制使用的优点. 在实时全息中受到越来越多的重视. 这种材料约可分为三类: ① 铁电晶体: 铌酸锂, 钽酸锂, 钛酸锂, 铌钽酸锂, 铌酸钡钠, 铌酸锶钡, 钾钠铌酸锶钡等. 此类晶体电光系数大、衍射效率较高, 但响应慢 (50ms～1s), 尺寸较小. ② 非铁电体: 硅酸铋, 锗酸铋, 钛酸铋等. 此类晶体响应快, 尺寸较大, 但电光系数较小. 这两类晶体能隙大, 光谱响应区处于可见光的中段. ③ 化合物半导体: 磷化铟, 砷化镓, 磷化镓, 碲化镉, 硫化镉, 硒化镉, 硫化锌等. 此类材料, 载流子浓度高, 响应快, 但电光系数较小. 光谱响应区处于 0.9～1.35μm 的近红外波段或 0.6～0.7μm 的橙红波段. 所形成的折射率相位光栅的调制幅度为

$$\Delta n = \frac{1}{2} n_0^3 \gamma E_0$$

式中, n_0 为晶体的折射率. γ 是有效电光系数, $E_0(x)$ 是由调制光强诱导的空间调制电荷场. 这种电荷场可达几个 kV/cm, 光诱导的折射率调制幅度 Δn 可达 10^{-3}.

据 OE Reports 报道, $Bi_{12}SiO_{20}$ (BSO) $Bi_{12}GeO_{20}$ (BGO), $Bi_{12}TiO_{20}$ (BTO) 等晶体, 是用于实时全息干涉计量术最有前景的记录介质.

1990 年, Sutter 和 Gunter 首次在一种有机非线性聚合物材料内观察到光折变现象, 将它称为光折变聚合物或有机光折变材料. Moerner 和 Silence 指出[50]: 这类材料的非线性来源于其基态和激发态上电子电荷的分布特性, 有机光折变材料应当比无机光折变晶体具有更高的光折变灵敏度. 同时, 明确指出, 聚合材料内的光折变效应是全息光栅形成的主要机制. 随后, Stankus 等[51] 研究了多层结构的有机光折变聚合物内的全息存储他们采用的样品是异丁烯酸甲酯 (PMMA)、33% 的 1, 3-二甲基-2, 2-四甲基-5-硝基苯并咪唑 (DTNB) 和 0.2% 的 C_{60} 组成的聚合物, 简称 PMMA: DTNB: C_{60}; 由厚度为 100μm 的单层膜组成多层结构. 每层膜的衍射都属于布拉格衍射, 布拉格宽度限制在 1° 左右. 单个区域内允许角度复用记录 10 幅

全息图. 多层结构有利于提高角度选择性, 可大大提高角度复用的全息图数量, 实现高密度全息储存.

最近, R.M. Lundguist 等报道了在 130μm 厚的 PMMA：DTNB：C_{60} 有机光折变膜层内实现了高对比度的 64kbit 的数字数据储存[52]. 记录光源采用 Kr^+ 激光器, $\lambda=676$nm, 物光、参考光功率分别为 1mW 和 10mW, 曝光时间 500s, 平均衍射效率达 0.03%, 饱和衍射效率为 7%. PMMA：DTNB：C_{60} 材料具有非常好的光学质量, 但写入速率和衍射效率还有待于进一步提高[53]. 此外, 美国 Arizona 大学研发了一种光折变有机聚酯膜, 当前达到的分辨率为 80μm, 经改进后, 可望达到 0.4μm.

近年全息工作者比较多的采用了光折变晶体进行研究工作, 波兰 Wrolaw 技术大学采用光折变晶体研究高速度信息存储和处理. 国内也有这方面的应用, 如用光折变晶体检测光楔楔角和折射率[58], 用光折变全息干涉计量术研究温度场[59] 等.

14.2.3 多量子阱记录材料

英国伦敦大学皇家学院的研究者采用多量子阱光折变记录材料 (MQW) 作实时全息检测获得成功[57,60]. 报道称：标准的 MQW 装置包含有多层 AlGaAs 和 GaAs 薄膜 (几个纳米厚) 并夹在 AlGaAs 敷层内. GaAs 带隙 (band gap) 比周围材料的低. 这个结构形成的势阱将电子限制在 GaAs 层. 加电压后, 在光波长低于带隙波长的情况下, 可使它的吸收与入射光强度做非线性的变化. 一台激励峰波长 850nm 的连续波激光器作读出使用. 并用一台 CCD 摄像机记录其一级衍射. 采用极其狭小的物参光夹角的部分原因是获得所必需的相干性. 更大的角度将使系统更具选择性. 对于仅仅 80μm 的相干长度, 为建立一个完整的图像, 此装置必须像一台干涉仪, 其中, 在参考光路中的直角反射镜必须通过图像的不同三维薄片进行扫描. 图像越需要完整, 薄片的厚度越需要薄. 在所有三维方向上, 图像的分辨率约为 50μm. 狭小的角度有助于提高衍射效率. 使用其他记录介质, 用更大的夹角可获更高的衍射效率. 但是, 对 MQW 装置则不行, 因为其内部的场将使光折变性质发生畸变. 该研究组采用了傅里叶变换全息 (FT) 和像面全息两种方法进行实验. FT 全息的优点是它能在一个相对小的 MQW 装置上摄取信息, 同时又允许合理的视场. 然而, 由于 FT 限制在如此狭小区域上, 其空间滤波效应是不理想的. 还有, FT 全息图固有的强度分布的不均匀性, 在大块暗区上有高亮度的、小局域光斑. MQW 装置的动态范围不宜于建立这些图纹. 而像面全息具有相对均匀的图纹, 因此比较容易进行记录. 研究者打算把今后的工作集中在提高散射组织的总量 (目前是小于 1mm), 使系统能用来通过不同的波长成像, 因为 MQW 装置能用于多种波长. 图 14-2-1 是使用多量子阱光折变材料 MQW 进行全息检测的光路布局示意图.

14.2 记录材料的进展

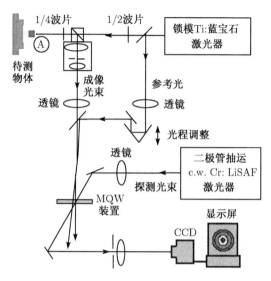

图 14-2-1　使用 MQW 进行检测的光路布局

14.2.4　液晶

近年研发的实时全息记录材料还有一些液晶混合物, 如波兰 Wrolaw 技术大学研发的液晶和染料, 液晶和光致变色偶氮苯以及液晶和光导聚合物的混合物 [61].

Penn State 大学的电机工程教授 Iam-Choon Khoo 等在向列液晶 (nematic liquid crystals) 内填加巴基球或碳纳米管 (carbon nanotubes) 和碳 60, 使它们的非线性光学性质比现存其他材料超过百万倍, 而且价格低廉, 可以用于全息和图像处理 [62].

这些掺杂质的液晶对光产生响应, 就像一些材料对电流产生响应一样, 它们在光照下, 改变折射轴. 在很弱的光照下, 只需要几十秒到几分钟.

一种图形处理的应用是将掺杂液晶薄膜用来作光学望远镜的聚焦, 用它作为捕获材料, 制作星光场的全息图像. 来自遥远的、微弱的、无用的星光将被消除, 而提供一幅实时的星光场的视场. 目前, 用于望远镜的这种装置是非常昂贵的, 然而, 这种薄膜却非常便宜, 大约便宜了 1000 倍. 这种薄膜还可用于产生实时动态全息, 还可用于弱光环境, 因为它对光非常灵敏. 另外一个用途是它可以实时地将一个由红外线捕获的图形转化为可视光图像. 另一项可能的应用是将它填充在空心光纤内以控制光脉冲并形成一种可调谐的非线性光子晶体光纤. 在剑桥的研究者们将这种材料应用在制作一种被称为 Dick Tracy 型的手表, 这是一种能够处理图像和通信的表.

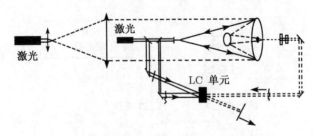

图 14-2-2 天文望远镜的波前畸变校正设想

1998 年, 发现使用涂布有 Methyl-Red(甲基-红) 的向列液晶 (nematic liquid crystals) 可以在低于 100W/cm² 的光强下产生相干图像. 意大利 Francesco Simoni, Karaguleff 等研究者采用这种材料制作了对于这种材料相对高的分辨率 (大于 1000lines/mm)、相对高的衍射效率 ($\eta = 10\%$) 的全息光栅. 并进一步研究涂布有染料的液晶 (dye doped liquid crystals, DDLC) 应用于光束波前畸变校正的性能. 根据非线性光学的四波混频原理, 利用 DDLC 材料获得物光的相位共轭波作为再现光来产生无畸变的物光. 拟将它作为一种关键装置, 祛除依赖于时间的、来自膜镜 (membrane mirrors) 的畸变. 实现这种设想的装置表示在图 14-2-2 中 [63,64].

14.2.5 噬菌调理素 BR 记录材料

噬菌调理素(BR) 也称为**细菌视紫红质**是一种新的、可应用于实时全息技术的记录材料. BR 分子是在自然界中以晶体形式存在的一种十分稀有的分子. 由于 BR 分子优良的分子特性, 如光致变色效应、光电响应、质子传输等, 也使它成为构建生物分子器件最佳的材料. 它是一种 "活"(live) 的有机介质 [65].

俄罗斯 Shemyakin 有机化学学院的 Yuri Ovchinikov 首先提出了这个材料的应用潜力. 20 世纪 70 年代他就建议前苏联科学应该跳过西方计算机技术进行发展, 探讨生物分子电子学, 前苏联称之为 "视紫质计划". 这个计划最知名的成就之一就是生物色素在实时光致变色和全息膜 (用含有 BR 的化学修饰聚合膜为基础) 方面的应用 [66].

他们的工作主要集中在用遗传工程手段增强全息效率 [67,68], 对 BR 分子的遗传修饰已经成功地发展出商用的实时全息图像分析系统 [69,70].

以 BR 为基础的蛋白质光学存储器有巨大的应用潜力. 这些存储器可以做成很薄的光致变色膜 [71,72]、3D 分支光循环 [73]、全息二进制 [74,75] 或傅里叶变换全息联合存储器等. 这类存储介质很轻, 可防辐射, 并且价格比较便宜, 再加上蛋白质固有的量子效率和周期性, 其优势超过了现有的一些有机和无机介质. 然而, 天然的蛋白质对于上述的光学存储器而言, 并非是最理想的. 至今在所有的研究中, 都采用化学或遗传方法修饰 BR 蛋白质, 以增强其作为器件材料的各种性能. 20 世纪

70 年代初, Oesterhelt 等 [76] 首次报道了细菌视紫红质分子的发现. 这不仅是一种新的蛋白质的发现, 也是一种新的光合成系统的发现. 这是在盐生盐杆菌膜上存在的一种简单的光合成系统, 仅由两种膜分子构成, 即 BR 和 ATPase.BR 分子中的光合色素基团视黄醛通过 Schiff 碱基连接到视蛋白 216 位的赖氨酸残基上. 而以往视黄醛从无到有合成被认为是高等生物的特征, 而非原核生物的特征. BR 分子是以二维晶体结构存在于细胞膜上的, 通过渗透压冲击法裂解细菌, 可以产生很多紫色的膜片, 这就是所谓的紫膜, 它由 BR 和脂分子组成, 两者比例约为 1 : 10.

用 BR 膜做为全息干涉仪应用的主要要求是高光密度, 高对比率和高对比衰减时间. 为了这个目的, BR 的突变 BR-D96N 被选作这个类型的应用, BR-D96N 可以在光循环过程中, 增加 M 态的寿命, 从几个毫秒延长至 100s, 这可以使 BR 作为光致变色记录材料, 应用于全息干涉计量和光计算 [77,78]. 在初始 B 态和 M 中间体之间大约有 160nm 差的光谱跃迁, 这允许在可见波长区域内两个波长进行选择性光化学记录和擦除, 而不需要 UV 紫外光, Juchem 等 [79] 用 BR 膜作为可擦除光记录介质来构成全息干涉仪. 他们采用面积大小为 90mm × 90mm 的 BR 膜作为高分辨 (5000lines/mm) 记录材料, 以反射型方式记录全息图, 以双倍频率 Nd：YVO$_4$ 激光器 (发射 532 nm) 为光源, 用不连续蓝光来作光化学擦除. 可应用于双曝光干涉仪, 时间平均干涉仪, 实时干涉仪, 相移干涉仪等装置.

德国慕尼黑的创新生物材料公司 (Munich Innovative Biomaterials GmbH, MIB) 生产销售这种记录材料. 该公司称：他们生产的噬菌调理素软片BR软片可以擦除重写反复使用 106 次而不降低它的质量. MIB 在其网站 [http://www.mib-biotech.de,26.03.04] 上公布：这种 BR 软片适用于数据处理、全息记录、数据记录、大容量光学存储等方面. 它具有非常好的分辨率, 典型的分辨率为大于 5000 线/毫米, 并且有很高的损坏阈值, 其有关参数见表 14-2-1 和表 14-2-2.

表 14-2-1 BR 软片的关键性能

光谱范围	400~650nm
分辨率	⩾ 5000lines/mm
灵敏度	1 ~ 80mJ/cm^2 B 型记录
	30mJ/cm^2 M 型记录
可逆性	反复擦/写 > 10^6 次
光化学漂白	⩾ 95%
衍射效率	1 ~ 3%
偏振记录	可能

目前, 许多实验室都在进行有关此新材料的研究, 如慕尼黑大学研究噬菌调理素的光学应用以及其不同的变异 [81]. 日本的 Takayuki Okamoto 等提出了一种应用于分析写在 BR 材料上的实时全息图的衍射的灵活的数值方法. 这个方法应用

了有限微分光束传播方法 (finite-differential beam propagation method) 计算了在 BR 材料上写入和读出光束的传播. 根据 B 态和 M 态分子的速率方程推出软片折射率的变化和吸收. 他们将此方法应用于实时全息透镜,计算在不同参数下焦平面上光斑轮廓和衍射效率,并进行了相应的实验 [82].

表 14-2-2 典型热弛豫特性

RTR	WILD-TYPE	Variant D96N
N	$0.3 \sim 1s$	$1 \sim 2s$
S	$20 \sim 30s$	$40 \sim 80s$

紫膜 (polyacrylamide) 胶片是 Halobacterium salinarum 的变异,西班牙 Miguel Hern 大学研究了它的全息参数. 这种软片在 pH 值为 8.65 在 532 纳米下吸收约 2.5. 用 532nm 写入,在 $200\sim 400mW/cm^2$ 的曝光量下可达到的衍射效率约为 1.2%,达到饱和后,这些数值可保持为常数 [83].

荷兰 Delft 大学和美国 Illinois 大学利用噬菌调理素作为记录材料应用于全息粒子成像速度仪 (holographic particle image velocimetry, HPIV) 中. 用离轴全息,双曝光方法将粒子成像记录在 BR 材料上. 高数值孔径 ($NA = 0.75$) 保证了全息记录的最大信息强度. 采用 CCD 记录粒子实像,数字再现粒子的原始像. 再现像具有理论的景深 4.73 μm 和衍射受限分辨率 0.43 μm. 根据流体理论,从双曝光粒子图像抽取出流体图样. 使用了一个液晶以使再现时最大限度地减小光诱导擦除.

中国科学院西安光机所在这方面也展开了许多研究工作. 他们研究了基因改性菌紫质 BR-D96N 薄膜在不同偏振光记录下的全息存储特性,采用正交圆偏振光记录,实现了衍射光偏振状态与散射噪声偏振状态的分离获得了高信噪比的衍射像. 以 He-Ne 激光器 (633nm,3mW) 为记录和读出光源,用空间光调制器作为数据输入元件,CCD 作为数据读出器件,采用傅里叶变换全息记录的方法,在 BR-D96N 薄膜样品 60μm×42μm 的面积上进行了正交圆偏振全息数据存储,达到了 2×10^8 bit/cm^2 的存储面密度,实现了编码数据的无误读出与还原 [139,140]. 他们还研究了菌紫质样品在红光和紫光共同作用下的双光束互补抑制效应,用紫光抑制红光的透过率以提高红光的饱和光强. 使记录区域由非线性区移至线性区,从而使全息光栅透过率随记录光相位差的分布变为余弦型,大大提高了菌紫质样品全息衍射效率的稳定值,使全息图衍射效率及衍射像的像质得到提高 [141].

14.3 全息系统的智能化、小型化、多功能化

为了将实时全息技术应用于更多的领域,将全息系统智能化、小型化、多功能化是十分必要的.

14.3 全息系统的智能化、小型化、多功能化

比利时 Liege 大学的研究们研制了一台使用光折变晶体的可移动式实时全息干涉计量系统. 它是一种强有力的全场光学检测装置, 它可以在微米至亚微米的范围无接触地测量位移以及其他多方面的应用, 包括应变/应力、流场/无损检测、共振模式可视化和测量. 使用的记录材料是铋族光折变晶体 (photorefractive crystals, PRC)($Bi_{12}SiO_{20}$, $Bi_{12}GeO_{20}$). 虽然比起传统的记录材料 (卤化银、热塑片) 灵敏度差了几乎是 1000 倍, 不过它能自处理和可擦除, 并反复使用. 它用于全息照相机, 如同散斑干涉仪一样, 不需要繁杂的操作和处理, 先前, 他们曾开发了一种案板式原型装置 [80,84,85], 也是便携式的组装, 包括了激光器、所有光学件、光折变晶体、观察用的 CCD 摄像机. 激光器是便携式的、空气冷却的、连续波的、二极管激励的固体 Nd:YAG 激光器. 输出功率 490mW, 波长 532nm. 以这样的功率, 可观察 $50 \times 50 cm^2$ 的物体. 这个原型装置有一个麻烦问题就是它必须连同激光器一起安置在一个桌面上. 为了解决这个问题, 他们将激光器从仪器中取去, 将激光通过光纤引入. 为此, 用一根单模光纤将输入功率 5W 以 80% 的传输效率进入装置. 它适用于当前市场的各类常用激光器, 如相干公司的 VERDI 型激光器. 另外一个改进是参考光束的形成元件, 采用了特殊的光学设计, 大大减小了它们的尺寸, 包括一些进口的元件. 终端的全息头是一个如图 14-3-1 所示长 25cm、直径 8cm、重 1kg 的圆筒. 和以前的原型装置具有同样的功能和质量. 激光头包括了一个移动架, 一根光学耦合光纤, 一个用于振动测量的声光调制器以及所有必要的电子控制设备 (如压电位移器, 开关, CCD 电源).

图 14-3-1 便携式全息相机

这个新系统已经应用于许多方面的测量 [86], 其中, 碳纤化合物构成的航空器材和构件热膨胀系数 (coefficient of thermal expansion, CTE) 的测量, 见图 14-3-2(a) 是在试件上投射了人为的载波条纹, 在温度不变的情况下, 试件和底座的条纹没有位移. 14-3-2(b) 是在温度升高的情况下同样的场景, 明显看到了条纹的位移. 目前, 此仪器以及光折变晶体都已提供了商业产品 (Optrion 公司代理推销事宜).

此外 Liege 大学还将全息干涉计量应用于晶体生长、晶体切割、抛光、镀膜等过程中的参数控制以及飞行器构件的检测中.

图 14-3-3 表示了 Liege 大学将全息干涉计量应用在飞行器构件的检测, 其中图 14-3-3(a) 是检测碳纤维加固聚合物的飞行器构件内的缺陷; 图 14-3-3(b) 是测量飞机发动机涡轮叶片振动模式; 图 14-3-3(c) 是光折变晶体全息相机和测量工作台.

(a) 初始的干涉图只有载波条纹　　(b) 温度增加后的干涉图

图 14-3-2　全息干涉图用来导出样品的热膨胀系数

(a) 检测碳纤维加固聚合物的飞行器构件内缺陷　(b) 检测飞机发动机涡轮叶片振动模式　(c) 光折变晶体全息照相机和测量工作台

图 14-3-3　全息干涉计量在飞行器构件检测方面的应用

俄罗斯科学院物理-技术研究所研发了一种智能化、小型化的全息检测系统, 将它应用于太空中的科学研究, 记录无重力情况下晶体生长、电泳分离蛋白质等过程, 还用它监测舷窗的外表面状态 (采集表面缺陷, 微刮痕, 微穴, 污染等数据)[35~39]. 该全息检测系统包括: 氦氖激光器, 光学系统, 扫描系统, 调节系统, TV 相机等.

系统的主要参数如表 14-3-1 所示.

图 14-3-4 (a) 是该系统的结构外观示意图; 图 14-3-4 (b) 是在 MIR "和平号" 空间站实际使用情况, 宇航员手扶的装置就是小型化的全息系统.

图 14-3-5 是系统的光路示意图. 来自激光器的激光束通过显微透镜聚焦, 穿过旋转镜上的小孔后发散, 并经过物镜准直成为平行光进入扫描系统并送到待测物体 (如舷窗). 从转镜小孔到物镜的主平面的距离等于物镜的焦距以确保光束的平行度. 从物体表面反射的光再次通过扫描系统反射回物镜, 其中一部分聚焦进入小孔, 这些光并不形成物体的像, 而是被过滤的零级空间频率. 其中另外一部分带有缺陷信息的物体漫射光通过扫描系统和物镜后并不聚焦进转镜小孔, 而是从转镜上反射到

14.3 全息系统的智能化、小型化、多功能化

反射镜 M_1 上, 再传输给相机; 或反射到反射镜 M_2 上, 再传输给 TV 相机, 形成对比的、有相位差异的像——干涉图. 在这两个位置可拍照, 可用 CCD 相机记录, 也可用肉眼直接观察. 系统的主要参数见表 14-3-1.

表 14-3-1 用于太空的智能化小型全息系统主要参数

质量	<25 kg
尺寸	320 mm×320 mm×640 mm
电压	27 V
功率	60 W
平面分辨率	0.1 mm
景深分辨率	0.1 μm
激光波长	0.6328 nm

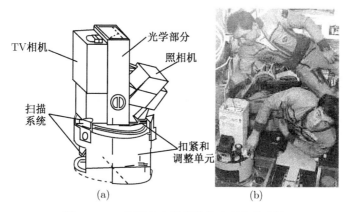

图 14-3-4 用于太空的智能化小型全息系统

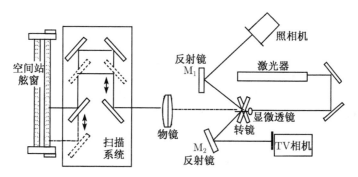

图 14-3-5 用于太空中的全息系统光路示意

此系统的其他应用, 有工业上的无损检测, 如精密仪器的部件, 微电子工业 (半导体芯片), 光纤, 光学元件, 振动控制等.

此外，为使全息系统具有更多的功能，如第 13 章介绍的德国西门子公司制造的有多种功能的数字全息检测系统．又如美国 Recognition Technology Inc 和 Karl Stetson 公司联合开发的 HG7000 型多功能干涉仪，可以使用以下任何一种相干光学技术进行干涉计量：

- 全息照相术
- 剪切照相术
- 散斑相关术
- 投影莫尔条纹
- 脉冲全息照相术

它被称为 "一个系统可用作所有相干光的无损检测"，是一种非常先进的实时、电子干涉仪．在作为全息干涉仪使用时，其内部配置和本章图 14-1-34 实时全息干涉计量仪的配置完全相似，如图 14-3-6 所示．

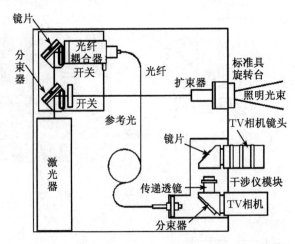

图 14-3-6　HG7000 型多功能干涉仪作为全息检测使用时的配置

最后，再介绍一种用于水底探测的全息摄影装置，图 14-3-7 是它的结构示意图．整个系统是完全密封的，前端开有三个窗口，容许激光束通过和记录被照亮的目标物．同时安排有同轴与离轴两种全息记录光路．

图 14-3-8 是水下全息相机的外形以及工作人员操纵升降设备使它沉入水下的情景，图中可以看到支持它的框架．和旁边站立的工作人员相比，可以大致估计它的尺寸大小．

图 14-3-9 是水下全息相机拍摄的同轴全息图．其中，图 14-3-9(a) 是在 70m 深处拍摄的桡脚类动物 (2.15mm × 0.72mm)；图 14-3-9(b) 是将图 (a) 细节放大的图片；图 14-3-9(c) 和图 14-3-9(d) 分别是在 80m 和 100m 深处拍摄的桡脚类动物 (分

14.3 全息系统的智能化、小型化、多功能化

别为 $1.9\text{mm} \times 0.75\text{mm}$ 和 $2.06\text{mm} \times 0.94\text{mm}$).

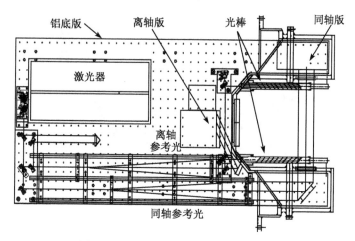

图 14-3-7 水下相机拍摄的结构示意图

图 14-3-8 水下全息相机放下水的情景

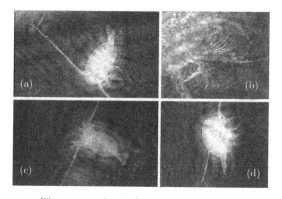

图 14-3-9 水下相机拍摄的同轴全息图

图 14-3-10 是水下全息相机拍摄的离轴全息图. 图 14-3-10(a) 和图 14-3-10(b) 是同一张全息照片中的两个全息图, 它们是成年的桡脚类动物, 身长约有 $5 \sim 7\text{mm}$

在水深 60m 处拍摄.

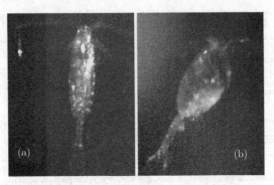

图 14-3-10　水下相机拍摄的离轴全息图

这套全息相机虽没有用于全息干涉计量, 不过, 若要应用于全息干涉计量也是可以的. 它让我们看到了在水下应用全息技术的一个途径.

14.4　脉冲全息与高功率激光的实时全息研究高速瞬变物理现象

应用脉冲全息与高功率激光实时全息可研究高速瞬变物理现象[34,87~93]. 在高功率激光实时全息干涉计量术中进一步配合使用高速摄影装置, 能以每秒数千乃至数万帧的拍摄频率记录研究对象的变化. 美、日、德等国在此领域开展了广泛的研究. 国内则以西安光机所的工作率先获得优异成果. 他们在国内首先研制成功了 "多用途全息高速摄影机", 填补了我国在此领域的空白. 在此基础上他们又进一步采用该所自行研制的转镜等待分幅高速摄影机, 使用 20 万幅/秒的拍摄频率记录了火药燃烧场、导爆索冲击波的连续干涉图, 实现了超高速变化过程的实时全息记录[93]. 近年, 西安光机所又研制了一套微粒场的瞬态全息测试系统[155]. 此系统包括脉冲红宝石激光器 (一级放大)、Nd:YAG 皮秒单横模倍频激光器 (一级放大)、光学傅里叶变换全息记录系统、4 分幅全息干涉记录系统、全息再现与图像处理系统等. 其中, 4F 全息光学记录系统的空间分辨率为 5 mm, 再现系统三维层析的景深为 20 mm, 4 分幅皮秒全息干涉系统物镜分辨率 ≤1μm, 物距 ≥100mm, D/F=1/2, 视场 $\geqslant \phi$1mm. 所研制的激光器获得的双脉冲激光间隔达到了 1 ~ 100ms 可调, 1 ~ 9ms 间隔精度为 ±0.1ms; 在皮秒激光器中, 采用了输出激光时间漂移控制装置, 使输出漂移时间 ≤2 ms, 单脉冲激光能量 ≥100mJ. 该系统可实现对瞬变场高速运动粒子、超音速激波、复杂模式高频振动等三维信息 "冻结" 与全息再现, 具有高时间分辨能力 (~100ps)、三维信息层析再现和记录信息量

14.4 脉冲全息与高功率激光的实时全息研究高速瞬变物理现象

大 (三维空间＋一维强度信息) 等特点, 可应用于火箭发动机喷嘴技术、超高速鱼雷流体动力学特性、超音速气体喷射技术及激光核聚变等研究领域. 在粒子场测量方面, 测量粒径可达到 μm 量级. 此外还可应用于惯性约束核聚变等离子体电子密度变化精密全场测量、发动机喷注器雾场粒子粒径大小及运动速度测量等.

前面已曾介绍的在研究高速流体中的湍流和不稳定气流结构、研究各种状态下的冲击波性能等瞬态现象, 多数是使用高功率激光实时全息配合高速摄影的方法. 下面, 着重介绍脉冲全息方法在研究高速瞬变物理现象方面的一些应用.

文献 [142] 采用了一种高速全息显微镜技术, 它可连续拍摄 3 帧裂纹尖端聚甲基丙烯酸甲酯 (PMMA) 试件中以 660m/s 的速度传播的显微照片. 当一个裂纹在试件中传播时, 用 3 台 Q 开关红宝石激光器一台接着一台、连续发出 3 个激光脉冲. 一套多路角度全息光学系统在同一片光学记录材料上记录下 3 帧连续的全息图. 再现的裂纹像通过一台传统的显微镜拍摄下来. 根据拍摄下的照片测量了裂纹的速度、裂纹的开口位移 (crack opening displacement) 以及动态的应力强度因子 (crack opening displacement).

图 14-4-1 显示了用于实验的聚甲基丙烯酸甲酯 (PMMA) 试件, 宽 300mm, 长 50mm, 厚 3mm. 上面没有开槽 (notch). 均匀张力作用于试件上, 在试件上方边沿的中心点 A 用刀刃做一个缺陷. 在缺陷处引起一个裂纹向着试件中心的观察区传播. 当传播到观察区内时裂纹分叉为两个裂纹. 在分叉处的裂纹速度为 660m/s.

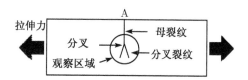

图 14-4-1 聚甲基丙烯酸甲酯 (PMMA) 试件

当一个脆性材料的试件迅速破裂时, 试件表面会振动. 因此, 在迅速破裂现象是不可能用一台传统的显微镜聚焦在试件表面上. 而高速全息显微镜方法能解决这个问题, 并能拍摄下快速传播裂纹照片.

图 14-4-2(a) 显示了连续记录快速传播裂纹的 3 张全息图的光学系统. 此光学系统有 3 台脉冲红宝石激光器作为光源. 一个裂纹在平行于纸面的 PMMA 试件内传播. 当裂纹传播到观察区域时, 红宝石激光器按 PL_1、PL_2、PL_3 的次序振荡, 3 束激光分别记录第 1 帧、第 2 帧和第 3 帧全息图. 激光脉冲持续时间约为 30ns, 而两相邻脉冲的时间间隔约为 5μs.

从红宝石激光器 PL_1 发出的激光束通过分束镜 BS_1 分为两部分, 从 BS_1 上反射的光束被透镜 L_1 扩束, 并通过凹面镜 CM 准直. 准直光束通过 M_1、M_2 反射后

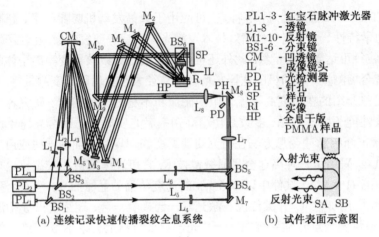

图 14-4-2

以 $30°$ 的入射角照射在全息干版 HP 上. 透过分束镜 BS_1 的光束被透镜 L_4 扩束, 再被 M_7 反射后, 通过分束镜 BS_4 和 BS_5, 经过透镜 L_7 和 L_8 光束变为平行光. 最后穿过分束镜 BS_6 垂直照射在试件 SP 表面上. 光束或被试件上表面 SA 反射、或被试件下表面 SB 反射如图 14-4-2(b) 所示. 从试件上反射的光束被分束镜 BS6 再次反射后, 通过成像透镜 IL 垂直照射在全息干版上. 这就是第 1 帧全息图的物光. 物光束在全息干版 HP 前形成裂纹和试件的实像 R_1. 于是, 图 14-4-2 的光学系统就形成了像面全息的记录光路. 光检测器 PD 测量激光并给出第 i 帧和第 $i+1$ 帧之间的时间间隔 $\tau_{i,i+1}$. PL_2, PL_2 发出的激光束路径与 PL_1 类似, 不再赘述.

PL_1 发射出激光脉冲后的 $5\mu s$ 和 $10\mu s$, PL_2 和 PL_3 也分别先后发射出激光脉冲, 于是, 迅速分叉的裂纹被第 2 个和第 3 个脉冲在同一帧全息干版上记录下来. 3 束参考光的入射角是不同的, 它们分别为 $30°$, $45°$ 和 $60°$, 于是 3 帧全息图具有不同的载波频率. 虽都记录在同一张全息干版上, 再现时每帧全息图的再现像衍射角度不同, 可以分离开而互不干扰. 这就是所谓的空间角分复用方法 (spatially angular division multiplexing), SADM 方法.

图 14-4-3 显示了裂纹图像的再现和显微摄影. 化学处理后, 全息干版放在原来记录的位置, 用一台氦氖激光器的平行光束再现. 再现光束的入射角由下面的公式给出

$$\sin\phi'_i = \frac{\lambda_H}{\lambda_R}\sin\phi_i, \quad i = 1, 2, 3$$

ϕ_i 是第 i 帧全息图的参考光入射角, λ_H 和 λ_R 分别为再现和记录时的激光波长. 即 $\lambda_H = 633$nm 及 $\lambda_R = 694$nm.

第 1 帧全息图的再现如图 14-4-3(a) 所示. 再现光束以 ϕ'_1 的入射角照明, 第 1

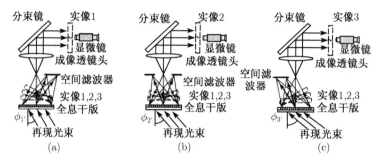

图 14-4-3　裂纹图像的再现和显微摄影

帧全息图再现了第 1 束物光的共轭光束. 这个共轭光束沿着原来物光光路, 不过是原来物光相反的方向传播. 共轭光束通过成像透镜, 并从分束镜反射, 并形成裂纹的实像位于它被全息图记录时所在的位置. 这个裂纹的实像通过一台传统的显微镜被放大并摄影下来. 显微镜聚焦在试件表面 SA 上如图 14-4-3(b) 所示, 于是, 试件表面 SA 上的裂纹就被拍摄下来.

当全息干版被第 1 帧全息图的再现光束所照明时, 第 2 帧和第 3 帧全息图也衍射出对应于第 2 和第 3 束物光的光束. 不过第 2 帧和第 3 帧全息图衍射出的角度不同, 它们被安放在成像透镜前方的空间滤波器所遮挡. 于是, 只重建了 1 帧全息图的实像. 以同样的方式再现了第 2 帧和第 3 帧全息图如图 14-4-3(b) 和 (c) 所示. 再现像的空间分辨率高于 180lines/mm, 观察面积的直径约为 20mm.

图 14-4-4 (a) 显示了破裂后的试件. 裂纹发生在试件上端边沿的 A 点, 向下传播, 并在 B 点分叉为两个裂纹. 图 14-4-4 (b) 是分叉点附近区域的放大图, 裂纹在 B 点分叉为裂纹 1 和裂纹 2. 然后在 C 点, 从裂纹 2 又分叉出裂纹 3. 裂纹 1 终止在 D 点.

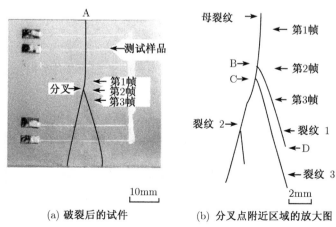

图 14-4-4

图 14-4-5 显示了 3 帧全息图的显微照片. 图中也显示了裂纹尖端的位置. 第 1 帧全息图显示了裂纹尖端在分叉点 B 上方 3.1mm 处. 第 2 帧全息图显示了裂纹尖端在 B 点下方 0.6mm 处. 第 3 帧全息图显示了裂纹尖端在 B 点下方 3.4mm 处. 第 1 帧和第 2 帧全息图之间的时间间隔为 $\tau_1 = 5.5\mu s$, 第 2 帧和第 3 帧全息图之间的时间间隔为 $\tau_2 = 4.5\mu s$. 照片是如此的清晰, 裂纹开口位移可以沿着裂纹精确地予以测定. 分叉角 θ 约为 14°.

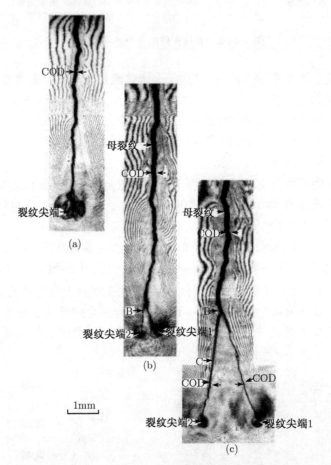

图 14-4-5 三帧全息图的显微放大照片

需要注意的是, 在图 14-4-5(b) 和 (c) 中两个分支裂纹的长度是一样的. 这一事实意味着两个分支裂纹是以相等的速度传播的. 在图 14-4-5(b) 中, 在分叉前裂纹速度为 682m/s, 在分叉后裂纹速度为 612m/s. 第 1 帧全息图是在分叉前 4.5μs 拍摄的, 第 2 帧全息图是在分叉后 1.0μs 拍摄的, 第 3 帧全息图是在分叉后 5.5μs 拍摄的.

14.4 脉冲全息与高功率激光的实时全息研究高速瞬变物理现象

图 14-4-4 (b) 显示了在第 3 帧全息图记录之前裂纹 3 已经在 C 点从裂纹 2 分叉出来. 但裂纹 3 在图 14-4-5 (c) 中并不存在. 这一事实表明裂纹 3 是在试件的内部从裂纹 2 开始分叉或者是在试件的下表面发生的, 当第 3 帧全息图记录之时, 裂纹 3 仍没有达到被拍摄的表面. 从而, 可以认为快速裂纹分叉不是二维的、而是三维现象.

根据照片, 测量了裂纹的开口位移 COD, 并得到了开口位移 COD 在分叉前正比于裂纹尖端的距离的平方根 $\sqrt{r}$. 在分叉后母裂纹的 COD 也正比于裂纹尖端的距离的平方根 $\sqrt{r}$ 的结果. 然而, 分支裂纹的开口位移 CODs 并不总正比于 $\sqrt{r}$. 根据照片, 也测量了裂纹速度. 结果表明, 在分叉时, 裂纹速度并没有不连续的变化. 从 COD 数据中得到的能量释放率 (energy release rate) 和朝向尖端的能量流 (energy flux) 结果可以看到: 在分叉点它们是连续的. 通过分叉点后, 能量释放率和能量流都逐渐增加.

加利福尼亚理工大学在空军科学研究办公室 (Air Force Office of Scientific Research) 和国家科学基金会 (NSF) 的支持下研究开发了一种利用脉冲全息技术记录纳秒量级 (nanosecond scale) 快速事件的实验系统 [143]. 他们也是采用角分复用 SADM 全息方法, 用超短激光脉冲记录快速事件. 只是具体装置有所不同. 利用厚全息的角度选择性来分辨相邻脉冲所记录的不同帧的全息图. 两个专门设计的腔 (参考光腔和信号光腔) 用来产生信号和参考脉冲系列. 光源是一台倍频 Q 开关 YAG 激光器. 激光波长 532 nm, 脉冲宽度 5.9 ns, 每个脉冲的能量为 300 mJ, 光束直径为 9 mm. 图 14-4-6(a) 是系统光路的示意. 在信号腔 (signal cavity) 内, 使用一个偏振分束器用来耦合垂直于纸面的偏振光进入腔内. 泡克盒的时间调到类似于一个临时性的 1/4 波片 (等效于一个 1/2 波片, 因为脉冲在每一次完整的来回路

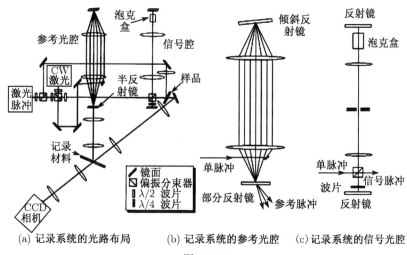

(a) 记录系统的光路布局　　(b) 记录系统的参考光腔　　(c) 记录系统的信号光腔

图 14-4-6

程将通过它两次). 它将首次进入腔内的入射脉冲偏振方向转到水平方向. 之后, 将它关闭, 脉冲波列反射后朝向对面的反射镜. 于是, 这个脉冲波列就在腔内来回反射, 因为偏振分束器可传输水平方向的偏振光. 一个 1/4 波片用来轻微旋转脉冲的偏振方向, 并且其所导致的垂直偏振分量通过偏振分束器耦合出腔外, 形成信号光到达记录材料上. 可参看图 14-4-6(c).

在参考腔内, 两面反射镜和两个透镜组成一个 $4f$ 成像系统. 入射脉冲通过一面小耦合反射镜进入腔内. 脉冲通过小耦合反射镜后, 在两面反射镜和两个透镜对称安放的情况下, 脉冲波列有如从下方反射镜中心发出, 通过两个透镜后射向上方反射镜的中心. 若将上方反射镜偏离对称位置少许, 反射脉冲将微微偏离光轴, 错开耦合反射镜, 可参看图 14-4-6(b). 而且, 在每一次来回时都逐次错开一个微小的偏角. 他们安排的光路使得每次从 YAG 激光器发射出的单个脉冲可以分离成 5 个信号光和参考光的子脉冲序列. 这些子脉冲分离的间隔约为 12 ns, 这时间间隔是可以通过调节腔长而改变的. 由于光学元件的反射, 目前的信号腔损耗较大. 使用了空间滤波器来改善光束质量, 并因此而限制了他们只能产生 5 个信号光子脉冲. 他们用 Aprilis 记录材料记录了 5 帧平面波脉冲全息图. 5 帧全息图的衍射效率和第一帧的角度选择性曲线表示在图 14-4-7 中. 参考脉冲和信号脉冲的总能量都约为 37mJ. 每帧的波列能量逐帧减低, 越来越弱. Aprilis 记录材料的厚度约为 200μm, 并采用了白光预曝光, 预曝光能量密度约为 2J/cm^2. 如信号腔和参考光腔得到改进, 用此方法可望得到数百帧全息图. 他们利用此装置用来记录光学击穿事件. 图 14-4-8(a) 显示了聚甲基丙烯酸甲酯 (polymethyl methacrylate, PMMA) 试件内被引起的光学击穿事件. 第 I 帧是在激励脉冲消失前 1 ns 记录下的, 显示了激励脉冲造成的等离子体. 尾状物看起来是由于空气放电在试件前方引起的现象. 在第 II 帧中可以清楚地看到冲击波. 第 I, II, III, IV 和 V 帧全息图之间的时间间隔为 12 ns. 在第 I 帧和第 II 帧之间冲击波的平均传播速度约为 10km/s, 在第 IV 帧和第 V 帧

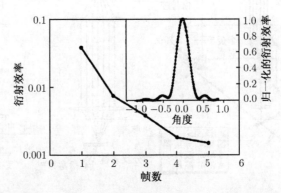

图 14-4-7 五帧全息图的衍射效率和第一帧的角度选择率

之间冲击波的平均传播速度约为 4km/s. 第Ⅵ帧是在光学击穿之后试件的像. 激励脉冲光束的强度为 $1.6 \times 10^{12} \text{W/cm}^2$.

在图 14-4-8(b) 中显示了空气的击穿. 第Ⅰ帧显示了激励脉冲造成的等离子体. 第Ⅱ帧表示了紧接着形成的冲击波. 空气放电发生在靠近透镜焦点附近, 这个区域的长度大约等于焦点的景深. 在试验中可以看到放电闪光亮线. 激励脉冲光束的强度为 $5.2 \times 10^{12} \text{W/cm}^2$ 在图 14-4-8(c) 中他们将激励脉冲聚焦在一个刀刃附近 (黑色矩形阴影). 由于刀刃的出现击穿阈值急剧降低. 激励脉冲光束的强度为 $1.6 \times 10^{12} \text{W/cm}^2$. 光学击穿主要集中在焦点附近靠近金属的一个微小区域, 并引起一个近球面的冲击波.

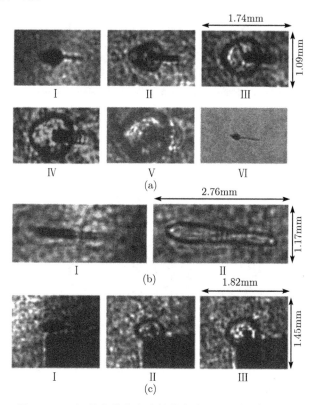

图 14-4-8　记录光学击穿事件的全息图再现像系列照片

他们还聚焦了两个冲击波在 PMMA 试件内, 产生的两个冲击波如图 14-4-9 所示: 在 (a) 图中, 位置低一些的脉冲具有较高的能量 (从它产生的等离子体的尺寸也可以看出) 当两个冲击波相遇, 具有较高压强的冲击波渗透入较低压强的冲击波, 如第Ⅲ帧所示. 图 14-4-9(b) 表示的是两个压强大致相等的冲击波, 它们之间交界处彼此保持了平衡的状态. 将第Ⅱ帧空气放电事件的全息图再现的物光场与参考

光 (平面波) 相干涉. 其干涉图纹显示在图 14-4-10 中. 显然, 围绕着冲击波前方的区域内的折射率与外面不同而产生折射率梯度.

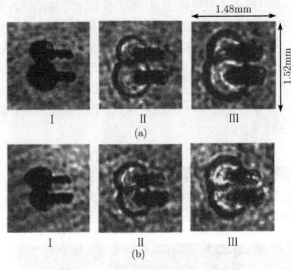

图 14-4-9　两个冲击波的相互作用

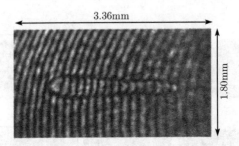

图 14-4-10　再现物光与平面波干涉显示的折射率梯度场

上述加利福尼亚理工大学的脉冲全息系统是采用 YAG 激光器为光源, 其时间分辨率为纳秒量级 (nanosecond scale). 此后, 该实验室又采用了同轴脉冲数字全息技术记录激光诱导的等离子体[157], 改用掺钛蓝宝石激光系统为光源, 输出波长 800nm、脉冲能量 2mJ, 激光脉冲宽度 150fs 用它产生并记录等离子体的超快过程, 光路如图 14-4-11 所示. 脉冲分为两部分, 主要部分 (1.5mJ) 作为激励光脉冲, 通过可变延迟光路后, 由一个 5cm 焦距的消色差透镜聚焦, 峰值功率可达到 10GW, 检测光脉冲方向垂直于激励光脉冲、并捕获等离子体踪迹. 采用 $4f$ 系统记录, L_1, L_2 的焦距分别为 f_1, f_2, 图像放大倍数为 $M = f_2/f_1$, CCD 距离像面为 L. 同轴全息图实质上是等离子体分布和检测光脉冲干涉条纹的记录. 然后, 利用记录在 CCD

上的全息图数字重建等离子体的相位分布. 为了捕获等离子体产生过程的时间序列图像, 在图 14-4-11 的装置中, 重新安放 M_4 反射镜, 用 4 个反射镜组成的反射镜阵列, 使之能反射 4 个检测光脉冲, 每个反射镜都可独立地调节它们的轴向位移和角度, 并使它们在到达空气电离区域时虽然在时间上是分离的、但在空间上是相互重叠的. 时间的分离决定于反射镜阵列的距离, 它们的时间差约为 1ps. 因此, 在记录时间序列全息图时, 对目标的观察方向是略有差异的. 目前, 该实验室已实现了曝光时间为 150fs、拍摄间隔为 600fs 的超快过程的记录 [158].

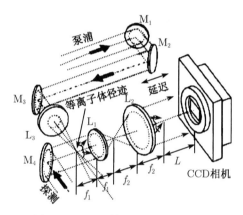

图 14-4-11　同轴脉冲全息记录光路

南开大学现代光学研究所采用脉冲数字全息技术实现对飞秒级超快动态过程的数字显微全息记录. 其中全息记录系统将单脉冲分割成具有飞秒量级时间延迟的角度相同的物光子脉冲序列和具有同样时间延迟的角度不同的参考光子脉冲序列, 并以空间角分复用 SADM 方法在 CCD 的同一张图像上记录下包含多帧子全息图的复合全息图. 这些子全息图的曝光时间和曝光间隔都具有飞秒量级. 然后通过数字傅里叶变换和数字滤波的方法分别重建每帧子全息图所记录的图像, 通过对飞秒激光激发空气电离过程的全息记录获得了具有飞秒量级时间分辨的等离子体形成和传播过程的动态图像 [154,159].

它们的光路布局如图 14-4-12 所示. 偏振分束器 PBS 将光脉冲分为两部分: 反射部分为激励光脉冲, 通过可调节时间延迟光路 $Delay_1$ 后, 由透镜 L_1 聚焦以电离空气; 透射部分为全息光脉冲, 它通过分束器 BS_1 再将光脉冲分为两部分, 透射部分为物光脉冲, 它通过空气电离区域, 并最后通过分束器 BS_2 反射后到达 CCD; 反射部分为参考光, 最后透射过分束器 BS_2 到达 CCD. 物光脉冲和参考光脉冲分别通过各自的一组分束镜和反射镜组成的光路 SPG_1 和 SPG_2 形成三对参物光子脉冲序列, 每对参物光子脉冲可分别同时到达 CCD, 以不同的时间延迟记录下携带有电离区信息的三帧不同时间的子全息图, 它们都记录在 CCD 的同一幅图片上，形成一张重叠有三帧子全息图的组合全息图．该系统的光源为掺钛蓝宝石超短脉冲激光放大系统，脉冲宽度 50fs；脉冲间隔 1ms；中心波长 800nm；单脉冲能量 2mJ；光束直径 5mm．光路调节可以使光脉冲的时间延迟从 300fs 到皮秒量级．包括 L_2, L_3 在内的 $4f$ 系统，焦距分别为 $f_2 = 1.5$cm, $f_3 = 15$cm．电离区的图像以 $M = f_2/f_1 = 10$ 的放大倍率记录在像素为 576×768 的 CCD 上．像素尺寸为 10.8μm × 10μm[159~161]．

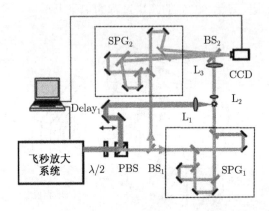

图 14-4-12　SADM 脉冲数字全息记录系统

图 14-4-13 是用角分复用方法拍摄的重叠有三帧子全息图的组合全息图和它们的傅里叶频谱，从图 14-4-13(b) 可明显看到，它们的傅里叶频谱彼此分离，具有不同的方位[160]．

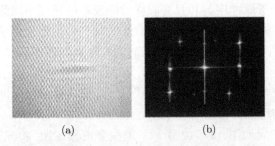

图 14-4-13　重叠有三幅子全息图的组合全息图和它的傅里叶频谱

图 14-4-14 表示了用这种方法记录的空气电离的超快过程．图 14-4-14(a), (b), (c) 是在一个激光脉冲激励下空气电离过程的三帧时间序列图像，三帧图的曝光时间均为 50fs, (a) 与 (b) 的时间间隔为 300fs, (b) 与 (c) 的时间间隔为 550fs, 图 14-4-14 上方为强度图像，图 14-4-14 下方为它们对应的相位差等值线图形，是根据图 14-4-13 的 SADM 子全息图用数字全息方法重建的[160,161]．

14.4 脉冲全息与高功率激光的实时全息研究高速瞬变物理现象

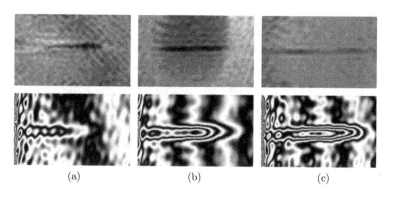

图 14-4-14 强度图像 (上图) 它们对应的相位差等值线图形 (下)

此外, 他们还采用了波长复用的方法 (wavelength division multiplexing, WDM). 输出激光由偏振分束器 PBS 分成激励脉冲和记录脉冲两部分. 前者通过 L_1 透镜聚焦激励空气电离, 后者用作全息记录. P_1 与 P_2 用来调节入射脉冲的偏振状态以使 BBO 晶体能产生倍频. 基频和倍频脉冲由于不同的波长被二色镜 DM_1 分离为两部分, 并分别有不同的时间延迟, 这就使得系统可以记录两帧基于 WDM 方法的、不同时间的子全息图. 从二色镜 DM_2 以后, 继后的光程是迈克耳孙干涉仪的光路布局. 为了使两个不同波长的脉冲光程相等, M_3 和 M_4 被用来保证两光臂具有精确相等的光程. 包括 L_2 和 L_3 在内的 $4f$ 系统在 CCD 上记录放大倍率为 $M = f_3/f_2$ 的两帧有时间差的、不同波长的子全息图. 和前面 SADM 脉冲数字全息记录系统参数基本一样, 只是记录的两帧子全息图的波长不同[160,161].

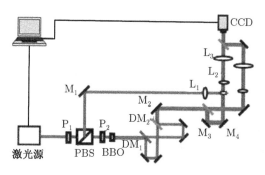

图 14-4-15 WDM 脉冲数字全息记录系统

图 14-4-16(a), (b) 分别表示了用这种 WDM 方法记录的、重叠有两帧子全息图的组合全息图及其傅里叶频谱. 通过在频域内滤波、并作逆傅里叶变换, 可重建振幅和相位分布, 并重构它们对应的强度分布与相位差分布等值线图样, 如图 14-4-17 所示. 图中, 两帧子全息图曝光时间为 50fs, 时间间隔为 400fs.

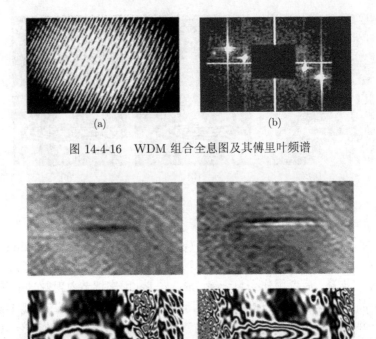

图 14-4-16　WDM 组合全息图及其傅里叶频谱

图 14-4-17　数字重构的强度分布与相位差分布等值线图样

南开大学现代光学研究所 SADM 和 WDM 超快数字全息记录系统可在相同的视角下,以 50fs 的曝光时间和 300~550fs 的可调时间间隔记录下连续两帧 (WDM) 或三帧 (SADM) 子全息图. 通过数字重建结果能清晰显示空气电离的超快动态过程,时间分辨率达到 50fs. 这是当前在此领域有关文献中报道的最好结果.

这种超短脉冲激光器由于它的相干性能很差,可以用来作特别微小物体的三维轮廓形貌重构. 南开大学现代光学研究所研究了一种新的无透镜傅里叶数字全息系统[156],它采用相干性很差的激光光源记录微小物体的反射型三维等值面. 在实验中,圆锥形小凹孔的每一层不同深度的内壁分别以改变物光束光程的方法记录在 CCD 上. 此外,将最小二乘多项式拟合方法首次使用在微小物体一系列二维强度像的三维重构.

物体是一片铝板上制备的一个具有准圆锥形的微小凹孔,如图 14-4-18(a) 所示. 凹孔深度为 0.872mm,最大口径为 2.400mm,圆锥形凹孔的中轴线垂直于 CCD 的感光面.

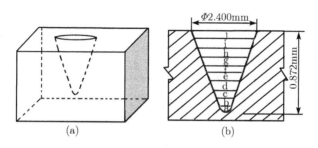

图 14-4-18 部分子全息图的数字再现

光源是一台掺钛-蓝宝石激光放大系统 (Spitfire HP 50), 单脉冲输出最大能量为 2mJ, 重复频率 1kHz, 脉宽 50fs, 波长 800nm, 相干长度 40μm. 记录用的 CCD 为 ton1881EX, 共有 576×768 像素, 像素尺寸为 $10.8\mu m \times 10\mu m$. 实验光路如图 14-4-19 所示, 平行光通过焦距为 10mm 的透镜 L_1 后形成球面波, 再从 BS_2 反射后作为参考光与从物体反射回来、透过 BS_2 的物光一同照射在 CCD 上. 每记录一次后, 铝板沿圆锥凹孔中轴线方向移动 20μm 作下一次的记录, 此移动距离为光源相干长度的一半, 这就保证了所记录的不同深度的两个子全息图之间不发生干涉. 共拍摄了 42 帧子全息图, 选出其中的 10 帧子全息图数字再现结果表示在图 14-4-20 中, 每帧子全息图的编号 (a), (b), (c), ⋯ 对应于图 14-4-18(b) 所示的标有相同编号 (a), (b), (c), ⋯ 的深度位置. 所有 42 帧子全息图全部用来综合成微小准圆锥形凹孔的轮廓. 42 个厚 20μm 的圆环域堆积成三维空间的准圆锥形. 采用最小二乘多项式拟合方法重构原始物体的轮廓, 所获得的三维表面轮廓图形如图 14-4-21 所示. 根据重构的结果, 凹孔的深度为 0.8404mm, 最大直径为 2.416mm. 系统的精度为 20μm. 记录系统的数值孔径为 0.016, 系统的横向分辨率为 25μm. 系统的精度可以通过减少光源的相干长度或增大记录系统的数值孔径而进一步提高. 此方法可在微电子机械系统或微机械加工过程中作为监视或检测之用. 此方法也可以用于三维部分透明物体 (如生物组织) 的记录和再现.

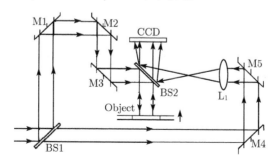

图 14-4-19 记录光路示意图

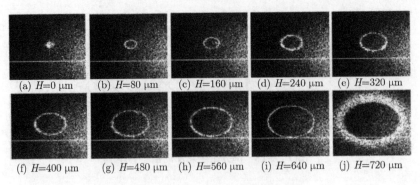

图 14-4-20 部分子全息图的数字再现

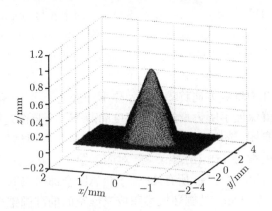

图 14-4-21 圆锥型微小凹孔物体的三维重构

这种相干性能很差的超短脉冲激光器还有一种很重要的应用,就是拍摄处于高散射介质内的物体的全息图. 这种超短相干长度激光拍摄的全息图的特殊再现性能,可以重建散射介质内物体的二维图像,将原来肉眼看不见的散射介质内物体显示出来. 这是发展高散射介质内全息层析技术的基础.

透过高散射介质的成像技术是当前国际上很活跃的一个研究领域, 它具有潜在的重要应用前景, 譬如在医学成像方面的应用. 通过散射介质成像, 较成功的方法之一是所谓"最早到达光方法"(first-arriving-light method), 它是把超短脉冲激光照明与超快光学选通技术结合起来的一种方法. 基于这个基本思想, Wang 等采用克尔快门选通技术[145], Yoo 等利用二次谐波产生互相关技术[146], Hedben 等采用共焦扫描技术[147], 都分别分离出最早到达光, 实现了成像. 但这几种方法都有缺点, 克尔快门和互相关技术需要复杂的大功率激光系统, 同步扫描型条纹相机的时间分辨率只有 5~10 ps, 况且后两种方法需要扫描过程才能建立二维图像[144]. 超短脉冲激光电子学全息技术具有光源功率低、二维成像、时间分辨率与脉宽相同、整个

14.4 脉冲全息与高功率激光的实时全息研究高速瞬变物理现象

系统易于调整等优点, 成为分离最早到达光的较好方法. Chen 和 Leith 等对超短脉冲激光透过高散射介质的电子学全息成像技术进行了深入的研究[148~150], 1991 年他们用这种方法得到了 6 mm 厚鸡肉中两根直径为 0.55 mm 交叉金属丝的图像, 1994 年他们又用此方法透过 6 mm 厚的人手肌肉组织, 对直径为 2 mm 和 1.5 mm 的金属丝成像, 得到了较好的结果[144].

超短脉冲激光数字全息方法透过高散射介质成像技术是基于最早到达光概念[151]. 一个窄的光脉冲通过高散射介质后, 从介质的另一面出射的光是依次射出的, 散射不严重的光较早地出现于介质的另一侧, 而严重散射的光较迟地出现, 这样, 通过散射介质以后的光脉冲将被展宽, 很容易展宽到上百倍, 如图 14-4-22 所示. 展宽后的脉冲可分为三部分: 弹道光、蛇行光和散射光. 弹道光沿着入射光方向直线透过散射介质, 最早出现于介质的另一侧, 其强度随散射介质厚度增加而指数衰减, 这部分光可形成达到衍射极限的像. 蛇行光在介质内散射次数不多, 光在前进方向上很小的一个锥角内传播, 光走过的路径像蛇一样弯曲前进, 它仅次于弹道光出现于介质的另一面, 这部分光仍然保留着一些成像信息, 但得到的像已不能达到衍射极限. 散射光在介质中严重散射, 走过曲折的路径, 最后出现于介质的另一侧, 这部分光影响成像质量, 严重时将完全淹没成像目标的像. 一般来说, 对于不很厚的高散射介质, 弹道光就已不存在了, 那就只能选通出处在出射光脉冲前沿的蛇行光 (最早到达光) 来成像[144].

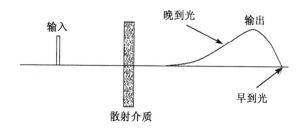

图 14-4-22 超短激光脉冲透过高散射介质示意图

超短脉冲激光全息选通技术是以参考光作为选通快门的. 一种典型光路安排如图 14-4-23 所示. 图中, BS 为分束器; SF 为空间滤波器; delay 为匹配参物光光程差使用的延迟光路系统; BC 为光束合并器 (beam combiner), 或称再组合镜 (recombination mirror), 实际上就是具有适当分束比的分束镜; BWL 为带宽限制空间滤波器 (bandwidth-limiting spatial filter). 由超短脉冲激光器发出的光进入马赫-曾德尔干涉仪, 被 BS 分为物光束和参考光束. 物光束通过成像目标、散射体和一个空间滤波器系统, 由一个光束合并器 (半反射镜) 使物光和参考光会合, 再通过一个成像系统将散射体的出射表面成像于 CCD 靶面上, 调节参考光路中的延迟线,使参考光脉冲与最早到达光同时到达 CCD 靶面, 干涉形成像面全息图, 而后续到达光在时间上没有与参考光相遇, 不能形成干涉条纹, 只形成模糊的亮背景. 由于 CCD 分辨率很低, 为了使物、参两光形成较低空间频率的干涉条纹, 以适应 CCD 的要求, 在光路中有一空间滤波系统, 滤去高频散射光, 而且使物光与参考光夹角足够小[144].

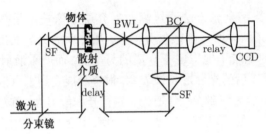

图 14-4-23 超短脉冲激光数字全息光路布局

将 CCD 采集的全息图数据输入计算机, 通过计算机把全息图以类似于光学再现的方式进行数字化处理. 首先将全息图数据进行傅里叶变换, 再作频率滤波处理, 只保留一级衍射项, 并在频域中进行坐标平移, 再作逆傅里叶变换. 散射光在 CCD 靶面上形成的亮背景在全息图中以直流成分出现, 可通过滤波处理将其消除, 于是只有最早到达光与参考光干涉形成的全息图可产生吸收体的像. 这样, 通过全息技术将最早到达光从散射光中分离出来, 实现了从单幅全息图解调出吸收体的像[144].

但是, 在记录的全息图中, 非常微弱的最早到达光信号叠加在很强的后续到达光亮背景中, 再现像信噪比很低. 为了进一步提高信噪比, 可以将多幅全息图再现像叠加处理, 前提条件是多幅再现像散斑之间互不相关. 对于典型的不稳定散射介质 (如肌肉组织、混浊液体等), 散斑的相关时间为 20~30 ms 数量级. 因此, 在采集多幅全息图时, 每幅全息图的曝光时间足够短 (<20~30 ms), 以保证形成稳定的全息图, 而相邻两幅全息图的间隔时间大于散斑噪声的相关时间, 以使每幅再现像的散斑噪声互不相关. 当多幅再现像叠加平均时, 散斑噪声得到抑制, 信噪比大大提高. 如果 N 幅再现像叠加平均, 信噪比提高 $N^{1/2}$ 倍[152]. 对于稳定的散射介质, 在记录每幅全息图之前, 可以人为地引入扰动, 使散斑互不相关[144].

西安光学精密机械研究所瞬态光学技术实验室展开了这方面的研究工作, 他们用自己研制的钛宝石自锁模飞秒脉冲激光器 (泵浦源采用输出功率为 5W 的 Ar+ 激光器). 锁模激光脉冲重复频率为 100 MHz, 中心波长为 800 nm, 脉冲宽度为 20 fs, 输出功率为 70 mW. 散射介质是置于样品盒中的体积百分比为 5% 的鲜奶、水混合散射液体, 成像目标是直径为 0.65 mm 的金属丝, 金属丝紧贴样品盒左方放置. 成像系统将散射液体出射表面成像在 CCD 靶面上, 放大率约为 1. 参考光路中延迟线调节精度为 0.01 mm. CCD 为 512×512 像素的面阵. 实验结果如图 14-4-24 所示. 其中图 14-4-24(a) 是样品盒中装入清水时采集到的金属丝的像; 图 14-4-24(b) 是透过奶液拍摄到的金属丝的飞秒全息图, 图中已经完全看不到金属丝的影像; 图 14-4-24(c) 是由单帧全息图解调出的再现像, 信噪比较低; 图 14-4-24(d) 是 25 帧全息图再现像叠加平均的结果, 较大幅度地提高了图像质量, 明显提高了图像信噪比, 只要形成较好全息图的地方, 都较好地实现了再现, 图像有较好的对比度. 当然, 没有较好形成全息图的地方, 背景比较暗, 图像对比度不好. 对于这样的高散射介质, 如果采用连续激光全息技术, 将不会得到清楚的图像 [144].

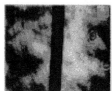  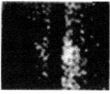 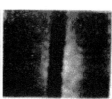

(a) 通过水的金属丝像　(b) 通过散射介质的金属丝的全息图　(c) 从一幅单帧的全息图得到的图像　(d) 从25帧全息图得到的图像

图 14-4-24　实验结果

由于 CCD 像素不高, 分辨率低, 全息图干涉条纹只有 15 条/毫米左右, 故参、物光夹角必须很小, 约为 $0.779°$. 这样, 在空间频率域内, 全息图零级的一些高频散射光与 ±1 级衍射项有重叠, 滤波时不能完全消除这些散射光的影响, 这将降低图像的质量、信噪比以及系统的分辨率. 为了降低这种影响, 在解调软件中空间频率域滤波处理时, 使滤波窗口减小, 但这样又会丢掉待测目标的高频信息, 使再现像的边沿不太清楚. 因此, 在选择滤波窗口大小时, 必须考虑两个因素, 即既要较好地降低散射光的影响, 又要较好地保留待测目标的高频信息 [144].

此成像技术是以参考光作为选通快门的, 显然, 超短激光脉冲的时间宽度也就是选通快门的宽度. 如果成像目标在散射介质的入射一侧, 并且选通出最早到达光成像, 那么这个成像系统对再现像的空间分辨率 Δx 为 [153]

$$\Delta x = 1.95\,(cd\tau)^{1/2}$$

其中, c 为散射介质内的光速, , d 为散射介质的厚度 τ 为激光脉冲的宽度. 可见, 脉冲宽度越小, 空间分辨率越高. 但是, 脉冲宽度越小, 意味着选通出的有用信号越弱, 这样再现像的信噪比越低. 因此, 激光器必须有一个合适的脉冲宽度, 既要再现像有较好的空间分辨率, 又要有较好的信噪比. 另外, 上式中的 τ 是指入射到散射介质上的脉冲宽度, 而成像系统光路中在散射介质的前后还有其他光学元件, 这些元件对脉冲还有一个展宽, 况且脉冲越窄, 展宽越严重. 所以, 在考虑脉冲宽度时, 还要考虑光学元件对脉冲的展宽效应 [144].

参考文献

[1] 熊秉衡, 王正荣, 吕小旭, 等. 一种新型的实验地震学光测系统 [J]. 中国激光, 2002, 29(3): 376-380.

[2] 熊秉衡, 王正荣, 张永安, 等. 实时全息检测透明物的一种新方法 [J]. 光学学报, 2001, 21(7): 841-845.

[3] 熊秉衡, 王正荣, 张永安, 等. 地震微破裂成核过程的实验模拟研究 [J]. 地球科学, 2000, 25(3): 319-323.

[4] 许昭永, 杨润海, 赵晋明, 等. Y 形块体交界处多点大破裂的模拟实验研究 [J]. 地球物理学报, 2002, 45(增刊).

[5] Xu Zhaoyong, Yang Runhai, Zhao Jinming, et al. Experimental study of the process zone, nucleation zone and plastic area of earthquakes by the shadow optical method of caustics[J]. Pageoph, 2002, 159(9).

[6] Xu Zhaoyong, Yang Runhai, Wang Bin, et al. Physical sense and prediction efficiency of the load/unload response ratio of rock in strain-weakening phase before failure[J]. Acta Seis-mologica Sinica, 2002, 15(1).

[7] 许昭永, 杨润海, 赵晋明, 等. 加载破裂和卸载破裂的焦散阴影区动态特征的实验研究 [J]. 地震学报, 2002, 24(2); Xu Zhaoyong, Yang Runhai, Zhao Jin ming, et al. An experimental study of the danamic feature of shadow areas of caustics in response to loading/unloading fracture[J]. Acta Seis-mologica Sinica, 2002, 15(2).

[8] 陈顺云, 许昭永, 杨润海, 等. 含多组雁列构造试样的特征位移场与声发射的关系 —— 应变空区的试验与理论探讨 [J]. 地震学报, 2002, 24(6).

[9] Chen Shunyun, Xu Zhao yong, Yang Run hai, et al. A study on relation between acoustic emission and characteristic displacement field on the sample with multi en echelon structures—The theoretical and experimental explorations of strain gap[J]. Acta Seis-mologica Sinica, 2002, 15(6).

[10] 杨润海, 许昭永, 赵晋明, 等. 微破裂成核过程和应力 (场) 关系的实验研究 [J]. 地震研究, 1998, 21(2).

[11] 张永安, 等. 实时全息干涉计量用于岩石材料正向受压形变 [J]. 激光杂志, 2003, 24(3): 56-57.

[12] 刘冬梅, 龚永胜, 等. 压剪应力作用下岩石变形破裂全程动态监测研究 [J]. 南方冶金学院学报, 2003, 24(5): 69-72.

[13] 刘冬梅, 余拱信. 全息干涉法在岩石裂隙研究中的应用 [J]. 南方冶金学院学报, 1997, 18(3): 175-180.

[14] 刘冬梅, 谢锦平, 等. 岩石压剪耦合破坏过程的实时监测研究 [J]. 岩石力学与工程学报, 2004, 23(10): 1616-1620.

[15] 谢锦平, 刘冬梅, 等. 用实时全息干涉法分析岩石的侧向受力问题 [J]. 激光杂志, 2004, 25(3): 59-60.

[16] Seebacher S, Osten W, Baumbach T, et al. The determination of material parameters of microcomponents using digital holography[J]. Optics and Lasers in Engineering, 2001, 36: 103-126.

[17] 徐莹, 赵建林, 范琦, 等. 利用数字全息干涉术测定材料的泊松比 [J]. 中国激光, 2005, 32(6): 787-790.

[18] 熊秉衡, 李俊昌, 王正荣, 等. 全息干涉计量术中的焦散线现象及其与干涉条纹的关系 [J]. 光学学报, 2004, 24(9): 1219-1223

[19] 谢东, 庹有康. 应用激光全息干涉技术测量复合材料泊松比的研究 [J]. 激光杂志, 2001, 22(2):48-516.

[20] Duncan B D, Millard M. The use of realtime holography in SAW visualization and surface defect detection[M]. Titanium Alloys, 18A.

[21] 苏先基, 励争. 固体力学动态测试技术 [M]. 北京: 高等教育出版社, 1997, 159-181.

[22] Fein H. Applications of holographic interferometry to structural and dynamic analysis of an advanced graphite-epoxy composite component[J]. Optics express, 1998, 3(1): 35-44.

[23] Smolek M. Elasticity of the bovine sclera measured with real-time holographic interferometry[J]. Am J Optom Physiol Opt, 1988, 65(8): 653-660.

[24] Gurevich S B, Konstantinov V B, et al. Real-time holographic interferometry and optical data processing in physical experiments[J]. J Opt Technol, 1996,10(3).

[25] 王卫宁, 耿照新, 岳伟伟. PCB 热变形的实时干涉测量研究 [J]. 电子与封装 (数字化期刊), 2003, 3(4): 41

[26] 王卫宁, 张存林. 电子封装器件 GBA 的实时全息干涉实验研究 [J]. 激光杂志, 1999, 20(3): 46-48.

[27] Christophe Wagner, Wolfgang Osten. Direct shape measurement by digital wavefront reconstruction and multiwavelength contouring[J]. Optical Engineering, 2000, 39 (1).

[28] 朱德忠. 热物理激光测试技术 [M]. 北京: 科学出版社, 1990: 137-144.

[29] Konstantinov V B, Malyi A F, Malkhasyan L G. Measurement of the compressibility of a liquid at low pressures by holographic interferometry[J]. Tech Phys Lett, 1994, 20(3): 254-255.

[30] Fedor Dimov. Real-time holographic water-drop-size measurement system [OL]. Physical Optics Corporation, Electro-Optics & Holography Division, 20600 Gramercy Place, Building 100, Torrance, CA 90501-1821; 310-320-3088, http://www.poc.com/Dr. Fedor Dimov, Principal Investigator, sutama@poc.com Mr. Gordon Drew, Business Official, gdrew@poc.com DOE Grant No. DE-FG02-04ER84042 美国能源部 (Department of Energy) 资助项目编号: DE-FG02-04ER84042.

[31] Stian Magnussen. Holographic interferometry and its application in visualizing particle movements in continuous flow [OL]. [2006-09-10] http://www.ub.uib.no/elpub/2004/h/404001/Hovedoppgave.pdf.

[32] 董小刚, 晏思贤, 等. 实时全息用于强光等离子体诊断的优势 [J]. 清华大学学报, 自然科学版, 2001, 41(3): 81-84.

[33] 王德忠, 梁华翰. 三维非对称温度场的实时全息干涉层析测试技术 [J]. 上海交通大学学报, 2000, 34(9): 1232-1236.

[34] 王仕璠, 袁格, 贺安之, 等. 全息干涉计量学——理论与实践 [M]. 北京: 科学出版社. 1989.

[35] Veronika Babenko, Simon Gurevich, Nikita.Dunaev, et al. Holographic TV Interferometer for Non-Destructive Testing[C]. NDT Net-April 2002, 7(4).

[36] Gurevich S, Dunaev N, Konstantinov V, et al. Compact holographic device for testing of phisico- chemical processes under microgravity conditions[C]. Proced of Microgravity Science Simposium, (AIAA/IKI), Moscow, 1991: 351-355.

[37] Gurevich S, Konstantinov V, Chernykch D. Interference- holography studies in space[C]. Proc SPIE, 1989, 1183: 479-485.

[38] Gurevich S, Konstantinov V, Relin V, et al. Optimization of the wavefront recording and reconstructing in real-time holographic interferometry[D]. Proc of SPIE, 1997, 3238: 16-19.

[39] Bat'kovich V, Budenkova O, Konstantinov V, et al. Determination of the temperature distribution in liquids and solids using holographic interferometry[J]. Tech Phys, 1999, 44(6): 704-708.

[40] Decher A J, et al. Inspection of space station cold plate using visual and automated holographic techniques[R]. NASA / TM, 1999/209388; Decher A J, et al. Inspection of space station cold plate using visual and automated holographic techniques. NASA/TM, 1999:209388.

[41] Decher A J. Holographic cinema of time-varying reflecting and time-varying phase objects using a Nd-YAG laser[J]. Optics Letters, 1982, 7: 122-123.

[42] Decher A J. Holographic interferometry with an injection seeded Nd-YAG laser and two reference beams[J]. Applied Optics, 1990, 29: 2696-2700.

[43] Desse J M, Albe F, Tribillon J L. Real-time color holographic interferometry[J]. Appl Opt, 2002, 41(25): 5325-5333.

[44] Vukicevic D, Torzynski M, El-Haffidi I. Color holographic interferometry[R]. Proc SPIE, 1999, 3783: 294-301.

[45] Dezhong W, Tiange Z. The measurement of 3-D asymmetric temperature field by using real time laser interferometric tomography[J]. Opt Lasers Eng, 2001, 36: 289-297.

[46] Yarovoi L K, Robur L Y, Gnatovsky A V, et al. Holographic equipment for testing the construction of the nuclear power plant[OL]. [2006-9-5]Ukraine E-mail: feofan@megamed.kiev.ua.

[47] 赵长伟, 何明霞, 朱春英, 等. 实时激光全息干涉法测量液相扩散系数 [J]. 天津大学学报, 2004, 5.

[48] 马友光, 朱春英, 马沛生, 等. 氨基酸在水溶液中扩散系数的测量 [J]. 天津大学学报,2006.

参考文献

[49] 黄素逸, 张师帅, 李光正, 等. 有内置物的二维封闭方腔自然对流实验研究 [J]. 华中理工大学学报, 1999.

[50] Moerner W E, Silence S M. Polymeric photorefractive materials[J]. Chem Rev, 1994, 94: 127.

[51] Stankus J J, Silence S M, Moerner W E, et al. Electric-field-switchable stratified volume holograms in photorefractive polymers[J]. Opt Lett, 1994, 19(18): 1480.

[52] Lundguist M, et al., Holographic digital data storage in a photorefractive polymer[J]. Opt Lett, 1996, 21(12): 890.

[53] 陶世荃. 光全息储存 [M]. 北京: 北京工业大学出版社, 1998: 116-117.

[54] 熊秉衡, 王正荣. 实时全息干涉计量术的发展近况和趋势. 激光杂志, 1999, 20: 733.

[55] 史密斯 H M. 全息记录材料 [M]. 马春荣, 等, 译. 北京: 科学出版社, 1984: 12-13, 270-274.

[56] Newport catalog[M]. Irvine: Newport Corporation, 1993, M4-5.

[57] Jones R, et al. Direct-to-video holographic 3-D imaging using photorefractive multiple quantum well[J]. Optics express, 1998, 2(11): 439-448.

[58] 范云正. 半导体光电, 2001, 22(1): 69-72.

[59] 刘东红. 用于温度场研究的光折变全息干涉计量术 [M]. 光电工程, 2001, 28 (2): 32-35.

[60] Jones R, et al. Recording real-time holograms in photorefractive MQWs[R]. OE REPORT August, 1997, 2.

[61] Stanislaw Bartkiewicz, et al. Real time holography – materials and applications Dye-doped liquid crystal composite for real-time holography[J]. Pure and Applied Optics, 1996, 5: 799-809.

[62] Shih M Y, Shishido A, Chen P H, et al. All-optical image processing with a supranonlinear dye-doped liquid-crystal film[J]. Optics Letters, 2000, 25 (13): 978-980.

[63] Karaguleff Chris, Clark George L Sr. Optical aberration correction by real-time holography in liquid crystals[J]. Optics Letters, 1990, 15 (14) : 820-822.

[64] Francesco Simoni, Lucchetti L, Lucchetta D, et al. On the origin of the huge nonlinear response of dye-doped liquid crystals[J]. Optics Express, 2001, 9 (2): 85-90.

[65] 曹军卫, 贺焯皓. 细菌视紫红质分子在生物分子器件上的应用 [J]. 武汉大学学报 (理学版), 2004, 50(6): 786-792.

[66] Vsevolodov N N, Poltoratskii V A. Holograms in biochrome, a biological photochromic material [J]. Sov Phys Tech Phys, 1985, 30: 1235.

[67] Hampp N A. Bacteriorhodopsin: mutating a biomaterial into an optoelectronic material [J]. Appl Microbiol Biotechnol, 2000, 53(6): 633-639.

[68] Millerd J E. Improved sensitivity in blue-membrane bacteriorhodopsin films[J]. Opt Lett, 1999, 24: 1355-1357.

[69] Juchem T, Hampp N. Interferometric system for non-destructive testing based on large diameter bacteriorhodopsin films[J]. Optics and Lasers in Engineering, 2000, 34(2): 87-100.

[70] Hampp N, Juchem T. Fringemaker the first technical system based on bacteriorhodopsin [J]. Bioelectronic Applications of Photochromic Pigments, 2000, 335: 44-53.

[71] Tallent J R. Effective photochromic nonlinearity of dried blue-membrane bacteriorhodopsin Films[J]. Opt Lett, 1996, 21: 1339-1341.

[72] Jack R, Tallent J A, Stuart Q, et al. Photochemistry in dried polymer films incorporating the deionized blue membrane form of bacteriorhodopsin[J]. Biophys J, 1998, 75(4): 1619-1634.

[73] Birge R R. Protein-based three-dimensional memories and associative processors[A]. Blackwell Science Ltd, 1997, 439-471.

[74] Druzhko A. 4-Keto bacteriorhodopsin films as a promising photochromic and electrochromic biological material[J]. BioSystems, 1995, 35(2-3): 129-132.

[75] Hampp N, Popp A, Brüchle C, et al. Diffraction efficiency of bacteriorhodopsin films for holography containing bacteriorhodopsin wild type BRWT and its variants BRD85E and BRD96N[J]. J Phys Chem, 1992, 96(11): 4679-4685.

[76] Oesterhelt D, Stoeckenius W. Isolation of the cell menbrane of halobacterium halobium and its fractionation into red and purple membrane[J]. Methods Enzymol, 1974, 31: 667-678.

[77] Birge R R. Photophysics and molecular electronic applications of the rhodopsins[J]. Annu Rev Phys Chem, 1990, 41: 683-733.

[78] Wherrett B S. Materials for optical computing[J]. Synth Met, 1996, 76: 3-9.

[79] Juchem T, Hampp N. Interferometric system for Non-destructive testing based on large diameter bacteriorhodopsin films[J]. Opt Lasers Engineer, 2000, 34(2): 87-100.

[80] Marc P Georges, Philippe C Lemaire. Transportable holographic interferometer uses photorefractive crystals for industrial applications[J]. Holography, 8:2.

[81] Christoph Bräuchle, Norbert Hampp, Dieter Oesterhelt. Optical applications of bacteriorhodopsin and its mutated variants[J]. Advanced Materials, 2004, 3(9): 420-428.

[82] Takayuki Okamoto, Toshihiro Fujiki, Yoshiko Okada, et al. Numerical analysis of real-time holography in bacteriorhodopsin films[J]. Optical Engineering, 1999, 38(1): 157-163.

[83] Antonio Fimia, P Acebal, A Murciano, et al. Purple membrane-polyacrilamide films as holographic recording materials[J]. Optics Express, 2003, 11(25): 3438-3444.

[84] Petrov M P, Stepanov S I, Khomenko A V. Photorefractive crystals in coherent optical systems[M]. Springer Series in Optical Sciences 59, Berlin: Springer-Verlag, 1991.

[85] Georges M P, Lemaire Ph C. A breadboard holographic interferometer with photorefractive crystals and industrial applications[C]. SPIE Holography Newsletter, 9, January 1998.

[86] Georges M P, Lemaire Ph C. Compact and portable holographic camera using photorefractive crystals. Application in various metrological problems[J]. Appl Phys B, 2001,

72: 761.

[87] Tsuncyoshi Uyemura, et al. High speed real-time holographic interferometry[C]. SPIE, 1976, 97: 88-93.

[88] Tsuncyoshi Uyemura, et al.Real-time holographic interferometry[C]. Proceedings of the 13th International Congress on High Speed Photography and Photonics. Tokyo, 1978.

[89] Shiniji Kobaya shi, et al. Application of holographic interferometry to combustion analysis in a spark-ignition engine[C]. Proceedings of the 13th International Congress on High Speed Photography and Photonics. Tokyo, 1978.

[90] Raterink H J, et al. Holographic interferometry applied to high-speed flame research[C]. Proceedings of the 9th International Congress on High-speed Photography: 30-37.

[91] Jahoda F C, Submicrosecond holographic cine-interferometry of transmission object[C]. Appl Phys Lett, 1969, 14: 341-343.

[92] Tiemann W. Real-time holographic interferometry with microsecond resolution[J]. Siemens Forsch und Entwicklungsber, 1976, 5:163-170.

[93] 计忠瑛, 王正荣. 超高速实时全息干涉摄影 [J]. 第六届全国高速摄影与光子学会议, 西安, 1990.

[94] Mayinger F, Chen Y M. Heat transfer at the phase interface of condensing bubbles[C]// Proc. of the 8th Int. Heat Transfer Conf, 4: 1913-1918, San Francisco, USA, 1986.

[95] Chen Y M, Mayinger F. Holographic interferometry studies of the temperature field near a condensing bubble[C]// Pichal M. Optical methods in dynamics of fluids and solids. Berlin: Springer Verlag, 1985.

[96] Chen Y M, Mayinger F. Measurement of heat transfer at the phase interface of condensing bubbles[J]. Int J of Multiphase Flow, 1992 , 18(6): 147-152.

[97] Mayinger F. Advanced experimental methods[C] // Proc. of the Convective Flow Boiling Conf., Banff, Canada Washington: Taylor and Francis, 1996: 15-28.

[98] Mayinger F. Advanced optical methods in transient heat transfer at two-phase flow[C]// Lee J S, et al. Proc. 6th. Int. Symposium on Transport Phenomena (ISTP-6). 1993, II: 2538.

[99] Mayinger F. Transient phenomena and non-equilibrium in two-phase flow with phase change[C]. // Winoto S H, et al. Proc. of the 9th Int. Symposium on Transport Phenomena (ISTP-) in Thermal-Fluids Engineering. Singapore, 1996, 1: 20-31.

[100] Mayinger F. Two-phase flow and boiling, insights and Understanding by Modern Non-Invasive Measuring Techniques[C]// Celata G P, et al, Proc of the 1stInt. Symposium on Two-Phase Flow Modelling and Experimentation. Edizioni ETS, Rome, 1995: 31-40.

[101] Mayinger F, Gebhard P. Holographic measuring methods applied to two-phase flow[C]. //Proc of the German-Japanese Symposium on Multi-Phase Flow. Karlsruhe, Germany, 1994: 109-131.

[102] Ostendorf W, Mayinger F, Mewes D. A tomographical method using holographic interferometry for the registration of three-dimensional unsteady temperature profiles in Laminar and Turbulent Flow[C]//Proc. of the 8th Int. Heat Transfer Conf. San Francisco, 1986, 2: 519-524.

[103] Haibel M, Mayinger F. Experimental investigation of the mixing process and the flame stabilization in sub-and supersonic hydrogen/Air Flames[C]//Proc of the 10th Int. Heat Transfer Conf, Brighton, 1994, 2: 63-68.

[104] Haibel M, Mayinger F. The effect of turbulent structures on the development of mixing and combustion processes in sub-and supersonic H-flames[J]. Int J Heat and Mass Transfer, 1994, 37 (Suppl. 1): 241-253.

[105] Fehle R, Klas J, Mayinger F. Investigation of local heat transfer in compact heat exchangers by holographic interferometry[J]. Experimental Thermal and Fluid Science, 1995,10 (2): 181-191.

[106] Mayinger F, Klas J. Investigation of local heat transfer in compact heat exchangers by holographic interferometry[C]//Aeros pace Heat Exchanger Technology, Proc of the 1st Int Conf on Heat Exchanger Technology. Palo Alto, USA, 1993: 449-467.

[107] Sources in a rectangular channel by flow deflection[C]. Proc of the 9th Int. Symposium on Transport Phenomena in Thermal-Fluids Engineering. Singapore, 1996, 1: 663-668.

[108] Ito A, Narumi A, Konishi T, et al. The measurement of transient two-dimensional profiles of velocity and fuel concentration over liquids [J]. Journal of Heat Transfer, 1999, 121(2): 413-419.

[109] Tsai C Y, Bakos R J. Shock-tunnel flow visualization with a high-speed schlieren and laser holographic interferometry system[C]. AIAA, Advanced Measurement and Ground Testing Technology Conference, 20th, Albuquerque, NM, UNITED STATES, June 1998: 15-18.

[110] Martin Wetzel, et al. Accurate measurement of high-speed, unsteady temperature fields by holographic interferometry in the presence of periodic pressure variations[J]. Meas. Sci. Technol. 1998, 9 (6): 939-951.

[111] Sung-Hoon Baik, Seung-Kyu Park, Cheol-Jung Kim, et al. Shock wave Visualization using holographic interferometer[J]. Opitical Review, 2000, 7 (6) : 535-542.

[112] Lanen T A W M, Bakker P G, Bryanston-Cross P J. Digital holographic interferometry in high-speed flow research[J]. Experiments in Fluids, 1992, 13(1): 56-62.

[113] Takayama K, Kleine H, Grönig H. An experimental investigation of the stability of converging cylindrical shock waves in air[J]. Experiments in Fluids, 1987, 5(5): 315-322.

[114] Sun M, Takayama K. A holographic interferometric study of shock wave focusing in a circular reflector[J]. Shock Waves, 1996, 6 (6): 323-336.

[115] 袁格, 金瑗, 孙守昌, 等. 同轴全息照相术观测粒子云 [J]. 气动实验测控技术, 1984, 19.

[116] 吕硒光, 钟林, 陈家壁. 球面波全息微粒测量系统性能的研究 [J]. 光学学报, 1986, 6(3).

参考文献

[117] 袁格,金瑷,孙守昌,等. 脉冲全息技术在空气动力学试验中的应用 [J]. 激光与光学, 1984.

[118] 谭玉山,等. 用连续波激光全息摄影求解大型结构三维位移的简捷方法 [J]. 中国激光, 1983, 10(8/9).

[119] 王仕璠,刘福祥. 牙齿和颅面骨微小变位的全息干涉计量 [J]. 成都电讯工程学院学报, 1984, (2): 78-96.

[120] 王仕璠,刘福祥. 应用全息干涉法测定牙体的转动中心和阻力中心 [J]. 中国激光, 1986, 13(4): 241-244.

[121] 王仕璠,刘福祥. 用单张全息干涉图测定由矫形力所引起的牙齿的转动和平动 [J]. 成都电讯工程学院学报, 1985, (1): 92-103.

[122] 熊秉衡,李秀柏,葛万福,等. 激光全息干涉计量术在拉床床身结构刚度测试中的应用研究 [J]. 长沙铁道学院学报, 1986, 1: 11-19.

[123] 王仕璠. 用单张全息干涉图测定三维微小位移的一种快速算法 [J]. 中国激光, 1985, 12(11): 699-701.

[124] 王仕璠,范雅林. 用多张全息干涉图测定空间位移场的一种快速算法 [J]. 中国激光, 1986, 13(8): 462-465.

[125] 王仕璠,黄文玲. 用全息干涉法测定物体表面应变 [J]. 激光杂志, 1992, 13(1): 24-28.

[126] 巴图. 用全息干涉计量术的三次曝光法测定位移矢量 [J]. 光学技术, 1982, 6.

[127] 邢英杰,王文昭,范书中. 用全息错位干涉计量术判别物体形变方向 [J]. 光学学报, 1986, 6(4).

[128] 鲍乃坚,丁祖泉. 用全息条纹三维读数仪法对三维形变的定量研究 [J]. 同济大学学报, 1980, 2.

[129] 何世平,伍小平,程久生. 应用全息干涉技术测量气体温度场 [J]. 工程热物理学报, 1984, 5: 4.

[130] 何其赤,丁汉泉. 激光全息干涉法测量三维气体温度场 [J]. 应用激光, 1985, 5: 2.

[131] 于乃旬. 用单张时间平均全息图测量二维或三维振动位移的反射方法 [J]. 西南交通大学学报, 1983, 5.

[132] 叶梓丰. 三维振型的全息测量 [J]. 南京航空学院学报, 1985, 4.

[133] 哈尔滨科技大学激光研究室. 浙江古鞭钟的振动模式与结构分析 [J]. 哈尔滨科技大学学报, 1982, 1.

[134] 史文浩,谭玉山,顾崇衔. 均时全息照相测量生产现场车床模型 [J]. 应用激光, 1983, 3(5).

[135] 何伯森,陈吉书. 应用全息干涉方法研究水工建筑物的振动问题 [J]. 中国激光, 1983, 10(2).

[136] 于乃旬,强士义. 用全息干涉术的时间平均法测叶片的振动位移和应力 [J]. 中国激光, 1983, 10(5).

[137] Booth Bubble Dr C N [OL] http://www.shef.ac.uk/uni/academic/N-Q/phys/teaching/phy311/bubble.html.

[138] Giancarlo Pedrini, Wolfgang Osten, Mikhail E Gusev. High-speed digital holographic interferometry for vibration measurement[J]. Applied Optics, 2006, 45(15): 3456-3462.

[139] 任志伟, 姚保利, 门克内木乐, 等. 菌紫质高密度偏振全息光数据存储实验研究 [J]. 物理学报, 2005,6.

[140] 任志伟, 姚保利, 门克内木乐, 等. 利用菌紫质薄膜进行角度复用和偏振复用全息存储实验研究 [J]. 光学学报, 2006, 26(6): 822-826.

[141] 王英利, 姚保利, 门克内木乐, 等. 辅助紫光提高菌紫质全息衍射效率的实验和理论研究. 物理学报 [J]. 2006, 55 (10): 5200-5205.

[142] Shinichi Suzuki, Kenichi Sakaue. Measurement of crack opening displacement and energy release rate of rapidly bifurcating cracks in PMMA by high-speed holographic microscopy[J]. JSME International Journal, 2004, Series A, 47(4): 264-273.

[143] Zhiwen Liu, Gregory J Steckman, Demetri Psaltis. Holographic recording of fast phenomena [J]. Applied Physics Letters, 2002, 80(5): 731-733.

[144] 侯比学, 陈国夫, 丰善, 等. 超短脉冲激光通过高散射介质的电子学全息成像技术研究 [J]. 光学学报, 1999, 19(3).

[145] Wang L, Ho P P, Liang X, et al. Kerr-Fourier imaging of hidden objects in thick turbid media[J]. Opt Lett, 1993, 18(3): 241-243.

[146] Yoo K M, Xing Qirong, Alfanol R R. Imaging objects hidden in highly scattering media using femtosecend second-harmonic-generation cross-correlation time gating[J]. Opt Lett, 1991, 16(13): 1019-1021.

[147] Hebden J C, Kruger R A, Wong K S, et al. Time resolved imaging through a highly scattering midium[J]. Appl Opt, 1991, 30(7): 788-794.

[148] Chen H, Chen Y, Dilworth D, et al. Two dimensional imaging through diffusing media using 150 fs gated electronic holography techniques[J]. Opt Lett, 1991, 16(7): 487-489.

[149] Chen H, Shih M, Arons E, et al. Electronic holographic imaging through living human tissue[J]. Appl Opt, 1994, 33(17): 3630-3632.

[150] Leith E, Chen H, Chen Y, et al. Electronic holography and speckle methods for imaging through tissue using femtosecond gated pulses[J]. Appl Opt, 1991, 30(29): 4204-4210.

[151] Yoo K M, Alfano R R. Time-resolved coherent and incoherent components of forward light scattering in random media[J]. Opt Lett, 1990, 15(6): 320-322.

[152] 周新伦, 柳健, 刘志华. 数字图像处理 [M]. 北京: 国防工业出版社, 1986: 128-129.

[153] Chen Ye. Characterization of the image resolution for the first-arriving-light method[J]. Appl Opt, 33(13): 2544-2552.

[154] 王晓雷, 王毅, 翟宏琛, 等. 记录飞秒级超快动态过程的脉冲数字全息技术 [J]. 物理学报, 2006, 9.

[155] 瞬态光学与光子技术国家重点实验室."微粒场的瞬态全息测试技术与应用"项目通过成果鉴定 [OL]. http://www.tot.labs.gov.cn/_info/news2_68.html.

[156] Caojin Yuan, Hongchen Zhai, Xiaolei Wang, et al. Lensless digital holography with short-coherence light source for three-dimensional surface contouring of reflecting microobject[J]. Optics Communications, 2007, 270: 176-179.

[157] Martin Centurion, Ye Pu, Zhiwen Liu, et al. Holographic recording of laser-induced plasma[J]. Optics Letters, 2004, 29(7): 772-773.

[158] Martin Centuriona, Ye Pu, Demetri Psaltis. Holographic capture of femtosecond pulse propagation[J]. Journal of Applied Physics, 2006, 100, 063104: 1-9.

[159] Xiaolei Wang, Hongchen Zhai, Guoguang Mu. Pulsed digital holography system recording ultrafast process of the femtosecond order[J]. Optics Letters, 2006, 31(11): 1636-1638.

[160] Hongchen Zhai, Xiaolei Wang, Guoguang Mu. Digital holography recording ultra-fast process of air ionization. ICO Topical Meeting on Optoinformatics/Information Photonics 2006, St. Petersburg, Russia, 2006 (特邀报告).

[161] Hongchen Zhai, Xiaolei Wang, Guoguang Mu, Ultra-fast digital holography of the femtosecond order. The 27th International Congress on High-Speed Photography and Photonics, Xi'an, China, 2006 (特邀报告).

附录A 辐照度检测

在有关全息理论性的分析讨论中,通常只考虑光场的相对辐照度,以电场强度振幅的平方即光强来分析讨论光场的干涉、衍射等问题就足够了,无须考虑光场的绝对辐照度. 但在全息实验中则必须考虑光场的绝对辐照度,以提供选择记录材料、计算曝光时间等实际问题所必需的数据. 也就是说,必须测量光场的绝对辐照度. 而且在全息实验中,激光辐照度的测量极其频繁,它是测定辐照度分布、光束比、光密度、衍射效率、透过率等重要物理量的基础. 在作这些测量时,往往位置不固定,量程变化范围大. 因此,选择一种使用灵活、操作方便的、具有多功能的测光仪表会给工作带来极大的便利.

激光辐照度的测量与普通摄影中光照度的测量有许多类似之处,因此可以在全息实验中采用普通摄影用的测光表. 本附录将介绍一种在全息实验中采用摄影测光表的检测方法.

摄影测光表的品种、规格很多,最好选择测光表与照度计功能兼备的数字式仪表. 这类数字式测光表大都只有手掌大小,可握在一只手中,单手进行操作使用. 这类测光表量程范围大,强光与弱光测量无须换挡,操作读数方便. 用硅光电池为光电转换元件的测光表,读数重复性好,没有疲劳和饱和现象,测量范围大都在 $10^{-1} \sim 10^6 \mu W \cdot cm^{-2}$,测量弱光时受热辐射影响小,相对采用其他测光元件的测光表,优点更为突出[1,2]. 譬如,在作乳胶特性试验时,常需要测量一系列不同曝光量得到的全息光栅的衍射效率,入射光强比衍射光强有同一个数量级者,有差一个数量级者,也有差两个数量级、乃至差三个数量级者. 这时,若采用激光专用仪表就必须多次换挡 (每次换挡需调节零点) 以改变量程来适应大光强比 (也可称为小光强比) 的要求,既麻烦又增大误差. 虽可采用光学递推法[3]以减小测量误差,但测量起来也还是操作烦琐而花费时间,而采用这种测光表无须换挡、简便省时得多.

A.1 光照度的测量与计算

测光表是为测量白光的光照度值而设计的,当使用在照度计功能时,它测量的光学量是光照度 (illuminance). 光照度的定义是:以白光入射到乳胶上的辐射通量[4].

光照度以光度学单位来量度,单位为勒克司 (lx),其量纲为瓦特/厘米^2(W/cm^2)[4],1 勒克司 (lx)=1. 流明光流平均分布在 1 平方米面积上所产生的光照度,并

A.1 光照度的测量与计算

且

1 流明 = 0.00147W, $\lambda = 0.555\mu m$(Kodak, 1965)

故

1 勒克司 (lx) = 0.00147×10^{-4}W/cm² = 0.147μW/cm², $\lambda = 0.555\mu m$

即 1 勒克司 (lx) 等于每平方厘米 0.147μW. 为使读者对勒克司和微瓦/平方厘米的量值大小有一个定性的了解, 下表列举了一些生活中遇到的光照度量级[5].

表 A-1

光照度	勒克司 (lx)	微瓦/平方厘米 (μW/cm²)
夏季直射的日光	10^5	1.47×10^4
直射的日光	$\sim 10^4$	$\sim 1.47 \times 10^3$
晴朗夏日的室内照度	$1 \sim 5 \times 10^2$	$1.47 \times 10^{-1} \sim 7.35 \times 10^1$
读书必须的照度	3×10^1	4.41
细工必须的照度	10^2	1.47×10^1
辨认方向所需照度	1	1.47×10^{-1}
满月在天顶产生的照度	2×10^{-1}	2.94×10^{-2}
夜空在地面上产生的照度	3×10^{-4}	4.41×10^{-5}

用测光表使用在照度计功能时, 它测量的读数为勒克司 (lx).

为具体起见, 我们以美能达自动测光表为例来进行讨论. 其外形如图 A-1 所示, 右手握住测光表时, 刚好大拇指可放在按键上作测量时按键的准备, 使用很方便. 只需将测试探头对准待测光, 按下按键, 测量数据就在松开手指瞬间自动存储下来, 并以液晶数字显示在读数屏上. 美能达自动测光表的量程为 $0.625 \sim 2.5 \times 10^6$lx, 无须换挡, 有 3 位有效数字, 其测量光照度的步骤如下:

将测光表装上漫射板 T-3(即图 A-1 中装在表上方的圆形乳白色漫射板), 置于软片速度 ASA100, 并置于 EV 显示方式,

图 A-1 美能达自动测光表外观

将测光表放在待测位置, 使测光表上的漫射板 T-3 对准待测光 (测光表上安装有漫射板 T-3 的这一部分可以旋转, 通过漫射板的散射光, 传给表内的光电检测元件) 按下按键, 在测光表显示屏上显示出待测光的 EV 值. 将所显示的 EV 值的整数部分查美能达测光表表 I, 并取表 I 中 A 栏所对应的值 I-A; 将 EV 值的小数部分查美能达测光表表 II, 并取表 II 中 B 栏所对应的值 II-B, 将此两值相乘即得到待测光的光照度, 单位为勒克司 (lx). 即

$$\text{光照度} = \text{I-A} \times \text{II-Blx} \tag{A-1}$$

例如，测光表显示的 EV 值读数为 10.7 时，首先在表 A-2 中查对应整数部分 10 之值，在表 A-2 美能达测光表表 I 第 13 行可查到其值为 2560；然后查表 A-3 美能达测光表 II 对应小数部分 0.7 之 B 栏，其值为 1.62. 将它们代入 (A-1) 式中计算，即得

$$\text{光照度} = \text{I-A} \times \text{II-Blx} = 2560 \times 1.62 \text{lx} = 4147.2 \text{lx}$$

代替上述的查表计算，作者提出下面的一个计算公式[7]：

$$\text{光照度} = 2.5 \times 2^{(EV)} \text{lx} \tag{A-2}$$

式中，(EV) 表示测光表上读出的 EV 值.

用 (A-2) 式计算显然方便得多，例如，对应前面的具体例子，当测光表上显示的读数 EV 为 10.7 时，代入 (A-2) 式计算

表 A-2 美能达测光表表 I

EV 值整数部分	A	(A-2) 式计算值	相对误差
-2	6.25×10^{-1}	0.62500000	0
-1	1.25	1.2500000	0
0	2.50	2.5000000	0
1	5.00	5.0000000	0
2	1.00×10^1	1.0000000×10^1	0
3	2.00×10^1	2.0000000×10^1	0
4	4.00×10^1	4.0000000×10^1	0
5	8.00×10^1	8.0000000×10^1	0
6	1.60×10^2	1.6000000×10^2	0
7	3.20×10^2	3.2000000×10^2	0
8	6.40×10^2	6.4000000×10^2	0
9	1.28×10^3	1.2800000×10^3	0
10	2.56×10^3	2.5600000×10^3	0
11	5.12×10^3	5.1200000×10^3	0
12	1.02×10^4	1.0240000×10^4	$+0.39\%$
13	2.05×10^4	2.0480000×10^4	-0.10%
14	4.10×10^4	4.0960000×10^4	-0.10%
15	8.19×10^4	8.1920000×10^4	$+0.02\%$
16	1.64×10^5	1.6384000×10^5	-0.10%
17	3.28×10^5	3.2768000×10^5	-0.10%
18	6.55×10^5	6.5536000×10^5	$+0.06\%$
19	1.31×10^6	1.3107200×10^6	$+0.06\%$

表 A-3　美能达测光表表 II

EV 值小数部分	B	(A-2) 式计算值	相对误差
0.0	1.00	1.0000000	0
0.1	1.07	1.0717735	0.20%
0.2	1.15	1.1486984	−0.13%
0.3	1.23	1.2311444	0.09%
0.4	1.32	1.3195079	−0.04%
0.5	1.41	1.4142136	0.30%
0.6	1.52	1.5157166	−0.28%
0.7	1.62	1.6245048	0.28%
0.8	1.74	1.7411011	0.06%
0.9	1.87	1.8660660	−0.21%

$$光照度 = 2.5 \times 2^{10.7} = 4158.7323 \text{lx}$$

与查表计算之值相比,两者之相对偏差为 0.28%. 若将以上两个计算结果都取为 3 位有效数字,此时,两个数据分别为 4.15×10^3 和 4.16×10^3,相对偏差为 0.24%.

A.2　光照度比的测量

根据美能达测光表说明书,测量两束光的光照度之比的方法是建立在测量光照度的基础上的. 其测量步骤如下.

先测出主光束的光照度 $(EV)_{\text{main}}$,并将此数据储存在测光表内,再测出次光束的光照度 $(EV)_{\text{sub}}$,两者相减得其差值 $\Delta(EV)$ 为

$$\Delta(EV) = (EV)_{\text{mian}} - (EV)_{\text{sub}} \tag{A-3}$$

然后查美能达测光表表III (表 A-4),即可得到光照度比 R,即

$$R = \frac{主光束光照度}{次光束光照度}$$

利用公式 (A-2),我们可以直接计算出两光束的光照度之比 R 为

$$R = \frac{主光束光照度}{次光束光照度} = 2.5 \times 2^{(EV)\text{main}} / 2.5 \times 2^{(EV)\text{sub}} = 2^{\Delta(EV)} \tag{A-4}$$

用公式 (A-4) 计算的结果与表 A-4 美能达测光表表III相比较,除了表中第二项有 6% 的相对偏差外,其余各项全都是准确相符的.

表 A-4　美能达测光表表Ⅲ

$\Delta(EV)$	光照度比 R(主光束光照度/次光束光照度)
1	2:1
$1\frac{1}{2}$	3:1
2	4:1
3	8:1
4	16:1
5	32:1

A.3　光密度的测量

干版或透明胶片上某点处光密度 D 的定义是

$$D \equiv \lg\left(\frac{I_0}{I}\right) \tag{A-5}$$

式中, I_0 是照射在干版或透明胶片上某点的入射光的光照度, I 是通过该点的透射光的光照度.

根据 (A-4),

$$\frac{I_0}{I} = 2^{\Delta(EV)}$$

于是, (A-5) 式可改写为

$$D = \frac{\lg 2}{\lg 10} \times \Delta(EV) = \lg 2 \times \Delta(EV) \approx 0.301 \times \Delta(EV) \tag{A-6}$$

两种计算法之间的关系如下.

我们讨论 (A-1) 与 (A-2) 两种计算方法之间的关系.

将测光表上读出的 EV 值 (EV) 表示为其整数部分 a 之值与其小数部分 b 之值的和数, 即

$$(EV) = a + b \tag{A-7}$$

于是, (A-2) 式可写为

$$光照度 = (2.5 \times 2^a)(2^b) = A \times B \tag{A-8}$$

与 (A-1) 式比较, 我们有

$$\begin{cases} A = (2.5 \times 2^a) = \text{Ⅰ-A} \\ B = 2^b = \text{Ⅱ-B} \end{cases} \tag{A-9}$$

可以看出，(A-1) 式实际上是 (A-2) 式的一种变形，两种计算方法其实是等价的，只是在表 A-2 和 A-3 美能达测光表表 I 和 II 厂家给出的均为 3 位有效数字. 有效数字的多少，当然是根据仪表测量精度来选取的，后面的尾数便被四舍五入了. 而采取 (A-2) 式用计算器来计算时，其结果的有效数字决定于计算器有几位数. 譬如，计算器有 8 位数字，这时用 (A-2) 式所得结果与查表法相比较时，部分数据就会出现偏差. 为了比较两种计算结果的偏差，我们把用 (A-2) 式通过有 8 位数的计算器计算的结果分别列在美能达测光表表 I 和表 II 的右方，并比较了它们和查表计算所得结果的相对偏差.

从美能达测光表表 I 可见，表中从 $-2 \sim 11$ 的前十四项，两种结果准确相符，偏差为零. 只是后面的八项略有差异，最大相对偏差为千分之四. 而表 A-3 中，两者间的最大相对偏差为千分之三. 因而，对一般的计算而言，这两者间的最大相对偏差为千分之七. 显然，这差异是完全可以忽略不计的，因为最终结果只需取 3 位有效数字. 附带指出：即使两种计算法均取 3 位有效数字也会有偏差，这是因为在使用 (A-2) 式用计算器计算时，它不像查表计算法有 (A-6) 式所示的两项分别查表再相乘的这一步骤，而是一次完成最后再取 3 位有效数字，因此两者仍会出现偏差，正如前面所举的 EV 值为 10.7 节的例子那样.

采用查表计算法，必须手边备有上述的 3 张表，计算较为麻烦，唯一的好处是可以使那些不熟悉指数的人也能使用，从而可以扩大测光表的销售市场. 对使用者来说，只要熟悉指数，那么，采用 (A-2) 式计算就方便得多. 这公式简单，易于记忆，只要有一个计算器就能快速计算. 其至于在没有计算器的情况下也能用笔算，乃至于心算就可以得到美能达测光表表 I 中的全部数值. 特别是在计算两束光的照度比时，表 A-4 美能达测光表表 III 只给出了 $\Delta(EV)$ 的 6 个取值. 使计算受到了极大限制. 而采用 (A-4) 式计算时，对 $\Delta(EV)$ 之取值不受任何限制，它可以是小数，也可以是负数 (在全息实验中，常会遇到 $\Delta(EV)$ 为负的情况). 至于对表 III 中所给出的取值，采用 (A-4) 式，至少对其中 5 个整数值可以用心算得到结果.

此外，当 $\Delta(EV)$ 取负值时，如仍采用查表法计算，由于只有表 A-2 美能达测光表表 I 给出了 (EV) 取值为负时所对应 A 之值. 而表 A-3 美能达测光表表 II 却缺少 (EV) 小数部分取值为负时所对应 B 之值，因此，采用 (A-1) 式计算便发生了困难，而采用 (A-2) 式计算就不存在任何问题. 当然，也不是说在此情况下不能用查表法. 实际上，从 (A-9) 式可知，当 (EV) 小数部分取值为负时，即 $b<0$ 时，则 $B = 2^{-|b|} = \dfrac{1}{2^{|b|}}$. 这就是说，可以取 (EV) 小数部分的绝对值 $|b|$ 至表 II 中所对应的 B 值之倒数代入 (A-1) 式计算即可.

在全息照相中使用此种测光表测干版上的光照度以确定曝光时间，测参物光比以调节最佳光束比，测照片的光密度以判断曝光量是否合适等. 使用 (A-2) 和 (A-4)

式为工作带来诸多方便, 大大提高了工作效率.

A.4　用测光表测量激光辐照度的读数修正

正如前面所述, 测光表是为测量白光的光照度值而设计的, 测出的结果为勒克司. 然而, 在全息照相等其他应用单谱线激光的情况下, 要测量的是单谱线激光的辐照度.

辐照度的定义是: 以辐射度 (能量) 单位量度的入射到乳胶上的辐射通量, 其单位通常为每秒每平方厘米尔格, 即每平方厘米微瓦. 于是曝光量通常表示为每平方厘米尔格, 即每平方厘米微焦耳. 所以, 我们首先要将勒克司改换为辐照度的常用单位.

前面已指出 1 勒克司 (lx) 等于 1 流明光流平均分布在 1 平方米面积上所产生的光照度, 而

$$1\text{流明} = 0.00147\text{W}(\lambda = 0.555\mu\text{m}) \tag{A-10}$$

故

$$1\text{勒克司}(\text{lx}) = 0.00147 \times 10^{-4}\text{W/cm}^2 = 0.147\mu\text{W/cm}^{2[4]} \tag{A-11}$$

计算光照度的 (A-2) 式, 以 $\mu\text{W/cm}^2$ 为计量单位时, 应等于

$$\text{光照度} = 2.5 \times 2^{(EV)}\text{lx} = 2.5 \times 0.147 \times 2^{(EV)}\mu\text{W/cm}^2 = 0.3675 \times 2^{(EV)}\mu\text{W/cm}^2 \tag{A-12}$$

然而, 上面的公式只在激光波长在 $\lambda = 0.555\mu\text{m}$ 时是正确的, 在任意其他波长的情况下, 需要除以明视觉的光谱光 (视) 效率即视见度函数 $V(\lambda)$. 即在任意波长的情况下, 测光表光照度的读数公式应改写为

$$\text{光照度} = \frac{1}{V(\lambda)} 0.3675 \times 2^{(EV)}\mu\text{W/cm}^2 \tag{A-13}$$

式中, 光谱光 (视) 效率即视见度函数 $V(\lambda)$ 可通过查表而得到[6]. 在表 A-5 的第一行列出了 633nm, 515nm, 488nm, 458nm 等 4 个常用波长对应的 $V(\lambda)$ 值.

但是, 实际上, 测光表的光谱校正曲线与人眼明视觉的光谱光 (视) 效率曲线是有相当差别的, 应对不同型号的测光表通过实验, 予以修正. 故上式中 $V(\lambda)$ 应乘以一个修正系数 $a(\lambda)V(\lambda)$, 即

$$\text{光照度} = \frac{1}{a(\lambda)V(\lambda)} 0.3675 \times 2^{(EV)}\mu\text{W/cm}^2 = K(\lambda) \times 2^{(EV)}\mu\text{W/cm}^2 \tag{A-14}$$

式中, $a(\lambda)$ 或 $K(\lambda)$ 与波长有关, 可以通过实验予以确定.

A.4 用测光表测量激光辐照度的读数修正

表 A-5

波长/nm	633	515	488	458
$V(\lambda)$	0.235	0.608	0.191	0.055
$a(\lambda)$	1.34	0.849	1.83	4.84
$K(\lambda)$	1.17	0.712	1.05	1.38

一般实验室都备有激光功率计，它们都是在一定波长的单谱线激光下使用的，我们可以通过某一定波长的单谱线激光功率计来确定在该波长的单谱线激光下测光表对应的修正系数 $a(\lambda)$ 或 $K(\lambda)$ 值等于多少.

下面，我们介绍采用激光功率计来确定测光表修正系数 $a(\lambda)$ 或 $K(\lambda)$ 值的方法.

设激光器输出功率为 P，取极坐标 (r,θ)，激光束辐照度 (光强) 为矢径值的函数 $I(r)$，对于工作在基模状态的激光器而言，其光束辐照度 (光强) 具有高斯分布的形式，即

$$I(r) = I_0 \exp\left(-\frac{2r^2}{r_0^2}\right) \tag{A-15}$$

对于光束内包含的总功率，我们有

$$\begin{aligned}
P &= \int_0^{2\pi}\int_0^\infty I(r)r\mathrm{d}r\mathrm{d}\theta = 2\pi I_0 \int_0^\infty \exp\left[-2\left(\frac{r}{r_0}\right)^2\right]\frac{1}{2}\mathrm{d}(r^2) \\
&= \pi I_0 \frac{r_0^2}{2}\int_0^\infty \exp\left[-2\left(\frac{r}{r_0}\right)^2\right]\mathrm{d}\left[2\left(\frac{r}{r_0}\right)^2\right] \\
&= \frac{1}{2}\pi r_0^2 I_0 \int_0^\infty \exp(-x)\mathrm{d}x = \frac{1}{2}\pi r_0^2 I_0 \quad \text{或} \quad I_0 = \frac{2P}{\pi r_0^2}
\end{aligned} \tag{A-16}$$

这就是激光器输出功率 P 与激光束辐照度最大值 I_0 的关系. P 值可通过功率计测出，而 I_0 是激光束中心的辐照度值，可通过测光表测出. 比较两个测量结果，测出激光束的半宽度 r_0，就可确定测光表在波长 λ 处的 $k(\lambda)$ 值，或对视见度函数 $V(\lambda)$ 的修正系数 $a(\lambda)$ 之值.

注意到

$$I(r) = \frac{2P}{\pi r_0^2}\exp\left(-\frac{2r^2}{r_0^2}\right) \tag{A-17}$$

当

$$r = r_0 \text{时}, I(r_0) = I_0 \exp(-2) \quad \text{或} \quad \frac{I_0}{I(r_0)} = \exp(2) \approx 7.39 \approx 2^{2.88}$$

或

$$\frac{I(r_0)}{I_0} = \exp(-2) \approx 0.135 \approx 2^{-2.88} \tag{A-18}$$

即在激光束的半宽度 r_0 处的辐照度值与激光束辐照度最大值之比为 $\exp(-2)$ 或近似为 0.135.

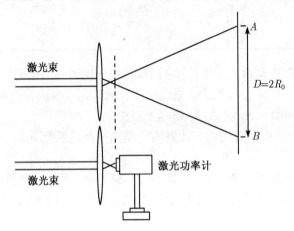

图 A-2　用激光功率计校正测光表

具体修正步骤如下.

(1) 将激光束垂直照射在一个平面上, 在激光束照射的光斑处作一记号. 然后放置透镜, 使激光束中轴线与透镜光轴相重合 (参照光斑记号, 通过观察扩束后的光场分布的对称性、并配合测光表的检测, 来调节透镜的位置和取向). 在光斑记号所在位置, 应为扩束后光束 (EV) 值取最大值的点, 也就是激光束的中心, 该点的辐照度就是 I_0, 设其在测光表上的读数为 $(EV)_{r=0}$.

(2) 计算 $(EV)_{r=r_0} = (EV)_{r=0} - 2.88$

这就是激光束半宽度处辐照度的 (EV) 取值. 通过激光束中心, 在平面上画一条直线, 沿着这条直线, 用测光表连续测激光束的辐照度. 找到 EV 值等于 $(EV)_{r=r_0}$ 的点, 作一个记号 A. 然后, 沿这条直线在激光束中心的另一侧再找到 EV 值等于 $(EV)_{r=r_0}$ 的另一点, 再作一个记号 B.

(3) 测量出 AB 两点间距离 D, 则 $r_0 = \dfrac{D}{2}$

(4) 用作为标准的功率计测出透镜后焦点附近的激光束功率 P.

(5) 求出比值 $\dfrac{P}{\left(\dfrac{1}{2}\pi r_0^2 I_0\right)} = K(\lambda)$ 就得到测光表在波长 λ 处的 $k(\lambda)$ 值. 或视见度函数 $V(\lambda)$ 的修正系数 $a(\lambda)$ 之值:

$$a(\lambda) = 0.3675 \times \dfrac{1}{2} \times \dfrac{\pi r_0^2 I_0}{PV(\lambda)}$$

在表 A-5 中的第三行和第四行列出了我们通过实验对 633nm, 515nm, 488nm,

458nm 等 4 个常用波长所获得的 $a(\lambda)$ 值和 $K(\lambda)$ 值. 该实验中采用的功率计为美国相干公司的 CT-210 激光功率计. 此功率计使用热释电元件作探头, 在 30~300nm 波长范围内呈平带响应, 绝对精度与美国国家标准局 (NBC) 的传递误差 <5%.

这样, 我们测出光照度的 (EV) 取值后, 将它代入公式 (A-14) 即可得到以单位为 $\mu W/cm^2$ 的光照度取值.

根据我们的实践经验, 利用这种数字式摄影测光表实在是极其方便而省事得多, 大大提高了工作效率. 特别是在做乳胶特性测定的基本试验中, 需要测量大量数据, 有强光, 有弱光, 幅照度变化范围极大, 用这种测光表无须换档, 操作简便, 给工作带来莫大好处. 只是第一次校准需要花费一些时间和精力. 但这是一劳永逸之举, 第一次付出的代价是完全值得的.

参 考 文 献

[1] 张福学. 传感器应用及电路精选 [M]. 北京: 电子工业出版社, 1995: 385-389.
[2] 雷玉堂, 王庆有, 何加铭, 等. 光电检测技术 [M]. 北京: 中国计量出版社, 1997: 54-58, 75.
[3] 张炳泉. 用光学递推法测量小的光强比 [J]. 激光杂志, 1989, 10(4): 173.
[4] 考尔菲尔德 H J. 光全息手册 [M]. 北京: 科学出版社, 1988: 60-61.
[5] 福里斯, 季莫列娃. 普通物理学. 第三卷第一分册 [M]. 北京: 高等教育出版社, 1956: 216.
[6] 王之江. 光学技术手册 [M]. 上册. 北京: 机械工业出版社, 1987: 524-527.
[7] 熊秉衡, 吕晓旭, 张文碧. 用美能达自动测光表测量光照度的计算法的改进 [J]. 云南工业大学学报, 1993, 9(2): 80-84.

附录B 卤化银记录材料的处理技术

自从 1960 年全息技术迅速发展以来, 卤化银乳胶记录材料 (Silver-Halide materials) 一直是一种最重要的全息记录材料. 撇开价格的因素, 主要原因是它具有相当高的灵敏度, 从而降低了对激光器输出功率 (或能量) 的要求和对设备稳定性的要求, 这些都是在全息技术中至关重要的. 如今, 卤化银乳胶仍然是全息技术最重要的记录材料, 人们对于它的化学处理方法探索改进, 不断获得新的进展. 例如, 在发展了 PBQ 漂白剂后, 可以获得高衍射效率的反射全息图, 然而, 由于它的毒性, 后来又发展了 PBU 型的漂白剂, 大大降低了漂白剂的毒性而同样得到很高的衍射效率. 又如, 在脉冲全息中发展了一种新的显影剂 SM-6 而得以克服过去因高能量、短曝光时间带来的互易律失效等问题. 再如 N.J.Phillips 提出了一种 "三步处理法" 其特点是在显影、漂白之后, 在光照下将干版浸泡于胶质显影剂内再显影, 它对改善白光再现的反射全息图的像质有显著的效果 [1].

B.1 原理简介

卤化银乳胶的成像过程可分 3 个阶段: 首先通过曝光形成潜像; 其次经过显影处理形成黑白图像, 最后经过定影成为稳定的永久性图像.

银盐全息乳剂是由极细小 (直径通常小于 $0.1\mu m$) 的卤化银颗粒分散在明胶中混合构成的. 将这种乳剂涂敷在片基上. 干版的片基是玻璃; 胶片的片基是醋酸盐. 当感光材料曝光时, 乳剂中的卤化银粒子会吸收光能, 那些吸收了足够能量的卤化银晶体会出现金属银小斑, 这些小斑称为显影中心, 这些金属银小斑形成潜像. 在显影过程中, 这些单个的、细小显影中心会使整个卤化银晶粒变成金属银而沉积下来, 而不含显影中心的晶粒则不会发生这样的变化. 各部分金属银含量的多少, 由光能量的分布而定. 于是, 各部分透光性能也因光能量的分布而定, 潜像就转化成了黑白图像. 定影的作用则是将没有变化的卤化银晶粒全部清除而留下金属银. 于是, 黑白图像变成稳定的永久性的图像 —— 银像.

全息漂白技术可分为 3 类:

(1) **传统或直接 (再卤化) 漂白**[conventional or direct (rehalogenating) bleaching]

在定影之后, 即在未曝光的卤化银晶体已经被去除之后, 通过将银像转化为透明的卤化银使全息图含有的银像转化为相位型全息图. 也就是说, 显影后的银粒子被再卤化了. 见图 B-1(1) 所示.

(2) 不定影、再卤化漂白

不定影、再卤化漂白 (fixation-free rehalogenating bleaching) 中, 全息图经显影后, 不经过定影, 乳胶中将仍保存着未曝光的卤化银晶体. 于是, 已曝光的和未曝光的卤化银晶体都通过将银像转化为透明的卤化银颗粒. 从根本上讲, 传统或直接 (再卤化) 漂白与不定影、再卤化漂白所使用的是同一种类型的漂白剂. 见图 B-1(2) 所示.

(3) 反转 (互补) 漂白或溶剂漂白 [reversal (complementary) or solvent bleaching]

在反转 (互补) 漂白中, 全息图经显影后的银像转化为可溶解的银化合物, 在漂白时, 这些可溶解的银化合物就被去除, 留下原来未被曝光的卤化银粒子. 在这种漂白处理中, 全息图在显影后不经过定影, 否则, 所有的卤化银粒子 (曝光的和未曝光的) 将全部被去除. 见图 B-1(3) 所示.

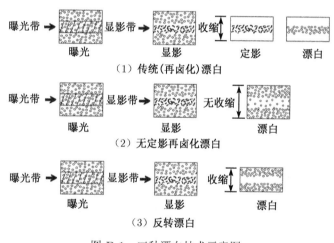

图 B-1 三种漂白技术示意图

B.2 使用连续激光器记录的透射全息图的处理

B.2.1 获得高质量振幅型离轴、透射全息图的注意事项

(1) 采用高分辨率的记录材料;

(2) 预浸泡以消除应力;

(3) 使用高反差显影剂 (如 Kodak D-19 或 Adurol 显影剂) 并达到 0.5~0.7 的光密度;

(4) 去敏化乳胶 (代替定影);

(5) 仔细清洗并缓慢烘干;

(6) 用记录波长再现全息图, 有条件情况下可使用液闸盒记录和再现.

氯 (化) 氢醌显影剂 (adurol developer) 配方[2]:

Ascorbic acid	抗坏血酸	10g
Clorohydroquinone(adurol)	氯 (化) 氢醌	2g
Sodium sulfite(anhydrous)	无水亚硫酸钠	30g
Sodium metaborate(Kodalk)	偏硼酸钠	10g
Potassium bromide	溴化钾	5g
Sodium carbonate(anhydrous)	无水碳酸钠	60g
Distilled water	蒸馏水	1L

在 21~23°C 下处理 3~4min.

Desensitization 去敏化配方:

Phenosafranine($C_{18}H_{15}ClN_4$)	酚藏花红	300mg
Methanol	甲醇	0.5L
Distilled water	蒸馏水	0.5L

处理时间约 3min.

与定影处理相比较, 将干版浸泡于酚藏花红溶液中去敏化处理可获得稳定的、具有更高分辨率的振幅全息图.

B.2.2 获得高质量相位型、离轴、透射全息图的注意事项

(1) 采用高分辨率的记录材料;

(2) 使用高反差显影剂 (如 Adurol 显影剂) 并达到约等于 2 的光密度;

(3) 采用反转漂白剂以获得高信噪比, 采用 Fe-EDTA 或 PBU 型再卤化漂白剂以获得高衍射效率;

(4) 仔细清洗并缓慢烘干;

(5) 用记录波长再现全息图.

Ferric-EDTA 再卤化漂白剂配方:

		第一种	第二种
Ferric-sulfate	硫酸铁	30g	12g
Di-sodium EDTA		15~30g	12g
Potassium bromide	溴化钾	30g	30g
Sulfuric acid(conc)	浓硫酸	10mL	
Sodium bisulfate	硫酸氢钠		50g
Distilled water	蒸馏水	1L	1L

第二种 Ferric-EDTA 漂白剂更适合于 Ilford 记录材料[3].

PBU-quinol 再卤化漂白剂配方:

Cupric bromide	溴化铜	1g	
Potassium persulfate	过硫酸钾	10g	
Citric acid	柠檬酸	50g [或 50g 硫酸氢钠 (sodium hydrogen sulfate)]	
Potassium bromide	溴化钾	20g	
Distilled water	蒸馏水	1L	

当其他成分都混合好以后再加入 1g 对苯二酚 (Hydroquinone, quinone). 为了形成足够量的 PBQ, 此漂白剂需在使用前 6 小时或更多的时间混合好.

对于显影–漂白处理技术, Phillips 还推荐了一种配方[4]:

A 液

		Agfa	Ilford
Catechol	邻苯二酚		
Hydroquinone	对苯二酚	10g	30g
Sodium sulfite	亚硫酸钠	60g	60g
Potassium bromide	溴化钾		10g
Distilled water	蒸馏水	1L	1L

B 液

Sodium metaborate	偏硼酸钠		20g
Sodium carbonate	碳酸钠	120g	120g
Distilled water	蒸馏水	1L	1L

在 21~23°C 下将 A 液与 B 液混合使用.

溴化钾和偏硼酸钠添加剂有可控制 Ilford 记录材料的快速反应的趋势.

B.3 使用连续激光器记录的相位型反射全息图的处理

B.3.1 红光记录

(1) 再现波长等于记录波长的处理方法可用于全息光学元件 (HOEs) 和接触复制的母版 (masters for contact copying). 在这种情况下常采用坚膜 (hardening) 或鞣化处理 (tanning processing), 先使用邻苯二酚显影剂 (catechol developer) 显影, 接着使用 PBQ 型漂白剂 (如 PBU- quinone) 漂白, 邻苯二酚显影剂可使用 CW-C1 或 CW-C2.

CW-C1 显影剂配方[5]:

Catechol	邻苯二酚	10g
Sodium sulfite(anhydrous)	无水亚硫酸钠	10g
Sodium carbonate(anhydrous)	无水碳酸钠	30g
Distilled water	蒸馏水	1L

在 20°C 下显影 2min.

可将显影剂分为两部分储存,将碳酸钠作为第二部分溶液.

CW-C2 显影剂配方:

Catechol	邻苯二酚	10g
Ascorbic acid	抗坏血酸	5g
Sodium sulfite(anhydrous)	无水亚硫酸钠	5g
Urea	尿素	50g
Sodium carbonate(anhydrous)	无水碳酸钠	30g
Distilled water	蒸馏水	1L

CW-C2 显影剂已成为使用连续波激光器拍摄反射全息图的最成功的显影剂,尤其对 AGFA 记录材料. 尿素的作用是使明胶变软, 从而增加显影剂的渗透力以抗衡由于鞣化而使乳胶坚膜的作用. 因此种显影剂会导致乳胶产生某种程度的收缩 (而使用连苯三酚显影剂时就不会发生这种现象). Saxby 还推荐了一种抗坏血酸盐–米吐尔显影剂 (ascorbate-metol developer) 处理反射全息母全息图[6], 显影后使用再卤化漂白.

抗坏血酸盐–米吐尔显影剂配方:

Ascorbic acid	抗坏血酸	20g
Metol	米吐尔	5g
Potassium bromide	溴化钾	1/2g
Sodium carbonate(anhydrous)	无水碳酸钠	30g
Sodium hydroxide	氢氧化钠	6.5g
Distilled water	蒸馏水	1L

对 Ilford 记录材料而言, Phillips 建议采用以下的化学试剂:

A 试剂:

Pyrogallol	连苯三酚	10g
Potassium bromide	溴化钾	10g
Distilled water	蒸馏水	1L

B 试剂:

Sodium metaborate	偏硼酸钠	20g
Sodium carbonate(anhydrous)	无水碳酸钠	120g
Distilled water	蒸馏水	1L

将 A, B 两试剂混合后加入 0.3g/L 的 benzotriazole, 在 21~23°C 下使用, 然后使用 PBU-amidol 漂白, 可获得很好的相位型反射全息图.

PBU-amidol 漂白剂配方:

Amidol	二氨酚	1g
Potassium persulfate	过硫酸钠	10g
Citric acid	柠檬酸	50g [或 50g 硫酸氢钠 (sodium hydrogen sulfate)]
Cupric bromide	溴化铜	20g
Distilled water	蒸馏水	1L

制备后 30min 以后使用.

(2) 再现波长与记录波长不同的处理方法. 采用反转漂白法 (reversal bleach) 使乳胶收缩, 于是用红光记录的全息图可按全息工作者的要求和乳胶收缩的程度而再现为绿色、黄色、橘红色等其他的颜色, 常用的技术有以下几种.

① 使用 AGFA8E75 HD 记录材料, 乳胶收缩量较小, 用连苯三酚显影剂 (pyrogallol developer) 和 pyrochrome 反转漂白剂可获得很好的效果.

连苯三酚-米吐尔显影剂 (pyrogallol-metol developer) 的配方:

Solution A:

Pyrogallol	连苯三酚	15g
Metol	米吐尔	5g
Potassium bromide	溴化钾	1/2 g
Distilled water	蒸馏水	1L

Solution B:

| Sodium hydroxide | 氢氧化钠 | 6.5g |
| Distilled water | 蒸馏水 | 1L |

使用前将 A 液和 B 液混合并只使用一次, 显影时间: 20°C 为 6min; 30°C 为 3min.

② 使用 AGFA8E75 HD 记录材料, 乳胶收缩量较大, 用 CW-C2 显影剂和 pyrochrome 漂白剂可获得非常好的结果.

至于 AGFA8E 记录材料用于获得高衍射效率的相位型全息图时, 则可采用另一种处理方法. 使用 CW-C2 显影剂和再卤化漂白剂 (rehalogenating bleach), 如 PBU 漂白剂, 在这种情况下, 记录材料需在 TEA 溶液中预膨胀, TEA 溶液的浓度将决定最终全息图的颜色.

Pyrochrome 反转漂白剂储存溶液配方 (pyrochrome reversal bleach stock solution):

Potassium dichromate	重铬酸钾	4g
Sulfuric acid(conc)	浓硫酸	4mL
Distilled water	蒸馏水	1L

工作溶液: 使用未稀释溶液或以一份储存溶液加四份蒸馏水, 漂白时间 1∼3min. 也可以用较安全的硫酸钠 15g 代替硫酸. 为了防止氯 (含于自来水中) 或其他

物质与漂白液发生相互作用而产生一些难于清洗的污垢,可在漂白之前和漂白之后以蒸馏水清洗之,漂白时要使乳胶面向下.

Phillips' adurol developer 也可用于反射全息图,其效果与 CW-C2 相似,其配方为

A 液:

Catechol	邻苯二酚	20g
Ascorbic acid	抗坏血酸	10g
Sodium sulfite(anhydrous)	无水亚硫酸钠	10g
Urea	尿素	100g
Distilled water	蒸馏水	1L

B 液

Sodium carbonate(anhydrous)	无水碳酸钠	60g
Distilled water	蒸馏水	1L

使用前将 A 液与 B 液混合,显影时间 2min(20°C 时),连续搅拌.

还可采取分离显影技术,先将干版浸在 A 液中约 1min,继后浸在 (A+B) 的混合液中处理,这可使乳胶获得更均匀的显影效果.

在显影和漂白后,可采取 Phillips 的第三步处理,即在白光照射下浸入胶态显影液中再显影 (redeveloping).

Phillip 提出的这种方法通常称为 "Phillip 三步处理方法"(Phillips' three-step process)[7,8],可用于大多数的全息处理过程中,对再卤化漂白和反转漂白同样适用.开始两步即对记录材料的显影和漂白是用通常的方法.第三步将干版浸入在很弱的胶态显影液 (coloidal developer) 中 (PH-3),约 30s 后,打开位于浴盆上方的一个射灯,对于一张 $20\times 25cm^2$ 的干版,将一盏 50W 的卤素射灯,放在高于浴盆约 1 米处就足够了,显影时间约为 5min. 这时,干版将变为淡棕红色,这是由于胶态银 (colloidal silver) 所引起的. 在胶态显影之后,用通常的方法清洗并干燥. Phillip 的这种三步处理方法特别对于白光再现的反射全息图的像质有显著的效果.

胶态显影剂配方:

Ascorbic acid	抗坏血酸	10g
Distilled water	蒸馏水	1L

B.3.2 绿光记录

几乎所有反射全息图都用高分辨率的 AGFA 和 Ilford 记录材料. 与 AGFA 相比, Ilford 的感绿乳胶既有较高灵敏度又有较低的散射, 因而有更好的效果.

再现波长等于记录波长. 使用邻苯二酚显影剂 (Catechol developer)(如 CW-C1 或 CW-C2 显影剂) 显影, 接着使用再卤化漂白剂 (如 PBU-quinol 漂白剂) 漂白.

Heaton 等曾使用 CW-C1 与 PBQ-2 以 AGFA 8E56HD 为记录材料获得了高质量的全息光学元件[9].

Ilford 记录材料对兰、绿光有很好的效果. 使用时要预浸泡在水中, 干燥后再曝光. 在浸水后, 乳胶的灵敏度会提高, 应力也将被释放.

B.4 使用脉冲激光器记录的透射全息图的处理

B.4.1 获得高质量振幅型离轴、透射全息图的注意事项

(1) 采用高分辨率的记录材料;
(2) 预浸泡以消除应力;
(3) 使用高反差脉冲全息显影剂 (如 SM-6 显影剂) 并达到 0.5~0.7 的光密度;
(4) 去敏化乳胶 (代替定影);
(5) 仔细清洗并缓慢风干;
(6) 用记录波长再现全息图, 有条件情况下可使用液门记录和再现.

B.4.2 获得高质量相位型离轴、透射全息图的注意事项

(1) 采用高分辨率的记录材料;
(2) 使用快速、高反差脉冲全息显影剂 (如 SM-6 显影剂) 并达到 2~3 的光密度;
(3) 定影后用硝酸铁漂白剂 (ferric nitrate bleach) 漂白或不定影而采用反转漂白剂 (如 pyrobleach) 以获得高信噪比, 或采用 Fe-EDTA 或 PBU 型再卤化漂白剂以获得高衍射效率;
(4) 仔细清洗并缓慢风干;
(5) 用记录波长再现全息图.

SM-6 显影剂配方 (22°C 下, 处理 2min):

Ascorbic acid	抗坏血酸	18g
Phenidone	菲尼酮	6g
Sodium hydroxide	氢氧化钠	12g
Sodium phosphate dibasic	磷酸二氢钠	28.4g
Distilled water	蒸馏水	1L

第一种硝酸铁漂白剂 (ferric nitrate bleach) 配方:

Ferric nitrate	硝酸铁	150g
Potassium bromide	溴化钾	30g
Phenosafranine($C_{18}H_{15}ClN_4$)	酚藏花红	300mg
Glycerol	甘油 (丙三醇)	17.0mL

Isopropyl alcohol	异丙醇	0.5L
Distilled water	蒸馏水	0.5L

第二种硝酸铁漂白剂配方：

Ferric nitrate	硝酸铁	50~100g
Disodium EDTA	乙二胺四乙酸二钠	15g(对于透射全息图不需加 Na EDTA, 对反射全息图则需加 Na EDTA 而不定影)
Potassium bromide	溴化钾	30 g
Distilled water	蒸馏水	1L

Pyrochrome 反转漂白剂配方：

Potassium dichromate	重铬酸钾	4g
Sulfuric acid(conc)	浓硫酸	4mL
Distilled water	蒸馏水	1L

B.5 使用脉冲激光器记录的反射全息图的处理

B.5.1 红光下获得高质量反射全息图的注意事项

采用高分辨率的记录材料，使用预膨胀技术 (如使用 TEA 溶液)，来控制颜色.

(1) 在 22~23°C 下用不鞣化的脉冲全息显影剂 (如 SM-6 显影剂) 中显影 2min 以达到 3~4 的光密度. 曝光量约为 $50\mu J/cm_2$ 或更多决定于所要求的颜色；

(2) 用反转漂白剂 (如 Pyrochrome bleach) 漂白以获得高信噪比；或用 PBU-amidod 无定影处理以获得高衍射效率，且获得乳胶无收缩的效果；

(3) 在白卤素灯照射下 (在干版浸入显影剂 30s 后接通开关)，用胶态显影剂 (colloidal developer) 显影 5min 或更长时间 (Phillips' 的第三步)；

(4) 仔细清洗并缓慢风干；

(5) 用记录波长再现全息图.

B.5.2 绿光下获得高质量反射全息图的注意事项

(1) 在 22~23°C 下用 SM-6 显影剂中显影 2min，曝光量也约为 $50\mu J/cm^2$；

(2) 在 PBU-amidol 再卤化漂白剂中漂白 (无需定影)；

(3) 在白卤素灯照射下 (在干版浸入显影剂 30s 后接通开关)，用胶态显影剂显影约 5min；

(4) 仔细清洗并缓慢风干；

(5) 用记录波长再现全息图.

参 考 文 献

[1] 熊秉衡. 用卤化银乳胶记录干版制作高质量全息图的一些化学处理方法 [J]. 光学技术, 1996, 4(总第 120 期): 7-11.

[2] Bjelkhagen H I. Silver-Halide recording materials for holography and their processing[M]. New York: Spring-Verlager, 1993:281.

[3] Phillips N J. New recommendations for the processing of Ilford plates[R]. Physics Department, Loughborough University Note, 1989.

[4] Phillips N J. The Silver-Halide The workhorse of the holography business[C]. On Display Holography Proc Lake Forest College, IL60045, 1989, 3: 35-73.

[5] Cooke D J, Ward A A. Reflection-hologram processing for high efficiency in silver-halide emulsions[J]. Appl Opt, 1984,23:934-941.

[6] Saxby G. Bypass holograms: A family of stable optical configurations for holography in unpromising environments[C]. Proc SPIE 1732, 1993: 411-422.

[7] Phillips N J. Bridging the gap between Soviet and Western holography[R]. Speaking notes, Holography Workshop, Lake Forest College, IL60045,USA, 1990.

[8] Phillips N J. Bridging the gap between Soviet and Western holography. Commemorating the 90th Aniversary of the Birth of Dennis Gabor[C]. SPIE Institute, 1991, 8: 206-214.

[9] Heaton J M, Solymar L. Wavelength and angular selectivity of high diffraction efficiency reflection holograms in silver halide photographic emulsion[J]. Appl Opt, 1985, 24: 2931-2936.

附录C 空间滤波器 物镜与针孔的选择

激光束经过透镜扩束准直后，往往由于灰尘、透镜缺陷等因素的影响，使光束带有环状、斑状等图纹附加在理想均匀的散斑之上 (例如，落在物镜表面上的一颗微小的尘粒犹如一个"圆斑"，它的傅里叶衍射将形成一幅艾里图样)，使光斑变得十分"肮脏"，用这样的光束作全息干涉计量将会降低信噪比和分辨率，它们就是所谓的空间噪声. 为了去除这些空间噪声，获得轮廓曲线平滑、"清洁"的光斑，以提高信噪比和分辨率，最简便而有效的方法就是采用空间滤波器 (spatial filter).

空间滤波器的原理很简单：将透镜和小孔光阑以及精密微调机构组合在一起，就构成一个空间滤波器. 由于空间噪声的空间频率比较高，若使小孔光阑恰好位于透镜的焦点，只让光束中心附近的低阶频谱分量通过，阻挡住光束中的高阶频谱部分，就可以有效地消除了高频噪声. 因此，它实际上就是一个光学的低通滤波器. 而小孔光阑通常简称为"针孔"(pinhole).

理想的高斯激光束的径向分布可表示为

$$I(r) = I_0 \exp\left(-\frac{2r^2}{r_0^2}\right) \tag{C-1}$$

其分布如图 C-1 所示.

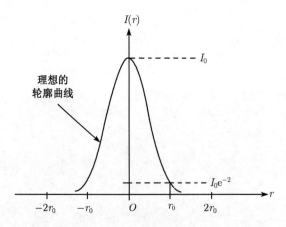

图 C-1 理想高斯型激光束径向分布

被污染的带有空间噪声的激光束的径向分布可表示为

$$I_{\text{actual}}(r) = I(r) + \delta I(r)_{\text{noise}} \tag{C-2}$$

附录 C 空间滤波器 物镜与针孔的选择

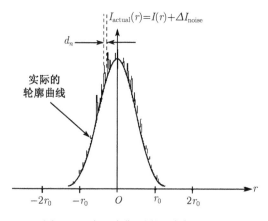

图 C-2 实际高斯型激光束径向分布

式中，$\delta I(r)_{\text{noise}}$ 表示光束中高频噪声引起的光强起伏. 由于 $\delta I(r)_{\text{noise}}$ 变化迅速，设其平均变化周期为 d_n，其值甚小于光束半宽度 r_0. d_n 通常称为激光束噪声的平均空间波长 (average spatial wavelength of the laser beam noise)，其相应的平均变化频率为 $\nu_n = 1/d_n$.

当带有空间噪声的高斯型激光束正入射在一个焦距为 f 的正透镜上时，在透镜的后焦面上，具有较短波长 d_n 的空间噪声将坐落在距光轴 $\nu_n f \lambda = f\lambda/d_n$ 处，如 (2-10-4) 式所示的位置. 若针孔半径小于此值，空间噪声将被滤去. 显然，针孔半径越小，滤波效果越好. 但针孔半径越小，通过针孔的光功率也越少，一般总是需要两者兼顾.

在考虑采用何种直径的针孔时，必须根据所使用的透镜的焦距和激光束的"直径"或激光束半宽度的大小来进行选择. 下面，我们来讨论它们的匹配问题.

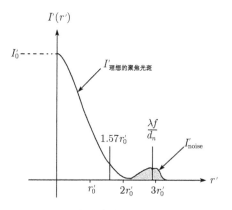

图 C-3 实际高斯光斑频谱示意图

根据 (C-1) 式, 激光束相应的复振幅为

$$\sqrt{I_0}\exp\left(-\frac{r^2}{r_0^2}\right) \tag{C-3}$$

激光束通过物镜后在其后焦面的分布正比于前焦面分布的傅里叶变换, 以 (x,y) 和 (x',y') 分别表示前焦面和后焦面上的笛卡儿坐标. (C-3) 式的傅里叶变换为

$$F\left[\sqrt{I_0}\exp\left(-\frac{r^2}{r_0^2}\right)\right] = \iint_\infty \sqrt{I_0}\exp\left(-\frac{x^2+y^2}{r_0^2}\right)\exp\left[-\mathrm{j}2\pi\left(\frac{x'}{\lambda f}x + \frac{y'}{\lambda f}y\right)\right]\mathrm{d}x\mathrm{d}y$$

$$= \sqrt{I_0}\iint_\infty \exp\left\{-\frac{1}{r_0^2}\left[x^2 + y^2 + \frac{2\mathrm{j}\pi r_0^2}{\lambda f}(x'x + y'y)\right]\right\}\mathrm{d}x\mathrm{d}y$$

$$= \sqrt{I_0}\iint_\infty \exp\left\{-\frac{1}{r_0^2}\left[\left(x + \frac{\mathrm{j}\pi r_0^2}{\lambda f}x'\right)^2 + \left(y + \frac{\mathrm{j}\pi r_0^2}{\lambda f}y'\right)^2\right.\right.$$

$$\left.\left. - \left(\frac{\mathrm{j}\pi r_0^2}{\lambda f}\right)^2(x'^2 + y'^2)\right]\right\}\mathrm{d}x\mathrm{d}y$$

$$= \sqrt{I_0}\exp\frac{1}{r_0^2}\left[-\left(\frac{\pi r_0^2}{\lambda f}\right)^2(x'^2 + y'^2)\right]$$

$$\times \iint_\infty \exp\left\{-\frac{1}{r_0^2}\left[\left(x + \frac{\mathrm{j}\pi r_0^2}{\lambda f}x'\right)^2 + \left(y + \frac{\mathrm{j}\pi r_0^2}{\lambda f}y'\right)^2\right]\right\}\mathrm{d}x\mathrm{d}y$$

$$= \sqrt{I_0}\exp\frac{1}{r_0^2}\left[-\left(\frac{\pi r_0^2}{\lambda f}\right)^2(x'^2 + y'^2)\right]$$

$$\times r_0^2\int_{-\infty}^\infty\int_{-\infty}^\infty \exp\left[-\left(\frac{x''^2}{r_0^2} + \frac{y''^2}{r_0^2}\right)\right]\mathrm{d}\frac{x''}{r_0}\mathrm{d}\frac{y''}{r_0}$$

$$= \sqrt{I_0}\exp\frac{1}{r_0^2}\left[-\left(\frac{\pi r_0^2}{\lambda f}\right)^2(x'^2 + y'^2)\right]$$

$$\times r_0^2\int_{-\infty}^\infty\int_{-\infty}^\infty \exp\left[-(\xi^2 + \eta^2)\right]\mathrm{d}\xi\mathrm{d}\eta$$

$$= \sqrt{I_0}\exp\frac{1}{r_0^2}\left[-\left(\frac{\pi r_0^2}{\lambda f}\right)^2(x'^2 + y'^2)\right]$$

$$\times r_0^2\int_0^\infty \exp\left[-r^2\right]r\mathrm{d}r\int_0^{2\pi}\mathrm{d}\theta$$

$$= \sqrt{I_0}\exp\left[-\left(\frac{\pi r_0}{\lambda f}\right)^2(x'^2 + y'^2)\right]$$

$$\times \frac{r_0^2}{2} \int_0^\infty \exp[-r^2]\,\mathrm{d}r^2 2\pi$$

$$= \pi r_0^2 \sqrt{I_0} \exp\left[-\left(\frac{r'}{r_0'}\right)^2\right] \tag{C-4}$$

即后焦面上光束的半宽度为

$$r_0' = \frac{\lambda f}{\pi r_0} \tag{C-5}$$

设入射光为高斯光束, 其光强的径向分布为 (C-1) 所描述, 即 $I(r) = I_0 \exp\left(-\frac{2r^2}{r_0^2}\right)$.

以带撇的字符表示透镜后焦面上的各个物理量, 以 I_0' 表示后焦面上激光束中心的光强幅值, 以 r_0' 表示后焦面上激光束的半宽度, 以 P' 表示后焦面上激光束总的光功率. 在不考虑反射、吸收等能量损失的情况下, 聚束前激光束的总光功率 P 和聚束在后焦面上激光束总的光功率是相等的, 即 $P = P'$. 根据 (A-16) 式, 我们有

$$P = (\pi r_0'^2 I_0'/2) \tag{C-6}$$

若在透镜后焦面上放置一个直径为 D 的小孔光阑, 且激光束、透镜光轴、小孔中轴线共线, 则通过直径为 D 的孔径的激光光功率 $P(D)$ 为

$$\begin{aligned}
P(D) &= \int_0^{D/2} I'\,\mathrm{d}s' = \int_0^\infty I'\,\mathrm{d}s' - \int_{D/2}^\infty I'\,\mathrm{d}s' \\
&= P - \int_{D/2}^\infty I'\,\mathrm{d}s' = P - \int_{D/2}^\infty I(r') 2\pi r'\,\mathrm{d}r'
\end{aligned} \tag{C-7}$$

$$\begin{aligned}
\int_{D/2}^\infty I'(r') 2\pi r'\,\mathrm{d}r' &= \pi I_0' \int_{D/2}^\infty \exp\left[-2\left(\frac{r'}{r_0'}\right)^2\right] \mathrm{d}r'^2 \\
&= \frac{1}{2}\pi r_0'^2 I_0' \int_{D/2}^\infty \exp\left[-2\left(\frac{r'}{r_0'}\right)^2\right] \mathrm{d}2\left(\frac{r'}{r_0'}\right)^2 \\
&= \frac{1}{2}\pi r_0'^2 I_0' \int_{D^2/2r_0'^2}^\infty \exp[-\xi]\,\mathrm{d}\xi = \frac{1}{2}\pi r_0'^2 I_0' \exp\left(-\frac{D^2}{2r_0'^2}\right)
\end{aligned} \tag{C-8}$$

$$P(D) = \frac{1}{2}\pi r_0'^2 I_0' \left[1 - \exp\left(-\frac{D^2}{2r_0'^2}\right)\right] = P\left[1 - \exp\left(-\frac{D^2}{2r_0'^2}\right)\right]$$

注意到

$$r_0' = \frac{\lambda f}{\pi r_0}$$

$$P(D) = P\left[1 - \exp\left(-\frac{D^2}{2r_0'^2}\right)\right] = P\left\{1 - \exp\left[-\frac{1}{2}\left(\frac{\pi r_0 D}{\lambda f}\right)^2\right]\right\} \tag{C-9}$$

通过直径为 D 的孔径的激光光功率 $P(D)$ 是孔径直径 D 的函数.

若孔径半径等于光束半宽度, 即 $D = 2r_0' = 2\left(\dfrac{\lambda f}{\pi r_0}\right) = \dfrac{2}{\pi}\left(\dfrac{\lambda f}{r_0}\right)$, 则

$$\frac{P(D)}{P} = [1 - \exp(-2)] \approx 1 - 0.135 \approx 0.86 \tag{C-10}$$

若孔径半径等于 2 倍光束半宽度, 即 $D = 4r_0' = 4\left(\dfrac{\lambda f}{\pi r_0}\right) = \dfrac{4}{\pi}\left(\dfrac{\lambda f}{r_0}\right)$

$$\frac{P(D)}{P} = [1 - \exp(-8)] \approx 1 - 0.33546 \times 10^{-4} \approx 0.9997 \tag{C-11}$$

按 Newport 公司的推荐 [1], 最佳孔径 D_{opt} 可选取下面之值:

$$D_{\text{opt}} = \frac{f\lambda}{r_0} = \frac{2f\lambda}{d} \tag{C-12}$$

式中, f 为物镜焦距, λ 为激光束波长, r_0 为入射在透镜前焦面上的激光束半宽度, $d = 2r_0$ 为激光束直径. 这时,

$$D = \pi r_0' \quad \text{或} \quad \frac{D}{2} = \frac{\pi}{2} r_0' = 1.57 r_0' \quad \text{或} \quad \frac{D}{r_0'} = \pi \tag{C-13}$$

$$P(D) = P\left[1 - \exp\left(-\frac{\pi^2}{2}\right)\right] \approx P\left[1 - 7.1919 \times 10^{-3}\right] \quad \text{或} \quad \frac{P(D)}{P} \approx 0.993 \tag{C-14}$$

即 99.3% 的光功率都通过了孔径.

以上几种不同直径针孔通过的光功率如图 C-4 所示.

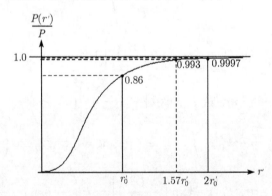

图 C-4　不同直径针孔通过的光功率示意图

根据 $D_{\text{opt}} = \dfrac{f\lambda}{r_0} = \dfrac{2f\lambda}{d}$, 我们可以计算不同物镜所匹配的针孔直径.

例如, 在使用的激光波长和光束直径分别为 $\lambda = 0.6328\,\mu\text{m}$ 和 $d = 1\,\text{mm}$ 的情况下, 不同倍率物镜所使用的针孔直径列于表 C-1.

表 C-1　与物镜匹配的针孔值

放大倍数	焦距/mm	计算数值/μm	建议使用数值/μm
5×	25.5	32.3	50
10×	14.8	18.7	25
20×	8.3	10.5	15
40×	4.3	5.4	10
60×	2.9	3.7	5

空间滤波器的原理虽然简单, 但实际结构装置极为灵巧精密. 因为要使激光束聚焦的光束束腰恰好通过一二十微米、乃至几个微米的针孔, 必须有一套极其精密灵活的机械调节系统. 通常都是 5 维可调的精密机械装置, 图 C-5 显示了一种简单的空间滤波器结构.

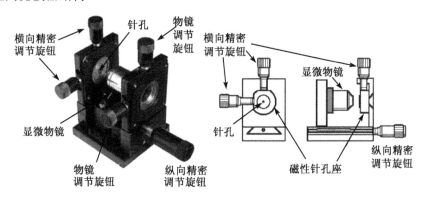

图 C-5　空间滤波器结构示意图

针孔通常利用激光打孔方法, 在一片非常薄的金属薄片上, 用高能脉冲激光打一个圆孔. 将带有圆孔的金属薄片牢固粘在一块具有磁性的金属针孔座上, 再将磁性针孔座安放在磁性支架上. 磁性针孔座和磁性支架的表面都是光滑的平面, 两者之间是靠磁性吸力固定的. 磁性支架是与基座刚性联结固定不动的, 磁性针孔座则可以通过横向调节旋钮而改变其空间平面位置. 还有一个纵向调节旋钮可调节改变针孔与显微物镜的相对纵向距离. 此外, 固定显微物镜的支架还有两个调节旋钮可以调节显微物镜的方位. 如图 C-5 所示意. 然而必须注意的是, 实际使用的带有圆孔的金属薄片都是有一定厚度的. 例如, 国产 7MO 系列[2] 针孔的实际厚度, 约在 80μm 的量级. 对于 5μm、10μm 乃至 25μm 的针孔而言, 犹如一个空间隧道, 而非理想薄的二维孔径光阑. 因此, 表 C-1 所列的与物镜相匹配的针孔值应考虑这种实际情况, 即考虑到针孔有一定厚度而适当放宽针孔尺寸. 也就是说实际使用针孔的直径数值要比表 C-1 的计算值大一些, 在表 C-1 中的最后一列是考虑了此因素而建议使用的数据, 它比理论计算值要高一些.

目前，国外在微孔加工技术方面的发展小孔厚度可达到 $0.002''\sim 0.0005''$ 即 $12.7\sim 50.8\mu m^{[3]}$，最小的小孔直径可达到 $1\mu m^{[3]}$.

直径为 D 的针孔所允许通过的空间频率的上限 $\nu_{\max}$ 为

$$\nu_{\max} = \frac{D}{2f\lambda} \tag{C-15}$$

如使用氦氖激光器，在 20 倍物镜和 $15\mu m$ 针孔的情况下，

$$\nu_{\max} = \frac{D}{2f\lambda} = \frac{15\mu m}{2\times 8.3\text{mm}\times 0.6328\mu m} \approx 1.428 \text{线/mm} \tag{C-16}$$

也就是说，一般肉眼可见的空间噪声都可以被祛除.

参 考 文 献

[1] Newport. Newport Catalog[M]. Irvine: Newport Corporation, 1993.
[2] 北京赛凡光电. 空间滤波器 [OL]. http://www.7-s.com.cn/product/OM/53/OM_228.html.
[3] Lenox laser - Precision micro hole drilling services [OL]. http://www.lenoxlaser.com/.

附录D 防止准直透镜反射光的干扰

准直透镜主要用于产生平行光束. 然而, 通常情况下, 在准直镜后的平行光束中, 还存在多束会聚光束. 这些会聚光束是由于其前后表面的反射作用而形成的. 它与平行光束相比虽很微弱, 但在其会聚点附近却具有较高的强度. 因此, 在安排光路时应注意避开它, 否则会给记录信号带来某种程度的干扰. 当准直透镜镀有防反射膜 (anti-reflection coating, 也称 "增透膜") 时, 透射光将增强, 反射光将大大减弱, 可不予考虑. 然而, 对于那些没有镀防反射膜的凸透镜, 特别是对于那些长焦距、大口径的凸透镜而言, 就必须考虑这种反射光的影响. 下面将根据光的衍射理论导出这种反射光的会聚位置, 可作为光路布局时的参考依据. 此外, 还将介绍这种反射光对全息记录带来的某些影响和应注意的一些问题. 为简化语言, 以后我们将入射进准直透镜内, 经准直透镜前后表面反射后再射出准直透镜的光束简称 "准直透镜的内部反射光" 或 "内反射光"[1].

D.1 准直透镜的内反射光的会聚点位置

凸透镜用作准直镜时, 将点光源放在凸透镜前方焦点上, 它所发出的球面波通过凸透镜后形成平行光束. 若透镜材料的折射率为 $n = 1.53$, 则内反射光的会聚点约在距透镜的 1/6 透镜焦距位置处. 下面, 根据光的衍射理论来推导准凸透直镜内反射光的这一会聚位置.

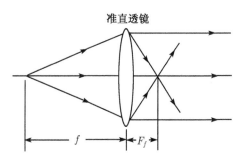

图 D-1 准直透镜的内部反射光示意

当平行光沿薄透镜的光轴入射时, 薄透镜对透过它的光束的作用可等效地用其复振幅透射率函数 $t_L(x, y)$ 表示. 当某一条光线在薄透镜的前表面上某任意点

$P(x,y)$ 入射，在薄透镜的后表面从相同的 (x,y) 坐标处射出. 设紧贴薄透镜前表面的平面上入射光场的复振幅为 $U_L(x,y)$，紧贴薄透镜后表面的平面上出射光场的复振幅为 $U'_L(x,y)$，则有

$$U'_L(x,y) = t_L(x,y) U_L(x,y) \tag{D-1}$$

设透镜材料的折射率为 n，透镜最大厚度为 Δ_0，透镜的厚度函数为 $\Delta(x,y)$，通过紧靠透镜前后两个平面 (x,y) 位置处引起的相位延迟为

$$\begin{aligned}\phi_L(x,y) &= kn\Delta(x,y) + k[\Delta_0 - \Delta(x,y)] \\ &= k(n-1)\Delta(x,y) + k\Delta_0\end{aligned} \tag{D-2}$$

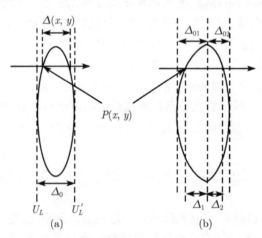

图 D-2 准直透镜厚度参数示意图

式中，$kn\Delta(x,y)$ 是透镜引起的相位延迟，$k[\Delta_0 - \Delta(x,y)]$ 是两平面间的自由空间区域引起的相位延迟. 根据 2.4.1 节的讨论，在傍轴近似的情况下，透镜的厚度函数可表示为

$$\Delta(x,y) = \Delta_0 - [(1/R_1) - (1/R_2)][(x^2+y^2)/2] \tag{D-3}$$

式中，R_1 是透镜前表面的曲率半径，R_2 是透镜后表面的曲率半径. 透镜焦距 f 与透镜前后表面的曲率半径 R_1 及 R_2 有如下关系：

$$\frac{1}{f} \equiv (n-1)\left[\frac{1}{R_1} - \frac{1}{R_2}\right] \tag{D-4}$$

于是，(D-3) 式透镜的厚度函数也可以写为

$$\Delta(x,y) = \Delta_0 - \frac{1}{(n-1)}\frac{1}{2f}(x^2+y^2) \tag{D-5}$$

D.1 准直透镜的内反射光的会聚点位置

当平行光沿透镜的光轴入射时,考虑经透镜前后表面各反射一次后出射的光波. 它经历的光程比没有反射直接透射的光波多出了两倍 $kn\Delta(x,y)$ 的光程. 其相位滞后比 (D-2) 式的 $\phi_L(x,y)$ 多增加了 $2kn\Delta(x,y)$,即经透镜前后表面各反射一次后出射的光波的相位总滞后 $\phi_{R1}(x,y)$ 为

$$\phi_{R1}(x,y) = \phi_L(x,y) + 2kn\Delta(x,y) = k(3n-1)\Delta(x,y) + k\Delta_0 \tag{D-6}$$

因此,凸透镜对反射一次内反射光所起的作用,可用下面的复振幅透射率函数 $t_{R1}(x,y)$ 表示为

$$t_{R1}(x,y) = \exp(jk\Delta_0)\exp[jk(3n-1)\Delta(x,y)] \tag{D-7}$$

将 (D-5) 式代入 (D-7) 式得

$$t_{R1}(x,y) = \exp(j3nk\Delta_0)\exp\left[-\left(\frac{jk}{2f}\right)\frac{(3n-1)}{(n-1)}(x^2+y^2)\right] \tag{D-8}$$

对放在透镜前方距离为 z 的点光源而言,若其光源强度为 a_0,在傍轴近似下,它在透镜前表面上的复振幅分布可表示为

$$U_z(x,y) = \frac{a_0}{z}\exp(jkz)\exp\left[\left(\frac{jk}{2z}\right)(x^2+y^2)\right] = A_z\exp\left[\left(\frac{jk}{2z}\right)(x^2+y^2)\right] \tag{D-9}$$

通过透镜后其光波的复振幅分布为

$$\begin{aligned} U'(x,y) &= U_z(x,y)t_{R1}(x,y) = A_z\exp\left[\left(\frac{jk}{2z}\right)(x^2+y^2)\right]t_{R1}(x,y) \\ &= A_z\exp(j3nk\Delta_0)\exp\left[\left(-\frac{jk}{2}\right)\left(\frac{1}{f}\frac{(3n-1)}{(n-1)}-\frac{1}{z}\right)(x^2+y^2)\right] \\ &= A'_{z1}\exp\left[-\left(\frac{jk}{2F_z}\right)(x^2+y^2)\right] \end{aligned} \tag{D-10}$$

式中,

$$A'_{z1} = A_z\exp(j3nk\Delta_0), \quad \frac{1}{F_{z1}} = \frac{1}{f}\frac{(3n-1)}{(n-1)} - \frac{1}{z} \tag{D-11}$$

$$\text{当} z = \left(\frac{n-1}{3n-1}\right)f \text{时}, \quad F_{z1} \to \infty \tag{D-12a}$$

当 F_{z1} 趋于无限大,一次内反射光为平行光,不会聚;

$$\text{当} \frac{1}{f}\frac{(3n-1)}{(n-1)} < \frac{1}{z}\text{时}, F_{z1} < 0, z < \left(\frac{n-1}{3n-1}\right)f \tag{D-12b}$$

一次内反射光也不会聚,而是发散光;

$$\text{当} \frac{1}{f}\frac{(3n-1)}{(n-1)} > \frac{1}{z}\text{时}, F_{z1} > 0, z > \left(\frac{n-1}{3n-1}\right)f \tag{D-12c}$$

一次内反射光为会聚光, 会聚在距离透镜 F_{z1} 处.

当 z 趋于无限大或光源采用平行光时, $F_{1\infty} = \left(\dfrac{n-1}{3n-1}\right)f$. 一次内反射光为会聚光, 会聚在距离透镜 $F_{1\infty}$ 处. 这一会聚点可称作凸透镜内反射光的焦点, $F_{1\infty}$ 可称作凸透镜内反射光的焦距.

当凸透镜用作准直时, 点光源应放在凸透镜的前焦点上, 即 $z = f$. 这时我们有

$$F_{1f} = \left(\dfrac{n-1}{2n}\right)f \tag{D-13}$$

即放在前焦点的点光源经过准直透镜后, 除得到一束平面波外, 由于透镜前后表面的反射, 还附加一次内反射光会聚在 F_{1f} 处的球面波.

以无色光学玻璃 P 系列冕玻璃为例 [4], 其折射率取值列在表 D-1 中.

表 D-1 无色光学玻璃 P 系列冕玻璃折射率

型号	K1	K2	K3	K4	K5	K6	K7	K8	K9
折射率	1.49967	1.50047	1.50463	1.50802	1.51007	1.51112	1.51478	1.51602	1.51637

$$\text{若透镜材料的折射率为} n = 1.50 \text{时}, F_{1f} = \dfrac{f}{6} \tag{D-14a}$$

$$\text{若透镜材料的折射率为} 1.53, \text{此时} F_{1f} \approx 0.173f \approx \dfrac{f}{5.77} \tag{D-14b}$$

作为粗略估计, 一般情况下可以认为准直时的内反射光大约会聚在距透镜焦距的 1/6 位置处.

D.2 准直透镜的内反射光影响强弱的区域划分

准直透镜的内反射光与直接透射的参考光相比虽是很微弱的, 但当它是会聚光时, 在一定区域内它的辐照度会变得相当强, 以至于不可忽略其影响. 下面, 我们考虑凸透镜用作准直镜获取平行光束的情况, 并将准直透镜的内反射光与直接透射的准直参考光均近似地当作匀强波面来处理. 设透镜面积为 $S_0 = \pi D_0^2/4$, 透镜直径为 D_0, 照射在透镜上的入射光的平均辐照度 (average radiance) 为 E_0, 透镜前表面上的光通量 (light flux) 为 $E_0 S_0$. 透镜前表面的透射和反射系数分别为 T_1, R_1, 透镜后表面的透射和反射系数分别为 T_2, R_2. 若不考虑透镜高次反射的能量以及其他的能量损失, 则在紧贴透镜后表面的直接透射光 (即准直后的平行光) 的光通量 E_T 与内反射光的光通量 E_{R0} 之和等于入射在透镜前表面上的光通量, 即

$$E_0 S_0 = E_T + E_{R0} = E_0 S_0 T_1 T_2 + E_0 S_0 T_1 T_2 R_1 R_2$$

D.2 准直透镜的内反射光影响强弱的区域划分

当透过准直透镜的光波传播了一段距离后,准直后的平行光的平均辐照度仍为

$$E_T = E_0 S_0 T_1 T_2$$

而内反射光的平均辐照度则由于光波的会聚而增强,任意位置处内反射光的平均辐照度 E_R 是该位置离透镜距离的函数. 当它会聚到某一位置处,设该处内反射光束的会聚面积为 $S = \pi D^2/4$,D 为该处内反射光束的直径. 内反射光的光通量应为

$$E_R S = E_{R0} S_0 \quad \text{或} \quad E_R D^2 = E_{R0} D_0^2$$

于是准直后的平行光与内反射光的光束比 B 为

$$B = \frac{E_T}{E_R} = \frac{E_0 S_0 T_1 T_2}{E_{R0}(D_0/D)^2} = \left(\frac{D}{D_0}\right)^2 \frac{1}{R_1 R_2} \tag{D-15}$$

当 $R_1 = R_2 = R$ 时,$B = \left(\dfrac{D}{D_0}\right)^2 \left(\dfrac{1}{R}\right)^2 \tag{D-16}$

以条纹衬比或条纹可见度 V 来作为内反射光影响强弱的区域划分的依据,根据迈克耳孙的定义 [3] $V = (I_{\max} - I_{\min})/(I_{\max} + I_{\min})$. 将条纹衬比 V 表示为光束比的函数式,我们有

$$V = 2\sqrt{B}/(1+B) \tag{D-17}$$

于是,要求出准直透镜的 (直接透射的) 平行光与内反射光在内反射光束直径为 D 处的条纹衬比,只需应用 (D-16) 式和 (D-17) 式两式即可.

D.2.1 条纹衬比 $V \approx 1$ 的区域

条纹衬比为 1 时,$B = 1$,也就是 $E_T = E_R$,这时,内反射光与直接透射的准直参考光具有同等的辐照度. 由 (D-16) 式可得

$$R = \frac{D}{D_0} \tag{D-18}$$

设 D 所对应的位置距离内反射光会聚点为 d',则

$$\frac{D}{D_0} = \frac{d'}{F_f} = R \quad \text{或} \quad d' = R F_f \tag{D-19}$$

设 D 所对应的位置距离透镜中心的位置为 d,则

$$d = F_f \pm d' = F_f(1 \pm R) \tag{D-20}$$

若将记录干版放在此位置附近,将会以 $V \approx 1$ 的条纹衬比记录下内反射光的影响.

在 $d \geq F_f(1-R)$ 和 $d \leq F_f(1+R)$ 的范围,准直透镜内反射光的辐照度均大于或等于直接透射的准直参考光. 这个范围也是内反射光的干扰影响最为严重的区域.

D.2.2 条纹衬比 $V \approx 0.1$ 的区域

一般说来,光束比在 400/1 的情况下也能记录下光栅信息,此时被记录的信息已相当微弱,相应的干涉条纹衬比约为 10%,即 $V \approx 0.1$.

由 (D-16) 式可得

$$\left(\frac{D}{D_0}\right) = 20R \tag{D-21}$$

于是 $\frac{D}{D_0} = \frac{d'}{F_f} = 20R$ 或 $d' = 20RF_f$.

类似地,我们可以获得其对应的位置距离透镜中心的距离为

$$d = F_f(1 \pm 20R) \tag{D-22}$$

这时,对某些要求不高的全息记录而言,内反射光的影响可以被忽略不计. 然而,对记录光栅等要求高的全息记录而言,内反射光的影响仍是不能忽略不计的.

D.2.3 条纹衬比 $V \approx 0.01$ 的区域

设条纹的衬比为 1%,即 $V = 0.01$ 时,内反射光的影响可以忽略. 此时,相应的光束比约为 40 000/1. 由 (D-16) 式可得

$$\left(\frac{D}{D_0}\right) = 200R \tag{D-23}$$

类似地,其对应的位置距离透镜中心的距离:

$$d = F_f(1 \pm 200R) \tag{D-24}$$

D.2.4 实践中应注意的若干问题

在全息光路中,常用平行光为参考光. 当记录干版尺寸较大时,需使用大口径的准直透镜,这种大口径透镜往往是没有增透膜的. 设透镜材料的折射率为 1.53. 根据 (D-14-b) 式,对于 $D_0 = 300$mm,焦距 $f = 1\ 000$mm 的大透镜而言,$F_f \approx 173$mm;对于 $D_0 = 450$mm,焦距 $f = 1\ 200$mm 的大透镜而言,$F_f \approx 208$mm. 这是实验室常用的两种大口径凸透镜 (一般均无增透膜) 的反射率为 $R = 0.04$,当 $E_T/E_R = 1$ 时,由 (D-18) 式可得 $D/D_0 = 1/25$. 即在内反射光光斑缩小至其光斑直径为透镜直径的 1/25 处,内反射光与参考光具有同等的辐照度. 对于 $D_0 = 300$mm 的透镜,$D = 12$mm. 对于 $D_0 = 450$mm 的透镜,$D = 18$mm. 又,根据 (D-21) 式,对于 $\phi 300$ 的透镜而言,距离透镜约在 $166 \sim 180$mm 范围是内反射光的辐照度 $\geqslant$ 参考光的区域. 对于 $\phi 450$ 的透镜而言,距离透镜约在 $200 \sim 216$mm 范围是内反射光的辐照度 $\geqslant$ 参考光的区域. 也是内反射光影响最为严重的区域. 通常,可用一张白色纸屏在这一区域前后移动,就很容易观察到这一范围.

D.2 准直透镜的内反射光影响强弱的区域划分

考虑内反射光小于直透平行光辐照度 400 倍以上的区域, 根据 (D-21) 式, 对于 $\phi 300$ 的透镜而言, 距离透镜约在小于 35mm 或大于 311mm 的范围. 对于 $\phi 450$ 的透镜而言, 距离透镜约在小于 42mm 或大于 374mm 范围.

再考虑内反射光与直透平行光的条纹衬比小于 1%(即 $V \leqslant 0.01$) 的区域, 根据 (D-24) 式, 这时, 需距离透镜位置 d 不小于 $9F_f$, 即 $d \geqslant 9F_f$. 对于前面所述 $\phi 300$ 的透镜而言, 距离透镜约在大于 1 557mm 的范围即 $d \geqslant 1\,557$mm. 对于 $\phi 450$ 的透镜而言, 距离透镜约在大于 1 872mm 范围, 即 $d \geqslant 1\,872$mm.

在使用两步法拍摄彩虹全息或反射型白光再现全息图时, 往往需要使用会聚光作为参考光, 而且, 为了有较大的记录平面, 又必须使用大口径的凸透镜作会聚用. 这时, 若不注意, 很容易使记录平面落入内反射光较强的区域, 从而记录下内反射光的干扰. 致使全息图在白光再现时, 会出现一个彩虹亮斑. 随着观察视角的改变, 此彩虹亮斑会跟着移动. 其移动轨迹是圆对称于内反射光的会聚中心.

在记录全息光栅时, 也有同样的问题. 当记录干版记录位置离内反射光的会聚点不够远时, 则在欲记录的一维正弦光栅上, 又叠加了一个锥形光束所形成的局部的环状光栅. 用细激光束照射时可以清晰地观察到此种现象, 在内反射光影响的局部范围以外, 只看到正弦光栅对应的零级衍射和一级衍射的三个亮斑. 而在内反射光影响的局部范围内, 则还可见到附加光栅的衍射亮斑, 这些衍射亮斑随着细激光束照射位置的改变而改变其方位. 绕着主光栅对应的零级衍射和一级衍射的三个亮斑而旋转.

以上, 我们只讨论了第一次反射光的影响, 还有第二次、第三次、…… 多次的反射光, 不过更高的反射次数的光强度急剧减弱, 我们虽可忽略它们对记录的影响, 不过, 由于它们在调节光路时可以起到辅助的作用, 我们对它们的会聚点的位置也做一估计.

考虑经透镜前后表面各反射二次后出射的光波. 由后表面及前表面反射引起的相位延迟均为 $kn\Delta(x,y)$, 总的相位延迟为

$$\phi_{R2}(x,y) = \phi_L(x,y) + 4kn\Delta(x,y) = k(5n-1)\Delta(x,y) + k\Delta_0 \tag{D-25}$$

于是, 凸透镜对反射二次内反射光所起的作用, 可用下面的复振幅透射率函数 $t_{R2}(x,y)$ 表示为

$$t_{R2}(x,y) = \exp(jk\Delta_0)\exp[jk(5n-1)\Delta(x,y)]$$

或

$$t_{R2}(x,y) = \exp(j5nk\Delta_0)\exp\left[-\frac{(5n-1)}{(n-1)}\left(\frac{jk}{2f}\right)(x^2+y^2)\right] \tag{D-26}$$

对于放在凸透镜前方距离为 z 的点光源而言,根据 (D-10) 式,类似一次内反射光的讨论,我们可以得到

$$U'(x,y) = U_z(x,y) t_{R2}(x,y) = A_z \exp\left[\left(\frac{\mathrm{j}k}{2z}\right)(x^2+y^2)\right] t_{R2}(x,y)$$

$$= A_z \exp(\mathrm{j}5nk\Delta_0) \exp\left[\left(-\frac{\mathrm{j}k}{2}\right)\left(\frac{1}{f}\frac{(5n-1)}{(n-1)} - \frac{1}{z}\right)(x^2+y^2)\right]$$

$$= A'_{z2} \exp\left[-\left(\frac{\mathrm{j}k}{2F_{z2}}\right)(x^2+y^2)\right]$$

式中,

$$A'_z = A_z \exp(\mathrm{j}5nk\Delta_0), \qquad \frac{1}{F_{2z}} = \frac{1}{f}\frac{(5n-1)}{(n-1)} - \frac{1}{z} \tag{D-27}$$

当 $z = f$ 时,

$$\frac{1}{F_{2z}} = \frac{1}{f}\left[\frac{(5n-1)}{(n-1)} - 1\right] = \frac{1}{f}\left[\frac{(5n-1-n+1)}{(n-1)}\right] = \frac{1}{f}\left[\frac{4n}{(n-1)}\right]$$

$$F_{2f} = \left(\frac{n-1}{4n}\right)f = \frac{1}{2}F_{1f} \tag{D-28}$$

这就是凸透镜对反射二次内反射光的会聚点距透镜的距离. 类似地,在 $z = f$ 时,凸透镜对反射三次内反射光的会聚点距透镜距离 F_{3f} 为

$$F_{3f} = \left(\frac{n-1}{6n}\right)f = \frac{1}{3}F_{1f} \tag{D-29}$$

在 $z = f$ 时,凸透镜对反射四次内反射光的会聚点距透镜距离 F_{4f} 为

$$F_{4f} = \left(\frac{n-1}{8n}\right)f = \frac{1}{4}F_{1f} \tag{D-30}$$

由此可见,这些内反射光的会聚点随着反射次数增加,越来越向透镜靠近. 这些会聚点一般情况下都是清晰可见的,它们的光强,随着反射次数的增加,将与 $(1/R)^2$ 成正比地衰减,越来越弱,最终消失不见. 在光路调节得好时,它们排列成一条直线,与透镜的光轴相重合. 若调节得不好,这些光点将参差不齐,不在一条直线上. 利用这个性能,有助于光路的精确调节.

归纳以上所述:使用无增透膜凸透镜作为准直透镜时,它在产生平行光束的同时,由于表面的反射,还产生多束多次内反射形成的会聚光. 只考虑第一次内反射光的影响,它形成的会聚光的会聚点离透镜中心的距离 F_f 约为透镜焦距的 1/6. 当透镜前后表面的反射系数为 R 时,距离透镜 $\geqslant F_f(1-R)$ 及 $\leqslant F_f(1+R)$ 范围是准直透镜内反射光的辐照度不小于直接透射的准直参考光的区域. 也是内反射光的

干扰影响最为严重的区域. 在某些要求不高的全息记录情况下, 距离透镜中心的距离在大于 $F_f(1+20R)$ 以上就可以了, 这时相应的干涉条纹衬比约为 0.1. 若记录要求较高, 则需距离透镜中心大于 $F_f(1+200R)$ 以上, 这时相应的干涉条纹衬比可小于 0.01 以下. 显然, 在长焦距、大口径的凸透镜的情况下, 内反射光的干扰影响范围更大.

凸透镜的使用是多方面的, 如准直、扩束、会聚等. 除扩束以外, 在准直和会聚的多种场合下, 若透镜是没有镀防反射膜的, 都需要注意这个问题.

参 考 文 献

[1] 熊秉衡, 符怀平, 王正荣. 准直透镜反射光引起的一个问题 [J]. 光子学报, 2000, 29(4): 344-347.

[2] 顾德门 J W. 傅里叶光学导论 [M]. 北京: 科学出版社, 1976: 88-94.

[3] 赫克特 E, 赞斯 A. 光学 · 下册 [M]. 北京: 高等教育出版社, 1983: 867-881.

[4] 王之江. 光学技术手册 · 上册 [M]. 北京: 机械工业出版社, 1987: 714.

附录E 激光和人眼安全

E.1 人眼结构

为了解激光对眼睛可能造成的伤害,我们对眼睛的结构先作一简介:图 E-1 是人眼的水平截面图. 其中,角膜 (cornea) 是主要调焦元件,晶状体 (crystalline lens) 具有精细调焦的功能. 角膜与晶体之间的前房充满水状液体 (aqueous humor) 也称房水. 眼球内充满玻璃状液 (vitreous humor),为透明的胶质体,称玻璃体,充满眼球后约 4/5 的空腔内,主要成分为水. 视网膜 (retina) 像一个屏幕,角膜和晶体将外界景物成像在上面. 视网膜中央凹 (central fovea) 是视觉最为敏锐之处,它的分辨率最高,还能分辨颜色,它并不在眼睛的光轴 (light axis) 上. 视网膜中心凹与晶状体中心的连线称视轴 (optical axis),它偏离眼睛的光轴一个微小角度. 视网膜通过视神经与脑联系,视网膜的信号由视神经传输给脑.

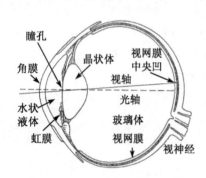

图 E-1 眼球的水平截面图 [1]

角膜、晶状体、水状液和玻璃体统称眼睛介质 (ocular media),光必须通过它们达到视网膜. 它们对可见光是透明的! 不过,晶状体吸收紫外光. 并且,随着年龄增长,吸收紫外光越多. 所以,对成年人而言,紫外光对视网膜的危害性不很大,然而,它仍以另外的方式危害眼睛. 波长大于 760 nm 的光视网膜没有反应,但眼睛介质对红外光直至波长 1400 nm,都是透明的,它们可以通过眼睛介质到达视网膜. 因为它们是不可见的光,人眼对它们没有戒备,故更具有特别的危险性. 从图 E-2 可见,波长在 400 ~ 1400nm 光谱范围透光率都很高,光谱的这个区域被称为视网膜的危险区域 [1].

最大的危险是激光束进入眼睛. 眼睛是对光最为敏感的器官. 正如玻璃放大镜能聚焦阳光燃烧木头一样,角膜和晶状体会把进入瞳孔的激光束聚焦成一个非常微小的光斑,使光斑上的光能密度放大数十万倍,进而灼伤视网膜.

光进入眼睛的多少则决定于瞳孔的大小,瞳孔是虹膜中心的圆孔,有如一个圆孔尺寸可调节的光阑. 在强光下瞳孔会收缩,在弱光下瞳孔会放大. 一般情况下,在亮光环境尺寸为 2mm 直径,在黑暗中最大可达到 7mm 直径.

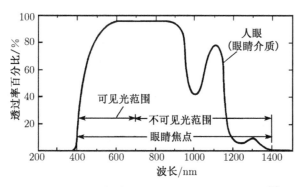

图 E-2 眼睛介质对不同波长的透过率百分比 [1]

如果将角膜、晶状体等看作为一个理想的薄透镜. 考虑平行激光束直接照射在人眼上的情况. 设平行激光束在人眼角膜上的光能密度为 E_{cor}, 会聚在人眼视网膜上的光能密度为 E_{ret}, 人眼瞳孔半径为 R, 人眼视网膜上的光斑半径为 R_{ret}. 在不考虑吸收、反射、散射等情况下, 我们有 [3,4]

$$E_{\text{ret}} \times \pi R_{\text{ret}}^2 = E_{\text{cor}} \times \pi R^2 \quad \text{或} \quad E_{\text{ret}}/E_{\text{cor}} = R^2/R_{\text{ret}}^2 = \left(\pi R^2/\lambda f\right)^2 \tag{E-1}$$

(E-1) 式利用了附录 C 中的 (C-5) 式的关系 $R_{\text{ret}} = \lambda f/\pi R$.

若 $\lambda = 0.7\mu\text{m}$, $f = 15\text{mm}$, $2R = 7\text{mm}$, 则人眼对入射在角膜上的激光束聚焦到视网膜上后, 其放大倍数为 [3,4]

$$M = \left(\pi R^2/\lambda f\right)^2 = \left(\pi \times 3.5^2 \times 1000/0.7 \times 15\right)^2 \approx 1.34 \times 10^7 \tag{E-2}$$

不过, 这是理想化的情况, 实际上一束激光传输的能量密度通过眼睛的聚焦作用而增强的倍数大致在 $1 \times 10^5 \sim 5 \times 10^5$ 倍 [1,5,11]. 虽比理想情况下小了近 100 倍, 但这仍然是一个非常可怕的数字! 若在角膜处通过瞳孔进入眼睛的入射光能密度为 1mW/cm^2, 则视网膜上的光能密度大致可达到 $100 \sim 500\text{W/cm}^2$, 这是视网膜能承受的最大光能密度.

E.2 激光的生物学效应

激光辐射引起的生物学效应与辐射曝光、波长、光源大小、曝光时间、环境条件和个体的敏感度有关. 眼睛是最需要防护的器官. 在可见光波段, 激光辐射一旦射入眼睛, 将会聚焦到视网膜上. 如果有足够的能量被吸收时将导致细胞的损坏. 眼角膜和晶状体能将光能量以十万倍至五十万倍的放大倍数集中到视网膜上. 将有可能造成视网膜严重的伤害. 在较长和较短的波段, 诸如红外和紫外, 则会被角膜吸收, 角膜不像视网膜那么脆弱, 但吸收过多的辐射也会伤害细胞、损伤视力 [6].

不正确地使用激光器存在潜在的危险，其结果可能导致的影响范围从轻微的皮肤灼伤一直到不可治愈的皮肤和眼睛的伤害．激光引起的生物学伤害是通过声、热、光化学等过程而产生的．其中，热效应是由于吸收了激光能量而引起温度的升高．伤害的严重程度决定于许多因素，包括曝光持续时间，光束波长，光束能量，被激光曝光的肌体组织的类型和尺寸大小[2]．

激光的声学效应来自激光的机械性冲击波，通过肌体组织的传播，并造成肌体组织的损伤．激光也能引起光化学效应，当光子与肌体组织的细胞发生相互作用，细胞的化学变化可能导致肌体组织的损伤或变化．光化学效应与激光波长有密切关系．

值得注意的是，根据热力学第二定律，当物体表面受到来自某个热源的辐射而温度上升时，其温升不可能超过该热源自身的温度．而激光器却是一个非热学源，这个热力学定律对激光器无效，它能使被照射的对象达到超过其自身很高的温度．激光束传输的光能密度随着光束聚焦的面积减小而增大．一个工作在室温下的 30 mW 激光器可以产生很高的光能密度，在聚焦之后能迅速烧穿纸片．前面已经提到过，一束激光传输的能量密度可以通过眼睛的聚焦作用而增强到 10 万 ~50 万倍．若有 5 mW/cm^2 的辐射能进入眼睛，聚焦到视网膜上将达到 500 ~ 2500W/cm^2 的光能密度．这样，即便是一束低功率的毫瓦级的激光也能灼伤视网膜．

眼球晶体将光成像在视网膜上．长时间后，眼球晶体 (晶状体) 会变松弛，较难聚焦在近物上．随着年纪增长眼球晶体会变浑浊，最后就变得不再透明，这就是所谓的白内障[2]．

眼组织提供最敏锐视觉的部分是视网膜中心凹．它只占视网膜 3%~4% 的区域而提供最敏锐的视力和色感．这就是为什么当人们阅读或观看时，为了要看得更为清楚就需要移动眼睛．若激光灼伤发生在视网膜中心凹，将会在一瞬间丧失掉最为精细敏锐的视觉 (阅读和工作所依赖的视觉)．如果激光灼伤发生在视网膜中心凹的外围，对精细视力只会产生少许影响甚至于没有影响．重复性的视网膜灼伤可能会导致永久性伤害，乃至失明[2]．

值得庆幸的是眼睛具有一种自我保护的机制，这就是眨眼 (blink) 或厌恶反应 (aversion response)．当有强光射到眼睛上时，眼睛往往在四分之一秒的时间内就本能地眨眼或看向别处 (厌恶反应)．在低功率激光照射的情况下，这就保护了眼睛免于受到伤害．但在高功率激光照射的情况下，即便是四分之一秒的时间，已经足以造成眼睛的伤害[2]．

眼睛受到伤害的征兆有，曝光后很快感到头疼，眼内出现过多水分，在视场中出现一些漂浮物．在眨眼之后或闭眼几秒钟之后就可看到这些漂浮物．它们是从视网膜和脉络膜分离出来的死去的细胞组织漂浮在眼睛的玻璃状液里．角膜的灼伤会引起有沙砾感，好像有沙砾进入了眼睛．

决定眼睛受伤害程度的大小主要有以下因素：

• 瞳孔大小 (pupil size)：瞳孔尺寸越大，受到的伤害越大；在暗环境中比在亮光下受到的伤害更大；

• 色素沉着程度 (degree of pigmentation)：热吸收越多引起的色素 (黑色素) 越多；

• 视网膜成像的大小 (size of retinal image)：像越大引起的伤害越大；

• 脉冲持续时间 (pulse duration)：持续时间越短造成伤害的概率越大；

• 脉冲重复频率 (pulse repetition rate)：脉冲重复频率越快热消散和恢复的机会越少[2].

眼睛吸收的部位决定于波长，因此，造成眼睛受伤害的部位也决定于波长. 图 E-3 表示了不同波长在人眼所达到的部位.

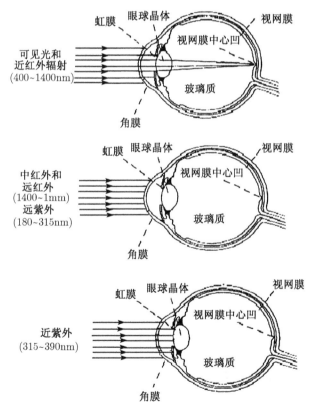

图 E-3　不同波长激光对眼睛的伤害部位示意图

可见光和近红外光谱范围的激光主要引起视网膜的伤害，因为角膜和晶状体对这些波长是透明的，视网膜最易吸收的波长在 400~550 nm 范围. 氩离子和 YAG 激光器发射的激光在此范围, 它们是最易造成眼睛伤害的激光器. 波长小于 550 nm 的激光能导致光化学伤害, 类似太阳晒伤. 光化学效应是一种累积效果, 由长时间 (10 秒以上) 的漫射光或散射光所引起.

表 E-1 概述了眼睛在不同波长激光照射下的生物学效应可能导致的伤害和部位 [2].

表 E-1 激光照射下的生物学效应导致的伤害和部位 [2]

光生物学的光谱范围 (photobiological spectral domain)	眼睛 (eye)	皮肤 (skin)
紫外 C (ultraviolet C) (200~280 nm)	光致角膜炎 (photokeratitis)	红斑 (晒伤) [erythema (sunburn)] 皮肤癌 (skin cancer) 加速皮肤老化 (accelerated skin aging)
紫外 B (ultraviolet B) (280~315 nm)	光致角膜炎 (photokeratitis)	增强色素沉着 (increased pigmentation)
紫外 A (ultraviolet A) (315~400 nm)	光化学性白内障 (photochemical cataract)	色素变暗 (pigment darkening) 皮肤灼伤 (skin burn)
可见光 (visible) (400~780 nm)	光化学和热视网膜伤害 (photochemical and thermal retinal injury)	色素变暗 (pigment darkening) 光敏反应 (photosensitive reactions) 皮肤灼伤 (skin burn)
红外 A (infrared A) (780~1400 nm)	白内障和视网膜灼伤 (cataract and retinal burn)	皮肤灼伤 (skin burn)
红外 B (infrared B) (1.4~3.0 μm)	角膜灼伤, 水耀斑, 白内障 (corneal burn, aqueous flare, cataract)	皮肤灼伤 (skin burn)
红外 C (infrared C) (3.0~1000 μm)	仅角膜灼伤 (corneal burn only)	皮肤灼伤 (skin burn)

皮肤的伤害:

激光能通过光化学作用或热作用伤害皮肤. 伤害程度的大小决定于波长、光强和曝光时间. 激光束能穿透皮肤表皮 (epidermis) 和真皮 (dermis). 远紫外和中紫外将被表皮吸收. 短时间对激光束曝光会引起晒伤 (变红与起水泡). 紫外曝光还可能引起皮肤癌和皮肤老化 (发皱等) [2].

皮肤的热灼伤的发生率非常少, 通常要在较高光能密度的激光束下曝光相当长时间才引起灼伤. 二氧化碳激光器和其他红外激光器是最常引起热灼伤的激光器. 因为这种范围的波长可以深深穿透皮肤组织. 所导致的结果可以是一级 (变红), 二级 (起泡) 或三级 (碳化) 的伤害 [2].

个别的人有光敏感性或服用某些药物而导致光敏感性. 特别要注意这些药物, 包括一些抗生素 (antibiotics) 杀真菌剂 (fungicides) 等 [2].

美国国家标准化组织 ANSI 对眼睛的最大允许曝光量 (maximum permissible exposure, MPE) 有如下的规定. 对连续波激光器以辐照度 (irradiance, W/cm^2) 度量, 对脉冲激光器以辐射曝光量 (radiant exposure, J/cm^2) 度量. 并以最坏的情况下考虑, 譬如对人眼的瞳孔尺寸, 在瞳孔完全放大, 直径为 7 mm 时, 相应的通光孔径面积为 0.385cm^2. 波长在 0.400 ~ 0.550μm 范围的 MPE 为 1.0mW/cm^2. 这时进入眼睛的辐射能为 0.385mW. 根据生物学实验, 在较长时间曝光的情况下, 其累积辐射曝光量并不会引起生物效应. MPE 之值对于波长在 0.550 ~ 1.40μm 范围的要求可以放宽. 扫描或重复脉冲辐射 (脉冲重复频率在通常的 1 000~15 000Hz 范围) 与连续波辐射比较其最大允许曝光量标准也可以放宽一些. 因为扫描或重复频率低于 15 000Hz 的脉冲的相加对人眼视网膜的伤害阈值比连续波辐射功率低. MPEs 主要依赖于波长、辐照度和曝光持续时间, 具体数值需根据激光器性能等数据、具体计算. 这些计算可参看文献 [11]. 为了使用者的安全, 将激光器作出安全标准的分类, 以便使用者在工作中可预先采取必要的防范措施 [13].

E.3 激光器安全分类

在 2001 年, 国际电技委员会 (International Electrotechnical Commission, IEC) 修订了激光产品安全标准 IEC 60825-1(IEC 60825-1, the International Standard for the Safety of Laser Products)[7]. 增加了三个新等级 (1M, 2M and 3R), 废除了原来的一个等级 (3A). 下面是当前通行的从安全角度对激光器所作的分类:

1 级 (Class 1)

1 级激光器功率不超过 0.39 mW. 这个等级是在任何操作条件下都是安全的. 换言之, 它不会超过人眼的最大允许曝光量 MPE. 因此, 可以免除对于它们监控. 例如, 一些激光打印机、光盘阅读/写器、光驱用激光器等装置上使用的激光器都属于此类 [6,8,9,12].

1M 级 (Class 1M)

IM 级激光器发射大直径的光束, 或其光束是发散的. IM 级激光器发射的光束不会超过最大允许曝光量 MPE, 除非通过了聚焦或成像光学系统将光束变窄小 [12].

IM 级激光器发射的光束不会超过最大允许曝光量 MPE, 用肉眼 (naked eye) 直视是安全的, 但通过光学器件观看有危险. 譬如使用放大镜或望远镜等 [12].

1 级和 1M 级激光器的波段包括可见光波段和不可见光波段.

2 级 (Class 2)

2 级激光器和激光系统是可见光 (波长 0.4 ~ 0.7 μm) 连续波激光器和重复脉冲激光器 (持续时间小于 0.25s), 平均辐射功率不超过 1mW[6].

在所有的运转条件下意外地观看光束也不会带来伤害.然而,如果故意凝视激光束时间超过 0.25 s,就有可能导致伤害.

2 级激光器和激光系统是处于可见光范围的低功率激光器,如教室演示用激光器、激光指示器、激光瞄准器、射程判断器等装置上使用的激光器等[9].

2M 级 (Class 2M)

2M 级激光器发射大直径的光束,或其光束是发散的.波长在可见光范围.眨眼反应足以防止眼睛受到伤害.但是,若调焦将光束直径变小,则其等级需要重新分类[12].

肉眼对这个等级的激光曝光是没有危险的,人眼的厌恶反应会对强光本能地自动眨眼或转眼回避,可以保护眼睛免于受到伤害.然而,当通过光学器件观看时,即便是意外地观看,也可能会造成伤害.

3R 级 (Class 3R)

这个等级的输出在 1~5 mW 之间.激光束虽然比 1 级或 2 级强约 5 倍,虽有可能超过人眼的 MPE,然而造成伤害的可能性很小[12].危险性虽不是很大,但也存在着潜在的伤害性.

3B 级 (Class 3B)

此等级激光器发射的激光束光强超过了最大允许曝光量 MPE,不可直视光束.不过,光束通过漫射表面散射后不会造成伤害.属于这等级的连续波激光器如果波长在 315nm 以上,其输出不得大于 500mW[12].

应用 3B 级激光器的装置有光谱仪、光学全息和全息干涉计量的光源、光刻装置、娱乐表演激光装置等.这个等级是具有危险性的,其辐射可能伤害眼睛和皮肤.直视 3B 级激光器的激光束或反射物反射的光束都将会伤害眼睛,甚至于其通过漫反射的光也会伤害眼睛.绝不可直视 3B 级激光器的激光束,也绝不可将 3B 级激光器的激光束射到他人眼睛里.更不可通过光学系统观看激光束!在使用此类激光器工作时,最好佩带适当的激光防护眼镜[9].

4 级 (Class 4)

4 级激光器是功率大于 500 mW 的连续波激光器,或输出能量大于 10 J/cm^2 的脉冲激光器,是激光辐射的最高级别.这个等级的激光辐射极具危险性,会伤害眼睛和皮肤,即使是其漫反射也会造成伤害.其光束还可能引起被照射的材料起火,操作者需佩带防护眼镜[9].

应用这种激光器的装置有外科用激光装置、科学研究应用、全息照相和全息干涉计量、激光钻孔、激光切割、激光焊接、机械加工等.

附带指出,IEC 60825-1 的标准不仅适用于激光器,也包括了发光二极管(LEDs).

E.4　激光防护措施

重在预防 (preparation is everything)[10].

激光安全, 重在预防. 必须根据安全分类的等级采取预防措施.

1 级激光器

由于 1 级激光器不会产生有危害性的辐射, 故可以不采取特别措施搞和警告标记. 但由于当前人们对激光的累积作用机理尚不十分清楚, 最好还是不要长时间凝视激光束.

2 级激光器

不能对 2 级激光器的光束连续束内观察, 其累积效应会造成伤害. 应将此类激光器的分类相适应的警告标志放在激光器外壳或控制面板的显眼地方. 激光器在出厂时, 厂家通常就在激光器外壳上贴有相应的标志注明 2 级 (class 2) 激光器、并标有大字 "小心"(caution), 见图 E-4(b) 所示.

3 级激光器

此类激光器, 尤其是 3B 级, 需要采取如下的防护和管理措施 [11].

• 确定和限制激光器的光束路径, 配置光束遮挡装置、设置安全罩、快门、连锁装置等安全机构;

• 在进行非封闭或部分封闭操作时, 应明确标明激光工作区域 (非安全区), 只允许工作人员进入. 在该区域的所有入口应放上警告标志, 采用图 E-4(c) 所示标志. 标志上标有大字 "危险"(Danger), 在标志下面的黑色横线上注明有 "3 或Ⅲ级激光器产品"(CLASSIII LASER PRODUCT) 字样. 如果激光器在可见光以外输出, 更应在关键性地区安装醒目的指示灯, 并标明**激光! 危险!** 等标记;

(a)　　　　　　　　(b)　　　　　　　　(c)

图 E-4　激光器的警示标志

• 只允许经过安全培训的专业人员操作激光器;

• 未经允许、没有采取防护手段的参观者不得进入管理区域;

• 在调整激光器光学元件时, 需严防一次光束或其镜面反射光束射入人眼;

• 使用透镜、望远镜、显微镜等光学系统观察激光光束时必须佩带合适的防护眼镜，或在这些光学系统上安装联销机构和滤光片以使眼睛的曝光量符合 MPE 值.

4 级激光器

此类激光器除应采取上述 3 级激光器的管理措施外，还要采用遥控、报警系统、钥匙开关、主控连锁等控制手段 [11].

• 封闭光路. 所有光路均应予以封闭，并采用连锁装置. 连锁装置应确保当激光光路封闭不良时，激光系统就停止运转或阻止激光射出，能在紧急情况下切断电源或快门遮挡光束. 当电源切断或快门关闭后，欲使系统恢复工作，必须由人工开启或打开快门；

• 激光控制区域需要专门设计，要把激光器或激光系统安装在一个特定区域内. 进入此区域的人员需获批准；

• 有条件情况下，最好能在远距离启动和监控激光器和激光系统；

• 应在管理区入口张贴警示 4 级激光器相应的标志，标以大字"危险"(danger), 如图 E-4(c) 所示. 在标志下面的黑色横线上注明有"4 或 IV 级激光器产品"(CLASS 4 or CLASS IV LASER PRODUCT) 字样. 在激光器运转时，应有报警系统告知激光系统正在运转如指示灯或蜂鸣器等警示信号；

• 应装有钥匙控制开关，用钥匙控制总连锁装置和激光器. 钥匙取下时，激光器和激光系统应停止运转；

• 当机构控制和顺序控制不能完全消除超过 MPE 值时，必须佩带合适的防护眼镜.

有人说："如果使用激光器工作而不佩带防护眼镜，是冒着走在刀刃上的危险！"(Anyone who works with lasers and doesn't wear protective goggles is walking the knife-edge of risk.)

通常，激光束都平行于台面，处在低于人眼很多的一个平面内，看来，似乎是安全的. 然而，很难保证一套包括有很多元件的光路系统里在任何时间所有的反射镜、滤波器、分束镜、透镜、…… 都保持垂直于台面，特别是系统需要经常变动时. 此外，意外的使激光束离开光路平面的反射可能的因素很多，譬如手表、戒指、金属纽扣、螺丝起子等意外地切入光束. 还有当弯腰拾物时，眼睛可能会意外地遭遇激光束……

安全的最佳措施是佩带合适的防护眼镜. 防护眼睛的选择应根据所使用激光器的波长和等级选择合适的光密度. 对于红外 (IR) 和紫外 (UV) 的防护比较简单，因为人眼看不见，对这种防护眼镜的光密度选择可以选提供完全防护的光密度，而可见光则相反，它允许使用者通过防护眼镜观看光束，以调整光路. 对于可见光准直激光束的防护眼镜选择可参考下表所列的标准 [10].

表 E-2　准直光防护眼睛光密度与激光器等级匹配 [10]

激光器输出功率 POWER/mW	光密度 (optical density)
$0 \sim 10$	$1 \sim 2$
$10 \sim 100$	$2 \sim 3$
$100 \sim 1\,000$	$3 \sim 4$
$1\,000 \sim 10\,000$	$4 \sim 5$

显然, 具有上表所匹配的光密度的防护镜, 可以使入射到眼睛上的光束功率或能量降低到 1 级或 2 级激光器的水平.

此外, 实验室内应备有灭火器等灭火装置.

一旦发生事故, 反应迅速是关键 [10]. 应事先了解就近的医院的眼科情况, 将有关医院和眼科医生的电话号码贴在实验室.

使用 3 级和 4 级激光器的工作人员应进行医学监视, 包括眼睛、皮肤乃至血液和神经系统的医学监视. 特别是监视眼睛和皮肤的损伤和病理变化 [11].

下面的一个事例值得我们引以为戒.

美国能源部有一个伤害报告数据库 (extensive accident-reporting database), 其中记载有一个意外事件涉及一位有 15 年激光工作经历的专业人员. 当时他正在进行一项使用 1mJ, 500Hz 的飞秒脉冲激光器作试验, 激光束尺寸约几个厘米 (An experiment was under way with a laser producing femtosecond, 1-mJ pulses at 500 Hz, with a beam size of several centimeters), 光束向上对准一个潜望镜. 两位研究者商量决定, 在违反书面所写程序的情况下, 如果他们非常小心, 有可能将一面镜子插入光路中. 正当一个研究者将镜子放入光路时, 它反射了一部分激光, 刹那间已射入了他的眼睛. 他听到 "砰" 的一声, 眼睛随即肿大. 事故造成 100μm 光斑尺寸的伤害. 这位研究者的视力从 20/50 降到几乎失明, 至今仍不能阅读印刷出版物上的大字 [10].

参 考 文 献

[1] Gary E Myers. Elements of laser safety[OL]. 1998, http://gary.myers.net/elements.html.

[2] Laser safety at princeton university. Beam-related hazards[OL]. http://web.princeton.edu/sites/ehs/laserguide/sec2.html.

[3] Xiong B, Wang Z, Zhang Y, et al. Study on making pulse portraits[C]. SPIE's International Symposium on Lasers,Optoelectronics, and Microphotonics, (Invited paper),Beijing,3-7 November,1996.

[4] 熊秉衡, 王正荣, 张永安, 等. 拍摄脉冲全息肖像母版的研究 [J]. 光子学报, 1997, 26(10): 950-955.

[5] Laser Institute of America. Laser safety bulletin[OL]. http://www.laserinstitute.org/subscriptions/safety_bulletin/laser_safety_info/.

[6] University of missouri – rolla. Laser safety manual[OL]. http://campus.umr.edu/ehs/Radiological_Information/Laser_Safety.html.

[7] IEC 60825-1.The international standard for the safety of laser products[S]. http://webstore.iec.ch/preview/info_iec60825-12%7Bed1.0%7Db.pdf.

[8] New mexico state university.Lab safety guide[OL]. http://www.nmsu.edu/~safety/programs/lab_safety/l_saf_guide05.html.

[9] Fact sheet laser safety[OL]. http://ehs.uky.edu/radiation/laser_fs.html.

[10] Catherine Scogin of GPT Glendale and Ken Barat for the laser institute of america, laser eye protection[OL]. http://oemagazine.com/fromthemagazine/jun03/tutorial.html.

[11] 刘忠达. 激光应用与安全防护 [M]. 沈阳：辽宁科学技术出版社, 1985.

[12] Wikipedia. Laser safety[OL]. http://en.wikipedia.org/wiki/Laser_safety.

[13] Laser exposure limits[OL]. http://www.safety.vanderbilt.edu/pdf/laser_exposure_limits.pdf.

后 记

本书在讲述光的衍射、干涉和相干性以及激光的基本原理的基础上,系统介绍全息干涉计量的原理、方法、技术关键,以及有关方面的进展和发展趋势. 全书既注重理论的阐述,又注意实践方法的介绍. 既有严格的理论分析、严密的逻辑推理;同时着重阐明原理的物理意义,应用的前景,实践中应注意的问题,并通过具体实例加以说明. 可供从事科学研究、工程检测的科学家、工程师以及从事光学、特别是从事光学干涉计量的科技人员参考,也可供有关专业的大学生和研究生学习专业课程的参考.

本书原计划只限于实时全息干涉计量的内容,原定书名为《实时全息干涉计量技术》,得到了科学出版基金的支持. 撰写过程中,内容有所扩展,涉及面有所拓宽,遂将书易名为《全息干涉计量——原理和方法》. 考虑到数字全息的迅猛发展和日益显现的重要性,特别增加了有关数字全息的内容,并邀请了昆明理工大学李俊昌教授合作撰写.

全书共十四章,前四章是数学和波动光学基础,包括有相干性理论基础以及激光的基本原理;第 5~10 章是全息和全息干涉计量的理论和方法; 第 11~13 章是数字全息;第 14 章是应用. 其中 11~13 章由李俊昌教授撰写.

本书参阅和引用了国内外有关文献,充实和丰富了本书并使作者从中受益,在此向这些文献的作者们表示谢意.

感谢两院资深院士、"两弹一星"功勋奖章获得者王大珩先生的关心、指导和为本书所写的珍贵序言.

感谢科学出版基金和科学出版社所给予的支持,基于基金的支持,本书才得以顺利出版.

感谢南开大学教授母国光院士、北京理工大学于美文教授、深圳大学李景镇教授、成都电子科技大学王仕璠教授为本书所作的推荐. 感谢首都师范大学傅怀平教授,南开大学翟宏琛教授在本书撰写中所提供的帮助和支持.

感谢北京邮电大学徐大雄院士、天津大学张以谟教授长期以来对作者的工作和研究给予的关心、帮助与支持.

感谢昆明理工大学的王正荣研究员、张永安高级实验师和佘灿麟实验师为本书中部分实验所做的工作.

感谢丁忠慧女士和李天婴女士,是她们的支持,使我们得以悉心完成本书的撰写.

熊秉衡
于巴黎
2006 年元月十八日

《现代物理基础丛书·典藏版》书目

1. 现代声学理论基础　　　　　　　　　　　　马大猷　著
2. 物理学家用微分几何（第二版）　　　　　　侯伯元　侯伯宇　著
3. 计算物理学　　　　　　　　　　　　　　　马文淦　编著
4. 相互作用的规范理论（第二版）　　　　　　戴元本　著
5. 理论力学　　　　　　　　　　　　　　　　张建树　等　编著
6. 微分几何入门与广义相对论（上册·第二版）　梁灿彬　周　彬　著
7. 微分几何入门与广义相对论（中册·第二版）　梁灿彬　周　彬　著
8. 微分几何入门与广义相对论（下册·第二版）　梁灿彬　周　彬　著
9. 辐射和光场的量子统计理论　　　　　　　　曹昌祺　著
10. 实验物理中的概率和统计（第二版）　　　　朱永生　著
11. 声学理论与工程应用　　　　　　　　　　　何　琳　等　编著
12. 高等原子分子物理学（第二版）　　　　　　徐克尊　著
13. 大气声学（第二版）　　　　　　　　　　　杨训仁　陈　宇　著
14. 输运理论（第二版）　　　　　　　　　　　黄祖洽　丁鄂江　著
15. 量子统计力学（第二版）　　　　　　　　　张先蔚　编著
16. 凝聚态物理的格林函数理论　　　　　　　　王怀玉　著
17. 激光光散射谱学　　　　　　　　　　　　　张明生　著
18. 量子非阿贝尔规范场论　　　　　　　　　　曹昌祺　著
19. 狭义相对论（第二版）　　　　　　　　　　刘　辽　等　编著
20. 经典黑洞和量子黑洞　　　　　　　　　　　王永久　著
21. 路径积分与量子物理导引　　　　　　　　　侯伯元　等　编著
22. 全息干涉计量——原理和方法　　　　　　　熊秉衡　李俊昌　编著
23. 实验数据多元统计分析　　　　　　　　　　朱永生　编著
24. 工程电磁理论　　　　　　　　　　　　　　张善杰　著
25. 经典电动力学　　　　　　　　　　　　　　曹昌祺　著
26. 经典宇宙和量子宇宙　　　　　　　　　　　王永久　著
27. 高等结构动力学（第二版）　　　　　　　　李东旭　编著
28. 粉末衍射法测定晶体结构（第二版·上、下册）梁敬魁　编著
29. 量子计算与量子信息原理　　　　　　　　　Giuliano Benenti　等　著
　　——第一卷：基本概念　　　　　　　　　　王文阁　李保文　译

30. 近代晶体学（第二版）	张克从	著
31. 引力理论（上、下册）	王永久	著
32. 低温等离子体	B. M. 弗尔曼　 И. M. 扎什京	编著
——等离子体的产生、工艺、问题及前景	邱励俭	译
33. 量子物理新进展	梁九卿　韦联福	著
34. 电磁波理论	葛德彪　魏 兵	著
35. 激光光谱学	W. 戴姆特瑞德	著
——第1卷：基础理论	姬 扬	译
36. 激光光谱学	W. 戴姆特瑞德	著
——第2卷：实验技术	姬 扬	译
37. 量子光学导论（第二版）	谭维翰	著
38. 中子衍射技术及其应用	姜传海　杨传铮	编著
39. 凝聚态、电磁学和引力中的多值场论	H. 克莱纳特　著　姜 颖	译
40. 反常统计动力学导论	包景东	著
41. 实验数据分析（上册）	朱永生	著
42. 实验数据分析（下册）	朱永生	著
43. 有机固体物理	解士杰　等	著
44. 磁性物理	金汉民	著
45. 自旋电子学	翟宏如　等	编著
46. 同步辐射光源及其应用（上册）	麦振洪　等	著
47. 同步辐射光源及其应用（下册）	麦振洪　等	著
48. 高等量子力学	汪克林	著
49. 量子多体理论与运动模式动力学	王顺金	著
50. 薄膜生长（第二版）	吴自勤　等	著
51. 物理学中的数学方法	王怀玉	著
52. 物理学前沿——问题与基础	王顺金	著
53. 弯曲时空量子场论与量子宇宙学	刘 辽　黄超光	编著
54. 经典电动力学	张锡珍　张焕乔	著
55. 内应力衍射分析	姜传海　杨传铮	编著
56. 宇宙学基本原理	龚云贵	编著
57. B介子物理学	肖振军	著